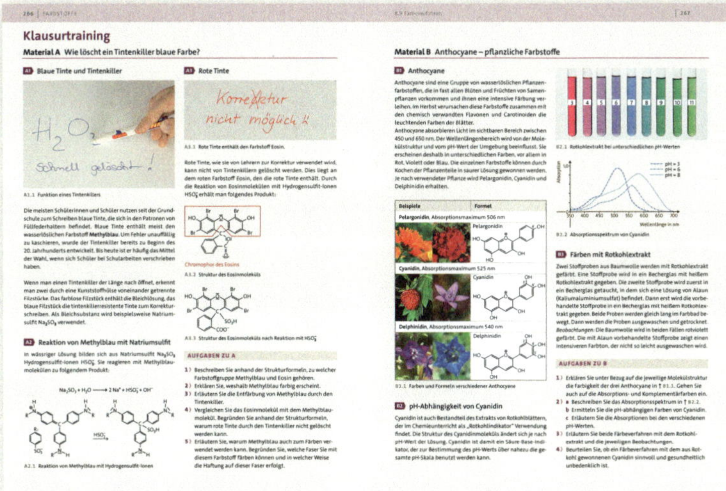

## KLAUSURTRAINING

Training fürs Abitur: Ähnlich wie im Abitur werden Sie mit diesen Aufgaben herausgefordert! Beschäftigen Sie sich zuerst mit dem vorgestellten Material, damit Sie die Aufgaben lösen können.

## DAS PLUS IN DER CHEMIE

Themen, die die Chemie lebendig machen: Energie, Umwelt, Geschichte, Gesundheit und mehr – mit Texten, Abbildungen und Aufgaben, die Sie tiefer in die Anwendungsbereiche der Chemie einsteigen lassen.

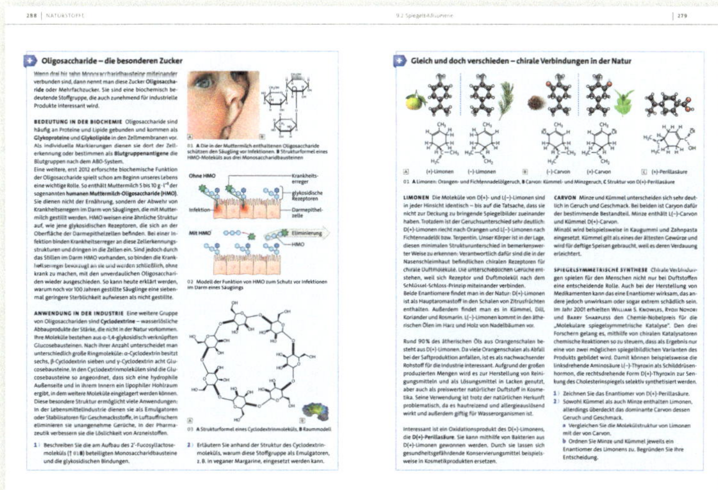

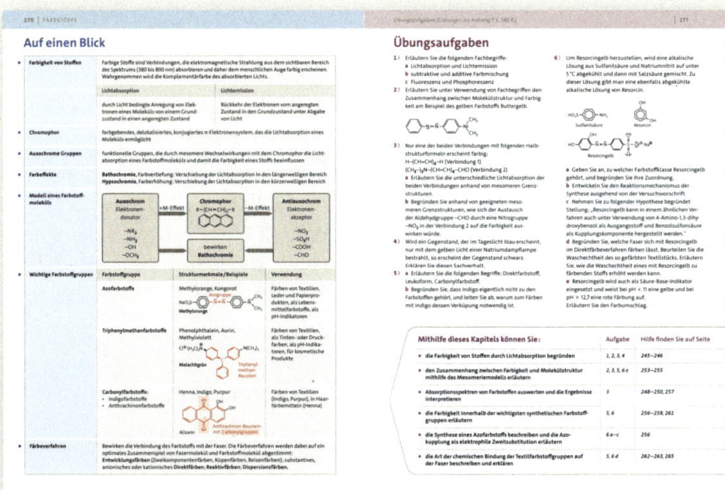

## AUF EINEN BLICK UND ÜBUNGSAUFGABEN

Am Kapitelende finden Sie die wichtigsten Fachbegriffe *Auf einen Blick* erklärt. Die *Übungsaufgaben* bieten zusätzliche Aufgaben zur Überprüfung des Grundwissens mit den Lösungen im Anhang. Anhand der Kompetenzübersicht können Sie Ihr erworbenes Wissen sicher einschätzen.

FOKUS
# CHEMIE

**Erarbeitet von**

Arno Fischedick
Jörn Peters

# FOKUS CHEMIE SII

Nordrhein-Westfalen
Qualifikationsphase

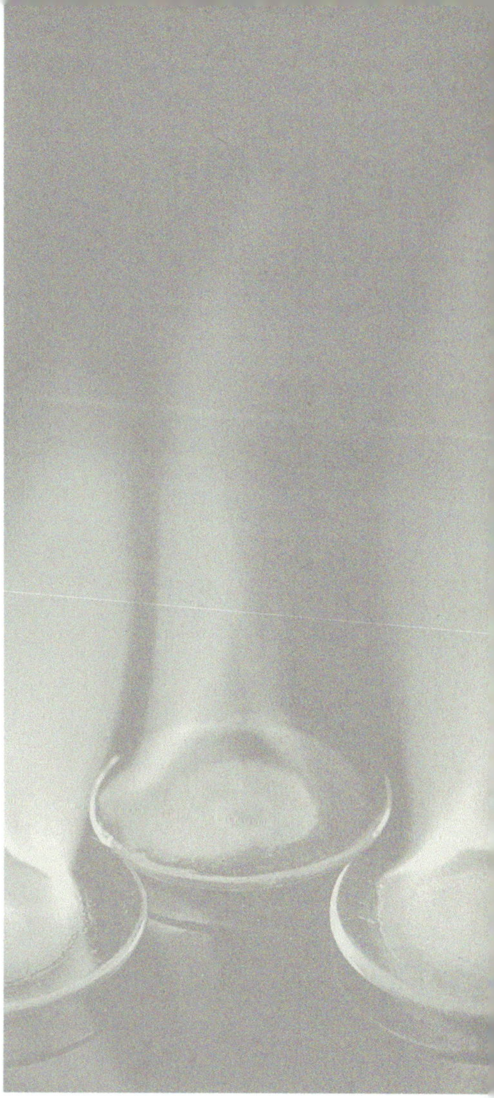

Cornelsen

FOKUS CHEMIE

| | |
|---|---|
| **Autoren:** | Arno Fischedick, Jörn Peters |
| **Herausgeber:** | Arno Fischedick |
| **Autorinnen und Autoren der weiteren Ausgaben:** | Riko Burgard, Dr. Thomas Epple, Arno Fischedick, Dr. Holger Fleischer, Dr. Volker Hofheinz, Annkathrien Jaek, Carsten Kinzel, Stefanie Kohl-Krug, Thorsten Kreß, Carina Kronabel, Franziska Lehmann-Eser, Dr. Uwe Lüttgens, Ralf Malz, Thorsten May, Jörn Peters, Dr. Marcus Rehbein, Jens Riedel, Christa Spier, Michael Stein, Chaya Stützel, Dr. Reinhard Vetters |
| **Redaktion:** | Dr. Claudia Seidel |
| **Illustration und Grafik:** | Hannes von Goessel, Birgit Janisch, Tom Menzel, Oxana Rödel, Detlef Seidensticker |
| **Layoutkonzept:** | SOFAROBOTNIK GbR, Augsburg & München |
| **Umschlaggestaltung:** | EYES-OPEN, Berlin |
| **Layout und technische Umsetzung:** | Oxana Rödel, Absatz DTP-Service, Teltow |

**Begleitmaterial zum Lehrwerk**

| | |
|---|---|
| Schülerbuch als E-Book | 978-3-06-011916-5 |
| Lösungen zum Schulbuch | 978-3-06-015685-6 |
| Handreichungen für den Unterricht im Ordner | 978-3-06-015660-3 |

**www.cornelsen.de**

Das Buch setzt die EU-Verordnung zur Einstufung und Kennzeichnung von Chemikalien um (Globally Harmonised System of Classification and Labelling of Chemicals, GHS). Experimente sind in der Regel Schüler-Experimente. Wenn sie mit einem L markiert sind, dürfen sie nur von der Lehrerin oder dem Lehrer durchgeführt werden.

Dieses Werk enthält Vorschläge und Anleitungen für Untersuchungen und Experimente. Vor jedem Experiment sind mögliche Gefahrenquellen zu besprechen. Beim Experimentieren sind die Richtlinien zur Sicherheit im Unterricht einzuhalten.

1. Auflage, 1. Druck 2021

Alle Drucke dieser Auflage sind inhaltlich unverändert und können im Unterricht nebeneinander verwendet werden.



**Druck:** Firmengruppe APPL, aprinta Druck, Wemding

ISBN 978-3-06-015659-7

PEFC
PEFC/04-32-0928

**PEFC zertifiziert**
Dieses Produkt stammt aus nachhaltig bewirtschafteten Wäldern und kontrollierten Quellen.
www.pefc.de

# Inhalt

Das Buch deckt alle Kompetenzbereiche und Inhaltsfelder der Qualifikationsphase des Kernlehrplans Chemie für die Sekundarstufe II (Gymnasium/Gesamtschule) von Nordrhein-Westfalen (2014) ab. Darüber hinaus werden die im Kernlehrplan geforderten Kompetenzerwartungen vor allem in Fachmethoden angebahnt sowie in zahlreichen Aufgaben, die zur Kommunikation und Reflexion anregen, entwickelt. Das Buch deckt auch die 2020 von der Kultusministerkonferenz neu verabschiedeten, bundesweit geltenden **Bildungsstandards für die allgemeine Hochschulreife** ab.

Soweit nicht anders gekennezichnet, beziehen sich die Kapitel auf Kompetenzen, die im Kernlehrplan für Grundkurse ausgewiesen sind.

Kapitel, die *kursiv gedruckt* sind, beziehen sich ganz oder teilweise auf Kompetenzen, die im Kernlehrplan für Leistungskurse ausgewiesen sind.

Die mit diesem Zeichen markierten Themen sowie die Themen der Rubrik **PLUS** können entsprechend der individuellen Unterrichtsplanung zur Hinführung, Erweiterung, Vertiefung, Wiederholung, Übung und Festigung genutzt werden. Sie machen Angebote zur Erarbeitung der bundesweit geltenden Bildungsstandards, sofern diese noch nicht im Kernlehrplan (2014) verankert sind.

Steht das Zeichen vor einer Kapitelüberschrift, so gilt dies für alle Themen des Kapitels.

# 1.1 Rückblick: Stoffe – Teilchen – Reaktionen

## EINTEILUNG DER STOFFE

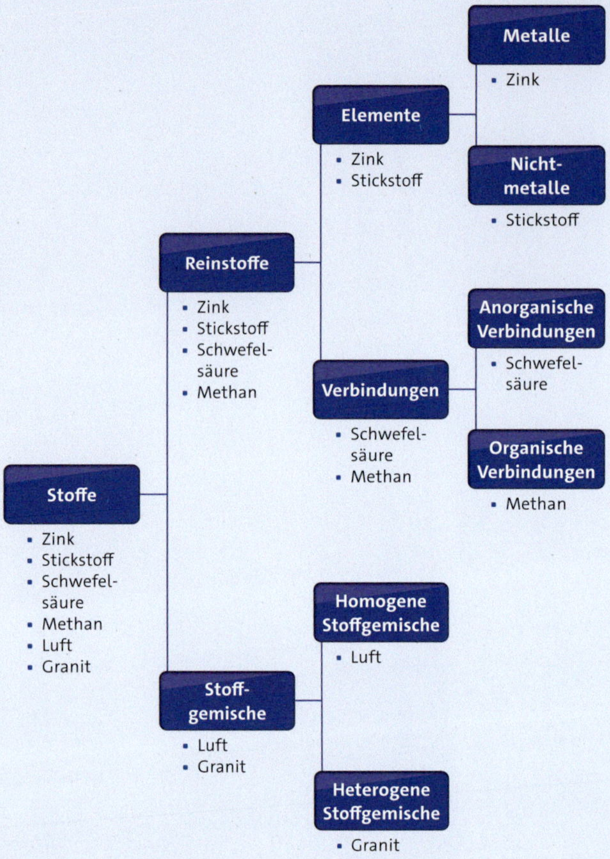


## ELEMENT – VERBINDUNG – FORMEL

**Element:** Reinstoff, der nur aus gleichartigen Atomen besteht.

- Das Element *Kohlenstoff* besteht ausschließlich aus Kohlenstoff*atomen*. Die *Formel* von Kohlenstoff entspricht dem Elementsymbol.
  *Beispiele:* C, Fe, Cu, He
- Das Element *Wasserstoff* besteht ausschließlich aus Wasserstoff*molekülen*, die ihrerseits nur aus Wasserstoffatomen aufgebaut sind.
  *Beispiele:* $H_2$, $Cl_2$

**Verbindung:** Reinstoff, in dem die Atome oder Ionen mindestens zweier Elemente verbunden sind und zwischen deren Massen ein bestimmtes Verhältnis besteht

- Nichtmetall-Nichtmetall-Verbindung: In Wasser liegen Moleküle vor, die aus zwei Wasserstoffatomen und einem Sauerstoffatom aufgebaut sind. Die **Molekülformel** (Summenformel) gibt die Art und Anzahl der Atome in einem Molekül an.
  *Beispiele:* $H_2O$, $CO_2$
- Metall-Nichtmetall-Verbindung: In salzartigen Verbindungen wie Natriumchlorid liegen keine Moleküle, sondern Ionen vor. Das Anzahlverhältnis der Ionen wird durch **Verhältnisformeln** angegeben.
  *Beispiele:* NaCl, $MgBr_2$

## KENNZEICHEN CHEMISCHER REAKTIONEN

**Stoffumwandlung:** Bei chemischen Reaktionen entstehen neue Stoffe mit anderen Eigenschaften. Die Ausgangsstoffe sind nach Ablauf der Reaktion nicht mehr vorhanden.
**Energieumwandlung:** Chemische Reaktionen verlaufen exotherm oder endotherm.
**Umbau chemischer Bindungen:** Es findet eine Umgruppierung der Teilchen statt. Dabei werden die chemischen Bindungen in den Teilchen der Ausgangsstoffe gelöst und neue Bindungen in den Teilchen der Reaktionsprodukte gebildet.
**Massenerhaltung:** Die Masse der Reaktionsprodukte ist gleich der Masse der Ausgangsstoffe.

$$m(\text{Ausgangsstoffe}) = m(\text{Reaktionsprodukte})$$

| | | | | | |
|---|---|---|---|---|---|
| **Stoffumwandlung** | $2\,H_2$ | + | $O_2$ | ⟶ | $2\,H_2O$ |
| | Ausgangsstoffe | | | | Reaktionsprodukt |
| **Eigenschaften** | gasförmig | | | | flüssig |
| **Energieumwandlung** | 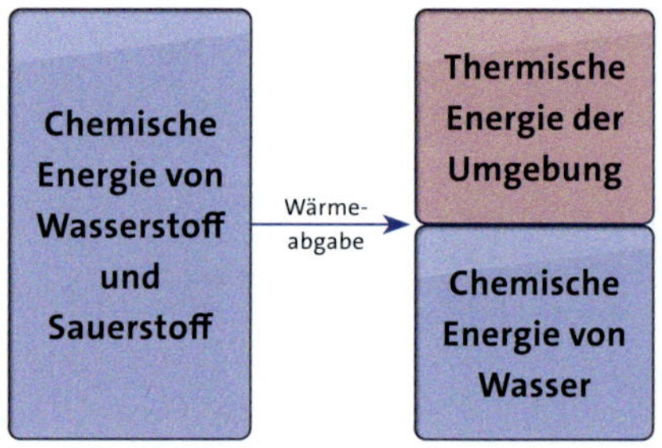  | | | | |
| **Veränderung der Teilchen** | 2 Wasserstoffmoleküle | + | 1 Sauerstoffmolekül | ⟶ | 2 Wassermoleküle |
| **Umbau chemischer Bindungen** | 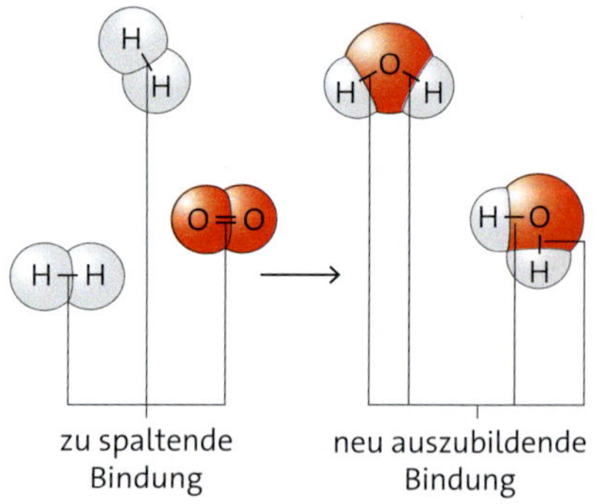  | | | | |
| **Massenerhaltung** | $m(H_2)$ | + | $m(O_2)$ | = | $m(H_2O)$ |
| | 2 g | + | 16 g | = | 18 g |

## REAKTIONSBEDINGUNGEN

Eine chemische Reaktion verläuft schneller durch:

- Temperaturerhöhung bzw. macht sie erst möglich
- Konzentrationserhöhung der Ausgangsstoffe
- größeren Zerteilungsgrad bzw. bessere Durchmischung der Ausgangsstoffe

## REAKTIONSGLEICHUNG

Eine Reaktionsgleichung ist eine Beschreibung einer chemischen Reaktion durch Formeln. Die vor den Formeln stehenden Faktoren beschreiben das Verhältnis der Teilchenanzahlen. Sie enthält Aussagen über qualitative Änderungen und quantitative Verhältnisse zwischen den Reaktionsteilnehmern und schließt Aussagen zur Stoffebene und Teilchenebene ein.

| Aussagen einer Reaktionsgleichung | $2\,H_2 + O_2 \longrightarrow 2\,H_2O$ |
|---|---|
| Stoffebene | Wasserstoff reagiert mit Sauerstoff zu Wasser. |
| Teilchenebene | Zwei Moleküle Wasserstoff reagieren mit einem Molekül Sauerstoff zu zwei Molekülen Wasser. |
| **Abgeleitete Aussagen** | |
| • die Stoffmengen, die reagieren und nach der Reaktion vorliegen<br>• die Massen, die reagieren und nach der Reaktion vorliegen | • 2 mol Wasserstoff reagieren mit 1 mol Sauerstoff zu 2 mol Wasser.<br>• 4 g Wasserstoff reagieren mit 32 g Sauerstoff zu 36 g Wasser. |

## ENERGIEDIAGRAMM

**Exotherme Reaktion:** chemische Reaktion, die unter Energieabgabe verläuft. Die chemische Energie der Ausgangsstoffe ist größer als die chemische Energie der Reaktionsprodukte.

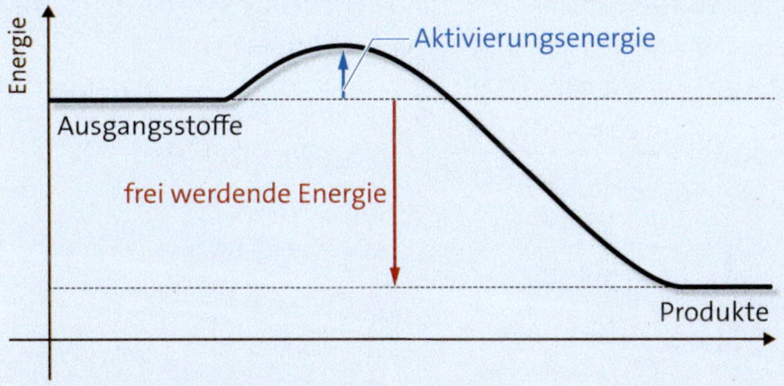


**Endotherme Reaktion:** chemische Reaktion, die unter Energieaufnahme verläuft. Die chemische Energie der Ausgangsstoffe ist kleiner als die chemische Energie der Reaktionsprodukte.

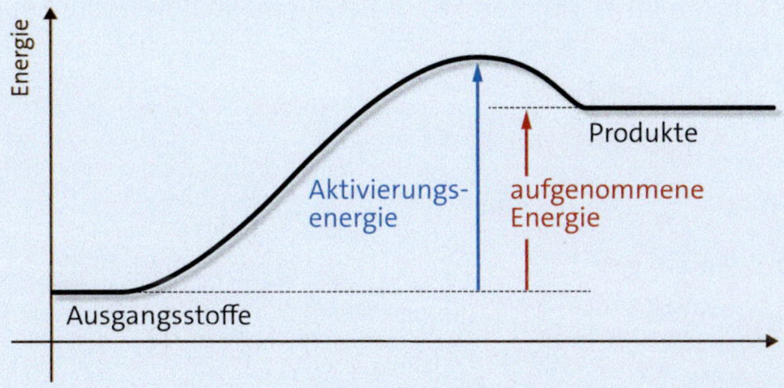


**Katalysatoren:** Damit eine chemische Reaktion ablaufen kann, muss sie durch Zufuhr von Energie aktiviert werden. Die dafür notwendige Energie ist die Aktivierungsenergie. Katalysatoren setzen die Aktivierungsenergie herab und beschleunigen dadurch die Reaktion. Nach der Reaktion liegen sie wieder unverändert vor.

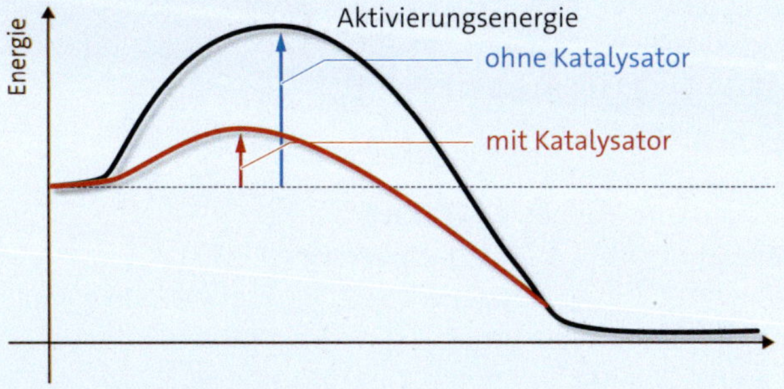


## WICHTIGE GRÖßEN IN DER CHEMIE

**Stoffportion:** Unter einer Stoffportion versteht man eine genau abgemessene Masse und/oder bei Gasen und Flüssigkeiten ein genau abgemessenes Volumen eines Stoffs.

**Dichte:** Die Dichte $\varrho$ ist der Quotient aus der Masse und dem Volumen einer Stoffportion. Die Einheit der Dichte ist $g \cdot cm^{-3}$, $g \cdot ml^{-1}$ und bei Gasen $g \cdot l^{-1}$.

$$\varrho(\text{Stoff}) = \frac{m(\text{Stoffportion})}{V(\text{Stoffportion})} \qquad \text{Einheit: } 1\,g \cdot cm^{-3} = g \cdot ml^{-1}$$

Die Dichte ist eine Stoffkenngröße, die für jeden Stoff charakteristisch ist. Sie hängt von der Temperatur und vom Druck ab.

**Stoffmenge:** Eine Stoffportion mit einer Stoffmenge von $n = 1\,mol$ besteht aus etwa $6 \cdot 10^{23}$ gleichartigen Teilchen (Atomen, Molekülen oder Formeleinheiten). Die Einheit der Stoffmenge ist mol.

**Avogadro-Konstante:** Mithilfe der Avogadro-Konstante $N_A$ können Stoffmenge $n$ und Teilchenanzahl $N$ ineinander umgerechnet werden. Ihr Wert $N_A = 6{,}022\,140\,857 \cdot 10^{23}\,mol^{-1}$ gibt die genaue Teilchenanzahl in einer Stoffportion mit $n = 1\,mol$ wieder.

$$N = N_A \cdot n$$

**Molare Masse:** Die molare Masse $M$ ist der Quotient aus der Masse $m$ und der Stoffmenge $n$ einer Stoffportion. Die Einheit der molaren Masse ist $g \cdot mol^{-1}$.

$$M(\text{Stoff}) = \frac{m(\text{Stoffportion})}{n(\text{Stoffportion})} \qquad \text{Einheit: } 1\,g \cdot mol^{-1}$$

Die molare Masse ist eine Stoffkenngröße, die für jeden Reinstoff charakteristisch ist.

**Ermitteln von molaren Massen:** Für Atome findet man diese Werte im Periodensystem. Der Zahlenwert der molaren Masse (in $g \cdot mol^{-1}$) ist gleich dem Zahlenwert der Teilchenmasse (in u). Ist die Zusammensetzung (Formel) eines Stoffs bekannt, kann aus den Atommassen im Periodensystem der Elemente (PSE) die molare Masse des Stoffs berechnet werden.

*Beispiele:*

**Wasser (Formel: $H_2O$)**

$$M(H_2O) = 2 \cdot M(1\,H) + M(1\,O) = 2 \cdot 1\,g \cdot mol^{-1} + 16\,g \cdot mol^{-1} = 18\,g \cdot mol^{-1}$$

**Butansäure (Formel: $C_3H_7COOH$)**

$$M(C_3H_7COOH) = 4 \cdot M(1\,C) + 8 \cdot M(1\,H) + 2 \cdot M(1\,O) = 4 \cdot 12\,g \cdot mol^{-1} + 8 \cdot 1\,g \cdot mol^{-1} + 2 \cdot 16\,g \cdot mol^{-1} = 88\,g \cdot mol^{-1}$$

**Satz von Avogadro:** Nach dem Satz von Avogadro enthalten gleiche Volumina verschiedener Gase bei gleicher Temperatur und gleichem Druck die gleiche Anzahl an Teilchen.

*Beispiel:* 24,1 Liter Wasserstoff und 24,1 Liter Sauerstoff enthalten bei Raumtemperatur (20 °C) und Normdruck 1 mol Wasserstoffmoleküle bzw. 1 mol Sauerstoffmoleküle.

**Molares Volumen:** Das molare Volumen $V_m$ ist der Quotient aus dem Volumen $V$ und der Stoffmenge $n$ einer Stoffportion. Die Einheit des molaren Volumens ist $l \cdot mol^{-1}$. Das molare Volumen ist für alle Gase gleich und beträgt unter Normbedingungen: $V_m = 22{,}4\,l \cdot mol^{-1}$

$$V_m = \frac{V(\text{Stoffportion})}{n(\text{Stoffportion})}$$

| Temperatur in °C | Druck in hPa | Molares Volumen in $l \cdot mol^{-1}$ |
|---|---|---|
| 0 | 1013 | 22,4 |
| 20 | 1013 | 24,1 |
| 25 | 1013 | 24,5 |

## BEZIEHUNGEN ZWISCHEN DEN GRÖSSEN

Zwischen der Stoffmenge, der Masse und dem Volumen von Stoffportionen bestehen proportionale Zusammenhänge.

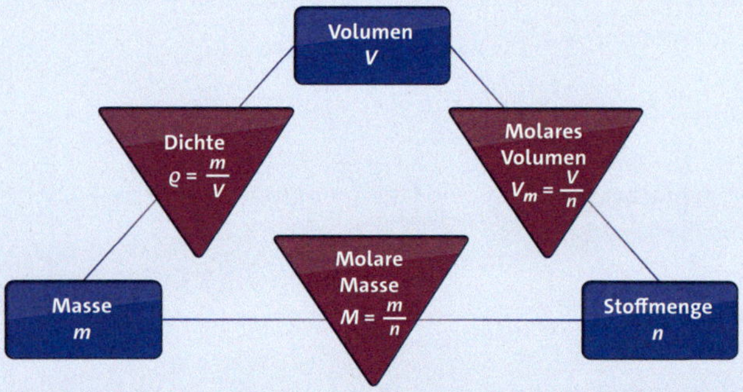


## STÖCHIOMETRISCHE BERECHNUNGEN

Mithilfe der Beziehungen zwischen den Größen können stöchiometrische Berechnungen durchgeführt werden.

**Berechnung einer gesuchten Masse aus einer gegebenen Masse:** Berechnen Sie die Masse an Aluminium zur Herstellung von 300 g Aluminiumoxid.

$$4\,Al + 3\,O_2 \longrightarrow 2\,Al_2O_3$$

$$m(Al) = \frac{n(Al)}{n(Al_2O_3)} \cdot \frac{M(Al)}{M(Al_2O_3)} \cdot m(Al_2O_3)$$

$$m(Al) = \frac{4}{2} \cdot \frac{27\,\frac{g}{mol}}{102\,\frac{g}{mol}} \cdot 300\,g = 158{,}8\,g$$

Allgemein gilt:

$$m_{ges} = \frac{n_{ges}}{n_{geg}} \cdot \frac{M_{ges}}{M_{geg}} \cdot m_{geg}$$

**Berechnung einer gesuchten Masse aus einem gegebenen Gasvolumen:** Berechnen Sie die Masse an Magnesium, die in 85 l Sauerstoff vollständig verbrennt ($V_m = 22{,}4\,\frac{l}{mol}$).

$$2\,Mg + 1\,O_2 \longrightarrow 2\,MgO$$

$$m(Mg) = \frac{n(Mg)}{n(O_2)} \cdot \frac{M(Mg)}{V_m} \cdot V(O_2)$$

$$m(Mg) = \frac{2}{1} \cdot \frac{24\,\frac{g}{mol}}{22{,}4\,\frac{l}{mol}} \cdot 85\,l = 182{,}1\,g$$

Allgemein gilt:

$$m_{ges} = \frac{n_{ges}}{n_{geg}} \cdot \frac{M_{ges}}{V_m} \cdot V_{geg}$$

**Berechnung eines gesuchten Gasvolumens aus einer gegebenen Masse:** Berechnen Sie das entstehende Sauerstoffvolumen bei der Analyse von 0,5 g Silberoxid ($V_m = 22{,}4\,\frac{l}{mol}$).

$$2\,Ag_2O \longrightarrow 4\,Ag + 1\,O_2$$

$$V(O_2) = \frac{n(O_2)}{n(Ag_2O)} \cdot \frac{V_m}{M(Ag_2O)} \cdot m(Ag_2O)$$

$$V(O_2) = \frac{1}{2} \cdot \frac{22{,}4\,\frac{l}{mol}}{232\,\frac{g}{mol}} \cdot 0{,}5\,g = 0{,}024\,l = 24\,ml$$

Allgemein gilt:

$$V_{ges} = \frac{n_{ges}}{n_{geg}} \cdot \frac{V_m}{M_{geg}} \cdot m_{geg}$$

**Berechnung eines gesuchten Gasvolumens aus einem gegebenen Gasvolumen:** Berechnen Sie das Volumen an Wasserstoff, um 40 $m^3$ Ammoniak aus den Elementen herzustellen.

$$N_2 + 3\,H_2 \longrightarrow 2\,NH_3$$

$$V(H_2) = \frac{n(H_2)}{n(NH_3)} \cdot V(NH_3)$$

$$V(H_2) = \frac{3}{2} \cdot 40\,m^3 = 60\,m^3$$

Allgemein gilt:

$$V_{ges} = \frac{n_{ges}}{n_{geg}} \cdot V_{geg}$$

## GEHALTSANGABEN BEI STOFFGEMISCHEN

Der Gehalt eines Stoffs in einem Stoffgemisch, z. B. in einer Lösung, kann durch verschiedene Gehaltsgrößen angegeben werden.

**Massenanteil:** Der Massenanteil *w* ist der Quotient aus der Masse der enthaltenen Stoffportion und der Masse des Stoffgemischs. Häufig erfolgt die Angabe des Massenanteils in der Einheit %.

$$w(\text{Stoff}) = \frac{m(\text{Stoffportion})}{m(\text{Gemisch})} \cdot 100\,\%$$

Für Lösungen gilt auch:

$$w(\text{Stoff}) = \frac{m(\text{Stoffportion})}{m(\text{Stoffportion}) + m(\text{Lösungsmittelportion})} \cdot 100\,\%$$

*Beispiel:* In einer Salzsäure mit $w = 3\,\%$ sind 3 g Chlorwasserstoff in 97 g Wasser gelöst.

**Massenkonzentration:** Die Massenkonzentration $\beta$ ist der Quotient aus der Masse der enthaltenen Stoffportion und dem Volumen der Lösung (nicht des Lösungsmittels!). Die Einheit ist $g \cdot l^{-1}$.

$$\beta(\text{Stoff}) = \frac{m(\text{Stoffportion})}{V(\text{Lösung})} \qquad \text{Einheit: } 1\,g \cdot l^{-1}$$

*Beispiel:* In Cola mit $\beta(\text{Zucker}) = 110\,g \cdot l^{-1}$ sind in einem Liter Cola 110 g Zucker gelöst.

**Stoffmengenkonzentration:** Die Stoffmengenkonzentration *c* ist der Quotient aus der Stoffmenge des gelösten Stoffs und dem Volumen der Lösung. Die Einheit ist $mol \cdot l^{-1}$.

$$c(\text{Stoff}) = \frac{n(\text{Stoffportion})}{V(\text{Lösung})} \qquad \text{Einheit: } 1\,mol \cdot l^{-1}$$

*Beispiel:* In einer Salzsäure mit $c = 0{,}5\,mol \cdot l^{-1}$ sind 0,5 mol Chlorwasserstoff in 1 l Lösung enthalten.

**Kombinierte Berechnungen:** Massenanteil *w*, Stoffmengenkonzentration *c* und Dichte $\varrho$ können ineinander umgewandelt werden.

$$c(\text{Stoff}) = \frac{n}{V} = \frac{m(\text{Stoffportion})}{M(\text{Stoff})} \cdot \frac{\varrho(\text{Lösung})}{m(\text{Lösung})}$$

$$= \frac{m(\text{Stoffportion})}{m(\text{Lösung})} \cdot \frac{\varrho(\text{Lösung})}{M(\text{Stoff})} = w \cdot \frac{\varrho(\text{Lösung})}{M(\text{Stoff})}$$

*Beispiel:* Gesucht ist die Stoffmengenkonzentration von Salzsäure ($w = 37\,\%$, $\varrho = 1185\,g \cdot l^{-1}$, $M(\text{HCl}) = 36{,}46\,g \cdot mol^{-1}$).

$$c(\text{HCl}) = w \cdot \frac{\varrho(\text{Salzsäure})}{M(\text{HCl})} = 0{,}37 \cdot \frac{1185\,\frac{g}{l}}{36{,}46\,\frac{g}{mol}} = 12{,}0\,\frac{mol}{l}$$

## NACHWEISREAKTIONEN

**Wichtige Nachweise für Stoffe:**

| Nachweis | Stoff | Beobachtung |
|---|---|---|
| Glimmspanprobe | Sauerstoff | Entflammen eines Glimmspans |
| Knallgasprobe | Wasserstoff | pfeifendes, ploppendes Geräusch |
| | | Reaktion: $2\,H_2 + O_2 \longrightarrow 2\,H_2O$ |
| Wassernachweis | Wasser | Blaufärbung von Kupfersulfat oder Watesmopapier |
| Kalkwasserprobe | Kohlenstoffdioxid | weiße Trübung von Calciumhydroxidlösung |
| | | Reaktion: $CO_2 + Ca(OH)_2 \longrightarrow CaCO_3 + H_2O$ |

**Wichtige Ionennachweise:**

| Nachweisreagenz | Ion | Beobachtung |
|---|---|---|
| Silbernitratlösung | Chlorid-Ion $Cl^-$ | weißer Niederschlag |
| | | Reaktion: $Ag^+ + Cl^- \longrightarrow AgCl\downarrow$ |
| | Bromid-Ion $Br^-$ | gelblicher Niederschlag |
| | | Reaktion: $Ag^+ + Br^- \longrightarrow AgBr\downarrow$ |
| | Iodid-Ion $I^-$ | gelber Niederschlag |
| | | Reaktion: $Ag^+ + I^- \longrightarrow AgI\downarrow$ |
| Bariumchloridlösung | Sulfat-Ion $SO_4^{2-}$ | weißer Niederschlag, beständig nach Zugabe von Salzsäure |
| | | Reaktion: $Ba^{2+} + SO_4^{2-} \longrightarrow BaSO_4\downarrow$ |
| Kalkwasser | Carbonat-Ion $CO_3^{2-}$ | Das durch Austreiben mit Salzsäure entstehende Gas bildet in Kalkwasser eine weiße Trübung. |
| | | Reaktionen: $CO_3^{2-} + 2\,HCl \longrightarrow CO_2 + H_2O + 2\,Cl^-$<br>$CO_2 + Ca(OH)_2 \longrightarrow CaCO_3 + H_2O$ |
| Nachweis durch Flammenfärbung | Lithium-Ion $Li^+$<br>Natrium-Ion $Na^+$<br>Kalium-Ion $K^+$<br>Calcium-Ion $Ca^{2+}$<br>Strontium-Ion $Sr^{2+}$<br>Barium-Ion $Ba^{2+}$ | dunkelrot<br>gelb<br>rotviolett<br>orangerot<br>rot<br>grün |

## BAU DER ATOME

**Atommodell nach Dalton:**

- Jeder Stoff besteht aus kleinsten, chemisch nicht weiter zerlegbaren Teilchen, den **Atomen**.
- Atome sind kugelförmige Teilchen. Sie haben eine Masse und ein Volumen. Atome sind unvorstellbar klein.
- Die Atome eines Elements sind untereinander gleich. Sie haben die gleiche Masse und das gleiche Volumen. Damit gibt es genau so viele Atomarten wie es Elemente gibt.

**Atommasse:** Die Masse von Atomen ist unvorstellbar klein, deshalb wurde die **atomare Masseneinheit unit** (Einheitenzeichen **u**) eingeführt.

- 1 u entspricht in etwa der Masse eines Wasserstoffatoms.
- $1\ u = 1{,}661 \cdot 10^{-24}\ g$
- Die Atommasse wird im Periodensystem rechts über dem Symbol angegeben.

Daltons Atommodell musste aufgrund der Ergebnisse des Streuversuchs von Rutherford verändert werden. Daraus resultierte ein neues, differenziertes Atommodell, das **Kern-Hülle-Modell:** Ein Atom besteht aus einem kleinen *Atomkern* und einer viel größeren Atomhülle aus *Elektronen* in ständiger Bewegung.

Der **Atomkern** ist positiv geladen und enthält fast die gesamte Masse des Atoms. Er besteht aus elektrisch positiv geladenen **Protonen** und ungeladenen, massereichen **Neutronen**.
Aus der *Anzahl der Protonen* ergibt sich die **Kernladungszahl**. Sie stimmt mit der **Ordnungszahl** der Elemente überein. Kennt man die Kernladungszahl bzw. Ordnungszahl eines Elements, so weiß man gleichzeitig, aus wie vielen Elektronen die Atomhülle gebildet wird.
**Isotope** sind Atome eines Elements, die sich in ihrer *Anzahl an Neutronen* unterscheiden; sie haben unterschiedliche Atommassen.

Die **Atomhülle** (Elektronenhülle) wird durch elektrisch negativ geladene **Elektronen** gebildet. Zur Beschreibung der Atomhülle nutzt man meist zwei Modelle (↑ Kasten unten):

- Nach dem **Energiestufenmodell** werden Elektronen mit ähnlichen Energien gemeinsamen Energiestufen zugeordnet.
- Nach dem **Schalenmodell** der Atomhülle werden Elektronen mit ähnlichem Abstand zum Atomkern gemeinsamen Elektronenschalen zugeordnet.

Die Elektronen der äußeren Schale heißen **Außenelektronen** oder **Valenzelektronen**. Sie bestimmen wesentlich die chemischen Eigenschaften der Elemente.

## PERIODENSYSTEM DER ELEMENTE (PSE)

**Informationen über Atome**, die aus den Feldern im PSE zu entnehmen sind:

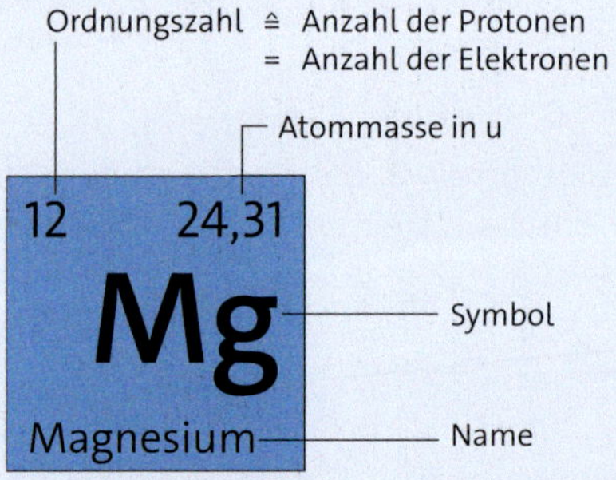


**Ordnungsprinzipien im PSE:**

- Die Atome im PSE sind nach steigender *Ordnungszahl* (Kernladungszahl) angeordnet.
- Die Atome der ersten 18 Elemente bilden die ersten drei **Perioden**, verteilt auf acht **Hauptgruppen**. Sie werden mit römischen Ziffern von I bis VIII gekennzeichnet.
- Die Nummer der Periode entspricht der Anzahl der Elektronenschalen in der Atomhülle.
- Die Nummer der Hauptgruppe gibt an, mit wie vielen Elektronen die Außenschale besetzt ist.
- Die Atome von Elementen einer **Elementfamilie** stehen in der gleichen Hauptgruppe und haben die gleiche Anzahl an Außenelektronen (Ausnahme: Helium). Dies ist die Ursache für chemisch ähnliche Eigenschaften innerhalb einer Elementfamilie, z. B. Alkalimetalle, Halogene.
- Die Atome der Elemente, die links und unten im PSE stehen, sind mit Ausnahme von Wasserstoff **Metalle**.
- Die Atome der Elemente, die rechts und oben im PSE stehen, sind überwiegend **Nichtmetalle**.

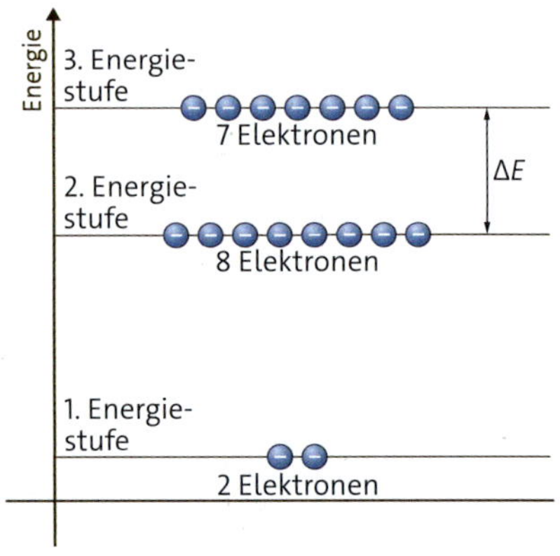


Energiestufenmodell des Chloratoms

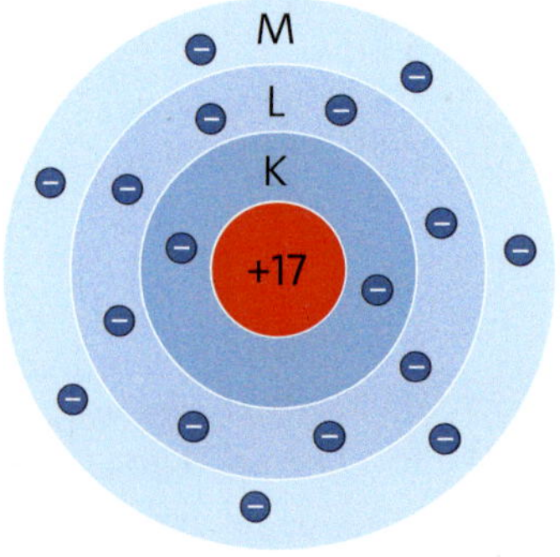


Schalenmodell des Chloratoms

## SALZE UND IONEN

Salze kommen in der Natur als Kristalle oder in wässrigen Lösungen vor.

Charakteristische Stoffeigenschaften der Salze:

- Salzkristalle sind hart und spröde, sie zerbrechen unter Krafteinwirkung.
- Salze sind oft in Wasser gut löslich.
- Sie besitzen eine hohe Schmelztemperatur.
- Salze leiten nur als Schmelze und in Wasser gelöst den elektrischen Strom.
- In kristalliner Form sind sie elektrische Nichtleiter.

*Beispiele:* Natriumchlorid NaCl, Calciumcarbonat $CaCO_3$ (Kalk), Kupfer(II)-oxid CuO

Salze sind aus **Ionen** aufgebaut. Ionen sind positiv oder negativ elektrisch geladene Teilchen in der Größenordnung von Atomen.

Metalle und Wasserstoff bilden *positiv geladene* **Kationen**.
*Beispiele:* $Na^+$, $Fe^{2+}$, $Mg^{2+}$, $H^+$
Nichtmetalle bilden *negativ geladene* **Anionen** (Ausnahme: Wasserstoff).
*Beispiele:* $Cl^-$, $Br^-$, $F^-$, $O^{2-}$

Salze bilden **Ionenkristalle**. In diesen ist eine unvorstellbar große Anzahl von positiv und negativ geladenen Ionen in einer möglichst dichten Packung angeordnet, wobei die verschieden geladenen Ionen feste Plätze einnehmen. Die regelmäßige Anordnung der Ionen im Kristall wird **Ionengitter** genannt.

**Modelle vom Bau des Natriumchlorids:**

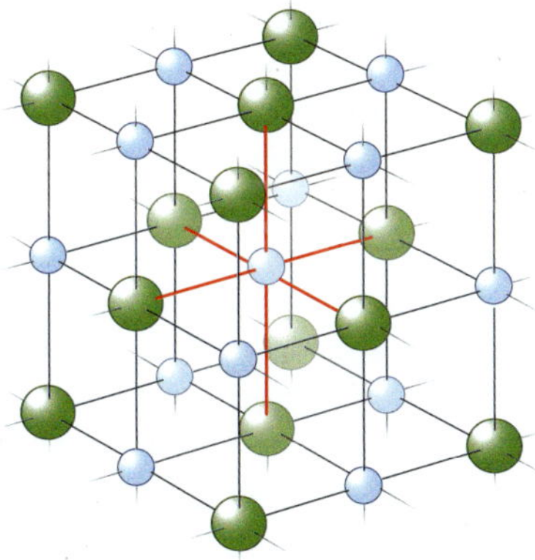
Gittermodell

Kugelpackungsmodell

Die Ionen im Kristall werden durch **Ionenbindung** zusammengehalten. Sie ist eine Art der chemischen Bindung, die durch elektrostatische Anziehung zwischen elektrisch verschieden geladenen Ionen bewirkt wird.
Salzartige, aus Ionen aufgebaute Stoffe werden als **Ionenverbindungen** bezeichnet.

## BILDUNG VON IONEN AUS ATOMEN

| Vergleich | |
|---|---|
| **Atom** | **Ion** |
| ▪ elektrisch neutral<br>▪ gleiche Anzahl an Protonen und Elektronen | ▪ elektrisch geladen<br>▪ ungleiche Anzahl an Protonen und Elektronen<br>▪ Kationen sind kleiner, Anionen sind größer als das entsprechende Atom |

**Ionen** bilden sich aus Atomen durch Aufnahme oder Abgabe von Elektronen. Sie besitzen eine stabile **Edelgaskonfiguration**, also die Elektronenkonfiguration des nächststehenden Edelgases.

*Beispiele:*

- Ein Chloratom besitzt sieben Elektronen auf seiner Außenschale. Durch *Aufnahme* eines weiteren Elektrons bildet sich ein einfach negativ geladenes Chlorid-*Ion* (Anion). Die Elektronenkonfiguration entspricht der des Edelgases Argon.
  $Cl + e^- \longrightarrow Cl^-$
- Ein Natrium*atom* besitzt nur ein Elektron auf seiner Außenschale. Durch *Abgabe* dieses Elektrons bildet sich ein einfach positiv geladenes Natrium-*Ion* (Kation). Die Elektronenkonfiguration entspricht der des Edelgases Neon.
  $Na \longrightarrow Na^+ + e^-$

Art und Anzahl der Ladungen von Ionen lassen sich aus der Stellung im Periodensystem ableiten:

- Durch Abgabe ihrer Außenelektronen erlangen die Atome der Elemente der I. bis III. Hauptgruppe Edelgaskonfiguration. Die Ladungszahl ihrer Kationen stimmt mit der Nummer der Hauptgruppe überein. Metalle der Nebengruppen bilden oft verschieden geladene Kationen.
- Atome der Elemente der V. bis VII. Hauptgruppe nehmen Elektronen auf, bis ihre Außenschale 8 Elektronen besitzt, und erlangen so Edelgaskonfiguration. Die Ladungszahl ihrer Anionen erhält man, indem die Nummer ihrer Hauptgruppe von acht abgezogen wird.

*Beispiele:*

- Calcium (II. Hauptgruppe) bildet Kationen. Sie besitzen die Ladungszahl 2 $\Rightarrow Ca^{2+}$-Ionen.
- Sauerstoff (VI. Hauptgruppe) bildet Anionen. Sie besitzen die Ladungszahl 2 $\Rightarrow O^{2-}$-Ionen (Regel: $8 - 6 = 2$).

**Edelgasregel:** Atome anderer Elemente streben die gleiche Anzahl an Elektronen an wie die der nächststehenden Edelgasatome.

## MOLEKÜLVERBINDUNGEN – ELEKTRONENPAARBINDUNG

**Molekülverbindungen** sind Stoffe, die aus Molekülen aufgebaut sind.
*Beispiele:* Wasserstoff besteht aus Wasserstoffmolekülen $H_2$, Chlor besteht aus Chlormolekülen $Cl_2$, Wasser besteht Wassermolekülen $H_2O$.

Die zwei Wasserstoffatome im Wasserstoffmolekül erfüllen die Edelgasregel, indem sie ihre Außenelektronen gemeinsam nutzen. Das *gemeinsame* (*bindende*) *Elektronenpaar* entsteht durch die Durchdringung der Atomhüllen beider Wasserstoffatome. Daraus resultiert eine Elektronenpaarbindung (Atombindung).
⇒ Die **Elektronenpaarbindung** ist eine Art der chemischen Bindung, die durch gemeinsame Elektronenpaare zwischen Atomen bewirkt wird.

Die Bindungsverhältnisse in Molekülen werden durch **Lewis-Formeln** schematisch dargestellt:

- Das *bindende Elektronenpaar* wird als Strich zwischen die Elementsymbole gesetzt.
- Außenelektronen, die nicht an der Bindung teilnehmen, werden paarweise auch als Striche an das Elementsymbol gestellt (*nichtbindende* bzw. *freie Elektronenpaare*).

*Beispiele für Lewis-Formeln:*

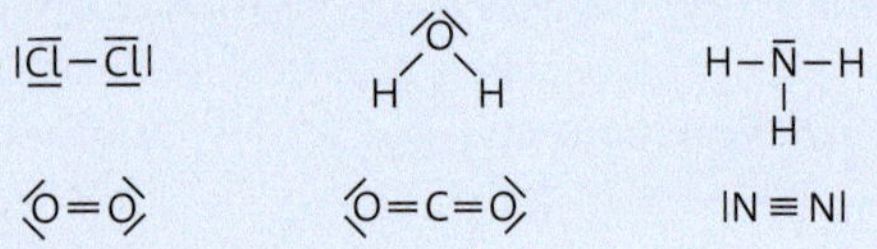

- Einfachbindung: eine durch *ein* bindendes Elektronenpaar bewirkte chemische Bindung
  *Beispiele:* $Cl_2$, $H_2O$, $NH_3$
- Zweifachbindung bzw. Doppelbindung: eine durch *zwei* bindende Elektronenpaare bewirkte chemische Bindung
  *Beispiele:* $O_2$, $CO_2$
- Dreifachbindung: eine durch *drei* bindende Elektronenpaare bewirkte chemische Bindung
  *Beispiel:* $N_2$

Der *räumliche Bau* von Molekülen kann durch das **Elektronenpaarabstoßungsmodell** (EPA-Modell) beschrieben werden. Das Modell beruht auf folgenden Annahmen:

- Alle Außenelektronen der Atome im Molekül werden modellhaft als Elektronenwolke dargestellt.
- Die negativ geladenen Elektronenpaare stoßen sich ab und ordnen sich im Molekül so an, dass sie den größtmöglichen Abstand zueinander einnehmen.
- Die elektrostatische Abstoßung freier Elektronenpaare ist größer als die bindender Elektronenpaare.

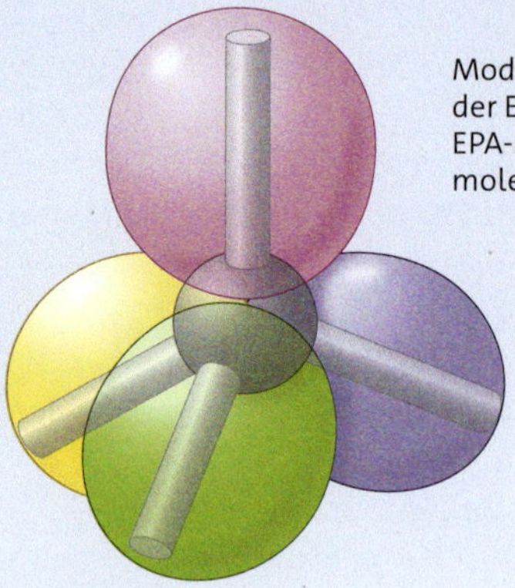

Modellhafte Darstellung der Elektronenwolken im EPA-Modell des Methanmoleküls $CH_4$

| **Stoff und Formel** | Methan $CH_4$ | Wasser $H_2O$ |
|---|---|---|
| **Lewis-Formel** | 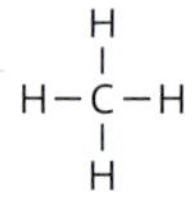 | 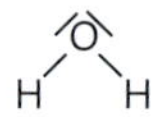 |
| **Elektronenpaare am zentralen Atom** | 4 bindende Elektronenpaare am C-Atom | 2 bindende und 2 freie Elektronenpaare am O-Atom |
| **Molekülmodell und räumlicher Bau** | 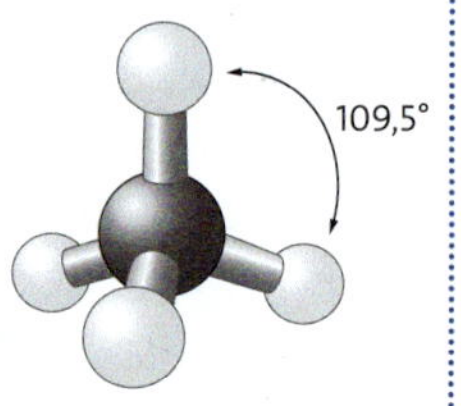  | 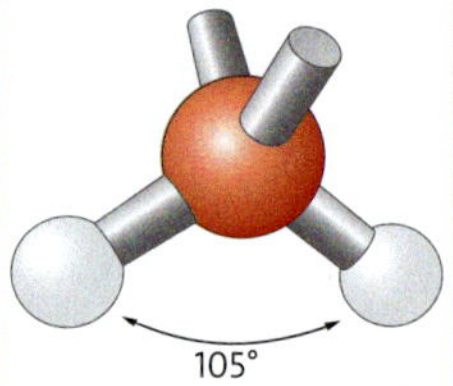  |

**Elektronegativitätswert (EN) eines Elements:** gibt an, wie stark ein Atom das bindende Elektronenpaar im Molekül anzieht
**Polare Elektronenpaarbindung:** beruht auf einer unsymmetrischen Elektronenverteilung zwischen den Atomen des Moleküls; daraus resultieren unterschiedliche elektrische Teilladungen δ+ bzw. δ–
Je größer die Differenz zwischen den Elektronegativitätswerten ist, desto polarer ist die Elektronenpaarbindung.
Bei einer *Elektronegativitätsdifferenz von null* handelt es sich um eine **unpolare Elektronenpaarbindung**.
**Dipolmolekül:** Molekül, in dem getrennte Ladungsschwerpunkte für die positive und negative elektrische Teilladung existieren. *Beispiele:* $H_2O$, $NH_3$
**Wasserstoffbrücken:** zusätzliche Anziehungskräfte zwischen benachbarten Dipolmolekülen. Sie bilden sich zwischen positiv polarisierten Wasserstoffatomen und freien Elektronenpaaren stark elektronegativer Elemente.
**Zwischenmolekulare Kräfte:** Überbegriff aller Wechselwirkungen zwischen Molekülen; dazu gehören Wasserstoffbrücken, Dipol-Dipol-Kräfte und Van-der-Waals-Kräfte. Sie bestimmen viele Eigenschaften der Stoffe.

## REAKTIONEN MIT ELEKTRONENÜBERTRAGUNG

Reagieren z. B. Metalle mit Salzlösungen, so findet zwischen den *Metallatomen* und *Metall-Ionen* der reagierenden Stoffe eine **Elektronenübertragung** statt.

Die Teilreaktion der **Elektronenabgabe** wird **Oxidation** genannt.

*Beispiel* Oxidation: $Zn \longrightarrow Zn^{2+} + 2\,e^-$
Das Zn-Atom ist ein **Elektronendonator**.

Die Teilreaktion der **Elektronenaufnahme** wird **Reduktion** genannt.

*Beispiel* Reduktion: $Cu^{2+} + 2\,e^- \longrightarrow Cu$
Das $Cu^{2+}$-Ion ist ein **Elektronenakzeptor**.

*Oxidation* und *Reduktion* finden immer *gleichzeitig* statt. Solche Reaktionen mit gleichzeitiger Elektronenübertragung werden **Redoxreaktionen** genannt:

Oxidation: $Zn \longrightarrow Zn^{2+} + 2\,e^-$
Reduktion: $Cu^{2+} + 2\,e^- \longrightarrow Cu$

Redoxreaktion: $Zn + Cu^{2+} \rightarrow Zn^{2+} + Cu$

Mithilfe solcher Elektronenübertragungsreaktionen kann die chemische Energie der reagierenden Stoffe in elektrische Energie umgewandelt werden (**galvanisches Element**, **Batterie**). Die Elektronenübertragungsreaktion kann durch Zuführen von elektrischer Energie umgekehrt werden (**Elektrolyse**).

Elektronenübertragungsreaktionen können auch zwischen anderen Reaktionspartnern wie Metallen und Nichtmetallen oder Metallen und Metalloxiden stattfinden.

## SÄUREN – BASEN – NEUTRALISATION

Stoffliche Betrachtung:

- **Saure Lösungen** sind wässrige Lösungen, die Oxonium-Ionen $H_3O^+$ enthalten.
- **Alkalische Lösungen** sind wässrige Lösungen, die Hydroxid-Ionen $OH^-$ enthalten.

⇒ Saure und alkalische Lösungen sind wegen der in ihnen enthaltenen Ionen elektrisch leitfähig.

Teilchenmäßige Betrachtung:

- **Säuren** sind Stoffe, deren Teilchen Protonen $H^+$ abgeben, es sind **Protonendonatoren**.
- **Basen** sind Stoffe, deren Teilchen Protonen $H^+$ aufnehmen, es sind **Protonenakzeptoren**.

⇒ **Säure-Base-Reaktionen** sind **Protonenübertragungsreaktionen**.

*Beispiel:*

Protonenabgabe (HCl → $Cl^-$)

$$HCl + H_2O \longrightarrow Cl^- + H_3O^+$$

Protonenaufnahme ($H_2O$ → $H_3O^+$)

Protonenübergang im Teilchenmodell:

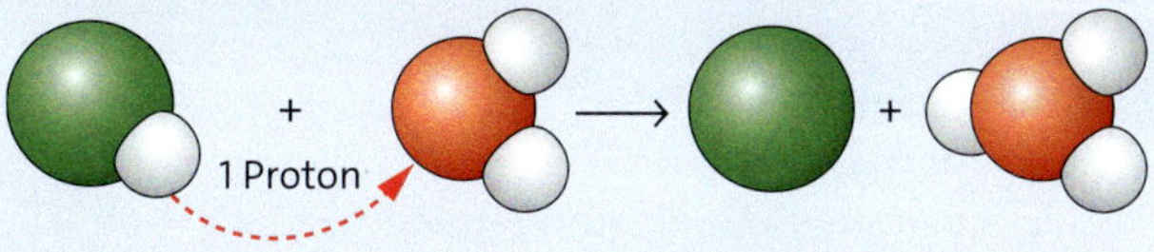


### Neutralisation

Die Reaktion zwischen Oxonium-Ionen und Hydroxid-Ionen wird als **Neutralisation** bezeichnet. Es ist eine Protonenübertragungsreaktion. Sie läuft ab, wenn eine saure Lösung zu einer alkalischen Lösung gegeben wird.
Neutralisation:
$H_3O^+(aq) + OH^-(aq) \longrightarrow 2\,H_2O(l)$

Protonenübergang im Teilchenmodell:

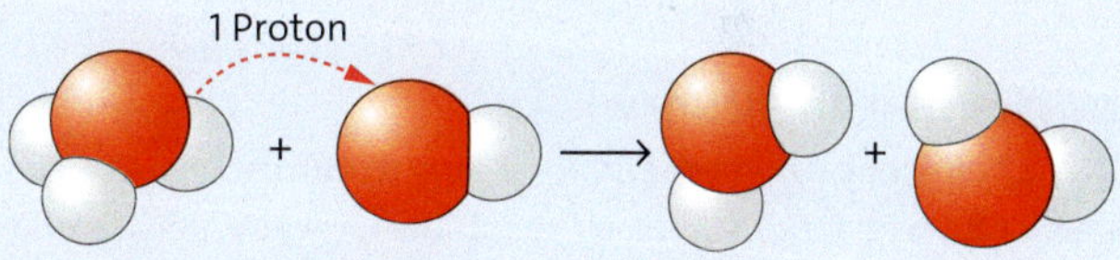


Gleichzeitig wird eine **Salzlösung** gebildet.

*Beispiel:*
$HCl(aq) + NaOH(aq) \longrightarrow \underbrace{H_2O(l) + Na^+(aq) + Cl^-(aq)}_{\text{Natriumchloridlösung}}$

### pH-Wert

Der pH-Wert einer Lösung gibt an, wie stark sauer oder alkalisch diese Lösung ist. Er ist ein Maß für die Konzentration an Oxonium-Ionen.

Bei einer Änderung des pH-Werts um 1 ändert sich die Konzentration um den Faktor 10.

Die **pH-Wert-Skala** reicht in etwa von pH = 0 bis pH = 14:

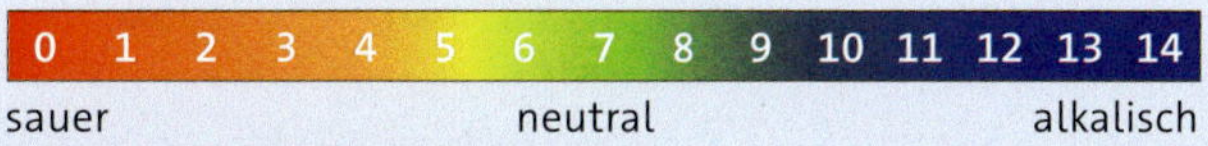


**Einteilung von Lösungen nach ihrem pH-Wert**
pH < 7: saure Lösung
pH = 7: neutrale Lösung
pH > 7 alkalische Lösung

### REAKTIONSGESCHWINDIGKEIT

Die mittlere Reaktionsgeschwindigkeit kann über die Änderung der Konzentration der Reaktionsteilnehmer über ein bestimmtes Zeitintervall gemessen werden.

Für eine Reaktion 2 A ⟶ B gilt:

$$\bar{v} = -\frac{1}{2}\frac{\Delta c(\mathrm{A})}{\Delta t} = \frac{\Delta c(\mathrm{B})}{\Delta t}$$

### CHEMISCHES GLEICHGEWICHT

Viele chemische Reaktionen lassen sich umkehren.

*Beispiele:* Veresterung und Esterspaltung

Weder bei der Veresterung noch bei der Esterspaltung bilden sich zu 100 % die jeweiligen Produkte. Vielmehr stellt sich nach einiger Zeit ein Zustand ein, in dem sich die Konzentrationen aller beteiligten Stoffe nicht mehr verändern. Dabei ist es unerheblich, ob man von der Veresterung oder von der Esterspaltung ausgeht. Die Veresterung und die Esterspaltung bilden ein **chemisches Gleichgewicht**. Es wird durch einen Gleichgewichtspfeil ⇄ gekennzeichnet.

$$HCOOH + CH_3OH \underset{\text{Rückreaktion}}{\overset{\text{Hinreaktion}}{\rightleftharpoons}} HCOOCH_3 + H_2O$$

### DYNAMISCHES GLEICHGEWICHT

Das chemische Gleichgewicht ist ein **dynamisches Gleichgewicht**. Im Reaktionsgemisch konstanter Zusammensetzung verlaufen die Hin- und die Rückreaktion mit gleicher Geschwindigkeit ab. Pro Zeiteinheit werden genauso viele Ester- und Wassermoleküle gebildet, wie Estermoleküle mit Wasser zurück zu Säure und Alkohol reagieren. Es gilt:

$$v_{Hin} = v_{Rück}$$

Für eine einfache Reaktion A ⇄ B ergibt sich folgendes **Konzentrations-Zeit-Diagramm**:

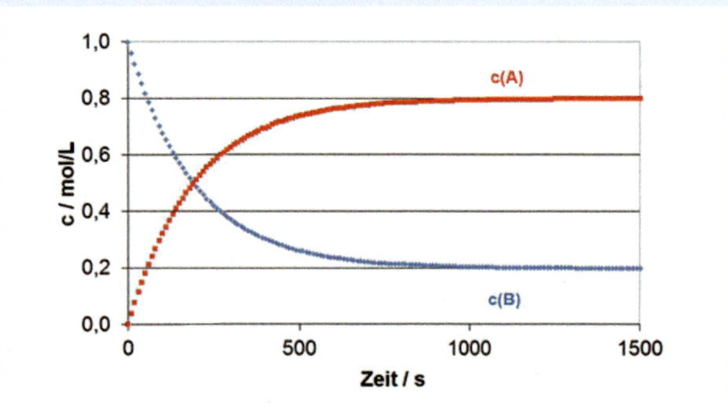


### MASSENWIRKUNGSGESETZ

Im chemischen Gleichgewicht ist der Quotient aus dem Produkt der Produktkonzentrationen und dem Produkt der Eduktkonzentrationen immer eine Konstante, die Gleichgewichtskonstante $K_C$.

Allgemeine Form einer Reaktion:

a A + b B ⇄ c C + d D,

Das zugehörige **Massenwirkungsgesetz** lautet:

$$K_C = \frac{c^c(\mathrm{C}) \cdot c^d(\mathrm{D})}{c^a(\mathrm{A}) \cdot c^b(\mathrm{B})}$$

Die Koeffizienten aus der Reaktionsgleichung treten als Exponent im Konzentrationsquotienten auf.

Die Gleichgewichtskonstante ist *temperaturabhängig*.

### KATALYSATOR

Ein Katalysator beeinflusst die Geschwindigkeit, mit der sich ein chemisches Gleichgewicht einstellt, nicht aber das Gleichgewicht selbst. Der Katalysator senkt die Aktivierungsenergie, daher verläuft die Reaktion schneller. Das Gleichgewicht selbst und die Gleichgewichtskonstante bleiben unverändert.

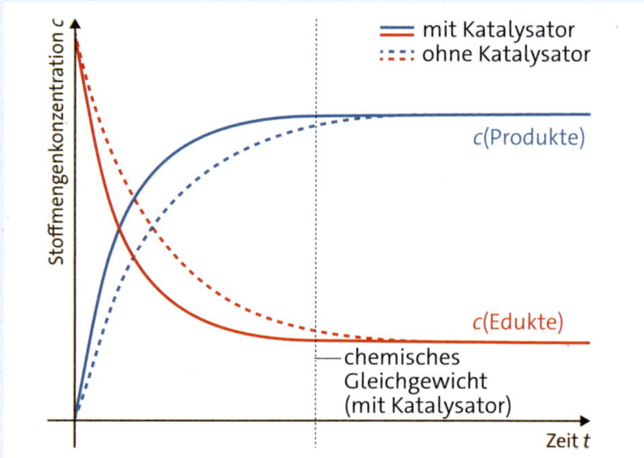


5 Konzentrations-Zeit-Diagramm für eine Reaktion A ⇄ B

### PRINZIP VON LE CHATELIER (PRINZIP VOM KLEINSTEN ZWANG)

Das chemische Gleichgewicht wird von der Änderung der Temperatur und der Stoffmengenkonzentration beeinflusst (bei Gasen zusätzlich: Änderung des Drucks). Ändert man für ein im Gleichgewicht befindliches System eine dieser Größen, verschiebt sich das Gleichgewicht so, dass der durch die Änderung der Bedingungen ausgeübte Zwang verringert wird.

| Größe | Zunahme begünstigt | Abnahme begünstigt |
|---|---|---|
| Temperatur *T* | endotherme Reaktion | exotherme Reaktion |
| Stoffmengenkonzentration *c*(A) | Verbrauch von A | Bildung von A |
| Druck *p* | Abnahme der Teilchenanzahl im Gasraum | Zunahme der Teilchenanzahl im Gasraum |

# 1.2 Rückblick: Grundlagen der organischen Chemie

## ORGANISCHE CHEMIE

Die organische Chemie beschäftigt sich mit molekularen Verbindungen, deren Moleküle auf Kohlenstoff- und Wasserstoffatomen basieren.
*Beispiele:* Methan $CH_4$, Ethanol $C_2H_5OH$
*Keine organischen Verbindungen:* Wasser $H_2O$, Kalk $CaCO_3$

Kohlenstoffatome können untereinander und zu anderen Nichtmetallatomen stabile Elektronenpaarbindungen bilden. Sie können sich zu ketten- oder ringförmigen Molekülen verbinden. Dies führt zur Vielfalt der organisch-chemischen Verbindungen.
*Beispiele:*

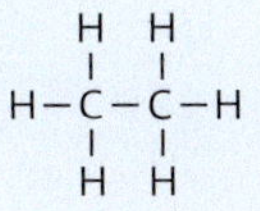
Ethan

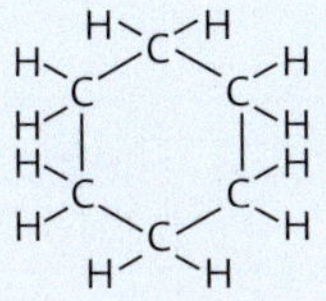
Cyclohexan

## ALKANE

Alkane sind gesättigte Kohlenwasserstoffe, d. h., in ihren Molekülen liegen nur Einfachbindungen vor. Sie bilden eine **homologe Reihe** mit der allgemeinen Molekülformel $C_nH_{2n+2}$.

| Name | Molekülformel | Name | Molekülformel |
|---|---|---|---|
| Methan | $CH_4$ | Hexan | $C_6H_{14}$ |
| Ethan | $C_2H_6$ | Heptan | $C_7H_{16}$ |
| Propan | $C_3H_8$ | Octan | $C_8H_{18}$ |
| Butan | $C_4H_{10}$ | Nonan | $C_9H_{20}$ |
| Pentan | $C_5H_{12}$ | Decan | $C_{10}H_{22}$ |

Homologe Reihe der Alkane

**Alkylgruppen** sind die bei verzweigten Molekülen auftretenden Seitenketten, deren Name sich wie bei den Alkanen aus der Anzahl der C-Atome ergibt. Die Endung **-an** wird durch **-yl** ersetzt.
*Beispiele:* Methylgruppe $–CH_3$, Ethylgruppe $–C_2H_5$

## ISOMERE DER ALKANE

Verbindungen, in deren Molekülen bei gleicher Molekülformel die Atome unterschiedlich verknüpft sind, nennt man **Konstitutionsisomere** bzw. **Strukturisomere**.
*Beispiele:*

$CH_3-CH_2-CH_2-CH_3$
n-Butan

$CH_3-CH(CH_3)-CH_3$
Isobutan

## DARSTELLUNGEN VON STRUKTURFORMELN

Die Strukturformeln von Molekülen können auf verschiedene Arten dargestellt werden:

| n-Butan | Isobutan |
|---|---|
| **Strukturformel (vollständige Lewis-Formel)**<br>Eine Strukturformel enthält alle Atome, Elektronenpaare und Bindungen eines Moleküls. | |
| 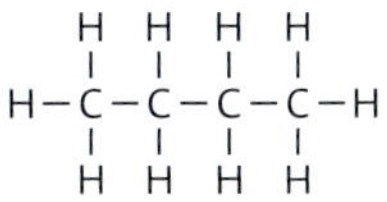 | 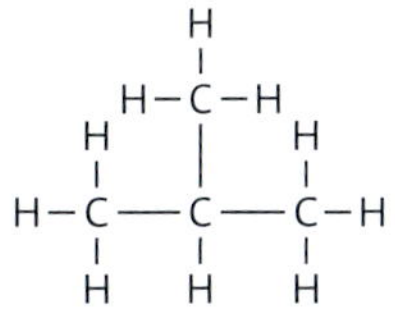 |
| **Halbstrukturformel**<br>Es werden nur die Bindungen zwischen den C-Atomen dargestellt. Die gebundenen H-Atome werden zusammengefasst. | |
| $CH_3-CH_2-CH_2-CH_3$ | $CH_3-CH(CH_3)-CH_3$ |
| **Skelettformel**<br>Bindungen zwischen den C-Atomen werden durch Linien dargestellt. Punkte, von denen eine, zwei, drei bzw. vier Linien ausgehen, symbolisieren die $CH_3$-, $CH_2$-, CH-Gruppen bzw. C-Atome. | |
|  |  |
| **Keil-Strich-Formel**<br>Verdeutlicht die räumliche Anordnung der Atome im Molekül. Die Bindungen auf Ebene der Kohlenstoffatome werden als einfache Bindungsstriche dargestellt.<br>Für aus der Ebene nach *vorne* ragende Bindungen wird ein gefülltes Dreieck verwendet, für die aus der Ebene nach *hinten* ragenden Bindungen ein gestricheltes Dreieck. | |
| 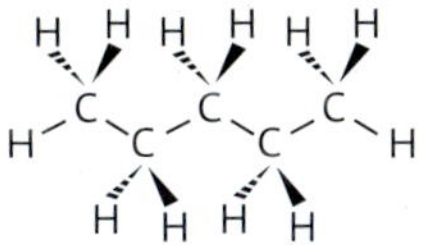 | 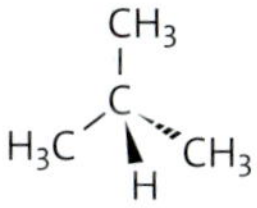 |
| **Kalottenmodell**<br>Räumliche Darstellung von Molekülen, die mittels sich durchdringender Kugeln die Raumerfüllung der Moleküle verdeutlicht | |
| 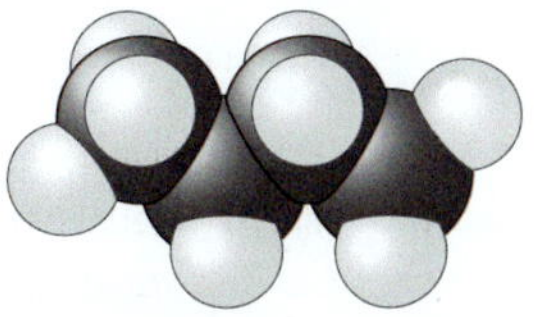 | 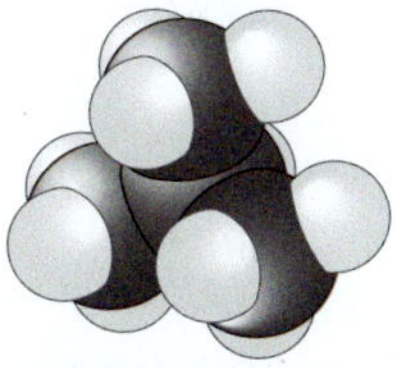 |

## SYSTEMATISCHE BENENNUNG DER ALKANE

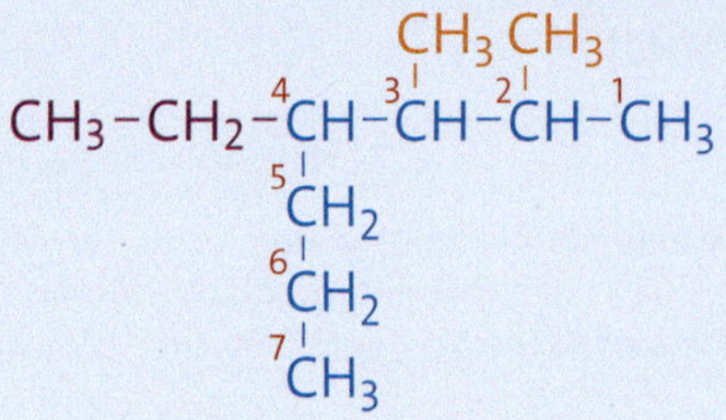

4-Ethyl-2,3-dimethylheptan

1) Bestimmen Sie die Anzahl der Kohlenstoffatome in der längsten Kette und benennen Sie die Hauptkette (heptan).
2) Ermitteln Sie die Verzweigungen, benennen Sie die Alkylgruppen und ordnen Sie sie alphabetisch (Ethyl, Methyl).
3) Ermitteln Sie die Anzahl gleicher Alkylgruppen und stellen Sie das entsprechende griechische Zahlwort den Namen der Alkylreste voran (dimethyl).
4) Legen Sie die Nummern der Kohlenstoffatome fest, an denen Alkylgruppen gebunden sind. Die Hauptkette wird so nummeriert, dass die Verzweigungsstellen kleinstmögliche Zahlen erhalten (2, 3, 4).
5) Bilden Sie den Namen.

## EIGENSCHAFTEN UND REAKTIONEN DER ALKANE

Alkane sind aufgrund ihrer unpolaren Moleküle lipophil („fettliebend") und hydrophob („wasserabweisend"). Sie lösen sich ineinander und nicht in Wasser. Die Wechselwirkungen zwischen ihren Molekülen entstehen durch temporäre und induzierte Dipole.

**Oxidation:** Alkane reagieren mit Sauerstoff zu Kohlenstoffdioxid und Wasser (vollständige Verbrennung). Die Zündtemperatur steigt mit der Anzahl der Kohlenstoffatome im Molekül.

*Beispiele:*

$CH_4 + 2\,O_2 \longrightarrow CO_2 + 2\,H_2O$

$2\,C_8H_{18} + 25\,O_2 \longrightarrow 16\,CO_2 + 18\,H_2O$

## MAKROMOLEKÜLE DURCH POLYMERISATION

Eine **Polymerisation** ist eine chemische Reaktion, bei der aus vielen identischen kleinen Molekülen, die Monomere, sehr große Moleküle, die **Makromoleküle**, gebildet werden. Sie werden auch Polymere genannt.

**Kunststoffe** bestehen aus Polymeren. Die Eigenschaften der Kunststoffe können unterschiedlich sein, sie können z. B. weich oder hart, spröde oder elastisch, transparent oder undurchsichtig sein. Die Kunststoffeigenschaften hängen von der Struktur der jeweiligen Makromoleküle ab, aus denen sie aufgebaut sind.

## ALKOHOLE

Alkohole sind Verbindungen, deren Moleküle außer Kohlenstoff- und Wasserstoffatomen eine oder mehrere Hydroxygruppen (OH-Gruppe) enthalten. Die Hydroxygruppe ist die **funktionelle Gruppe** der Alkohole.

*Beispiele:*

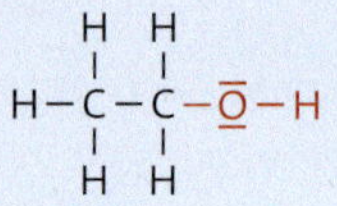

Ethanol

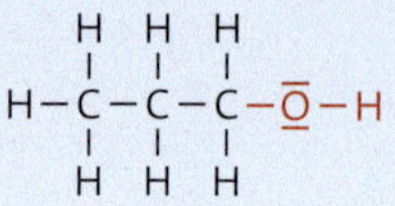

Propan-1-ol

Alkohole, die sich von den Alkanen ableiten, heißen Alkanole. Sie haben die allgemeine Molekülformel $C_nH_{2n+1}OH$ und bilden eine homologe Reihe.

| Name | Halbstrukturformel |
|---|---|
| Methanol | $CH_3$–OH |
| Ethanol | $CH_3$–$CH_2$–OH |
| Propan-1-ol | $CH_3$–$CH_2$–$CH_2$–OH |
| Butan-1-ol | $CH_3$–$CH_2$–$CH_2$–$CH_2$–OH |
| Pentan-1-ol | $CH_3$–$CH_2$–$CH_2$–$CH_2$–$CH_2$–OH |

Homologe Reihe der Alkanole

## ISOMERIE UND BENENNUNG BEI ALKANOLEN

Die Moleküle der Alkanole können verzweigt sein. Die Benennung erfolgt wie bei den Alkanen, zusätzlich wird angegeben, an welches C-Atom die Hydroxygruppe bindet. Die Einteilung der Alkanole erfolgt nach der Stellung der Hydroxygruppe.

*Beispiele:*

| Primär | Sekundär | Tertiär |
|---|---|---|
| 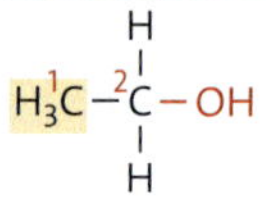 | 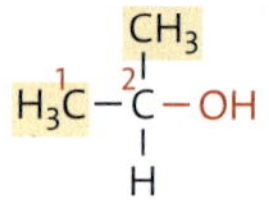 | 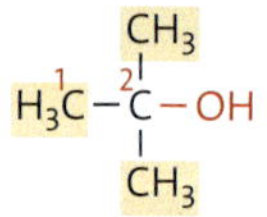 |
| Ethanol | Propan-2-ol | 2-Methylpropan-2-ol |

## EIGENSCHAFTEN DER ALKANOLE

Die Wasserlöslichkeit der Alkanole sinkt mit steigender Anzahl an Kohlenstoffatomen im Molekül.

Wie Alkane reagieren auch Alkanole mit Sauerstoff (Verbrennung) zu Kohlenstoffdioxid und Wasser.

## MEHRWERTIGE ALKOHOLE

Hat ein Alkoholmolekül mehr als eine Hydroxygruppe, so liegt ein mehrwertiger Alkohol vor.

*Beispiele:*

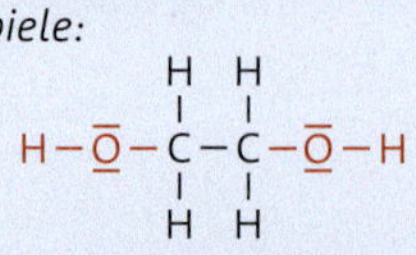

Ethan-1,2-diol
(Glykol)

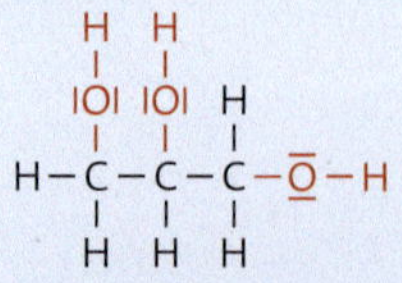

Propan-1,2,3-triol
(Glycerin)

## OXIDATIONSPRODUKTE DER ALKANOLE

Primäre Alkohole können zu Aldehyden, sekundäre zu Ketonen oxidiert werden. Die Oxidation von Aldehyden führt zu Carbonsäuren. Charakteristische funktionelle Gruppen sind:

- –CHO, Aldehydgruppe
- >C=O, Carbonylgruppe bzw. Ketogruppe
- –COOH, Carboxylgruppe (IUPAC: Carboxygruppe)

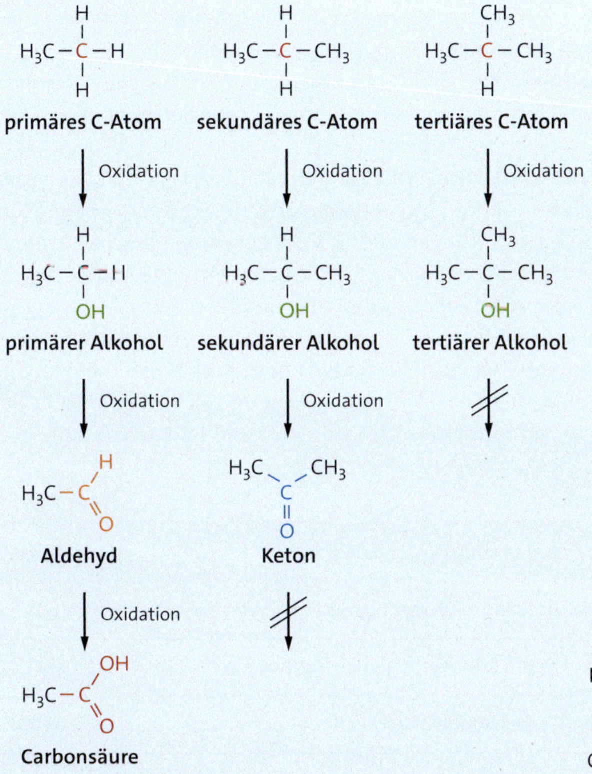


Auch Aldehyde, Ketone und Carbonsäuren, die sich von den Alkanen ableiten, bilden **homologe Reihen**. Nach IUPAC werden Aldehyde als **Alkanale**, Ketone als **Alkanone** und Carbonsäuren als **Alkansäuren** bezeichnet.

| Alkan | Alkanol | Alkanal | Alkanon | Alkansäure |
|---|---|---|---|---|
| Methan | Methanol | Methanal | / | Methansäure |
| Ethan | Ethanol | Ethanal | / | Ethansäure |
| Propan | Propan-1-ol | Propanal | / | Propansäure |
| | Propan-2-ol | / | Propanon | / |

Von Alkanen abgeleitete homologe Reihen

## ALDEHYDE UND KETONE

Die funktionelle Gruppe der Aldehyde ist die Aldehydgruppe (allgemein: *Carbonylgruppe*). Die C=O-Bindung ist stark polar und bestimmt die Eigenschaften der Aldehyde.

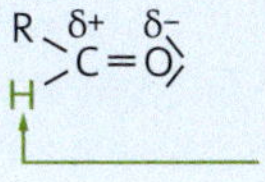

Voraussetzung für die partielle Oxidation der Aldehyde

Auch Ketone haben eine Carbonylgruppe (Ketogruppe), sind jedoch nicht partiell oxidierbar.

## CARBONSÄUREN

Carbonsäuren sind Säuren. In Wasser **protolysieren** sie in geringem Umfang und bilden Oxonium-Ionen sowie Carboxylat-Ionen.

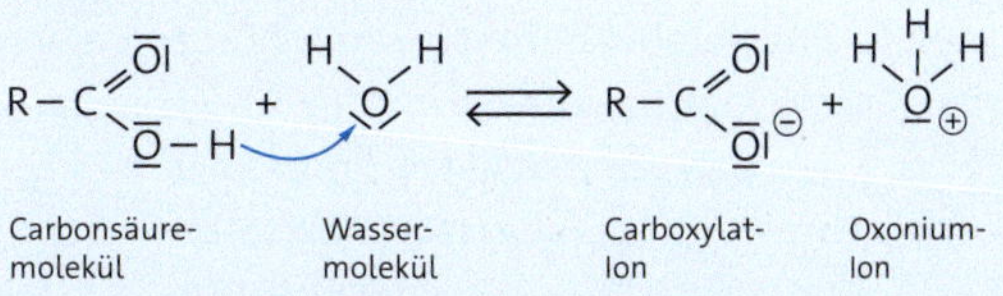


Je länger die Kohlenstoffkette der Moleküle, desto geringer ist die Löslichkeit der Carbonsäure in Wasser, da der unpolare Alkylrest die Eigenschaften gegenüber der polaren Carboxygruppe dominiert.

## CARBONSÄUREESTER

Carbonsäuren reagieren mit Alkoholen zu Carbonsäureestern unter Abspaltung von Wasser (**Kondensation**). Die Bildung der Ester wird durch Säuren katalysiert. Durch **Hydrolyse** (Reaktion mit Wasser) lassen sich die Ester wieder spalten. **Veresterung** und **Esterspaltung** sind umkehrbare chemische Reaktionen.

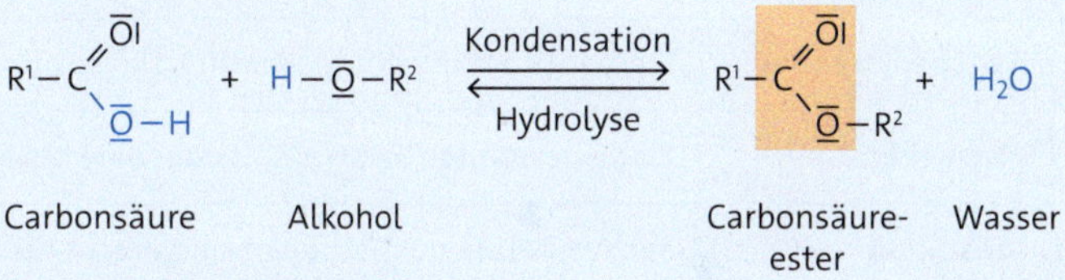


## BENENNUNG VON CARBONSÄUREESTERN

Der Name eines Esters wird aus dem Namen der Carbonsäure, der Alkylgruppe des Alkohols und der Endung -ester gebildet. Nach IUPAC wird der Alkylgruppe der Säure die Endung -oat angefügt und die Alkylgruppe des Alkohols vorangestellt.

| Carbonsäure | Alkanol | Name des Esters (IUPAC) |
|---|---|---|
| Methansäure | Ethanol | Methansäureethylester (Ethylmethanoat) |
| Ethansäure | Ethanol | Ethansäureethylester (Ethylethanoat) |
| Propansäure | Pentanol | Propansäurepentylester (Pentylpropanoat) |

Viele Carbonsäureester haben einen charakteristischen Geruch. Sie gehören zu den **Aromastoffen**.
*Beispiel:* Butansäureethylester – Ananasduft

# 1.3 Aufgaben richtig verstehen – Umgang mit Operatoren

Operatoren sind *handlungsleitende Verben*, die bei einer Aufgabenstellung darüber Auskunft geben, welche Tätigkeit beispielsweise in einer Klausuraufgabe gefordert wird. Als **Signalwörter** bestimmen sie Art und Umfang der geforderten Leistung.

Mithilfe von einheitlichen Standards im niedersächsischen *Kerncurriculum Chemie für das Gymnasium, die Gesamtschule, das Berufliche Gymnasium, das Abendgymnasium und das Kolleg* wird festgelegt, welche Tätigkeiten beim Bearbeiten der Aufgabe erwartet werden, damit eine Vergleichbarkeit der individuellen Lösung möglich wird. Das Wissen um die Bedeutung der Operatoren ist dabei hilfreich, um schon zu Beginn der Bearbeitung einer Klausuraufgabe eine *geeignete Zeiteinteilung* vorzunehmen und abschätzen zu können, in *welcher Tiefe* die Aufgabenstellung bearbeitet werden soll.

Operatoren werden durch den Kontext der Prüfungsaufgabe erst konkretisiert bzw. präzisiert: durch die Formulierung bzw. Gestaltung der Aufgabenstellung, durch den Bezug zu Textmaterialien/Abbildungen bzw. Problemstellungen sowie durch die Zuordnung zu **Anforderungsbereichen (AFB)** im Erwartungshorizont. Aufgrund dieser vielfältigen wechselseitigen Abhängigkeiten lassen sich Operatoren zumeist nicht präzise einzelnen Anforderungsbereichen zuschreiben.

**ANFORDERUNGSBEREICH I** umfasst das Wiedergeben von Sachverhalten und Kenntnissen im gelernten Zusammenhang, die Verständnissicherung sowie das Anwenden und Beschreiben geübter Arbeitstechniken und Verfahren.
Dies erfordert vor allem **Reproduktionsleistungen**.

**ANFORDERUNGSBEREICH II** umfasst das selbstständige Auswählen, Anordnen, Verarbeiten, Erklären und Darstellen bekannter Sachverhalte unter vorgegebenen Gesichtspunkten in einem durch Übung bekannten Zusammenhang sowie das selbstständige Übertragen und Anwenden des Gelernten auf vergleichbare neue Zusammenhänge und Sachverhalte.
Dies erfordert vor allem **Reorganisationsleistungen**.

**ANFORDERUNGSBEREICH III** umfasst das Verarbeiten komplexer Sachverhalte mit dem Ziel, zu selbstständigen Lösungen, Gestaltungen oder Deutungen, Folgerungen, Verallgemeinerungen, Begründungen und Wertungen zu gelangen. Dabei wählen die Schülerinnen und Schüler selbstständig geeignete Arbeitstechniken und Verfahren zur Bewältigung der Aufgabe, wenden sie auf eine neue Problemstellung an und reflektieren das eigene Vorgehen.
Dies erfordert vor allem **Reflexion und Transferleistungen**.

| Operator | Was wird verlangt? | AFB |
|---|---|---|
| **Analysieren** | Unter einer gegebenen Fragestellung wichtige Bestandteile oder Eigenschaften herausarbeiten. | II–III |
| **Angeben/Nennen** | Elemente, Sachverhalte, Begriffe, Daten ohne nähere Erläuterungen aufzählen. | I–II |
| **Anwenden** | Einen bekannten Sachverhalt oder eine bekannte Methode auf etwas Neues beziehen. | II–III |
| **Aufstellen** | Sachverhalte und Methoden zielgerecht miteinander verknüpfen; eine Hypothese, eine Skizze, ein Experiment oder ein Modell schrittweise weiterführen und ausbauen. | I–II |
| **Auswerten** | Daten, Einzelergebnisse oder sonstige Sachverhalte in einen Zusammenhang stellen und ggf. zu einer abschließenden Gesamtaussage zusammenführen. | II–III, ggf. I |
| **Begründen** | Sachverhalte auf Regeln, Gesetzmäßigkeiten bzw. kausale Zusammenhänge zurückführen. | II–III |
| **Berechnen** | Mittels Größengleichungen eine chemische oder physikalische Größe bestimmen. | I–III |
| **Beschreiben** | Strukturen, Sachverhalte oder Zusammenhänge wiedergeben. | I |
| **Bestätigen** | Die Gültigkeit einer Aussage, z. B. einer Hypothese oder einer Modellvorstellung, durch ein Experiment verifizieren. | I–II |
| **Bestimmen** | Mittels Größengleichungen eine chemische oder physikalische Größe bestimmen. | I–III |
| **Beurteilen** | Zu einem Sachverhalt eine selbstständige Einschätzung unter Verwendung von Fachwissen und Fachmethoden begründet formulieren. | II–III |
| **Bewerten** | Eine eigene Position nach ausgewiesenen Kriterien vertreten. | II–III |

| Operator | Was wird verlangt? | AFB |
|---|---|---|
| **Darstellen** | Sachverhalte, Zusammenhänge, Methoden und Bezüge in angemessenen Kommunikationsformen strukturiert wiedergeben. | I–II |
| **Diskutieren** | Im Zusammenhang mit Sachverhalten, Aussagen oder Thesen unterschiedliche Positionen bzw. Pro- und Contra-Argumente einander gegenüberstellen und abwägen. | II–III |
| **Dokumentieren** | Alle notwendigen Erklärungen, Herleitungen und Skizzen darstellen. | I–II |
| **Durchführen** | Eine vorgegebene oder eigene Experimentieranleitung umsetzen. | I |
| **Entwickeln** | Sachverhalte und Methoden zielgerecht miteinander verknüpfen; eine Hypothese, eine Skizze, ein Experiment oder ein Modell schrittweise weiterführen und ausbauen. | I–II |
| **Erklären** | Einen Sachverhalt nachvollziehbar und verständlich zum Ausdruck bringen. | II–III, ggf. I |
| **Erläutern** | Einen Sachverhalt durch zusätzliche Informationen (chemische Formeln und Gleichungen) veranschaulichen und verständlich machen. | II–III, ggf. I |
| **Ermitteln** | Einen Zusammenhang oder eine Lösung finden und das Ergebnis formulieren. | I–II |
| **Interpretieren/ Deuten** | Kausale Zusammenhänge in Hinblick auf Erklärungsmöglichkeiten untersuchen und abwägend herausstellen. | II–III |
| **Ordnen/zuordnen** | Vorliegende Objekte oder Sachverhalte kategorisieren und hierarchisieren. | I–II |
| **Planen (von Experimenten)** | Zu einem vorgegebenen Problem z. B. eine Experimentieranleitung erstellen. | II–III |
| **Prüfen** | Sachverhalte oder Aussagen an Fakten oder innerer Logik messen und eventuelle Widersprüche aufdecken. | I–III |
| **Skizzieren** | Sachverhalte, Strukturen oder Ergebnisse auf das Wesentliche reduzieren und diese graphisch oder als Fließtext übersichtlich darstellen. | I–II |
| **Stellung nehmen** | Eine eigene Position nach ausgewiesenen Kriterien vertreten. | II–III |
| **Strukturieren** | Vorliegende Objekte oder Sachverhalte kategorisieren und hierarchisieren. | I–II |
| **Überprüfen** | Sachverhalte oder Aussagen an Fakten oder innerer Logik messen und eventuelle Widersprüche aufdecken. | I–III |
| **Übertragen** | Einen bekannten Sachverhalt oder eine bekannte Methode auf etwas Neues beziehen. | II–III |
| **Untersuchen** | Unter einer gegebenen Fragestellung wichtige Bestandteile oder Eigenschaften herausarbeiten; „untersuchen" beinhaltet ggf. zusätzliche praktische Anteile. | II–III |
| **Verallgemeinern** | Aus einem erkannten Sachverhalt eine erweiterte Aussage formulieren. | II |
| **Vergleichen** | Gemeinsamkeiten, Ähnlichkeiten und Unterschiede ermitteln. | I–III |
| **Zeichnen** | Eine anschauliche und hinreichend exakte grafische Darstellung beobachtbarer oder gegebener Strukturen anfertigen. | I–II |

So verschiedenfarbig Mohn- und Kornblume sind, die Farbstoffmoleküle ihrer Blüten sind doch sehr ähnlich und durch Säure-Base-Reaktionen ineinander umwandelbar. Säure-Base-Gleichgewichte spielen in nahezu allen biochemischen Systemen eine wichtige Rolle. So sind beispielsweise optimale Geschwindigkeiten enzymatisch katalysierter Reaktionen nur in einem schmalen pH-Wert-Bereich möglich, der durch entsprechende pH-Puffersysteme stabilisiert wird.

# Säure-Base-Reaktionen 2

## Protonenübergänge im chemischen Gleichgewicht

### Wasser als Säure und Base

- Reaktionen mit Protonenübergang
- Autoprotolyse und Ionenprodukt des Wassers
- pH- und pOH-Wert

### Stärke von Säuren und Basen

- Säure-Base-Reaktionen
- Korrespondierende Säure-Base-Paare
- Säure- und Basenkonstanten
- Protochemische Reihe

### pH-Puffersysteme

- Konstanter pH-Wert in Lösungen schwacher Säuren und Basen
- Abfangreaktionen
- Puffergleichung
- Puffer in der Biochemie

### Titration und Indikatoren

- Säure-Base-Titration
- Titrationskurven
- pH-Indikatoren als schwache Säuren und Basen

**01** Ob Rot oder Blau – die Farben von Mohn- und Kornblumen sind eine Frage des pH-Werts.

# 2.1 Entwicklung des Säure-Base-Begriffs

**01** Ameisen versprühen Ameisensäure.

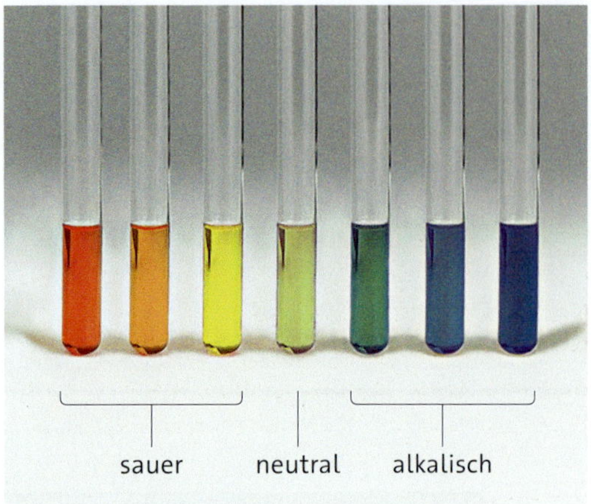


**02** Saure, neutrale und alkalische Lösungen mit Universalindikator

Säuren findet man nicht nur im Chemielabor. Ameisensäure (HCOOH) und viele andere Säuren sind Naturprodukte.

**SÄUREN UND SAUERSTOFF** Auf den französischen Chemiker ANTOINE-LAURENT DE LAVOISIER (1743–1794) geht die Bezeichnung *oxygène* für das Element Sauerstoff zurück (griech. *oxys:* sauer, *genes:* Erschaffung). LAVOISIER vertrat die Auffassung, dass chemisch gebundener Sauerstoff für die charakteristischen Eigenschaften saurer Lösungen verantwortlich ist. Tatsächlich sind viele als „Säure" bezeichneten Stoffe Sauerstoffverbindungen.

*Beispiele für Säuren, die Sauerstoff enthalten:*
*Salpetersäure – $HNO_3$*
*Schwefelsäure – $H_2SO_4$*

**DAVYS DEFINITION DER SÄURE** Der englische Chemiker HUMPHREY DAVY (1778–1829) entdeckte, dass Chlor ein chemisches Element ist. Chlorwasserstoff (HCl), das eine saure wässrige Lösung ergibt („Salzsäure"), enthält keinen chemisch gebundenen Sauerstoff. DAVY bezeichnete Säuren als Stoffe, die chemisch gebundenen Wasserstoff enthalten, der durch Metalle ersetzt werden kann.

$$2\,HCl(aq) + Zn(s) \longrightarrow ZnCl_2(aq) + H_2(g)$$
$$H_2SO_4(aq) + Zn(s) \longrightarrow ZnSO_4(aq) + H_2(g)$$

**SAURE UND ALKALISCHE LÖSUNGEN** **Saure Lösungen** reagieren mit unedlen Metallen und sind elektrisch leitfähig. Sie führen bei bestimmten Farbstoffen, den Indikatoren, zu Farbänderungen (↑ **02**). „Gegenspieler" zu den sauren Lösungen sind die **alkalischen Lösungen**. Auch sie sind elektrisch leitfähig und führen zu Farbänderungen bei Indikatoren. Gibt man passende Mengen saurer und alkalischer Lösungen zusammen, dann neutralisieren sie sich in ihrer Wirkung und es entsteht eine **neutrale Lösung**.

**ELEKTROLYTISCHE DISSOZIATION – DEFINITION NACH ARRHENIUS** Über den Vorgang auf der Teilchenebene, der den sauren bzw. alkalischen Charakter der jeweiligen Lösung verursacht, gab es lange Zeit keine konsistente Theorie. Erst SVANTE ARRHENIUS konnte mit dem Modell der **elektrolytischen Dissoziation** (Chemienobelpreis 1903) zwei wesentliche Eigenschaften saurer und alkalischer Lösungen erklären:

- elektrische Leitfähigkeit
- gegenseitige Neutralisation

Nach seinem Modell sind **Säuren** Stoffe, deren Teilchen **HA** in Lösung zu Wasserstoff-Ionen $H^+$ und Säurerest-Ionen $A^-$ dissoziieren.

$$HA \longrightarrow H^+(aq) + A^-(aq)$$
*Beispiele:* $HCl \longrightarrow H^+(aq) + Cl^-(aq)$
$H_2SO_4 \longrightarrow 2\,H^+(aq) + SO_4^{2-}(aq)$

Alkalische Lösungen entstehen nach ARRHENIUS durch Dissoziation einer **Base** $M(OH)_n$ in Kationen $M^{n+}$ und Hydroxid-Ionen $OH^-$.

$$M(OH)_n \longrightarrow M^{n+}(aq) + n\,OH^-(aq)$$
*Beispiele:* $NaOH \longrightarrow Na^+(aq) + OH^-(aq)$
$Ca(OH)_2 \longrightarrow Ca^{2+}(aq) + 2\,OH^-(aq)$

Alle sauren Lösungen enthalten hydratisierte Wasserstoff-Ionen $H^+(aq)$ und alle alkalischen Lösungen hydratisierte Hydroxid-Ionen $OH^-(aq)$.
Die in der Lösung enthaltenen frei beweglichen Ionen führen zur elektrischen Leitfähigkeit.

Bei der **Neutralisation** reagieren die Wasserstoff-Ionen und die Hydroxid-Ionen zu Wassermolekülen:

$$H^+(aq) + OH^-(aq) \longrightarrow H_2O(l)$$

# Brönsteds Säure-Base-Konzept

**OXONIUM-IONEN** Das Modell von ARRHENIUS liefert keine Aussage über die Struktur des hydratisierten Wasserstoff-Ions. Bei einem Wasserstoff-Ion handelt es sich um ein Proton, also um ein geladenes Teilchen mit einem etwa 100 000-mal kleineren Durchmesser als Atome oder Ionen. Es beeinflusst die Moleküle in der Umgebung durch sein starkes elektrisches Feld. Der dänische Chemiker JOHANNES NICOLAUS BRÖNSTED (1879–1947) schlug vor, dass das Proton an ein freies Elektronenpaar eines Wassermoleküls gebunden wird (↑ **03**). Das entstehende $H_3O^+$-Teilchen wird als **Oxonium-Ion** bezeichnet.

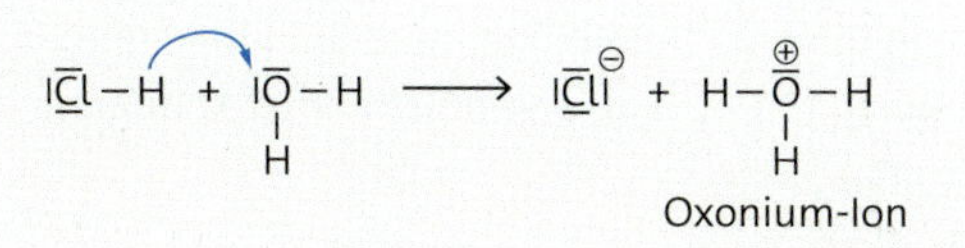


**03** Bildung eines Oxonium-Ions $H_3O^+$ durch Protonenübergang

**BRÖNSTED-SÄUREN UND -BASEN** BRÖNSTED stellte auf der Basis eines **Donator-Akzeptor-Modells** ein neues Säure-Base-Konzept vor. Eine Säure oder ein **Protonendonator HA** ist ein Teilchen, das ein Proton abgibt. Eine Base oder ein **Protonenakzeptor B** ist ein Teilchen, das ein Proton aufnimmt. Der Protonenübergang zwischen den Teilchen wird als Säure-Base-Reaktion bzw. als **Protolyse** bezeichnet.

Säuren und Basen wurden bei ARRHENIUS als Stoffklassen angesehen. Nach BRÖNSTED charakterisieren diese Begriffe aber *Funktionen von Teilchen*, d. h. ihr vom Reaktionspartner mitbestimmtes Verhalten als Säure oder Base. So reagiert das HCl-Molekül als Säure gegenüber der Base, dem $H_2O$-Molekül (↑ **03**). BRÖNSTEDS Konzept erklärt auch, warum eine wässrige Lösung von Ammoniak ($NH_3$) alkalisch reagiert, obwohl Ammoniak keine Hydroxid-Ionen enthält. Sie entstehen in der Reaktion von $NH_3$ (Base) mit $H_2O$ (Säure):

$NH_3 + H_2O \longrightarrow OH^- + NH_4^+$
$\mathbf{B + HA \longrightarrow A^- + HB^+}$

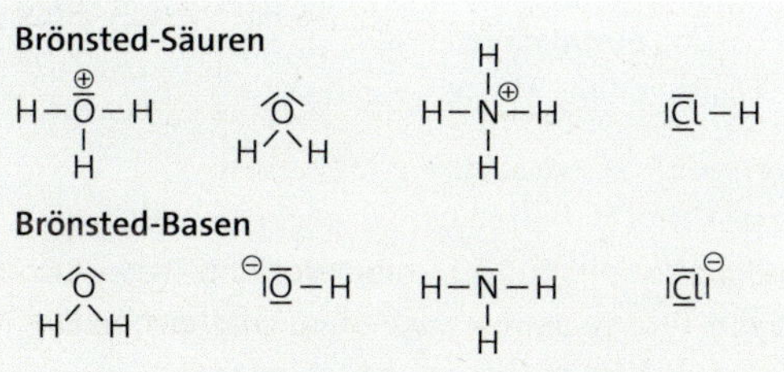


**04** Beispiele für Brönsted-Säuren und -Basen

**05** Chlorwasserstoff und Ammoniak, zwei Gase, reagieren zu festem Ammoniumchlorid.

Teilchen, die wie Wassermoleküle abhängig vom Reaktionspartner als Säure oder als Base reagieren können, werden als **Ampholyte** bezeichnet. Brönsted-Basen B besitzen Atome mit mindestens einem freien Elektronenpaar, an das ein Proton binden kann (↑ **04**). In Brönsted-Säuren HA ist ein Wasserstoffatom über eine Elektronenpaarbindung an einen Rest A gebunden. Bei der Säure-Base-Reaktion übernimmt A beide Elektronen der Elektronenpaarbindung.

**EIN UMFASSENDES KONZEPT** Das Säure-Base-Konzept nach BRÖNSTED ist nicht auf Reaktionen mit Wassermolekülen, Oxonium-Ionen oder Hydroxid-Ionen beschränkt. So ist die Reaktion der Gase Ammoniak ($NH_3$ – Base) und Chlorwasserstoff (HCl – Säure) zum Salz Ammoniumchlorid eine Säure-Base-Reaktion der $NH_3$- und HCl-Moleküle, gefolgt von der Anordnung der entstandenen Ammonium-Ionen $NH_4^+$ und Chlorid-Ionen $Cl^-$ in einem Ionengitter (↑ **05**).

$HCl(g) + NH_3(g) \longrightarrow NH_4^+(g) + Cl^-(g)$
$NH_4^+(g) + Cl^-(g) \longrightarrow NH_4Cl(s)$

**Ein Teilchen reagiert als Brönsted-Säure, wenn es ein Proton abgibt (Protonendonator), bzw. als Brönsted-Base, wenn es ein Proton aufnimmt (Protonenakzeptor). In einer Säure-Base-Reaktion geht ein Proton von einer Säure auf eine Base über.**

**1**› Erstellen Sie die Reaktionsgleichung:
   **a** $HNO_3$ (Säure) reagiert mit $H_2O$ (Base).
   **b** $HCO_3^-$ (Säure) reagiert mit $HCO_3^-$ (Base).

**2**› Erläutern Sie, warum ein Ammoniakmolekül zwar als Base im Sinne von BRÖNSTED reagieren kann, nach ARRHENIUS aber keine Base ist.

# Praktikum

## P Säure-Base-Reaktionen

### EXP 2.01 Eigenschaften saurer und alkalischer Lösungen

**Materialien** 5 Reagenzgläser, Stativmaterial, Tropfpipetten, Spatel, Becherglas, Netzgerät mit Wechselspannung, Elektrokabel, 2 Elektroden, Stromstärkenmessgerät, Glühlämpchen, demineralisiertes Wasser, Salzsäure ($c(HCl) = 0{,}1\ mol \cdot l^{-1}$), Natronlauge ($c(NaOH) = 0{,}1\ mol \cdot l^{-1}$; 7), Essigsäure ($w = 98–100\,\%$; 2, 5), Kernseife, Universalindikatorlösung

**Durchführung** Bauen Sie mit Netzgerät ($U_{\sim} = 10\ V$), Kabeln, Lämpchen, Elektroden und dem Stromstärkenmessgerät einen nichtverzweigten Stromkreis auf.

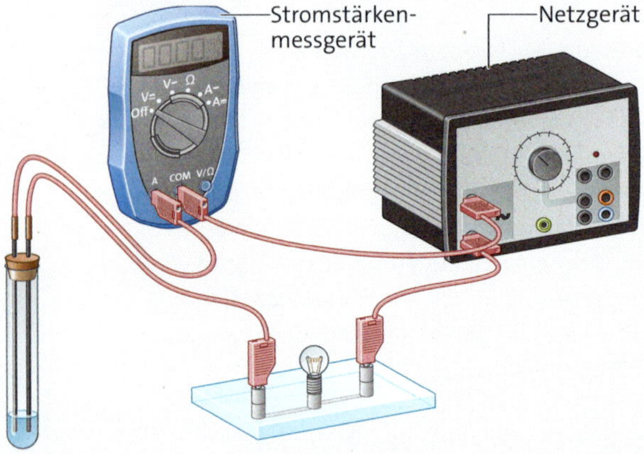


Der Stromkreis wird geschlossen, wenn die Elektroden in die Flüssigkeit tauchen. Die angezeigte Stromstärke ist ein Maß für die elektrische Leitfähigkeit der Flüssigkeit. Spülen Sie die Elektroden mit demineralisiertem Wasser ab, ehe Sie sie in ein anderes Reagenzglas tauchen.

**a)** Geben Sie 15 Tropfen Essigsäure in ein Reagenzglas und messen Sie die Stromstärke. Geben Sie 15 Tropfen Wasser hinzu und messen Sie die Stromstärke erneut.

**b)** Geben Sie je 30 Tropfen Salzsäure, Natronlauge bzw. Wasser in 3 Reagenzgläser. In ein weiteres Reagenzglas geben Sie 30 Tropfen Wasser und ein kleines Stück Kernseife. Messen Sie die Stromstärken.

**c)** Setzen Sie allen Lösungen je einen Tropfen Universalindikatorlösung zu und beobachten Sie die Farbänderungen.

*Entsorgung:* Lösungen ins Abwasser geben.

**Auswertung**

1 › Erklären Sie den Unterschied der elektrischen Leitfähigkeit von Essigsäure und ihrer Lösung in Wasser anhand der dem Phänomen zugrunde liegenden chemischen Reaktion.

2 › Ordnen Sie die Lösungen über ihre Farben nach steigendem pH-Wert. Erstellen Sie qualitative Zusammenhänge zwischen dem pH-Wert und der Leitfähigkeit.

### EXP 2.02 Neutralisation

**Materialien** Reagenzglas, Stativmaterial, Tropfpipetten, Netzgerät mit Wechselspannung, Elektrokabel, 2 Elektroden, Stromstärkenmessgerät, Glühlämpchen, demineralisiertes Wasser, Salzsäure ($c(HCl) = 0{,}1\ mol \cdot l^{-1}$), Natronlauge ($c(NaOH) = 0{,}1\ mol \cdot l^{-1}$; 7), Universalindikatorlösung

**Durchführung** Bauen Sie einen nichtverzweigten Stromkreis auf (↑ Exp. 2.01). Geben Sie 30 Tropfen Salzsäure und einen Tropfen Universalindikator ins Reagenzglas. Tauchen Sie die Elektroden ein und messen Sie die Stromstärke. Geben Sie insgesamt 36 Tropfen Natronlauge hinzu, messen Sie nach jeweils 3 Tropfen die Stromstärke und notieren Sie den pH-Wert.

*Entsorgung:* Lösungen ins Abwasser geben.

**Auswertung**

1 › Stellen Sie eine Hypothese auf, bei welchem pH-Wert bzw. wie vielen Tropfen Natronlauge Sie das Minimum der Leitfähigkeit erwarten. Vergleichen Sie Vorhersage und Beobachtung.

2 › Stellen Sie die Messwerte in einer Tabelle dar und tragen Sie in einem Koordinatensystem die Stromstärke gegen die Zahl der Tropfen der zugesetzten Natronlauge auf.

3 › Geben Sie an, welche Teilchen in der Salzsäure und welche in der Natronlauge vorliegen.

### EXP 2.03 pH- und pOH-Wert

**Materialien** 6 Reagenzgläser, Reagenzglasständer, pH-Meter, 3 Messpipetten (10 ml), Becherglas (250 ml), Salzsäure ($c(HCl) = 0{,}1\ mol \cdot l^{-1}$), Natronlauge ($c(NaOH) = 0{,}1\ mol \cdot l^{-1}$; 7), Wasser, Universalindikatorlösung

**Durchführung** Füllen Sie in 2 Reagenzgläser je 10 ml Salzsäure bzw. Natronlauge. Stellen Sie durch Verdünnen mit Wasser Salzsäure bzw. Natronlauge mit den Konzentrationen $c = 0{,}01\ mol \cdot l^{-1}$ und $c = 0{,}001\ mol \cdot l^{-1}$ her. Setzen Sie jeder der insgesamt 6 Lösungen 2 Tropfen Universalindikatorlösung zu und messen Sie die pH-Werte der Lösungen zusätzlich mit dem pH-Meter. Spülen Sie das pH-Meter gründlich mit demineralisiertem Wasser ab, ehe Sie es in eine andere Lösung eintauchen.

*Entsorgung:* Lösungen ins Abwasser geben.

**Auswertung**

Chlorwasserstoff und Natriumhydroxid liegen in den Lösungen vollständig dissoziiert (protolysiert) vor. Berechnen Sie die pH- und pOH-Werte der Lösungen und vergleichen Sie die berechneten pH-Werte mit den beobachteten.

P

## EXP 2.04 pH-Werte von Salzlösungen

**Materialien** 6 Reagenzgläser, Reagenzglasständer, Becherglas, Spatel, Tropfpipette, Universalindikatorlösung, Aluminiumchlorid (5), Ammoniumchlorid (7), Kaliumhydrogensulfat (5, 7), Natriumacetat, Natriumcarbonat (7), Natriumchlorid, Wasser

**Durchführung** Geben Sie eine erbsengroße Menge von jedem Salz in je ein Reagenzglas. Fügen Sie etwa 50 Tropfen Wasser hinzu und lösen Sie die Salze durch Schwenken der Reagenzgläser. Geben Sie dann zu jeder Lösung einen Tropfen Universalindikatorlösung.
*Entsorgung:* Aluminiumchloridlösung in den Behälter für giftige anorganische Abfälle, andere Lösungen ins Abwasser geben.

**Auswertung**

1 › Stellen Sie mittels der $pK_S$- und $pK_B$-Werte eine Hypothese über die pH-Wert-Reihenfolge der Lösungen auf und vergleichen Sie Ihre Vorhersage mit dem Experiment.
2 › Ermitteln Sie anhand der protochemischen Reihe (↑ S. 37), bei welchen der in den Salzen enthaltenen Kationen bzw. Anionen es sich nicht um sehr schwache Säuren oder Basen ($pK_S > 14$ bzw. $pK_B > 14$) handelt.
3 › Erstellen Sie für die nicht sehr schwachen Säuren und Basen die Protolysereaktionen. Erklären Sie damit die Entstehung der sauren bzw. alkalischen Lösungen der Salze.

## EXP 2.05 Ampholyte

**Materialien** 2 Reagenzgläser, Reagenzglasständer, Becherglas, Spatel, Tropfpipette, pH-Meter, Universalindikatorlösung, Natriumdihydrogenphosphat, Natriumhydrogencarbonat, Wasser

**Durchführung** Geben Sie eine erbsengroße Menge von jedem Salz in ein Reagenzglas. Fügen Sie etwa 50 Tropfen Wasser hinzu und lösen Sie die Salze durch Schwenken der Reagenzgläser. Geben Sie dann zu jeder Lösung einen Tropfen Universalindikatorlösung.
*Entsorgung:* Lösungen ins Abwasser geben.

**Auswertung**

1 › Stellen Sie für jedes Ion eine Hypothese auf, ob seine Säure- oder Basenstärke größer ist. Überlegen Sie, ob es eine saure oder alkalische Lösung bildet. Vergleichen Sie Ihre Schlussfolgerung mit der Beobachtung.
2 › Ermitteln Sie anhand der protochemischen Reihe (↑ S. 37) die $pK_S$- und $pK_B$-Werte des Dihydrogenphosphat-Ions und des Hydrogencarbonat-Ions.

## EXP 2.06 Säure-Base-Reaktionen

**Materialien** 6 Reagenzgläser, Reagenzglasständer, Becherglas, Universalindikatorpapier, Ammoniumchlorid (7), Kaliumhydrogensulfat (5, 7), Natriumacetat, Natriumchlorid, Natriumhydroxid (5), Wasser

**Durchführung** *Abzug! Handschuhe!* Geben Sie die folgenden Stoffe jeweils in ein Reagenzglas. Nehmen Sie von den Salzen je eine erbsengroße Menge und vom Wasser 5 Tropfen:

a) Ammoniumchlorid, Natriumhydroxid, Wasser
b) Kaliumhydrogensulfat, Natriumacetat, Wasser
c) Kaliumhydrogensulfat, Natriumchlorid, Wasser

Stellen Sie die Reagenzgläser im Abzug in ein Becherglas mit heißem Wasser. Führen Sie mit jeder Mischung eine Geruchsprobe durch und testen Sie die Gasphase über dem Gemisch mit feuchtem Indikatorpapier.
*Entsorgung:* Lösungen ins Abwasser geben.

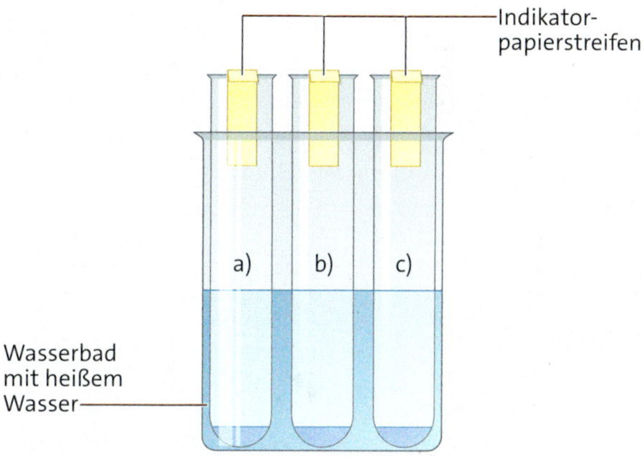


**Auswertung**

1 › Ermitteln Sie anhand der protochemischen Reihe (↑ S. 37) folgende Werte: $pK_S(NH_4^+)$, $pK_B(OH^-)$, $pK_S(HSO_4^-)$, $pK_B(CH_3COO^-)$ und $pK_B(Cl^-)$. Geben Sie die korrespondierenden Säuren zu den genannten Basen an und ermitteln Sie deren $pK_S$-Werte.
2 › Formulieren Sie für jede der Mischungen a–c eine Säure-Base-Reaktion. Ziehen Sie aus Ihren Beobachtungen jeweils einen Schluss darauf, ob diese Reaktion auch stattgefunden hat.
3 › Leiten Sie aus $pK_S$-Werten eine Vermutung darüber ab, unter welchen Bedingungen eine Säure-Base-Reaktion abläuft, d. h., wann das entsprechende Gleichgewicht auf der rechten Seite liegt.

# 2.2 Autoprotolyse des Wassers

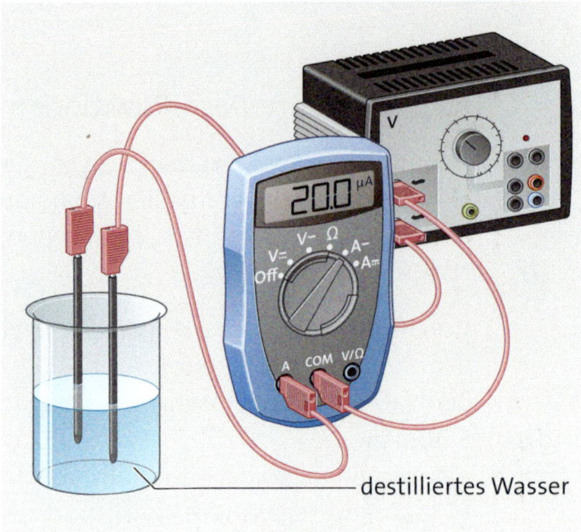


**01** Auch reines Wasser ist elektrisch leitfähig.

**WASSERMOLEKÜLE REAGIEREN MITEINANDER** Meer- und Trinkwasser sind elektrisch leitfähig, weil in ihnen Mineralien gelöst sind. Sie enthalten also frei bewegliche Ionen. Aber auch reines Wasser, das keine gelösten Mineralien mehr enthält, besitzt eine schwache elektrische Leitfähigkeit. Wasser selbst muss also in geringem Maße bewegliche geladene Teilchen enthalten. Bei diesen geladenen Teilchen handelt es sich um Ionen, die durch eine Säure-Base-Reaktion entstehen. Wassermoleküle sind Ampholyte, das bedeutet, sie können sowohl Protonen aufnehmen als auch abgeben. Deshalb können sie auch miteinander reagieren. Diesen Vorgang nennt man **Autoprotolyse**. Durch einen Protonenübergang zwischen zwei Wassermolekülen entstehen ein Hydroxid-Ion und ein Oxonium-Ion.

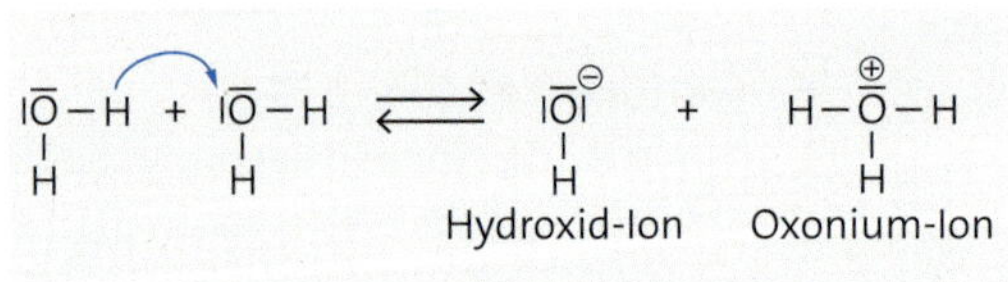


**02** Autoprotolyse des Wassers

Die Autoprotolyse ist die Umkehrung der Neutralisationsreaktion. Sie ist endotherm, während die Neutralisation exotherm verläuft. In Wasser besteht ein chemisches Gleichgewicht zwischen beiden, das als **Autoprotolysegleichgewicht** bezeichnet wird. Es liegt fast vollständig auf der linken Seite.

$$2\,H_2O(l) \rightleftharpoons H_3O^+(aq) + OH^-(aq)$$

**Die Reaktion von Wassermolekülen unter Bildung von Oxonium- und Hydroxid-Ionen wird Autoprotolyse des Wassers genannt.**

| $\vartheta$ in °C | $K_W$ in $mol^2 \cdot l^{-2}$ | $\vartheta$ in °C | $K_W$ in $mol^2 \cdot l^{-2}$ |
|---|---|---|---|
| 0 | $0{,}11 \cdot 10^{-14}$ | 30 | $1{,}47 \cdot 10^{-14}$ |
| 10 | $0{,}29 \cdot 10^{-14}$ | 50 | $5{,}47 \cdot 10^{-14}$ |
| 20 | $0{,}68 \cdot 10^{-14}$ | 70 | $15{,}88 \cdot 10^{-14}$ |
| 25 | $1{,}00 \cdot 10^{-14}$ | 100 | $54{,}57 \cdot 10^{-14}$ |

**03** Temperaturabhängigkeit des Ionenprodukts

**IONENPRODUKT DES WASSERS** Für die Gleichgewichtskonstante der Autoprotolyse gilt:

$$K_C = \frac{c(H_3O^+) \cdot c(OH^-)}{c(H_2O)^2}$$

Aus der Autoprotolyse folgt, dass in Wasser gleich viele Oxonium- und Hydroxid-Ionen vorliegen. Bei gegebener Temperatur sind alle Konzentrationen konstant. Sie betragen beispielsweise bei 25 °C:

$$c(H_2O) = 55{,}3\ mol \cdot l^{-1}$$
$$c(H_3O^+) = c(OH^-) = 10^{-7}\ mol \cdot l^{-1}$$

Das Autoprotolysegleichgewicht ist aber weniger für Wasser als vielmehr für verdünnte Lösungen, also bei $c_0(X) < 0{,}1\ mol \cdot l^{-1}$, interessant. In diesem Fall kann zumindest die Konzentration des Wassers wegen des großen Überschusses an Wassermolekülen in guter Näherung als konstant betrachtet werden.

Die Umformung des Massenwirkungsgesetzes ergibt somit eine neue Konstante, das **Ionenprodukt des Wassers $K_W$**.

$$K_W = K_C \cdot c(H_2O)^2 = c(H_3O^+) \cdot c(OH^-)$$

Das Autoprotolysegleichgewicht wird mit steigender Temperatur auf die rechte Seite verschoben (↑ **03**).

Auch in anderen Stoffen, deren Moleküle als Ampholyte reagieren können, finden Autoprotolysen statt, beispielsweise in flüssigem Ammoniak:

$$2\,NH_3 \rightleftharpoons NH_4^+ + NH_2^-$$

Das „Ionenprodukt des Ammoniaks" $K_A$ beträgt bei der Siedetemperatur von Ammoniak (−33 °C):

$$K_A = K_C \cdot c(NH_3)^2 = c(NH_4^+) \cdot c(NH_2^-) = 10^{-32}\ mol^2 \cdot l^{-2}$$

**Das Produkt der Konzentrationen der Oxonium-Ionen und der Hydroxid-Ionen heißt Ionenprodukt des Wassers $K_W$. Bei 25 °C ist $K_W = 10^{-14}\ mol^2 \cdot l^{-2}$.**

**AUTOPROTOLYSE IN LÖSUNGEN** Wird ein Stoff, dessen Teilchen HA gegenüber Wassermolekülen als Säure reagieren, in Wasser gelöst, dann entstehen in einer Säure-Base-Reaktion Oxonium-Ionen, und das Autoprotolysegleichgewicht wird gestört.
Im folgenden Beispiel wird der Prozess der Störung und der Neueinstellung des Autoprotolysegleichgewichts in fünf Phasen gezeigt (bei $\vartheta$ = 25 °C, ↑ **04**):

A In Wasser liegt ein Gleichgewicht vor:
$2\,H_2O(l) \rightleftarrows H_3O^+(aq) + OH^-(aq)$
$c(H_3O^+) = c(OH^-) = 10^{-7}\,mol \cdot l^{-1}$
$c(H_3O^+) \cdot c(OH^-) = K_W = 10^{-14}\,mol^2 \cdot l^{-2}$

B Der gelöste Stoff stört das Autoprotolysegleichgewicht durch Entstehung von Oxonium-Ionen:
$HA + H_2O \longrightarrow H_3O^+ + A^-$

C Die Konzentration der Oxonium-Ionen steigt. Es wird angenommen, dass sie einen Wert von $c_0(H_3O^+) = 1{,}09 \cdot 10^{-6}\,mol \cdot l^{-1}$ erreicht. Damit folgt:
$c_0(H_3O^+) \cdot c_0(OH^-) = 1{,}09 \cdot 10^{-13}\,mol^2 \cdot l^{-2} > K_W.$
⇨ Die Lösung ist nicht mehr im Gleichgewicht.

D Nach dem Prinzip von Le Chatelier überwiegt nun die Neutralisation die Autoprotolyse:
$H_3O^+(aq) + OH^-(aq) \rightleftarrows 2\,H_2O(l)$
Gleich viele Oxonium- und Hydroxid-Ionen verschwinden, bis das Gleichgewicht wieder erreicht ist. Die daraus resultierende Konzentrationsabnahme $\Delta c$ für beide Ionen ist $\Delta c = 9 \cdot 10^{-8}\,mol \cdot l^{-1}$.

E Das Autoprotolysegleichgewicht ist erreicht:
$c(H_3O^+) = c_0(H_3O^+) - \Delta c$
$= (1{,}09 \cdot 10^{-6} - 9 \cdot 10^{-8})\,mol \cdot l^{-1} = 10^{-6}\,mol \cdot l^{-1}$
$c(OH^-) = c_0(OH^-) - \Delta c$
$= (10^{-7} - 9 \cdot 10^{-8})\,mol \cdot l^{-1} = 10^{-8}\,mol \cdot l^{-1}$
$\mathbf{c(H_3O^+) \cdot c(OH^-) = K_W = 10^{-14}\,mol^2 \cdot l^{-2}}$

**SAURE UND ALKALISCHE LÖSUNGEN** Die entstandene Lösung (↑ **04**) ist eine saure Lösung, weil die Konzentration der Oxonium-Ionen größer ist als die der Hydroxid-Ionen. Man erkennt, dass eine saure Lösung auch Hydroxid-Ionen enthält.
Wird ein Stoff, dessen Teilchen gegenüber Wassermolekülen als Base reagieren, in Wasser gelöst, dann entstehen in einer Säure-Base-Reaktion Hydroxid-Ionen. Die Betrachtung zur Störung und Wiederherstellung des Autoprotolysegleichgewichts ist der obigen völlig analog. Entsprechend ist in alkalischen Lösungen die Konzentration der Hydroxid-Ionen größer als die der Oxonium-Ionen.

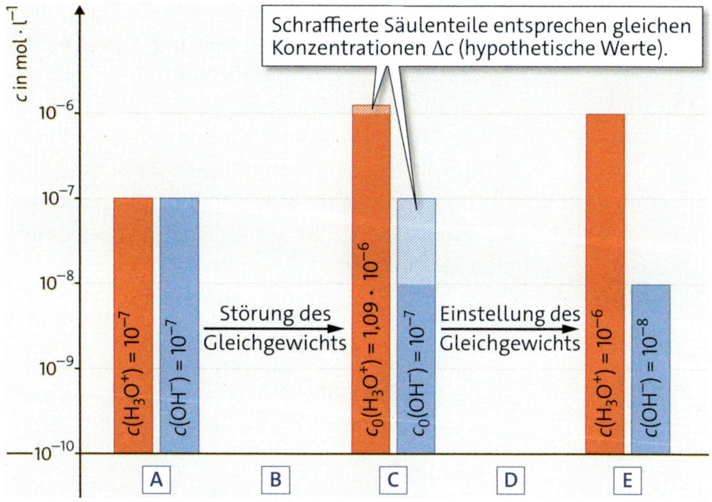

**04** Störung des Autoprotolysegleichgewichts

**LOGARITHMISCHE DARSTELLUNG** In Bild ↑ **04** ist die Konzentrationsachse nicht linear, sondern logarithmisch skaliert. Gleiche Abstände entsprechen dabei nicht gleichen Differenzen, sondern gleichen Verhältnissen. *Beispiel:*

$c(H_3O^+)$: $10^{-7}\,mol \cdot l^{-1} \xrightarrow{\cdot 10} 10^{-6}\,mol \cdot l^{-1}$
$c(OH^-)$: $10^{-7}\,mol \cdot l^{-1} \xrightarrow{:10} 10^{-8}\,mol \cdot l^{-1}$

Die logarithmische Skala ist vorteilhaft, um Veränderungen von alten zu neuen Gleichgewichtskonzentrationen $c(H_3O^+)$ bzw. $c(OH^-)$ nach einer Störung wiederzugeben. Sie führt zu gleich großen Erhöhungen bzw. Senkungen der Säulen und stellt die Konzentrationsverhältnisse besser dar als eine lineare Skala.

**1** Berechnen Sie die fehlenden Größen bei 25 °C:

| $c(H_3O^+)$ | $c(OH^-)$ |
|---|---|
| $10^{-10}\,mol \cdot l^{-1}$ | |
| | $10^{-5}\,mol \cdot l^{-1}$ |
| $5 \cdot 10^{-9}\,mol \cdot l^{-1}$ | |

**2** **a** Berechnen Sie das Verhältnis von Wassermolekülen zu Oxonium-Ionen in Wasser bei 25 °C.
**b** Nehmen Sie an, dass Oxonium-Ionen und Wassermoleküle gleichmäßig auf die Kästchen karierter DIN-A4-Blätter verteilt sind und sich in der linken oberen Ecke der ersten Seite ein Oxonium-Ion befindet. Berechnen Sie, auf welchem Blatt das nächste Oxonium-Ion liegt.

**3** Erläutern Sie, wie sich aus Tabelle ↑ **03** auf der gegenüberliegenden Seite ableiten lässt, dass es sich bei der Autoprotolyse um eine endotherme Reaktion handelt.

# 2.3 pH- und pOH-Wert

**ADDIEREN STATT MULTIPLIZIEREN** Durch die logarithmische Darstellung lässt sich der Zusammenhang der Gleichgewichtskonzentrationen von Oxonium- und Hydroxid-Ionen einfach erfassen (↑ S. 31). Dies gelingt auch durch Logarithmieren der Definitionsgleichung des Ionenprodukts. Da sich nur Zahlen, aber keine Einheiten logarithmieren lassen, wird die durch $mol^2 \cdot l^{-2}$ dividierte, einheitenlose Definitionsgleichung betrachtet ($\vartheta = 25\,°C$).

*$\lg x = \log_{10} x$*

*$\lg 10^x = x$*

*$\lg (a \cdot b) = \lg a + \lg b$*

$$10^{-14} = c(H_3O^+) \cdot c(OH^-) \qquad | \lg$$
$$-14 = \lg c(H_3O^+) + \lg c(OH^-)$$

Um mit positiven Werten rechnen zu können, wird die Gleichung mit −1 multipliziert.

$$14 = -\lg c(H_3O^+) - \lg c(OH^-)$$

Die logarithmischen Terme auf der rechten Seite der Gleichung werden neu definiert:

$$-\lg c(H_3O^+) = \mathbf{pH} \qquad -\lg c(OH^-) = \mathbf{pOH}$$
$$14 = pH + pOH$$

Die Bezeichnung pH wird abgeleitet von lat. *potentia hydrogenii*: Wirksamkeit des Wasserstoffs.

Für die Lösungen gilt damit:

**neutrale Lösung:** $pH = pOH = 7$
**saure Lösung:** $pH < 7; pOH > 7$
**alkalische Lösung:** $pH > 7; pOH < 7$

Weil pH- und pOH-Wert über das Ionenprodukt des Wassers zusammenhängen, reicht zur Beschreibung einer Lösung der pH-Wert. Er sinkt mit zunehmender saurer Eigenschaft und steigt mit zunehmender alkalischer Eigenschaft der Lösung.

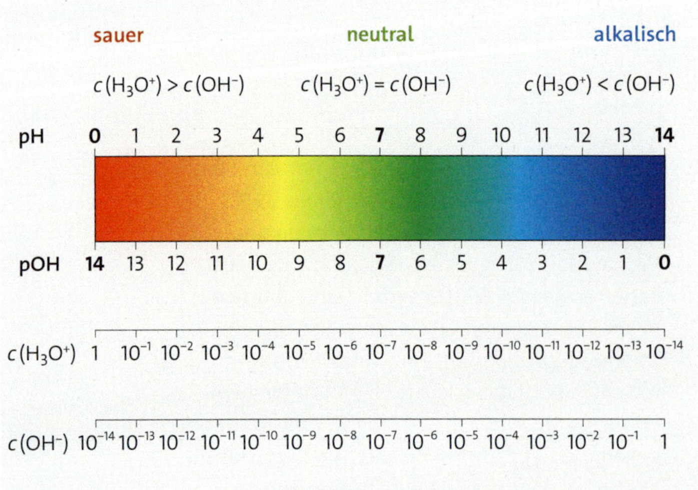


**01** pH-Wert-Skala

| $c(H_3O^+)$ | $c(OH^-)$ | pH | pOH |
|---|---|---|---|
| $10^{-1}\,mol \cdot l^{-1}$ | $10^{-13}\,mol \cdot l^{-1}$ | 1 | 13 |
| $10^{-9}\,mol \cdot l^{-1}$ | $10^{-5}\,mol \cdot l^{-1}$ | 9 | 5 |
| $0{,}02\,mol \cdot l^{-1}$ | $5 \cdot 10^{-13}\,mol \cdot l^{-1}$ | 1,7 | 12,3 |

**02** Beispiele für den Zusammenhang zwischen $c(H_3O^+)$, $c(OH^-)$, pH und pOH

**RECHNEN MIT DEM pH-WERT** Die konkreten Berechnungen werden anhand von Tabelle ↑ **02** verdeutlicht:

$$c(H_3O^+) = 10^{-1}\,mol \cdot l^{-1}$$
$$pH = -\lg 10^{-1} = 1$$
$$pOH = 14 - pH = 13$$

$$c(H_3O^+) = 0{,}02\,mol \cdot l^{-1}$$
$$pH = -\lg 0{,}02 = 1{,}7$$
$$pOH = 14 - pH = 12{,}3$$

Aus den Definitionen für pH und pOH folgt für die Konzentrationsberechnung aus pH bzw. pOH:

$$c(H_3O^+) = 10^{-pH}\,mol \cdot l^{-1}$$
$$c(OH^-) = 10^{-pOH}\,mol \cdot l^{-1}$$

**Der pH-Wert ist der negative Zehnerlogarithmus der Stoffmengenkonzentration der Oxonium-Ionen: $pH = -\lg c(H_3O^+)$.**

**1 ›** Ein Stoff, dessen Moleküle B gegenüber Wassermolekülen als Base reagieren, wird in Wasser gelöst. Geben Sie an, welche Aussagen Sie über $c(H_3O^+)$, $c(OH^-)$, pH und pOH machen können und welche Art von Lösung vorliegt.

**2 ›** Übertragen Sie nachfolgende Tabelle und berechnen Sie die fehlenden Größen ($\vartheta = 25\,°C$).

| $c(H_3O^+)$ | $c(OH^-)$ | pH | pOH |
|---|---|---|---|
| $10^{-2}\,mol \cdot l^{-1}$ | | | |
| | $4 \cdot 10^{-5}\,mol \cdot l^{-1}$ | | |
| | | 0 | |
| | | | 9,3 |

Kennzeichnen Sie farbig, ob es sich jeweils um eine saure, neutrale oder alkalische Lösung handelt.

**3 ›** Eine häufig gestellte Frage ist: Gibt es pH- bzw. pOH-Werte außerhalb des Bereichs 0–14? Diskutieren Sie diese Frage in Partnerarbeit und berücksichtigen Sie dabei die Annahmen über das Ionenprodukt des Wassers.

**4 ›** **a** Berechnen Sie den pH-Wert von reinem Wasser bei 70 °C.
**b** Erläutern Sie, ob Wasser bei 70 °C sauer, neutral oder alkalisch ist (↑ S. 30).

**GLASELEKTRODE** pH-Werte lassen sich mit dem Universalindikator nicht genau bestimmen. Außerdem wird eine Lösung durch seine Zugabe verändert. Eine genauere und störungsfreie Messung des pH-Werts gelingt elektrochemisch mit der **Glaselektrode**. Ihr zentrales Bauteil ist eine kugelförmige Glasmembran mit einer Wandstärke von etwa 0,05 mm. Bei Kontakt mit einer Elektrolytlösung entsteht auf der Glasmembran eine Quellschicht, in der Alkalimetall-Ionen des Glases gegen Protonen aus der Elektrolytlösung ausgetauscht werden können. Auf der Innenseite ist die Membran in Kontakt mit einer Lösung, deren pH-Wert konstant bei 7 liegt (gepufferte Kaliumchloridlösung). Mit ihrer Außenseite berührt sie die zu untersuchende Lösung. Weicht deren pH-Wert von 7 ab, so entsteht zwischen der Innen- und Außenseite der Glasmembran eine elektrische Spannung. Diese kann über zwei Metallelektroden, die in beide Lösungen eintauchen, gemessen werden.

In den handelsüblichen *Einstabmessketten*, die über ein Diaphragma Kontakt zu der zu untersuchenden Lösung haben, sind beide Metallelektroden schon enthalten (↑ **03**).

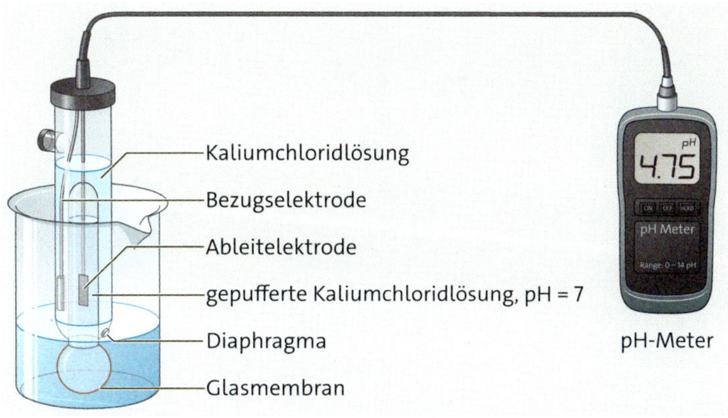


**03** pH-Wert-Messung mit der Glaselektrode

Beispiele für Anwendungsgebiete der Glaselektrode:

- pH-Einzelmessungen im Labor
- pH-Messung mit Online-Messwerterfassung in der Qualitätskontrolle, z. B. bei Wasserversorgern
- Verfolgung des Verlaufs einer Säure-Base-Titration (↑ Titration, S. 54 ff.).

Die Glasmembran sollte in einer Kaliumchloridlösung ($c$ = 3 mol · l$^{-1}$) aufbewahrt werden, damit die Quellschicht erhalten bleibt.

*Elektrochemische Grundlagen*
*↑ Kapitel 3.5: Die elektrochemische Spannungsreihe*

*Puffersysteme*
*↑ S. 48 f.*

## pH-Werte im Alltag

Der pH-Wert ist nicht nur im Labor und zur Kontrolle oder Überwachung industrieller Prozesse wichtig. Für die meisten biochemischen Reaktionen, die durch Enzyme katalysiert werden, gibt es einen engen pH-Wert-Bereich, in dem sie mit ausreichender Geschwindigkeit verlaufen (↑ Biochemische Puffer, S. 51). Der pH-Wert des Bluts sollte zwischen 7,35 und 7,45 liegen. Außerhalb spricht man vom Krankheitsbild der Acidose (pH < 7,35) oder der Alkalose (pH > 7,45). Eine ganz besondere Leistung muss der Dünndarm erbringen: Der Mageninhalt ist stark sauer – beim Übergang in den Darm wird er neutralisiert.

Viele Lebensmittel enthalten saure Lösungen, darunter viele Obstsorten. Bei Colagetränken überrascht der niedrige pH-Wert, weil die Wahrnehmung des sauren Geschmacks durch den gelösten Zucker oder Zuckerersatzstoff überdeckt wird. Bedenken vor dem Genuss saurer Speisen muss man aber nicht haben, Säuren können gut über die Nieren ausgeschieden werden. Der Urin ist eine schwach saure Lösung.

Selbst Regenwasser ist nicht pH-neutral und das hat nichts mit schadstoffbedingtem saurem Regen zu tun. Das in der Luft in Spuren vorhandene Kohlenstoffdioxid löst sich im Regenwasser, was zur Bildung von Kohlensäure führt.

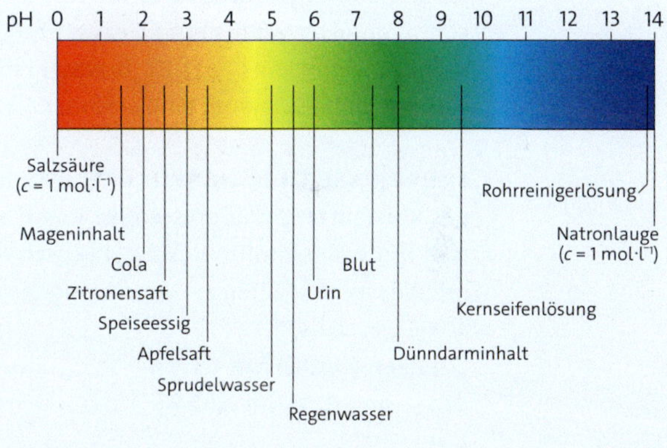


**04** pH-Werte verschiedener Lösungen

Fluss- und Meerwasser sind deutlich alkalischer als Regenwasser, was auf den Kontakt mit carbonathaltigen Mineralien zurückzuführen ist.

Lösungen mit einem pH > 7 spielen im Alltag hauptsächlich für Reinigungszwecke eine Rolle. Die Hydroxid-Ionen sorgen dabei für die hydrolytische Spaltung beispielsweise von Fettmolekülen in Speiseresten oder von Proteinmolekülen bei Haaren im Abfluss.

# 2.4 Stärke von Säuren und Basen

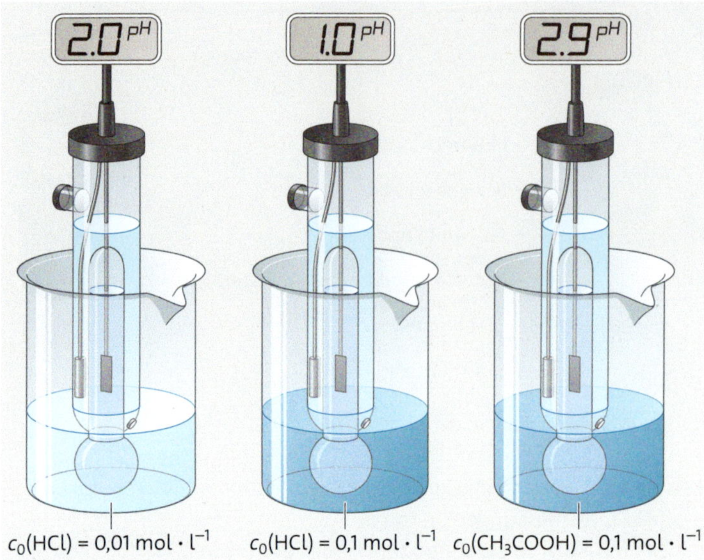


**01** Der pH-Wert einer Lösung hängt vom gelösten Stoff und seiner Konzentration ab.

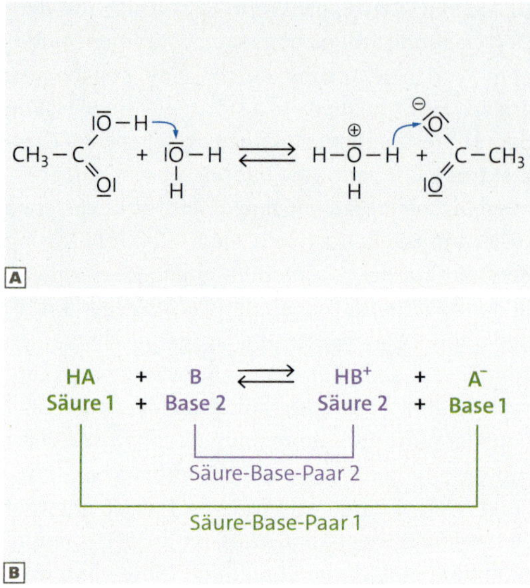


**03** Korrespondierende Säure-Base-Paare: **A** konkretes Beispiel, **B** allgemeines Schema

**pH-BESTIMMENDE FAKTOREN** Es ist nicht überraschend, dass der pH-Wert von Salzsäure steigt, wenn sie verdünnt wird, weil dadurch die Konzentration der Teilchen, die gegenüber Wasser als Säure reagieren, abnimmt. Offensichtlich spielt aber zusätzlich auch die Art der Säure eine Rolle. Eine Lösung von Chlorwasserstoff in Wasser hat einen kleineren pH-Wert als eine Essigsäurelösung gleicher Konzentration (↑ **01**). Chlorwasserstoff ist eine stärkere und Essigsäure eine schwächere Säure.

**SÄURE-BASE-GLEICHGEWICHTE** Eine Berechnung der Konzentration der Oxonium-Ionen zeigt, dass die Chlorwasserstoffmoleküle praktisch vollständig mit Wassermolekülen zu Oxonium-Ionen reagieren: $c_0(HCl) = c(H_3O^+)$.
Dagegen werden nur 1,3 % der Essigsäuremoleküle deprotoniert, wenn $c_0(CH_3COOH) = 0{,}1\ mol \cdot l^{-1}$ beträgt (↑ **02**).
Kommen in einer Lösung Chlorid-Ionen und Oxonium-Ionen zusammen, dann entstehen keine Chlorwasserstoffmoleküle, d. h., die Rückreaktion zur Protolyse von Chlorwasserstoff läuft praktisch nicht ab.

$$H_3O^+(aq) + Cl^-(aq) \not\rightleftharpoons HCl(g) + H_2O(l)$$

| $c_0(HA) = 0{,}1\ mol \cdot l^{-1}$ | pH | $c(H_3O^+)$ in $mol \cdot l^{-1}$ |
|---|---|---|
| HA = HCl | 1,0 | 0,1 |
| HA = $CH_3COOH$ | 2,9 | 0,0013 |

**02** pH-Werte und Konzentration der Oxonium-Ionen von Salzsäure und Essig gleicher Konzentration

Im Gegensatz dazu findet eine Reaktion statt, wenn in einer Lösung Acetat-Ionen $CH_3COO^-$ und Oxonium-Ionen $H_3O^+$ zusammenkommen.

$$H_3O^+(aq) + CH_3COO^-(aq) \rightleftharpoons CH_3COOH(aq) + H_2O(l)$$

Bei passenden Ausgangskonzentrationen entsteht in der Rückreaktion die gleiche Lösung wie bei der Hinreaktion, der Protolyse. Es handelt sich um ein **Säure-Base-Gleichgewicht**. Für Essigsäure mit $c_0(CH_3COOH) = 0{,}1\ mol \cdot l^{-1}$ liegt das Protolysegleichgewicht auf der linken Seite.

$$CH_3COOH(aq) + H_2O(l) \rightleftharpoons H_3O^+(aq) + CH_3COO^-(aq)$$

**KORRESPONDIERENDE SÄURE-BASE-PAARE** Bei der Protolyse des Essigsäuremoleküls entsteht das Acetat-Ion $CH_3COO^-$. Es agiert in der Rückreaktion des Säure-Base-Gleichgewichts als Base gegenüber der Säure $H_3O^+$, wodurch wieder ein Essigsäuremolekül entsteht.
Allgemein entstehen in einem Säure-Base-Gleichgewicht aus einer Säure 1 (HA) und einer Base 2 (B) die Säure 2 ($HB^+$) und die Base 1 ($A^-$).
HA und $A^-$ werden genauso wie B und $HB^+$ als **korrespondierendes Säure-Base-Paar** bezeichnet, weil sie in einer Säure-Base-Reaktion ineinander überführt werden (↑ **03**).

**Die Säure HA wird in einer Säure-Base-Reaktion zur Base $A^-$, die Base B wird dabei zur Säure $HB^+$. HA/$A^-$ und B/$HB^+$ bilden jeweils ein korrespondierendes Säure-Base-Paar.**

# Säure- und Basenkonstanten

**PROTOLYSEN IN WÄSSRIGER LÖSUNG** Säure-Base-Gleichgewichte mit $H_2O$ als Säure oder Base spielen eine wichtige Rolle. Für sie wird das Massenwirkungsgesetz betrachtet.
Mit HA als Säure gilt:

$$HA + H_2O \rightleftarrows H_3O^+ + A^-$$

$$K_C = \frac{c(H_3O^+) \cdot c(A^-)}{c(H_2O) \cdot c(HA)}$$

Wie beim Autoprotolysegleichgewicht des Wassers kann $c(H_2O)$ in verdünnten Lösungen als konstant betrachtet und durch Multiplikation mit $K_C$ zu einer neuen Konstanten, der **Säurekonstanten $K_S$(HA)**, zusammengefasst werden.
Je weiter das Gleichgewicht auf der rechten Seite liegt, umso stärker ist die Säure und umso größer ist die Säurekonstante.

$$K_S(HA) = \frac{c(H_3O^+) \cdot c(A^-)}{c(HA)}$$

Die Stärke einer Base B lässt sich analog über die Basenkonstante $K_B$(B) beschreiben:

$$B + H_2O \rightleftarrows OH^- + HB^+$$

$$K_B(B) = \frac{c(OH^-) \cdot c(HB^+)}{c(B)}$$

**ZUSAMMENHANG VON $K_S$(HA) UND $K_B$($A^-$)** Auch die zu HA korrespondierende Base $A^-$ kann in einem Säure-Base-Gleichgewicht mit Wassermolekülen reagieren:

$$A^- + H_2O \rightleftarrows OH^- + HA$$

$$K_B(A^-) = \frac{c(OH^-) \cdot c(HA)}{c(A^-)}$$

Durch Multiplikation von $K_B(A^-)$ mit $K_S$(HA) folgt:

$$K_S(HA) \cdot K_B(A^-) = \frac{c(H_3O^+) \cdot \cancel{c(A^-)}}{\cancel{c(HA)}} \cdot \frac{\cancel{c(HA)} \cdot c(OH^-)}{\cancel{c(A^-)}}$$

$$K_S(HA) \cdot K_B(A^-) = K_W = c(H_3O^+) \cdot c(OH^-)$$

Für alle korrespondierenden Säure-Base-Paare HA/$A^-$ ist das Produkt aus $K_S$(HA) und $K_B(A^-)$ gleich dem Ionenprodukt des Wassers $K_W$.

**Je stärker die Säure HA bzw. die Base B, umso größer ist die Säure- bzw. Basenkonstante $K_S$(HA) bzw. $K_B$(B).**
**Für korrespondierende Säure-Base-Paare HA/$A^-$ ist das Produkt aus $K_S$(HA) und $K_B(A^-)$ gleich dem Ionenprodukt des Wassers $K_W$.**

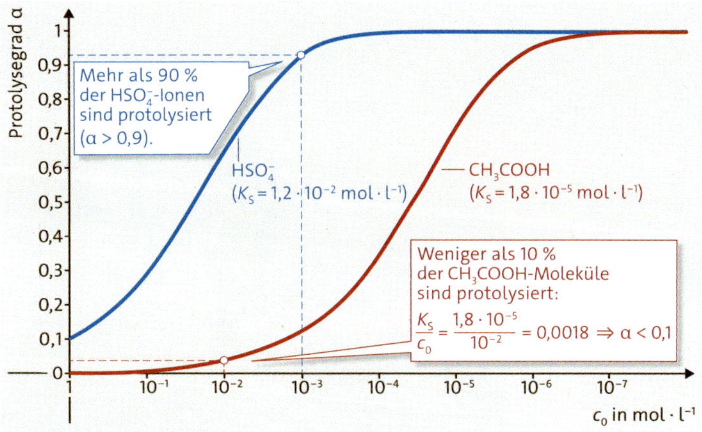


**04** Protolysegrad $\alpha$ von zwei verschieden starken Säuren

**PROTOLYSEGRAD** Der Quotient $\frac{K_S(HA)}{c_0(HA)}$ ermöglicht eine Aussage über den **Protolysegrad $\alpha$** von HA.
$\alpha$ gibt den Anteil derjenigen Moleküle von HA wieder, die reagiert haben. Er liegt zwischen null (keine Protolyse) und eins (vollständige Protolyse; ↑ **04**).
Nimmt man an, dass alle Oxonium-Ionen aus der Protolyse von HA stammen, dann sind $c(A^-)$ und $c(H_3O^+)$ gleich und es gilt:

$$\alpha = \frac{c(A^-)}{c_0(HA)} = \frac{c(H_3O^+)}{c_0(HA)}$$

Für den Quotienten $\frac{K_S(HA)}{c_0(HA)}$ lässt sich zeigen:

$$\frac{K_S(HA)}{c_0(HA)} = \frac{\alpha^2}{1-\alpha}$$

Der Protolysegrad steigt mit der Verdünnung und ist bei gleicher Konzentration $c_0$(HA) umso größer, je stärker die Säure ist (↑ **04**). Dieser Zusammenhang wird **Ostwald'sches Verdünnungsgesetz** genannt. Insbesondere gilt:

Wenn $\frac{K_S(HA)}{c_0(HA)} > 10$, dann ist $\alpha > 0{,}90$.

Wenn $\frac{K_S(HA)}{c_0(HA)} < 0{,}01$, dann ist $\alpha < 0{,}1$.

Ein analoger Zusammenhang gilt auch für den Protolysegrad von Basen.

**1** Erstellen Sie die Reaktionsgleichung der Base $NH_3$ mit der Säure $H_2O$ und kennzeichnen Sie die korrespondierenden Säure-Base-Paare.

**2** Das Salz Kaliumhydrogensulfat ($KHSO_4$) wird in Wasser gelöst. Im Gleichgewicht beträgt der pH-Wert der Lösung 2, $c(HSO_4^-) = 0{,}008\ mol \cdot l^{-1}$.
**a** Erstellen Sie die Definitionsgleichung von $K_S(HSO_4^-)$.
**b** Berechnen Sie $K_S(HSO_4^-)$ und $K_B$ der korrespondierenden Base.

# 2.5 Vorhersage von Gleichgewichten

**01** Gefahrstoff aus dem Salatdressing?

Zum Zubereiten von Salatsaucen werden unter anderem Essig und Kochsalz verwendet. Kann es dabei zu einer Säure-Base-Reaktion zwischen den Essigsäuremolekülen und den Chlorid-Ionen aus dem Kochsalz kommen, wodurch Chlorwasserstoffmoleküle entstehen? Zur Beantwortung der Frage wird das Gleichgewicht genauer betrachtet.

$$CH_3COOH(aq) + Cl^-(aq) \rightleftarrows CH_3COO^-(aq) + HCl(aq)$$

$$K_C = \frac{c(CH_3COO^-) \cdot c(HCl)}{c(CH_3COOH) \cdot c(Cl^-)}$$

Eine Erweiterung mit $c(H_3O^+)$ ermöglicht eine Zusammenfassung der Faktoren zu Säurekonstanten.

$$K_C = \frac{c(CH_3COO^-) \cdot c(H_3O^+)}{c(CH_3COOH)} \cdot \frac{c(HCl)}{c(Cl^-) \cdot c(H_3O^+)}$$

$$K_C = K_S(CH_3COOH) \cdot \frac{1}{K_S(HCl)} = \frac{K_S(CH_3COOH)}{K_S(HCl)}$$

Mit den Werten für $K_S(CH_3COOH)$ und $K_S(HCl)$ folgt:

$$K_C = \frac{1{,}78 \cdot 10^{-5}\ mol \cdot l^{-1}}{10^7\ mol \cdot l^{-1}} = 1{,}78 \cdot 10^{-12}$$

Von etwa 750 000 Essigsäuremolekülen bzw. Chlorid-Ionen reagiert nur je eines – es entsteht praktisch kein Chlorwasserstoff.

Allgemein gilt für eine Säure-Base-Reaktion:

$$HA + B \rightleftarrows HB^+ + A^- \qquad K_C = \frac{K_S(HA)}{K_S(HB^+)}$$

Je stärker die Säure HA und je schwächer die Säure $HB^+$, umso mehr liegt das Gleichgewicht auf der rechten Seite.

**$pK_S$(HA) UND $pK_B$(B)** Auch für die Stärken von Säuren und Basen hat sich die Angabe der logarithmierten Werte der (einheitenlosen) Konstanten statt der Konstanten selbst durchgesetzt.

$$pK_S(HA) = -\lg K_S(HA); \; pK_B(B) = -\lg K_B(B)$$

*Beispiel Essigsäure:*

$$pK_S(CH_3COOH) = -\lg 1{,}78 \cdot 10^{-5} = 4{,}75$$

Aus $pK_S$(HA) und $pK_B$(B) können umgekehrt $K_S$(HA) und $K_B$(B) berechnet werden:

$$K_S(HA) = 10^{-pK_S(HA)}\ mol \cdot l^{-1}; \; K_B(B) = 10^{-pK_B(B)}\ mol \cdot l^{-1}$$
$$K_S(CH_3COOH) = 10^{-4{,}75}\ mol \cdot l^{-1} = 1{,}78 \cdot 10^{-5}\ mol \cdot l^{-1}$$

Wegen des negativen Zusammenhangs von $pK_S$ und $K_S$ bzw. von $pK_B$ und $K_B$ ist eine Säure HA bzw. eine Base B umso stärker, je kleiner $pK_S$(HA) bzw. $pK_B$(B) ist.
Für korrespondierende Säure-Base-Paare HA/$A^-$ ist das Produkt aus Säure- und Basenkonstante gleich dem Ionenprodukt des Wassers (↑ S. 35). Wird diese Gleichung logarithmiert und danach mit –1 multipliziert, so folgt:

$$-\lg [K_S(HA) \cdot K_B(A^-)] = -\lg K_W \quad \text{bzw.}$$
$$-\lg K_S(HA) - \lg K_B(A^-) = -\lg K_W$$

Mit den Definitionen von $pK_S$ und $pK_B$ sowie dem Wert für $K_W$ bei 25 °C ergibt sich schließlich:

$$pK_S(HA) + pK_B(A^-) = 14$$

Für jedes korrespondierende Säure-Base-Paar ist die Summe aus $pK_S$ und $pK_B$ gleich 14. Daraus folgt: Je stärker die Säure, umso schwächer die korrespondierende Base, und umgekehrt.
HCl mit $pK_S = -7$ ist wegen des kleineren $pK_S$-Werts eine stärkere Säure als $CH_3COOH$ mit $pK_S = 4{,}75$. Damit ist $CH_3COO^-$ mit $pK_B = 9{,}25$ eine stärkere Base als $Cl^-$ mit $pK_B = 21$ (↑ **03**).

**Der $pK_S$-Wert einer Säure HA bzw. der $pK_B$-Wert einer Base B ist der negative dekadische Logarithmus der Säurestärke $K_S$(HA) bzw. der Basenstärke $K_B$(B). $pK_S$(HA) und $pK_B$($A^-$) addieren sich zu 14 (bei 25 °C).**

| Stärke der Säure/der Base | $pK_S$/$pK_B$ |
|---|---|
| sehr stark | $pK < -1{,}74$ |
| stark | –1,74 bis 4,0 |
| schwach | 4,0 bis 15,74 |
| sehr schwach | $pK \geq 15{,}74$ |

**02** Einteilung von Säuren und Basen

**EINTEILUNG VON SÄUREN UND BASEN** Säuren bzw. Basen können nach ihrem jeweiligen p*K*-Wert klassifiziert werden:
Sehr starke Säuren bzw. Basen sind stärker als $H_3O^+$ bzw. $OH^-$, d. h., $pK < -1{,}74$. Sehr schwache Säuren und Basen sind schwächer als $H_2O$, d. h., $pK > 15{,}74$. Dazwischen unterscheidet man starke und schwache Säuren und Basen (↑ **02**).

Alle sehr starken Säuren liegen praktisch vollständig protolysiert vor, weil das Säure-Base-Gleichgewicht nach dem Prinzip von Le Chatelier durch den Überschuss an Wassermolekülen zusätzlich auf die rechte Seite verschoben wird. Das Wasser gleicht ihre unterschiedlichen Stärken aus, man spricht vom **nivellierenden Effekt des Wassers**.

**PROTOCHEMISCHE REIHE** Ordnet man korrespondierende Säure-Base-Paare nach steigendem $pK_S$-Wert, so erhält man eine **protochemische Reihe** (↑ **03**). Die Säurestärke nimmt von oben nach unten ab, die Stärke der korrespondierenden Basen in der gleichen Richtung zu.
Reagiert eine Säure, die in der Reihe weiter oben steht, mit einer Base, die weiter unten steht, dann liegt das Gleichgewicht auf der rechten Seite mit $K_C > 1$. Umgekehrt liegt das Gleichgewicht auf der linken Seite, d. h., $K_C < 1$, wenn eine Säure, die weiter unten steht, mit einer Base, die weiter oben steht, reagiert.

Die Gleichgewichtskonstante $K_C$ der Reaktion kann mittels der $K_S$-Werte berechnet werden:

$$HSO_4^-(aq) + HPO_4^{2-}(aq) \rightleftarrows SO_4^{2-}(aq) + H_2PO_4^-(aq)$$
$$pK_S(HSO_4^-) = 1{,}92 \Rightarrow K_S(HSO_4^-) = 1{,}2 \cdot 10^{-2}\ mol \cdot l^{-1}$$
$$pK_S(H_2PO_4^-) = 7{,}20 \Rightarrow K_S(H_2PO_4^-) = 6{,}3 \cdot 10^{-8}\ mol \cdot l^{-1}$$

$$K_C = \frac{K_S(HSO_4^-)}{K_S(H_2PO_4^-)} = 1{,}9 \cdot 10^5$$

Das Gleichgewicht liegt auf der rechten Seite.

**Je stärker eine Säure HA, umso schwächer ist die korrespondierende Base $A^-$ – und umgekehrt.**

Die Säurekonstante allein sagt nichts über die Eigenschaften einer sauren Lösung aus. Der $pK_S$-Wert ist vielmehr eine stoffspezifische Größe, die unabhängig von der Konzentration der Lösung konstant ist. So haben Eisessig, Essigessenz, Speiseessig den gleichen $pK_S$-Wert von 4,75, jedoch unterschiedliche Eigenschaften, die von der Stoffmengenkonzentration abhängen.

| Säurestärke $pK_S$ | Säure | Korrespondierende Base | Basenstärke $pK_B$ |
|---|---|---|---|
| −11 | HI | $I^-$ | 25 |
| −10 | $HClO_4$ | $ClO_4^-$ | 24 |
| −7 | HCl | $Cl^-$ | 21 |
| −3 | $H_2SO_4$ | $HSO_4^-$ | 17 |
| −1,74 | $H_3O^+$ | $H_2O$ | 15,74 |
| −1,32 | $HNO_3$ | $NO_3^-$ | 15,32 |
| 1,81 | $H_2SO_3$ | $HSO_3^-$ | 12,19 |
| 1,92 | $HSO_4^-$ | $SO_4^{2-}$ | 12,08 |
| 2,12 | $H_3PO_4$ | $H_2PO_4^-$ | 11,88 |
| 3,14 | HF | $F^-$ | 10,86 |
| 3,75 | HCOOH | $HCOO^-$ | 10,25 |
| 4,75 | $CH_3COOH$ | $CH_3COO^-$ | 9,25 |
| 4,85 | $[Al(H_2O)_6]^{3+}$ | $[Al(OH)(H_2O)_5]^{2+}$ | 9,15 |
| 6,52 | $H_2CO_3$ | $HCO_3^-$ | 7,48 |
| 6,92 | $H_2S$ | $HS^-$ | 7,08 |
| 7,04 | $HSO_3^-$ | $SO_3^{2-}$ | 6,96 |
| 7,20 | $H_2PO_4^-$ | $HPO_4^{2-}$ | 6,80 |
| 9,25 | $NH_4^+$ | $NH_3$ | 4,75 |
| 10,40 | $HCO_3^-$ | $CO_3^{2-}$ | 3,60 |
| 12,36 | $HPO_4^{2-}$ | $PO_4^{3-}$ | 1,64 |
| 13,00 | $HS^-$ | $S^{2-}$ | 1,00 |
| 15,74 | $H_2O$ | $OH^-$ | −1,74 |
| 24 | $OH^-$ | $O^{2-}$ | −10 |

zunehmende Säurestärke (nach oben) · zunehmende Basenstärke (nach unten)

**03** Stärke von Säuren und ihren korrespondierenden Basen

Betrachten wir jedoch zwei Säuren oder Basen gleicher Stoffmengenkonzentration, kann aus dem gemessenen pH-Wert auf die Stärke der Säure oder Base geschlossen werden. So zeigt eine Salzsäurelösung mit der Ausgangskonzentration $c(HCl) = 0{,}1\ mol \cdot l^{-1}$ einen pH-Wert von 1, während eine Essigsäurelösung gleicher Konzentration einen pH-Wert von 2,9 aufweist. Mit Magnesium reagiert die Salzsäure viel heftiger als die Essigsäure.

**1** Berechnen Sie für folgende Teilchen die Säure- bzw. Basenkonstante: $HNO_3$, $CO_3^{2-}$, $NH_3$, $HS^-$.

**2** Begründen Sie, ob bei den folgenden Ampholyten die Säurestärke die Basenstärke überwiegt oder umgekehrt: $HSO_4^-$, $HCO_3^-$, $H_2PO_4^-$, $HPO_4^{2-}$.

**3** Begründen Sie, ob Lösungen der Salze $NH_4HSO_4$ sowie $NaCH_3COO$ sauer, neutral oder alkalisch reagieren.

**4** In eine Lösung von Ammoniak ($NH_3$) wird Schwefelwasserstoff ($H_2S$) eingeleitet.
**a** Erstellen Sie die Reaktionsgleichung.
**b** Berechnen Sie die Gleichgewichtskonstante.

# Saure und alkalische Salzlösungen

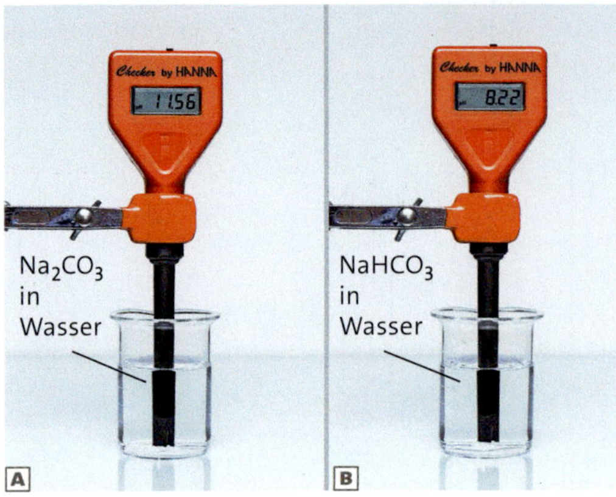


**01** **A** Waschsoda ($Na_2CO_3$) und **B** Natron ($NaHCO_3$) bilden alkalische Lösungen

Salze sind Ionenverbindungen, die sich meist gut in Wasser lösen. Während Kochsalz eine neutrale Lösung bildet, entsteht beim Lösen von Waschsoda (↑ **01**) oder dem Backtriebmittel *Hirschhornsalz* eine alkalische Lösung. Dagegen bildet sich beim Lösen von Ammoniumchlorid oder Natriumhydrogensulfat (Bestandteil von WC-Reinigern) eine saure Lösung. Offenbar reagieren die Kationen bzw. Anionen einiger Salze in einer *Protolyse* (Säure-Base-Reaktion) entweder als Brönsted-Säure oder Brönsted-Base.

*Allgemeines Schema korrespondierender Säure-Base-Paare* *↑ S. 34*

**SAURE REAKTIONEN VON SALZEN** Betrachten wir zunächst die korrespondierenden Säure-Base-Paare bei der Protolyse von Ammoniak, wobei Wasser als *Ampholyt* wirkt. Die als schwache Base fungierenden $NH_3$-Moleküle (B) reagieren in einer Protolyse mit den als Säure wirkenden $H_2O$-Molekülen (HA), wobei sich Ammonium-Ionen $NH_4^+$ ($HB^+$) und Hydroxid-Ionen $OH^-$ ($A^-$) bilden:

$$NH_3 + H_2O \rightleftarrows NH_4^+ + OH^- \qquad pK_B = 4{,}75$$

Das $NH_4^+$-Ion ($HB^+$) ist die korrespondierende Säure zur Base $NH_3$ (B) und kann mit $H_2O$-Molekülen ($A^-$) unter Bildung von Oxonium-Ionen $H_3O^+$ ($HB^+$) reagieren:

$$NH_4^+ + H_2O \rightleftarrows NH_3 + H_3O^+ \qquad pK_S = 9{,}25$$

Die im Ammoniumchlorid enthaltenen Chlorid-Ionen $Cl^-$ stellen die korrespondierende Base zur sehr starken Säure Chlorwasserstoff HCl dar, die mit Wasser vollständig protolysiert. $Cl^-$-Ionen dagegen haben einen $pK_B$-Wert von 21 und reagieren daher mit Wasser praktisch nicht als Base, sie sind neutral. Gleiches gilt für Säurerest-Ionen anderer sehr starker Säuren wie $I^-$ (Säure: HI) oder $NO_3^-$ (Säure: $HNO_3$). Auch Natrium-Ionen $Na^+$ sind extrem schwache Basen und zeigen keine Protolyse.

Betrachten wir das Salz Natriumhydrogensulfat $NaHSO_4$, so liegen $HSO_4^-$-Ionen vor, die selbst als Ampholyt reagieren können:

$$HSO_4^- + H_2O \rightleftarrows SO_4^{2-} + H_3O^+ \qquad pK_S = 1{,}92$$
$$HSO_4^- + H_2O \rightleftarrows H_2SO_4 + OH^- \qquad pK_B = 17$$

Da der $pK_S$-Wert des Ions deutlich kleiner als der $pK_B$-Wert ist, reagieren $HSO_4^-$-Ionen als Säure.

**BASISCHE REAKTIONEN VON SALZEN** Waschsoda (Natriumcarbonat, $Na_2CO_3$) besteht aus Natrium-Ionen $Na^+$ und Carbonat-Ionen $CO_3^{2-}$. Letztere sind die konjugierte Base der Säure Hydrogencarbonat-Ionen $HCO_3^-$ mit einem $pK_B$-Wert von 3,6 – folglich eine starke Base. Folgende Protolyse läuft ab:

$$CO_3^{2-} + H_2O \rightleftarrows HCO_3^- + OH^- \qquad pK_B = 3{,}6$$

Im Hirschhornsalz (Ammoniumcarbonat, $(NH_4)_2CO_3$) liegen neben Carbonat-Ionen, die als Base reagieren, auch Ammonium-Ionen vor, die als Säure reagieren:

$$NH_4^+ + H_2O \rightleftarrows NH_3 + H_3O^+ \qquad pK_S = 9{,}25$$

Der $pK_B$-Wert der Carbonat-Ionen ist deutlich kleiner als der $pK_S$-Wert der Ammonium-Ionen. Folglich verläuft die Protolyse der Base in viel stärkerem Umfang als die der Säure, sodass die Lösung alkalisch wird.

**NEUTRALE REAKTIONEN VON SALZEN** Natriumchlorid besteht aus Natrium- und Chlorid-Ionen. Beide reagieren mit Wassermolekülen in kaum merklichem Ausmaß, da sie sehr schwache Säuren bzw. Basen sind. Die Lösung ist folglich neutral.
Ebenfalls neutral ist eine Lösung von Ammoniumacetat, obwohl Ammonium-Ionen schwache Säuren und Acetat-Ionen schwache Basen sind. Es gilt jedoch:
$pK_S(NH_4^+) = 9{,}25 = pK_B(CH_3COO^-)$
Weil die Säurestärke des Ammonium-Ions genauso groß ist wie die Basenstärke des Acetat-Ions, läuft keine merkliche Reaktion ab.

**Beim Lösen eines Salzes kann eine saure, neutrale oder alkalische Lösung entstehen. Entscheidend dafür sind die Säure- bzw. Basenstärken der beteiligten Ionen.**

**1 〉** Begründen Sie, ob Lösungen folgender Salze sauer, basisch oder neutral sind:
$NaSO_4$; $NH_4HSO_4$; $NH_4CH_3COO$

**2 〉** Erklären Sie, warum in der Küche der Zusatz von Natron ($NaHCO_3$) den pH-Wert saurer Getränke und Speisen erhöht.

| Salz | Ionen | $pK_S$- und $pK_B$-Werte | Protolyse | Lösung |
|---|---|---|---|---|
| NaCl | $Na^+$<br>$Cl^-$ | sehr schwache Säure<br>sehr schwache Base | keine Protolyse<br>keine Protolyse | neutral |
| $NH_4Cl$ | $NH_4^+$<br>$Cl^-$ | $pK_S(NH_4^+) = 9{,}25$ | $NH_4^+ + H_2O \rightleftharpoons NH_3 + H_3O^+$ | sauer |
| $NH_4HSO_4$ | $NH_4^+$<br>$HSO_4^-$ | $pK_S(NH_4^+) = 9{,}25$<br>$pK_S(HSO_4^-) = 1{,}92$ | $pK_S(HSO_4^-) < pK_S(NH_4^+)$<br>$HSO_4^-$ reagiert als Säure:<br>$HSO_4^- + H_2O \rightleftharpoons SO_4^{2-} + H_3O^+$ | sauer |
| $Al_2(SO_4)_3$ | $Al^{3+}$<br>$SO_4^{2-}$ | $pK_S(Al^{3+}) = 4{,}89$<br>$pK_B(SO_4^{2-}) = 12{,}08$ | $pK_S(Al^{3+}) < pK_B(SO_4^{2-})$<br>$[Al(H_2O)_6]^{3+}$ reagiert als Säure:<br>$[Al(H_2O)_6]^{3+} + H_2O \rightleftharpoons [Al(OH)(H_2O)_5]^{3+} + H_3O^+$ | sauer |
| $Na_2CO_3$ | $Na^+$<br>$CO_3^{2-}$ | sehr schwache Säure<br>$pK_B(CO_3^{2-}) = 3{,}6$ | keine Protolyse<br>$CO_3^{2-} + H_2O \rightleftharpoons HCO_3^- + OH^-$ | basisch |
| $(NH_4)_2CO_3$ | $NH_4^+$<br>$CO_3^{2-}$ | $pK_S(NH_4^+) = 9{,}25$<br>$pK_B(CO_3^{2-}) = 3{,}6$ | $pK_B(CO_3^{2-}) < pK_S(NH_4^+)$<br>$CO_3^{2-}$ reagiert als Base:<br>$CO_3^{2-} + H_2O \rightleftharpoons HCO_3^- + OH^-$ | basisch |
| $Na_2HPO_4$ | $Na^+$<br>$HPO_4^{2-}$ | $HPO_4^{2-}$ ist ein Ampholyt<br>$pK_S(HPO_4^{2-}) = 12{,}36$<br>$pK_B(HPO_4^{2-}) = 6{,}8$ | $pK_B(HPO_4^{2-}) < pK_S(HPO_4^{2-})$<br>$HPO_4^{2-}$ reagiert als Base:<br>$HPO_4^{2-} + H_2O \rightleftharpoons PO_4^{3-} + OH^-$ | basisch |

**02** Protolyse von Salzen in Abhängigkeit der $pK_S$- bzw. $pK_B$-Werte

## Aluminiumsulfat als Dünger für Rhododendren und Hortensien

Moorpflanzen wie *Rhododendren* und *Azaleen* benötigen sauren Boden mit einem pH-Wert von 4 bis 5, um optimal zu gedeihen. Im Handel werden spezielle Düngemittel für diese Pflanzen angeboten, die Aluminiumsulfat $Al_2(SO_4)_3$ enthalten. Die Aluminium-Ionen reagieren mit Wasser als Säure, obwohl sie keine Protonen enthalten. Das liegt daran, dass die Kationen in wässriger Lösung, also auch im Boden, nicht isoliert sondern hydratisiert vorliegen, z. B. als $[Al(H_2O)_6]^{3+}$. Die gebundenen Wassermoleküle werden durch das dreifach positiv geladene Aluminium-Ion so stark polarisiert, dass es zur Abspaltung eines Protons kommt (↑ **03**). Daher reagieren die hydratisierten Aluminium-Ionen mit Wassermolekülen als Brönsted-Säuren.

$$[Al(H_2O)_6]^{3+} + H_2O \rightleftharpoons [Al(OH)(H_2O)_5]^{3+} + H_3O^+ \quad pK_S = 4{,}89$$

Je stärker geladen und je kleiner ein Ion ist, desto stärker wirkt es polarisierend auf die Hydrathülle, Daher sind auch wässrige Lösungen von Eisen(III)-Ionen sauer, während Alkali- und Erdalkalimetall-Ionen wie $Li^+$; $Na^+$; $K^+$; $Mg^{2+}$ oder $Ca^{2+}$ neutrale wässrige Lösungen bilden.

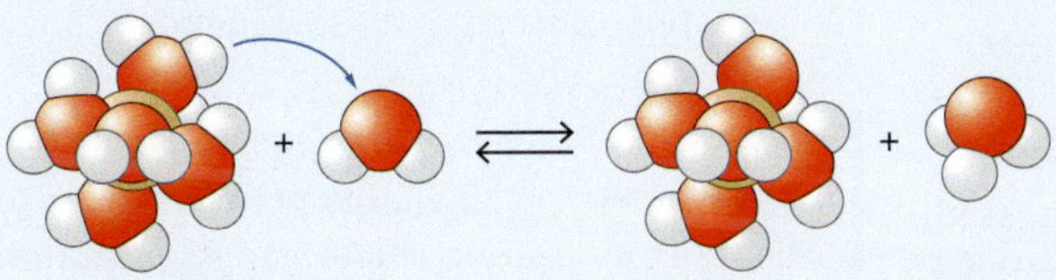

**03** Hydratisierte Aluminium-Ionen wirken als Brönsted-Säure.

**04** Hortensien – verschiedene Farben dank Aluminiumsulfat

**BLAUFÄRBUNG VON HORTENSIEN** Rote und rosafarbene Hortensien enthalten den Farbstoff Delphinidin. Wird Aluminiumsulfathaltiger Dünger verwendet, geht der Farbstoff eine Verbindung mit Aluminium-Ionen ein, die intensiv blau gefärbt ist, sodass die Blütenfarbe sich ändert (↑ **04**).

**1**〉 Eisen(III)-Ionen liegen in Wasser hydratisiert als $[Fe(H_2O)_6]^{3+}$ vor. Erklären Sie, warum die Lösung sauer ist.

**2**〉 Auch Kaliumdihydrogenphosphat ($KH_2PO_4$) dient als Dünger. Entscheiden Sie begründet, ob eine Lösung von $KH_2PO_4$ sauer oder basisch ist. Untersuchen Sie ebenso $K_3PO_4$ oder $K_2HPO_4$.

# 2.6 Berechnung von pH-Werten

**01** Abwasser in der Kläranlage darf nicht zu sauer sein.

**pH-Wert-Berechnung für die Lösung einer sehr starken Base**

**Aufgabe:** Laugengebäck wird vor dem Backen mit Natronlauge bestrichen. Die Natronlauge fördert die Hydrolyse von Proteinen zu Aminosäuren, was die Bräunung an der Teigoberfläche über die Maillard-Reaktion begünstigt. Die verwendete Natronlauge enthält 31 g Natriumhydroxid in 1 l. In der wässrigen Lösung liegt NaOH vollständig in $Na^+(aq)$ und $OH^-(aq)$ dissoziiert vor.
Berechnen Sie den pH-Wert der Natronlauge.

**Gegeben:** $m$(Natriumhydroxid) = 31,0 g; $V$(Natronlauge) = 1,0 l; $M$(NaOH) = 40,0 g · mol$^{-1}$

**Gesucht:** pH-Wert der Natronlauge

**Lösung:**
1. Berechnung von $c_0$(NaOH):

$$c_0(\text{NaOH}) = \frac{n(\text{NaOH})}{V(\text{Natronlauge})}$$

$$= \frac{m(\text{Natriumhydroxid})}{M(\text{NaOH}) \cdot V(\text{Natronlauge})}$$

$$= \frac{31{,}0\ \text{g}}{40{,}0\ \text{g} \cdot \text{mol}^{-1} \cdot 1\ \text{l}}$$

$$= 0{,}775\ \text{mol} \cdot \text{l}^{-1}$$

2. Berechnung von $c(OH^-)$:

$$\text{NaOH} \longrightarrow \text{Na}^+(\text{aq}) + \text{OH}^-(\text{aq})$$

$$\Rightarrow c(\text{OH}^-) = c_0(\text{NaOH}) = 0{,}775\ \text{mol} \cdot \text{l}^{-1}$$

3. Berechnung des pH-Werts:

$$\text{pOH} = -\lg c_0(\text{OH}^-) = -\lg 0{,}775 = 0{,}11$$

$$\text{pH} = 14 - \text{pOH} = 13{,}89$$

**Antwort:** Der pH-Wert der Natronlauge beträgt 13,89.

**LÖSUNGEN SEHR STARKER SÄUREN UND BASEN**

Bei Reinigungsarbeiten mit Salzsäure einer Konzentration von $c$(HCl) = 2 mol · l$^{-1}$ ist ein Liter der Säure in ein Sammelbecken für Regenwasser gelaufen, in dem sich 5 m$^3$ Wasser befanden. Darf das Wasser in die Abwasserkanalisation gepumpt werden, wenn der pH-Wert für Abwassereinleitungen nicht kleiner als 4 sein darf?

Um den pH-Wert berechnen zu können, muss die Konzentration $c_0$(HCl) im Sammelbecken bekannt sein. Ohne die Volumenzunahme durch die Salzsäure beträgt das Lösungsvolumen 5000 l. Damit folgt:

$$c_0(\text{HCl}) = \frac{n(\text{HCl})}{V(\text{Lösung})} = \frac{2\ \text{mol}}{5000\ \text{l}}$$

$$= 4 \cdot 10^{-4}\ \text{mol} \cdot \text{l}^{-1}$$

Das HCl-Molekül ist eine sehr starke Säure. In Lösungen sehr starker Säuren HA kann man praktisch von einer vollständigen Protolyse ausgehen. In diesem Fall vereinfacht sich die Berechnung des pH-Werts, weil die Konzentration der Oxonium-Ionen gleich der Ausgangskonzentration der Säure ist, wenn die Autoprotolyse des Wassers vernachlässigt wird.

$$c(\text{H}_3\text{O}^+) = c_0(\text{HA})$$

Der pH-Wert der Lösung ist somit gleich dem negativen Zehnerlogarithmus der Ausgangskonzentration:
$\text{pH} = -\lg c_0(\text{HA})$

Für das Abwasser folgt:
$\text{pH} = -\lg c_0(\text{HCl}) = -\lg 4 \cdot 10^{-4} = 3{,}40$
Der pH-Wert ist damit zu niedrig, um es direkt in die Kanalisation zu leiten.

**Sehr starke Säuren reagieren vollständig mit Wassermolekülen. Der pH-Wert der Lösung lässt sich einfach aus der Ausgangskonzentration $c_0$ berechnen:**
**$\text{pH} = -\lg c_0(\text{HA})$**

Auch in Lösungen sehr starker Basen B kann man praktisch von einer vollständigen Protolyse ausgehen.

$$c(\text{OH}^-) = c_0(\text{B})$$

Für sehr starke Basen gilt entsprechend:

**Sehr starke Basen reagieren ebenfalls vollständig mit Wassermolekülen. Der pH-Wert der Lösung lässt sich einfach aus der Ausgangskonzentration $c_0$ berechnen:**
**$\text{pOH} = -\lg c_0(\text{B})$; $\text{pH} = 14 - \text{pOH}$**

**LÖSUNGEN SCHWACHER SÄUREN UND BASEN**

Wenn das Protolysegleichgewicht weitgehend links liegt, dann findet kaum Protolyse statt. Dies trifft für nicht zu stark verdünnte Lösungen schwacher Säuren und Basen zu. Die Gleichgewichtskonzentration von HA bzw. B ist dann fast gleich der Ausgangskonzentration:

$c(\mathrm{HA}) \approx c_0(\mathrm{HA})$ bzw. $c(\mathrm{B}) \approx c_0(\mathrm{B})$

Vernachlässigt man die Oxonium- bzw. Hydroxid-Ionen aus der Autoprotolyse des Wassers und betrachtet nur die Protolyse von HA bzw. B, so ergeben sich folgende Gleichungen:

$c(\mathrm{A^-}) = c(\mathrm{H_3O^+})$ bzw. $c(\mathrm{HB^+}) = c(\mathrm{OH^-})$

Damit sind folgende Vereinfachungen der Definitionsgleichungen von $K_S(\mathrm{HA})$ und $K_B(\mathrm{B})$ möglich:

$$K_S(\mathrm{HA}) = \frac{c(\mathrm{A^-}) \cdot c(\mathrm{H_3O^+})}{c(\mathrm{HA})} \Rightarrow K_S(\mathrm{HA}) \approx \frac{c(\mathrm{H_3O^+})^2}{c_0(\mathrm{HA})}$$

$$K_B(\mathrm{B}) = \frac{c(\mathrm{HB^+}) \cdot c(\mathrm{OH^-})}{c(\mathrm{B})} \Rightarrow K_B(\mathrm{B}) \approx \frac{c(\mathrm{OH^-})^2}{c_0(\mathrm{B})}$$

Die Gleichungen werden nach $c(\mathrm{H_3O^+})$ bzw. $c(\mathrm{OH^-})$ aufgelöst und dann negativ logarithmiert.

Für schwache **Säuren** gilt:

$c(\mathrm{H_3O^+}) = [K_S(\mathrm{HA}) \cdot c_0(\mathrm{HA})]^{\frac{1}{2}}$ | –lg

$\mathrm{pH} = \frac{1}{2} \cdot [\mathrm{p}K_S(\mathrm{HA}) - \lg c_0(\mathrm{HA})]$

Für schwache **Basen** gilt:

$c(\mathrm{OH^-}) = [K_B(\mathrm{B}) \cdot c_0(\mathrm{B})]^{\frac{1}{2}}$ | –lg

$\mathrm{pOH} = \frac{1}{2} \cdot [\mathrm{p}K_B(\mathrm{B}) - \lg c_0(\mathrm{B})]$; $\mathrm{pH} = 14 - \mathrm{pOH}$

**Schwache Säuren und Basen protolysieren in Wasser nur wenig. Für die entsprechenden Lösungen gilt:**
**$\mathrm{pH} = \frac{1}{2} \cdot [\mathrm{p}K_S(\mathrm{HA}) - \lg c_0(\mathrm{HA})]$**
**$\mathrm{pOH} = \frac{1}{2} \cdot [\mathrm{p}K_B(\mathrm{B}) - \lg c_0(\mathrm{B})]$**

Liegen eine sehr starke und eine schwache Säure nebeneinander in Lösung vor, so kann der pH-Wert alleine über die Protolyse der sehr starken Säure berechnet werden. Die von ihr stammenden Oxonium-Ionen drängen die Protolyse der schwächeren Säure nach dem Prinzip von Le Chatelier zurück.

**1** Berechnen Sie die pH-Werte:
**a** $c_0(\mathrm{HCl}) = 0{,}05\ \mathrm{mol \cdot l^{-1}}$
**b** $c_0(\mathrm{CH_3COOH}) = 0{,}05\ \mathrm{mol \cdot l^{-1}}$
**c** $c_0(\mathrm{CH_3COOH}) = 0{,}1\ \mathrm{mol \cdot l^{-1}}$ und $c_0(\mathrm{HCl}) = 0{,}1\ \mathrm{mol \cdot l^{-1}}$ liegen gemischt vor.

**pH-Wert-Berechnung für die Lösung einer schwachen Säure**

**Aufgabe:** Zusätze von Essig wurden bereits vor über 2000 Jahren in Erfrischungsgetränken geschätzt, beispielsweise von römischen Soldaten während langer Märsche. Weil er sauer ist, können sich Bakterien in ihm kaum vermehren, sodass das Getränk länger frisch bleibt. Speiseessig enthält pro Liter 50 g Essigsäure, $\mathrm{p}K_S(\mathrm{CH_3COOH}) = 4{,}75$.
Berechnen Sie den pH-Wert von Speiseessig.

**Gegeben:** $m(\text{Essigsäure}) = 50\ \mathrm{g}$; $V(\text{Essig}) = 1\ \mathrm{l}$;
$M(\mathrm{CH_3COOH}) = 60{,}0\ \mathrm{g \cdot mol^{-1}}$; $\mathrm{p}K_S(\mathrm{CH_3COOH}) = 4{,}75$

**Gesucht:** pH-Wert des Speiseessigs

**Lösung:**
1. Berechnung von $c_0(\mathrm{CH_3COOH})$:

$$c_0 = \frac{n(\mathrm{CH_3COOH})}{V(\text{Essig})} = \frac{m(\text{Essigsäure})}{M(\mathrm{CH_3COOH}) \cdot V(\text{Essig})} = \frac{50{,}0\ \mathrm{g}}{60{,}0\ \mathrm{g \cdot mol^{-1}} \cdot 1\ \mathrm{l}} \approx 0{,}83\ \mathrm{mol \cdot l^{-1}}$$

2. Berechnung des pH-Werts:

$\mathrm{CH_3COOH(aq) + H_2O(l) \rightleftarrows CH_3COO^-(aq) + H_3O^+(aq)}$

Essigsäure ist eine schwache Säure. Zur Berechnung des pH-Werts kann die entsprechende Formel verwendet werden:

$$\mathrm{pH} = \frac{1}{2} \cdot [\mathrm{p}K_S(\mathrm{CH_3COOH}) - \lg c_0(\mathrm{CH_3COOH})] = \frac{1}{2} \cdot [4{,}75 - \lg 0{,}83] \approx 2{,}42$$

**Antwort:** Der pH-Wert von Speiseessig beträgt etwa 2,4.

**2** Die Lösung einer Base B mit $c_0(\mathrm{B}) = 0{,}1\ \mathrm{mol \cdot l^{-1}}$ hat einen pH-Wert von 9,5. Begründen Sie,
**a** warum es sich bei B nicht um eine sehr starke Base handelt.
**b** um welche Art von Base es sich handelt.

**3** Eine Mitschülerin behauptet: „Schwefelsäure ist eine sehr starke zweiprotonige Säure. In einer Lösung mit $c_0(\mathrm{H_2SO_4}) = 0{,}05\ \mathrm{mol \cdot l^{-1}}$ beträgt $c(\mathrm{H_3O^+}) = 0{,}1\ \mathrm{mol \cdot l^{-1}}$ und der pH-Wert der Lösung ist gleich eins." Begründen Sie, ob die Mitschülerin mit ihrer Behauptung recht hat.

**4** Nehmen Sie begründet Stellung zur Aussage:
**a** Der pH-Wert einer Salzsäurelösung der Konzentration $c = 10^{-8}\ \mathrm{mol \cdot l^{-1}}$ beträgt 8.
**b** Eine Essigsäurelösung kann den gleichen pH-Wert (pH = 3) wie eine Salzsäurelösung haben.

# 2.7 Wichtige Säuren

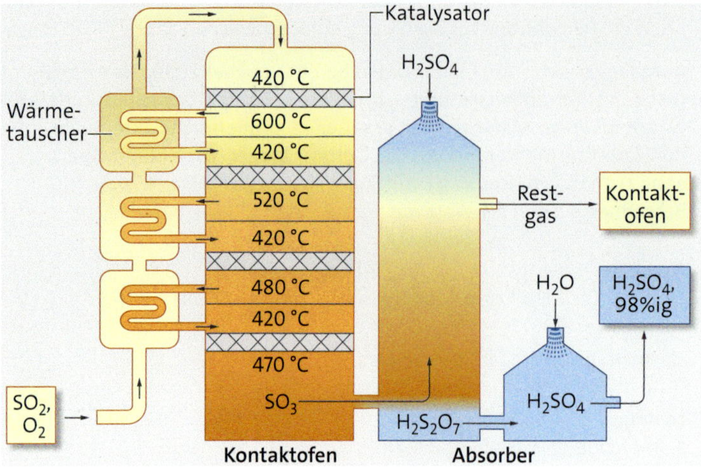


**01** Kontaktanlage zur Produktion von Schwefelsäure

**SCHWEFELSÄURE** Schwefelsäure ($H_2SO_4$) ist einer der wichtigsten industriellen Grundstoffe. Ihre Weltjahresproduktion betrug 2015 etwa 200 Millionen Tonnen – das ist mehr als jedes andere synthetische Produkt. Der Großteil wird für die Düngemittelproduktion genutzt, größere Mengen werden zur Herstellung von Tensiden oder der Aufbereitung von Erzen verwendet. Die Schwefelsäure in Bleiakkumulatoren („Autobatterie") macht nur einen kleinen Anteil aus.

**SCHWEFELTRIOXID** Ausgangsstoff für die Schwefelsäureherstellung ist Schwefeltrioxid ($SO_3$), das in zwei exothermen Reaktionen produziert wird:

$$S(s) + O_2(g) \longrightarrow SO_2(g)$$
$$2\,SO_2(g) + O_2(g) \rightleftarrows 2\,SO_3(g)$$

Der zweite Schritt wird im **Kontaktverfahren** durch Vanadiumpentaoxid ($V_2O_5$) katalysiert. Die frei werdende Reaktionswärme muss über den Wärmetauscher abgeführt werden. Sonst steigt die Temperatur und das Gleichgewicht zwischen Schwefeldioxid und -trioxid wird auf die Seite des Schwefeldioxids verschoben.

**HERSTELLUNG VON SCHWEFELSÄURE** Die Reaktion von Schwefeltrioxid mit Wasser zu Schwefelsäure ist langsam, weshalb sie sich nicht für die Synthese der Schwefelsäure eignet. Stattdessen wird Schwefeltrioxid mit Schwefelsäure in einer schnellen Reaktion zunächst zu Dischwefelsäure ($H_2S_2O_7$) umgesetzt. Diese wird in einem zweiten Schritt hydrolysiert, wodurch reine Schwefelsäure entsteht.

$$SO_3(g) + H_2SO_4(l) \rightarrow H_2S_2O_7(l)$$
$$H_2S_2O_7(l) + H_2O(l) \rightarrow 2\,H_2SO_4(l)$$

Die handelsübliche konzentrierte Schwefelsäure hat einen Massenanteil von $w(H_2SO_4) = 98\,\%$ und eine Dichte von $\rho = 1{,}84\ kg \cdot l^{-1}$. Sie wirkt stark hygroskopisch, also wasseranziehend.

**EINE ZWEIPROTONIGE SÄURE** Vom Schwefelsäuremolekül können nacheinander zwei Protonen auf Basen übergehen. Es handelt sich deshalb um eine zweiprotonige Säure:

$$H_2SO_4(aq) + H_2O(l) \rightleftarrows H_3O^+(aq) + HSO_4^-(aq)$$
$$HSO_4^-(aq) + H_2O(l) \rightleftarrows H_3O^+(aq) + SO_4^{2-}(aq)$$

$pK_S(H_2SO_4)$ wird auch als $pK_{S1}$ und $pK_S(HSO_4^-)$ als $pK_{S2}$ von $H_2SO_4$ bezeichnet.
Die gebildeten Basen werden Hydrogensulfat-Ion $HSO_4^-$ und Sulfat-Ion $SO_4^{2-}$ genannt. Entsprechend werden Salze nach ihnen benannt, beispielsweise Kaliumhydrogensulfat $KHSO_4$ und Calciumsulfat $CaSO_4$ (Gips).

**SCHWEFLIGE SÄURE** Bei der Verbrennung von Schwefel oder Schwefelverbindungen entsteht Schwefeldioxid $SO_2$. Es reagiert mit Wasser zu Schwefliger Säure $H_2SO_3$:

$$SO_2(g) + H_2O(l) \rightleftarrows H_2SO_3(aq)$$

Auch Schweflige Säure ist eine zweiprotonige Säure. Die gebildeten Basen heißen Hydrogensulfit-Ion $HSO_3^-$ und Sulfit-Ion $SO_3^{2-}$:

$$H_2SO_3(aq) + H_2O(l) \rightleftarrows H_3O^+(aq) + HSO_3^-(aq)$$
$$HSO_3^-(aq) + H_2O(l) \rightleftarrows H_3O^+(aq) + SO_3^{2-}(aq)$$

1) Erläutern Sie die Bedeutung des Wärmetauschers im Kontaktverfahren.
2) Berechnen Sie das zur Herstellung von einem Liter Schwefelsäurelösung ($c = 1{,}0\ mol \cdot l^{-1}$) benötigte Volumen an konzentrierter Schwefelsäure.
3) $H_2SO_4$ ist eine stärkere Säure als $H_2SO_3$. Wenn zu einer Lösung von Natriumsulfit, $Na_2SO_3$, Schwefelsäure im Überschuss zugegeben wird, dann kann in der Gasphase über der Lösung Schwefeldioxid nachgewiesen werden. Erklären Sie diese Beobachtung über die beteiligten chemischen Gleichgewichte.
4) Phosphorsäure, $H_3PO_4$, wird aus Apatit, $Ca_5(PO_4)_3(OH)$, und Schwefelsäure hergestellt. Als Nebenprodukte entstehen Calciumsulfat und Wasser. Erstellen Sie die Reaktionsgleichung.
5) Erstellen Sie für die bei der Herstellung von Calciumdihydrogenphosphat ablaufenden Säure-Base-Reaktionen die Reaktionsgleichungen.

| Name des Säuremoleküls | Formel | Name des Säurerest-Ions | Formel | Name des Natriumsalzes | Formel |
|---|---|---|---|---|---|
| Kohlensäure | $H_2CO_3$ | Hydrogencarbonat-Ion | $HCO_3^-$ | Natriumhydrogencarbonat | $NaHCO_3$ |
| | | Carbonat-Ion | $CO_3^{2-}$ | Natriumcarbonat | $Na_2CO_3$ |
| Salpetersäure | $HNO_3$ | Nitrat-Ion | $NO_3^-$ | Natriumnitrat | $NaNO_3$ |
| Phosphorsäure | $H_3PO_4$ | Dihydrogenphosphat-Ion | $H_2PO_4^-$ | Natriumdihydrogenphosphat | $NaH_2PO_4$ |
| | | Hydrogenphosphat-Ion | $HPO_4^{2-}$ | Natriumhydrogenphosphat | $Na_2HPO_4$ |
| | | Phosphat-Ion | $PO_4^{3-}$ | Natriumphosphat | $Na_3PO_4$ |
| Schwefelsäure | $H_2SO_4$ | Hydrogensulfat-Ion | $HSO_4^-$ | Natriumhydrogensulfat | $NaHSO_4$ |
| | | Sulfat-Ion | $SO_4^{2-}$ | Natriumsulfat | $Na_2SO_4$ |
| Chlorwasserstoff | HCl | Chlorid-Ion | $Cl^-$ | Natriumchlorid | NaCl |

**02** Namen und Molekülformeln wichtiger Säuren und Säurerest-Ionen

## Nicht nur für das Wachstum wichtig – Phosphorsäure

**03** Zahnschmelz enthält Phosphat-Ionen.

Was haben Knochen und Zähne mit der Energieumwandlung im Organismus und der Speicherung von Erbinformation in der Zelle gemeinsam? In allen drei Fällen sind Phosphat-Ionen im Spiel, die sich aus der **Phosphorsäure** $H_3PO_4$ bilden. Sie ist eine dreiprotonige Säure, aus der durch schrittweise Protolyse die Anionen Dihydrogenphosphat $H_2PO_4^-$, Hydrogenphosphat $HPO_4^{2-}$ und Phosphat $PO_4^{3-}$ entstehen können.

$$H_3PO_4(aq) + H_2O(l) \rightleftarrows H_3O^+(aq) + H_2PO_4^-(aq)$$
$$H_2PO_4^-(aq) + H_2O(l) \rightleftarrows H_3O^+(aq) + HPO_4^{2-}(aq)$$
$$HPO_4^{2-}(aq) + H_2O(l) \rightleftarrows H_3O^+(aq) + PO_4^{3-}(aq)$$

Welche der vier Teilchenarten in welchen relativen Anteilen $x$ vorliegen, hängt von den $pK_S$-Werten und vom pH-Wert der Lösung ab (↑ **04**).
Bis pH = $pK_{S1}$ überwiegt $H_3PO_4$, von dort bis pH = $pK_{S2}$ ist $H_2PO_4^-$ die hauptsächlich vorliegende Teilchenart. Zwischen pH = $pK_{S2}$ und pH = $pK_{S3}$ dominiert $HPO_4^{2-}$ und bei noch höheren pH-Werten liegt überwiegend $PO_4^{3-}$ vor.
Durch Reaktion von Calciumphosphat mit Phosphorsäure entsteht das lösliche und somit für die Pflanzen verfügbare Calciumdihydrogenphosphat, ein Hauptbestandteil von Phosphatdüngemitteln.

$$Ca_3(PO_4)_2 + 2\,H_3PO_4 \longrightarrow 3\,Ca(H_2PO_4)_2$$

**1**〉 Bestimmen Sie anhand ↑ **04** die Zusammensetzung der Lösung bei pH = 8. Überprüfen Sie das Ergebnis mit $K_{S2}$ für $H_2PO_4^-$ und $HPO_4^{2-}$ rechnerisch.

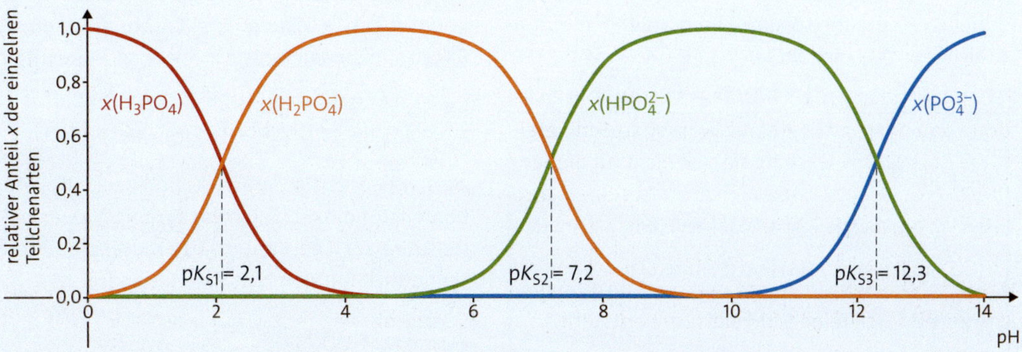


**04** Protolysediagramm von Phosphorsäure, pH-Wert und relativer Anteil der Teilchenarten an der Gesamtkonzentration

# Das Kohlenstoffdioxid-Carbonat-Gleichgewicht

**01** Die Versauerung der Meere schädigt Lebewesen:
**A** Flügelschnecke (*Limacina helicina*), **B** Korallen (Bildmontage)

**KOHLENSTOFFDIOXID UND DER pH-WERT DER MEERE** Durch die in den letzten 100 Jahren stark angestiegenen Mengen an verbranntem Erdöl, Erdgas und Kohle hat sich der Volumenanteil von Kohlenstoffdioxid in der Atmosphäre deutlich erhöht: von 0,03 % (1900) auf 0,04 % (2019), d. h., heute ist ein Drittel mehr Kohlenstoffdioxid in der Atmosphäre als zu Beginn des 20. Jahrhunderts. Eine unmittelbare Folge ist der Einfluss auf den pH-Wert der Meere: Er sinkt. So ist der durchschnittliche pH-Wert des Meerwassers aufgrund der starken anthropogenen Kohlenstoffdioxidemissionen von 8,2 auf 8,1 gesunken, was einem Anstieg der Oxonium-Ionenkonzentration von etwa 26 % entspricht.

*Löslichkeitsprodukt*
*Weil $c(CaCO_3)$ in festem Calciumcarbonat konstant ist, vereinfacht sich das Massenwirkungsgesetz. Die Gleichgewichtskonstante $K_C$ und $c(CaCO_3)$ werden zu einer neuen Konstante, dem Löslichkeitsprodukt $K_L$ zusammengefasst:*
*$K_L = c(Ca^{2+}) \cdot c(CO_3^{2-})$*

**VOM KOHLENSTOFFDIOXID ZUR KOHLENSÄURE** Wie kommt es, dass in Wasser gelöstes Kohlenstoffdioxid den pH-Wert beeinflusst? Eine Betrachtung des Kohlenstoffdioxidmoleküls $CO_2$ zeigt, dass es nicht als Brönsted-Säure reagieren kann. Es enthält kein chemisch gebundenes H-Atom und ist somit nicht in der Lage, ein Proton auf eine Brönsted-Base zu übertragen.

Wird Kohlenstoffdioxid in Wasser gelöst, entsteht dennoch eine saure Lösung. Dabei spielen mehrere Gleichgewichte eine Rolle.

| Teilchen | ist beteiligt an Gleichgewicht |
|---|---|
| $CO_2(aq)$ | (1) und (2) |
| $H_2CO_3(aq)$ | (2) und (3) und (6) |
| $HCO_3^-(aq)$ | (3) und (5) und (6) |
| $CO_3^{2-}(aq)$ | (4) und (5) |
| $OH^-(aq)$ | (5) und (6) |

**02** Kopplung von Gleichgewichten

Zunächst steht gasförmiges Kohlenstoffdioxid $CO_2(g)$ im Gleichgewicht mit in Wasser gelöstem Kohlenstoffdioxid $CO_2(aq)$.

$$CO_2(g) \rightleftharpoons CO_2(aq) \qquad | \Delta H^0 = -20\ kJ \cdot mol^{-1} \quad (1)$$

Der Lösevorgang ist exotherm. Gelöstes Kohlenstoffdioxid reagiert mit Wasser langsam zu gelöster Kohlensäure.

$$CO_2(aq) + H_2O(l) \rightleftharpoons H_2CO_3(aq) \quad (2)$$

Bei 25 °C kommt im Gleichgewicht ein $H_2CO_3(aq)$-Molekül auf etwa 600 $CO_2(aq)$-Moleküle. Das Kohlensäuremolekül reagiert schließlich gegenüber Wasser als Brönsted-Säure:

$$H_2CO_3(aq) + H_2O(l) \rightleftharpoons HCO_3^-(aq) + H_3O^+(aq) \quad (3)$$

Als Konsequenz des Zusammenspiels dieser drei Gleichgewichte reagiert die wässrige Lösung von Kohlenstoffdioxid sauer.

**GLEICHGEWICHTE GREIFEN INEINANDER** Eine der Folgen der Versauerung für das Ökosystem Meer ist die Schädigung der Korallen und anderer Meeresbewohner, deren Gehäuse aus Kalk (Calciumcarbonat, $CaCO_3$) besteht.

Calciumcarbonat ist ein Calciumsalz der Kohlensäure, aufgebaut aus Calcium-Ionen $Ca^{2+}$ und Carbonat-Ionen $CO_3^{2-}$. Calciumcarbonat ist schwer löslich in Wasser. Sein *Löslichkeitsprodukt* beträgt $K_L = c(Ca^{2+}) \cdot c(CO_3^{2-}) = 4{,}7 \cdot 10^{-9}\ mol^2 \cdot l^{-2}$.

Bei der Schädigung der Kalkgehäuse spielen mehrere Löslichkeits- und Säure-Base-Gleichgewichte eine Rolle. Weil dabei gleiche Teilchen an verschiedenen Gleichgewichten beteiligt sind, liegen **gekoppelte Gleichgewichte** vor.

Durch Gleichgewicht (4) kommt es bei Kontakt von Kalk mit Wasser zur Bildung von Calcium- und Carbonat-Ionen in Lösung. Weil Carbonat-Ionen starke Basen sind, reagieren sie mit Wassermolekülen:

$$CaCO_3(s) \rightleftharpoons Ca^{2+}(aq) + CO_3^{2-}(aq) \quad (4)$$
$$CO_3^{2-}(aq) + H_2O(l) \rightleftharpoons OH^-(aq) + HCO_3^-(aq) \quad (5)$$

Meerwasser enthält durch Kontakt zur Luft gelöstes Kohlenstoffdioxid (1). Es reagiert mit Wasser zu Kohlensäure (2). Die Kohlensäuremoleküle reagieren schließlich mit den Hydroxid-Ionen (6):

$$CO_2(g) \rightleftharpoons CO_2(aq) \quad (1)$$
$$CO_2(aq) + H_2O(l) \rightleftharpoons H_2CO_3(aq) \quad (2)$$
$$H_2CO_3(aq) + OH^-(aq) \rightleftharpoons HCO_3^-(aq) + H_2O(l) \quad (6)$$

**LÖSEN VON KALK** Die Konzentration von $CO_3^{2-}$(aq) wird durch die Kopplung der Gleichgewichte (5) und (6) gesenkt, wenn kohlensäurehaltiges Wasser ins Spiel kommt: Das Gleichgewicht (4) wird dadurch nach rechts verschoben und Calciumcarbonat wird gelöst. Die Abnahme von $c(CO_3^{2-})$ bei einer Senkung des pH-Werts hat auch Konsequenzen für im Wasser lebende Organismen wie die Flügelschnecke, die sich mit einer schützenden Hülle aus Calciumcarbonat umgeben (↑ **01A**). Das feste Calciumcarbonat steht über (4) im Gleichgewicht mit gelösten Calcium-Ionen und Carbonat-Ionen. Letztere sind starke Basen und also solche am Gleichgewicht (5) beteiligt. Alle Effekte, die Gleichgewicht (5) nach rechts verschieben, vermindern $c(CO_3^{2-})$ und führen über die Kopplung an Gleichgewicht (4) zu einer Verminderung der Menge an festem Calciumcarbonat. Eine Absenkung des pH-Werts des Meerwassers, z. B. durch die Vergrößerung von $c(CO_2,g)$, vermindert $c(OH^-)$ und verschiebt somit Gleichgewicht (5) nach rechts. Die Organismen verfügen zwar über Mechanismen, einen zur Bildung von festem Calciumcarbonat günstigen, d. h. höheren, pH-Wert herzustellen. Die dafür notwendigen „Protonenpumpen“, benötigen aber Energie, die durch zusätzliche Nahrung bereitgestellt werden muss. Dies führt dazu, dass die Kalkhülle der Flügelschnecke zunehmend dünner wird.

**BILDUNG VON KALKABLAGERUNGEN** Auch Trinkwasser ist mit Calcium- und Hydrogencarbonat-Ionen angereichert. Im Haushalt entstehen beispielsweise Kalkablagerungen auf Heizstäben eines Wasserkochers, wenn die Gleichgewichte (1) bis (6) durch Absenkung der Konzentration von $CO_2$(aq) gestört werden.

- Gleichgewicht (1) ist exotherm ($\Delta H < 0$). Beim Wasserkochen wird die Temperatur erhöht und das Gleichgewicht nach dem Prinzip von Le Chatelier in Richtung der endothermen Bildung von gasförmigem Kohlenstoffdioxid verschoben.
- Als Konsequenz sinkt die Konzentration des gelösten Kohlenstoffdioxids, $c(CO_2, aq)$.
- Dadurch wird Gleichgewicht (2) beeinflusst. Mit $c(CO_2, aq)$ sinkt auch $c(H_2CO_3)$.
- Weil Kohlensäure an Gleichgewicht (6) beteiligt ist, wird es nach links verschoben, wenn $c(H_2CO_3)$ abnimmt. Damit steigt $c(OH^-)$ und über Gleichgewicht (5) auch $c(CO_3^{2-})$.
- Die Carbonat-Ionen spielen auch in Gleichgewicht (4) eine Rolle. Mit dem Anstieg ihrer Konzentration wird es nach links verschoben, d. h., es wird festes Calciumcarbonat gebildet: Es kommt zu Kalkablagerungen auf dem Heizstab.

**03** Tropfsteine aus Kalk

**Tropfsteine** entstehen nach dem gleichen Prinzip. Auslöser ist hier keine Erwärmung, sondern die Verdunstung von Wasser, wodurch auch Kohlenstoffdioxid aus der Lösung entweicht und Gleichgewicht (1) ebenfalls nach links verschoben wird.

**1 ›** Eine Mitschülerin behauptet, Kalkablagerungen könnten durch Sprudelwasser entfernt werden. Erläutern Sie ihre Behauptung mit dem Prinzip der gekoppelten Gleichgewichte.

**2 ›** **a** Berechnen Sie die Konstante von Gleichgewicht (5) bei 25 °C (mit $c(H_2O) = 55{,}3\ mol \cdot l^{-1}$).
**b** Begründen Sie qualitativ, warum der pH-Wert der Oberflächengewässer sinkt, wenn $c(CO_2, aq)$ steigt.

**3 ›** Begründen Sie, warum die Löslichkeit von Kohlenstoffdioxid in Wasser mit steigender Temperatur abnimmt.

**4 ›** Die Anlage zur Herstellung von demineralisiertem („destilliertem“) Wasser ist defekt. Ein Schüler schlägt vor, stattdessen Regenwasser zu nutzen, weil das frei von Mineralstoffen und pH-neutral sei.
**a** Beurteilen Sie die Aussage des Schülers.
**b** Entwickeln Sie einen Vorschlag, wie man aus dem Regenwasser pH-neutrales Wasser erhält.

# Klausurtraining

## Material A Wachs als Rohstoff

A1.1 Bienenwachs besteht aus Estern.

Bienenwachs besteht zum Großteil aus einem Ester der Palmitinsäure ($C_{15}H_{31}COOH$) mit Myricylalkohol ($C_{30}H_{61}OH$).
Ein Unternehmen möchte das Wachs als Rohstoff für die Produktion von Palmitinsäure (Siedetemperatur > 100 °C, $pK_S \approx 5$) und Myricylalkohol (Siedetemperatur > 100 °C) nutzen. Im ersten Schritt wird der Ester „verseift", also in einer alkalischen Lösung in Myricylalkohol und das Salz Natriumpalmitat ($C_{15}H_{31}COONa$) gespalten. Am Ende sollen Palmitinsäure und Myricylalkohol getrennt voneinander vorliegen.
Um eine Zersetzung der langkettigen Moleküle zu vermeiden, darf in keinem Schritt die Temperatur über 80 °C steigen.

| Stoff | löslich in |
|---|---|
| Palmitinsäure | Pentan (Siedetemperatur: 35 °C) |
| Natriumpalmitat | Wasser (Siedetemperatur: 100 °C) |
| Myricylalkohol | Pentan (Siedetemperatur: 35 °C) |

A1.2 Löslichkeit und Siedetemperatur der Lösungsmittel

### AUFGABEN ZU A

**1)** **a** Geben Sie die Molekülformel der zu Palmitinsäure korrespondierenden Base an und berechnen Sie deren $pK_B$-Wert.
**b** Erläutern Sie, ob eine wässrige Lösung von Natriumpalmitat sauer, neutral oder alkalisch reagiert.

**2)** **a** Nennen Sie einen Stoff, mit dem Sie Natriumpalmitat in Palmitinsäure umwandeln können, und begründen Sie Ihre Wahl mit den Säure-Base-Eigenschaften.
**b** Beschreiben Sie, wie Sie nach der Verseifung des Esters weiter vorgehen, um reine Palmitinsäure und reinen Myricylalkohol zu erhalten.

**3)** Senkt man den pH-Wert der Lösungen von Natriumpalmitat ($C_{15}H_{31}COONa$) bzw. Natriumhexadecylsulfat ($C_{16}H_{33}OSO_3Na$; $pK_S = 0$) auf 2, so scheidet sich nur aus der ersten Lösung ein Feststoff ab. Erklären Sie das unterschiedliche Verhalten und die Bildung des Feststoffs.

## Material B Süßes oder Saures?

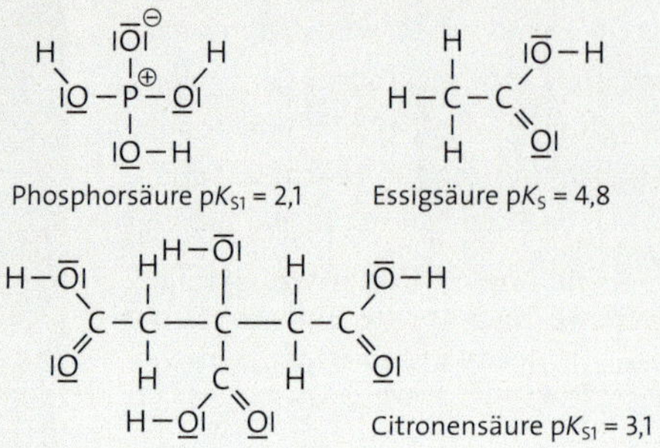


B1.1 Strukturformeln einiger Säuren

Bei römischen Legionären war verdünnter Essig, die Posca, als Erfrischungsgetränk beliebt. Heute sind in Getränken meist Citronensäure oder Phosphorsäure als Säuerungsmittel enthalten. Zusätzlich beinhalten sie Zucker, um den sauren Geschmack zu überdecken.

| Getränk | pH | *w*(Säuerungsmittel) |
|---|---|---|
| A | 2,5 | 0,41 % |
| B | 2,4 | 0,07 % |
| C | 2,9 | 1,00 % |

B1.2 Getränke mit verschiedenen Säuerungsmitteln

### AUFGABEN ZU B

**1)** Begründen Sie anhand der $pK_S$-Werte der drei Säuren (↑ B1.1), der pH-Werte und des Massenanteils (↑ B1.2), welches Säuerungsmittel bei den Getränken A, B und C verwendet wurde.

**2)** **a** Die Getränke haben eine Dichte von 1,00 kg · $l^{-1}$. Berechnen Sie aus dem Massenanteil der Säuerungsmittel deren Stoffmengenkonzentrationen.
**b** Berechnen Sie aus der ermittelten Stoffmengenkonzentration für das mit Essigsäure versetzte Getränk den pH-Wert und vergleichen Sie das Ergebnis mit dem Wert in der Tabelle.

**3)** Der Zahnschmelz besteht aus Apatit, $Ca_5(PO_4)_3(OH)$, d. h. Calciumphosphat, in dessen Ionengitter Hydroxid-Ionen eingebaut sind.
**a** Erklären Sie, warum sich der sonst glatte Zahnschmelz nach dem Trinken von Cola, die gelöste Phosphorsäure enthält, rau anfühlt.
**b** Bei einer Fluoridierung der Zähne werden die Hydroxid-Ionen an der Oberfläche teilweise gegen gleich große Fluorid-Ionen ausgetauscht, um den Zahnschmelz gegen Säuren resistenter zu machen. Erläutern Sie diese Maßnahme mithilfe von Säure-Base-Eigenschaften.

# Klausurtraining

## Material C Unfall in der Schleuse

### Zwischenfall mit Salzsäure

**Meppen** | Durch einen technischen Defekt in einem Tankschiff gelangten 1000 kg Salzsäure ins Wasser der örtlichen Schleuse. Der Schiffsverkehr ist momentan blockiert, weil das mit 10 000 m³ Wasser gefüllte Becken nicht in den Fluss abgelassen werden darf. „Mittlerweile ist der pH-Wert im Becken von neutral, also 7, auf 3 gefallen“, so der Leiter der Wasserschutzbehörde. „Wir müssen die Säure neutralisieren, bevor das Schleusentor wieder geöffnet werden kann.“
In der Behörde werde in einem Modellversuch derzeit die Neutralisation mit Natriumhydroxid, Calciumoxid und Calciumcarbonat erprobt.

C1.1 Zeitungsbericht *Zwischenfall mit Salzsäure*

### AUFGABEN ZU C

1 › **a** Geben Sie an, aus welchen Reinstoffen Salzsäure hergestellt wird.
**b** Formulieren Sie die dazugehörige Reaktionsgleichung.
**c** Stufen Sie die in Aufgabe **1a** gewählte Säure begründet ein (↑ S. 36, 02).

2 › **a** Begründen Sie, welches chemische Gleichgewicht gestört wurde, als die Salzsäure ins Wasser der Schleuse gelangte.
**b** Berechnen Sie die aktuelle Konzentration der Oxonium-Ionen und der Hydroxid-Ionen in der Schleuse.

3 › **a** Berechnen Sie die Stoffmenge der Oxonium-Ionen in der Schleuse.
**b** Berechnen Sie die Stoffmenge und die Masse der Säure ($M = 36{,}5\ g \cdot mol^{-1}$), die die Oxonium-Ionen erzeugt hat, und daraus den Massengehalt der Salzsäure.

4 › **a** Erstellen Sie die Reaktionsgleichung, die bei der Neutralisation der sauren Lösung abläuft.
**b** Geben Sie die Verhältnisformeln der Stoffe an, die zur Neutralisation in Betracht gezogen werden.
**c** Begründen Sie anhand von Reaktionsgleichungen, warum sich die genannten Stoffe dazu eignen.
**d** Berechnen Sie die Massen von Natriumhydroxid bzw. Calciumoxid, die zur Neutralisation der sauren Lösung notwendig sind.
**e** Eine exakte Neutralisation der sauren Lösung ist durch Berechnung kaum zu erreichen, weil der gemessene pH-Wert nicht genau genug ist. Bewerten Sie vor diesem Hintergrund die Eignung der zur Neutralisation vorgeschlagenen Stoffe.

## Material D Ein sensibles Gleichgewicht

Die Sättigungskonzentration von Kohlenstoffdioxid in wässriger Lösung, $c_S(CO_2, aq)$, hängt von der Temperatur und dem Kohlenstoffdioxidanteil in der Atmosphäre ab. Je mehr Kohlenstoffdioxid gelöst werden kann, desto größer ist $c_S(CO_2, aq)$. Die Werte von $c_S(CO_2, aq)$ in der Tabelle wurden bei einem Druck von $p = 1013$ hPa (Normaldruck) gemessen in einer Atmosphäre, die zu 0,03 % aus Kohlenstoffdioxid besteht.

| Temperatur in °C | 0 | 5 | 10 | 15 | 20 | 25 |
|---|---|---|---|---|---|---|
| $c_S(CO_2, aq)$ in $10^{-6}\ mol \cdot l^{-1}$ | 22,8 | 18,9 | 15,8 | 13,4 | 11,5 | 9,9 |

D1.1 Sättigungskonzentration von Kohlenstoffdioxid in wässriger Lösung (Volumenanteil Kohlenstoffdioxid = 0,03 %)

Zwei Schülerinnen diskutieren über den zunehmenden Kohlenstoffdioxidgehalt in der Atmosphäre und die Konsequenz für den pH-Wert der Weltmeere.

**Anna:** „Wenn sich der Kohlenstoffdioxidanteil in der Atmosphäre von 0,03 % auf 0,06 % verdoppelt, dann verdoppelt sich auch $c_S(CO_2, aq)$ und der pH-Wert der Weltmeere sinkt.“
**Lara:** „In diesem Fall wird aber auch ein Anstieg der globalen Durchschnittstemperatur von 14 °C auf 17 °C vorhergesagt. Damit löst sich weniger Kohlenstoffdioxid im Wasser und der pH-Wert steigt.“

### AUFGABEN ZU D

1 › Begründen Sie mit Tabelle ↑ D1.1, ob sich Kohlenstoffdioxid exo- oder endotherm in Wasser löst.

2 › Erklären Sie über entsprechende Gleichgewichte, warum der pH-Wert des Meeres überhaupt von der Konzentration des Kohlenstoffdioxids in der Atmosphäre und im Meerwasser sowie der Temperatur abhängt.

3 › **a** Erstellen Sie aus den Werten von ↑ D1.1 ein Diagramm. Legen Sie eine Ausgleichskurve durch die Datenpunkte und bestimmen Sie mit ihrer Hilfe $c_S(CO_2, aq)$ bei 14 °C und bei 17 °C.
**b** Erläutern Sie, wie sich die Sättigungskonzentration von Kohlenstoffdioxid $c_S(CO_2, aq)$ verändert, wenn der Kohlenstoffdioxidanteil in der Atmosphäre 0,06 % beträgt.
Begründen Sie dann, welche der beiden Schülerinnen mit ihrer Einschätzung richtig liegt.

4 › Um den pH-Wert der Weltmeere wieder zu erhöhen, wurde der Vorschlag gemacht, Calciumcarbonat durch Erhitzen in Calciumoxid umzuwandeln und Letzteres im Meer zu lösen. Bewerten Sie die Maßnahme.

# 2.8 Puffersysteme

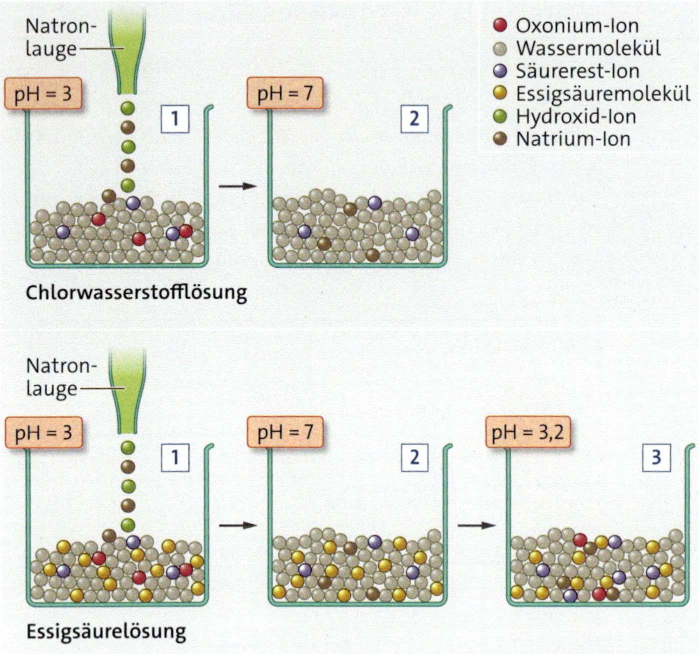


**01** Modellhafte Darstellung der Vorgänge beim Neutralisieren der Oxonium-Ionen in Chlorwasserstofflösung und Essigsäurelösung mit gleichem pH-Wert

| in $mol \cdot l^{-1}$ | $H_3O^+$ | $A^-$ | HA | pH |
|---|---|---|---|---|
| **Vor der Neutralisation der Oxonium-Ionen (Bild 1)** | | | | |
| $c$ | $10^{-3}$ | $10^{-3}$ | $5{,}6 \cdot 10^{-2}$ | 3,0 |
| **Nach der Neutralisation der Oxonium-Ionen (Bild 2)** | | | | |
| $c_0$ | $10^{-7}$ | $10^{-3}$ | $5{,}6 \cdot 10^{-2}$ | 7,0 |
| **Nach dem Einstellen des Gleichgewichts (Bild 3)** | | | | |
| $c$ | $0{,}6 \cdot 10^{-3}$ | $1{,}6 \cdot 10^{-3}$ | $5{,}54 \cdot 10^{-2}$ | 3,2 |

**02** Schrittweise Betrachtung der Neutralisation der Oxonium-Ionen in Essigsäurelösung (hypothetisch)

**GLEICHGEWICHTE STABILISIEREN DEN pH-WERT** Bei gleichem pH-Wert ist die Konzentration der Oxonium-Ionen in einer Essigsäurelösung (kurz: „Essig") und einer Chlorwasserstofflösung („Salzsäure") gleich groß (↑ **01**, Bild 1). Die Chlorwasserstoffmoleküle sind vollständig, die schwächer sauren Essigsäuremoleküle nur teilweise protolysiert.
Gibt man zu den Lösungen Natronlauge, so kommt es zu einer Neutralisationsreaktion (↑ **01**, Bild 2):

$$H_3O^+(aq) + OH^-(aq) \longrightarrow 2\,H_2O(l)$$

Für die Salzsäure ist die Reaktion damit abgeschlossen. Es liegen anschließend so viel weniger Oxonium-Ionen vor, wie Hydroxid-Ionen zugegeben wurden. Entsprechend steigt der pH-Wert.
Im Essig ist aber ein weiteres Gleichgewicht aktiv:

$$CH_3COOH(aq) + H_2O(l) \rightleftarrows CH_3COO^-(aq) + H_3O^+(aq)$$

Es wurde durch die Entfernung der Oxonium-Ionen gestört. Als Folge verläuft die Hinreaktion schneller als die Rückreaktion und die Zahl der Oxonium-Ionen steigt wieder an (↑ **01**, 3). Die Wirkung der Hydroxid-Ionen auf den pH-Wert wird dadurch „gepuffert".

**HYDROXID-IONEN WERDEN ABGEFANGEN** Die Stabilität des pH-Werts der Essigsäurelösung lässt sich auch mit folgender Reaktion erklären:

$$CH_3COOH(aq) + OH^-(aq) \rightleftarrows CH_3COO^-(aq) + H_2O(l)$$

Die Hydroxid-Ionen werden durch *Reaktion mit Essigsäuremolekülen abgefangen*, wodurch der pH-Wert zunächst stabil bleibt. Die Abnahme der Essigsäurekonzentration wirkt sich dann über das Protolysegleichgewicht der Essigsäure in „abgemilderter" Form auf die Konzentration der Oxonium-Ionen und damit den pH-Wert aus:

$$CH_3COOH(aq) + H_2O(l) \rightleftarrows CH_3COO^-(aq) + H_3O^+(aq)$$

In Bild ↑ **03** werden die Konzentrationsverhältnisse durch zwei verbundene und mit Flüssigkeit gefüllte Gefäße veranschaulicht. Das Volumen des größeren Gefäßes entspricht $c(CH_3COOH)$, das des kleineren entspricht $c(H_3O^+)$. Im Gleichgewicht ist der Füllstand gleich hoch. Findet die Abfangreaktion statt, dann nimmt $c(CH_3COOH)$ ab, was einem Sinken des Flüssigkeitsstands im linken Gefäß entspricht (↑ **03B**, gelb schraffiert). Anschließend stellt sich das Gleichgewicht neu ein. Die rot schraffierte Fläche in Bild ↑ **03C** zeigt, dass dabei nur wenig Flüssigkeit vom rechten ins linke Gefäß fließt. Das bedeutet, dass auch $c(H_3O^+)$ weniger stark abnimmt als $c(HA)$.

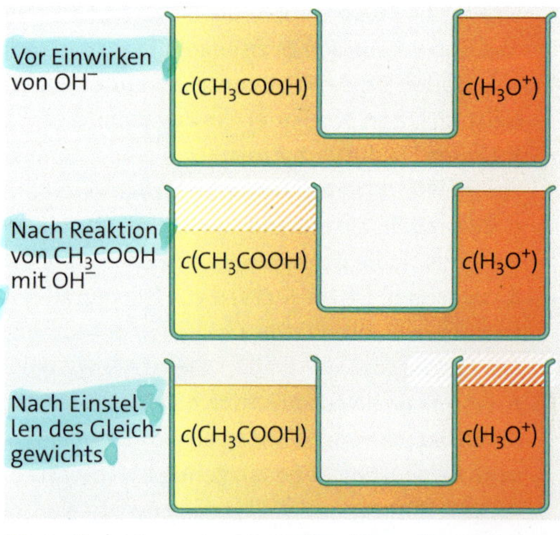


**03** Pufferwirkung einer Essigsäurelösung im Modell

| HA | $A^-$ | $pK_S(HA)$ | $pK_B(A^-)$ |
|---|---|---|---|
| **Essigsäure-Acetat-Puffer** | | | |
| $CH_3COOH$ | $CH_3COO^-$ | 4,75 | 9,25 |
| **Phosphat-Puffer** | | | |
| $H_2PO_4^-$ | $HPO_4^-$ | 7,20 | 6,80 |
| **Ammonium-Ammoniak-Puffer** | | | |
| $NH_4^+$ | $NH_3$ | 9,25 | 4,75 |

**04** Beispiele für Pufferlösungen

**BASEN FANGEN OXONIUM-IONEN AB** Lösungen schwacher Basen stabilisieren den pH-Wert einer Lösung durch das Abfangen zugesetzter Oxonium-Ionen. *Beispiel:*

$$NH_3(aq) + H_3O^+(aq) \rightleftarrows H_2O(l) + NH_4^+(aq)$$

Das Oxonium-Ion ist eine sehr starke Säure und wird durch Reaktion mit der schwachen Base, dem Ammoniakmolekül, abgefangen.

**PUFFERPRINZIP** Die Lösung einer schwachen Säure HA bzw. Base B *puffert* die Wirkung der zugesetzten Hydroxid- bzw. Oxonium-Ionen durch entsprechende *Abfangreaktionen*:

$$HA(aq) + OH^-(aq) \rightleftarrows H_2O(l) + A^-(aq)$$
$$B(aq) + H_3O^+(aq) \rightleftarrows H_2O(l) + BH^+(aq)$$

Sehr starke Säuren oder Basen HA oder B sind in Lösung vollständig protolysiert, ihre Lösungen wirken deshalb nicht als Puffer.

**PUFFERLÖSUNG** Enthält eine Lösung eine schwache Säure HA und eine ebensolche Base B, dann ist sie gegenüber der Veränderung des pH-Werts in beide Richtungen stabilisiert: Sie wird deshalb **Pufferlösung** oder kurz **Puffer** genannt. In der Praxis verwendet man häufig korrespondierende Säure-Base-Paare HA/$A^-$ mit den entsprechenden Eigenschaften, z. B. den Essigsäure-Acetat-Puffer (↑ **04**).

> **Schwache Säuren bzw. Basen stabilisieren den pH-Wert, indem sie Hydroxid- bzw. Oxonium-Ionen abfangen. Lösungen, die beide Arten von Teilchen enthalten, heißen Pufferlösungen.**

### Eine genaue Betrachtung des Essigsäure-Acetat-Puffers

Die Konzentrationsveränderungen in der Essigsäurelösung werden schrittweise an einem Beispiel betrachtet (↑ **02**).

$$CH_3COOH(aq) + H_2O(l) \rightleftarrows CH_3COO^-(aq) + H_3O^+(aq)$$

Bei pH = 3 ist:

$$c(H_3O^+) = 10^{-pH}\ mol \cdot l^{-1} = 10^{-3}\ mol \cdot l^{-1}$$
$$c(A^-) = c(H_3O^+) = 10^{-3}\ mol \cdot l^{-1}$$

Für $c(HA) \cong c_0(HA)$ gilt:

$pH = \frac{1}{2}[pK_S(HA) - \lg c_0(HA)]$ und umgestellt nach $c_0$:

$$c_0(HA) = 10^{(pK_S - 2 \cdot pH)}\ mol \cdot l^{-1} = 5{,}6 \cdot 10^{-2}\ mol \cdot l^{-1}$$

Man stellt sich vor, dass nach der Neutralisation der Oxonium-Ionen nur noch die Oxonium-Ionen aus der Autoprotolyse verbleiben, und bei der Konzentration der Acetat-Ionen ($c_0(A^-) = 10^{-3}\ mol \cdot l^{-1}$) handelt es sich nicht mehr um eine Gleichgewichtskonzentration.

Durch die Absenkung von $c(H_3O^+)$ überwiegt die Protolyse der Essigsäuremoleküle, wodurch wieder Oxonium-Ionen entstehen. Für jedes Wassermolekül und jedes weitere Essigsäuremolekül, die verschwinden, entstehen ein Oxonium-Ion und ein weiteres Acetat-Ion, um das Gleichgewicht wiederherzustellen. Vernachlässigt man die Oxonium-Ionen aus der Autoprotolyse, dann gilt:

$$K_S = \frac{c(H_3O^+) \cdot c(A^-)}{c(HA)} = \frac{x \cdot [c_0(A^-) + x]}{c_0(HA) - x}$$

Durch Umformung ergibt sich eine gemischtquadratische Gleichung in $x$. Die Einheit $mol \cdot l^{-1}$ wird im Folgenden beim Einsetzen der Werte der Übersichtlichkeit halber weggelassen.

$$x^2 + [K_S + c_0(A^-)] \cdot x - K_S \cdot c_0(HA) = 0$$

$$x_{1/2} = \frac{-K_S - c_0(A^-)}{2} \pm \sqrt{\left(\frac{K_S + c_0(A^-)}{2}\right)^2 + K_S \cdot c_0(HA)}$$

$$= \frac{-10^{-4,75} - 10^{-3}}{2} \pm \sqrt{\left(\frac{10^{-4,75} + 10^{-3}}{2}\right)^2 + 10^{-4,75} \cdot 5{,}6 \cdot 10^{-2}}$$

$x_1 = 0{,}6 \cdot 10^{-3}$; $x_2 = -0{,}0016$ (physikalisch nicht sinnvolle Lösung)

Die Lösung ergibt $x_1 = 0{,}6 \cdot 10^{-3}\ mol \cdot l^{-1}$, d. h., im Gleichgewicht ist $c(H_3O^+) = 0{,}6 \cdot 10^{-3}\ mol \cdot l^{-1}$ und $pH = -\lg c(H_3O^+) = 3{,}2$.

Der pH-Wert der Essigsäurelösung hat sich im Gegensatz zu dem der Salzsäure nur wenig erhöht.

**1**) Eine Pufferlösung enthält gelöstes Natriumdihydrogenphosphat ($NaH_2PO_4$) und *di*-Natriumhydrogenphosphat ($Na_2HPO_4$).

**a** Geben Sie an, welche Teilchen im Puffer als Säure HA bzw. als Base B wirken.

**b** Formulieren Sie die Reaktion, die abläuft, wenn der Pufferlösung Oxonium-Ionen zugesetzt werden.

# Puffergleichung

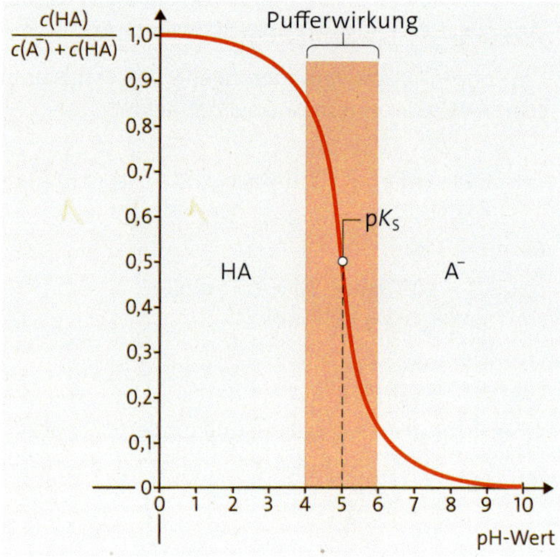


**01** pH-Wert als Funktion von $\frac{c(HA)}{c(A^-) + c(HA)}$

Der pH-Wert einer Pufferlösung hängt von den Konzentrationen $c(HA)$ und $c(A^-)$ ab. Je größer $c(HA)$ und je kleiner $c(A^-)$ ist, umso kleiner ist der pH-Wert und umgekehrt (↑ **01**):

- Bei niedrigem pH-Wert gibt es kaum noch $A^-$. In diesem Fall ist $\frac{c(HA)}{c(A^-) + c(HA)}$ gleich eins.
- Bei hohem pH-Wert gibt es kaum noch HA. In diesem Fall ist $\frac{c(HA)}{c(A^-) + c(HA)}$ gleich null.

Eine Gleichung, die diesen Zusammenhang beschreibt, erhält man ausgehend von der Säurekonstante $K_S(HA)$ und nachfolgendes Logarithmieren.

$$K_S(HA) = c(H_3O^+) \cdot \frac{c(A^-)}{c(HA)} \quad | \lg; \cdot (-1)$$

$$pK_S(HA) = pH - \lg\left[\frac{c(A^-)}{c(HA)}\right]$$

$$pH = pK_S(HA) + \lg\left[\frac{c(A^-)}{c(HA)}\right]$$

Diese Gleichung heißt **Puffergleichung** bzw. **Henderson-Hasselbalch-Gleichung**. Ausgewählte pH-Werte für verschiedene Zusammensetzungen sind in Tabelle ↑ **02** angegeben.

**PUFFERKAPAZITÄT** Die Pufferkapazität eines gegebenen Puffers ist die Stoffmenge an Oxonium-Ionen, die zu einer Pufferlösung gegeben werden muss, um den pH-Wert um eins zu verringern. Die Fähigkeit einer Pufferlösung, den pH-Wert zu stabilisieren, steigt also mit ihrem Volumen und mit den Konzentrationen $c(HA)$ bzw $c(A^-)$.

Je steiler die Kurve im Diagramm (↑ **01**), umso weniger verändert sich der pH-Wert bei veränderter Zusammensetzung der Pufferlösung. Bei pH = $pK_S$ ist die Pufferkurve am steilsten und die Pufferkapazität somit am größten.

| $\frac{c(A^-)}{c(HA)}$ | 100 | 10 | 1 | $\frac{1}{10}$ | $\frac{1}{100}$ |
|---|---|---|---|---|---|
| $\lg\left[\frac{c(A^-)}{c(HA)}\right]$ | 2 | 1 | 0 | −1 | −2 |
| pH | 6,75 | 5,75 | 4,75 | 3,75 | 2,75 |

**02** pH-Werte für den Essigsäure-Acetat-Puffer bei verschiedenen Werten $\frac{c(CH_3COO^-)}{c(CH_3COOH)}$; $pK_S(CH_3COOH) = 4{,}75$

Um einen bestimmten pH-Wert zu stabilisieren, eignen sich somit am besten solche Pufferlösungen, deren $pK_S(HA)$ in der Nähe dieses pH-Werts liegt.

**RECHENBEISPIELE MIT DER PUFFERGEICHUNG**

- In einem Essigsäure-Acetat-Puffer ($pK_S = 4{,}75$) ist $c(CH_3COOH) = 0{,}75\ mol \cdot l^{-1}$ und $c(CH_3COO^-) = 0{,}25\ mol \cdot l^{-1}$. Wie groß ist der pH-Wert?

  **Gegeben:** $c(CH_3COOH) = 0{,}75\ mol \cdot l^{-1}$; $c(CH_3COO^-) = 0{,}25\ mol \cdot l^{-1}$; $pK_S = 4{,}75$

  **Gesucht:** pH-Wert

  $pH = pK_S + \lg\left[\frac{c(CH_3COO^-)}{c(CH_3COOH)}\right]$

  $pH = 4{,}75 + \lg\left(\frac{0{,}25}{0{,}75}\right) = \mathbf{4{,}27}$

- Einer Lösung, die 0,5 mol Natriumdihydrogenphosphat und 0,5 mol di-Natriumhydrogenphosphat enthält, werden 0,1 mol Oxonium-Ionen zugesetzt, $pK_S(H_2PO_4^-) = 7{,}20$. Wie stark verändert sich der pH-Wert?

  **Gegeben:** $n(H_2PO_4^-) = n(HPO_4^{2-}) = 0{,}5\ mol$, $n(H_3O^+) = 0{,}1\ mol$, $pK_S(H_2PO_4^-) = 7{,}20$

  **Gesucht:** pH-Wert-Änderung

  $pH(vorher) = pK_S + \lg\left[\frac{n(HPO_4^{2-})}{n(H_2PO_4^-)}\right]$

  *Hinweis:* Stoffmenge statt Konzentration ist möglich, da gleiches Volumen gekürzt wird.

  $pH(vorher) = 7{,}20 + \lg\left(\frac{0{,}5}{0{,}5}\right) = 7{,}20$

  $H_3O^+ + HPO_4^{2-} \longrightarrow H_2PO_4^- + H_2O$

  $\Rightarrow n(H_2PO_4^-) = 0{,}6\ mol$; $n(HPO_4^{2-}) = 0{,}4\ mol$

  $pH(nachher) = 7{,}20 + \lg\left(\frac{0{,}4}{0{,}6}\right) = 7{,}02$

  **Der pH-Wert sinkt von 7,20 auf 7,02.**

**1 ›** Ein Liter einer Lösung mit $c(NH_3) = 0{,}1\ mol \cdot l^{-1}$ und $c(NH_4^+) = 0{,}05\ mol \cdot l^{-1}$ wird mit Wasser auf ein Gesamtvolumen von zwei Litern verdünnt. Berechnen Sie den pH-Wert der Lösung vor und nach dem Verdünnen.

**2 ›** In einem Dihydrogenphosphat-Hydrogenphosphat-Puffer soll die Summe aus $c(H_2PO_4^-)$ und $c(HPO_4^{2-})$ 1,0 $mol \cdot l^{-1}$ und der pH-Wert 7,0 betragen. Berechnen Sie $c(H_2PO_4^-)$ und $c(HPO_4^{2-})$.

## Wo ein konstanter pH-Wert lebenswichtig ist – biochemische Puffer

In Organismen laufen viele chemische Reaktionen ab, für die ein bestimmter pH-Wert optimal ist. Das gilt vor allem für Enzyme, die diese Reaktionen katalysieren. Abweichungen können zu Veränderungen in der Molekülstruktur der Enzyme führen, wodurch ihre Aktivität vermindert wird. Andererseits entstehen bei Reaktionen in Organismen auch Oxonium- oder Hydroxid-Ionen, die den pH-Wert senken oder ansteigen lassen. Sie müssen durch entsprechende pH-Puffer abgefangen werden.

Im Blut gibt es für den pH-Wert nur einen sehr schmalen optimalen Bereich. Für arterielles Blut liegt er bei 7,35 bis 7,45, für venöses Blut bei 7,25 bis 7,45. Eine „Belastungsprobe" ist die Aufnahme von Kohlenstoffdioxid. Es wird in den Zellen produziert und von ihnen abgegeben. Im Körper führt sein Weg aus der Zelle zu den Erythrozyten im Blutplasma. Dabei katalysiert das Enzym Carboanhydrase, das in den Erythrozyten vorliegt, die Einstellung des folgenden Gleichgewichts, einem **Kohlenstoffdioxid-Hydrogencarbonat-Puffer**:

$$CO_2(aq) + 2\,H_2O(l) \rightleftarrows H_3O^+(aq) + HCO_3^-(aq) \qquad (1)$$

Die so erzeugten Oxonium-Ionen müssen abgefangen werden. So wird die Überführung von weiteren Kohlenstoffdioxidmolekülen zu Hydrogencarbonat-Ionen nach dem *Prinzip von Le Chatelier* unterstützt und außerdem der pH-Wert stabilisiert. Das Abfangen übernehmen die Sauerstofftransportmoleküle Hämoglobin Hb. Allerdings wird Oxyhämoglobin $Hb(O_2)$ durch die Protonierung instabiler.

$$H_3O^+(aq) + Hb(O_2)(aq) \rightleftarrows HbH^+(aq) + H_2O(l) + O_2(aq) \qquad (2)$$

Entsprechend sinkt die Aufnahmefähigkeit von Hb für Sauerstoff (↑ 04). Der Vorteil dieser Kopplung ist folgender: Wenn die Zelle $CO_2$-Moleküle abgibt, fördert dies über den beschriebenen Mechanismus die Abgabe von $O_2$-Molekülen aus dem Oxyhämoglobin. Die $O_2$-Moleküle können dann in die Zellen gelangen, wo sie für die Zellatmung notwendig sind. Über den Blutkreislauf gelangt das mit Hydrogencarbonat/Kohlenstoffdioxid angereicherte, sauerstoffarme Blut in die Lungenbläschen. Dort herrscht eine höhere Sauerstoffkonzentration (↑ 04), sodass das Gleichgewicht (2) gemäß dem Prinzip von Le Chatelier nach links verschoben wird. $HbH^+$ gibt ein Proton an ein $H_2O$-Molekül ab und nimmt ein $O_2$-Molekül auf. Wenn die Konzentration der Oxonium-Ionen dadurch anstiege, würde der pH-Wert und damit die Aufnahmefähigkeit von Hb für $O_2$-Moleküle wieder sinken. Das Absinken des pH-Werts wird über das Gleichgewicht (1) vermieden. Eine Erhöhung der Konzentration der Oxonium-Ionen führt zu einer Verschiebung dieses Gleichgewichts nach links. Die dabei entstehenden $CO_2$-Moleküle entweichen aus den Lungenbläschen in die Gasphase – Kohlenstoffdioxid wird ausgeatmet (↑ 05).

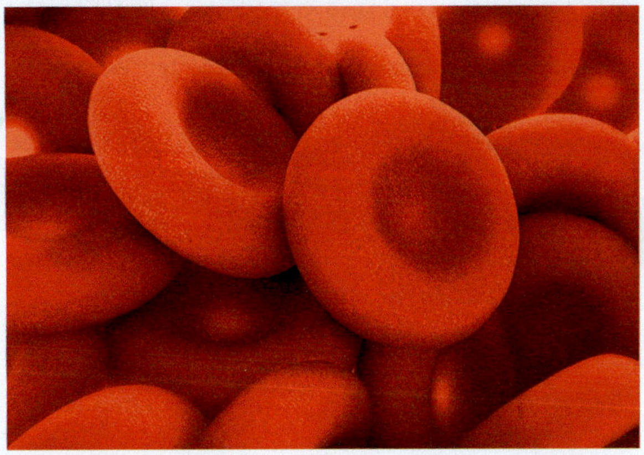

03 Erythrozyten, rote Blutzellen, transportieren Sauerstoff und Kohlenstoffdioxid. Dafür ist ein konstanter pH-Wert wichtig.

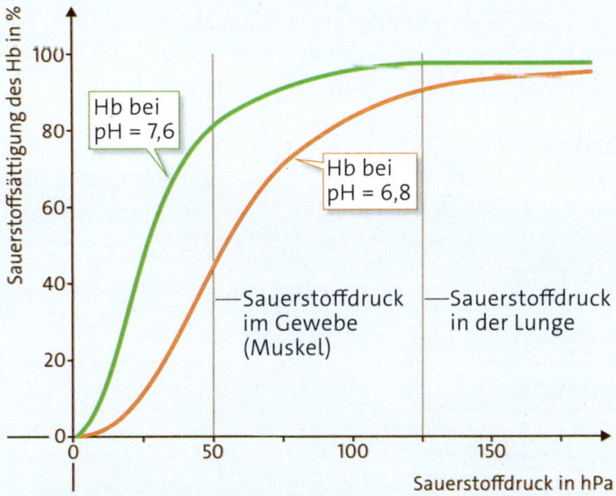


04 pH-Wert und Druck beeinflussen die Sauerstoffaufnahme von Hämoglobin.

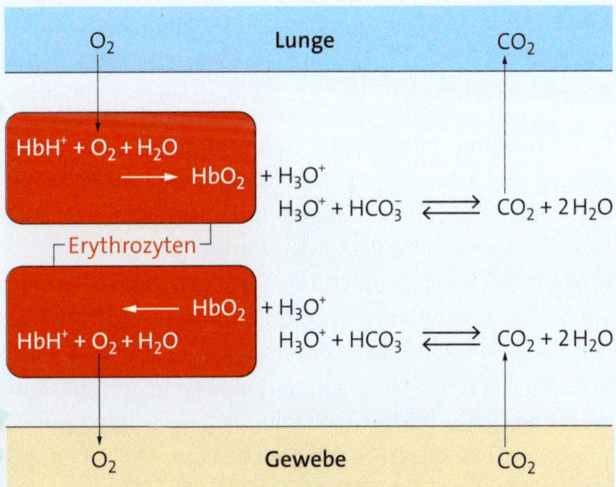


05 Schema der Atmung: $HbH^+$ = protoniertes Hämoglobin, $Hb(O_2)$ = Oxyhämoglobin

# Praktikum

## P pH-Puffer

### EXP 2.07 Pufferwirkung schwacher Säuren

**Materialien** 2 Reagenzgläser, 3 Tropfpipetten, Wasser, Natronlauge ($c$ = 0,1 mol · $l^{-1}$; 5), Salzsäure ($c$ = 0,1 mol · $l^{-1}$; 5), Essigsäurelösung ($c$ = 1,0 mol · $l^{-1}$), Universalindikator

**Durchführung** Geben Sie 1 ml Essigsäurelösung in ein Reagenzglas (A) und 1 Tropfen Salzsäure sowie 24 Tropfen Wasser in ein anderes Reagenzglas (B). Fügen Sie jeweils 1 Tropfen Universalindikatorlösung hinzu.

**a)** Messen und berechnen Sie die pH-Werte der Lösungen A und B. Nehmen Sie bei der Salzsäure an, dass sie auf das 25-Fache des ursprünglichen Volumens verdünnt wurde; $pK_S(CH_3COOH)$ = 4,75.

**b)** Geben Sie zu beiden Lösungen je 1 Tropfen der Natronlauge. Berechnen Sie, unter der Annahme, dass die Tropfen von Salzsäure und Natronlauge das gleiche Volumen haben, den pH-Wert in Reagenzglas B. Messen Sie den pH-Wert in Reagenzglas A und B.

*Entsorgung:* Lösungen ins Abwasser geben.

**Auswertung**

**1 〉** Übertragen Sie nachfolgende Tabelle in Ihr Heft und tragen Sie die berechneten und gemessenen Werte ein.

| Lösung | A | B | A + Natronlauge | B + Natronlauge |
|---|---|---|---|---|
| pH ber. | | | / | |
| pH gem. | | | | |

**2 〉** Erklären Sie mit dem Pufferprinzip Änderungen des pH-Werts in Lösung A bei Zugabe der Natronlauge.

### EXP 2.08 Pufferwirkung schwacher Basen

**Materialien** 2 Reagenzgläser, 3 Tropfpipetten, Wasser, Salzsäure ($c$ = 0,1 mol · $l^{-1}$; 5), Natronlauge ($c$ = 0,1 mol · $l^{-1}$; 5), Ammoniaklösung ($c$ = 1,0 mol · $l^{-1}$; 7), Universalindikator

**Durchführung** Geben Sie 1 ml der Ammoniaklösung in ein Reagenzglas (C) und 1 Tropfen der Natronlauge sowie 24 Tropfen Wasser in ein anderes Reagenzglas (D). Fügen Sie jeweils 1 Tropfen Universalindikatorlösung hinzu.

**a)** Berechnen Sie die pH-Werte der Lösungen C und D. Nehmen Sie bei der Natronlauge an, dass sie auf das 25-Fache des ursprünglichen Volumens verdünnt wurde; $pK_B(NH_3)$ = 4,75.

**b)** Geben Sie zu beiden Lösungen je 1 Tropfen der Salzsäure. Berechnen Sie, unter der Annahme, dass die Tropfen von Natronlauge und Salzsäure das gleiche Volumen haben, den pH-Wert in Reagenzglas D. Messen Sie den pH-Wert in Reagenzglas C und D.

*Entsorgung:* Lösungen ins Abwasser geben.

**Auswertung**

**1 〉** Übertragen Sie nachfolgende Tabelle in Ihr Heft und tragen Sie die berechneten und gemessenen Werte ein:

| Lösung | C | D | C + Salzsäure | D + Salzsäure |
|---|---|---|---|---|
| pH ber. | | | / | |
| pH gem. | | | | |

**2 〉** Erklären Sie mit dem Pufferprinzip Änderungen des pH-Werts in Lösung C bei Zugabe der Salzsäure.

### EXP 2.09 Pufferlösungen und Puffergleichung

**Materialien** Reagenzgläser, pH-Meter, Messpipetten, demineralisiertes Wasser, Salzsäure ($c$ = 0,1 mol · $l^{-1}$; 5), Natronlauge ($c$ = 0,1 mol · $l^{-1}$; 5), Essigsäurelösung ($c$ = 1,0 mol · $l^{-1}$), Ammoniaklösung ($c$ = 1,0 mol · $l^{-1}$; 7)

**Durchführung** Stellen Sie die Lösungen I–III her und verteilen Sie jede Lösung auf 3 Reagenzgläser:

I) 2 ml Essigsäurelösung und 10 ml Natronlauge
II) 2 ml Ammoniaklösung und 10 ml Salzsäure
III) 5 ml Essigsäurelösung und 5 ml Ammoniaklösung

Geben Sie zu jeder der Lösungen I–III einmal 2 ml Natronlauge (b) und einmal 2 ml Salzsäure (c). Die Lösung im 3. Reagenzglas (a) dient zum Vergleich. Messen Sie anschließend die pH-Werte aller Lösungen.

**Auswertung**

**1 〉** Übertragen Sie nachfolgende Tabelle in Ihr Heft und tragen Sie die gemessenen Werte ein:

| | I | II | III |
|---|---|---|---|
| (a) | pH, ber.:<br>pH, gem.: | pH, ber.:<br>pH, gem.: | pH, gem.: |
| (b) | pH, ber.:<br>pH, gem.: | pH, ber.:<br>pH, gem.: | pH, gem.: |
| (c) | pH, ber.:<br>pH, gem.: | pH, ber.:<br>pH, gem.: | pH, gem.: |

**2 〉** Formulieren Sie die Reaktionsgleichungen der Reaktionen, die bei der Herstellung der Lösungen Ia, IIa und IIIa ablaufen. Berechnen Sie aus den eingesetzten Stoffmengen die Konzentrationen der Säuren und Basen in Lösung Ia und IIa sowie deren pH-Wert.

**3 〉** Nach Zugabe von Salzsäure bzw. Natronlauge zu den Pufferlösungen verändert sich der pH-Wert. Begründen Sie, warum die Änderung des pH-Werts kleiner ist als bei Zugabe von Salzsäure bzw. Natronlauge zu Wasser.

## P EXP 2.10 pH-Kurve einer schwachen Säure

**Materialien** Stativmaterial, Bürette, 10-ml-Messpipette mit Pipettierhilfe, pH-Meter, Magnetrührer mit Rührstab, Becherglas (250 ml), Essigsäurelösung ($c$ = 1,0 mol · $l^{-1}$), Natronlauge ($c$ = 1,0 mol · $l^{-1}$; 5), Wasser

**Durchführung** Bauen Sie die Titrationsapparatur auf. Befüllen Sie die Bürette mit der Natronlauge bis zur Nullmarke. Geben Sie dann 10,0 ml Essigsäurelösung ins Becherglas. Fügen Sie so viel Wasser hinzu, dass die Glaskugel des pH-Meters beim Eintauchen von Flüssigkeit bedeckt ist, aber den sich drehenden Rührstab nicht berührt.
Messen Sie den pH-Wert. Geben Sie 15,0 ml Natronlauge in Portionen von 0,5 ml hinzu und messen Sie nach jeder Zugabe den pH-Wert.

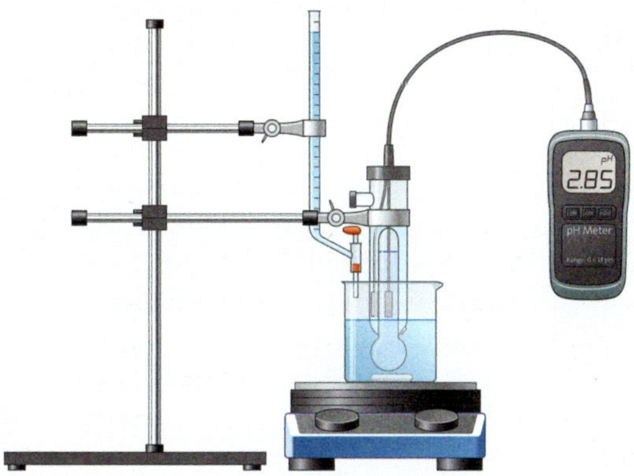


**Auswertung**

1 ⟩ Erstellen Sie aus dem Volumen der zugegebenen Natronlauge und dem pH-Wert eine Tabelle.

2 ⟩ Tragen Sie in einem Diagramm den pH-Wert ($y$-Achse) gegen das Volumen der Natronlauge ($x$-Achse) auf und zeichnen Sie eine glatte Kurve durch die Punkte. Nutzen Sie hierfür ggf. ein Tabellenkalkulationsprogramm.

3 ⟩ **a** Berechnen Sie aus dem Volumen der Essigsäurelösung und ihrer Stoffmengenkonzentration sowie aus der Stoffmengenkonzentration der Natronlauge, bei welchem Volumen an Natronlauge der Äquivalenz- und der Halbäquivalenzpunkt erreicht sind.
**b** Bestimmen Sie aus der Kurvensteigung den Äquivalenzpunkt (Punkt maximaler Kurvensteigung). Bewerten Sie das Ergebnis durch Vergleich mit der Rechnung aus Aufgabenteil **a**. Bestimmen Sie auch den Neutralpunkt (pH = 7).
**c** Begründen Sie, warum der pH-Wert des Äquivalenzpunkts über dem des Neutralpunkts liegt.
**d** Bestimmen Sie aus der Kurve $pK_S(CH_3COOH)$ und vergleichen Sie den Wert mit dem Literaturwert (↑ S. 37).

## EXP 2.11 pH-Kurve einer mehrprotonigen Säure

5

**Materialien** Stativmaterial, Bürette, 10-ml-Messpipette mit Pipettierhilfe, pH-Meter, Magnetrührer mit Rührstab, Becherglas (250 ml), Phosphorsäurelösung ($c$ = 1,0 mol · $l^{-1}$; 5), Natronlauge ($c$ = 1,0 mol · $l^{-1}$; 5), Wasser

**Durchführung** Gehen Sie vor wie bei ↑ Exp. 2.10. Verwenden Sie 5,0 ml Phosphorsäurelösung statt 10,0 ml Essigsäurelösung und geben Sie insgesamt 17,0 ml Natronlauge in Portionen von 0,5 ml hinzu.

**Auswertung**

1 ⟩ Erstellen Sie aus dem Volumen der zugegebenen Natronlauge und dem pH-Wert eine Tabelle.

2 ⟩ Tragen Sie in einem Diagramm den pH-Wert ($y$-Achse) gegen das Volumen der Natronlauge ($x$-Achse) auf und zeichnen Sie eine glatte Kurve durch die Punkte.

3 ⟩ **a** Stellen Sie für die Reaktion von $H_3PO_4$, $H_2PO_4^-$ bzw. $HPO_4^{2-}$ mit $OH^-$ jeweils die Reaktionsgleichung auf. Berechnen Sie aus Volumen und Stoffmengenkonzentration der Phosphorsäurelösung sowie aus der Stoffmengenkonzentration der Natronlauge, bei welchem Volumen an Natronlauge die Äquivalenzpunkte (Ä.p.) dieser Reaktionen jeweils erreicht sind.
**b** Bewerten Sie, welcher Ä.p. sich am besten eignet, eine unbekannte Konzentration an Phosphorsäure durch Aufnahme einer pH-Kurve zu bestimmen.
**c** Bestimmen Sie aus der Kurve $pK_S(H_3PO_4)$ und $pK_S(H_2PO_4^-)$ und vergleichen Sie mit den Literaturwerten (↑ S. 37).

## EXP 2.12 Wie viel Phosphorsäure ist in Cola?

**Materialien** Stativmaterial, Bürette, 50-ml-Vollpipette mit Pipettierhilfe, pH-Meter, Magnetrührer mit Rührstab und Heizplatte, Thermometer, 2 Bechergläser (250 ml), Cola, Natronlauge ($c$ = 0,1 mol · $l^{-1}$; 5), Wasser

**Durchführung** Erhitzen Sie 150 ml Cola im Becherglas für 10 min auf 70 °C, um das gelöste Kohlenstoffdioxid zu entfernen. Gehen Sie zur Aufnahme der pH-Kurve vor wie bei ↑ Exp. 2.10 beschrieben. Verwenden Sie 100,0 ml Cola statt 10,0 ml Essigsäurelösung. Titrieren Sie, bis Sie den 2. Äquivalenzpunkt erreicht haben.

**Auswertung**

1 ⟩ **a** Bestimmen Sie das bis zum 1. Äquivalenzpunkt der Phosphorsäure verbrauchte Volumen an Natronlauge und berechnen Sie daraus $c(H_3PO_4)$.
**b** Berechnen Sie die Stoffmenge $n(H_3PO_4)$ und die Masse $m$(Phosphorsäure) in 100 ml Cola.
**c** Vergleichen Sie Herstellerangaben mit Ihrem Ergebnis.

# 2.9 Säure-Base-Titration

01 Apparatur zur Aufnahme einer Titrationskurve

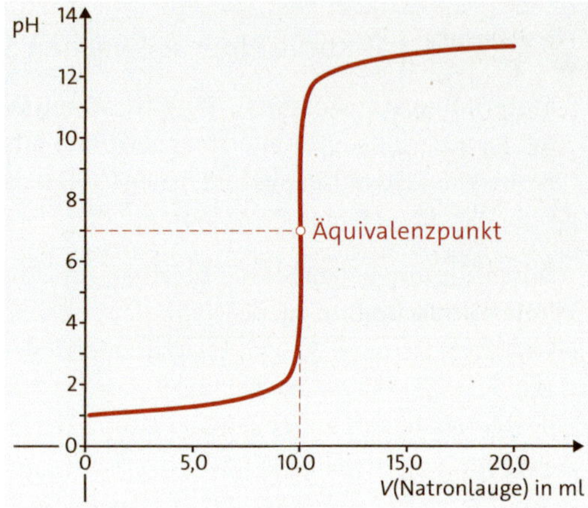


02 Titrationskurve von Salzsäure mit Natronlauge

*Aufnahme einer Titrationskurve mit einem digitalen Messwerterfassungssystem ↑ S. 56*

*Alternative zur pH-Wert-Messung: Leitfähigkeitstitration ↑ S. 58 f.*

**TITRATION** Mit einer Titration kann eine unbekannte Stoffmenge, Stoffmengenkonzentration oder Masse eines Stoffs in einer Probe ermittelt werden. Gemessen wird dabei das Volumen einer Lösung bekannter Stoffmengenkonzentration, der **Maßlösung**, die zu der zu bestimmenden **Probelösung** mit bekanntem Volumen getropft wird. Die in der Maß- und Probelösung enthaltenen Stoffe müssen schnell und vollständig miteinander reagieren und die entsprechende Reaktionsgleichung muss bekannt sein. Bei der **Säure-Base-Titration** wird die Stoffmenge einer Säure HA mit der Maßlösung einer sehr starken Base, in der Regel Natronlauge, bestimmt.

$HA(aq) + OH^-(aq) \longrightarrow H_2O(l) + A^-(aq)$

Wenn genauso viel Natronlauge zugegeben wurde, dass die Säure HA gerade vollständig mit den $OH^-$-Ionen reagiert hat, ist der **Äquivalenzpunkt** erreicht. Am Äquivalenzpunkt sind die Stoffmengen gleich:

$n(HA) = n(OH^-)$

Über die Beziehung $n = c \cdot V$ ergibt sich:

$n(HA) = c(OH^-) \cdot V(\text{Natronlauge})$

Weil $c(OH^-)$ bekannt ist und $V$(Natronlauge) gemessen wurde, kann $n$(HA) berechnet werden. *Beispiel:*

$c(OH^-) = 0{,}10\ mol \cdot l^{-1}$; $V(\text{Natronlauge}) = 8{,}52\ ml$
$n(HA) = 0{,}10\ mol \cdot l^{-1} \cdot 8{,}52\ ml \cong 0{,}85\ mmol$

Mit dem Volumen $V$ der Probelösung bzw. der molaren Masse $M$(HA) kann die Stoffmengenkonzentration bzw. Masse der Säure berechnet werden:

$c(HA) = \frac{n(HA)}{V}$; $m(\text{Säure}) = n(HA) \cdot M(HA)$

Mit der Säure-Base-Titration kann auch die Stoffmenge einer Base B durch Titration mit der Maßlösung einer Säure, z. B. Salzsäure, ermittelt werden. Für die Auswertung einer Titration ist die Erkennung des Äquivalenzpunkts wichtig. Das gelingt durch Verwendung eines Indikators (↑ S. 60 f.). Durch kontinuierliche Messung des pH-Werts während der Titration und die Erstellung von pH-Kurven, den *Titrationskurven*, kann der Verlauf einer Titration dokumentiert werden.

**TITRATIONSKURVEN SEHR STARKER SÄUREN** Bei der Titration einer Lösung einer sehr starken Säure wie Salzsäure mit $c_0(HCl) = 0{,}1\ mol \cdot l^{-1}$ läuft in der Lösung folgende Reaktion ab:

$H_3O^+(aq) + OH^-(aq) \longrightarrow 2\ H_2O(l)$

Zu Beginn ist: $pH = -lg\ c(H_3O^+) = -lg\ c_0(HCl) = 1$
Nach Zugabe von 9,0 ml Natronlauge haben 90 % der Oxonium-Ionen reagiert, 10 % sind übrig. Unter Vernachlässigung der Volumenzunahme gilt (↑ **03**):
$pH = -lg\ c(H_3O^+) = -lg\ 0{,}01 = 2$
Die Titrationskurve (↑ **02**) hat am Äquivalenzpunkt, der hier mit dem *Neutralpunkt* bei pH = 7 zusammenfällt, einen *Wendepunkt*. Ihre Steigung ist dort maximal. Man erkennt, dass in der Nähe des Äquivalenzpunkts schon eine minimale Zugabe von Natronlauge zu einem sprunghaften Anstieg des pH-Werts führt. Aus dem Schnittpunkt der Kurve mit pH = 7 kann der Äquivalenzpunkt bestimmt sowie das bis dahin zugegebene Volumen an Natronlauge abgelesen werden.

| **Probelösung Salzsäure, $V = 10\ ml$, $c_0(HCl) = 0{,}1\ mol \cdot l^{-1}$** | | | | | |
|---|---|---|---|---|---|
| $V$(Natronlauge) in ml, $c(OH^-) = 0{,}1\ mol \cdot l^{-1}$ | 0,0 | 9,0 | 9,9 | 10,0 | 11,0 |
| pH-Wert der Lösung | 1 | 2 | 3 | 7 | 12 |

03 Titration von Salzsäure mit Natronlauge

| Probelösung Essigsäurelösung $V$ = 10 ml, $c_0(CH_3COOH)$ = 0,1 mol·l$^{-1}$, $pK_S$ = 4,75 | | | | | |
|---|---|---|---|---|---|
| $V$(Natronlauge) in ml, $c(OH^-)$ = 0,1 mol·l$^{-1}$ | 0,0 | 1,0 | 5,0 | 9,0 | 10,0 |
| $c$(HA) in mol·l$^{-1}$ | 0,1 | 0,09 | 0,05 | 0,01 | 0 |
| $c(A^-)$ in mol·l$^{-1}$ | 0 | 0,01 | 0,05 | 0,09 | 0,1 |
| pH-Wert der Lösung | 2,9 | 3,8 | 4,8 | 5,7 | 8,9 |

**04** Titration von Essigsäurelösung mit Natronlauge

**TITRATIONSKURVEN SCHWACHER SÄUREN** Auch die Titrationskurve von Essigsäure mit Natronlauge zeigt einen pH-Sprung. Hier läuft vorwiegend folgende Reaktion ab:

$$HA(aq) + OH^-(aq) \longrightarrow H_2O(l) + A^-(aq)$$

Durch die Reaktion entsteht eine Lösung, in der HA und $A^-$ nebeneinander vorliegen. Der pH-Wert kann aus ihren Konzentrationen durch die Henderson-Hasselbalch-Gleichung berechnet werden (↑ S. 50). Der pH-Wert am Äquivalenzpunkt ist größer als 7 und liegt damit im alkalischen Bereich, weil die zur Säure korrespondierende Base $A^-$ unter Bildung von Hydroxid-Ionen protolysiert:

$$A^-(aq) + H_2O(l) \rightleftarrows OH^-(aq) + HA(aq)$$

**HALBÄQUIVALENZPUNKT** Titrationskurven schwacher Säuren haben neben dem Äquivalenzpunkt einen zusätzlichen Wendepunkt am **Halbäquivalenzpunkt** (↑ **05**, **06**). Für Essigsäure liegt dieser bei pH = 4,75. Das entspricht zahlenmäßig dem $pK_S$-Wert der Essigsäure. Eine schwache Säure ist am Halbäquivalenzpunkt zur Hälfte neutralisiert, es ist $c(HA) = c(A^-)$. Damit ist die Pufferkapazität der Lösung maximal und die Titrationskurve besonders flach – der pH-Wert ändert sich trotz Zugabe der Maßlösung kaum. Aus dem pH-Wert am Halbäquivalenzpunkt der Titrationskurve kann direkt der $pK_S$-Wert einer schwachen Säure ermittelt werden.

**TITRATIONSKURVEN VON BASEN** Zur Bestimmung der Konzentration einer Base muss als Maßlösung die Lösung einer starken Säure bekannter Konzentration verwendet werden (↑ **06**).
Das $NH_3$-Molekül ist eine schwache Base, deshalb läuft vorwiegend folgende Reaktion ab:

$$NH_3(aq) + H_3O^+(aq) \longrightarrow H_2O(l) + NH_4^+(aq)$$

Der pH-Wert kann aus $c(NH_3)$ und $c(NH_4^+)$ mit der Henderson-Hasselbalch-Gleichung berechnet werden (↑ **07**). Salzsäure und Ammoniaklösung haben

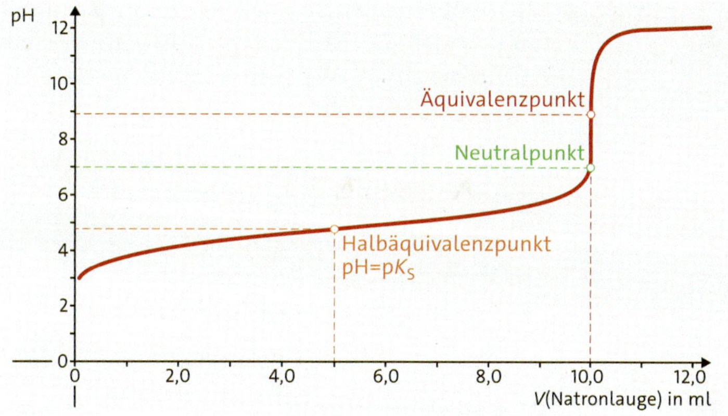


**05** Titrationskurve einer Essigsäurelösung mit Natronlauge

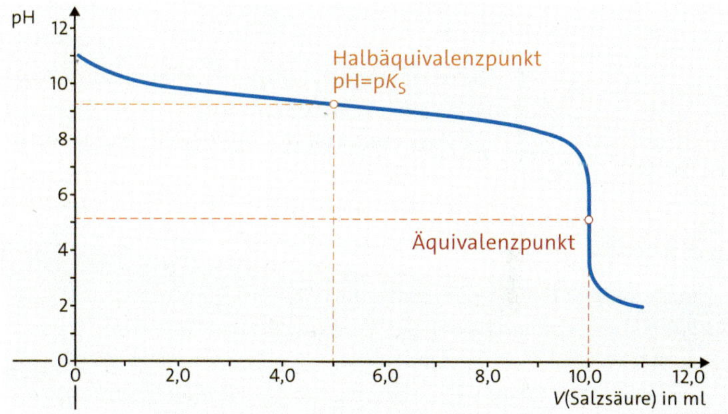


**06** Titrationskurve einer Ammoniaklösung mit Salzsäure

| Probelösung Ammoniaklösung $V$ = 10 ml, $c_0(NH_3)$ = 0,1 mol·l$^{-1}$, $pK_S$ = 9,25 | | | | | |
|---|---|---|---|---|---|
| $V$(Salzsäure) in ml, $c(H_3O^+)$ = 0,1 mol·l$^{-1}$ | 0,0 | 1,0 | 5,0 | 9,0 | 10,0 |
| $c$(B) in mol·l$^{-1}$ | 0,1 | 0,09 | 0,05 | 0,01 | 0 |
| $c(HB^+)$ in mol·l$^{-1}$ | 0 | 0,01 | 0,05 | 0,09 | 0,1 |
| pH-Wert der Lösung | 11,1 | 10,2 | 9,2 | 8,3 | 5,1 |

**07** Titration von Ammoniaklösung mit Salzsäure

die gleiche Konzentration und es reagieren gleiche Stoffmengen $n(NH_3)$ und $n(H_3O^+)$ miteinander.
Der pH-Wert am Äquivalenzpunkt ist kleiner als 7, weil das entstehende Ammonium-Ion $NH_4^+$ eine schwache Säure ist.

**1 ›** 50,0 ml einer Lösung von Perchlorsäure ($HClO_4$) werden bis zum Äquivalenzpunkt 12,0 ml Natronlauge ($c$ = 0,10 mol·l$^{-1}$) zugesetzt, $m$(Perchlorsäurelsg.) = 50 g. Berechnen Sie Stoffmenge, Stoffmengenkonzentration und Massenanteil der Perchlorsäure in der Probe.

# Halbtitration

Die **Halbtitration** ist ein analytisches Verfahren zur Bestimmung des $pK_S$-Werts einer schwachen Säure (HA) oder des $pK_B$-Werts einer schwachen Base (B). Für die Protolyse gilt:

Säure: $HA(aq) + H_2O(l) \longrightarrow H_3O^+(aq) + A^-(aq)$
Base: $B(aq) + H_2O(l) \longrightarrow OH^-(aq) + HB^+(aq$

Am *Halbäquivalenzpunkt* ist die Konzentration von Säure und korrespondierender Base bzw. Base und korrespondierender Säure gleich groß. Es gilt:

$c(HA) = c(A^-) \Rightarrow \frac{c(HA)}{c(A^-)} = 1$ und $c(B) = c(HB^+) \Rightarrow \frac{c(B)}{c(HB^+)} = 1$

Nach der Hendersson-Hasselbalch-Gleichung folgt:

$pH = pK_S(HA) + \lg\left[\frac{c(A^-)}{c(HA)}\right] = pK_S(HA) + \lg 1 = pK_S(HA)$

$pOH = pK_B(B) + \lg\left[\frac{c(HB^+)}{c(B)}\right] = pK_B(B) + \lg 1 = pK_B(B)$

**Beim Halbäquivalenzpunkt entspricht der $pK_S$-Wert einer schwachen Säure dem pH-Wert, der $pK_B$-Wert einer schwachen Base dem pOH-Wert.**

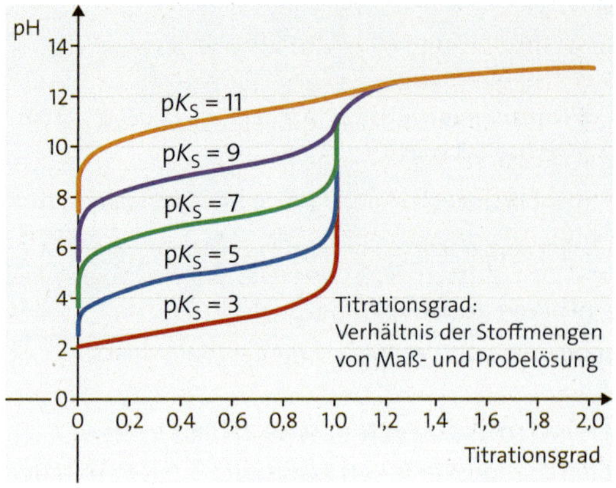


**01** Titrationskurven schwacher Säuren mit Natronlauge in Abhängigkeit der $pK_S$-Werte

1 › Begründen Sie, warum man mit diesem Verfahren den $pK_S$-Wert sehr schwacher Säuren, z. B. $HPO_4^{2-}$ ($pK_S = 12{,}36$) oder HI ($pK_S = 10{,}64$), nicht ermitteln kann.

## P EXP 2.13 $pK_S$-Bestimmung mit einem digitalen Messwerterfassungssytem

**Materialien** pH-Elektrode, Becherglas (250 ml), Bürette, Magnetrührer, Stativmaterial, ggf. Wandler, PC inkl. Software zur Messwerterfassung oder grafikfähiger Taschenrechner, Essigsäure ($c = 1{,}0\ mol \cdot l^{-1}$), Natronlauge ($c = 1{,}0\ mol \cdot l^{-1}$; 5), Pufferlösungen mit pH = 4 und pH = 9, Becherglas mit Wasser zum Spülen

**Durchführung** Schließen Sie ein pH-Messgerät mit einer pH-Elektrode entweder direkt oder über einen Wandler an einen PC mit geeigneter Software an. Nutzen Sie alternativ einen grafikfähigen Taschenrechner. Die Durchführung ist auch ohne digitale Erfassung möglich.

**A Kalibrieren der pH-Elektrode:** Tauchen Sie die pH-Elektrode in die Pufferlösung mit pH = 4. Warten Sie, bis die Anzeige einen stabilen Wert zeigt. Stellen Sie am Kalibrierregler des pH-Messgeräts (bzw. PC) den pH-Wert 4 ein.
Wiederholen Sie den Vorgang mit einer Pufferlösung mit pH = 9. Zur Kontrolle wird erneut die Pufferlösung mit pH = 4 gemessen und ggf. nachgeregelt. Zwischen den Messungen spülen Sie die pH-Elektrode, indem Sie sie in einem Becherglas mit Spülwasser schwenken.

**B Titration:** Stellen Sie die Essigsäure im Becherglas bereit und füllen Sie die Natronlauge in die Bürette ein. Die Glaskugel des pH-Meters muss von Flüssigkeit bedeckt sein, sie darf aber den drehenden Rührstab nicht berühren.
Starten Sie dann die Messung über den Startbutton der Software. Der pH-Wert für die Volumenzugabe 0 ml wird dabei erfasst. Nach Zugabe von jeweils 1 ml der Maßlösung über die Bürette wird erneut der Messwert erfasst.

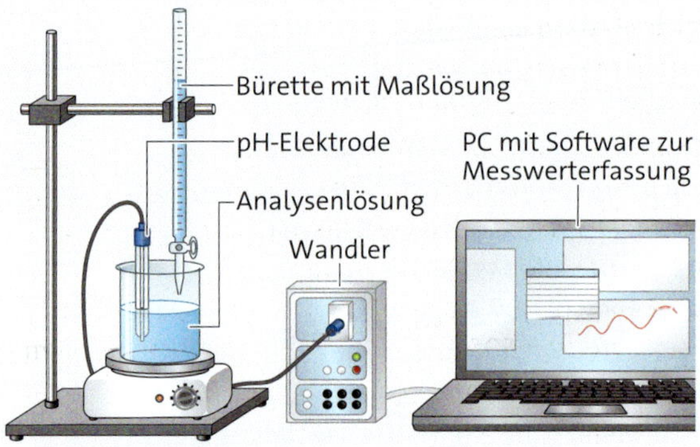


Geben Sie insgesamt etwa 20 ml Natronlauge hinzu, beenden Sie dann die Messung und speichern Sie die Messwerte sowie die Titrationskurve, die das System anzeigt.
*Entsorgung:* Lösungen in das Abwasser geben.

**Auswertung**

1 › Nutzen Sie die Auswertungsroutinen der eingesetzten Messoftware oder übertragen Sie die Messwerte in ein Tabellenkalkulationsprogramm.
2 › Bestimmen Sie den Verbrauch an Natronlauge am Äquivalenzpunkt und vergleichen Sie diesen mit dem theoretisch zu erwartenden Wert.
3 › Ermitteln Sie den pH-Wert am Halbäquivalenzpunkt der Titration und begründen Sie, warum dieser dem $pK_S$-Wert der Essigsäure entspricht.
4 › Diskutieren Sie die ggf. auftretenden Abweichungen von den theoretisch zu erwartenden Werten.

# Titrationskurven mehrprotoniger Säuren

Wenn sich die pH-Werte der verschiedenen Äquivalenzpunkte einer mehrprotonigen Säure ausreichend voneinander und vom pH-Wert der Maßlösung unterscheiden, dann sind die Äquivalenzpunkte in der Titrationskurve deutlich voneinander zu unterscheiden. Phosphorsäure hat drei *Protolysestufen:* Am ersten Äquivalenzpunkt liegt $H_2PO_4^-$, am zweiten $HPO_4^{2-}$ und am dritten $PO_4^{3-}$ vor. Die Säurestärken von $H_3PO_4$ mit $pK_S = 2{,}1$ und $H_2PO_4^-$ mit $pK_S = 7{,}2$ unterscheiden sich deutlich voneinander, weshalb der erste und der zweite Äquivalenzpunkt in der Titrationskurve gut zu erkennen sind (↑ **02**).

$HPO_4^{2-}$ ist eine schwache Säure mit $pK_S = 12{,}2$. Der pH-Wert am dritten Halbäquivalenzpunkt, bei dem die Konzentrationen von $HPO_4^{2-}$ und $PO_4^{3-}$ gleich sind ($V = 25{,}0$ ml; pH = 12,2), liegt bereits dicht am möglichen pH-Wert der Lösung, wenn mit Natronlauge titriert wird ($c(OH^-) = 0{,}1\ mol \cdot l^{-1}$; pH = 13). Dadurch zeichnet sich der dritte Äquivalenzpunkt ($V = 30{,}0$ ml) in der Kurve nicht mehr ab.

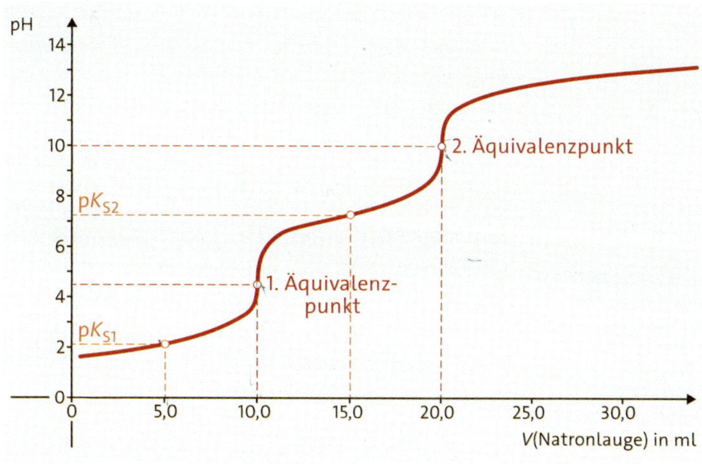


**02** Titrationskurve einer Phosphorsäurelösung mit Natronlauge

**INTERPRETATION VON TITRATIONSKURVEN** In einer Titrationskurve stecken zahlreiche Informationen. Sie ermöglichen in vielen Fällen nicht nur, die Konzentration einer Säure oder Base zu ermitteln, sondern auch, um welche Säure bzw. Base es sich handelt. Wir betrachten ein Fallbeispiel:

Eine Chemielehrerin übernimmt die Chemiesammlung, die sich in keinem guten Zustand befindet. Unter anderem haben sich von vier Flaschen im Säureschrank die Etiketten gelöst. Es handelt sich um:

- Essigsäure, $w = 100\,\%$
- Essigsäure, $w = 50\,\%$
- Milchsäure, $w = 90\,\%$
- Milchsäure, $w = 75\,\%$

Die Chemielehrerin möchte herausfinden, welche Flasche zu welchem Etikett gehört. Dazu muss sie folgende Fragen klären:

- Um welche Säure handelt es sich?
- Wie groß ist der Massenanteil?

Sie recherchiert die $pK_S$-Werte von Essigsäure ($pK_S = 4{,}75$) und Milchsäure ($pK_S = 3{,}85$), einer einprotonigen Säure. Sie entnimmt 1,000 g des Stoffs aus der ersten Flasche, löst ihn in Wasser und titriert mit Natronlauge ($c = 1{,}0\ mol \cdot l^{-1}$). Dabei läuft folgende Reaktion ab:

$$HA(aq) + OH^-(aq) \longrightarrow H_2O(l) + A^-(aq)$$

Eine Auftragung des pH-Werts gegen das Volumen der Natronlauge zeigt die in ↑ **03** abgebildete Kurve. Die Auswertung der Titration ergibt folgende Daten:

- $V$(Natronlauge, Ä. p.) = 8,50 ml = 0,008 50 l
- $V$(Natronlauge, Halb-Ä. p.) = 4,25 ml
- pH(Halb-Ä.p.) = $pK_S$ = 3,9

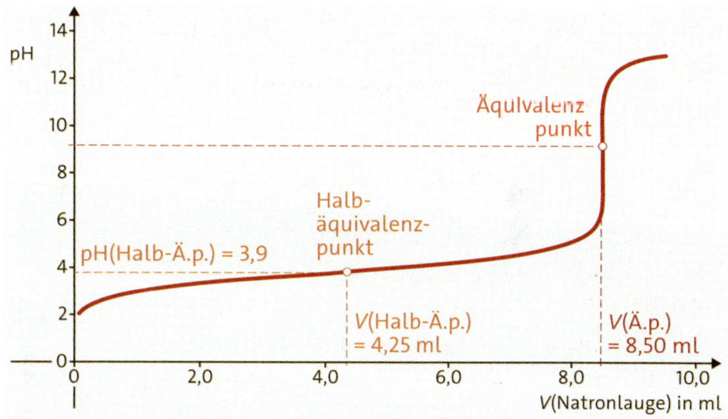


**03** Zu welcher Lösung gehört diese Titrationskurve?

Damit handelt es sich sehr wahrscheinlich um eine Lösung von Milchsäure und nicht von Essigsäure. Nun recherchiert sie noch die molare Masse von Milchsäure ($M = 90{,}1\ g \cdot mol^{-1}$), um den Massenanteil der Milchsäure bestimmen zu können.

$$n(HA) = n(OH^-, Ä.p.) = c \cdot V = 0{,}008\,50\ mol$$
$$m(\text{Milchsäure}) = n(HA) \cdot M(HA) = 0{,}766\ g$$

$$w(\text{Milchsäure}) = \frac{m(\text{Milchsäure})}{m(\text{Lösung})} = 76{,}6\,\%$$

Es handelt sich wohl um Milchsäure, $w = 75\,\%$.

**1** Auf einer Flasche ist nicht mehr zu erkennen, ob es sich um eine Lösung von Perchlorsäure ($HClO_4$, $pK_S = -10$) oder Propionsäure ($CH_3CH_2CO_2H$, $pK_S = 4{,}87$) handelt. Auch Konzentrationsangaben fehlen. Beschreiben Sie ein Experiment, mit dem Sie eine eindeutige Unterscheidung treffen können. Geben Sie auch die prognostizierten Beobachtungen an.

# 2.10 Leitfähigkeitstitration

Will man den Säuregehalt einer intensiv gefärbten Lösung, z. B. des roten Speiseessigs *Aceto Balsamico*, bestimmen, ist die Titration mit einem Indikator ungeeignet. Der Farbumschlag des Indikators ließe sich nicht eindeutig erkennen.

*Die elektrische Leitfähigkeit ist der Kehrwert des Widerstands. Sie wird in der Einheit Siemens (S) angegeben.*

Eine Alternative zur pH-metrischen Titration ist die **Leitfähigkeitstitration** (↑ Exp. 2.14). Dafür nutzt man die Tatsache aus, dass für eine verdünnte Lösung gilt: Je höher die Konzentration und Beweglichkeit der gelösten Ionen, umso größer ist die *elektrische Leitfähigkeit*, wobei sich die Beiträge der einzelnen Ionen addieren. Für Lösungen wird sie meist auf einen (gedachten) Würfel der Kantenlänge 1 cm bezogen und dann in der Einheit $mS \cdot cm^{-1}$ angegeben. In der Praxis wird oft auch die Stromstärke bei Anlegen einer äußeren Wechselspannung in einer Lösung gemessen, da diese proportional zur Leitfähigkeit ist.

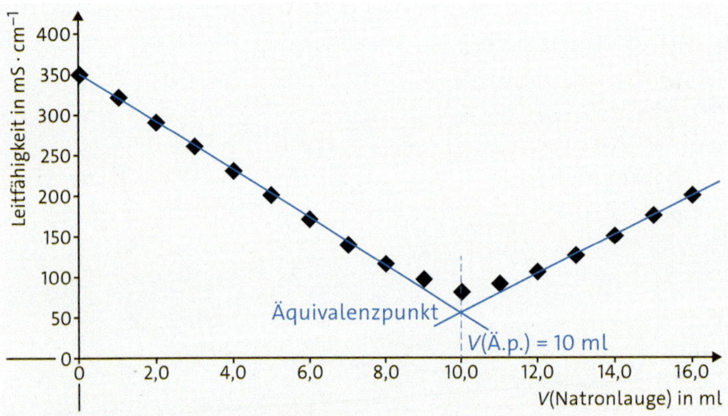


**01** Leitfähigkeitstitration einer Salzsäurelösung mit Natronlauge

**P** EXP 2.14 **Leitfähigkeitstitration**

**Materialien** Becherglas (100 ml), Vollpipette (20 ml), Bürette mit Stativ, Leitfähigkeitselektrode mit Display, Natronlauge ($c$ = 0,1 mol · l⁻¹; 5), Salzsäure ($c$ = 0,1 mol · l⁻¹)

**Durchführung** Geben Sie mit der Bürette 20 ml Salzsäure ins Becherglas und füllen Sie mindestens 30 ml Natronlauge in die Bürette. Tauchen Sie die Leitfähigkeitselektrode in die Salzsäure und notieren Sie den ersten Wert ($V$ = 0 ml).
Geben Sie die Natronlauge in Portionen von 1 ml dazu. Homogenisieren Sie die Lösung nach jeder Zugabe durch vorsichtiges Schwenken und notieren Sie die Leitfähigkeit. Verfahren Sie so, bis Sie 30 ml Natronlauge zugesetzt haben.

**Auswertung**

1) Erfassen Sie die Messwerte tabellarisch. Erstellen Sie aus den Werten eine Titrationskurve. Das Volumen der Natronlauge wird auf der $x$-Achse, die Leitfähigkeit auf der $y$-Achse aufgetragen.
2) Bestimmen Sie über die Methode des Schnittpunkts der Tangenten den Äquivalenzpunkt und vergleichen Sie den Wert mit dem von Ihnen erwarteten Wert.

**STARKE SÄUREN** In einer Säure-Base-Titration werden einige Ionen der Lösung durch andere ersetzt. Salzsäure ist vollständig protolysiert. Sie enthält $H_3O^+$- und $Cl^-$-Ionen. Gibt man Natronlauge dazu, die $Na^+$- und $OH^-$-Ionen enthält, so läuft die Neutralisationsreaktion ab:

$$H_3O^+(aq) + OH^-(aq) \longrightarrow 2\,H_2O(l)$$

In der Lösung werden also die $H_3O^+$-Ionen der Salzsäure durch $Na^+$-Ionen aus der Natronlauge ersetzt. $H_3O^+$-Ionen sind aber viel beweglicher, da sie im elektrischen Feld nicht real wandern müssen, sondern die Ladung quasi weiterreichen (↑ 04). Sie tragen damit viel besser zur elektrischen Leitfähigkeit der Lösung bei als $Na^+$-Ionen (↑ 03). Das hat zur Folge, dass die elektrische Leitfähigkeit der Lösung sinkt. Erst wenn der Äquivalenzpunkt der Reaktion erreicht ist, steigt die elektrische Leitfähigkeit wieder an. Die nun zugesetzten $OH^-$-Ionen können nicht mehr reagieren und tragen ebenfalls gut zur Leitfähigkeit bei. Der Äquivalenzpunkt ist damit am Minimum der elektrischen Leitfähigkeit zu erkennen (↑ 01). Er lässt sich durch den Schnittpunkt der beiden Tangenten an der Kurve ermitteln.

**SCHWACHE SÄUREN** Da die Protolyse nur zu einem sehr geringen Teil abläuft, liegen in der Lösung nur wenige Oxonium- und Säurerest-Ionen vor. Die Leitfähigkeit ist gering. Bei Zugabe von Natronlauge werden die Oxonium-Ionen neutralisiert und aus dem Protolysegleichgewicht der Säure nachgebildet. Die Leitfähigkeit nimmt zu, da die Ionenkonzentration der Lösung bis zum Erreichen des Äquivalenzpunkts vor allem durch $Na^+$-Ionen aus der Natronlauge und die aus der Säureprotolyse nachgebildeten Säurerest-Ionen ansteigt (↑ 02).

$$HA(aq) + H_2O(l) \longrightarrow H_3O^+(aq) + A^-(aq)$$
$$H_3O^+(aq) + Na^+(aq) + OH^-(aq) \longrightarrow 2\,H_2O(l) + Na^+(aq)$$

Nach Erreichen des Äquivalenzpunkts steigt die Leitfähigkeit deutlich stärker an, da jetzt weiter Hydroxid-Ionen in die Lösung gelangen, die nicht mehr durch Reaktion mit Oxonium-Ionen zu Wasser umgesetzt werden. Auch Hydroxid-Ionen zeigen eine sehr hohe Leitfähigkeit, da sie analog zu Oxonium-Ionen die Ladung weiterreichen können.

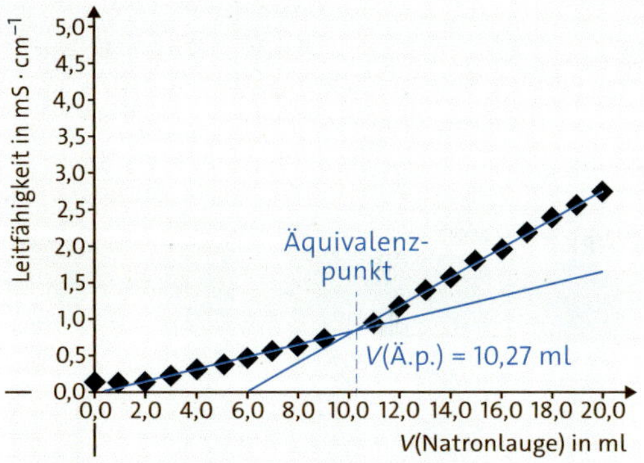


**02** Leitfähigkeitstitration von Essigsäure mit Natronlauge

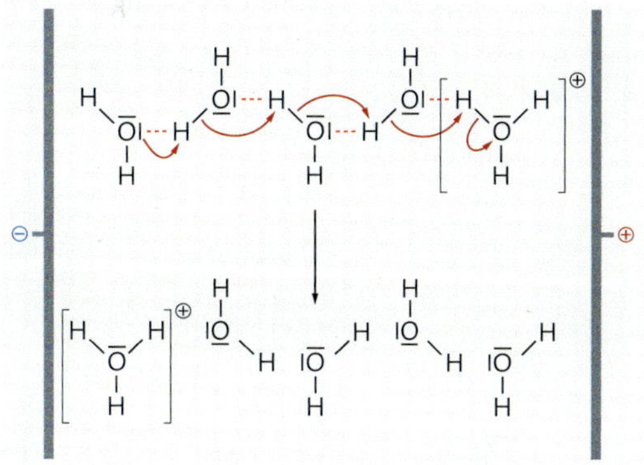

**04** Ladungstransport im elektrischen Feld durch Bildung neuer Oxonium-Ionen

**TITRATIONEN IM VERGLEICH** Die drei zuvor behandelten Methoden der Titration unterscheiden sich vor allem durch die Art der Bestimmung des Äquivalenzpunkts:

- **pH-metrische Titration:** Der Äquivalenzpunkt wird durch den Wendepunkt der pH-Kurve im Bereich des pH-Sprungs bestimmt. Die Methode liefert zudem bei schwachen Säuren oder Basen Informationen zum p*K*-Wert, der mit dem pH-Wert am Halbäquivalenzpunkt übereinstimmt (↑ S. 55)
- **Leitfähigkeitstitration:** Der Äquivalenzpunkt wird durch den Schnittpunkt zweier Geraden (linearer Kurvenäste) bestimmt. Das ist in der Regel einfacher und oft genauer als die Bestimmung eines Wendepunkts. Insbesondere bei geringen pH-Sprüngen oder kleinen Konzentrationen ist die Leitfähigkeitstitration die geeignetere Methode.
- **Titration mit Endpunktbestimmung – Maßanalyse:** Der Äquivalenzpunkt wird durch Farbumschlag eines Indikators erkannt. Dieser muss so eindeutig sein, dass das Auge ihn leicht erkennen kann (farblos ⇨ blau oder gelb ⇨ blau) und der Indikator muss im pH-Bereich des Äquivalenzpunkts umschlagen.

| Ion | $v_r$ | Ion | $v_r$ |
|---|---|---|---|
| $H_3O^+(aq)$ | 1,000 | $OH^-(aq)$ | 0,552 |
| $Na^+(aq)$ | 0,138 | $F^-(aq)$ | 0,148 |
| $K^+(aq)$ | 0,205 | $Cl^-(aq)$ | 0,208 |
| $Mg^{2+}(aq)$ | 0,286 | $SO_4^{2-}(aq)$ | 0,434 |
| $Ca^{2+}(aq)$ | 0,324 | $CO_3^{2-}(aq)$ | 0,384 |

**03** Relative Ionenbeweglichkeiten ($v_r$) in wässriger Lösung bei 18 °C

**KONZENTRATIONSBERECHNUNG BEI MEHRPROTONIGEN SÄUREN** Für die Neutralisation einer Probe von 25 ml Schwefelsäure ($H_2SO_4$) werden als Maßlösung 30 ml Natronlauge (NaOH, $c = 0{,}1\ \text{mol} \cdot \text{l}^{-1}$) benötigt. Bei der Neutralisation der zweiprotonigen starken Säure werden pro Schwefelsäuremolekül zwei Hydroxid-Ionen umgesetzt:

$$H_2SO_4 + 2\ NaOH \rightarrow Na_2SO_4 + 2\ H_2O$$

Daher gilt hier am Neutralpunkt:

$$2\ n(H_2SO_4) = n(NaOH) \text{ bzw. } n(H_2SO_4) = \tfrac{1}{2} n(NaOH)$$

Mit $n = c \cdot V$ folgt:

$$c(H_2SO_4) \cdot V(H_2SO_4) = \tfrac{1}{2} n(NaOH) \cdot V(NaOH)$$

$$c(H_2SO_4) = \frac{\frac{1}{2} n(NaOH) \cdot V(NaOH)}{V(H_2SO_4)}$$

$$= \frac{\frac{1}{2} 0{,}1\ \text{mol} \cdot \text{l}^{-1} \cdot 30\ \text{ml}}{25\ \text{ml}} = 0{,}6\ \text{mol} \cdot \text{l}^{-1}$$

Die Probellösung hat eine Konzentration von $c(H_2SO_4) = 0{,}6\ \text{mol} \cdot \text{l}^{-1}$.
Für die Auswertung ist es wichtig zu wissen, bei welchem pH-Wert der eingesetzte Indikator umschlägt, da man nur dann beurteilen kann, wie viele Oxonium-Ionen bis dahin umgesetzt wurden.

**1**) Diagramm ↑ **01** stammt aus einer Leitfähigkeitstitration von Salzsäure mit Natronlauge ($c = 0{,}1\ \text{mol} \cdot \text{l}^{-1}$). Ermitteln Sie die Stoffmenge des gelösten Chlorwasserstoffs.

**2**) Bestimmen Sie die Konzentration einer Calciumhydroxidlösung, wenn für die Neutralisation einer Probe von $V = 50$ ml genau 18 ml Salzsäure ($c = 0{,}05\ \text{mol} \cdot \text{l}^{-1}$) benötigt werden.

**3**) Begründen Sie, dass bei der Titration von Phosphorsäure am Neutralpunkt keine vollständige Umsetzung aller drei Protonen erfolgt ist.

# 2.11 Säure-Base-Indikatoren

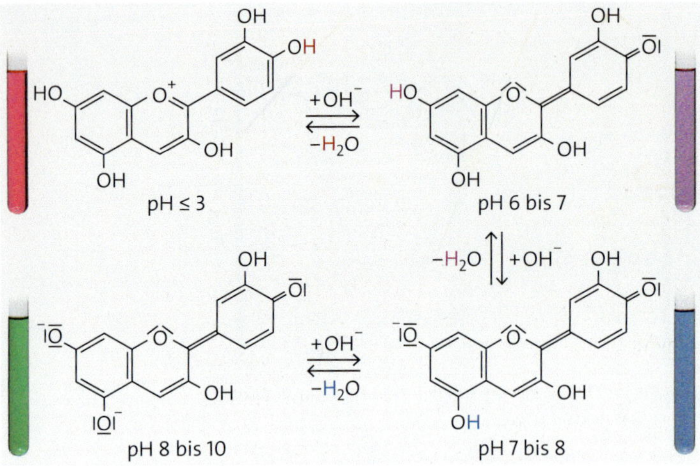


**01** Rotkohlsaft bei verschiedenen pH-Werten und die dazu passenden Strukturformeln des Indikatormoleküls Cyanidin

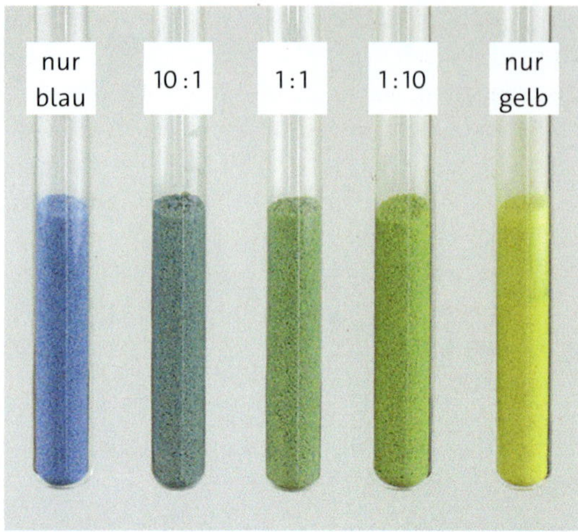


**03** Modell „Kreidepulver" zur Verdeutlichung des Farbumschlags eines Indikators

**ROTKOHL ODER BLAUKRAUT?** Wird Rotkohl mit Essig zubereitet, dann nimmt er wegen der sauren Lösung eine rote Farbe an. In traditionell bayrischen oder schwäbischen Rezepten spricht man von Blaukraut. Hier findet sich beispielsweise Natron als Zutat, das zu einer schwach alkalischen Lösung führt.

Verantwortlich für die unterschiedliche Farbe des Rotkohlsafts in saurer und alkalischer Lösung sind die in ihm enthaltenen Anthocyanfarbstoffe wie Cyanidin (↑ **01**). Aufgrund ihres Verhaltens handelt es sich bei diesen Farbstoffen um **Säure-Base-Indikatoren**.

**pH-INDIKATOREN SIND SÄUREN ODER BASEN** Die Farbänderung von Indikatorlösungen mit dem pH-Wert deutet darauf hin, dass es sich bei den Indikatormolekülen um Säuren oder Basen handelt. Durch Abgabe bzw. Aufnahme eines Protons verändert sich ihre Molekülstruktur, was zu Veränderungen in der Farbe der Lösung führt.

$$\mathrm{HInd(aq)} + \mathrm{H_2O(l)} \rightleftarrows \mathrm{H_3O^+(aq)} + \mathrm{Ind^-(aq)}$$
$$\mathrm{Ind^-(aq)} + \mathrm{H_2O(l)} \rightleftarrows \mathrm{OH^-(aq)} + \mathrm{HInd(aq)}$$

| $\mathrm{pH} - \mathrm{p}K_S$ | $\lg \frac{c(\mathrm{Ind^-})}{c(\mathrm{HInd})}$ | $\frac{c(\mathrm{Ind^-})}{c(\mathrm{HInd})}$ |
|---|---|---|
| 1 | 1 | 10 |
| 0 | 0 | 1 |
| −1 | −1 | 0,1 |

**02** Zusammenhang zwischen der Differenz von pH- und p$K_S$-Wert und dem Konzentrationsverhältnis von Indikatorbase zu Indikatorsäure

„HInd" ist die Kurzschreibweise für die Molekülformel einer Indikatorsäure, „$\mathrm{Ind^-}$" steht für die korrespondierende Indikatorbase. Mehrprotonige Indikatorsäuren können als $\mathrm{H_2Ind}$, $\mathrm{H_3Ind}$ usw. abgekürzt werden.

**p$K_S$-WERT UND UMSCHLAGBEREICH** Die Lage der Säure-Base-Gleichgewichte hängt neben dem pH-Wert auch von p$K_S$(HInd) ab, dem p$K_S$-Wert der Indikatorsäure. Aus der Henderson-Hasselbalch-Gleichung folgt:

$$\mathrm{pH} = \mathrm{p}K_S(\mathrm{HInd}) + \lg \frac{c(\mathrm{Ind^-})}{c(\mathrm{HInd})} \text{ bzw.}$$

$$\mathrm{pH} - \mathrm{p}K_S(\mathrm{HInd}) = \lg \frac{c(\mathrm{Ind^-})}{c(\mathrm{HInd})}$$

Die Differenz aus pH- und p$K_S$-Wert bestimmt den Konzentrationsquotienten von Indikatorbase und Indikatorsäure wie die Beispiele in Tabelle ↑ **02** zeigen.

Bei kleinen pH-Werten wird die Farbe der Indikatorlösung von HInd dominiert, bei großen pH-Werten von $\mathrm{Ind^-}$. Liegt der pH-Wert um eins unter dem p$K_S$-Wert, dann ist $c(\mathrm{HInd})$ zehnmal so groß wie $c(\mathrm{Ind^-})$, liegt er um eins über dem p$K_S$-Wert, dann sind die Verhältnisse umgekehrt. Im pH-Wert-Bereich dazwischen liegt der Umschlagbereich. In ihm ändert sich die Farbe der Indikatorlösung (↑ **03**). Breite und Symmetrie des Umschlagbereichs um den p$K_S$-Wert hängen auch von der Intensität der Farben ab, die von HInd bzw. $\mathrm{Ind^-}$ verursacht werden.

**Der Umschlagbereich eines pH-Indikators liegt etwa zwei pH-Einheiten um p$K_S$(HInd).**

**SÄURE-BASE-TITRATIONEN MIT pH-INDIKATOR** An den Äquivalenzpunkten sind Titrationskurven besonders steil. Hier ändern sich die pH-Werte schon bei Zugabe geringer Stoffmengen von Oxonium- oder Hydroxid-Ionen sehr stark. Dieses Phänomen kann genutzt werden, um den Äquivalenzpunkt mithilfe eines geeigneten Indikators zu ermitteln. Dazu muss sein Umschlagbereich im erwähnten pH-Sprungbereich liegen, damit sich die Farbe der Lösung am Reaktionsende verändert (↑ **04, 05**). Für die Titration von Essigsäure mit Natronlauge ist beispielsweise Thymolphthalein als Indikator geeignet, Bromkresolgrün hingegen nicht.

Da die Indikatorsäure bzw. -base ebenfalls mit den zugesetzten Hydroxid- bzw. Oxonium-Ionen reagiert, verfälscht ein Indikator das Titrationsergebnis. Deshalb muss die Stoffmenge des Indikators sehr klein im Vergleich zur titrierten Säure oder Base sein. Daraus folgt auch, dass Indikatorlösungen schon in sehr geringer Konzentration farbig sein müssen.

**ELEKTRONISCHE STRUKTUREN MACHEN DEN UNTERSCHIED** Es gibt zahlreiche bekannte pH-Indikatoren. Ihre Moleküle haben eine Gemeinsamkeit: Sie verfügen über cyclisch-konjugierte π-Elektronensysteme, an denen auch freie Elektronenpaare von Sauerstoff- oder Stickstoffatomen beteiligt sind (↑ **01**). Je ausgedehnter und elektronenreicher das π-Elektronensystem ist, umso geringer ist die Energie der absorbierten Photonen, d. h., das absorbierte Licht ist zum roten Ende des sichtbaren Spektrums verschoben. Kleinere und elektronenärmere π-Elektronensysteme führen hingegen zur Absorption am violetten Ende des sichtbaren Spektralbereichs oder im ultravioletten Bereich.

Im Molekül der Indikatorsäure von Phenolphthalein sind die kleinen π-Elektronensysteme der Phenylringe durch das zentrale $sp^3$-hybridisierte Kohlenstoffatom voneinander isoliert (↑ **06**). Die Lösungen der Indikatorsäure absorbieren kein sichtbares Licht und erscheinen farblos. In der Indikatorbase verbindet das $sp^2$-hybridisierte C-Atom die π-Elektronensysteme der Phenylringe zu einem ausgedehnten System. Die Lösung der Indikatorbase absorbiert sichtbares Licht und erscheint farbig.

**1** Die Moleküle des Indikators Thymolblau sind zweiprotonige Säuren, $H_2Ind$: $pK_{S1} = 2{,}0$; $pK_{S2} = 8{,}8$. Geben Sie Schätzungen für die beiden Umschlagbereiche des Indikators an.

**2** Ammoniaklösung wurde mit Salzsäure titriert.

**a** Formulieren Sie die Reaktionsgleichung und geben Sie an, welche Verbindung am Äquivalenzpunkt in der Lösung gelöst vorliegt.
**b** Am Äquivalenzpunkt liegt diese Verbindung mit der Konzentration $c = 1{,}0\ mol \cdot l^{-1}$ vor. Berechnen Sie den pH-Wert der Lösung.
**c** Wählen Sie aus Bild ↑ **04** einen geeigneten Indikator aus, um durch Farbumschlag den Äquivalenzpunkt der Titration festzustellen.

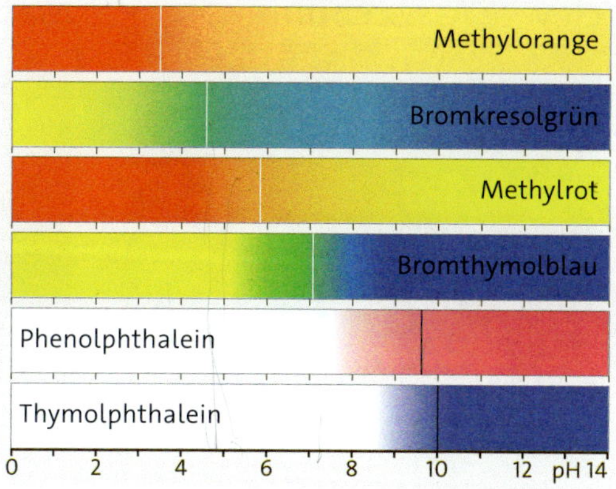


**04** Beispiele für Indikatoren und Umschlagbereiche. Die Linien zeigen bei $c(Ind^-) = c(HInd)$ die jeweiligen $pK_S$-Werte an.

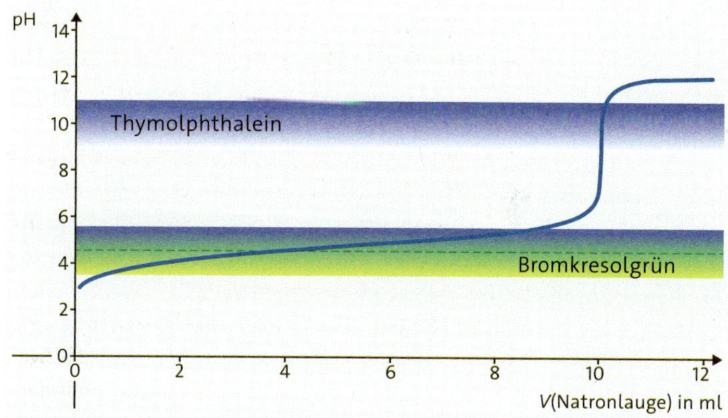


**05** Thymolphthalein besitzt bei dieser Säure-Base-Titration einen passenden Umschlagbereich – Bromkresolgrün dagegen nicht.

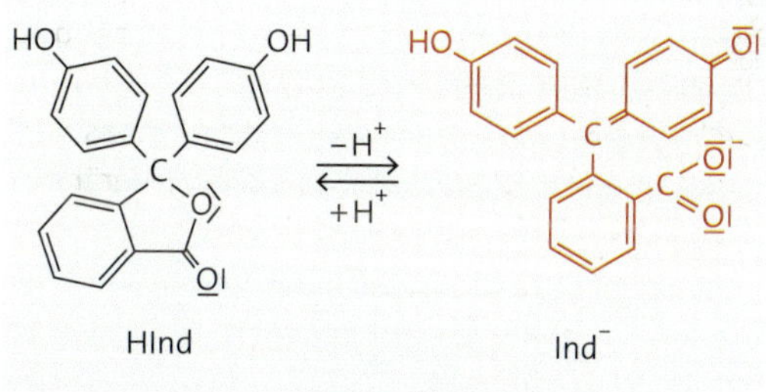


**06** Molekülstrukturen von Phenolphthalein

*Molekülstruktur und Farbigkeit* ↑ *S. 253*

*Triphenylmethanfarbstoffe* ↑ *S. 258 f.*

# Klausurtraining

## Material E Die clevere Assistentin

**E1.1** Viele Chemikalien, aber keine Pufferlösung

Im Labor wird ein Liter eines Essigsäure-Acetat-Puffers benötigt, der 0,5 mol Essigsäuremoleküle und 0,5 mol Acetat-Ionen enthält. Eine Recherche im Chemikalienbestand zeigt der chemisch-technischen Assistentin, dass eine fertige Pufferlösung und Acetatsalze wie Natriumacetat fehlen. Sie notiert daraufhin vorhandene Chemikalien, die sie für nützlich hält, um das Problem zu lösen (↑ E1.1). Neben diesen Chemikalien stehen der Assistentin destilliertes Wasser und übliche Laborgeräte, vor allem solche zum Messen von Masse und Volumen, zur Verfügung.

### AUFGABEN ZU E

**1)** **a** Geben Sie die zum Puffer passende Henderson-Hasselbalch-Gleichung an und berechnen Sie den pH-Wert der benötigten Pufferlösung.
**b** Erläutern Sie, wie sich der pH-Wert und die Pufferkapazität der Pufferlösung verändern, wenn statt 0,5 mol nur 0,05 mol Essigsäuremoleküle und Acetat-Ionen in 1 l enthalten sind.

**2)** **a** Erläutern Sie anhand einer Reaktionsgleichung, wie es der Assistentin gelingt, mithilfe der vorhandenen Chemikalien Acetat-Ionen zu erzeugen.
**b** Schildern Sie eine Vorgehensweise, um die Pufferlösung herzustellen. Geben Sie dabei auch die Massen bzw. Volumina der Stoffe an, die Sie einsetzen.
**c** Schildern Sie eine zu Aufgabenteil **b** alternative Vorgehensweise, bei der Sie mindestens eine Chemikalie durch eine andere auf der Liste ersetzen.

**3)** Der Pufferlösung werden 0,1 mol Oxonium-Ionen zugesetzt.
**a** Erstellen Sie die Reaktionsgleichung der daraufhin ablaufenden chemischen Reaktion.
**b** Berechnen Sie den neuen pH-Wert der Lösung.

## Material F Puffer in der Analytik

$$M^{2+} + H_4EDTA + 4\,H_2O \rightleftarrows [MEDTA]^{2-} + 4\,H_3O^+$$
$(M^{2+}: Ca^{2+}, Mg^{2+})$

**F1.1** Bestimmung der Wasserhärte mit $H_4EDTA$

Sehr hartes Wasser stellt in vielen Anwendungen ein Problem dar. Zur Bestimmung der „Wasserhärte“ muss gemessen werden, wie groß die Konzentration von $Mg^{2+}$- und $Ca^{2+}$-Ionen ist. Ein Verfahren basiert darauf, diese Ionen an die Moleküle von $H_4EDTA$ (Ethylendiamintetraessigsäure; ↑ F1.1) zu binden.

Um die entstehenden Oxonium-Ionen zu neutralisieren, darf keinesfalls Natronlauge zugesetzt werden. Eine hohe Konzentration von Hydroxid-Ionen begünstigt nämlich die Bildung schwerlöslicher Metallhydroxide mit der allgemeinen chemischen Formel $M(OH)_2$.

$$M^{2+}(aq) + 2\,OH^-(aq) \rightleftarrows M(OH)_2(s)$$

### AUFGABEN ZU F

**1)** **a** Erläutern Sie die Notwendigkeit, die Oxonium-Ionen, die bei der Reaktion von $M^{2+}$ mit $H_4EDTA$ entstehen, zu neutralisieren und den pH-Wert konstant zu halten.
**b** Erklären Sie, warum ein zu großer pH-Wert zu falschen Werten für die Konzentrationen der Magnesium- und Calcium-Ionen führt.

**2)** Zur Stabilisierung des pH-Werts eignet sich ein Ammoniak-Ammonium-Puffer, der die Base $NH_3$ und die korrespondierende Säure $NH_4^+$ (p$K_S$ = 9,25) enthält.
**a** Formulieren Sie die Reaktionsgleichungen der Abfangreaktionen für Oxonium-Ionen und Hydroxid-Ionen in dieser Pufferlösung.
**b** Geben Sie die zum Puffer passende Henderson-Hasselbalch-Gleichung an.
**c** Die Pufferlösung enthält gleiche Mengen an $NH_3$-Molekülen und $NH_4^+$-Ionen. Berechnen Sie die Änderung des pH-Werts, wenn 10 % der $NH_3$-Moleküle mit Oxonium-Ionen reagieren.
**d** Berechnen Sie, um das Wievielfache die Konzentration von $NH_3$ die Konzentration von $M^{2+}$ übersteigen muss, damit der pH-Wert durch das Abfangen der Oxonium-Ionen höchstens um 0,1 sinkt.

## Material G Richtig titriert?

| | Anne | Beate | Charlie |
|---|---|---|---|
| | Titration von Speiseessig | | |
| $V$(Lösung) | 50 ml | 20 ml | 10 ml |
| Indikator | 1 | 2 | 3 |
| $V$(Natronlauge) | 6,3 ml | 16,2 ml | 8,4 ml |
| | Titration von Toilettenreiniger | | |
| $V$(Lösung) | 50 ml | 20 ml | 10 ml |
| Indikator | 1 | 2 | 3 |
| $V$(Natronlauge) | 39,2 ml | 15,9 ml | 8,3 ml |

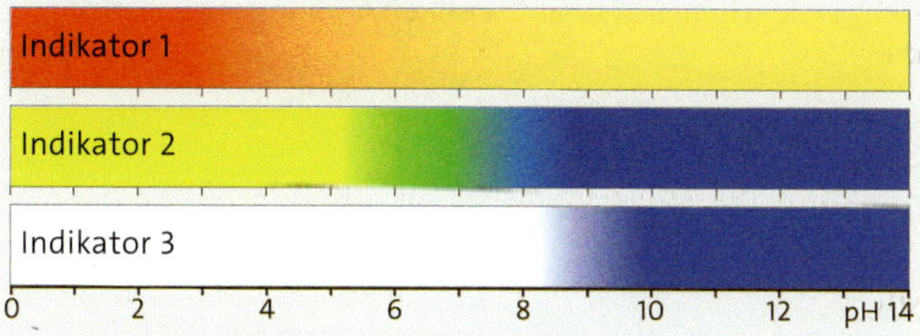


**G1.1** Titrationsergebnisse und Umschlagbereiche der Indikatoren

Drei Schülerinnen haben im Praktikum den Gehalt von Säuren in Speiseessig ($CH_3COOH$; $pK_S = 4{,}75$) und einem Toilettenreiniger ($HSO_4^-$; $pK_S = 1{,}92$) durch Säure-Base-Titration mit Natronlauge ($c(OH^-) = 1{,}00\ mol \cdot l^{-1}$) bestimmt. Zur Erkennung des Äquivalenzpunkts der Titration haben sie verschiedene Indikatoren verwendet. Die eingesetzten Volumina der Probelösungen und die bis zum Farbumschlag des Indikators zugegebenen Volumina an Natronlauge sind angegeben (↑ **G1.1**).

### AUFGABEN ZU G

**1 ›** **a** Schildern Sie unter Angabe der wichtigen Größen und einer Gleichung zur Auswertung das Verfahren der Titration.
**b** Erläutern Sie die Bestimmung des Äquivalenzpunkts einer Säure-Base-Titration mithilfe eines Indikators.

**2 ›** **a** Berechnen Sie die pH-Werte an den Äquivalenzpunkten, indem Sie annehmen, dass die Konzentration der gebildeten korrespondierenden Basen $0{,}5\ mol \cdot l^{-1}$ beträgt.
**b** Bewerten Sie die Eignung der drei Indikatoren für die beiden Titrationen und geben Sie auf dieser Grundlage an, welche Schülerin jeweils den zuverlässigsten Wert für den Äquivalenzpunkt erzielt hat.
**c** Berechnen Sie für den jeweils zuverlässigsten Fall aus dem Volumen der Natronlauge, das bis zum Äquivalenzpunkt zugegeben wurde, die Stoffmengenkonzentration von $CH_3COOH$ in Essig und von $HSO_4^-$ im Toilettenreiniger.

**3 ›** Bewerten Sie die verwendeten Volumina an Probelösung hinsichtlich der erzielbaren Genauigkeit bei einer Titration.

## Material H Saure Erfrischung

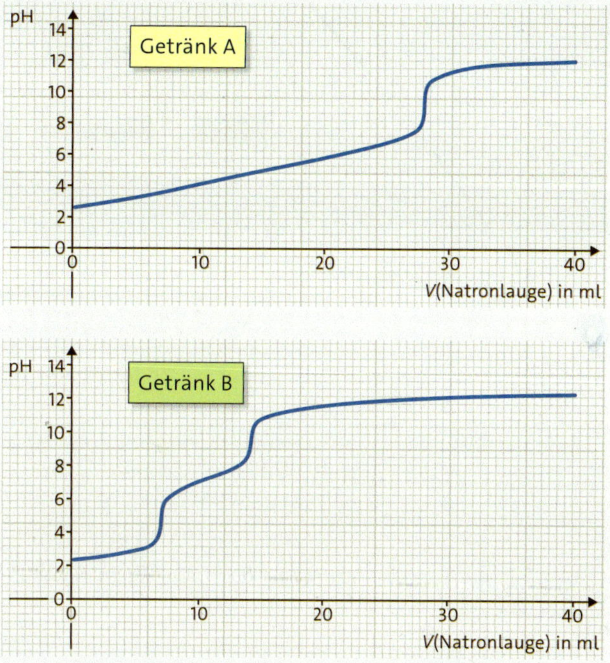


**H1.1** Titrationskurven von zwei Erfrischungsgetränken

Ein Chemiekurs hat von zwei Erfrischungsgetränken mit den Probevolumina von je 100 ml durch Titration mit Natronlauge ($c(OH^-) = 0{,}1\ mol \cdot l^{-1}$), Titrationskurven aufgenommen (↑ **H1.1**). Ein Erfrischungsgetränk enthält Phosphorsäure ($pK_{S1} = 2{,}1$; $pK_{S2} = 7{,}2$; $pK_{S3} = 12{,}3$), das andere Citronensäure ($pK_{S1} = 3{,}1$; $pK_{S2} = 4{,}8$; $pK_{S3} = 6{,}4$).

### AUFGABEN ZU H

**1 ›** **a** Erläutern Sie, welche Informationen über die in einer Lösung vorhandene Säure aus einer Titrationskurve erhalten werden können.
**b** Übertragen Sie beide Titrationskurven und tragen Sie die für die Auswertung wichtigen Punkte ein.

**2 ›** Obwohl Phosphorsäure ($H_3PO_4$) und Citronensäure ($H_3A$) jeweils dreiprotonige Säuren sind, unterscheiden sich die beiden Kurven qualitativ voneinander.
**a** Erklären Sie anhand der $pK_S$-Werte, welche Säure sich in welchem Erfrischungsgetränk befindet.
**b** Geben Sie an, welchen Punkt der jeweiligen Titrationskurve Sie für die Bestimmung der Stoffmenge der Säure nutzen. Stellen Sie die zugehörige Reaktionsgleichung zwischen $H_3PO_4$ bzw. $H_3A$ und $OH^-$ auf und geben Sie die Stoffmenge an Hydroxid-Ionen an, die bis zu diesem Punkt mit 1 mol Säure reagiert.
**c** Berechnen Sie die Stoffmengen und Massen von Phosphorsäure ($H_3PO_4$) bzw. Citronensäure ($C_6H_8O_7$) in 100 ml des Erfrischungsgetränks.

# Auf einen Blick

| | |
|---|---|
| **Säure-Base-Konzept von Brönsted** | Eine Säure HA ist ein Teilchen, das als **Protonendonator** reagiert (Brönsted-Säure).<br>Eine Base B ist ein Teilchen, das als **Protonenakzeptor** reagiert (Brönsted-Base). |
| **Protolyse** | Reaktion zwischen einer Säure HA und einer Base B, bei der ein Protonenübergang stattfindet<br>$HA + B \rightleftharpoons HB^+ + A^-$<br>Säure 1 + Base 2 ⇌ Säure 2 + Base 1<br>HA und $A^-$ bzw. $HB^+$ und B bilden jeweils ein korrespondierendes Säure-Base-Paar. |
| **Ampholyt** | Teilchen, das je nach Reaktionspartner als Säure oder Base reagieren kann<br>*Beispiel:* Wassermolekül $H_2O$<br>Reagiert mit Säure als Base: $H_2O + HCl \rightleftharpoons H_3O^+ + Cl^-$<br>Reagiert mit Base als Säure: $H_2O + NH_3 \rightleftharpoons OH^- + NH_4^+$ |
| **Autoprotolyse** | Protonenübergang zwischen gleichartigen Teilchen. Sie ist nur zwischen Ampholyten möglich.<br>Autoprotolyse des Wassers:<br>$2\,H_2O \rightleftharpoons H_3O^+ + OH^-$<br>$K_W = c(H_3O^+) \cdot c(OH^-) = 10^{-14}\,mol^2 \cdot l^{-2}$ (bei 25 °C)<br>Die Konstante $K_W$ für die Autoprotolyse des Wassers wird als **Ionenprodukt des Wassers** bezeichnet. |
| **pH-Wert und pOH-Wert** | Sie dienen zur Kennzeichnung der sauren bzw. alkalischen Eigenschaften von Lösungen.<br>Der pH-Wert einer Lösung ist der negative Zehnerlogarithmus (negativer dekadischer Logarithmus) des Zahlenwerts der Oxonium-Ionenkonzentration mit der Einheit $mol \cdot l^{-1}$.<br>$pH = -\lg c(H_3O^+)$ $\quad$ $pOH = -\lg c(OH^-)$<br>$pH + pOH = 14$ (bei 25 °C)<br>Für saure Lösung gilt: $c(H_3O^+) > c(OH^-)$ $\quad$ $pH < 7$<br>Für neutrale Lösung gilt: $c(H_3O^+) = c(OH^-)$ $\quad$ $pH = 7$<br>Für alkalische Lösung gilt: $c(H_3O^+) < c(OH^-)$ $\quad$ $pH > 7$ |
| **Säurestärke und Basenstärke** | Reaktion einer **Säure** mit Wassermolekülen:<br>$HA + H_2O \rightleftharpoons H_3O^+ + A^-$<br>Säurekonstante $K_S$:<br>$K_S(HA) = \frac{c(H_3O^+) \cdot c(A^-)}{c(HA)}$<br>$pK_S(HA) = -\lg K_S(HA)$<br><br>Reaktion einer **Base** mit Wassermolekülen:<br>$B + H_2O \rightleftharpoons OH^- + HB^+$<br>Basenkonstante $K_B$:<br>$K_B(B) = \frac{c(OH^-) \cdot c(HB^+)}{c(B)}$<br>$pK_B(B) = -\lg K_B(B)$<br><br>Folgende Zusammenhänge gelten:<br>Je größer $K_S(HA)$, umso kleiner ist $pK_S(HA)$ und umso stärker ist die Säure HA.<br>Je größer $K_B(B)$, umso kleiner ist $pK_B(B)$ und umso stärker ist die Base B.<br>Je stärker die Säure HA, umso schwächer ist die korrespondierende Base $A^-$:<br>$pK_S(HA) + pK_B(A^-) = 14$ |
| **Berechnung des pH-Werts** | Sehr starke Säuren HA: $pH = -\lg c(HA)$<br>Sehr starke Basen B: $pOH = -\lg c(B)$; $pH = 14 - pOH$<br>Schwache Säuren HA: $pH \cong \frac{1}{2} \cdot [pK_S(HA) - \lg c_0(HA)]$<br>Schwache Basen B: $pOH \cong \frac{1}{2} \cdot [pK_B(B) - \lg c_0(B)]$; $pH = 14 - pOH$ |

## Wichtige Säuren

| | Schwefelsäure | Phosphorsäure | Kohlensäure |
|---|---|---|---|
| **Molekülformel** | $H_2SO_4$ | $H_3PO_4$ | $H_2CO_3$ |
| **Salze, Anion** | Sulfate $SO_4^{2-}$ Hydrogensulfate $HSO_4^-$ | Phosphate $PO_4^{3-}$ Hydrogenphosphate $HPO_4^{2-}$ | Carbonate $CO_3^{2-}$, Hydrogencarbonate $HCO_3^-$ |
| **Verwendung** | Düngemittel, wichtiger industrieller Ausgangsstoff | Düngemittel | Erfrischungsgetränke, Löschmittel |

## pH-Puffer

Pufferlösungen ändern bei Zusatz (nicht zu großer) Portionen beliebiger Säuren oder Basen ihren pH-Wert fast nicht.
Sie bestehen aus einer schwachen Säure HA und der korrespondierenden Base $A^-$ und fangen Hydroxid- und Oxonium-Ionen ab. Dadurch stabilisieren sie den pH-Wert:
Zufuhr von $H_3O^+$: $H_3O^+ + A^- \longrightarrow HA + H_2O$
Zufuhr von $OH^-$: $OH^- + HA \longrightarrow A^- + H_2O$

Berechnung des pH-Werts mithilfe der **Henderson-Hasselbalch-Gleichung (Puffergleichung)** für Pufferlösungen:

$$pH = pK_S(HA) + \lg \frac{c(A^-)}{c(HA)}$$

*Beispiele:*
Essigsäure-Acetat-Puffer: $CH_3COOH/CH_3COO^-$
Ammonium-Ammoniak-Puffer: $NH_4^+/NH_3$

## Säure-Base-Indikatoren

Indikatormoleküle sind schwache Säuren oder Basen. Durch Protolysereaktionen verändert sich die elektronische Struktur ihrer korrespondierenden Teilchen und damit die Farbe der Lösung:

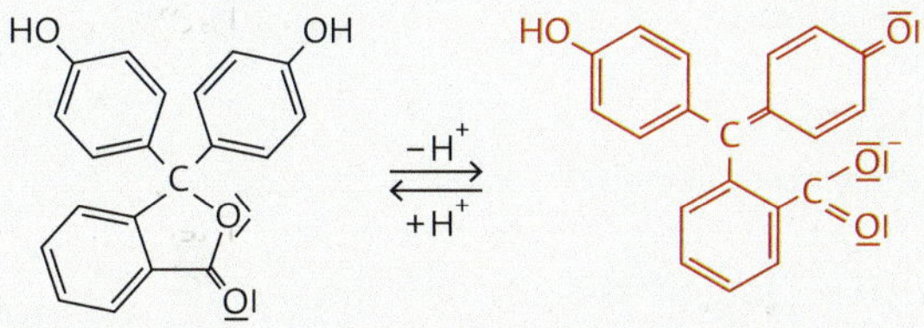

Der pH-Umschlagbereich liegt etwa zwei Einheiten um den $pK_S$-Wert der Indikatorsäure.
Das pH-abhängige Verhältnis von $c(Ind^-) : c(HInd)$ bestimmt die jeweilige Farbe einer Indikatorlösung.

## Säure-Base-Titration

Die Konzentration einer Säure oder Base wird durch die Neutralisation einer Probelösung durch die Maßlösung (hier: Natronlauge) erkannt.

Am **Äquivalenzpunkt** sind die Stoffmengen gleich: $n(HA) = n(OH^-)$.
Den Äquivalenzpunkt erkennt man am Farbumschlag des zugesetzten passenden Indikators.

Am **Halbäquivalenzpunkt** gilt $pH = pK_S(HA)$.

Bei **mehrprotonigen Säuren** verläuft die Neutralisation schrittweise. Es gibt für jede Protolysestufe einen Äquivalenzpunkt. Für Phosphorsäure liegt der 3. Äquivalenzpunkt bei pH = 12 und ist bei Titration mit Natronlauge nicht mehr sichtbar, da er keine sprunghafte pH-Änderung auslöst.

**Titrationskurve** einer Essigsäurelösung

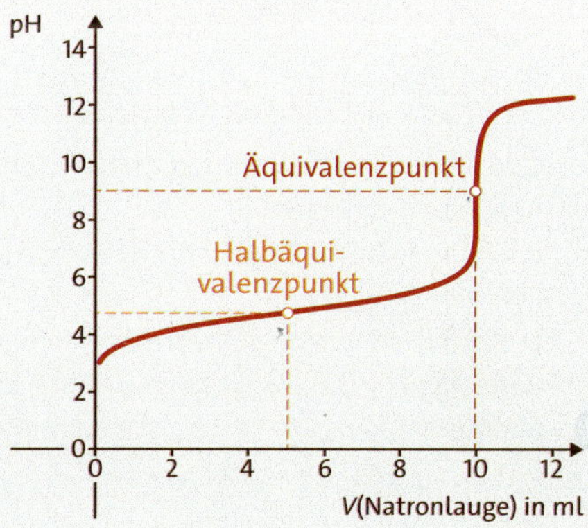

# Übungsaufgaben

**1 ›** In Wasser wird Chlorwasserstoff eingeleitet, bis die Konzentration der Oxonium-Ionen exakt $10^{-3}$ mol · l$^{-1}$ beträgt ($\vartheta$ = 25 °C).

**a** Erstellen Sie die Reaktionsgleichung der Reaktion von Chlorwasserstoff mit Wasser. Ordnen Sie den Reaktionspartnern die Funktion „Säure“ und „Base“ zu.

**b** Erklären Sie den Einfluss der Reaktion aus Aufgabe 1a auf das Autoprotolysegleichgewicht des Wassers und berechnen Sie die Konzentration der Hydroxid-Ionen.

**c** Berechnen Sie die Konzentration der Oxonium-Ionen in dieser Lösung, die auf die Autoprotolyse des Wassers zurückzuführen sind.

**2 ›** **a** Definieren Sie den pH-Wert.

**b** Berechnen Sie die fehlenden Größen ($\vartheta$ = 25 °C):

| $c(H_3O^+)$ | $c(OH^-)$ | pH | pOH |
|---|---|---|---|
| | | | 8 |
| | $10^{-5}$ mol · l$^{-1}$ | | |
| | | 2,3 | |
| $5 \cdot 10^{-9}$ mol · l$^{-1}$ | | | |

**3 ›** Begründen Sie, dass das Ionenprodukt bei zunehmender Konzentration $c_0$(HA) kleiner als $10^{-14}$ mol$^2$ · l$^{-2}$ wird ($\vartheta$ = 25 °C).

**4 ›** Auch in wasserfreiem flüssigem Ammoniak findet eine Autoprotolyse statt. Dabei entstehen u. a. $NH_4^+$-Ionen. Der negative Zehnerlogarithmus ihrer Konzentration wird als pH($NH_3$) bezeichnet.

**a** Erstellen Sie die Reaktionsgleichung zur Autoprotolyse in flüssigem Ammoniak.

**b** Bei −33 °C hat das Ionenprodukt in wasserfreiem flüssigen Ammoniak den Wert $10^{-32}$ mol$^2$ · l$^{-2}$. Berechnen Sie pH($NH_3$) einer neutralen Lösung in flüssigem Ammoniak bei dieser Temperatur.

**c** Verknüpfen Sie die Zustände „sauer“, „neutral“ und „alkalisch“ in flüssigem Ammoniak mit der Konzentration der $NH_4^+$-Ionen.

**5 ›** Geben Sie mindestens vier Schlussfolgerungen an, die Sie auf Basis der Aussage $K_S(HA^*) > K_S(HA^{**})$ machen können.

**6 ›** Die Verbindung Methyllithium besteht aus $Li^+$- und $CH_3^-$-Ionen. Gibt man sie in Wasser, so entsteht u. a. ein Gas. Der Indikator Thymolphthalein färbt die entstehende Lösung blau.

**a** Erklären Sie die Beobachtungen und erstellen Sie die Reaktionsgleichung.

**b** Kennzeichnen Sie die korrespondierenden Säure-Base-Paare.

**7 ›** Ein Mitschüler sagt: „$HCO_3^-$ ist ein Ampholyt, d. h., es gilt: $pK_S(HCO_3^-) + pK_B(HCO_3^-) = 14$.“

**a** Erläutern Sie den Fehler in der Argumentation und korrigieren Sie ihn.

**b** Begründen Sie mithilfe von $pK_S(HCO_3^-)$ und $pK_B(HCO_3^-)$, ob eine Lösung von Natriumhydrogencarbonat ($NaHCO_3$) in Wasser sauer, neutral oder alkalisch reagiert.

**8 ›** Begründen Sie, warum bei der Leitfähigkeitstitration von Essigsäure die Leitfähigkeit bis zum Äquivalenzpunkt nur langsam, dann deutlich steiler ansteigt.

**9 ›** Entscheiden Sie anhand der $pK_S$-Werte der beteiligten Säuren, ob die folgenden Säure-Base-Gleichgewichte auf der rechten oder linken Seite liegen:

**a** $HCO_3^- + CH_3COOH \rightleftarrows H_2CO_3 + CH_3COO^-$

**b** $NH_4^+ + H_2O \rightleftarrows H_3O^+ + NH_3$

**c** $NH_4^+ + OH^- \rightleftarrows H_2O + NH_3$

**10 ›** Berechnen Sie die pH-Werte folgender Lösungen:

**a** Essigsäurelösung, $c_0$(HA) = 0,5 mol · l$^{-1}$

**b** Ammoniaklösung, $c_0(NH_3)$ = 0,05 mol · l$^{-1}$

**c** Ammoniumchloridlösung, $c_0(NH_4Cl)$ = 1,0 mol · l$^{-1}$

**d** Salpetersäurelösung, $c_0$(HA) = 0,2 mol · l$^{-1}$

**11 ›** Ein Mitschüler berechnet für Salzsäure mit $c_0$(HA) = $10^{-9}$ mol · l$^{-1}$ einen pH-Wert von 9.

**a** Schildern Sie das Problem.

**b** Erläutern Sie, welches Gleichgewicht der Mitschüler vernachlässigt hat.

**12 ›** „Hartes“ Wasser enthält gelöstes Calciumhydrogencarbonat ($Ca(HCO_3)_2$). Es hat eine deutlich höhere Löslichkeit als Calciumcarbonat ($CaCO_3$). Um die Calcium-Ionenkonzentration im Trinkwasser zu senken, setzen Wasserwerke ihm definierte Mengen einer Lösung von Calciumhydroxid ($Ca(OH)_2$) zu. Erklären Sie diesen scheinbaren Widerspruch über gekoppelte Gleichgewichte.

**13 ›** Zu 1 l Natronlauge bzw. 1 l Ammoniaklösung mit $pK_B(NH_3)$ = 4,75, die beide einen pH-Wert von 11 haben, wird jeweils 1 l Salzsäure gegeben, die einen pH-Wert von 3 hat.

**a** Berechnen Sie die Konzentration der $OH^-$-Ionen bei pH 11 und erstellen Sie die Reaktionsgleichung, die nach Zugabe der Salzsäure abläuft.

**b** Erläutern Sie, warum aus Natronlauge und Salzsäure eine neutrale Lösung entsteht, die Ammoniaklösung nach Zugabe der Salzsäure aber dennoch alkalisch bleibt.

**14 ›** Sie sollen eine Pufferlösung herstellen, die den pH-Wert 5,0 möglichst stabil hält.

**a** Begründen Sie mithilfe der protochemischen Reihe Ihre Wahl für eine entsprechende Säure HA und deren korrespondierende Base $A^-$.

**b** Berechnen Sie das für den pH-Wert notwendige Konzentrationsverhältnis $c(A^-) : c(HA)$.

**15 ›** 0,5 l eines Essigsäure-Acetat-Puffers mit $c(CH_3COOH)$ = $c(CH_3COO^-)$ = 0,5 mol · l$^{-1}$ werden mit 100 ml Salzsäure mit $c(HCl)$ = 1,0 mol · l$^{-1}$ versetzt.

**a** Erstellen Sie die Reaktionsgleichung, die bei Zugabe der Salzsäure abläuft.

**b** Berechnen Sie die Pufferkapazität des Puffers.

**c** Berechnen Sie den pH-Wert der Lösung vor und nach der Zugabe der Salzsäure.

**d** Berechnen Sie das Volumen an Salzsäure, das zugegeben werden muss, um pH = 4 zu erreichen.

**16 ›** Eine Phosphorsäurelösung wird mit Natronlauge mit $c(OH^-)$ = 0,1 mol · l$^{-1}$ titriert.

**a** Erstellen Sie die Reaktionsgleichungen aller möglichen Reaktionen in der Lösung.

**b** Phenolphthalein schlägt bei einer Zugabe von 10,0 ml Natronlauge um. Bestimmen Sie mithilfe der Titrationskurve der Phosphorsäure auf S. 57 die Stoffmenge und die Masse der Phosphorsäure in der Lösung.

**17 ›** 10 ml einer Lösung von Ammoniak mit $c(NH_3)$ = 0,1 mol · l$^{-1}$ und $pK_B(NH_3)$ = 4,75 werden mit Salzsäure mit $c(H_3O^+)$ = 0,1 mol · l$^{-1}$ titriert.

**a** Berechnen Sie die pH-Werte nach Zugabe von 0 ml, 1 ml, 5 ml, 9 ml, 10 ml und 11 ml Salzsäure. Vernachlässigen Sie bei den Berechnungen die Volumenänderung durch Zugabe der Salzsäure.

**b** Skizzieren Sie die Titrationskurve.

**c** Begründen Sie, welcher Indikator für die Anzeige des Äquivalenzpunkts geeignet ist.

| **Mithilfe dieses Kapitels können Sie:** | Aufgabe | Hilfe finden Sie auf Seite |
|---|---|---|
| ▸ die Begriffe Säure, Base, korrespondierendes Säure-Base-Paar und Ampholyt definieren und Reaktionen damit beschreiben | *1, 6, 7, 14* | *26–27, 34* |
| ▸ den Begriff des Autoprotolysegleichgewichts erklären und mit dem Konzept argumentieren | *1, 2, 3, 4* | *30–31* |
| ▸ die Größen pH- und pOH-Wert definieren und mit ihnen rechnen | *2* | *32* |
| ▸ $K_S$, $K_B$, $pK_S$ und $pK_B$ definieren und mit ihrer Hilfe Säuren und Basen gemäß ihrer Stärke ordnen | *4, 5* | *35–37* |
| ▸ mithilfe von $pK_S$ bzw. $K_S$-Werten die Gleichgewichtslage von Säure-Base-Reaktionen in wässriger Lösung vorhersagen | *9* | *37* |
| ▸ pH-Werte von Lösungen sehr starker und schwacher Säuren und Basen berechnen | *6, 9, 10, 11, 17* | *40–41* |
| ▸ für ausgewählte Säuren Name, Summenformel und Name der korrespondierenden Base zuordnen | *10, 11, 16* | *42–43* |
| ▸ gekoppelte Gleichgewichte erkennen und damit argumentieren | *12* | *44–45* |
| ▸ die Pufferwirkung von Lösungen schwacher Säuren und Basen erklären | *13* | *48–49* |
| ▸ mithilfe der Henderson-Hasselbalch-Gleichung pH-Wert bzw. Konzentrationen von Pufferlösungen berechnen | *14, 15* | *50* |
| ▸ die Titrationskurven sehr starker und schwacher Säuren und Basen voneinander unterscheiden und sie erstellen | *8, 16, 17* | *54–59* |
| ▸ den Umschlagbereich von Indikatoren anhand von $pK_S$-Werten erklären und geeignete Indikatoren für Säure-Base-Titrationen auswählen | *17* | *60–61* |

Wenn Kohle verbrennt, Bahnschienen geschweißt oder in einer Weinprobe der Sulfitgehalt quantitativ untersucht wird, dann laufen Redoxreaktionen ab: chemische Reaktionen, bei denen Elektronenübergänge zwischen den beteiligten Teilchen stattfinden. Fotoapparate und andere elektrische Geräte hingegen benötigen Energie, die nicht aus der Steckdose kommt. Hier werden Batterien und Akkus genutzt, in denen chemische Energie durch Redoxreaktionen in elektrische Energie umgewandelt wird.

# Von Redoxreaktionen zu elektrochemischen Anwendungen 3

## Elektronenübergänge bei chemischen Reaktionen

### Redoxreaktion
- Elektronenübergang
- Oxidationszahlen
- Aufstellen von Redoxgleichungen
- Donator-Akzeptor-Konzept
- Redoxtitrationen

### Elektrochemische Reaktionen
- Daniell-Element
- Elektrochemische Doppelschicht
- Galvanische Zelle
- Redoxpotenzial und Standardredoxpotenzial
- Standardwasserstoffelektrode
- Elektrochemische Spannungsreihe
- Nernst-Gleichung
- Potenziometrie

### Batterien und Akkus
- Batterieprinzip
- Zellspannung
- Batterietypen
- Akkumulatoren
- Brennstoffzelle

### Elektrolysen
- Erzwungene Redoxreaktion
- Zersetzungsspannung
- Überspannung
- Faraday-Gesetze
- Großtechnische Elektrolysen

### Korrosion
- Lokalelemente
- Korrosionsarten
- Korrosionsschutz
- Galvanisieren

**01** Woraus bestehen Batterien und wie funktionieren sie?

# 3.1 Reaktionen mit Elektronenübergang

**01 A** Verbrennen von Magnesium, **B** Thermitschweißen von Bahnschienen

**OXIDATION UND REDUKTION** Stoffe können verbrennen – sogar Metalle. Entzündet man ein Stück Magnesiumband, verbrennt es an der Luft, wobei sich unter hellem Aufglühen Magnesiumoxid bildet (↑ **01A**). Das silbergraue Metall Magnesium reagiert mit dem Sauerstoff der Luft zum weißen Magnesiumoxid. Eine solche Reaktion mit Sauerstoff wird als **Oxidation** bezeichnet.

$$2\,Mg(s) + O_2(g) \longrightarrow 2\,MgO(s)$$

Die Oxidation ist umkehrbar. Beim Thermitverfahren zum Schweißen von Eisenbahnschienen wird ein Gemisch aus Eisenoxid und Aluminium mithilfe eines Zünders zur Reaktion gebracht. Dabei bildet sich aus Eisenoxid flüssiges Eisen, das durch eine Form zwischen die Schienenenden läuft und diese dauerhaft miteinander verschweißt (↑ **01B**).

Bei diesem Vorgang handelt es sich um eine **Reduktion**, da das Metalloxid wieder zum Metall zurückgeführt wird (lat. *reducere:* zurückführen). Gleichzeitig wird bei dieser Reaktion Aluminium zu Aluminiumoxid oxidiert (↑ **02**).

Reduktion ($Fe_2O_3$ → 2 Fe)

$$Fe_2O_3(s) + 2\,Al(s) \longrightarrow 2\,Fe(s) + Al_2O_3(s)$$

Oxidation (2 Al → $Al_2O_3$)

**02** Reaktion zwischen Eisenoxid und Aluminium

| | | | | | |
|---|---|---|---|---|---|
| Elektronenabgabe: | $Mg$ | $\longrightarrow$ | $Mg^{2+} + 2\,e^-$ | (Oxidation) |
| Elektronenaufnahme: | $O_2 + 4\,e^-$ | $\longrightarrow$ | $2\,O^{2-}$ | (Reduktion) |
| Elektronenübergang: | $2\,Mg + O_2$ ($4\,e^-$) | $\longrightarrow$ | $2\,MgO$ | (Redoxreaktion) |

**03** Oxidation von Magnesium – Reaktion mit Elektronenübergang

**REAKTIONEN MIT ELEKTRONENÜBERGANG** Bei der Reaktion von Magnesium mit Sauerstoff entsteht der weiße Feststoff Magnesiumoxid, der sich in seinen Eigenschaften wahrnehmbar von Magnesium unterscheidet.

Auf der Teilchenebene kann die Reaktion folgendermaßen gedeutet werden: Magnesiumoxid ist eine Ionenverbindung, die aus zweifach positiv geladenen Magnesium-Ionen $Mg^{2+}$ und zweifach negativ geladenen Oxid-Ionen $O^{2-}$ aufgebaut ist. In den Ausgangsstoffen liegen aber elektrisch ungeladene Teilchen vor. Die Ionen können sich erst während der Reaktion gebildet haben.

Magnesiumatome geben je zwei Elektronen an Sauerstoffatome ab. Die Magnesiumatome wirken als **Elektronendonatoren.** Sie werden durch die Elektronenabgabe zu Magnesium-Ionen $Mg^{2+}$. Die Sauerstoffatome reagieren dagegen als **Elektronenakzeptoren**. Sie nehmen je zwei Elektronen auf und werden zu Oxid-Ionen $O^{2-}$. Die Verbrennung von Magnesium ist eine **Reaktion mit Elektronenübergang**, bei der Elektronen von Magnesiumatomen auf Sauerstoffatome übertragen werden (↑ **03**).

Auch die Reaktion beim Thermitverfahren lässt sich so erklären. Eisenoxid ist aus $Fe^{3+}$-Ionen und $O^{2-}$-Ionen aufgebaut. Während der Reaktion übertragen Aluminiumatome jeweils drei Elektronen auf ein $Fe^{3+}$-Ion. Dabei werden diese zu Fe-Atomen und gleichzeitig Al-Atome zu $Al^{3+}$-Ionen.

Auch hier handelt es sich um eine Reaktion mit Elektronenübergang, bei der die Elektronen zwischen den beteiligten Metallen übertragen werden, die Oxid-Ionen selbst bleiben unverändert. Im Eisenoxid liegen sie ebenso vor wie im Aluminiumoxid.

**REDOXREAKTION** Reaktionen mit Elektronenübergang werden auch als **Redoxreaktionen** bezeichnet. Das Teilchen, das in einer Redoxreaktion als Elektronendonator wirkt, wird durch die Elektronenabgabe selbst oxidiert. Das Teilchen, das in einer Redoxreaktion als Elektronenakzeptor wirkt, wird durch die Elektronenaufnahme reduziert. Dabei kann ein Teilchen nur Elektronen abgeben, wenn diese durch ein anderes Teilchen aufgenommen werden. Daher sind Redoxreaktionen **Donator-Akzeptor-Reaktionen**.

In einer Redoxreaktion bezeichnet man den Elektronendonator als **Reduktionsmittel**, da er seinen Reaktionspartner reduziert. Der Elektronenakzeptor wird als **Oxidationsmittel** bezeichnet, da er seinen Reaktionspartner oxidiert.

**KORRESPONDIERENDE REDOXPAARE** Elektronenabgabe und -aufnahme sind umkehrbare Vorgänge. Ein Reduktionsmittel (Red) wird durch die Elektronenabgabe zum korrespondierenden Oxidationsmittel (Ox) oxidiert. Umgekehrt wird ein Oxidationsmittel durch Elektronenaufnahme zum korrespondierenden Reduktionsmittel.

$Al \rightleftarrows Al^{3+} + 3\,e^-$ $\qquad Fe^{3+} + 3\,e^- \rightleftarrows Fe$

$Red \rightleftarrows Ox + z\,e^-$ $\qquad Ox + z\,e^- \rightleftarrows Red$

An der Thermitreaktion ist erkennbar, dass an einer Redoxreaktion immer zwei korrespondierende Redoxpaare beteiligt sind. Die $Fe^{3+}$-Ionen bilden mit den Fe-Atome das Redoxpaar $Fe/Fe^{3+}$. Die Al-Atome und $Al^{3+}$-Ionen bilden das zweite Redoxpaar $Al/Al^{3+}$.

korrespondierendes Redoxpaar 1 ($Fe_2O_3$ / $2\,Fe$)

$Fe_2O_3(s) + 2\,Al(s) \longrightarrow 2\,Fe(s) + Al_2O_3(s)$

korrespondierendes Redoxpaar 2 ($2\,Al$ / $Al_2O_3$)

Ox 1 + Red 2 ⟶ Red 1 + Ox 2

**Redoxreaktionen sind Reaktionen mit Elektronenübergang, bei denen Oxidation und Reduktion immer gekoppelt ablaufen. Bei der Oxidation erfolgt eine Elektronenabgabe, bei der Reduktion eine Elektronenaufnahme.**

**REDOXREIHE DER METALLE** Metallatome unterscheiden sich in ihrem Bestreben, Elektronen an Elektronenakzeptoren abzugeben. Ihre *reduzierende Wirkung* kann experimentell ermittelt werden (↑ Exp. 3.01): Taucht man ein Eisenblech in Kupfersulfatlösung, so scheidet sich Kupfer ab. Auch die *oxidierende Wirkung* von Metall-Ionen ist verschieden: Beim Eintauchen eines Kupferblechs in Eisensulfatlösung lässt sich keine Veränderung beobachten. Beide Phänomene kommen in der **Redoxreihe der Metalle** zum Ausdruck (↑ **04**). Mithilfe der Redoxreihe können mögliche Redoxreaktionen abgeschätzt werden: Metall-Ionen lassen sich von den jeweils weiter rechts angeordneten Atomen unedlerer Metalle reduzieren.

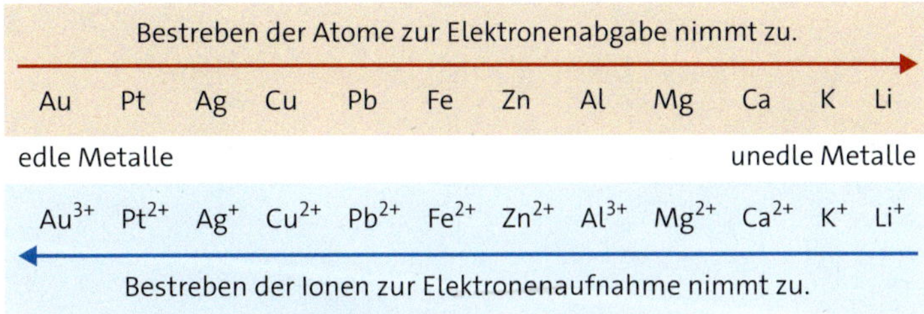


**04** Redoxreihe der Metalle

**1 〉** Zeigen Sie, dass die Bildung von Magnesiumchlorid ($MgCl_2$) aus den Elementen eine Redoxreaktion ist. Formulieren Sie die Teilgleichungen für die Elektronenaufnahme und -abgabe. Benennen Sie Oxidations- und Reduktionsmittel.

**2 〉** Erläutern Sie den Elektronenübergang bei der Redoxreaktion zwischen Eisen(III)-oxid ($Fe_2O_3$) und Magnesium.

**3 〉** Benennen Sie die korrespondierenden Redoxpaare folgender Reaktionen:
**a** Verbrennen von Calcium,
**b** Reaktion von Natrium mit Brom,
**c** Reduktion von Kupferoxid (CuO) mit Eisen.

**4 〉** Silberoxid ($Ag_2O$) kann durch Erhitzen in seine Elemente zerlegt werden. Begründen Sie, dass diese Analyse eine Redoxreaktion ist. Kennzeichnen Sie den Elektronenübergang.

| | **Redoxreaktion** | **Säure-Base-Reaktion** |
|---|---|---|
| **Übergang von:** | Elektronen | Protonen |
| **Beteiligte Teilchen:** | Elektronendonator: Reduktionsmittel (Red)<br>$Red \rightleftarrows Ox + z\,e^-$ | Protonendonator: Säure (HA)<br>$HA \rightleftarrows H^+ + A^-$ |
| | Elektronenakzeptor: Oxidationsmittel (Ox)<br>$Ox + z\,e^- \rightleftarrows Red$ | Protonenakzeptor: Base (B)<br>$H^+ + B \rightleftarrows HB^+$ |
| **Reaktionsgleichung:** | Red 1 + Ox 2 ⇄ Ox 1 + Red 2<br>Beispiel:<br>Redoxpaar 1 ($2\,Al$ / $Al_2O_3$)<br>$2\,Al + Fe_2O_3 \rightleftarrows Al_2O_3 + 2\,Fe$<br>Redoxpaar 2 ($Fe_2O_3$ / $2\,Fe$) | HA + B ⇄ $A^-$ + $HB^+$<br>Beispiel:<br>Säure-Base-Paar 1 ($HCl$ / $Cl^-$)<br>$HCl + H_2O \rightleftarrows Cl^- + H_3O^+$<br>Säure-Base-Paar 2 ($H_2O$ / $H_3O^+$) |

**05** Übersicht zum Donator-Akzeptor-Konzept

# 3.2 Redoxreaktionen und Oxidationszahlen

**01** Verbrennen von Kohle (Kohlenstoff)

Bei der Reaktion von Metallen mit Sauerstoff findet ein Elektronenübergang zwischen den Metallatomen und den Sauerstoffatomen statt. Auch Nichtmetalle reagieren mit Sauerstoff. Die gebildeten Nichtmetalloxide sind aber keine Salze, sondern Molekülverbindungen.
Beispielsweise verbrennt Kohlenstoff mit Sauerstoff zu Kohlenstoffdioxid (↑ **01**). Hat bei der Reaktion trotzdem ein Elektronenübergang stattgefunden?

$$C(s) + O_2(g) \longrightarrow CO_2(g)$$

**OXIDATIONSZAHLEN** Um Redoxreaktionen anhand der beteiligten Teilchen zu erkennen, ist das Konzept der **Oxidationszahl (OZ)** hilfreich. Bei einfachen Ionen (Atom-Ionen) entspricht die Oxidationszahl deren Ionenladung. Ein Natrium-Ion $Na^+$ hat die Oxidationszahl I, ein Chlorid-Ion $Cl^-$ die Oxidationszahl –I.
In Formeln werden die Oxidationszahlen mit römischen Ziffern über das jeweilige Elementsymbol geschrieben. Ein Minuszeichen kennzeichnet negative Oxidationszahlen. In einer Verbindung ist die Summe der Oxidationszahlen aller Atome null.

Zur Ermittlung der Oxidationszahlen für die in einem Molekül gebundenen Atome stellt man sich vor, dass dieses formal aus Ionen aufgebaut ist. Dazu werden die Bindungselektronen einer polaren Elektronenpaarbindung immer dem Atom mit der größeren *Elektronegativität* (kurz: EN) zugeordnet. Im Kohlenstoffdioxidmolekül ($CO_2$) ist ein Kohlenstoffatom mit zwei Sauerstoffatomen jeweils über eine Doppelbindung verbunden. Den Sauerstoffatomen (EN = 3,5) mit der größeren Elektronegativität werden die Bindungselektronen vollständig zugeordnet. Beide Sauerstoffatome haben nun formal acht Valenzelektronen. Dagegen verliert das Kohlenstoffatom (EN = 2,5) alle vier Bindungselektronen, sodass es formal null Valenzelektronen hat.

Die Oxidationszahl ergibt sich für jedes Atom aus der Differenz seiner ursprünglichen Anzahl an Valenzelektronen und der Anzahl ihm zugeordneter Elektronen. Für das Sauerstoffatom ergibt sich so die Oxidationszahl –II (6–8 Elektronen) und für das Kohlenstoffatom die Oxidationszahl IV (4–0; ↑ **02**). Bei elementaren Stoffen wie $H_2$ oder $O_2$ erhalten beide Atome die Oxidationszahl 0, weil die Bindungselektronen der unpolaren Elektronenpaarbindung zu gleichen Teilen beiden Bindungspartnern zugeordnet werden. Um die Oxidationszahlen anderer Verbindungen zu bestimmen, gibt es noch weitere Regeln (↑ Methode rechte Seite).

**Die Oxidationszahl entspricht der formalen Ladung eines Atoms in einer Verbindung, wenn alle Bindungselektronen im Molekül dem jeweils elektronegativeren Atom zugeordnet wurden.**

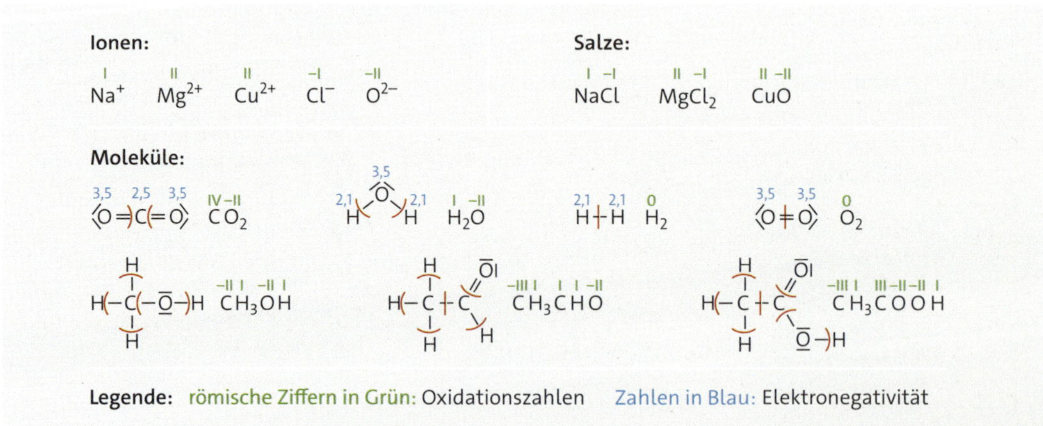


**02** Oxidationszahlen einiger Verbindungen

**OXIDATIONSZAHL UND REDOXREAKTION** Verändern sich die Oxidationszahlen der beteiligten Teilchen während einer chemischen Reaktion, handelt es sich um eine Redoxreaktion.
Bei der Verbrennung von Kohlenstoff mit Sauerstoff erhöht sich die Oxidationszahl des Kohlenstoffatoms während der Reaktion von 0 auf IV. Das Kohlenstoffatom wirkt formal als Elektronendonator (Reduktionsmittel) und wird oxidiert.
Die Sauerstoffatome fungieren als Elektronenakzeptor (Oxidationsmittel) und werden reduziert. Ihre Oxidationszahl verringert sich von 0 auf –II.

Oxidation

$$\overset{0}{C}(s) + \overset{0}{O_2}(g) \longrightarrow \overset{IV}{C}\overset{-II}{O_2}(g)$$

Reduktion

Aus dem Beispiel lässt sich eine Verallgemeinerung ableiten: Die Oxidationszahl des Reduktionsmittels erhöht sich während der Reaktion, da es Elektronen abgibt (Elektronendonator). Umgekehrt verringert sich die Oxidationszahl des Oxidationsmittels, da es während der Reaktion Elektronen aufnimmt (Elektronenakzeptor).

**Eine Redoxreaktion liegt vor, wenn sich die Oxidationszahlen der beteiligten Teilchen verändern. Die Veränderung der Oxidationszahl entspricht der Anzahl übertragener Elektronen.**

**1** Bestimmen Sie die Oxidationszahlen der Atome in $F_2$, $F^-$, $O_2$, $O_3$, $O^{2-}$, Fe, $Fe^{2+}$, $Fe^{3+}$, $S_8$.

**2** Bestimmen Sie die Oxidationszahlen der Atome in folgenden Verbindungen und Teilchen:
**a** $MnO_2$, CuO, $Ag_2O$, $Na_2SiF_6$, $C_2H_6$, $H_2SO_3$
**b** $HNO_3$, $OH^-$, $NO_2^-$, $MnO_4^-$, $FeF_6^{4-}$, $FeF_6^{3-}$

## M Bestimmen von Oxidationszahlen in anorganischen Verbindungen

**AUFGABE** Bestimmen Sie die Oxidationszahlen der Atome in MnOOH und in $AlF_6^{3-}$.

Bei der Bestimmung von Oxidationszahlen in Verbindungen geht man nach folgenden Regeln vor:

| Regeln zur Bestimmung der Oxidationszahlen | |
|---|---|
| 1. Atome in elementaren Stoffen haben die Oxidationszahl 0. | $\overset{0}{Zn}$, $\overset{0}{Fe}$, $\overset{0}{Cu}$, $\overset{0}{H_2}$, $\overset{0}{O_2}$, $\overset{0}{O_3}$, $\overset{0}{Cl_2}$ |
| 2. Bei einfachen Ionen entspricht die Oxidationszahl der Ionenladung. | $\overset{II}{Zn^{2+}}$, $\overset{III}{Fe^{3+}}$, $\overset{I}{Cu^+}$, $\overset{I}{H^+}$, $\overset{-II}{O^{2-}}$, $\overset{-I}{Cl^-}$ |
| 3. Fluor hat in Verbindungen immer die Oxidationszahl –I. | $\overset{I}{H}\overset{-I}{F}$, $\overset{II}{Ca}\overset{-I}{F_2}$, $\overset{III}{Al}\overset{-I}{F_3}$, $\overset{IV}{C}\overset{-I}{F_4}$, $\overset{II}{O}\overset{-I}{F_2}$ |
| 4. Wasserstoff hat in Verbindungen die Oxidationszahl I. (Ausnahme: Hydride) | $\overset{I}{H}\overset{-I}{Cl}$, $\overset{I}{H_2}\overset{-II}{O}$, $\overset{I}{H_2}\overset{-I}{O_2}$, $\overset{-III}{N}\overset{I}{H_3}$, $\overset{-IV}{C}\overset{I}{H_4}$ <br> Ausnahmen: $\overset{I}{Na}\overset{-I}{H}$, $\overset{II}{Ca}\overset{-I}{H_2}$ |
| 5. Sauerstoff hat in Verbindungen die Oxidationszahl –II. (Ausnahmen: Peroxide und Sauerstofffluoride) | $\overset{IV}{S}\overset{-II}{O_2}$, $\overset{VI}{S}\overset{-II}{O_3}$, $\overset{I}{H_2}\overset{VI}{S}\overset{-II}{O_4}$, $\overset{III}{Al_2}\overset{-II}{O_3}$ <br> Ausnahmen: $\overset{I}{H_2}\overset{-I}{O_2}$, $\overset{II}{O}\overset{-I}{F_2}$ |
| 6. Die Summe der Oxidationszahlen aller Atome eines Teilchens entspricht der Gesamtladung des Teilchens. | ungeladene Teilchen: <br> $\overset{IV}{C}\overset{-II}{O_2}$, $\overset{IV}{Si}\overset{-I}{F_4}$, $\overset{III}{Al}(\overset{-II}{O}\overset{I}{H})_3$, $\overset{-II}{C}\overset{I}{H_3}\overset{-II}{O}\overset{I}{H}$ <br> Ionen: $\overset{I}{H}\overset{IV}{C}\overset{-II}{O_3^-}$, $\overset{IV}{Si}\overset{-I}{F_6^{2-}}$, $[\overset{III}{Al}(\overset{-II}{O}\overset{I}{H})_4]^-$ |

1. **Beispiel: Oxidationszahlen der Atome in MnOOH**

**a) Anwenden der Regeln 1 und 2:** Es liegen weder elementare Stoffe noch einfache Ionen vor.

**b) Anwenden der Regel 3:** Die Verbindung enthält kein Fluor.

**c) Anwenden der Regeln 4 und 5:** Wasserstoff erhält die Oxidationszahl I und Sauerstoff erhält die Oxidationszahl –II.

$Mn\overset{-II}{O}\overset{-II}{O}\overset{I}{H}$

**d) Anwenden der Regel 6:** Die Gesamtladung im MnOOH ist null. Daraus ergibt sich für Mangan die Oxidationszahl III.

$\overset{III}{Mn}\overset{-II}{O}\overset{-II}{O}\overset{I}{H}$ $\quad$ III – II – II + I = 0

2. **Beispiel: Oxidationszahlen der Atome in $AlF_6^{3-}$**

**a) Anwenden der Regeln 1 und 2:** Es liegen weder elementare Stoffe noch einfache Ionen vor.

**b) Anwenden der Regel 3:** Fluor hat die Oxidationszahl –I.

$Al\overset{-I}{F_6^{3-}}$

**c) Anwenden der Regeln 4 und 5:** Es ist weder Wasserstoff noch Sauerstoff enthalten.

**d) Anwenden der Regel 6:** Die Gesamtladung des $AlF_6^{3-}$-Ions beträgt –3. Daraus ergibt sich für Aluminium die Oxidationszahl III.

$\overset{III}{Al}\overset{-I}{F_6^{3-}}$ $\quad$ 1 · III + 6 · (–I) = –3

# Aufstellen von Redoxgleichungen

**pH-WERT-ABHÄNGIGE REDOXREAKTIONEN** Für Redoxreaktionen in sauren oder alkalischen Lösungen muss auch die Beteiligung der Protonen $H^+$ oder Hydroxid-Ionen $OH^-$ berücksichtigt werden. Das Aufstellen solcher Redoxgleichungen ist deshalb aufwendiger.

So muss bei der Reaktion von Nitrit-Ionen $NO_2^-$ mit Permanganat-Ionen $MnO_4^-$ *in saurer Lösung* nicht nur die Anzahl der übertragenen Elektronen ausgeglichen werden, sondern mithilfe der Protonen $H^+$ ein Ladungsausgleich erfolgen.

Es ist daher sinnvoll, die Reaktion in Teilgleichungen für die Oxidation und Reduktion zu zerlegen (↑ Methode rechts oben):

Reduktion: $\overset{III}{N}O_2^- + H_2O \longrightarrow \overset{V}{N}O_3^- + 2\,e^- + 2\,H^+ \quad | \cdot 5$

Oxidation: $\overset{VII}{Mn}O_4^- + 5\,e^- + 8\,H^+ \longrightarrow \overset{II}{Mn}{}^{2+} + 4\,H_2O \quad | \cdot 2$

Redoxreaktion: $5\,NO_2^- + 2\,MnO_4^- + 6\,H^+ \longrightarrow 5\,NO_3^- + 2\,Mn^{2+} + 3\,H_2O$

In den Teilgleichungen werden die kleinsten gemeinsamen Vielfachen der abgegebenen bzw. aufgenommenen Elektronen bestimmt und durch Multiplikation mit den entsprechenden Faktoren ausgeglichen. Durch Addition der Teilgleichungen wird schließlich die Redoxgleichung erhalten.

Bei der Oxidation von Bromid-Ionen zu Bromat-Ionen $BrO_3^-$ durch Chlormoleküle *in alkalischer Lösung* gleichen Hydroxid-Ionen $OH^-$ die Teilchen- und Ladungsbilanz aus (↑ Methode rechts unten):

Reduktion: $3\,\overset{0}{Cl}_2 + 6\,e^- \longrightarrow 6\,\overset{-I}{Cl}{}^-$

Oxidation: $\overset{-I}{Br}{}^- + 6\,OH^- \longrightarrow \overset{V}{Br}O_3^- + 3\,H_2O + 6\,e^-$

Redoxreaktion: $3\,Cl_2 + Br^- + 6\,OH^- \longrightarrow 6\,Cl^- + BrO_3^- + 3\,H_2O$

**DISPROPORTIONIERUNG – SYNPROPORTIONIERUNG** Zur Reinigung und Desinfektion von weichen Kontaktlinsen wird häufig eine 3%ige Wasserstoffperoxidlösung verwendet. Am Platinkatalysator zersetzen sich Wasserstoffperoxidmoleküle zu Wassermolekülen und reaktiven Sauerstoffmolekülen. Der frei werdende Sauerstoff ist für die desinfizierende Wirkung der Kontaktlinsenflüssigkeit verantwortlich.

Bei der Zersetzung von Wasserstoffperoxid handelt es sich um eine besondere Form der Redoxreaktion:

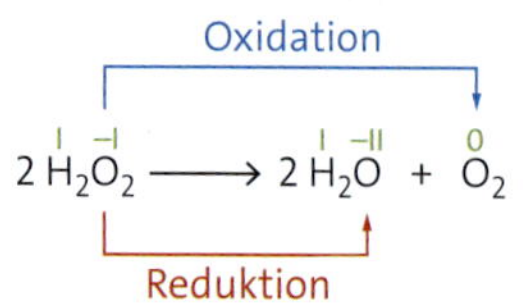


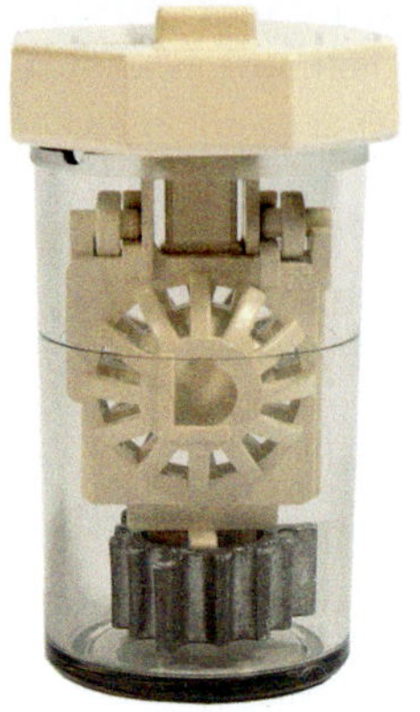

**01** Im Kontaktlinsenbehälter disproportioniert Wasserstoffperoxid zu Sauerstoff und Wasser.

Die Sauerstoffatome des Wasserstoffperoxidmoleküls besitzen die Oxidationszahl **−I**. Nach der Reaktion besitzt das Sauerstoffatom des Wassermoleküls die Oxidationszahl **−II** und die Sauerstoffatome des Sauerstoffmoleküls **0**. Dieser Sonderfall der Redoxreaktion wird **Disproportionierung** genannt. Sie liegt vor, wenn gleiche Atome einer Verbindung aus einer mittleren Oxidationsstufe durch gleichzeitige Reduktion und Oxidation in eine niedrigere und in eine höhere Oxidationsstufe übergehen.

Die Umkehrung der Disproportionierung wird **Synproportionierung (Komproportionierung)** genannt. Bei einer Synproportionierung handelt es sich um Redoxreaktionen, bei denen Atome eines Elements durch Oxidation aus einer niedrigeren und gleichzeitige Reduktion aus einer höheren in eine mittlere Oxidationsstufe übergehen.

Ein Beispiel für eine Synproportionierung ist die Gewinnung von Iod aus Speisesalz. Darin ist Iod in Form von Kaliumiodat $KIO_3$ enthalten. Wird zu einer sauren Lösung des Speisesalzes eine Kaliumiodidlösung gegeben, so entsteht elementares Iod $I_2$.

$$1\,\overset{V}{I}\overset{-II}{O}{}_3^- + 5\,\overset{-I}{I}{}^- + 6\,\overset{I}{H}{}^+ \longrightarrow 3\,\overset{0}{I}_2 + 3\,\overset{I}{H}_2\overset{-II}{O}$$

**1 ›** Entwickeln Sie jeweils die Redoxgleichung:
**a** Reduktion von Iod mit Wasserstoffperoxid ($H_2O_2$) unter Bildung von Wasser und Sauerstoff ($O_2$) in alkalischer Lösung
**b** Reduktion von Nitrit-Ionen ($NO_2^-$) mit Wasserstoffperoxid unter Bildung von Stickstoffmonooxid (NO) und Sauerstoff ($O_2$) in saurer Lösung

**2 ›** In saurer Lösung kann Wasserstoffperoxid sowohl reduziert als auch oxidiert werden. Formulieren Sie die Teilgleichungen für die Reduktion und die Oxidation.

# Methode

## M Entwickeln von Redoxgleichungen

**AUFGABE** Entwickeln Sie die Redoxgleichung für die Reaktion von Permanganat-Ionen mit Chlorid-Ionen **in saurer Lösung**.

**1. Notieren der korrespondierenden Redoxpaare**

An jeder Redoxreaktion sind zwei korrespondierende Redoxpaare beteiligt.

Korrespondierendes Redoxpaar 1: $Mn^{2+}/MnO_4^-$

Korrespondierendes Redoxpaar 2: $2\,Cl^-/Cl_2$

**2. Aufstellen der Gleichungen für Oxidation und Reduktion**

a) Bestimmen der Oxidationszahlen des jeweiligen korrespondierenden Redoxpaars

b) Ermitteln der Anzahl der jeweils beteiligten Elektronen

c) Ausgleichen der Ladungsbilanz durch Ergänzen von Protonen $H^+$ in saurer Lösung

d) Ausgleichen der Teilchenbilanz durch eine entsprechende Anzahl von Wassermolekülen

Reduktion

$$\overset{VII}{Mn}\overset{-II}{O_4^-} \longrightarrow \overset{II}{Mn^{2+}}$$

$$MnO_4^- + 5\,e^- \longrightarrow Mn^{2+}$$

$$MnO_4^- + 5\,e^- + 8\,H^+ \longrightarrow Mn^{2+}$$

$$\overset{VII}{Mn}\overset{-II}{O_4^-} + 5\,e^- + 8\,H^+ \longrightarrow \overset{II}{Mn^{2+}} + 4\,H_2O$$

Oxidation

$$2\,\overset{-I}{Cl^-} \longrightarrow \overset{0}{Cl_2}$$

$$2\,Cl^- \longrightarrow Cl_2 + 2\,e^-$$

$$2\,Cl^- \longrightarrow Cl_2 + 2\,e^-$$

$$2\,\overset{-I}{Cl^-} \longrightarrow \overset{0}{Cl_2} + 2\,e^-$$

**3. Aufschreiben der Redoxgleichung**

a) Ausgleichen der Elektronenanzahl in beiden Gleichungen über das kleinste gemeinsame Vielfache, sodass gleich viele Elektronen aufgenommen wie abgegeben werden

b) Addition der Teilgleichungen zur Redoxreaktion. Die Anzahl der Elektronen ist dabei auf beiden Seiten gleich und lässt sich kürzen.

Reduktion:

$$MnO_4^- + 5\,e^- + 8\,H^+ \longrightarrow Mn^{2+} + 4\,H_2O \qquad |\cdot 2$$

Oxidation:

$$2\,Cl^- \longrightarrow Cl_2 + 2\,e^- \qquad |\cdot 5$$

Redoxreaktion:

$$2\,MnO_4^- + \cancel{10\,e^-} + 16\,H^+ + 10\,Cl^- \longrightarrow 2\,Mn^{2+} + 8\,H_2O + 5\,Cl_2 + \cancel{10\,e^-}$$

**AUFGABE** Entwickeln Sie die Redoxgleichungen für die Reaktion von Permanganat-Ionen mit Mangan(II)-Ionen **in alkalischer Lösung**.

**1. Notieren der korrespondierenden Redoxpaare**

An jeder Redoxreaktion sind zwei korrespondierende Redoxpaare beteiligt.

Korrespondierendes Redoxpaar 1: $MnO_4^-/MnO_2$

Korrespondierendes Redoxpaar 2: $Mn^{2+}/MnO_2$

**2. Aufstellen der Gleichungen für Oxidation und Reduktion**

a) Bestimmen der Oxidationszahlen des jeweiligen korrespondierenden Redoxpaars

b) Ermitteln der Anzahl der jeweils beteiligten Elektronen

c) Ausgleichen der Ladungsbilanz durch Ergänzen von Hydroxid-Ionen $OH^-$ in alkalischer Lösung

d) Ausgleichen der Teilchenbilanz durch eine entsprechende Anzahl von Wassermolekülen

Reduktion

$$\overset{VII}{Mn}\overset{-II}{O_4^-} \longrightarrow \overset{IV}{Mn}\overset{-II}{O_2}$$

$$MnO_4^- + 3\,e^- \longrightarrow MnO_2$$

$$MnO_4^- + 3\,e^- \longrightarrow MnO_2 + 4\,OH^-$$

$$\overset{VII}{Mn}\overset{-II}{O_4^-} + 3\,e^- + 2\,H_2O \longrightarrow \overset{IV}{Mn}\overset{-II}{O_2} + 4\,OH^-$$

Oxidation

$$\overset{II}{Mn^{2+}} \longrightarrow \overset{IV}{Mn}\overset{-II}{O_2}$$

$$Mn^{2+} \longrightarrow MnO_2 + 2\,e^-$$

$$Mn^{2+} + 4\,OH^- \longrightarrow MnO_2 + 2\,e^-$$

$$\overset{II}{Mn^{2+}} + 4\,OH^- \longrightarrow \overset{IV}{Mn}\overset{-II}{O_2} + 2\,e^- + 2\,H_2O$$

**3. Aufschreiben der Redoxgleichung**

a) Ausgleichen der Elektronenanzahl in beiden Gleichungen über das kleinste gemeinsame Vielfache, sodass gleich viele Elektronen aufgenommen wie abgegeben werden

b) Addition der Teilgleichungen zur Redoxreaktion. Die Anzahl der Elektronen ist dabei auf beiden Seiten gleich und lässt sich kürzen.

Reduktion:

$$MnO_4^- + 3\,e^- + 2\,H_2O \longrightarrow MnO_2 + 4\,OH^- \qquad |\cdot 2$$

Oxidation:

$$Mn^{2+} + 4\,OH^- \longrightarrow MnO_2 + 2\,e^- + 2\,H_2O \qquad |\cdot 3$$

Redoxreaktion:

$$2\,MnO_4^- + \cancel{6\,e^-} + \cancel{4\,H_2O} + 3\,Mn^{2+} + \cancel{12}\,4\,OH^- \longrightarrow 5\,MnO_2 + \cancel{8\,OH^-} + \cancel{6\,e^-} + \cancel{6}\,2\,H_2O$$

# Praktikum

## P Redoxreaktionen

### EXP 3.01 Fällung von Metallen

**Materialien** 16 Reagenzgläser, jeweils 4 Eisen-, Kupfer-, Silber- und Zinkbleche, Kupfer(II)-sulfatlösung (5, 7, 9), Eisen(II)-sulfatlösung (7), Zinksulfatlösung (5, 7, 9), Silbernitratlösung ($w$ < 10 %; 5, 9)

**Durchführung**

Verteilen Sie die Kupfer(II)-sulfatlösung auf vier verschiedene Reagenzgläser. Geben Sie dann in das erste Reagenzglas ein Stück des blank geschmirgelten Eisenblechs, in das zweite das Kupfer-, in das dritte das Silber- und in das vierte das Zinkblech. Wiederholen Sie die gesamte Durchführung mit den drei anderen Metallsalzlösungen.

*Entsorgung:* Lösungen in den Behälter für giftige anorganische Abfälle geben.

**Auswertung**

1) Fassen Sie Ihre Beobachtungen in einer geeigneten Tabelle zusammen.
2) Entwickeln Sie die Reaktionsgleichungen für die beobachteten Redoxreaktionen.
3) Ordnen Sie die Metalle hinsichtlich ihrer reduzierenden Wirkung.

### EXP 3.02 Redoxverhalten von Eisen-Ionen

**Materialien** 4 Reagenzgläser mit Stopfen, Brenner, Tropfpipette, Spatel, Eisenpulver (2), Zinkpulver (9), Eisen(II)-sulfat (7), Eisen(III)-chloridlösung ($w$ = 5 %; 5, 7), Kaliumiodidlösung ($w$ = 1 %), verdünnte Salzsäure ($w$ = 10 %; 5), Silbernitratlösung ($w$ < 10 %; 5, 9)

**Durchführung**

**a)** Geben Sie jeweils zu 3 ml der Eisen(III)-chloridlösung ein wenig Zinkpulver (Lösung I) bzw. 2 ml Kaliumiodidlösung (Lösung II). Schütteln Sie beide Lösungen.

**b)** Geben Sie zu einer frisch zubereiteten Eisen(II)-sulfatlösung einige Tropfen Silbernitrat und erwärmen Sie vorsichtig.

**c)** Geben Sie eine kleine Spatelspitze Eisenpulver in 5 ml Salzsäure. Fügen Sie nach dem Auflösen des Eisenpulvers einige Tropfen Silbernitratlösung hinzu und erwärmen Sie.

*Entsorgung:* Lösungen aus Versuch **a** in den Behälter für giftige anorganische Abfälle, restliche Lösungen in den Behälter für Silberabfälle geben.

**Auswertung**

1) Erklären Sie Ihre Beobachtungen und stellen Sie die zugehörigen Reaktionsgleichungen auf.
2) Ordnen Sie den beteiligten Stoffen in den Reaktionen jeweils die Begriffe Reduktions- bzw. Oxidationsmittel zu.

### EXP 3.03 Redoxreaktionen mit Kaliumpermanganat

**Materialien** 7 Reagenzgläser, Tropfpipetten, Spatel, Holzspan, Kaliumpermanganatlösung ($w$ = 5 %; 5, 9), Eisen(II)-sulfat (7), Kaliumiodid, Oxalsäure (5, 7), Wasserstoffperoxidlösung ($w$ = 3 %; 7), Natriumsulfitlösung ($w$ = 5 %), verdünnte Schwefelsäure ($w$ = 10 %; 5), verdünnte Natronlauge ($w$ = 10 %; 5)

**Durchführung**

**a)** Füllen Sie je 5 ml Kaliumpermanganatlösung in 4 Reagenzgläser und geben Sie jeweils 2 ml Schwefelsäure hinzu. Fügen Sie dann in das erste Reagenzglas eine Spatelspitze Eisen(II)-sulfat, in das zweite Reagenzglas eine Spatelspitze Kaliumiodid, in das dritte Reagenzglas eine Spatelspitze Oxalsäure und in das vierte Reagenzglas 1 ml Wasserstoffperoxidlösung. Führen Sie hier die Glimmspanprobe durch.

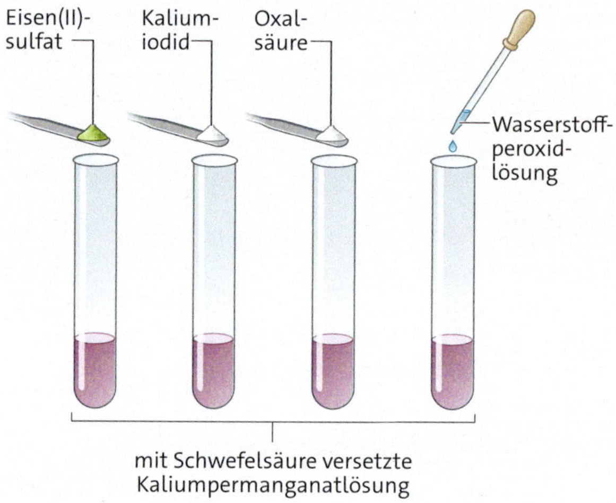


**b)** Füllen Sie je 5 ml Natriumsulfitlösung in 3 Reagenzgläser. Säuern Sie das erste Reagenzglas durch Zugabe von 2 bis 3 ml Schwefelsäure stark an, das zweite verbleibt neutral, in das dritte geben Sie einige Tropfen Natronlauge. Alle drei Lösungen werden dann mit 2 ml Kaliumpermanganatlösung versetzt.

*Entsorgung:* Lösungen in den Behälter für giftige anorganische Abfälle geben.

**Auswertung**

1) Erklären Sie die beobachteten Reaktionen in Versuch **a** und stellen Sie die zugehörige Redoxreaktion auf.
2) Diskutieren Sie die beobachtete Abhängigkeit vom pH-Wert in Versuch **b** und erklären Sie den Reaktionsablauf.

# Praktikum

## P Redoxtitration

### EXP 3.04 Manganometrie

**Materialien** Bürette, Erlenmeyerkolben, Messpipette, Eisen(II)-sulfatlösung (7), Kaliumpermanganatlösung ($c = 0{,}02\ \text{mol} \cdot \text{l}^{-1}$), Schwefelsäure ($w$ = 10 %; 5), dest. Wasser

**Durchführung** Legen Sie 10 ml der Eisen(II)-sulfatlösung mit der Messpipette im Erlenmeyerkolben vor. Geben Sie 5 ml Schwefelsäure hinzu und füllen Sie auf ca. 50 ml mit destilliertem Wasser auf.
Tropfen Sie unter ständigem Rühren so lange Kaliumpermanganatlösung aus der Bürette hinzu, bis ein Farbumschlag von farblos zu Blassrosa erreicht ist.
Notieren Sie den Verbrauch an Kaliumpermanganatlösung.
Wiederholen Sie die Durchführung zweimal.

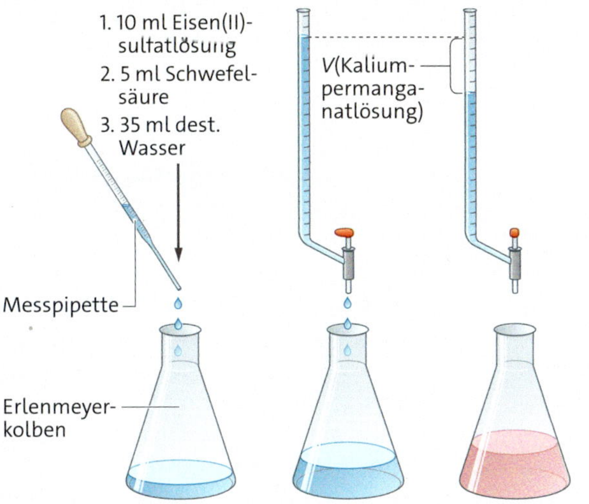


*Entsorgung:* Reste in den Behälter für saure und alkalische Abfälle geben.

**Auswertung**

1 〉 Erläutern Sie das Verfahren der Manganometrie. Begründen Sie, weshalb beim ersten Schritt der Manganometrie Schwefelsäure hinzugegeben werden muss.

2 〉 Stellen Sie die Redoxgleichung für die ablaufende Reaktion auf. Kennzeichnen Sie die beiden Redoxpaare.

3 〉 Berechnen Sie aus dem Verbrauch der Maßlösung die Stoffmengenkonzentration an Eisen(II)-Ionen in der Probelösung.

### EXP 3.05 Iodometrische Bestimmung von Vitamin C

**Materialien** Erlenmeyerkolben (250 ml), Messkolben (100 ml), Pipette (10 ml), Bürette (50 ml), Waage (Genauigkeit 0,1 g), Kaliumiodatlösung ($c = 0{,}033\ \text{mol} \cdot \text{l}^{-1}$), lösliche Stärke ($w$ = 1 %, in Wasser aufkochen), Schwefelsäure ($c = 2\ \text{mol} \cdot \text{l}^{-1}$; 5), Kaliumiodidlösung ($c = 2\ \text{mol} \cdot \text{l}^{-1}$), Sportgetränkepulver (z. B. Isostar), destilliertes Wasser

**Durchführung**

**a) Probetitration**
Füllen Sie in einen Erlenmeyerkolben 50 ml Wasser. Lösen Sie darin 0,6 g Ascorbinsäure. Geben Sie 3 ml Schwefelsäure, 1 ml Stärkelösung und 2 ml Kaliumiodidlösung hinzu. Für die Probetitration geben Sie so lange Kaliumiodatlösung unter ständigem Schwenken des Kolbens dazu, bis es zur dauerhaften Blaufärbung kommt. Notieren Sie das verbrauchte Volumen der Kaliumiodatlösung.
*Hinweis:* Kaliumiodidlösung wird zugegeben, um auch bei geringen Konzentrationen von Ascorbinsäure den Endpunkt der Titration erkennen zu können, weil die Bildung des Iod-Stärke-Komplexes eine Mindestkonzentration an Iod-Iodid-Komplexen erfordert.

**b) Titration einer unbekannten Lösung**
Wiegen Sie genau 5 g des Sportgetränkepulvers im Erlenmeyerkolben ein. Lösen Sie das Pulver danach in 25 ml destilliertem Wasser.
Anschließend geben Sie zu dieser Lösung 3 ml Schwefelsäure, 2 ml Stärkelösung und 2 ml Kaliumiodidlösung. Titrieren Sie unter ständigem Schwenken des Erlenmeyerkolbens bis zur Blaufärbung der Lösung. Wiederholen Sie die Titration zweimal und bilden Sie den Mittelwert.
*Entsorgung:* Lösungen ins Abwasser geben.

**Auswertung**

1 〉 Recherchieren Sie die Strukturformeln von Ascorbinsäure. Erläutern Sie anhand der Strukturformel, warum es sich bei der Ascorbinsäure um keine typische organische Säure handelt.

2 〉 Erklären Sie die Beobachtungen bei der Titration. Stellen Sie die Reaktionsgleichung auf.

3 〉 Zur Bestimmung der unbekannten Masse an Ascorbinsäure wird die folgende Formel verwendet:
$m = 17{,}6/1000 \cdot V(\text{Kaliumiodatlösung})$.
**a)** Überprüfen Sie die Masse an Ascorbinsäure aus der Probetitration anhand der angegebenen Formel.
**b)** Berechnen Sie die unbekannte Masse an Ascorbinsäure im Sportgetränkepulver.

# 3.3 Redoxtitration

**01** Durchführung einer Manganometrie

*Grundlagen der Säure-Base-Titration (↑ S. 54 f.)*

In einer wässrigen Lösung kann der Gehalt eines Stoffs, dessen Teilchen entweder als Reduktions- oder als Oxidationsmittel wirken, durch **Redoxtitration** bestimmt werden. Dazu wird z. B. die Lösung eines Reduktionsmittels unbekannter Konzentration (Probelösung) gegen eine Lösung, die ein Oxidationsmittel bekannter Konzentration (Maßlösung) enthält, titriert.
Durch den Einsatz spezieller Redoxmittel wie Permanganat-Ionen $MnO_4^-$ wird der Äquivalenzpunkt der Redoxtitration durch einen Farbumschlag angezeigt. Aus dem ermittelten Verbrauch und der bekannten Stoffmengenkonzentration der Maßlösung kann dann der unbekannte Gehalt in der Analysenlösung bestimmt werden.

**MANGANOMETRIE** Reduktionsmittel wie Eisen(II)-Ionen $Fe^{2+}$ oder Oxalat-Ionen $C_2O_4^{2-}$ lassen sich sehr gut durch **Manganometrie** bestimmen:

*Elektronenakzeptor = Oxidationsmittel*

*Elektronendonator = Reduktionsmittel*

In saurer Lösung sind Permanganat-Ionen $MnO_4^-$ starke Elektronenakzeptoren. Sie werden durch Elektronendonatoren zu Mangan(II)-Ionen $Mn^{2+}$ reduziert. Die violette Permanganatlösung wird beim Eintropfen in die Probelösung durch die Bildung von $Mn^{2+}$-Ionen entfärbt, da deren Lösung fast farblos ist. Das Ende der Titration kann daran erkannt werden, dass sich bei weiterer Zugabe von Permanganatlösung die Probelösung nicht mehr entfärbt.

| Ausgangsstoff | Reaktionsprodukte bei pH-Wert | | | | |
|---|---|---|---|---|---|
| | stark basisch | schwach basisch bis neutral | | | sauer |
| VII<br>$MnO_4^-$<br>(violett) | VI<br>$MnO_4^{2-}$<br>(grün) | V<br>$MnO_4^{3-}$<br>(blau) | IV<br>$MnO_2$<br>(braun) | III<br>$Mn^{3+}$<br>(rot) | II<br>$Mn^{2+}$<br>(rosa bis farblos) |

Da $H_3O^+$-Ionen zur Reduktion der Permanganat-Ionen notwendig sind, muss die Probelösung z. B. mit Schwefelsäure angesäuert werden.

*Beispiel:* Für die Bestimmung der Stoffmengenkonzentration an $Fe^{2+}$-Ionen wurden 100 ml einer angesäuerten Eisen(II)-sulfatlösung mit 30 ml einer Kaliumpermanganatlösung mit bekannter Konzentration ($c$ = 0,001 mol · l$^{-1}$) titriert (↑ Exp. 3.04, S. 77). Bei der Auswertung geht man wie folgt vor:

**1) Aufstellen der Reaktionsgleichung** (↑ Methode S. 75):
$MnO_4^- + 5\,Fe^{2+} + 8\,H_3O^+ \longrightarrow Mn^{2+} + 5\,Fe^{3+} + 12\,H_2O$

**2) Aufstellen des Stoffmengenverhältnisses**
$5 \cdot n(MnO_4^-) = n(Fe^{2+})$

**3) Stoffmenge $n$ ersetzen durch $n = c \cdot V$**
$[5 \cdot c(MnO_4^-) \cdot V(MnO_4^-)] = [c(Fe^{2+}) \cdot V(Fe^{2+})]$

**4) Umstellen der Gleichung nach $c(Fe^{2+})$**
$c(Fe^{2+}) = [5 \cdot c(MnO_4^-) \cdot V(MnO_4^-)] : V(Fe^{2+})$

**5) Berechnung der Stoffmengenkonzentration**
$c(Fe^{2+}) = [5 \cdot 0{,}001\ mol \cdot l^{-1} \cdot 30\ ml] : 100\ ml$
$= 0{,}0015\ mol \cdot l^{-1}$

In der Eisensulfatlösung ist eine Stoffmengenkonzentration von $c(Fe^{2+})$ = 0,0015 mol · l$^{-1}$ enthalten.

**IODOMETRIE** Das Redoxpaar $2\,I^-/I_2$ eignet sich sowohl zur Bestimmung von Reduktions- als auch von Oxidationsmitteln. Elementares Iod wird von Reduktionsmitteln reduziert, die leichter zur Elektronenabgabe neigen als die sich dabei bildenden Iodid-Ionen. Diese können deshalb bei der **Iodometrie** direkt mit einer Iod-Kaliumiodidlösung titriert werden. Iodmoleküle werden so lange zu Iodid-Ionen reduziert, wie noch Reduktionsmittel in der Probelösung vorhanden ist. Am *Äquivalenzpunkt* kann kein weiteres Iod umgesetzt werden. Das eingetropfte überschüssige Iod in der Probelösung wird durch Stärke als Indikator sichtbar gemacht. Es bildet mit Iod den tiefblauen Iod-Stärke-Komplex.

Um auch Elektronenakzeptoren wie Kupfer(II)-Ionen, die gegenüber dem Redoxpaar $2\,I^-/I_2$ als Oxidationsmittel wirken, mittels **Iodometrie** zu bestimmen, setzt man diese zunächst mit Kaliumiodid im Überschuss um. Dabei reagieren die $Cu^{2+}$-Ionen mit $I^-$-Ionen zu Kupfer(I)-iodid (CuI) und Iod. Durch die Oxidation der $I^-$-Ionen bildet sich eine der Stoffmenge der $Cu^{2+}$-Ionen äquivalente Stoffmenge an Iod.

## Schwefeln von Wein

**02** Hinweis auf dem Etikett eines Weins: „Enthält Sulfite“

Lebensmittel – insbesondere Trockenobst und Wein – werden schon seit Jahrhunderten durch Schwefeln konserviert. Früher wurde dazu Schwefel direkt im Weinfass verbrannt, damit das entstehende Schwefeldioxid ($SO_2$) sich im jungen Wein löst und darin schädliche Mikroorganismen tötet. Das wasserlösliche Gift kann ihre Zellmembran passieren, diese dabei schädigen und den Stoffwechsel der Mikroorganismen stören.
Heute weiß man, dass durch Schwefeln von Wein nicht nur dessen Haltbarkeit verlängert wird. Schwefeldioxid wirkt reduzierend und beugt daher der unerwünschten Oxidation von Bestandteilen des Weins durch Sauerstoff vor. Beim Lösevorgang gebildete schweflige Säure protolysiert zu Hydrogensulfit-Ionen, die mit Luftsauerstoff zu Sulfat-Ionen oxidiert werden können.

Bereits oxidierte Bestandteile des Weins können durch Schwefeldioxid auch wieder „zurück“reduziert werden.
Bei der alkoholischen Gärung entstehen als Nebenprodukte u. a. kleine Mengen an Aldehyden. So enthält junger Wein Ethanal, das neben Phenolen und Brenztraubensäure den von Weinkennern als störend empfundenen sogenannten Luftton verursacht. Durch Reaktion von Ethanal mit Schwefeldioxid entsteht geschmacksneutrale 1-Hydroxyethansulfonsäure.

$$CH_3\text{–}\overset{\text{I}}{C}HO + \overset{\text{IV}}{S}O_2 + H_2O \longrightarrow CH_3\text{–}\overset{\text{0}}{C}HOH\text{–}\overset{\text{V}}{S}O_3H$$

Ethanal 1-Hydroxyethansulfonsäure

Auch andere Aldehyde können auf ähnliche Weise gebunden werden. Diese Redoxreaktionen beeinflussen den Geschmack und den Geruch des Weins nachhaltig.
Da Schwefeldioxid auch für den Menschen schädlich ist, muss die Konzentration des Konservierungsmittels streng kontrolliert werden. Erlaubt sind für Weißweine bis zu $240\ mg \cdot l^{-1}$ und für Auslesen sogar bis zu $350\ mg \cdot l^{-1}$ Schwefeldioxid. Sofern ein Wein mehr als $10\ mg \cdot l^{-1}$ Schwefeldioxid enthält, muss er entsprechend gekennzeichnet werden. Heute erfolgt die Schwefelung durch Zusatz von schwefliger Säure ($H_2SO_3$), ihrer Salze oder Verbindungen, die Schwefeldioxid abspalten, z. B. Kaliumdisulfit ($K_2S_2O_5$).

**1 ›** Schlagen Sie ein Experiment vor, mit dem der Schwefeldioxidgehalt in einem Wein festgestellt werden kann. Entwickeln Sie eine mögliche Durchführung.

Aus jeweils zwei $Cu^{2+}$-Ionen entsteht ein $I_2$-Molekül, sodass die ursprüngliche Stoffmenge an $Cu^{2+}$-Ionen in der Lösung doppelt so groß ist wie die Stoffmenge des gebildeten $I_2$.
Die Stoffmenge des Iods wird durch Rücktitration mit Natriumthiosulfat ($Na_2S_2O_3$) bestimmt, wobei sich wieder Iodid-Ionen bilden.
Das Ende der Titration wird durch die Entfärbung der Lösung angezeigt, der zuvor etwas Stärke zugesetzt wurde. Aus der umgesetzten Stoffmenge der Thiosulfat-Ionen $S_2O_3^{2-}$ kann dann die Stoffmenge und damit die Konzentration der Kupfer(II)-Ionen in der Probe berechnet werden.

$$2\,Cu^{2+} + 4\,I^- \longrightarrow 2\,CuI + I_2 \qquad n(Cu^{2+}) = 2 \cdot n(I_2)$$

$$I_2 + 2\,S_2O_3^{2-} \longrightarrow 2\,I^- + S_4O_6^{2-} \qquad 2 \cdot n(I_2) = n(S_2O_3^{2-})$$

$$n(Cu^{2+}) = 2 \cdot n(I_2) = n(S_2O_3^{2-})$$

$$c(Cu^{2+}) = \frac{c(S_2O_3^{2-}) \cdot V(S_2O_3^{2-})}{V(\text{Probe})}$$

**1 ›** Nitrit-Ionen $NO_2^-$ werden in saurer Lösung von $MnO_4^-$-Ionen zu Nitrat-Ionen $NO_3^-$ oxidiert.
**a** Stellen Sie die Reaktionsgleichung für diese Redoxreaktion auf. Kennzeichnen Sie die korrespondierenden Redoxpaare.
**b** Erläutern Sie, wie sich die Konzentration der $NO_2^-$-Ionen mittels Manganometrie bestimmen lässt.

**2 ›** 10 ml einer Eisen(II)-sulfatlösung ($FeSO_4$) werden mit saurer Kaliumpermanganatlösung ($c(KMnO_4) = 0{,}1\ mol \cdot l^{-1}$) titriert. Bis zum Farbumschlag werden 6,0 ml Lösung verbraucht.
**a** Entwickeln Sie die Reaktionsgleichung für die Redoxreaktion. Kennzeichnen Sie die korrespondierenden Redoxpaare.
**b** Berechnen Sie die $Fe^{2+}$-Konzentration in der Analysenlösung.

**3 ›** Erläutern Sie das Prinzip der Iodometrie von Wasserstoffperoxid ($H_2O_2$) durch Rücktitration mit Natriumthiosulfat ($Na_2S_2O_3$) in einer mit Schwefelsäure versetzten Lösung.

# Klausurtraining

## Material A Iodiertes Speisesalz

A1.1 Auch Knabbergebäck enthält iodiertes Salz.

**Durchführung:**

40 g Speisesalz werden im Erlenmeyerkolben in 150 ml destilliertem Wasser gelöst, mit 10 ml Schwefelsäure ($c$ = 0,1 mol · $l^{-1}$) versetzt und unter Rühren 10 ml Kaliumiodidlösung (KI, $w$ = 5 %) zugesetzt. Danach wird die Probe mit Natriumthiosulfatlösung ($Na_2S_2O_3$, $c$ = 0,01 mol · $l^{-1}$) titriert, bis die Lösung nur noch schwach gelb ist. Nun gibt man einige Tropfen Stärkelösung dazu und titriert vorsichtig weiter, bis sich die blaue Lösung schlagartig entfärbt.

**Beobachtung:**

Bei der untersuchten Salzprobe wurden bis zur Entfärbung 2,9 ml $Na_2S_2O_3$-Lösung verbraucht.

A1.2 Auszug aus einem Versuchsprotokoll

In vielen Regionen Deutschlands enthalten die Ackerböden zu wenig Iod. Um sicherzustellen, dass die Menschen trotzdem ausreichende Mengen des Spurenelements mit der Nahrung zu sich nehmen, wird dem Speisesalz Iod meist in Form von Kaliumiodat ($KIO_3$) zugefügt. Iod ist für den Menschen essenziell. In der Schilddrüse werden mithilfe des Elements wichtige Hormone für den Stoffwechsel gebildet.
Allerdings sollte die Höchstmenge von 20 µg Iod pro Gramm Salz nicht überschritten werden, da auch bei diesem Spurenelement „die Dosis das Gift macht". Der Iodatgehalt des Salzes lässt sich redoxchemisch bestimmen. Die Redoxtitration beruht darauf, dass Iodat-Ionen ($IO_3^-$) in saurer Lösung mit Iodid-Ionen ($I^-$) zu Iodmolekülen ($I_2$) reagieren. Bei dieser sogenannten **Komproportionierung** werden die Iodat-Ionen reduziert und Iodid-Ionen oxidiert.

### AUFGABEN ZU A

**1)** Erläutern Sie das experimentelle Vorgehen bei der Bestimmung des Iodgehalts mithilfe von Natriumthiosulfat. Gehen Sie dabei auf die Funktion der eingesetzen Chemikalien ein (↑ A1.2).

**2)** Entwickeln Sie die Redoxgleichungen für:
**a** Komproportionierung von Iodat-Ionen mit Iodid-Ionen in saurer Lösung,
**b** Titration von Iod mit Natriumthiosulfatlösung.

**3)** **a** Berechnen Sie den Iodatgehalt der untersuchten Probe. Entscheiden Sie, ob der Iodgehalt des Salzes unterhalb der zulässigen Höchstmenge von 20 µg · $g^{-1}$ liegt.
**b** Diskutieren Sie, ob es grundsätzlich sinnvoll ist, iodiertes Salz zum Würzen von Lebensmitteln zu verwenden.

## Material B Risiko Bleichmittel

### Feuerwehr warnt vor Nutzung von Bleichmitteln

**Berlin** | Immer wieder kommt es bei der Verwendung von Bleichmitteln im Haushalt zu Unfällen mit schweren Verletzungen oder tödlichem Ausgang. „Leider unterschätzen die Leute die potenziellen Gefahren beim Umgang mit Bleichmitteln", berichtet ein Feuerwehrmann. Viele Bleichmittel enthalten Natriumhypochlorit. Die Substanz setzt in Kombination mit sauren Reinigern ätzende und giftige Dämpfe frei. Das tückische Gas verursacht beim Einatmen schwere Schäden in den Lungen und führt zu Bewusstlosigkeit und Tod. „Auf keinen Fall darf man das Bleichmittel in Kombination mit anderen Mitteln verwenden", rät daher die Feuerwehr. „Noch besser ist es aber, auf solche Mittel ganz zu verzichten." Denn meistens kommt jede Hilfe zu spät.

B1.1 Zeitungsartikel über die Gefahren von Bleichmitteln

Die Bleichwirkung von Natriumhypochlorit (NaOCl) beruht darauf, dass es in wässriger Lösung zu hypochloriger Säure (HOCl) umgesetzt wird, die unter Freisetzung von „aktivem" Sauerstoff zu Chlorid-Ionen und Wasser zerfällt. In saurer Lösung reagieren die Chlorid-Ionen mit den Hypochlorit-Ionen ($OCl^-$) und bilden ein giftiges, ätzendes, grünliches Gas.

### AUFGABEN ZU B

**1)** **a** Entwickeln Sie die Reaktionsgleichungen für die Bildung von „aktivem" Sauerstoff aus Natriumhypochlorit in wässriger Lösung.
**b** Beschreiben Sie, wie man Natriumhypochlorit experimentell nachweisen könnte.

**2)** Zeigen Sie anhand von Oxidationszahlen, dass es sich bei der Bildung des „tückischen" Gases, vor dem die Feuerwehr warnt, um eine Redoxreaktion handelt. Entwickeln Sie die Teilgleichungen für Oxidation und Reduktion.

## **Material C** Analoge Fotografie

Auch wenn heutzutage fast überall nur noch digital fotografiert wird, ist die analoge Schwarz-Weiß-Fotografie unter professionellen Fotografen weiterhin beliebt.
Bei einer analogen Kamera wird das Bild auf einem Film erzeugt. Dieser besteht aus einem Kunststoff, auf dem sich eine Gelatineschicht befindet. In der Gelatine sind viele sehr kleine Silberbromid-Kristalle eingelagert. Beim Belichten des Films bilden sich in den Silberbromid-Kristallen durch die Energie des Lichts submikroskopische Silberkeime. So entsteht auf dem belichteten Teil des Films ein nicht sichtbares Abbild des fotografierten Objekts.
Zum Entwickeln des Bilds wird der Film in der Dunkelkammer in eine wässrige Lösung gelegt, die u. a. Hydrochinon-Anionen enthält. Dabei werden die Silberbromid-Kristalle mit einem Silberkeim vollständig zu Silber umgesetzt. Ein sichtbares Negativbild entsteht. Im Anschluss wird dieses in einem sogenannten Fixierbad behandelt, um die verbliebenen unbelichteten Silberbromid-Kristalle aus dem Film herauszuspülen. Um daraus das eigentliche Foto (das Positiv) zu erzeugen, wird mit dem Negativ ein Fotopapier, das genauso aufgebaut ist wie der Film, belichtet und entwickelt.

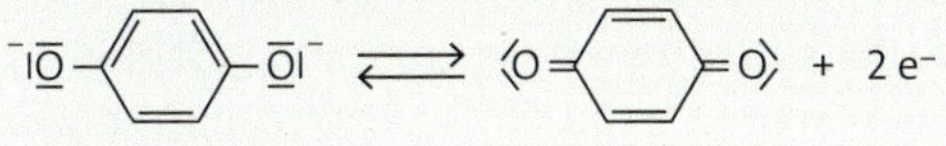

**C1.1** Hydrochinon-Anion und 1,4-Benzochinon als korrespondierendes Redoxpaar

**C1.2** Negativ- und Positivbild

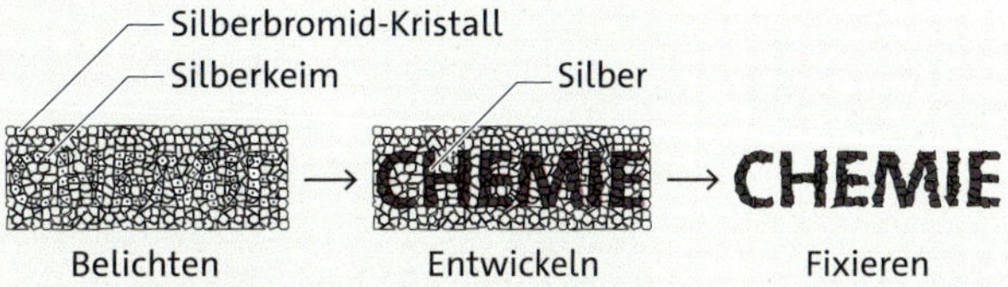


**C1.3** Von der Belichtung zum Negativ

**AUFGABEN ZU C**

**1)** **a** Begründen Sie die Notwendigkeit des Entwickelns beim fotografischen Prozess.
**b** Stellen Sie die dazugehörige Redoxreaktion auf.

**2)** Begründen Sie, warum Silbernitratlösung in braunen Glasflaschen aufbewahrt werden muss.

**3)** Schlecht gewässerte ältere Fotos werden oft gelblich. Formulieren Sie eine Hypothese für diese Erscheinung.

## **Material D** Nitrate in Lebensmitteln

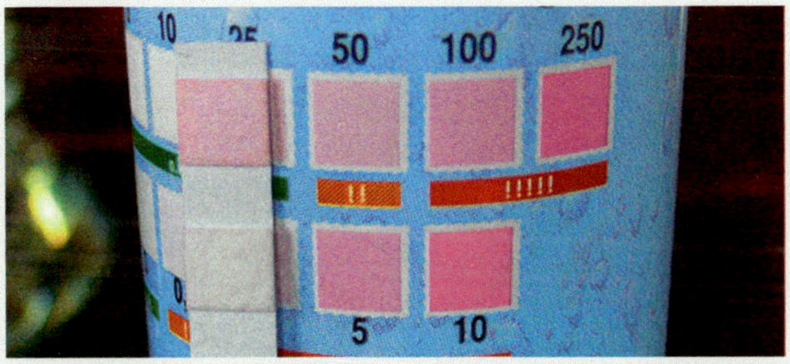


**D1.1** Nitratteststreifen mit zwei Testfeldern

Nitrate entstehen durch enzymatische Umwandlung von Ammoniumverbindungen im Boden. Bestimmte Bakterien oxidieren Ammonium-Ionen ($NH_4^+$) mit Sauerstoff zunächst zu Nitrit-Ionen ($NO_2^-$), die dann von anderen Bakterien zu Nitrat-Ionen ($NO_3^-$) umgewandelt werden. Nitrate sind aber auch in Düngemitteln enthalten, die ins Trinkwasser und in Nahrungsmittel gelangen können. Im Organismus werden Nitrate bei der Verdauung zu Nitriten umgewandelt, die zur Bildung von krebserregenden Nitrosaminen beitragen können. Zudem stören sie die Sauerstoffaufnahme im Blut.

Mit Nitratteststreifen lässt sich der Nitratgehalt von Lebensmitteln und Trinkwasser quantitativ bestimmen. Nitrat-Ionen werden mithilfe eines Reduktionsmittels zu Nitrit-Ionen reduziert, die dann in saurer Lösung Salpetrige Säure bilden. Durch Reaktion mit Sulfanilsäure bilden sie einen rotvioletten Farbstoff. Je höher die Konzentration der Nitrat-Ionen ist, desto intensiver wird das Testfeld gefärbt. Die Teststreifen haben noch ein zweites Testfeld, das identisch aufgebaut ist, aber kein Reduktionsmittel enthält (↑ **D1.1**).

**AUFGABEN ZU D**

**1)** **a** Zeichnen Sie die Lewis-Formeln des $NH_4^+$-, $NO_2^-$- und $NO_3^-$-Ions. Bestimmen Sie die Oxidationszahlen.
**b** Entwickeln Sie die Redoxgleichungen für die Bildung von $NO_2^-$- und $NO_3^-$-Ionen aus $NH_4^+$-Ionen.

**2)** **a** Benennen Sie die Verbindung, die mit dem unteren Testfeld nachgewiesen wird.
**b** Begründen Sie die Notwendigkeit des unteren Testfelds, um den Nitratgehalt einer Lebensmittelprobe sicher zu bestimmen.

# 3.4 Das Batterieprinzip

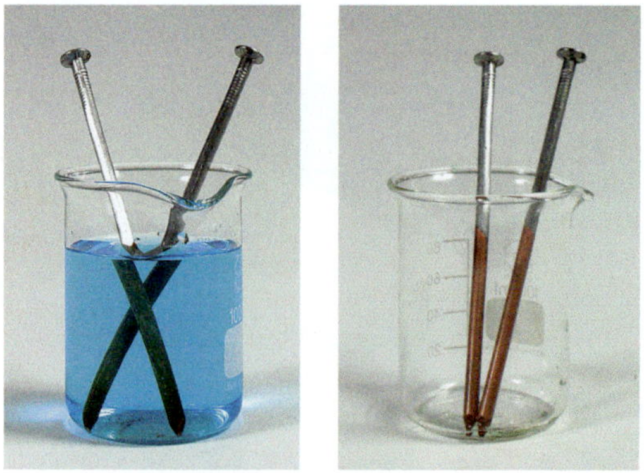

01 Reaktion von Eisen mit Kupfer(II)-sulfatlösung

**FREIWILLIGE REDOXREAKTION** Taucht man einen Eisennagel in eine Kupfer(II)-sulfatlösung, so scheidet sich Kupfer am Nagel ab. Im Verlauf dieser Redoxreaktion werden Elektronen von Eisenatomen auf Kupfer-Ionen übertragen. Der Elektronenübergang findet unmittelbar an der Eisenoberfläche statt.

$$Fe(s) + Cu^{2+}(aq) \longrightarrow Fe^{2+}(aq) + Cu(s)$$

Führt man den Versuch umgekehrt durch und taucht ein Kupferblech in eine Eisensulfatlösung, findet keine Reaktion statt. Der Vorgang verläuft nur in eine Richtung freiwillig, weil Eisen ein unedleres Metall ist als Kupfer. Eisenatome haben ein größeres Bestreben, ihre Elektronen abzugeben, als Kupferatome, sie können daher durch Elektronenabgabe die Kupfer-Ionen reduzieren und werden selbst zu Eisen-Ionen oxidiert.

**DANIELL-ELEMENT** Die Frage, wie der Elektronenübergang bei Redoxreaktionen in wässrigen Lösungen als elektrischer Strom nutzbar gemacht werden kann, beschäftigte die Chemie schon seit Langem. Bereits 1836 entwickelte JOHN FREDERIC DANIELL eine **Batterie**, die einen stabilen Stromfluss für einen elektrischen Verbraucher liefert.

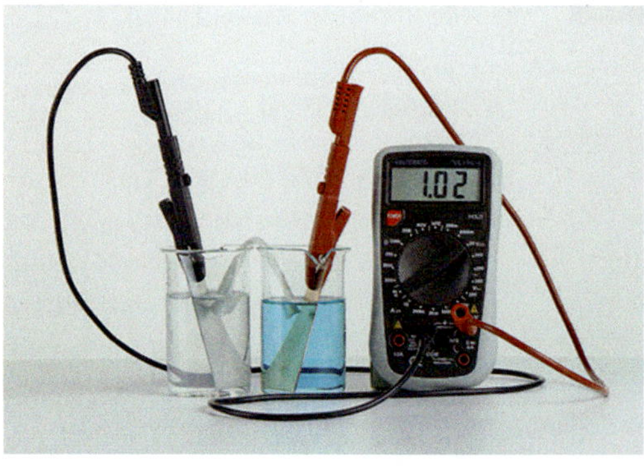


02 Daniell-Element

Im **Daniell-Element** taucht das Kupferblech in die Kupfer(II)-sulfatlösung und das Zinkblech in die Zinksulfatlösung ein (↑ **02**). Beide Lösungen müssen durch eine poröse Tonwand, das **Diaphragma**, räumlich voneinander getrennt sein. So wird verhindert, dass sie sich vermischen und Kupfer-Ionen direkt in Kontakt mit dem Zinkblech kommen. Wenn man die Bleche leitend verbindet, kann ein kleiner Elektromotor mit dem Daniell-Element betrieben werden (↑ Exp. 3.06).

Im Daniell-Element laufen Oxidation und Reduktion räumlich getrennt voneinander ab: Am Zinkblech geben Zinkatome jeweils zwei Elektronen ab und werden zu Zink-Ionen oxidiert. Durch die leitende Verbindung wandern die Elektronen zur Oberfläche des Kupferblechs. Kupfer-Ionen aus der Kupfer(II)-sulfatlösung nehmen diese auf und werden zu Kupferatomen reduziert, die sich auf dem Blech ablagern.

Das Diaphragma ist eine für bestimmte Ionen durchlässige Membran. So können Sulfat-Ionen aus der Kupfer(II)-sulfatlösung in die Zinksulfatlösung wandern. Der elektrische Stromkreis wird geschlossen und ein Ladungsausgleich zwischen den Lösungen ermöglicht.
Aber wie entsteht die kleine elektrische Spannung zwischen den beiden Blechen, die ausreicht, um den Elektromotor zu betreiben?

**ELEKTROCHEMISCHE DOPPELSCHICHT** Beim Eintauchen des Zinkblechs in die Zinksulfatlösung treten die Zinkatome an der Oberfläche des Metalls mit polaren Wassermolekülen in Wechselwirkung. Dabei lösen sich einzelne positiv geladene Zink-Ionen aus der Metalloberfläche und wandern in die Lösung, während negativ geladene Elektronen zurückbleiben. Das Blech lädt sich negativ auf. Die Zinksulfatlösung wird durch die zusätzlichen hydratisierten Zink-Ionen positiv aufgeladen. Aufgrund dieser Ladungstrennung zwischen den Elektronen und den Zink-Ionen entsteht an der Phasengrenze zwischen Zinkblech und Lösung ein elektrisches Potenzial (↑ **03**).
Umgekehrt übt die zunehmend negative Aufladung des Zinkblechs eine immer stärkere Anziehung auf die in der Lösung befindlichen Zink-Ionen aus. Diese scheiden sich auch wieder auf der Metalloberfläche ab. Es kommt zur Ausbildung eines **dynamischen Gleichgewichts:**

$$Zn(s) \rightleftarrows Zn^{2+}(aq) + 2\,e^-$$

Im Gleichgewicht gehen genauso viele Zink-Ionen in Lösung, wie sich aus der Lösung auf der Zinkoberfläche abscheiden. Zwischen der Zinkoberfläche und der Lösung entsteht eine **elektrochemische Doppelschicht** (↑ 03).

Die Fähigkeit eines Metalls, in wässriger Lösung Ionen zu bilden, hängt von der Energiebilanz bei der Bildung hydratisierter Metall-Ionen ab und ist für jedes Metall charakteristisch. Je edler ein Metall ist, desto geringer ist sein Lösungsdruck ausgeprägt.

**BATTERIEPRINZIP** Mithilfe der elektrochemischen Doppelschicht lässt sich erklären, warum das Daniell-Element einen Stromfluss liefert. Hier ist Kupfer ein edleres Metall als Zink. Das Kupferblech in der Kupfer(II)-sulfatlösung lädt sich daher nicht so stark negativ auf, da weniger Ionen in Lösung gehen und auch weniger Elektronen auf der Metalloberfläche zurückbleiben – das elektrische Potenzial der elektrochemischen Doppelschicht ist geringer. Werden beide Bleche leitend verbunden, können die Elektronen vom Zinkblech, dem Minuspol, zum Kupferblech, dem Pluspol, fließen (↑ 04). Diese unterschiedlichen elektrischen Potenziale ergeben eine messbare elektrische Spannung. Für das Daniell-Element misst man eine elektrische Spannung, auch **Zellspannung** ***U*** genannt, von 1,1 Volt.
Auf diesem Grundprinzip beruhen alle bekannten Batterien. Das Daniell-Element liefert so lange Strom, bis sich alle Kupfer-Ionen auf dem Kupferblech abgeschieden haben oder sich das Zinkblech vollständig aufgelöst hat.

Oxidation: $Zn(s) \longrightarrow Zn^{2+}(aq) + 2\,e^-$ (Minuspol)
Reduktion: $Cu^{2+}(aq) + 2\,e^- \longrightarrow Cu(s)$ (Pluspol)

**Redoxreaktion:** $Zn(s) + Cu^{2+}(aq) \longrightarrow Zn^{2+}(aq) + Cu(s)$

**Das Daniell-Element ist eine Batterie, in der chemische Energie in einer freiwilligen Redoxreaktion in elektrische Energie umgewandelt wird. Für einen elektrischen Stromfluss müssen Oxidation und Reduktion räumlich getrennt ablaufen.**

1 › Erklären Sie, warum sich beim Eintauchen eines Kupferblechs in eine Kupfer(II)-sulfatlösung eine elektrochemische Doppelschicht ausbildet.

2 › Erläutern Sie den Aufbau und die elektrochemischen Vorgänge in einer galvanischen Zelle, die aus einer Zink- und einer Silberhalbzelle besteht.

**P** EXP 3.06 **Daniell-Element** 7 9

**Materialien** Becherglas, Kupferblech, Zinkblech, Tonzylinder, Spannungsmessgerät, Elektromotor, Kupfer(II)-sulfatlösung ($c$ = 1 mol · $l^{-1}$; 7, 9) und Zinksulfatlösung ($c$ = 1 mol · $l^{-1}$; 7, 9)

**Durchführung** In das Becherglas mit Tonzylinder wird innen Kupfer(II)-sulfatlösung und außen Zinksulfatlösung gefüllt, sodass beide Flüssigkeitsspiegel gleich hoch sind. Das in die Kupfer(II)-sulfatlösung tauchende Kupferblech wird mit dem Minuspol, das Zinkblech in der Zinksulfatlösung mit dem Pluspol eines Spannungsmessgeräts verbunden und die Spannung gemessen. Bauen Sie anschließend einen kleinen Elektromotor in den Stromkreis ein und messen Sie erneut die Spannung.
*Entsorgung:* Lösungen in den Behälter für giftige anorganische Abfälle geben.

**Auswertung** Erläutern Sie die elektrochemischen Vorgänge im Daniell-Element.

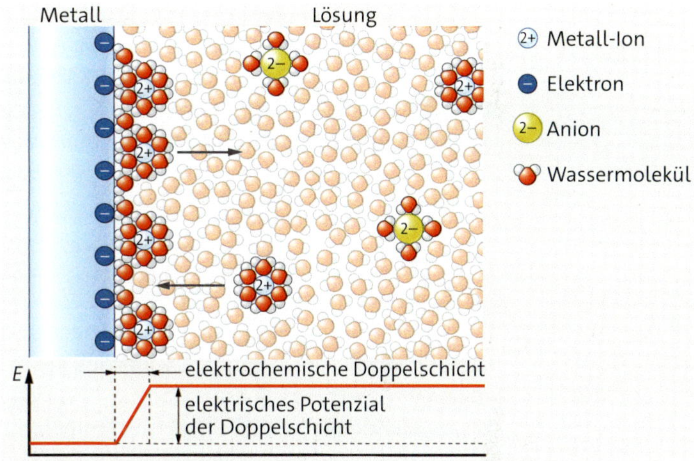


**03** Elektrochemische Doppelschicht

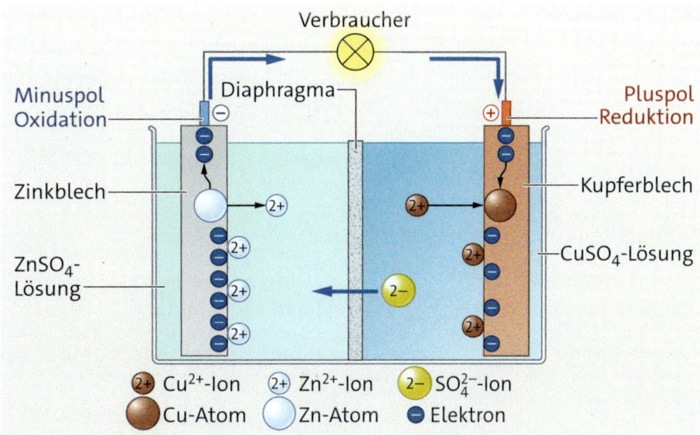


**04** Vorgänge im Daniell-Element

# 3.5 Die elektrochemische Spannungsreihe

**GALVANISCHE ZELLEN** Eine Anordnung wie beim Daniell-Element wird **galvanische Zelle** oder auch **galvanisches Element** genannt.

Prinzipiell besteht jede galvanische Zelle aus zwei **Halbzellen** oder **Elektroden**. Beim Daniell-Element bildet das Kupferblech in der Kupfer(II)-sulfatlösung die eine Halbzelle, die andere ist das Zinkblech in der Zinksulfatlösung. Die Salzlösungen werden als **Elektrolyte** bezeichnet, da die in ihnen gelösten Ionen die elektrische Leitfähigkeit ermöglichen.

*Bei der Elektrolyse findet am Minuspol die Reduktion und am Pluspol die Oxidation statt. Die Anode ist daher der Pluspol und die Kathode der Minuspol (↑ S. 103).*

Die Halbzelle, an der die Oxidation erfolgt, die **Donatorhalbzelle**, wird auch als **Anode** bezeichnet. Sie bildet in galvanischen Zellen den **Minuspol**. Dagegen findet an der **Kathode**, der **Akzeptorhalbzelle**, immer die Reduktion statt, sodass sie in galvanischen Zellen den **Pluspol** bildet. Die Bezeichnung der Elektroden als Anode oder Kathode ergibt sich nicht aus ihrer Ladung, sondern aus der Art der dort ablaufenden Teilreaktion (↑ **01**).

Eine galvanische Zelle wie das Daniell-Element wird üblicherweise durch eine Kurzschreibweise dargestellt. Dabei wird das Redoxpaar der Donatorhalbzelle (Oxidation/Anode) immer links und das Redoxpaar der Akzeptorhalbzelle (Reduktion/Kathode) rechts geschrieben. Da die Spannung der galvanischen Zelle auch von der Stoffmengenkonzentration der Ionen abhängt, wird diese zusätzlich angegeben.

$$\underbrace{Zn/Zn^{2+}\ (c = 1\ mol \cdot l^{-1})}_{\text{Donatorhalbzelle}}\ //\ \underbrace{Cu^{2+}(c = 1\ mol \cdot l^{-1})/Cu}_{\text{Akzeptorhalbzelle}}$$

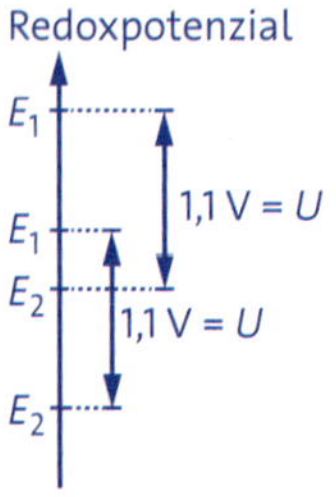


*Ohne Bezugspunkt lassen sich keine Werte für die Redoxpotenziale festlegen.*

**REDOXPOTENZIAL** Das durch die Bildung der elektrochemischen Doppelschicht entstehende elektrische Potenzial einer Halbzelle wird auch **Redoxpotenzial** $E$ genannt. Es ist für die Halbzelle spezifisch und hängt außerdem von der Temperatur, der Stoffmengenkonzentration der Salzlösung und bei Gasen zusätzlich auch vom Druck ab.

Dieses Redoxpotenzial ist nicht direkt messbar. Messbar ist nur die elektrische Spannung zweier zu einer galvanischen Zelle leitend verbundener Halbzellen. Die Zellspannung $U$ ergibt sich dabei aus der Differenz der Redoxpotenziale der Halbzellen.

$$U = E(\text{Akzeptorhalbzelle}) - E(\text{Donatorhalbzelle})$$

| Bestandteile eines galvanischen Elements | |
|---|---|
| Donatorhalbzelle (Elektronendonator) | Akzeptorhalbzelle (Elektronenakzeptor) |
| Anode (Ort der Oxidation) | Kathode (Ort der Reduktion) |
| Minuspol | Pluspol |

**01** Synonyme Begriffe für die Halbzellen in einem galvanischen Element

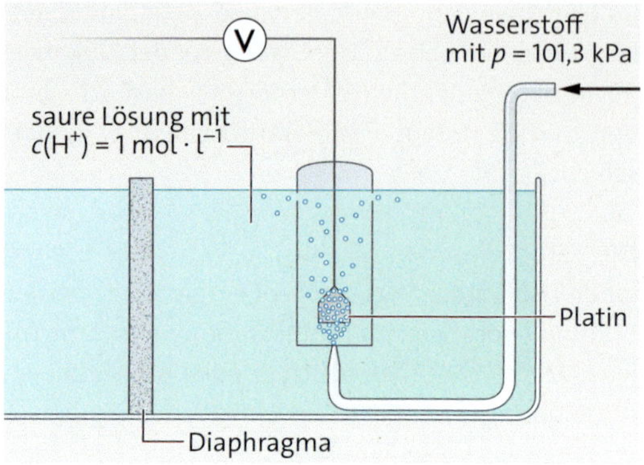


**02** Modell der Standardwasserstoffhalbzelle

**STANDARDWASSERSTOFFHALBZELLE** Um Werte für die Redoxpotenziale angeben zu können, benötigt man einen Bezugspunkt. Prinzipiell eignet sich dazu jede beliebige Halbzelle unter genau definierten Bedingungen, deren Redoxpotenzial willkürlich festgelegt wird.

Nach einem Vorschlag von WALTHER NERNST dient die **Standardwasserstoffhalbzelle** als Bezugshalbzelle. Darin taucht eine spezielle Platinelektrode in eine saure Lösung mit $c(H^+) = 1\ mol \cdot l^{-1}$ und wird bei **Standardbedingungen** ($\vartheta = 25\ °C$, $p = 101{,}3\ kPa$) von Wasserstoffgas umspült (↑ **02**).

Dabei werden die $H_3O^+$-Ionen vereinfacht als $H^+$-Ionen betrachtet. Das Redoxpotenzial $E(H_2/2\ H^+)$ der Standardwasserstoffhalbzelle ist auf exakt 0 Volt festgelegt.

Das Redoxpotenzial $E$ einer beliebigen Halbzelle entspricht dadurch der gemessenen Spannung der galvanischen Zelle aus der Standardwasserstoffhalbzelle und der betrachteten Halbzelle.

**ELEKTROCHEMISCHE SPANNUNGSREIHE** Die so erhaltenen Werte werden als **Standardredoxpotenziale bzw. Standardpotenziale $E^0$** bezeichnet, Einheit: Volt (V). Die Standardpotenziale von Redoxpaaren, die gegenüber Wasserstoff als Elektronendonator (Reduktionsmittel) fungieren, also in einem galvanischen Element gegenüber der Standardwasserstoffhalbzelle den Minuspol darstellen, erhalten ein Minus als Vorzeichen. Die Redoxpotenziale von Redoxpaaren, die als Elektronenakzeptor (Oxidationsmittel) wirken, erhalten ein positives Vorzeichen. Die Werte sind in der **elektrochemischen Spannungsreihe** tabelliert (↑ **04**). Mithilfe der Standardpotenziale kann die bekannte Zellspannung $U$ für das Daniell-Element rechnerisch überprüft werden (↑ Methode S. 86).

$$U = E(Cu/Cu^{2+}) - E(Zn/Zn^{2+}) = 1{,}1\ V$$

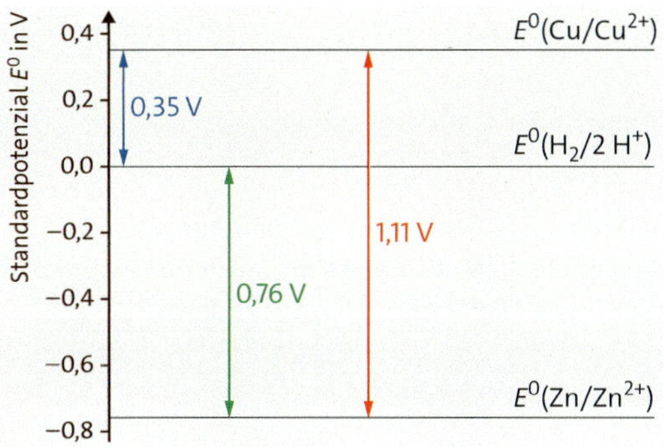


**03** Zellspannung des Daniell-Elements

Mithilfe der elektrochemischen Spannungsreihe lässt sich auch die Richtung einer Redoxreaktion vorhersagen: Das Redoxpaar mit dem geringeren Standardpotenzial stellt in einer Redoxreaktion immer den Elektronendonator. Es ist das stärkere Reduktionsmittel.

Da das Redoxpaar $H_2/2\,H^+$ in der Spannungsreihe eine mittlere Stellung einnimmt, können nur solche Metalle mit sauren Lösungen reagieren, die ein negatives Standardpotenzial haben. Ihre Metallatome Me können gegenüber $H^+$-Ionen als Elektronendonator fungieren.

$$Me(s) + 2\,H^+(aq) \longrightarrow Me^{2+}(aq) + H_2(g)$$

**MESSUNG VON REDOXPOTENZIALEN** Die experimentelle Bestimmung der Redoxpotenziale muss stromlos erfolgen, da ansonsten das elektrochemische Gleichgewicht gestört und die Zellspannung verfälscht werden kann.

Statt der Standardwasserstoffhalbzelle wird in der Praxis häufig als **Bezugshalbzelle** die Silber/Silberchloridhalbzelle (Ag/AgCl; ↑ S. 90) verwendet. Ihr Redoxpotenzial ist weitgehend unabhängig von den Messbedingungen, sodass genaue und reproduzierbare Werte erhalten werden.

Handelt es sich um ein nichtmetallisches Redoxpaar, benötigt man eine **Ableitelektrode** zur Ableitung der Elektronen. Dazu kann eine Platin- oder eine Graphitelektrode verwendet werden, die durch die Elektrodenreaktion nicht angegriffen wird. So wird das Standardpotenzial des Redoxpaars $2\,Cl^-/Cl_2$ gemessen, indem eine von Chlor bei $p$ = 101,3 kPa umspülte Platinelektrode in einen Elektrolyten mit Chlorid-Ionen von $c(Cl^-)$ = 1 mol · $l^{-1}$ eintaucht.

**Mithilfe der Standardredoxpotenziale $E^0$ lässt sich die Spannung einer galvanischen Zelle berechnen sowie die Richtung möglicher Redoxreaktionen vorhersagen.**

| Donator | | Akzeptor + $z\,e^-$ | Standardpotenzial $E^0$ in V |
|---|---|---|---|
| Li | ⇌ | $Li^+ + e^-$ | −3,04 |
| Mg | ⇌ | $Mg^{2+} + 2\,e^-$ | −2,36 |
| Al | ⇌ | $Al^{3+} + 3\,e^-$ | −1,66 |
| Zn | ⇌ | $Zn^{2+} + 2\,e^-$ | −0,76 |
| Fe | ⇌ | $Fe^{2+} + 2\,e^-$ | −0,41 |
| Ni | ⇌ | $Ni^{2+} + 2\,e^-$ | −0,23 |
| Pb | ⇌ | $Pb^{2} + 2\,e^-$ | −0,13 |
| $H_2(g)$ | ⇌ | $2\,H^+ + 2\,e^-$ | 0 |
| Cu | ⇌ | $Cu^{2+} + 2\,e^-$ | 0,35 |
| $2\,I^-$ | ⇌ | $I_2(s) + 2\,e^-$ | 0,54 |
| Ag | ⇌ | $Ag^+ + e^-$ | 0,80 |
| $2\,Br^-$ | ⇌ | $Br_2(l) + 2\,e^-$ | 1,07 |
| Pt | ⇌ | $Pt^{2+} + 2\,e^-$ | 1,20 |
| $2\,H_2O(l)$ | ⇌ | $O_2(g) + 4\,H^+ + 4\,e^-$ | 1,23 |
| $2\,Cl^-$ | ⇌ | $Cl_2(g) + 2\,e^-$ | 1,36 |
| Au | ⇌ | $Au^{3+} + 3\,e^-$ | 1,50 |
| $2\,F^-$ | ⇌ | $F_2(g) + 2\,e^-$ | 2,87 |

Zunehmende reduzierende Wirkung (↑)
Zunehmende oxidierende Wirkung (↓)

**04** Standardpotenziale ausgewählter Redoxpaare

**1 ›** Definieren Sie die Begriffe galvanische Zelle, Donator- und Akzeptorhalbzelle. Finden Sie zu jedem Begriff ein Synonym.

**2 ›** **a** Skizzieren Sie den Aufbau einer galvanischen Zelle aus einer Eisen- und einer Wasserstoffhalbzelle. Ordnen Sie den Pluspol und den Minuspol begründet zu.
**b** Formulieren Sie die Teilgleichungen für die Reaktionen in den Halbzellen sowie die Gleichung für die Redoxreaktion. Geben Sie an, welche Spannung diese galvanische Zelle unter Standardbedingungen liefert.

**3 ›** Definieren Sie den Begriff Standardredoxpotenzial. Geben Sie an, welche Synonyme dafür noch gebräuchlich sind.

**4 ›** Die galvanische Zelle mit dem Symbol $Sn/Sn^{2+}$ ($c$ = 1 mol · $l^{-1}$) // $Cu^{2+}$ ($c$ = 1 mol · $l^{-1}$)/Cu liefert unter Standardbedingungen eine Spannung von 0,49 V. Ordnen Sie das Redoxpaar $Sn/Sn^{2+}$ in die elektrochemische Spannungsreihe ein.

**5 ›** Beschreiben Sie, wie sich das Standardredoxpotenzial einer Bromhalbzelle experimentell bestimmen lässt.

## M Berechnen der Standardzellspannung

**AUFGABE** Berechnen Sie die Spannung einer galvanischen Zelle, in der Kupfer unter Standardbedingungen in saurer Lösung (pH = 0) durch Sauerstoff oxidiert wird.

Die Zellspannung ist die **Differenz der Redoxpotenziale** der beiden an der Zellreaktion beteiligten Redoxpaare. Dabei wird per Definition das Redoxpotenzial der Donatorhalbzelle (Oxidation) vom Redoxpotenzial der Akzeptorhalbzelle (Reduktion) abgezogen:

**$U = E$(Akzeptorhalbzelle) – $E$(Donatorhalbzelle)**
**$U = E$(Reduktion) – $E$(Oxidation)**

1. **Ermitteln der beteiligten Redoxpaare:** Die beteiligten Redoxpaare können aus der elektrochemischen Spannungsreihe oder aus entsprechenden Tabellen ermittelt werden. Das Redoxpaar mit dem höheren Standardpotenzial stellt den Elektronenakzeptor: $O_2$-Moleküle werden zu Oxid-Ionen und damit in saurer Lösung zu $H_2O$-Molekülen reduziert. Redoxpaar 1: $H_2O/O_2$
   Das Redoxpaar mit dem geringeren Standardpotenzial stellt den Elektronendonator: Cu-Atome werden zu $Cu^{2+}$-Ionen oxidiert. Redoxpaar 2: $Cu/Cu^{2+}$

2. **Entwickeln der Redoxreaktion:** Formulieren Sie zuerst die Reaktionsgleichungen für die Teilreaktionen Oxidation (Donatorhalbzelle) und Reduktion (Akzeptorhalbzelle). Fassen Sie diese zu einer Gesamtreaktion – der **Zellreaktion** – zusammen.

| | | |
|---|---|---|
| Oxidation (–): | $2\,Cu$ | $\longrightarrow 2\,Cu^{2+} + 4\,e^-$ |
| Reduktion (+): | $O_2 + 4\,H^+ + 4\,e^-$ | $\longrightarrow 2\,H_2O$ |
| Zellreaktion: | $O_2 + 4\,H^+ + 2\,Cu$ | $\longrightarrow 2\,H_2O + 2\,Cu^{2+}$ |

3. **Berechnen der Zellspannung:** Die Zellspannung $U$ entspricht der Differenz der Redoxpotenziale der Teilreaktionen Reduktion und Oxidation. Unter Standardbedingungen können die Standardpotenziale der Redoxpaare in die Gleichung eingesetzt werden.

   $U = E^0(\text{Reduktion}) - E^0(\text{Oxidation})$
   $U = E^0(H_2O/O_2) - E^0(Cu/Cu^{2+})$
   $E^0(H_2O/O_2) = 1{,}23\,V$
   $E^0(Cu/Cu^{2+}) = 0{,}35\,V$
   $U = 1{,}23\,V - 0{,}35\,V = 0{,}88\,V$

4. **Formulieren des Ergebnisses:** Die Standardzellspannung der galvanischen Zelle, bei der Kupfer durch Sauerstoff in saurer Lösung oxidiert wird, beträgt 0,88 V.

**1** Berechnen Sie die Zellspannung der galvanischen Zellen mithilfe der elektrochemischen Spannungsreihe:
**a** $Zn/Zn^{2+}$ // $Ag^+/Ag$
**b** $Fe/Fe^{2+}$ // $Cl_2/2\,Cl^-$
**c** Pt, $H_2/2\,H^+$ // $Cu^{2+}/Cu$

**2** Entscheiden Sie anhand der Redoxpotenziale, ob folgende Redoxreaktionen freiwillig ablaufen. Stellen Sie die Reaktionsgleichungen auf und berechnen Sie gegebenfalls die Zellspannung.
**a** Oxidation von Kupfer durch $Ni^{2+}$-Ionen
*Hinweis:* $E^0(Cu/Cu^{2+}) = 0{,}35\,V$; $E^0(Ni/Ni^{2+}) = -0{,}23\,V$
**b** Oxidation von $Cl^-$-Ionen durch Wasserstoffperoxid
*Hinweis:* $E^0(H_2O/H_2O_2) = 1{,}77\,V$; $E^0(2\,Cl^-/Cl_2) = 1{,}36\,V$

## P EXP 3.07 Spannungsreihe der Metalle

**Materialien** U-Rohre mit Diaphragma, durchbohrte Stopfen, Experimentierkabel, Krokodilklemmen, Spannungsmessgerät, Eisen-, Kupfer-, Silber-, Zinkstäbe mit Gummistopfen; Lösungen ($c$ = 0,1 mol · $l^{-1}$) von Kupfer(II)-sulfat (5, 7, 9), Eisen(II)-sulfat (7), Zinksulfat (5, 7, 9), Silbernitrat (3, 5, 9)

**Durchführung** Bauen Sie durch Kombination verschiedener korrespondierender Redoxpaare galvanische Zellen entsprechend der Abbildung auf. Messen Sie jeweils die Zellspannung.
*Entsorgung:* Lösungen in den Behälter für giftige anorganische Abfälle geben.

**Auswertung** Entscheiden Sie sich für eine geeignete Bezugshalbzelle und stellen Sie eine Spannungsreihe auf.

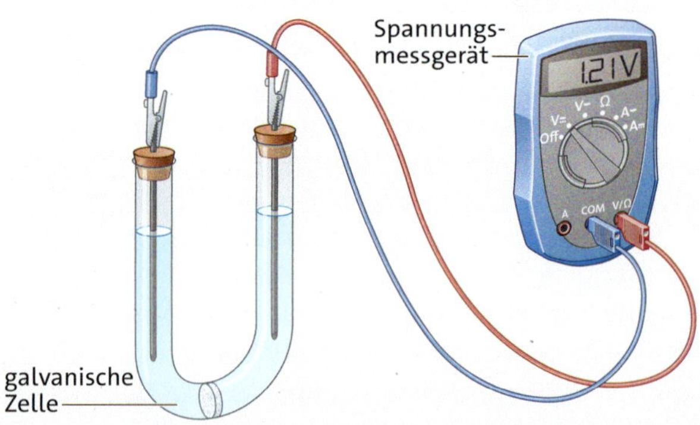

# Klausurtraining

## Material E Redoxverhalten von Halogenen

### E1 Halogene in der Industrie

Die Halogene Fluor, Chlor, Brom und Iod kommen in der Natur nicht elementar vor, sondern sind hauptsächlich als negativ geladene Ionen im Meerwasser und in Salzlagerstätten zu finden. Sie werden jedoch für die Industrie benötigt, z. B. für die Synthese der Kunststoffe Polyvinylchlorid und Teflon.
Das starke Oxidationsmittel Chlor dient noch immer als unverzichtbare Grundchemikalie zur Herstellung unzähliger Chlorverbindungen, aus denen Arzneimittel und Pestizide produziert werden. Brom wird zur Herstellung von Desinfektionsmitteln oder Schädlingsbekämpfungsmitteln und vielen anderem mehr benötigt.

Chlor wird dabei hauptsächlich auf elektrochemischem Weg, z. B. durch Chloralkali-Elektrolyse, hergestellt. Brom lässt sich industriell durch Umsetzung von stark salzhaltigem Wasser (Sole aus großer Tiefe, aus Salzseen und vereinzelt aus Meerwasser) mit elementarem Chlor gewinnen. Iod wurde früher durch Oxidation mit Mangandioxid aus Seetang hergestellt. Heute dienen vor allem Rückstände der Salpetersynthese, die größere Mengen Iodatsalze enthalten (Iodat-Ion $IO_3^-$), und natriumiodidhaltige Salzsolen (Natriumiodid NaI) als Rohstoffquellen.
Aufgrund ihrer oxidierenden Wirkung sind Fluor, Chlor und Brom nicht nur giftig, sondern greifen auch viele Metalle und teilweise Kunststoffe an. Deshalb sind beim Umgang mit den Halogenen strenge Sicherheitsregeln einzuhalten. Zudem müssen Gefäße, Apparaturen und Leitungen aus teuren, chemisch beständigen Spezialmaterialien gebaut werden.

### E2 Halogene im Labor

Im Labormaßstab können die drei Halogene durch Umsetzung ihrer Natriumsalze NaCl, NaBr und NaI mit Braunstein $MnO_2$ in Gegenwart von Schwefelsäure dargestellt werden. Außerdem ist im Laborexperiment zu beobachten, dass Bromwasser aus einer Kaliumiodidlösung elementares Iod freisetzt, während Chlorwasser aus einer Kaliumbromidlösung Brom freisetzt.
Es handelt sich dabei um Reaktionen mit Elektronenübergang, deren Verlauf durch die Standardpotenziale der Redoxpaare in wässrigen Lösungen bestimmt wird (↑ E2.1).
Zur Bestimmung des Standardpotenzials des Redoxpaars $Cl^-/Cl_2$ wird im Labor eine Silber/Silberchlorid-Elektrode ($E$(Ag/AgCl) = 0,196 V) in eine Kaliumchloridlösung mit $c = 1\,mol \cdot l^{-1}$ in den linken Schenkel eines U-Rohrs mit Diaphragma gegeben. In den rechten Schenkel des U-Rohrs wird Chlorwasser und Kaliumchloridlösung der gleichen Konzentration ($c = 1\,mol \cdot l^{-1}$) eingefüllt. Über einen Graphitstab und Kabel werden die beiden Halbzellen verbunden und eine Zellspannung von $U$ = 1,16 V gemessen (↑ E2.2).

| Elektronendonator ⇄ Elektronenakzeptor + $z\,e^-$ | $E^0$ in V |
|---|---|
| $Ag(s) + Cl^-(aq) \rightleftarrows AgCl(s) + e^-$ | 0,196* |
| $Cu(s) \rightleftarrows Cu^{2+}(aq) + 2\,e^-$ | 0,35 |
| $2\,I^-(aq) \rightleftarrows I_2(s) + 2\,e^-$ | 0,54 |
| $2\,Br^-(aq) \rightleftarrows Br_2(g) + 2\,e^-$ | 1,07 |
| $2\,Cl^-(aq) \rightleftarrows Cl_2(g) + 2\,e^-$ | ? |
| $Au(s) \rightleftarrows Au^{3+}(aq) + 3\,e^-$ | 1,50 |
| $2\,F^-(aq) \rightleftarrows F_2(g) + 2\,e^-$ | 2,87 |

E2.1 Standardredoxpotenziale (* für gesättigte KCl-Lösung)

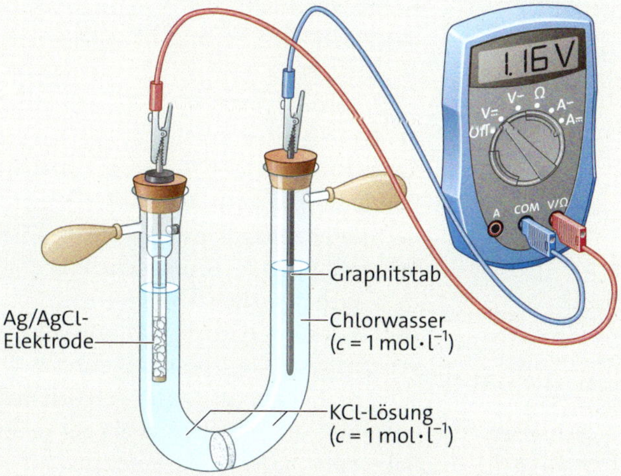


E2.2 Messung des Standardpotenzials einer Chlorhalbzelle

**AUFGABEN ZU E**

**1)** **a** Entscheiden Sie begründet, welche Reaktion Sie erwarten, wenn Chlor oder Brom in eine wässrige Natriumfluoridlösung eingeleitet wird.
**b** Erläutern Sie, welche Vorgänge an der Phasengrenze des Graphitstabs in der Chlorhalbzelle ablaufen.
**c** Berechnen Sie aus der experimentell bestimmten Zellspannung $U$ das Standardpotenzial der Chlorhalbzelle.
**d** Bewerten Sie die Eignung einer Chlorhalbzelle zur Konstruktion einer Batterie.

**2)** **a** Formulieren Sie die Redoxreaktion für die Laborsynthese von Chlor aus Braunstein und konzentrierter Salzsäure.
**b** Zeigen Sie anhand der Oxidationszahlen, dass bei der Synthese eine Redoxreaktion abläuft.
**c** Begründen Sie, warum die Apparaturen für industrielle Synthesen mit Chlor aus besonderen Materialien konstruiert werden müssen. Diskutieren Sie, ob sich Kupfer oder Gold als Materialien für chlorleitende Rohre eignen.

# 3.6 Konzentrationsabhängigkeit des Potenzials

Werden zwei $Ag/Ag^+$-Halbzellen mit gleicher Stoffmengenkonzentration der Salzlösungen zu einer galvanischen Zelle kombiniert, ist keine Spannung messbar. Beide Halbzellen weisen das gleiche Redoxpotenzial auf.

Verdünnt man jedoch die Konzentration des Elektrolyten in einer der beiden Halbzellen, so entsteht eine messbare Spannung. Beim Verdünnen ändert sich das Redoxpotenzial der Halbzelle. Eine derartige galvanisches Zelle wird als **Konzentrationszelle** oder als **Konzentrationselement** bezeichnet.

**POTENZIALDIFFERENZ** Die gemessene Spannung lässt sich mithilfe des dynamischen Gleichgewichts an der elektrochemischen Doppelschicht erklären (↑ S. 83). In beiden Halbzellen der Silberkonzentrationszelle stellt sich jeweils an der Oberfläche des Silberblechs das folgende Gleichgewicht ein:

$$Ag(s) \rightleftarrows Ag^+(aq) + e^-$$

Bei der konzentrierten Salzlösung ist die Anzahl der Silber-Ionen in der Lösung aber größer, denn zur Konzentration der hydratisierten Silber-Ionen auf der rechten Seite zählen nicht nur die entstehenden Ionen aufgrund des Lösungsdrucks des Silbers, sondern auch die schon vorhandenen Silber-Ionen in der Salzlösung. Nach dem Prinzip von Le Chatelier verschiebt sich deshalb das Gleichgewicht in Richtung der Silberatome Ag(s). Folglich lädt sich das Silberblech in der Halbzelle mit der konzentrierten Salzlösung nicht so stark negativ auf wie in der Halbzelle mit der verdünnten Lösung. Es bildet sich eine Potenzialdifferenz aus.

*Die Lage des chemischen Gleichgewichts ist nach dem Prinzip von Le Chatelier beeinflussbar (↑ S. 18).*

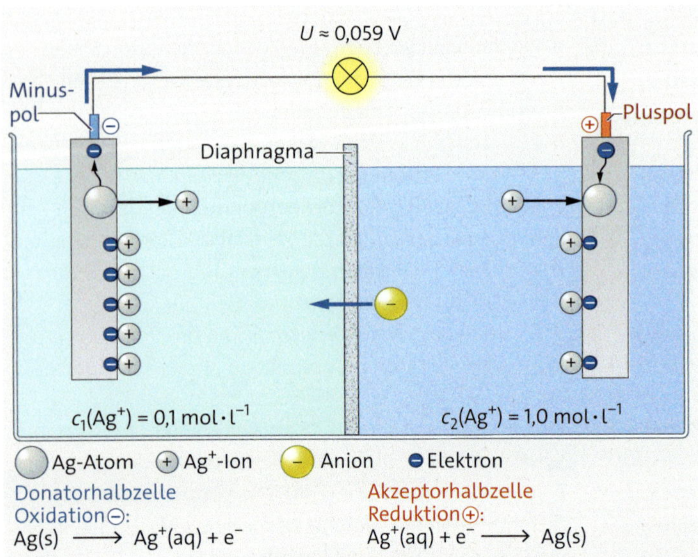


**01** Elektrochemische Vorgänge im Konzentrationselement

Die konzentrierte Halbzelle mit einer Stoffmengenkonzentration von z. B. $c(Ag^+) = 1\ mol \cdot l^{-1}$ wird zum Pluspol, während die verdünnte Halbzelle mit $0{,}1\ mol \cdot l^{-1}$ zum Minuspol wird.

Werden die beiden Halbzellen leitend verbunden, so wird die Halbzelle mit der geringeren Silber-Ionenkonzentration die Donatorhalbzelle. Hier geben Silberatome Elektronen ab und werden zu Silber-Ionen oxidiert. Die Elektronen wandern über den Leiter zum Silberblech, das in die Lösung mit der höheren Silber-Ionenkonzentration eintaucht. In der Akzeptorhalbzelle werden Silber-Ionen zu Silberatomen reduziert (↑ **01**). Für eine solche Konzentrationszelle wird die folgende Kurzschreibweise verwendet:

$$\underbrace{Ag/Ag^+(c_1 = 0{,}1\ mol \cdot l^{-1})}_{\text{Donatorhalbzelle}} \ // \ \underbrace{Ag^+(c_2 = 1\ mol \cdot l^{-1})/Ag}_{\text{Akzeptorhalbzelle}}$$

**KONZENTRATIONSABHÄNGIGKEIT** Ändert man die Konzentrationen der Salzlösungen systematisch (↑ Exp. 3.08), dann ergibt sich ein proportionaler Zusammenhang zwischen der Zellspannung und dem Logarithmus des Konzentrationsverhältnisses der Metall-Ionen der Halbzellen. Der Proportionalitätsfaktor ist temperaturabhängig und beträgt für die Silberkonzentrationszelle bei $T = 298\ K$ etwa 0,059 V.

$$U = 0{,}059\ V \cdot \lg \frac{c_2(Ag^+)}{c_1(Ag^+)}; \ c_2(Ag^+) > c_1(Ag^+)$$

Für die Kupferkonzentrationszelle mit $Cu/Cu^{2+}$ beträgt der Proportionalitätsfaktor nur noch die Hälfte, für eine Konzentrationszelle mit dem Redoxpaar $Au/Au^{3+}$ nur noch ein Drittel dieses Werts. Offenbar hängt der Proportionalitätsfaktor von der Anzahl der bei der Redoxreaktion übertragenen Elektronen ab. Allgemein gilt bei einer Temperatur von $T = 298\ K$ für eine Konzentrationszelle mit dem Redoxpaar $Me/Me^{z+}$ (Me: Metall, $z$: Anzahl der je Teilchen übertragenen Elektronen):

$$U = \frac{0{,}059\ V}{2} \cdot \lg \frac{c_2(Cu^{2+})}{c_1(Cu^{2+})} \qquad U = \frac{0{,}059\ V}{3} \cdot \lg \frac{c_2(Au^{3+})}{c_1(Au^{3+})}$$

$$U = \frac{0{,}059\ V}{z} \cdot \lg \frac{c_2(Me^{z+})}{c_1(Me^{z+})}$$

Diese Gleichung kann benutzt werden, um das Redoxpotenzial $E$ einer Halbzelle mit beliebiger Stoffmengenkonzentration des Elektrolyten aus dem Standardpotenzial $E^0$ einer Stoffmengenkonzentration des Elektrolyten $c_1 = 1\ mol \cdot l^{-1}$ herzuleiten. Im Folgenden wird dies für die $Ag/Ag^+$-Halbzelle hergeleitet.

Die Zellspannung einer galvanischen Zelle ergibt sich aus der Differenz der Potenziale der Akzeptorhalbzelle und der Donatorhalbzelle (↑ S. 84).

$U = E(\text{Akzeptorhalbzelle}) - E(\text{Donatorhalbzelle})$
$U = E_2(Ag/Ag^+) - E_1(Ag/Ag^+)$

Die Zellspannung $U$ (linke Seite der Gleichung) kann mithilfe der oben aufgestellten Beziehung für die Silberkonzentrationszelle ausgedrückt werden:

$$0{,}059\ \text{V} \cdot \lg \frac{c_2(Ag^+)}{c_1(Ag^+)} = E_2(Ag/Ag^+) - E_1(Ag/Ag^+)$$

Wenn die Donatorhalbzelle $E_1(Ag/Ag^+)$ die Standardsilberhalbzelle $E^0(Ag/Ag^+)$ mit einer Silber-Ionenkonzentration von $c_1(Ag^+) = 1\ \text{mol} \cdot \text{l}^{-1}$ ist, verändert sich die Gleichung zu:

$$0{,}059\ \text{V} \cdot \lg \frac{c_2(Ag^+)}{1\ \text{mol} \cdot \text{l}^{-1}} = E_2(Ag/Ag^+) - E^0(Ag/Ag^+)$$

Umstellen nach $E_2(Ag/Ag^+)$ ergibt das Redoxpotenzial einer Halbzelle mit beliebiger Konzentration:

$$E_2(Ag/Ag^+) = E^0(Ag/Ag^+) + 0{,}059\ \text{V} \cdot \lg \frac{c_2(Ag^+)}{1\ \text{mol} \cdot \text{l}^{-1}}$$

**NERNST-GLEICHUNG** Die Gleichung zur Berechnung des konzentrationsabhängigen Potenzials lässt sich auch auf ein beliebiges Redoxpaar verallgemeinern. Sie wurde bereits 1889 von NERNST aufgestellt. Handelt es sich um ein Redoxpaar der Form $Me/Me^{z+}$ (Me: Metall), so ergibt sich als **Nernst-Gleichung**:

$$E(Me/Me^{z+}) = E^0(Me/Me^{z+}) + \frac{0{,}059\ \text{V}}{z} \cdot \lg \frac{c(Me^{z+})}{1\ \text{mol} \cdot \text{l}^{-1}}$$

Die **allgemeine Nernst-Gleichung** für ein Redoxpaar der Form Red $\rightleftarrows$ Ox + $z\,e^-$ lautet:

$$\mathbf{E(Red/Ox) = E^0(Red/Ox) + \frac{0{,}059\ V}{z} \cdot \lg \frac{c(Ox)}{c(Red)}}$$

Daraus lässt sich für jede beliebige Halbzelle das Redoxpotenzial und für jede galvanische Zelle die Zellspannung berechnen, wenn die Standardpotenziale und die Konzentrationen bekannt sind.
*Hinweis:* Für die Konzentrationen von reinen Metallen, reinen Gasen und schwerlöslichen Salzen wird definitionsgemäß immer eine Stoffmengenkonzentration von $c = 1\ \text{mol} \cdot \text{l}^{-1}$ eingesetzt.

**Das Redoxpotenzial hängt von der Art der Elektrode, der Anzahl *z* der übertragenen Elektronen und der Konzentration des Elektrolyten in der Halbzelle ab. Es kann für jede Halbzelle mithilfe der Nernst-Gleichung berechnet werden.**

### P EXP 3.08 Konzentrationselement

7 9

**Materialien A:** 5 Bechergläser, Filterpapierstreifen, Spannungsmessgerät, 4 Messkolben (100 ml), Voll- oder Messpipetten (50 ml und 20 ml), 2 Silberbleche, Silbernitratlösung ($c_0 = 0{,}1\ \text{mol} \cdot \text{l}^{-1}$; **7**), Kaliumnitratlösung ($c = 0{,}1\ \text{mol} \cdot \text{l}^{-1}$)
**Materialien B:** wie A, aber statt Silbernitratlösung Kupfer(II)-sulfatlösung ($c = 0{,}1\ \text{mol} \cdot \text{l}^{-1}$; **7**, **9**) verwenden

**Durchführung A:** Erstellen Sie aus der Silbernitratlösung eine Verdünnungsreihe mit $c_1 = 0{,}05\ \text{mol} \cdot \text{l}^{-1}$, $c_2 = 0{,}01\ \text{mol} \cdot \text{l}^{-1}$, $c_3 = 0{,}005\ \text{mol} \cdot \text{l}^{-1}$ und $c_4 = 0{,}001\ \text{mol} \cdot \text{l}^{-1}$. Für die erste Verdünnung pipettieren Sie 50 ml der Ausgangslösung in einen 100-ml-Messkolben und füllen ihn mit der Kaliumnitratlösung (!) auf 100 ml bis zur Ringmarkierung auf. Für die zweite Verdünnung werden anschließend 20 ml der ersten verdünnten Silbernitratlösung in einen zweiten 100-ml-Messkolben pipettiert und auf 100 ml aufgefüllt usw. Füllen Sie anschließend etwa 50 ml jeder Lösung in jeweils ein Becherglas. Achten Sie auf gleiche Füllhöhen.

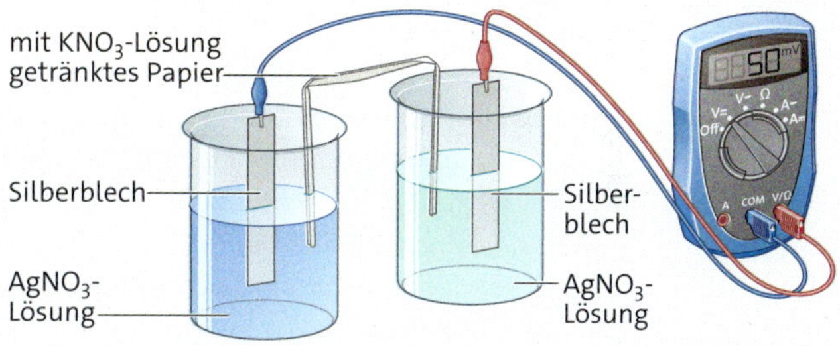


Kombinieren Sie nun verschiedene Silbernitratlösungen zu einer Konzentrationszelle, indem Sie sie mit dem in der Kaliumnitratlösung getränkten Filterpapier leitend verbinden. Verbinden Sie die Silberbleche mit dem Spannungsmessgerät und messen Sie die Zellspannung. Achten Sie darauf, dass die Silberbleche vor jeder Messung mit der Kaliumnitratlösung abgespült werden.
**Durchführung B:** Eine zweite Schülergruppe führt den Versuch mit der Kupfer(II)-sulfatlösung durch.
*Entsorgung:* Lösungen in den Behälter für giftige anorganische Abfälle geben.

**Auswertung** Tragen Sie die gemessenen Zellspannungen für die Silber- und die Kupferkonzentrationszellen jeweils grafisch gegen $\lg c_1/c_2$ (mit $c_1 > c_2$) auf. Interpretieren Sie das Diagramm.

**1** Beschreiben Sie die Vorgänge im folgenden Konzentrationselement:
$Zn/Zn^{2+}(c = 0{,}05\ \text{mol} \cdot \text{l}^{-1})$ //
$Zn^{2+}(c = 0{,}5\ \text{mol} \cdot \text{l}^{-1})/Zn$
Ermitteln Sie die Zellspannung.

**2** Erläutern Sie, von welchen Faktoren das Redoxpotenzial einer Halbzelle abhängt.

**3** Berechnen Sie das Potenzial einer Kupferhalbzelle mit $c(Cu^{2+}) = 0{,}5$ bzw. $0{,}002\ \text{mol} \cdot \text{l}^{-1}$.

# Potenziometrie

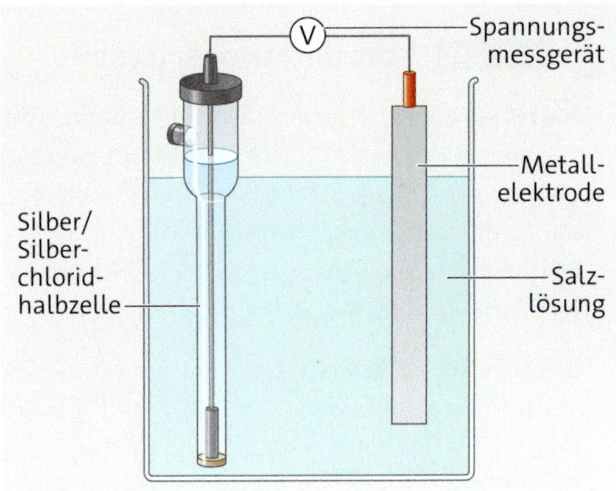


**01** Prinzipieller Aufbau einer galvanischen Zelle zur Bestimmung von Ionenkonzentrationen

**BESTIMMUNG VON IONENKONZENTRATIONEN**
Die Nernst-Gleichung ermöglicht nicht nur die Berechnung von Redoxpotenzialen und Zellspannungen. Durch Anwendung der Gleichung lassen sich auch die Konzentrationen vieler Ionen in wässrigen Lösungen mit geeigneten Elektroden durch ein als **Potenziometrie** bezeichnetes Verfahren bestimmen. Prinzipiell laufen alle Messungen gleich ab. Eine Bezugselektrode, deren Redoxpotenzial bekannt ist wie bei der Silber/Silberchloridhalbzelle, wird in die Lösung mit der zu bestimmenden Ionenkonzentration gebracht und mit einer geeigneten Ableitelektrode, die für diese Ionensorte sensitiv ist, zu einer galvanischen Zelle verbunden.
So kann z. B. die unbekannte Konzentration an $Pb^{2+}$-Ionen einer Salzlösung aus der Zellspannung einer Bleihalbzelle und der Silber/Silberchloridhalbzelle mit bekanntem Redoxpotenzial $E(\text{Ag/AgCl}) = 0{,}196\ \text{V}$ experimentell ermittelt werden.

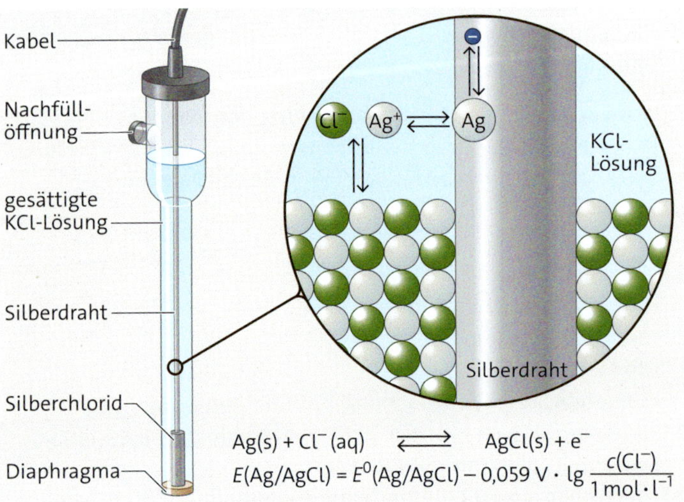


**02** Handelsübliche Silber/Silberchloridhalbzelle

Aus der gemessenen Zellspannung (z. B. $U = 0{,}596\ \text{V}$) ergibt sich mithilfe der Nernst-Gleichung die $Pb^{2+}$-Konzentration.

$$E(\text{Pb/Pb}^{2+}) = E(\text{Ag/AgCl}) - U$$

$$E(\text{Pb/Pb}^{2+}) = 0{,}196\ \text{V} - 0{,}596\ \text{V} = -0{,}40\ \text{V}$$

$$E(\text{Pb/Pb}^{2+}) = E^0(\text{Pb/Pb}^{2+}) + \frac{0{,}059\ \text{V}}{z} \cdot \lg \frac{c(\text{Pb}^{2+})}{1\ \text{mol} \cdot \text{l}^{-1}}$$

$$-0{,}40\ \text{V} = -0{,}13\ \text{V} + \frac{0{,}059\ \text{V}}{2} \cdot \lg \frac{c(\text{Pb}^{2+})}{1\ \text{mol} \cdot \text{l}^{-1}}$$

$$\lg \frac{c(\text{Pb}^{2+})}{1\ \text{mol} \cdot \text{l}^{-1}} = \frac{2 \cdot (-0{,}40\ \text{V} + 0{,}13\ \text{V})}{0{,}059\ \text{V}} = -9{,}15$$

$$c(\text{Pb}^{2+}) = 10^{-9{,}15}\ \text{mol} \cdot \text{l}^{-1}$$

Auch andere Ionensorten und der pH-Wert (↑ S. 33) können so potenziometrisch erfasst werden.

**SILBER/SILBERCHLORIDHALBZELLE** Die Silber/Silberchloridhalbzelle dient in fast allen potenziometrischen Messungen als Bezugselektrode. Sie besteht aus einem mit schwerlöslichem Silberchlorid beschichteten Silberdraht, der in eine Kaliumchloridlösung genau bekannter Konzentration eintaucht. Ein Diaphragma stellt die elektrisch leitende Verbindung zur anderen Halbzelle her. In der Halbzelle stellt sich das folgende chemische Gleichgewicht ein:

$$\text{Ag(s)} + \text{Cl}^-\text{(aq)} \rightleftharpoons \text{AgCl(s)} + \text{e}^-$$

Silber-Ionen, die sich von der Oberfläche des Silberdrahts lösen, fallen sofort als festes Silberchlorid wieder aus. Da die Stoffmengenkonzentrationen fester Stoffe mit $1\ \text{mol} \cdot \text{l}^{-1}$ in die Nernst-Gleichung einfließen, hängt das Potenzial nur von der festgelegten $Cl^-$-Konzentration in der Lösung ab (↑ **02**). In der Praxis arbeitet man häufig mit einer gesättigten Kaliumchloridlösung. Die $Cl^-$-Konzentration ist so groß, dass sie sich während der Messung nicht merklich verändert und als konstant angesehen werden kann.
Neben dem einfachen Umgang ist ein großer Vorteil der Silber/Silberchloridhalbzelle, dass ihr Redoxpotenzial unter normalen Laborbedingungen temperaturunabhängig ist.

**1**› Die Zellspannung einer $Fe/Fe^{2+}$ // $Cu^{2+}/Cu$-Zelle beträgt $U = 0{,}65\ \text{V}$. Berechnen Sie daraus die Konzentration der $Cu^{2+}$-Ionen, wenn $c(Fe^{2+}) = 1\ \text{mol} \cdot \text{l}^{-1}$ ist.

**2**› Skizzieren Sie eine mögliche galvanische Zelle zur Bestimmung der Kupfer-Ionen in einer Probelösung. Erklären Sie das Funktionsprinzip.

# Praktikum

## P Batterien – Strom für unterwegs

### EXP 3.09 Vom Bleistiftanspitzer zur Batterie

**Materialien** Plastikbecher, Kabel mit Krokodilklemmen, Spannungsmessgerät, Elektromotor, Schraubenzieher, Bleistiftanspitzer aus Metall, Natriumchloridlösung ($c = 1{,}5\ \text{mol} \cdot \text{l}^{-1}$)

**Durchführung** Nehmen Sie den Bleistiftanspitzer auseinander und bauen Sie aus den Teilen eine Batterie (↑ Bild). Messen Sie die Spannung und versuchen Sie, damit einen kleinen Elektromotor zu betreiben.
*Entsorgung:* Reste ins Abwasser geben.

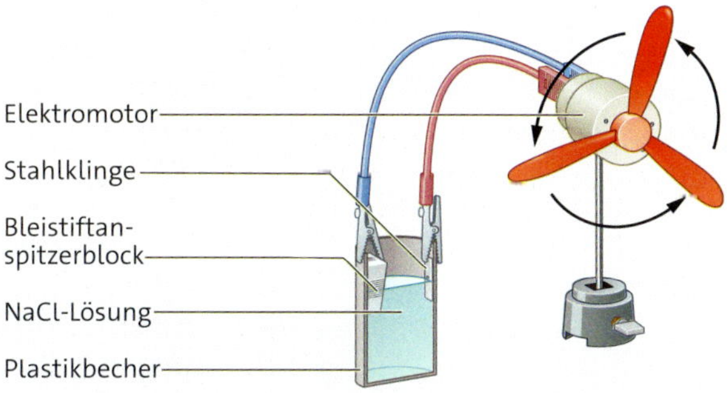


**Auswertung**

1) Informieren Sie sich, woraus der Bleistiftanspitzer besteht. Erklären Sie Ihre Beobachtungen und das Funktionsprinzip der Bleistiftanspitzerbatterie.
2) Begründen Sie, dass in einer galvanischen Zelle der Stromfluss nicht unendlich lange andauern kann.

### EXP 3.10 Selbstbaubatterie

**Materialien** 2 Bechergläser, Filterpapier, Spannungsmessgerät, Kabel, Elektromotor, Wäscheklammern, Krokodilklemmen, Kupferplatte, Zinkplatte, Kupfer(II)-sulfatlösung ($c \approx 1\ \text{mol} \cdot \text{l}^{-1}$; 7, 9), Zinksulfatlösung ($c \approx 1\ \text{mol} \cdot \text{l}^{-1}$; 5, 7, 9), Wasser

**Durchführung** Konstruieren Sie mithilfe der gegebenen Bauteile eine Modellbatterie. Überlegen Sie vorher, welche Funktionen die einzelnen Teile erfüllen müssen. Schließen Sie an Ihre Modellbatterie zuerst ein Spannungsmessgerät an und im Fall einer messbaren Spannung dann einen kleinen Elektromotor. Betrachten Sie die einzelnen Bauteile anschließend genau.
*Entsorgung:* Reste in den Behälter für giftige anorganische Abfälle geben.

**Auswertung**

1) Beschreiben und erläutern Sie Ihre Vorgehensweise.
2) Vergleichen Sie die ablaufenden elektrochemischen Reaktionen mit denen im Daniell-Element.

### EXP 3.11 Alkali-Mangan-Batterie

**Materialien** entladene Alkali-Mangan-Monozelle (AA), Pinzette, Metallsäge, Zinkbecher oder Zinkblech, Filterpapier, Eisennagel, Kabel, Spannungsmessgerät, Elektromotor, Kaliumhydroxid (5, 7), Mangandioxid (8, 7), Wasser, Stärke

**Durchführung** Spannen Sie die Alkali-Mangan-Batterie in einen Schraubstock ein. Sägen Sie die Batterie vorsichtig entlang der Längsachse auf. Nehmen Sie die Einzelteile mit der Pinzette auseinander.
Planen Sie mit den anderen gegebenen Materialien den Nachbau einer Alkali-Mangan-Zelle. Skizzieren Sie den Aufbau des Batteriemodells und bauen Sie die Batterie dementsprechend auf. Betreiben Sie mit der Modellbatterie über 15 min einen Elektromotor mit kleinem Innenwiderstand. Messen Sie dabei die Spannung, zunächst alle 30 s, nach 3 min alle 90 s.
*Entsorgung:* Reste in den Behälter für giftige anorganische Abfälle geben.

**Auswertung**

1) Beschreiben Sie den prinzipiellen Aufbau einer handelsüblichen Alkali-Mangan-Monozelle.
2) Vergleichen Sie die im Modellversuch und in der normalen Batterie ablaufenden elektrochemischen Reaktionen.
3) Zeichnen Sie die Entladekurve, indem Sie die Spannung gegen die Zeit auftragen. Interpretieren Sie das Diagramm.
4) Informieren Sie sich über den Aufbau und das Funktionsprinzip des Leclanché-Elements. Diskutieren Sie die Vorteile der Alkali-Mangan-Zelle gegenüber dieser Zink-Kohle-Batterie.

### EXP 3.12 Strom aus Zink und Luft

**Materialien** Holzkohle, Zinkblech, Becherglas, Kabel, Spannungsmessgerät, Kalilauge ($c = 3\ \text{mol} \cdot \text{l}^{-1}$; 5)

**Durchführung** Füllen Sie Kalilauge etwa 1 cm hoch in das Becherglas. Tauchen Sie das Holzkohlestück und das Zinkblech in die Kalilauge, sodass sie sich nicht berühren, und verbinden Sie die Elektroden mit den Polen des Spannungsmessgeräts. Schließen Sie einen kleinen Elektromotor an.
*Entsorgung:* Reste in den Behälter für saure und alkalische Abfälle geben.

**Auswertung**

1) Erklären Sie die Funktionsweise der Zink-Luft-Batterie. Gehen Sie dabei speziell auf die Rolle des Sauerstoffs ein.

# 3.7 Batterietypen

Batterien sind galvanische Zellen, in denen chemische Energie in elektrische Energie umgewandelt wird. Daher werden sie in mobilen elektrischen Geräten vielseitig als Energiequelle eingesetzt.

**ZINK-KOHLE-BATTERIE** Eine der ersten Batterien war das Leclanché-Element, das auch als Zink-Kohle-Batterie bekannt ist. Sie besteht aus einem Zinkbecher, der gleichzeitig als Minuspol dient. Er ist mit einer Masse aus Mangandioxid ($MnO_2$) und Ammoniumchlorid ($NH_4Cl$) gefüllt, in die eine Graphitelektrode eintaucht. Bei der Zellreaktion wird Zink oxidiert und Mangandioxid reduziert, sodass an den Polen eine Zellspannung von 1,5 V messbar ist (↑ Exp. 3.11).

**ALKALI-MANGAN-BATTERIE** Heute sind die nach einem ähnlichen Prinzip wie dem Leclanché-Element funktionierenden Alkali-Mangan-Batterien weit verbreitet. Es handelt sich ebenfalls um Zink-Mangandioxid-Zellen, die jedoch mit einem alkalischen Elektrolyten ausgestattet sind.

Bei der Zellreaktion wird Mangandioxid am äußeren Stahlmantel, dem Pluspol, zu Manganoxidhydroxid (MnOOH) reduziert. Als Minuspol kommt ein Eisennagel zum Einsatz, der in eine zinkhaltige Kaliumhydroxidpaste eintaucht. Zinkatome werden zu $Zn^{2+}$-Ionen oxidiert, die zunächst mit Hydroxid-Ionen zu Zinkhydroxid reagieren. In der stark alkalischen Umgebung reagieren diese zu leicht löslichem Tetrahydroxyzinkat $[Zn(OH)_4]^{2-}$ weiter (↑ **02**). Mit fortschreitender Entladung bildet sich daraus in einer komplexen Reaktion Zinkoxid, wodurch der Widerstand in der Batterie ansteigt.

Da der Batteriemantel durch die Zellreaktion nicht angegriffen wird, sind Alkali-Mangan-Batterien auslaufsicher. Zudem liefern sie mehr als doppelt so lange Energie wie Zink-Kohle-Batterien. Die Batterien können nach Benutzung nicht wieder aufgeladen und müssen fachgerecht entsorgt werden. Alkali-Mangan-Batterien werden in unterschiedlichen Formen von der Knopfzelle bis zum 9-V-Block angeboten. Durch Reihenschaltung mehrerer Zellen lässt sich die Spannung vervielfachen.

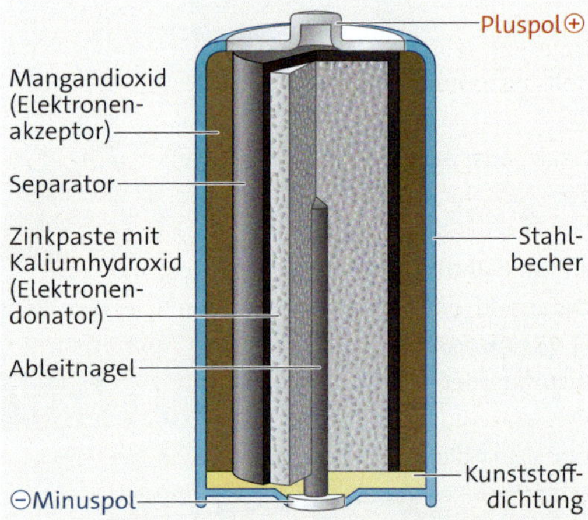


$$\ominus: \overset{0}{Zn}(s) + 4\,OH^-(aq) \longrightarrow [\overset{II}{Zn}(OH)_4]^{2-}(aq) + 2\,e^-$$

$$\oplus: 2\,\overset{IV}{Mn}O_2(s) + 2\,H_2O(l) + 2\,e^- \longrightarrow 2\,\overset{III}{Mn}OOH(s) + 2\,OH^-(aq)$$

$$Zn(s) + 2\,MnO_2(s) + 2\,OH^-(aq) + 2\,H_2O(l) \longrightarrow [Zn(OH)_4]^{2-}(aq) + 2\,MnOOH(s)$$

**02** Aufbau einer Alkali-Mangan-Batterie

| Typ | Zink-Kohle-Batterie | Alkali-Mangan-Batterie | Lithium-Mangandioxid-Batterie | Knopfzelle |
|---|---|---|---|---|
| Minuspol (−) | Zinkbecher | Eisennagel | Lithium | Zinkpulver |
| Pluspol (+) | Graphitstab („Kohle") | Stahlmantel | Braunstein ($MnO_2$) oder Eisen(II)-disulfid ($FeS_2$) | Silberoxid ($Ag_2O$) |
| **Elektrolyt** | Elektrolyt als Paste: $MnO_2$ und $NH_4Cl$ | Kaliumhydroxid (KOH) mit fein verteiltem Zink | wasserfreier Elektrolyt (Polymer) | Kaliumhydroxid (KOH) |
| **Zellspannung** | 1,5 V | 1,5 V | 2,9 V | 1,55 V |
| **Eigenschaften** | preiswert, Zinkbecher nicht beständig (Auslaufen der Batterie), hohe Selbstentladung | liefert anhaltend hohe Ströme, auslaufsicher | geringe Selbstentladung, lange Lagerfähigkeit | hohe Spannungskonstanz, kleine Baugröße, hohe Energiedichte |
| **Verwendung** | einfache elektrische Geräte im Haushalt, z. B. Taschenlampe | Fotoapparate, in vielen Geräten in Reihe geschaltet | Herzschrittmacher, in Platinen zur Datenspeicherung | Armbanduhren, Hörgeräte, Taschenrechner |

**01** Batterietypen im Vergleich

**LITHIUMBATTERIEN** Da Lithium ein stark negatives Redoxpotenzial aufweist, eignet es sich hervorragend als Anodenmaterial für eine Batterie mit hoher Zellspannung. Allerdings reagiert das unedle Metall mit Wasser heftig unter Wasserstoffentwicklung. Daher müssen in Lithiumbatterien organische Lösungsmittel wie Propylencarbonat oder wasserfreie Festelektrolyte eingesetzt werden.
Aus diesem Grund sind Lithiumbatterien vergleichsweise teuer und werden nur für besondere Zwecke eingesetzt. Sie dienen z. B. als Backup-Batterien in Computern, liefern jahrelang den Strom für Herzschrittmacher oder werden in Alarm- und Sicherheitssystemen eingesetzt.

Der Minuspol besteht meist aus Lithium und leitendem Graphit, die zusammen in einem polymeren Bindemittel suspendiert sind. Das Material ist auf einem elektrischen Leiter zum Ableiten der bei der Oxidation entstehenden Elektronen aufgebracht (↑ **03**). Als Pluspol werden Mangandioxid, Eisen(II)-disulfid oder andere Oxidationsmittel verwendet. Das Material des Pluspols bestimmt die Zellspannung und die Verwendungsmöglichkeiten der verschiedenen Typen von Lithiumbatterien (↑ **04**).

**KNOPFZELLEN** Elektronische Geräte wie Armbanduhren, Funkschlüssel für Automobile oder Hörgeräte erfordern langlebige Energiequellen mit geringer Leistung und kleiner Bauteilgröße. Hier kommen Knopfzellen wie die **Silberoxid-Zink-Knopfzelle** zum Einsatz, die Kalilauge als Elektrolyt enthält. Am Pluspol wird Silberoxid zu elementarem Silber reduziert, während Zink am Minuspol oxidiert wird (↑ **05**).
Die Redoxreaktion liefert über viele Betriebsstunden eine konstante Zellspannung von 1,55 V.
Die in der entladenen Batterie enthaltenen Schwermetalle Silber und Zink können bei fachgerechter Entsorgung (↑ S. 95) wiedergewonnen werden.

**1** **a** Erläutern Sie die Funktionsweise einer Alkali-Mangan-Batterie.
**b** Erklären Sie, warum im Laufe der Zeit die Leistung abnimmt.

**2** Leiten Sie aus der Gesamtreaktion der Lithium-Iod- und der Lithium-Eisensulfid-Batterie (↑ **04**) die jeweiligen Teilreaktionen in den Halbzellen ab.

**3** **a** Informieren Sie sich über die Funktionsweise einer Quecksilberoxid-Zink-Knopfzelle.
**b** Begründen Sie, warum diese Batterien heute in der EU nicht mehr verwendet werden.

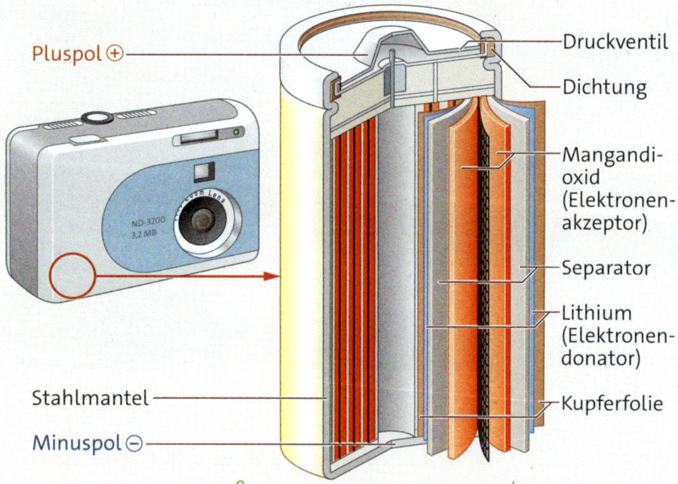


Minuspol ⊖: $\overset{0}{Li}(s) \longrightarrow \overset{I}{Li}^+ + e^-$

Pluspol ⊕: $\overset{IV}{Mn}O_2(s) + Li^+ + e^- \longrightarrow Li\overset{III}{Mn}O_2(s)$

Gesamtreaktion: $Li(s) + MnO_2(s) \longrightarrow LiMnO_2(s)$

**03** Aufbau, Verwendungsmöglichkeiten und Elektrodenreaktionen einer Lithium-Mangandioxid-Batterie ($LiMnO_2$)

| Batterietyp | Gesamtreaktion | *U* in V |
|---|---|---|
| **Lithium-Mangandioxid** | $Li(s) + MnO_2(s) \longrightarrow LiMnO_2(s)$ | 2,9 |
| **Lithium-Iod** | $2\,Li(s) + I_2(s) \longrightarrow 2\,LiI(s)$ | 2,8 |
| **Lithium-Eisensulfid** | $4\,Li(s) + FeS_2(s) \longrightarrow 2\,Li_2S(s) + Fe(s)$ | 1,5 |

**04** Typen von Lithiumbatterien

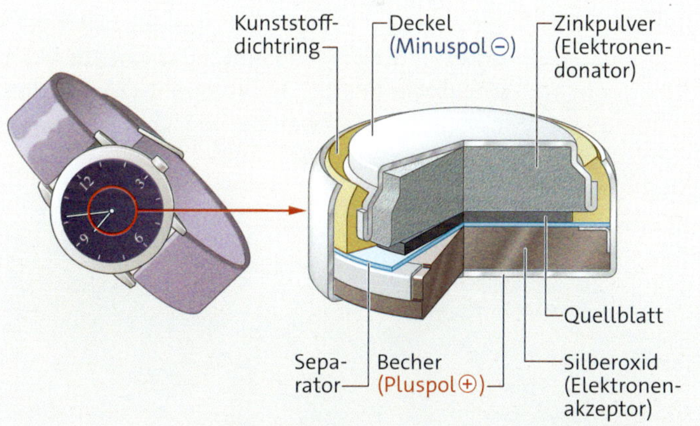


Minuspol ⊖: $\overset{0}{Zn}(s) + 2\,OH^-(aq) \longrightarrow \overset{II}{Zn}O(s) + H_2O(l) + 2\,e^-$

Pluspol ⊕: $\overset{I}{Ag}_2O(s) + H_2O(l) + 2\,e^- \longrightarrow 2\,\overset{0}{Ag}(s) + 2\,OH^-(aq)$

Gesamtreaktion: $Ag_2O(s) + Zn(s) \longrightarrow 2\,Ag(s) + ZnO(s)$

**05** Aufbau, Verwendungsmöglichkeiten und Elektrodenreaktionen einer Zink-Silberoxid-Knopfzelle

# 3.8 Akkumulatoren

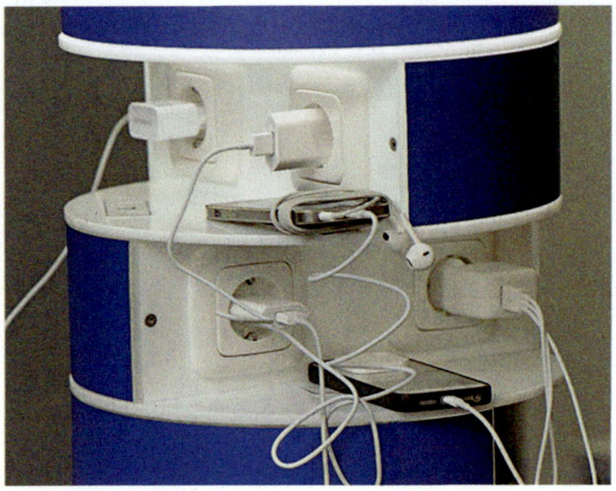

**01** Akkus wie in Mobiltelefonen sind wieder aufladbar.

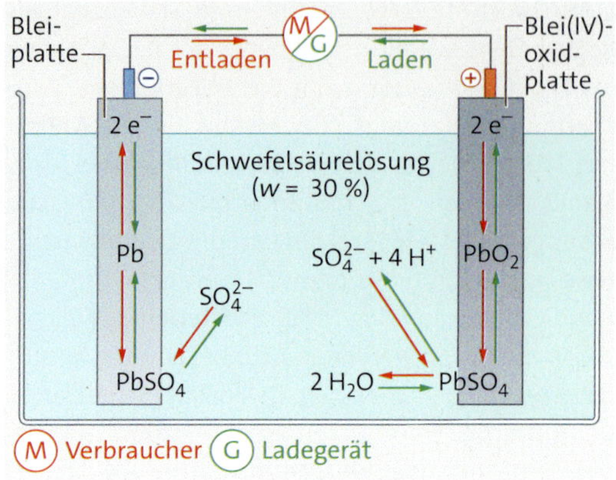


**03** Entladen und Laden im Bleiakku

**Akkumulatoren**, kurz **Akkus**, sind Energiespeicher, die im Gegensatz zu Batterien wieder aufgeladen werden können. Die beim Entladen ablaufende chemische Reaktion wird dabei umgekehrt, sodass die zugeführte elektrische Energie in chemische Energie umgewandelt und wieder gespeichert werden kann. Nach dem Aufladen steht der Akku somit erneut als mobile Energiequelle zur Verfügung.
Je nach Anwendung können unterschiedliche Akkumulatoren eingesetzt werden: Zu den am häufigsten verwendeten gehört vor allem der Bleiakku, der Nickel/Metallhydrid-Akku sowie der Lithium-Ionen-Akku.

**BLEIAKKU** Akkus sind ebenso wie Batterien galvanische Zellen, die aus einer Donatorhalbzelle und einer Akzeptorhalbzelle bestehen. Beim geladenen Bleiakkumulator, der „Autobatterie", wird die Donatorhalbzelle (Minuspol) von einer Bleiplatte gebildet, die in Schwefelsäurelösung taucht. Die Akzeptorhalbzelle (Pluspol) bildet eine Blei(IV)-oxidplatte in der gleichen Schwefelsäurelösung (↑ **03**).

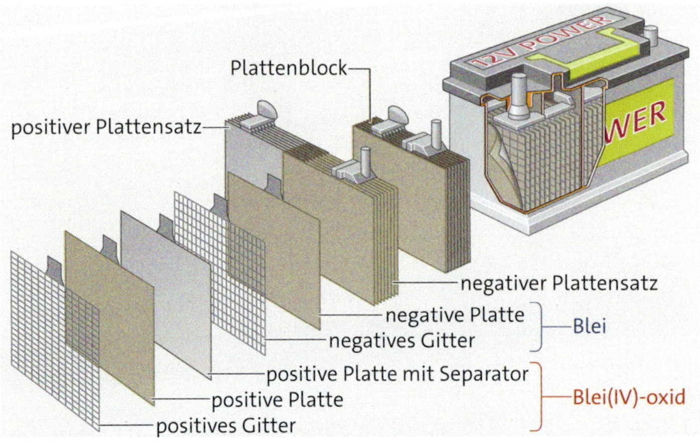


**02** Aufbau einer „Autobatterie" – ein Bleiakkumulator

**ENTLADEVORGANG** Beim Entladevorgang geben in der Donatorhalbzelle Bleiatome jeweils zwei Elektronen ab. Dadurch bilden sich Blei(II)-Ionen $Pb^{2+}$. Die $Pb^{2+}$-Ionen reagieren mit Sulfat-Ionen $SO_4^{2-}$ aus der Schwefelsäure zu schwerlöslichem Blei(II)-sulfat $PbSO_4$, das sich an der Bleiplatte ablagert.

**Donatorhalbzelle (Minuspol):**

$$\overset{0}{Pb}(s) + SO_4^{2-}(aq) \longrightarrow \overset{II}{Pb}SO_4(s) + 2\,e^- \qquad \text{(Oxidation)}$$

In der Akzeptorhalbzelle werden $Pb^{4+}$-Ionen aus dem Blei(IV)-oxid $PbO_2$ durch Aufnahme von je zwei Elektronen zu $Pb^{2+}$-Ionen reduziert, die sich wie in der Donatorhalbzelle als schwerlösliches Blei(II)-sulfat an der Platte ablagern.

**Akzeptorhalbzelle (Pluspol):**

$$\overset{IV}{Pb}O_2(s) + 4\,H^+(aq) + SO_4^{2-}(aq) + 2\,e^-$$
$$\longrightarrow \overset{II}{Pb}SO_4(s) + 2\,H_2O(l) \qquad \text{(Reduktion)}$$

Bei den Reaktionen wird Schwefelsäure verbraucht, sodass man über die Dichte ihrer Lösung den Ladezustand des Akkus bestimmen kann.
Die Zellspannung dieser galvanischen Zelle beträgt etwa 2 Volt. Sie kann aus den Standardpotenzialen der Redoxpaare berechnet werden:

$$U = E^0(PbSO_4/PbO_2) - E^0(Pb/PbSO_4)$$
$$U = 1{,}69\ V - (-0{,}36\ V) = 2{,}05\ V$$

**LADEVORGANG** Zum Laden müssen die Reaktionen in den Halbzellen umgekehrt werden. Es muss eine Spannung größer als 2 Volt angelegt werden, damit der Stromfluss umgekehrt wird. An beiden Platten löst sich die Blei(II)-sulfatschicht wieder auf und die ursprünglichen Stoffe – Blei, Blei(IV)-oxid und Schwefelsäure – bilden sich zurück.

## Entsorgung von Batterien und Akkus

Entladene Batterien und alte Akkus gehören nicht in den Hausmüll! Sie müssen gesondert gesammelt werden. Händler wie Elektronik- oder Supermärkte sind verpflichtet, Altbatterien zurückzunehmen. Häufig stellen sie hierzu spezielle Boxen auf, in denen die verbrauchten Batterien entsorgt werden können. Unternehmen wie die Stiftung *Gemeinsames Rücknahmesystem Batterien* (*GRS Batterien*) können so die Altbatterien einsammeln und dem Recycling zuführen.

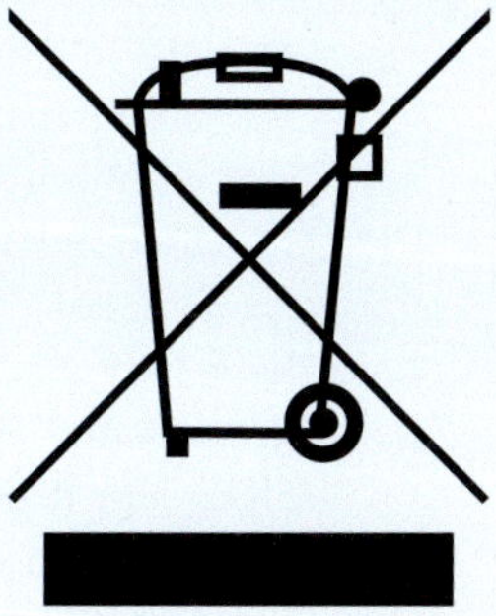

**04** Abfälle mit diesem Symbol dürfen nicht im Hausmüll entsorgt werden.

Ausgediente Batterien und Akkus enthalten viele problematische Stoffe wie giftige Schwermetalle und ätzende Säuren und Laugen. Diese dürfen nicht einfach in die Umwelt gelangen. Zugleich sind diese Stoffe aber auch wertvoll, weil sie bei fachgerechter Verwertung als Sekundärrohstoffe wieder zur Produktion von neuen Batterien und Akkus dienen können. So kann das Blei für neue Bleiakkumulatoren schon heute fast vollständig aus Altbatterien gewonnen werden.
Für Gerätebatterien sieht die Quote allerdings nicht so gut aus: Im Jahr 2015 wurden von fast 44 000 Tonnen verkauften Batterien nur 45,3 % als Altbatterien wieder zurückgegeben und konnten recycelt werden. Besonders kleine Batterien wie die Knopfzellen werden leider noch zu oft im Hausmüll entsorgt. Dabei lohnt sich das Sammeln: Von den 20 000 Tonnen zurückgegebenen Altbatterien werden fast 100 % stofflich verwertet. Lediglich knapp 300 Tonnen mussten deponiert oder verbrannt werden, weil der Batterietyp nicht mehr identifiziert werden konnte.

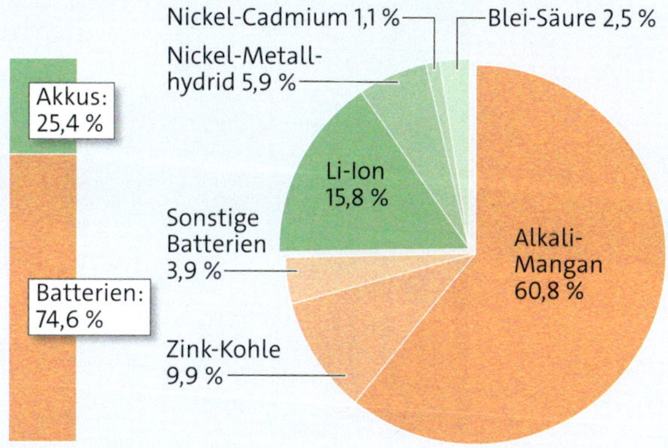


**05** Anteil verkaufter Batterientypen 2015

**1**) Erstellen Sie ein Plakat oder ein Faltblatt, indem Sie an Ihrer Schule über die Notwendigkeit und Sinnhaftigkeit des Batterierecyclings informieren. Recherchieren Sie dazu weitergehende Informationen.

Beim Ladevorgang sind Donator- und Akzeptorhalbzelle vertauscht, da nun durch die erzwungene Reaktion am Minuspol Elektronen aufgenommen und am Pluspol abgegeben werden (↑ **03**).
Entladen und Laden der Zelle lassen sich demnach folgendermaßen formulieren:

$$Pb(s) + PbO_2(s) + 4\,H^+(aq) + 2\,SO_4^{2-}(aq) \underset{\text{Laden}}{\overset{\text{Entladen}}{\rightleftarrows}} 2\,PbSO_4(s) + 2\,H_2O(l)$$

Der Bleiakku wird meist als Autobatterie eingesetzt, wo er zum Starten des Motors sehr hohe Ströme bereitstellen muss. Hierzu werden mehrere Blei- und Blei(IV)-oxidplatten parallel geschaltet und zu einem Plattenblock zusammengefasst. Die Platten bestehen bei einer Autobatterie aus einem Metallgitter, das mit porösem Blei (Bleischwamm) bzw. fein verteiltem Bleioxid beschichtet ist. Auf diese Weise wird die Oberfläche der Platten stark vergrößert, sodass große Stromstärken und Kapazitäten erreicht werden können. Separatoren zwischen den Platten verhindern, dass sie sich berühren und ein Kurzschluss entsteht. In einer Autobatterie mit einer Gesamtspannung von 12 Volt werden sechs solcher Plattenblöcke in Reihe geschaltet (↑ **02**).

Für die Anwendung in vielen mobilen Geräten wie in Handys oder in Laptops kommen Bleiakkus wegen ihres hohen Gewichts, ihrer Maße und der stark ätzenden Schwefelsäure nicht infrage.

**1**) Erläutern Sie die Vorgänge beim Laden des Bleiakkus. Formulieren Sie die Reaktionsgleichungen für die jeweiligen Halbzellen.

**2**) Beim Laden des Bleiakkus können sich an den Platten auch Wasserstoff und Sauerstoff bilden. Formulieren Sie die Redoxgleichungen für die Bildung der Gase. Geben Sie an, an welcher Elektrode welches Gas entsteht.

**3**) Erläutern Sie, wie sich die Dichte der Schwefelsäurelösung beim Laden bzw. Entladen verändert (↑ **03**).

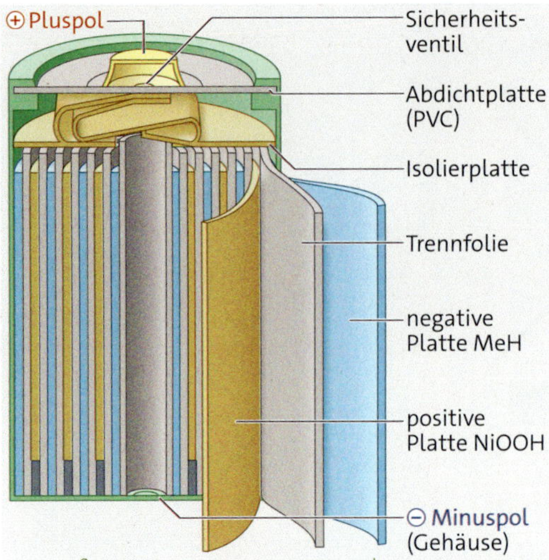


$\ominus: \overset{0}{\mathrm{Me}}\mathrm{H(s)} + \mathrm{OH^-(aq)} \rightleftharpoons \mathrm{Me(s)} + \overset{\mathrm{I}}{\mathrm{H}}_2\mathrm{O(l)} + e^-$

$\oplus: \overset{\mathrm{III}}{\mathrm{Ni}}\mathrm{OOH(s)} + \mathrm{H_2O(l)} + e^- \rightleftharpoons \overset{\mathrm{II}}{\mathrm{Ni}}\mathrm{(OH)_2(s)} + \mathrm{OH^-(aq)}$

**01** Aufbau eines Nickel-Metallhydrid-Akkumulators und ablaufende Elektrodenreaktionen

**NICKEL-METALLHYDRID-AKKUMULATOR** Der Nickel-Metallhydrid-Akku (NiMH-Akku) gehört neben dem Lithium-Ionen-Akku zu den weitverbreiteten wiederaufladbaren Energiespeichern. Es gibt ihn in allen gängigen Bauformen und -größen für die mobile Energieversorgung von schnurlosen Telefonen, MP3-Playern, Digitalkameras, Elektrowerkzeugen wie Akkuschraubern usw.

**P** **EXP 3.13** **Modellakku**

**Materialien** Becherglas (50 ml), Spannungsquelle, Verbindungskabel, Krokodilklemmen, 2 dicke Graphitminen ($d$ = 3,15 mm, Härtegrad 6B), LED-Diode, Lithiumperchlorat (**3**, **7**), gelöst in Propylencarbonat ($c$ = 1 mol·l$^{-1}$; **7**)

**Durchführung** Glühen Sie die Graphitminen in der Brennerflamme aus. Füllen Sie das Becherglas so weit mit der Lithiumperchloratlösung, dass die Graphitminen etwa 2 cm tief eintauchen können (Abstand etwa 1 cm). Verbinden Sie die Graphitminen über die Krokodilklemmen mit der Spannungsquelle und laden Sie den Modellakku mit 4 V für etwa 3 min auf. Tauschen Sie das Ladegerät gegen die LED-Diode. *Achtung:* Beim Anschluss der Diode auf die richtige Polung achten!
Wiederholen Sie den Ladevorgang mehrmals.
*Entsorgung:* Lösungsmittel aufheben, kann wiederverwendet werden.

**Auswertung** Erläutern Sie mithilfe der elektrochemischen Spannungsreihe, warum keine wässrige Lithiumperchloratlösung als Elektrolyt verwendet werden darf.

Im geladenen Zustand wird der Pluspol des Akkus aus Nickel(III)-oxidhydroxid NiOOH gebildet. Der Minuspol besteht aus einer Legierung verschiedener Metalle. In eine solche Legierung können Wasserstoffatome in das Metallgitter eingebaut werden, was als **Metallhydrid** (kurz: MeH) bezeichnet wird. Als Elektrolyt dient eine Kaliumhydroxidlösung.

Beim Entladen werden am Minuspol die im Metall gebundenen H-Atome zu $H^+$-Ionen oxidiert. Die Elektronen fließen zum Pluspol und reduzieren dort $Ni^{3+}$-Ionen zu $Ni^{2+}$-Ionen. Beim Laden wird diese Reaktion umgekehrt. Die Zellspannung beträgt etwa 1,2 Volt. Vereinfacht lassen sich Laden und Entladen durch folgende Zellreaktion ausdrücken:

$$\overset{0}{\mathrm{Me}}\mathrm{H(s)} + \overset{\mathrm{III}}{\mathrm{Ni}}\mathrm{OOH(s)} \underset{\text{Laden}}{\overset{\text{Entladen}}{\rightleftharpoons}} \mathrm{Me(s)} + \overset{\mathrm{II}}{\mathrm{Ni}}\mathrm{(O}\overset{\mathrm{I}}{\mathrm{H}}\mathrm{)_2(s)}$$

Bei den im Handel erhältlichen Akkus bestehen die Elektroden häufig aus sehr dünnen Folien, die aufgewickelt und mit einem Metallzylinder ummantelt werden (↑ **01**). Die Verwendung spezieller Separatoren verhindert die sonst übliche Selbstentladung von etwa 25 % pro Monat. Heute werden vorgeladene Akkus verkauft, die sofort einsatzbereit sind.

**LITHIUM-IONEN-AKKUMULATOREN** Lithium-Ionen-Akkumulatoren (Li-Ion-Akkus) sind momentan die leistungsfähigsten und zugleich sehr flexibel einsetzbaren mobilen Energiespeicher. Aus dem Alltag sind sie hauptsächlich aus der Verwendung in Smartphones, Tablets und Notebooks bekannt. Ihre Zellspannung beträgt etwa 3,6 bis 3,8 Volt.

In den meisten Li-Ion-Akkus besteht der Minuspol aus Graphit. Der Pluspol wird aus einem Lithium-Metalloxid gebildet. Als Elektrolyt werden polare organische Lösungsmittel, z. B. Propylencarbonat, verwendet, in denen Lithiumsalze wie Lithiumperchlorat ($LiClO_4$) gelöst sind, um die elektrische Leitfähigkeit herzustellen. Der Einsatz von elektrisch besser leitenden wässrigen Salzlösungen ist nicht möglich, weil sich wegen des großen negativen Redoxpotenzials der Graphitelektrode sofort gasförmiger Wasserstoff bilden würde. Schon Spuren von Wasser reichen aus, um den Akku zu zerstören. Zudem würde sich bei einer Ladespannung von über 4 Volt eine wässrige Lösung elektrolytisch zersetzen und damit den Akku zum Explodieren bringen.
Bei der Herstellung der Akkus müssen deshalb das Elektrodenmaterial und der Elektrolyt aufwendig getrocknet und unter einer Schutzgasatmosphäre verarbeitet werden.

**ENTLADEN UND LADEN** Im geladenen Zustand sind zwischen den einzelnen Graphitschichten $Li^+$-Ionen eingelagert. Sie gleichen die negative Ladung von Elektronen aus, mit denen das Graphit aufgeladen wurde.
Im vollständig geladenen Zustand beträgt im Graphit das Teilchenanzahlverhältnis von Kohlenstoffatomen zu Lithium-Ionen etwa 6 : 1, sodass man für die Graphitelektrode formal eine Verhältnisformel $LiC_6$ angeben kann.

Beim **Entladen** fließen die im Graphit eingeschlossenen Elektronen über den angeschlossenen Verbraucher zur Lithium-Metalloxidelektrode. Gleichzeitig wandert eine entsprechende Anzahl an Lithium-Ionen aus dem Graphit in den Elektrolyten. Das Lithium-Metalloxid besteht z. B. aus Lithiumcobaltoxid. Im geladenen Zustand des Akkus liegen im Ionengitter des Oxids die Hälfte der Cobalt-Ionen als $Co^{3+}$-Ionen, die andere Hälfte als $Co^{4+}$-Ionen vor. Daraus ergibt sich für das Lithiumcobaltoxid die Verhältnisformel: $LiCoO_2CoO_2$.
Beim Entladen werden durch die Elektronenaufnahme am Pluspol die $Co^{4+}$-Ionen zu $Co^{3+}$-Ionen reduziert. Dabei wandern Lithium-Ionen vom Elektrolyten in das Ionengitter, um die Ladung der Oxid-Ionen $O^{2-}$ auszugleichen (↑ **02**).

Zum **Laden** des Akkus werden durch Anlegen einer Ladespannung von etwa 4 Volt die Elektrodenreaktionen umgekehrt: $Co^{3+}$-Ionen werden zu $Co^{4+}$-Ionen oxidiert, wodurch $Li^+$-Ionen wieder freigesetzt werden. Sie wandern zurück zum Minuspol und lagern sich erneut im Graphitgitter ein (↑ **02**).

$$\overset{-I}{Li}C_6(s) + Li\overset{III}{Co}O_2\overset{IV}{Co}O_2(s) \underset{\text{Laden}}{\overset{\text{Entladen}}{\rightleftarrows}} \overset{0}{C_6}(s) + 2\,Li\overset{III}{Co}O_2(s)$$

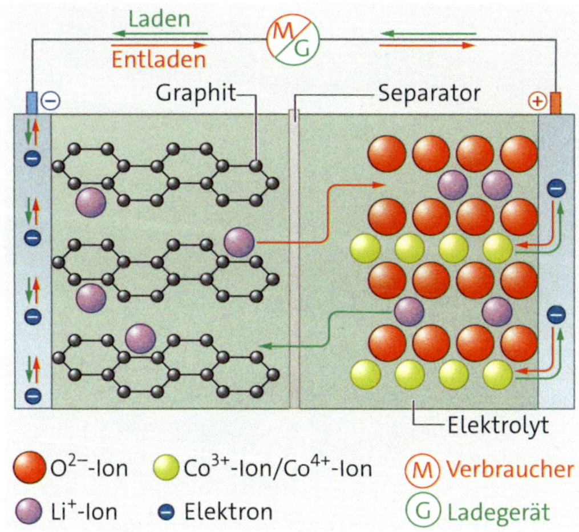


**02** Vorgänge beim Entladen und Laden des Li-Ion-Akkus

Die Lithium-Ionen werden beim Laden und Entladen weder reduziert noch oxidiert, sondern stellen durch ihr Wandern lediglich den Ladungsausgleich in den Elektroden her.

Prinzipiell haben Li-Ion-Akkus eine sehr lange Lebensdauer und können weit über 1000-mal aufgeladen und wieder entladen werden. Neben Lithium-Ionen können aber vereinzelt auch Lösungsmittelmoleküle in das Graphitgitter eingelagert werden. Dies führt zu einer langsamen Ausweitung der Graphitschichten und verhindert die Einlagerung von Lithium-Ionen. Mit jedem Ladezyklus verliert der Akku so an Kapazität und kann irgendwann gar nicht mehr geladen werden.

**1** Vergleichen Sie die Vorgänge beim Entladen und Laden im NiMH-Akku mit den Vorgängen im Li-Ion-Akku.

| Typ | Bleiakku | Nickel-Metallhydrid-Akku | Lithium-Ionen-Akku |
|---|---|---|---|
| Minuspol (−) | Blei (Pb) | Metallhydrid (MeH) | Graphit |
| Pluspol (+) | Blei(IV)-oxid ($PbO_2$) | Nickel(III)-oxidhydroxid (NiOOH) | Lithiumcobaltoxid |
| Elektrolyt | Schwefelsäurelösung ($H_2SO_4$) | Kaliumhydroxidlösung (KOH) | Lithiumsalz/organisches Lösungsmittel |
| Zellspannung | 2,0 V | 1,2 V | 3,6 V |
| Eigenschaften | lange Lebensdauer, preiswert, hohe Belastbarkeit, umweltschädlich | gute Umweltverträglichkeit, hohe Belastbarkeit, selbstentladend | hohe Zellspannung, geringes Gewicht, sehr teuer, empfindlich gegenüber Überladung/Tiefentladung |
| Anwendungen | Starterbatterie im Auto, Notstromversorgung, Solartechnik | Akkuschrauber, schnurlose Telefone, Videokameras | mobile Elektrogeräte, Antriebsbatterien für (E-Auto/E-Fahrrad) |

**03** Vergleich verschiedener Akkumulatoren

# 3.9 Brennstoffzellen

**01** Wasserstofftankstelle zum Betanken von Fahrzeugen mit Brennstoffzellen

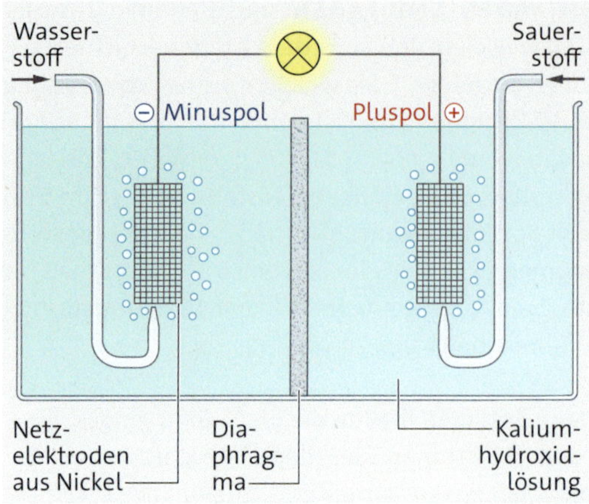


**02** Aufbau einer Wasserstoff-Sauerstoff-Brennstoffzelle

**FAHREN OHNE AUTOABGASE** Allein in Deutschland sind über 50 Millionen Kraftfahrzeuge zugelassen. Sie sind für rund 16 % der jährlichen Treibhausgasemissionen verantwortlich, die maßgeblich als Verursacher der globalen Erderwärmung gelten. In Deutschland und weltweit werden daher alternative Antriebskonzepte entwickelt, um zukünftig Fahrzeuge ohne Verbrennungsmotor auf die Straße bringen zu können. Eine Möglichkeit ist die Verwendung von Brennstoffzellen.

Eine **Brennstoffzelle** ist eine galvanische Zelle, bei der Oxidations- und Reduktionsmittel kontinuierlich von außen zugeführt werden müssen. Durch die Redoxreaktionen an den Elektroden wird chemische Energie in elektrische Energie umgewandelt. Sie kann beispielsweise genutzt werden, um den Elektromotor in einem Fahrzeug anzutreiben.

**P** **EXP 3.14** **Prinzip einer Brennstoffzelle**

**Materialien** U-Rohr, 2 Graphitelektroden, Gleichspannungsquelle, Kabel, Krokodilklemmen, Voltmeter, Kaliumhydroxidlösung ($w$ = 10 %; 5)

**Durchführung** Befüllen Sie das U-Rohr mit der 10%igen Kaliumhydroxidlösung. Setzen Sie in jeden Schenkel eine Graphitelektrode ein und messen Sie die Spannung mit dem Voltmeter. Legen Sie mithilfe der Gleichspannungsquelle für etwa 3 bis 5 min eine Spannung von etwa 5 V an. An den Elektroden sollte jeweils eine deutliche Gasentwicklung zu beobachten sein. Klemmen Sie die Spannungsquelle vorsichtig ab, ohne das U-Rohr zu erschüttern. Messen Sie erneut die Spannung an den Elektroden.

*Entsorgung:* Elektroden einsammeln, Kaliumhydroxidlösung in den Behälter für saure und alkalische Abfälle geben.

**Auswertung** Erläutern Sie, wie die Spannung zwischen den Elektroden entsteht.

**AUFBAU UND FUNKTION** Schließt man ein Voltmeter an zwei Graphitelektroden an, die in eine Kaliumhydroxidlösung eintauchen, kann man keine Spannung messen. Wiederholt man aber die Messung, nachdem man an die Elektroden so lange eine Gleichspannung angelegt hat, bis diese von Gasbläschen besetzt sind, kann man eine Spannung von etwas weniger als 1 Volt messen (↑ Exp 3.14). Durch die Gasbildung ist eine galvanische Zelle entstanden, die am Minuspol aus einer Wasserstoff- und am Pluspol aus einer Sauerstoffhalbzelle besteht (↑ **02**). Bei der Wasserstoff-Sauerstoff-Brennstoffzelle werden die Elektroden kontinuierlich von den beiden Gasen umspült. Wird ein elektrischer Verbraucher angeschlossen, laufen folgende Reaktionen ab:

**Minuspol:** $H_2 + 2\,OH^- \longrightarrow 2\,H_2O + 2\,e^-$
**Pluspol:** $O_2 + 2\,H_2O + 4\,e^- \longrightarrow 4\,OH^-$

**Gesamtreaktion:** $2\,H_2 + O_2 \longrightarrow 2\,H_2O$

Letztendlich läuft in der Brennstoffzelle die Knallgasreaktion ab, bei der Wasserstoff und Sauerstoff zu Wasser reagieren. Durch die räumliche Trennung von Oxidation und Reduktion kann die chemische Energie in elektrische Energie umgesetzt werden (↑ **03**).

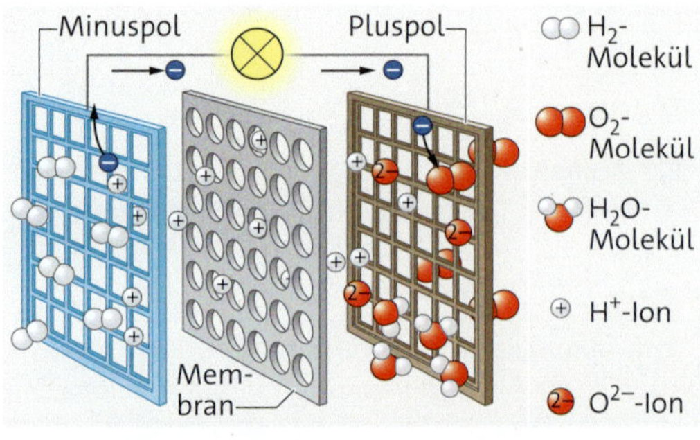


**03** Vorgänge in der Brennstoffzelle

**POLYMERELEKTROLYT-BRENNSTOFFZELLE** Eine häufig verwendete Brennstoffzelle ist die **PEMFC** (engl. *Proton Exchange Membrane Fuel Cell*, ↑ **04**). Entsprechend ihrem Namen besteht das wesentliche Bauteil aus einer nur etwa 0,1 mm dicken protonenleitenden Polymermembran (Handelsname: Nafion), die als Elektrolyt dient. Sie sorgt außerdem dafür, dass sich Wasserstoff und Sauerstoff nicht mischen. Beide Seiten der Polymermembran sind mit porösen Kohlenstoffmatten beschichtet, die als Elektroden dienen. In den Poren der Kohlenstoffschicht befindet sich fein verteiltes Platin als Katalysator. Die Elektroden sind über einen äußeren Stromkreis miteinander verbunden.
Auch in der PEMFC läuft wiederum die (kontrollierte) Knallgasreaktion ab: Wasserstoff wird am Minuspol mithilfe des Platinkatalysators in Protonen $H^+$ und Elektronen gespalten. Die freigesetzten Elektronen gelangen über den äußeren Stromkreis zum Pluspol, während die Protonen durch die Membran zum Pluspol diffundieren. Dort reagieren sie mit Sauerstoffmolekülen und Elektronen zu Wassermolekülen.
Da die PEMFC klein und robust sind, kommen sie als mobile Akkuladegeräte zum Einsatz. Hauptsächlich werden sie jedoch für den Fahrzeugantrieb bei Pkws und Bussen genutzt, wobei für die benötigte Leistung mehrere PEMFC hintereinandergeschaltet werden. Allerdings sind der Transport und die Speicherung von Wasserstoff aufwendig und nicht ohne Risiko.

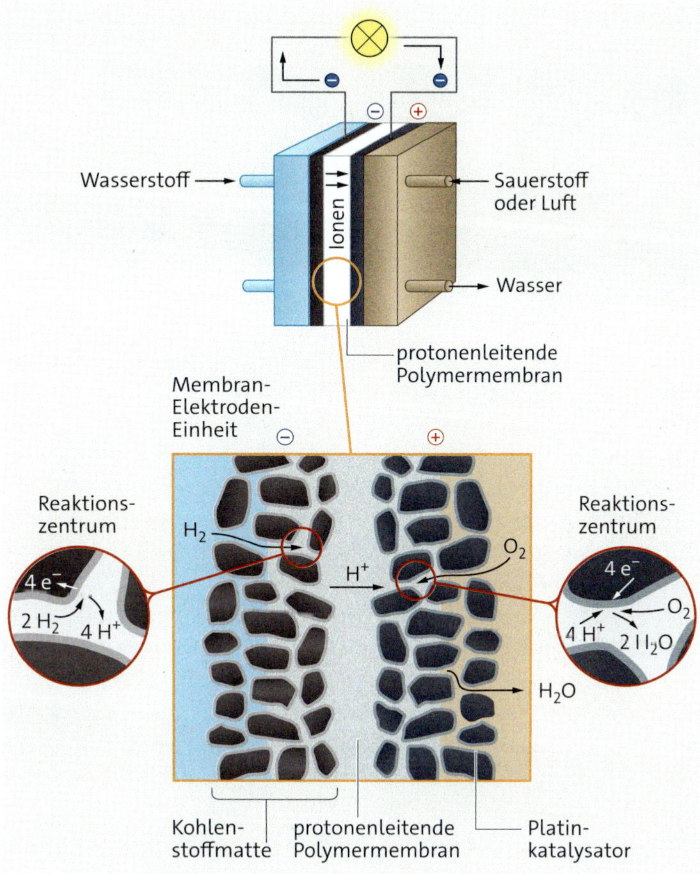


**04** Aufbau einer PEMFC

**DIREKTMETHANOL-BRENNSTOFFZELLE** Methanol lässt sich einfacher als Wasserstoff speichern. **DMFC** (engl. *Direct Methanol Fuel Cells*) nutzen eine wässrige Methanollösung als Brennstoff. Auch hier wird eine protonenleitende Polymermembran verwendet, die allerdings auch für Methanol durchlässig ist. Methanol wird am Minuspol oxidiert, wobei Kohlenstoffdioxid als Abgas entsteht. Dies führt zu einem geringeren elektrischen Potenzial als bei der PEMFC.
DMFC werden z. B. zur autarken Energieversorgung von Wohnmobilen verwendet – aber auch kleine elektrische Geräte könnten auf diese Weise betrieben werden.

**ANWENDUNG** Obwohl die Brennstoffzelle seit über 150 Jahren bekannt ist (und damit länger als der Ottomotor), steht ihre Verbreitung noch ganz am Anfang. So ist das Brennstoffzellenauto ein absolutes Nischenprodukt.
Das liegt vor allem am Brennstoff Wasserstoff, dessen Handhabung umständlich und gefährlich ist. In Deutschland gibt es nicht mal 50 Wasserstofftankstellen (↑ **01**). Zum Vergleich: Benzin und Diesel sind an über 14 000 Tankstellen verfügbar und selbst für die relativ neuen batteriebetriebenen E-Autos gibt es mittlerweile knapp ca. 10 000 Ladesäulen.
Brennstoffzellen werden auch im stationären Bereich betrieben. Sie dienen als kleine Kraftwerke zur Erzeugung von Strom und Wärme. Meist werden sie indirekt mit Erdgas betrieben, aus dem der Wasserstoff erzeugt wird.

**Brennstoffzellen sind galvanische Zellen, bei denen die Ausgangsstoffe kontinuierlich von außen zugeführt werden müssen. Chemische Energie wird direkt in elektrische Energie umgewandelt.**

**1** Vergleichen Sie die Wasserstoff-Sauerstoff-Brennstoffzelle mit dem Bleiakku.
**2** Vergleichen Sie PEMFC und DMFC. Stellen Sie für beide Brennstoffzellen die Teil- und Gesamtreaktionen auf.
**3** Begründen Sie, warum die Verwendung von Brennstoffzellen in Fahrzeugen aus ökologischen Gründen sinnvoll ist.

# Klausurtraining

## Material F Von der Kupferradierung zur Leiterplatte

F1.1 Leiterplatte

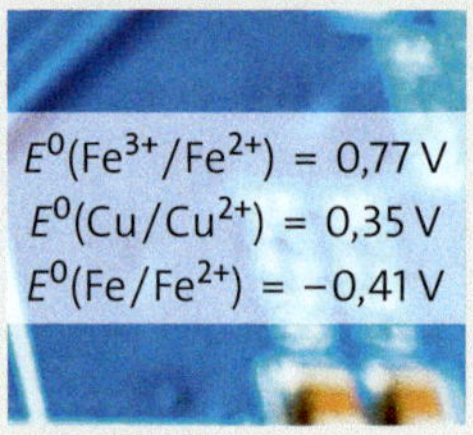


F1.2 Redoxpotenziale

Der Maler ALBRECHT DÜRER (1471–1528) schuf im 16. Jahrhundert bahnbrechende Gemälde wie „Ritter, Tod und Teufel", die er als Kupferstiche anlegte, um sie auf Papier drucken zu können. Zur Vervielfältigung der Kunstdrucke experimentierte er auch mit chemischen Ätztechniken, bei denen er die Kupferplatte mit Wachs beschichtete. Darin konnte der Künstler sein Motiv mit wenig Kraftaufwand seitenverkehrt einritzen, bis das Kupfer unter dem Wachs sichtbar wurde.
Das frei liegende Kupfer wurde durch Einwirkung von Eisen(III)-chloridlösung geätzt, damit sich das Motiv tiefer in die Kupferoberfläche eingrub. Zum Schluss entfernte DÜRER das restliche Wachs mit heißem Wasser. Dabei entstanden Kupferplatten, die als Druckvorlagen für Kupferradierungen genutzt wurden. Auch wenn die Qualität der Drucke nicht ganz mit denen eines Kupferstichs mithalten konnte, so ließen sie sich doch aufgrund der einfachen Herstellung gewinnbringend verkaufen. Heute werden Leiterplatinen für elektronische Geräte noch auf ähnliche Weise durch redoxchemisches Ätzen von Kupfer mit Eisen(III)-chloridlösung hergestellt (↑ F1.1).

### AUFGABEN ZU F

1 › **a** Begründen Sie anhand der Standardredoxpotenziale, dass bei der Radierung eine Redoxreaktion abläuft. Geben Sie die Reaktionsgleichungen an (↑ F1.2).
**b** Erklären Sie, was passieren würde, wenn statt Eisen(III)-chloridlösung versehentlich Eisen(II)-chloridlösung zum Ätzen eingesetzt würde (↑ F1.2).
**c** Erläutern Sie die Auswirkung der Bildung von Kupfer(II)-Ionen auf das Redoxpotenzial $E(Cu/Cu^{2+})$. Berechnen Sie, wie groß die Stoffmengenkonzentration $c(Cu^{2+})$ an Kupfer(II)-Ionen werden müsste, um das Standardpotenzial von 0,77 V zu erreichen.

2 › Entwickeln Sie einen Vorschlag zur Herstellung einer Leiterplatine aus Kunststoffharz mit Kupferleitungen.

## Material G Kupfer-Ionengehalt von Trinkwasser

G1.1 Empfindliche Fische

Aquarianer halten Zierfische, Schnecken und kultivieren Pflanzen, die empfindlich auf chemische Verunreinigungen im Wasser reagieren können. Fische und Algen werden schon durch geringe Konzentrationen an Kupfer(II)-Ionen geschädigt, sodass das Aquariumwasser eine Massenkonzentration von $\beta(Cu^{2+}) = 0{,}03\ mg \cdot l^{-1}$ nicht überschreiten sollte. Wasserleitungen bestehen jedoch häufig aus Kupfer und geben je nach Härtegrad und pH-Wert des Wassers Kupfer(II)-Ionen ins Trinkwasser ab, die dann beim Wasseraustausch in das Aquarium gelangen. Nach der Neuinstallation einer Kupferleitung kann die Kupfer(II)-Ionenkonzentration sogar den Grenzwert der Trinkwasserverordnung von $\beta(Cu^{2+}) = 2\ mg \cdot l^{-1}$ überschreiten.
Um sicherzugehen, dass die Kupfer(II)-Ionenkonzentration nicht zu groß wird, überprüfen manche Aquarianer das Wasser mit einer Kupferkonzentrationszelle. Zur Messung tauchen sie einen Kupferdraht in eine Probe des Aquariumwassers ein. Als Bezugshalbzelle dient eine Kupferhalbzelle, die mit dem Zellsymbol $Cu/Cu^{2+}$ ($c = 0{,}1\ mol \cdot l^{-1}$) beschrieben werden kann.

| | $U$ in V | $c(Cu^{2+})$ in $mol \cdot l^{-1}$ | $\beta(Cu^{2+})$ in $g \cdot l^{-1}$ | Überschreitung |
|---|---|---|---|---|
| Meier | 0,101 | | | |
| Schulz | 0,116 | | | |

G1.2 Überwachung der Kupfer(II)-Ionenkonzentration

### AUFGABEN ZU G

1 › **a** Vergleichen Sie die Grenzwerte für Kupfer(II)-Ionen für Trinkwasser und für Aquariumwasser. Leiten Sie eine Schlussfolgerung ab.
**b** Berechnen Sie die Spannung der Konzentrationszelle für eine Stoffmengenkonzentration $c(Cu^{2+})$ an Kupfer(II)-Ionen, die für Fische bereits schädlich sein kann.

2 › **a** Skizzieren und beschriften Sie den Aufbau der Konzentrationszelle, mit der die Kupfer(II)-Ionenkonzentration im Aquariumwasser gemessen wird.
**b** Erläutern Sie, wie es zu einer messbaren Spannung kommt.
**c** Ermitteln Sie, ob das Aquariumwasser der Aquarianer den Kupfer(II)-Ionengrenzwert überschreitet. Ergänzen Sie hierzu die fehlenden Werte in der Tabelle (↑ G1.2).
**d** Entwickeln Sie Vorschläge zur möglichen Verringerung des Kupfer(II)-Ionengehalts im Wasser.

## Material H Knopfzellen für Hörgeräte

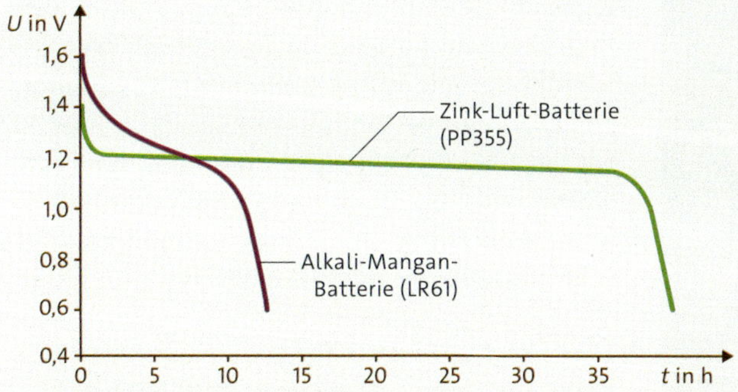


**H1.1** Entladekurven verschiedener Batterien

Moderne Hörgeräte werden immer kleiner und leistungsfähiger. Daraus ergeben sich zwangsläufig hohe Anforderungen an die zur Stromversorgung eingesetzte Batterie. Zum einen muss sie eine besonders hohe Energiedichte haben, d. h., aus möglichst geringer Masse muss sie möglichst viel elektrische Energie bereitstellen können. Zum anderen fordert die hochentwickelte Hörgerätetechnologie eine sehr hohe Leistung der Batterie. Schließlich soll das Hörgerät auch dann noch optimal arbeiten, wenn die Batterie bereits längere Zeit in Betrieb ist. Das bedeutet, die Spannung der Batterie muss auch bei relativ hohen Strömen bis zum Ende der Entladung nahezu konstant bleiben (↑ **H1.1**).

Früher wurden oft Quecksilberoxid-Zink-Batterien in Hörgeräte eingesetzt, die aber heute wegen der Toxizität des Quecksilbers nicht mehr zulässig sind. Deshalb werden moderne Hörgeräte mit Zink-Luft-Batterien betrieben (↑ **H1.2**). Am Minuspol der Zelle werden Zinkatome oxidiert, während am Pluspol aus Aktivkohle Sauerstoffmoleküle aus der Luft zu Hydroxid-Ionen reduziert werden. In alkalischer Lösung bilden Zink-Ionen mit Hydroxid-Ionen sehr stabile $[Zn(OH)_4]^{2-}$-Ionen, die im weiteren Verlauf zu festem Zinkhydroxid $Zn(OH)_2$ reagieren. Daher beträgt die Konzentration der freien Zink-Ionen nur ca. $10^{-16}$ mol · l$^{-1}$, sodass sich ein Redoxpotenzial der Zinkelektrode von $E(Zn/Zn^{2+}) = -1{,}23$ V ergibt. Das Redoxpotenzial am Pluspol beträgt $E(OH^-/O_2) = 0{,}40$ V.
Bei längerem Betrieb bildet sich in der Zink-Luft-Batterie durch die ständige Luftzufuhr Kaliumcarbonat, wodurch die Leistungsfähigkeit der Batterie reduziert wird.

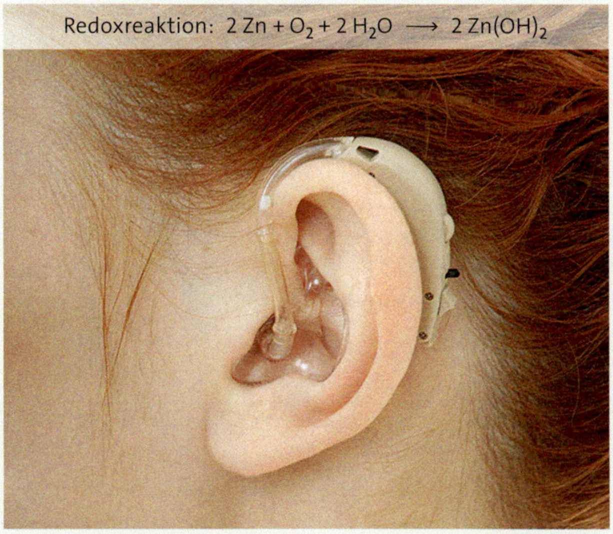


**H1.2** Redoxreaktion von Zink-Luft-Batterien in Hörgeräten

| Donator ⇄ Akzeptor + $z\,e^-$ | $E^0$ in V | pH |
|---|---|---|
| $Zn(s) \rightleftarrows Zn^{2+}(aq) + 2\,e^-$ | −0,76 | 0 |
| $Zn(s) + 4\,OH^-(aq) \rightleftarrows [Zn(OH)_4]^{2-}(aq) + 2\,e^-$ | −1,23 | 14 |
| $2\,H_2O(l) \rightleftarrows O_2(g) + 4\,H^+(aq) + 4\,e^-$ | 1,23 | 0 |
| $4\,OH^-(aq) \rightleftarrows O_2(g) + 2\,H_2O(l) + 4\,e^-$ | 0,40 | 14 |

**H1.3** Standardpotenziale verschiedener Redoxpaare

| Batterietyp | U in V | Elektronenübergang (Anzahl) | M in g · mol$^{-1}$ | | Energiedichte in Wh · kg$^{-1}$ |
|---|---|---|---|---|---|
| | | | Donator | Akzeptor | |
| $Zn/MnO_2$ | 1,5 | 2 $e^-$ | 65,4 | 86,9 | 200–450 |
| $Zn/O_2$ | 1,6 | 4 $e^-$ | 65,4 | 32,0 | 650–800 |
| $Li/MnO_2$ | 3,2 | 1 $e^-$ | 6,9 | 86,9 | 650–800 |
| $Pb/PbO_2$ | 2,0 | 2 $e^-$ | 207,2 | 239,2 | 30–80 |

**H1.4** Batterietypen im Vergleich

### AUFGABEN ZU H

**1)** **a** Skizzieren Sie den prinzipiellen Aufbau einer Zink-Luft-Batterie und beschriften Sie die einzelnen Bestandteile der galvanischen Zelle.
**b** Formulieren Sie die Elektrodenreaktionen der Zink-Luft-Batterie. Ordnen Sie den Teilreaktionen die Begriffe Pluspol, Minuspol, Anode, Kathode, Donator- bzw. Akzeptorhalbzelle zu.
**c** Berechnen Sie die theoretisch maximale Zellspannung mithilfe der gegebenen Redoxpotenziale.
**d** Erklären Sie die Bildung von Kaliumcarbonat im Langzeitbetrieb der Zink-Luft-Batterie.

**2)** **a** Vergleichen Sie die Energiedichten der Batterietypen in ↑ **H1.4** und diskutieren Sie, von welchen Faktoren diese abhängen.
**b** Bewerten Sie die Leistungsfähigkeit der Zink-Luft-Batterie im Vergleich zu den anderen Batterien. Leiten Sie eine Schlussfolgerung ab.
**c** Begründen Sie, warum Zink-Luft-Batterien gemeinhin als umweltfreundlich gelten.

# 3.10 Elektrolysen

**01** Verchromtes glänzt nicht nur, sondern hält auch länger.

In galvanischen Zellen wird durch die an den Elektroden ablaufenden Redoxreaktionen chemische Energie in elektrische Energie umgewandelt. Umgekehrt können chemische Reaktionen aber auch mithilfe des elektrischen Stroms erzwungen werden. So kann durch elektrischen Strom ein Metallüberzug auf einem Gegenstand abgeschieden werden, der nicht nur schön glänzt, sondern auch vor Umwelteinflüssen schützt (↑ **01**).

## P EXP 3.15 Elektrolyse von Zinkiodidlösung

5 9

**Materialien** Spannungsquelle, Elektromotor, U-Rohr, 2 Graphitelektroden, Krokodilklemmen, Kabel, Stativmaterial, Zinkiodidlösung ($c$ = 1 mol·l$^{-1}$; 5, 9)

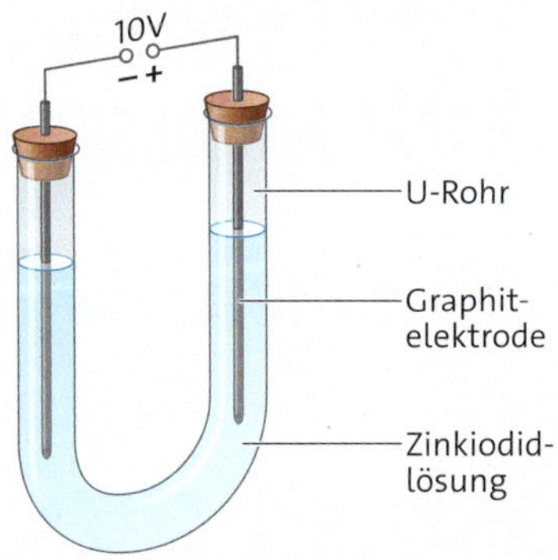


**Durchführung** Befüllen Sie das U-Rohr mit der Zinkiodidlösung und tauchen Sie eine Graphitelektrode in jeden Schenkel des U-Rohrs. Verbinden Sie die Graphitelektroden mit den Krokodilklemmen der Spannungsquelle. Stellen Sie eine Spannung von 10 V ein. Sobald Sie eine Veränderung an den Elektroden beobachten, ersetzen Sie die Spannungsquelle durch einen Elektromotor.

*Entsorgung:* Lösung sammeln und mit etwas Zink versetzen (Iod reagiert wieder zu Iodid), Zinkiodidlösung weiterverwenden.

**Auswertung** Deuten Sie die Beobachtungen. Beschreiben Sie jeweils eine Möglichkeit, die Reaktionsprodukte an den Elektroden nachzuweisen.

**ELEKTROLYSE VON LÖSUNGEN** Taucht man in eine Lösung aus Zinkiodid zwei Graphitelektroden ein und legt eine Gleichspannung von etwa 10 Volt an, kann man am Pluspol die Bildung brauner Schlieren und am Minuspol die Abscheidung eines silbrig glänzenden Belags beobachten (↑ Exp 3.15).
Die angelegte Spannung bewirkt, dass sich aus gelöstem Zinkiodid elementares Zink und Iod bilden. Eine solche chemische Zerlegung mithilfe elektrischer Energie wird Elektrolyse genannt.

**ELEKTRODENREAKTIONEN** Durch die angelegte Gleichspannung lädt sich ein Graphitstab negativ auf. Er bildet den Minuspol, zu dem die positiv geladenen Zink-Ionen aus der Lösung wandern. Dort nehmen sie jeweils zwei Elektronen auf und werden zu Zinkatomen reduziert. Mit der Zeit scheidet sich auf der Elektrode genug Zink ab, sodass es als metallischer Belag sichtbar wird.
Der andere Graphitstab lädt sich positiv auf. Er bildet den Pluspol, zu dem die negativ geladenen Iodid-Ionen wandern. Sie geben dort je ein Elektron ab und werden zu Iodatomen oxidiert, die zu Iodmolekülen weiterreagieren (↑ **02**). In der Lösung verteilt sich das Iod als braune Schlieren.

Minuspol: $Zn^{2+}(aq) + 2\,e^- \longrightarrow Zn(s)$ (Reduktion)
Pluspol: $2\,I^-(aq) \longrightarrow I_2(aq) + 2\,e^-$ (Oxidation)

$Zn^{2+}(aq) + 2\,I^-(aq) \longrightarrow Zn(s) + I_2(aq)$ (Redoxreaktion)

Bei der Elektrolyse der Zinkiodidlösung findet eine Redoxreaktion statt, bei der Elektronen von den Iodid-Ionen auf die Zink-Ionen übertragen wurden. Es handelt sich um eine erzwungene Reaktion, die nur so lange abläuft, wie eine ausreichend große Spannung an den Elektroden anliegt.

**EINE GALVANISCHE ZELLE ENTSTEHT** Ersetzt man die Spannungsquelle bei der Elektrolyse nach einiger Zeit durch einen Elektromotor, wird dieser für einen kurzen Moment angetrieben.
Durch die Bildung von Zinkatomen und Iodmolekülen hat sich an der Oberfläche der beiden Graphitstäbe jeweils eine elektrochemische Doppelschicht ausgebildet. Es ist eine galvanische Zelle entstanden, bei der das Redoxpaar $Zn/Zn^{2+}$ die Donatorhalbzelle und das Redoxpaar $2\,I^-/I_2$ die Akzeptorhalbzelle bildet. Es findet eine freiwillige Redoxreaktion statt, bei der sich die Vorgänge der Elektrolyse umkehren (↑ **03**).

Minuspol: $Zn(s) \longrightarrow Zn^{2+}(aq) + 2\,e^-$ (Oxidation)
Pluspol: $I_2(aq) + 2\,e^- \longrightarrow 2\,I^-(aq)$ (Reduktion)

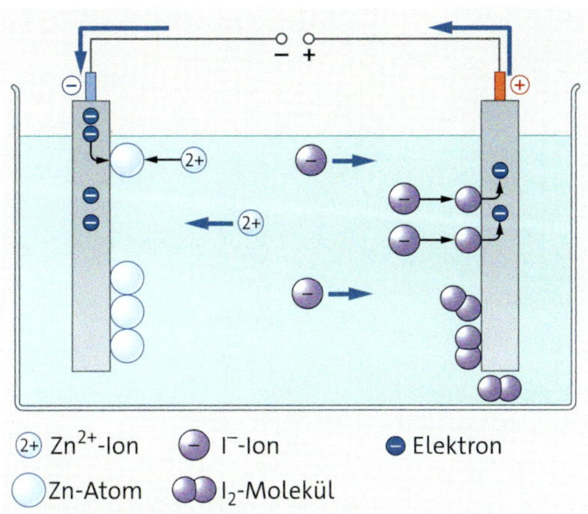


**02** Vorgänge bei der Elektrolyse von Zinkiodidlösung

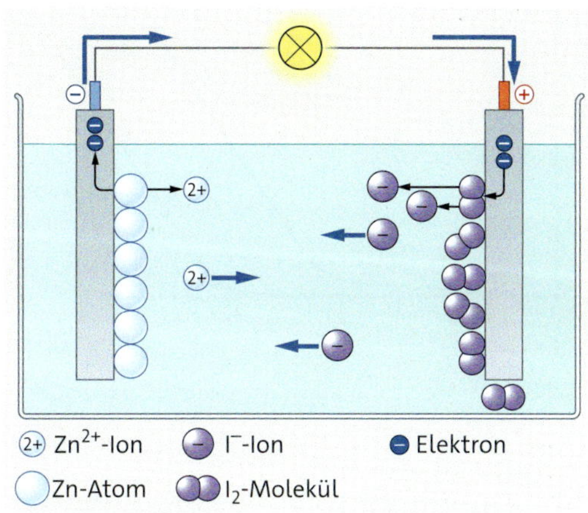


**03** Vorgänge in der galvanischen Zelle mit den Halbzellen $Zn/Zn^{2+} // 2\,I^-/I_2$

*$Zn/Zn^{2+} // 2\,I^-/I_2$ ist die Kurzschreibweise für eine galvanische Zelle (↑ S. 84).*

**ZERSETZUNGSSPANNUNG** Die zur Elektrolyse einer Verbindung erforderliche Spannung wird **Zersetzungsspannung $U_Z$** genannt. Sie kann theoretisch aus den Redoxpotenzialen der beteiligten Redoxpaare von Pluspol und Minuspol berechnet werden. Für das Beispiel der Elektrolyse von Zinkiodid ergibt sich somit:

$U_Z = E^0(\text{Pluspol/Anode}) - E^0(\text{Minuspol/Kathode})$
$U_Z = E^0(2\,I^-/I_2) - E^0(Zn/Zn^{2+}) = 1{,}30\ V$

Die *theoretische Zersetzungsspannung* entspricht damit genau der Spannung, die eine galvanische Zelle aus diesen Redoxpaaren liefern würde. In der Praxis muss aber meistens eine deutlich höhere Spannung angelegt werden.

**VERGLEICH ZWISCHEN ELEKTROLYSEZELLE UND GALVANISCHER ZELLE** Vergleicht man die Elektrolyse mit den Vorgängen in einer galvanischen Zelle, so stellt man fest, dass Anode und Kathode jeweils vertauscht sind. Während bei der Elektrolyse am Minuspol eine erzwungene Reduktion stattfindet, läuft in einer galvanischen Zelle eine freiwillige Oxidation ab. Am Pluspol findet hingegen bei der Elektrolyse eine erzwungene Oxidation und in der galvanischen Zelle eine freiwillig ablaufende Reduktion statt. Aber nicht nur der Ort der Oxidation (Anode) und der Reduktion (Kathode) sind vertauscht. Bei der Elektrolyse kehrt sich auch die Richtung des Elektronenflusses um: Er verläuft vom Plus- zum Minuspol.
Wie in einer galvanischen Zelle finden auch bei der Elektrolyse Oxidation und Reduktion zwar räumlich getrennt, aber gleichzeitig statt. Die Vorgänge lassen sich mithilfe des Donator-Akzeptor-Konzepts beschreiben und verstehen.

| | Elektrolysezelle | Galvanische Zelle |
|---|---|---|
| Minuspol (–) | Kathode (Reduktion) | Anode (Oxidation) |
| | Akzeptorhalbzelle (Elektronenakzeptor) | Donatorhalbzelle (Elektronendonator) |
| Pluspol (+) | Anode (Oxidation) | Kathode (Reduktion) |
| | Donatorhalbzelle (Elektronendonator) | Akzeptorhalbzelle (Elektronenakzeptor) |
| Stromfluss | vom Plus- zum Minuspol | vom Minus- zum Pluspol |

**04** Vergleich zwischen galvanischer Zelle und Elektrolysezelle

**Elektrolysen sind durch elektrische Energie erzwungene Redoxreaktionen. Die Elektrolyse ist die Umkehrung der Vorgänge in einer galvanischen Zelle.**

**1**› Eine Kupfer(II)-chloridlösung wird elektrolysiert.
**a** Skizzieren und beschriften Sie einen Aufbau zur Elektrolyse der Lösung.
**b** Geben Sie die chemischen Reaktionen an den Elektroden an.
**c** Erklären Sie, warum man nach dem Ausschalten der Gleichspannung für kurze Zeit eine elektrische Spannung an den Elektroden messen kann.

**2**› **a** Vergleichen Sie die Vorgänge bei der Elektrolyse einer Zinkbromidlösung mit den Vorgängen in folgender galvanischer Zelle: $Zn/Zn^{2+} // 2\,Br^-/Br_2$
**b** Geben Sie jeweils die Zersetzungsspannung dieser Elektrolyse und die Spannung der galvanischen Zelle an.

# Zersetzungs- und Überspannung

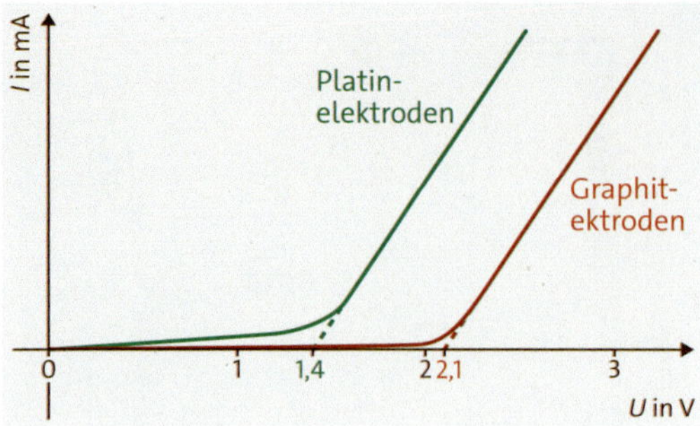


**01** Stromstärke-Spannungs-Kurve für die Elektrolyse von Salzsäure

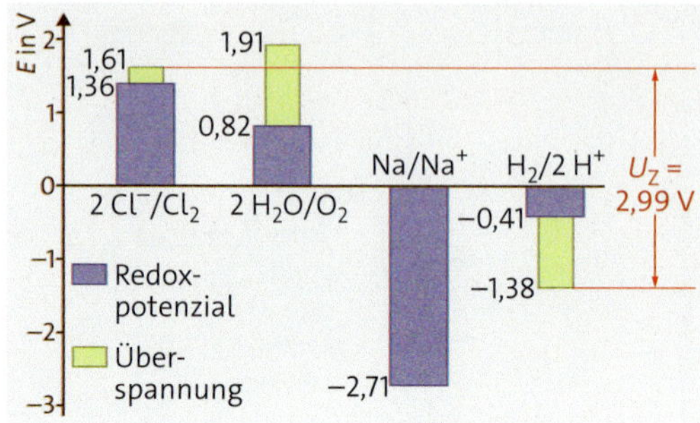


**02** Abscheidungspotenziale bei der Elektrolyse von Natriumchloridlösung an Graphitelektroden

**TATSÄCHLICHE ZERSETZUNGSSPANNUNG** Versucht man eine Salzsäurelösung mit einer Spannung von 1,36 Volt zu elektrolysieren, kann man keine merklichen Reaktionen an den Graphitelektroden beobachten, obwohl sich dieser Wert aus den Redoxpotenzialen der beteiligten Redoxpaare ergibt:

$U_Z = E^0(2\,Cl^-/Cl_2) - E^0(H_2/2\,H^+) = 1{,}36\ V$

Erst beim Anlegen einer Spannung von über 2 Volt ist eine Gasentwicklung an den Elektroden bemerkbar. Die **tatsächliche Zersetzungsspannung** ist deutlich größer als die aus den Redoxpotenzialen berechnete. Um sie zu ermitteln, wird die gemessene Stromstärke gegen die angelegte Spannung in einem Diagramm aufgetragen. Bei schrittweiser Erhöhung der Spannung ergibt sich ein Verlauf ähnlich wie in Bild ↑ **01**. Zu Beginn ist nur eine geringe Stromstärke messbar, sodass auch keine Elektrolyse stattfindet. Erst ab einer bestimmten Spannung steigt die Stromstärke steil an. Verlängert man diesen Teil der Kurve zur *x*-Achse, kann man die tatsächlich benötigte Zersetzungsspannung grafisch ermitteln. Für die Elektrolyse von Salzsäure an Graphitelektroden ergibt sich ein Wert von ca. 2,1 Volt. Ersetzt man die Graphitelektroden im Versuchsaufbau durch Platinelektroden, so sinkt die Zersetzungsspannung auf 1,4 Volt. Sie entspricht damit in etwa der aus den Redoxpotenzialen ermittelten *theoretischen Zersetzungsspannung*.

*Theoretische Zersetzungsspannung (↑ S. 103)*

**ABSCHEIDUNGSPOTENZIAL UND ÜBERSPANNUNG** Das tatsächlich beobachtete Redoxpotenzial einer Elektrodenreaktion wird auch als **Abscheidungspotenzial** bezeichnet. Vor allem bei der Bildung von Gasen ist dessen Betrag größer als zu erwarten (↑ **02**). Die Differenz wird als **Überspannung** bezeichnet. Sie beruht auf der Hemmung der Elektrodenreaktionen insbesondere aufgrund der hohen erforderlichen Aktivierungsenergie. Die Hemmung hängt stark vom Elektrodenmaterial ab und kann z. B. durch die Verwendung von Platinelektroden verringert werden.

Weitere Faktoren sind die Temperatur, die Elektrolytkonzentration und die Beschaffenheit der Elektrodenoberfläche. Die gemessene Zersetzungsspannung ergibt sich als Differenz der Abscheidungspotenziale, die sich aus den tabellierten Redoxpotenzialen und Überspannungen zusammensetzen.
Bei der Elektrolyse einer Natriumchloridlösung sind mehrere Elektrodenreaktionen denkbar:

**Minuspol:**

$Na^+(aq) + e^- \longrightarrow Na(s) \qquad E^0 = -2{,}71\ V$

$2\,H_2O(l) + 2\,e^- \longrightarrow H_2(g) + 2\,OH^-(aq)$

$E = -0{,}41\ V\ (pH = 7)$

**Pluspol:**

$2\,Cl^-(aq) \longrightarrow Cl_2(g) + 2\,e^- \qquad E^0 = 1{,}36\ V$

$2\,H_2O(l) \longrightarrow O_2(g) + 4\,H^+(aq) + 4\,e^-$

$E = 0{,}82\ V\ (pH = 7)$

Vergleicht man die Redoxpotenziale der jeweils möglichen Reaktionen an den Elektroden, so müsste am Minuspol Wasserstoff und am Pluspol Sauerstoff entstehen, da sich so die kleinste Zersetzungsspannung ergibt. Tatsächlich kann man aber nur die Bildung von Wasserstoff beobachten. Am Pluspol entsteht stattdessen Chlor, da die Überspannung bei Sauerstoff so groß ist, dass die Abscheidung von Chlor bevorzugt abläuft (↑ **02**).

**Bei einer Elektrolyse läuft zuerst die Redoxreaktion ab, die die geringste Zersetzungsspannung erfordert. Die Zersetzungsspannung ergibt sich aus der Differenz der Redoxpotenziale und möglichen Überspannungen.**

**1**) Kupfer(II)-chloridlösung wird elektrolysiert. Ermitteln Sie auch mithilfe von Bild ↑ **02** die tatsächliche Zersetzungsspannung und geben Sie die Elektrodenreaktionen an.
*Hinweis:* Metalle haben keine Überspannung.

# Faraday-Gesetze

Elektrolysen haben eine große technische Bedeutung bei der Herstellung wichtiger Grundchemikalien. Jährlich werden auf diese Weise mehrere Millionen Tonnen an Chlor oder Aluminium produziert. Hierzu müssen die quantitativen Zusammenhänge zwischen der abgeschiedenen Masse eines Stoffs und der dazu notwendigen Ladungsmenge, dem „Stromverbrauch", bekannt sein.

**FARADAY-GESETZE** Schon um 1833/34 führte MICHAEL FARADAY quantitative Experimente zur Elektrolyse durch. Er untersuchte u. a. den Zusammenhang zwischen abgeschiedener Masse verschiedener Metalle und geflossener Ladungsmenge. Wiederholt man ähnliche Versuche, so kann man grundsätzlich feststellen, dass die abgeschiedene Masse *m* eines Stoffs an der Elektrode proportional zur geflossenen Ladungsmenge *Q* ist (**1. Faraday-Gesetz**, ↑ **03**). Zur Abscheidung von 108 g Silber ist dabei die gleiche Ladungsmenge notwendig wie zur Abscheidung von 23 g Natrium. Beide Massen entsprechen einer Stoffmenge von 1 mol.

Um ein 1 mol Zink ($m$ = 65 g) abzuscheiden, ist aber eine doppelt so große Ladungsmenge notwendig, für 1 mol Aluminium ($m$ = 27 g) sogar eine dreimal so große Ladungsmenge (↑ **03**). Daraus kann man folgern, dass die Ladungsmenge von der Ladungszahl des Metall-Ions abhängen muss (**2. Faraday-Gesetz**). Zur Berechnung der elektrolytischen Abscheidung einer beliebigen Masse eines Stoffs ergibt sich folgender Zusammenhang:

$$m(\text{Stoff}) = \frac{Q}{z \cdot F} \cdot M(\text{Stoff}) = \frac{I \cdot t}{z \cdot F} \cdot M(\text{Stoff})$$

Hierbei ist die Konstante $F$ genau die Ladungsmenge, die notwendig ist, um 1 mol Silber abzuscheiden. Sie wird **Faraday-Konstante** $F$ genannte.

$F = 96\,485\ \text{A} \cdot \text{s} \cdot \text{mol}^{-1}$

$z$ ist eine dimensionslose Zahl. Sie entspricht der Anzahl der beteiligten Elektronen in der Reaktionsgleichung:

$Ag^+ + e^- \longrightarrow Ag \quad z = 1$

$Na^+ + e^- \longrightarrow Na \quad z = 1$

$Zn^{2+} + 2\,e^- \longrightarrow Zn \quad z = 2$

$Al^{3+} + 3\,e^- \longrightarrow Al \quad z = 3$

Wird die Elektrolyse mit konstanter Stromstärke $I$ durchgeführt, ergibt sich die Ladungsmenge $Q$ aus dem Produkt der Zeitdauer $t$ der Elektrolyse und der gemessenen Stromstärke $I$:

$Q = I \cdot t$

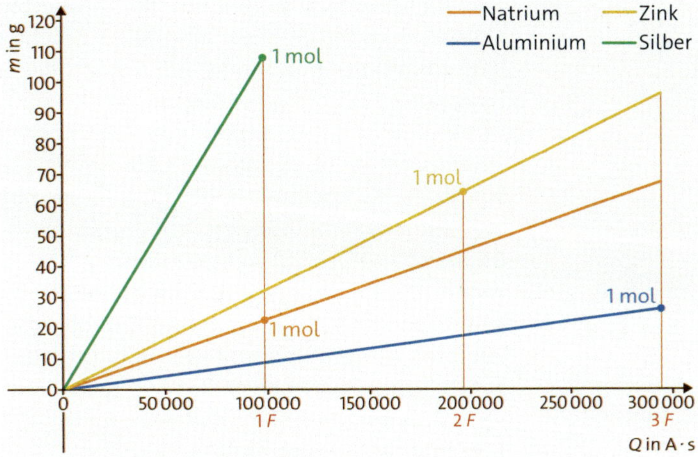


**03** Abgeschiedene Massen verschiedener Metalle bei der Elektrolyse

**Elektrolyse einer Lithiumchloridschmelze**

**Aufgabe:** Berechnen Sie die Masse an abgeschiedenem Lithium und das Volumen an Chlor (unter Normbedingungen), die bei der Elektrolyse einer Lithiumchloridschmelze mit einer Stromstärke von 3 A innerhalb von 2 h entstehen.

**Gegeben:** $I$ = 3 A; $t$ = 2 h = 7200 s; $F$ = 96 485 A·s·mol$^{-1}$;
$M(\text{Li}) = 6{,}9\ \text{g} \cdot \text{mol}^{-1}$; $V_m = 22{,}4\ \text{l} \cdot \text{mol}^{-1}$

**Gesucht:** $m(\text{Li})$, $V(Cl_2)$

**Lösung:**

1. Aufstellen der Reaktionsgleichungen für Minus- und Pluspol:

Minuspol: $Li^+ + e^- \longrightarrow Li \quad z = 1$

Pluspol: $2\,Cl^- \longrightarrow Cl_2 + 2\,e^- \quad z = 2$

2. Berechnen von $m(\text{Li})$:

$$m(\text{Li}) = \frac{I \cdot t}{z \cdot F} \cdot M(\text{Li}) = \frac{3\ \text{A} \cdot 7200\ \text{s}}{1 \cdot 96\,485\ \text{A} \cdot \text{s} \cdot \text{mol}^{-1}} \cdot 6{,}9\ \text{g} \cdot \text{mol}^{-1} = 1{,}54\ \text{g}$$

3. Berechnen von $V(Cl_2)$:

$$V(Cl_2) = \frac{I \cdot t}{z \cdot F} \cdot V_m = \frac{3\ \text{A} \cdot 7200\ \text{s}}{2 \cdot 96\,485\ \text{A} \cdot \text{s} \cdot \text{mol}^{-1}} \cdot 22{,}4\ \text{l} \cdot \text{mol}^{-1} = 2{,}51\ \text{l}$$

**Antwort:** Bei der Elektrolyse einer Lithiumchloridschmelze mit einer Stromstärke von 3 A bilden sich in 2 h 1,54 g Lithium und 2,51 l Chlor.

**1** Berechnen Sie die Silbermasse, die in 3 min bei einer Stromstärke von 2,5 A an einer Kathode abgeschieden wird.

**2** Eine Kupfer(II)-sulfatlösung wird mit einer Stromstärke von 1 A elektrolysiert.
**a** Berechnen Sie die Zeitdauer, um 150 g Kupfer an einer Elektrode abzuscheiden.
**b** Berechnen Sie die Stromstärke, um die gleiche Masse Kupfer in nur einer Stunde zu erzeugen.

# 3.11 Chloralkali-Elektrolyse

Chlor und Natronlauge sind zwei der wichtigsten Grundchemikalien der chemischen Industrie. Chlor wird z. B. bei der Herstellung von Kunststoffen – hauptsächlich PVC (Polyvinylchlorid) –, Arzneimitteln, Farbstoffen, Papier, Lösungsmitteln und Salzsäure eingesetzt. Natronlauge dient u. a. zur Herstellung von Seifen, als industrielles Reinigungsmittel und zur Neutralisation von Säuren.
Beide Stoffe werden fast ausschließlich durch Chloralkali-Elektrolyse aus einer Natriumchloridlösung gewonnen. Das Natriumchlorid steht als Steinsalz in großen Mengen in unterirdischen Lagerstätten zur Verfügung. Als Nebenprodukt fällt zudem Wasserstoff an, der z. B. in Brennstoffzellen zur Energiegewinnung genutzt werden kann.

Obwohl industriell verschiedene Verfahren der Chloralkali-Elektrolyse durchgeführt werden, sind grundsätzlich immer die folgenden chemischen Reaktionen bei der Elektrolyse möglich:

**Minuspol (Kathode):**

$Na^+ + e^- \longrightarrow Na$ $E^0 = -2{,}71\,V$

$2\,H_2O + 2\,e^- \longrightarrow H_2 + 2\,OH^-$ $E = -0{,}41\,V$ (bei pH = 7)

**Pluspol (Anode):**

$2\,Cl^- \longrightarrow Cl_2 + 2\,e^-$ $E^0 = 1{,}36\,V$

$2\,H_2O \longrightarrow O_2 + 4\,H^+ + 4\,e^-$ $E = 0{,}82\,V$ (bei pH = 7)

Aus den Redoxpotenzialen ist ersichtlich, dass sich am Minuspol Wasserstoff und am Pluspol Sauerstoff bilden müsste. Durch Verwendung von beschichteten Titananoden als Pluspol kann aber die Abscheidung von Sauerstoff sehr stark gehemmt werden, sodass am Pluspol hauptsächlich Chlor entsteht.

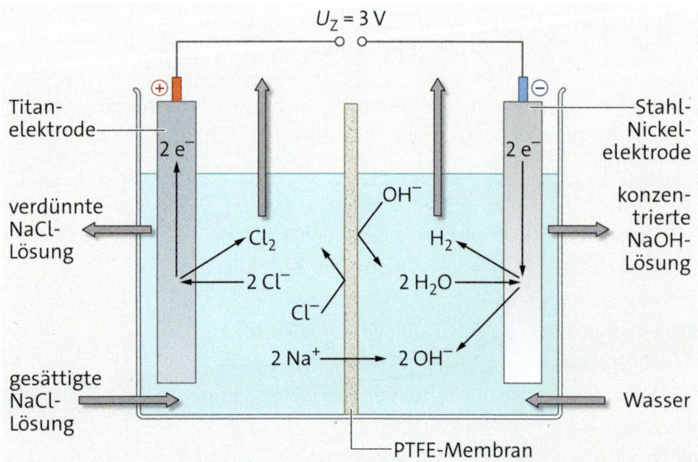


**01** Membranverfahren (Schema)

**MEMBRANVERFAHREN** Beim Membranverfahren sind Anode (Pluspol) und Kathode (Minuspol) durch eine spezielle Membran voneinander getrennt, sodass sich die beiden Lösungen nicht miteinander vermischen können (↑ **01**). Die Membran ist aus dem Kunststoff Polytetrafluorethen (PTFE) aufgebaut. Durch Poren, die mit negativ geladenen Sulfonatgruppen $-SO_3^-$ besetzt sind, können nur die positiv geladenen Natrium-Ionen $Na^+$ von einem Elektrodenraum in den anderen gelangen. Für negativ geladene Ionen ist sie dagegen undurchlässig.

Die Anode aus Titan ist von einer gesättigten Natriumchloridlösung umgeben, an der sich Chlor bildet.
Die Kathode aus Nickel oder Edelstahl wird von einer verdünnten Natronlauge (NaOH-Lösung) umspült. Durch die bei der Bildung von Wasserstoff entstehenden $OH^-$-Ionen erhöht sich deren Konzentration in der Lösung. $Na^+$-Ionen aus der Kochsalzlösung wandern durch die Membran zum Ladungsausgleich ein. Die so gewonnene Natronlauge ist hochkonzentriert sowie sehr rein und kann direkt weiterverarbeitet werden, da die negativ geladenen Chlorid-Ionen $Cl^-$ nicht durch die Membran wandern können.
In Deutschland werden rund 58 % des Chlors mithilfe des Membranverfahrens erzeugt.

**DIAPHRAGMAVERFAHREN** Das Diaphragmaverfahren kann als Vorläufer des Membranverfahrens angesehen werden. Mit etwa 24 % hat es aber immer noch einen großen Anteil an der Chloralkali-Elektrolyse in Deutschland. Statt der speziellen Membran sind Kathode und Anode nur durch ein Diaphragma getrennt, das auch für negativ geladene Ionen durchlässig ist. Die so gewonnene Natronlauge enthält deshalb noch $Cl^-$-Ionen. Um das Diffundieren von $OH^-$-Ionen in den Anodenraum zu verhindern, wird die Kochsalzlösung durch das Diaphragma gepresst (↑ **02**).

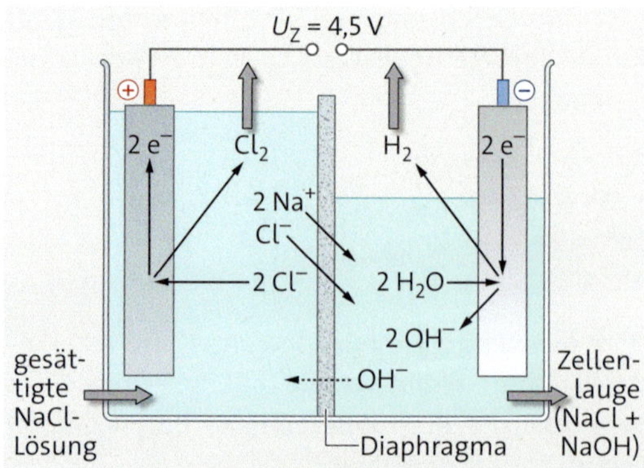


**02** Diaphragmaverfahren (Schema)

**AMALGAMVERFAHREN** Ein drittes Verfahren, das auf der Chloralkali-Elektrolyse beruht, ist das Amalgamverfahren. Aufgrund des Einsatzes von hochgiftigem Quecksilber findet aber der Bau neuer Anlagen in der EU und in anderen Ländern nicht mehr statt. Lag zu Beginn des Jahrtausends der Anteil des Amalgamverfahrens noch bei 60 %, ist er durch die Modernisierung vieler Anlagen auf das Membranverfahren auf heute unter 20 % gesunken.
Beim Amalgamverfahren sind Kathode und Anode nicht räumlich voneinander getrennt. Titananoden tauchen in eine konzentrierte Natriumchloridlösung. Als Kathode dient eine dünne Schicht flüssiges Quecksilber, das durch Neigung der Elektrolysezelle über den Boden fließt (↑ **03**).

Durch die Verwendung von Quecksilber bildet sich an der Kathode Natrium und kein Wasserstoff. Dies liegt zum einen daran, dass die Abscheidung von Wasserstoff an Quecksilber stark gehemmt ist. Außerdem bildet das Natrium mit dem Quecksilber eine Legierung, das **Amalgam**, und kann so aus der Elektrolysezelle abgeführt werden.
Erst in einem weiteren Schritt reagiert das Natrium mit Wasser im Amalgamzersetzer zu Natronlauge und Wasserstoff. Das Quecksilber kann so in einem geschlossenen Kreislauf wieder eingesetzt werden.

**VERFAHREN IM VERGLEICH** Weltweit werden über 50 Millionen Tonnen Chlor im Jahr produziert. Unabhängig vom Verfahren ist die Chloralkali-Elektrolyse sehr energieintensiv. In Deutschland können mit den drei gängigen Verfahren jährlich etwa 5 Millionen Tonnen Chlor erzeugt werden. Nimmt man einen durchschnittlichen Energiebedarf von 2700 kWh pro Tonne an, so müssen für die Gesamterzeugung rund 13,5 Milliarden kWh elektrische Energie aufgewandt werden. Zum Vergleich: 2015 lag der Stromverbrauch aller 40 Millionen privaten Haushalte in Deutschland bei 132 Milliarden kWh.

Aus diesem Grund wird bei der Modernisierung von Anlagen und bei Neubau fast ausschließlich das weniger energieintensive Membranverfahren realisiert. Ein weiterer Vorteil: Beim Membranverfahren werden keine umweltgiftigen Stoffe wie Quecksilber oder Asbest verwendet, deren Emissionen gesetzlich stark begrenzt sind. Ein großer Nachteil des Membranverfahrens ist allerdings die aufwendige Reinigung der Kochsalzlösung. Schon Spuren anderer Kationen wie Magnesium- oder Calcium-Ionen führen zur irreparablen Beschädigung der teuren PTFE-Membran.

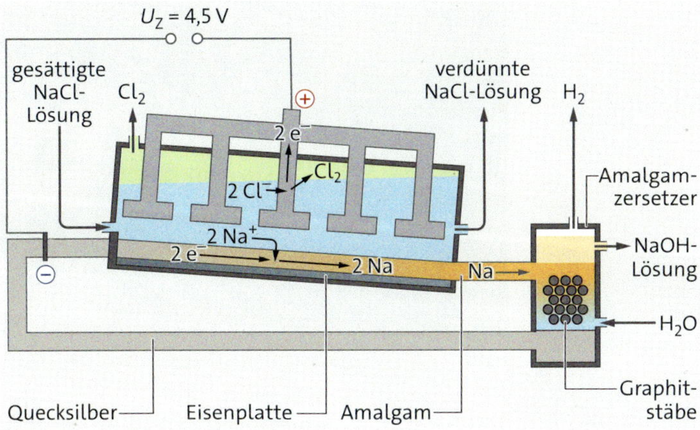

**03** Amalgamverfahren (Schema)

| | Membranverfahren | Diaphragmaverfahren | Amalgamverfahren |
|---|---|---|---|
| **Anode** | speziell beschichtetes Titan | | |
| **Kathode** | Nickel oder Edelstahl | Nickel oder Edelstahl | flüssiges Quecksilber |
| **Trennung von Anode und Kathode** | ionenselektive PTFE-Membran | Diaphragma aus Asbest oder Teflon | keine Trennung erforderlich |
| **Energiebedarf pro Tonne Chlor** | 2500 bis 2700 kWh | 2800 bis 3000 kWh | 3300 bis 3600 kWh |
| **Reinheit des Chlors** | bis zu 2 % Sauerstoff | bis zu 2 % Sauerstoff | <0,3 % Sauerstoff |
| **Natronlauge** | 30- bis 33%ig, praktisch rein | 10- bis 12%ig, ca. 1 % NaCl | ca. 50%ig, praktisch rein |
| **Vorteile** | sauber, energiesparend | günstig | konz. NaOH, reines $Cl_2$ |
| **Nachteile** | aufwendige Reinigung der NaCl-Lösung, teure Membran | umweltgiftiges Asbest, Nachbehandlung der Natronlauge nötig | umweltgiftiges Quecksilber, hoher Energiebedarf |

**04** Vergleich der Verfahren der Chloralkali-Elektrolyse

**1 ›** In einer Fabrik wird Chlor mithilfe des Membranverfahrens hergestellt ($U$ = 3 V, $I$ = 400 kA).
**a** Berechnen Sie die stündliche Produktion an Chlor und den Verbrauch an Kochsalz (NaCl).
**b** Berechnen Sie den Energiebedarf (in kWh) für die Produktion von 1 Tonne Chlor. Vergleichen Sie den Wert mit Tabelle ↑ **04** und stellen Sie Vermutungen für die Abweichung auf.

**2 ›** Diskutieren Sie die ökonomischen und ökologischen Vor- und Nachteile der Verfahren der Chloralkali-Elektrolyse.

# 3.12 Korrosion

**01** Rostige Brücke im Hamburger Hafen (Speicherstadt)

**02** Glücksbringer?!

*Katalysatoren sind Stoffe, die die Aktivierungsenergie einer Reaktion herabsetzen und dadurch beschleunigen. Sie gehen unverändert aus der Reaktion hervor.*

**ROSTEN** Rost begnet uns überall im Alltag. Das neue Fahrrad behält nicht lange seinen metallischen Glanz. Schon ein- oder zweimal im Regen stehen gelassen, überziehen sich unlackierte Stellen mit rotbraunen Flecken – das Metall rostet. Auch die Oberfläche einer Bahnbrücke aus Stahl oder Eisen überzieht sich mit der Zeit mit einer Rostschicht (↑ **01**). Der Vorgang kann sich so lange fortsetzen, bis das Metall vollständig zerstört ist.

Nicht nur Eisen verändert sich durch Umwelteinflüsse: Auf einem neuen rot glänzenden Kupferdach bildet sich mit der Zeit eine mattgrünliche Schicht, die Patina genannt wird. Im Gegensatz zu Rost hat sie sogar eine Schutzfunktion, da sie das Kupferblech darunter vor weiterer Veränderung bewahrt. Auch Skulpturen aus Bronze, einer Kupfer-Zinn-Legierung, sehen matt und schwarz aus. Nur Stellen, die z. B. aus Aberglauben häufig berührt oder gerieben werden, glänzen golden (↑ **03**).

Jede Veränderung von metallischen Werkstoffen durch Umwelteinflüsse wie das Rosten und die Bildung einer Patina werden als **Korrosion** (lat. *corrodere:* zernagen, zerfressen) bezeichnet.

**LOKALELEMENT** Tauchen ein Kupferstab und ein Zinkstab isoliert voneinander in ein Gefäß mit verdünnter Salzsäure, so tritt nur am Zinkstab eine Gasentwicklung von Wasserstoff auf (↑ **02A**; ↑ Exp. 3.16, S. 110).

Die Protonen der sauren Lösung oxidieren das Zink, indem sie Elektronen der Zinkatome aufnehmen, und werden selbst zu Wasserstoff reduziert. Die Zinkatome gehen als Zink-Ionen in Lösung:

**Anode:** $Zn(s) \longrightarrow Zn^{2+}(aq) + 2\,e^-$ (Oxidation)
**Kathode:** $2\,H^+(aq) + 2\,e^- \longrightarrow H_2(g)$ (Reduktion)

Das Kupfer wird von der Salzsäure zunächst nicht angegriffen. Sobald sich aber die beiden Metallstäbe berühren, ist die Gasentwicklung am Kupferstab zu erkennen, während sie am Zinkstab zurückgeht (↑ **03B**). Es hat sich ein **Lokalelement** zwischen Zink als Anode und Kupfer als Kathode gebildet. Bei dieser *kurzgeschlossenen galvanischen* Zelle geben Zinkatome unter Bildung von Zink-Ionen Elektronen an das Kupfer ab (↑ **03C**). Weil am Kupfer eine im Vergleich zum Zink weniger stark ausgeprägte elektrochemische Doppelschicht vorliegt, reduzieren die Elektronen dort bevorzugt Protonen zu Wasserstoffmolekülen. Kupfer nimmt also lediglich die Rolle eines Elektronenüberträgers ein.

Lokalelemente können selbst aus kleinsten Partikeln edlerer Metalle entstehen, die z. B. im Stahl oder Eisen eingeschlossen sind. Kommen sie mit Feuchtigkeit in Kontakt, beginnt das Eisen an dieser Stelle zu korrodieren. Da das edle Metall bei dieser **Kontaktkorrosion** nicht aufgelöst wird, kann es das Werkstück großflächig zerstören. Das edlere Metall wirkt wie ein *Katalysator*, der die Korrosion beschleunigt.

**03** **A** Kupfer- und Zinkstab tauchen in verdünnte Salzsäure. **B** Die Stäbe berühren sich. **C** Modelldarstellung

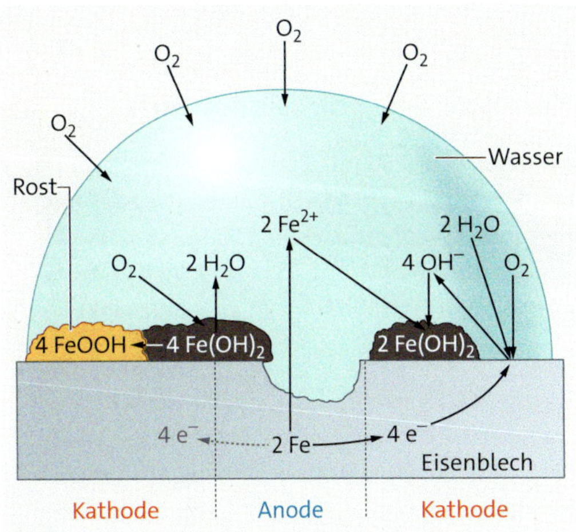


**04** Sauerstoffkorrosion von Eisen (Schema)

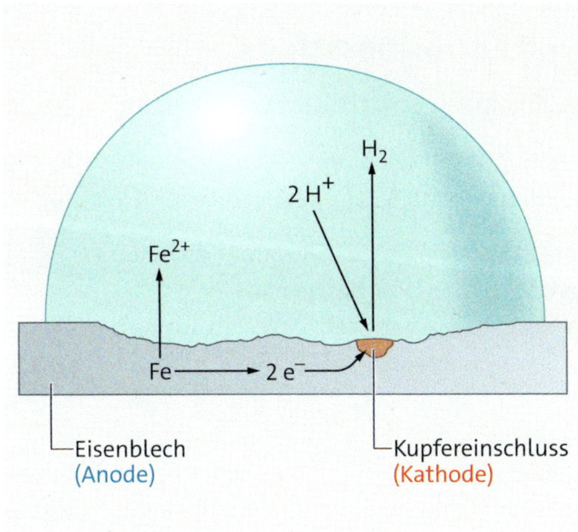


**05** Säurekorrosion an einem Lokalelement (Schema)

**SAUERSTOFFKORROSION VON EISEN** Untersucht man die Korrosion von Eisennägeln systematisch, stellt man fest, dass sowohl Wasser als auch der Sauerstoff der Luft am Rostvorgang von Eisen beteiligt sind (↑ Exp. 3.17, 3.18).

Ist die Oberfläche von Eisen an einer Stelle mit Feuchtigkeit oder Wasser benetzt, führt der im Wasser gelöste Sauerstoff zu einer elektrochemischen Reaktion. Eisenatome an der Oberfläche lösen sich als Eisen(II)-Ionen $Fe^{2+}$ im Wasser und lassen Elektronen auf der Oberfläche zurück. Gleichzeitig nehmen Sauerstoff- und Wassermoleküle diese Elektronen auf und reagieren zu Hydroxid-Ionen $OH^-$. Durch die Reaktion sinkt die Konzentration der Sauerstoffmoleküle im Wasser – an der Grenzfläche zur Luft allerdings nicht so stark, da hier Sauerstoffmoleküle aus der Luft nachdiffundieren können. Es entsteht eine kurzgeschlossene Konzentrationszelle (↑ **04**). Diese Vorgänge werden auch als **Sauerstoffkorrosion** bezeichnet.

**Anode:** $Fe \longrightarrow Fe^{2+} + 2\,e^-$ (Oxidation)
**Kathode:** $O_2 + 2\,H_2O + 4\,e^- \longrightarrow 4\,OH^-$ (Reduktion)

**Gesamtreaktion:** $2\,Fe + O_2 + 2\,H_2O \longrightarrow 2\,Fe^{2+} + 4\,OH^-$

Die $Fe^{2+}$- und $OH^-$-Ionen reagieren zum schwerlöslichen Eisen(II)-hydroxid $Fe(OH)_2$. In einer Folgereaktion bildet sich daraus Eisen(III)-oxidhydroxid FeOOH, das sich auf der Metalloberfläche als Rost absetzt.

$Fe^{2+} + 2\,OH^- \longrightarrow Fe(OH)_2$
$4\,Fe(OH)_2 + O_2 \longrightarrow 4\,FeOOH + 2\,H_2O$

Der Rost ist blättrig, porös und löst sich leicht von der Oberfläche. Das darunter liegende Eisen ist nicht vor weiterer Korrosion geschützt, sodass mit der Zeit das komplette Metall reagieren kann.

**SÄUREKORROSION VON EISEN** Auch durch saure Lösungen wird Eisen korrodiert. An der Oberfläche eines Eisennagels, der in Salzsäure getaucht wird, bilden sich Gasblasen. Es ist bekannt, dass unedle Metalle von Oxonium-Ionen (vereinfacht: $H^+$) angegriffen werden. Bei der **Säurekorrosion** werden in einer Redoxreaktion Fe-Atome zu $Fe^{2+}$-Ionen oxidiert und $H^+$-Ionen zu $H_2$-Molekülen reduziert.

Umwickelt man den Eisennagel im Versuch an einer Stelle mit einem Kupferdraht, bildet sich der Wasserstoff nur am Kupfer und die Gasentwicklung ist viel stärker. Eisennagel und Kupferdraht bilden mit der sauren Lösung eine galvanische Zelle, die durch den direkten Kontakt der Metalle kurzgeschlossen ist. Das edlere Kupfer bildet die Kathode, an der die Reduktion der $H^+$-Ionen ungestört ablaufen kann (↑ **05**).

**Anode:** $Fe \longrightarrow Fe^{2+} + 2\,e^-$ (Oxidation)
**Kathode:** $2\,H^+ + 2\,e^- \longrightarrow H_2$ (Reduktion)

**Gesamtreaktion:** $Fe + 2\,H^+ \longrightarrow Fe^{2+} + H_2$

**Korrosion ist die Zerstörung eines Metalls durch elektrochemische Reaktionen mit Sauerstoff oder sauren Lösungen. Die Bildung von Lokalelementen mit edleren Metallen beschleunigt die Korrosion.**

**1** Erklären Sie, warum sich bei der Kontaktkorrosion die Metalle berühren müssen, obwohl sie doch über die Lösung leitend verbunden sind.

**2** Erläutern Sie anhand einer Skizze, warum die Bildung von Lokalelementen auch die Sauerstoffkorrosion beschleunigt.

**3** Erläutern Sie, warum Gegenstände aus Eisen in Meeresnähe schnell Rost ansetzen (↑ **01**).

# Praktikum

## P Korrosion und Korrosionsschutz

5 7 9

### EXP 3.16 Korrosion durch Lokalelementbildung

**Materialien** Becherglas (100 ml), Kabel mit 2 Klemmen, Zinkstab, Strommessgerät, Kupferstab, Salzsäure ($c$ = 0,1 mol · $l^{-1}$)

**Durchführung** *Vor dem Versuch:* Achten Sie darauf, dass der Zinkstab eine möglichst glatte Oberfläche hat.

**a)** Stellen Sie den Kupferstab und den Zinkstab isoliert voneinander in die Salzsäurelösung.

**b)** Bringen Sie den Kupferstab mit dem Zinkstab in der Salzsäurelösung in Kontakt.

**c)** Stellen Sie den Kupferstab und den Zinkstab isoliert voneinander in die Salzsäurelösung und verbinden Sie beide Stäbe elektrisch leitend mit dem Kabel und dem Strommessgerät.

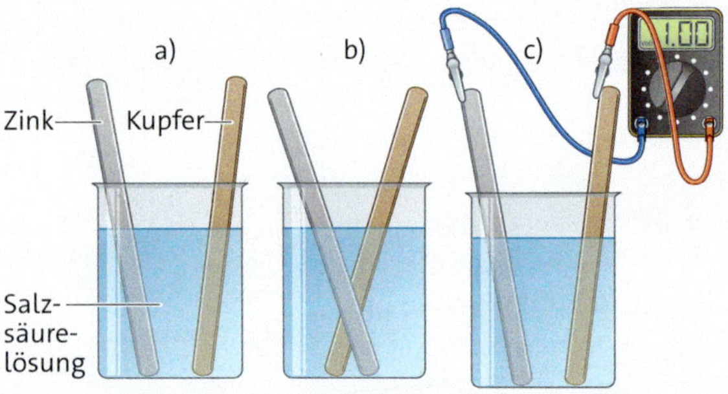


*Entsorgung:* Lösungen ins Abwasser, Metallstäbe in die Sammlung geben.

**Auswertung** Deuten Sie die Beobachtungen der Teilversuche **a** bis **c**.

### EXP 3.17 Untersuchen der Korrosion von Eisen

**Materialien** Becherglas, Sandpapier, 4 Reagenzgläser, Wasser, verdünnte Salzsäure (5, 7), 4 Eisennägel

**Durchführung** Schmirgeln Sie die Eisennägel mit dem Sandpapier ab, bis diese glänzen. Geben Sie in jedes Reagenzglas einen Nagel und befüllen Sie wie folgt: das 1. mit Wasser, das 2. mit abgekochtem Wasser, das 3. mit verdünnter Salzsäure, das 4. Glas wird nicht befüllt. Verschließen Sie die Reagenzgläser mit einem Stopfen. Lassen Sie den Versuchsaufbau für ein bis zwei Tage stehen und notieren Sie regelmäßig Ihre Beobachtungen.

*Entsorgung:* Lösungen in das Abwasser, Nägel in den Hausmüll geben.

**Auswertung** Erläutern Sie den Unterschied zwischen dem abgekochten und dem nicht abgekochten Wasser. Deuten Sie das unterschiedliche Aussehen der Nägel.

### EXP 3.18 Korrosion und Korrosionsschutz

**Materialien** Becherglas (250 ml), Brenner, Drahtnetz, Dreifuß, Glasstab, Spatel, Waage, 4 Petrischalen, Tiegelzange, Agar, destilliertes Wasser, Natriumchlorid, Kaliumhexacyanoferrat(III), Phenolphthaleinlösung (0,1%ig; 2, 7), 4 Eisennägel ($l$ = 50 mm), Kupferdraht (blank), Zinkblech (blank)

**Durchführung**

**a)** Stellen Sie aus etwa 2 g Agar, 100 ml destilliertem Wasser, einem Spatel Natriumchlorid, einer Spatelspitze Kaliumhexacyanoferrat(III) und einigen Tropfen Phenolphthaleinlösung unter Erwärmen und ständigem Rühren eine klare Agarlösung her.

**b)** Gießen Sie die noch heiße Agarlösung in Petrischalen, in denen sich je einer der folgenden Gegenstände befindet:

- ein unbehandelter Eisennagel
- ein Eisennagel, dessen vordere Hälfte in der Brennerflamme oxidiert wurde
- ein Eisennagel, der in der Mitte fest mit einem blanken Kupferdraht umwickelt ist
- ein Eisennagel, der in der Mitte mit einem blanken Zinkblech umwickelt ist

**c)** Lassen Sie die Petrischalen bis zum Festwerden der Agarlösung stehen.

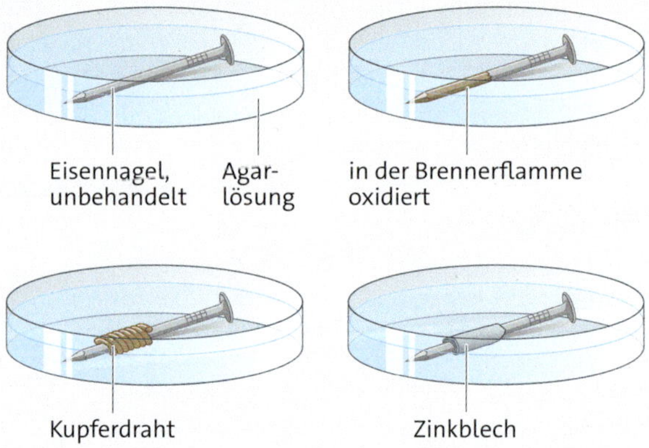


*Entsorgung:* Agar in den Hausmüll geben, Feststoffe einsammeln.

**Auswertung**

1 › Beschreiben Sie Ihre Beobachtungen.

2 › Erklären Sie die Ursachen der rötlichen und der dunkelblauen Färbung.
*Hinweis:* Eisen(II)-Ionen bilden mit Hexacyanoferrat(III)-Ionen einen tiefblauen Komplex (Turnbulls Blau, $Fe_4[Fe(CN)_6]_3$).

3 › Erläutern Sie korrosionsfördernde und korrosionshemmende Maßnahmen am Eisennagel.

## Aluminium und das Eloxalverfahren

**01** Aluminium im Alltag

**03** Die Fassade des Selfridges-Einkaufszentrums in Birmingham ist mit 15 000 Aluminiumscheiben verkleidet.

**BEDEUTUNG VON ALUMINIUM** Aluminium ist vor allem als Verpackungsmaterial kaum wegzudenken (↑ **01**). Das ist aber bei Weitem nicht die einzige Einsatzmöglichkeit. Mit einer Jahresproduktion von etwa 45 Millionen Tonnen ist es nach Eisen mit etwa 1000 Millionen Tonnen pro Jahr das zweitwichtigste Gebrauchsmetall. Aufgrund seiner geringen Dichte von 2,7 g · cm$^{-3}$ wird es überall dort eingesetzt, wo es auf das Gewicht ankommt: Bei der Konstruktion von Fahrzeugen, Flugzeugen und Schienenfahrzeugen können durch die Verwendung von Aluminium Treibstoff und Energie im Betrieb gespart werden. Flugzeuge bestehen zu mehr als der Hälfte aus Aluminium. Das gleiche Flugzeug aus Stahl würde etwa 50 % mehr wiegen. Auch im Automobilbau kommt es immer häufiger zum Einsatz. In einem modernen Pkw sind über 150 kg Aluminium verbaut, sogar Motoren bestehen aus dem Metall. Aluminium ist zudem sehr korrosionsbeständig, da es auf seiner Oberfläche eine dünne, undurchlässige Oxidschicht bildet, die das Metall schützt.

**ELOXALVERFAHREN** Aluminium ist mit seinem negativen Standardpotenzial von $E^0 = -1{,}66$ V ein sehr unedles Metall. An der Luft oder von schwach sauren Lösungen wird es aber nicht angegriffen. Das liegt an einer fest haftenden, undurchlässigen Schicht aus Aluminiumoxid $Al_2O_3$, die sich auf der Oberfläche bildet. Natürlicherweise ist diese Schicht etwa 0,05 µm dick (1 µm = 1/1000 mm).

Beim **Eloxalverfahren**, einer **el**ektrolytischen **Ox**idation von **Al**uminium, wird die Schicht technisch verstärkt. Hierzu wird das Werkstück aus Aluminium in verdünnte Schwefelsäurelösung getaucht und als Anode geschaltet (↑ **02**). Die Kathode besteht aus Aluminium, Kohle oder Blei. Legt man eine Gleichspannung an, so werden die $H^+$-Ionen der Säure unter Elektronenaufnahme zu Wasserstoff und Wasser reduziert. Am Aluminiumwerkstück oxidieren Aluminiumatome zu $Al^{3+}$-Ionen, die mit Wassermolekülen aus der Lösung zu Aluminiumoxid weiterreagieren. Durch das Eloxieren erreicht man Schichtdicken von bis zu 25 µm. Poren in der Oxidschicht ermöglichen das Einlagern von Farbstoffen zum Einfärben des Metalls. Durch Behandlung mit Wasserdampf werden anschließend die Poren dauerhaft verschlossen.

Eloxiertes Aluminium wird z. B. zur Fertigung von Gehäusen für hochwertige Elektronikgeräte oder für Fassadenelemente verwendet (↑ **03**).

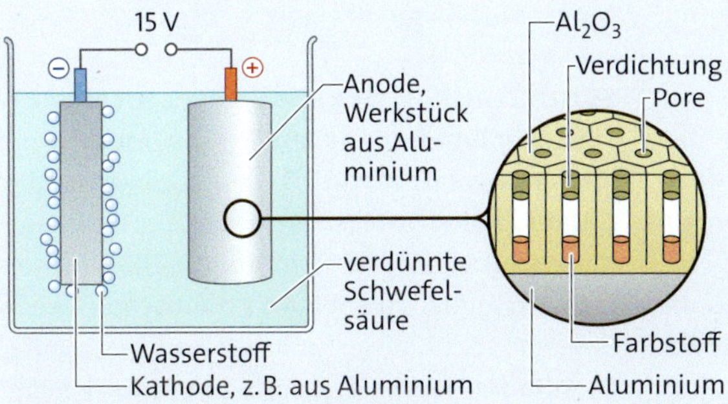


**02** Eloxalverfahren

**1** Formulieren Sie die Reaktionsgleichungen für die Vorgänge an Kathode und Anode sowie eine Gesamtgleichung für das Eloxalverfahren.

**2** Planen Sie einen Versuch zum Eloxalverfahren.

**3** Erläutern Sie die folgende Abbildung:

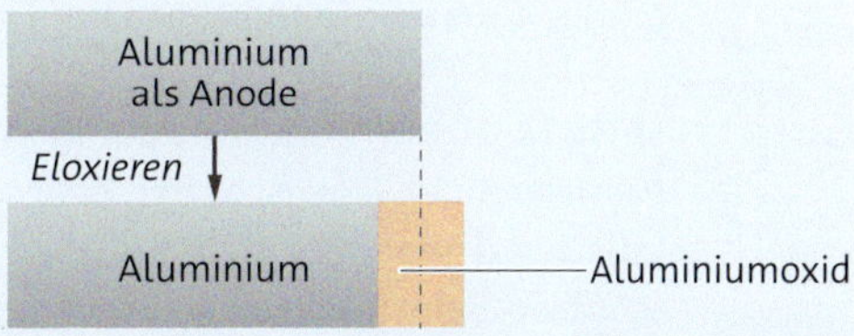


**4** Das Eloxalverfahren verbessert die Beständigkeit von Aluminium. Erklären Sie, warum sich dieses Verfahren nicht zum Korrosionsschutz von Eisen eignet.

# 3.13 Korrosionsschutz

**01** Feuerverzinkung einer Autokarosserie

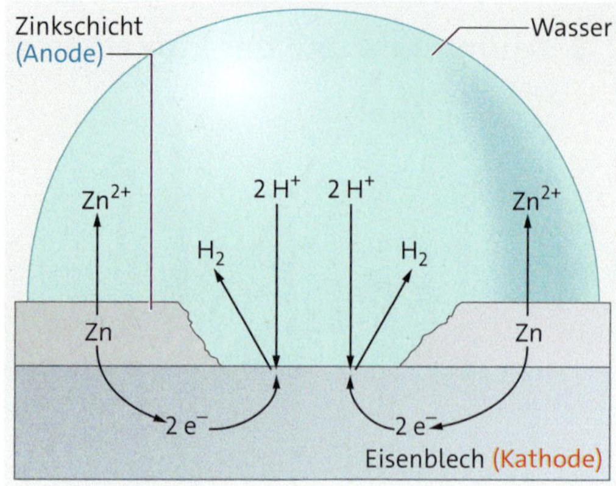


**02** Kontaktkorrosion bei verzinktem Eisen

**SCHÄDEN DURCH KORROSION** Korrosionsschäden verursachen jährlich Kosten in Milliardenhöhe. Man schätzt, dass Industrieländer etwa 3 bis 4 % ihres Bruttoinlandsprodukts für die Beseitigung von Korrosionsschäden aufwenden müssen. Das sind allein in Deutschland etwa 100 Milliarden Euro jährlich. Zum Vergleich: 2016 umfassten die Ausgaben des Bundes etwa 300 Milliarden Euro. Effektive Maßnahmen zum Schutz vor Korrosion haben deshalb eine große wirtschaftliche Bedeutung.

**SCHUTZ DURCH PASSIVIERUNG** Im Gegensatz zu Eisen bilden viele andere unedle Metalle auf ihrer Oberfläche eine fest haftende, undurchlässige Oxidschicht. So sind Werkstoffe aus Aluminium, Titan, Chrom oder Zink durch diese Schicht vor weiterer Korrosion geschützt. Bei Gegenständen aus Aluminium wird diese **Passivierung** durch technische Verfahren künstlich verstärkt (↑ Eloxalverfahren, S. 111). Auch die Bildung einer Patina wie bei Kupfer oder Bronze stellt eine wirksame Passivierung des Metalls dar.
Bei Eisen funktioniert diese Form des Korrosionsschutzes nicht, da die gebildete Rostschicht porös und schlecht haftend ist. Durch Legieren mit bestimmten Metallen wie Chrom und Nickel beim Nirosta-Stahl kann aber auch hier eine gewisse Passivierung erfolgen, die vor weiterer Oxidation schützt.

**SCHUTZ DURCH ÜBERZÜGE AUS METALLEN** Die passivierenden Eigenschaften einiger unedler Metalle nutzt man, um auch Eisen vor Korrosion zu schützen. Beim Feuerverzinken wird das Werkstück, z. B. eine Autokarosserie, in eine 450 °C heiße Zinkschmelze getaucht und vollständig mit einer etwa 0,1 mm dicken Zinkschicht überzogen (↑ **01**). Die Schicht verhindert so den Kontakt von Wasser und Sauerstoff mit dem Eisen.

Aber selbst wenn die Zinkschicht beschädigt wird, bietet sie einen aktiven Schutz vor Korrosion. An der beschädigten Stelle entsteht ein *Lokalelement*, bei dem das edlere Eisen die Kathode bildet. Die Zinkschicht löst sich zwar weiter auf, aber das darunter liegende Eisen wird nicht angegriffen (↑ **02**).

Metallische Überzüge werden auch elektrolytisch erzeugt. Bei diesem **Galvanotechnik** genannten Verfahren wird das Werkstück als Kathode geschaltet. Als Anode dient das Metall, mit dem der Gegenstand überzogen werden soll. Beide werden in eine Salzlösung getaucht, die Metall-Ionen der Anode enthält. Durch Anlegen einer Spannung scheidet sich auf dem Werkstück der metallische Überzug ab, während sich die Anode langsam auflöst. Beispiel dafür ist das *Verchromen* von Eisenwerkstücken.
Auf diese Weise lassen sich auch Überzüge aus edleren Metallen wie Kupfer, Silber und Gold erzeugen, die den Gegenstand nicht nur schützen, sondern auch wertvoller erscheinen lassen.
Konservendosen sind häufig aus Weißblech. So bezeichnet man dünne Stahlbleche mit einem Zinnüberzug. Zinn ist edler als Eisen. Im Gegensatz zu Zink wird es von sauren Lösungen nicht angegriffen, sodass Dosen aus Weißblech zur Aufbewahrung von Lebensmitteln gut geeignet sind.

**SCHUTZ DURCH ÜBERZÜGE AUS NICHTMETALLEN** Schrauben und andere Teile aus Metall werden häufig eingeölt. So wird der Zutritt von Feuchtigkeit unterbunden. Farbiger Lack oder ein Überzug mit Kunststoff versiegelt nicht nur die Oberfläche des Metalls, sondern dient auch ästhetischen Zwecken. Ein besonders harter und beständiger Schutz ist Emaille. Der glasartige Überzug kann durch Pigmente angefärbt werden und wird z. B. bei Küchenutensilien angewandt.

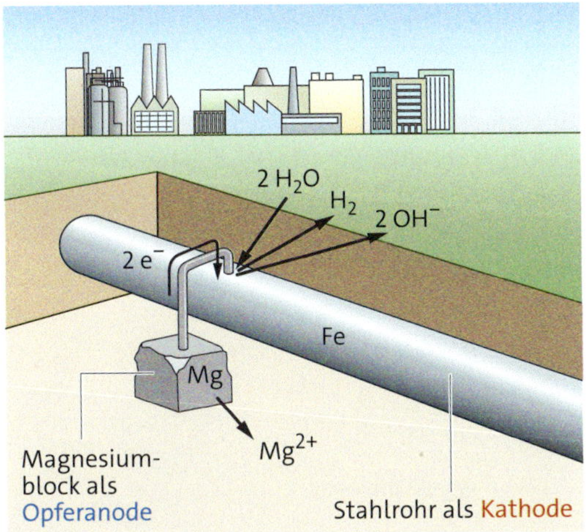


**03** Kathodischer Korrosionsschutz: Opferanode

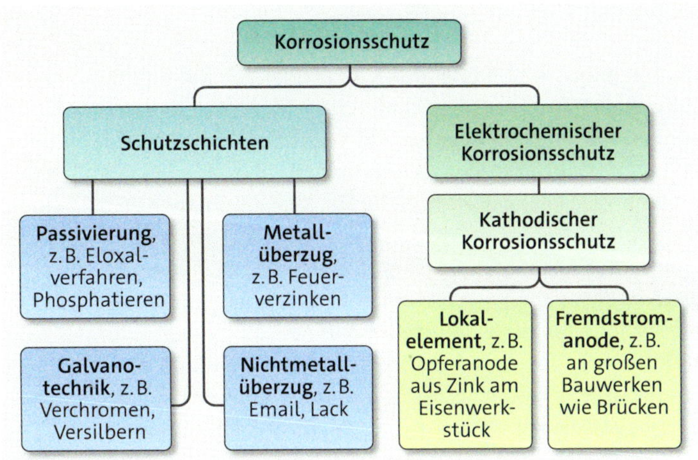


**05** Verfahren des Korrosionsschutzes

**KATHODISCHER KORROSIONSSCHUTZ** Metallische Gegenstände, die ständig in Kontakt mit Wasser oder Feuchtigkeit stehen, müssen besonders vor Korrosion geschützt sein. Auf dem Rumpf von Schiffen werden hierzu Zinkplatten angebracht (↑ **04**). Im Wasser bilden sie mit dem Eisen des Rumpfs ein Lokalelement. Da Zink ein geringeres Redoxpotenzial als Eisen hat, bildet es die Anode, an der die Oxidation von Zinkatomen zu Zink-Ionen stattfindet. Am Eisen finden hingegen Reduktionsvorgänge statt, bei denen das Metall unverändert bleibt. Mit der Zeit lösen sich die Zinkplatten auf – sie werden geopfert, weshalb man sie auch **Opferanoden** nennt. Metallrohre im Boden werden häufig mit Opferanoden aus Magnesium verbunden (↑ **03**).

Eine besonders wirksame Form des kathodischen Korrosionsschutzes ist die Verwendung von *Fremdstromanoden*. Hierbei wird an das Stahlgerüst von Stahlbetonbauten wie Brücken eine elektrische Spannung angelegt. Sie ist so gepolt, dass ein Stromfluss die Oxidation des Eisens verhindert. Der Vorteil ist, dass die verwendeten Anoden dabei nicht verbraucht werden und nicht ausgetauscht werden müssen.

**04** Opferanoden aus Zink an einem Schiffsrumpf

Um auf einem Eisenwerkstück eine Passivierungsschicht aufzubringen, nutzt man das Verfahren des Phosphatierens. Dabei werden die Werkstücke in eine Lösung, die Phosphorsäure und Zinkphosphat enthält, eingetaucht. Durch chemische Reaktion befindet sich anschließend auf dem Eisen eine fest haftende Eisenphosphatschicht von bis zu 1 µm Schichtdicke. Sie gewährleistet zwar keinen dauerhaften Korrosionsschutz, allerdings haftet die Phosphatschicht sehr gut auf dem Untergrund und erlaubt durch die mikroporöse Schichtstruktur eine gute Verankerung für nachfolgende Beschichtungen, z. B. Lacküberzüge.

> **Durch Überzüge kann Eisen vor Korrosion geschützt werden. Sie verhindern den Kontakt der Oberfläche mit Feuchtigkeit und dem Sauerstoff der Luft. Opferanoden aus unedlen Metallen bieten einen aktiven Korrosionsschutz.**

**1 〉** Erläutern Sie die chemischen Vorgänge, wenn die Zinnschicht des Weißblechs einer Sauerkrautkonservendose verletzt wird.

**2 〉** Erklären Sie, warum in stählernen Heizkesseln zur Warmwasserbereitung Magnesiumstäbe eingebracht werden.

**3 〉** Durch Galvanotechnik lassen sich auch Gegenstände aus Kunststoff verchromen. Erläutern Sie, warum diese vorher mit einem Metalllack, z. B. aus Nickel, behandelt werden.

**4 〉** Recherchieren Sie die chemischen Reaktionen, die beim Phosphatieren ablaufen. Erläutern Sie das Verfahren.

**5 〉** Diskutieren Sie die verschiedenen Arten des Korrosionsschutzes unter ökonomischen und ökologischen Gesichtspunkten.

# Klausurtraining

## Material I Kupferraffination

Großtechnisch wird Kupfer durch Redoxreaktion aus Kupfersulfiderzen gewonnen. Es enthält noch bis zu 2 % Verunreinigungen von anderen Metallen, wie Eisen, Zink, Nickel, Silber, Platin und Gold, und wird als Rohkupfer bezeichnet.
Bei der anschließenden elektrolytischen Kupferraffination wird der Kupferanteil auf 99,98 % erhöht. Hierzu werden Metallplatten aus Rohkupfer gefertigt, die als Anoden verwendet werden. Zusammen mit Platten aus hochreinem Kupfer, die als Kathode fungieren, tauchen sie in eine saure Kupfer(II)-sulfatlösung. Bei einer Spannung von etwa 0,3 V und einer Stromstärke von 100 A lösen sich die Anodenplatten langsam auf und es scheidet sich hochreines Kupfer auf den Kathodenplatten ab. Unter den Anoden lagert sich Anodenschlamm ab, der aus den Edelmetallen Silber, Platin und Gold besteht.

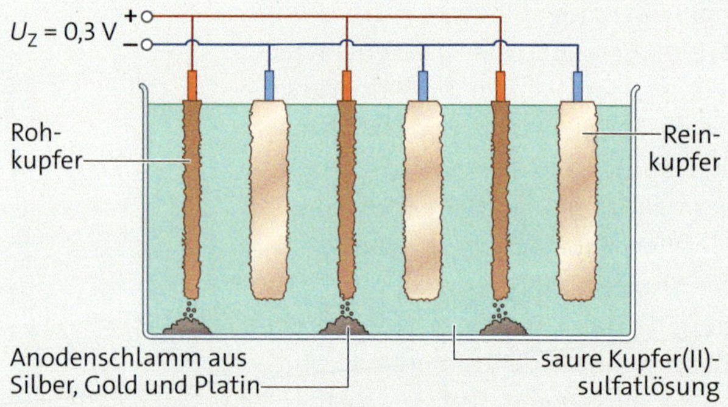


I1.1 Leiterplatte

| Redoxpaar | Standard-potenzial $E^0$ | Redoxpaar | Standard-potenzial $E^0$ |
|---|---|---|---|
| $Au/Au^{3+}$ | 1,50 V | $H_2/2\,H^+$ | 0 V |
| $Pt/Pt^{2+}$ | 1,19 V | $Zn/Zn^{2+}$ | −0,76 V |
| $Ag/Ag^+$ | 0,80 V | $Fe/Fe^{2+}$ | −0,41 V |
| $Cu/Cu^{2+}$ | 0,35 V | $Ni/Ni^{2+}$ | −0,23 V |

I1.2 Standardpotenziale einiger Redoxpaare

### AUFGABEN ZU I

**1)** **a** Berechnen Sie die theoretische Zersetzungsspannung der Elektrolysezelle der Kupferraffination (↑ I1.1, I1.2).
**b** Erläutern Sie, warum tatsächlich mit 0,3 V elektrolysiert wird.

**2)** Formulieren Sie die Reaktionsgleichungen für die Vorgänge an den Elektroden (↑ I1.1).

**3)** Begründen Sie, warum sich an der Kathode nur Kupfer abscheidet (↑ I1.2).

**4)** Berechnen Sie, wie lange das Auflösen einer Rohkupferplatte mit den Maßen 60 cm · 60 cm · 4 cm dauert.
*Hinweis:* $\varrho$(Kupfer) = 8,92 g · cm$^{-3}$

## Material J Braunes Wasser

Heizungsanlagen und Warmwasseraufbereiter in Häusern verfügen häufig über große Kessel aus verzinktem Stahl, die als Zwischenspeicher für das heiße Wasser dienen. Zum Korrosionsschutz sind die Kessel mit einer Schutzanode aus Magnesium ausgestattet. Das ist ein langer Metallstab, der in den Kessel hineinragt und mit der Außenwand verschraubt ist.

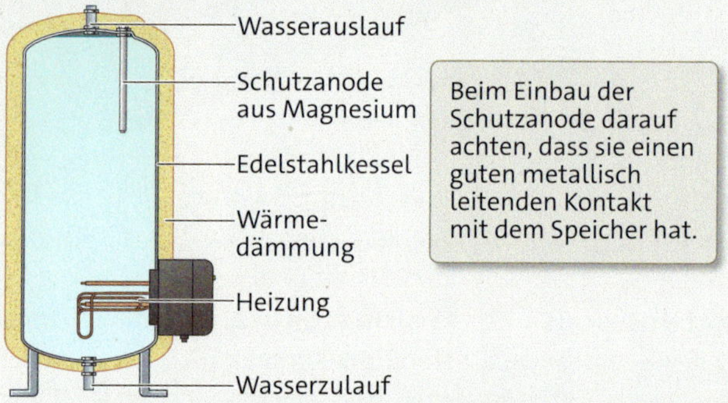


J1.1 Montagehinweis aus einer Bedienungsanleitung

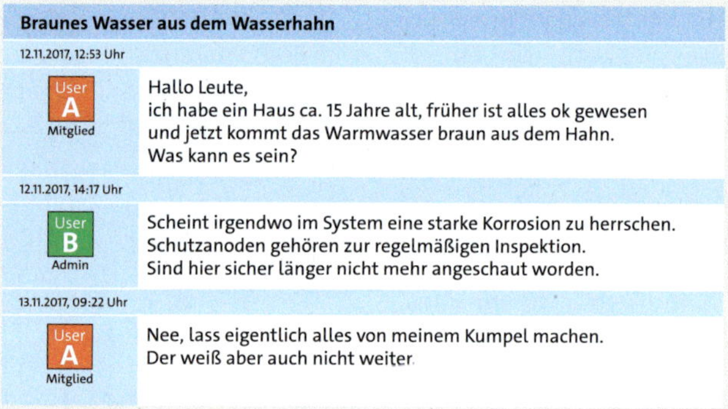

**Braunes Wasser aus dem Wasserhahn**

12.11.2017, 12:53 Uhr

User A (Mitglied): Hallo Leute,
ich habe ein Haus ca. 15 Jahre alt, früher ist alles ok gewesen und jetzt kommt das Warmwasser braun aus dem Hahn.
Was kann es sein?

12.11.2017, 14:17 Uhr

User B (Admin): Scheint irgendwo im System eine starke Korrosion zu herrschen.
Schutzanoden gehören zur regelmäßigen Inspektion.
Sind hier sicher länger nicht mehr angeschaut worden.

13.11.2017, 09:22 Uhr

User A (Mitglied): Nee, lass eigentlich alles von meinem Kumpel machen.
Der weiß aber auch nicht weiter.

J1.2 Aus einem Handwerkerforum im Internet

### AUFGABEN ZU J

**1)** **a** Skizzieren Sie eine experimentelle Anordnung, mit der die Funktionsweise einer Schutzanode aus Magnesium demonstriert werden kann (↑ J1.1).
**b** Beschriften Sie Ihre Skizze mit folgenden Begriffen: Kathode, Anode, Pluspol, Minuspol, Donatorhalbzelle und Akzeptorhalbzelle.
**c** Stellen Sie die Reaktionsgleichungen für die dabei ablaufenden chemischen Vorgänge auf.

**2)** **a** Begründen Sie den Hinweis des Forummitglieds, den Zustand der Schutzanode regelmäßig durch Begutachtung zu kontrollieren (↑ J1.2).
**b** Erläutern Sie, worauf die Braunfärbung des Warmwassers wahrscheinlich zurückzuführen ist. Beziehen Sie dazu auch den Hinweis aus der Montageanleitung ein. Formulieren Sie mögliche Reaktionsgleichungen (↑ J1.1, J1.2).

## Material K Reinigung von Silber

K1.1 Angelaufener Silberlöffel

Silberbesteck wird seit Langem als edles Essbesteck genutzt, hat aber einen großen Nachteil: Bei längerer Lagerung läuft es schwarz an und wird unansehnlich. Obwohl Silber ein edles Metall ist, reagiert es in Anwesenheit von Sauerstoff bereits mit Spuren von Schwefelwasserstoff ($H_2S$), wie sie in der Luft vorhanden sind, zu schwarzem Silbersulfid ($Ag_2S$). Früher musste „angelaufenes" Silberbesteck daher regelmäßig poliert werden.

$$4\,Ag(s) + 2\,H_2S(g) + O_2(g) \longrightarrow 2\,Ag_2S(s) + 2\,H_2O(l)$$

Heute finden sich im Internet eine Vielzahl von Tipps zur Reinigung von Silber. Dazu gehört auch das folgende elektrochemische Verfahren: „Geben Sie 1 Liter Wasser und 6 Esslöffel Kochsalz in einen Topf und bringen Sie die Lösung zum Kochen. Fügen Sie einige locker zusammengeknüllte Stücke Alufolie hinzu. Stellen Sie einen angelaufenen Silberlöffel so in die Lösung, dass er Kontakt zum Aluminium hat."

| Redoxpaar | Standardpotenzial $E^0$ | Redoxpaar | Standardpotenzial $E^0$ |
|---|---|---|---|
| $Ag/Ag^+$ | 0,80 V | $4\,OH^-/O_2 + 2\,H_2O$ | 0,40 V (pH = 14) |
| $Cu/Cu^{2+}$ | 0,35 V | $Fe/Fe^{2+}$ | −0,41 V |

K1.2 Standardpotenziale einiger Redoxpaare

### AUFGABEN ZU K

**1)** **a** Zeigen Sie mithilfe der Oxidationszahlen, dass es sich bei der Bildung von Silbersulfid um eine Oxidation des Silbers durch Sauerstoff handelt.
**b** Stellen Sie die Reaktionsgleichungen für Oxidation und Reduktion auf.
**c** Begründen Sie mithilfe der Redoxreihe, warum Silber von Sauerstoff nicht direkt oxidiert werden kann (↑ K1.2).

**2)** **a** Skizzieren und beschriften Sie einen Versuchsaufbau, mit dem die elektrochemische Reinigung von „angelaufenem" Silberbesteck demonstriert werden kann.
**b** Erläutern Sie den Verlauf der Redoxreaktion mithilfe des Donator-Akzeptor-Konzepts. Geben Sie die Reaktionsgleichungen für die Vorgänge an den Elektroden an.
**c** Bewerten Sie die beiden Reinigungsmethoden hinsichtlich selbst gewählter Kriterien.

## Material L Batterie im Mund

Viele Menschen tragen unbewusst ein kleines Elektrizitätswerk im Mund, weil ihnen Ärzte Zahnfüllungen, Kronen oder Brücken aus unterschiedlichen Metalllegierungen eingesetzt haben. Unvermeidlich kommen die Metalle mit Speichel in Kontakt und können so elektrochemisch miteinander reagieren. Selbst wenn man nur eine einzige Zahnfüllung aus Dentalamalgam (↑ L1.1) im Mund trägt, kann dies unangenehme Folgen haben. Beißt man damit versehentlich auf ein Stück Alufolie, dann verursacht die elektrochemische Reaktion einen stechenden Schmerz.

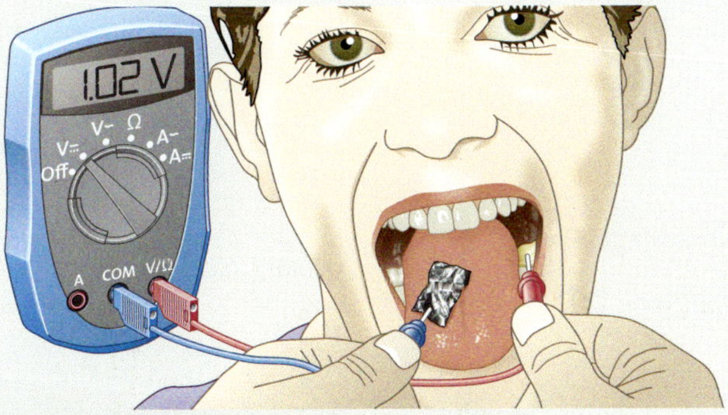


L1.1 Elektrochemischer Batterieeffekt im Mund

| Massenanteile | Zahngold | Dentalamalgam |
|---|---|---|
| | 58 % Au, 24 % Ag, 12 % Cu, 6 % Pd | 50 % Hg, 35 % Ag, 9 % Sn, 6 % Cu |

L1.2 Zusammensetzung von Zahnfüllungen

| Standardpotenziale einiger Metalle | | | | | | | |
|---|---|---|---|---|---|---|---|
| Redoxpaar | $Au/Au^{3+}$ | $Pd/Pd^{2+}$ | $Hg/Hg^{2+}$ | $Ag/Ag^+$ | $Cu/Cu^{2+}$ | $Sn/Sn^{2+}$ | $Al/Al^{3+}$ |
| $E^0$ in V | 1,50 | 0,95 | 0,85 | 0,80 | 0,35 | −0,14 | −1,66 |

L1.3 Standardpotenziale der beteiligten Metalle

### AUFGABE ZU L

**1)** **a** Erklären Sie die Ausbildung der elektrochemischen Doppelschicht für eines der sieben Metalle. Geben Sie das Metall mit dem höchsten Lösungsdruck an (↑ L1.3).
**b** Begründen Sie, dass Menschen Schmerzen spüren, wenn sie mit einer Goldkrone auf Alufolie beißen.
**c** Diskutieren Sie, was passiert, wenn sich Goldkrone und Amalgamfüllung im Mund berühren.
**d** Berechnen Sie die Zellspannung der Mundbatterie unter der Annahme, dass jeweils die Hauptbestandteile der Goldkrone und der Amalgamfüllung an der Zellreaktion beteiligt sind (↑ L1.2, L1.3).

# Auf einen Blick

**Redoxreaktionen**

Donator-Akzeptor-Reaktionen mit Elektronenübergang, bei denen die Teilreaktionen Oxidation und Reduktion immer gekoppelt ablaufen. Bei der Oxidation erfolgt eine Elektronenabgabe, bei der Reduktion eine Elektronenaufnahme.

**Oxidationsmittel = Elektronenakzeptor**

Teilchen, die während einer Redoxreaktion Elektronen aufnehmen. Sie wirken oxidierend und werden im Verlauf der Redoxreaktion selbst reduziert.

**Reduktionsmittel = Elektronendonator**

Teilchen, die während einer Redoxreaktion Elektronen abgeben. Sie wirken reduzierend und werden im Verlauf der Redoxreaktion selbst oxidiert.

**Korrespondierende Redoxpaare**

Zusammengehörende Paare von Reduktionsmittel/Elektronendonator und Oxidationsmittel/Elektronenakzeptor, die durch Elektronenabgabe bzw. -aufnahme ineinander überführt werden können. An einer Redoxreaktion sind immer zwei korrespondierende Redoxpaare beteiligt.

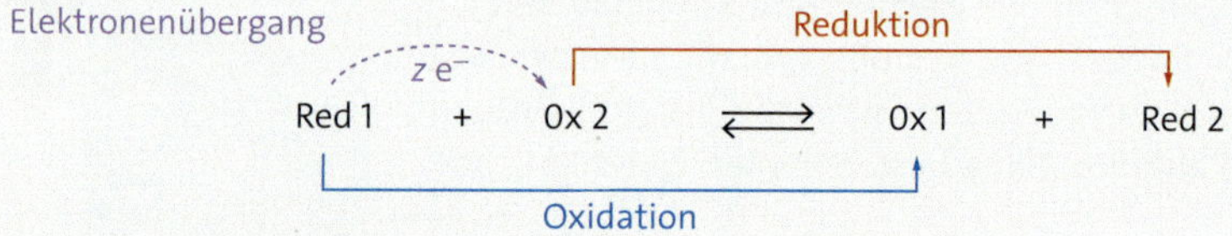


**Oxidationszahlen**

In einem Molekül gibt die Oxidationszahl die formale Ladung eines Atoms an, wenn man sich vorstellt, dass alle Bindungselektronen dem jeweils elektronegativeren Atom zugeordnet wären. Bei einfachen Ionen entspricht die Oxidationszahl der Ladung des Ions.

Beispiele:

| | | | | | | | | | |
|---|---|---|---|---|---|---|---|---|---|
| I –II | I –I | II –II | 0 | II | III | –I | –II | –III I | –II I |
| $H_2O$ | $HCl$ | $CaO$ | $N_2$ | $Cu^{2+}$ | $Fe^{3+}$ | $Br^-$ | $S^{2-}$ | $NH_4^+$ | $OH^-$ |

Änderung der Oxidationszahl bei einer Redoxreaktion:

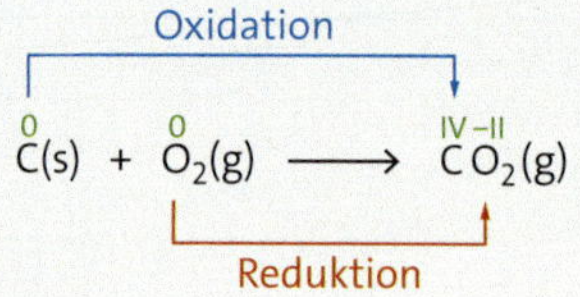


**Spezialfälle der Redoxreaktionen**

**Disproportionierung:**
Gleiche Atome einer Verbindung gehen aus einer mittleren Oxidationsstufe durch gleichzeitige Reduktion und Oxidation in eine niedrigere und in eine höhere Oxidationsstufe über.

**Synproportionierung (Komproportionierung):**
Atome eines Elements gehen durch Oxidation aus einer niedrigeren und gleichzeitige Reduktion aus einer höheren in eine mittlere Oxidationsstufe über.

**Redoxtitration**

Verfahren zur Bestimmung der Stoffmengenkonzentration eines oxidierbaren oder reduzierbaren Stoffs in Lösung; wichtige Verfahren: Manganometrie und Iodometrie

| | Manganometrie | Iodometrie |
|---|---|---|
| Nachweis von | Reduktionsmitteln | Oxidationsmitteln/Reduktionsmitteln |
| Redoxpaar | $MnO_4^-/Mn^{2+}$ | $2\,I^-/I_2$ |
| Ablauf | Titration mit violetter Permanganatlösung bis zur ersten bleibenden Färbung der Probelösung | Red: Titration mit Iod-Kaliumiodidlösung bis zur ersten bleibenden Blaufärbung der Probelösung durch den Iod-Stärke-Komplex<br>Ox: Zugabe von Iodid-Ionen im Überschuss; Rücktitration mit Natriumthiosulfat bis zur Entfärbung des blauen Iod-Stärke-Komplexes |

**Elektrochemische Doppelschicht**

An der Phasengrenze zwischen Metalloberfläche und Lösung stellt sich ein chemisches Gleichgewicht ein, das zur Bildung einer elektrochemischen Doppelschicht führt.

$Me \rightleftarrows Me^{+} + e^{-}$

An der Doppelschicht entsteht ein elektrisches Potenzial (Redoxpotenzial) *E*.

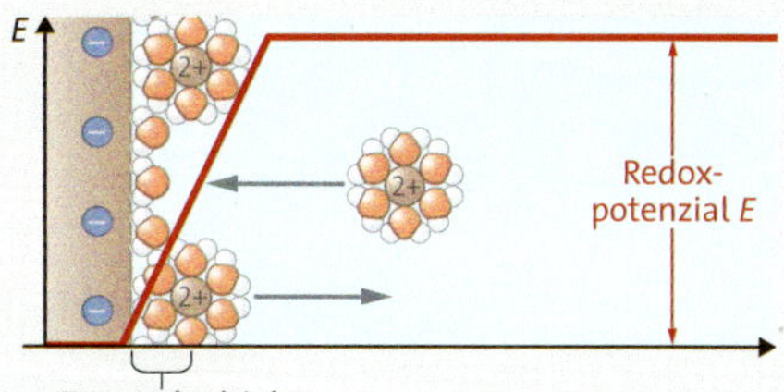


**Galvanische Zelle Galvanisches Element**

Kombination zweier Halbzellen (Metall/Metallsalzlösung). Beide Halbzellen müssen durch ein Diaphragma oder Stromschlüssel leitend verbunden sein. Galvanische Zellen sind elektrochemische Spannungsquellen, bei denen Oxidation und Reduktion freiwillig und räumlich voneinander getrennt ablaufen. Galvanische Zellen können durch eine Kurzschreibweise dargestellt werden.
Kurzschreibweise für das Daniell-Element:
$Zn/Zn^{2+}$ // $Cu^{2+}/Cu$

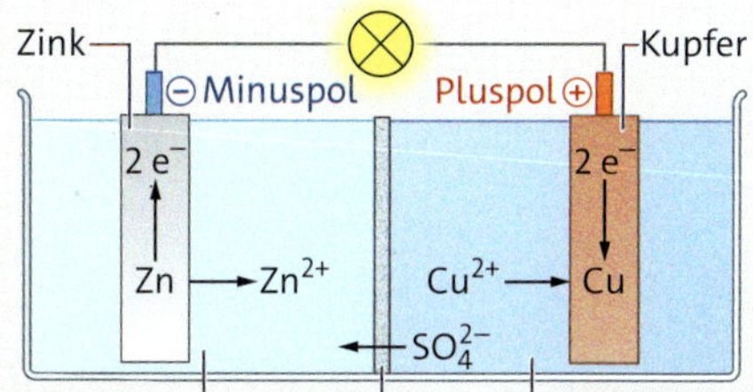


**Zellspannung einer galvanischen Zelle**

Aus der Differenz der Redoxpotenziale *E* der beiden Halbzellen einer galvanischen Zelle ergibt sich die Zellspannung *U*:

$U = E(\text{Akzeptorhalbzelle}) - E(\text{Donatorhalbzelle})$

oder

$U = E(\text{Reduktion}) - E(\text{Oxidation})$

Das **Redoxpotenzial *E*** ist dabei eine stoffspezifische Größe, die von der Art des Stoffs, von der Stoffmengenkonzentration der Ionen im Elektrolyten, von der Temperatur und bei Gasen vom Druck abhängt. Das Redoxpotenzial selbst ist nicht direkt messbar.

**Begriffe zur galvanischen Zelle**

| Halbzelle | Elektrode (Teilreaktion) | Pol |
|---|---|---|
| Akzeptorhalbzelle | Kathode (Reduktion) | Pluspol |
| Donatorhalbzelle | Anode (Oxidation) | Minuspol |

**Standardredoxpotenzial $E^0$ (Standardpotenzial)**

Redoxpotenzial einer Halbzelle, das unter Standardbedingungen ($T = 298\ K$, $p = 101{,}3\ kPa$, $c = 1\ mol \cdot l^{-1}$) durch Kombination mit der Standardwasserstoffhalbzelle ermittelt wurde. Der Betrag des Standardpotenzials $E^0$ entspricht dabei der gemessenen Zellspannung.

**Standardwasserstoffhalbzelle**

Bezugshalbzelle zur Bestimmung von Redoxpotenzialen unter Standardbedingungen. Ihr Standardredoxpotenzial ist dabei willkürlich auf $E^0(H_2/2\ H^+) = 0\ V$ festgelegt.

**Nernst-Gleichung**

Mithilfe der Nernst-Gleichung kann das Redoxpotenzial einer Halbzelle in Abhängigkeit von der Stoffmengenkonzentration der Ionen berechnet werden.
Für Metalle gilt:
$Me \rightleftarrows Me^{z+} + z\,e^{-}$

$$E(Me/Me^{z+}) = E^0(Me/Me^{z+}) + \frac{0{,}059\ V}{z} \cdot \lg \frac{c(Me^{z+})}{1\ mol \cdot l^{-1}}$$

Allgemein gilt für ein Redoxpaar der Form:
$Red \rightleftarrows Ox + z\,e^{-}$

$$E(Red/Ox) = E^0(Red/Ox) + \frac{0{,}059\ V}{z} \cdot \lg \frac{c(Ox)}{c(Red)}$$

**Elektrochemische Spannungsreihe**

Nach ihrem Standardpotenzial sortierte Reihenfolge der Redoxpaare. Mit ihrer Hilfe kann eine Vorhersage über die Richtung einer freiwillig ablaufenden Redoxreaktion getroffen werden. Der Elektronendonator (Reduktionsmittel) in einer Redoxreaktion muss ein kleineres Standardpotenzial haben als der Elektronenakzeptor (Oxidationsmittel).
Unterscheidung edler Metalle: $E^0 > 0{,}0$ V und unedler Metalle: $E^0 < 0{,}0$ V

**Batterie und Akkumulator**

Batterien und Akkumulatoren sind (mobile) galvanischen Zellen, bei denen in einer freiwillig verlaufenden Redoxreaktion chemische Energie in elektrische Energie umgewandelt wird.
Akkumulatoren unterscheiden sich von Batterien dadurch, dass sie wieder aufgeladen werden können. Mithilfe einer elektrischen Spannung werden die beim Entladen ablaufenden Reaktionen umgekehrt. Elektrische Energie wird in chemische Energie umgewandelt.

| Beispiel für: | |
|---|---|
| **Batterien** | **Akkumulatoren** |
| • Zink-Kohle-Batterie<br>• Alkali-Mangan-Batterie<br>• Lithium-Batterie<br>• Silberoxid-Zink-Batterie | • Bleiakku<br>• Nickelmetallhydrid-Akku (NiMH)<br>• Lithium-Ionen-Akku |

**Brennstoffzelle**

Galvanische Zelle, bei der Reduktions- und Oxidationsmittel beständig zugeführt werden müssen. Sie kann im Gegensatz zu Batterien und Akkumulatoren dauerhaft betrieben werden. Beispiel: Wasserstoff-Sauerstoff-Brennstoffzelle

**Elektrolyse und Zersetzungsspannung**

Bei der Elektrolyse wird durch eine elektrische Spannung die freiwillig ablaufende Redoxreaktion einer galvanischen Zelle umgekehrt. Die Zersetzungsspannung $U_Z$ ist die Mindestspannung, unter der die Elektrolyse merklich abläuft. Sie kann aus den Standardpotenzialen der beteiligten Redoxpaare und möglichen Überspannungen ermittelt werden.

$U_Z = E(\text{Pluspol/Anode}) - E(\text{Minuspol/Kathode})$

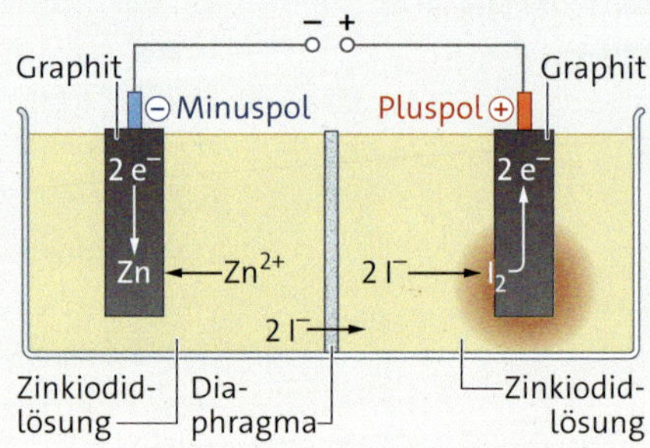


**Faraday-Gesetze**

Aus der geflossenen Ladungsmenge $Q = I \cdot t$ lassen sich die abgeschiedenen Massen bei einer Elektrolyse berechnen. Dabei muss jeweils die Anzahl $z$ der übertragenen Elektronen aus der Reaktionsgleichung berücksichtigt werden.

Faraday-Konstante: $F = 96\,485\ \text{A} \cdot \text{s} \cdot \text{mol}^{-1}$

$$m(\text{Stoff}) = \frac{I \cdot t}{z \cdot F} \cdot M(\text{Stoff})$$

**Chloralkali-Elektrolyse**

Großtechnische Verfahren zur Gewinnung von Chlor, Natronlauge und Wasserstoff durch Elektrolyse einer Natriumchloridlösung. Wichtige Verfahren sind Membranverfahren, Diaphragmaverfahren und Amalgamverfahren.

**Minuspol (Kathode):**

$Na^+ + e^- \longrightarrow Na$ $\quad E^0 = -2{,}71$ V

$2\,H_2O + 2\,e^- \longrightarrow H_2 + 2\,OH^-$ $\quad E = -0{,}41$ V (bei pH = 7)

**Pluspol (Anode):**

$2\,Cl^- \longrightarrow Cl_2 + 2\,e^-$ $\quad E^0 = 1{,}36$ V

$2\,H_2O \longrightarrow O_2 + 4\,H^+ + 4\,e^-$ $\quad E = 0{,}82$ V (bei pH = 7)

**Korrosion und Korrosionsschutz**

**Korrosion:** elektrochemische Reaktionen, die an metallischen Oberflächen stattfinden. Sie können zur Zerstörung des Gegenstands führen. Die Bildung von Lokalelementen (kurzgeschlossene galvanische Zellen) beschleunigt Korrosionsvorgänge.

**Korrosionsschutz:** Maßnahmen zum Schutz von Metallen vor Korrosion, z. B. durch Versiegeln der Oberfläche mit Metallüberzügen, Lacken, Kunststoffen und Ölen sowie durch Verwenden von Opferanoden aus unedleren Metallen

# Übungsaufgaben

**1)** Magnesium verbrennt in einer Kohlenstoffdioxidatmosphäre. Bei der dabei stattfindenden Redoxreaktion entsteht u. a. Ruß (C).
**a** Formulieren Sie die Reaktionsgleichung, kennzeichnen Sie darin Oxidation und Reduktion sowie die korrespondierenden Redoxpaare.
**b** Auch Magnesiumoxid reagiert mit Kohlenstoffdioxid, dabei bildet sich Magnesiumcarbonat ($MgCO_3$). Formulieren Sie die Reaktionsgleichung und begründen Sie, ob es sich auch hierbei um eine Redoxreaktion handelt.

**2)** In den ersten Airbags wurde der Stoff Natriumazid ($NaN_3$) eingesetzt. Bei einem Unfall wurde durch eine Initialzündung sein explosionsartiger Zerfall in Natrium und Stickstoff ausgelöst. Es schlossen sich Folgereaktionen des Natriums an:

$\_\ NaN_3 \longrightarrow \_\ Na + \_\ N_2$

$\_\ Na + \_\ KNO_3 \longrightarrow \_\ K_2O + \_\ Na_2O + \_\ N_2$

$\_\ K_2O + \_\ Na_2O + \_\ SiO_2 \longrightarrow \_\ K_2SiO_3 + \_\ Na_2SiO_3$

**a** Gleichen Sie die obigen Reaktionsgleichungen aus und geben Sie alle Oxidationszahlen an. Entscheiden Sie jeweils, ob es sich um eine Redoxreaktion handelt.
**b** Heute wird in Airbags häufiger der Stoff Nitroguanidin ($CH_4N_4O_2$) eingesetzt, der mit Kaliumchlorat ($KClO_3$) explosionsartig zu Stickstoff, Wasser, Kohlenstoffdioxid und Kaliumchlorid reagiert. Entwickeln Sie die Reaktionsgleichung für die Redoxreaktion.
**c** Vergleichen Sie die Gasvolumina ($V_m = 24{,}5\ l \cdot mol^{-1}$), die aus je 10 g Natriumazid ($M = 65\ g \cdot mol^{-1}$) und Nitroguanidin ($M = 104\ g \cdot mol^{-1}$) gebildet werden können.

**3)** 50 ml einer mit Schwefelsäure versetzten Lösung von Eisen(II)-sulfat werden mit 8 ml einer Kaliumpermanganatlösung der Konzentration $c(KMnO_4) = 0{,}01\ mol \cdot l^{-1}$ titriert, wobei Mangan(II)-Ionen und Fe(III)-Ionen gebildet werden.
**a** Stellen Sie die Reaktionsgleichung auf.
**b** Berechnen Sie die Stoffmengenkonzentration an Eisen(II)-sulfat.

**4)** Ammoniumnitrat ($NH_4NO_3$), ein Bestandteil von Dünger, kann beim Erhitzen auf über 170 °C explodieren. Dabei bilden sich Stickstoff, Sauerstoff und Wasser.
**a** Stellen Sie die Reaktionsgleichung für die Explosion von Ammoniumnitrat auf.
**b** Erläutern Sie, warum ein Zusatz von Benzin (Octan) die Sprengwirkung deutlich erhöhen kann.

**5)** **a** Begründen Sie, dass Eisen auf der Erde nur in Erzen gebunden, Gold dagegen auch elementar vorkommt.
**b** Eisenerze enthalten z. B. Eisensulfid (FeS) oder das Eisenoxid Hämatit ($Fe_2O_3$).
Entwickeln Sie einen Vorschlag, wie sich daraus metallisches Eisen gewinnen lässt.

**6)** Metalle wie Eisen und Zink werden durch verdünnte Salzsäure angegriffen, Kupfer hingegen nicht.
**a** Erläutern Sie mithilfe von Oxidationszahlen, ob dabei eine Redoxreaktion stattfindet.
**b** Leiten Sie eine Schlussfolgerung zur oxiderenden Wirkung von Oxonium-Ionen ($H_3O^+$) ab. Entwickeln Sie hierzu eine mögliche Definition der Begriffe edle und unedle Metalle.

**7)** Das Abwasser einer Textilreinigung wird durch Manganometrie auf den Gehalt an Wasserstoffperoxid untersucht. 200 ml Abwasser verbrauchen dabei 37,5 ml Kaliumpermanganatlösung mit $c(KMnO_4) = 0{,}1\ mol \cdot l^{-1}$.
**a** Beschreiben Sie das Vorgehen der Manganometrie.
**b** Stellen Sie die Reaktionsgleichung aus den Teilgleichungen für Oxidation und Reduktion auf.
**c** Berechnen Sie die Masse Wasserstoffperoxid in einem Liter Abwasser.

**8)** Viele Entfärber enthalten Natriumdithionit ($Na_2S_2O_4$). In wässriger Lösung entsteht beim Entfärben Schwefeldioxid ($SO_2$) mit einem unangenehmen Geruch.
**a** Entscheiden und begründen Sie, ob Natriumdithionit beim Entfärbevorgang oxidiert wird.
**b** Beurteilen Sie, ob der Gehalt eines Entfärbers an Natriumdithionit mithilfe einer Redoxtitration quantitativ bestimmt werden kann.

**9)** Ein Silberblech taucht in eine Silbernitratlösung, ein Kupferblech in eine Kupfer(II)-nitratlösung. Beide Lösungen sind durch ein Diaphragma getrennt, um eine Vermischung zu vermeiden. Mit einem Spannungsmessgerät wird an den Blechen eine Spannung von etwa 0,4 V gemessen.
**a** Erläutern Sie die Vorgänge an den Metallblechen, die zur Entstehung der elektrischen Spannung führen.
**b** Skizzieren Sie den Aufbau der galvanischen Zelle. Ordnen Sie jeweils die Begriffe Donator- und Akzeptorhalbzelle sowie Minus- und Pluspol zu.
**c** Die Zelle wird mit einer LED-Diode verbunden. Entwickeln Sie die Reaktionsgleichungen für die Vorgänge in den jeweiligen Halbzellen.

**10)** Berechnen Sie die Elektrodenpotenziale folgender Halbzellen bei 25 °C:
**a** $Cu/Cu^{2+}(c = 0{,}2\ mol \cdot l^{-1})$
**b** $Ag/Ag^{+}(c = 0{,}1\ mol \cdot l^{-1})$
**c** $Ag/Ag^{+}(c = 0{,}01\ mol \cdot l^{-1})$

**11)** Berechnen Sie die Zellspannung einer galvanischen Zelle mit den Halbzellen $Zn/Zn^{2+}(c = 0{,}1\ mol \cdot l^{-1})$ und $Cu/Cu^{2+}(c = 0{,}1\ mol \cdot l^{-1})$ bei 25 °C.

**12)** Die galvanische Zelle mit dem Symbol $Cu/Cu^{2+}(c = 0{,}2\ mol \cdot l^{-1})\ //\ Ag^{+}(c = ?\ mol \cdot l^{-1})/Ag$ liefert unter Standardbedingungen eine Spannung von 0,35 V. Berechnen Sie die Konzentration der Silber-Ionen der $Ag^+/Ag$-Halbzelle.

**13** › Vier Metallstäbe werden jeweils in eine wässrige Lösung von Salzen ($c = 0{,}1\ mol \cdot l^{-1}$) getaucht. Der nachfolgenden Tabelle können Sie entnehmen, ob sich dabei an den Metallstäben ein anderes Metall abgeschieden hat (+) oder nicht (–).

**a** Ordnen Sie die Metalle begründet nach steigender Reduktionswirkung.

**b** Skizzieren Sie eine galvanische Zelle, die mit den gegebenen Redoxpaaren eine möglichst hohe Zellspannung liefert.

**c** Berechnen Sie die zu erwartende Zellspannung aus den tabellierten Standardpotenzialen der Redoxpaare.

| Metall / Lösung | Fe(s) | Au(s) | Cu(s) | Al(s) |
|---|---|---|---|---|
| $FeSO_4$(aq) | (–) | (–) | (–) | (+) |
| $AuCl_3$(aq) | (+) | (–) | (+) | (+) |
| $CuSO_4$(aq) | (+) | (–) | (–) | (+) |
| $AlCl_3$(aq) | (–) | (–) | (–) | (–) |

**14** › Batterien sind galvanische Zellen zur mobilen Stromerzeugung.

**a** Schlagen Sie mindestens drei galvanische Zellen vor, deren Zellspannung größer als 1,5 V ist.

**b** Beschreiben Sie den prinzipiellen Aufbau und die Funktionsweise einer Batterie.

**15** › In einer Coincell, einer besonders flachen Knopfzelle, sind Lithium, Mangandioxid und ein geeigneter Elektrolyt verarbeitet. Beim Entladen werden $Li^+$-Ionen in das Gitter von Mangandioxid eingelagert, $Mn^{4+}$-Ionen dabei zu $Mn^{3+}$-Ionen reduziert.

**a** Erläutern Sie die Vorgänge in der Coincell.

**b** Begründen Sie die Verwendung von Lithium.

**c** Geben Sie an, welche besondere Anforderung der Elektrolyt erfüllen muss und welche Schlussfolgerungen sich daraus für den Preis der Coincell ergeben.

**16** › Lasagne ist eine schmackhafte Speise, die sich auch für interessante chemische Entdeckungen eignet. Lasagne mit Tomatensoße wird einige Tage in einer Stahlpfanne mit Alufolie abgedeckt im Kühlschrank gelagert. Bei der Entnahme befinden sich kleine Löcher in der Alufolie.

**a** Erklären Sie, wie die Löcher in der Alufolie entstanden sind.

**b** Erläutern Sie, ob bei der Benutzung einer Keramikform oder einer Kunstofffolie eine ähnliche Beobachtung gemacht werden kann.

**c** Diskutieren Sie, ob die Lasagne noch gegessen werden sollte.

**17** › Die Begriffspaare Halbzelle und Elektrode, Redoxpotenzial und Elektrodenpotenzial sowie Kathode und Pluspol werden in der Chemie häufig als Synonyme verwendet. Erarbeiten Sie eine tabellarische Übersicht über diese und zwei weitere Synonyme, die in der Elektrochemie verwendet werden. Bewerten Sie die Nutzung der einzelnen synonymen Begriffe kritisch.

**18** › Zink-Kohle- und Alkali-Mangan-Batterien unterscheiden sich im Wesentlichen durch die Art des verwendeten Elektrolyten. In der Zink-Kohle-Batterie wird mit Ammoniumchlorid ein saurer Elektrolyt verwendet, während in der Alkali-Mangan-Batterie ein zinkhaltiges Kaliumhydroxidgel eingesetzt wird. Zudem besteht der Mantel der Zink-Kohle-Batterie häufig aus Zink.

**a** Skizzieren Sie den prinzipiellen Aufbau einer Zink-Kohle-Batterie und formulieren Sie die Elektrodenreaktionen.

**b** Erklären Sie, warum im Betrieb die Stoffmengenkonzentration der Zink-Ionen $Zn^{2+}$ im Elektrolyten ansteigt, und erläutern Sie, welche Folgen dies für die Zellspannung hat.

**c** Begründen Sie, warum die Zink-Kohle-Batterie nicht auslaufsicher ist.

**d** Diskutieren Sie, welche der beiden Batterien Sie für umweltverträglicher halten.

**19** › Berechnen Sie die Zellspannungen in folgenden galvanischen Zellen bei Standardbedingungen:

**a** $Zn/Zn^{2+}$ // $Ni^{2+}/Ni$

**b** $Cu/Cu^{2+}$ // $Ag^+/Ag$

**c** Erklären Sie, wie sich das elektrische Potenzial ändert, wenn die Stoffmengenkonzentration der Metall-Ionen in den wässrigen Lösungen jeweils nur $0{,}1\ mol \cdot l^{-1}$ beträgt.

**20** › Das elektrische Potenzial der Bildung von Sauerstoffmolekülen aus Wassermolekülen hängt vom pH-Wert der wässrigen Lösung ab.

**a** Entwickeln Sie die Nernst-Gleichung für das Redoxpaar und erläutern Sie daran die pH-Abhängigkeit des Potenzials.

**b** Diskutieren Sie, warum in Tabellen zwei verschiedene Standardpotenziale für das Redoxpaar $O_2/H_2O$ angegeben sind.

**21** › Die großtechnische Herstellung von Kalilauge (KOH-Lösung) erfolgt aus wässrigen Lösungen von Kaliumchlorid mithilfe der Chloralkali-Elektrolyse.

**a** Geben Sie alle Produkte an, die bei der Chloralkali-Elektrolyse von Kaliumchlorid gewonnen werden können.

**b** Erläutern Sie das Membranverfahren anhand der Herstellung von Kalilauge. Entwickeln Sie die Reaktionsgleichungen für die Vorgänge an den Elektroden.

**c** Berechnen Sie die Tagesproduktion an reinem Kaliumhydroxid einer Elektrolysezelle, die mit einer Stromstärke von $I = 250$ kA betrieben wird.

**22** › In Autos werden Bleiakkumulatoren als Starterbatterien verwendet. Die galvanische Zelle des Bleiakkus hat eine Spannung von 2 V. Eine Starterbatterie liefert 12 V. Dazu sind sechs solcher Zellen in Reihe geschaltet.

**a** Skizzieren Sie schematisch die galvanische Zelle des Bleiakkumulators.

**b** Geben Sie die Elektrodenreaktionen an, die beim Entladen bzw. Laden des Bleiakkus stattfinden.

**c** Eine Starterbatterie kann eine Ladungsmenge (Kapazität) von $Q = 52\ A \cdot h$ bereitstellen. Berechnen Sie die Masse an Blei, die mindestens zum Bau dieses Akkus verwendet werden musste. Berechnen Sie auch den Verbrauch an Schwefelsäure zum vollständigen Entladen.

**23 ›** Eine Lithiumbromidlösung wird elektrolysiert.

**a** Berechnen Sie aus den Redoxpotenzialen die theoretische Zersetzungsspannung.

**b** Erklären Sie, warum es nicht gelingt, auf diese Weise Lithium herzustellen.

**24 ›** Wasserstoff-Sauerstoff-Brennstoffzellen sind wie Batterien galvanische Zellen.

**a** Skizzieren Sie schematisch den Aufbau einer Wasserstoff-Sauerstoff-Brennstoffzelle und geben Sie die Reaktionen an den jeweiligen Elektroden an.

**b** Vergleichen Sie die Brennstoffzelle mit einer Zink-Braunstein-Batterie (Alkali-Mangan-Batterie).

**c** Begründen Sie, warum die Brennstoffzellentechnologie der regenerativen Energie zum Durchbruch verhelfen könnte.

**25 ›** Im Handel sind Bleistiftanspitzer aus Metall erhältlich. Sie bestehen aus einem Magnesiumgehäuse, in das eine Stahlklinge eingesetzt ist.

**a** Erläutern Sie, warum die Stahlklinge durch das Magnesiumgehäuse gegen Korrosion geschützt ist.

**b** Entwickeln Sie die Reaktionsgleichungen für die ablaufenden chemischen Vorgänge, wenn der Bleistiftanspitzer nass wird. *Hinweis:* Es bildet sich u. a. schwerlösliches Magnesiumhydroxid $Mg(OH)_2$.

**26 ›** Nachbar Schulz weiß, dass Kupfer ein korrosionsbeständiges Metall ist. Er hat deshalb seine neue Regenrinne aus verzinktem Stahlblech mit verkupferten Schrauben befestigt.

**a** Erläutern Sie, warum Kupfer korrosionsbeständig ist.

**b** Klären Sie Nachbar Schulz über seinen Irrtum auf. Erläutern Sie dazu die chemischen Vorgänge, die ablaufen, wenn es regnet und die Rinne mit der Befestigung nass wird.

| Mithilfe dieses Kapitels können Sie: | Aufgabe | Hilfe finden Sie auf Seite |
|---|---|---|
| • Redoxreaktionen als Reaktionen mit Elektronenübergang deuten und formulieren | *1, 2, 4, 5, 6* | *70–71* |
| • Oxidationszahlen der Atome in einer Verbindung bestimmen | *1, 2, 6, 8* | *72–73* |
| • redoxtitrimetrische Verfahren zur Konzentrationsbestimmung anwenden und deuten | *3, 7, 8* | *78–79* |
| • elektrochemische Reaktionen in einer galvanischen Zelle auf der Basis des Donator-Akzeptor-Konzepts erklären | *9, 13, 15, 16, 17, 22, 24* | *82–85* |
| • das Batterieprinzip als Nutzung der Umwandlung von chemischer in elektrische Energie in einer galvanischen Zelle deuten | *14, 15, 18, 22, 24* | *82–83* |
| • die elektrochemische Spannungsreihe zur Vorhersage von Redoxreaktionen und zur Berechnung von Zellspannungen anwenden | *10–16, 19, 20, 21, 23* | *84–85* |
| • die Konzentrationsabhängigkeit des Redoxpotenzials erklären und mithilfe der Nernst-Gleichung berechnen | *18, 19, 20* | *88–90* |
| • die Vorgänge der Elektrolyse erläutern und als Umkehrung der Vorgänge in der galvanischen Zelle deuten | *21, 23* | *102–103* |
| • die Vorgänge bei der elektrochemischen Korrosion und wirksame Maßnahmen zum Korrosionsschutz erläutern | *25, 26* | *108–109, 112–113* |

Die Annahme, dass Stoffe aus kleinsten, unteilbaren Teilchen bestehen, überdauerte 2000 Jahre und blieb lange theoretisch. Erst experimentelle Untersuchungen ab Ende des 19. Jh.s führten zu Erkenntnissen, die erweiterte Modellvorstellungen vom Bau der Atome ermöglichten. Sie sind auch Grundlage zum Verständnis der chemischen Bindungen. So lässt sich heute die unglaubliche Vielzahl an Stoffen mit ihren charakteristischen Eigenschaften auf der Basis von nur etwas über 100 Elementen erklären.

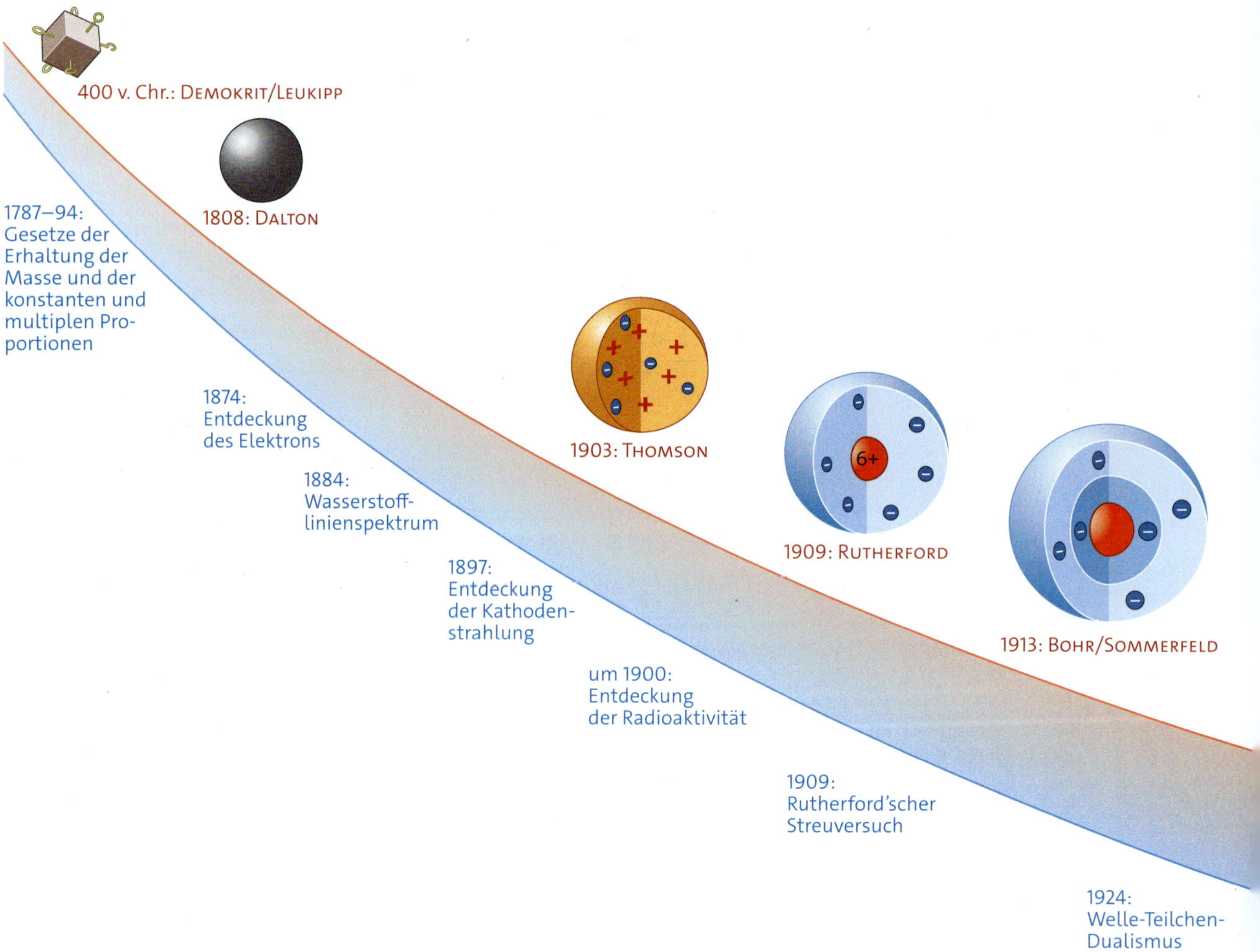

# 4 Chemische Bindungen, Wechselwirkungen und Atombau

## Von Modellvorstellungen bis zu Stoffeigenschaften

### Zwischenmolekulare Wechselwirkungen
- Van-der-Waals-Kräfte
- Dipol-Dipol-Kräfte
- Ion-Dipol-Kräfte
- Wasserstoffbrücken

### Arten chemischer Bindung
- Ionenbindung
- Elektronenpaarbindung
- Metallbindung

### Struktur und Eigenschaften von Stoffen
- Salze
- Molekülverbindungen
- Metalle

### Bau der Atome
- Kern-Hülle-Modell von RUTHERFORD
- Schalenmodell von BOHR/SOMMERFELD
- Orbitalmodell

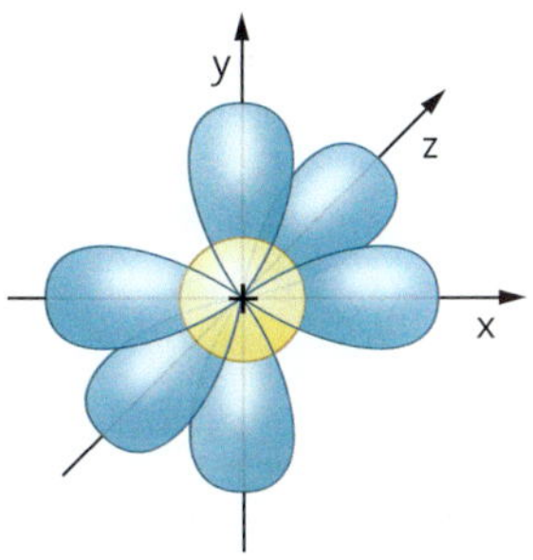


1927: Orbitalmodell

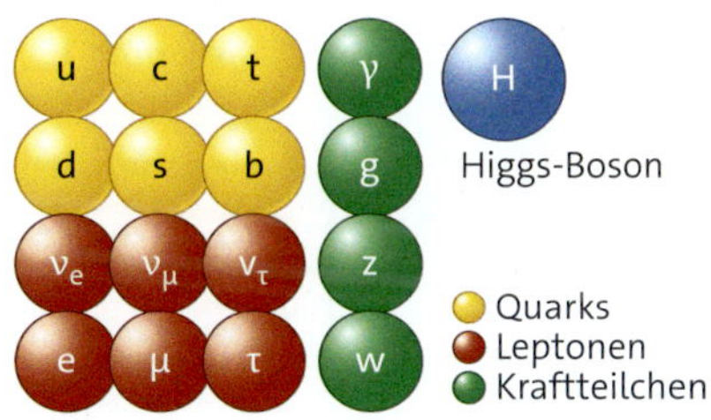


ab 1970: weitere Elementarteilchen

**Entwicklung der Atommodelle**

1925: Entdeckung des Elektronenspins

1927: Heisenberg'sche Unschärferelation

ab 1970: Entdeckung von Quarks, Leptonen usw.

**Experimentelle Erkenntnisse**

# 4.1 Chemische Bindungen – Ionenbindung

**01** Vier verschiedene Kristalle – zwei Bindungsarten

**ÄHNLICHE EIGENSCHAFTEN, GLEICHE STRUKTUR?**
Wir wissen bereits: Die unterschiedlichen Eigenschaften von Stoffen sind in ihrem Bau, d. h. in ihrer Struktur, begründet. Aber ist der umgekehrte Schluss auch zulässig?

Die Stoffbeispiele in Bild ↑ **01** zeigen, dass kristallartige Stoffe wie Kochsalz (Natriumchlorid), Quarz (Siliciumdioxid) und Diamant (eine Kohlenstoffmodifikation) sich in vielen Eigenschaften ähneln: Sie sind bei Raumtemperatur fest, glänzend und häufig lichtbrechend. Und doch unterscheiden sich diese Stoffe erheblich in der Art ihrer Teilchen und im Bau ihrer Gitter.

| Verhältnisformel | NaCl | $CaCl_2$ | $Al_2O_3$ |
|---|---|---|---|
| Chemischer Name | Natrium-chlorid | Calcium-chlorid | Aluminium-oxid |
| Trivialname | Kochsalz, Steinsalz | – | Korund, Tonerde |
| Dichte (20 °C) | $2{,}16\ g \cdot cm^{-3}$ | $2{,}15\ g \cdot cm^{-3}$ | $3{,}9\ g \cdot cm^{-3}$ |
| Schmelz-temperatur | 800 °C | 772 °C | 2045 °C |
| Siedetemperatur | 1465 °C | > 1600 °C | 2980 °C |
| Löslichkeit in Wasser (20 °C) | $359\ g \cdot l^{-1}$ | $750\ g \cdot l^{-1}$ | unlöslich |
| Härte nach MOHS | 2 | 2–3 | 9 |

**02** Eigenschaften von Ionenverbindungen

Ausschlaggebend ist die Art der Teilchen und die Weise, wie sie miteinander verbunden sind, ihre **chemische Bindung**. Sie begründet, ob es sich wie bei dem aus Ionen aufgebauten Kochsalz um einen in Wasser löslichen Stoff oder wie bei dem aus Riesenmolekülen bestehenden Quarz oder Diamant um nichtlösliche Stoffe handelt.
In diesem Kapitel werden Sie sich vertieft mit den drei Grenztypen der chemischer Bindung – *Ionenbindung, Metallbindung, Elektronenpaarbindung* (*Atombindung*) – beschäftigen und erfahren, dass es sich bei den Bindungsmodellen um Vereinfachungen der realen Verhältnisse handelt.

**NATRIUMCHLORID, EINE IONENVERBINDUNG**
Unser Kochsalz, das Natriumchlorid, ist ein typischer Vertreter der **Ionenverbindungen**. Es bildet harte und spröde Kristalle, die erst bei 800 °C schmelzen. Die Schmelze und die wässrige Lösung von Natriumchlorid leiten den elektrischen Strom. Im festen Zustand ist es dagegen ein Nichtleiter. Auch andere Ionenverbindungen, beispielsweise Calciumchlorid und Aluminiumoxid, zeigen ähnliche charakteristische Eigenschaften wie das Natriumchlorid (↑ **02**). Ihre Eigenschaften lassen sich durch Modellvorstellungen zu den Bindungsverhältnissen erklären.

**STRUKTUR VON IONENVERBINDUNGEN** Das Salz Natriumchlorid besteht aus einfach positiv geladenen Natrium-Ionen $Na^+$ und einfach negativ geladenen Chlorid-Ionen $Cl^-$. Die entgegengesetzt geladenen Ionen ziehen sich gegenseitig an, gleichzeitig stoßen sich die gleichartig geladenen Ionen gegenseitig ab. Diese Art der chemischen Bindung, die durch elektrostatische Kräfte zwischen Ionen bewirkt wird, heißt **Ionenbindung**. Es bildet sich ein **Ionengitter**, bei dem sich $Na^+$- und $Cl^-$-Ionen in allen Raumrichtungen abwechseln und feste Plätze einnehmen (↑ **03**). Wegen des gleichen Betrags ihrer Ladungen erfolgt dies im Verhältnis 1 : 1. Für Natriumchlorid ergibt sich deshalb die Verhältnisformel NaCl.

▶ **Noch gewusst?** Durch Abgabe oder Aufnahme von Elektronen werden aus Atomen elektrisch geladene Teilchen, die **Ionen**, gebildet.
Bildung von positiv geladenen Kationen durch **Elektronenabgabe (Oxidation)**:
$Na \longrightarrow Na^+ + e^-$
Bildung von negativ geladenen Anionen durch **Elektronenaufnahme (Reduktion)**:
$Cl + e^- \longrightarrow Cl^-$

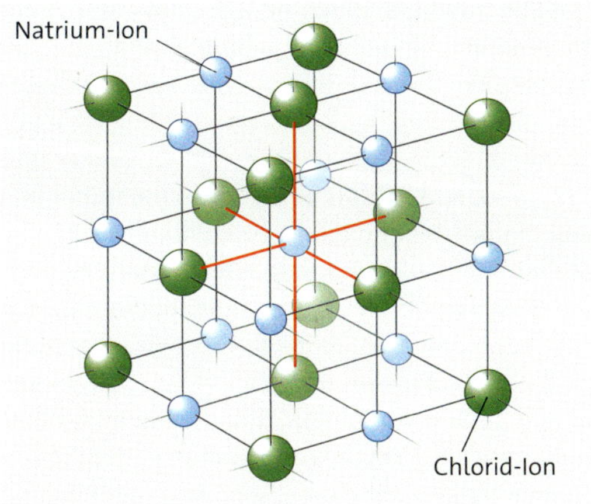


**03** Modell des Ionengitters von Natriumchlorid

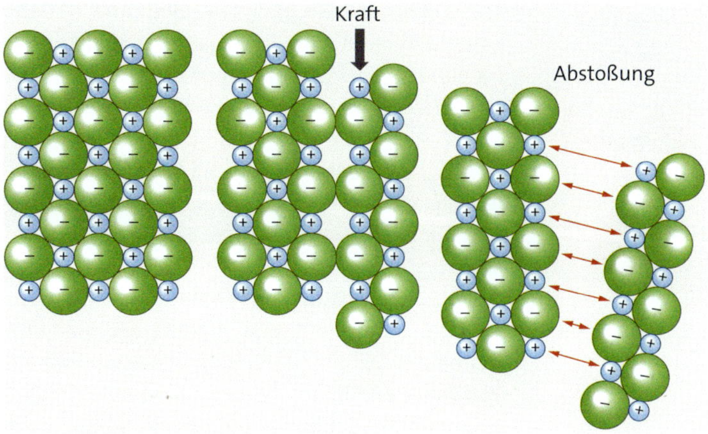


**04** Zerspringen eines Ionenkristalls im Modell

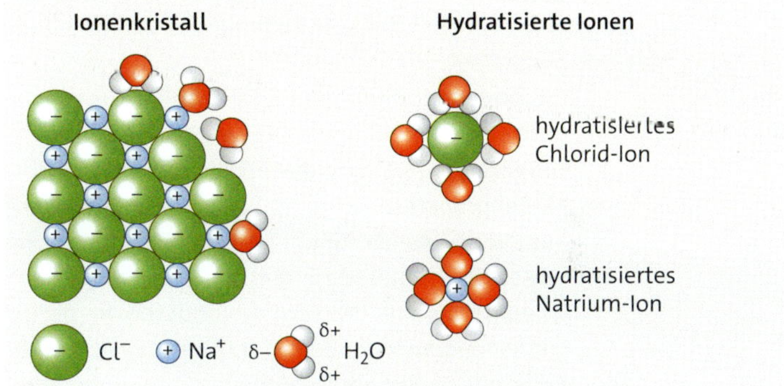


$NaCl(s) + n\,H_2O(l) \rightarrow Na^+(aq) + Cl^-(aq)$

**05** Lösen eines Ionenkristalls im Modell

**EIGENSCHAFTEN VON IONENVERBINDUNGEN** Feste Ionenverbindungen zeigen keine **elektrische Leitfähigkeit**, weil ihre Ionen die Gitterplätze nicht verlassen können. Wird der Ionenverbindung jedoch Energie in Form von Wärme zugeführt, so können die elektrostatischen Kräfte zwischen den Ionen im Gitter überwunden werden. Da die Ionen ihre festen Plätze verlassen, sorgen sie in der Salzschmelze als frei bewegliche Ladungsträger für die elektrische Leitfähigkeit. Auch in wässrigen Lösungen liegen frei bewegliche Ionen vor. Salzlösungen sind daher elektrische Leiter.
Salze sind hart und spröde. Wirkt auf einen Ionenkristall eine Kraft ein, so verschieben sich die Ionen entlang einer Gitterebene, sodass gleichartig geladene Ionen aneinanderliegen. Es kommt zur Abstoßung der Ionen und Spaltung des Kristalls (↑ **04**). Für die **Härte** gilt: Je größer die Anziehungskräfte der Ionen im Ionengitter (die *Gitterenthalpie*), desto mehr Kraft ist nötig, damit der Ionenkristall zerspringt.

**LÖSEVORGANG** Löst sich ein Salzkristall in einem polaren Lösungsmittel wie Wasser auf, dann werden die Ionen aus dem Ionengitter herausgelöst und von einer Hülle von Wassermolekülen umgeben (↑ **05**). Dieser Vorgang, bei dem hydratisierte Anionen und Kationen gebildet werden, heißt **Hydratation**. Das Lösen eines Salzkristalls kann sowohl unter Abkühlung als auch durch Erwärmung des Lösungsmittels erfolgen. Ist die Energie, die zum Überwinden der Anziehungskräfte im Ionengitter benötigt wird, geringer als die Energie der Hydratation der Ionen, verläuft der Lösevorgang exotherm. Im umgekehrten Fall, bei dem die Gitterkräfte größer als die Energie der Hydratation ist, verläuft der Lösevorgang endotherm.
Die Löslichkeit eines Salzes ist sowohl von der Stärke der Gitterkräfte als auch von der Stärke der Anziehungskräfte zwischen den Lösungsmittelmolekülen und hydratisierten Ionen abhängig. Salze sind dann schlecht löslich, wenn die Gitterkräfte die Anziehungskräfte zwischen Wassermolekülen und Ionen übersteigen.

**Die Ionenbindung resultiert aus ungerichteten elektrostatischen Kräften zwischen positiv und negativ geladenen Ionen. Diese bilden regelmäßige dreidimensionale Ionengitter.**

**1 ›** Nennen Sie Gemeinsamkeiten und Unterschiede zwischen einem Salzkristall und einer Salzschmelze.

**2 ›** Vergleichen Sie die in Tabelle ↑ **02** aufgeführten Ionenverbindungen.
Begründen Sie die Unterschiede bei den Schmelztemperaturen, Siedetemperaturen, bei der Löslichkeit und der Härte.

**3 ›** Begründen Sie die Verhältnisformel von Calciumchlorid ($CaCl_2$).

# 4.2 Elektronenpaarbindung

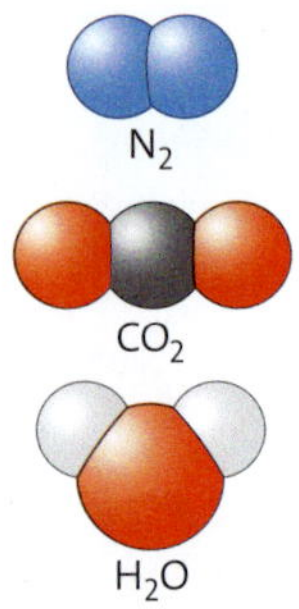


**01** Modelle von Molekülen

**NICHTMETALLE BILDEN MOLEKULARE STOFFE** Viele Stoffe bestehen aus Molekülen, beispielsweise die Gase Sauerstoff, Stickstoff und Kohlenstoffdioxid oder auch die flüssigen Stoffe Wasser und Hexan. Allgemein gilt, dass sich die Atome von Nichtmetallen untereinander zu **Molekülen** verbinden – im Gegensatz zu den aus Metall- und Nichtmetall-Ionen aufgebauten Salzen.

**CHEMISCHE BINDUNG IM WASSERSTOFFMOLEKÜL** Das Wasserstoffmolekül $H_2$ besteht aus zwei Wasserstoffatomen. Die beiden Elektronen der Wasserstoffatome bilden um die Atomkerne eine gemeinsame Elektronenhülle. Durch dieses gemeinsam genutzte Elektronenpaar kommt die chemische Bindung zwischen zwei benachbarten Atomen in Molekülen zustande. Sie wird als **Elektronenpaarbindung** oder **kovalente Bindung** oder **Atombindung** bezeichnet.

Die beiden Atome des Wasserstoffmoleküls können nur getrennt werden, wenn Energie zugeführt wird. Umgekehrt wird der gleiche Energiebetrag frei, die **Bindungsenergie**, wenn sich zwei Wasserstoffatome annähern und zu einem Molekül verbinden. Im Wasserstoffmolekül ziehen sich das Elektron des einen Atoms und der Kern des anderen an, bis ein Energieminimum vorliegt (↑ **02**). Für jede Abstandsänderung muss Energie aufgewendet werden: Entweder wachsen die Abstoßungskräfte der Kerne deutlich an oder die Anziehungskräfte von Kern und Hülle müssen überwunden werden.

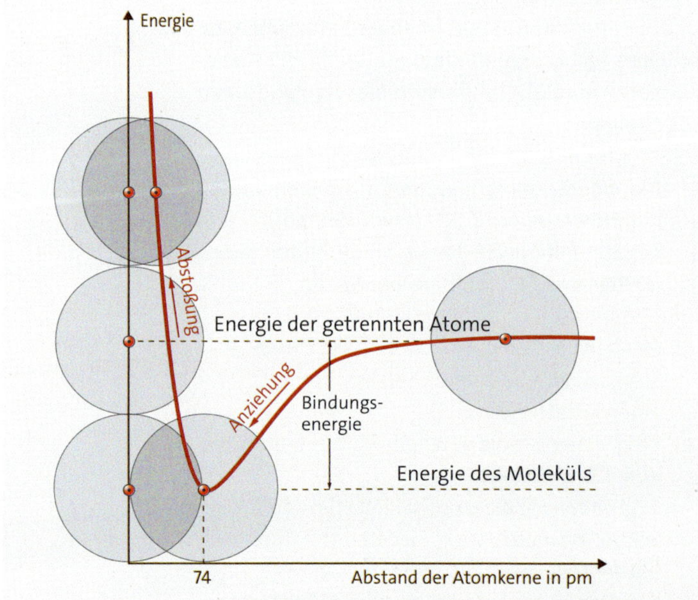


**02** Die Energie der Wasserstoffatome hängt von ihrem Abstand ab.

Die Elektronenpaarbindung wirkt nur entlang der Kernverbindungsachse der gebundenen Atome. Der Abstand der Atomkerne ist die **Bindungslänge** dieser Bindung (↑ **02**).

**LEWIS-KONZEPT** Das bereits vor rund 100 Jahren von GILBERT NEWTON LEWIS entwickelte einfache Modell stellt die Bindungsverhältnisse innerhalb eines Moleküls durch Elektronenpaare dar: Ein Strich zwischen den Elementsymbolen steht für ein **bindendes Elektronenpaar**, bestehend aus jeweils einem Elektron aus den Außenschalen der Bindungspartner. Punkte symbolisieren einzelne Elektronen. Außenelektronen, die nicht an der Bindung beteiligt sind, heißen **freie** (nichtbindende) **Elektronenpaare** und werden ebenfalls als Striche dargestellt.

*Beispiele:* H··H oder H–H, H··Ċ̣l: oder H–C̄l|

Zwei gemeinsam genutzte Elektronenpaare wie beim Sauerstoffmolekül bilden eine **Doppelbindung** und werden durch zwei Striche zwischen den Bindungspartnern dargestellt, **Dreifachbindungen** wie im Stickstoffmolekül werden durch drei Striche symbolisiert.

*Beispiele:* ⟨O=O⟩ |N≡N|

Solche Formeln werden als **Lewis-Formeln** oder auch als **Valenzstrichformeln** bezeichnet.

**EDELGASKONFIGURATION – OKTETTREGEL** Jedes der im Wasserstoffmolekül gebundenen Wasserstoffatome erreicht durch zwei gemeinsam genutzte Elektronen die energetisch stabile **Elektronenkonfiguration** des Edelgasatoms Helium. Das bindende Elektronenpaar wird deshalb formal beiden Wasserstoffatomen zugeordnet.

Für die in der 2. Periode des PSE befindlichen Elemente Kohlenstoff, Stickstoff, Sauerstoff und Fluor gilt die **Oktettregel**: Ihre Atome verbinden sich so, dass sich ihnen eine mit **acht Elektronen** (vier Elektronenpaaren) vollbesetzte Außenschale zuordnen lässt. Sie erreichen die Elektronenkonfiguration des Edelgases Neon. Bindungselektronenpaare werden dabei immer beiden Bindungspartnern zugeordnet (↑ **03**).

**Die Bindung in Molekülen erfolgt durch gemeinsame (bindende) Elektronenpaare.**
**Jedes Atom der Bindung erreicht durch seine Außenelektronen und die zusätzlichen Elektronen seines Bindungspartners eine stabile Edelgaskonfiguration.**

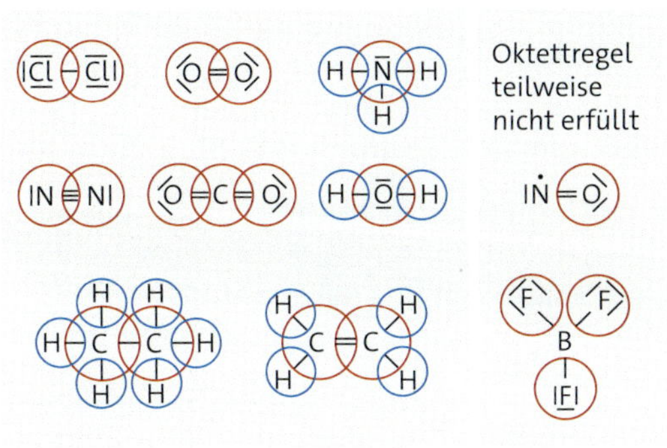


**03** Lewis-Formeln und Oktettregel

*Beispiel:* Der Bau des Ammoniakmoleküls $NH_3$ ergibt sich durch die Bildung von drei Einfachbindungen zwischen dem zentralen Stickstoffatom und den drei Wasserstoffatomen. Durch die gemeinsame Nutzung jeweils beider Elektronen in den drei N–H-Bindungen ist die Oktettregel für alle Atome im Molekül erfüllt, da sich am Stickstoffatom ein freies Elektronenpaar befindet.

**GRENZEN DER OKTETTREGEL** Nicht bei allen Molekülen wird die Oktettregel erfüllt. Die Lewis-Formel von Bortrifluorid $BF_3$ zeigt ein zentrales Boratom, dem sich nur drei gemeinsame Elektronenpaare zuordnen lassen. Am Boratom ist eine **Elektronenpaarlücke** erkennbar (↑ 03).
Moleküle wie Stickstoffmonooxid NO oder Stickstoffdioxid $NO_2$ besitzen eine ungerade Anzahl an Außenelektronen, sodass auch die Oktettregel für das Stickstoffatom nicht erfüllt werden kann. In Molekülen mit Atomen ab der 3. Periode können auch mehr als vier Elektronenpaare an einem Atom auftreten. Ein Beispiel ist das $H_2SO_4$-Molekül mit sechs bindenden Elektronenpaaren am Schwefelatom.

**MESOMERIE** Vom Distickstoffmonooxidmolekül $N_2O$ und auch vom Salpetersäuremolekül $HNO_3$ lassen sich zwei verschiedene Lewis-Formeln zeichnen:

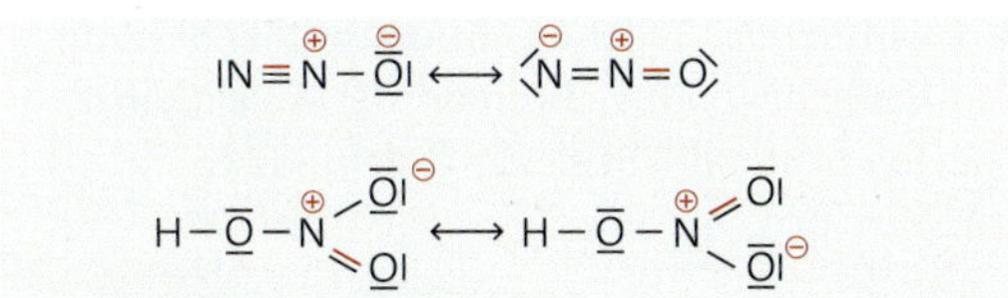

Solche Formeln werden als **mesomere Grenzformeln** bezeichnet. Die Positionen der einzelnen Atome sind jeweils in der linken und rechten Formel unverändert – ansonsten würde es sich nicht um den gleichen Stoff handeln –, allerdings verteilen sich die Elektronenpaare unterschiedlich im Molekül. Man sagt: Die Elektronen sind **delokalisiert**.

In den gezeigten mesomeren Grenzformeln werden den Atomen **Formalladungen** zugeordnet. Zur Unterscheidung von echten Ionenladungen sind sie hier rot gekennzeichnet. Formalladungen ergeben sich aus der Differenz zwischen der Anzahl der Außenelektronen entsprechend der Stellung von Stickstoff und Sauerstoff im Periodensystem und der in der Lewis-Formel zugeordneten Anzahl an Elektronen. Bei Molekül-Ionen entspricht die Summe der auftretenden Formalladungen der Ionenladung.
Keine der mesomeren Grenzformeln stellt alleine die tatsächlichen Bindungsverhältnisse im Molekül korrekt dar. Dies zeigen experimentelle Untersuchungen der Bindungslängen. So liegt beispielsweise der tatsächliche Abstand der Atome im $N_2O$-Molekül zwischen dem einer Doppel- und einer Dreifachbindung. Die mesomeren Grenzformeln sind also rein hypothetisch. Dieser hypothetische Zustand wird durch den **Mesomeriepfeil** $\longleftrightarrow$ zwischen den Grenzformeln gekennzeichnet. Er darf nicht mit dem Pfeil zur Darstellung von chemischen Gleichgewichten $\rightleftarrows$ verwechselt werden.

Alle Moleküle, für deren Struktur sich mesomere Grenzformeln formulieren lassen, sind besonders **energiearm**, weil sich durch die Delokalisierung der Elektronen auf einen größeren Raum die Abstoßung der negativen Ladungen verringert. Man nennt solche energetisch begünstigten Moleküle auch *mesomeriestabilisiert*.

*Je mehr Grenzformeln sich formulieren lassen, desto stabiler ist das Molekül (↑ Mesomeriestabilisierung, S. 188).*

**Durch mesomere Grenzformeln lassen sich Moleküle darstellen, die delokalisierte Elektronen besitzen. Die tatsächliche Elektronenverteilung kann nicht eindeutig beschrieben werden, sie liegt zwischen den hypothetischen Grenzformeln.**

**1 ›** Erklären Sie, warum Edelgasatome keine Moleküle bilden.
**2 ›** Zeichnen und erläutern Sie die Lewis-Formeln für die Moleküle von Iod $I_2$, Ozon $O_3$ und Schwefelsäure $H_2SO_4$.
**3 ›** Zeichnen Sie die zwei mesomeren Grenzformeln des Thiocyanat-Ions $SCN^-$. Bestimmen Sie die Formalladungen an den Atomen jeder Grenzformel.
**4 ›** Zeigen Sie, dass vom Kohlenstoffdioxidmolekül $CO_2$ mesomere Grenzformeln existieren.
**5 ›** Legt man an eine Kupfersulfatlösung eine elektrische Spannung an, so werden die $Cu^{2+}$-Ionen am Minuspol entladen, die Sulfat-Ionen dagegen kaum. Begründen Sie, warum sich Sulfat-Ionen schwer entladen lassen.

# Methode

## M Entwickeln von Lewis-Formeln

**AUFGABE** Entwickeln Sie die Lewis-Formel des Kohlenstoffdioxidmoleküls $CO_2$ und des Carbonat-Ions $CO_3^{2-}$.

1. **Auffinden des Zentralatoms:** Häufig steht ein Atom im Molekül in zentraler Position, das entweder die meisten Bindungen eingehen kann oder zu einem möglichst symmetrischen Molekül führt. Je höher die Anzahl noch fehlender Elektronen zum Erreichen einer Edelgaskonfiguration ist, desto mehr Elektronenpaarbindungen kann ein Nichtmetallatom ausbilden (8 – N-Regel).
Das Kohlenstoffatom kann vier Elektronenpaarbindungen ausbilden (IV. Hauptgruppe: 8 – 4 = 4), das Sauerstoffatom zwei (VI. Hauptgruppe: 8 – 6 = 2).
Das Kohlenstoffatom ist das Zentralatom im $CO_2$-Molekül und im $CO_3^{2-}$-Ion.

2. **Bestimmen der bindenden und freien Elektronenpaare:**
**a) Vorhandene Außenelektronen ermitteln:**
Für jedes Atom im Molekül (oder Ion) wird die Anzahl der Außenelektronen gemäß der Stellung des Elements im PSE bestimmt (Hauptgruppennummer = Anzahl Außenelektronen); die Anzahl der Außenelektronen wird addiert.
Bei *Anionen* wird der Betrag der Ionenladung zur Anzahl der Elektronen addiert, bei *Kationen* entsprechend subtrahiert.
**b) Summe der benötigten Außenelektronen ermitteln:**
für jedes Atom jeweils 8 Elektronen (Oktett), für H-Atome 2 Elektronen
**c) Bindende Elektronen ermitteln:**
benötigte Elektronen – vorhandene Elektronen = bindende Elektronen
bindende Elektronenpaare = bindende Elektronen : 2
**d) Freie Elektronen ermitteln:**
vorhandene Elektronen – bindende Elektronen = freie Elektronen

| Molekül/Ion | $CO_2$ | $CO_3^{2-}$ |
|---|---|---|
| a) Kohlenstoffatom:<br>Sauerstoffatome:<br>Betrag der Ionenladung:<br>Summe der vorhandenen Außenelektronen: | $1 \cdot 4\,e^-$<br>$+ 2 \cdot 6\,e^-$<br>/<br>$= 16\,e^-$ | $1 \cdot 4\,e^-$<br>$+ 3 \cdot 6\,e^-$<br>$+ 2\,e^-$<br>$= 24\,e^-$ |
| b) Summe der benötigten Außenelektronen: | $3 \cdot 8\,e^- = 24\,e^-$ | $4 \cdot 8\,e^- = 32\,e^-$ |
| c) bindende Elektronen:<br>bindende Elektronenpaare: | $24 - 16 = 8\,e^-$<br>4 Paare | $32 - 24 = 8\,e^-$<br>4 Paare |
| d) freie Elektronen:<br>freie Elektronenpaare: | $16 - 8 = 8\,e^-$<br>4 Paare | $24 - 8 = 16\,e^-$<br>8 Paare |

3. **Zuordnen der Elektronenpaare zu den einzelnen Atomen:**
Um das Zentralatom (C) werden die weiteren Atome symmetrisch angeordnet und durch einfach bindende Elektronenpaare miteinander verknüpft. Wasserstoffatome sind immer einbindig und daher endständig.

Weitere bindende Elektronenpaare werden für Doppel- oder Dreifachbindungen verwendet.

Freie Elektronenpaare sind so zu verteilen, dass möglichst alle Atome eine vollbesetzte Außenschale (Edelgaskonfiguration) erreichen.

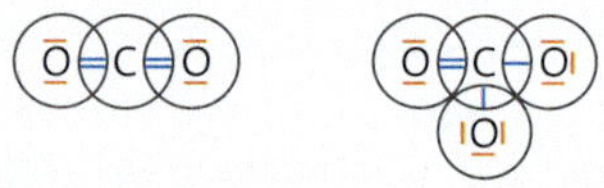

Die Gesamtanzahl der Außenelektronen und die Anzahl kovalenter Bindungen wird durch Zählen aller Elektronenpaare überprüft.

4. **Ermitteln eventuell vorhandener Formalladungen:**
**a) Bestimmen der Anzahl der Elektronen je Atom:**
Durch formale homolytische (gleichmäßige) Bindungsspaltung ergibt sich jeweils ein Elektron je bindendes Elektronenpaar. Freie Elektronenpaare werden vollständig dem jeweiligen Atom zugeordnet.
**b) Vergleichen mit der Anzahl der Elektronen entsprechend der Stellung des Elements im PSE:**
Aus der Differenz zwischen der Anzahl der Außenelektronen des Atoms und der in der Lewis-Formel zugeordneten Anzahl an Elektronen wird die Formalladung der Atome im Molekül bestimmt. Die Formalladung der Atome wird über das Symbol des Elements geschrieben. Die Gesamtladung des Teilchens muss mit der Summe der Formalladungen übereinstimmen. Bei Molekülen ist sie null, bei Ionen entspricht sie der Ionenladung.

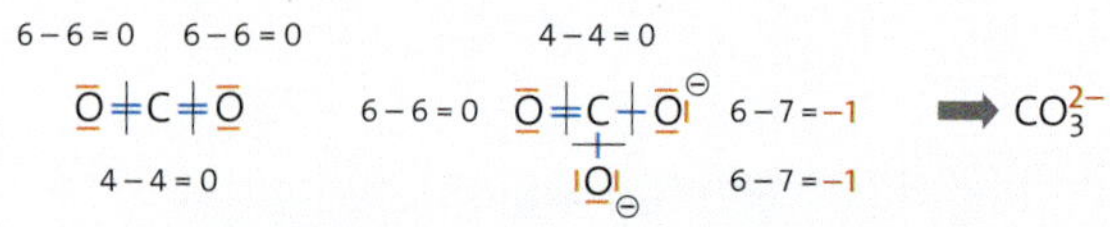


**1** Entwickeln Sie schrittweise die Lewis-Formeln für Ammoniak ($NH_3$), Formaldehyd ($H_2CO$), Ammonium-Ion ($NH_4^+$) und Cyanid-Ion ($CN^-$).

**2** Erläutern Sie die 8 – N-Regel für Wasserstoffatome.

# 4.3 Metallbindung

Vier Fünftel aller Elemente im Periodensystem sind Metalle. Wir Menschen nutzen sie bereits seit Jahrtausenden als Werkstoffe, weil ihre typischen Eigenschaften sehr vielfältige Verwendungen ermöglichen. Mithilfe des Elektronengasmodells können viele Eigenschaften erklärt werden.

**ELEKTRONENGASMODELL** Metalle sind aus Atomen aufgebaut, die in einem Atomverband in unvorstellbar großer Anzahl regelmäßig geordnet zusammenhalten. Die Außenelektronen der Metallatome sind nur schwach gebunden. Im Metallgitter können sie sich deshalb frei bewegen und sind nicht an einzelne Atome gebunden. Eine solche Ansammlung von delokalisierten Elektronen wird als **Elektronengas** bezeichnet. Die zwischen den negativ geladenen Elektronen und positiv geladenen Metall-Kationen herrschenden elektrostatischen Anziehungskräfte bewirken die **Metallbindung** und das stabile Gitter der Metalle. Diese als Elektronengasmodell bezeichnete Theorie wurde Anfang des 20. Jahrhunderts zur Beschreibung der metallischen Bindung entwickelt.

**VERFORMBARKEIT** Die Metallatome lagern sich zu dicht gepackten Strukturen zusammen, weil die Bindungskräfte zwischen den Metall-Kationen und dem Elektronengas ungerichtet sind. Wirkt eine Kraft auf das Metallgitter ein, so können die Gitterebenen aneinander vorbeigleiten. Die Bindungskräfte bleiben dabei erhalten, weil die Metall-Kationen stets wieder in die gleiche Umgebung gelangen. Metalle sind daher plastisch verformbar – im Unterschied zu Salzen, bei denen sich gleichartig geladene Ionen abstoßen, wenn die Gitterebenen aneinander vorbeigleiten, sodass der Kristall zerbricht.

**ELEKTRISCHE LEITFÄHIGKEIT** Wird an einen Metalldraht eine Spannung angelegt, fließt ein elektrischer Strom. Die zwischen den Metall-Kationen frei beweglichen Elektronen wandern aufgrund der auf sie wirkenden elektrischen Kräfte zum positiven Pol. Mit steigender Temperatur sinkt die elektrische Leitfähigkeit, da nach dem Elektronengasmodell die Schwingungen der Metall-Kationen zunehmen. Dies bewirkt eine Störung der freien Beweglichkeit der Elektronen, sodass die Leitfähigkeit abnimmt.

**GLANZ** Die freien Elektronen im Elektronengas der Metalle werden durch die Energie des Lichts angeregt und strahlen das Licht sogleich wieder ab. Dies macht sich als Reflexion bemerkbar. Die Metalle erscheinen deshalb im Licht glänzend und undurchsichtig.

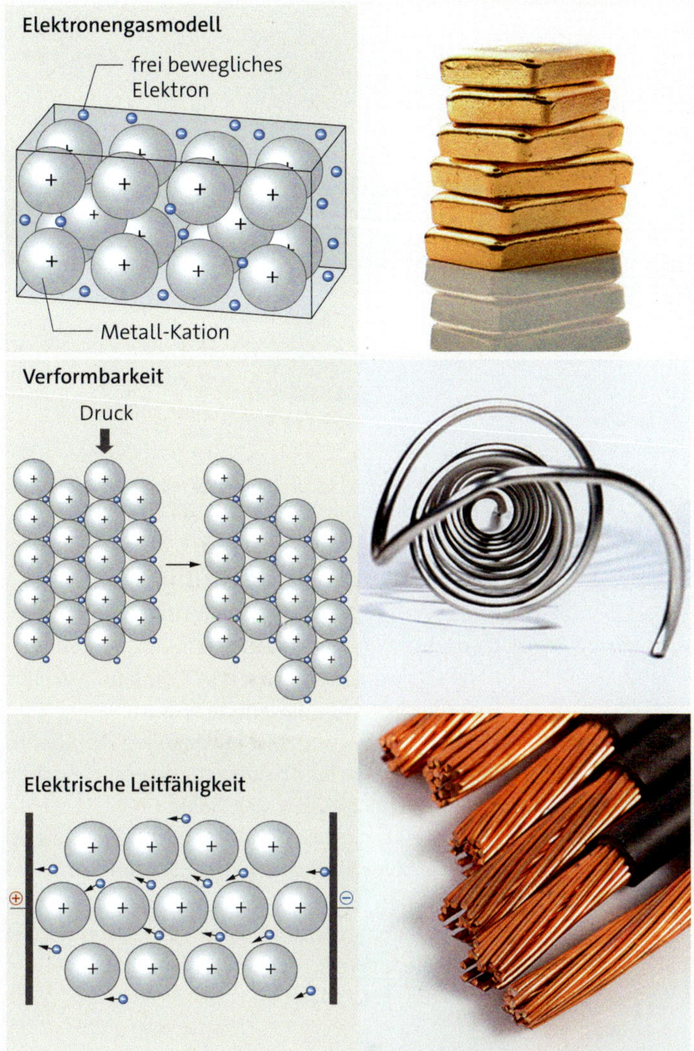


**01** Modellvorstellungen zu Struktur und Eigenschaften von Metallen

**Nach dem Elektronengasmodell wird der Zusammenhalt im Metallgitter durch die Anziehungskräfte zwischen Metall-Kationen und frei beweglichen Elektronen gewährleistet. Mit diesem Modell lassen sich typische Eigenschaften wie Verformbarkeit, elektrische Leitfähigkeit und Glanz erklären.**

**1)** **a** Stellen Sie Gemeinsamkeiten und Unterschiede in der Struktur von Metallen und Salzen dar.
**b** Erläutern Sie die unterschiedliche Verformbarkeit der Feststoffe.

**2)** Erläutern Sie den Zusammenhang zwischen der niedrigen Ionisierungsenergie der Metalle und dem Elektronengasmodell der metallischen Bindung.

# 4.4 Dipolmoleküle

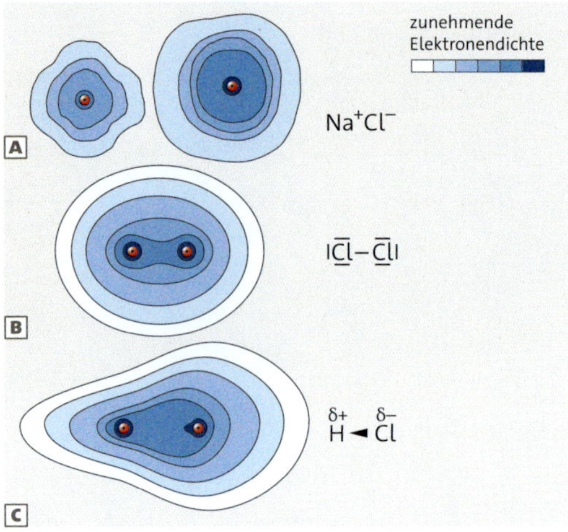


**01** Elektronendichteverteilung in **A** Natriumchlorid sowie in den Molekülen von **B** Chlor und **C** Chlorwasserstoff

**ELEKTRONENDICHTEVERTEILUNG** Vergleicht man die Elektronendichte der Ionenverbindung Natriumchlorid mit der des aus Molekülen aufgebauten Chlors, so wird deutlich, dass sich die geringste Elektronendichte zwischen den isolierten Ionen befindet (↑ **01A**). Im Chlormolekül ist dagegen die Elektronendichte zwischen beiden Atomkernen hoch. In diesem Bereich teilen sich beide Chloratome das bindende Elektronenpaar (↑ **01B**). Diese Beispiele zeigen **Grenztypen der chemischen Bindung** auf, nämlich die bereits bekannte Ionenbindung und die Elektronenpaarbindung. Bei vielen Verbindungen liegen die tatsächlichen Bindungsverhältnisse zwischen diesen Grenztypen.

| | | Hauptgruppe | | | | | | | |
|---|---|---|---|---|---|---|---|---|---|
| | | I | II | III | IV | V | VI | VII | VIII |
| Periode | 1 | H 2,1 | | | | | | | He |
| | 2 | Li 1,0 | Be 1,5 | B 2,0 | C 2,5 | N 3,0 | O 3,5 | F 4,0 | Ne |
| | 3 | Na 0,9 | Mg 1,2 | Al 1,5 | Si 1,8 | P 2,1 | S 2,5 | Cl 3,0 | Ar |
| | 4 | K 0,8 | Ca 1,0 | Ga 1,6 | Ge 1,8 | As 2,0 | Se 2,4 | Br 2,8 | Kr |
| | 5 | Rb 0,8 | Sr 1,0 | In 1,7 | Sn 1,8 | Sb 1,9 | Te 2,1 | I 2,5 | Xe |
| | 6 | Cs 0,7 | Ba 0,9 | Tl 1,8 | Pb 1,8 | Bi 1,9 | Po 2,0 | At 2,2 | Rn |
| | 7 | Fr 0,7 | Ra 0,9 | | | | | | |

**02** Elektronegativitätsskala nach PAULING

**POLARE ELEKTRONENPAARBINDUNG** Die Ladung eines bindenden Elektronenpaars ist symmetrisch verteilt, wenn eine Bindung aus zwei gleichartigen Atomen besteht, so wie beim Chlor-, Wasserstoff- oder Sauerstoffmolekül. Eine solche Bindung ist **unpolar**, weil die Schwerpunkte der negativen und positiven Ladung jeweils zusammenfallen.
Dagegen ist bei Bindungen zwischen zwei unterschiedlichen Atomen die Ladungsverteilung nicht symmetrisch (↑ **01C**). Einer der beiden Bindungspartner zieht das gemeinsame Elektronenpaar stärker an, weil unterschiedlich starke Kräfte von beiden an der Bindung beteiligten Atomen auf das gemeinsame Elektronenpaar wirken. So entsteht eine **polare Elektronenpaarbindung (polare Atombindung)**.

**ELEKTRONEGATIVITÄT** Die Polarität einer Bindung hängt von der jeweiligen Ladung der Atomkerne und der Länge der Bindung ab. Allgemein gilt: Je höher die Kernladung und je kleiner ein Atom ist, desto stärker ist die anziehende Kraft auf das gemeinsame Elektronenpaar.
Um die Ladungsverteilung in einer polaren Bindung abschätzen zu können, hat LINUS PAULING 1932 den Begriff der **Elektronegativität** (kurz: EN) eingeführt. Sie beschreibt die Fähigkeit eines Atoms, Elektronen innerhalb einer Elektronenpaarbindung an sich zu ziehen. Die Elektronegativität ist nicht messbar und wird als dimensionslose Zahl angegeben. Fluor als elektronegativstes Element wird der Wert EN = 4,0 zugeordnet. Caesium erhält den Wert EN = 0,7 (↑ **02**). Die Elektronegativität ändert sich in den Perioden und Gruppen des PSE in charakteristischer Weise.

**Die Elektronegativität ist ein Maß für die Fähigkeit eines Atoms, Bindungselektronen anzuziehen.**

**DIPOLMOLEKÜLE** Beim Chlorwasserstoffmolekül sind die Bindungselektronen zwischen den beiden Bindungspartnern nicht gleich verteilt (↑ **01C**). Das elektronegativere Chloratom mit EN = 3,0 zieht die Bindungselektronen zu sich heran. Durch die Verschiebung des Elektronenpaars tritt am Chloratom eine **negative Teilladung δ–** auf. Das Wasserstoffatom mit EN = 2,1 erhält eine **positive Teilladung δ+**. Teilladungen sind schwächer als Elementarladungen, die bei Ionen auftreten. Ein Molekül, das zwei räumlich getrennte Ladungsschwerpunkte aufweist, heißt **Dipolmolekül**. Die **Ladungsverschiebung** kann man in der Lewis-Formel durch einen Keil darstellen (H◄Cl) oder durch einen auf den elektronegativeren Bindungspartner weisenden Pfeil kennzeichnen.

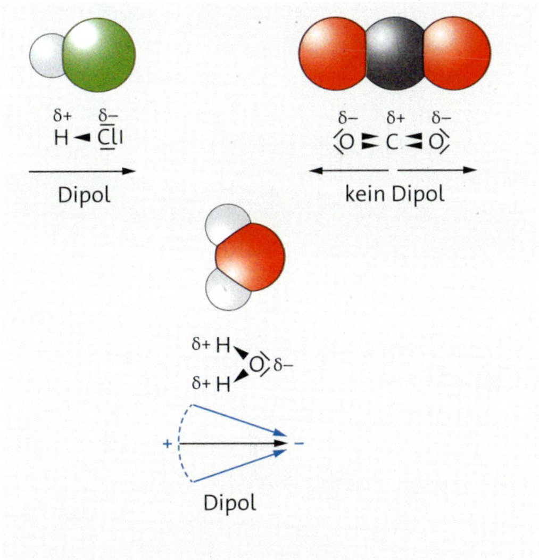


03 Ladungsverteilung in Molekülen

Der Übergang zwischen einer polaren Elektronenpaarbindung und einer Ionenbindung ist fließend. Er lässt sich jedoch anhand der Elektronegativitätsdifferenz ΔEN zwischen den Bindungspartnern abschätzen. Je größer der Wert von ΔEN, desto polarer ist die Bindung. Ab etwa ΔEN ≥ 1,8 liegt eine Ionenbindung vor.

**Elektronenpaarbindungen zwischen Atomen mit unterschiedlicher Elektronegativität sind polar. Dipolmoleküle haben einen positiven und einen negativen Ladungsschwerpunkt.**

**MOLEKÜLE MIT MEHREREN POLAREN BINDUNGEN** Das Wassermolekül besitzt aufgrund der Elektronegativitätsdifferenz zwischen dem Wasserstoff- und dem Sauerstoffatom (ΔEN = 1,4) zwei polare O–H-Bindungen. Beide Wasserstoffatome tragen jeweils eine positive Teilladung δ+, das Sauerstoffatom besitzt eine negative Teilladung δ−. Doch ist das Wassermolekül auch ein Dipol? Entscheidend ist die Molekülgeometrie: Der Schwerpunkt der beiden positiven Teilladungen befindet sich zwischen den beiden Wasserstoffatomen im gewinkelt gebauten Wassermolekül, der negative Ladungsschwerpunkt liegt beim Sauerstoffatom. Positiver und negativer Ladungsschwerpunkt fallen also nicht zusammen, sodass das Wassermolekül ein Dipolmolekül ist (↑ **03**).
Dipolmoleküle üben aufgrund ihrer Teilladungen Kräfte aufeinander aus. In einem von außen einwirkenden elektrostatischen Feld (↑ Exp. 4.01) können sich Dipolmoleküle aufgrund von anziehenden und abstoßenden Kräften ausrichten (↑ **04**).

**P EXP 4.01 Strahlablenkung bei Wasser und Heptan** 2 7 8 9

**Materialien** Bürette, Kunststoffstab, Wasser, Heptan

**Durchführung** Aus einer Bürette lässt man jeweils einen dünnen Strahl der beiden Flüssigkeiten laufen, während ein durch Reibung elektrostatisch aufgeladener Kunststoffstab angenähert wird.
*Entsorgung:* Heptanreste (**2**, **7**, **8**, **9**) in den Sammelbehälter für halogenfreie organische Abfälle geben.

**Auswertung** Vergleichen und deuten Sie die jeweiligen Beobachtungen.

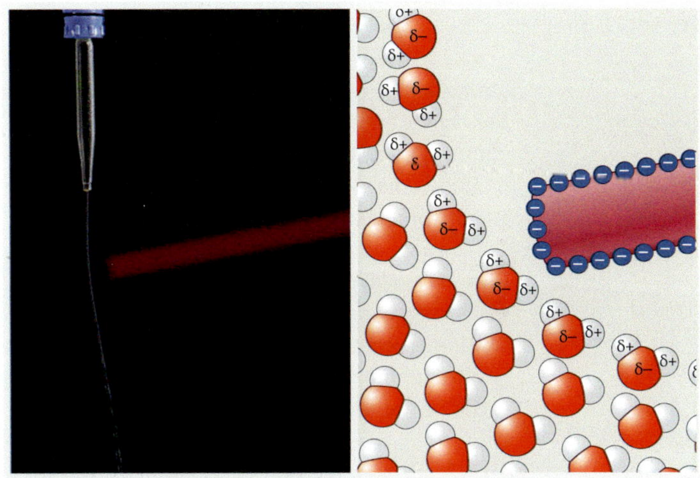

**04** Wasser fließt in der Nähe eines elektrostatisch aufgeladenen Stabs.

Moleküle mit mehreren polaren Elektronenpaarbindungen sind jedoch nicht in jedem Fall Dipole. Beim symmetrisch gebauten Kohlenstoffdioxidmolekül fallen die Ladungsschwerpunkte der beiden Teilladungen in der Mitte des Moleküls zusammen. Das Kohlenstoffdioxidmolekül ist trotz seiner polaren Elektronenpaarbindungen kein Dipol (↑ **03**).

**1**) Erläutern Sie anhand von Lewis-Formeln, warum die Moleküle von Wasserstoff, Chlor und Ethan unpolar sind.

**2**) Zeichnen Sie die Lewis-Formeln von Brom, Bromwasserstoff und Ammoniak. Kennzeichnen Sie Partialladungen und mögliche Dipolmoleküle.

**3**) Begründen Sie, dass es sich bei Kohlenstoffdioxid und Schwefelwasserstoff um Dipolmoleküle handelt.

**4**) Erläutern Sie, was passiert, wenn im Experiment ↑ 4.01 ein positiv geladener Kunststoffstab verwendet wird.

# 4.5 Zwischenmolekulare Kräfte

| Fluor | Chlor | Brom | Iod |
|---|---|---|---|
|  |  |  | 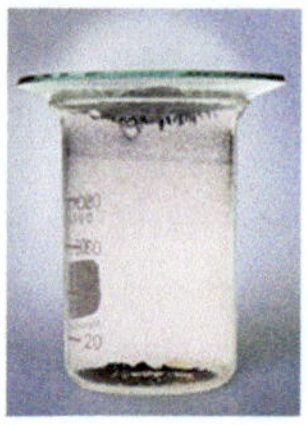 |
| **Siedetemperatur $\vartheta_V$ in °C** | | | |
| −188 | −34 | 59 | 184 |
| **Molare Masse $M$ in $g \cdot mol^{-1}$** | | | |
| 38 | 70 | 160 | 254 |

**01** Einige Eigenschaften der Halogene

Struktur und Eigenschaften der Stoffe werden nicht nur durch ihre jeweilige chemische Bindung bestimmt, sondern auch von Anziehungskräften beeinflusst, die zwischen den Teilchen wirken: den **zwischenmolekularen Kräften**.

**VAN-DER-WAALS-KRÄFTE** In der Reihe der Halogene steigen die Schmelz- und Siedetemperaturen kontinuierlich an: Fluor und Chlor sind Gase, Brom ist flüssig und Iod ist ein Feststoff (↑ **01**). Die Ursache für die unterschiedlichen Aggregatzustände liegt in den zwischen diesen Molekülen wirkenden Anziehungskräften. Dies ist erstaunlich, handelt es sich doch um unpolare Moleküle. Tatsächlich ist die Ladungsverteilung in solchen Molekülen nicht jederzeit völlig gleichmäßig. Die Elektronen des Moleküls sind in ständiger Bewegung, was zu kurzzeitigen Ladungsverschiebungen führt: Spontan treten in einigen Bereichen des Moleküls negative, in anderen Bereichen positive Teilladungen auf. Ein solcher kurzzeitig entstandener, **spontaner Dipol** bewirkt (induziert) in einem benachbarten Teilchen ebenfalls eine Ladungsverschiebung.

Dadurch entsteht ein **induzierter Dipol** (↑ **02**). Zwischen spontanem und induziertem Dipol herrschen schwache Kräfte, die als **Van-der-Waals-Kräfte** bezeichnet werden. Moleküle mit großer Molekülmasse besitzen viele verschiebbare Elektronen. Die Van-der-Waals-Kräfte sind daher größer als bei Molekülen mit kleiner Masse. So lassen sich die steigenden Schmelz- und Siedetemperaturen in der Gruppe der Halogene erklären.

**Van-der-Waals-Kräfte sind schwache Anziehungskräfte zwischen spontanen und induzierten Dipolen.**

**DIPOL-DIPOL-KRÄFTE** Die Siedetemperatur des aus Dipolmolekülen aufgebauten Chlorwasserstoffs liegt mit $\vartheta_V$ = −85 °C deutlich höher als die des Fluors mit $\vartheta_V$ = −188 °C. Sowohl Fluor- als auch Chlorwasserstoffmoleküle besitzen 18 Elektronen. Im Fluor sind nur Van-der-Waals-Kräfte zwischen den unpolaren Molekülen wirksam. Bei dem aus polaren Molekülen aufgebauten Chlorwasserstoff wirken zusätzlich elektrostatische Anziehungskräfte aufgrund der räumlich getrennten Ladungsschwerpunkte in den permanenten Dipolen. Diese relativ starken **Dipol-Dipol-Kräfte** sorgen für den deutlichen Anstieg der Siedetemperatur.

**ION-DIPOL-KRÄFTE** Beim Lösen von Salzen treten die Dipolmoleküle des Wassers mit dem Ionengitter in Wechselwirkung. Sie richten sich mit ihrem positiven Pol zu den Anionen aus, mit dem negativen Pol in Richtung der Kationen (↑ **04**; ↑ S. 125). Diese **Ion-Dipol-Kräfte** schwächen die Bindungskräfte zwischen den Ionen an der Oberfläche des Ionengitters, sodass sich einzelne Ionen aus dem Kristall ablösen. Sie werden von Wassermolekülen eingehüllt. Ion-Dipol-Kräfte sind umso größer, je größer die Ionenladung und je kleiner der Ionenradius ist. Im Vergleich zu den Dipol-Dipol-Kräften sind sie in ihrer Wirkung stärker.

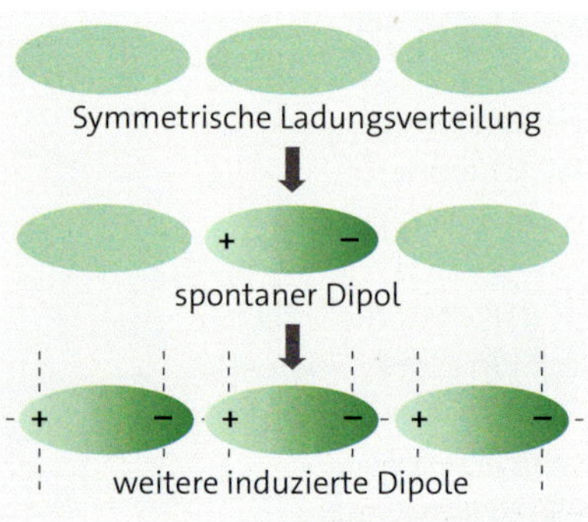


**02** Induzierte Dipole – Van-der-Waals-Kräfte

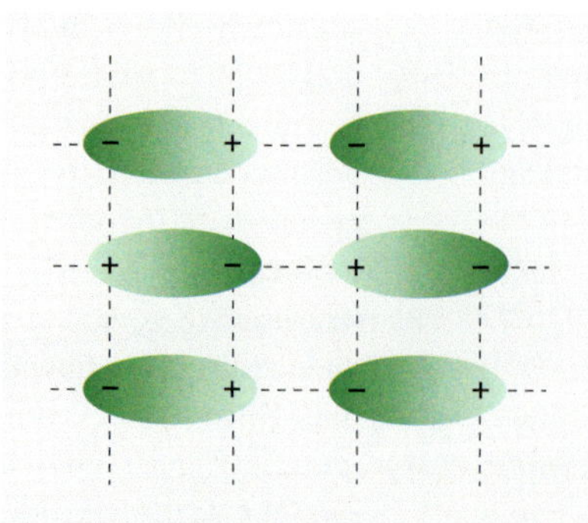


**03** Dipol-Dipol-Kräfte

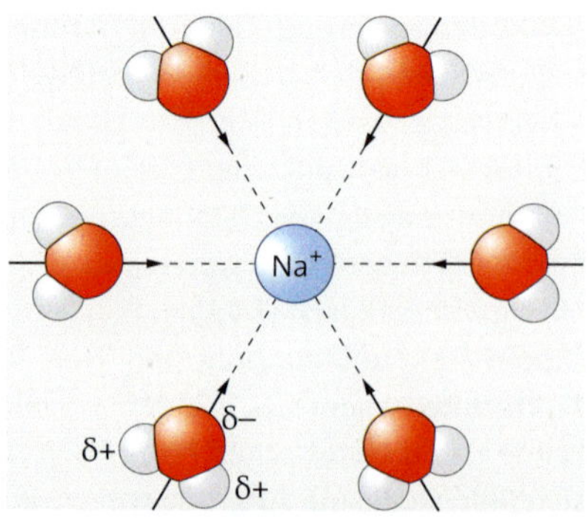


**04** Ion-Dipol-Kräfte (projiziert in die Ebene)

# Wasserstoffbrücken

Der Anstieg der Siedetemperaturen der Wasserstoffverbindungen der Elemente der VI. Hauptgruppe lässt sich grundsätzlich dadurch erklären, dass die Van-der-Waals-Kräfte von Schwefelwasserstoff ($H_2S$) über Selenwasserstoff ($H_2Se$) zu Tellurwasserstoff ($H_2Te$) mit steigender molarer Masse größer werden (↑ **05**). Warum aber liegt Wasser ($H_2O$) bereits bei Raumtemperatur flüssig vor? Neben den Van-der-Waals-Kräften wirken zusätzlich starke **Wasserstoffbrücken** zwischen den Molekülen. Sie erklären die mit 100 °C ungewöhnlich hohe Siedetemperatur von Wasser.

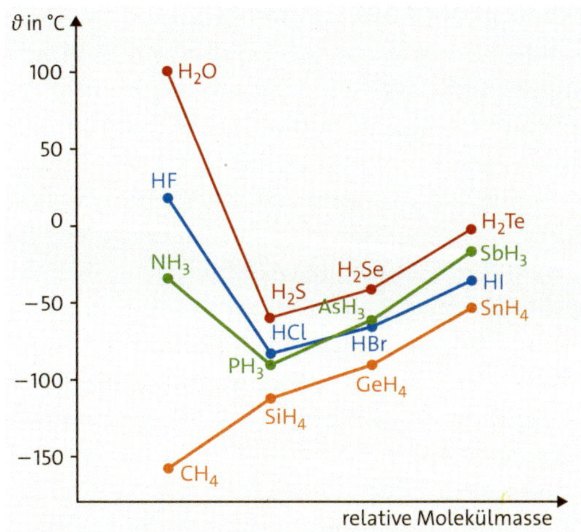


**05** Siedetemperaturen der Wasserstoffverbindungen der Elemente der IV. bis VII. Hauptgruppe des PSE

Wasserstoffbrücken bilden sich zwischen Molekülen aus, in denen ein Wasserstoffatom mit einem stark elektronegativen Atom mit freiem Elektronenpaar verbunden ist. Solche Atome sind N-, O- oder F-Atome. Die Bindung beruht auf elektrostatischen Anziehungskräften zwischen dem Dipol und dem freien Elektronenpaar des elektronegativen Atoms im Nachbarmolekül. So tritt beispielsweise das stark positiv polarisierte Wasserstoffatom eines Wassermoleküls mit dem freien Elektronenpaar des Sauerstoffatoms eines benachbarten Wassermoleküls in Wechselwirkung. Ähnlich wie Elektronenpaarbindungen sind auch Wasserstoffbrücken gerichtet. Sie werden als gestrichelte Linien dargestellt.

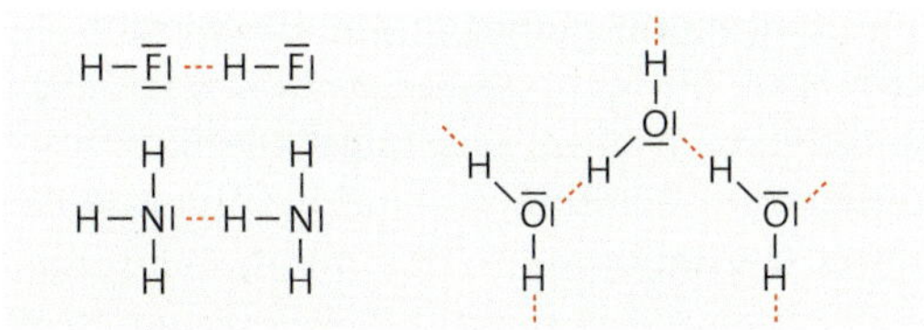

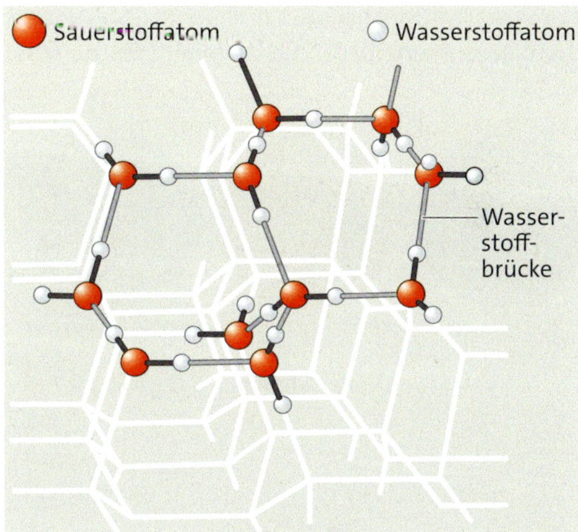


**06** Gitterstruktur im Eiskristall

**Wasserstoffbrücken bilden sich zwischen positiv polarisierten Wasserstoffatomen und freien Elektronenpaaren stark elektronegativer Atome (N, O oder F).**

**EIS UND FLÜSSIGES WASSER** Wasserstoffbrücken beeinflussen auch den Bau fester Stoffe. Im Molekülgitter von Eis sind die Wassermoleküle mit jeweils vier weiteren Molekülen über Wasserstoffbrücken verbunden. Sie bilden eine dreidimensionale, netzartige Gitterstruktur mit vielen hexagonalen Hohlräumen (↑ **06**), die zu einer geringeren Dichte des Eises im Vergleich zum flüssigen Wasser führen. Oberhalb von 0 °C werden die ersten Wasserstoffbrücken gelöst und die starre Ordnung des Molekülgitters wird langsam aufgebrochen. Einzelne Moleküle können in Zwischenräume des aufgebrochenen Gitters eindringen. Darum nimmt während des Schmelzens die Dichte des Wassers stark zu. Bei 4 °C erreicht Wasser seine größte Dichte, da die gesamte Gitterstruktur aufgelöst ist.

Nimmt mit weiter steigender Temperatur die Teilchenbewegung zu, so werden weitere Wasserstoffbrücken gelöst. Der wachsende Abstand zwischen den Molekülen führt zu einer erneuten Abnahme der Dichte des Wassers.

**1** Erläutern Sie die unterschiedlichen Siedetemperaturen von $CH_4$, $NH_3$, HF und $H_2O$ im Vergleich zu $SiH_4$, $PH_3$, HCl und $H_2S$ (↑ **05**).

**2** Begründen Sie die höheren Schmelz- und Siedetemperaturen von Ethanol, Ethansäure und Ethylamin im Vergleich zu Ethan.

**3** Erläutern Sie die Tatsache, dass Helium mit −269 °C eine um 17 K niedrigere Siedetemperatur als das leichteste Element Wasserstoff hat.

# 4.6 Atommodelle im Wandel der Zeit

**FRÜHE ATOMMODELLE** Bereits um 400 v. Chr. vermuteten die griechischen Philosophen DEMOKRIT und LEUKIPP, dass Materie aus winzig kleinen, unteilbaren Bausteinen besteht. Diese Bausteine, die **Atome** (griech. *atomos*: unteilbar), stellten sie sich als kleine Würfel, Kugeln und andere Körper vor, die durch Haken und Ösen miteinander verbunden sind (↑ **01A**). Beweisen konnten die Philosophen ihre Vorstellungen nicht, denn die Überlegungen zum Aufbau der Materie waren rein spekulativ. Erst viele Jahrhunderte später konnte die zwischenzeitlich fast in Vergessenheit geratene atomistische Sichtweise der Antike durch experimentelle Erkenntnisse untermauert werden. Ein wichtiger Wegbereiter dafür war der französische Chemiker ANTOINE LAURENT DE LAVOISIER, der erstmals mit feinen Waagen arbeitete und auf diese Weise verlässliche quantitative Aussagen treffen konnte. Basierend auf seinen Arbeiten erkannte man Ende des 18. Jahrhunderts, dass chemische Elemente immer in einem festen Massenverhältnis miteinander reagieren. JOHN DALTON sah diesen Befund als zwingenden Beleg für die Existenz von Atomen, die im Verlauf einer chemischen Reaktion nach bestimmten Gesetzmäßigkeiten umgruppiert werden, dabei aber insgesamt erhalten bleiben. Er dachte sich Atome als massive Kugeln mit einer für das jeweilige Element charakteristischen Masse und Größe (↑ **01B**). Dass Atome nicht unteilbar sind, kam erst knapp 100 Jahre später in den Blick, als JOSEPH JOHN THOMSON das Elektron entdeckte und daraufhin sein sogenanntes Rosinenkuchenmodell entwickelte: negativ geladene, fast masselose Elektronen, eingebettet in einen positiv geladenen, massebehafteten „Teig" (↑ **01C**).

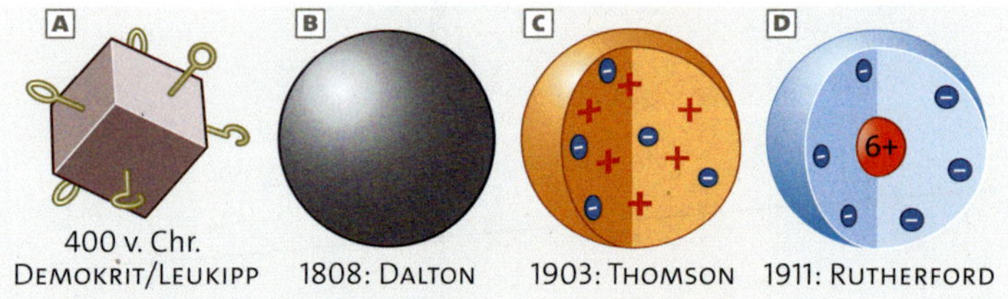


**01** Atommodelle von der Antike bis ins 20. Jahrhundert

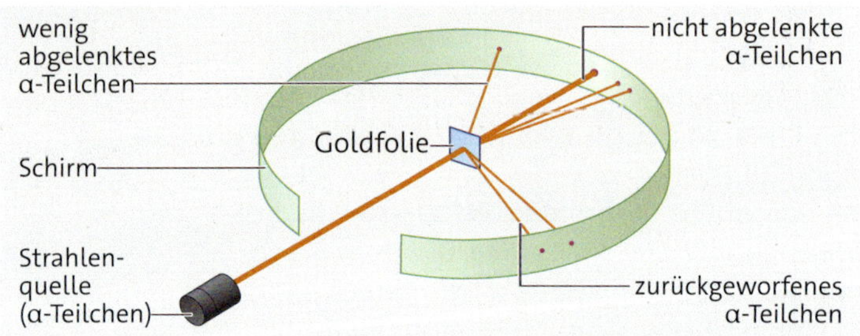


**02** Streuversuch von RUTHERFORD

| Teilchen | Ort | Relative Ladung | Masse |
|---|---|---|---|
| **Elektron** $e^-$ bzw. $^{0}_{-1}e$ | Atomhülle | −1 negative Elementarladung | $9{,}1094 \cdot 10^{-31}$ kg = 0,0005 u |
| **Proton** $p^+$ bzw. $^{1}_{1}p$ | Atomkern | +1 positive Elementarladung | $1{,}6726 \cdot 10^{-27}$ kg = 1,0073 u |
| **Neutron** n bzw. $^{1}_{0}n$ | Atomkern | 0 neutral | $1{,}6749 \cdot 10^{-27}$ kg = 1,0087 u |

**03** Elementarteilchen des Atoms

**KERN-HÜLLE-MODELL** Im Jahr 1911 beschoss ERNEST RUTHERFORD sehr dünne Goldfolie mit positiv geladenen α-Teilchen (↑ **02**). Er stellte dabei fest, dass die meisten α-Teilchen die Goldfolie mehr oder weniger ungehindert passieren konnten und dass nur ein sehr kleiner Teil der Teilchen an der Goldfolie zurückgeworfen wurde. Daraus schloss er, dass die Masse und die positive Ladung eines Atoms vollständig in einem kleinen Atomkern konzentriert sein müssen. Der größte Teil eines Atoms schien einfach leer zu sein – leer bis auf die Elektronen, die sich nach der Vorstellung RUTHERFORDS ständig in Kreisbahnen um den Atomkern herumbewegen und ihn so kugelförmig umhüllen. In Abbildungen des **Kern-Hülle-Modells** besetzen die Elektronen einen festen Platz im Innern einer Kugel. Dies ist sozusagen als eine „Momentaufnahme" des Atoms zu verstehen (↑ **01D**).

**ELEMENTARTEILCHEN UND ORDNUNGSZAHL** Als Träger der Masse und der positiven Ladung im Atomkern entdeckte RUTHERFORD 1913 das Proton. Neben Protonen sind auch Neutronen am Aufbau eines Atomkerns beteiligt. Sie haben nahezu die gleiche Masse wie Protonen, sind im Gegensatz zu ihnen aber ungeladen. Neutronen dienen quasi als „Klebstoff" für den Zusammenhalt der Protonen im Kern. RUTHERFORD sagte bereits 1920 einen elektrisch neutralen Kernbaustein voraus, entdeckt wurden die Neutronen aber erst in den 1930er Jahren. Protonen, Neutronen und Elektronen sind die Bausteine der Atome und werden als **Elementarteilchen** bezeichnet (↑ **03**). Im neutralen Atom ist die Anzahl der Protonen im Kern (**Kernladungszahl bzw. Ordnungszahl *Z***) gleich der Anzahl der Elektronen in der Hülle. Diese Zahl legt das Element eindeutig fest. Ist z. B. $Z = 6$, so handelt es sich eindeutig um ein Kohlenstoffatom.

## Spektraler Fingerabdruck der Elemente

Seit Jahrmillionen sendet unsere Sonne elektromagnetische Strahlung aus, ohne die das Leben auf der Erde nicht möglich wäre. Die höchste Intensität entwickelt die Sonnenstrahlung im für uns sichtbaren Wellenlängenbereich von 400 bis 780 nm. Das weiße Sonnenlicht lässt sich mithilfe eines Prismas in die Spektralfarben von Violett bis Rot zerlegen und kann so als **kontinuierliches Spektrum** sichtbar gemacht werden (↑ Licht und Farbe, S. 245).

Bei der Erforschung des Sonnenlichts stellte JOSEPH VON FRAUNHOFER bereits 1814 fest, dass im Sonnenspektrum Hunderte schwarzer Linien vorkommen (↑ **04A**). Diese Fraunhofer'schen Linien ergeben sich daraus, dass in der Gashülle der Sonne durch Atome und Ionen Licht ganz bestimmter Wellenlängen „herausgefiltert" wird. Bei diesem Vorgang, der als **Absorption** bezeichnet wird, nehmen die Teilchen Energie auf (↑ S. 247).

Um 1860 verglichen G. KIRCHHOFF und R. BUNSEN das Spektrum des Sonnenlichts mit dem einer Spiritusflamme. Sie entdeckten im Spektrum der Flamme zwei gelbe Linien, die genau dort auftraten, wo im Spektrum der Sonne zwei schwarze Absorptionslinien ($\lambda$ = 589,0 nm und 589,6 nm) zu beobachten waren. Sie führten die gelben Linien auf Spuren von Natrium zurück, die in der Spiritusflamme enthalten sind. Das Auftreten von schwarzen Linien im Sonnenspektrum und zwei gelben Linien im Spektrum der Spiritusflamme an der gleichen Stelle deutete man so, dass in der Gashülle der Sonne Natrium vorhanden sein müsse, das die Energie von Licht mit genau diesen Wellenlängen absorbiert.

KIRCHHOFF verallgemeinerte diese Erkenntnis: Werden Elemente thermisch angeregt, so senden sie Energie in Form von Strahlung bestimmter Wellenlänge aus. Diesen Vorgang nennt man **Emission**. Somit besitzt jedes Element ein Emissionsspektrum mit einer charakteristischen Linienfolge, durch das es identifiziert werden kann (↑ **04B**).

Auf der Grundlage dieser Erkenntnisse entwickelten Wissenschaftler leistungsfähige Verfahren zur **spektralanalytischen Untersuchung** von Stoffen. Bei der Emissionsspektroskopie werden Stoffproben erhitzt und die dabei emittierte Strahlung analysiert. Da jedes Element ein charakteristisches Linienspektrum besitzt, können die Bestandteile des Stoffs anhand dieses „spektralen Fingerabdrucks" präzise bestimmt werden.

Mithilfe der **Spektroskopie** wiesen BUNSEN und KIRCHHOFF später nach, dass in der Sonnenkorona zahlreiche auch auf der Erde vorhandene Elemente anzutreffen sind. Auf diese Art konnten beispielsweise viele Seltenerdmetalle entdeckt werden.

Auch Feuerwerker nutzen die Emission von sichtbarem Licht durch Alkali- und Erdalkalimetalle. Die Salze der Metalle werden z. B. bengalischen Feuern beigemischt. Beim Abbrennen des Feuerwerks verdampfen die Salze und die Metall-Ionen geben die aufgenommene Energie in Form von farbigem Licht wieder ab (↑ **05B**).

Ein weiteres Beispiel für die praktische Anwendung der Lichtemission nach thermischer Anregung ist die **Natriumdampflampe**. Sie dient der Nachtbeleuchtung vorzugsweise von öffentlichen Straßen und Industriegeländen. Im Glaskörper der Lampe wird Natrium im Gemisch mit Neon verdampft und emittiert fast ausschließlich Licht der Wellenlängen 589,0 nm und 589,6 nm. Das gelbe Licht wird vom menschlichen Auge als angenehm empfunden und lockt kaum Insekten an (↑ **05A**).

Wie Absorption und Emission mit dem Bau der Atome zusammenhängen, kann mithilfe des Rutherford'schen Atommodells nicht erklärt werden. Um die beobachteten Linienspektren zu deuten, waren die Wissenschaftler zu Beginn des 20. Jahrhunderts gezwungen, ein weiterführendes Modell zum Bau der Atomhülle zu entwickeln.

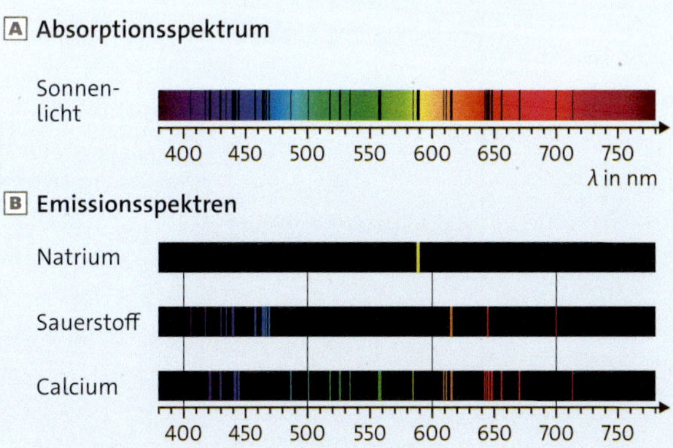


**04 A** Absorptionsspektrum des Sonnenlichts,
**B** Emissionsspektren ausgewählter Elemente nach dem Verdampfen (Zufuhr thermischer Energie)

**05 A** Natriumdampflampe.
**B** Beim Abbrennen von Feuerwerk erzeugen Strontiumsalze rote und Bariumsalze grüne Farbeffekte.

# 4.7 Schalenmodell der Atomhülle

**LINIENSPEKTRUM** Füllt man eine Gasentladungsröhre mit Wasserstoff und legt eine Spannung an, so beginnt das Gas violett zu leuchten. Mithilfe eines Prismas kann das violette Licht in ein Spektrum aufgefächert werden. Anders als bei weißem Licht erhält man hier als Spektrum kein zusammenhängendes Farbband („Regenbogen"), sondern nur vier einzelne, scharf begrenzte Farblinien, ein sogenanntes Linienspektrum (↑ **01**). Das violette Licht ist offensichtlich ein Gemisch aus vier verschiedenfarbigen Lichtsorten. Jede Lichtsorte ist durch eine bestimmte Wellenlänge $\lambda$ bzw. die zugehörige Frequenz $\nu$ gekennzeichnet. Die beiden Größen hängen über die Lichtgeschwindigkeit $c$ zusammen:

*Lichtgeschwindigkeit c im Vakuum: 299 792 458 m · s$^{-1}$*

$$\nu = \frac{c}{\lambda}$$

Wie Wasserstoff können auch andere Elemente durch Energiezufuhr zur Aussendung von farbigem Licht angeregt werden. Beim Durchgang durch ein Prisma entstehen auch dann charakteristische Linienspektren.

**SCHALENMODELL** Mit dem Kern-Hülle-Modell lässt sich das Auftreten von Linienspektren nicht erklären. Ohnehin steht das Modell im krassen Widerspruch zu Gesetzen der Physik: Die negativ geladenen Elektronen müssten durch ihre Kreisbewegung Energie abstrahlen, langsamer werden und schließlich spiralförmig in den positiv geladenen Kern stürzen. Ein stabiles Atom kann so nicht aussehen! Daher entwickelte der Physiker NIELS BOHR im Jahr 1913 ein neues, leistungsfähigeres Atommodell. BOHR verknüpfte dazu zwei Theoriekonzepte, die sich eigentlich ausschließen: die klassische Mechanik von ISAAC NEWTON und die erst 1900 aufgestellte **Quantentheorie** von MAX PLANCK. Von der klassischen Mechanik nutzte er die Vorstellung, dass Elektronen den Atomkern umlaufen, stellte aber die Bedingung auf, dass die Bewegung strahlungsfrei erfolgen muss. Von der Quantentheorie übernahm er die Idee, dass Elektronen nicht beliebige Energiewerte annehmen können, sondern dass nur ganz bestimmte Werte möglich sind. Konsequenz: Die Elektronen eines Atoms umlaufen den Atomkern auf „stabilen" Kreisbahnen und können dementsprechend in bestimmten Kugelschalen um den Kern herum verortet werden (↑ **02**). In jeder Schale nehmen die Elektronen ein bestimmtes **Energieniveau** ein. Elektronen, die eine bestimmte Schale „besetzen" sind also örtlich und energetisch bestimmt.

**Nach dem Schalenmodell ist die Atomhülle in Kugelschalen um den Atomkern herum aufgeteilt. Die Elektronen der Hülle besetzen bestimmte Schalen und damit bestimmte Energieniveaus.**

Die Elektronenschalen werden mit der **Hauptquantenzahl** $n$ ($n$ = 1, 2, 3, ...) durchnummeriert und der Reihe nach mit den Großbuchstaben K, L, M, N, O, P usw. bezeichnet. Je größer der Zahlenwert für $n$, desto größer ist der Abstand der Schale vom Kern und desto höher liegt das zugehörige Energieniveau. Jede Schale kann mit maximal $2\,n^2$ Elektronen besetzt sein, also die K-Schale ($n$ = 1) mit maximal zwei, die L-Schale ($n$ = 2) mit maximal acht und die M-Schale ($n$ = 3) mit maximal 18 Elektronen (↑ **03**).

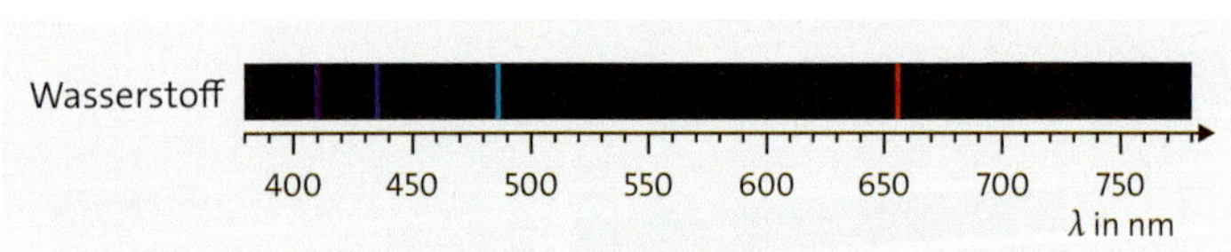


**01** Linienspektrum von Wasserstoff

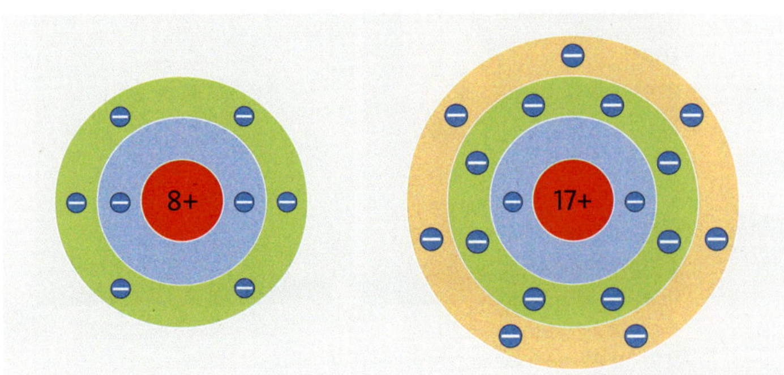


**02** Schalenmodelle für das Sauerstoffatom (links) und das Chloratom (rechts)

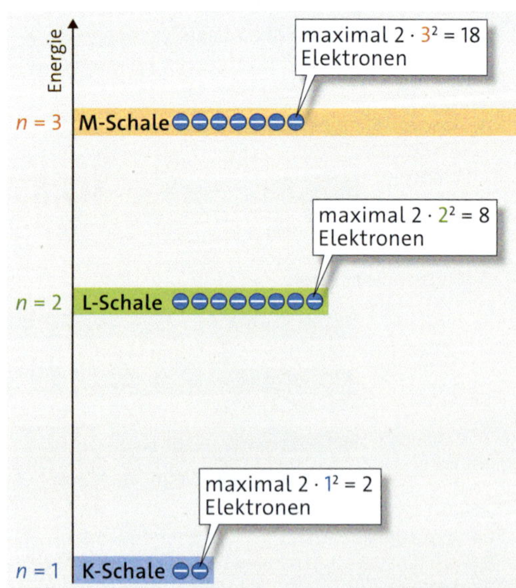


**03** Besetzung der Energieniveaus beim Chloratom

**QUANTENSPRUNG** Mit dem Schalenmodell lassen sich die Spektrallinien des Wasserstoffspektrums auf atomarer Ebene deuten: Die Wasserstoffatome in der Gasentladungsröhre sind zunächst alle im Grundzustand. In jedem Atom besetzt das Elektron die K-Schale. Wird die Röhre in Betrieb genommen, so wird den Elektronen durch elektrische Entladung Energie zugeführt. Dadurch werden sie angeregt und „springen" gegen die elektrostatische Anziehung des Kerns vom Grundzustand in einen **angeregten Zustand**, z. B. in die M-Schale (↑ **04**, links). Bei diesem Sprung absorbieren die Elektronen eine genau definierte Energieportion $\Delta E$, ein sogenanntes **Quant**. Von dem höheren Energieniveau aus „fallen" die Elektronen schnell wieder in tiefere Energieniveaus und schließlich in den Grundzustand zurück (↑ **04**, rechts). Dabei werden in jedem Schritt Quanten emittiert, und zwar in Form von elektromagnetischer Strahlung mit bestimmter Wellenlänge $\lambda$ bzw. Frequenz $\nu$. Zwischen den Größen besteht der Zusammenhang

$$\Delta E = h \cdot \nu = h \cdot \frac{c}{\lambda}$$

wobei $h$ eine Naturkonstante ist, die zu Ehren von MAX PLANCK als **Planck'sches Wirkungsquantum** bezeichnet wird.

> **Elektronen können durch Energiezufuhr angeregt und auf ein höheres Energieniveau angehoben werden. Bei der Rückkehr in den Grundzustand geben sie die aufgenommene Energie in Form elektromagnetischer Strahlung wieder ab.**

Die vier Farblinien im Wasserstoffspektrum kommen durch vier Quantensprünge von höheren Energieniveaus zurück in die L-Schale zustande. Sie liefern Strahlung im Wellenlängenbereich des sichtbaren Lichts.

**UNTERENERGIENIVEAUS** Das Schalenmodell erlaubt zwar eine Deutung des Wasserstoff-Linienspektrums, aber die Feinstrukturen von Linienspektren bei Atomen mit mehreren Elektronen sind mit diesem Modell nicht befriedigend zu erklären. Experimentell findet man stets mehr Spektrallinien, als sie durch den Sprung der Elektronen zwischen den Schalen theoretisch erklärbar sind.

ARNOLD SOMMERFELD erweiterte 1916 das Modell entsprechend durch Hinzunahme von **Unterenergieniveaus** nach dem folgenden Prinzip: Das Energieniveau der Hauptquantenzahl $n$ spaltet sich in $n$ Unterniveaus auf. Diese werden mit der **Nebenquantenzahl** $l$ ($l = 0, 1, 2, ..., n-1$) durchnummeriert und der Reihe nach mit den Kleinbuchstaben s, p, d, f, g, h usw. bezeichnet, wobei s, p, d und f gebräuchliche Kürzel für die spektroskopischen Begriffe *sharp*, *principal*, *diffuse* und *fundamental* sind. Für $n = 1$ bleibt es bei einem Energieniveau, dem 1s-Niveau ($l = 0$). Für $n = 2$ sind zwei Unterniveaus zu unterscheiden, nämlich das 2s-Niveau ($l = 0$) und das 2p-Niveau ($l = 1$). Für $n = 3$ gibt es sogar drei Unterniveaus, nämlich das 3s-Niveau ($l = 0$), das 3p-Niveau ($l = 1$) und das 3d-Niveau ($l = 2$). Jedes Unterniveau kann mit maximal $4l + 2$ Elektronen besetzt sein (↑ **05**).

*Planck'sches Wirkungsquantum h: $6{,}626 \cdot 10^{-34}$ J·s*

**1 ›** Zeichnen Sie ein Schalenmodell für das Argonatom. Erklären Sie daran die Begriffe Schale, Energieniveau und Hauptquantenzahl.

**2 ›** Erläutern Sie, wie das Schalenmodell durch Hinzunahme von Unterenergieniveaus erweitert wird und welche Rolle dabei die Nebenquantenzahl $l$ spielt.

**3 ›** Berechnen Sie, mit wie vielen Elektronen die Unterenergieniveaus (s, p, d, f) maximal besetzt sein können. Fertigen Sie eine Tabelle an.

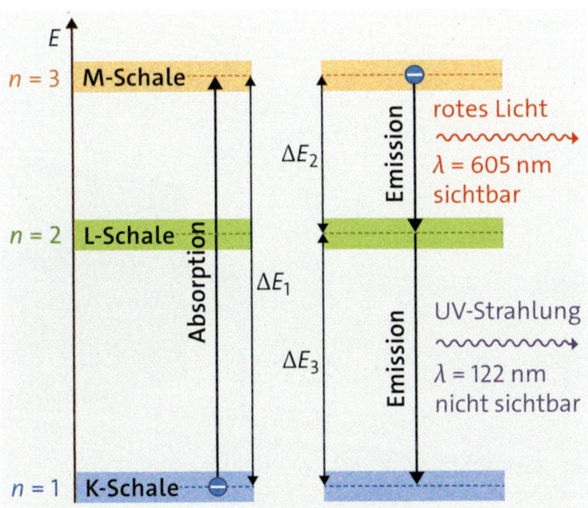


**04** Quantensprünge im Wasserstoffatom

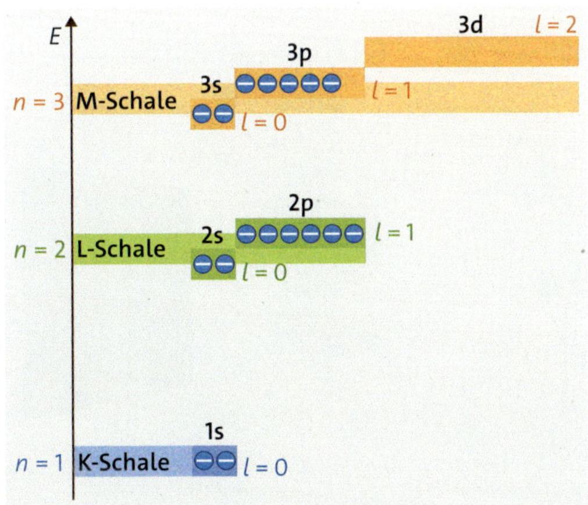


**05** Besetzung der Unterenergieniveaus beim Chloratom

# 4.8 Das wellenmechanische Atommodell

**MATERIEWELLEN** Anfang des 20. Jahrhunderts entwickelten Physiker die Vorstellung, dass Elektronen gar nicht als klassische Teilchen aufzufassen sind. LOUIS DE BROGLIE hatte 1924 die Idee, ihnen eine Wellenlänge zuzuordnen und sie auf diese Weise als **Materiewellen** zu beschreiben. Unter bestimmten Versuchsbedingungen verhalten sich nämlich Elektronen so, wie man es eigentlich nur von Schall- oder Lichtwellen kennt und wie man es von klassischen Teilchen niemals erwarten würde.

**INTERFERENZ AM DOPPELSPALT** Licht, das durch zwei dicht beieinanderliegende Öffnungen (Doppelspalt) fällt, erzeugt auf einem dahinter angebrachten Schirm ein Muster aus hellen und dunklen Streifen (↑ 01). Das Streifenmuster entsteht durch Überlagerung der Lichtwellen auf dem Schirm. Dieses für Wellen typische Verhalten wird als **Interferenz** bezeichnet. Werden Elektronen durch einen Doppelspalt geschossen, so sollten sich diese bildlich gesprochen wie Fußbälle beim Torwandschießen verhalten und nur direkt hinter den beiden Öffnungen auftreffen.

Bei diesem Experiment verhalten sich Elektronen allerdings nicht wie klassische Teilchen. Wie beim Licht ergibt sich auch in diesem Fall ein Interferenzmuster (↑ 02), das nur mit der Vorstellung von Elektronen als Materiewellen sinnvoll erklärt werden kann.

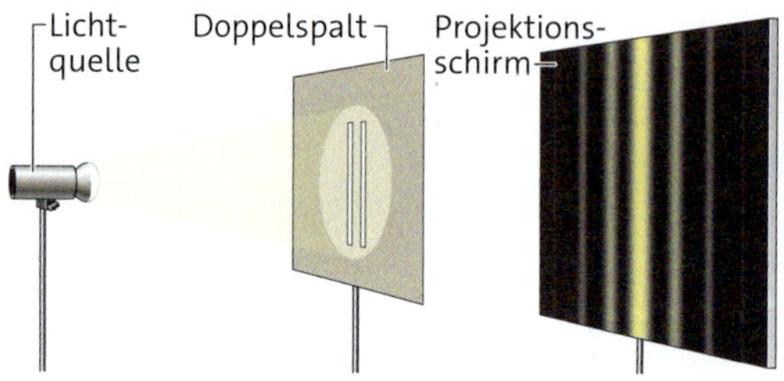


01 Interferenz von Licht am Doppelspalt (Schema)

Mit einer speziellen Lampe hinter dem Doppelspalt kann festgestellt werden, welche der beiden Öffnungen jedes einzelne Elektron passiert. Durch die Wechselwirkung des Elektrons mit dem Licht der Lampe entsteht nämlich ein kleiner Blitz genau hinter der Öffnung.
Verblüffend ist folgender Befund: Wird das Experiment so durchgeführt, entsteht auf dem Schirm kein Interferenzmuster. Die Elektronen verhalten sich plötzlich wie klassische Teilchen und treffen ausschließlich direkt hinter den beiden Öffnungen auf (↑ 03).

**WELLE-TEILCHEN-DUALISMUS** Die Doppelspaltexperimente zeigen: Je nach Versuchsanordnung verhalten sich Elektronen einmal als Welle und einmal als Teilchen. Ein Elektron ist demnach weder Teilchen noch Welle, sondern muss immer gleichzeitig als beides aufgefasst werden. Um diese „Doppelnatur" der Elektronen zum Ausdruck zu bringen, spricht man vom **Welle-Teilchen-Dualismus**.

**Je nach experimenteller Anordnung zeigen Elektronen Welleneigenschaften oder sie verhalten sich wie klassische Teilchen. Man spricht vom Welle-Teilchen-Dualismus.**

Der Welle-Teilchen-Dualismus ist nicht auf Elektronen begrenzt. Auch andere Teilchen wie Protonen oder Neutronen zeigen unter bestimmten Bedingungen ihre Wellennatur. Andersherum haben typische Wellenerscheinungen wie Licht unter bestimmten Bedingungen Teilchencharakter. Das war ALBERT EEINSTEIN bereits 1905 bei seinen Arbeiten am fotoelektrischen Effekt aufgefallen. Seine Ergebnisse konnte er nur erklären, indem er Licht als einen Strom von Teilchen auffasste. Seine „Lichtteilchen", die **Photonen**, gelten als Meilenstein der Quantentheorie.

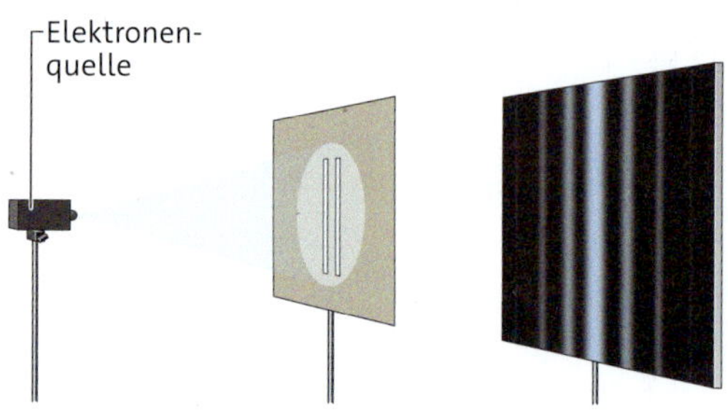


02 Der Doppelspaltversuch mit Elektronen ergibt qualitativ das gleiche Interferenzmuster wie der Doppelspaltversuch mit Licht (Schema).

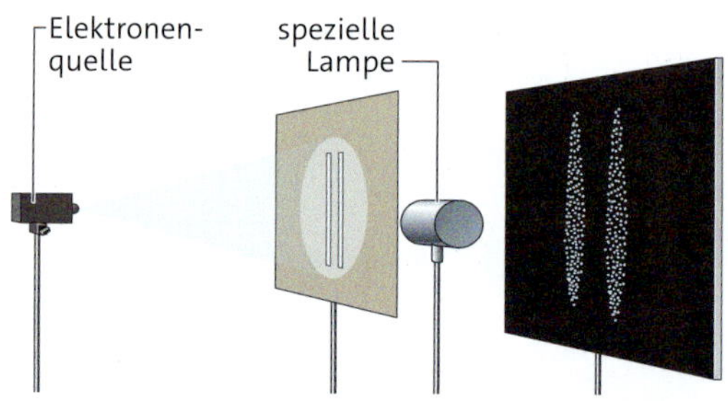


03 Beobachtet man mit einer Lichtschranke, durch welchen Spalt das Elektron fliegt, verschwindet das Interferenzmuster (Schema).

**UNSCHÄRFERELATION** Mit der bereits beschriebenen „Lichtblitz-Methode" kann für jedes Elektron festgestellt werden, welche der beiden Öffnungen des Doppelspalts es passiert hat. Ist das bekannt, kann der **Ort** $x$ des Elektrons recht genau angegeben werden: Es muss sich irgendwo zwischen dem einen Ende ($x = x_1$) und dem anderen Ende ($x = x_2$) der Öffnung befinden. Die **Ortsunschärfe** $\Delta x = x_2 - x_1$ entspricht dann gerade mal der Spaltbreite (↑ **04**). Ganz anders sieht es für den Impuls $p$ (dem Produkt aus Masse und Geschwindigkeit) des Elektrons aus. Nach Passieren der Öffnung kommt es zum Zusammenprall mit einem von der Lampe ausgesendeten Photon und damit zu einer Änderung des Elektronenimpulses. Allerdings kann niemand rekonstruieren, wie genau dieser Zusammenprall abgelaufen ist. Über den Impuls des Elektrons nach dem Zusammenprall ist daher wenig bekannt, die **Impulsunschärfe** $\Delta p$ ist groß.
Mit dem Experiment ist es offensichtlich nicht möglich, Ort und Impuls eines Elektrons *gleichzeitig* scharf zu messen. Das hat aber weder mit der gewählten Methode noch mit der Messgenauigkeit der verwendeten Apparatur zu tun. Auch ein ganz anderer Aufbau mit noch so präzisen Geräten würde keine Abhilfe schaffen. Dahinter steckt ein allgemeines Prinzip, das WERNER HEISENBERG 1927 mit seiner **Unschärferelation** beschrieben hat: Das Produkt aus der Ortsunschärfe $\Delta x$ und der Impulsunschärfe $\Delta p$ eines Elektrons unterschreitet niemals einen bestimmten Wert. Ist also $\Delta x$ klein, so muss $\Delta p$ entsprechend groß sein und umgekehrt.

**Gemäß der Unschärferelation kann man den Ort und den Impuls eines Elektrons nie gleichzeitig scharf bestimmten. Je genauer man den einen Wert misst, desto unbestimmter wird der andere.**

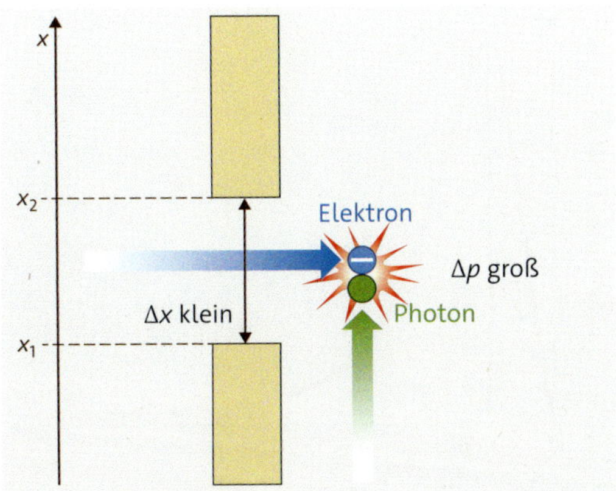


**04** Kleine Ortsunschärfe bedingt große Impulsunschärfe und umgekehrt.

**GRENZE DES SCHALENMODELLS** Im Schalenmodell betrachtet man Elektronen als klassische Teilchen, die sich auf bestimmten Bahnen um den Atomkern bewegen. Ort und Impuls der Elektronen sind dabei genau festgelegt, so wie Ort und Impuls der um die Sonne kreisenden Erde. Diese Vorstellung aus der klassischen Mechanik steht im Widerspruch zur Unschärferelation, nach der ein Elektron nur mit einer gewissen **Wahrscheinlichkeit** an einem bestimmten Ort des Atoms anzutreffen ist (Ortsunschärfe) und nur mit einer gewissen Wahrscheinlichkeit einen bestimmten Impuls aufweist (Impulsunschärfe). Eine solche Wahrscheinlichkeitsinterpretation war zu HEISENBERGS Zeiten eine ungeheure Neuigkeit für die Wissenschaft. Sie unterstreicht einmal mehr die Wellennatur von Elektronen.

**Das Schalenmodell ist mit der Unschärferelation nicht vereinbar. Die Wahrscheinlichkeitsinterpretation des Elektrons spricht für seine Wellennatur.**

**SCHRÖDINGER-GLEICHUNG** Zur Beschreibung eines Elektrons als Welle ist eine dreidimensionale **Wellenfunktion** $\psi$ (Psi) mit den drei Raumkoordinaten $x$, $y$ und $z$ erforderlich. 1926 formulierte ERWIN SCHRÖDINGER in einer nach ihm benannten Gleichung den Zusammenhang zwischen der Wellenfunktion und der Energie eines Elektrons:

*Mathematische Formulierung der Unschärferelation:* $\Delta x \cdot \Delta p \geq \frac{h}{4\pi}$

$$\underbrace{\frac{\partial^2\psi}{\partial x^2} + \frac{\partial^2\psi}{\partial y^2} + \frac{\partial^2\psi}{\partial z^2}}_{\text{Summe der zweiten Ableitungen der Wellenfunktion}} + \frac{8\pi^2 \overbrace{m}^{\text{Elektronenmasse}}}{h^2}\underbrace{(E - E_{pot})}_{\text{Differenz aus Gesamtenergie und potenzieller Energie des Elektrons}}\psi = 0$$

Für die Schrödinger-Gleichung existiert nicht nur eine einzige Lösung $\psi$, sondern eine ganze Lösungsschar $\psi_{n,l,m}$ mit den drei Parametern $n$, $l$ und $m$. Bei den ersten beiden Parametern handelt es sich um die Hauptquantenzahl $n$ und die Nebenquantenzahl $l$, die wie bereits erklärt das Energieniveau bzw. Unterenergieniveau des betrachteten Elektrons angeben. Der dritte Parameter wird als **Orientierungsquantenzahl** $m$ ($m = -l, ..., 0, ..., +l$) bezeichnet. Was es mit dieser Quantenzahl auf sich hat, wird im nächsten Abschnitt klar werden.

**Die Wellennatur eines Elektrons kann mithilfe einer zugehörigen Wellenfunktion $\psi_{n,l,m}$ beschrieben werden. Alle Wellenfunktionen $\psi_{n,l,m}$ sind Lösungen der Schrödinger-Gleichung.**

# Orbitalmodell

**ATOMORBITALE** Die Wellenfunktion $\psi_{n,l,m}$ eines Elektrons hat keinerlei anschauliche Bedeutung, wohl aber das Quadrat der Wellenfunktion $\psi^2_{n,l,m}$. Der Ausdruck gibt nämlich an, mit welcher Wahrscheinlichkeit sich ein Elektron an einem beliebigen Punkt im Raum aufhält. Aus dieser Information kann umgekehrt ermittelt werden, in welchem Bereich um den Atomkern herum das Elektron mit besonders hoher Wahrscheinlichkeit angetroffen werden kann. Solche bevorzugten Aufenthaltsbereiche von Elektronen werden als **Atomorbitale** (kurz: Orbitale) bezeichnet. Wie nun ein Orbital konkret aussieht, ist durch die drei Quantenzahlen $n$, $l$ und $m$ festgelegt. Die **Hauptquantenzahl** $n$ gibt Auskunft über die Größe des Orbitals, die **Nebenquantenzahl** $l$ über die Gestalt des Orbitals und die **Orientierungsquantenzahl** $m$ schließlich darüber, wie das Orbital im Raum ausgerichtet ist.

*Dies ist eine sehr anschauliche und durchaus zweckmäßige Definition des Begriffs „Orbital". Ganz korrekt ist sie allerdings nicht (↑ S. 141).*

**Ein Orbital ist ein Bereich um den Atomkern, in dem sich ein Elektron eines Atoms mit hoher Wahrscheinlichkeit aufhält. Das Aussehen eines Orbitals hängt von den Quantenzahlen $n$, $l$ und $m$ ab.**

In jedem Orbital können sich maximal zwei Elektronen aufhalten. Dann ist das Orbital voll besetzt. Hält sich nur ein Elektron in einem Orbital auf, so ist es halb besetzt, hält sich gar kein Elektron darin auf, so ist es unbesetzt.

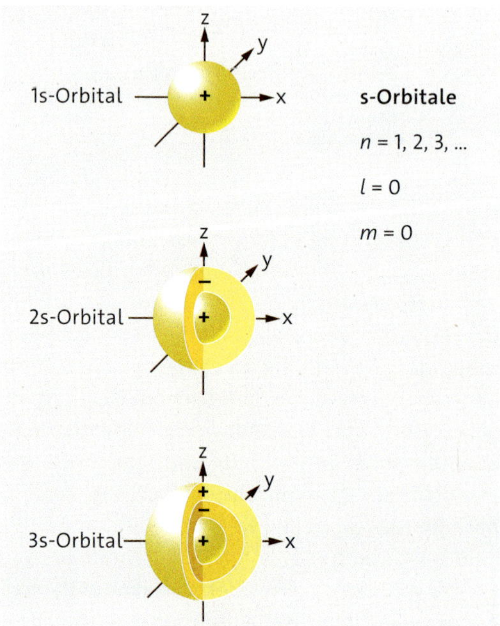


**01** 1s-, 2s- und 3s-Orbital

**s-ORBITALE** Die Elektronen eines s-Niveaus ($l = 0$) besetzen kugelförmige s-Orbitale mit dem Atomkern als Mittelpunkt. Das Orbital ist dabei umso größer, je größer die zugehörige Hauptquantenzahl $n$ ist, je höher also das Energieniveau der Elektronen liegt. Weil sich eine Kugel im Koordinatensystem unabhängig von ihrer Größe nur auf eine Weise ausrichten lässt, gibt es für jedes $n$ immer nur ein zugehöriges s-Orbital, gekennzeichnet durch die Orientierungsquantenzahl $m = 0$ (↑ **01**).

Das Elektron im Wasserstoffatom ($n = 1$) z. B. hält sich mit einer Wahrscheinlichkeit von 99 % innerhalb einer Kugel mit dem Radius $r = 220$ pm auf. Diese Kugel ist das 1s-Orbital. Außerhalb der Kugel ist die Aufenthaltswahrscheinlichkeit zwar gering, aber nicht null! Rein mathematisch betrachtet kann das Elektron auch kilometerweit von seinem Atomkern entfernt mit einer bestimmten, wenn auch sehr kleinen Wahrscheinlichkeit angetroffen werden. Die größte Aufenthaltswahrscheinlichkeit hat das Elektron bei einem Kernabstand von 53 pm (↑ **02**).

Für das gesamte 1s-Orbital sind die Funktionswerte der dazugehörigen Wellenfunktion $\psi_{1,0,0}$ positiv. Beim größeren 2s-Orbital wechselt hingegen die Wellenfunktion $\psi_{2,0,0}$ einmal ihr Vorzeichen. Für die kleinere innere Kugel sind die Funktionswerte positiv, im restlichen Orbital sind sie negativ. Beim 3s-Orbital gibt es zwei Vorzeichenwechsel, beim 4s-Orbital drei usw. Die verschiedenen Vorzeichen der Wellenfunktion werden im Orbital durch die Symbole „+" und „–" angegeben (↑ **01**).

**In einem Orbital hat die zugehörige Wellenfunktion an verschiedenen Orten unterschiedliche Vorzeichen (+ und –).**

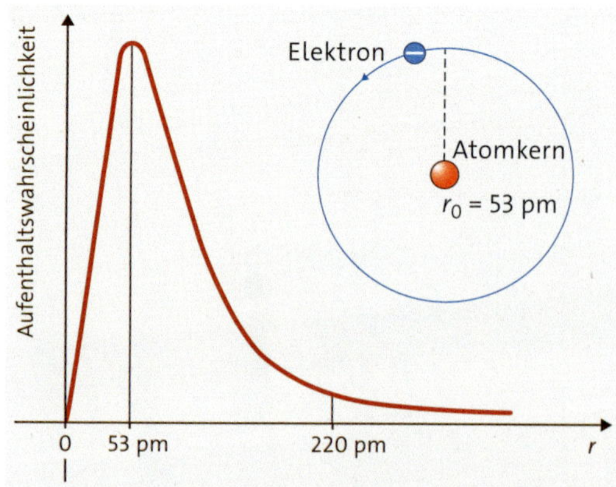


**02** Aufenthaltswahrscheinlichkeit des Elektrons im 1s-Orbital des Wasserstoffatoms

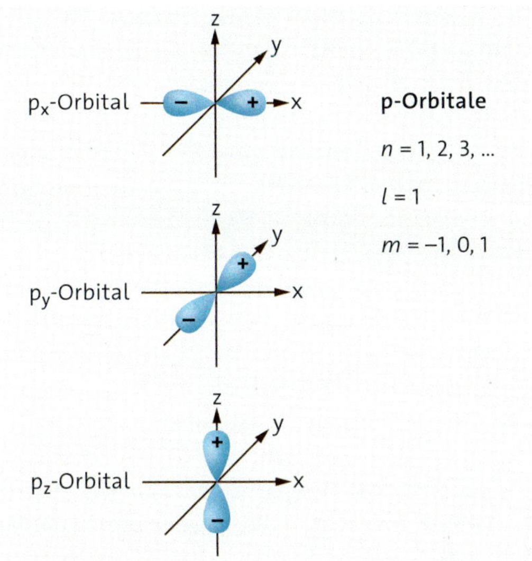


**03** Die drei verschiedenen p-Orbitale

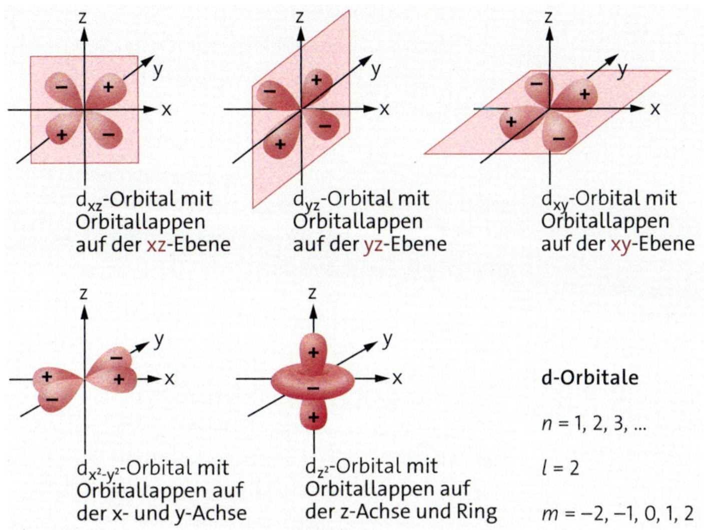


**04** Die fünf verschiedenen d-Orbitale

**p-ORBITALE** Die Elektronen eines p-Niveaus ($l = 1$) besetzen hantelförmige **p-Orbitale**. Die beiden Orbitallappen der Hantel sind umso größer, je größer $n$ ist. Die Hanteln können sich auf drei verschiedene Arten entlang der Koordinatenachsen anordnen. Dementsprechend unterscheidet man für jedes $n$ auch drei verschiedene p-Orbitale: das $p_x$-Orbital bei Orientierung entlang der x-Achse, das $p_y$-Orbital bei Orientierung entlang der y-Achse und das $p_z$-Orbital bei Orientierung entlang der z-Achse. Die verschiedenen p-Orbitale sind durch die drei Orientierungsquantenzahlen $m = -1, 0, 1$ gekennzeichnet. In allen drei Fällen haben die beiden Orbitallappen jeweils unterschiedliche Vorzeichen (↑ **03**).

**d-ORBITALE** Die Elektronen eines d-Niveaus ($l = 2$) besetzen d-Orbitale. Man unterscheidet für jedes $n$ je fünf verschiedene d-Orbitale ($m = -2, -1, 0, 1, 2$). Vier davon haben die Gestalt einer Doppelhantel mit jeweils unterschiedlich orientierten Orbitallappen, die Fünfte hat die Gestalt einer Einfachhantel mit einem Ring um die Mitte. Wie bei den p-Orbitalen haben die einzelnen Orbitallappen auch hier unterschiedliche Vorzeichen (↑ **04**).

**Der Orbitalbegriff**

In diesem Buch werden Orbitale vereinfacht als bevorzugte Aufenthaltsbereiche von Elektronen beschrieben. Streng genommen sind aber gar nicht die abgebildeten Kugeln, Hanteln und Doppelhanteln die Orbitale, sondern die abstrakten Wellenfunktionen $\psi_{n,l,m}$, die dahinterstecken. Das ist ein bisschen so, wie wenn in der Mathematik eine Funktion und ihr Schaubild gleichgesetzt würden. Das Schaubild ist nur eine grafische Veranschaulichung der Funktion, so wie die dreidimensionalen Raumbereiche nur eine Veranschaulichung der Wellenfunktionen $\psi_{n,l,m}$ sind. Identisch sind die beiden Objekte jeweils nicht!

Orbital steht für

$\psi_{n,l,m}$ selbst ≠ Veranschaulichung von $\psi_{n,l,m}$

Wie jede Vereinfachung hat auch diese ihre Grenzen. Nicht alles, was über die Wellenfunktionen erklärbar und sogar exakt berechenbar wäre, sieht man auch den dreidimensionalen „Orbitalen" an. Diese Grenzen liegen allerdings weit außerhalb der Schulchemie.

**1 ›** Erläutern Sie ausgehend von den Doppelspaltexperimenten, was man unter dem Welle-Teilchen-Dualismus versteht (↑ S. 138).

**2 ›** Erläutern Sie, warum das Schalenmodell der Atomhülle und die Heisenberg'sche Unschärferelation nicht miteinander vereinbar sind (↑ S. 139).

**3 ›** Geben Sie an, welche Bedeutung $n$, $l$ und $m$ für das Aussehen eines Orbitals haben.

**4 ›** Jemand sagt: „Durch die Symbole ‚+' und ‚–' in einem Orbital wird klar, an welcher Stelle das Orbital positiv bzw. negativ geladen ist." Nehmen Sie Stellung zu dieser Aussage.

**5 ›** Erklären Sie den Zusammenhang zwischen der Schrödinger-Gleichung und einem Orbital. Unterscheiden Sie dabei den fachlich korrekten und den vereinfachten Orbitalbegriff.

# 4.9 Elektronenkonfiguration der Atome

In einem Atom besetzen die Elektronen unterschiedliche Orbitale. Die genaue Verteilung der Elektronen auf die einzelnen Orbitale wird als **Elektronenkonfiguration** bezeichnet.
Zur Angabe der Elektronenkonfiguration werden die Orbitale üblicherweise als kleine Kästchen dargestellt und die Elektronen als Pfeile in den Kästchen. Im einfachsten Fall, beim Wasserstoffatom ($Z = 1$), besetzt ein Elektron das 1s-Orbital:

H 1s [↑]

**PAULI-PRINZIP** Jedem Elektron kann eine Eigendrehung (engl.: *spin*) zugeschrieben werden. Anschaulich kann man sich ein Elektron als kleine Kugel vorstellen, die sich entweder links- oder rechtsherum um die eigene Achse dreht (↑ **01**).

Die beiden Situationen werden durch die Pfeilrichtung ↑ und ↓ bzw. durch die beiden **Spinquantenzahlen** $s = +\frac{1}{2}$ und $s = -\frac{1}{2}$ unterschieden. Die Spinquantenzahl $s$ ist neben der Hauptquantenzahl $n$, der Nebenquantenzahl $l$ und der Orientierungsquantenzahl $m$ die vierte und letzte Quantenzahl zur Charakterisierung von Elektronen.
Wolfgang Pauli stellte 1925 fest, dass es in einem Atom keine zwei Elektronen gibt, die in allen vier Quantenzahlen übereinstimmen. Nach dem **Pauli-Prinzip** müssen sich also zwei Elektronen im gleichen Orbital in ihrem Spin unterscheiden, da sie schon in $n$, $l$ und $m$ übereinstimmen:

**Pauli-Prinzip: Zwei Elektronen, die das gleiche Orbital besetzen, unterscheiden sich in ihrem Spin.**

| Quantenzahlen | | | | Anzahl an Elektronen | |
|---|---|---|---|---|---|
| $n$ | $l$ | $m$ | $s$ | | Verteilung auf … |
| 1 | 0 | 0 | $+\frac{1}{2}, -\frac{1}{2}$ | 2 | ein 1s-Orbital |
| 2 | 0 | 0 | $+\frac{1}{2}, -\frac{1}{2}$ | 2 | ein 2s-Orbital |
| | 1 | −1, 0, 1 | $+\frac{1}{2}, -\frac{1}{2}$ | 6 | drei 2p-Orbital |
| 3 | 0 | 0 | $+\frac{1}{2}, -\frac{1}{2}$ | 2 | ein 3s-Orbital |
| | 1 | −1, 0, 1 | $+\frac{1}{2}, -\frac{1}{2}$ | 6 | drei 3p-Orbitale |
| | 2 | −2, −1, 0, 1, 2 | $+\frac{1}{2}, -\frac{1}{2}$ | 10 | fünf 3d-Orbitale |

**02** Quantenzahlen und Elektronenverteilung

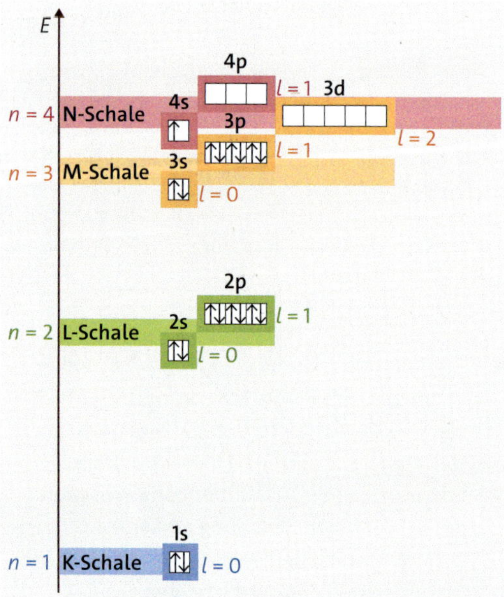


**03** Elektronenkonfiguration des Kaliumatoms ($Z = 19$)

Für die Elektronenkonfiguration des Heliumatoms ($Z = 2$) bedeutet dies:

He richtig: 1s [↑↓]
falsch: 1s [↑↑]

Aufgrund des Pauli-Prinzips kann jedes Elektron in einem Atom mit den vier Quantenzahlen eindeutig charakterisiert werden (↑ **02**).

**ENERGIEPRINZIP** Beim Lithiumatom ($Z = 3$) sind zwei Orbitale zu besetzen, das 1s- und das 2s-Orbital. Die Reihenfolge der Besetzung entspricht der Reihenfolge der zugehörigen Energieniveaus:

Li richtig: 1s [↑↓] 2s [↑]
falsch: 1s [↑] 2s [↑↓]

Im Grundzustand wird das energieärmere 1s-Orbital zuerst und erst danach das energiereichere 2s-Orbital besetzt.

**Energieprinzip: Orbitale werden in der Reihenfolge der Energieniveaus besetzt.**

Die energetische Reihenfolge entspricht zunächst der Reihenfolge der Haupt- und Nebenquantenzahlen: 1s → 2s → 2p → 3s → 3p. Danach kommt es zu Unregelmäßigkeiten, erstmals beim 4s-Orbital. Es liegt trotz höherer Hauptquantenzahl energetisch *unterhalb* der 3d-Orbitale und wird entsprechend *vorher* besetzt. So sind beim Kaliumatom ($Z = 19$) die 3d-Orbitale noch komplett unbesetzt. (↑ **03**).
Mithilfe des Schachbrettschemas lässt sich die korrekte Abfolge der Energieniveaus ermitteln. Folgt

man den Pfeilen, so ergibt sich die Besetzungsreihenfolge der Orbitale (↑ **04**):
1s → 2s → 2p → 3s → 3p → 4s → 3d → 4p → 5s → 4d → 5p → 6s → 4f → 5d → 6p → 7s → 5f → 6d → 7p

**HUND'SCHE REGEL:** Orbitale eines gleichen Energieniveaus werden zunächst alle nacheinander mit jeweils einem Elektron gleichen Spins besetzt, erst dann werden sie mit dem zweiten Elektron aufgefüllt. So sind z. B. beim Stickstoffatom ($Z = 7$) die drei 2p-Orbitale zunächst mit je nur einem Elektron besetzt:

| | | 1s | 2s | 2p |
|---|---|---|---|---|
| N | richtig: | [⇅] | [⇅] | [↑][↑][↑] |
| | falsch: | [⇅] | [⇅] | [⇅][↑][ ] |

Der **Gesamtspin** in den p-Orbitalen, also die Summe der drei Spinquantenzahlen, ist bei dieser Anordnung maximal ($\frac{1}{2}+\frac{1}{2}+\frac{1}{2}=\frac{3}{2}$ statt $\frac{1}{2}-\frac{1}{2}+\frac{1}{2}=\frac{1}{2}$). Auch im Sauerstoffatom ($Z = 8$) ist der Gesamtspin in den p-Orbitalen maximal ($\frac{1}{2}-\frac{1}{2}+\frac{1}{2}+\frac{1}{2}=1$ statt $\frac{1}{2}-\frac{1}{2}+\frac{1}{2}-\frac{1}{2}=0$).

| | | 1s | 2s | 2p |
|---|---|---|---|---|
| O | richtig: | [⇅] | [⇅] | [⇅][↑][↑] |
| | falsch: | [⇅] | [⇅] | [⇅][⇅][ ] |

Das allgemeine Prinzip hinter dieser *Spinverteilung* formulierte der deutschen Physiker FRIEDRICH HERMANN HUND:

> **Hund'sche Regel: Energiegleiche Orbitale werden so mit Elektronen besetzt, dass sich ein maximaler Gesamtspin ergibt.**

**1 ›** Geben Sie die für die folgenden Atome bzw. Ionen die Elektronenkonfiguration in der Kästchenschreibweise und in der vereinfachten Schreibweise an.
**a** Mg-Atom und Sc-Atom
**b** $Mg^{2+}$-Ion und $K^{+}$-Ion
**c** $S^{2-}$-Ion und $Br^{-}$-Ion

**2 ›** Geben Sie das Symbol für das Atom bzw. Ion mit der folgenden Elektronenkonfiguration an:
**a** [Ne] $3s^2 3p^5$ (elektrisch neutrales Atom)
**b** [Ar] $4s^2 3d^{10}$ (zweifach positiv geladenes Ion)

**3 ›** Erklären Sie, inwiefern die folgenden Angaben fehlerhaft sind, und korrigieren Sie sie.
**a** Mn-Atom
[Ar] 4s [↑↑] 3d [⇅][⇅][↑][ ][ ]
**b** Zn-Atom: [Ar] $4s^2 4p^6 4d^4$
**c** [Kr] $4d^8 5s^2 5p^2$ (zweifach positiv geladenes Ion)

**VEREINFACHTE SCHREIBWEISE** Genügt es ohne Betrachtung der Orbitale anzugeben, wie viele Elektronen welches Ergieniveau besetzen, kann die Kästchenschreibweise vereinfacht werden (↑ **05**). Beim Stickstoffatom z. B. besetzen zwei Elektronen das 1s-Niveau, zwei Elektronen das 2s-Niveau und die übrigen drei Elektronen das 2p-Niveau. Man schreibt hierfür vereinfacht $1s^2 2s^2 2p^3$.
Die Elektronenkonfiguration des Sauerstoffatoms kann entsprechend mit $1s^2 2s^2 2p^4$ angegeben werden. Um zu lange Ausdrücke zu vermeiden, kann die Elektronenkonfiguration ausgehend vom letzten Edelgasatom zusammengefasst werden. So schreibt man beispielsweise beim Natriumatom ($Z = 11$) statt $1s^2 2s^2 2p^6 3s^1$ einfach [Ne]$3s^1$, beim Kaliumatom entsprechend [Ar]$4s^1$.

*Sprachregelung für der Besetzung von Orbitalen:*

[⇅] *voll besetzt*

[↑] *halb besetzt*

[ ] *unbesetzt*

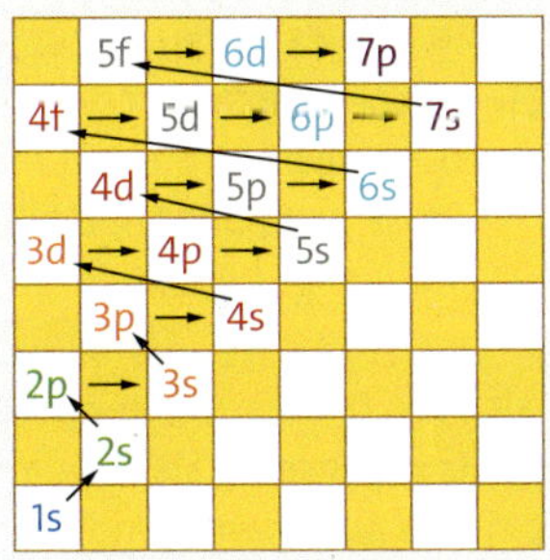


**Merkhilfe Schachbrettschema:** Folgt man den Pfeilen auf dem Schachbrett, ergibt sich die Reihenfolge der Energieniveaus (Energieprinzip).

**04** Schachbrettschema zur Ermittlung der Besetzungsreihenfolge

| Atom | Kästchenschreibweise 1s | 2s | 2p | 3s | Vereinfachte Schreibweise |
|---|---|---|---|---|---|
| H | [↑] | [ ] | [ ][ ][ ] | [ ] | $1s^1$ |
| He | [⇅] | [ ] | [ ][ ][ ] | [ ] | $1s^2$ |
| Li | [⇅] | [↑] | [ ][ ][ ] | [ ] | $1s^2 2s^1$ |
| Be | [⇅] | [⇅] | [ ][ ][ ] | [ ] | $1s^2 2s^2$ |
| B | [⇅] | [⇅] | [↑][ ][ ] | [ ] | $1s^2 2s^2 2p^1$ |
| C | [⇅] | [⇅] | [↑][↑][ ] | [ ] | $1s^2 2s^2 2p^2$ |
| N | [⇅] | [⇅] | [↑][↑][↑] | [ ] | $1s^2 2s^2 2p^3$ |
| O | [⇅] | [⇅] | [⇅][↑][↑] | [ ] | $1s^2 2s^2 2p^4$ |
| F | [⇅] | [⇅] | [⇅][⇅][↑] | [ ] | $1s^2 2s^2 2p^5$ |
| Ne | [⇅] | [⇅] | [⇅][⇅][⇅] | [ ] | $1s^2 2s^2 2p^6$ |

**05** Elektronenkonfiguration der Atome bis $Z = 10$

# 4.10 Elektronenpaarbindung im Orbitalmodell

*Lewis-Konzept ↑ S. 126*

Allgemein gilt, dass sich Nichtmetallatome über Elektronenpaarbindungen zu Molekülen verbinden. Die Bindungsverhältnisse in Molekülen werden durch **Lewis-Formeln (Valenzstrichformeln)** ausgedrückt. Ein Strich zwischen den Atomsymbolen steht für ein *bindendes Elektronenpaar*. Elektronenpaare, die nicht an einer Bindung teilnehmen, heißen *nichtbindende (freie) Elektronenpaare* (↑ **01**). Sie werden durch einen Strich am Atomsymbol repräsentiert.

**Die Bindung in Molekülen erfolgt durch bindende Elektronenpaare.**

**BILDUNG DES WASSERSTOFFMOLEKÜLS ($H_2$)** Sind zwei Wasserstoffatome weit genug voneinander entfernt, so gibt es praktisch keinerlei Wechselwirkung zwischen ihnen (↑ **02A**). Nähern sich die beiden Atome einander an, so überlappen die beiden kugelförmigen 1s-Orbiale und es entsteht ein gemeinsamer Bindungsbereich zwischen den Atomkernen (↑ **02B**), in dem sich beide Elektronen aufhalten. Jedes der beiden Elektronen in diesem Bereich wird von beiden Atomkernen angezogen.

Gleichzeitig stoßen sich die beiden Kerne und die beiden Elektronen jeweils gegenseitig ab. Bei einem Kernabstand von 74 pm sind anziehende und abstoßende Kräfte gerade im Gleichgewicht und das Gesamtsystem nimmt ein Energieminimum an (↑ **02C**). Die Elektronenpaarbindung zwischen zwei Wasserstoffatomen lässt sich so durch Überlappung von zwei halbbesetzten 1s-Atomorbitalen zu einem vollbesetzten bindenden *Molekülorbital* erklären (↑ **02D**).

Der Aufenthaltsbereich der Elektronen im Molekül ist nicht auf das bindende Molekülorbital beschränkt. Aus den beiden 1s-Atomorbitalen wird zudem ein antibindendes, energiereicheres Molekülorbital gebildet, das auch zwei Elektronen aufnehmen kann.

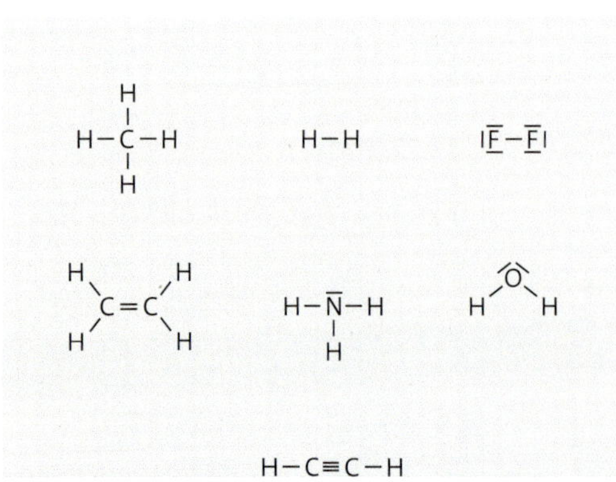


**01** Lewis-Formeln verschiedener Moleküle

Besetzt wird jedoch nur das bindende Molekülorbital. Es ist rotationssymmetrisch zur Verbindungsachse der Wasserstoffatomkerne. Eine solche Bindung wird als **σ-Bindung** (sprich: Sigma-Bindung) bezeichnet (↑ **02E**).

Eine Bindung kommt dann zustande, wenn im Vergleich zu den einzelnen Atomen im Molekülorbital eine Energieverringerung für die Elektronen resultiert. Die Wellenfunktion hat dann ein positives Vorzeichen.

**Elektronenpaarbindungen lassen sich durch Überlappung von Atomorbitalen zu Molekülorbitalen erklären. Besetzt werden die energieärmsten Molekülorbitale, sodass im Molekül die Elektronen insgesamt eine geringere Energie haben als in den einzelnen Atomen.**

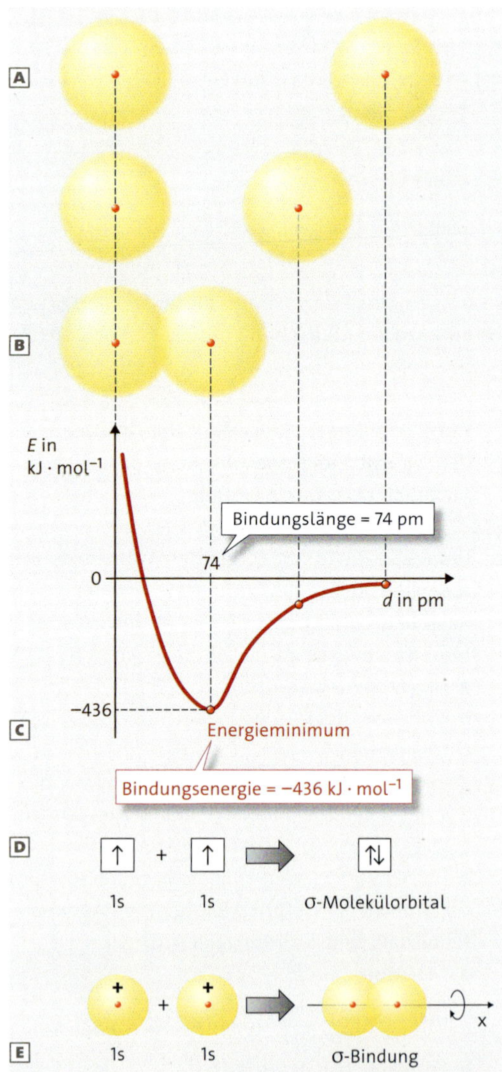


**02** Bildung der H–H-Bindung im Wasserstoffmolekül

**BILDUNG DES FLUORMOLEKÜLS ($F_2$)** Das Fluoratom hat die Valenzelektronenkonfiguration $2s^22p^5$ mit einem vollbesetzten 2s-Orbital und zwei voll- sowie einem halbbesetzten 2p-Orbital. Die Elektronenpaarbindung zwischen zwei Fluoratomen ergibt sich aus der Überlappung zweier halbbesetzter 2p-Orbitale zu einem vollbesetzten Molekülorbital (↑ **03A**). Die zwei vollbesetzten 2s- und die vier vollbesetzten 2p-Orbitale werden in der Lewis-Formel als sechs nichtbindende Elektronenpaare angegeben. Die beiden Orbitallappen von p-Orbitalen haben unterschiedliche Vorzeichen (↑ S. 140). Zur Bindung kommt es nur bei der Kombination zweier Lappen mit jeweils gleichem Vorzeichen (↑ **03B**). Das entstehende Molekülorbital ist wieder rotationssymmetrisch zur Kernverbidungsachse, sodass auch bei der F–F-Bindung von einer σ-Bindung gesprochen wird.

**BILDUNG DES METHANMOLEKÜLS ($CH_4$)** Das Kohlenstoffatom hat im Grundzustand die Valenzelektronenkonfiguration $2s^22p^2$ (↑ **04**). Nimmt eines der beiden Elektronen im 2s-Orbital Energie auf, so kann es das leere 2p-Orbital besetzen. In diesem energetisch angeregten Zustand liegen nun drei einfach besetzte p-Orbitale und ein einfach besetztes s-Orbital vor, d. h., vom Kohlenstoffatom aus können insgesamt vier Elektronenpaarbindungen ausgebildet werden. Im Methanmolekül sind allerdings die vier C–H-Bindungen absolut gleichartig. Das ist nur so zu erklären, dass sich die vier Atomorbitale vor der Bindungsbildung zu vier Orbitalen gleicher Energie und gleicher Form „vermischen". Dieser Mischvorgang wird als **Hybridisierung** bezeichnet, die vier Mischorbitale, die aus der Kombination von einem s-Orbital und drei p-Orbitalen hervorgehen, heißen entsprechend **$sp^3$-Hybridorbitale**.

**Unterschiedliche Atomorbitale können sich zu gleichartigen Hybridorbitalen vermischen.**

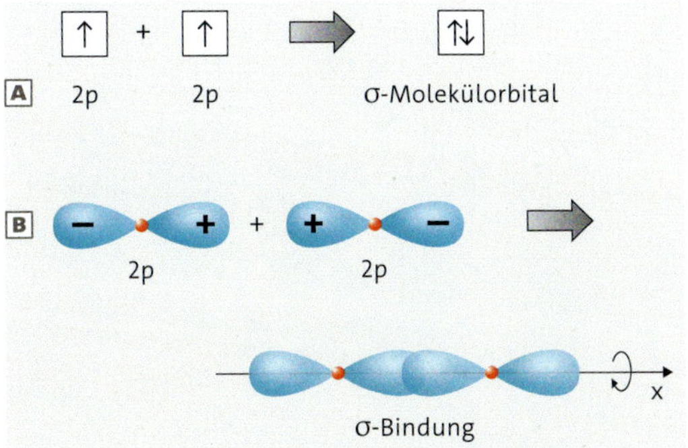


**03** Bildung der F–F-Bindung im Fluormolekül

Ein $sp^3$-Hybridorbital hat die Gestalt einer Hantel mit einem kleinen negativen Lappen und einem sehr viel größeren positiven Lappen (↑ **05A**). Zur Vereinfachung genügt es, nur den positiven Lappen darzustellen. Die vier $2sp^3$-Hybridorbitale sind zu den Ecken eines Tetraeders hin ausgerichtet. Das hat auch einen möglichst großen Abstand der sich abstoßenden Elektronenpaare zur Folge. Zwei $2sp^3$-Hybridorbitale schließen einen Winkel von 109,5°, d. h. einen Tetraederwinkel, ein (↑ **05B**).

Bei der Bildung des Methanmoleküls überlappen nun die vier $2sp^3$-Hybridorbitale eines Kohlenstoffatoms mit den 1s-Orbitalen von vier Wasserstoffatomen. Dabei wird mehr Energie frei, als für die Hybridisierung erforderlich war. Es entsteht ein tetraedrisches Molekül mit dem Kohlenstoffatom im Zentrum und vier gleichartigen σ-Bindungen zu den Wasserstoffatomen (↑ **06**). Anders als die Lewis-Formel vermuten lässt, betragen die H–C–H-Bindungswinkel im Methanmolekül daher nicht 90°, sondern 109,5° (↑ **05B**).

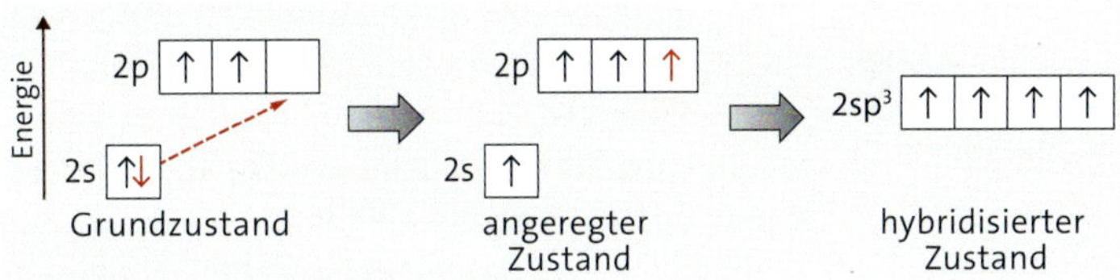


**04** Bildung von $sp^3$-Hybridorbitalen

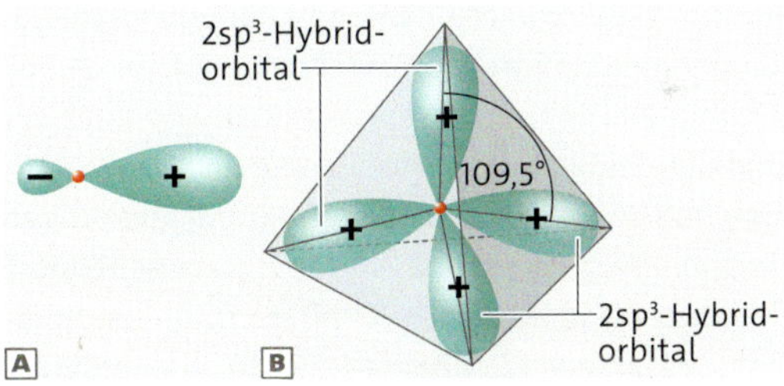


**05** Gestalt und Ausrichtung der $sp^3$-Hybridorbitale

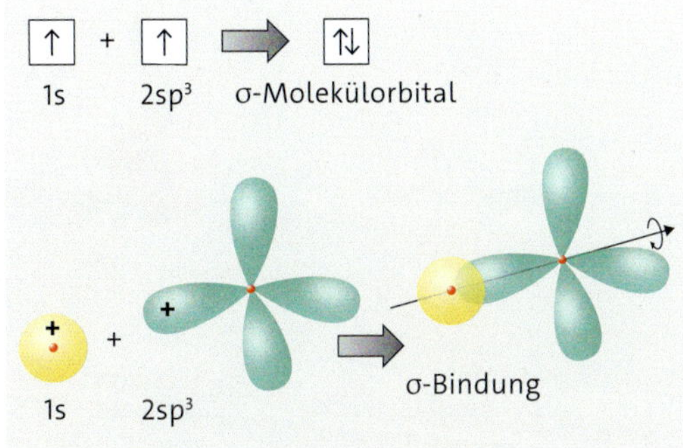


**06** Bildung einer H–C-Bindung im Methanmolekül

# Bindungswinkel und Mehrfachbindungen

**ABWEICHUNG VOM TETRAEDERWINKEL** Im Ammoniakmolekül ($NH_3$) liegt das Stickstoffatom ebenfalls $sp^3$-hybridisiert vor. Allerdings sind in diesem Fall nur drei der vier Hybridorbitale halb besetzt, eines ist voll besetzt. Das vollbesetzte Hybridorbital wird in der Lewis-Formel als nichtbindendes Elektronenpaar angegeben. Das $NH_3$-Molekül ist ein pyramidales Molekül mit dem Stickstoffatom in der Spitze. Der H–N–H-Bindungswinkel beträgt 107°, ist also etwas kleiner als der Tetraederwinkel beim Methanmolekül. Das liegt an dem nichtbindenden Elektronenpaar. Es nimmt etwas mehr Raum ein als ein bindendes Elektronenpaar und drückt daher die drei N–H-Bindungen ein wenig mehr zusammen, als es bei den C–H-Bindungen im Methanmolekül der Fall ist (↑ **01B**). Dieser Effekt ist beim Wassermolekül ($H_2O$) noch stärker ausgeprägt. Das Sauerstoffatom weist nach der $sp^3$-Hybridisierung zwei halbbesetzte und zwei vollbesetzte $2sp^3$-Hybridorbitale auf. In der Lewis-Formel sind dementsprechend zwei nichtbindende Elektronenpaare angegeben. Sie sorgen für eine noch stärkere Verringerung des Bindungswinkels: Das Wassermolekül ist ein gewinkeltes Molekül mit einem H–O–H-Bindungswinkel von nur noch 104,5° (↑ **01C**).

**ETHEN UND DIE C=C-DOPPELBINDUNG** Im Ethanmolekül ($C_2H_6$) sind die beiden Kohlenstoffatome $sp^3$-hybridisiert (↑ **02**). Es liegen sechs C–H-Bindungen und eine C–C-Bindung vor. Entsprechend der Überlappung von $2sp^3$- und 1s-Orbitalen handelt es sich um σ-Bindungen. Insgesamt können so von jedem Kohlenstoffatom aus vier σ-Bindungen gebildet werden (↑ **03**). Im Ethenmolekül ($C_2H_4$) hingegen sind die beiden Kohlenstoffatome nicht $sp^3$-, sondern $sp^2$-hybridisiert. Bei dieser Art der Hybridisierung vermischen sich das halbbesetzte 2s-Orbital und zwei halbbesetzte 2p-Orbitale zu drei halbbesetzten $2sp^2$-Hybridorbitalen. Das dritte halbbesetzte 2p-Orbital nimmt nicht an der Hybridisierung teil. Auch bei $2sp^2$-Hybridorbitalen kann zur Vereinfachung nur jeweils der positive Orbitallappen dargestellt werden. Aufgrund der elektrostatischen Abstoßung sind die drei $2sp^2$-Hybridorbitale zu den Ecken eines gleichseitigen Dreiecks hin ausgerichtet. Sie liegen also in einer gemeinsamen Ebene. Zwei $2sp^2$-Hybridorbitale schließen dabei einen Winkel von 120° ein.

*Auch im Benzolmolekül sind alle sechs Kohlenstoffatome $sp^2$-hybridisiert (↑ S. 188).*

Bei der Bildung des Ethenmoleküls überlappen zwei $2sp^2$-Hybridorbitale der beiden Kohlenstoffatome unter Ausbildung einer σ-Bindung. Die übrigen vier $2sp^2$-Hybridorbitale überlappen jeweils mit den 1s-Orbitalen der vier Wasserstoffatome. Alle sechs Atome des Moleküls liegen damit auf einer gemeinsamen Ebene, das Ethenmolekül ist *planar*. Senkrecht auf der Molekülebene stehen die beiden halbbesetzten 2p-Orbitale. Auch sie können überlappen, und zwar aufgrund der unterschiedlichen Vorzeichen der Orbitallappen sowohl oberhalb als auch unterhalb der Ebene.

Auf diese Weise entsteht eine zweite Bindung zwischen den beiden Kohlenstoffatomen. Das resultierende Molekülorbital ist in diesem Fall allerdings nicht rotationssymmetrisch zur C–C-Achse. Es handelt sich bei der zweiten Bindung demnach nicht

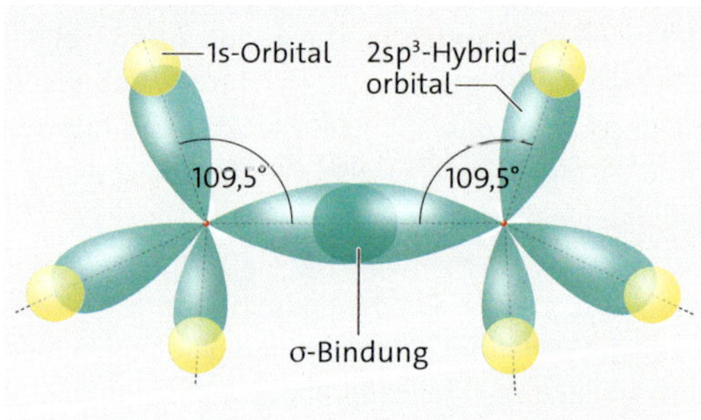


**02** Im Ethanmolekül sind die C-Atome $sp^3$-hybridisiert.

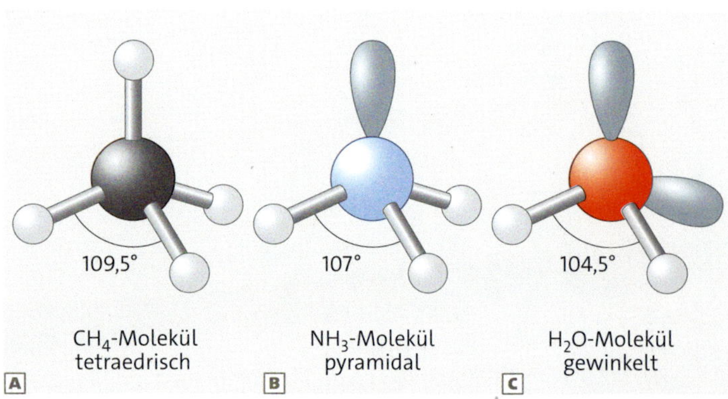


**01** Molekülgeometrie und Bindungswinkel

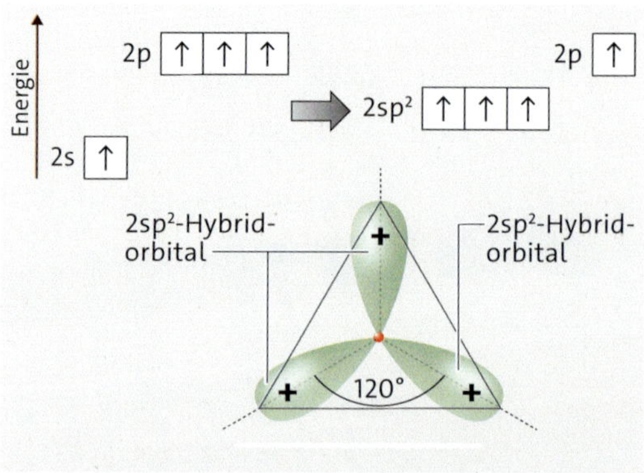


**03** Bildung und Ausrichtung von $sp^2$-Hybridorbitalen

um eine σ-Bindung. Die Bindung, die durch die „doppelte Überlappung“ von p-Orbitalen entsteht, wird zur Unterscheidung als π-Bindung (sprich: Pi-Bindung) bezeichnet (↑ **04**).

**Das Ethenmolekül ist planar. Die C=C-Doppelbindung setzt sich aus einer σ- und einer π-Bindung zusammen.**

Durch die π-Bindung kommt es zu einer starren Anordnung der Atome im Molekül, sodass sie um die C=C-Doppelbindung nicht frei drehbar sind. Experimentelle Befunde zeigen: Die C=C-Doppelbindung (molare Bindungsenergie: 614 kJ · $mol^{-1}$) ist schwächer als zwei C–C-Einfachbindungen (molare Bindungsenergie: 348 kJ · $mol^{-1}$).

**ETHIN UND DIE C≡C-DREIFACHBINDUNG** Im Ethinmolekül ($C_2H_2$) sind die beiden Kohlenstoffatome sp-hybridisiert (↑ **05**), d. h., pro Kohlenstoffatom stehen zwei halbbesetzte 2p-Orbitale und zwei halbbesetzte 2sp-Hybridorbitale für Bindungen zur Verfügung. Die beiden 2sp-Hybridorbitale eines Kohlenstoffatoms liegen auf einer gemeinsamen Geraden. Im Ethinmolekül können entsprechend eine C–C-σ-Bindung und zwei C–H-σ-Bindungen ausgebildet werden. Durch jeweils „doppelte Überlappung“ der insgesamt vier paarweise zueinander senkrecht stehenden 2p-Orbitale werden zusätzlich zwei C–C-π-Bindungen ausgebildet. Alle vier Atome des Ethinmoleküls liegen schließlich auf einer Geraden, das Molekül ist linear (↑ **06**).

**Das Ethinmolekül ist linear. Die C–C-Dreifachbindung setzt sich aus einer σ- und zwei π-Bindungen zusammen.**

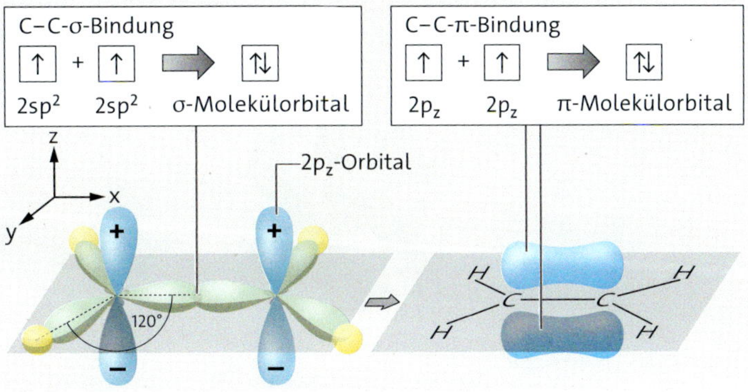


**04** Im Ethenmolekül sind die C-Atome $sp^2$-hybridisiert.

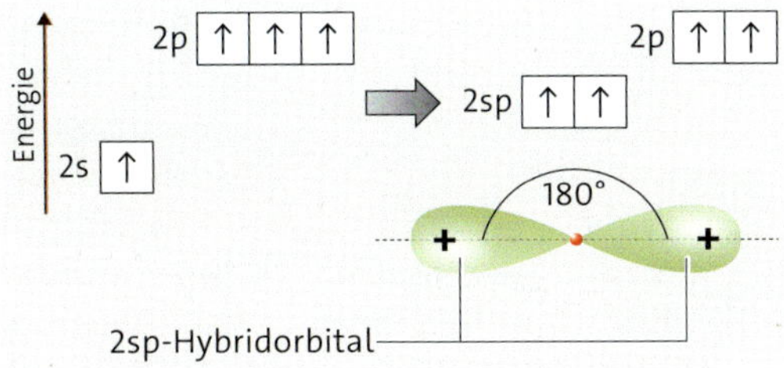


**05** Bildung und Ausrichtung der sp-Hybridorbitale

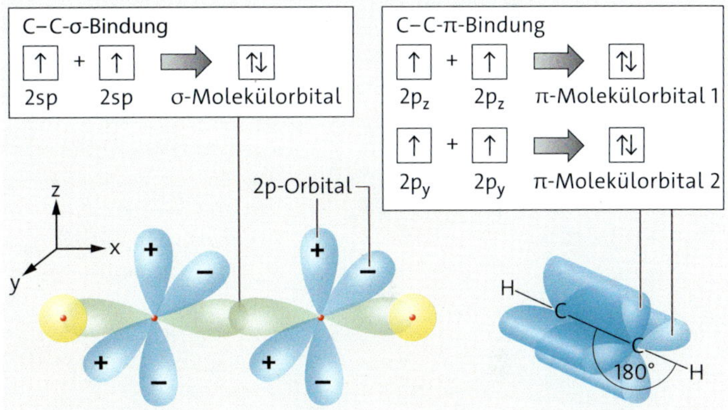


**06** Im Ethinmolekül sind die C-Atome sp-hybridisiert.

**1**› Beschreiben Sie die Bildung eines Fluorwasserstoffmoleküls (HF) durch Überlappung von Orbitalen.

**2**› Im Chlormethanmolekül ($CH_3Cl$) ist das Kohlenstoffatom $sp^3$-hybridisiert.
**a** Beschreiben Sie die Bildung eines Chlormethanmoleküls durch Überlappung von Orbitalen.
**b** Treffen Sie eine Aussage über die Molekülgeometrie und die Bindungswinkel.

**3**› Im Sauerstoffmolekül ($O_2$) sind die beiden Sauerstoffatome $sp^2$-hybridisiert.
**a** Beschreiben Sie den Übergang vom Grundzustand über den angeregten Zustand zum hybridisierten Zustand eines Sauerstoffatoms (↑ **04**).
**b** Beschreiben Sie die Bildung eines Sauerstoffmoleküls ($O_2$) durch Überlappung von Orbitalen.

**4**› Abgebildet ist die Lewis-Formel eines Kohlenstoffdioxidmoleküls ($CO_2$).

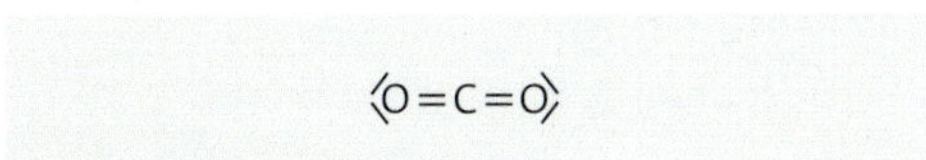

**a** Begründen Sie, welche Art von Hybridisierung bei beiden Kohlenstoffatomen vorliegt.
**b** Beschreiben Sie die Bildung eines Kohlenstoffdioxidmoleküls durch Überlappung von Orbitalen.

# Auf einen Blick

## Bindungsarten

**Ionenbindung**

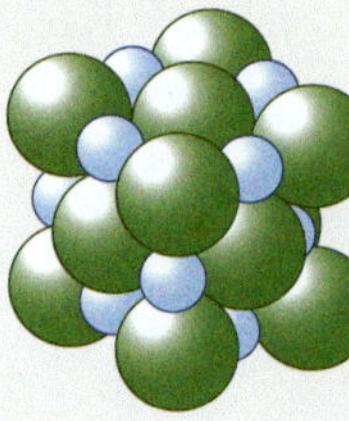

NaCl

Die Ionenbindung resultiert aus den ungerichteten elektrostatischen Anziehungskräften zwischen positiv und negativ geladenen Ionen.

**Elektronenpaarbindung**

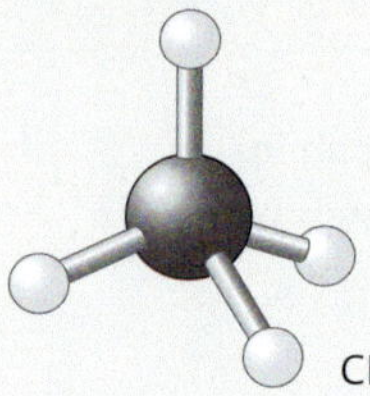

$CH_4$

Die chemische Bindung in Molekülen kommt durch gemeinsame Elektronenpaare zwischen den Atomen eines Moleküls zustande.

**Metallbindung**

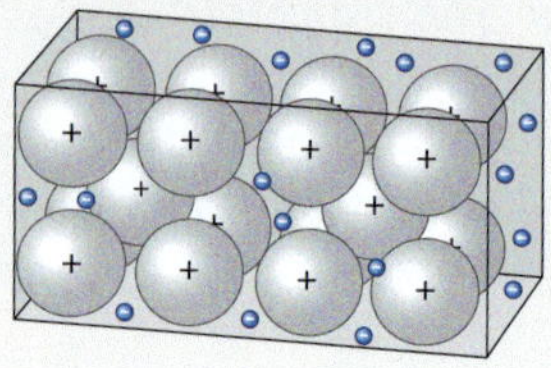

Der Zusammenhalt im Metallgitter beruht auf Anziehungskräften zwischen Metall-Kationen und frei beweglichen Elektronen.

## Zwischenmolekulare Kräfte

| Van-der-Waals-Kräfte | Dipol-Dipol-Kräfte | Ion-Dipol-Kräfte | Wasserstoffbrücken |
|---|---|---|---|
| Schwache Anziehungskräfte zwischen spontanen und induzierten Dipolen; treten zwischen Molekülen oder Edelgasatomen auf | Relativ starke Anziehungskräfte zwischen permanenten Dipolen | Relativ starke Anziehungskräfte zwischen Ionen und Dipolen | Starke Anziehungskräfte zwischen Molekülen, bei denen Wasserstoffatome an elektronegative Atome mit freien Elektronenpaaren gebunden sind |

## Schalenmodell des Atoms

BOHR/SOMMERFELD 1913

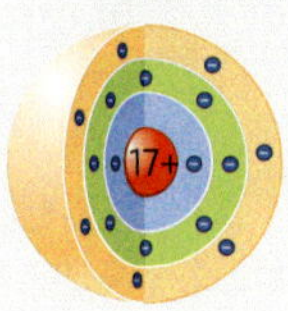


Schalenmodell

Nach dem Schalenmodell von BOHR/SOMMERFELD ist die Atomhülle in Kugelschalen (K, L, M, ...) mit bestimmten Energieniveaus um den Atomkern aufgeteilt.
Das Energieniveau einer Kugelschale spaltet sich in Unterniveaus auf (↑ Diagramm rechts). Diese werden der Reihe nach mit den Kleinbuchstaben s, p, d, f, ... benannt.

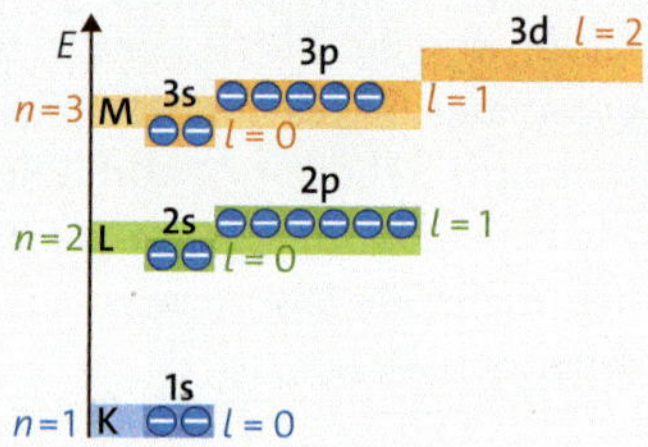


## Atomorbitale

Ein Atomorbital (kurz: Orbital) ist ein Bereich um den Atomkern, in dem sich ein Elektron eines Atoms mit hoher Wahrscheinlichkeit aufhält. Orbitale haben die Gestalt von Kugeln (s-Orbitale), Hanteln (p-Orbitale) oder Doppelhanteln (d-Orbitale).

## Quantenzahlen

Durch vier Quantenzahlen ist der Zustand eines Elektrons im Atom eindeutig charakterisiert. Zwei Elektronen eines Atoms stimmen nie in allen Quantenzahlen überein. Auch das Aussehen eines Orbitals hängt von den Quantenzahlen ab.

| Quantenzahl | Bedeutung |
|---|---|
| Hauptquantenzahl $n$ ($n = 1, 2, 3, ...$) | Energieniveau der Schale; Größe des Atomorbitals |
| Nebenquantenzahl $l$ ($l = 0, 1, 2, ..., n-1$) | Unterenergieniveau der Schale; Gestalt des Orbitals |
| Orientierungsquantenzahl $m$ ($-l, ..., 0, ..., +l$) | Ausrichtung des Orbitals im Raum |
| Spinquantenzahl $s$ ($+\frac{1}{2}, -\frac{1}{2}$) | Rotationsrichtung des Elektrons |

## Elektronenpaarbindung im Orbitalmodell

Elektronenpaarbindungen lassen sich durch Überlappen von Atomorbitalen (bzw. Hybridorbitalen) zu bindenden Molekülorbitalen erklären.
Man unterscheidet rotationssymmetrische **σ-Bindungen** von nicht rotationssymmetrischen **π-Bindungen**, die aus „doppelter Überlappung“ von p-Orbitalen resultieren.

# Übungsaufgaben

**1 ›** Vergleichen Sie die Stoffe Natrium, Chlor und Natriumchlorid im Hinblick auf ihre unterschiedlichen Strukturen und die daraus resultierenden Eigenschaften.

**2 ›** Vergleichen Sie die Moleküle von Fluorwasserstoff (HF), Stickstoff ($N_2$) und Schwefelkohlenstoff ($CS_2$) bezüglich ihrer Polarität. Zeichnen Sie dazu Lewis-Formeln der Moleküle und kennzeichnen Sie mögliche Partialladungen.

**3 ›** Definieren Sie den Begriff Mesomerie am Beispiel des Nitrat-Ions.

**4 ›** Ordnen Sie mithilfe eines Tabellenwerks die Edelgase nach steigender Siedetemperatur und begründen Sie diese Aufstellung.

**5 ›** Begründen Sie, warum sich im Bohr'schen Atommodell die Elektronen um den Kern bewegen und nicht an einer festen Position verharren.

**6 ›** Die folgenden Elektronenkonfigurationen sind fehlerhaft. Nennen und korrigieren Sie die Fehler.

**a** $1s^1\,2s^1$ **b** $1s^2\,2s^2\,2p^7$
**c** $1s^2\,2s^2\,3s^1$ **d** [Ne] $2s^2\,2p^2$
**e** [Ne] $3s^2\,3d^4$

**7 › a** Die Verteilung der Elektronen des Fluoratoms ($Z = 9$) auf die Energie- bzw. Unterenergieniveaus lautet:

| *n* | Schale | *l* | Unterniveau | Anzahl Elektronen | |
|---|---|---|---|---|---|
| 1 | K | 0 | s | 2 | 2 |
| 2 | L | 0 | s | 2 | 7 |
| | | 1 | p | 5 | |

Fertigen Sie für das Chlor- und das Bromatom eine entsprechende Tabelle an.

**b** Das Fluoratom hat die Elektronenkonfiguration [He] $2p^2 2p^5$. Geben Sie entsprechend die Elektronenkonfiguration für das Chlor- und das Bromatom an.

**8 ›** Beurteilen Sie die folgende Aussage: Ein Elektron ist manchmal ein Teilchen, manchmal eine Welle.

**9 ›** Im $H_2O$-Molekül liegt das O-Atom $sp^3$-hybridisiert vor.
**a** Geben Sie die Elektronenkonfiguration des O-Atoms im Grundzustand und im $sp^3$-hybridisierten Zustand an.
**b** Beschreiben Sie die Bildung des $H_2O$-Moleküls durch Überlappung von Orbitalen.
**c** Erklären Sie, warum der Bindungswinkel im $H_2O$-Molekül (104,5°) etwas kleiner ist als der ideale Tetraederwinkel (109,5°).

**10 ›** Das Ammoniakmolekül ist pyramidal aufgebaut. Begründen Sie, warum
**a** das Stickstoffatom $sp^3$-hybridisiert ist,
**b** es sich um einen Dipol handelt.

**11 ›** In der nachfolgenden Kästchenschreibweise der 2p-Niveaus hat sich ein Fehler eingeschlichen:

| | | |
|---|---|---|
| ↑↑ | ↑ | ↑ |

**a** Nennen und korrigieren Sie den Fehler.
**b** Geben Sie das Element an, das vier Elektronen in den 2p-Niveaus besitzt.

**12 ›** Geben Sie die Valenzelektronenkonfiguration an: Ge-Atom, Sn-Atom, Pb-Atom, Ti-Atom, Zr-Atom, Hf-Atom.

| **Mithilfe dieses Kapitels können Sie:** | Aufgabe | Hilfe finden Sie auf Seite |
|---|---|---|
| • Eigenschaften von Stoffen auf der Basis des Struktur-Eigenschafts-Konzept erläutern | *1, 2* | *124–133* |
| • das Zustandekommen von Ionen-, Metall- und Elektronenpaarbindung als chemische Bindungsarten beschreiben | *1, 2, 3* | *124, 126, 129* |
| • zwischenmolekulare Kräfte zwischen Atomen und Molekülen zur Erklärung von Stoffeigenschaften nutzen | *4* | *132–133* |
| • mit Atommodellen den Aufbau von Atomen erläutern | *4* | *134, 136–137* |
| • mit dem Schalen- bzw. Energiestufenmodell den energetischen Zustand der Elektronen in der Atomhülle beschreiben | *7* | *135–137* |
| • wellenmechanisches Atommodell und Orbitalbegriff erläutern | *8* | *138–141* |
| • die Elektronenkonfiguration eines Atoms angeben | *6, 7, 12, 13* | *142–143* |
| • die Elektronenpaarbindung (Atombindung) durch Überlappung von Orbitalen beschreiben und so die Bindungsverhältnisse in einfachen Molekülen erklären | *9, 10* | *144–147* |

Aus Erdöl werden Stoffe gewonnen, die als Ausgangsstoffe für zahllose Synthesen dienen. Um eine Reaktion so zu planen und durchzuführen, dass eine gute Ausbeute erreicht wird, genügt die bloße Reaktionsgleichung nicht. Vielmehr ist dazu eine genaue Kenntnis des Verlaufs der Reaktion mit allen Einzelschritten, dem Reaktionsmechanismus, wichtig. Den Weg vom Ausgangsstoff zum Endprodukt nachzuvollziehen gelingt, wenn man versucht, das Gemeinsame in der Vielfalt zu entdecken.

# Reaktionswege für organische Produkte 5

## Stoffklassen und Reaktionsmechanismen

### Erdöl als Rohstoff

- Entstehung und Förderung
- Fraktionierte Destillation
- Cracken
- Reformieren

### Strukturelle Grundlagen

- Radikale
- Elektrophile Teilchen
- Nucleophile Teilchen
- Mesomere Grenzstrukturen
- Induktive Effekte

### Reaktionstypen

- Substitutionen ($S_R$, $S_N1$ und $S_N2$)
- Addition
- Eliminierung
- Additions-Eliminierungs-Reaktionen

### Planung von Synthesen

- Schrittfolgen einer Synthese
- Konkurrenzreaktionen
- Synthese von Biodiesel
- Retrosynthese

**01** Apparatur zur Extraktion von Anilin aus einem Reaktionsgemisch. Das Anilin wird im Erlenmeyerkolben rechts gesammelt und kann zur Herstellung von Farbstoffen, Kautschuken und Arzneimitteln verwendet werden.

# 5.1 Erdöl – Ausgangsstoff für organische Synthesen

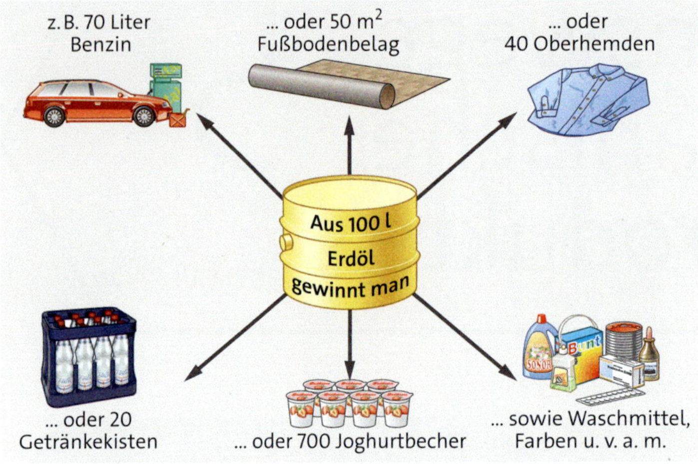


**01** Alltagsprodukte auf Erdölbasis

**PRODUKTE AUF ERDÖLBASIS** Erdöl ist einer der Grundpfeiler unserer modernen Zivilisation: Ohne Erdöl wären viele Produkte nicht verfügbar und unser Alltag sähe ganz anders aus. Aus Erdöl werden Stoffe gewonnen, die als Ausgangsstoffe für die Herstellung zahlloser Alltagsgegenstände dienen (↑ **01**). Damit ist unsere Rohstoffbasis mit der Energieversorgung sehr eng verflochten. Jedoch gehen weniger als 10 % des Erdöls in die chemische Industrie – der überwiegende Anteil wird für die Gewinnung von Energie oder die Herstellung von Treibstoffen genutzt.

Damit Erdöl als Ausgangsstoff für chemisch-organische Synthesen effektiv genutzt werden kann, müssen die darin enthaltenen reaktionsträgen Alkane in reaktionsfreudige Zwischenprodukte umgewandelt werden. Dies erreicht man durch verschiedene Crack- und Reformierungsprozesse. Beim katalytischen Cracken erhält man z. B. einen hohen Anteil an kurzkettigen und verzweigten Kohlenwasserstoffen. Sie sind *reaktionsfreudige Ausgangsstoffe für zahlreiche Produktionswege*.

**ENTSTEHUNG VON ERDÖL UND ERDGAS** Auf pflanzliches und tierisches Plankton, das in der Kreide- und Jurazeit vor Jahrmillionen in den Weltmeeren lebte, ist unser gesamter Vorrat an Erdöl und Erdgas zurückzuführen. Abgestorbenes Plankton wurde in Anwesenheit von Sauerstoff zumeist abgebaut und in Kohlenstoffdioxid und Wasser umgewandelt. Sank es jedoch auf den tiefen Meeresgrund ab, entstand daraus Faulschlamm, weil dort kein Sauerstoff vorhanden war (↑ **02A**).

Durch die Last des darüber abgelagerten Materials, vor allem Sand und Ton, ging der Faulschlamm in einen Tonschiefer über. So bildete sich das Erdölmuttergestein (↑ **02B**).

Im Laufe von etwa 65 bis 200 Millionen Jahren wandelten Bakterien bei hohem Druck und hohen Temperaturen das Material unter Sauerstoffabschluss langsam in einfache Kohlenwasserstoffe um. Aufgrund des durch Ablagerungen zunehmenden Drucks wurde das Muttergestein stark zusammengepresst. Die gasförmigen und flüssigen Kohlenwasserstoffe stiegen nach oben, da sie eine geringere Dichte als Wasser hatten (↑ **02C**).

Stießen die Kohlenwasserstoffe auf eine undurchlässige Gesteinsschicht, eine Sperrschicht aus Salz oder Ton, so konnten sie nicht weiter aufsteigen und bildeten dort eine Lagerstätte. Das Erdgas sammelte sich dabei in einer Gasblase über dem Erdöl (↑ **02D**).

In Erdöl und Erdgas ist die Energie der Sonne gespeichert, die vor vielen Jahrmillionen die Erde erreichte, denn die in ihnen enthaltenen energiereichen Verbindungen haben sich – genauso wie heute – erst mithilfe der Sonnenenergie gebildet.

**Erdöl und Erdgas sind im Laufe von 65 bis 200 Millionen Jahren unter Luftabschluss und hohem Druck aus abgestorbenem Plankton entstanden.**

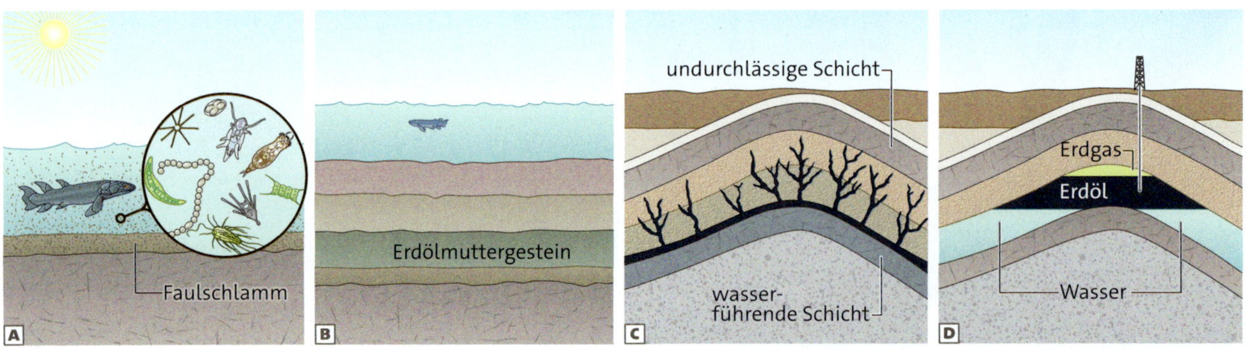


**02** Entstehung von Erdöl- und Erdgaslagerstätten

**FÖRDERUNG VON ERDÖL** Aus den bis zu 5000 m tief im Boden liegenden Lagerstätten wird das Erdöl durch Bohrungen gefördert. Aufgrund des hohen Drucks in den Lagerstätten schießt das Erdöl von selbst zur Erdoberfläche auf. Bei nachlassendem Lagerstättendruck werden Förderpumpen eingesetzt (↑ **03A**). Aus den Erdöllagerstätten kann durch diese **Primärförderung** nur ein relativ geringer Teil gewonnen werden. Durch Einpressen von Wasser in die Lagerstätte lässt sich der Förderdruck in der **Sekundärförderung** noch für längere Zeit stabilisieren (↑ **03B**). In Deutschland liegt der förderbare Anteil aufgrund der Zusammensetzung des Erdöls dennoch häufig unterhalb von 30 %. Deshalb entwickelten die deutschen Erdölproduzenten in den älteren Erdölfeldern Deutschlands verschiedene **Tertiärfördertechniken**: Bei der Dampfflutechnik wird 300 °C heißer Wasserdampf in die Lagerstätte gepresst. Das zähe Öl erwärmt sich und kann leichter gefördert werden (↑ **03C**). Auch durch das Einpressen von Leichtbenzin, einem Gemisch kurzkettiger Alkane, in die Lagerstätte wird die Viskosität des Öls verringert und das zähe Erdöl förderbar.

> **Erdöl- und Erdgaslagerstätten werden durch Bohrungen erschlossen. Durch verschiedene Fördertechniken wird die Ausbeute stetig erhöht.**

**TRANSPORT UND REINIGUNG** Erdöl und Erdgas müssen meist über Tausende Kilometer in Pipelines oder per Schiff transportiert werden. Während das Erdöl in Erdölraffinerien weiterverarbeitet wird, nutzt man Erdgas in Deutschland hauptsächlich zum Heizen. Ein Teil des Erdgases wird in riesigen Untertagespeichern gelagert, die meist aus porösem Gestein bestehen und von undurchlässigen Schichten eingeschlossen sind. Nach dem Abscheiden von Gas, Sand und Wasser erhält man aus dem Erdöl das Rohöl, das über Pipelines oder Tanker zu den Erdölraffinerien transportiert wird. Erdgas wird oft über Pipelines direkt in das Erdgasverbundnetz eingespeist und gelangt so zu den Verbrauchern.

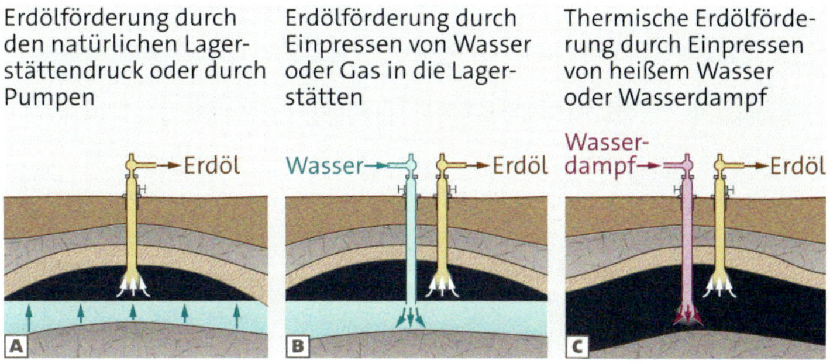


**03 A** Primärförderung, **B** Sekundärförderung, **C** Tertiärförderung

**ZUSAMMENSETZUNG UND EIGENSCHAFTEN** **Erdöl** ist ein komplexes Gemisch aus vielen Stoffen. Als Rohöl enthält es ungefähr 10 000 verschiedene Bestandteile. Die am häufigsten vertretenen Kohlenwasserstoffe sind Alkane, Cycloalkane und Aromaten. Weiterhin enthält Erdöl noch geringe Mengen an organischen Sauerstoff-, Stickstoff- und Schwefelverbindungen sowie einige anorganische Stoffe.
Jedes Erdöl hat je nach Fundort eine spezielle chemische Zusammensetzung, die auch die Eigenschaften wie Viskosität, Siedetemperatur und Farbe bestimmt (↑ **04**). Aus der unterschiedlichen Viskosität verschiedener Erdöle kann man auf den Anteil an kurz- bzw. langkettigen Kohlenwasserstoffen schließen. Je größer der Anteil an kurzkettigen Kohlenwasserstoffen ist, desto dünnflüssiger ist das Erdöl. Mit steigender Temperatur nimmt seine Viskosität ab.
**Erdgas** ist ebenfalls ein Gemisch. Es besteht zu etwa 90 % aus Methan. Neben weiteren organischen Verbindungen wie Ethan, Propan und Butan sind meistens noch Kohlenstoffdioxid und Stickstoff enthalten.

**1** Erläutern Sie die in Bild ↑ **03** dargestellten Fördertechniken.

**2** Recherchieren Sie die Zusammensetzung von Erdöl und Erdgas verschiedener Fundorte. Stellen Sie das Ergebnis jeweils tabellarisch dar.

**3** Erklären Sie, woraus sich die unterschiedlichen Eigenschaften des an verschiedenen Orten geförderten Erdöls ergeben.

**04 A–D** Erdölfunde aus verschiedenen Lagerstätten, **E** Analyse im Labor

# Praktikum

## P Reaktionswege organischer Verbindungen

2 8 7 9

### EXP 5.01 Fraktionierte Destillation von Erdöl

**Materialien** Rundkolben inkl. passender Heizhaube, Schliffaufsatz, Thermometer mit Schliff, Kühler, Gummischläuche, 3 Bechergläser (100 ml), Stativmaterial, kleine Abdampfschale, Holzstab zur Prüfung der Entflammbarkeit, Feuerzeug, künstliches Erdöl (2, 8, 7, 9)

**Durchführung** Befüllen Sie einen Rundkolben zu einem Drittel mit künstlichem Erdöl, geben Sie einige Siedesteinchen hinzu und stellen Sie ihn in eine Heizhaube. Bauen Sie die Experimentieranordnung wie im Bild auf. Sichern Sie Rundkolben, Heizhaube und Kühler mit Stativmaterial.
Stellen Sie die Kühlwasserzufuhr an. Erhitzen Sie mit der Heizhaube auf der niedrigsten Stufe. Leiten Sie das zuerst entweichende Gas (2) mit einem Schlauch in den Abzug. *Vorsicht! Entzündungsgefahr!*
Fangen Sie die nächste Fraktion (2, 8, 7, 9) in einem Becherglas auf, sobald die Temperatur über 70 °C ansteigt. Erhöhen Sie nun allmählich die Temperatur. Fangen Sie weitere Fraktionen bei 110 °C, 150 °C und 220 °C auf.
Prüfen Sie die Fraktionen auf Geruch, Farbe und Viskosität. Ermitteln Sie die Entflammbarkeit. Füllen Sie dazu wenige Milliliter der Fraktionen in die Abdampfschale und entzünden Sie diese mit einem brennenden Holzspan. Ermitteln Sie den Abstand des Holzspans von der Oberfläche der Fraktionen im Augenblick des Entflammens.
*Entsorgung:* Lösungen in Behälter für halogenfreie organische Abfälle geben.

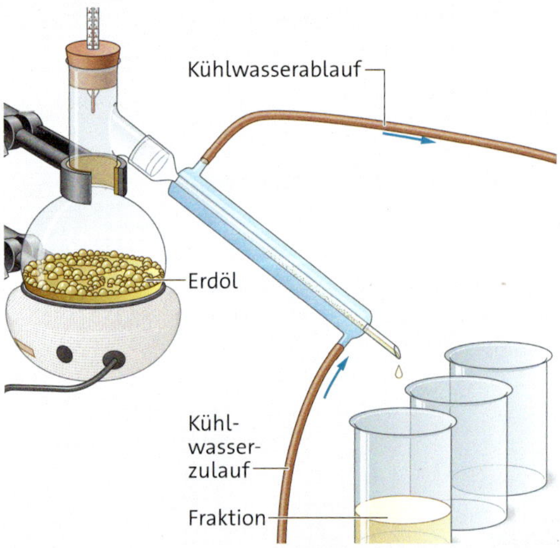


**Auswertung**

1 › Notieren Sie Ihre Beobachtungen und deuten Sie diese. Vergleichen Sie dabei Färbung und Viskosität der einzelnen Fraktionen.

2 › Stellen Sie eine Beziehung zwischen Entflammbarkeit und Rußbildung im Vergleich zum Siedebereich der Fraktionen her.

### EXP 5.02 Cracken von Paraffinöl

**Materialien** 2 Reagenzgläser, 1 schwer schmelzbares Reagenzglas, 2 Brenner, 3 Stopfen mit Bohrung, U-Rohr, mehrere kurze gewinkelte Glasrohre, Schlauchmaterial, Stativmaterial, 2 Glas- oder Plastikwannen (Kühlfalle), Wasser, Eiswürfel, Stahlwollebausch, Paraffinöl (8), Bromwasser ($w = 3\,\%$; 5, 7)

**Durchführung** Befüllen Sie ein schwer schmelzbares Reagenzglas mit 5 ml Paraffinöl und im oberen Bereich mit etwas Stahlwolle. Verbinden Sie dieses Reagenzglas über Glasrohre und Schlauchmaterial mit einem Schenkel des U-Rohrs. Das U-Rohr taucht in eine Kühlfalle. Bauen Sie am anderen Schenkel des U-Rohrs mit Glasrohren, Schlauchmaterial und einer wassergefüllten Wanne eine Vorrichtung zum pneumatischen Auffangen von Gasen auf (↑ A3.1, S. 159).
Erhitzen Sie zunächst die Stahlwolle stark mit dem Bunsenbrenner. Erwärmen Sie danach das Paraffinöl mit einem zweiten Brenner bis zum Sieden. Erhitzen Sie die Stahlwolle fortwährend, bis das Paraffinöl fast vollständig verdampft ist. Fangen Sie die gasförmigen Produkte in Reagenzgläsern pneumatisch auf. Prüfen Sie die Gase (2) in den Reagenzgläsern und die in der Kühlfalle gesammelte Flüssigkeit (2, 8, 7, 9) mit 3%igem Bromwasser und auf Brennbarkeit.
*Entsorgung:* Kondensat in Behälter für halogenfreie organische Abfälle, bromhaltige Reste in Behälter für halogenhaltige organische Reste geben. Geräte unter Abzug entlüften.

**Auswertung**

1 › Notieren Sie Ihre Beobachtungen und deuten Sie diese.

2 › Formulieren Sie mögliche Reaktionsgleichungen.

### EXP 5.03 Explosionsgrenze eines Benzin-Luft-Gemischs

**Materialien** Standzylinder, Abdeckglas, Pasteurpipette, Holzspan, Feuerzeug, Reinigungsbenzin (2, 8, 7, 9)

*Achtung! Gehörschutz tragen!* Geben Sie in einen Standzylinder einen Tropfen Reinigungsbenzin, verschließen Sie ihn mit einem Abdeckglas und schütteln Sie. Halten Sie dann einen brennenden Holzspan an die Öffnung. Wiederholen Sie das Experiment, indem Sie die Benzinmenge bis maximal 14 Tropfen langsam steigern.

**Auswertung** Fertigen Sie ein Versuchsprotokoll an und deuten Sie die Beobachtungen.

## EXP 5.04 Reaktion von Brombutanisomeren mit Ethanol

**Materialien** Reagenzglasständer, 3 Reagenzgläser mit passenden Stopfen, 2 Tropfpipetten (1 ml), 3 Pasteurpipetten mit Peleusbällen, 1-Brombutan (2, 7, 9), 2-Brombutan (2), 2-Brom-2-methylpropan (2), Ethanol (Brennspiritus; 2, 7), Silbernitratlösung ($c = 1\ \text{mol} \cdot \text{l}^{-1}$; 5, 9)

**Durchführung** Beschriften Sie die Reagenzgläser mit A, B und C. Füllen Sie in jedes Reagenzglas 2 ml Ethanol. Geben Sie in jedes Reagenzglas zusätzlich 1 ml Silbernitratlösung. Geben Sie in je ein Reagenzglas mithilfe der Pasteurpipetten 3 Tropfen eines der vorgegebenen Halogenalkane: **A:** 1-Brombutan, **B:** 2-Brombutan, **C:** 2-Brom-2-methylpropan. Verschließen Sie die Reagenzgläser mit einem Stopfen und schütteln Sie diese vorsichtig.
*Entsorgung:* Organische Reste in den Behälter für halogenhaltige organische Abfälle geben.

**Auswertung**
1 › Notieren Sie Ihre Beobachtungen und deuten Sie diese.
2 › Erläutern Sie die unterschiedlich starke Trübung in den Reagenzgläsern.
3 › Entwickeln Sie die entsprechenden Reaktionsmechanismen.

## EXP 5.05 Dehydratisierung von tert-Butanol

**Materialien** Reagenzglas, gewinkeltes Glasrohr, durchbohrter Stopfen, Brenner, Becherglas (50 ml), Pasteurpipette, Stativmaterial, 2-Methylpropan-2-ol (tert-Butanol; 2, 7), Bromwasser ($w < 3\,\%$; 5, 7), konz. Schwefelsäure (5)

**Durchführung** *Abzug!* Befestigen Sie das Reagenzglas mithilfe des Stativmaterials. Füllen Sie in ein Reagenzglas 2 ml 2-Methyl-propan-2-ol und geben Sie 2 Siedesteinchen hinzu. Lassen Sie sich von der Lehrkraft ein paar Tropfen konz. Schwefelsäure hinzugeben.
Erhitzen Sie das Gemisch vorsichtig unter dem Abzug. Schwenken Sie dazu die Brennerflamme unter dem Reagenzglas hin und her. Setzen Sie das gewinkelte Glasrohr auf das Reagenzglas und leiten Sie das entstehende Gas in das Becherglas mit Bromwasser (das Bromwasser sollte nur schwach braun gefärbt sein).
*Entsorgung:* Schwefelsäuregemisch neutralisieren und Reste in den Behälter für halogenfreie organische Reste geben, Bromwassergemisch in den Behälter für halogenhaltige organische Abfälle geben.

**Auswertung** Notieren und deuten Sie Ihre Beobachtungen. Formulieren Sie entsprechende Reaktionsgleichung.

## EXP 5.06 Herstellung von Aromastoffen

**Materialien** Heizplatte, großes Becherglas (400 ml) mit Wasser als Wasserbad, 3 Reagenzgläser, 3 kleine Bechergläser (100 ml), Pipette, Spatel, Thermometer, Reagenzglasständer, Butan-1-ol (2, 5, 7), Pentan-1-ol (2, 5, 7), Octan-1-ol (7), Ethansäure (2, 5), Propansäure (2, 5, 7), konz. Schwefelsäure (5)

**Durchführung** Füllen Sie das große Becherglas mit Wasser und erwärmen Sie es auf einer Heizplatte auf etwa 60 °C (Wasserbad). Beschriften Sie die Reagenzgläser mit den Ziffern 1 bis 3. Befüllen Sie die kleinen Bechergläser ebenfalls bis zur Hälfte mit Wasser. Beschriften Sie auch diese mit den Ziffern 1 bis 3. Geben Sie die folgenden Stoffe in den angegebenen Mengen in je ein Reagenzglas (RG):
**RG 1:** 1 ml Pentan-1-ol und 1 ml Ethansäure
**RG 2:** 1 ml Octan-1-ol und 1 ml Ethansäure
**RG 3:** 1 ml Butan-1-ol und 1 ml Propansäure
Lassen Sie sich von Ihrer Lehrkraft jeweils 1 Tropfen konz. Schwefelsäure zugeben. Stellen Sie die Gemische für 5 min in das Wasserbad. Gießen Sie den Inhalt der Reagenzgläser 1 bis 3 in die entsprechenden mit Wasser gefüllten Bechergläser 1 bis 3. Führen Sie die Geruchsprobe durch.
*Entsorgung:* Lösungen in den Behälter für halogenfreie organische Abfälle geben.

**Auswertung**
1 › Notieren Sie Ihre Beobachtungen.
2 › Erläutern Sie die Wasserlöslichkeit der Reaktionsprodukte sowie die Rolle der Schwefelsäure.
3 › Formulieren Sie für die Synthese jedes Carbonsäureesters die entsprechende Reaktionsgleichung.

## EXP 5.07 Reaktion von Cyclohexen mit Schwefelsäure

**Materialien** 2 Reagenzgläser mit Stopfen, Pasteurpipette, Reagenzglasständer, Cyclohexan (2, 7, 8, 9), Cyclohexen (2, 7, 8, 9), Schwefelsäure ($w = 35\,\%$; 5)

**Durchführung** *Schutzhandschuhe!* Füllen Sie je 3 ml Schwefelsäure in die beiden Reagenzgläser und beschriften Sie mit A und B. Geben Sie in Reagenzglas **A** 10 Tropfen Cyclohexan und in das Reagenzglas **B** 10 Tropfen Cyclohexen. Verschließen Sie die Reagenzgläser und schwenken Sie sie vorsichtig hin und her. Belüften Sie die Reagenzgläser vorsichtig. Wiederholen Sie das Schwenken und Belüften mehrmals.
*Entsorgung:* Reste neutralisieren und in den Behälter für halogenfreie organische Reste geben.

**Auswertung** Notieren und deuten Sie Ihre Beobachtungen. Formulieren Sie die entsprechende Reaktionsgleichung.

# 5.2 Gewinnung von Kohlenwasserstoffen aus Erdöl

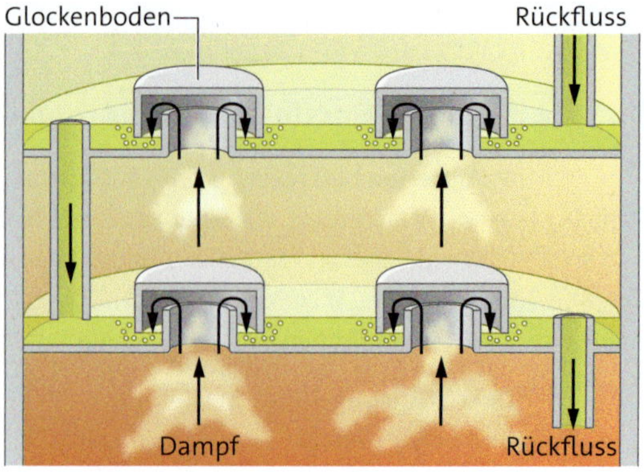


**01** Vorgänge auf einem Glockenboden

**FRAKTIONIERTE DESTILLATION** Nach der Förderung des Erdöls muss das komplexe, aus bis zu 10 000 Bestandteilen zusammengesetzte Stoffgemisch durch Abscheiden von Gas, Sand und Wasser gereinigt werden. Das so gewonnene **Rohöl** wird in Erdölraffinerien durch Destillation in Stoffgemische mit Kohlenwasserstoffen ähnlicher Siedetemperatur aufgetrennt, die man **Fraktionen** nennt (↑ Exp. 5.01, S. 154).

Durch Erhitzen des Rohöls auf etwa 400 °C verdampft das Stoffgemisch. Die Dämpfe steigen im Destillationsturm auf, wobei die Temperaturen von unten nach oben hin abnehmen. Der Turm ist durch Glockenböden stockwerkartig unterteilt (↑ **01**). Auf diesen Böden kondensieren die Bestandteile des Stoffgemischs entsprechend ihren Siedetemperaturen. Durch Rückflussröhren wird der Rohöldampf mehrfach destilliert, um die Zusammensetzung der einzelnen Fraktionen zu optimieren.

Bei der Destillation unter Normaldruck gewinnt man Benzine, Petroleum und Gasöl (Dieselkraftstoff). Oben werden die Gase abgefangen, am Boden des Destillationsturms sammelt sich der zähe schwarze Rückstand (↑ **02**).

Der Rückstand besteht hauptsächlich aus langkettigen Kohlenwasserstoffen. Bei weiterer Temperaturerhöhung unter Normaldruck würden sich diese Verbindungen thermisch zersetzen. Daher wird der Rückstand bei vermindertem Druck noch einmal destilliert, ohne dass sich die langkettigen Kohlenwasserstoffe zersetzen. Durch die Vakuumdestillation erhält man mehr Dieselkraftstoffe, Heizöl und weitere Schweröle. Als Nebenprodukt fällt Bitumen (Teer) an.

**Rohöl wird durch Destillation bei Normaldruck und im Vakuum in Fraktionen mit ähnlichen Siedebereichen aufgetrennt.**

**1 › a** Beschreiben Sie die Destillation von Rohöl anhand von Bild ↑ **02**.
**b** Begründen Sie, dass die Rohölfraktionen keine exakten Siedetemperaturen, sondern Siedebereiche aufweisen.
**c** Erklären Sie, warum besonders hochsiedende Fraktionen nicht durch Destillation unter Normaldruck gewonnen werden.

**2 ›** Erläutern Sie die Vorgänge auf einem Glockenboden. Verdeutlichen Sie, wie durch die Rückflussröhren ein höherer Reinheitsgrad der Fraktionen erzielt wird.

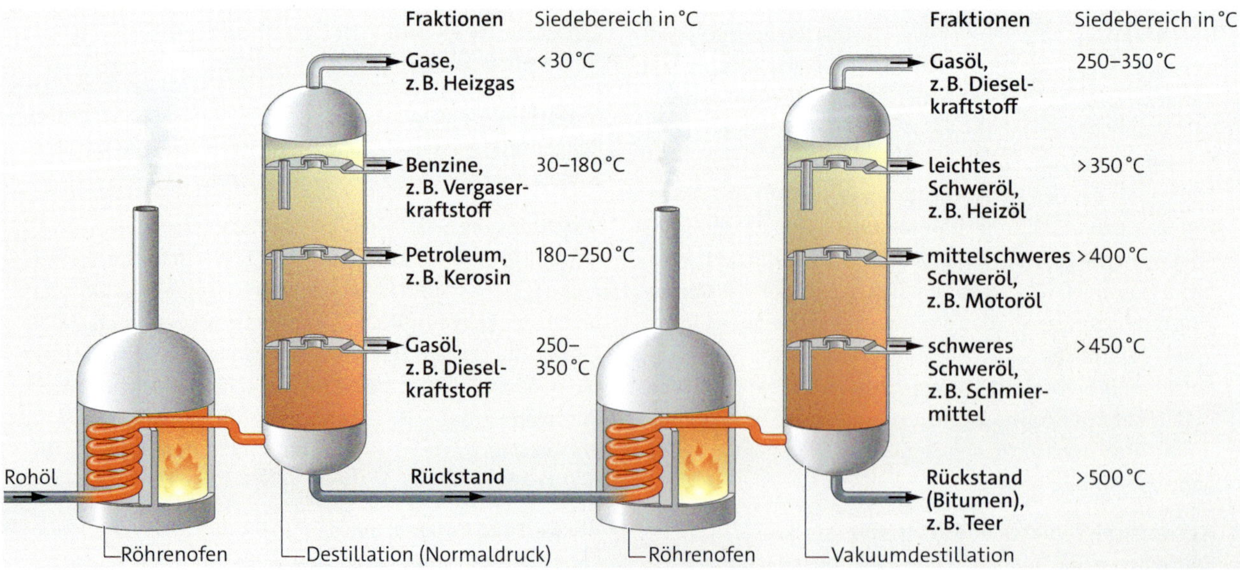


**02** Schema der Rohöldestillation und Siedebereiche der erhaltenen Erdölfraktionen

# Cracken

Bei der Rohöldestillation werden viel weniger Benzine, Dieselöle und ungesättigte Kohlenwasserstoffe gewonnen, als die Industrie und der Verkehr benötigen. Die hauptsächlich aus langkettigen Kohlenwasserstoffen bestehenden, höher siedenden Fraktionen müssen daher weiterverarbeitet werden, um mehr Fraktionen mit kurzkettigen Kohlenwasserstoffen zu gewinnen. Dies geschieht durch zwei petrochemische Verfahren: durch *Cracken* und *Reformieren* (↑ S. 158). Ziel des Crackens (engl. *to crack:* spalten, aufbrechen) ist die Zerlegung langkettiger Kohlenwasserstoffe in kurzkettige Kohlenwasserstoffe.

**THERMISCHES CRACKEN** Beim ältesten Crackverfahren, dem **thermischen Cracken**, werden hochsiedende Kohlenwasserstoffgemische kurzzeitig unter hohem Druck erhitzt. Zwischen 400 und 800 °C geraten die langkettigen Moleküle in so starke Schwingungen, dass die Bindungen zwischen den Kohlenstoffatomen aufbrechen und ein Gemisch kurzkettiger Moleküle entsteht (↑ 03). Beim thermischen Cracken werden nicht nur höher siedende Kohlenwasserstoffe in niedrigsiedende Alkane und Alkene umgewandelt. Es entstehen auch große Mengen an Koks, der u. a. zur Herstellung von Kohleelektroden gebraucht wird.

**KATALYTISCHES CRACKEN** Mithilfe eines Zeolithkatalysators mit großer Oberfläche lassen sich die langkettigen Moleküle bereits bei 500 °C und geringem Druck spalten. Dazu wird das Schweröl verdampft und in einen Spezialreaktor mit umherwirbelndem Katalysatorstaub eingeleitet (↑ 04). Die kleinen Partikel überziehen sich mit Ruß, der als Nebenprodukt der Reaktion entsteht. Dadurch verliert der Katalysator seine Aktivität und muss ständig durch Verbrennung des Kohlenstoffs regeneriert werden. Beim **katalytischen Cracken** erhält man einen hohen Anteil an kurzkettigen, verzweigten und ungesättigten Kohlenwasserstoffen, die als *reaktionsfreudige Ausgangsstoffe* für viele Produkte genutzt werden können (↑ 05).

**HYDROCRACKEN** Als Nebenprodukt des Crackens entstehen Kohlenstoff und auch ungesättigte Kohlenwasserstoffe (↑ 05). Diese werden nur für bestimmte Industrieprodukte benötigt. Für die Gewinnung von mehr gesättigten Kohlenwasserstoffen kann beim **Hydrocracken** zusätzlich Wasserstoff an die ungesättigten Kohlenwasserstoffe addiert werden. Die Umsetzung erfolgt unter hohem Druck (> 10 MPa) in Gegenwart verschiedener Katalysatoren. Das Verfahren liefert die höchsten Ausbeuten an niedrigsiedenden Alkanen im Produktgemisch.

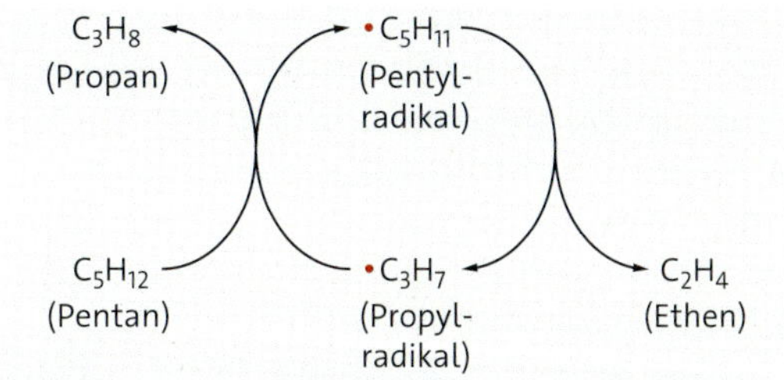


**03** Beispiel für eine Kettenreaktion beim thermischen Cracken

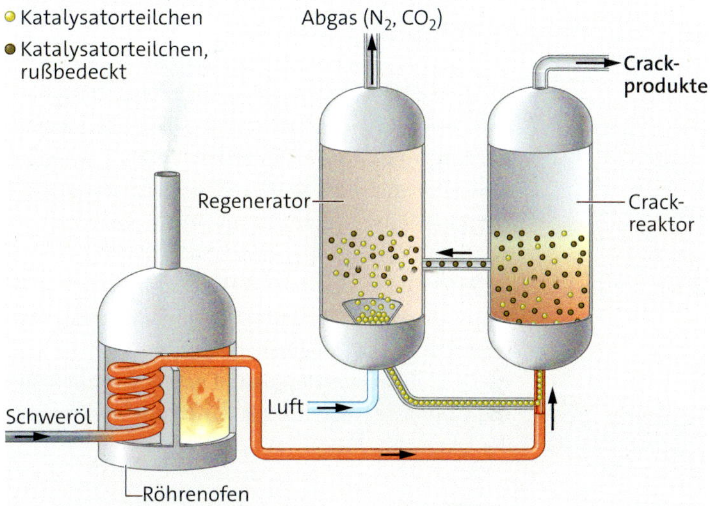


**04** Katalytisches Cracken (Schema)

| | | | |
|---|---|---|---|
| $CH_3-(CH_2)_{14}-CH_3$ | $\longrightarrow$ | $CH_2=CH_2$ | Ethen |
| Hexadecan | | $+ CH_3-CH_2-CH_3$ | Propan |
| | | $+ CH_2=CH-CH_3$ | Propen |
| | | $+ CH_2=CH-(CH_2)_5-CH_3$ | Oct-1-en |

**05** Mögliche Reaktionsprodukte beim katalytischen Cracken von Hexadecan

**Beim Cracken werden langkettige, hochsiedende Kohlenwasserstoffe durch unterschiedliche Verfahren in kurzkettige, niedrigsiedende Kohlenwasserstoffe umgewandelt.**

**1** Zeichnen Sie die Halbstrukturformeln möglicher Reaktionsprodukte, die beim Cracken von Dodecan ($C_{12}H_{26}$) entstehen können. Benennen Sie die Produkte.

**2** Beschreiben Sie das Prinzip katalytischen Crackens anhand von Bild ↑ 04.

**3** Erläutern Sie die Hydrierung der beim Cracken anfallenden ungesättigten Kohlenwasserstoffe an einem selbst gewählten Beispiel.

# Reformieren

**KLOPFFESTIGKEIT UND OKTANZAHL** Im Ottomotor muss das Benzin-Luft-Gemisch nach der Zündung gleichmäßig verbrennen, indem sich die Flammfront von der Zündkerze durch das gesamte Gemisch ausbreitet. Während der Verdichtungsphase im Zylinder erwärmt sich das Benzin-Luft-Gemisch durch den steigenden Druck und kann sich von selbst entzünden (↑ Exp. 5.03, S. 154). Dabei entsteht im Motor ein klopfendes Geräusch, das sogenannte **Klopfen** des Motors. Es ist schädlich für den Motor, da die unkontrollierte Zündung auf Dauer zu erhöhtem Materialverschleiß bis hin zur Zerstörung des Motors führt.

Um dies zu verhindern, wird das Benzin durch besondere Zusätze klopffest gemacht. Kurzkettige Alkane weisen eine gute Klopffestigkeit auf, die aber bei zunehmender Kettenlänge der unverzweigten Moleküle abnimmt. Stark verzweigte Alkane besitzen eine höhere Klopffestigkeit als schwach verzweigte Alkane.

Als Maß für die Klopffestigkeit eines Ottokraftstoffs wurde die **Oktanzahl** (kurz: **OZ**) eingeführt. Zur Festlegung der Oktanzahl dienen das zündfreudige, aber wenig klopffeste n-Heptan mit der Oktanzahl 0 und das zündfeste Isooctan (2,2,4-Trimethylpentan) mit der Oktanzahl 100.

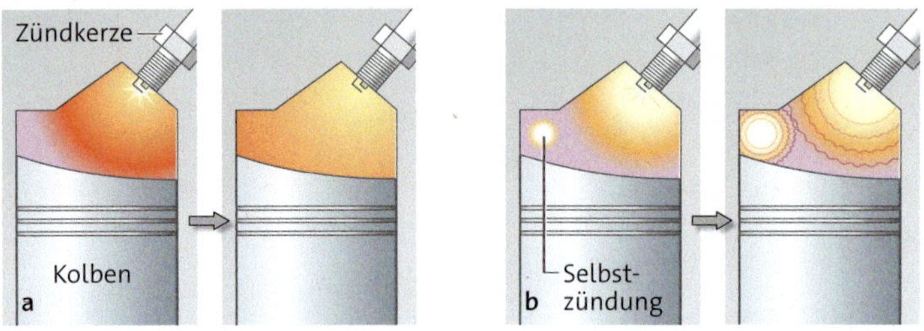


**01** **A** kontrollierte Verbrennung, **B** klopfende Verbrennung

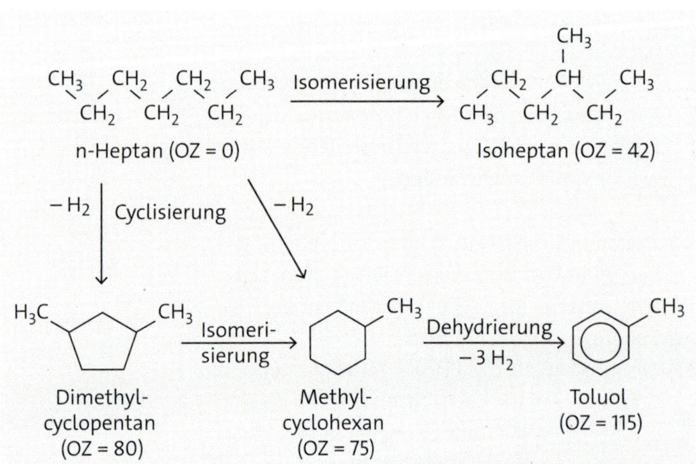


**02** Mögliche Reaktionen beim Reformieren von Benzin (OZ: Oktanzahl)

Zur Bestimmung der Oktanzahl eines Kraftstoffs vergleicht man seine Klopfneigung in einem genormten Prüfmotor mit einem Gemisch aus Isooctan und n-Heptan. Ein Kraftstoff, der sich im Prüfmotor beispielsweise wie ein Gemisch aus 95 % Isooctan und 5 % Heptan verhält, erhält die Oktanzahl 95. Man setzt dem Benzin zur Erhöhung der Oktanzahl spezielle Antiklopfmittel wie ETBE (**E**thyl**t**ertiär**b**utyl**e**ther) hinzu, das aus Bioethanol gewonnen wird.

**ISOMERISIERUNG** Nach dem Cracken ist der Anteil verzweigter Kohlenwasserstoffe im Benzin meist noch zu niedrig. Die Oktanzahl des Crackbenzins liegt zwischen 40 und 70 und muss für Ottokraftstoffe auf mindestens 91 erhöht werden. Dazu wird die Struktur der unverzweigten Kohlenwasserstoffe durch **Refomieren** (lat. *reformare:* umgestalten) gezielt verändert. Dabei wird das Kohlenwasserstoffgemisch bei Temperaturen um 500 °C und hohem Druck (1 MPa) über Platin- oder Rheniumkatalysatoren auf Aluminiumoxid geleitet.

Unter diesen Bedingungen kommt es zu einer Umlagerung der n-Alkane in iso-Alkane, was als **Isomerisierung** bezeichnet wird (↑ **02**). Bei dieser Reaktion wird das C–C-Gerüst des Kohlenwasserstoffmoleküls umstrukturiert. Auf diese Weise wird n-Heptan beispielsweise zu Isoheptan (3-Methylhexan) isomerisiert (↑ **02**).

**DEHYDRIERUNG UND CYCLISIERUNG** Weitere mögliche Reaktionen sind die Abspaltung von Wasserstoff aus Cycloalkanen, die **Dehydrierung**, unter Bildung von Aromaten sowie die Umlagerung von Alkanen in Aromaten unter Abspaltung von Wasserstoff, die **Cyclisierung** (↑ **02**). Auf diese Weise lässt sich die Klopffestigkeit des Benzins gezielt auf die gewünschte Oktanzahl einstellen.

**Beim Reformieren werden unverzweigte Kohlenwasserstoffe in verzweigte oder ringförmige Kohlenwasserstoffe umgewandelt.**

**1 〉** Geben Sie die Halbstrukturformeln der möglichen Reaktionsprodukte an, die beim Reformieren aus n-Decan entstehen könnten.

**2 〉** Vergleichen Sie die Prozesse Cracken und Reformieren im Hinblick auf ihre Reaktionsprodukte.

**3 〉** Beim Reformieren kommt es zur Umlagerung von Alkanen in Cycloalkane unter Abspaltung von Wasserstoff, der *Dehydrocyclisierung*. Geben Sie eine mögliche Reaktionsgleichung an.

# Klausurtraining

## Material A Benzin im Fokus

### A1 Crackverfahren im Vergleich

| Crackverfahren | Thermisch | Katalytisch | Hydrocracken |
|---|---|---|---|
| Bedingungen | • lange Dauer, hoher Energiebedarf<br>• 500–900 °C | • scharfer katalytischer Prozess<br>• 480–600 °C | • milder katalytischer Prozess<br>• 300–450 °C |
| Ausbeuten | | | |
| • Gase | 7 % | 21 % | ca. 12 % |
| • Benzine | 20 % | 47 % | ca. 40 % |
| • Gasöle | 27 % | 20 % | ca. 35 % |
| • Heizöle | 16 % | 7 % | ca. 11 % |
| • Koks | 30 % | 5 % | 0 % |

**A1.1** Verfahren zum Cracken von Kohlenwasserstoffen

### A2 Arbeitsweise eines Ottomotors

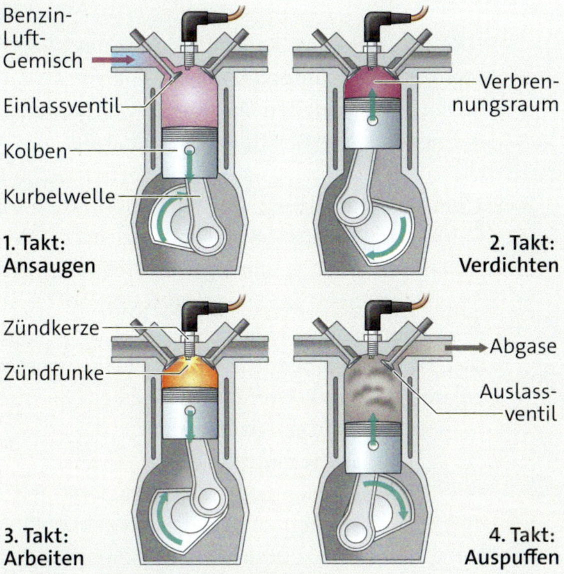


**A2.1** Arbeitsweise eines Ottomotors

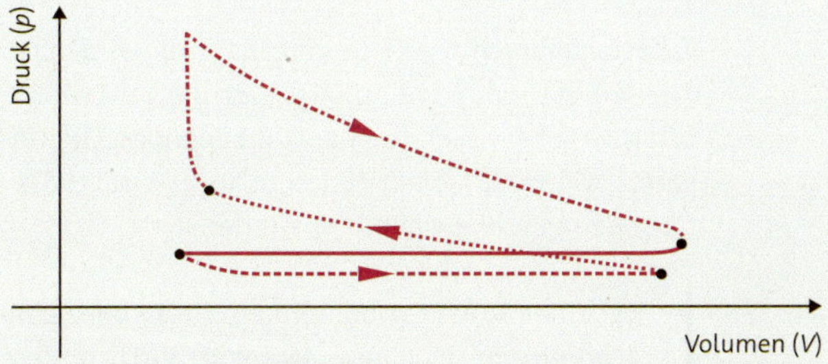


**A2.2** *p-V*-Diagramm des Benzin-Luft-Gemischs im Verbrennungsraum des Ottomotors

### A3 Schülerexperiment: Cracken von Decan

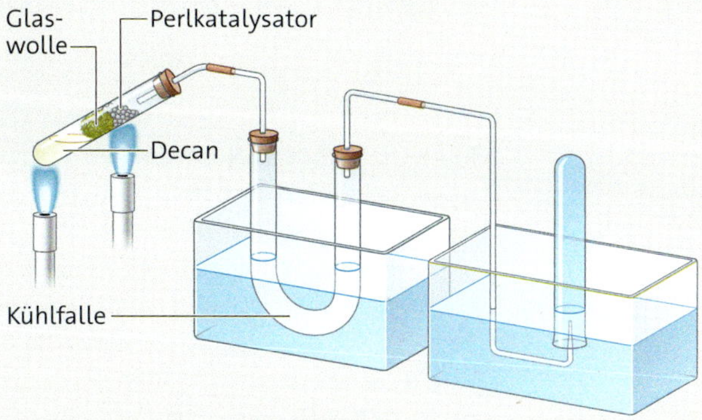


**A3.1** Versuchsaufbau

Beobachtungen: Auf dem Perlkatalysator bildet sich ein schwarzer Belag. Im Ableitungsrohr bildet sich ein Nebel. In der Kühlfalle kondensiert eine farblose Flüssigkeit, das Destillat. In der pneumatischen Wanne beobachtet man an der Glasspitze eine konstante Bildung von Gasblasen, die im Reagenzglas nach oben steigen. Entzündet man das Gas, so brennt es mit schwach leuchtender Flamme. Das Destillat entfärbt Bromwasser und ist entzündbar. Decan lässt sich nicht entzünden.

#### AUFGABEN ZU A

**1)** **a** Erläutern Sie die Ziele und Bedingungen der grundlegenden Verfahren der Erdölverarbeitung.
**b** Vergleichen Sie die in ↑ **A1** genannten Crackverfahren und beurteilen Sie, welches der Verfahren am leistungsfähigsten ist.

**2)** **a** Erläutern Sie anhand von ↑ **A2** die Arbeitsweise eines Ottomotors. Ordnen Sie den unterschiedlich gestrichelten Diagrammbereichen in Bild ↑ **A2.2** die vier Takte des Ottomotors zu.
**b** Diskutieren Sie, was passiert, wenn ein für Premiumbenzin (100 Oktan) ausgelegter Motor dauerhaft mit Superbenzin (95 Oktan) betrieben wird. Berücksichtigen Sie dabei auch den umgekehrten Fall.

**3)** **a** Entwickeln Sie anhand von Bild ↑ **A3.1** die Versuchsdurchführung des Schülerexperiments.
**b** Deuten Sie die Beobachtungen auch unter Angabe entsprechender Reaktionsgleichungen (↑ **A3**).
**c** Zeichnen Sie die Strukturformeln möglicher Reaktionsprodukte und erklären Sie ihre Bildung (↑ **A3**).
**d** Zeigen Sie anhand der Crackprodukte des Dodecans, dass beim Cracken eines langkettigen Kohlenwasserstoffs die Anzahl der Kohlenstoff- und der Wasserstoffatome erhalten bleibt.

# 5.3 Vom Alkan zum Halogenalkan

Die typische Reaktion der Alkane ist die **Substitution** (lat. *substituere:* ersetzen). Bei dieser Reaktion organischer Verbindungen werden Atome oder Atomgruppen in den Molekülen der Ausgangsstoffe durch andere Atome oder Atomgruppen ersetzt:

$$CH_4 + Br_2 \longrightarrow CH_3{-}Br + HBr$$

**REAKTIONSMECHANISMUS** Alkane sind reaktionsträge. Ihre Moleküle reagieren nur mit sehr energiereichen Teilchen wie freien Halogenatomen. Ein ungebundenes Halogenatom hat nur sieben Außenelektronen und besitzt deshalb ein ungepaartes Elektron. Solche Teilchen nennt man **Radikale**. Radikale **R·** entstehen aus Molekülen durch homolytische (gleichförmige) Spaltung einer Elektronenpaarbindung. Die Energie zur Spaltung der Bindung kann durch Zufuhr von Licht oder Wärme aufgebracht werden (↑ Exp. 5.08).

Solche als **radikalische Substitution $S_R$** bezeichneten Reaktionen verlaufen nach folgendem, am Beispiel der Bromierung von Methan dargestelltem **Reaktionsmechanismus** (↑ **01**):

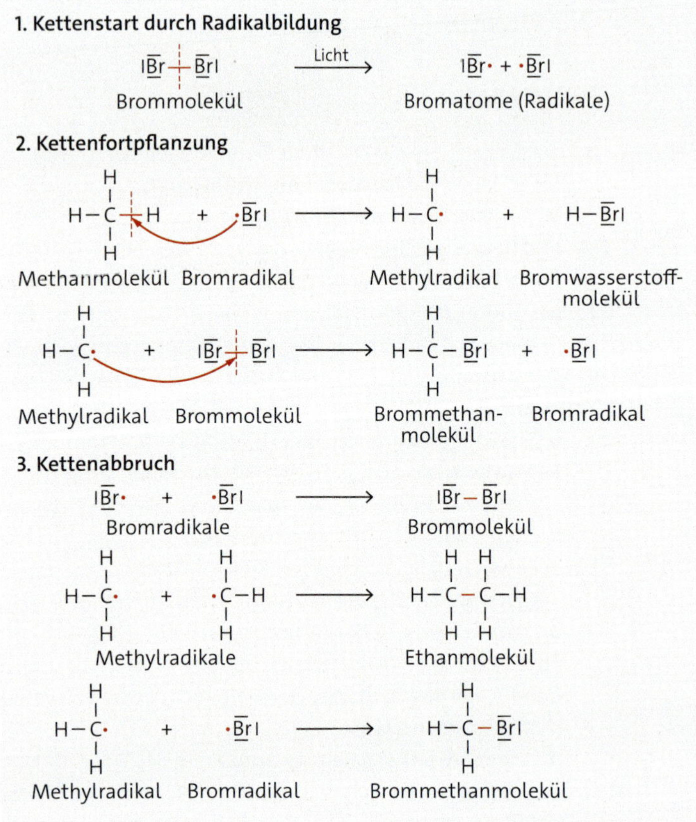


**01** Reaktionsmechanismus der radikalischen Substitution

**P** **EXP 5.08** **L**

## Bromierung von Heptan

**Durchführung** In einem Reagenzglas werden 10 ml Heptan (2, 8, 7, 9) mit 5 ml Bromwasser (5, 7) unterschichtet. Das Reagenzglas wird mit einem Stopfen verschlossen und geschüttelt.

Anschließend wird es im Licht eines Tageslichtprojektors bis zur Entfärbung belichtet.

In die wässrige Phase wird ein Stück Universalindikatorpapier gegeben. Die wässrige Lösung wird außerdem mit einem Tropfen Silbernitratlösung ($w$ = 3 %; 7) versetzt.

*Entsorgung:* Reste in Behälter für halogenhaltige organische Abfälle geben.

**Auswertung** Erläutern Sie den Mechanismus der Bromierung von Heptan unter Nutzung von Bild ↑ **01**.

**1. Kettenstart durch Radikalbildung** Zuerst werden Brommoleküle unter der Einwirkung von UV-Licht homolytisch gespalten. Dabei entstehen Bromatome mit ungepaarten Elektronen, die Radikale.

**2. Kettenfortpflanzung** Die Bromradikale greifen die Methanmoleküle unter Abspaltung eines Wasserstoffatoms und unter Bildung eines Bromwasserstoffmoleküls an, weil das Bromradikal bestrebt ist, sein Elektronenoktett zu ergänzen.
Das dabei entstehende Methylradikal reagiert mit einem weiteren Brommolekül zu einem Brommethanmolekül und einem Bromradikal, das erneut in die Reaktionskette eintritt.
Es wird pro Methanmolekül ein Wasserstoffatom durch ein Bromatom ersetzt. Diese Reaktionsfolge kann sich bis zu 10 000-mal wiederholen, ohne dass ein weiteres Brommolekül durch Licht gespalten werden muss.

**3. Kettenabbruch** Die Kettenfortpflanzung wird durch Rekombination (Vereinigung) der die Kettenfortpflanzung bewirkenden Radikale beendet. Die Gesamtreaktion läuft nur so lange ab, wie durch UV-Licht neue Radikale gebildet werden.

**Bei einer Substitution wird ein Atom oder eine Atomgruppe in einem Molekül durch andere Atome oder Atomgruppen ersetzt. Die radikalische Substitution läuft als Kettenreaktion ab.**

**ENERGETISCHER VERLAUF** Das Energiediagramm der Bromierung von Methan zeigt, dass diese Reaktion exotherm verläuft (↑ **03**).
Zunächst tritt das Bromradikal mit einem Wasserstoffatom des Methanmoleküls in Wechselwirkung. Zum Erreichen des ersten **Übergangszustands** wird eine bestimmte Aktivierungsenergie aufgewandt, wodurch die C–H-Bindung gelockert wird. Dann bilden sich das Bromwasserstoffmolekül und das Methylradikal. Das Methylradikal ist ein Zwischenprodukt der Reaktion.
Für das Erreichen des zweiten Übergangszustands, bei dem das Methylradikal in Wechselwirkung mit einem neuen Brommolekül tritt, ist eine geringere Aktivierungsenergie erforderlich. Als Reaktionsprodukte entstehen ein Brommethanmolekül und ein neues Bromradikal.

**ENERGIEBILANZEN** Methan reagiert mit Halogenen unterschiedlich. Die Reaktion mit Fluor verläuft sehr heftig, während Methan mit Iod praktisch nicht reagiert. Die Ursache für das unterschiedliche Reaktionsverhalten der Halogene ist in der Energiebilanz der radikalischen Substitution zu suchen. Dazu müssen die zur Spaltung der Elektronenpaarbindungen aufgewendeten Energiebeträge und die bei der Bildung neuer Bindungen frei werdenden Energiebeträge verglichen werden (↑ **02**).
Die zur Spaltung der X–X-Bindung (X steht für ein Halogenatom) und der C–H-Bindungen notwendige Energie unterscheidet sich relativ wenig. Die bei der Bildung der H–X- und der C–X-Bindungen frei werdende Energie nimmt jedoch innerhalb der Reihe der Halogene stark ab.

Aus der Summe der vier Energiebeträge ergibt sich, dass die Fluorierung mit einem Energiegewinn von $-430\ kJ \cdot mol^{-1}$ stark exotherm ist. Für die Iodierung wird dagegen ein Energiebetrag von $62\ kJ \cdot mol^{-1}$ benötigt. Damit die endotherme Reaktion überhaupt abläuft, muss dem Stoffgemisch aus Iod und Methan kontinuierlich Energie zugeführt werden.

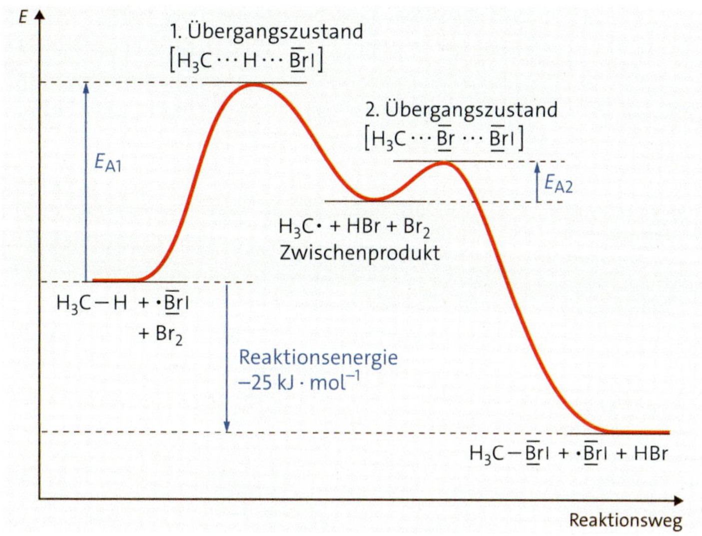


**03** Energiediagramm der radikalischen Substitution

**BEDEUTUNG** In der Industrie spielt die radikalische Substitution eine wichtige Rolle bei der Herstellung von Waschmitteln, Lösungsmitteln und vielen anderen organischen Halogenverbindungen.

↑ *Chemische Energetik S. 334 ff.*

**1**) Erklären Sie, warum die Reaktionskette viele Tausend Mal durchlaufen werden kann, bis ein weiteres Brommolekül gespalten werden muss.

**2**) Formulieren Sie den Reaktionsmechanismus
**a** für die Reaktion von 1-Chlorpropan aus Chlor und Propan,
**b** für die Bildung von 1-Brom-2-chlorethan ausgehend von Chlorethan.

**3**) **a** Nennen Sie mindestens vier verschiedene Reaktionsprodukte der Bromierung von Ethan.
**b** Geben Sie die entsprechenden Lewis-formeln an.

**4**) Erstellen Sie ein Energiediagramm für die Fluorierung von Methan.

**5**) Methan reagiert nicht mit dem Halogen Iod. Begründen Sie.

| Reaktionsenergien in $kJ \cdot mol^{-1}$ | Fluorierung | Chlorierung | Bromierung | Iodierung |
|---|---|---|---|---|
| Spaltung der X–X-Bindung im Halogen | +156 | +240 | +190 | +150 |
| Spaltung der C–H-Bindung im Methan | +425 | +425 | +425 | +425 |
| Bildung der H–X-Bindung | −560 | −428 | −360 | −291 |
| Bildung der C–X-Bindung | −451 | −338 | −280 | −222 |
| **Energetische Gesamtbilanz** | **−430** | **−101** | **−25** | **+62** |

**02** Molare Reaktionsenergien der Spaltung und Bildung chemischer Bindungen bei der Halogenierung von Methan

# Räumliche Orientierung bei radikalischen Substitutionen

**PRODUKTE DER BROMIERUNG VON PROPAN** Bei der Bromierung von Propan durch eine radikalische Substitution erhält man als Monobromprodukt die beiden Stoffe 1-Brompropan und 2-Brompropan.

***Primäre, sekundäre und tertiäre Kohlenstoffatome***
- ***primäres*** *Kohlenstoffatom: nur* ***ein*** *weiteres Kohlenstoffatom als Nachbarn*
- ***sekundäres*** *Kohlenstoffatom:* ***zwei*** *Kohlenstoffatome als Nachbarn*
- ***tertiäres*** *Kohlenstoffatom:* ***drei*** *Kohlenstoffatome als Nachbarn*

Ein Propanmolekül besitzt sechs primäre C–H-Bindungen an den *primären Kohlenstoffatomen* und zwei C–H-Bindungen an dem *sekundären Kohlenstoffatom*. Daher sollte man theoretisch die Produkte 1-Brompropan und 2-Brompropan im Verhältnis von 75 % zu 25 % erhalten (↑ 01).

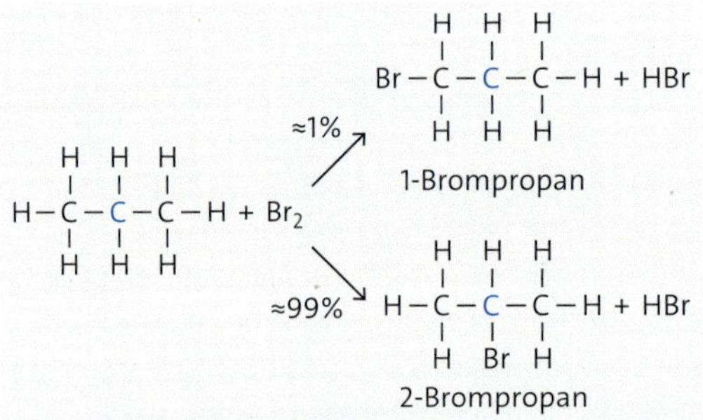


01 Radikalische Substitution von Brom an Propan. In Blau: sekundäres Kohlenstoffatom

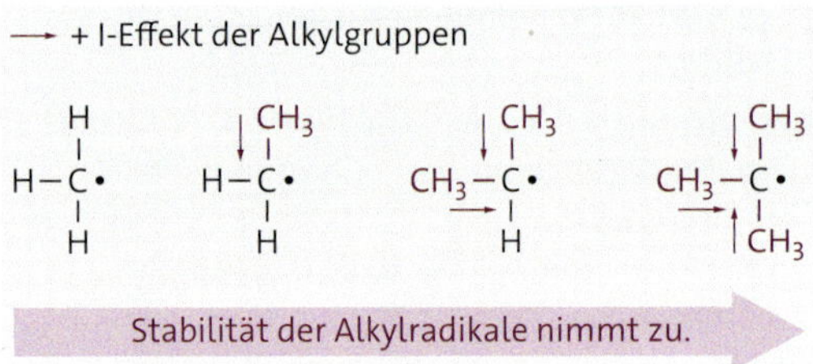


02 Stabilität von Alkylradikalen

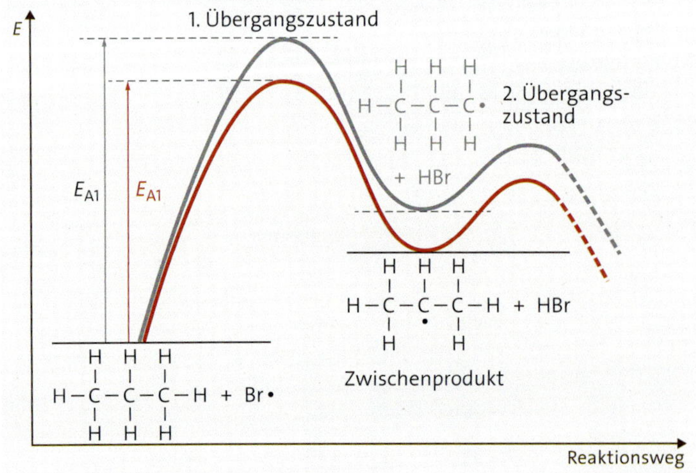


03 Energiediagramm der Bromierung von Propan

Tatsächlich entsteht zu fast 99 % das Produkt 2-Brompropan, bei dessen Molekül das Bromatom am *sekundären Kohlenstoffatom* gebunden ist. Die Substitution eines Wasserstoffatoms durch ein Bromatom ist am sekundären Kohlenstoffatom begünstigt (↑ 01). Grund dafür ist, dass die Aktivierungsenergie für die Bildung eines Radikals am primären Kohlenstoffatom höher ist als für die Bildung am sekundären Kohlenstoffatom (↑ 03). Die Spaltung der C–H-Bindung am sekundären Kohlenstoffatom erfolgt daher schneller als an einem der primären Kohlenstoffatome. Auch das Zwischenprodukt ist im Fall der Radikalbildung am sekundären Kohlenstoffatom weniger energiereich und daher begünstigt (↑ 03).

**INDUKTIVE EFFEKTE** Methylgruppen $-CH_3$ besitzen einen elektronenschiebenden Effekt. Die Wirkung eines Atoms oder einer Atomgruppe auf die Elektronenverteilung im Rest eines Moleküls wird als **induktiver Effekt (I-Effekt)** bezeichnet. Damit ein induktiver Effekt auftreten kann, muss eine unsymmetrische Elektronenverteilung bei einer Elektronenpaarbindung existieren. Dies kann zwischen zwei unterschiedlichen Atomen oder zwischen zwei gleichen Atomen, die unterschiedlich substituiert sind, auftreten. Bei einem **+I-Effekt** werden die Elektronen von einem Atom weggeschoben und somit die Elektronendichte an dem anderen Atom erhöht. Bei einem **–I-Effekt** wird die Elektronendichte am benachbarten Atom erniedrigt. Der induktive Effekt kann sich über mehrere Bindungen hinweg auswirken. Die Stärke nimmt jedoch mit zunehmender Entfernung ab.
Radikale weisen einen Elektronenmangel auf, da in der Regel mindestens ein Atom nicht über eine stabile Valenzelektronenkonfiguration verfügt. Daher werden sie durch einen +I-Effekt stabilisiert. Sekundäre Radikale sind aufgrund des +I-Effekts der beiden benachbarten Methylgruppen stabiler als ein primäres Radikal, das im Falle des Propans nur eine benachbarte Ethylgruppe besitzt (↑ 02).

**Induktive Effekte sind elektronische Effekte von Atomen oder Atomgruppen. +I-Effekte erhöhen die Elektronendichte bei benachbarten Atomen oder Atomgruppen, –I-Effekte erniedrigen die Elektronendichte.**

**1** 〉 Bei der Bromierung von 2-Methylbutan entsteht hauptsächlich das Reaktionsprodukt 2-Brom-2-methylbutan. Erläutern Sie diesen Sachverhalt.

## + Ozonabbau in der Stratosphäre

Zwischen 15 und 40 km über der Erdoberfläche befindet sich die lebenswichtige Ozonschicht der Stratosphäre. Diese ozonreiche Luftschicht schützt uns vor den biologisch schädlichen UV-Strahlen der Sonne, indem das Ozon den größten Teil der energiereichen UV-B-Strahlung absorbiert. UV-B-Strahlen können Hautkrebs und Augenschäden verursachen und würden das Auftreten von Mutationen auf der Erde wahrscheinlicher machen.

Das dreiatomige Ozonmolekül $O_3$ entsteht in der Stratosphäre unter dem Einfluss kurzwelliger UV-Strahlung und wird durch langwellige UV-Strahlung wieder in Sauerstoffmoleküle gespalten (↑ **03A**). Auf diese Weise bildet sich eine stabile natürliche Ozonschicht heraus.

**Fluorchlorkohlenwasserstoffe (FCKWs)** sind besonders stabile Halogenalkane, die von der Erdoberfläche bis in die Stratosphäre gelangen. Hier werden sie durch UV-Strahlung unter Bildung von Chlorradikalen gespalten (↑ **03B**). Bereits wenige Chloratome katalysieren den Abbau von Ozon und zerstören dadurch Zehntausende Ozonmoleküle (↑ **03C**). Daher führte die massenhafte Verwendung der FCKWs im 20. Jahrhundert zum verstärkten Abbau der Ozonschicht der Erde. Unter bestimmten Bedingungen bildet sich hauptsächlich im Polarfrühling über der Antarktis das Ozonloch. Im Polarwinter entwickeln sich im Dunkeln bei etwa −80 °C stratosphärische Wolken, die Salpetersäure-Wasser-Aerosole enthalten. An den Aerosolteilchen können sich Chlornitrat $ClONO_2$ und Chlorwasserstoff HCl anreichern.

**A Natürlicher Aufbau und Abbau von Ozon**

$$O_2 \xrightarrow{\text{UV-Licht}} 2\,\cdot O\cdot \qquad \lambda < 242\ \text{nm}$$
$$\cdot O\cdot + O_2 \longrightarrow O_3$$
$$O_3 \xrightarrow{\text{UV-Licht}} O_2 + \cdot O\cdot \qquad \lambda < 310\ \text{nm}$$

**B Bildung von Chlorradikalen aus FCKW**

$$FCl_2C-Cl \xrightarrow{\text{UV-Licht}} FCl_2C\cdot + Cl\cdot \qquad \lambda < 260\ \text{nm}$$

**C Katalytischer Ozonabbau**

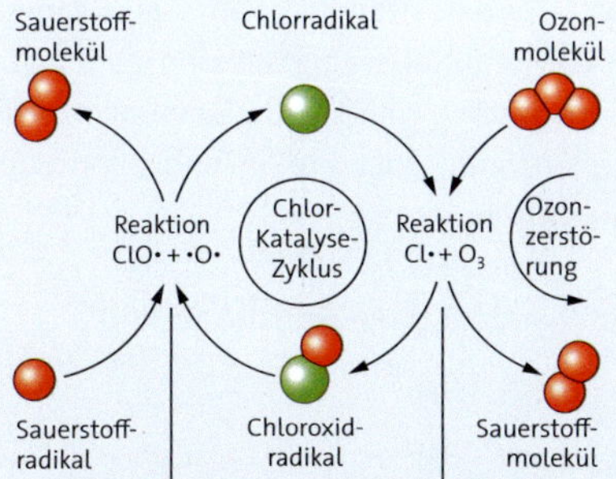


$$ClO\cdot + \cdot O\cdot \longrightarrow Cl\cdot + O_2$$
$$Cl\cdot + O_3 \longrightarrow ClO\cdot + O_2$$
$$\text{Gesamt: } \cdot O\cdot + O_3 \longrightarrow 2\,O_2$$

**03** Katalytischer Abbau von Ozon in der Stratosphäre

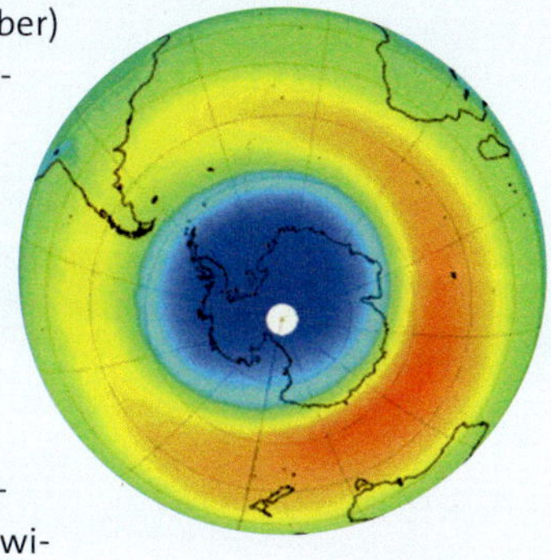

Im Frühjahr (September) werden über der Antarktis die gespeicherten Verbindungen durch die stärker werdende Sonnenstrahlung wieder homolytisch gespalten. Dabei entstehen u. a. große Mengen an Chlorradikalen, die einen lawinenartigen Abbau des Ozons bewirken. Es kommt zur zeitlich und geografisch begrenzten starken Ausdünnung der Ozonschicht. Wenn die Ozonkonzentration weniger als 40 % des natürlichen $O_3$-Gehalts beträgt, sprechen Wissenschaftler vom Ozonloch. Auch über der Nordhalbkugel führen ähnliche chemische Reaktionen zur Abnahme der Ozonkonzentration um bis zu 30 %. Obwohl die Verwendung von FCKWs seit der UN-Umweltkonferenz von 2007 in den Industrieländern weitgehend verboten ist, wird es mindestens bis zum Jahr 2050 dauern, bis sich die Ozonschicht wieder einigermaßen erholt (↑ **04**). Die Entwicklungsländer haben noch bis 2030 Zeit, um FCKWs vollständig durch umweltfreundliche, aber teurere Stoffe zu ersetzen. Das ist eine lange Zeit, wenn man bedenkt, dass die Verweildauer der stabilen FCKW-Moleküle in der Atmosphäre mehrere Jahrzehnte beträgt.

**1**› **a** Erläutern Sie den katalytischen Ozonabbau durch FCKWs in der Stratosphäre.
**b** Begründen Sie anhand von Lewis-Formeln, warum Stickstoffoxide (NO und $NO_2$) eine ähnliche ozonschädigende Wirkung haben wie FCKWs.

**2**› **a** Interpretieren Sie das Diagramm in Bild ↑ **04**.
**b** Informieren Sie sich über Maßnahmen zum Schutz der Ozonschicht und bewerten Sie deren Wirksamkeit.

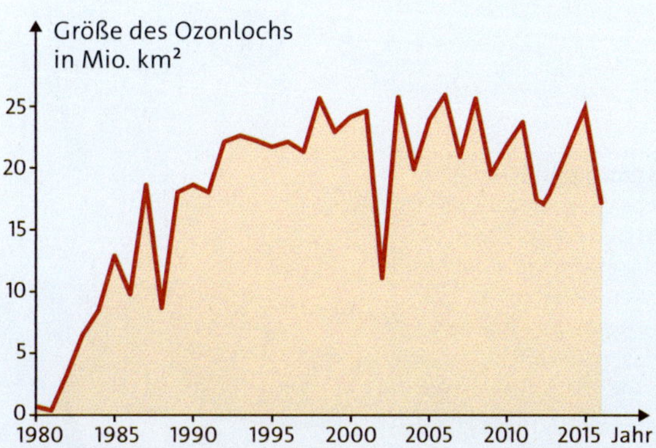


**04** Entwicklung des Ozonlochs über der südlichen Halbkugel

# 5.4 Vom Halogenalkan zum Alkohol

**NUCLEOPHILE SUBSTITUTION** Alkohole lassen sich auf vielfältige Weise herstellen. Im Labor können sie beispielsweise aus Halogenalkanen gebildet werden. Dabei macht man sich zunutze, dass in den Molekülen der Halogenalkane die Bindung zwischen den stark elektronegativen Halogenatomen (–X̲|) und dem Kohlenstoffatom polar ist, wobei das Kohlenstoffatom eine positive Teilladung δ+ trägt. Dort erfolgt der Angriff eines negativ geladenen Teilchens (|Y̲|⁻) nach folgendem allgemeinen *Mechanismus*:

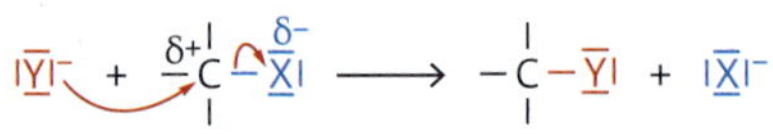

In Anwesenheit von negativ geladenen Hydroxid-Ionen ($OH^-$-Ionen) können die negativ polarisierten Halogenatome gegen die $OH^-$-Ionen ausgetauscht werden. Ein solcher Austausch von Atomen oder Atomgruppen an einem Molekül wird als *Substitution* bezeichnet. Das abgespaltene Teilchen |X̲|⁻ nennt man **Abgangsgruppe**. Ein Teilchen wie das |Y̲|⁻, das das positiv polarisierte Kohlenstoffatom angreift, heißt **Nucleophil** (lat. *nucleus:* Kern; griech. *philos:* Freund). Demzufolge handelt es sich bei dieser Reaktion um eine **nucleophile Substitution** ($S_N$). Es gibt zwei Sorten von nucleophilen Teilchen:

*Radikalische Substitution ↑ S. 160 ff.)*

Ein *anionisches Nucleophil* ist ein negativ geladenes Ion mit einem freien Elektronenpaar. Beispiele hierfür sind Halogenid-Ionen ($X^-$), Hydroxid-Ionen ($OH^-$), Alkoholat-Ionen ($R–O^-$), Cyanid-Ionen ($CN^-$). *Neutrale Nucleophile* sind Moleküle mit einer negativen Teilladung und einem freien Elektronenpaar. Beispiele hierfür sind Wasser ($H_2O$), Ammoniak ($NH_3$), Ethanol ($C_2H_5–OH$).

*Keil-Strich-Formel und räumliche Struktur ↑ S. 19*

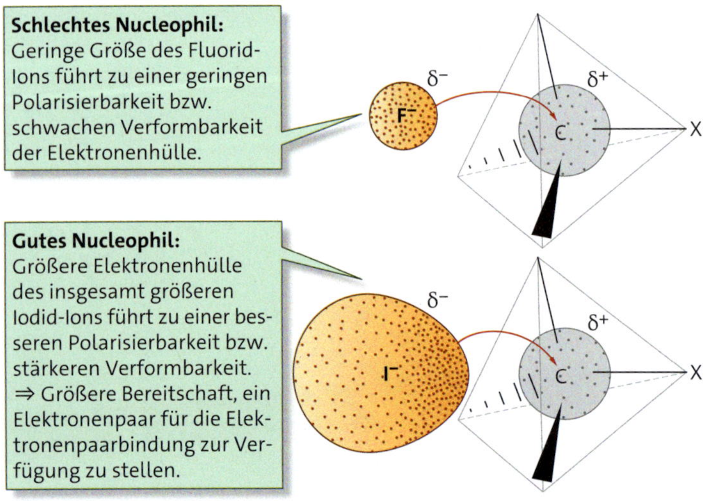


**01** Einfluss des angreifenden Nucleophils

Die Umsetzung von Halogenalkanen z. B. mit Natriumhydroxidlösung zu Alkoholen wird durch folgende allgemeine Reaktionsgleichung beschrieben:

| R–X̲\| | + ⁻\|O̲–H | ⟶ | R–O̲–H | + \|X̲\|⁻ |
|---|---|---|---|---|
| Halogenalkan | Hydroxid-Ion | | Alkohol | Halogenid-Ion |

**Alkohole können durch nucleophile Substitution von Halogenalkanen mit Hydroxid-Ionen gebildet werden.**

Umgekehrt kann aus einem Alkohol auch ein Halogenalkan hergestellt werden. Die Substitution der Hydroxygruppe kann jedoch nur in stark saurem Medium erfolgen, da diese zunächst protoniert werden muss. Das austretende Teilchen (Abgangsgruppe) ist in diesem Fall ein Wassermolekül. So entsteht beispielsweise bei der Reaktion von Chlorwasserstoff mit Ethanol Chlorethan und Wasser.

**EINFLUSS DES ANGREIFENDEN NUCLEOPHILS** Die Geschwindigkeit der nucleophilen Substitution hängt vor allem vom angreifenden Nucleophil ab. Bedeutsam hierfür ist, wie leicht das angreifende Teilchen ein Elektronenpaar für die Ausbildung einer Bindung zum positiv polarisierten Kohlenstoffatom ausbilden kann. Ein negativ geladenes Nucleophil wie das Hydroxid-Ion $OH^-$ ist z. B. deutlich stärker nucleophil als das ungeladene (neutrale) Wassermolekül $H_2O$, das ebenfalls ein Nucleophil ist.

Wie stark nucleophil ein Teilchen ist hängt außerdem von seiner Polarisierbarkeit ab. Je größer ein Atom ist, desto leichter kann es polarisiert werden (↑ **01**). Das Elektronenpaar wird umso leichter für eine Bindung zur Verfügung gestellt, je größer das angreifende Nucleophil ist. Die Nucleophilie, d. h., die Stärke eines Nucleophils, wird also mit zunehmender Größe des Teilchens verstärkt. Umgekehrt sinken die Reaktionsfähigkeit und damit auch die Reaktionsgeschwindigkeit beispielsweise bei den Halogenid-Ionen vom großen Iodid-Ion zum kleinen Fluorid-Ion.

Reihenfolge der Stärke der Nucleophile:

|I̲|⁻ > ⁻|O̲–H > |NH₃ (H–N(H)–H) > |B̲r̲|⁻ > |C̲l̲|⁻ > |F̲|⁻ > |O̲–H (H₂O)

**Eine hohe Elektronendichte und eine leichte Polarisierbarkeit des angreifenden Nucleophils erleichtern die nucleophile Substitution.**

**EINFLUSS DES AUSTRETENDEN TEILCHENS** Die Geschwindigkeit der nucleophilen Substitution wird auch durch die *Abgangsgruppe* beeinflusst. Die Abgangsgruppe in einer nucleophilen Substitution ist wie bei Halogenid-Ionen im Regelfall negativ geladen. Das angreifende Hydroxid-Ion verschiebt die Elektronenhülle beim größeren Iodatom stärker als beim kleineren Fluoratom. Somit ist der Abstand zwischen den Elektronen des Hydroxid-Ions und des Halogenatoms bei Reaktionen an Iodalkanen größer und deren gegenseitige Abstoßung geringer. Da das Nucleophil leichter angreifen kann, reagieren Iodalkane schneller als Fluoralkane (↑ **02**).

Reihenfolge der Bereitschaft zur Abspaltung:

$I^- > Br^- > Cl- > F^-$

Gute Abgangsgruppen sind elektronenziehende Gruppen, die durch ihren –I-Effekt die C–X-Bindung polarisieren und dadurch leicht abgespalten werden können. Beispiele hierfür sind: –Cl, –Br, –I, $H_2O$.

**MONOMOLEKULARE NUCLEOPHILE SUBSTITUTION ($S_N1$)** Bei Verbindungen wie 2-Chlor-2-methylpropan, bei denen das Halogenatom an ein *tertiäres* Kohlenstoffatom gebunden ist, läuft die Reaktion in zwei Schritten *nacheinander* ab (↑ **03**):

Im ersten Schritt wird das Chlorid-Ion aus dem Halogenalkanmolekül abgespalten. Dabei entstehen ein positiv geladenes **Carbenium-Ion** und ein Chlorid-Ion als energetisch stabile Zwischenprodukte (↑ **04**). Der erste Schritt erfordert eine relativ hohe Aktivierungsenergie ($E_{A1}$) und verläuft darum im Vergleich zu dem sich anschließenden zweiten Schritt langsam. Der erste Schritt ist deshalb der **geschwindigkeitsbestimmende Schritt**. Weil nur *eine* Teilchensorte, hier: $(CH_3)_3C–Cl$, beteiligt ist, verläuft die $S_N1$-Reaktion **monomolekular**.

Im zweiten, schnell verlaufenden Schritt lagert sich das Hydroxid-Ion an das Carbenium-Ion an. Als Produkt wird 2-Methylpropan-2-ol, ein tertiärer Alkohol, gebildet. Dieser Schritt erfordert nur eine vergleichsweise geringe Aktivierungsenergie ($E_{A2}$; ↑ **04**).

Die Reaktionsgeschwindigkeit der Gesamtreaktion hängt nur von der Konzentration des Halogenalkans ab. Sie wird nicht durch eine Erhöhung der Konzentration der Hydroxid-Ionen beschleunigt.

Die Bezeichnung $S_N1$ beinhaltet somit folgende Informationen über den Mechanismus der Reaktion:

| | | |
|---|---|---|
| $S_N1$ | S = Substitution | N = nucleophil |
| | 1 = Reaktion verläuft monomolekular | |

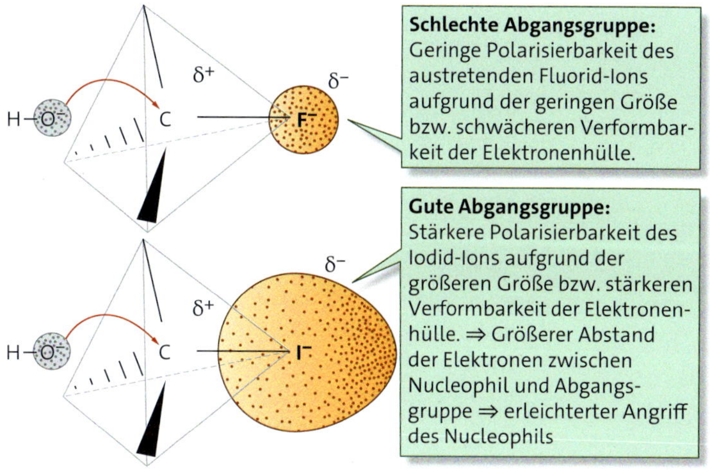


**02** Einfluss der Abgangsgruppen

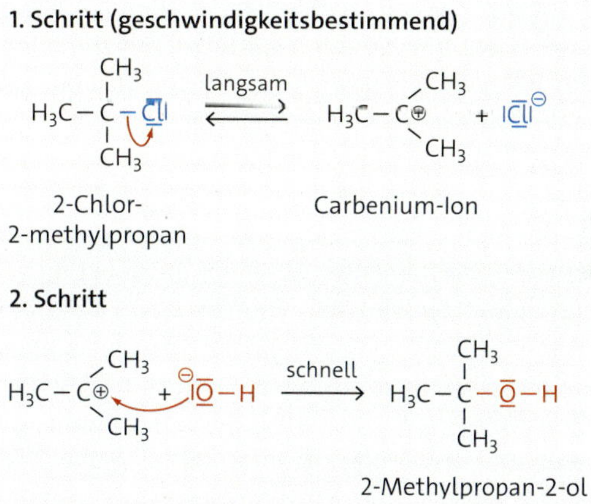


**03** Mechanismus einer $S_N1$-Reaktion

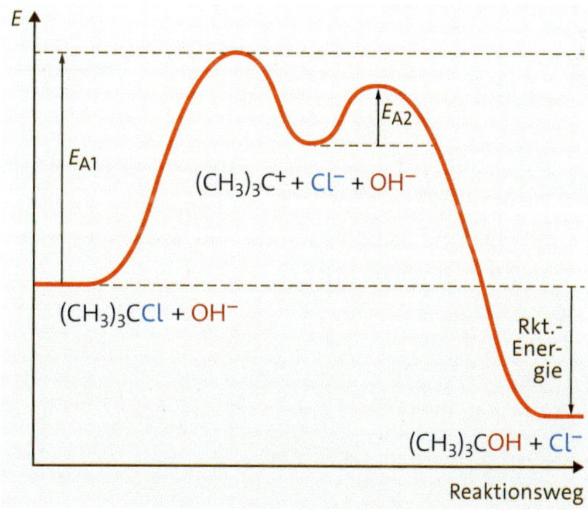


**04** Energiediagramm einer $S_N1$-Reaktion

**Bei einer monomolekularen nucleophilen Substitution ($S_N1$) erfolgen Abspaltung der Abgangsgruppe und Anlagerung des Nucleophils nacheinander in zwei Schritten.**

# Bimolekulare nucleophile Substitution ($S_N2$)

Verwendet man Verbindungen wie Chlormethan, bei denen das Halogenatom an ein *primäres* Kohlenstoffatom gebunden ist, erfolgt die Reaktion mit dem Nucleophil, beispielsweise dem Hydroxid-Ion, in einem Schritt. Die Abspaltung der Abgangsgruppe und der Angriff des Nucleophils erfolgen nicht nacheinander, sondern *gleichzeitig* (↑ **02**):
Dabei nähert sich das Hydroxid-Ion dem Halogenalkanmolekül von der dem Halogenatom abgewandten Seite. Zwischen dem Kohlenstoffatom und dem Hydroxid-Ion bildet sich bereits eine Bindung, während gleichzeitig die Bindung zwischen dem Kohlenstoffatom und dem Halogenatom gelockert wird. Die nicht an der Reaktion beteiligten Substituenten liegen dabei in einer Ebene. Dieser Zustand wird **Übergangszustand** genannt. Weil diese Anordnung der Teilchen energiereich ist, markiert der Übergangszustand im Energiediagramm ein Maximum (↑ **01**). Im weiteren Verlauf wird die Bindung zum Halogenatom gespalten, während die Bindung zum Hydroxid-Ion vollständig ausgebildet wird. Es entsteht ein primäres Alkoholmolekül.

An der Bildung des Übergangszustands sind zwei Teilchen gleichermaßen beteiligt, die Reaktion erfolgt somit **bimolekular**. Folglich üben auch die Konzentrationen beider Reaktionspartner, Chlormethan und Hydroxid-Ionen, Einfluss auf die Reaktionsgeschwindigkeit aus. Die Bezeichnung $S_N2$ beinhaltet somit folgende Informationen über den Mechanismus:

| | | |
|---|---|---|
| $S_N2$ | S = Substitution | N = nucleophil |
| | 2 = Reaktion verläuft bimolekular | |

**Bei einer bimolekularen nucleophilen Substitution ($S_N2$) erfolgen Abspaltung der Abgangsgruppe und Anlagerung des Nucleophils gleichzeitig in einem Schritt.**

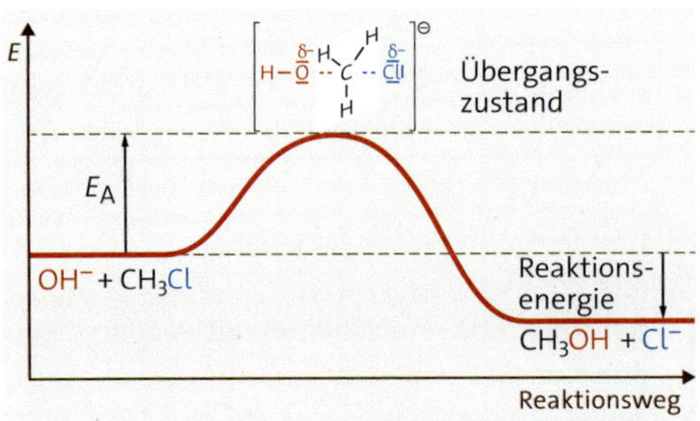


**01** Energiediagramm einer $S_N2$-Reaktion

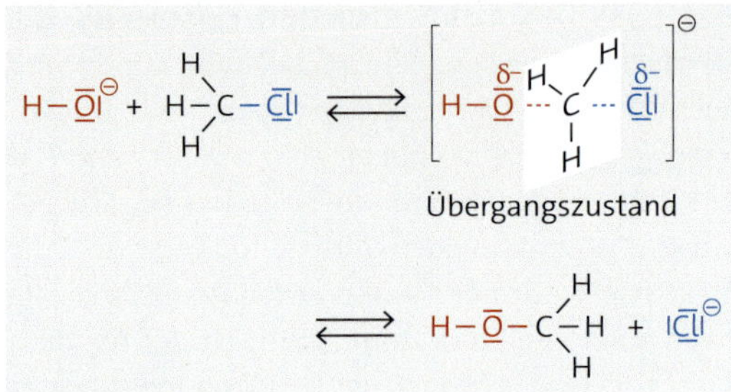


**02** Mechanismus einer $S_N2$-Reaktion

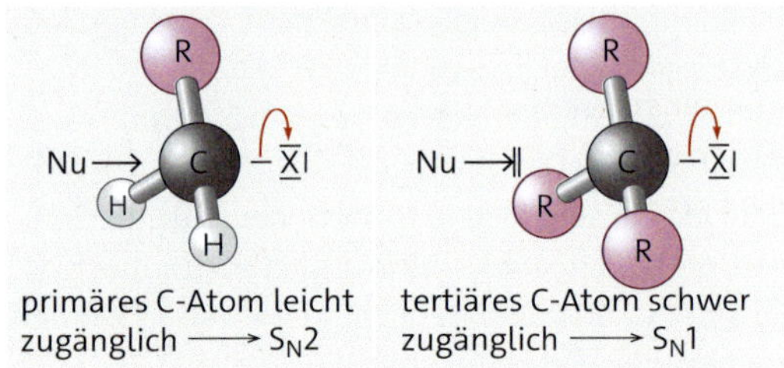


**03** Einfluss der Struktur des Halogenalkanmoleküls

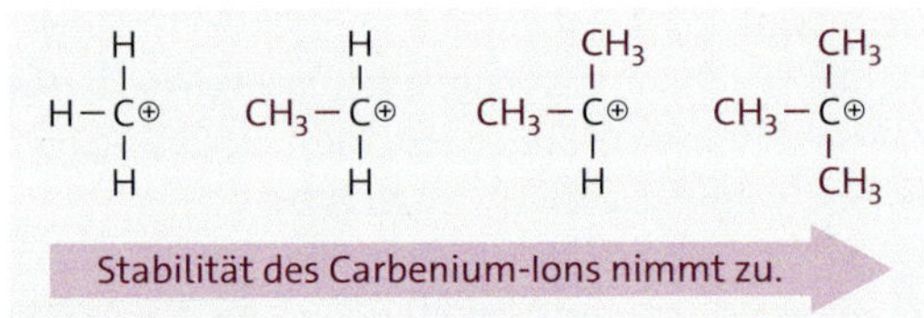


**04** Stabilität des Carbenium-Ions

**$S_N1$ ODER $S_N2$?** Nach welchem Mechanismus die nucleophile Substitution abläuft, ist von der *Struktur des Halogenalkans* und dem *Einfluss des Nucleophils* abhängig: Die $S_N1$-Reaktion läuft bevorzugt ab, wenn das als Zwischenprodukt entstehende Carbenium-Ion durch Substituenten mit +I-Effekt stabilisiert wird. Je mehr Alkylgruppen –R am Carbenium-Ion gebunden sind, desto besser lässt sich dessen Elektronenmangel durch die elektronenschiebende Wirkung der Alkylgruppen ausgleichen (↑ **04**). Dies erklärt, warum tertiäre Halogenalkane bevorzugt nach $S_N1$ reagieren. Bei primären Halogenalkanen ist dagegen der nucleophile Angriff erleichtert. Sie reagieren deshalb bevorzugt nach $S_N2$ (↑ **03**).

**1** Erläutern Sie, welches Halogenalkan schneller mit Hydroxid-Ionen reagiert:
  **a** Brommethan oder Iodethan,
  **b** 2-Brom-2-methylpropan oder 2-Brombutan.

**2** Vergleichen Sie die $S_N1$- und die $S_N2$-Reaktion.

**3** Geben Sie den Reaktionsmechanismus folgender Reaktionen an:
  **a** 2-Brom-2-methylpropan mit Hydroxid-Ionen,
  **b** Brommethan mit Hydroxid-Ionen.

# 5.5 Vom Alkohol zum Alken

**BEDEUTUNG VON ETHEN** Auf Ethen, dem einfachsten Alken, beruht ein Großteil der weltweiten Chemie- und Kunststoffindustrie. Eine Vielzahl von organischen Verbindungen wird aus Ethen großtechnisch synthetisiert. Es ist für die Industrie und Wirtschaft so bedeutsam, dass es quer durch Deutschland in Pipelines zu verschiedenen Standorten der Chemieindustrie transportiert wird. Hergestellt wird Ethen durch Cracken von Erdgas, Erdöl oder über Reaktionen wie der Eliminierung von Brom aus 1,2-Dibromethan oder der Dehydratisierung von Ethanol mit katalytischer Schwefelsäure (↑ **06**). Die Herstellung läuft nach dem Mechanismus einer **Eliminierung**. Sie entspricht der Rückreaktion einer Addition an die Doppelbindung. Durch die Eliminierung wird mit der Bildung von Alkenen die Reaktionsfähigkeit von Kohlenwasserstoffen stark erhöht.

**ELIMINIERUNG** Bei einer Eliminierung werden zwei Atome oder Atomgruppen von benachbarten Kohlenstoffatomen eines Moleküls abgespalten, ohne dass andere Atome oder Atomgruppen an ihre Stelle treten. Dadurch entstehen zwischen den Kohlenstoffatomen *Mehrfachbindungen*. Die Eliminierung ist eine typische Reaktion der Halogenalkane mit zwei oder mehr Kohlenstoffatomen im Molekül.

Halogenalkanmoleküle sind *elektrophile Teilchen*. Bei der Reaktion mit einem starken Nucleophil, z. B. dem Hydroxid-Ion, kommt es zur Ausbildung einer Doppelbindung zwischen zwei Kohlenstoffatomen und dem Austritt eines Halogenid-Ions (↑ **05**). Das angreifende Nucleophil muss dabei ein stärkeres Nucleophil als das als Abgangsgruppe fungierende Halogenid-Ion sein. Starke Nucleophile sind z. B. $CH_3O^-$ und $OH^-$. Das Reaktionsprodukt weist eine Doppelbindung im Molekül auf, es gehört zu den Alkenen.

Enthält das Molekül des Ausgangsstoffs mehrere ablösbare Wasserstoffatome, so sind mehrere Reaktionsprodukte zu erwarten. Von den entstehenden Alkenen ist dasjenige mit der größeren Anzahl von Alkylgruppen an der Doppelbindung im Molekül das energetisch stabilere und wird daher bevorzugt gebildet (↑ **07**).

**ELIMINIERUNG VON WASSER AUS ALKOHOLEN** Aus Alkoholmolekülen lassen sich unter Einwirkung einer starken Säure Wassermoleküle abspalten (↑ **06**). Dabei bilden sich Alkenmoleküle. Zuerst wird die Hydroxygruppe protoniert, die eine negative Partialladung trägt. Das so entstandene Alkyloxonium-Ion spaltet ein Wassermolekül ab. Anschließend erfolgt die Abspaltung des Protons. Diese Reaktion wird daher als **säurekatalysierte Dehydratisierung von Alkoholen** bezeichnet.

Die Tendenz zur Dehydratisierung nimmt von primären über sekundäre zu tertiären Alkoholen zu. Dies hängt damit zusammen, dass auch die Stabilität der Carbenium-Ionen aufgrund der +I-Effekte der Alkylgruppen in derselben Reihenfolge zunimmt.

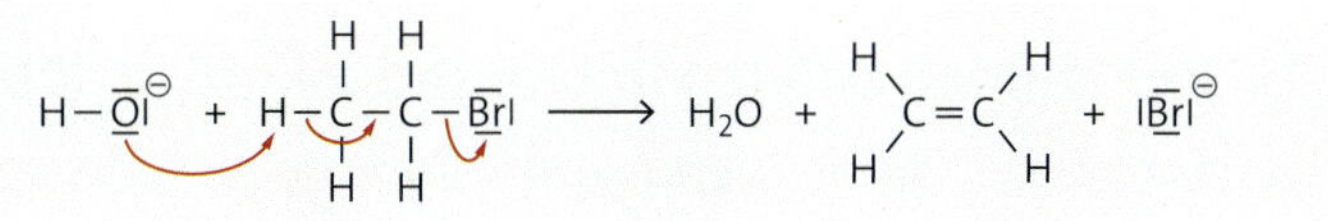

**05** Eliminierung durch nucleophilen Angriff

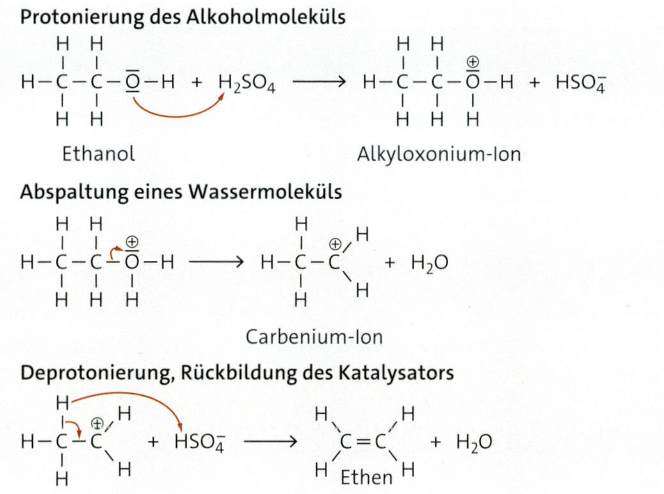


**06** Eliminierung von Wasser aus Ethanol

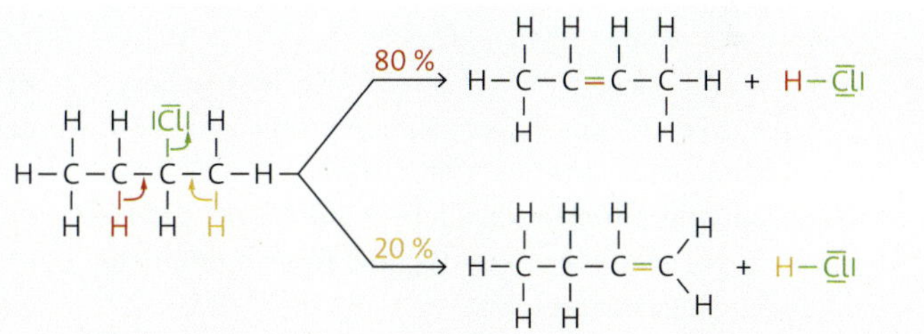


**07** Bildung des stabileren Alkens bei der Eliminierung

**1)** Erläutern Sie den Mechanismus der Eliminierung von Wasser aus Ethanol (↑ **02**).

**2)** Die Umsetzung von 2-Brom-2-methylbutan liefert ein isomeres Gemisch zweier Produkte. Formulieren Sie die Reaktionsgleichung und benennen Sie die Produkte. Begründen Sie, welches Produkt anteilsmäßig überwiegt.

## Reaktionen können miteinander konkurrieren

**SUBSTITUTION ODER ELIMINIERUNG** Die Reaktion von Halogenalkanen mit Natriumhydroxid führt zu *Alkoholen* und folgt dem Mechanismus einer nucleophilen Substitution. In Anwesenheit von negativ geladenen Hydroxid-Ionen werden die negativ polarisierten Halogenatome gegen die Hydroxidgruppe ausgetauscht.

Halogenalkane können aber auch unter Abspaltung von Halogenwasserstoff eine Eliminierung eingehen. Bei dieser Reaktion entstehen *Alkene*. Dabei konkurrieren beide Reaktionstypen miteinander.

Die Konkurrenz besteht darin, dass ein nucleophiles Teilchen auch als Base reagieren kann. In diesem Fall wird ein Wasserstoffatom in Form eines Protons ($H^+$) aus dem Substrat abspalten. Je nach Wahl der Reaktionsbedingungen kann beeinflusst werden, ob eine nucleophile Substitution oder eine Eliminierung stattfindet.

Die Eliminierung wird grundsätzlich durch folgende Reaktionsbedingungen begünstigt: hohe Temperatur, große Nucleophile, Nucleophile mit starker Tendenz zur Protonenaufnahme, unpolare Lösungsmittel.
Hierdurch ergibt sich z. B. eine alternative Herstellungsmöglichkeit von Alkenen durch Eliminierung – oder von Alkoholen durch Substitution. Vergleichbar mit der nucleophilen Substitution unterscheidet man auch bei der Eliminierung einen bimolekularen ($E_2$) und einen monomolekularen ($E_1$) Mechanismus.

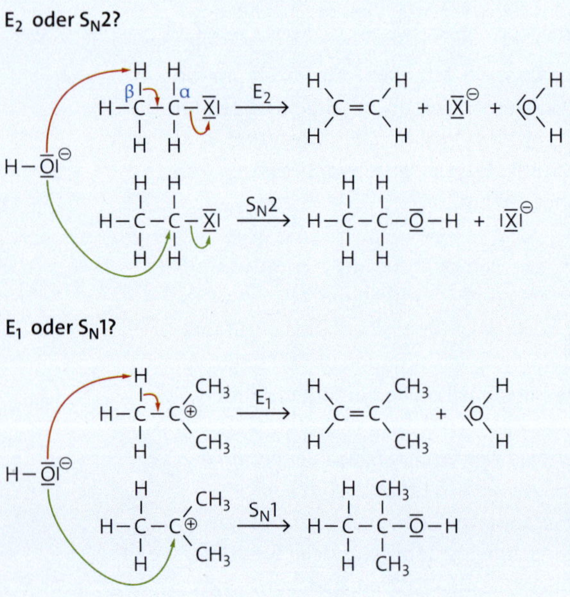


**01** Konkurrenz zwischen $S_N2$ und $E_2$ sowie $S_N1$ und $E_1$

**KONKURRENZ VON $E_2$ UND $S_N2$** Bei der bimolekularen Reaktion $E_2$ greift das Nucleophil ein Wasserstoffatom am C-Atom in β-Stellung an. Dabei kommt es zur Ausbildung einer Doppelbindung zwischen dem C-Atom in α-Stellung und dem C-Atom in β-Stellung (↑ **01**). Weiterhin kommt es in der Folge zum Austritt der Abgangsgruppe $X^-$. Hier erfolgen die Abtrennung des Protons, die Ausbildung der Doppelbindung und der Austritt der Abgangsgruppe in einem Schritt. Da an der Bildung des Übergangszustands zwei Teilchen gleichermaßen beteiligt sind, liegt ein bimolekularer Mechanismus vor, der als $E_2$-Mechanismus bezeichnet wird.

**KONKURRENZ VON $E_1$ UND $S_N1$** Die monomolekulare Eliminierung $E_1$ führt im ersten, geschwindigkeitsbestimmenden Schritt wie bei der monomolekularen nucleophilen Substitution $S_N1$ zu einem Carbenium-Ion (↑ **01**). Ob eine Eliminierung oder eine Substitution stattfindet, hängt vom zweiten Reaktionsschritt ab. Nimmt das Nucleophil von dem Carbenium-Ion ein Proton auf, bildet sich im zweiten Schritt ein Alken als Produkt einer Eliminierung. Bindet das Nucleophil an das Carbenium-Ion, findet eine Substitution statt.

**KONKURRENZVERSCHIEBUNG** Mit zunehmender Größe des nucleophilen Teilchens wird aus sterischen Gründen der Rückseitenangriff für eine $S_N2$-Reaktion erschwert (↑ **01**). Es erfolgt bevorzugt die $E_2$-Reaktion. Bei Alkoholen hängt es von der Struktur des Alkohols ab, ob bei der Reaktion mit einer Säure das Verhältnis stärker auf der Seite der Substitution oder auf der Seite der Eliminierung liegt. Bei primären Alkoholen findet eine nennenswerte Eliminierung gegenüber einer Substitution erst bei sehr hohen Temperaturen und bei der Verwendung starker Säuren statt. Bei tertiären Alkoholen erfolgt diese Verschiebung bereits bei geringeren Temperaturen. Je größer die Alkylgruppen am tertiären Kohlenstoffatom sind, desto leichter erfolgt aus sterischen Gründen die Eliminierung.

**1 ›** Formulieren Sie den Mechanismus für die Bildung des Carbenium-Ions beim $E_1$/$S_N1$-Mechanismus (↑ **01**).

**2 ›** Erläutern Sie, welche Produkte bei den folgenden Reaktionen entstehen können:
- **a** 1-Iod-2-methylpropan [$(CH_3)_2CH$-$CH_2I$] mit Kalilauge
- **b** 2-Brompropan mit konzentrierter Kalilauge
- **c** Propan-1-ol mit Schwefelsäure

**3 ›** Begründen Sie, warum die Bildung von Diethylether aus Ethanol in schwefelsaurer Lösung bevorzugt nach dem Mechanismus einer $S_N2$-Reaktion erfolgt, die Bildung von Ethen jedoch nach dem Mechanismus einer $E_2$-Reaktion.

# Mesomerie und mesomere Grenzstrukturen bei Alkenen

**ALKENE MIT MEHREREN DOPPELBINDUNGEN** Je nach Anzahl der Doppelbindungen in einem Alken unterscheidet man zwischen *Dienen*, *Trienen* usw. bis zu den *Polyenen* mit vielen Doppelbindungen in der Kohlenstoffkette des Moleküls. Die Lage der Doppelbindungen innerhalb der Kohlenstoffkette kann unterschiedlich sein (↑ **02**). *Beispiele:*

- Diene mit angehäuften oder **kumulierten** Doppelbindungen, z. B. Penta-2,3-dien.
- Diene mit abwechselnd angeordneten oder **konjugierten** Doppelbindungen, z. B. Penta-1,3-dien.
- Diene mit durch zwei oder mehrere C–C-Einfachbindungen **isolierte** Doppelbindungen, z. B. Penta-1,4-dien.

Die Lage der Doppelbindungen hat erhebliche Auswirkungen auf das Reaktionsverhalten und die Stabilität des Moleküls.

**MESOMERIE** Die Bindungslänge für die Bindung zwischen dem C-2- und C-3-Atom im Buta-1,3-dienmolekül liegt mit 147 pm zwischen den Bindungslängen einer C–C-Einfachbindung und einer C=C-Doppelbindung. Gleichzeitig sind die endständigen Doppelbindungen mit 134 pm etwas länger als eine Doppelbindung in einem Alken mit nur einer Doppelbindung im Molekül (↑ **03**). Die π-Elektronen im Buta-1,3-dienmolekül bilden keine lokalisierten Doppelbindungen. Sie können sich vielmehr über das ganze Molekül gleichmäßig verteilen. Keines dieser π-Elektronen ist fest an ein Kohlenstoffatom gebunden, man spricht von einem **delokalisierten π-Elektronensystem**. Die Delokalisierung der π-Elektronen ist ein energetisch günstiger Zustand.

Die delokalisierten Bindungen im Buta-1,3-dienmolekül können durch eine Lewis-Formel nicht korrekt wiedergegeben werden, sondern müssen durch mesomere Grenzstrukturen beschrieben werden (↑ **04**, **A–D**). Die beiden Zwitter-Ionen (**B**, **C**) sind aufgrund der ungleichmäßigen Ladungsverteilung energetisch ungünstiger als die ungeladene Struktur von Buta-1,3-dien. Es handelt sich um zwei extreme Zustände. Zur Vereinfachung wird in der Strukturformel von Buta-1,3-dien der delokalisierte Zustand oft durch mehrere kleine Punkte symbolisiert (↑ **04**, **E**). Diese Darstellung gibt am ehesten die tatsächliche Verteilung der π-Elektronen wieder. Mesomere Grenzstrukturen entsprechen dabei keinen real existierenden Molekülen. Nur wenn sämtliche mesomere Grenzstrukturen zusammen betrachtet werden, erhält man den Überblick über die reale Verteilung der Elektronen.

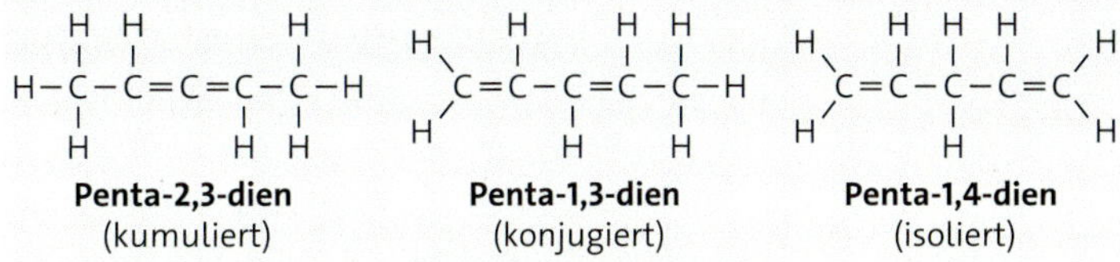


**02** Unterschiedliche Lage von Doppelbindungen eines Diens

| Name der Verbindung | Formel, betrachtete Bindung in Rot | Bindungslänge in pm |
|---|---|---|
| Butan | $CH_3–CH_2–CH_2–CH_3$ | 153 |
| Buta-1,3-dien | $CH_3=CH–CH=CH_3$ | 147 |
| Buta-1,3-dien | $CH_3=CH–CH=CH_3$ | 134 |
| But-2-en | $CH_3–CH=CH–CH_3$ | 132 |

**03** Bindungslängen im Vergleich

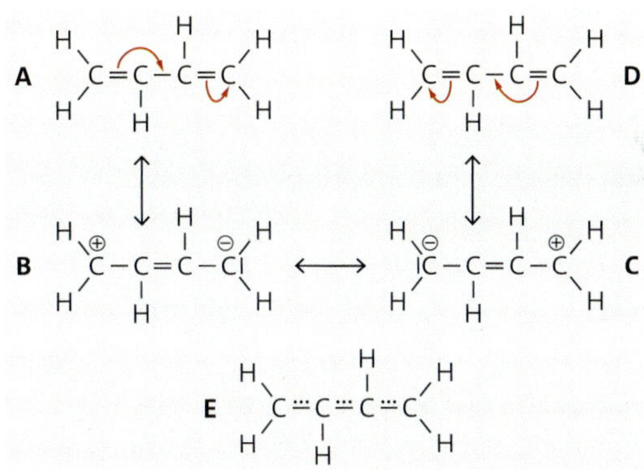


**04** Mesomere Grenzstrukturen beim Buta-1,3-dien

**MESOMERIEREGELN** Der Anteil einer mesomeren Grenzstruktur an der tatsächlichen Verteilung der π-Elektronen im Molekül ist umso größer, je energieärmer die betreffende Grenzstruktur ist. Es gilt:

- Die Anzahl der Formalladungen ist möglichst niedrig.
- Negative Ladungen befinden sich möglichst beim elektronegativsten Atom.
- Beim Auftreten mehrerer gleichnamiger Formalladungen befinden sich ungleichnamige Ladungen möglichst nahe, gleichnamige Ladungen möglichst weit entfernt voneinander.
- Die Stabilität einer Verbindung ist umso größer, je größer die Anzahl vergleichbarer Grenzstrukturen ist.

*Mesomerie beim Benzolmolekül ↑ S. 187*

*Mesomerie bei Farbstoffmolekülen ↑ S. 254, 257, 259*

**1** Formulieren Sie mögliche mesomeren Grenzstrukturen von Penta-1,3-dien, Penta-2,3-dien und Penta-1,4-dien. Beurteilen Sie, welches Molekül energetisch am günstigsten ist.

# 5.6 Elektrophile Addition an Alkenen

Die typische Reaktion der Alkene ist die **Addition**, die Anlagerung von Atomen oder Atomgruppen an die Doppelbindung der ungesättigten Moleküle. Bereits bei Zugabe von gelb gefärbtem Bromwasser zu Alkenen entfärbt sich das Reaktionsgemisch rasch (↑ Exp. 5.09). Bei der Reaktion findet eine Addition des Brommoleküls an das Alkenmolekül statt. Anders als bei der Substitution von Alkanen mit Halogenen erfolgt die Addition bereits bei Raumtemperatur und sogar im Dunkeln. Alkene sind wegen der hohen Elektronendichte der C=C-Doppelbindung reaktionsfreudiger als Alkane. Die Doppelbindung wird bevorzugt von **elektrophilen Teilchen** (elektronensuchenden Teilchen) angegriffen, die sich durch einen (induzierten) Elektronenmangel auszeichnen.

**REAKTIONSMECHANISMUS** Die **elektrophile Addition $A_E$** läuft prinzipiell in zwei Schritten ab (↑ **01**): Im *ersten Schritt* nähert sich ein Brommolekül der Doppelbindung. Dabei werden die Elektronen des Brommoleküls durch die hohe Elektronendichte der Doppelbindung verschoben und das Brommolekül auf diese Weise polarisiert, was durch die Partialladungen δ+ und δ− gekennzeichnet wird.

**P** **EXP 5.09** **L** **Bromierung von Hexen**

**Durchführung** *Abzug!* 3 ml Hexen (2, 8) und 2 ml Bromwasser ($w$ = 3 %; 5, 7) werden in ein Reagenzglas gegeben. Das Reagenzglas wird mit dem Stopfen verschlossen und geschüttelt.

**Auswertung** Erläutern Sie den Mechanismus der Bromierung von Hexen unter Nutzung von Bild ↑ **01**.

Der partiell positive Teil des Brommoleküls tritt zunächst in Wechselwirkung mit den π-Elektronen der Doppelbindung. Dieser erste Übergangszustand wird **π-Komplex** genannt.

Durch die Verschiebung der Elektronen der Bindung zwischen den beiden Bromatomen kommt es zur heterolytischen Spaltung des Brommoleküls und zum Austritt eines negativ geladenen Bromid-Ions $Br^-$. Gleichzeitig bildet das positiv geladene Brom-Ion Bindungen zu den beiden Kohlenstoffatomen aus, wobei ein dreigliedriger Ring aus σ-Bindungen entsteht. Diese Struktur wird **σ-Komplex** genannt und ist ein nachweisbares Zwischenprodukt, ein *Intermediat,* der Reaktion. Das ringförmige Kation wird auch als **Bromonium-Ion** bezeichnet.

Im *zweiten Schritt* findet der Angriff eines negativ geladenen Bromid-Ions an eines der beiden Kohlenstoffatome statt. Die vom Bromid-Ion ausgehende Bindungsbildung erfolgt aus sterischen Gründen an der Rückseite des Bromonium-Ions. Zwischen dem Kohlenstoffatom und dem Bromid-Ion entsteht eine Elektronenpaarbindung. Der Ring bricht auf und das andere Kohlenstoffatom bleibt mit dem zuerst angelagerten Bromatom verbunden. Bei der Addition von Brom an Ethen entsteht so 1,2-Dibromethan.

**Bei der Addition werden an die Moleküle des ungesättigten Ausgangsstoffs Atome oder Atomgruppen an eine Doppelbindung angelagert. Als Reaktionsprodukt entsteht eine gesättigte Verbindung.**

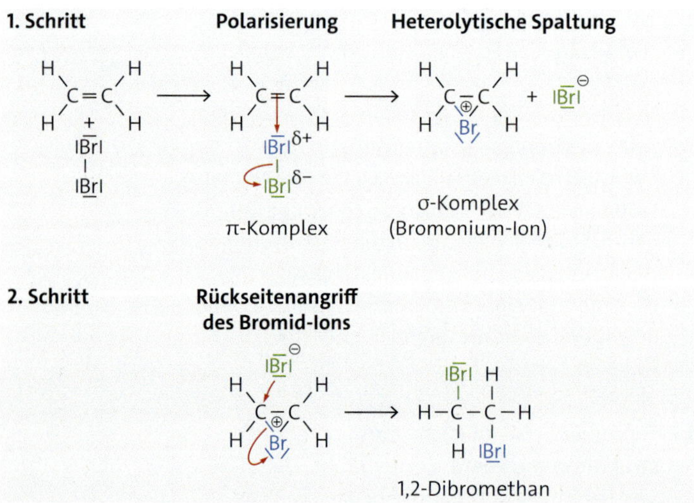


01 Mechanismus der elektrophilen Addition

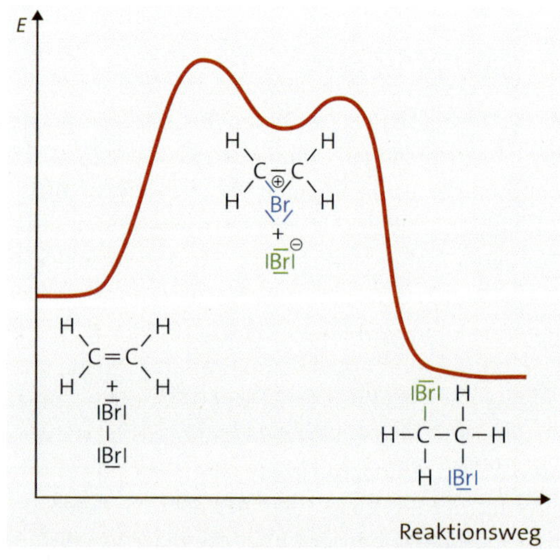


02 Energiediagramm der elektrophilen Addition

**EINFLUSS DURCH INDUKTIVE EFFEKTE** Die Reaktionsgeschwindigkeit bei Additionen an C=C-Doppelbindungen wird durch Substituenten beeinflusst. So reagiert Bromethen mit Brom etwa 300-mal *langsamer* als Ethen mit Brom (↑ **03**). Aufgrund der höheren Elektronegativität des Bromatoms trägt das Kohlenstoffatom im Bromethenmolekül eine positive Partialladung und das Bromatom eine negative. Dieser vom Bromatom ausgeübte *elektronenziehende Effekt* wirkt sich auch auf die C=C-Doppelbindung aus. Die Elektronendichte an den Kohlenstoffatomen der Doppelbindung verringert sich. Ein elektrophiler Angriff wird erschwert. Es wirkt ein negativer induktiver Effekt (–I-Effekt; ↑ **04**).
Umgekehrt verläuft die Addition von Brom an Propen 100-mal *schneller* als die Addition von Brom an Ethen, weil an einem Kohlenstoffatom der Doppelbindung eine Methylgruppe gebunden ist, die einen *elektronenschiebenden Effekt* besitzt. Sie erhöht die Elektronendichte an der C=C-Doppelbindung und erleichtert somit den elektrophilen Angriff. Die Alkylgruppen bewirken einen positiven induktiven Effekt (+I-Effekt; ↑ **04**).

**Die C=C-Doppelbindung besitzt eine hohe Elektronendichte und zieht elektrophile Teilchen an. Dieser Effekt kann durch elektronenziehende Substituenten (–I-Effekt) abgeschwächt oder durch elektronenschiebende Substituenten (+I-Effekt) verstärkt werden.**

**ADDITION POLARER VERBINDUNGEN** Auch polare Verbindungen wie Halogenwasserstoffe können an Alkene addiert werden. Bei der Addition von Chlorwasserstoff (HCl) an ein unsymmetrisches Alken wie Propen sind prinzipiell zwei Produkte möglich: 1-Chlorpropan und 2-Chlorpropan. Es stellt sich die Frage, an welches der an der Doppelbindung beteiligten Kohlenstoffatome das Proton bzw. das Chloratom gebunden wird. Nach der **Regel von Markownikow** wird das elektrophil angreifende Proton selektiv an das Kohlenstoffatom mit der höheren Anzahl von Wasserstoffatomen angelagert (↑ **05**). Der Grund dafür liegt in der größeren Stabilität des zwischenzeitlich entstehenden positiv geladenen **Carbenium-Ions** des oberen Wegs, das aufgrund der +I-Effekte der zwei benachbarten Methylgruppen stabiler ist als die Struktur, die über den unteren Weg gebildet wird (↑ **06**).
Additionsreaktionen finden in der chemischen Industrie vielfältige Anwendungen. Typische Additionsreaktionen sind die **Hydrierung von Alkenen** zu Alkanen und die **Hydratisierung von Alkenen** mit Wasser zu Alkanolen.

| Name | Formel | Relative Geschwindigkeit |
|---|---|---|
| Ethen | $CH_2{=}CH_2$ | 1 |
| Propen | $CH_3{-}CH{=}CH_2$ | $9{,}6 \cdot 10^1$ |
| 2,3-Dimethylbut-2-en | $CH_3{-}C(CH_3){=}C(CH_3){-}CH_3$ | $9{,}3 \cdot 10^5$ |
| Bromethen | $CH_2{=}CHBr$ | $3 \cdot 10^{-2}$ |

**03** Relative Reaktionsgeschwindigkeiten bei der Addition von Brom an substituierte Alkene

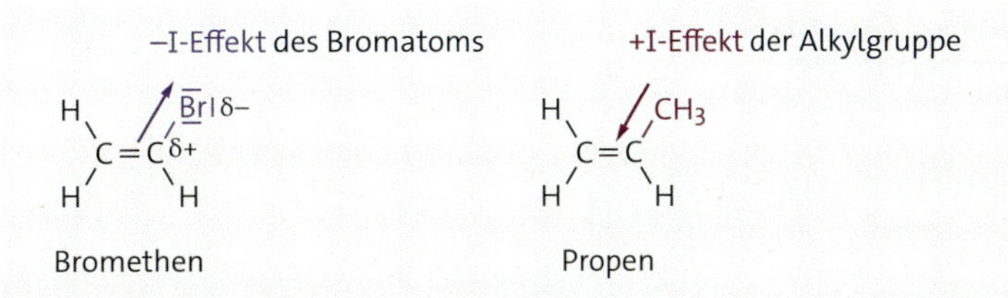


**04** Induktive Effekte

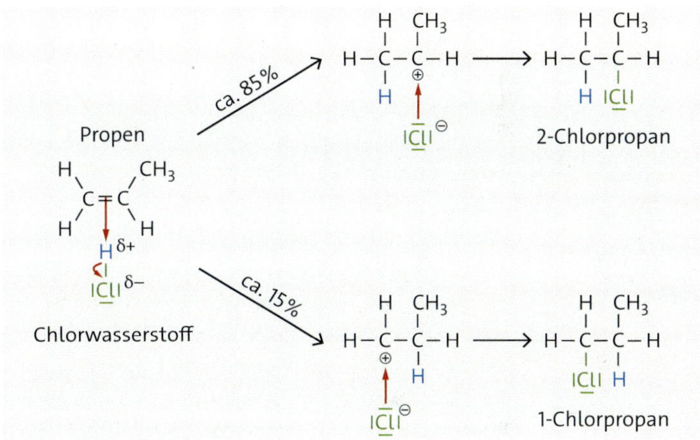


**05** Elektrophile Addition von Chlorwasserstoff an Propen (Regel von Markownikow)

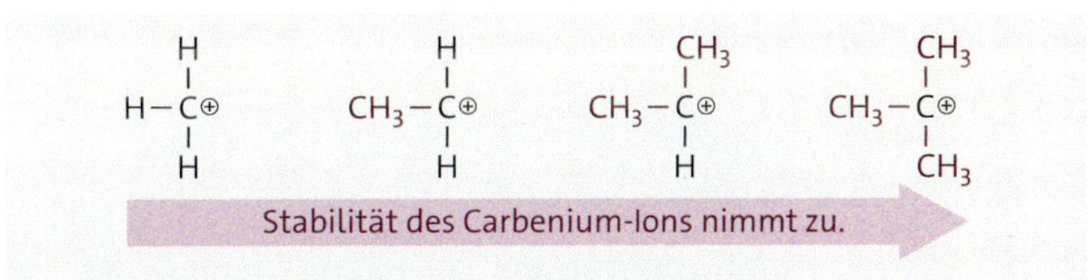


**06** Energetische Stabilität von Carbenium-Ionen

**1)** Definieren Sie den Begriff elektrophil. Nennen Sie drei Beispiele für elektrophile Teilchen.

**2)** **a** Interpretieren Sie das Energiediagramm (↑ **02**) der elektrophilen Addition von Brom an Ethen.
**b** Bei der Addition von Brom an Ethen unter Verwendung von Bromwasser entsteht auch 2-Brommethanol. Begründen Sie die Entstehung des Nebenprodukts.

# 5.7 Esterbildung – Additions-Eliminierungs-Reaktion

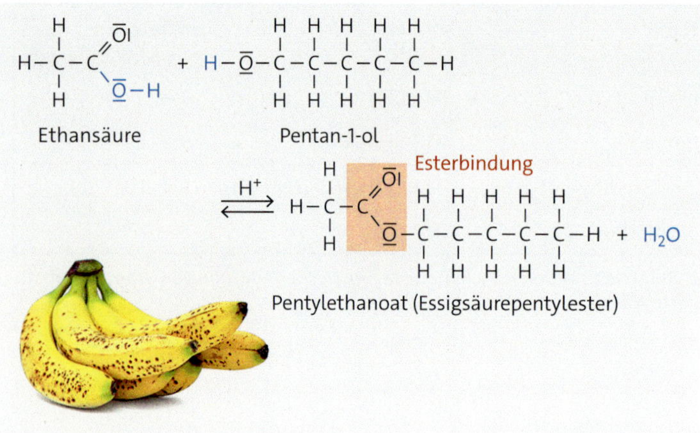


**01** Duftet nach Bananen – ein Ester, der aus Ethansäure (Essigsäure) und Pentanol gebildet wird

*Kondensation: Reaktion, bei der kleine Moleküle wie $H_2O$, $NH_3$ oder HCl abgespalten werden*

**HERSTELLUNG EINES FRUCHTESTERS** Ethansäure, auch als Essigsäure bezeichnet, hat einen intensiven, stechend sauren Geruch. Wird Ethansäure unter Zugabe von Schwefelsäure als Katalysator mit Pentanol erhitzt, so bemerkt man, dass der strenge Geruch verschwindet. Stattdessen tritt ein angenehmer Duft nach Bananen auf, der von dem Reaktionsprodukt Essigsäurepentylester, einem **Fruchtester**, stammt (↑ **01**; ↑ Exp. 5.06, S. 155).

Carbonsäuren sind organische Verbindungen, deren Moleküle mindestens eine Carboxygruppe –COOH aufweisen. Sie reagieren mit Alkoholen unter Abspaltung von Wasser zu **Carbonsäureestern**. Es handelt sich also um eine *Kondensation*. Dieser Vorgang wird **Esterbildung** oder **Veresterung** genannt. Bei der Rückreaktion, der **Esterspaltung**, findet eine *Hydrolyse* statt:

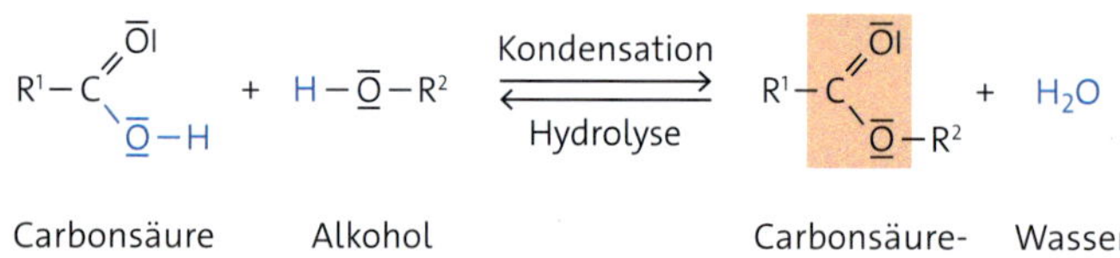


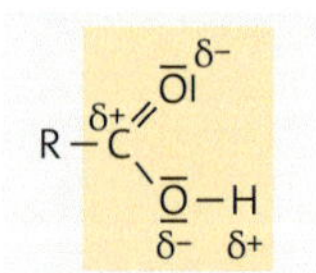

**02** Polarität der Carboxygruppe

**CARBOXYGRUPPE** Für das Verständnis des genauen Ablaufs der Esterbildung ist die Struktur der funktionellen Gruppe des Reaktionspartners Carbonsäure bedeutsam. Carbonsäuremoleküle besitzen eine polare Carboxygruppe. Durch die beiden stark elektronegativen Sauerstoffatome ist das zentrale Kohlenstoffatom der Carboxygruppe positiv polarisiert. Es trägt eine positive Teilladung, während die beiden Sauerstoffatome negative Teilladungen tragen (↑ **02**).

Das positiv polarisierte Kohlenstoffatom bildet ein elektrophiles Zentrum. Hier können nucleopile Teilchen, die negativ geladen sind oder freie Elektronenpaare aufweisen, bevorzugt angreifen. An den negativ polarisierten Sauerstoffatomen hingegen können bevorzugt elektrophile Teilchen mit einem Mangel an Elektronen angreifen. Die Sauerstoffatome bilden daher ein nucleophiles Zentrum.

**SÄUREKATALYSIERTE VERESTERUNG** Die Esterbildung ist eine Gleichgewichtsreaktion, d. h., alle Reaktionsschritte sind reversibel. Die Reaktionsgeschwindigkeit der Reaktion von Carbonsäuren mit Alkoholen wäre ohne die Verwendung eines Katalysators zu gering. Als Katalysator wirken Protonen, die dem Reaktionsansatz z. B. durch Schwefelsäure zugeführt werden. Man spricht deshalb auch von einer **säurekatalysierten Veresterung**. Sie verläuft nach folgendem Reaktionsmechanismus (↑ **03**):

Zunächst erfolgt die Anlagerung eines Protons. Durch die Anlagerung des Protons an ein freies Elektronenpaar des Sauerstoffatoms der Carboxygruppe entsteht ein Carbenium-Ion, das mesomeriestabilisiert ist. Es lassen sich drei unterschiedliche mesomere Grenzstrukturen formulieren. Das Carbenium-Ion ist symmetrisch gebaut und weist gleich lange C–O-Bindungen auf, deren Länge zwischen denen einer Einfach- und einer Doppelbindung liegt.

Dann lagert sich das partiell negativ geladene, nucleophile Sauerstoffatom der Hydroxygruppe des Alkoholmoleküls an das Carbenium-Ion an. Dabei handelt es sich formal um die *Addition* eines nucleophilen Teilchens an das positiv polarisierte Kohlenstoffatom. Dadurch entsteht ein positiv geladenes instabiles Zwischenprodukt mit der positiven Ladung an einem elektronegativen Sauerstoffatom.

Schließlich findet eine *Eliminierung* statt. Durch Abspaltung eines Wassermoleküls und eines Protons wird das instabile Zwischenprodukt mit der Bildung einer energetisch günstigen C=O-Doppelbindung schließlich stabilisiert. Da bei diesem Mechanismus eine Additionsreaktion und eine Eliminierungsreaktion gekoppelt sind, spricht man von einer **Additions-Eliminierungs-Reaktion**.

**Die säurekatalysierte Veresterung ist eine Gleichgewichtsreaktion, die in mehreren Schritten verläuft.**

**ESTERSPALTUNG** Die Spaltung eines Esters, die Hydrolyse, kann in saurer Lösung erfolgen und stellt die Umkehrung der säurekatalysierten Veresterung dar. Es stellt sich ein Gleichgewicht ein, das beeinflusst werden kann.
Dagegen werden Ester in alkalischen Lösungen wie Natron- oder Kalilauge durch **alkalische Hydrolyse** gespalten (↑ **04**). Als Reaktionsprodukte entstehen ein Carboxylat-Ion und ein Alkoholmolekül. Der letzte Schritt ist irreversibel, weshalb die alkalische Esterspaltung vollständig verläuft.

Bei der Spaltung von **Fetten**, das sind Ester aus einem Glycerinmolekül und drei langkettigen Fettsäuremolekülen, entstehen die Natrium- bzw. Kaliumsalze der Fettsäuren, die **Seifen**. Deshalb wird die alkalische Esterhydrolyse auch **Verseifung** genannt.

**Die alkalische Esterspaltung (alkalische Verseifung) läuft vollständig ab. Es handelt sich um eine irreversible Reaktion. Bei der Hydrolyse stellt sich dagegen immer ein Gleichgewicht ein.**

**ESTER ANORGANISCHER SÄUREN** Ester können auch zwischen den Molekülen anorganischer Säuren und Alkoholmolekülen gebildet werden. So entstehen beispielsweise durch die Reaktion von Phosphorsäure mit Methanol Phosphorsäuremethylester und Wasser (↑ **05**). **Phosphorsäureester** kommen u. a. in der DNA vor und tragen dort maßgeblich zur Stabilisierung des Makromoleküls bei.

**Schwefelsäureester** sind wichtige Stoffe in der Waschmittelindustrie. Bedeutung haben u. a. die Fettalkoholsulfate (FAS). Es handelt sich um Salze der Ester, die aus langkettigen einwertigen Alkoholen (Fettalkoholen) und Schwefelsäure gebildet werden. Verwendung finden sie als Tenside, also waschaktive Substanzen.

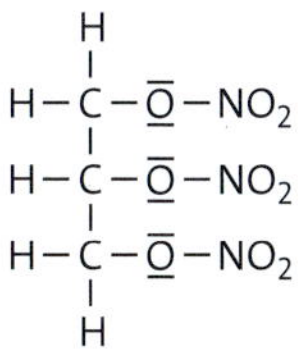

Ein Ester der Salpetersäure ist der Trisalpetersäureglycerinester, besser bekannt unter dem Namen **Nitroglycerin**. In reinem Zustand ist dieser Stoff hochexplosiv. Erst die Forschungen von ALFRED NOBEL führten dazu, dass es in Form von Dynamit gefahrlos transportiert werden konnte. Nitroglycerin hat aber auch Bedeutung in der Medizin, wo es beispielsweise zur Behandlung von Herzerkrankungen wie der „Brustenge" Angina pectoris eingesetzt wird.

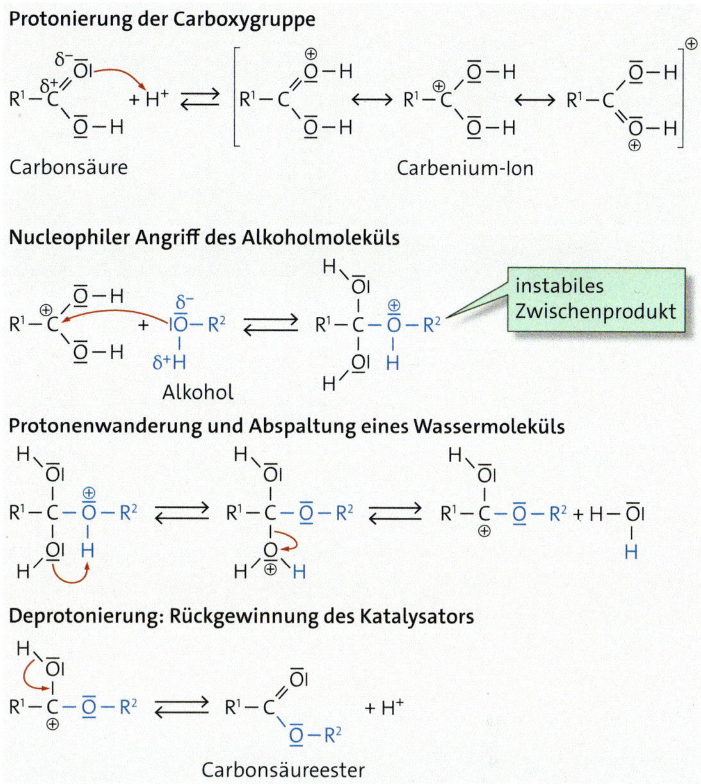


**03** Mechanismus der säurekatalysierten Veresterung (Esterbildung)

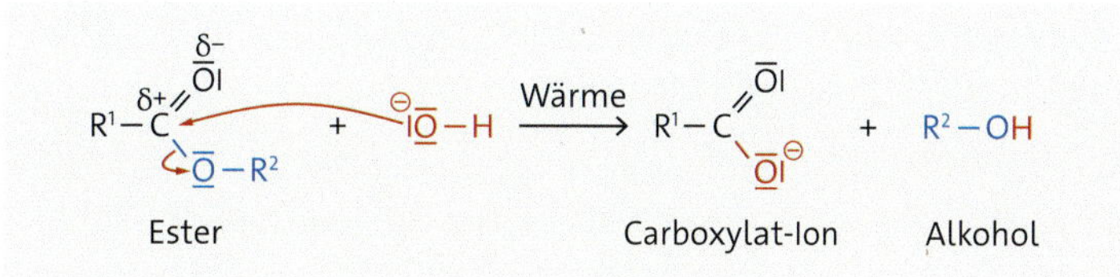


**04** Alkalische Hydrolyse (Esterspaltung) – Verseifung

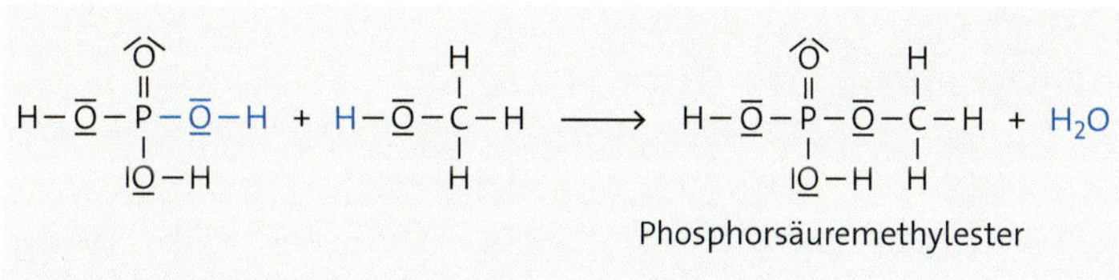


**05** Bildung eines anorganischen Esters

**1**) Erklären Sie die Löslichkeit der Ester in Benzin.
**2**) Formulieren Sie den Reaktionsmechanismus für die Bildung eines Esters aus Propansäure und Ethanol.
**3**) Formulieren Sie die Reaktionsgleichung in Strukturformeln für die alkalische Hydrolyse von Butansäureethylester.
**4**) Stellen Sie eine Reaktionsgleichung für die Reaktion von Phosphorsäure mit zwei Molekülen Methanol in Strukturformeln auf.

# 5.8 Synthese von Biodiesel durch Umesterung

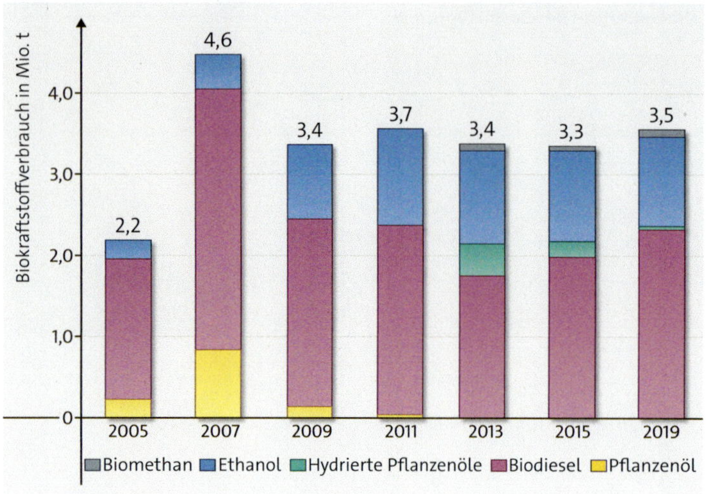


**01** Biokraftstoffverbrauch in Deutschland

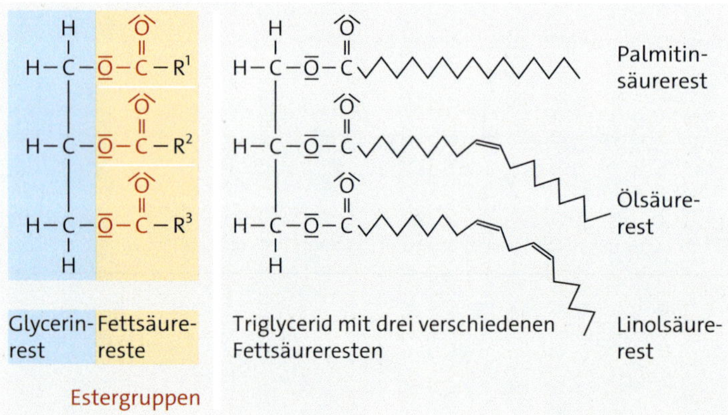


**02** **A** Allgemeiner Bau eines Fettmoleküls, **B** Beispiel eines Fettmoleküls

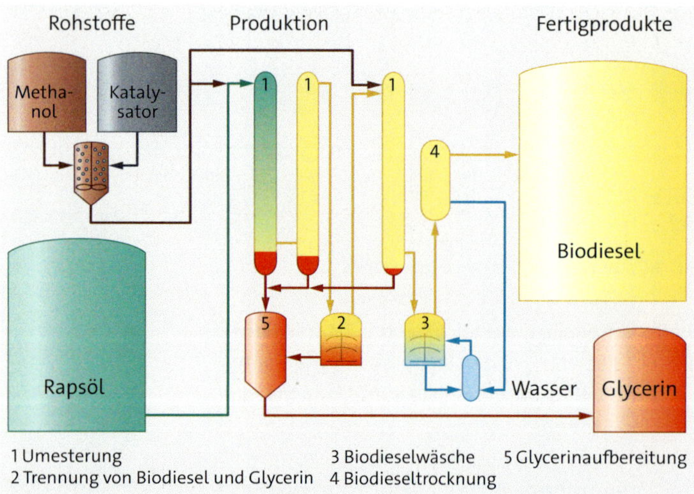


**03** Herstellung von Biodiesel

**TREIBSTOFF AUS PFLANZENÖL** Chemische Energie ist nicht nur in fossilen Energieträgern, sondern auch in den von Pflanzen produzierten Kohlenstoffverbindungen gespeichert. Land- oder forstwirtschaftlich erzeugte Produkte wie Holz, Raps, Weizen oder Zuckerrohr gelten als nachwachsende Rohstoffe, wenn sie zur Energiegewinnung oder zur Herstellung alternativer Treibstoffe genutzt werden statt für Ernährungs- oder Fütterungszwecke. Ein hochwertiger Energieträger ist z. B. Rapsöl, das aus Rapssamen gewonnen wird. Neben Speiseöl und Margarine kann aus Rapsöl auch Biodiesel erzeugt werden.

*Biodiesel* kann grundsätzlich in allen herkömmlichen Dieselmotoren eingesetzt werden. Er ist der in Deutschland bekannteste Biokraftstoff. Reiner Biodiesel ist an deutschen Tankstellen aufgrund der hohen Besteuerung nahezu verschwunden.
Gegenwärtig wird Biodiesel aber bis zu 7 % dem herkömmlichen Diesel beigemischt. Das Symbol B7 kennzeichnet den Biodieselanteil an jeder Zapfsäule. Biodiesel wird daher vor allem über das Tankstellennetz in Verkehr gebracht. Nur noch einige wenige Fahrzeuge in Deutschland nutzen Biodiesel als Reinkraftstoff (Kennzeichnung: B100).

**HERSTELLUNG VON BIODIESEL** Zunächst wird aus den Rapssamen, die von den Rapspflanzen geerntet werden, das Rapsöl gewonnen. Hierzu werden die ölreichen Samen gepresst und der noch ölhaltige gepresste Raps mit Hexan extrahiert.

Pflanzenöle wie das Rapsöl gehören zu den *Fetten*. Sie sind Ester des dreiwertigen Alkohols Glycerin (Propan-1,2,3-triol) mit meist drei langkettigen Carbonsäuren, die als Fettsäuren bezeichnet werden (↑ **02**). Mit systematischem Namen heißen Fette auch *Triglyceride* (Triacylglycerine). In Fettmolekülen können drei gleiche Fettsäuremoleküle, aber auch verschiedenartige Fettsäuremoleküle gebunden sein (↑ **02**).

Aufgrund der zwischenmolekularen Wechselwirkungen haben Pflanzenöle bei Raumtemperatur eine viel höhere Viskosität, höhere Siedetemperaturen und höhere Flammpunkte als normaler Diesel. Rapsöl muss daher chemisch durch *Umesterung* verändert werden, damit der Treibstoff Biodiesel erzeugt wird, der für Dieselmotoren geeignet ist (↑ Exp. 5.10). Danach folgt die weitere Aufbereitung, bevor Biodiesel als Fertigprodukt in den Handel gelangt (↑ **03**).

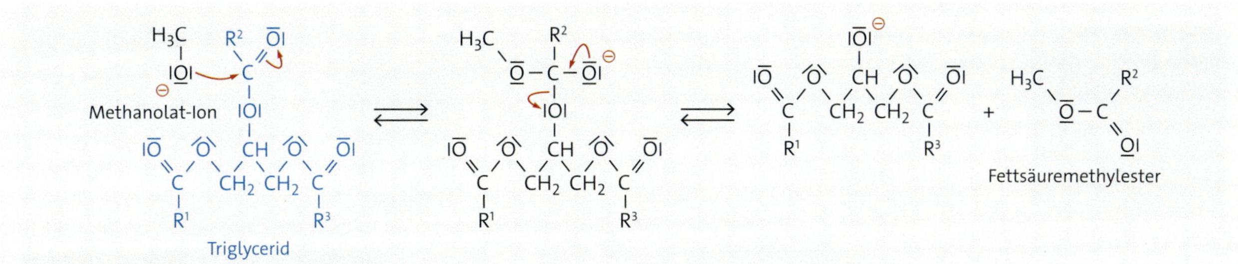


**04** Die entscheidenden Reaktionsschritte bei einer (basenkatalysierten) Umesterung

**PRINZIP DER UMESTERUNG** Zunächst wird Rapsöl mit Methanol und Natriumhydroxid als Katalysator auf etwa 70 °C erwärmt. Dabei bilden sich Methanolat-Ionen $CH_3O^-$.

$$CH_3OH + OH^- \longrightarrow CH_3O^- + H_2O$$

Die Methanolat-Ionen sind Nucleophile und greifen die Carbonyl-Kohlenstoffatome in den Esterbindungen an (↑ **04**). Die Reaktionsschritte, die in Bild ↑ **04** gezeigt werden, finden an allen drei Estergruppen statt. Das Triglycerid Rapsöl wird auf diese Weise in Glycerin und drei Fettsäuremethylestermoleküle gespalten. Die Fettsäuremethylester bilden den Biodiesel. Sie werden noch mehrmals mit Wasser gewaschen. Hierdurch werden verbliebenes Methanol und Glycerin entfernt. Dann wird der Rapsölmethylester durch Erhitzen getrocknet, wobei das restliche Wasser verdampft (↑ **03**).

**BIODIESEL UND UMWELT** Bei der $CO_2$-Bilanz ist Biodiesel als regenerativer Kraftstoff gegenüber herkömmlichem Diesel als fossilem Kraftstoff deutlich im Vorteil. Der Rußanteil und damit die Feinstaubbelastung vermindern sich gegenüber Diesel etwa um die Hälfte. Biodiesel hat auch den Vorteil, schwefelfrei zu sein, sodass sich bei seiner Verbrennung kein Schwefeldioxid bildet.

Jedoch hat Biodiesel auch ökologische Nachteile. Für den vollständigen Ersatz von Diesel aus Erdöl wären riesige Mengen an Pflanzenmaterial nötig, für die auch Anbauflächen genutzt werden, die der Nahrungsmittelproduktion verloren gehen. Zudem ist seine Herstellung sehr energieaufwendig. Die Stickstoffemissionen fallen beim Biodiesel höher aus als beim fossilen Dieselkraftstoff. Weiterhin werden beim Anbau der Ölpflanzen für den Biokraftstoff große Mengen an Pflanzenschutz- und Düngemitteln eingesetzt, die den Boden und das Grundwasser belasten. Nachteilig ist auch, dass reiner Biodiesel manche Kunststoffe angreift, sodass Leitungen in Kraftfahrzeugen undicht werden können.

**P** **EXP 5.10** **L** 2 5 6 8

## Herstellung von Biodiesel

**Durchführung** 0,3 g Natriumhydroxid (5) werden in 100 ml Methanol (2, 6, 8) gelöst. 10 ml davon werden mit 5 ml Rapsöl versetzt und in ein großes Reagenzglas mit Rührfisch gefüllt. Dieses wird mit einem durchbohrten Stopfen mit Steigrohr verschlossen. Man erhitzt 5 min lang in einem Wasserbad bei etwa 75 °C auf einem Magnetrührer unter Rückfluss, bis die Emulsion klar wird. Ohne Abkühlen gießt man den Inhalt des Reagenzglases in ein weiteres, mit Wasser gefülltes und wartet bis zur Phasentrennung.

*Entsorgung:* Reste in den Behälter für halogenfreie organische Abfälle geben.

**Auswertung** Werten Sie das Experiment unter Bezug auf Bild ↑ **04** aus.

*Triglyceride sind Fette,* *↑S. 312.*

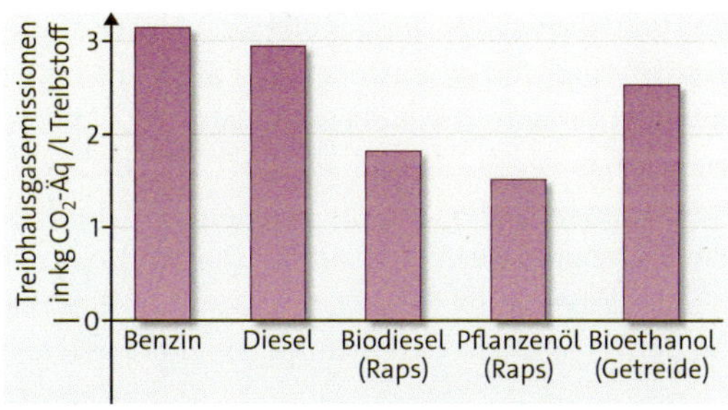


**05** Treibhausgasemissionen in Kohlenstoffdioxidäquivalenten (kg $CO_2$-Äq) verschiedener Treibstoffe im Vergleich

**1** Beschreiben Sie die Entwicklung des Biokraftsoffverbrauchs in Deutschland (↑ **01**).

**2** Erläutern Sie die Herstellung von Biodiesel anhand der Bilder ↑ **03** und ↑ **04**.

**3** Werten Sie die in ↑ **05** dargestellten Zusammenhänge aus.

# 5.9 Planung von Synthesewegen – Retrosynthese

**Valproinsäure (Valproate):** Arzneimittel, z. B. gegen Epilepsie; industrielle Herstellung durch Reaktion u. a. mit Brompropan

**Folsäure:** Vitamin der B-Gruppe, das an der Teilung und Regeneration von Zellen beteiligt ist; industrielle Herstellung durch Reaktion u. a. mit Guanidin

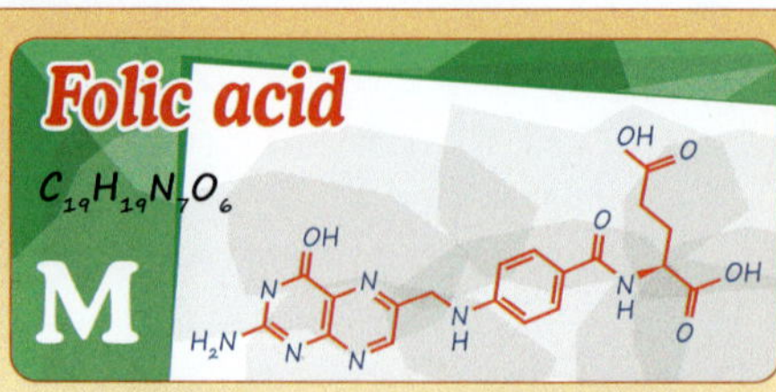


**Cyanethansäureethylester**
Ausgangsstoff für ...

**β-Alanin (Aminosäure):** Nahrungsergänzungsmittel zum Muskelaufbau; industrielle Herstellung durch Hydrierung an der Cyanogruppe

**Cyanpropensäureethylester:** Monomer, das in Gegenwart von Feuchtigkeit schnell polymerisiert (Sekundenkleber); Herstellung durch Reaktion mit Methanal

**Coffein:** Stimulierendes Genussmittel und Arzneimittel; industrielle Herstellung durch Traube'sche Synthese

**01** Cyanethansäureethylester als wichtige Ausgangschemikalie für verschiedene Anwendungen

**CYANETHANSÄUREETHYLESTER** Ein wichtiger Ausgangsstoff für die Herstellung von vielen bedeutsamen Stoffen ist **Cyanethansäureethylester**. Seine Moleküle weisen mit einer Cyano-, einer Methylen- und einer Estergruppe drei reaktive Zentren auf (↑ **03**). Mit diesen drei reaktiven Zentren ist Cyanethansäureethylester ein vielseitiger Synthesebaustein für eine Vielzahl pharmakologisch aktiver Substanzen, aber auch Alltagsprodukten wie dem Sekundenkleber (↑ **01**).

**BEISPIEL SEKUNDENKLEBER** Sekundenkleber (Cyanacrylatklebstoffe) werden in vielen Bereichen angewendet. Neben dem Verkleben von Gegenständen im Haushalt werden diese Stoffe auch in der Medizin als Haut- und Wundkleber oder auch in der Kriminalistik eingesetzt, um Fingerabdrücke sichtbar zu machen (↑ **02**). Sie enthalten oft **2-Cyan-2-propensäureethylester** (2-Cyanacrylsäureethylester), die als Monomere im Klebstoff enthalten sind und die durch eine *anionische Polymerisation* am Einsatzort zum eigentlichen Klebstoffpolymer reagieren.

*Polymerisation ↑ S. 216 f.*

*Fraktionierte Destillation von Rohöl und Cracken ↑ S. 156 f.*

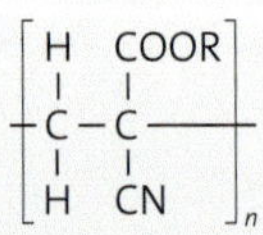

R: Ethylgruppe ($-CH_2CH_3$)

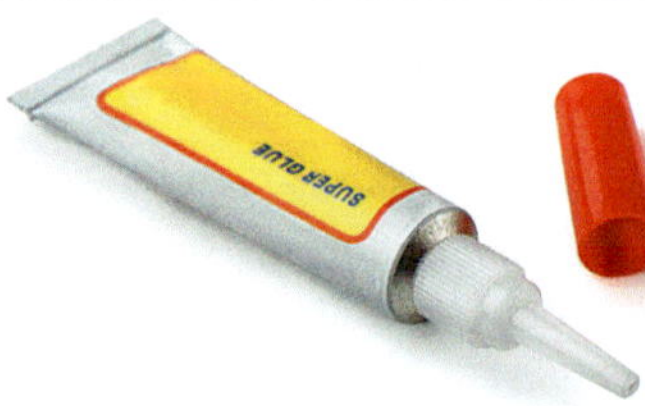

**02** Strukturausschnitt des Polymers im ausgehärteten Sekundenkleber

Die Polymerisation, die zur Aushärtung des Sekundenklebers führt, wird in Gegenwart polarer Teilchen ausgelöst. Dies können z. B. Wassermoleküle oder $OH^-$-Ionen in der Feuchtigkeitsschicht an der Oberfläche der zu verklebenden Flächen sein. Deshalb polymerisiert 2-Cyan-2-propensäureethylester bei Kontakt mit Feuchtigkeit sehr schnell und härtet in weniger als einer Minute aus. Als Ausgangsstoff für den Sekundenkleber dient Cyanethansäureethylester ($CH_2(CN)CO_2Et$), der mit Methanal ($CH_2O$) unter Abspaltung von Wasser zu 2-Cyan-2-propensäureethylester ($CH_2{=}C(CN)CO_2Et$) nach folgender, vereinfachter Reaktion umgesetzt wird:

$$CH_2(CN)CO_2Et + CH_2O \longrightarrow CH_2{=}C(CN)CO_2Et + H_2O$$

Et: Ethylgruppe $-CH_2CH_3$

**VORÜBERLEGUNGEN ZUR SYNTHESE** Cyanethansäureethylester kann auf unterschiedliche Weise hergestellt werden. Dabei ist es wichtig, die einzelnen Syntheseschritte sinnvoll miteinander zu kombinieren. Dafür muss zunächst ein geeigneter Ausgangsstoff bestimmt werden. Dies ist in der Regel eine Grundchemikalie, die preiswert ist und in großen Mengen zur Verfügung steht. Als Ausgangsstoff – auch für viele andere Synthesen – eignen sich kurzkettige *Alkene*, beispielsweise Ethen ($CH_2{=}CH_2$). Sie werden aus den Erdölfraktionen mit hohen Siedebereichen durch *Crackverfahren* hergestellt. Auch die Zahl der nachfolgenden Syntheseschritte sollte möglichst geringgehalten werden, damit die Synthese wirtschaftlich bleibt.

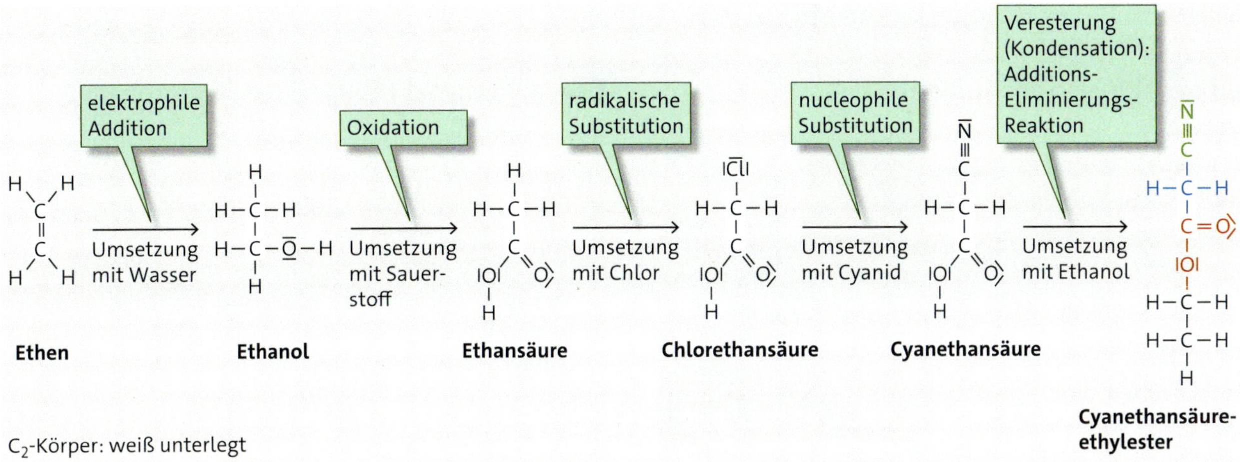


**03** Fließschema eines möglichen Reaktionswegs zur Synthese von Cyanethansäureethylester

**RETROSYNTHESE** Oft geht man bei der Planung der Syntheseschritte von der Strukturformel des gewünschten Produkts aus. Aus der Betrachtung der Strukturformel kann man auf einen geeigneten Ausgangsstoff schließen. Man beginnt bei der Strukturformel des Produkts, zerlegt das Molekül fiktiv in einfachere Bausteine und arbeitet gedanklich rückwärts, um die Reaktionsschritte zu planen. Man spricht von einer **Retrosynthese**.

Schlüssel zur Lösung sind dabei die funktionellen Gruppen im Zielmolekül. Für die meisten funktionellen Gruppen gibt es einen oder mehrere geeignete Syntheseschritte, um diese in das Molekül einzuführen. Man erkennt am Molekül des Cyanethansäureethylesters, dass ein $C_2$-Körper, d. h. ein aus zwei C-Atomen bestehender Molekülteil, Startpunkt für die Synthese sein kann. An diesem $C_2$-Körper befinden sich eine Cyanogruppe –C≡N, eine Methylengruppe $-CH_2$, eine Estergruppe –COO– und ein Ethylrest $-CH_2-CH_3$ (↑ **03**).
Ausgangsstoff können daher Ethan oder Ethen sein, um den $C_2$-Körper zu bilden. Da Ethen aufgrund der im Molekül enthaltenen Doppelbindung reaktionsfreudiger ist, entscheidet man sich für Ethen als Ausgangsstoff.

Schrittfolge eines möglichen Reaktionswegs (↑ **03**):

- Ausgehend von Ethen wird durch Addition von Wasser Ethanol gebildet. Durch anschließende Oxidation entsteht Ethansäure. Das in dieser Darstellung oben stehende Kohlenstoffatom entspricht im Zielmolekül dem Kohlenstoffatom der Methylengruppe $-CH_2$. Alternativ kann Ethansäure auch durch Oxidation des Ethens zu Ethanal und erneute Oxidation gebildet werden.
- Im nächsten Schritt überlegt man, wie die Cyanogruppe –C≡N in das Molekül eingeführt werden kann. Eine Möglichkeit hierfür ist, zunächst ein Wasserstoffatom des Ethansäuremoleküls durch ein Chloratom zu substituieren. Dies geschieht durch radikalische Substitution, wobei eine neue C–C-Bindung geknüpft wird.
- Dann wird das Chloratom gegen eine Cyanogruppe durch nucleophile Substitution mit $CN^-$-Ionen ausgetauscht. Es entsteht Cyanethansäure.
- Im letzten Schritt erfolgt die Veresterung durch eine Additions-Eliminierungs-Reaktion. Hierbei wird Cyanethansäure mit Ethanol zur Reaktion gebracht und damit die Estergruppe –COO– eingeführt. Unter Abspaltung eines Wassermoleküls entsteht das gewünschte Produkt Cyanethansäureethylester.

*Der amerikanische Chemiker Elias J. Corey erhielt aufgrund seiner Arbeiten über Retrosynthesen 1990 den Nobelpreis für Chemie.*

**1 ›** Erläutern Sie anhand der Strukturformel des Cyanethansäureethylestermoleküls, weshalb Ethen als Ausgangsstoff gewählt wird (↑ **03**).

**2 ›** Begründen Sie, weshalb die blau dargestellte $CH_2$-Gruppe im Cyanethansäureethylestermolekül ein Proton abspalten kann (↑ **03**).

**3 ›** Entwickeln Sie ausgehend von der Ethansäure die Reaktionsmechanismen zur Synthese des Cyanethansäureethylesters. Erläutern Sie dabei die einzelnen Reaktionsschritte (↑ **03**).

**4 ›** **a** Formulieren Sie für die Bildung von Ethanol ausgehend von Ethen und Wasser den entsprechenden Reaktionsmechanismus.
**b** Begründen Sie, weshalb diese Reaktion nur in saurem Medium durchgeführt werden kann.

**5 ›** Belegen Sie anhand von Oxidationszahlen, dass Ethansäure ein Oxidationsprodukt des Ethanols ist.

# Klausurtraining

## Material B Ein Halogenalkan als Kältemittel?

### B1 Kühlprinzip des Kühlschranks

Ein Kühlschrank kühlt die in ihm befindlichen Lebensmittel. Das Funktionsprinzip ist jedoch anders, als häufig angenommen wird. Denn die Kälte wird nicht von außen in den Kühlschrank transportiert. Vielmehr wird den Lebensmitteln Wärme entzogen und durch ein Kältemittel nach außen abgeleitet. Der deutsche Ingenieur CARL VON LINDE entwickelte 1876 die erste Kältemaschine mit Propan als Kältemittel. Dabei stellte es sich als nachteilig heraus, dass schon geringste undichte Stellen im Kühlkreislauf zu einer Verpuffung des leichtentzündlichen Propans führen konnten.

### B2 Kompressionssystem in einem Kühlschrank

Bei den heutigen modernen Kühlschränken beruht die kühlende Wirkung auf der Kompression des Kältemittels:

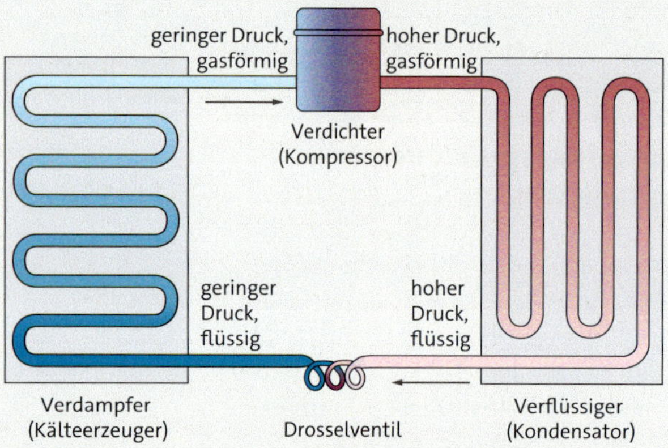


**B2.1** Kältemittelkreislauf beim Kompressionssystem

### B3 Interhalogenverbindungen

Interhalogenverbindungen (kurz: Interhalogene) sind Verbindungen zweier unterschiedlicher Halogene. Interhalogene sind sehr reaktionsfähig und werden vor allem zur gezielten Halogenierung ungesättigter organischer Verbindungen verwendet. Chlorfluorid (ClF) ist ein Beispiel für eine Interhalogenverbindung, die aus den Elementen Chlor und Fluor besteht. Das Chlorfluoridmolekül ist polar, Cl◄F. Wie die meisten Interhalogene ist Chlorfluorid daher sehr reaktiv.

### B4 Kältemittel 1-Chlor-2,2-difluorpropan

Ab den 1930er Jahren wurden neue Kältemittel auf Basis von Halogenalkanen in den Kühlschränken eingesetzt. Sie besitzen den Vorteil, dass sie nicht brennbar sind. Eines der verwendeten Kältemittel war das Halogenalkan 1-Chlor-2,2-difluorpropan. Forschungsergebnisse in den 1980er Jahren wiesen jedoch nach, dass vor allem solche mit Chlor und Brom halogenierten Kohlenwasserstoffe, die FCKWs und Halone, verantwortlich für den Ozonabbau in der Atmosphäre sind und damit den Treibhauseffekt verstärken. Ihr Einsatz in Kühlschränken wurde daher auf Grundlage der FCKW-Halon-Verbots-Verordnung ab 1991 verboten.

### B5 Isobutan als Kältemittel

Heute wird u. a. Isobutan (2-Methylpropan) als FCKW-freies Kältemittel in Kühlschränken und Klimaanlagen verwendet. Isobutan beeinflusst den Treibhauseffekt nur gering. In Europa hat es die zuvor als Kältemittel in Haushaltsgeräten verwendeten Kältemittel fast vollständig verdrängt.

| Stoff | Siedetemperatur in °C |
|---|---|
| Propan | −42 |
| 1-Chlorpropan | +47 |
| 1-Chlor-2,2-difluorpropan | +88,7 |
| n-Butan | −0,5 |
| Isobutan (2-Methylpropan) | −11,7 |

**B5.1** Siedetemperaturen von Alkanen und Halogenalkanen

#### AUFGABEN ZU B

1) Beschreiben Sie den Kältemittelkreislauf beim Kompressionssystem am Beispiel eines Kühlschranks (↑ **B2**).
2) Das Kältemittel 1-Chlor-2,2-difluorpropan lässt sich mit Chlorfluorid (↑ **B3**) aus 2-Fluorpropen herstellen.
   **a** Entwickeln Sie den Reaktionsmechanismus unter Verwendung von Strukturformeln für diese Reaktion.
   **b** Erstellen Sie ein Energiediagramm und erläutern Sie daran den Verlauf dieser Reaktion.
3) Vergleichen Sie die unterschiedlichen Siedetemperaturen bei den in ↑ **B5** dargestellten Alkanen und Halogenalkanen und erklären Sie die Unterschiede.
4) Begründen Sie, warum 1-Chlor-2,2-difluorpropan – abgesehen von seiner schädlichen Wirkung auf die Ozonschicht – im Gegensatz zu Isobutan nicht in modernen Kompressorkühlschränken eingesetzt werden kann.

# Material C Isobuten – ein bedeutender Grundstoff in der Industrie

## C1 Technische Herstellung von Isobuten

Jährlich werden weltweit mehr als 1 Mio. Tonnen der Grundchemikalie Isobuten synthetisch hergestellt. Da sich Isobuten leicht polymerisieren lässt, dient es als Ausgangsstoff für verschiedene Kunststoffe. So kann beispielsweise aus Isobuten die Grundmasse von Kaugummis, Polyisobuten, produziert werden.
Ausgehend von Erdöl wird ein Gemisch aus vier verschiedenen Isomeren des Butens hergestellt. Da deren Siedetemperaturen sehr dicht beieinanderliegen, erfolgt die Abtrennung durch Reaktion mit Wasser. Schwefelsäure dient dabei als Katalysator. Die Reaktionsgeschwindigkeit von Isobuten mit Wasser ist etwa um den Faktor 100 im Vergleich zu den anderen Isomeren erhöht. Das Produkt, der Alkohol 2-Methylpropan-2-ol, wird anschließend durch Erhitzen wieder in Isobuten und Wasser gespalten. So erhält man reines Isobuten.

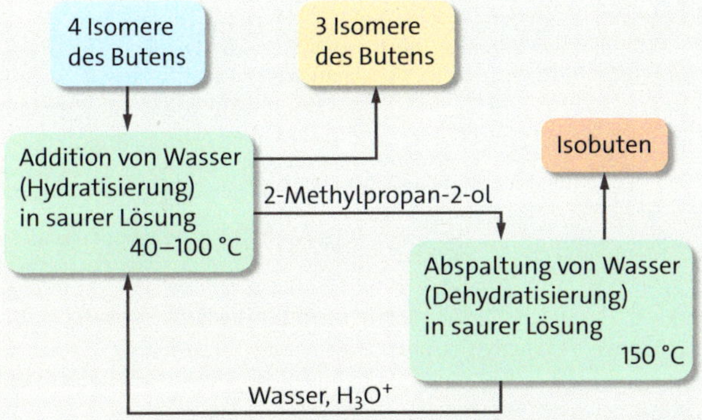


**C1.1** Schema zur technischen Gewinnung von Isobuten

## C2 Halbstrukturformeln

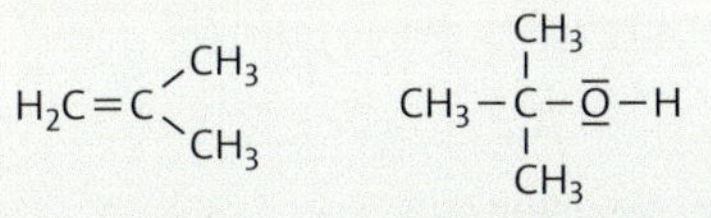

Isobuten 2-Methylpropan-2-ol

## C3 Schwefelsäure als Katalysator – Säurekatalyse

Die Reaktion von Isobuten mit Wasser zu 2-Methylpropan-2-ol ist eine Gleichgewichtsreaktion und erfolgt nur in Anwesenheit von Oxonium-Ionen $H_3O^+$, die sich durch die Zugabe von Schwefelsäure bilden.

Zunächst überträgt ein im Reaktionsgemisch enthaltenes Oxonium-Ion ein Proton auf die Doppelbindung des Isobutenmoleküls, sodass ein positiv geladenes Carbenium-Ion entsteht. Im nächsten Schritt reagiert ein Wassermolekül mit dem Carbenium-Ion, wobei ein protoniertes Alkoholmolekül gebildet wird. Im letzten Schritt findet zwischen dem protonierten Alkoholmolekül und einem weiteren Wassermolekül ein Protonenübergang statt, wodurch als Reaktionsprodukt ein Alkoholmolekül gebildet wird. Damit ist die Rückbildung des Oxonium-Ions abgeschlossen.

## C4 Durchführungsbeschreibung eines Schülerversuchs zur Herstellung und Untersuchung von Isobuten

A) 20 ml 2-Methylpropan-2-ol und 0,5 ml konzentrierte Schwefelsäure werden in einem Erlenmeyerkolben auf der Heizplatte bis zum Sieden erhitzt. Das entstehende Gas wird über ein Glasrohr in einem Kolbenprober aufgefangen.
B) Ein Teil des entstandenen Gases wird auf seine Brennbarkeit überprüft.
C) Ein weiterer Teil des Gases wird über ein Glasrohr mit ausgezogener Spitze in 10 ml Bromwasser eingeleitet, das sich in einem Reagenzglas befindet.

### AUFGABEN ZU C

**1)** **a** Geben Sie den systematischen Namen nach IUPAC von Isobuten an (↑ **C2**).
**b** Ermitteln Sie die Strukturformeln der anderen drei Isomere des Butens sowie deren Namen nach IUPAC.

**2)** **a** Beschreiben Sie die Gewinnung von Isobuten (↑ **C1**).
**b** Begründen Sie, warum sich nur 2-Methylpropan-2-ol bildet.

**3)** **a** Formulieren Sie, ausgehend von Isobuten, den Mechanismus für die Bildung von 2-Methylpropan-2-ol (↑ **C3**).
**b** Nennen Sie den zugrunde liegenden Reaktionstyp.
**c** Begründen Sie, warum das Reaktionsprodukt 2-Methylpropan-1-ol kaum gebildet wird.

**4)** **a** Erläutern Sie anhand eines Reaktionsmechanismus, wie sich aus 2-Methylpropan-2-ol mithilfe einer wässrigen sauren Lösung wieder Isobuten gewinnen lässt.
**b** Geben Sie den zugrunde liegenden Reaktionstyp an.

**5)** Vergleichen Sie die technische Herstellung von Isobuten mit dem Schülerversuch (↑ **C4**, Teil A).

**6)** Entwickeln Sie Hypothesen zu den auftretenden Beobachtungen bei den Schülerversuchen B und C. Begründen Sie.

# Auf einen Blick

| | |
|---|---|
| **Fossile und nachwachsende Rohstoffe** | Ausgangsstoffe für Synthesen, die eine enorme Vielzahl an Produkten ermöglichen, z. B. Kraftstoffe, Kunststoffe, Arzneimittel<br>*Fossile* Rohstoffe: v. a. Erdöl und Erdgas<br>*Nachwachsende* Rohstoffe: organische Rohstoffe, die aus landwirtschaftlicher Produktion stammen und zielgerichtet für weitere Anwendungen außerhalb des Nahrungs- und Futterbereichs verwendet werden, z. B. Pflanzenöle aus Raps |
| **Cracken** | Chemische Reaktion, bei der langkettige Kohlenwasserstoffmoleküle in kleinere Moleküle zerlegt werden. Man unterscheidet *thermisches* und *katalytisches Cracken*.<br>Veredlungsprozess, um gezielt aus höher siedenden Fraktionen des Erdöls erwünschte Ausgangsstoffe zu erzeugen |
| **Reformieren** | Chemische Reaktion, bei der unverzweigte, langkettige Kohlenwasserstoffmoleküle zu stärker verzweigten oder ringförmigen Molekülen umgewandelt werden |
| **Reaktive Teilchen** | Bei der Beschreibung von Reaktionen wird zwischen angreifenden und angegriffenen Teilchen unterschieden. Die meist kleineren angreifenden Teilchen tragen spezifische Namen und besitzen charakteristische Strukturmerkmale: |

| Radikale | Elektrophile | Nucleophile |
|---|---|---|
| Teilchen mit ungepaarten Elektronen; werden gebildet, wenn Elektronenpaarbindungen symmetrisch gespalten werden (homolytische Spaltung).<br>*Beispiele:* Cl·, Br·, $\cdot CH_3$, $\cdot NO_2$ | Ionen oder Moleküle mit Elektronenmangel bzw. Elektronenlücken (Elektronenakzeptoren); greifen den Reaktionspartner an Stellen hoher Elektronendichte, also im Bereich negativer Ladung oder Partialladung, an.<br>*Beispiele:* $H^+$, $NO_2^+$, $Br^+$, $^{\delta-}Br{-}Br^{\delta+}$ (polarisiert) | Negativ geladene Ionen oder Moleküle mit Elektronenüberschuss, z. B. freie Elektronenpaare (Elektronendonatoren); greifen den Reaktionspartner an Stellen niedriger Elektronendichte, also im Bereich positiver Ladung oder Partialladung, an.<br>*Beispiele:* $OH^-$, $Cl^-$, $Br^-$, 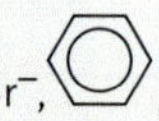, $H_2O$, $NH_3$ |

| | |
|---|---|
| **Reaktionsmechanismus** | Modellhafte Vorstellung zum Verlauf einer chemischen Reaktion in verschiedenen Teilschritten |
| **Substitutionen (S)** | Typisch für gesättigte Verbindungen wie Alkane; dabei wird ein Atom oder eine Atomgruppe im Molekül des Ausgangsstoffs durch ein anderes Atom oder eine andere Atomgruppe ersetzt (substituiert).<br>Die Substitution kann nach mehreren *Reaktionsmechanismen* verlaufen: radikalisch, nucleophil, elektrophil.<br>Allgemeines Beispiel für die Reaktionsart Substitution:<br>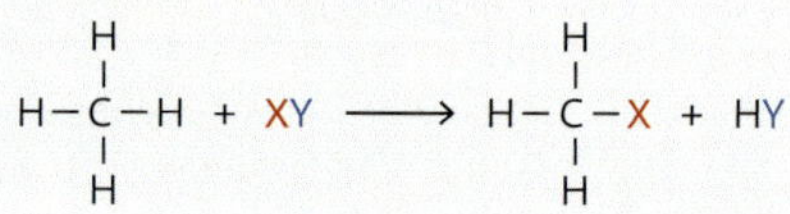 |
| **Radikalische Substitution ($S_R$)** | Läuft als **Kettenreaktion** über Radikalbildung, Kettenfortpflanzung und Kettenabbruch ab<br>Häufige Reaktionsprodukte: **Halogenalkane** |
| **Nucleophile Substitution ($S_N$)** | Ausgangsstoffe sind oft Halogenalkane.<br>Ein Nucleophil (Elektronenpaardonator) reagiert mit einem Molekül, das ein stark negativ polarisiertes Atom, z. B. ein Halogenatom, besitzt (Abgangsgruppe).<br>Häufige Reaktionsprodukte: Alkohole<br><br>Auch die umgekehrte Reaktion ist möglich, bei der durch nucleophile Substitution aus einem Alkohol ein Halogenalkan entsteht.<br>Allgemeiner Mechanismus:<br>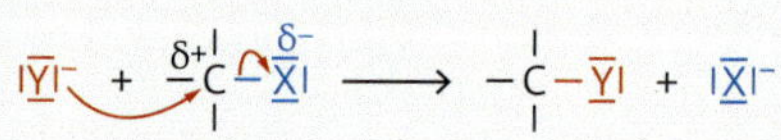 |

**Nucleophile Substitution $S_N1$ und $S_N2$**

Nach welchem Mechanismus die nucleophile Substitution abläuft, ist von der Struktur des Halogenalkans und dem Einfluss des Nucleophils abhängig.

| | Anzahl der an der Reaktion beteiligten Teilchen | Abspaltung der Abgangsgruppe und Anlagerung des Nucleophils | Bindungsverhältnisse im Halogenalkan |
|---|---|---|---|
| $S_N1$ | 1 ⇨ monomolekular | nacheinander in zwei Schritten | tertiäres C-Atom |
| $S_N2$ | 2 ⇨ bimolekular | gleichzeitig in einem Schritt | primäres C-Atom |

**Addition (A)**

Typisch für ungesättigte Verbindungen wie Alkene; dabei werden Atome oder Atomgruppen an Moleküle mit mindestens einer Doppelbindung angelagert.

Allgemeines Beispiel für die Reaktionsart Addition:

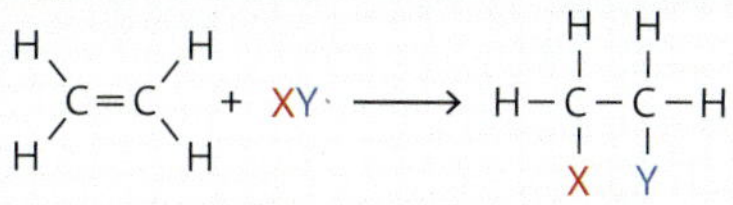

**Elektrophile Addition ($A_E$)**

Gemeinsames Merkmal elektrophiler Additionen ist, dass die Reaktion durch den Angriff eines elektrophilen Teilchens eingeleitet wird, z. B. einem Brommolekül Br–Br.
Sie verläuft über einen zweistufigen Mechanismus: Das Halogenmolekül tritt in Wechselwirkung mit der Doppelbindung des Alkens, das Halogenmolekül wird polarisiert und die Elektronenbindung heterolytisch gespalten (π-Komplex). Es entsteht ein kurzlebiges ringförmiges Kation (σ-Komplex). Im zweiten Schritt greift das Halogenid-Ion von der Rückseite am positivierten Kohlenstoffatom an, wodurch das gesättigte Produkt erhalten wird.

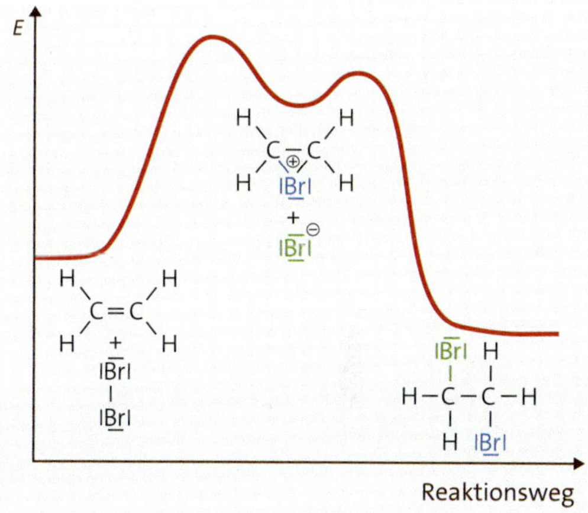


**Eliminierung (E)**

Typische Reaktion der Halogenalkane mit zwei oder mehr Kohlenstoffatomen im Molekül. Führt durch Abspaltung von Atomen oder Atomgruppen zur Ausbildung von Mehrfachbindungen. Die Eliminierung ist die Umkehrreaktion der Addition.

Beispiel für die Reaktionsart Eliminierung:

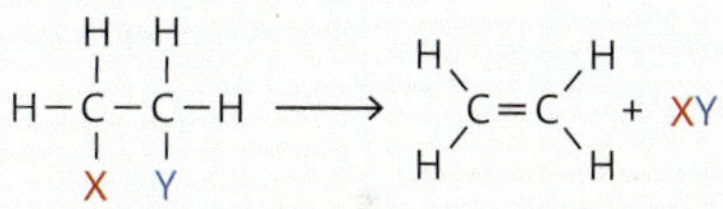

**Mesomeres System**

Moleküle oder Ionen mit einem System delokalisierter π-Elektronen, deren Struktur sich nicht durch herkömmliche Strukturformeln wiedergeben lässt. Stattdessen werden Grenzstrukturen angegeben, die den wahren Bindungszustand eingrenzen, aber nicht die Realität abbilden.
Eine Grenzstruktur ist umso stabiler,
- je weniger Formalladungen sie besitzt,
- je weiter gleichnamige Ladungen voneinander entfernt sind,
- je näher sich ungleichnamige Ladungen befinden,
- je größer die Zahl vergleichbarer Grenzstrukturen ist,
- je mehr die Formalladungen der Elektronegativität der Atome entsprechen.

**Induktiver Effekt**

Elektronischer Effekt, den ein Substituent aufgrund seiner Elektronegativität auf die Elektronenverteilung im Molekül ausübt

| +I-Effekt: wird durch Substituenten verursacht, die die Elektronendichte an benachbarten Atomen oder Atomgruppen erhöhen | –I-Effekt: wird durch Substituenten verursacht, die die Elektronendichte an benachbarten Atomen oder Atomgruppen verringern |
|---|---|
| $-C(CH_3)_3 > -CH(CH_3)_2 > -C_2H_5 > -CH_3$ | $-NO_2 > -F > -Cl > -Br > -I > -OH$ |

# Übungsaufgaben

**1)** Gasförmiges 3-Ethylpentan wird mit gasförmigem Brom unter Lichteinfluss in einem Standzylinder zur Reaktion gebracht. Hält man ein angefeuchtetes Indikatorpapier in den Standzylinder, so färbt es sich rot. Weiterhin lassen sich vier Hauptreaktionsprodukte nachweisen, von denen drei zueinander isomer sind.
**a** Formulieren Sie den Reaktionsmechanismus, der zu einem der drei isomeren Hauptprodukte führt.
**b** Geben Sie die Namen der drei isomeren Produkte nach der IUPAC-Nomenklatur an.
**c** Deuten Sie die Rotfärbung des Indikatorpapiers.

**2)** Tetrachlormethan wurde früher als spezielles Reinigungsmittel für Kleidung verwendet. Besonders gut ließen sich damit Fettflecke aus der Kleidung entfernen, wohingegen man mit Wasser wenig Erfolg hatte. Erklären Sie diesen Sachverhalt.

**3)** Tropft man zu Propen, einem unsymmetrischen Alken, etwas Brom, so findet eine heftige Reaktion statt.
**a** Formulieren Sie für die Bildung von 1,2-Dibrompropan den Reaktionsmechanismus der elektrophilen Addition.
**b** Begründen Sie für die Umsetzung in Gegenwart von Lithiumchlorid die Bildung von 1-Brom-2-chlorpropan und erläutern Sie, welches andere Reaktionsprodukt man formal noch hätte erwarten können.

**4)** Rohöl kann von den Verbrauchern noch nicht unmittelbar verwendet werden.
**a** Beschreiben Sie die Arbeitsschritte, in denen man aus Rohöl Benzin gewinnt.
**b** Erläutern Sie die Vorgänge bei der fraktionierten Destillation von Rohöl.
**c** Erläutern Sie die Eigenschaften der verschiedenen Rohölfraktionen in der Tabelle.

| Fraktion | Siedebereich in °C | Flammtemperaturbereich in °C | Viskosität |
|---|---|---|---|
| Leichtbenzin | 30–100 | −55 bis −35 | zunehmend ↓ |
| Mittelbenzin | 80–110 | −35 bis −15 | |
| Schwerbenzin | 100–180 | −15 bis 21 | |
| Petroleum | 180–250 | 21 bis 55 | |
| Dieselöl | 250–350 | 55 bis 100 | |

**5)** **a** Erstellen Sie eine Übersicht über die Rohölfraktionen, die bei der Normaldruck- und bei der Vakuumdestillation erhalten werden. Geben Sie die Zusammensetzung und die Verwendungsmöglichkeiten der einzelnen Fraktionen an.
**b** Begründen Sie, dass die Produkte der Rohölfraktionen durch Cracken und Reformieren weiterveredelt werden müssen.
**c** Vergleichen Sie das thermische Cracken mit dem katalytischen Cracken.

**6)** 2-Iod-2-methylpentan wird mit Natriumhydroxid zur Reaktion gebracht.
**a** Geben Sie die Reaktionsgleichung an und benennen Sie das Reaktionsprodukt.
**b** Formulieren Sie den Reaktionsmechanismus.
**c** Skizzieren Sie das Energiediagramm der Reaktion.

**7)** Erklären Sie, warum primäre Halogenalkane bevorzugt nach einem $S_N2$-Mechanismus reagieren.

**8)** Ethanal wird in saurer Lösung mit Propan-1-ol im Überschuss zur Reaktion gebracht. Es findet eine Addition statt, bei der ein Nucleophil in zwei Reaktionsschritten angreift und Wasser abgespalten wird. Formulieren Sie den Reaktionsmechanismus in Strukturformeln.

**9)** Butansäure reagiert in saurer Lösung mit Methanol.
**a** Geben Sie das Reaktionsprodukt an.
**b** Formulieren Sie den Reaktionsmechanismus in Strukturformeln.
**c** Das organische Reaktionsprodukt wird anschließend mit Kalilauge umgesetzt. Formulieren Sie die Reaktionsgleichung und nennen Sie die Reaktionsart.

**10)** **a** Geben Sie die Edukte für die Herstellung der folgenden Ester an: Ethansäureethylester, Propansäureethylester, Ethansäurepropylester, Methansäurehexylester.
**b** Benennen Sie die Ester nach der IUPAC-Nomenklatur.

**11)** Die Addition von Brom an Chlorethen erfolgt etwa 25-mal langsamer als die von Brom an Ethen. 1,2-Dichlorethen reagiert sehr langsam mit Brom und Tetrachlorethen praktisch überhaupt nicht mehr mit Brom. Erklären Sie diesen Sachverhalt.

**12)** Stellen Sie die Reaktionsgleichungen für die Bildung von Ethanol und tert-Butanol durch säurekatalysierte Addition der entsprechenden Alkene auf.

**13)** Erläutern Sie, weshalb bei der Reaktion von Ethen mit Bromwasser neben Dibromethan vorwiegend 2-Bromethanol entsteht.

**14)** Stellen Sie für die Reaktion von 1-Brompropan mit Kalilauge die Reaktionsgleichung auf. Nennen und begründen Sie den bevorzugten $S_N$-Mechanismus.

**15)** Die gasförmigen Alkene Ethen und Propen haben sich in den letzten Jahren zu sehr wichtigen Ausgangsstoffen der chemischen Industrie entwickelt. So wird aus Ethen eine große Anzahl weiterer Stoffe hergestellt:

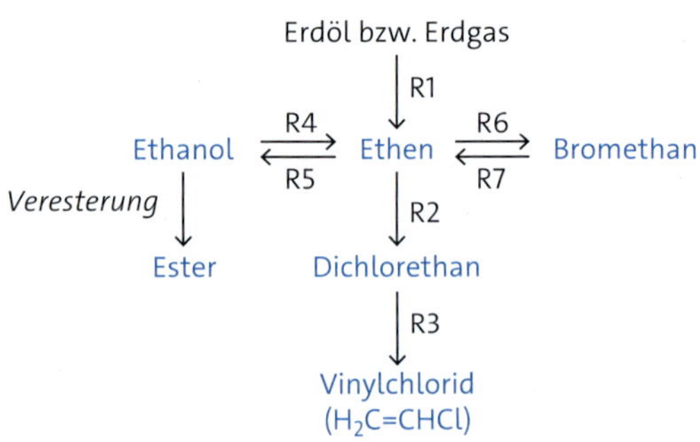

**a** Benennen Sie den jeweiligen Reaktionstyp der Reaktionen R1 bis R7. Geben Sie dabei alle möglichen Reaktionstypen an.
**b** Formulieren Sie jeweils den Mechanismus für die Reaktionen R3, R4, R6 und R7 unter Verwendung von Strukturformeln.
**c** Erläutern Sie für die Reaktion von Propen zu Propan-1-ol und Propan-2-ol den Mechanismus unter Verwendung von Strukturformeln. Begründen Sie, welches der beiden Produkte bevorzugt gebildet wird.

**16 ›** Der ungesättigte Charakter der Alkine mit einer C≡C-Dreifachbindung zeigt sich ähnlich wie der der Alkene dadurch, dass Alkine wie die Alkene in elektrophilen Additionsreaktionen reagieren.
**a** Formulieren Sie den Reaktionsmechanismus der elektrophilen Addition von Brom an Propin unter Verwendung von Strukturformeln. Gehen Sie davon aus, dass Brom im Überschuss hinzugegeben worden ist. Benennen Sie sämtliche Produkte. Erläutern Sie dabei das Auftreten isomerer Moleküle.
**b** Relevant sind auch die Additionen von Verbindungen zweier unterschiedlicher Halogene miteinander an ungesättigte Kohlenwasserstoffe. Erläutern Sie die Addition von Bromchlorid (BrCl) an But-1-in. Begründen Sie, welches der beiden möglichen Reaktionsprodukte mengenmäßig überwiegt.

**17 ›** Bei einem Experiment wird in einem Reagenzglas ein Stoffgemisch aus 3-Ethylpentan und Brom mit UV-Licht bestrahlt. Nach kurzer Zeit ist eine Entfärbung zu beobachten. Hält man ein angefeuchtetes Stück Universalindikatorpapier in das Reagenzglas, so färbt sich dieses rot. Als Hauptreaktionsprodukt lässt sich 3-Brom-3-ethylpentan identifizieren. Entwickeln Sie eine begründete Hypothese, weshalb gerade dieses Reaktionsprodukt mengenmäßig vorherrscht.

| **Mithilfe dieses Kapitels können Sie:** | Aufgabe | Hilfe finden Sie auf Seite |
|---|---|---|
| • den Aufbau der Moleküle und die Eigenschaften von Halogenalkanen, Alkoholen, Aldehyden, Ketonen, Carbonsäuren und Estern sowie ihre chemischen Reaktionen beschreiben | *2, 10, 11, 12, 15, 16* | *164–168, 172–173, 176* |
| • Stoffeigenschaften und Reaktionsverhalten mit dem Einfluss der jeweiligen funktionellen Gruppen erklären und Stoffeigenschaften vorhersagen | *1, 2, 3, 6a–b, 7, 9, 10, 11, 12, 13, 15, 16, 17* | *160–162, 164–168, 172–173, 176* |
| • organische Reaktionen als Substitutionen, Additionen, Eliminierungen und Kondensationen klassifizieren | *1, 3, 6a–b, 7, 8, 9, 10, 11, 12, 13, 14, 15, 16, 17* | *160, 165–166, 167, 170, 172* |
| • Reaktionsschritte einer nucleophilen Addition und einer elektrophilen Substitution formulieren und diese erläutern | *3, 6, 7, 11, 12, 13, 14, 15, 16* | *164–166, 170* |
| • Reaktionen zu Reaktionsfolgen und Reaktionswegen zur gezielten Herstellung eines erwünschten Produkts verknüpfen | *3, 6, 7, 8, 15* | *157–158, 174,176–177* |
| • ausgewählte organische Verbindungen vergleichen und Hypothesen zu deren Reaktionsverhalten aus den Molekülstrukturen entwickeln (I-Effekt, M-Effekt, sterischer Effekt) | *1, 6, 7, 11, 15, 16, 17* | *162, 164–166, 167, 168, 170–171, 173, 177* |
| • die Reaktionsschritte unterschiedlicher Reaktionstypen – radikalische und nucleophile Substitution, elektrophile Addition, Eliminierung, Kondensation – analysieren und vergleichen | *1, 3, 6, 7, 9, 10, 11, 12, 13, 14, 15, 16, 17* | *160, 165-166, 167, 170, 172* |
| • anhand geeigneter Anschauungsmodelle den Verlauf ausgewählter chemischer Reaktionen in Teilschritten beschreiben und visualisieren | *1a, 3a, 6b–c, 7, 8, 9, 10, 11, 13, 14, 16, 17* | *161–162, 165–166, 170, 177* |
| • den Einsatz von Erdöl und nachwachsenden Rohstoffen für die Herstellung von Produkten des Alltags und der Technik erläutern und bewerten | *4, 5* | *152, 156–158, 174–175* |

Nur selten werden Pflanzen mit aromatischen Kohlenwasserstoffen in Verbindung gebracht – häufiger stehen Petro- und Arzneimittelchemie im Zusammenhang mit Aromaten. Dabei enthalten gerade viele wohlriechende Pflanzen wie die Vanille Verbindungen, die sich vom Benzol, dem wohl bekanntesten aromatischen Kohlenwasserstoff, ableiten lassen. Diese charakteristische Eigenschaft, der aromatische Geruch, war namensgebend für die ganze Stoffklasse der aromatischen Verbindungen.

**01** Blüte der Vanille, einer Orchidee, und ihre fermentierten Früchte, die Vanilleschoten

# Aromatische Kohlenwasserstoffe 6

## Besonderheiten des aromatischen Bindungszustands

### Benzol

- Struktur und Eigenschaften
- Delokalisiertes Elektronensystem
- Mesomerie und Grenzformeln
- Mesomerieenergie
- Hückel-Regel

### Benzolderivate

- Struktur und Eigenschaften von Derivaten wie Phenol und Anilin
- Salicylsäure und Aspirin
- Mesomere Effekte
- Induktive Effekte

### Reaktionsverhalten

- Elektrophile Substitution
- Elektrophile Zweitsubstitution am Aromaten
- Dirigierende Wirkung von Substituenten

# 6.1 Benzol und das Benzolmolekül

01 Alltagsprodukte, die aus aromatischen Verbindungen hergestellt werden

**AROMATEN, EINE BESONDERE STOFFGRUPPE** Zu Beginn des 19. Jahrhunderts entdeckte man eine Reihe organischer Stoffe, die wegen ihres angenehmen Geruchs als **aromatische Verbindungen** oder **Aromaten** bezeichnet wurden. Heute versteht man unter Aromaten eine eigene Stoffklasse von Verbindungen, deren Moleküle ganz bestimmte, charakteristische Bindungsverhältnisse aufweisen. Aromatische Verbindungen sind nach den Kohlenhydraten die am häufigsten vorkommende Stoffklasse der belebten Natur. So zählen beispielsweise das Lignin, der Gerüststoff des Holzes, sowie einige Aminosäuren wie Phenylalanin, Tyrosin und Tryptophan zu den Aromaten. Auch im Erdöl, in Braun- und Steinkohle ist neben den gewöhnlichen Kohlenwasserstoffen eine Vielzahl verschiedener aromatischer Kohlenwasserstoffe zu finden. Sie sind daher wichtige Quellen zur Gewinnung aromatischer Verbindungen.

**Benzol (Benzen)**

**Eigenschaften** aromatisch riechende, farblose, stark lichtbrechende, brennbare Flüssigkeit; stark toxisches, unpolares Lösungsmittel für Lacke, Harze, Wachse und Öle

**Molekülformel** $C_6H_6$

**Schmelztemperatur** $\vartheta_S$ 5,5 °C

**Siedetemperatur** $\vartheta_V$ 80,1 °C

**Vorkommen** Steinkohlenteer, Erdöl

**Verwendung** in Motorkraftstoffen als Beimischung zur Erhöhung der Klopffestigkeit; Ausgangsstoff für viele organische Verbindungen wie Nitrobenzol, Anilin, Phenol, Styrol, Azofarbstoffe, Kunststoffe und Kunstharze

Aromaten sind Grundstoffe der chemischen Industrie. Sie werden zur Herstellung von Kunststoffen, Chemiefasern, Medikamenten, Pflegeprodukten, Waschmitteln und Farbstoffen verwendet (↑ 01). Bei der Produktion von Farben, Lacken und Klebstoffen spielen aromatische Verbindungen wie Toluol oder Xylol außerdem als Lösungsmittel eine wichtige Rolle. Die bekannteste und gleichzeitig strukturell einfachste aromatische Verbindung ist das **Benzol** (Name nach IUPAC: **Benzen**). Dieser „Grundaromat" fand in der Vergangenheit als ausgezeichnetes Lösungs- und Reinigungsmittel in vielen Bereichen Verwendung, wird aber heute wegen seiner extremen Giftigkeit zunehmend von weniger problematischen Stoffen verdrängt (↑ Steckbrief).

**DIE STRUKTUR DES BENZOLMOLEKÜLS** 1825 wurde Benzol erstmals von MICHAEL FARADAY aus Steinkohlenteer isoliert. Die Ermittlung der Struktur des Benzolmoleküls gab den Chemikern des 19. Jahrhunderts große Rätsel auf, denn seine Molekülformel $C_6H_6$ lässt insgesamt 217 theoretisch mögliche Strukturformeln mit Ringen, C=C-Doppelbindungen und C≡C-Dreifachbindungen zu (↑ 02**A**). Eine erste Annäherung an die tatsächliche Struktur des Benzolmoleküls veröffentlichte 1865 der deutsche Chemiker AUGUST KEKULÉ. Er vermutete eine sechsgliedrige ebene Ringstruktur, bei der die Kohlenstoffatome abwechselnd über Einfach- und Doppelbindungen miteinander verknüpft sind. Man spricht bei einer solchen Anordnung von **konjugierten C=C-Doppelbindungen**. Das zugehörige hypothetische Molekül müsste systematisch als Cyclohexa-1,3,5-trien bezeichnet werden (↑ 02**B**).
Benzol zeigt allerdings ein chemisches Verhalten, das nicht so recht zu einer ungesättigten Verbindung passen will.

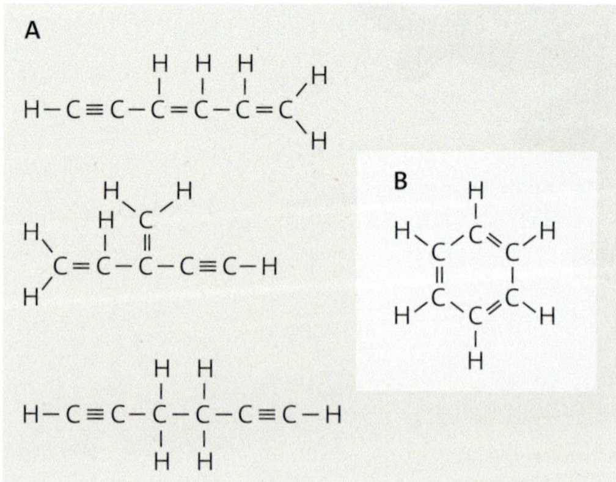


02 Beispiele für theoretisch mögliche Strukturformeln mit der Molekülformel $C_6H_6$

Bei der Reaktion mit Brom ist keine spontane Additionsreaktion zu beobachten, sondern eine eher träge Substitutionsreaktion, wie sie eigentlich für gesättigte Kohlenwasserstoffe typisch ist:

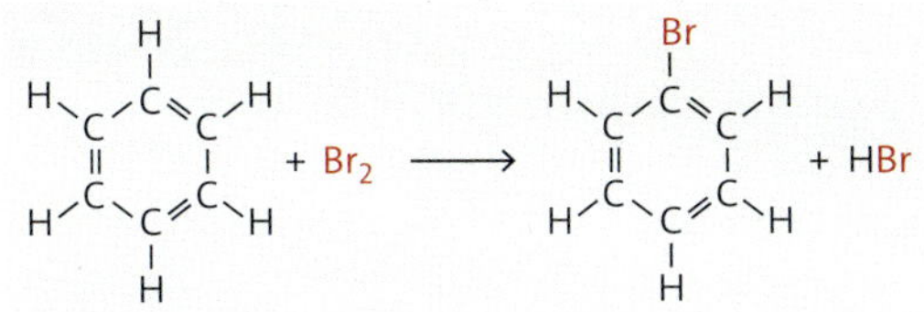


Das spricht für eine besondere Bindungssituation im Benzolmolekül, die mit konjugierten C=C-Doppelbindungen nicht treffend erklärt werden kann. Und noch ein weiterer Experimentalbefund bei der Bromierung von Benzol macht Probleme: Werden bei einem Überschuss von Brom pro Benzolmolekül je zwei Wasserstoffatome gegen zwei Bromatome ausgetauscht, so könnte man, ausgehend von KEKULÉS Benzolring, auf den ersten Blick fünf unterschiedliche Dibrombenzolmoleküle als Produkte erwarten (↑ **03**). Da durch Drehung um den Mittelpunkt das Molekül (**4**) in das Molekül (**2**) überführt werden kann, wäre doch nur mit vier verschiedenen Produkten zu rechnen. Tatsächlich werden bei diesem Experiment aber bloß drei verschiedene Disubstitutionsprodukte gefunden. KEKULÉ erklärte das Fehlen des vierten Produkts mit einem höchst ungewöhnlichen Ansatz: Er ging davon aus, dass die Doppel- und Einfachbindungen im Benzolring durch ständiges schnelles „Umklappen" von Elektronenpaaren permanent ihren Platz wechseln. Dadurch werden alle sechs Kohlenstoffatome im Molekül ununterscheidbar, sodass alle sechs C–C-Bindungen völlig gleichartig sind:

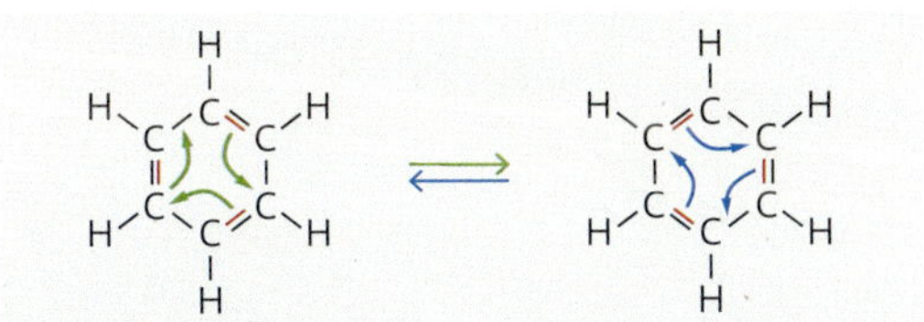

In diesem Fall wären auch die Moleküle (**1**) und (**5**) identisch, sodass nur noch (**1**), (**2**) und (**3**) zu unterscheiden sind. Die Fachwelt stand der abenteuerlichen sogenannten Oszillationstheorie damals sehr skeptisch und ablehnend gegenüber. KEKULÉ sollte jedoch recht behalten – jedenfalls teilweise.

**MESOMERIE** Mithilfe der Röntgenstrukturanalyse können Bindungsabstände in Molekülen ermittelt werden. Für alle sechs C–C-Bindungen im Benzolring beträgt die gemessene Bindungslänge 139 pm. Sie liegt damit zwischen den Werten von Einfach-

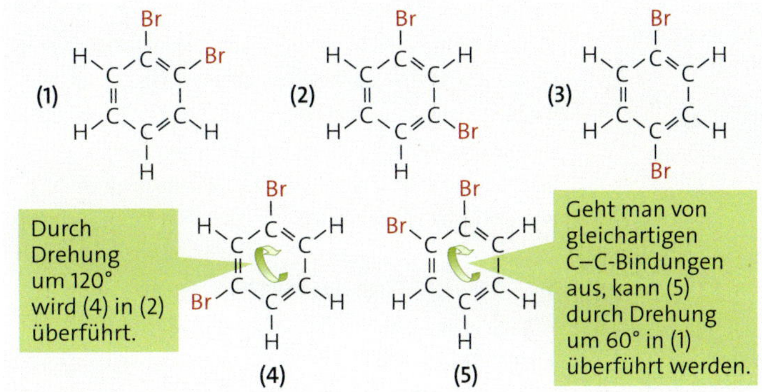


**03** Mögliche Strukturformeln für Dibrombenzolmoleküle

| Art der Bindung | Bindungslänge |
|---|---|
| C–C-Einfachbindung | 154 pm |
| C=C-Doppelbindung | 134 pm |
| C⩦C-Bindung im Benzolmolekül | 139 pm |

**04** C–C-Bindungen im Vergleich (1 pm = $10^{-12}$ m)

und Doppelbindungen (↑ **04**). Alle sechs C–C-Bindungen sind also, wie von KEKULÉ vermutet, gleichartig. Seine Idee der oszillierenden Doppelbindungen muss allerdings nach heutiger Erkenntnis verworfen werden. Stattdessen ist davon auszugehen, dass die C=C-Doppelbindungen weder an der einen noch an der anderen Stelle im Molekül lokalisiert sind, sondern dass die beiden Anordnungen nur als extreme, zu keinem Zeitpunkt existente Grenzfälle betrachtet werden können. Die „wahren" Bindungsverhältnisse liegen *irgendwo zwischen* den beiden **mesomeren Grenzformeln**. Die sechs Bindungselektronen im Ring sind also nicht zwischen bestimmten Kohlenstoffatomen lokalisiert, sondern über den ganzen Ring verteilt. Man spricht von einem **delokalisierten Elektronensystem**. In verkürzter Schreibweise wird für den Benzolring einfach ein Sechseck gezeichnet, die Kohlenstoff- und Wasserstoffatome sind dabei nicht sichtbar (Skelettformel). Statt der beiden mesomeren Grenzformeln zeichnet man oft nur ein Sechseck mit einem Kreis in der Mitte, um so das delokalisierte Bindungssystem anzudeuten.

*Tatsächlich gibt es im Benzolmolekül weder Einfach- noch Doppelbindungen. Ganz treffend könnte man vielleicht von „Eineinhalb-Bindungen" sprechen.*

*Der Pfeil zwischen den Grenzformeln wird als Mesomeriepfeil bezeichnet. Er darf nicht mit dem Doppelpfeil für ein chemisches Gleichgewicht verwechselt werden.*

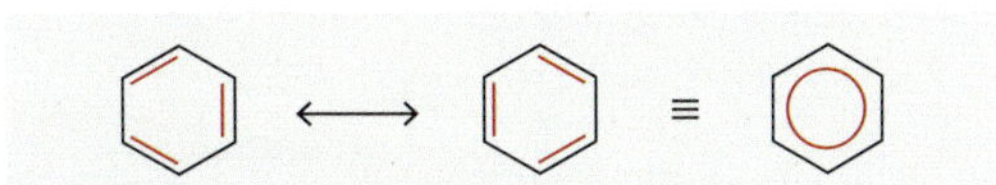

**Das Benzolmolekül ($C_6H_6$) ist ein ebenes, regelmäßiges Sechseck mit sechs gleichartigen C–C-Bindungen und sechs delokalisierten Elektronen. Es existieren zwei mesomere Grenzformeln.**

# Benzol und der aromatische Zustand

*Bildung von $sp^2$-Hybridorbitalen ↑ 146 f.*

Benzol verhält sich deutlich reaktionsträger, als man es von einer gewöhnlichen ungesättigten Verbindung erwarten würde. Das zeigt, dass das Benzolmolekül besonders stabil ist und dass Benzol einen besonders geringen Energiegehalt aufweist. Die erhöhte Stabilität aromatischer Verbindungen ist ein wesentliches Merkmal des aromatischen Zustands.

*Hydrierung: Umsetzung mit Wasserstoff*

*Hydrierungsenergie: Energie, die bei der Hydrierung frei wird*

**MESOMERIESTABILISIERUNG** Einen quantitativen Hinweis auf die besondere Stabilität des Benzolmoleküls liefert der Vergleich der Hydrierungsenergie von Benzol mit den Hydrierungsenergien anderer cyclischer Kohlenwasserstoffe (↑ **01**). Bei der Hydrierung von 1 mol Cyclohexen zu Cyclohexan werden 120 kJ frei, die Hydrierung von 1 mol Cyclohexadien zu Cyclohexan liefert erwartungsgemäß etwa das Doppelte, nämlich 232 kJ. Bei der Hydrierung von 1 mol Benzol wird hingegen nur ein Energiebetrag von 209 kJ frei – weit entfernt von den 360 kJ, von denen man ausgehen müsste, wenn man Benzol hypothetisch als Cyclohexatrien mit drei lokalisierten Doppelbindungen auffasst. Durch die Mesomerie, also durch das Vorliegen eines delokalisierten Elektronensystems, wird das Benzolmolekül offensichtlich stabilisiert, und zwar konkret um einen Energiebetrag von 151 kJ pro mol. Diesen Energiebetrag bezeichnet man als **Mesomerieenergie** des Benzolmoleküls.

**BINDUNGSVERHÄLTNISSE** Für ein besseres Verständnis der besonderen Struktur und der ungewöhnlichen elektronischen Situation des Benzolmoleküls ist eine Beschreibung der Bindungsverhältnisse mit dem Orbitalmodell hilfreich. Im Benzolmolekül sind alle sechs Kohlenstoffatome $sp^2$-hybridisiert (↑ S. 146), d. h., jedes Kohlenstoffatom kann insgesamt drei σ-Bindungen ausbilden: zwei zu benachbarten Kohlenstoffatomen und eine zu einem Wasserstoffatom. Das entstehende Bindungsgerüst liegt auf einer Ebene, alle Bindungswinkel betragen 120° (↑ **02A**). So ist zu verstehen, dass das Benzolmolekül als regelmäßiges ebenes Sechseck vorliegt. Jedes Kohlenstoffatom verfügt weiterhin über ein halbbesetztes 2p-Orbital, das nicht an der Hybridisierung teilnimmt und das senkrecht auf der Molekülebene steht. Dabei weist jeweils ein Orbitallappen nach oben und einer nach unten. Würden die p-Orbitale paarweise überlappen, so ergäben sich drei konjugierte Doppelbindungen. Tatsächlich überlappen aber alle sechs p-Orbitale gleichzeitig. So bildet sich ein ringförmig geschlossenes **π-Elektronensystem** oberhalb und unterhalb der Molekülebene (↑ **02B**).

**Die sechs C-Atome im Benzolmolekül sind $sp^2$-hybridisiert. Aufgrund der gleichzeitigen Überlappung der sechs p-Orbitale zu einem delokalisierten, ringförmig geschlossenen π-Elektronensystem ist das Benzolmolekül mesomeriestabilisiert.**

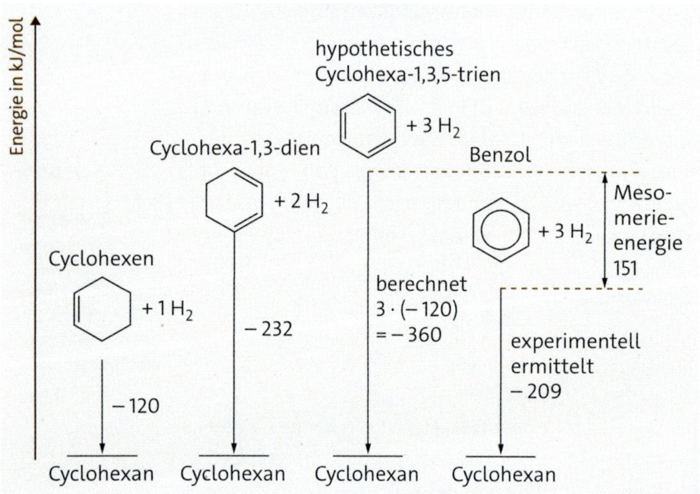


**01** Das Benzolmolekül ist mesomeriestabilisiert.

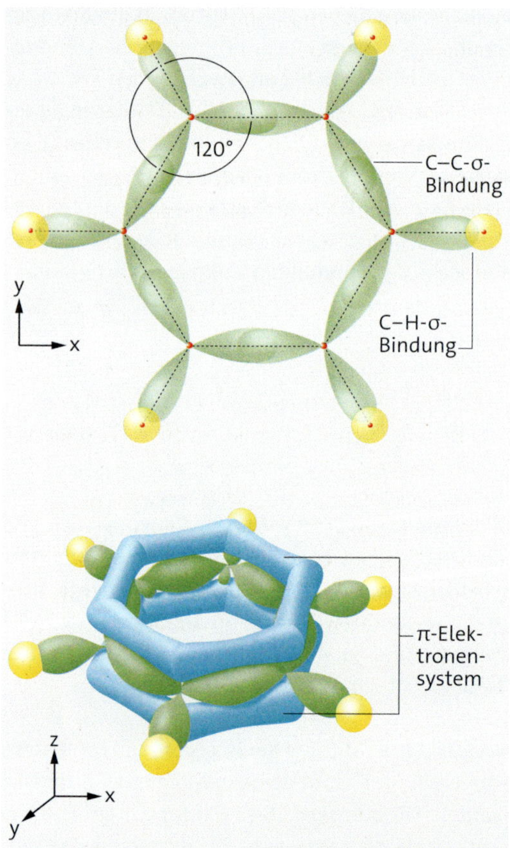


**02** Bindungsverhältnisse im Benzolmolekül

**HÜCKEL-REGEL** Der deutsche Physiker ERICH HÜCKEL konnte 1931, ausgehend von quantenmechanischen Berechnungen, eine Regel für das Vorliegen des besonders stabilen aromatischen Zustands aufstellen:

> **Hückel-Regel:**
> **Ein aromatischer Zustand liegt vor, wenn die Moleküle einer Verbindung eine ebene Ringstruktur mit einem ringförmig geschlossenen π-Elektronensystem mit (4*n* + 2) delokalisierten π-Elektronen aufweisen (*n* = 0, 1, 2, ...).**

Die genannten Kriterien treffen offensichtlich auf das Benzolmolekül ($n = 1$) mit seinen $(4 \cdot 1) + 2 = 6$ delokalisierten Ringelektronen zu und damit auch auf alle Moleküle, die mindestens einen Benzolring enthalten. Die zugehörigen Stoffe, die **Derivate des Benzols** (↑ S. 192 f.), zählen folglich alle zu den Aromaten.

Aber auch viele andere Moleküle erfüllen die Hückel-Regel und weisen daher einen aromatischen Zustand auf. Beispiele für sogenannte Hückel-Aromaten sind die mehrcyclischen aromatischen Kohlenwasserstoffe Naphthalin ($n = 2$) und Anthracen ($n = 3$), sowie die cyclischen Verbindungen Pyridin, Furan und Thiophen ($n = 2$; ↑ **03**).

Auch cyclische Ionen wie das Cyclopentadienyl-Anion können einen aromatischen Zustand aufweisen (↑ **04**). Aber Vorsicht: Nicht bei jedem cyclischen Molekül mit π-Elektronen im Ring ist automatisch die Hückel-Regel erfüllt. Das Cyclopentadienyl-Kation beispielsweise besitzt nur vier π-Elektronen in der Ringstruktur und ist daher nicht aromatisch.

1 › Erklären Sie, warum die 1865 von KEKULÉ vorgeschlagene Benzolstruktur von der Fachwelt zunächst nicht akzeptiert wurde.
2 › Erklären Sie die Begriffe Mesomerie und delokalisiertes Elektronensystem ausgehend vom Benzolmolekül.
3 › Begründen Sie, ob die folgenden beiden Strukturformeln nach der Hückel-Regel einen aromatischen Zustand aufweisen:

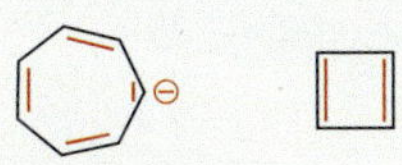

4 › Zeichnen Sie die Strukturformel eines Moleküls, das die Hückel-Regel für $n = 0$ erfüllt.

**Mesomerie**

Für ein besseres Verständnis des Mesomeriebegriffs in Abgrenzung zur Oszillationstheorie ist die folgende Analogie aus dem Tierreich zu empfehlen:

Aus der Kreuzung einer Pferdestute mit einem Esel geht das Maultier hervor. Ein Maultier hat gleichzeitig typische Eigenschaften eines Pferds (z. B. Gutmütigkeit) und eines Esels (z. B. hohe Ausdauer).

Es ist aber ganz offensichtlich nicht der Fall, dass ein Maultier in der einen Sekunde ein Pferd ist und in der nächsten zum Esel wird und ständig zwischen diesen beiden Ausprägungen hin und her oszilliert.

Pferd und Esel sind vielmehr so etwas wie die nie erreichten „Extremformen" des Maultiers. Diese Extreme helfen bei der Beschreibung seines Wesens, das tatsächlich irgendwo „dazwischen"liegt.

Man könnte diese Situation ähnlich wie beim Benzolring so zusammenfassen:

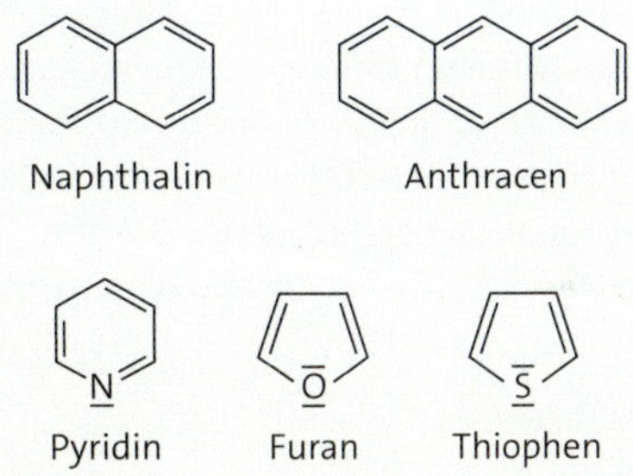


**03** Grenzformeln von Molekülen, die die Hückel-Regel erfüllen

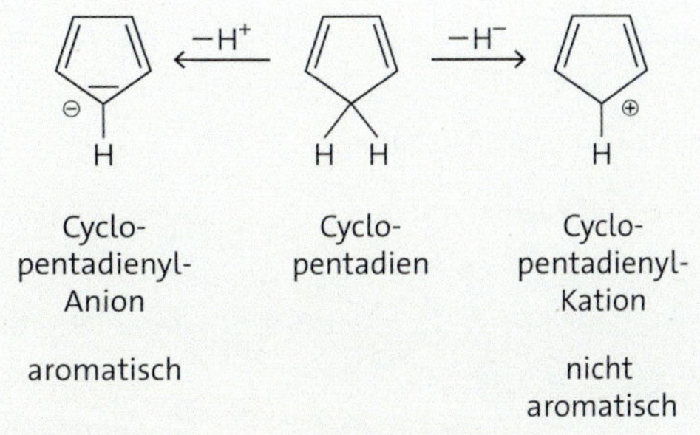


**04** Cyclopentadienyl-Anion und -Kation

# 6.2 Elektrophile Substitution

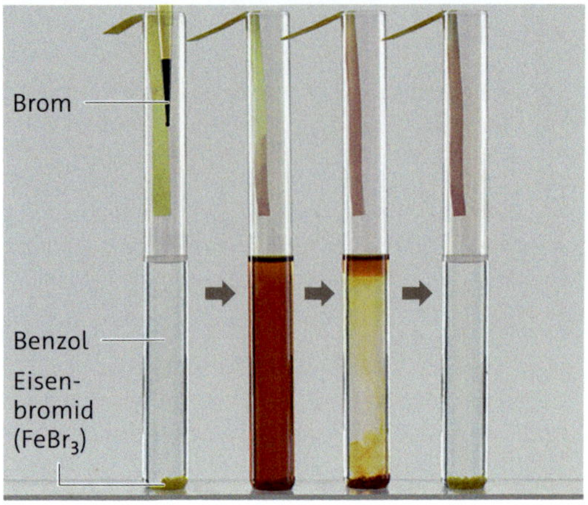


01 Bromierung von Benzol

**BROMIERUNG VON BENZOL** Versetzt man Benzol mit Brom in Anwesenheit von Eisenbromid als Katalysator, so kommt es zur Entfärbung der Lösung und feuchtes Indikatorpapier oberhalb der Lösung färbt sich rot (↑ **01**). Es läuft eine *Substitutionsreaktion* ab, bei der Brombenzol und Bromwasserstoff entstehen.

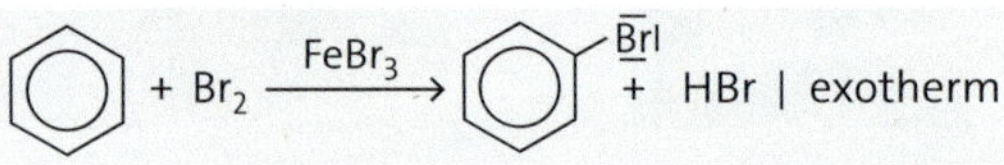


*Radikalische Substitution der Alkane* *↑ S. 160 ff.*

*σ-Komplex mit delokalisierter Ladung:*

Anders als bei der Reaktion von Brom mit Alkanen verläuft diese Substitutionsreaktion nicht über Radikale, d. h., es handelt sich *nicht* um eine *radikalische Substitution*. Die angreifenden Teilchen sind vielmehr „elektronenarme", positiv polarisierte Bromatome. Reaktive Teilchen mit Elektronenmangel bezeichnet man allgemein als **Elektrophile**. Die Bromierung von Benzol ist also eine **elektrophile Substitution**.

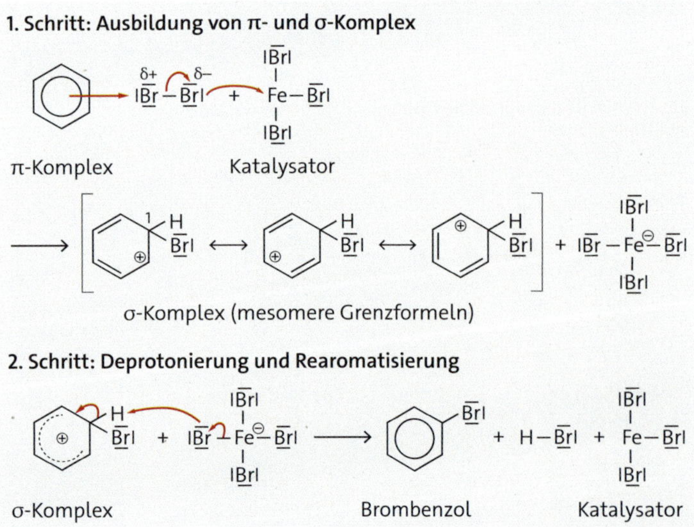


02 Mechanismus der elektrophilen Substitution

**REAKTIONSMECHANISMUS** Die elektrophile Substitution eines Wasserstoffatoms im Benzolring gegen ein Bromatom verläuft in zwei Schritten (↑ **02**):

**1. Schritt:** Der elektronenreiche Benzolring wechselwirkt mit einem Brommolekül unter Polarisierung der Br–Br-Bindung. Diese Anordnung wird als **π-Komplex** bezeichnet. In Gegenwart von Eisenbromid ($FeBr_3$) als Katalysator kann aus dem π-Komplex heraus das positiv polarisierte Bromatom elektrophil den Benzolring angreifen und sich an ein Kohlenstoffatom, dem C-1-Atom, anlagern. Gleichzeitig wird ein Bromid-Ion auf den Katalysator übertragen, sodass ein $FeBr_4^-$-Ion entsteht.
Durch die neue Bindung am C-1-Atom ergibt sich im Ring eine positive Ladung, die allerdings nicht an einem bestimmten Kohlenstoffatom lokalisiert werden kann, sondern im ganzen Ring verteilt ist. Für den so entstandenen **σ-Komplex** existieren drei mesomere Grenzformeln. Trotz der Mesomeriestabilisierung ist er energetisch weniger günstig als das ursprüngliche aromatische System mit sechs delokalisierten π-Elektronen. Die Bildung des σ-Komplexes ist daher ein endothermer Vorgang (↑ **03**).

**2. Schritt:** Das Wasserstoffatom am C-1-Atom wird als Proton ($H^+$) abgespalten (**Deprotonierung**). Dabei entsteht ein Brombenzolmolekül und der aromatische Zustand mit sechs delokalisierten π-Elektronen wird wiederhergestellt (**Rearomatisierung**). Das Proton wird vom $FeBr_4^-$-Ion aufgenommen. Schließlich entsteht Bromwasserstoff und der Katalysator bildet sich zurück. Durch die Rearomatisierung wird in diesem Schritt so viel Energie frei, dass die Bromierungsreaktion insgesamt exotherm verläuft (↑ **03**).

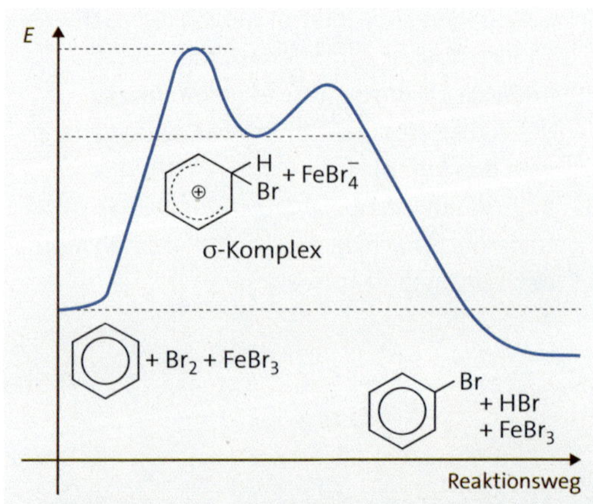


03 Energiediagramm der elektrophilen Substitution

Analog zur Reaktion mit Brom kann Benzol auch mit Chlor umgesetzt werden. Weitaus bedeutsamer als der Austausch eines Wasserstoffatoms gegen ein Brom- oder Chloratom sind allerdings Substitutionsreaktionen, bei denen eine Alkylgruppe (z. B. $-CH_3$), eine Nitrogruppe ($-NO_2$) oder eine Sulfonsäure-Gruppe ($-SO_3H$) in den Benzolring eingeführt werden. Auch solche *Alkylierungs-*, *Nitrierungs-* und *Sulfonierungsreaktionen* verlaufen als elektrophile Substitutionen.

**ALKYLIERUNG** Die Einführung einer Alkylgruppe in den Benzolring erfolgt durch Umsetzung von Benzol mit einem Halogenalkan im Beisein eines geeigneten Katalysators, z. B. Aluminiumchlorid. Die nach ihren Entdeckern CHARLES FRIEDEL und JAMES CRAFT benannte Reaktion läuft dabei ganz ähnlich ab wie die Halogenierung: Aus dem π-Komplex heraus greift ein positiv polarisiertes C-Atom den Benzolring elektrophil an. Der sich bildende σ-Komplex rearomatisiert in einem zweiten Schritt durch Deprotonierung. Durch Friedel-Crafts-Alkylierung lässt sich beispielsweise **Toluol** (Methylbenzol) gewinnen (↑ **04**).

**NITRIERUNG** Die Reaktion von Benzol mit Nitriersäure, einem Gemisch aus konzentrierter Salpetersäure und konzentrierter Schwefelsäure, führt zur Bildung von **Nitrobenzol**. Anders als bei der Halogenierung oder der Alkylierung greifen hier nicht positiv polarisierte Atome elektrophil an, sondern positiv geladene **Nitronium-Ionen ($NO_2^+$)**. Sie entstehen in der Nitriersäure durch Protonierung von Salpetersäure durch Schwefelsäure unter Abspaltung von Wasser. Der eigentliche Substitutionsvorgang läuft mechanistisch wieder genauso ab wie bei den Beispielen vorher (↑ **05**).

**SULFONIERUNG** Bei der Umsetzung von Benzol mit stark konzentrierter (rauchender) Schwefelsäure bildet sich **Benzolsulfonsäure**. Auch hier läuft eine elektrophile Substitution nach dem beschriebenen Mechanismus ab. Als Elektrophile wirken dabei **Sulfonium-Ionen ($SO_3H^+$)**, die in der rauchenden Schwefelsäure entstehen (↑ **06**). Die Sulfonierung ist eine umkehrbare Reaktion. Durch Erhitzen von Benzolsulfonsäure in verdünnter Schwefelsäure kann die Sulfonsäure-Gruppe wieder abgespaltet werden.

**Die Halogenierung, Alkylierungen, Nitrierung und Sulfonierung von Benzol sind elektrophile Substitutionen. Sie verlaufen in zwei Schritten und exotherm.**

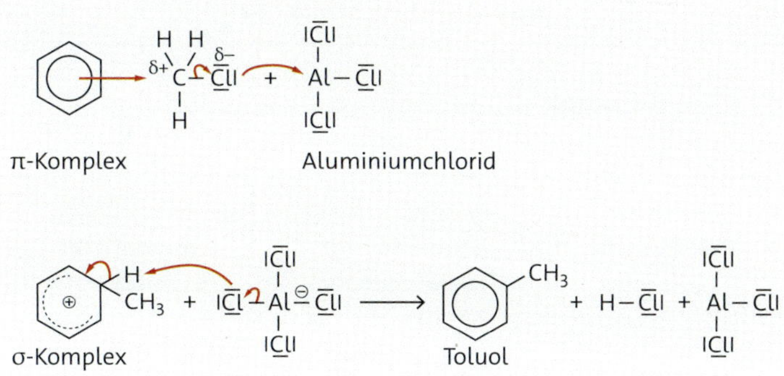


**04** Friedel-Crafts-Alkylierung: Synthese von Toluol

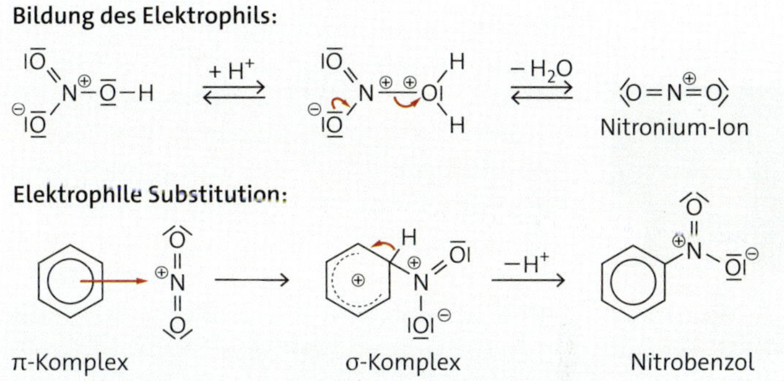


**05** Nitrierung: Synthese von Nitrobenzol

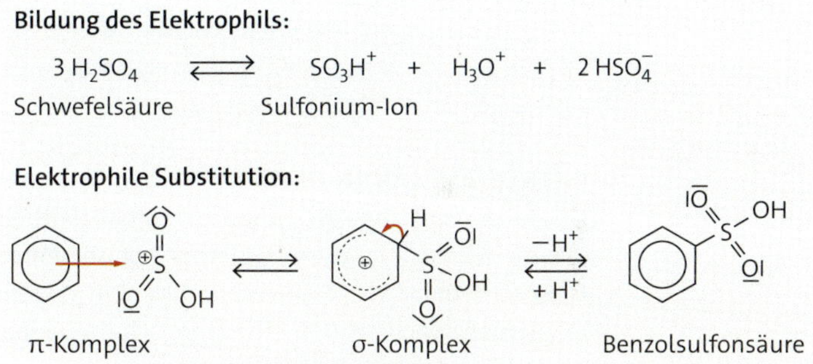


**06** Sulfonierung: Synthese von Benzolsulfonsäure. *Hinweis:* Für das Schwefelatom gilt die Oktettregel hier nicht.

1 › Vergleichen Sie die Reaktionsmechanismen der Reaktionen von Benzol mit Chlor sowie Cyclohexen mit Chlor.

2 › Erklären Sie unter Verwendung von Lewis-Formeln, wie es zwischen einem Bromid-Ion ($Br^-$) und dem Katalysator Aluminiumbromid ($AlBr_3$) zu einer Bindung kommen kann.

3 › Stellen Sie den Reaktionsmechanismus der Friedel-Crafts-Alkylierung zu Ethylbenzol dar.

*Sulfonierung: Auch Schwefeltrioxidmoleküle ($SO_3$) aus rauchender Schwefelsäure reagieren analog mit Benzol zu Benzolsulfonsäure.*

# 6.3 Derivate des Benzols

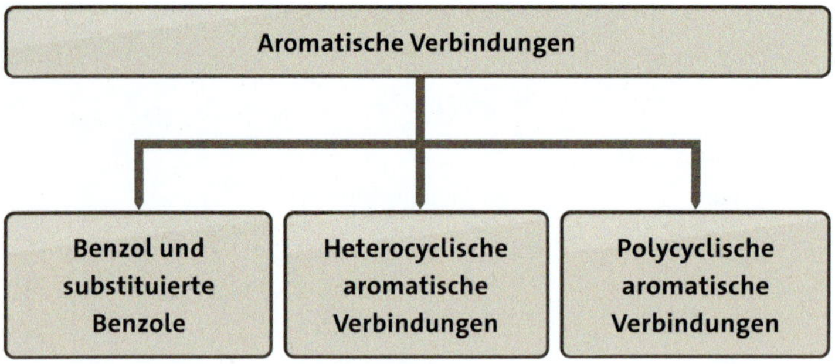


Werden Wasserstoffatome im Benzolmolekül gegen andere Atome oder Atomgruppen ausgetauscht bzw. *substituiert*, so lässt sich eine Vielzahl weiterer aromatischer Verbindungen herstellen, die auch als **Derivate** des Benzols bezeichnet werden.

**01** Phenol ist Ausgangsstoff für die Aspirinherstellung ↑ 196 f.

**PHENOL, EIN AROMATISCHER ALKOHOL** Wird ein Wasserstoffatom des Benzolmoleküls durch eine Hydroxygruppe –OH ersetzt, erhält man Hydroxybenzol $C_6H_5$–OH, das **Phenol**. Der aromatische Phenylrest $-C_6H_5$ ist unpolar, die Hydroxygruppe –OH dagegen polar.
Phenol ist bei Raumtemperatur fest und kristallin. An der Luft färben sich die weißen Nadeln durch Oxidation rötlich. Es ist giftig, hat einen durchdringenden Geruch und wirkt auf die Haut ätzend. Phenol ist sehr reaktionsfreudig (elektrophile Zweitsubstitution, ↑ S. 194).
In der Industrie wird Phenol als wichtige Grundchemikalie genutzt. So ist es beispielsweise Ausgangsstoff für die Aspirinherstellung.

**PHENOL ALS SÄURE** Obwohl das Phenolmolekül die gleiche funktionelle Gruppe im Molekül enthält wie die Alkanole, unterscheidet es sich in seinen Eigenschaften: Eine Lösung von Phenol in Wasser reagiert schwach sauer – eine Eigenschaft, die bei den Alkanolen nicht auftritt.
Phenolmoleküle können an Wassermoleküle Protonen abgeben, wodurch $H_3O^+$-Ionen und Phenolat-Ionen gebildet werden.

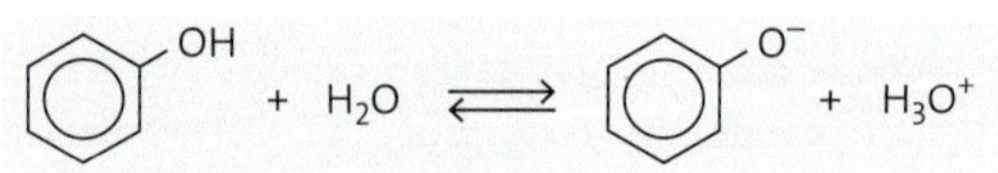


Das Phenolmolekül fungiert also als Protonendonator (Säure), das Wassermolekül als Protonenakzeptor (Base).

**Phenolmoleküle reagieren – im Unterschied zu Alkanolmolekülen – als schwache Säuren.**

**MESOMERIESTABILISIERUNG** Ursache für die saure Reaktion des Phenolmoleküls ist die Wechselwirkung der Hydroxygruppe mit dem π-Elektronensystem des aromatischen Rings. Dadurch wird die Bindung in der Hydroxygruppe stärker polarisiert und das Proton kann leichter abgegeben werden:

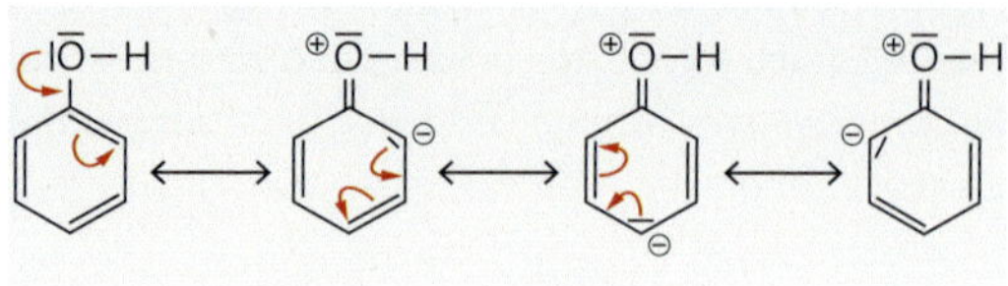

Eine weitere Ursache für die saure Reaktion liegt in der Stabilität des Phenolat-Ions, denn die negative Ladung ist nicht ausschließlich am Sauerstoffatom lokalisiert, sondern über den gesamten aromatischen Ring verteilt:

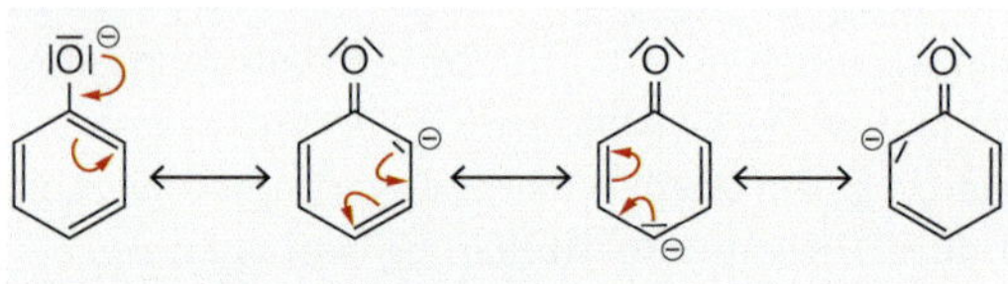

**MESOMERER EFFEKT** Substituenten, die wie die Hydroxygruppe im Phenolmolekül durch Mesomerie die Elektronendichte im Benzolring erhöhen, üben einen positiven mesomeren Effekt, **+M-Effekt**, aus. Allgemein handelt es sich dabei um Substituenten mit freien Elektronenpaaren, die sie dem aromatischen System zur Verfügung stellen können.
Substituenten mit **–M-Effekt** verringern dagegen die Elektronendichte im Benzolring. Ein Beispiel dafür ist die Nitrogruppe $-NO_2$. So reagiert das Nitrophenolmolekül stärker sauer als das Phenolmolekül, weil die elektronenziehende Wirkung der $NO_2$-Gruppe die Polarität der O–H-Gruppe erhöht. Deshalb steigt bei den Nitrophenolen die Acidität mit der Anzahl der Nitrogruppen im Molekül. So ist beispielsweise 2,4,6-Trinitrophenol (Pikrinsäure) eine starke Säure.

**Der mesomere Effekt beschreibt die Wirkung von Substituenten mit freiem Elektronenpaar auf die Elektronenverteilung im Rest des Moleküls als Folge mesomerer Wechselwirkungen.**

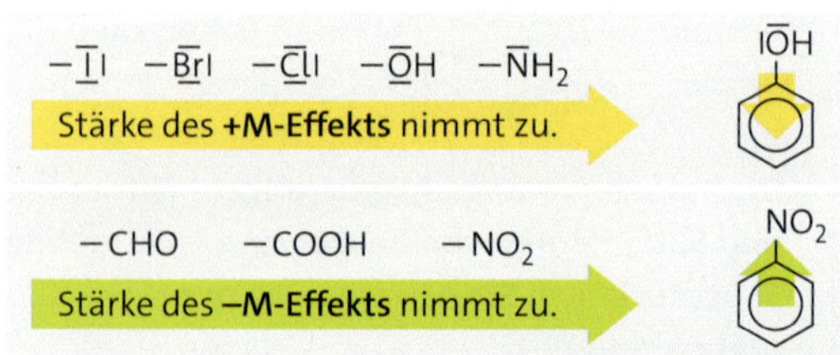


**02** Stärke des mesomeren Effekts von Substituenten

| Beispiele | Verwendung | Beispiele | Verwendung \| Vorkommen |
|---|---|---|---|
| 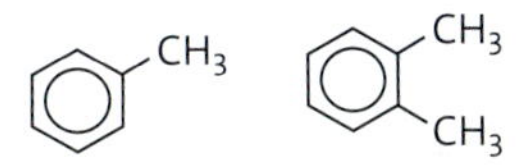<br>Toluol ortho-Xylol | Lösungsmittel, Farbstoffe, in Lack- und Kunststoffprodukten | 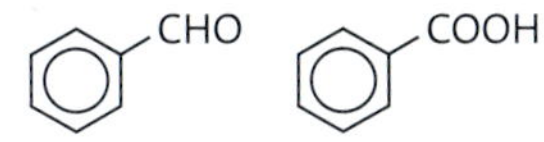<br>Benzaldehyd Benzoesäure | Weichmacher, Konservierungsstoff \| im Aroma von Früchten |
| 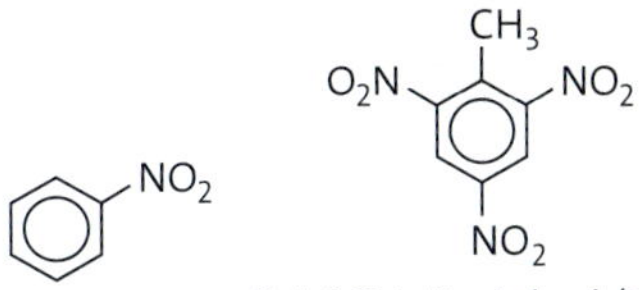<br>Nitrobenzol 2,4,6-Trinitrotoluol (TNT) | in Medikamenten und Pflanzenschutzmitteln; Sprengstoff (TNT) | **Heterocyclische Aromaten**<br>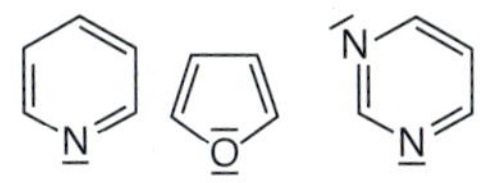<br>Pyridin Furan Pyrimidin | Bausteine von Pyridinnukleotiden, in Nucleinsäuren (Pyrimidin, Purin) |
| 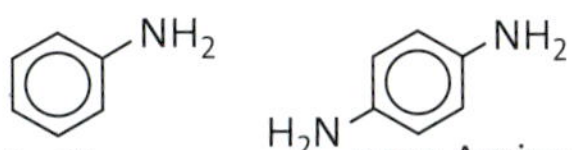<br>Anilin para-Aminoanilin | Azofarbstoffe (↑ S. 256 f.), zur Synthese von Medikamenten wie Paracetamol (↑ S. 196 f.) | **Polycyclische Aromaten**<br>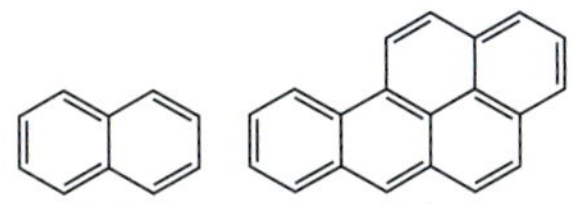<br>Naphthalin Benzo[a]pyren | als Zwischenprodukte bei der Synthese von Medikamenten, Farbstoffen und Insektiziden \| im Steinkohlenteer |
| 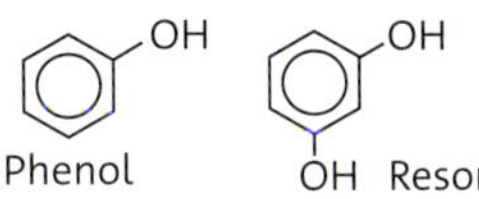<br>Phenol Resorcin | Farb- und Kunststoffe, Chemiefasern, Medikamente | | |

**03** Übersicht über Derivate des Benzols

**ANILIN** Wird ein Wasserstoffatom des Benzolmoleküls durch eine Aminogruppe $-NH_2$ ersetzt, erhält man das **Anilin** (Aminobenzol, $C_6H_5-NH_2$), ein wichtiges aromatisches Amin. Anilin ist eine ölige, farblose, unangenehm riechende Flüssigkeit, die sich an der Luft schnell braun verfärbt. Es wirkt stark toxisch und wird leicht über die Haut aufgenommen.

Obwohl die Aminogruppe im Anilinmolekül einen ähnlichen +M-Effekt aufweist wie die Hydroxygruppe im Phenolmolekül, reagiert Anilin in wässriger Lösung alkalisch. Die N–H-Bindungen in der Aminogruppe sind schwächer polarisiert als die Hydroxygruppe im Phenolmolekül, sodass beim Anilinmolekül der basische Charakter überwiegt: Ähnlich wie beim Ammoniakmolekül weist die Aminogruppe ein freies Elektronenpaar auf, das ein Proton binden kann – die Aminogruppe wirkt deshalb als Protonenakzeptor (Base). Weil jedoch das freie Elektronenpaar des Stickstoffatoms in die Mesomerie des Rings miteinbezogen wird, verringert sich die Elektronendichte am Stickstoffatom, sodass Anilin eine nur sehr schwache Base ist.

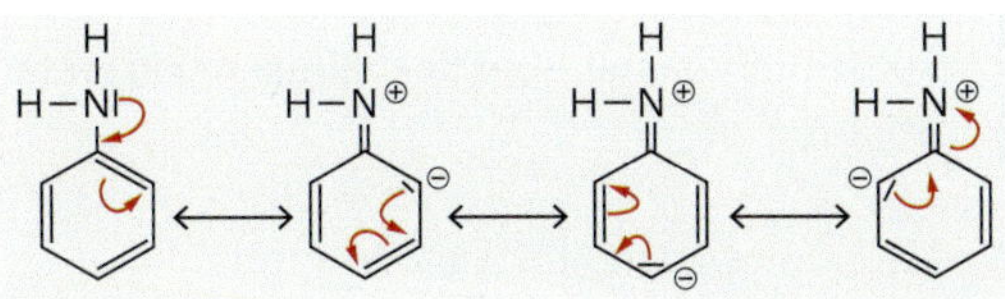

Nach der Protonierung der Aminogruppe sinkt die Anzahl der möglichen Grenzformeln, da deren freies Elektronenpaar nicht mehr delokalisiert ist.

**VOM TOLUOL ZUR BENZOESÄURE** Toluol (Methylbenzol) lässt sich zu einem Gemisch aus Benzylalkohol, Benzaldehyd und Benzoesäure oxidieren. Diese Oxidationsprodukte sind wasserlöslich und viel weniger toxisch als das Benzol, da sie vom Organismus ausgeschieden werden können. Deshalb sind z. B. Benzoesäure und ihre Salze, die Benzoate, als Konservierungsstoffe in Nahrungsmitteln zugelassen.

**HETEROCYCLISCHE UND POLYCYCLISCHE AROMATEN** Verbindungen, die im Ringsystem ihrer Moleküle neben Kohlenstoffatomen auch andere Atome wie Stickstoff-, Schwefel- oder Sauerstoffatome (Heteroatome) enthalten, heißen **heterocyclische Verbindungen**. Wenn auf ihre Moleküle die Hückel-Regel anwendbar ist, handelt es sich um heterocyclische aromatische Verbindungen. Sie können nach der Anzahl der Atome im Ring unterschieden werden: Sie bilden Sechsringe, z. B. das Pyridinmolekül, oder Fünfringe, z. B. das Furanmolekül.

Unter der im Alltag häufig anzutreffenden Abkürzung **PAK** versteht man **polycyclische aromatische Kohlenwasserstoffe**. Sie enthalten in ihren Molekülen mehrere Benzolringe mit einem gemeinsamen π-Elektronensystem. Einfachster Vertreter ist das Naphthalin mit zwei Ringen im Molekül.

**1 ›** Gibt man Anilin in Wasser, so entsteht eine leicht alkalische Lösung. Erklären Sie diesen Sachverhalt auch unter Verwendung einer Reaktionsgleichung.

# 6.4 Elektrophile Zweitsubstitution

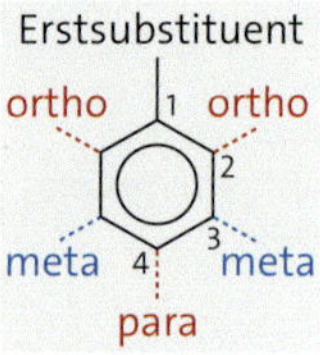


**01** Positionen am substituierten Benzolmolekül

Aus Benzolderivaten wie Phenol, Anilin oder Nitrobenzol können durch eine weitere Substitution, die **Zweitsubstitution**, an einem anderen Kohlenstoffatom des Benzolmoleküls weitere Verbindungen hergestellt werden. Dabei hat der Erstsubstituent Einfluss auf die Reaktionsgeschwindigkeit und den Ort der Zweitsubstitution.

**GESCHWINDIGKEIT DER ZWEITSUBSTITUTION** Phenol reagiert deutlich schneller mit Brom als Benzol. Dies ist zunächst verwunderlich, weil wegen der hohen Elektronegativität des Sauerstoffatoms angenommen werden könnte, dass die OH-Gruppe (Hydroxygruppe) die Elektronendichte im Ring durch einen negativen induktiven Effekt, **–I-Effekt**, vermindert (induktiver Effekt ↑ S. 162). Tatsächlich erhöht die OH-Gruppe jedoch die Elektronendichte im Ring, weil ein freies Elektronenpaar am Sauerstoffatom mit dem delokalisierten π-Elektronensystem des Rings in Wechselwirkung tritt und so den elektrophilen Angriff erleichtert (+M-Effekt ↑ S. 192). Man bezeichnet dies als **aktivierende Wirkung** der OH-Gruppe. Deshalb ist die Reaktionsgeschwindigkeit der Zweitsubstitution von Phenol im Vergleich zur Substitution des Benzols erhöht.

Allgemein gilt: Substituenten mit einem +M- und/oder +I-Effekt sind *aktivierend*. Substituenten mit einem –M-Effekt und/oder einem –I-Effekt wirken *desaktivierend*. Beide Effekte können sich gegenseitig verstärken oder auch kompensieren (↑ **03**).

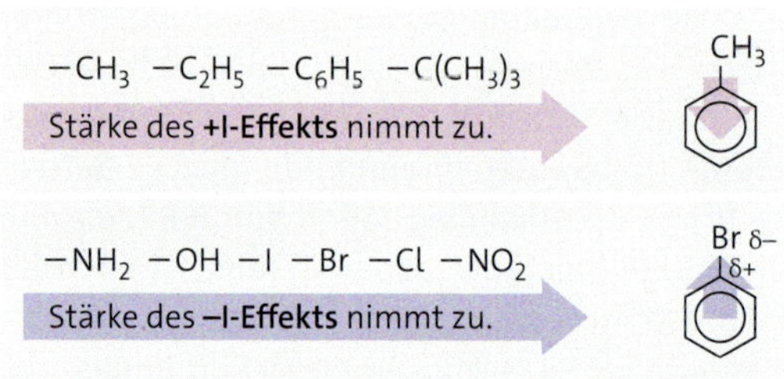


**02** Stärke des induktiven Effekts von Substituenten

| Erstsubstituent | Induktiver Effekt / mesomerer Effekt | Reaktivität im Vergleich zu Benzol | Dirigiert nach |
|---|---|---|---|
| $-OH$, $-NH_2$ | +M > –I | viel größer | ortho und para |
| $-CH_3$ | +I | größer | ortho und para |
| $-Cl$, $-Br$ | –I, +M | geringer | ortho und para |
| $-NO_2$, $-COOH$ | –I, –M | viel geringer | meta |

**03** Dirigierende Wirkung des Erstsubstituenten und Übersicht über die Effekte

**DIRIGIERENDE WIRKUNG** Bei einer Zweitsubstitution ist die Bildung von drei isomeren Verbindungen denkbar. Tatsächlich zeigt die Untersuchung der Reaktionsprodukte, dass der Erstsubstituent steuernd, man sagt: dirigierend, auf die Eintrittsstelle des Zweitsubstituenten wirkt: *Aktivierende* Erstsubstituenten dirigieren den Zweitsubstituenten in die ortho- und para-Stellung (2- und 4-Stellung, ↑ **01**). Desaktivierende Erstsubstituenten dirigieren den Zweitsubstituenten in meta-Stellung (3-Stellung).

Grund für das unterschiedliche Reaktionsverhalten ist die Stabilität der σ-Komplexe:

**Aktivierende Erstsubstituenten mit +M-Effekt** wie die OH-Gruppe beim Phenolmolekül können in ortho- und para-Stellung die positive Ladung des Zweitsubstituenten übernehmen. Die π-Elektronen sind über einen größeren Bereich delokalisiert, wodurch der σ-Komplex stabilisiert wird. Bei der Substitution in meta-Stellung können die π-Elektronen nur im Ring delokalisiert werden. Der σ-Komplex ist deshalb weniger stabil.

Für die Verteilung der möglichen Reaktionsprodukte ergibt sich daraus, dass die ortho- und para-Isomere 2-Bromphenol und 4-Bromphenol bevorzugt entstehen, weil sich die entsprechenden stabilen σ-Komplexe leichter bilden, während meta-Isomere kaum oder gar nicht entstehen (↑ **04**).

**Desaktivierende Erstsubstituenten mit –M-Effekt** wie die $NO_2$-Gruppe beim Nitrobenzolmolekül dirigieren den Zweitsubstituenten bevorzugt in meta-Stellung. Ein Vergleich der Grenzformeln der σ-Komplexe zeigt, dass es für den Zweitsubstituenten in ortho- und para-Stellung Grenzformeln gibt, bei denen positive Ladungen direkt benachbart sind. Eine solche Häufung gleicher Ladung ist energetisch ungünstig. Der σ-Komplex der Substitution in meta-Stellung ist deshalb stabiler und die Bildung des meta-Isomers 3-Bromnitrobenzol begünstigt (↑ **05**).

**Der mesomere und der induktive Effekt beeinflussen die Reaktionsgeschwindigkeit der Zweitsubstitution. Erstsubstituenten mit +M-Effekt dirigieren in ortho- und para-Stellung. Erstsubstituenten mit –M-Effekt dirigieren in meta-Stellung.**

**1›** Sie erhalten den Auftrag, 2-Nitrotoluol und 3-Nitrotoluol herzustellen. Als Ausgangsstoff soll u. a. Benzol eingesetzt werden.
**a** Beschreiben Sie, wie Sie vorgehen würden.
**b** Formulieren Sie die Reaktionsgleichungen.

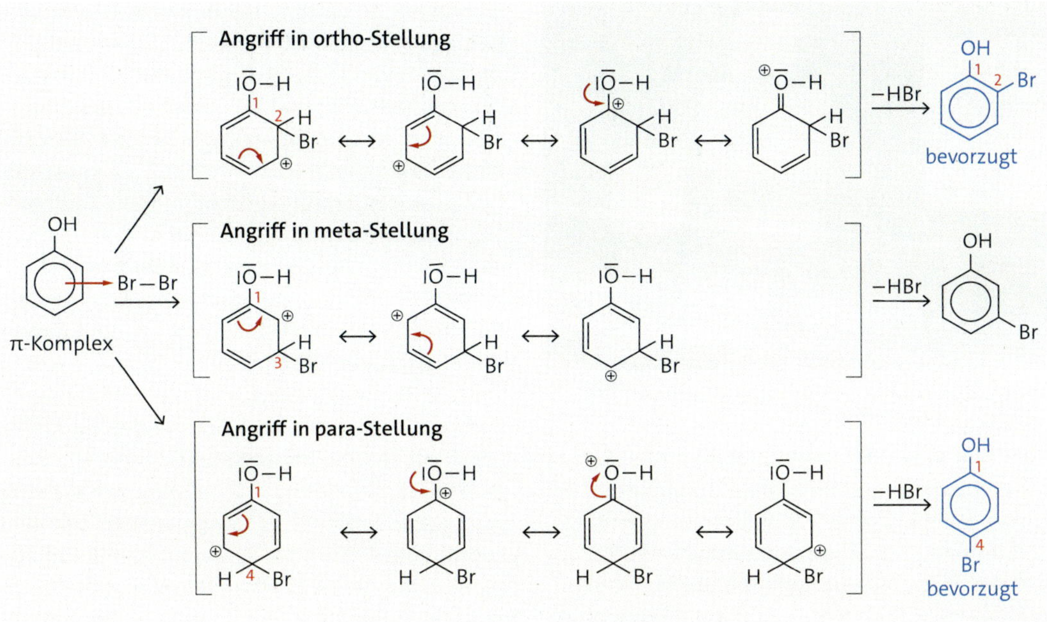


**04** Mesomere Grenzformeln der σ-Komplexe bei der Bromierung von Phenol

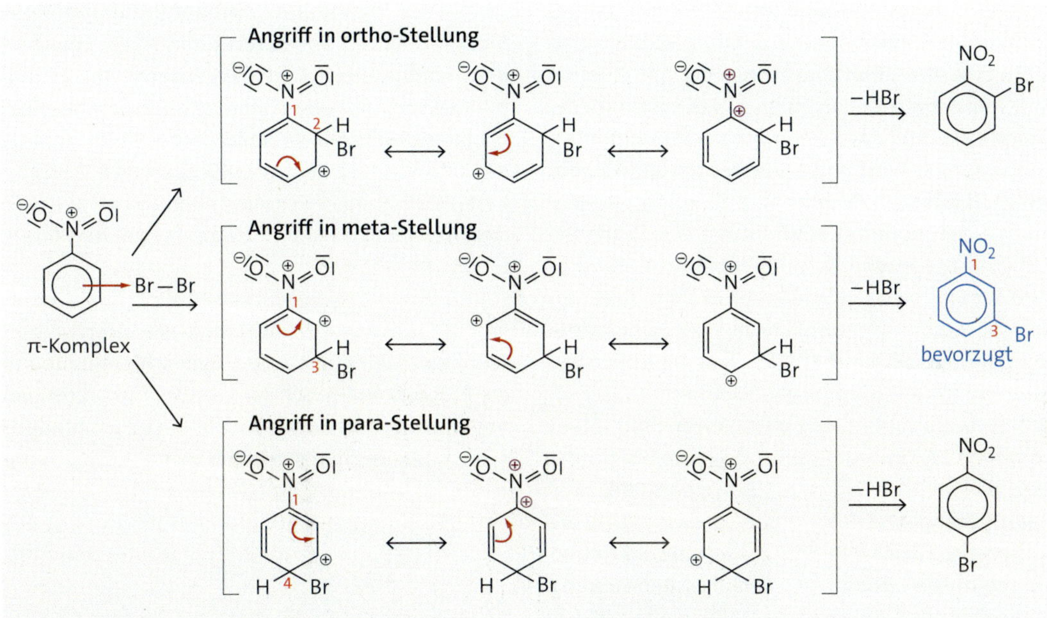


**05** Mesomere Grenzformeln der σ-Komplexe bei der Bromierung von Nitrobenzol

**SUBSTITUTION AN DER SEITENKETTE ODER AM BENZOLRING** Bei Alkylbenzolen wie dem Toluol können am Benzolring oder an der Seitenkette, der Methylgruppe, Substitutionsreaktionen stattfinden. Welche der Reaktionen stattfindet, hängt von den *Reaktionsbedingungen* ab.

Toluol (Methylbenzol) reagiert mit Brom in Anwesenheit eines ***Katalysators*** wie Eisenbromid bei niedrigen Temperaturen („***Kälte***") zu einem Gemisch aus ortho- und para-Bromtoluol und Bromwasserstoff. Es läuft eine **elektrophile Substitution** am Benzolring (auch „*Kern*" genannt) ab.

Erfolgt die Reaktion ohne Katalysator bei hoher Temperatur („***Siedehitze***") und unter dem Einfluss von Licht („***Sonne***"), wird durch **radikalische Substitution** an der ***Seitenkette*** ein Wasserstoffatom der Methylgruppe durch ein Bromatom ersetzt. Als Reaktionsprodukt entsteht Benzylbromid $C_6H_5–CH_2Br$.

***KKK-Regel***
*Kälte und ein Katalysator begünstigen die elektrophile Substitution am Ring („Kern").*

***SSS-Regel***
*Sonnenlicht und Siedehitze begünstigen die radikalische Substitution an der Seitenkette.*

# 6.5 Aspirin – ein aromatischer Arzneistoff

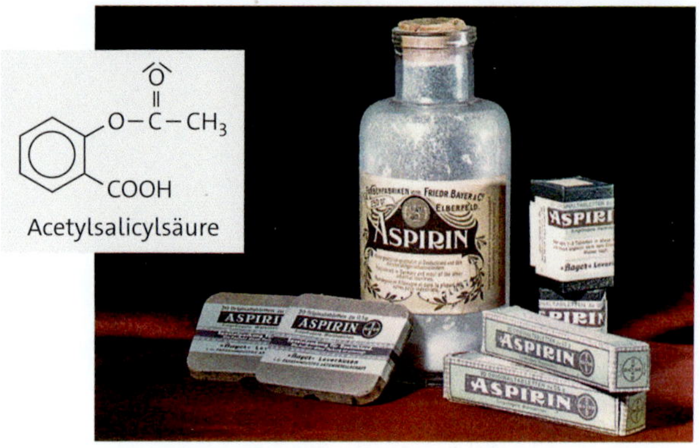


**01** Aspirin – seit 120 Jahren in aller Munde

**VON DER WEIDENRINDE ZUM ASPIRIN** Bereits seit dem Altertum ist die schmerzstillende und fiebersenkende Wirkung der Weidenrinde bekannt. Kräuterfrauen nutzten die pflanzliche Medizin im Mittelalter zur Linderung von Beschwerden aller Art. Der eigentliche Wirkstoff, die **Salicylsäure**, wurde aber erst im 19. Jahrhundert entdeckt und industriell gewonnen. In diesem Zusammenhang ist der Marburger Chemiker HERMANN KOLBE zu nennen, der als Teilhaber der ersten Salicylsäurefabrik weltweit erstmals eine Arzneimittelsynthese im industriellen Maßstab betrieb. Der unangenehme Geschmack der Salicylsäure und das Auftreten unerwünschter Nebenwirkungen wie Übelkeit, Erbrechen und Magenschleimhautentzündung machen allerdings eine längerfristige Einnahme des Wirkstoffs unmöglich. Bei der Firma Bayer war im Jahr 1897 ein Stab von Chemikern damit beschäftigt, die Salicylsäure so zu verändern, dass diese Nebenwirkungen nicht mehr auftreten. Dem bei Bayer beschäftigten deutschen Chemiker FELIX HOFFMANN gelang schließlich dieser Kunstgriff. Er *acetylierte* Salicylsäure mithilfe von Essigsäureanhydrid zu **Acetylsalicylsäure (ASS)**, dem Essigsäureester der Salicylsäure (↑ **02**; ↑ Exp. 6.01, S. 198). Pharmakologische Tests ergaben, dass durch die Acetylierung eine höhere Magenverträglichkeit und eine deutliche Verbesserung der klinischen Wirkung erreicht wurden. Am 1. Februar 1899 wurde das Präparat als **Aspirin** in Berlin patentiert. Der Name leitet sich von der Spierstaude ab, einem salicylsäurehaltigen Rosengewächs, das als Mädesüß bekannt ist. Aspirin wurde im 20. Jahrhundert zu einem der bekanntesten und meistverwendeten Arzneimittel – trotz nicht zu unterschätzender Nebenwirkungen. Bis heute wurden mehr als 100 Milliarden Aspirintabletten in aller Welt verkauft.

*Acetylierung bzw. Deacetylierung: Austausch eines Wasserstoffatoms gegen eine Acetylgruppe bzw. umgekehrt*

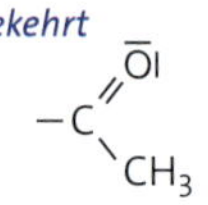

**ASPIRIN IM MENSCHLICHEN KÖRPER** Acetylsalicylsäure wird nach oraler Aufnahme im Dünndarm resorbiert und schnell in der Leber zu Salicylsäure *deacetyliert*. Das Ausscheiden der Salicylsäure und ihrer Stoffwechselprodukte erfolgt praktisch vollständig über den Urin. Der Wirkstoff hemmt die Bildung sogenannter **Prostaglandine**. Diese Hormongruppe ist einerseits an der Schmerzentstehung beteiligt, andererseits an der Aggregation, also dem Zusammenklumpen der Thrombozyten (Blutplättchen). Seiner blutverdünnenden Wirkung ist es zu verdanken, dass Aspirin nicht nur als Schmerzmittel eingesetzt werden kann, sondern auch zur Verhütung arterieller Thrombosen. Der Wirkmechanismus wurde 1971 von JOHN ROBERT VANE aufgeklärt. Dafür erhielt er 1982 den Nobelpreis für Medizin. Entscheidend ist das Enzym **Cyclooxygenase (COX)**, das die Bildung von Prostaglandinen katalysiert. Durch Acetylsalicylsäure wird ein Aminosäurerest in der Nähe des katalytischen Zentrums ($Ser_{530}$) von COX acetyliert (↑ **03**). Die räumliche Veränderung bewirkt, dass das Enzym inaktiv wird (↑ Schlüssel-Schloss-Prinzip, S. 308).

**PARACETAMOL – EINE ALTERNATIVE** Acetylsalicylsäure stört den Aufbau der Magenschleimhaut und die Blutgerinnung. Schwer zu stillende Blutungen und schmerzhafte Magenschleimhautentzündungen können bei längerfristiger Einnahme die Folge

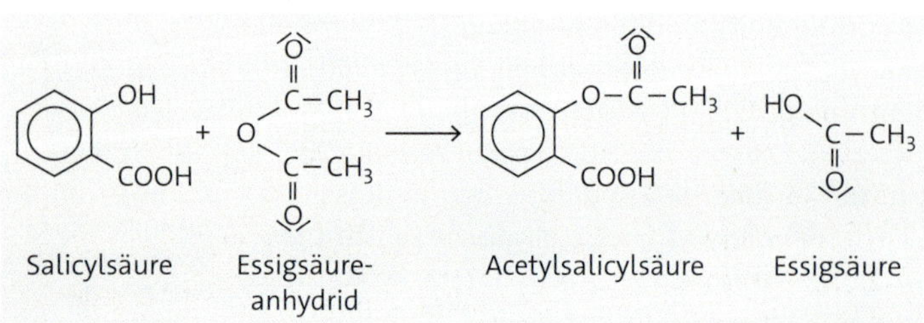


**02** Acetylierung von Salicylsäure zu Acetylsalicylsäure

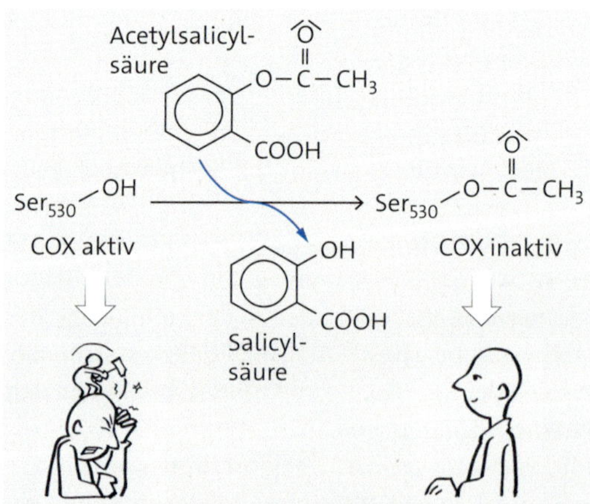


**03** Wirkmechanismus von Acetylsalicylsäure (Aspirin)

sein. Eine Alternative insbesondere in der Kinderheilkunde ist **Paracetamol**, ebenfalls eine aromatische Verbindung, die schmerzlindernd und fiebersenkend wirkt und seit den 1950er Jahren eingesetzt wird. Im Gegensatz zu Acetylsalicylsäure handelt es sich hierbei nicht um einen Ester, sondern um ein Amid. Hergestellt wird Paracetamol durch N-Acetylierung von para-Aminophenol mit Essigsäureanhydrid (↑ **04**). Anders als Acetylsalicylsäure hat der Wirkstoff kaum Wirkung auf die Cyclooxygenase und damit auch praktisch keine blutgerinnungshemmende Wirkung. Der genaue Wirkmechanismus von Paracetamol ist bis heute nicht vollständig erforscht. Bekannt ist lediglich, dass der schmerzstillende Effekt maßgeblich in Gehirn und Rückenmark zustande kommt.

**ANALYSE MIT EISEN(III)-CHLORID** Eine übliche Methode zur Unterscheidung von Acetylsalicylsäure und Salicylsäure ist die Zugabe von Eisen(III)-chloridlösung. Während die Acetylsalicylsäurelösung farblos bleibt, färbt sich die Salicylsäurelösung violett (↑ **05**; ↑ Exp. 6.02, S. 198). Verantwortlich für die Violettfärbung ist ein *Eisenkomplex*, der sich nur ausbildet, wenn unveresterte Hydroxygruppen zur Verfügung stehen. Diese Strukturvoraussetzung ist auch bei Paracetamol gegeben. Lösungen von Paracetamol färben sich bei Zugabe von Eisen(III)-chlorid ebenfalls violett.

**1** Bei der industriellen Herstellung von Salicylsäure nach dem Kolbe-Schmitt-Verfahren reagiert Phenol mit Kohlenstoffdioxid. Formulieren Sie eine zugehörige Reaktionsgleichung.

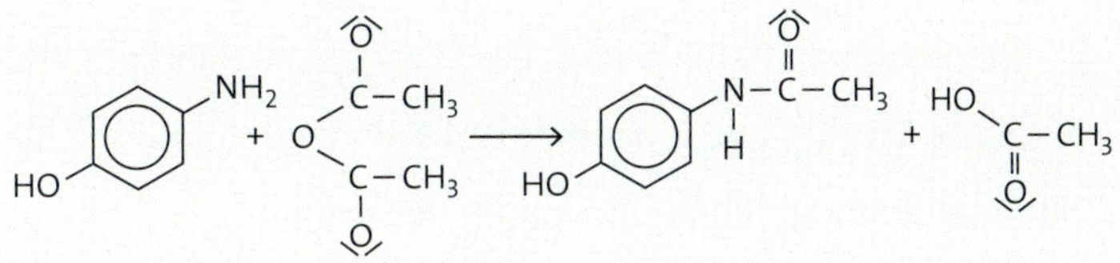


**04** Acetylierung von para-Aminophenol zu Paracetamol

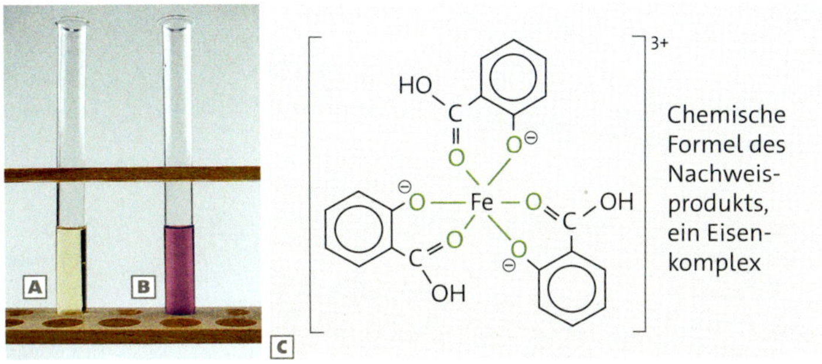


**05** Unterscheidung von **A** Acetylsalicylsäure und **B** Salicylsäure, **C** Eisenkomplex

**2** Recherchieren Sie, was man unter Säureanhydriden versteht. Formulieren Sie eine Reaktionsgleichung für die Bildung von Essigsäureanhydrid und geben Sie den Reaktionstyp an.

**3** Vergleichen Sie die Moleküle von Acetylsalicylsäure und Paracetamol.

**4** Eine lange Zeit offen gelagerte ASS-Tablette wird in Lösung gebracht. Bei Zugabe von Eisen(III)-chloridlösung beobachtet man eine Rotfärbung. Erklären Sie.

## Pharmazie – die Lehre der Arzneimittel

Schon seit jeher sind Menschen auf der Suche nach Stoffen, die Schmerzen lindern, Krankheiten heilen, das Leben verlängern oder gar Unsterblichkeit verleihen. Die Nutzung pflanzlicher Wirkstoffe hat dabei eine lange Tradition und reicht bis in die Antike zurück. Die gezielte Erforschung, Entwicklung und Erprobung von Arzneimitteln auf Grundlage naturwissenschaftlicher Erkenntnisse ist hingegen eine eher junge Disziplin. Erst im 19. Jahrhundert entstand die Pharmazie, die Lehre der Arzneimittel. Sie gilt heute als interdisziplinäre Wissenschaft, die vor allem chemische, biologische und medizinische Aspekte vereint.
Gegenwärtig werden in Deutschland über 20 000 verschiedene Arzneimittel verkauft. Sie werden in der sogenannten Roten Liste katalogisiert und gruppiert. Salicylsäure, Aspirin und Paracetamol sind Beispiele für aromatische Schmerzmittel (Analgetika). Auch in anderen Arzneimittelgruppen spielen aromatische Verbindungen eine wichtige Rolle. Pharmazie ohne Benzolring? Undenkbar!

| Bezeichnung | Wirkung |
|---|---|
| Analgetika | lindern Schmerzen |
| Anästhetika | lähmen Teile des zentralen Nervensystems |
| Antibiotika | hemmen das Bakterienwachstum |
| Antihistaminika | lindern Entzündungen, Allergien |
| Antipyretika | senken Fieber |
| Chemotherapeutika | schädigen gezielt Zellen |
| Hypnotika | fördern Schlaf |
| Psychopharmaka | beeinflussen die Psyche |

# Praktikum

## P Herstellung und Untersuchung von Acetylsalicylsäure

### EXP 6.01 Herstellung von Acetylsalicylsäure

**Materialien** Waage, Erlenmeyerkolben (100 ml) mit Stopfen, Wasserbad, Thermometer, Glasstab, Eiswasser, Wasserstrahlpumpe, Büchner-Trichter, Rundfilter, Saugflasche, Gummidichtung, Salicylsäure (5, 7), Essigsäureanhydrid (2, 5, 6), konzentrierte Schwefelsäure (5)

**Durchführung** Geben Sie in den Erlenmeyerkolben 5 g Salicylsäure, 5 ml Essigsäureanhydrid und einige Tropfen konzentrierte Schwefelsäure. Verschließen Sie den Erlenmeyerkolben und schütteln Sie so lange, bis eine Lösung entstanden ist.
Erhitzen Sie das Reaktionsgemisch im Wasserbad bei 60 °C für ca. 15 min und rühren Sie dabei das Reaktionsgemisch gelegentlich um.
Erhöhen Sie anschließend die Temperatur auf 80–90 °C und erhitzen Sie das Gemisch unter Umrühren für weitere 5 min.
Stellen Sie anschließend den heißen Kolben ins Eiswasser. Da die Löslichkeit der entstandenen Acetylsalicylsäure beim Abkühlen abnimmt, fällt hierbei schnell ein weißer Feststoff aus. Saugen Sie den Feststoff über den Büchner-Trichter ab.
Waschen Sie den Filterrückstand mit Eiswasser und lassen sie ihn anschließend trocknen.

*Entsorgung:* Feste Rückstände mit Ethanol in Lösung bringen und in den Behälter für halogenfreie organische Abfälle geben.

**Auswertung** Formulieren Sie die zugehörige Reaktionsgleichung.

### EXP 6.02 Untersuchung der Acetylsalicylsäure

**Materialien** Reibschale mit Pistill, 12 Reagenzgläser mit Ständer, Pipetten, Salicylsäure (5, 7), Acetylsalicylsäure (7), handelsübliche Aspirin- oder ASS-Tablette (7), Universalindikatorlösung (2, 7), Eisen(III)-chloridlösung ($w$ = 3 %; 5, 7), Lugol'sche Lösung (8), demin. Wasser

**Durchführung** Beschriften Sie die Reagenzgläser mit 1a–d, 2a–d, 3a–d, 4a–d. Geben Sie in die Reibschale eine handelsübliche Aspirin- bzw. ASS-Tablette und pulverisieren Sie diese mit dem Pistill.
Geben Sie das Pulver in Reagenzglas 1a und lösen Sie es in etwas Wasser.
Füllen Sie eine der Tablette entsprechende Menge an trockener, selbst hergestellter Acetylsalicylsäure in Reagenzglas 2a und lösen Sie sie ebenfalls in Wasser.
Geben Sie die etwa gleiche Menge an Salicylsäure in Reagenzglas 3a und lösen Sie sie ebenfalls in Wasser.

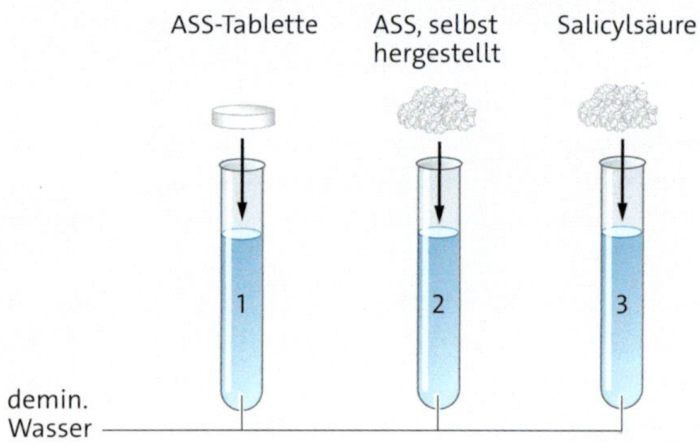


**1.** Entnehmen Sie aus jedem Reagenzglas einige ml der Lösung, geben Sie diese jeweils in ein weiteres Reagenzglas (1b, 2b, 3b) und stellen Sie mithilfe von Universalindikatorlösung den jeweiligen pH-Wert der Lösung fest.
**2.** Entnehmen Sie aus jedem Reagenzglas einige ml der Lösung, geben Sie diese in ein weiteres Reagenzglas (1c, 2c, 3c) und tropfen Sie jeweils etwas Lugol'sche Lösung zu.
**3.** Entnehmen Sie aus jedem Reagenzglas einige ml der Lösung, geben Sie diese in ein weiteres Reagenzglas (1d, 2d, 3d) und tropfen Sie jeweils etwas Eisen(III)-chloridlösung zu.
**4.** Erhitzen Sie Reagenzglas 1a für 10 min im Wasserbad bei ca. 70 °C. Tropfen Sie anschließend etwas Eisen(III)-chloridlösung dazu.
*Entsorgung:* Überschüssiges Iod aus Versuchsteil 2 bis zur Entfärbung mit Vitamin C versetzen. Lösungen ins Abwasser geben.

**Auswertung** Beschreiben und deuten Sie Ihre Beobachtungen.

## Crystal Meth – eine Droge mit Geschichte

Ob in einer Prüfung oder beim Wettkampf – oft gelingen uns erst in einer Stresssituation Höchstleistungen. Dabei schüttet unser Körper vermehrt das Hormon **Adrenalin** aus. Adrenalin wie auch das in Pflanzen vorkommende **Ephedrin** und die synthetischen Stoffe **Amphetamin** und **Methamphetamin** weisen ähnliche Wirkungen auf die menschliche Herz-Kreislauf-Funktion auf. Bei steigender Herzfrequenz und beschleunigter Erregungsleitung stellt sich ein allgemeines Gefühl der Wachheit und des Aufgeputschtseins ein. Weitere Wirkungen kommen bei den einzelnen Stoffen hinzu. Auffällig ist, dass die Moleküle des Adrenalins, Ephedrins, Amphetamins und Methamphetamins ein ähnliches aromatisches Grundgerüst besitzen.

**METHAMPHETAMIN** ist ein weißes, bitter schmeckendes Pulver, das in Wasser und Ethanol löslich ist. Es wurde erstmals 1893 von dem japanischen Chemiker NAGAI NAGAYOSHI synthetisiert. 1938 kam es unter dem Handelsnamen Pervitin auf den Markt und wurde im Zweiten Weltkrieg von der deutschen Wehrmacht und auch von der zivilen Bevölkerung als aufputschende, Hunger und Schmerz unterdrückende Wunderpille konsumiert. In Form von „Panzerschokolade" hielt es Soldaten während des Blitzkriegs an der Westfront bis zu 60 Stunden ununterbrochen wach, bei gleichzeitig gesteigertem Selbstbewusstsein, minimierten Angstgefühlen und erhöhter Risikobereitschaft. Schnell wurde aber klar, dass sich durch die Einnahme eine starke Abhängigkeit einstellt. Nach dem Krieg wurde Pervitin als verschreibungspflichtiges Medikament gegen Depressionen und Übergewicht, noch häufiger jedoch als illegales Aufputschmittel in Beruf und Sport eingesetzt. Erst 1988 erfolgte das vollständige Verbot von Pervitin.

**CRYSTAL METH** Spätestens seit der TV-Serie „Breaking Bad" ist die Droge Crystal Meth in den Blickpunkt der Öffentlichkeit gelangt. Die kristalline Substanz wurde bereits in den 1920er Jahren aus Methamphetamin unter Einwirkung von Salzsäure als **Methamphetamin-Hydrochlorid** hergestellt. Es überwindet die Blut-Hirn-Schranke und stört im Gehirn den Neurotransmitterstoffwechsel, indem es die Wiederaufnahme des Neurotransmitters Dopamin aus dem synaptischen Spalt verhindert. Die Herstellung von Crystal Meth ist einfach und preiswert. Gleichzeitig ist es extrem suchterzeugend. Viele Drogenkonsumenten berichten, dass sie bereits beim ersten Mal abhängig wurden. Weil es die Ressourcen des Körpers aufbraucht, wird eine vernichtende Abhängigkeit erzeugt, die nur durch weiteren Konsum der Droge scheinbar gelindert werden kann. Viele sterben schließlich an den Folgen des Konsums.

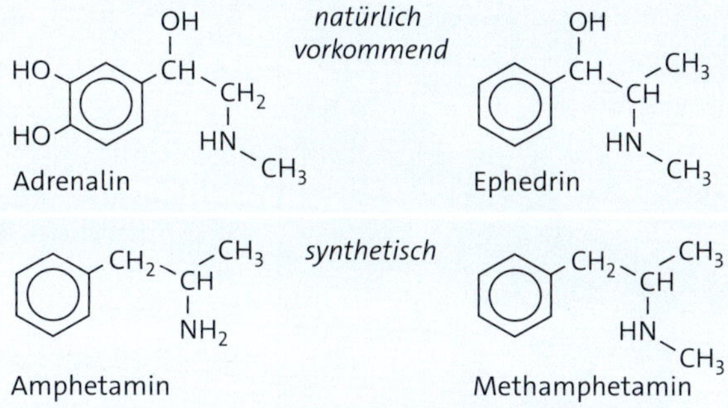


**01** Ähnlichkeit der Moleküle der natürlichen Stoffe Adrenalin und Ephedrin mit den Drogen Amphetamin und Methamphetamin

| Kurzzeitwirkung | Langzeitwirkung |
|---|---|
| • schneller Herzschlag, hoher Blutdruck, erhöhte Körpertemperatur<br>• erweiterte Pupillen<br>• Schlafstörungen<br>• Appetitlosigkeit, Übelkeit<br>• bizarres, fahriges, oft aggressives Verhalten<br>• Halluzinationen, Panik<br>• Neigung zu Krämpfen bis hin zum Tod | • irreversible Schädigungen der Blutgefäße<br>• Leber-, Nieren-, Lungenschäden, Zerstörung der Nasenschleimhäute<br>• Abszesse, Unterernährung<br>• schwerer Zahnverfall<br>• Desorientierung, Apathie<br>• starke mentale Abhängigkeit, Psychosen, Depressionen, Demenz |

**02** Wirkungen des Konsums von Crystal Meth

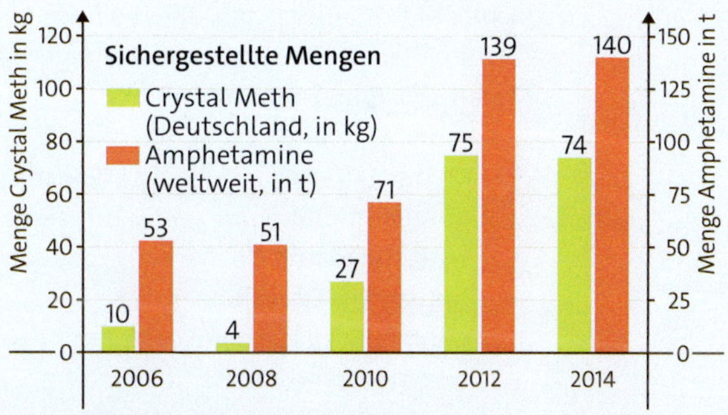


**03** Sichergestellte Drogen: Crystal Meth und Amphetamine

**1** Beschreiben und vergleichen Sie die Struktur der Moleküle in Bild ↑ **01**.

**2** Stellen Sie eine Hypothese auf, wie es zu den ähnlichen Wirkungen von Adrenalin, Ephedrin, Amphetamin und Methamphetamin kommen kann.

**3** Bewerten Sie den Einsatz von Methamphetamin im Zweiten Weltkrieg.

**4** Beurteilen Sie die gefährdende Wirkung von Crystal Meth und Amphetaminen für die Bevölkerung.

# 6.6 Toxizität aromatischer Verbindungen

Alle Dinge sind Gift,
und nichts ist ohne Gift;
allein die Dosis macht,
daß ein Ding kein Gift ist.

Aus: Paracelsus.
Das Buch Paragranum.
Septem Defensiones, 1538

**01** PARACELSUS VON HOHENHEIM (1493–1541)

**TOXIKOLOGIE** Die Toxikologie (griech. *toxikologia:* Giftkunde) ist die Lehre der Giftstoffe und deren schädlicher Wirkung auf Lebewesen. Grundlegend für die Toxikologie ist die Erkenntnis, dass ein Stoff von vornherein weder giftig noch ungiftig ist, sondern dass vor allem die Aufnahmemenge (Dosis) für seine Gefährlichkeit bzw. für seine Unbedenklichkeit ausschlaggebend ist: *Die Dosis macht das Gift!* Dieses Prinzip war schon im 16. Jahrhundert bekannt und geht auf den Arzt und Naturforscher PARACELSUS VON HOHENHEIM zurück (↑ **01**). Zur Beurteilung der Risiken, die mit der Aufnahme von Giftstoffen, der **Exposition**, einhergehen, spielen nach neuerer Einsicht neben der Dosis aber auch einige weitere Faktoren eine Rolle. Hierzu gehören:

- ob der Giftstoff kurzfristig in einer Einzeldosis aufgenommen wird und dann seine Wirkung entfaltet (**akute Giftwirkung**) oder ob eine kontinuierliche Exposition über einen längeren Zeitraum hinweg zu einem bestimmten Krankheitsbild führt (**chronische Giftwirkung**).
- ob die Aufnahme des Giftstoffs über den Mund (oral), über die Atmung (inhalativ) oder über die Haut (dermal) geschieht.
- die individuellen Eigenschaften des Lebewesens, das den Giftstoff aufnimmt, z. B. Spezies, Alter und Geschlecht.

**AKUT TOXISCHE STOFFE** Substanzen, die beim Menschen schon in kleiner Dosis schwerwiegende Gesundheitsschäden verursachen oder gar tödlich wirken, werden als **akut toxische Stoffe** bezeichnet. Zur Abschätzung der akuten Toxizität kann die **mittlere letale Dosis** (kurz: **$LD_{50}$**) angegeben werden. Das ist der Durchschnittswert der Dosis, die für 50 % einer im Tierversuch untersuchten Population, z. B. Ratten, bei oraler oder dermaler Aufnahme tödlich wirkt. Letale Dosen werden angegeben in Milligramm des Giftstoffs pro Kilogramm Körpergewicht.

Auf Basis der $LD_{50}$-Werte lassen sich vier **Gefahrenkategorien** ableiten, wobei die Gefährlichkeit von Kategorie I nach Kategorie IV abnimmt. Die Kennzeichnung akut toxischer Stoffe erfolgt durch das Totenkopf-Symbol (GHS 06) bzw. durch das Ausrufezeichen (GHS 07).
Unter den akut toxischen Stoffen sind bekannte Giftstoffe wie Kaliumcyanid („Zyankali"), Arsentrioxid („Arsenik") oder Acrylamid, aber auch einige in der Schule verwendete Chemikalien wie Brom, Chlor oder Methanol. Eine echte Fundgrube für akut toxische Substanzen ist die Stoffklasse der Aromaten. Besonders nitrierte aromatische Verbindungen sind problematisch, aber auch Anilin, Phenol, Benzaldehyd, Resorcin, Xylol und Styrol gehören in diese Gefahrenklasse (↑ **02**).

**Schon kleine Dosen akut toxischer Stoffe sind gesundheitsschädlich oder sogar lebensbedrohlich. Nitrobenzol, Anilin, Phenol und viele andere Aromaten sind akut toxisch.**

**KMR-STOFFE** Die Ursache chronischer Vergiftungen besteht meist darin, dass sich bestimmte Stoffe in der Luft am Arbeitsplatz oder in der Wohnung anreichern und so langfristig über die Atmung aufgenommen werden. Die Folgen sind mitunter gravierend, insbesondere dann, wenn die aufgenommenen Giftstoffe krebserregend (**k**arzinogen), erbgutverändernd (**m**utagen) oder fortpflanzungsschädigend (**r**eproduktionstoxisch) wirken. Nicht in allen Fällen ist das schädigende Potenzial eines solchen **KMR-Stoffs** eindeutig erwiesen, häufig gibt es diesbezüglich nur mehr oder weniger aussagekräftige Hinweise aus Tierstudien. Die Einschätzung des schädigenden Potenzials eines KMR-Stoffs erfolgt durch Zuordnung zu jeweils drei Gefahrenkategorien. Alle KMR-Stoffe sind mit dem GHS-Symbol für Gesundheitsgefahren (GHS 08) gekennzeichnet.

Der Umgang mit KMR-Stoffen im Chemieunterricht ist streng geregelt: Für Stoffe der Kategorien 1A und 1B besteht in der Regel sowohl für Schülerinnen und Schüler als auch für Chemielehrkräfte ein *Verwendungsverbot*. Für alle KMR-Stoffe ist außerdem zwingend eine **Ersatzstoffprüfung** durchzuführen, d. h., die Lehrkraft muss entscheiden, ob ein Experiment alternativ auch mit einem weniger problematischen Stoff durchgeführt werden kann. Viele aromatische Verbindungen wie Benzol, Toluol, Anilin oder Phenol sind KMR-Stoffe (↑ **03**).

> **Stoffe mit karzinogener, mutagener oder reproduktionstoxischer Wirkung werden als KMR-Stoffe bezeichnet. Beispiele: Benzol, Toluol, Anilin und Phenol.**

**EXPOSITION-RISIKO-BEZIEHUNG** Die Gefährlichkeit eines krebserregenden Stoffs wird durch die **Exposition-Risiko-Beziehung (ERB)** ausgedrückt. Sie beschreibt den Zusammenhang zwischen der Konzentration des Stoffs in der Luft und der Wahrscheinlichkeit, dass bei dauerhafter Exposition im Verlauf des Lebens eine Krebserkrankung ausbricht. Bleibt die sogenannte **Akzeptanzkonzentration** unterschritten, so ist das expositionsbedingte Krebsrisiko akzeptabel gering. Wird der Wert überschritten, so erhöht sich das Risiko kontinuierlich. Bei Erreichen der sogenannten **Toleranzkonzentration** ist das Krebsrisiko aus gesetzlicher Sicht gerade noch tolerierbar. Eine weitere Überschreitung der Konzentration führt aber zu einem Erkrankungsrisiko, das z. B. am Arbeitsplatz als nicht mehr zumutbar eingeschätzt wird.

Bislang sind nur für wenige karzinogene Verbindungen Akzeptanz- und Toleranzwerte ermittelt worden, darunter auch Benzol. Der Bereich mittleren Risikos liegt hier bei Konzentrationen zwischen 0,2 mg pro $m^3$ Luft (Akzeptanzkonzentration) und 1,9 mg pro $m^3$ Luft (Toleranzkonzentration). Verdampft beispielsweise 1 ml Benzol (entspricht 880 mg) in einem Klassenzimmer mit einem Volumen von ca. 200 $m^3$, so ist die Toleranzkonzentration bereits deutlich überschritten. Allerdings sind nur diejenigen ernsthaft gefährdet, die sich jahrelang mehrere Stunden täglich in einem Raum mit einer solchen Benzolkonzentration aufhalten.

**1 ›** Erklären Sie den Unterschied zwischen akuter und chronischer Giftwirkung.

**2 ›** In einem Schulversuch soll mit Phenol experimentiert werden. Beschreiben Sie die Gesundheitsgefahren, die von diesem Stoff ausgehen, und geben Sie an, wie man sich davor schützen kann. Recherchieren Sie dazu die zugehörigen H-Sätze und P-Sätze (↑ S. 371 ff.).

**3 ›** Benzol ist *aspirationstoxisch*. Recherchieren Sie, was es damit auf sich hat.

| Einstufung in Gefahrenkategorie | | Beispiele |
|---|---|---|
| Kategorie I | **lebensgefährlich**<br>oral: $LD_{50} \leq 5$ mg/kg<br>dermal: ≤ 50 mg/kg | 2,4-Dinitroanilin<br>1,2- / 1,3- / 1,4-Dinitrobenzol<br>2-Methyl-4,6-dinitrophenol<br>1,3,5-Trinitrobenzol |
| Kategorie II | **lebensgefährlich**<br>oral: $LD_{50} \leq 50$ mg/kg<br>dermal: ≤ 200 mg/kg | 1-Chlor-2,4-dinitrobenzol |
| Kategorie III | **giftig**<br>oral: $LD_{50} \leq 300$ mg/kg<br>dermal: ≤ 1000 mg/kg | Anilin<br>Nitrobenzol<br>Phenol<br>2,4-Dinitrophenol |
| Kategorie IV | **gesundheitsschädlich**<br>oral: $LD_{50} \leq 2000$ mg/kg<br>dermal: ≤ 2000 mg/kg | Benzaldehyd<br>Resorcin<br>Xylol<br>Styrol |

**02** Akut toxische Aromaten

| Einstufung in Gefahrenkategorie | | Beispiele |
|---|---|---|
| Kategorie IA | schädliche Wirkung ist nachgewiesen<br>i. d. R. Verwendungsverbot!<br>Ersatzstoffprüfung! | Benzol (K) |
| Kategorie IB | schädliche Wirkung ist wahrscheinlich<br>i. d. R. Verwendungsverbot!<br>Ersatzstoffprüfung! | Benzol (M)<br>Nitrobenzol (R) |
| Kategorie II | schädliche Wirkung wird vermutet<br>Ersatzstoffprüfung! | Anilin (K/M)<br>Nitrobenzol (K)<br>Phenol (M)<br>Toluol (R) |

**03** Aromatische KMR-Stoffe. K: karzinogen, M: erbgutverändernd, R: fortpflanzungsschädigend

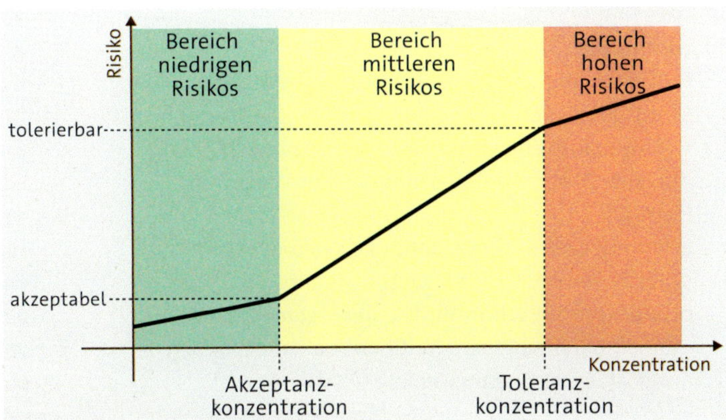


**04** Exposition-Risiko-Beziehung

# Klausurtraining

## Material A Synthese von Anisaldehyd

*Anisaldehyd* ist ein wichtiger Ausgangsstoff für die Synthese von Antihistaminika zur Behandlung von Allergien. Den Namen verdankt er seiner Gewinnung aus einer natürlichen Komponente im Anisöl, die für das typische Anisaroma verantwortlich ist. Anisaldehyd weist in seinen Molekülen eine zweite funktionelle Gruppe auf, die Methoxygruppe ($-O-CH_3$).

Die Verbindung wird ausgehend von Toluol in vier Schritten, die im Folgenden nachvollzogen werden sollen, vollsynthetisch hergestellt:

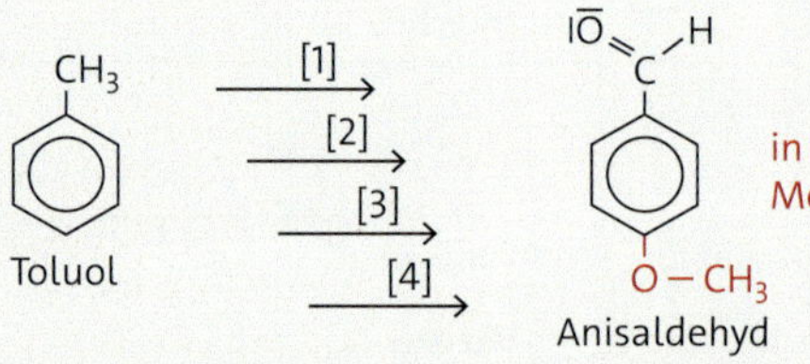


in Rot: Methoxygruppe

### AUFGABEN ZU A

**1›** Schritt [1]: Bei der Umsetzung von Toluol mit Chlor in Gegenwart von Eisen(III)-chlorid als Katalysator entstehen u. a. para-Chlortoluol und Chlorwasserstoff.
**a** Formulieren Sie die zugehörige *Reaktionsgleichung* unter Verwendung von Strukturformeln.
**b** Erläutern Sie die beiden Schritte des zugehörigen *Reaktionsmechanismus*.
**c** Geben Sie an, welche weiteren Reaktionsprodukte hier entstehen können.
**d** Begründen Sie, ob eines der von Ihnen angegebenen weiteren Reaktionsprodukte bevorzugt entstehen wird.

**2›** Schritt [2]: Durch Reaktion von para-Chlortoluol mit Natronlauge bei 250 °C und 300 bar wird großtechnisch para-Methylphenol hergestellt.
Formulieren Sie die zugehörige Reaktionsgleichung unter Verwendung von Strukturformeln.

**3›** Schritt [3]: Durch Reaktion von para-Methylphenol mit Methanol entsteht eine aromatische Verbindung mit einer Methoxygruppe, das para-Methylanisol ($C_8H_{10}O$).
**a** Formulieren Sie die zugehörige Reaktionsgleichung unter Verwendung von Strukturformeln.
**b** Erläutern Sie, wie mithilfe einer Farbreaktion para-Methylphenol und para-Methylanisol voneinander unterschieden werden können.

**4›** Schritt [4]: Durch Oxidation von para-Methylanisol ($C_8H_{10}O$) mit Salpetersäure ($HNO_3$) bildet sich schließlich Anisaldehyd. Als weitere Produkte entstehen Stickstoffmonooxid (NO) und Wasser.
**a** Formulieren Sie die zugehörigen Teilgleichungen für Oxidation und Reduktion sowie die *Redoxreaktionsgleichung*.
**b** Erläutern Sie, mit welchen Produkten zu rechnen ist, wenn mit Nitriersäure statt mit Salpetersäure gearbeitet wird.

## Material B Aromatischer Zustand

Ringförmige Moleküle können einen aromatischen Zustand aufweisen, also besonders stabil sein, wenn bestimmte Kriterien erfüllt sind. Das wichtigste Beispiel für ein aromatisches Molekül ist das Benzolmolekül.

In der Abbildung sind die Strukturformeln von drei verschiedenen ringförmigen Molekülen angegeben:

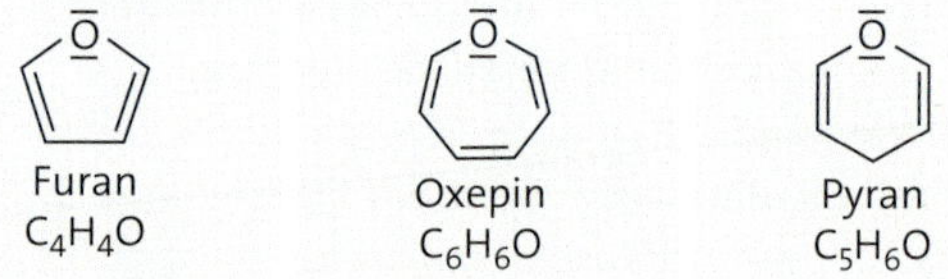


### AUFGABEN ZU B

**1›** Die Stabilität des Benzolmoleküls kann durch seine Mesomerieenergie in Zahlen gefasst werden. Sie beträgt $151\ kJ \cdot mol^{-1}$.
**a** Erklären Sie den Begriff Mesomerieenergie.
**b** Erklären Sie, wie die Mesomerieenergie des Benzolmoleküls ermittelt wird.

**2›** Der Physiker Erich Hückel hat 1931 allgemeine Kriterien für das Vorliegen eines aromatischen Zustands aufgestellt.
**a** Nennen Sie diese Kriterien.
**b** Begründen Sie, dass das Furanmolekül die Kriterien erfüllt.
**c** Prüfen Sie, ob die anderen beiden Moleküle nach Hückel einen aromatischen Zustand aufweisen.

**3›** Aromatische Verbindungen reagieren anders mit Halogenen, als man es für ungesättigte Verbindungen wie Alkenen erwarten würde.
**a** Erklären Sie diese Aussage am Beispiel der Reaktion von Benzol mit Brom.
**b** Formulieren Sie Reaktionsgleichungen für die Reaktionen von Furan und Pyran mit Brom.

## Material C Erdbeeraroma

### C1 Methylanthranilat

Das Aroma von Erdbeeren resultiert aus dem Zusammenwirken einer Vielzahl von Inhaltsstoffen. Die wichtigste ist Furaneol, eine komplexe Verbindung, die in der Frucht aus Fructose gebildet wird. Das Erdbeeraroma wird aber auch durch eine aromatische Verbindung mitbestimmt: dem Methylester der *Anthranilsäure*, d. h. dem *Methylanthranilat* bzw. Anthranilsäuremethylester.

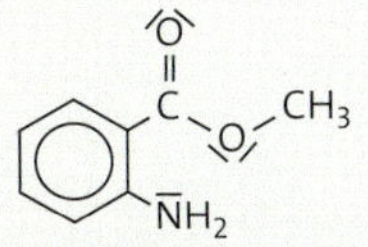


**C1.1** Formel von Methylanthranilat

### C2 Synthese von Anthranilsäure – gut überlegt?

Ein Chemielaborant weiß, dass man eine am Aromaten substituierte Nitrogruppe durch Reduktion mit Zink in Salzsäure in eine Aminogruppe umwandeln kann. Zink wird dabei zu Zink(II)-Ionen oxidiert. Eine Carboxygruppe wird unter diesen Bedingungen nicht reduziert. Er plant daher im Labor zur Synthese von Anthranilsäure die Nitrierung von Benzoesäure zu 2-Nitrobenzoesäure und die anschließende Reduktion des Produkts.

### C3 Informationen zu Benzoesäure

Benzoesäure kann technisch u. a. durch die Oxidation von Toluol (Methylbenzol) mit Braunstein (Mangandioxid, $MnO_2$) in Gegenwart von Schwefelsäure hergestellt werden. Auf die gleiche Weise kann Nitrotoluol zu Nitrobenzoesäure oxidiert werden.

**AUFGABEN ZU C**

**1)** Erläutern Sie die vom Laboranten geplante Synthese von Anthranilsäure (↑ **C2**), indem Sie
**a** den Mechanismus der Nitrierung von Benzoesäure erläutern und auf mögliche Nebenprodukte eingehen.
**b** eine Reaktionsgleichung für die Reduktion der Nitrogruppe mit Zink aufstellen.
**c** Beurteilen Sie den Syntheseplan des Laboranten.

**2)** Erstellen Sie, ausgehend von Toluol, einen alternativen Syntheseplan zur Gewinnung der Anthranilsäure (↑ **C3**). Beurteilen Sie, ob dieser Weg zu einer im Vergleich zu ↑ **C2** besseren Ausbeute führt.

**3)** Erläutern Sie die Bildung des Methylesters (Methylanthranilat, ↑ **C1**) mithilfe eines geeigneten Mechanismus. Geben Sie an, um welchen Reaktionstyp es sich handelt.

## Material D Paracetamol

### D1 Paracetamol aus Phenol

*Paracetamol* (para-Acetylaminophenol) ist der Wirkstoff in einer Vielzahl von Schmerzmitteln. Er kann wie in ↑ **D1.1** gezeigt mit Essigsäurechlorid im letzten Schritt synthetisiert werden.

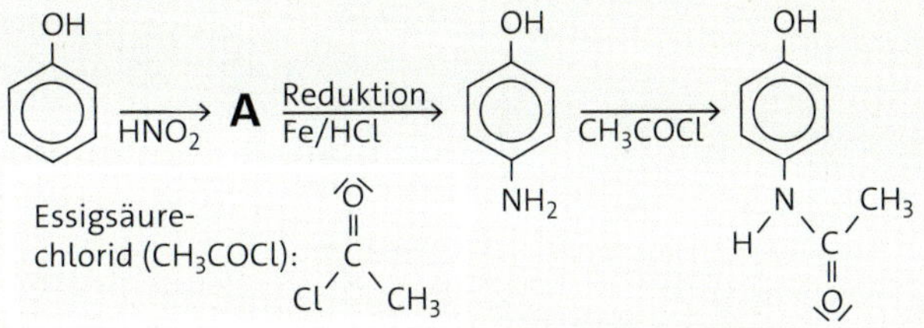


**D1.1** *Ein* Reaktionsweg zur Herstellung von Paracetamol

### D2 Essigsäurechlorid – ein wichtiger Ausgangsstoff

Historisch gelang die Synthese von Paracetamol schon 1878, indem man das Zwischenprodukt **A** in konzentrierter Essigsäure mit Zinn als Reduktionsmittel kochte. Heute erfolgt die Synthese z. B. mit *Essigsäurechlorid* (↑ **D1.1**) statt Essigsäure.

### D3 Propacetamol – eine Wirkstoffvariante

*Propacetamol* wird durch Veresterung der phenolischen OH-Gruppe des Paracetamols mit Diethylglycin gewonnen. Der Ester kann leicht protoniert werden. Mit Chlorwasserstoff bildet sich das wasserlösliche Salz *Propacetamolhydrochlorid*, das Patienten über Infusionen verabreicht werden kann. Paracetamol ist hingegen in Wasser und Körperflüssigkeiten kaum löslich.

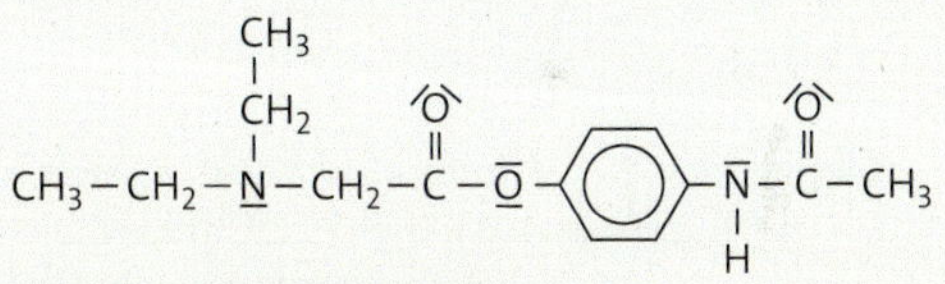


**D3.1** Formel von Propacetamol

**AUFGABEN ZU D**

**1)** **a** Erläutern Sie den Reaktionsweg nach ↑ **D1** und geben Sie das Zwischenprodukt A an.
**b** Erklären Sie, warum Phenol bereits im ersten Schritt mit Salpetersäure reagiert, während eine analoge Reaktion mit Benzol ein Gemisch aus konzentrierter Salpetersäure und Schwefelsäure erfordern würde.

**2)** Erläutern Sie den letzten Reaktionsschritt in ↑ **D1**. Diskutieren Sie, welche Vorteile die Verwendung des Essigsäurechlorids anstelle der Essigsäure hat (↑ **D2**).

**3)** Geben Sie die Struktur von Diethylglycin, einer Aminosäure, an. Erklären Sie die Wasserlöslichkeit von Propacetamolhydrochlorid im Gegensatz zu Paracetamol.

# Auf einen Blick

| | |
|---|---|
| **Aromatischer Bindungszustand** | Merkmal eines Moleküls mit aromatischem Bindungszustand ist ein ringförmiges, ebenes, delokalisiertes π-Elektronensystem mit $(4n + 2)$ π-Elektronen (**Hückel-Regel**, $n = 0, 1, 2, 3,...$). |
| **Mesomeres System** | System delokalisierter π-Elektronen, dessen Struktur nicht durch eine einzige Strukturformel, sondern durch Grenzformeln wiedergegeben wird. Keine dieser Grenzformeln beschreibt die Bindungsverhältnisse und damit die Verteilung der Elektronen in ausreichender Weise. Die tatsächliche Elektronenverteilung im Molekül bzw. im Ion liegt zwischen den von den Grenzformeln angegebenen Elektronenverteilungen.<br>Zwischen solchen Grenzformeln wird der **Mesomeriepfeil** ⟷ gesetzt.<br>Mesomere Systeme sind energieärmer und stabiler als die entsprechenden hypothetischen Grenzformeln. |
| **Bindungsverhältnisse im Benzolmolekül** | **Struktur**<br>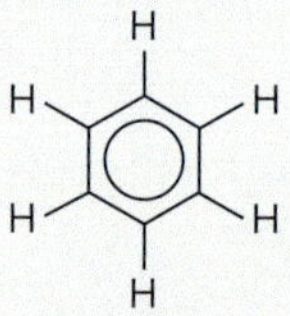<br>• Molekülformel: $C_6H_6$<br>• regelmäßiges, ebenes Sechseck<br>• alle Bindungswinkel betragen 120°<br><br>**Mesomerie**<br>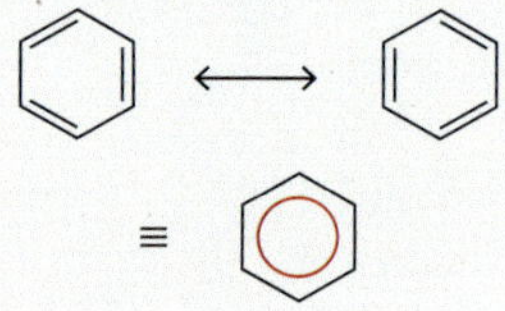<br>• sechs delokalisierte π-Elektronen<br>• zwei Grenzformeln<br><br>**Mesomerieenergie**<br>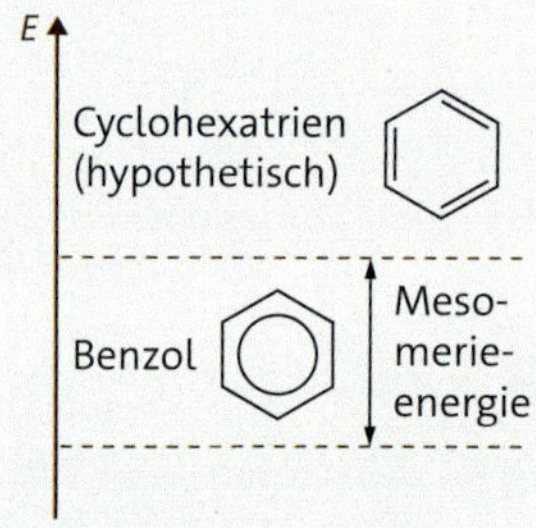<br>• Energiebetrag, der zum Aufheben des aromatischen Zustands notwendig ist |
| **Verwandte des Benzols** | 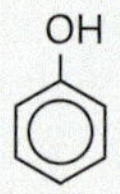<br>Phenol (Hydroxybenzol)<br>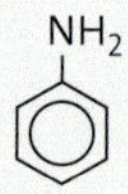<br>Anilin (Aminobenzol)<br>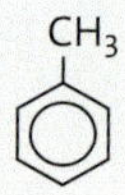<br>Toluol (Methylbenzol)<br>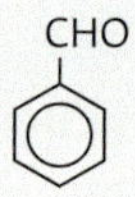<br>Benzaldehyd<br>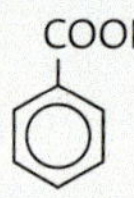<br>Benzoesäure |
| **Mesomerer Effekt (M-Effekt)** | Wirkung eines Substituenten auf die Elektronenverteilung im aromatischen System des Moleküls<br>• +M-Effekt: erhöht die Elektronendichte in einem aromatischen System; +M-Substituenten besitzen ein oder mehrere freie Elektronenpaare: –I, –Br, –Cl, –OH, $–NH_2$<br>• –M-Effekt: vermindert die Elektronendichte in einem aromatischen System; –M-Substituenten besitzen Doppel- oder Dreifachbindungen: –CHO, –COOH, $–NO_2$ |
| **Elektrophile Substitution ($S_E$)** | Typische Reaktion der Aromaten.<br>Im Verlauf der Reaktion kommt es durch Wechselwirkungen zwischen dem π-Elektronensystem des Aromaten und dem elektrophilen Reaktionspartner zur Bildung eines π-Komplexes.<br>Dieser reagiert zu einem Carbenium-Ion, dem σ-Komplex, weiter. Schließlich wird der aromatische Bindungszustand wiederhergestellt und es entsteht das Substitutionsprodukt. |
| **Elektrophile Zweitsubstitution** | Bei der Zweitsubstitution beeinflusst der Erstsubstituent die Reaktionsgeschwindigkeit und den Ort der Zweitsubstitution.<br>**Aktivierende Substituenten** mit +M- und/oder +I-Effekt erhöhen die Elektronendichte im π-Elektronensystem und dirigieren den Zweitsubstituenten in ortho- oder para-Stellung.<br>**Desaktivierende Substituenten** mit –M- und/oder –I-Effekt verringern die Elektronendichte und dirigieren den Zweitsubstituenten in meta-Stellung. |

# Übungsaufgaben

**1›** Im Deutschen ist die Bezeichnung Benzol immer noch üblich, obwohl nach der IUPAC-Nomenklatur die Bezeichnung Benzen vorgesehen ist. Diskutieren Sie, welcher Name den Stoff genauer beschreibt.

**2›** Begründen Sie, warum Toluol (Methylbenzol) zu den aromatischen Kohlenwasserstoffen gehört.

**3›** Begründen Sie, nach welchem Reaktionstyp Chlor mit Benzol in Anwesenheit des Katalysators Eisen(III)-chlorid $FeCl_3$ reagiert. Formulieren Sie den Mechanismus der Reaktion.

**4›** Stellen Sie in einer Tabelle Edukte, Produkte, Reaktionsbedingungen und Art des angreifenden Teilchens der elektrophilen Addition der Alkene der elektrophilen Substitution der Aromaten gegenüber.

**5›** Elektrophile Substitutionen verlaufen mit Phenol besonders leicht und ohne Katalysatoreinsatz. Erklären Sie dieses Phänomen.

**6›** Erklären Sie, warum elektrophile Substitutionen mit Anilin bevorzugt an Position 2 oder 4 des Rings ablaufen.

**7›** **a** Erklären Sie unter Verwendung mesomerer Grenzformeln die Acidität des Phenols.
**b** Auch die Derivate 4-Nitrophenol und 4-Methylphenol reagieren sauer. Ordnen Sie Phenol und die gegebenen Derivate nach abnehmender Acidität und begründen Sie Ihre Entscheidung.

**8›** Anilin geht wie Phenol sehr leicht elektrophile Substitutionsreaktionen ein. In saurer Umgebung reagiert Anilin jedoch nur schlecht. Erklären Sie dieses Phänomen.

**9›** Stellen Sie die mesomeren Grenzformeln des Anilinmoleküls vor und nach der Protonierung auf und vergleichen Sie sie mit den mesomeren Grenzformeln des Phenolmoleküls.

**10›** **a** Geben Sie an, welche Reaktionsprodukte bei der Bromierung von Toluol (Methylbenzol) überwiegend entstehen.
**b** Formulieren Sie die Grenzformeln der $\sigma$-Komplexe für die Zweitsubstitution.
**c** Begründen Sie, warum nicht in gleichem Maße ortho-, meta- und para-Produkte gebildet werden.

**11›** Phenol (Hydroxybenzol) kann mit weiteren Hydroxygruppen substituiert werden. Die dabei gebildeten Verbindungen mit zwei Hydroxygruppen heißen Diphenole:

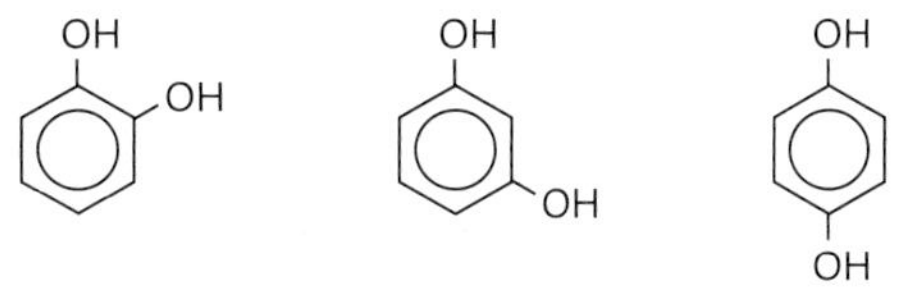

Brenzkatechin    Resorcin    Hydrochinon

**a** Geben Sie die systematischen Namen der drei isomeren Diphenole an.
**b** Hydrochinon färbt sich an der Luft braunrot. Dabei entsteht das Oxidationsprodukt 1,4-Benzochinon.

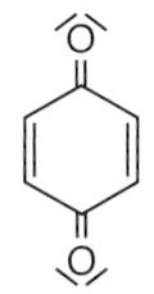

1,4-Benzochinon

Entwickeln Sie die Reaktionsgleichung. Charakterisieren Sie die Stoffgruppe der Chinone.
**c** Stellen Sie mithilfe von Reaktionsgleichungen eine Hypothese auf, ob Brenzcatechin und Resorcin ebenfalls an der Luft oxidieren. Begründen Sie Ihre Hypothese.

| **Mithilfe dieses Kapitels können Sie:** | Aufgabe | Hilfe finden Sie auf Seite |
|---|---|---|
| • die Besonderheiten des aromatischen Bindungszustands mithilfe der Hückel-Regel erklären | *1, 2, 11* | *188–189* |
| • Mesomerie von Molekülen mit dem Vorliegen eines delokalisierten Elektronensystems erklären und entsprechende Grenzstrukturformeln formulieren | *2, 5, 6, 7, 9, 10* | *186–187, 192–193, 195* |
| • Eigenschaften unterschiedlicher aromatischer Verbindungen aufgrund ihrer Struktur erklären | *2, 7, 8, 11* | *186–187, 192–193* |
| • die elektrophile Substitution als typische Reaktion aromatischer Verbindungen beschreiben | *3, 4, 5, 10* | *190–191* |
| • die Wirkung mesomerer und induktiver Effekte beschreiben | *5, 7, 10* | *192, 194* |
| • die dirigierende Wirkung von Substituenten bei der Zweitsubstitution deuten | *6, 10* | *194–195* |

Wer Getränkekisten tragen muss, ist froh, wenn die darin befindlichen Flaschen aus Kunststoff sind. Wir nutzen diese leichten, stabilen und in allen Formen sowie Farben herstellbaren Einweg- und Mehrwegverpackungen täglich für viele Lebensmittel. Da die Ausgangsstoffe für die meisten Kunststoffe jedoch nur begrenzt vorhanden sind, müssen entsprechende Recyclingmethoden angewendet werden – vor allem auch, um die Umwelt vor einem rasanten Anstieg von Kunststoffabfällen zu schützen.

# Kunststoffe 7

## Synthetische makromolekulare Stoffe

### Struktur und Eigenschaften der Polymere

- Thermoplaste
- Duromere
- Elastomere

### Herstellungsarten

- Polykondensation
- Kettenpolymerisation
- Polyaddition

### Verwertung von Kunststoffabfällen

- Rohstoffliches Recycling
- Werkstoffliches Recycling
- Thermisches Verwerten

### Kunststoffe für spezielle Anwendungen

- Verbundwerkstoffe
- Membransysteme
- Superabsorber
- Biokunststoffe

**01** Von fast 6 Mio. Tonnen Kunststoffabfällen werden in Deutschland 2,7 Mio. Tonnen werk- und rohstofflich genutzt. Aus Polyethenabfällen werden beispielsweise Getränkekästen hergestellt.

# 7.1 Ein erster Blick in die Welt der Kunststoffe

**01** PET – ein Kunststoff kann unterschiedliche Anforderungen an seine Stoffeigenschaften für unterschiedliche Verwendungen ermöglichen.

**EIN KUNSTSTOFF – VERSCHIEDENE EIGENSCHAFTEN** Einweggetränkeflaschen werden aus dem Kunststoff **Polyethylenterephthalat**, kurz: **PET**, hergestellt. Sie sind meist sehr dünnwandig und einfach mechanisch zu verformen. Das Verhalten ähnelt einer wenige Zehntelmillimeter dicken Kunststofffolie. Doch auch die dickwandigeren, sehr viel formstabileren Mehrwegflaschen aus Kunststoff werden aus PET gefertigt (↑ **02**).
Weniger bekannt ist, dass PET in Form von Fasern als Material für Rucksäcke, Skibekleidung, Fleece-Decken oder als Füllmaterial von Stofftieren eingesetzt wird (↑ **01**).

Die vielen unterschiedlichen Anwendungen sprechen für verschiedene Eigenschaften ein und desselben Kunststoffs – PET scheint nicht gleich PET zu sein. Offensichtlich lassen sich die Stoffeigenschaften des Kunststoffs PET nicht ohne Weiteres eindeutig bestimmen.
Dies liegt unter anderem daran, dass die Verarbeitung eines Kunststoffs einen wesentlichen Einfluss auf die späteren Eigenschaften des Werkstoffs hat. So verhält sich ein Kunststoff, der zu einer Faser gezogen wurde, ganz anders als eine Folie oder ein kompakt gegossenes Werkstück aus ein und demselben Material (↑ **02**).

**Im Gegensatz zu „klassischen Stoffen" lassen sich die Stoffeigenschaften eines Kunststoffs nicht eindeutig angeben. Zur exakten Beschreibung sind weitere Informationen, beispielsweise die Art der Kunststoffverarbeitung, erforderlich.**

**02** PET-Einwegflasche und -Mehrwegflasche im direkten Vergleich: *ein* Kunststoff – aber vollkommen unterschiedliche mechanische Eigenschaften

**ENTSCHEIDENDES WERKSTOFFKRITERIUM: DIE MECHANISCHEN EIGENSCHAFTEN** Zur Beschreibung der mechanischen Eigenschaften von Werkstoffen betrachtet man deren Verformbarkeit bei Einwirkung einer Kraft. Lässt sich der Werkstoff verformen und kehrt er nach Wegfall der Krafteinwirkung in seine ursprüngliche Form zurück, spricht man von **elastischem Verhalten**, z. B. bei Gummi. Ist die Elastizität gering bis gar nicht ausgeprägt, spricht man von **sprödem Verhalten**, z. B. bei Glas oder Salzen. Kehrt ein Werkstoff nach Wegfall einer Krafteinwirkung nicht in seine ursprüngliche Form zurück, wird dies als **plastische Verformung** bezeichnet. Beispiele dafür sind Knete oder Metalle.

**EINTEILUNG VON KUNSTSTOFFEN AUFGRUND IHRER MECHANISCHEN EIGENSCHAFTEN** Für Bastelarbeiten oder zur schnellen Reparatur von Gegenständen eignen sich Schmelzklebstoffe (Heißkleber) aufgrund ihrer einfachen Handhabung sehr gut. Der Schmelzklebstoff ist ein Kunststoff, der in Stangenform vertrieben wird. Der Kunststoff wird in der Heißklebepistole bei ca. 180 °C geschmolzen. Nach dem Abkühlen zeigt der Klebstoff dieselben Eigenschaften wie die ursprünglich eingesetzte Kunststoffstange. Bei Kunststoffen, die sich nur im erhitzten Zustand plastisch verformen lassen, spricht man von **Thermoplasten** (↑ **03**).

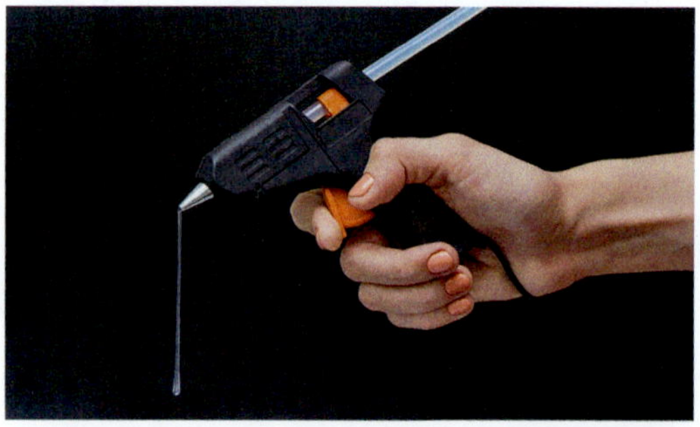

**03** Heißkleber – ein thermoplastischer Kunststoff

**04** Pfannengriffe bestehen aus Duromeren, die offensichtlich einer gewissen Hitze widerstehen können.

Lässt man eine Pfanne mit einem Kunststoffgriff fallen, passiert es leicht, dass der Griff zerbricht oder Teile absplittern. Er zeigt sprödes Verhalten. Gegenüber Hitzeeinwirkung zeigen diese Kunststoffe, die zur Herstellung von Griffen von Pfannen und Töpfen eingesetzt werden, keinerlei plastische Verformung (↑ **04**). Erst bei sehr hohen Temperaturen beginnt der Kunststoff sich zu zersetzen, er „verkohlt".

Kunststoffe mit diesen Eigenschaften müssen in ihrer endgültigen Form durch „Aushärten" synthetisiert werden, weshalb sie als **Duromere** (lat. *duro*: härten; griech. *méros*: Teil) bezeichnet werden.

Haushaltsgummis zeigen elastisches Verhalten. Hitzeeinwirkungen gegenüber verhalten sie sich wie Duromere: Ein Schmelzen ist nicht zu beobachten, bei sehr hohen Temperaturen beginnt die Zersetzung. Derartige Kunststoffe werden der Klasse der **Elastomere** zugeordnet (↑ **05**).

**Aufgrund ihrer mechanischen Eigenschaften lassen sich Kunststoffe in Thermoplaste, Duromere und Elastomere einteilen.**

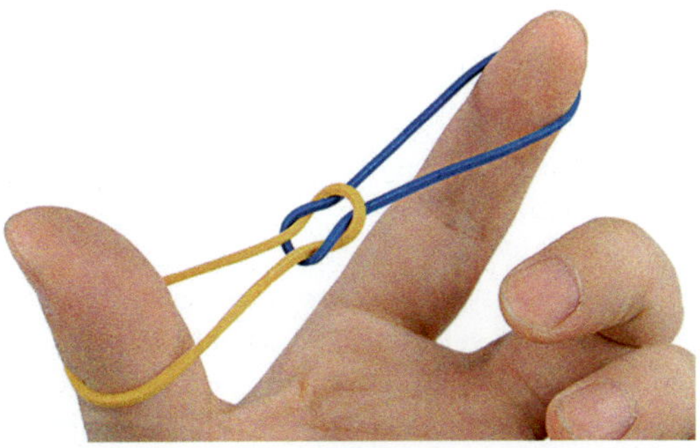

**05** Haushaltsgummis werden aus Elastomeren gefertigt.

**SYNTHETISCHE MAKROMOLEKÜLE** Weshalb werden Kunststoffe als eine Stoffgruppe betrachtet, obwohl sich Duromere, Elastomere und Thermoplaste in ihren Stoffeigenschaften grundlegend unterscheiden? Und wie lässt es sich erklären, dass ein und derselbe Kunststoff gänzlich unterschiedliche Stoffeigenschaften zeigen kann (↑ **01, 02**)?
Antworten auf diese Grundsatzfragen liefert der molekulare Aufbau von Kunststoffen. Um 1920 postulierte HERMANN STAUDINGER, dass Kunststoffe aus riesigen, mehr als 100 000 Atome umfassenden Molekülen bestehen. Dafür führte er den Begriff **Makromolekül** ein. Weiterhin nahm er einen kettenförmigen (linearen) Aufbau der Makromoleküle aus sich wiederholenden Einheiten an. Für seine Arbeiten auf dem Gebiet der makromolekularen Stoffe wurde er 1953 mit dem Nobelpreis für Chemie ausgezeichnet (↑ **06**).

**06** HERMANN STAUDINGER beschrieb als Erster Makromoleküle und erhielt dafür 1953 den Nobelpreis für Chemie.

**VOM MONOMER ZUM POLYMER** Die Grundstruktur der Makromoleküle, aus denen Kunststoffe aufgebaut sind, können als *lineare Ketten* betrachtet werden. Sie entstehen bei der Synthese aus kleinen Molekülen, die in Kettenreaktionen durch Elektronenpaarbindungen verknüpft werden. Man nennt diese „Bausteinmoleküle" **Monomere**, die sich in chemischen Reaktionen zu **Polymerketten** bzw. **Polymeren** verbinden. Dieses Prinzip findet sich analog bei Naturstoffen, die ebenfalls aus Makromolekülen aufgebaut sind. Sind die Polymerketten frei beweglich, beispielsweise in einer Schmelze, liegen diese in *ungeordneten Knäueln* vor. Dieser Zustand ist energetisch am günstigsten.

*Modell einer Polymerkette in linearer Form*

*bzw. in geknäuelter Form*

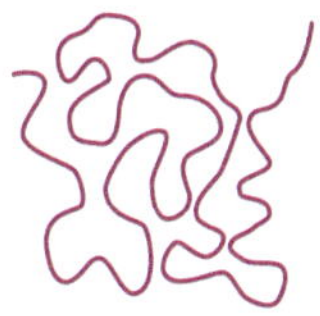

*Natürlich vorkommende Polymere: Polypeptide und Proteine ↑ S. 303 ff.; Kohlenhydrate (Polysaccharide) ↑ S. 292 ff.*

Die sich stark unterscheidenden Stoffeigenschaften von Kunststoffen lassen sich über die Anordnung und die Länge der Polymerketten in den Kunststoffen erklären, was Gegenstand dieses Kapitels ist.

**Kunststoffe bestehen aus Polymerketten, die in einer chemischen Reaktion aus Monomeren gebildet werden. Die Länge der Ketten und die Anordnung zueinander sind für die Stoffeigenschaften wesentlich.**

**1** 〉 Beschreiben Sie das mechanische Verhalten von Duromeren, Elastomeren und Thermoplasten und geben Sie jeweils ein Beispiel eines Kunststoffs aus dem Alltag an.

**2** 〉 Berechnen Sie die Anzahl an Monomereinheiten ($C_2H_4$) in den Polymermolekülen einer Polyethenprobe mit der molaren Masse $M = 140\,000\ \text{g} \cdot \text{mol}^{-1}$.

# 7.2 Molekülstruktur und Eigenschaften von Kunststoffen

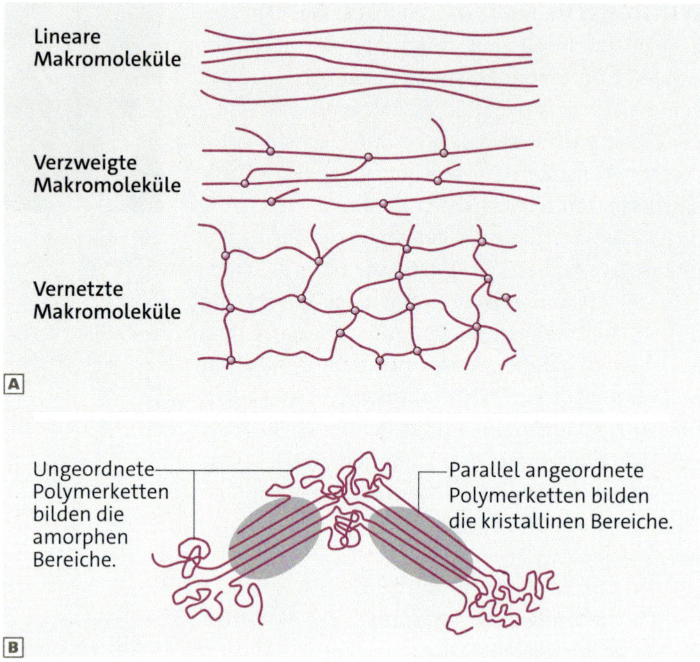


**01 A** Struktur von Makromolekülen, **B** kristalline und amorphe Bereiche in einem Kunststoff

*Zwischenmolekulare Wechselwirkungen ↑ S. 132 ff.*

*Der Begriff „Polymer" wird synonym für „Polymerkette", aber auch für „Kunststoffe" allgemein verwendet.*

**RÄUMLICHE ANORDNUNG DER MAKROMOLEKÜLE** Die Stoffeigenschaften von Kunststoffen resultieren aus der Anordnung der Polymerketten zueinander. Es lassen sich lineare (kettenförmige, unverzweigte), **verzweigte** sowie **vernetzte** Makromoleküle unterscheiden. Bei vernetzten Makromolekülen liegen im Idealfall keine einzelnen Polymerketten, sondern nur noch ein Gesamtmakromolekül vor.

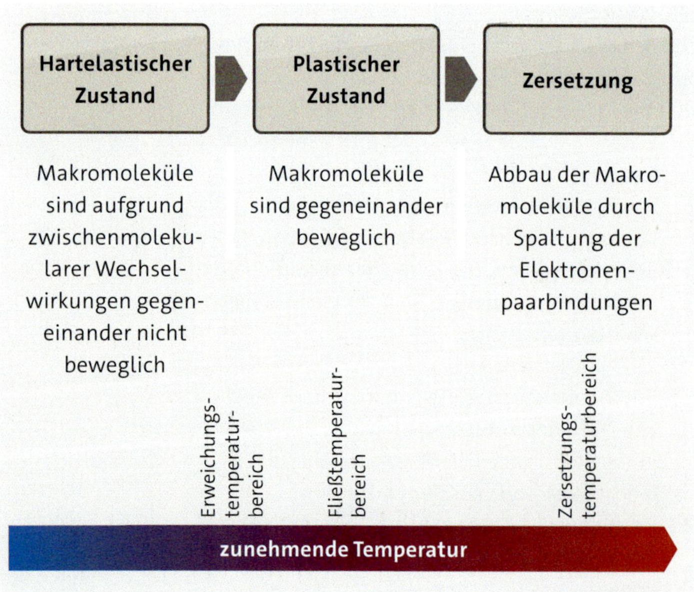


**02** Verhalten von Thermoplasten beim Erwärmen

Bei verzweigten Makromolekülen sind es lineare, separate Polymerketten, die im Verhältnis zur Hauptkette einzelne, kurze Seitenzweige aufweisen (↑ **01A**).

**AMORPHE UND KRISTALLINE BEREICHE** Die linearen Kettenabschnitte von Makromolekülen können unterschiedlich orientiert vorliegen. Treten einheitliche, regelmäßige Strukturen auf, spricht man von **kristallinen** Bereichen. Entspricht die Struktur dagegen der statistischen, d. h. „regellos" geknäuelten Anordnung, wie sie frei bewegliche Polymerketten einnehmen, wird der Bereich als **amorph** bezeichnet (↑ **01B**). In **teilkristallinen** Polymeren finden sich kristalline und amorphe Bereiche. Weist ein Kunststoff einen hohen Anteil an kristallinen Bereichen auf, zeigt sich dies an seiner Härte (↑ Exp. 7.01, S. 213).

**STRUKTUR VON THERMOPLASTEN** Thermoplaste liegen in der Regel als teilkristalline Polymere vor. Sie bestehen aus linearen oder nur wenig verzweigten Makromolekülen. Zwischen den Polymerketten können je nach chemischem Aufbau der Kette *zwischenmolekulare Wechselwirkungen* zwischen permanenten Dipolen oder in Form von Van-der-Waals-Kräften bzw. Wasserstoffbrücken auftreten. Durch gezielte Auswahl der Monomere können diese beeinflusst werden.

Beim Erwärmen des Kunststoffs erhöht sich die Bewegungsenergie der Makromoleküle, wodurch die zwischenmolekularen Wechselwirkungen überwunden werden und die Makromoleküle aneinander vorbeigleiten können. Dadurch erweicht der Kunststoff, fängt schließlich an zu schmelzen und wird plastisch. In diesem Zustand lassen sich *thermoplastische Kunststoffe* leicht verformen und behalten nach Abkühlung ihre neue Form bei (↑ Exp. 7.02, S. 213).

Oberhalb des Fließtemperaturbereichs zersetzt sich der Thermoplast, da die Elektronenpaarbindungen innerhalb der Makromoleküle aufbrechen (↑ **02**). Da sich das Aufschmelzen und das In-die-neue-Form-Bringen unterhalb der Zersetzungstemperatur beliebig oft wiederholen lässt, zählen thermoplastische Kunststoffe zu den am häufigsten verwendeten Kunststoffen.

**Thermoplaste erweichen beim Erwärmen und lassen sich verformen. Abgekühlt behalten sie die gegebene Form bei. Sie sind aus linearen Polymerketten aufgebaut, die durch zwischenmolekulare Wechselwirkungen zusammengehalten werden.**

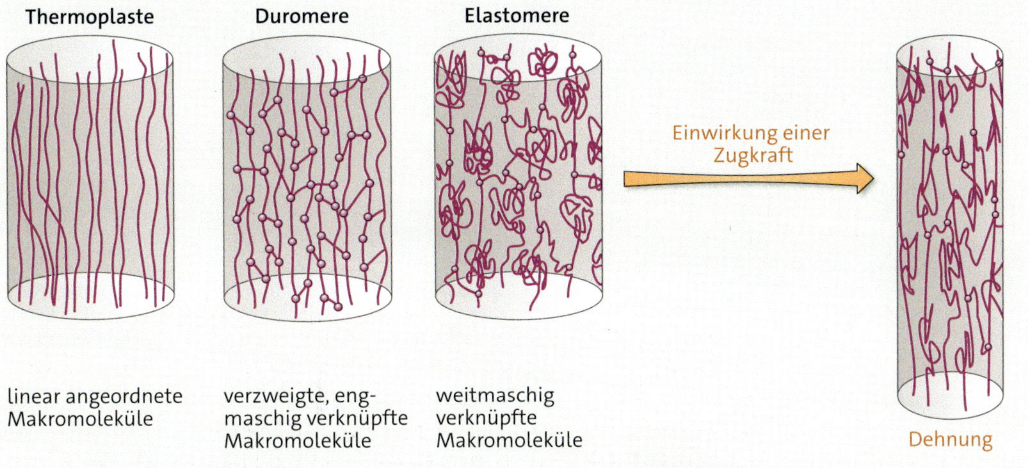


**03** Anordnung der Makromoleküle in den Kunststoffarten Thermoplaste, Duromere und Elastomere

**STRUKTUR VON DUROMEREN** **Duromere** sind aus engmaschig vernetzten Makromolekülen aufgebaut. Die dreidimensionale Vernetzung erfolgt durch Elektronenpaarbindungen zwischen den linearen Polymerketten. Beim Erwärmen erhöht sich zunächst nur die Bewegungsenergie der Makromoleküle, wobei die netzartige Struktur beibehalten wird. Bei stärkerer Erhitzung zersetzt sich der Kunststoff, da die Elektronenpaarbindungen innerhalb der Makromoleküle aufbrechen.

Duromere lassen sich mechanisch nicht verformen, da die Polymerketten räumlich fixiert sind. Auch ein Aufschmelzen wie bei Thermoplasten ist nicht möglich, da die chemische Vernetzung ein Aneinandervorbeigleiten der Polymerketten verhindert (↑ Exp. 7.02, S. 213). Daher müssen Duromere bereits bei der Herstellung ihre endgültige Form erhalten, die anschließend nur noch durch Sägen oder Schleifen bearbeitet werden kann.

Da dieses Verfahren im Vergleich zum Aufschmelzen eines Thermoplasts sehr viel aufwendiger ist, kommen Duromere nur noch in wenigen Fällen zum Einsatz. Aufgrund der Tatsache, dass sie bei Erwärmung formstabil bleiben, werden Duromere als Gehäuse für elektrische Bauteile verwendet.

**Duromere sind Kunststoffe, die nicht schmelzbar sind. Sie müssen bei der Herstellung in ihre endgültige Form gebracht werden. Sie sind aus engmaschig vernetzten Makromolekülen aufgebaut.**

**STRUKTUR VON ELASTOMEREN** Ebenso wie bei den Duromeren sind die weitmaschig vernetzten Makromoleküle der **Elastomere** durch Elektronenpaarbindungen miteinander verbunden. Bei Einwirken einer Zugkraft werden die geknäuelt vorliegenden Polymerketten zwischen den Vernetzungspunkten in einen sortierten Zustand gebracht. Da die ungeordnete Struktur („Knäuel") *energetisch günstiger* ist als die geordnete, wirkt eine Rückstellkraft, die das Elastomer in seine Ausgangsform zurückführt (↑ Exp. 7.04, S. 213).

Erst bei stärkerer mechanischer Beanspruchung oder bei starker Erwärmung brechen die Elektronenpaarbindungen auf und der Kunststoff zerreißt oder zersetzt sich (↑ Exp. 7.06, S. 213). Elastomere zeichnen sich durch eine hohe Elastizität aus. Sie werden deshalb in Reifen, Gummiringen oder Sitzpolstern eingesetzt.

**Elastomere sind Kunststoffe, die bei mechanischer Belastung ihre Form verändern. Anschließend kehren sie in ihre Ausgangsform zurück. Sie sind aus weitmaschig vernetzten Makromolekülen aufgebaut.**

**1〉** Beschreiben Sie die molekulare Struktur der Thermoplaste, Duromere und Elastomere.

**2〉** Erstellen Sie eine tabellarische Übersicht, in der Sie das Verhalten von Thermoplasten, Duromeren und Elastomeren beim Erwärmen vergleichen und den Veränderungen ihrer molekularen Struktur gegenüberstellen.

# Polymolekularität bei Kunststoffen

| Kunststoff | Schmelzbereich in °C |
|---|---|
| Polyethylenterephthalat (PET) I | 235–245 |
| Polyethylenterephthalat (PET) II | 250–260 |
| Polyethen mit geringer Dichte (LDPE) | 105–120 |
| Polyethen mit hoher Dichte (HDPE) | 125–135 |
| Polyamid 6 (PA 6) | 215–225 |
| Polystyrol (PS) | 235–250 |

**01** Schmelzbereiche einiger thermoplastischer Kunststoffe

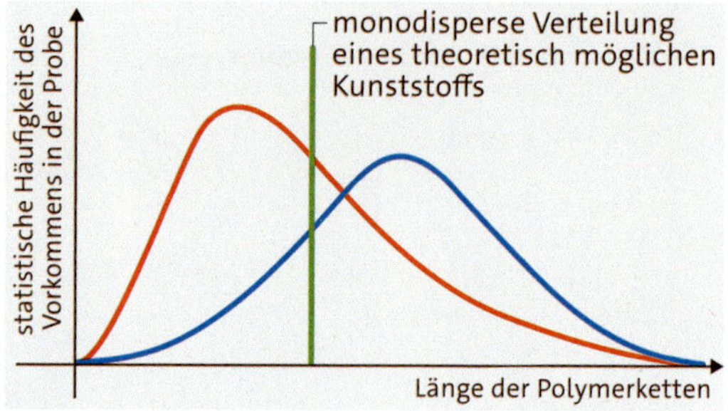


**02** Statistische Verteilung der Längen der Polymerketten von zwei Kunststoffproben und eine monodisperse Verteilung eines nur theoretisch möglichen Kunststoffs

Für thermoplastische Kunststoffe lassen sich nur Schmelzbereiche angeben, keine exakten Schmelztemperaturen (↑ **01**). Zudem lassen sich für einen Kunststoff Sorten mit verschiedenen Eigenschaften finden, wie das Beispiel der harten und der weichen PET-Flaschen zeigt (↑ **02**, S. 208). Wie können diese Phänomene erklärt werden?

**ZWISCHENMOLEKULARE WECHSELWIRKUNGEN**
Bei der Charakterisierung *niedermolekularer Stoffe* lassen sich viele Stoffeigenschaften, z. B. Schmelz- und Siedetemperaturen, über den Aufbau der Moleküle und die Wechselwirkungen zwischen den Molekülen erklären.
*Beispiele*: Zwischen *Wassermolekülen* können Wasserstoffbrücken ausgebildet werden. Aufgrund dieser sehr starken zwischenmolekularen Wechselwirkungen lassen sich die Wassermoleküle nur unter hohem Energieaufwand separieren. Dies erklärt die hohe Siedetemperatur von Wasser.
Bei *Methanmolekülen* treten nur schwächere Wechselwirkungen zwischen temporären Dipolen (Van-der-Waals-Kräfte) auf, weshalb Methan eine sehr niedrige Siedetemperatur besitzt.
Diese Überlegungen lassen sich prinzipiell auch auf Kunststoffe übertragen. Auch hier treten *zwischenmolekulare Wechselwirkungen* zwischen den Makromolekülen auf.

*Einige Typische Eigenschaften von:*
*Wasser ($H_2O$)*
*$\vartheta_S = 0\,°C$*
*$\vartheta_V = 100\,°C$*
*→ bei Raumtemperatur flüssig*
*Methan ($CH_4$)*
*$\vartheta_S = -182\,°C$*
*$\vartheta_S = -161{,}5\,°C$*
*→ bei Raumtemperatur gasförmig*

*Zwischenmolekulare Wechselwirkungen ↑ S. 132 ff.*

**POLYMOLEKULARITÄT** Im Gegensatz zu den Molekülen niedermolekularer Stoffe lassen sich Polymermoleküle jedoch nicht eindeutig beschreiben. Die Synthese von Polymerketten aus Monomeren erfolgt in nicht exakt steuerbaren *Kettenreaktionen*. Zwar sind alle entstehenden Polymerketten chemisch identisch aus denselben Wiederholungseinheiten aufgebaut, sie unterscheiden sich jedoch in ihrer Kettenlänge. Es entsteht ein statistisch verteiltes Gemisch unterschiedlich langer Moleküle, man spricht von **Polymolekularität** (↑ **02**).

*Polymerisation ↑ S. 216 f.*

**POLYDISPERSITÄT** Durch die Synthesebedingungen kann Einfluss darauf genommen werden, ob im Mittel eher kurz- oder langkettige Makromoleküle entstehen. Man spricht bei der Längenverteilung von **Polydispersität** (lat. *dispergere:* zerstreuen). Theoretisch könnte ein Kunststoff mit exakt gleich langen Molekülen erzeugt werden, der dann eine monodisperse Verteilung zeigen würde (↑ **02**).

**EINFLUSS AUF DIE KRISTALLINITÄT** Sowohl die Breite der Verteilung als auch die absoluten Kettenlängen haben Einfluss auf die Möglichkeit zur Ausbildung kristalliner Bereiche. In diesen ist die *Wechselwirkungsdichte*, also der Anteil an Bereichen, bei denen die Makromoleküle miteinander wechselwirken können, sehr viel höher als in amorphen Bereichen (↑ **03**). Die Wechselwirkungsdichte ist – analog zu den niedermolekularen Stoffen – entscheidend für die Schmelztemperatur. Neben der Polydispersität hat die **chemische Struktur der Polymerkette** und damit zusammenhängend die Regelmäßigkeit im Aufbau der Polymerkette wesentlichen Einfluss auf die Kristallinität eines Kunststoffs.

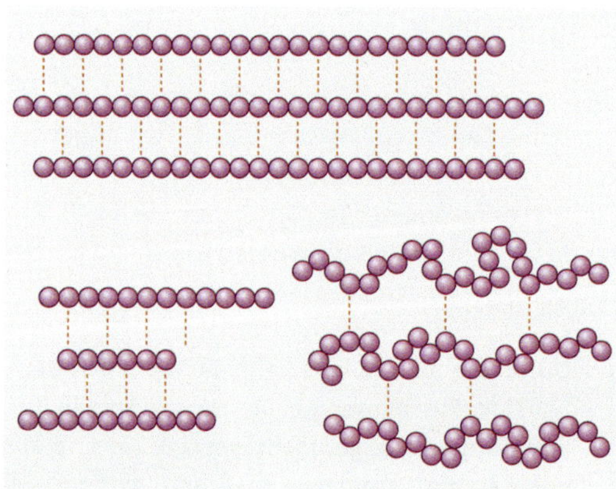

**03** Wechselwirkungsdichte innerhalb der kristallinen Bereiche zweier verschieden disperser Kunststoffe sowie innerhalb eines amorphen Bereichs (Schema)

# Praktikum

## P Eigenschaften von Kunststoffen

### EXP 7.01 Verformbarkeit und Ritzprobe

**Materialien** Kunststoffproben, Nagel

**Durchführung** Versuchen Sie, die verschiedenen Kunststoffproben mit den Fingern erst zu verformen und dann zu zerbrechen.
Führen Sie mit dem Nagel eine Ritzprobe durch.
*Entsorgung:* Kunststoffproben für weitere Versuche verwenden.

**Auswertung** Erstellen Sie eine tabellarische Übersicht zur beobachteten Verformbarkeit sowie Bruch- und Ritzfestigkeit der einzelnen Kunststoffproben (halogenfrei).

### EXP 7.02 Thermoplastische Verformung

**Materialien** 2 Tiegelzangen, Brenner, feuchte Papierunterlage, Kunststoffproben

**Durchführung** *Abzug!* Halten Sie die verschiedenen Kunststoffproben jeweils mit zwei Tiegelzangen und erwärmen Sie sie vorsichtig mit dem Brenner. Versuchen Sie während des Erwärmens die Kunststoffproben vorsichtig auseinanderzuziehen. Entfernen Sie nach jedem Erwärmen die Reste der Kunststoffproben von den Tiegelzangen.
*Entsorgung:* Kunststoffproben für weitere Versuche weiterverwenden oder in den Hausmüll geben.

**Auswertung** Erstellen Sie eine tabellarische Übersicht zur Verformbarkeit beim Erhitzen der einzelnen Kunststoffproben.

### EXP 7.03 Vergleichende Einordnung der Dichte von Kunststoffen

**Materialien** 2 Bechergläser, Pinzette, Papier zum Abtrocknen, Wasser, gesättigte Kochsalzlösung, Kunststoffproben

**Durchführung** Füllen Sie je ein Becherglas zur Hälfte mit Wasser bzw. Kochsalzlösung. Geben Sie die Kunststoffproben erst in das Wasser und dann in die Kochsalzlösung. Trocknen Sie die Kunststoffproben zwischendurch ab.
Tauchen Sie die Proben mit der Kante, nicht mit der Fläche in die Flüssigkeiten und drücken Sie sie dabei etwas unter die Oberfläche. Nehmen Sie sie anschließend mit der Pinzette heraus.
*Entsorgung:* Kunststoffproben für weitere Versuche weiterverwenden oder im Hausmüll entsorgen. Lösungen ins Abwasser geben.

**Auswertung** Erstellen Sie eine tabellarische Übersicht zum beobachteten Schwimmverhalten der einzelnen Kunststoffproben.

### EXP 7.04 Temporäre Bildung kristalliner Bereiche bei der Dehnung von Elastomeren

**Materialien** Therapieband („Theraband"; $l = 10$ cm)

**Durchführung** Ziehen Sie das Elastomerband schnell auseinander und halten es kurz gegen Ihre Stirn.
Entspannen Sie das Band nach einigen Sekunden wieder und halten es erneut kurz gegen Ihre Stirn.
*Entsorgung:* Theraband weiterverwenden oder in den Hausmüll geben.

**Auswertung** Leiten Sie aus Ihren Beobachtungen ab, ob die kurzzeitige Existenz kristalliner Bereiche nachgewiesen werden kann.
*Hilfestellung:* Vergleichen Sie den Vorgang mit einem schmelzenden Eiswürfel: Welcher Zustand ist geordneter? Welcher Austausch thermischer Energie findet in welche Richtung statt?

### EXP 7.05 Verstreckung einer Kunststofffaser

**Materialien** Unverstreckte thermoplastische Faser

**Durchführung** Prüfen Sie die Reißfestigkeit der Faser durch ruckartiges Auseinanderziehen an einem Ende der Probe. Verstrecken Sie anschließend die Faser, indem Sie diese an den Enden langsam auseinanderziehen.
*Entsorgung:* Kunststoffprobe in den Hausmüll geben.

**Auswertung** Skizzieren Sie den molekularen Aufbau der unverstreckten und der verstreckten Faser und erklären Sie damit die Beobachtungen.

### EXP 7.06 Erwärmung eines gedehnten Elastomers

**Materialien** Stativ, Massestück mit Haken (50 g), Heißluftföhn, Lineal, Haushaltsgummiring

**Durchführung** Befestigen Sie den Haushaltsgummiring frei hängend an einer Stativstange. Hängen Sie das Massestück mit dem Haken unten in den Haushaltsgummi ein. Halten Sie das Lineal direkt an das Massestück, sodass Sie an der Oberkante des Massestücks den Linealwert sehen können. Erhitzen Sie das Gummiband mit dem Föhn und beobachten Sie das Massestück am Lineal.
*Entsorgung:* Kunststoffprobe in den Hausmüll geben.

**Auswertung** Vergleichen Sie das Verhalten des Elastomers beim Erhitzen mit dem Erhitzen eines Metalls.

# 7.3 Polykondensation

*Veresterung ↑ S. 172 f.*

*Glykosidische Bindung bei Polysacchariden ↑ S. 286*

*Peptidbindung bei Proteinen ↑ S. 303*

**VERVIELFACHUNG DER KONDENSATIONSREAKTION** Bei Kondensationsreaktionen werden zwei Monomere in einer chemischen Reaktion unter Abspaltung kleinerer Moleküle verbunden. Ein Beispiel ist die Reaktion einer Carbonsäure mit einem Alkohol zu einem Ester, bei der als Nebenprodukt Wasser entsteht. Zur Bildung von Makromolekülen durch **Polykondensation** müssen die eingesetzten Monomere mindestens zwei funktionelle Gruppen besitzen, die miteinander reagieren können. In einer sich vielfach wiederholenden Reaktion, einer **Polyreaktion**, werden Polymerketten gebildet. Als Nebenprodukte können z. B. Wasser- oder Chlorwasserstoffmoleküle abgespalten werden (↑ **02**, **05**). Nicht nur synthetische Makromoleküle können so gebildet werden. Die Polykondensation liegt auch in der Natur u. a. der Bildung von Polysacchariden aus Monosacchariden (glykosidische Bindungen) und der Bildung von Proteinen aus Aminosäuren (Peptidbindungen) zugrunde.

> **Bei der Polykondensation werden Monomere mit mindestens zwei funktionellen Gruppen zu Makromolekülen verknüpft. Dabei werden kleine Moleküle abgespalten.**

**SYNTHESE AUS ZWEI MONOMEREN** Polykondensate können auch aus zwei unterschiedlichen Monomeren gebildet werden. Diese müssen dann jeweils zwei gleiche funktionelle Gruppen aufweisen. Man spricht von Monomeren des Typs AA–BB, bei denen zwei Monomere mit jeweils zwei funktionellen Gruppen A und B eine Kondensationsreaktion eingehen können – im Gegensatz zu Monomeren des Typs AB (↑ **03**).

**POLYFUNKTIONELLE MONOMERE** Zur Herstellung thermoplastischer Polykondensate werden bei der Synthese bifunktionelle Monomere eingesetzt (Typ AB oder Typ AA–BB), wodurch ausschließlich lineare Makromoleküle gebildet werden. Kommen hingegen tri- oder polyfunktionelle Monomere zum Einsatz, bilden sich vernetzte Makromoleküle. Auf diese Weise entstehen Duromere.

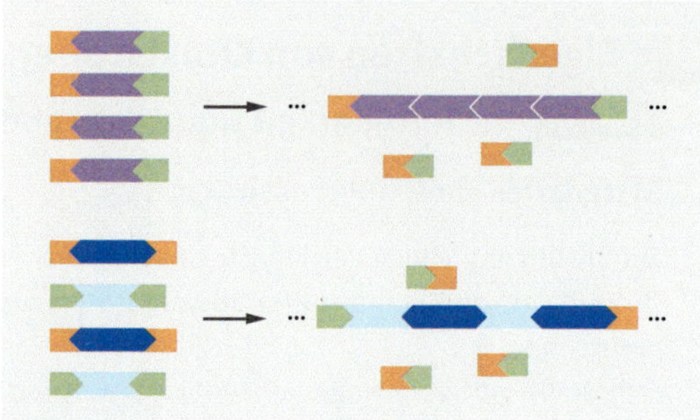

**03** Allgemeines Schema der Polykondensation. **A** Ausgehend von Monomeren des Typs AB, **B** ausgehend von Monomeren des Typs AA–BB

**POLYAMIDE (PA)** sind bedeutende synthetische Polykondensate. Bei der Synthese reagieren **Carboxygruppen –COOH** mit **Aminogruppen –$NH_2$** unter Abspaltung von Wassermolekülen. Die dabei gebildeten **Amidbindungen –CO–NH–** sind identisch mit den Peptidbindungen in Proteinen. Bekannte Polyamide sind Nylon (PA 6,6) und Perlon (PA 6), die für Strumpfhosen, Bekleidung und Dübel verwendet werden. Nylon kann durch **Grenzflächenkondensation** aus Hexan-1,6-diamin und Hexan-1,6-disäure (oder dem reaktionsfreudigeren Hexandisäuredichlorid) hergestellt werden (↑ **02**). Da die Lösungen beider Stoffe nicht mischbar sind, erfolgt die Polykondensation an der Kontaktfläche (↑ Exp. 7.09, S. 221). Während Nylon aus zwei Monomeren des Typs AA–BB hergestellt wird, synthetisiert man Perlon aus einem Monomer des Typs AB, das aus einem cyclischen Molekül entsteht (↑ **04**). Dies spiegelt sich in den Namen PA 6,6 bzw. PA 6 wider, in denen die Zahlen für die Länge der Wiederholungseinheiten stehen.

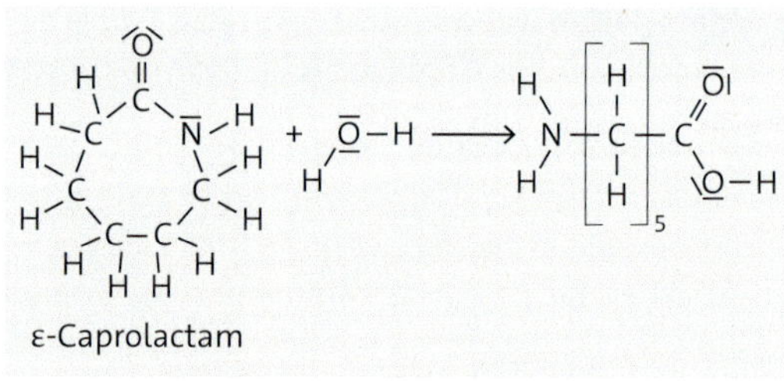


**04** Ausgangsstoff der Perlonsynthese: ε-Caprolactam

**01** Aus Polyamid

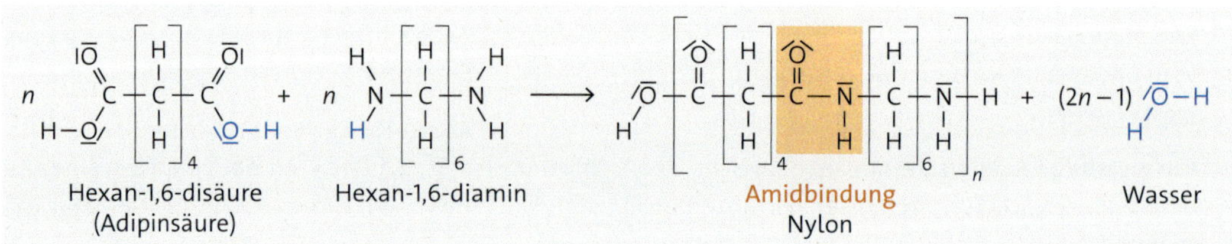


**02** Bildung des Polyamids Nylon (PA 6,6)

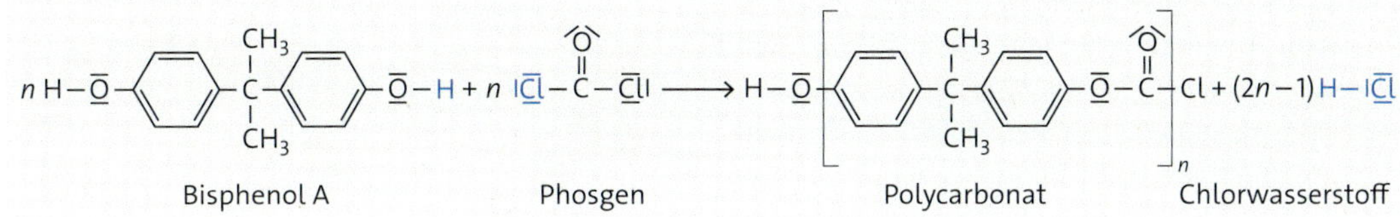


**05** Bildung eines Polycarbonats

Aus Polycarbonat

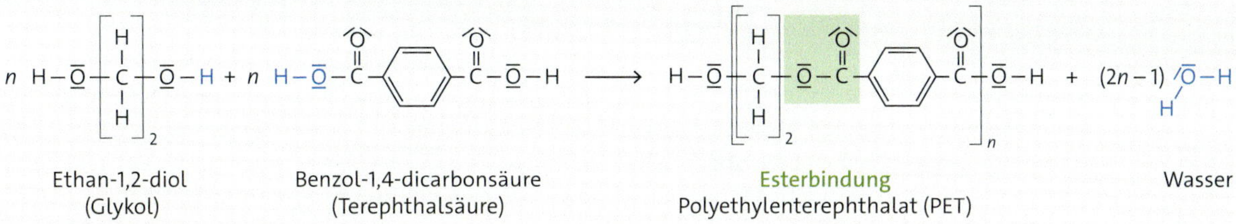


**06** Bildung eines Polyesters (PET)

**STUFENWACHSTUMSREAKTION** Die Bildung linearer Polymerketten verläuft bei Polykondensationen in Stufen. Die in der Anfangsphase aus zwei Monomeren gebildeten Produkte können in wiederholten Kondensationen mit anderen Monomeren, aber auch untereinander reagieren. Dabei entstehen zunächst kurzkettige Polymere, die weiterhin reaktionsfähige funktionelle Gruppen aufweisen. Erst mit fortschreitender Zeit bilden sich auch langkettige Polymere. Wegen des stufenweisen Wachstums wird ein solcher Reaktionsverlauf als *Stufenwachstumsreaktion* bezeichnet.

**POLYESTER (PES)** Für die Herstellung von Polyestern werden als Ausgangsstoffe Monomere mit mehreren Carboxyl- bzw. Hydroxylgruppen eingesetzt, beispielsweise Dicarbonsäuren und Diole. Durch Reaktion einer Carboxylgruppe mit einer Hydroxylgruppe entsteht unter Abspaltung eines Wassermoleküls eine Esterbindung.

Der bedeutendste thermoplastische Polyester ist **Polyethylenterephthalat (PET)**. Bei der Herstellung wird Benzol-1,4-dicarbonsäure (Terephthalsäure) mit Ethan-1,2-diol (Glykol) verestert (↑ **06**). Dieser Kunststoff ist bruchfest, formbeständig bis 80 °C und undurchlässig für Gase.
Neben der Verwendung als Material für Getränkeflaschen kommen Polyesterfasern bei der Herstellung von Bekleidung zum Einsatz. Werden Dicarbonsäuren mit mehrwertigen Alkoholen (z. B. Glycerin) verestert, entstehen vernetzte Duromere. Sie kommen als Polyesterharze in den Handel und werden u. a. zur Herstellung von Faserverbundwerkstoffen eingesetzt.

**POLYCARBONATE (PC)** Verwendet man anstelle der Dicarbonsäure Derivate der Kohlensäure, so erhält man Polycarbonate. Hierbei wird Phosgen (Kohlensäuredichlorid) mit Bisphenol A zur Reaktion gebracht, wobei als Nebenprodukt Chlorwasserstoff entsteht (↑ **05**). Diese thermoplastischen Kunststoffe zeichnen sich durch eine gute Lichtdurchlässigkeit, hohe mechanische Festigkeit und gute Wärmebeständigkeit aus und finden somit Anwendung im Bereich des Fahrzeugbaus, bei Sicherheitsverglasungen und Schutzhelmen. Im Haushalt findet man sie beispielsweise in CDs und DVDs.

**WEITERE POLYKONDENSATE** Bei der Herstellung von **Aminoplasten** reagieren Harnstoff $H_2N–CO–NH_2$ und Formaldehyd (Methanal) H–CHO miteinander. Dabei entstehen oft niedermolekulare Kunstharze. Sie werden in Holzleimen und in elektrischem Isoliermaterial verwendet. **Phenoplaste** sind Duromere, die sich in einem mehrschrittigen Verfahren aus Phenol $C_6H_5–OH$ und Methanal H–CHO bilden. Dabei entstehen verzweigte Polymere.

Von historischer Bedeutung ist der Phenoplast **Bakelit**. Als einer der ersten vollsynthetischen Kunststoffe wurde er zur Herstellung von Telefonen und Autokarosserien eingesetzt. Aufgrund seiner Hitzebeständigkeit eignet er sich für Isolatoren.

**1 〉** Vergleichen Sie die Monomere und Makromoleküle der Proteine mit denen des Kunststoffs Polyamid.

**2 〉** Formulieren Sie die Reaktionsgleichung für die Synthese eines Polyesters aus Ethandisäure und Propandiol.

Aus PET

*Vergleich von Stufenwachstums- und Kettenwachstumsreaktion ↑ S. 218*

**07** Aus Bakelit

# 7.4 Polymerisation

Monomere, die wie das Ethenmolekül eine reaktive C–C-Mehrfachbindung enthalten, können durch **Kettenpolymerisation** (kurz: **Polymerisation**) zu Makromolekülen reagieren. Nach Aktivierung der Doppelbindung durch einen geeigneten Reaktionspartner reagieren die Monomere in einer Kettenreaktion zu Polymeren, die als **Polymerisate** bezeichnet werden.

Im Gegensatz zur Polykondensation entstehen keine Nebenprodukte (↑ **01**).

**RADIKALISCHE POLYMERISATION** Die Aktivierung der Monomere kann durch Radikale erfolgen. Dies sind Teilchen, die sich durch ein ungepaartes Elektron auszeichnen und deshalb sehr reaktionsfreudig sind. Sie werden im Labor z. B. aus Initiatoren wie Dibenzoylperoxid (Kurzzeichen: DBPO) gebildet, deren Moleküle durch UV-Strahlung oder energiereiche Stöße in Radikale zerfallen (↑ **02**).

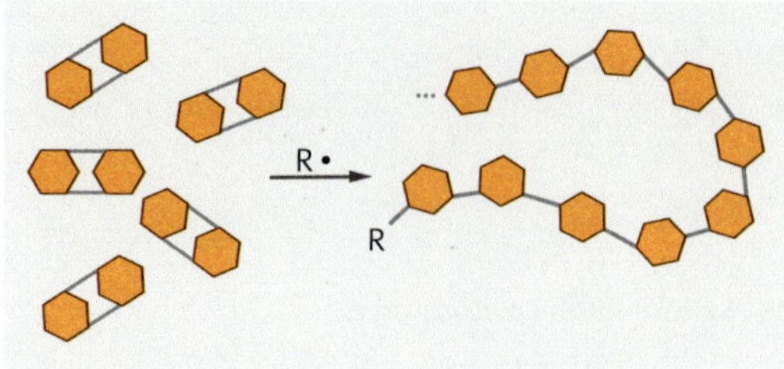


**01** Allgemeines Schema der radikalischen Polymerisation

In der **Startreaktion** addiert sich das Radikal an die Doppelbindung eines Monomers indem es diese aufspaltet und sich mit einem der beiden Kohlenstoffatome unter Ausbildung einer Einfachbindung verknüpft. Das andere Kohlenstoffatom besitzt nun ein ungepaartes Elektron, wodurch ein neues Monomerradikal gebildet wird – ein Alkylradikal (↑ **02**). Dieses kann nun in der Phase des **Kettenwachstums** mit einem weiteren Monomer reagieren, wobei

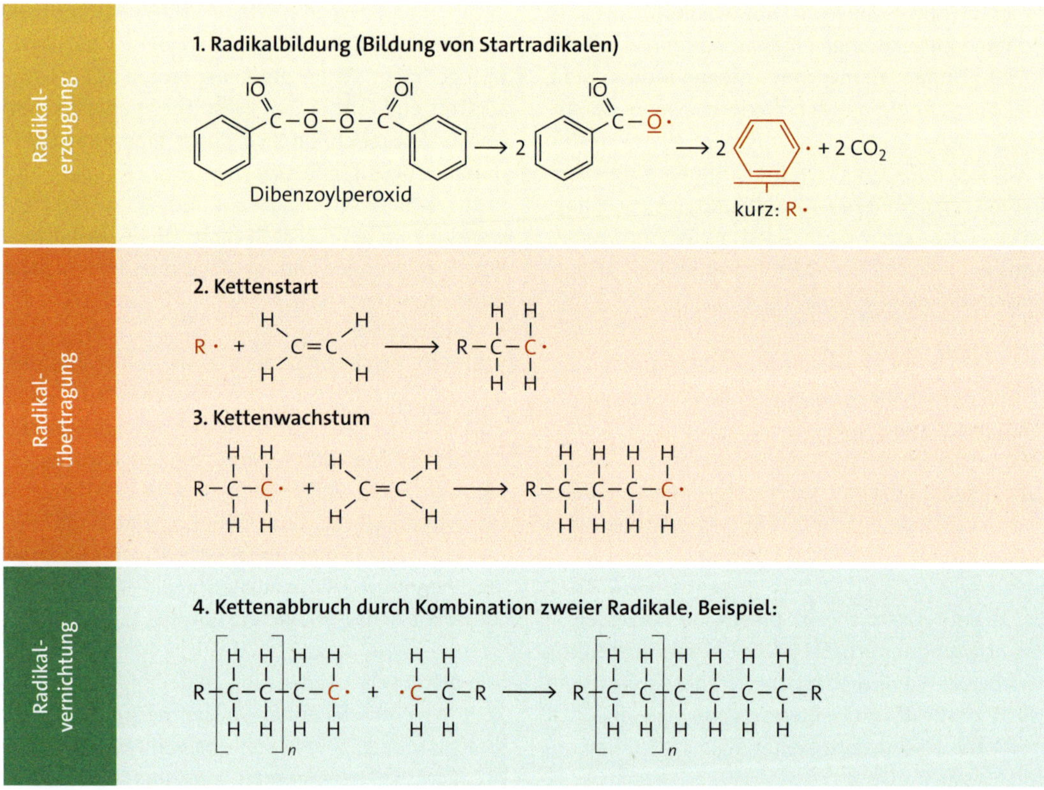


**02** Reaktionsschritte einer radikalischen Kettenpolymerisation am Beispiel von Polyethen

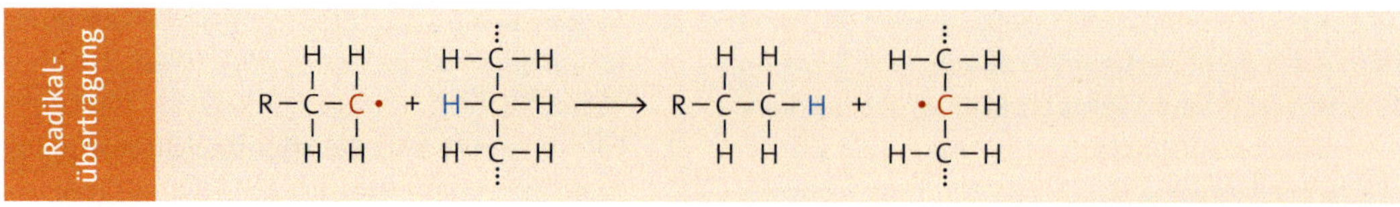


**03** Kettenverzweigung als Nebenreaktion am Beispiel von Polyethen

wieder ein Radikal entsteht, das erneut reagieren kann. Es kommt dadurch zu einer Verlängerung der Kohlenstoffkette.
Erst wenn zwei Radikale im Reaktionsgemisch aufeinandertreffen und eine Elektronenpaarbindung eingehen, endet das Kettenwachstum und es kommt zum Abbruch der Reaktion. Da die **Abbruchreaktionen** rein zufällig erfolgen, entstehen bei der radikalischen Polymerisation Makromoleküle mit unterschiedlichen Kettenlängen. Bei der hier gezeigten radikalischen Polymerisation wird aus dem Monomer Ethen das Polymer **Polyethen** gebildet.
Der zugrunde liegende Reaktionsmechanismus ist eine **Additionsreaktion**. Die gebildeten Makromoleküle sind prinzipiell linear gebaut, können jedoch in weiteren Nebenreaktionen Verzweigungen ausbilden (↑ **03**).

**Bei einer radikalischen Polymerisation werden Monomere mit mindestens einer C–C-Mehrfachbindung zu Makromolekülen verknüpft. Das Kettenwachstum ist eine Kettenreaktion, die durch ein einziges Startradikal ausgelöst werden kann.**

### Schon gewusst?

Die Aktivierung der Monomere kann nicht nur durch Radikale erfolgen. Kommen hierfür geeignete Brönsted-Säuren bzw. Brönsted-Basen zum Einsatz, so spricht man von **kationischer** bzw. **anionischer Kettenpolymerisation**. Das Kettenwachstum erfolgt hierbei über positiv bzw. negativ geladene Kettenenden (↑ **04**).

**Initiierung (Kettenstart)**

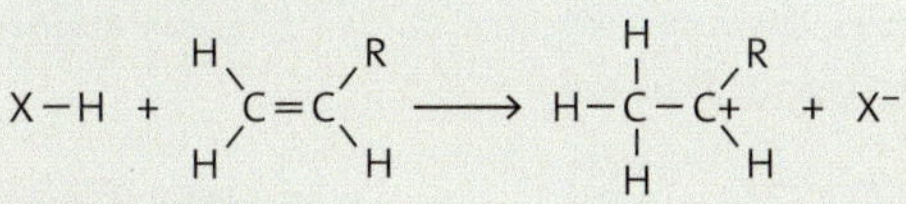

**Kettenwachstum**

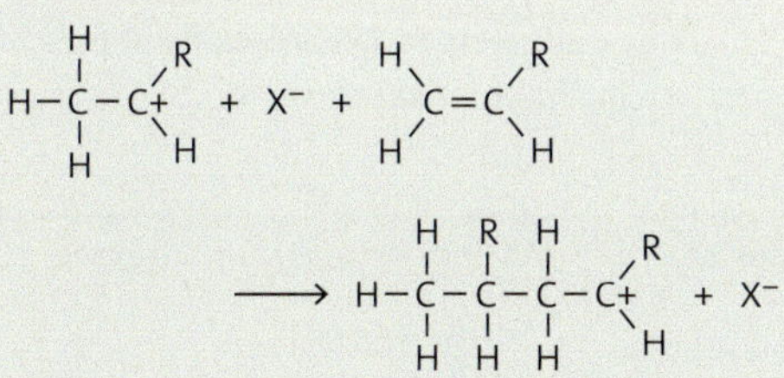

**04** Prinzip der kationischen Polymerisation

**1›** Stellen Sie weitere Möglichkeiten für Abbruchreaktionen bei der radikalischen Polymerisation dar.

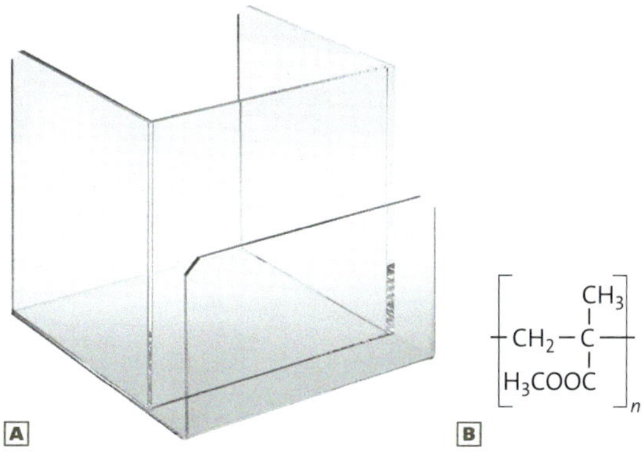


**05 A** Produkt aus Polymethylmethacrylat (PMMA, Plexiglas), einem Polymerisat, **B** Formelausschnitt des Monomers

*Steuerung der Polymerisation ↑ S. 218*

*Hochdruck-Polyethen und Niederdruck-Polyethen ↑ S. 219*

P EXP 7.07 L

## Radikalische Polymerisation

**Materialien** Heizplatte, Becherglas (200 ml, Wasserbad), 2 Reagenzglaser, Methylmethacrylat (Methacrylsäuremethylester; **2**, **7**), Styrol (**2**, **7**, **8**), Dibenzoylperoxid (**1**, **2**, **7**, **9**)

**Durchführung** *Achtung!* Unter dem Abzug arbeiten! Erhitzen Sie im Becherglas ca. 200 ml Wasser auf 80 °C.

*Polymerisation von Methylmethacrylat:* Geben Sie 5 ml Methylmethacrylat in ein Reagenzglas und versetzen Sie es mit einer Spatelspitze Dibenzoylperoxid.
Erhitzen Sie das Gemisch im Wasserbad bis zur einsetzenden Reaktion. Die Temperatur darf zu keinem Zeitpunkt 80 °C überschreiten.

*Polymerisation von Styrol:* Geben Sie 5 ml Styrol in ein Reagenzglas und versetzen Sie es mit einer Spatelspitze Dibenzoylperoxid. Erhitzen Sie das Gemisch im Wasserbad bis zur einsetzenden Reaktion. Die Temperatur darf zu keinem Zeitpunkt 80 °C überschreiten.

*Entsorgung:* Kunststoffreste in den Hausmüll geben.

**Auswertung**

**1›** Erläutern Sie die Funktion des zugegebenen Dibenzoylperoxids und erklären Sie, warum die geringe Menge ausreichend ist.

**2›** Erläutern Sie unter Berücksichtigung der Radikalbildung, warum die entstehenden Kunststoffe Gasblasen eingeschlossen haben.

# Steuerung der Polymerisation

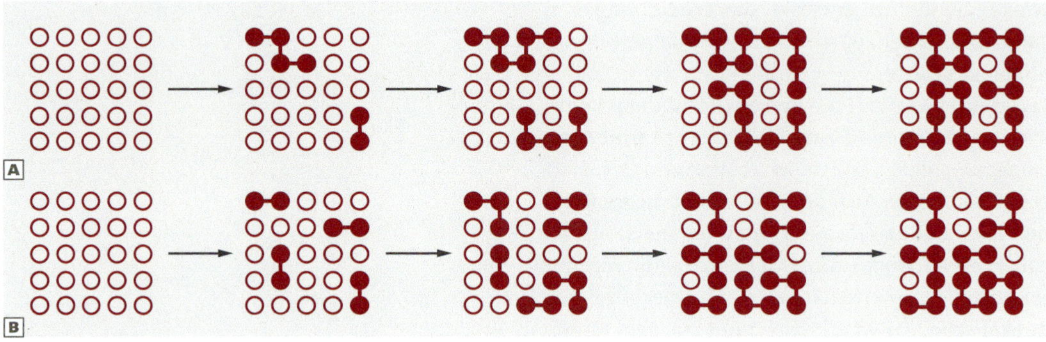


**01** Verlauf von Polyreaktionen (Schema): **A** Kettenwachstumsreaktion (z. B. Polymerisation), **B** Stufenwachstumsreaktion (z. B. Polykondensation)

Polymerisationen verlaufen als **Kettenwachstumsreaktionen** und erzeugen schon zu Beginn der Reaktion Makromoleküle (↑ **01A**). Jedes durch ein Startradikal aktiviertes Monomermolekül stellt den Beginn einer durch Addition weiterer Monomermoleküle fortwährend wachsenden Polymerkette dar.

Die Länge der entstehenden Polymerketten kann durch verschiedene Faktoren während der Reaktion beeinflusst werden, z. B. durch Veränderung der Synthesetemperatur: Je höher die Temperatur, desto mehr Startradikale werden gleichzeitig gebildet. Dies führt zu einem parallelen Kettenwachstum an sehr vielen Stellen gleichzeitig, was insgesamt zu kurzkettigeren Produkten führt. Der gleiche Effekt wird erzielt, wenn die Konzentration der Initiatoren entsprechend hoch ist.

Eine weitere Möglichkeit der Reaktionssteuerung besteht in der Zugabe von **Inhibitoren**. Dies sind Stoffe, deren Moleküle eine hohe Elektronendichte besitzen, beispielsweise Phenol $C_6H_5$–OH oder Thiole R–SH (R = Alkylrest). Sie unterbrechen das Kettenwachstum, da sie reaktionsträge Radikale bilden, die nicht mit weiteren Monomeren unter Kettenverlängerung reagieren. Sie können jedoch mit anderen Radikalen rekombinieren und damit die Reaktion verzögern (↑ **02**).

*Stufenwachstumsreaktion ↑ S. 215*

Bei der Stufenwachstumsreaktion reagieren zunächst nur einzelne Monomere zu Dimeren. Zu Beginn bilden sich also keine langkettigen Makromoleküle. Diese entstehen erst zu einem sehr späten Zeitpunkt des Reaktionsverlaufs durch Reaktion der bereits vorliegenden kürzeren Ketten (↑ **01B**).

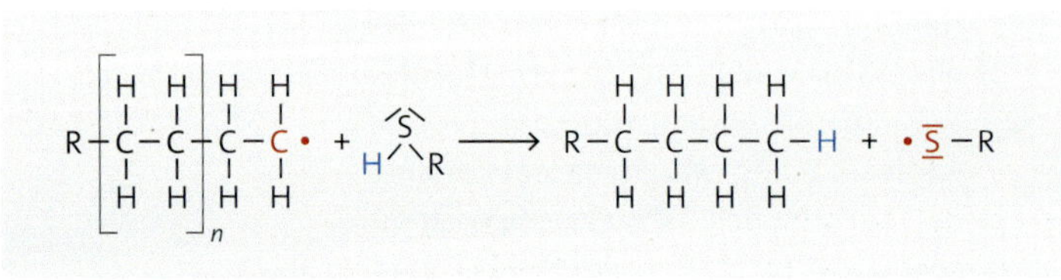

**02** Wirkung eines Inhibitors

**POLYMERISATIONSGRAD** Zur eindeutigen Beschreibung der unterschiedlichen Kettenlängen von Polymeren wird der Polymerisationsgrad verwendet. Er gibt die Anzahl der Wiederholungseinheiten an, aus der die Polymerkette aufgebaut ist. Wird das Polymer aus einem Monomer synthetisiert, entspricht die Wiederholungseinheit der Länge des Monomermoleküls, werden mehrere Monomere verwendet, bilden diese Moleküle zusammen die Länge der Wiederholungseinheit.

Da es sich bei Kunststoffproben immer um ein Gemisch unterschiedlich langer Polymerketten handelt (↑ S. 212, Polydispersität), kann in der Regel nur ein Mittelwert für die untersuchte Probe angegeben werden. Man spricht dann vom mittleren Polymerisationsgrad (↑ **03**).

**Durch die Variation von Syntheseparametern können Kunststoffe mit unterschiedlichen Eigenschaften hergestellt werden. Die Moleküle unterscheiden sich im Polymerisationsgrad.**

| Kunststoff | Mittlere Polymerisationsgrade |
|---|---|
| Polystyrol PS | 10 – 200 (Lacke)<br>200 – 750 (Spritzgussteile)<br>750 – 15000 (Folien und Bänder) |
| Polymethylmethacrylat PMMA | 20 000 – 30 000 (Kunstglas) |

**03** Beispiele typischer mittlerer Polymerisationsgrade

# Polyethen und Polypropen

**POLYETHEN** Durch Variation der Reaktionsbedingungen sowie durch Einsatz eines Katalysators lassen sich verschiedene Polyethensorten herstellen: Bei hohen Temperaturen (150 bis 300 °C) und hohen Drücken (1400 bis 3500 bar) treten Nebenreaktionen auf, bei denen ein Radikal einem Makromolekül ein Wasserstoffatom entreißen kann. Es bleibt ein Radikal zurück, das Startpunkt für eine neue Seitenkette, eine Verzweigung, ist. Auf diese Weise bildet sich **Hochdruck-Polyethen** mit niederer Dichte (engl. *low-density polyethylene*, LDPE; ↑ **05**).

Bei niedrigen Temperaturen (50 bis 150 °C) und niedrigen Drücken (1 bis 50 bar) bildet sich unter Verwendung eines Katalysators **Niederdruck-Polyethen** mit hoher Dichte (engl. *high-density polyethylene*, HDPE; ↑ **05**). Die Makromoleküle sind unverzweigt und können sich parallel anordnen. Auf diese Weise kann sich eine kristalline Struktur ausbilden, was die größere Dichte des Niederdruck-Polyethens und somit seine höhere Festigkeit erklärt.
Beide Polyethensorten gehören zu den thermoplastischen Kunststoffen.

**TAKTIZITÄT BEI POLYPROPEN – AUF DIE ORDNUNG KOMMT ES AN** Zusätzlich zu den bisher beschriebenen Unterschieden im molekularen Aufbau von Kunststoffen können bei **Polypropen** noch verschiedene *Konformationen* auftreten – dies sind Anordnungen aufgrund der freien Drehbarkeit der C–C-Bindungen. Auch diese haben Auswirkungen auf die Stoffeigenschaften des Polymers. Da isotaktisches Polypropen kristalline Bereiche bilden kann, weist es mit Abstand die höchste Schmelztemperatur und die höchste Dichte auf (↑ **04**).

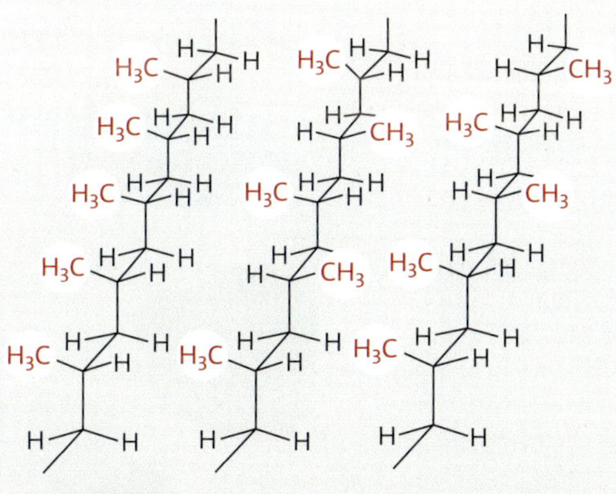

isotaktisch syndiotaktisch ataktisch

**04** Drei mögliche Taktizitäten bei Polypropen

| | Hochdruck-Polyethen | Niederdruck-Polyethen |
|---|---|---|
| Typische Stoffeigenschaften | • amorpher Kunststoff<br>• geringe Härte, geringe Festigkeit | • kristalliner Kunststoff<br>• große Härte, hohe Festigkeit |
| Struktur | • unregelmäßige Anordnung<br>• stark verzweigte Polymerketten<br>→ geringe Ausbildung kristalliner Bereiche<br>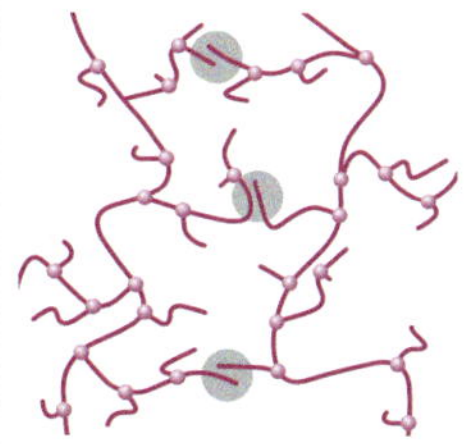 | • regelmäßigere Anordnung<br>• gering verzweigte Polymerketten<br>→ häufige Ausbildung kristalliner Bereiche<br>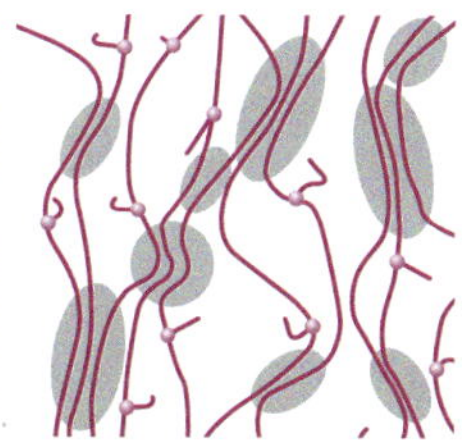 |
| Dichte | niedrig: 0,92–0,94 $g \cdot cm^{-3}$ | hoch: 0,94–0,96 $g \cdot cm^{-3}$ |
| Mittlerer Polymerisationsgrad | 1800–10 000 | 1000–5000 |
| Typische Verwendungen | z. B. für dünnwandige Folien wie Tragetaschen und Müllsäcke<br> | z. B. Hohlkörper wie Kanister und Verpackungen<br> |
| Symbol und Kurzzeichen | 4 LDPE<br>Polyethen niederer Dichte (engl. *low-density polyethylene*)<br>Merke: synthetisiert im **Hochdruck**verfahren | 2 HDPE<br>Polyethen hoher Dichte (engl. *high-density polyethylene*)<br>Merke: synthetisiert im **Niederdruck**verfahren |

**05** Vergleich: Hochdruck- und Niederdruck-Polyethen

**1 〉** Erläutern Sie den Unterschied zwischen Initiatoren und Inhibitoren.

**2 〉** Stellen Sie die Start-, Kettenwachstums- und Abbruchreaktion für die radikalische Polymerisation von Polypropen dar.

# Übersicht über die Polymerisate

| Name Kurzzeichen | Monomer | Polymermolekül (Strukturausschnitt) | Eigenschaften/Verwendungen | Beispiel |
|---|---|---|---|---|
| **Polypropen PP** | Propen | 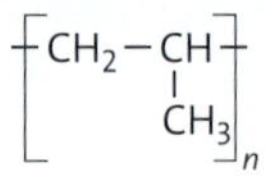 | teilkristallines Polymer mit größerer Härte und Festigkeit als PE, gute Beständigkeit gegenüber Lösungsmitteln, Säuren und Laugen; für Schutzhelme, Rohrleitungen, Innenausstattung von Pkws, Möbelrollen |  |
| **Polystyrol PS** | Phenylethen (Styrol) | 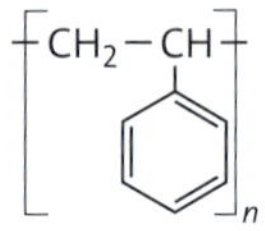 | festes PS: hart, glasklar und beständig; für Joghurtbecher, DVD-Hüllen |  |
| | | | geschäumtes PS (Styropor): geringe Dichte, undurchsichtig; für Dämmmaterial und Verpackungen |  |
| **Polyvinychlorid PVC** | Chlorethen | 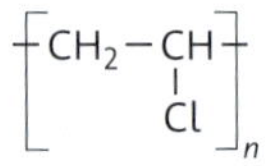 | Hart-PVC: hart, spröde, gute Beständigkeit gegenüber Lösungsmitteln, Säuren und Laugen, schwer entflammbar; für Fensterprofile und Rohre, EC-Karten |  |
| | | | Weich-PVC: weich, elastisch; für Kabelummantelungen |  |
| **Polymethylmethacrylat PMMA** | Methacrylsäuremethylester | 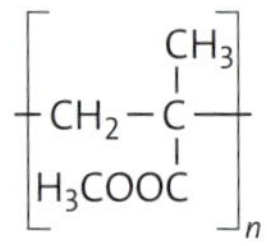 | glasartiger, biegsamer, bruchfester Kunststoff mit geringer Dichte; lichtdurchlässig und UV-beständig; im Flugzeugbau, Bauwesen, in der Optik als Plexiglas oder Acrylglas |  |
| **Polyacrylnitril PAN** | 2-Propennitril (Acrylnitril) | 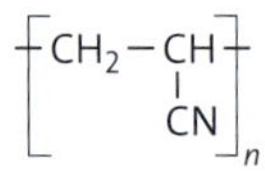 | harter Kunststoff, der jedoch zu Fasern verspinnbar ist; für Textilfasern wie „Polyacryl"-Fasern |  |
| **Polytetrafluorethen PTFE** | Tetrafluorethen | 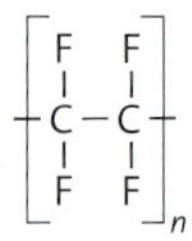 | äußerst beständig gegen die meisten Chemikalien, temperaturbeständig von −200 bis +250 °C, wird nicht von wässrigen oder fettähnlichen Flüssigkeiten benetzt; für Beschichtungen von Kochgeschirr, Bekleidung (Goretex) |  |

# Praktikum

## P Herstellung von Kunststoffen

### EXP 7.08 Synthese eines unvernetzten Polymers

**Materialien** Reagenzglas, Reagenzglasklammer, Reagenzglasständer, Spatel, Pipette, Aluschale eines Teelichts, Bunsenbrenner, Pinzette, 3 Siedesteinchen, Waage, Glykol (Ethan-1,2-diol; 7, 8), Maleinsäure (cis-But-2-endisäure; 7), konzentrierte Schwefelsäure (5), Watesmopapier

**Durchführung** Wiegen Sie 2 g Maleinsäure ab und geben Sie diese zu 1 ml Glykol in ein Reagenzglas. Geben Sie anschließend einen Tropfen konzentrierte Schwefelsäure sowie 3 bis 5 Siedesteinchen hinzu. Erwärmen Sie das Gemisch vorsichtig mit dem Brenner, bis es sich orange verfärbt. Halten Sie während des Erhitzens mit der Pinzette das Watesmopapier an die Öffnung des Reagenzglases. Füllen Sie nach dem Erwärmen den Inhalt des Reagenzglases in die Aluschale.
*Entsorgung:* Kunststoffreste in den Hausmüll geben.

**Auswertung**

**1 〉** Beschreiben Sie Ihre Beobachtungen und erklären Sie die Farbveränderung des Watesmopapiers.
**2 〉** Entwickeln Sie einen Strukturformelausschnitt mit jeweils fünf Molekülen Maleinsäure und Glykol.
**3 〉** Geben Sie den Reaktionstyp an und nennen Sie die Stoffklasse des gebildeten Polymers.

### EXP 7.09 Synthese eines vernetzten Polymers

**Materialien** Reagenzglas, Reagenzglasklammer, Reagenzglasständer, Spatel, Pipette, Aluschale eines Teelichts, Brenner, Watesmopapier, Pinzette, 3 Siedesteinchen, Waage, Glycerin (Propan-1,2,3-triol), Äpfelsäure (7)

**Durchführung** Wiegen Sie 2,2 g Äpfelsäure ab und geben Sie diese zu 1 ml Glycerin in ein Reagenzglas. Geben Sie anschließend 3 bis 5 Siedesteinchen hinzu. Erhitzen Sie das Gemisch vorsichtig 2 min in der rauschenden Brennerflamme. Halten Sie während des Erhitzens mit der Pinzette das Watesmopapier an die Öffnung des Reagenzglases. Füllen Sie nach dem Erwärmen den Inhalt des Reagenzglases in die Aluschale.
*Entsorgung:* Kunststoffreste in den Hausmüll geben.

**Auswertung**

**1 〉** Beschreiben Sie Ihre Beobachtungen und erklären Sie die Farbveränderung des Watesmopapiers.
**2 〉** Entwickeln Sie einen Strukturformelausschnitt mit jeweils fünf Molekülen Äpfelsäure und Glycerin.
**3 〉** Vergleichen Sie diesen Formelausschnitt mit dem aus Exp. 8.08 und stellen Sie Unterschiede dar.

2 5 7 8 9

### EXP 7.10 Grenzflächenkondensation von Nylon

**Materialien** 2 Bechergläser, Spatel, Pinzette, Trichter, Glasstab, Waage, Messzylinder, Handschuhe, Sebacinsäuredichlorid (Decandisäurechlorid; 5, 7), Heptan (2, 7, 8, 9), Hexamethylendiamin (Hexan-1,6-diamin; 5, 7), Thymolphthaleinlösung (2)

**Durchführung** Lösen Sie im ersten Becherglas 1 ml Sebacinsäuredichlorid in 25 ml Heptan und im zweiten Becherglas 1 g Hexamethylendiamin in 25 ml Wasser und einigen Tropfen Thymolphthalein. Schichten Sie anschließend mithilfe eines Trichters vorsichtig die erste Lösung auf die zweite. Ziehen Sie mit der Pinzette die sich an der Grenzfläche der beiden Lösungen bildende Haut aus der Lösung und wickeln Sie sie vollständig auf dem Glasstab auf.

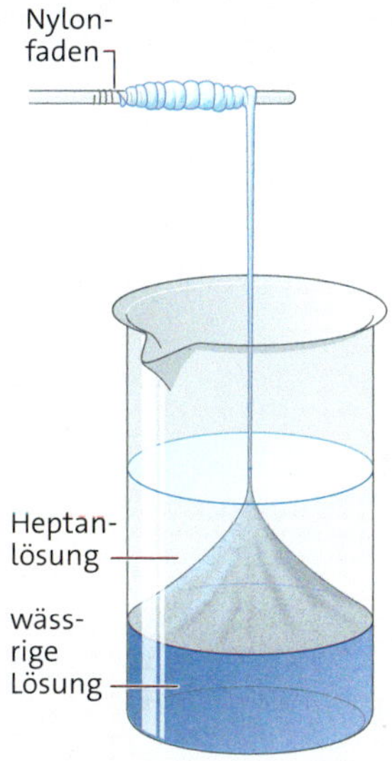


*Entsorgung:* Reste der Lösungen in den Behälter für halogenhaltige organische Abfälle geben.

**Auswertung**

**1 〉** Beschreiben Sie Ihre Beobachtungen und erklären Sie die Schichtung im Becherglas.
**2 〉** Erstellen Sie die Reaktionsgleichung unter Verwendung von jeweils einem Molekül der Ausgangsstoffe.

### EXP 7.11 Körper aus geschäumtem Polystyrol

**Materialien** Heizplatte, Becherglas (500 ml), 2 Metallhalbformen mit Verschlussklammern (alternativ: Tee-Ei), Tiegelzange, expandierfähiges Polystyrol (EPS)

**Durchführung** Bringen Sie im Becherglas ca. 400 ml Wasser zum Kochen. Wiegen Sie in einer Hälfte der Formen ca. 5 g EPS-Kügelchen ab. Verschließen Sie die Form und geben Sie diese für ca. 15 min in das kochende Wasser. Entnehmen Sie die Form mit der Tiegelzange und kühlen Sie die Form vor dem Öffnen mit kaltem Wasser ab.
*Entsorgung:* Geben Sie die Reste in den Hausmüll.

**Auswertung** Erläutern Sie, warum die Kügelchen expandieren und warum sie im endgültigen Körper verschweißt sind.

# 7.5 Polyaddition

Kunststoffe lassen sich auch durch **Polyaddition** herstellen. Als Ausgangsstoffe werden im Gegensatz zur Polymerisation *zwei unterschiedliche Monomere* verwendet, deren Moleküle über jeweils zwei oder mehr funktionelle Gruppen verfügen. Ein Monomer besitzt dabei ein positiv polarisiertes Kohlenstoffatom, während das andere Monomer reaktionsfähige Wasserstoffatome an einem negativ polarisierten Sauerstoffatom aufweist. Die Reaktionsprodukte werden als **Polyaddukte** bezeichnet. Wie bei der Polymerisation entstehen auch bei der Polyaddition keine Nebenprodukte (↑ **02**). Wichtige Vertreter der Polyaddukte sind Polyurethane, Polyurethanschaumstoffe, Polyharnstoffe und Epoxidharze.

**POLYURETHANE** Als Monomere der Ausgangsstoffe für die Herstellung von **Polyurethanen** (Kurzzeichen: **PUR**) werden Diole und Diisocyanate eingesetzt (↑ **01**). Bei der Reaktion entsteht eine Bindung zwischen dem partiell negativ geladenen Sauerstoffatom der Hydroxygruppe und dem partiell positiv geladene Kohlenstoffatom der Isocyanatgruppe –N=C=O. Gleichzeitig findet ein Protonenübergang von der Hydroxygruppe des Diolmoleküls zum Stickstoffatom der Isocyanatgruppe statt. Dadurch bildet sich die für diese Kunststoffe typische **Urethanbindung** –O– CO–NH–.

Bei Einsatz von Monomeren mit zwei funktionellen Gruppen werden nur lineare Polyurethane erzeugt. Sie haben thermoplastische Eigenschaften. Enthalten die Monomere jedoch mehrere funktionelle Gruppen, so kann ein verzweigtes Polyurethan mit duromeren Eigenschaften entstehen.
Besonders durch Variation der Alkohole lassen sich Polyurethane mit verschiedenen Eigenschaften herstellen, sodass viele Verwendungen für diesen Kunststoff möglich sind. Sie reichen von Dichtungen, Fußböden und Lacken bis hin zu Schuhsohlen, Skiern und Fußbällen.

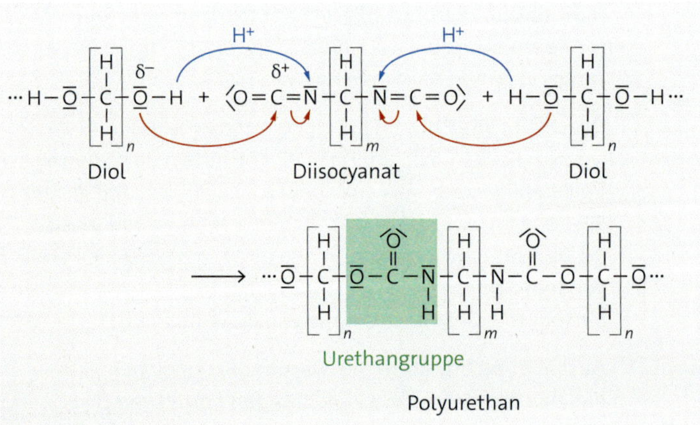


**01** Bildung eines Polyurethans

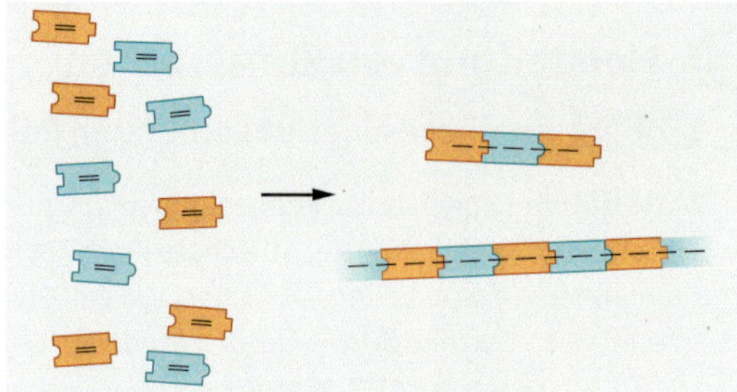

**02** Allgemeines Schema der Polyaddition

**03** Produkte aus Polyurethan

Durch kontrollierte Wasserzugabe reagieren die Isocyanate zu Aminen und Kohlenstoffdioxid. Die Gasentwicklung führt zum Aufschäumen des Kunststoffs, wodurch **Polyurethan-Schaumstoffe** entstehen:

$$R{-}N{=}C{=}O + H_2O \longrightarrow R{-}NH_2 + CO_2$$

**POLYHARNSTOFF** Verwendet man Amine anstelle von Alkoholen, so können auch die Aminogruppen an die Isocyanatgruppen addiert werden. Der sich hierbei bildende Kunststoff wird **Polyharnstoff** genannt.

> **Die Polyaddition ist eine Form der Addition, bei der aus Monomeren mit mehreren funktionellen Gruppen durch molekulare Umlagerung (Protonenwanderung) Makromoleküle gebildet werden.**

1. Entwickeln Sie eine allgemeine Reaktionsgleichung für die Bildung eines Polyharnstoffs.
2. Begründen Sie, warum Handwerker für die Fixierung von Fensterzargen mithilfe von Polyurethanschaum die Arbeit an einem schwülen Sommertag der Arbeit an einem trockenen Wintertag vorziehen.

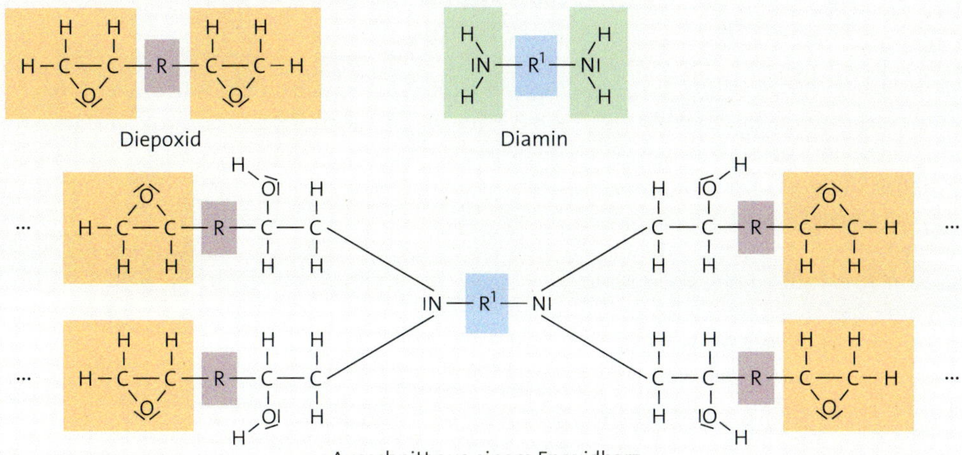


**04** Synthese eines Epoxidharzes durch Reaktion einer Harzkomponente (Diepoxid) mit einem Härter (Diamin)

**KETTENWACHSTUM BEI POLYMERISATION UND POLYADDITION IM VERGLEICH** Bei der *Polymerisation* entsteht im ersten Kettenwachstumsschritt ein Dimer, das *eine endständige reaktive Gruppe* aufweist (ein Radikal oder ein Ion). Daran lagert sich ein weiteres Monomer an, es entsteht ein Trimer (drei Baueinheiten). Dieser Schritt wiederholt sich, die Kette wächst kontinuierlich zum Oligomer (vier bis 10 Baueinheiten) und weiter zum Polymer.
Bei der *Polyaddition* bilden sich zunächst auch Dimere, die wiederum an beiden Enden reaktive Gruppen aufweisen. Es lagern sich weitere Monomere an. So entstehen ebenfalls Trimere und Oligomere. Allerdings wachsen diese nicht kontinuierlich weiter, sondern Oligomere und kurzkettige Polymere lagern sich zu längeren Polymeren zusammen. Dies ist möglich, da alle Bausteine jeweils *zwei endständige reaktive Gruppen* aufweisen, sodass beim Zusammentreffen die Additionsreaktion erfolgen kann, während bei der Polymerisation nur am Ende der wachsenden Kette eine reaktive Gruppe verfügbar ist. Dagegen sind bei der Polymerisation Verzweigungen möglich, wenn Radikale auf wachsende Ketten treffen, bei der Polyaddition geht das nicht.

**EPOXIDHARZE** zeichnen sich durch eine sehr gute Haftfähigkeit auf verschiedensten Werkstoffen wie Glas, Holz, Metall, Keramik aus. Dies macht eine vielfältige Verwendung als Klebstoffe, Lacke oder Beschichtungen möglich. Als Gießharze werden sie für Bodenbeläge genutzt oder sie werden zur Herstellung von Formteilen wie Tennisschlägern, Stabhochsprungstäben oder Fahrradrahmen eingesetzt. Epoxidharze werden aus zwei Komponenten hergestellt: einer *Harzkomponente*, die die Epoxidverbindung enthält, und einem *Härter*, der aus der Aminoverbindung besteht.

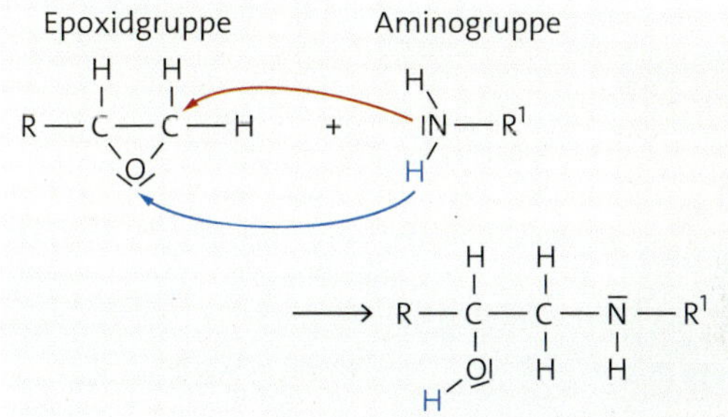


**05** Addition einer Aminogruppe an eine Epoxidgruppe

Bei der Harzkomponente handelt es sich um ein lineares Polymer, das am Ende jeweils eine **Epoxidgruppe** $-CHOCH_2$ aufweist. Dies ist ein Dreiring, der ein Sauerstoffatom enthält. Stoffe, die diese funktionelle Gruppe enthalten, sind sehr reaktiv. Aus diesem Grund werden z. B. bei Klebstoffen die beiden Komponenten in getrennten Kammern bevorratet (↑ **06**).

Bei der Reaktion mit dem Härter bildet sich durch eine Polyaddition ein vernetztes Polymer (↑ **04**). Je nach Menge des Härters und der Längen der Polymerketten in den Ausgangsstoffen variieren die Stoffeigenschaften.

> **Polyepoxide und Polyamine reagieren zu vernetzten Epoxidharzen. Hierbei werden Aminogruppen an die Epoxidgruppen addiert.**

**1** Erläutern Sie, wie die Ausgangsstoffe für ein sehr hartes, sprödes Epoxidharz aufgebaut sein müssen.

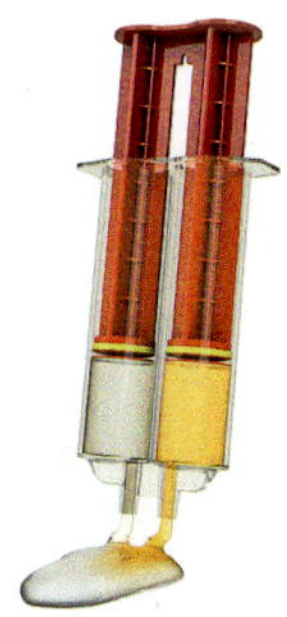

**06** Epoxidharz als Zweikomponentenklebstoff

# Klausurtraining

## Material A Polyvinylchlorid

### A1 Auf die Stellung kommt es an

Heutzutage haben sie nur noch Liebhaber, aber früher gab es sie in jeder Musikabteilung – die Schallplatte. Schon wegen ihres Umgangsnamens „Vinyl" war klar, dass sie aus Polyvinylchlorid (PVC) gefertigt war. Heute findet man diesen Kunststoff eher in Fußbodenbelägen, Kabelisolierungen, Kreditkarten oder Durchdrückfolien von Medikamentenblistern. Die unterschiedlichen Eigenschaften des PVC lassen sich u. a. anhand der Stellung der Chloratome in der Molekülkette, der *Taktizität*, erklären: Die Chloratome können sich auf einer Seite (isotaktisch), abwechselnd gegenüber (syndiotaktisch) oder unregelmäßig verteilt (ataktisch) anordnen.

### A2 Brand im World Trade Center

**Vergiftete Atmosphäre |** Beim Brand des World Trade Centers sind hochtoxische Substanzen frei geworden. Die Langzeitfolgen sind noch unklar.

(...) Die hochtoxische Substanz [Dioxin] entsteht bei der Verbrennung des Kunststoffs PVC, der in Zigtausenden Computern und Kabeln, Papierkörben und Tapeten enthalten sei. (...) Als weiteres Produkt entstand ein unangenehm stechend riechendes Gas, das den Feuerwehrmännern erhebliche Atemprobleme bereitete. Es zeigte sich später, dass dieses Gas eine rötliche Verfärbung von angefeuchtetem Universalindikatorpapier hervorrief.

***Die Zeitung vom 19.10.2001***

#### AUFGABEN ZU A

1) Beschreiben Sie den Reaktionsmechanismus für die Synthese von Polyvinylchlorid. Formulieren Sie für jeden Teilschritt eine entsprechende Reaktionsgleichung.
2) **a** Zeichnen Sie Formelausschnitte von isotaktischem und syndiotaktischem Polyvinylchlorid, die jeweils vier Wiederholungseinheiten umfassen.
   **b** Begründen Sie, warum isotaktisches PVC eine höhere Dichte, eine höhere Härte und einen höheren Schmelzpunkt aufweist als syndiotaktisches und ataktisches PVC.
3) Formulieren Sie eine Hypothese, welches stechende Gas auf dem angefeuchteten Universalindikatorpapier für die Rotfärbung verantwortlich war.

## Material B Kunststoff aus nachwachsenden Rohstoffen

Glycerin wird aus Fetten und Citronensäure durch Fermentation aus zuckerhaltigen Rohstoffen gewonnen. Beide Stoffe können für die Herstellung eines Kunststoffs verwendet werden.

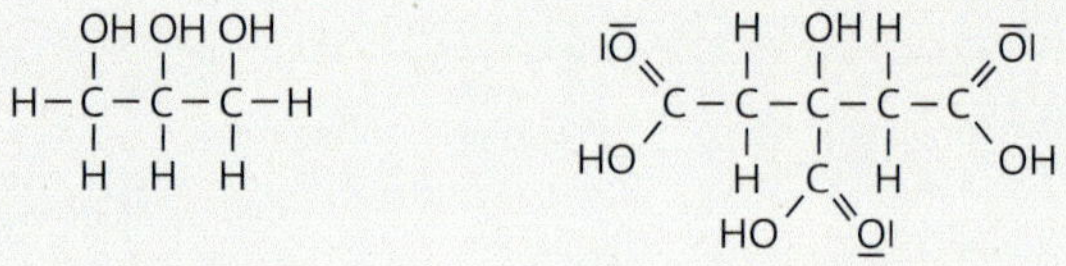

Glycerin (Propan-1,2,3-triol) | Citronensäure (2-Hydroxypropan-1,2,3-tricarbonsäure)

**B1.1** Strukturformeln der Ausgangsstoffe

### B1 Versuchsbeschreibung

*Durchführung:* 1 ml Glycerin und 2 g Citronensäure werden in einem Reagenzglas gemischt und dann bis zum Sieden erhitzt.
*Beobachtung:* Das Gemisch ist zunächst flüssig und milchigtrüb. Nach kurzer Zeit wird das Reaktionsprodukt klebrig und zäh, einige Bereiche des Produkts werden dagegen glasklar und hart. Wird nach dem Abkühlen erneut erhitzt, so schmilzt ein Teil des Reaktionsprodukts, ein anderer Teil zersetzt sich und verkohlt sofort.

nach kurzem Erhitzen

nach langem Erhitzen

**B1.2** Reaktionsprodukte des Versuchs

#### AUFGABEN ZU B

1) Erläutern Sie die Eigenschaften des Reaktionsprodukts (↑ **B1, B1.2**).
2) Formulieren Sie die Reaktionsgleichung mithilfe der gegebenen Strukturformeln (↑ **B1.1**). Begründen Sie, welcher Reaktionstyp vorliegt und zu welcher Stoffklasse das Reaktionsprodukt gehört.
3) Zeichnen Sie einen Strukturformelausschnitt des entstandenen Makromoleküls und begründen Sie die von Ihnen gewählte Struktur.
4) Deuten Sie das unterschiedliche Verhalten des Reaktionsprodukts bei erneutem Erhitzen.
5) Ein Schüler hat bei der Versuchsdurchführung das Glycerin vergessen und trotzdem ein stark viskoses Produkt erhalten. Erläutern Sie diesen Befund.

# Klausurtraining

## Material C Klebstoffe

Klebstoffe sind aus unserem Alltag nicht wegzudenken. Für unterschiedliche Anwendungen gibt es verschiedene Klebstoffarten. Gemeinsam ist ihre Funktion, Werkstoffe miteinander zu verbinden.

### C1 Adhäsion und Kohäsion

Der Begriff **Adhäsion** leitet sich von lat. *adhaerere* für *anhaften* ab und bezeichnet alle Wechselwirkungen zwischen Teilchen an Grenzflächen. **Kohäsion** geht auf lat. *cohaerere* für *zusammenhängen* zurück. Dieser Begriff umfasst alle Wechselwirkungen zwischen Teilchen innerhalb einer homogenen Phase, z. B. innerhalb eines Klebstofftropfens. Kohäsionswechselwirkungen sind rund 20- bis 100-mal stärker als Adhäsionswechselwirkungen und wirken besonders effektiv in festen Phasen, z. B. im fest gewordenen Klebstoff.

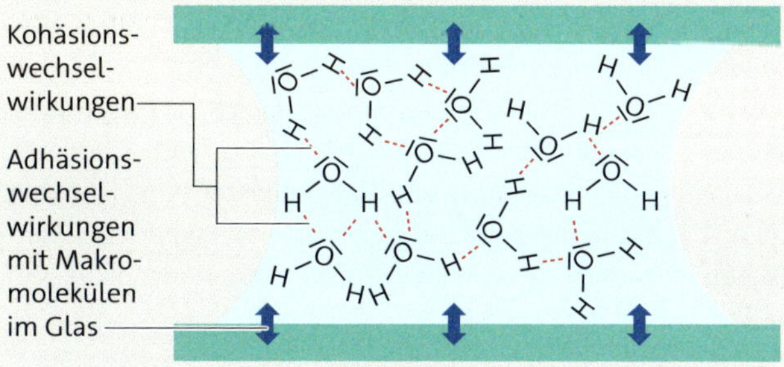


**C1.1** Adhäsions- und Kohäsionswechselwirkungen bei einem Wassertropfen zwischen zwei Glasplatten

### C2 Sekundenkleber

Cyanacrylat-Klebstoffe sind **Reaktionsklebstoffe** auf der Basis von 2-Cyanoacrylsäureestermonomeren. Sie bilden sehr schnell lange, unvernetzte Polymermoleküle aus. Bei der Reaktion handelt es sich um eine anionische Polymerisation. Als Starter reichen Spuren von Feuchtigkeit (↑ C2.1).

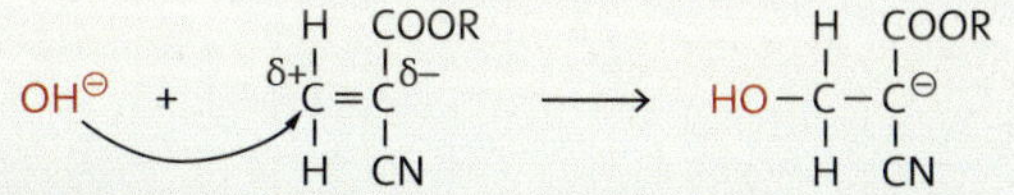

**C2.1** Startreaktion einer anionischen Polymerisation eines 2-Cyanoacrylsaureestermoleküls

### C3 Lösungsmittelbasierte Nassklebstoffe

Lösungsmittelhaltige Klebstoffe bestehen aus Polymer- und Lösungsmittelmolekülen. Beim Auftragen der Klebstoffe sind diese flüssig und verteilen sich auch auf unebenen Oberflächen sehr gut.

Während des Trocknungsvorgangs des Klebstoffs verdampft das Lösungsmittel. Dadurch wird der Abstand zwischen den Polymermolekülen verringert, wodurch sich mehr zwischenmolekulare Wechselwirkungen zwischen den Polymermolekülen ausbilden können. Der Klebstoff wird fest.

In einem Experiment werden von zwei lösemittelhaltigen Nassklebstoffen jeweils ca. 2 g auf einem Papier aufgetragen und die Masse der beiden Proben während des Trocknungsvorgangs beobachtet (↑ C3.1)

| Zeit in min | *m*(Klebstoff 1) in g | *m*(Klebstoff 2) in g | Zeit in min | *m*(Klebstoff 1) in g | *m*(Klebstoff 2) in g |
|---|---|---|---|---|---|
| 0 | 2,20 | 2,00 | 10 | 1,67 | 1,24 |
| 1 | 1,98 | 1,85 | 11 | 1,66 | 1,20 |
| 2 | 1,87 | 1,75 | 12 | 1,65 | 1,18 |
| 3 | 1,77 | 1,65 | 13 | 1,65 | 1,17 |
| 4 | 1,74 | 1,58 | 14 | 1,65 | 1,16 |
| 5 | 1,71 | 1,50 | 15 | 1,65 | 1,16 |
| 6 | 1,70 | 1,43 | 16 | 1,66 | 1,17 |
| 7 | 1,68 | 1,36 | 17 | 1,65 | 1,16 |
| 8 | 1,67 | 1,32 | 18 | 1,64 | 1,16 |
| 9 | 1,66 | 1,28 | 19 | 1,65 | 1,17 |

**C3.1** Vergleich der Massenabnahme zweier lösungsmittelhaltiger Klebstoffe beim Trocknen

#### AUFGABEN ZU C

1) Formulieren Sie eine Reaktionsgleichung für das Kettenwachstum der in ↑ C2.1 gestarteten anionischen Polymerisation.
2) Nach dem Auftragen des Reaktionsklebstoffs härtet dieser sehr schnell aus. Hierbei bilden sich starke Kohäsionswechselwirkungen aus.
   **a** Beschreiben Sie, warum beim Auftragen des Reaktionsklebstoffs nur geringe Kohäsionswechselwirkungen, kurze Zeit später jedoch sehr starke Kohäsionswechselwirkungen auftreten.
   **b** Skizzieren Sie vereinfachend und schematisch das Auftreten von Adhäsions- und Kohäsionswechselwirkungen vor und nach dem Aushärten eines Sekundenklebers.
3) Beschreiben Sie das Auftreten von Adhäsions- und Kohäsionswechselwirkungen während des Auftragens und während des Trocknens eines lösemittelhaltigen Klebstoffs.
4) **a** Stellen Sie die Daten der Massenabnahme der beiden Klebstoffe ↑ C3.1 in einem geeigneten Schaubild dar.
   **b** Begründen Sie mithilfe des Schaubilds und der Daten, welcher der beiden Klebstoffe als schnelltrocknend eingestuft werden kann.
   **c** Berechnen Sie die prozentualen Massenanteile der in den beiden Klebstoffen enthaltenen Lösungsmittel.
5) Beurteilen Sie die folgenden Lösungsmittel hinsichtlich ihrer Eignung in schnelltrocknenden Nassklebstoffen, die aus hydrophoben Polymeren aufgebaut sind: Ethanol, Pentan, Pentanol, Octan.

# 7.6 Maßgeschneiderte Kunststoffe

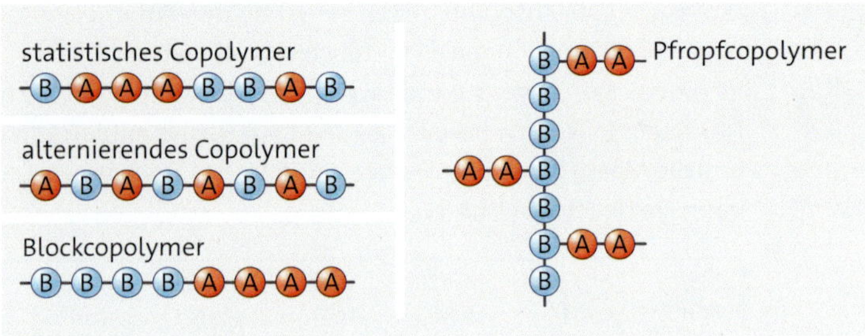


**01** Mögliche Anordnungen bei der Bildung von Copolymeren aus den Monomeren A und B

*Zusatzstoffe in der Kunststoffverarbeitung ↑ S. 228*

Um die Stoffeigenschaften von Kunststoffen gezielt steuern zu können, werden oft verschiedene geeignete Monomere zu einem Kunststoff verarbeitet. Es entstehen sogenannte **Copolymerisate** (kurz: **Copolymere**). Auf diese Weise können typische Eigenschaften der sortenreinen Kunststoffe kombiniert werden.

**AUFBAU DER COPOLYMERE** Bei der Bildung eines Polymers aus zwei oder mehreren unterschiedlichen Monomeren können auf molekularer Ebene verschiedene Anordnungen auftreten. Sind die Wiederholungseinheiten der ursprünglichen Monomere in den Polymerketten regellos verteilt angeordnet, so spricht man von einem **statistischen Copolymer**. Ist dagegen eine sich zwischen den Wiederholungseinheiten abwechselnde Regelmäßigkeit zu erkennen, wird der Kunststoff als **alternierendes Copolymer** bezeichnet.

**Blockcopolymere** sind durch sich abwechselnde Segmente gleicher Wiederholungseinheiten gekennzeichnet. Sind an einer aus einem Monomer synthetisierten Polymerkette Verzweigungen (Seitenketten) aus einem zweiten Monomer „aufgepfropft", spricht man von **Pfropfcopolymeren** (↑ **01**).

**STYROL-BUTADIEN-KAUTSCHUK** Für die Herstellung von Synthesekautschuk wird zunächst Buta-1,3-dien (Anteil: 75 %) mit Styrol (Anteil: 25 %) polymerisiert. Dadurch entstehen lineare Makromoleküle als statistische Copolymere (↑ **03**).
Um die typischen elastischen Eigenschaften eines Gummis zu erhalten, müssen die linearen Makromoleküle noch vernetzt werden. Hierfür kommt das Verfahren der **Vulkanisation durch Schwefel** zur Anwendung.
Dieses Verfahren gelang erstmals 1838 dem Amerikaner Charles Goodyear, indem er Naturkautschuk mit Schwefel reagieren ließ. Dabei kommt es zu einer Aufspaltung der Doppelbindungen in den Kautschukmolekülen und zu einer Vernetzung der Makromoleküle durch Ketten von bis zu 50 Schwefelatomen (↑ **04**).
Durch diese Vulkanisation entsteht aus einem Thermoplast ein Elastomer. Dabei entscheidet der Schwefelanteil über die Elastizität des Gummis: Weichgummi enthält bis 5 % Schwefel, bei Hartgummi liegt der Schwefelanteil bei 25 bis 50 %.
Der synthetische Gummi wird auch als **S**tyrol-**B**utadien-**R**ubber (**SBR**; engl. *rubber:* Gummi) bezeichnet. SBR wird bereits seit 1929 hergestellt und ist damit bis heute eines der am meisten verwendeten Elastomere, beispielsweise für Reifen, Transportbänder und Dichtungen.

**STYROL-ACRYLNITRIL** Ebenso wie beim SBR dient auch beim **S**tyrol-**A**crylnitril (kurz: **SAN**) Styrol als eines der beiden Monomere der Ausgangsstoffe. Styrol liegt in diesem Copolymer zu etwa 70 % vor. Bei den weiteren 30 % handelt es sich um Acrylnitril. Der ebenfalls durch Polymerisation entstehende Kunststoff ist ein Thermoplast, der eine höhere thermische und mechanische Festigkeit im Vergleich zu Polystyrol besitzt. Daher findet SAN sowohl Ver-

**02** Anwendungen für Copolymerisate: **A** Reifen aus SBR, **B** Lebensmittelbehälter aus SAN, **C** Spielsteine aus ABS

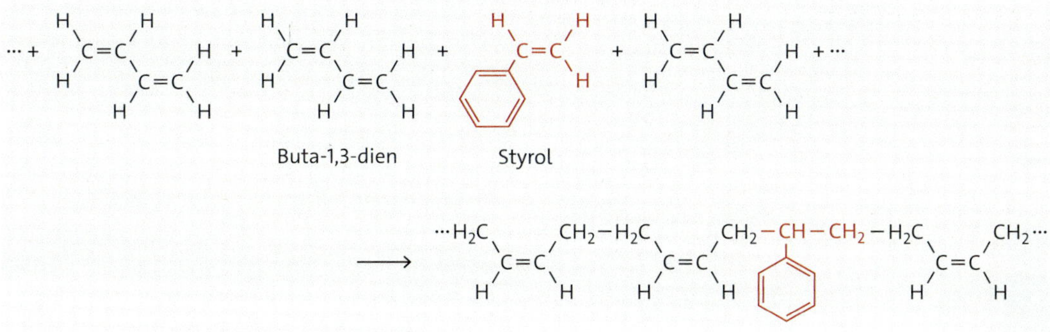


**03** Bildung von Styrol-Butadien-Kautschuk aus Styrol und Butadien durch Polymerisation

wendung für Duschkabinen und Reflektoren als auch im Lebensmittelbereich für Salatschüsseln und Geschirr.

**ACRYLNITRIL-BUTADIEN-STYROL (ABS)** Eines der bekanntesten Copolymere ist **Acrylnitril-Butadien-Styrol**, kurz: **ABS**, aus dem beispielsweise seit 1963 Legosteine hergestellt werden. Es ist chemikalienbeständig, formstabil, beliebig einfärbbar, fast unzerbrechlich und witterungsbeständig. Deshalb findet es in einem breiten Spektrum, beispielsweise in der Automobil- und Elektroindustrie, Verwendung. ABS ist ein Pfropfcopolymerisat, bei dem die beiden Monomere Acrylnitril und Styrol an das Butadien angelagert werden. Um die vielfältigen Verwendungen zu ermöglichen, müssen die Anteile der einzelnen Monomere unterschiedlich gewichtet werden und schwanken deshalb beträchtlich.

**Copolymerisate setzen sich aus zwei oder mehreren verschiedenen Monomeren zusammen. Dadurch wird eine große strukturelle Variationsbreite erzielt, um Eigenschaften des Produkts gezielt zu steuern.**

**1 〉** Entwickeln Sie – analog zur dargestellten Bildungsreaktion von Styrol-Butadien-Kautschuk – die Reaktionen für die Herstellung von:
**a** Styrol-Acrylnitril
**b** Acrylnitril-Butadien-Styrol

**2 〉** Formulieren Sie eine Reaktionsgleichung, die die Vernetzung eines SBR-Copolymers durch Vulkanisation zeigt. Nutzen Sie dafür Formelausschnitte von Halbstrukturformeln des SBR.

**3 〉** Zeichnen Sie jeweils einen Formelausschnitt für ein statistisches und ein alternierendes Copolymer sowie ein Block- und ein Pfropfcopolymer. Verwenden Sie hierfür jeweils drei Monomere zwei verschiedener frei gewählter Monomere.

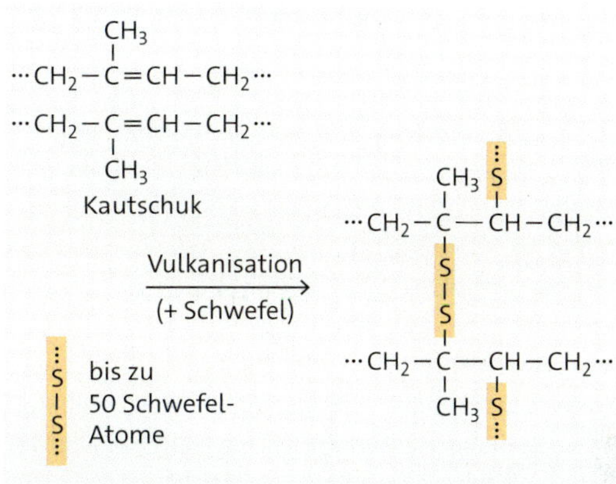


**04** Vulkanisation: Vernetzung von Kautschukmolekülen durch Schwefel

**P** **EXP 7.12** **Herstellung eines Copolymers**

**Materialien** Reagenzglas, Reagenzglasklammer, Reagenzglasständer, Spatel, Pipette, Brenner, Siedesteinchen, Messzylinder, Styrol (2, 7, 8), Maleinsäureanhydrid (5, 7, 8)

**Durchführung** *Abzug!* Geben Sie 2 Spatelportionen Maleinsäureanhydrid in ein Reagenzglas und anschließend 1,5 ml Styrol dazu. Erwärmen Sie das Gemisch vorsichtig mit kleiner Brennerflamme, bis eine klare Lösung entsteht. Erhitzen Sie vorsichtig weiter, bis die Flüssigkeit zähflüssig wird. Nach dem Erkalten bleibt eine feste Masse im Reagenzglas zurück.
*Entsorgung:* Kunststoffreste in den Hausmüll geben.

**Auswertung** Entwickeln Sie einen Strukturformelausschnitt mit jeweils fünf Monomeren Maleinsäureanhydrid und Styrol.

# Modifikation durch Zusatzstoffe

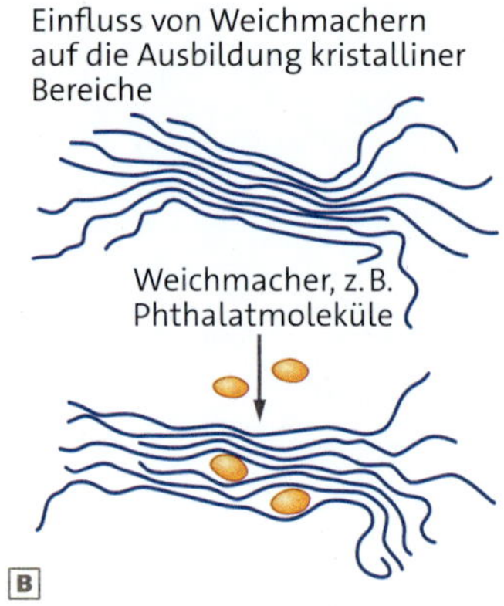


**01** Weichmacher: **A** Anwendungsverbot für bestimmte Produkte, **B** Funktion im Kunststoff

Kunststoffe lassen sich durch Beimischen von Zusatzstoffen nahezu beliebig modifizieren und an die gewünschten Verwendungen anpassen. Dabei werden je nach Zusatzstoff die jeweiligen spezifischen Eigenschaften des Kunststoffs verändert (↑ **01**).

**WEICHMACHER** Durch die Zugabe von Weichmachern zu ursprünglich spröden und harten Kunststoffen wie Polyvinylchlorid (PVC) entsteht ein weicher Kunststoff, der z. B. zu Folien verarbeitet werden kann. Dies wird möglich, weil die Moleküle des Weichmachers bei der Herstellung des Kunststoffs zwischen die Makromoleküle des Kunststoffs eingelagert werden und so die Ausbildung kristalliner Bereiche gestört wird. Die zwischenmolekularen Wechselwirkungen nehmen ab.
Häufig verwendete Weichmacher sind **Phthalate**, die sich durch Lösungsmittel herauslösen lassen oder ausdampfen. Sie werden teilweise als gesundheitsgefährdend eingestuft. Deshalb wurde in der EU für mehrere Weichmacher ein Anwendungsverbot für Kinderspielzeug erteilt.

| Zusatzstoffe | Funktion |
|---|---|
| **Antistatika** | verhindern elektrostatische Aufladung, Staub- und Schmutzpartikel werden nicht angezogen |
| **Farbstoffe** | intensivieren den Farbeindruck und erhöhen die Festigkeit |
| **Flammschutzmittel** | begrenzen die Entflamm- und Entzündbarkeit sowie den Verbrennungsprozess |
| **Füllstoffe** | verbessern mechanische Eigenschaften wie Festigkeit, Elastizität, Härte |
| **Gleitmittel** | erleichtern die Verarbeitung und Formbarkeit |
| **Stabilisatoren** | verlängern die Lebensdauer durch Schutz vor Umwelteinflüssen wie UV-Strahlen, Wärme |
| **Weichmacher** | optimieren Elastizität und Härte |

**02** Einige Zusatzstoffe und ihre Funktionen

**STABILISATOREN** Beim Gebrauch von Kunststoffprodukten kommen diese unweigerlich in Kontakt mit Sauerstoff und Wasser und werden Licht und Wärme ausgesetzt. Unter diesen Bedingungen können Polymerketten gespalten und abgebaut werden oder neue Vernetzungsreaktionen stattfinden. So können z. B. UV-Strahlen und auch Wärme zur Spaltung chemischer Bindungen innerhalb der Makromoleküle führen und auf diese Art die Eigenschaften des Kunststoffs verändern, der dadurch spröde wird und „altert". Um diese chemischen Reaktionen zu unterbinden, werden den Kunststoffen z. B. aromatische Amine als Stabilisatoren zugesetzt.

**ANTISTATIKA** Kunststoffe wie Polystyrol ziehen Staub- und Schmutzpartikel durch elektrostatische Aufladung an, weil hohe Oberflächenwiderstände Ladungen nur langsam abfließen lassen. Dagegen wirken beispielsweise leitfähige Antistatika, die als metallhaltiger Lack auf die Oberfläche des Kunststoffs aufgetragen werden.

**FLAMMSCHUTZMITTEL** Sie dienen dazu, die Entzündung brennbarer Materialien aus Kunststoffen, aber auch Textilien und Holz hinauszuzögern und die Flammausbreitung zu verlangsamen. Hierdurch lassen sich Brände entweder verhindern, oder aber es bleibt mehr Zeit für Flucht und Rettung. Die wichtigsten Flammschutzmittel sind *polybromierte Verbindungen* (↑ **03**). Bei **Decabromdiphenylether** handelt es sich um ein weltweit sehr häufig eingesetztes Flammschutzmittel, das in fast allen Kunststoffgehäusen von Elektronikgeräten verwendet wird. Obwohl diese Verbindungen helfen, schwerwiegende Unglücke zu verhindern, bergen sie dennoch Gefahren, vor allem für die Umwelt, in sich: Sie sind in der Umwelt schwer abbaubar und reichern sich in Lebewesen an. Im Brandfall und bei unkontrollierter Entsorgung können sie hochgiftige Dioxine bilden.

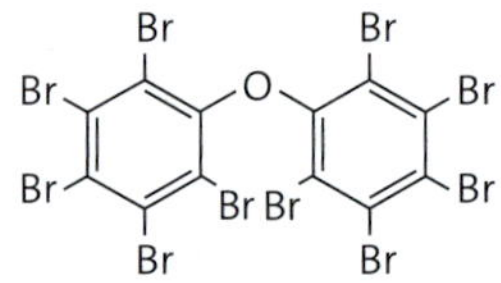


**03** Flammschutzmittel Decabromdiphenylether

**1 ›** Beurteilen Sie Nutzen und Risiken der beschriebenen Zusatzstoffe in Kunststoffen.

## Von der Cellulose zur Viskose

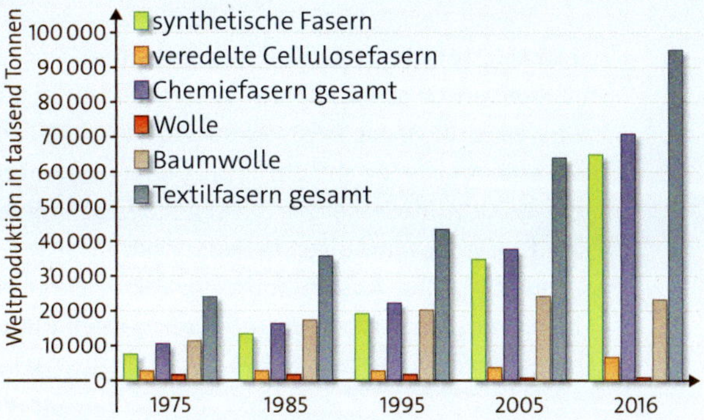


**01** Weltproduktion an Textilfasern

**NATURFASERN FÜR DIE TEXTILHERSTELLUNG** Bis Mitte des 20. Jahrhunderts wurden Textilien hauptsächlich aus Naturfasern, vor allem aus Baumwolle und Wolle, gefertigt. Da aber mit einer wachsenden Weltbevölkerung der Bedarf an Textilfasern zunahm, mussten neue Wege erschlossen werden. Seit den 1970er Jahren hat sich die Produktion an Textilfasern weltweit vervierfacht, wobei besonders der Anteil an synthetischen Fasern und chemisch modifizierten Naturfasern stark zugenommen hat (↑ **01**). Ein Grund hierfür sind begrenzt zur Verfügung stehende Anbauflächen – der Bedarf wäre alleine mit natürlichen Fasern nicht zu decken. Viel bedeutender ist jedoch die Tatsache, dass synthetische Faserpolymere für die entsprechenden textilen Anwendungen „maßgeschneidert" werden können, z. B. in Bezug auf die Elastizität, Knitterfestigkeit oder das Wasseraufnahmevermögen. In puncto Tragegefühl jedoch haben synthetische Textilien oft Nachteile. Die Kunststoffchemie bietet Möglichkeiten, um die Vorteile synthetischer und natürlicher Polymerfasern in einer Faser zu erhalten: die chemische Modifikation natürlicher Fasern.

**VEREDLUNG VON BAUMWOLLE** Baumwolle, die aus Cellulosefasern besteht, kann zu Viskose oder auch zu Celluloseacetat weiterverarbeitet werden.

**Viskose** erzeugt ein ähnliches Tragegefühl wie Baumwolle. Sie knittert jedoch viel weniger als Baumwolle und Färbungen sind haltbarer als bei der Naturfaser. Stoffe aus Viskose sind weniger steif, da ihre Fasern aus kürzeren Molekülketten im Vergleich zu Cellulosefasern bestehen. Deshalb lässt sich Viskose für fließende, leicht fallende Kleidung nutzen.

Diese Eigenschaften entstehen durch chemische Verarbeitung der Naturfaser: Zuerst wird die Cellulose in Natronlauge getaucht. Dabei entstehen aus Cellulosemolekülen unter Abspaltung von Protonen Alkalicellulosemoleküle. Alkalicellulose, das Natriumsalz der Cellulose, wird nun getrocknet und zerkleinert, wobei durch teilweise Hydrolyse der glykosidischen Bindungen kleinere Faserabschnitte entstehen. Durch Zugabe von Kohlenstoffdisulfid ($CS_2$) bildet sich Cellulosexanthogenat (↑ **02**). Salze mit einem R–O–$CS_2^-$-Anion werden als **Xanthogenate** bezeichnet. Diese orangegelbe, zähe Masse ist die Viskose. Aus ihr können nach erneutem Lösen in Natronlauge Viskosefasern gesponnen werden. Mithilfe von Schwefelsäure werden die Xanthogenatreste fast vollständig abgespalten, sodass die Fasern schließlich nahezu aus reiner Cellulose bestehen.

**Celluloseacetat** wird durch Veresterung der Cellulose mit Essigsäure hergestellt. Es ähnelt in seinem Aussehen Seide, ist dabei knitterarm und nimmt Feuchtigkeit gut auf.

**1** **a** Recherchieren Sie die Eigenschaften der eingesetzten und anfallenden Chemikalien bei der Viskoseherstellung.
**b** Bewerten Sie am Beispiel von Viskose die Umweltverträglichkeit der Veredlung von Naturfasern.

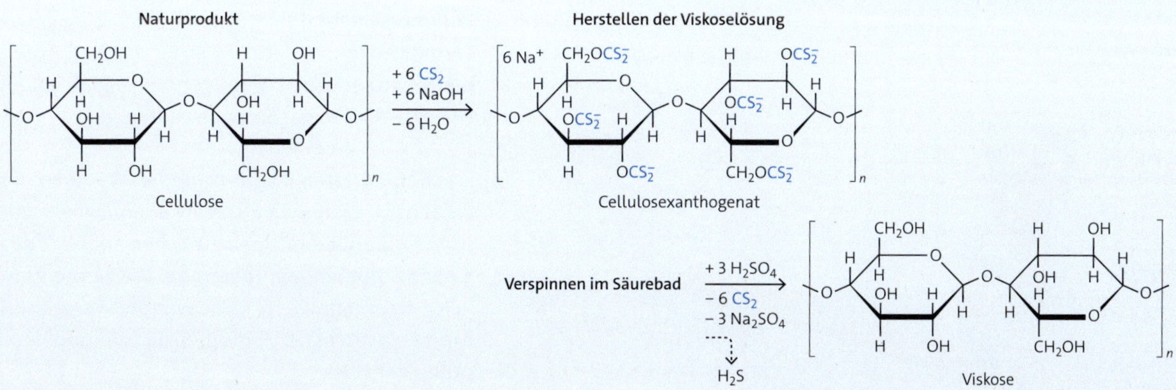


**02** Wesentliche Reaktionsschritte bei der Herstellung von Viskose

# 7.7 Verarbeiten von thermoplastischen Kunststoffen

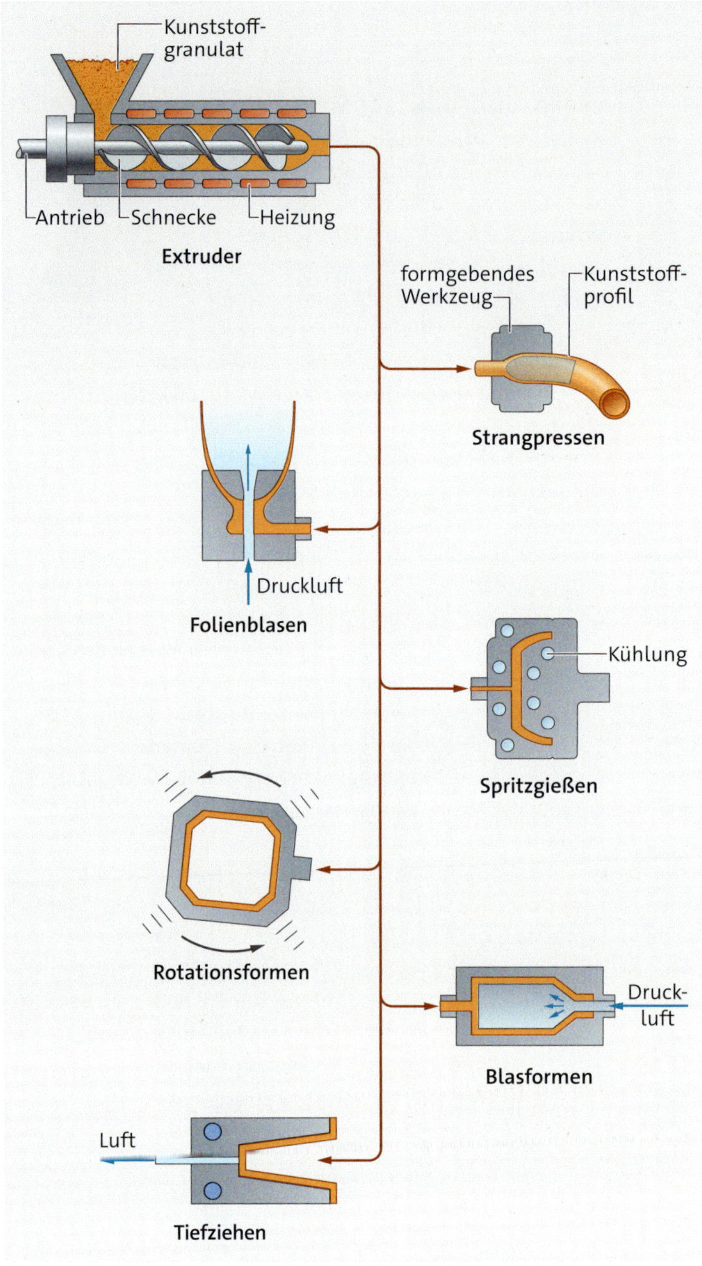


**01** Verfahren zur Verarbeitung von Thermoplasten

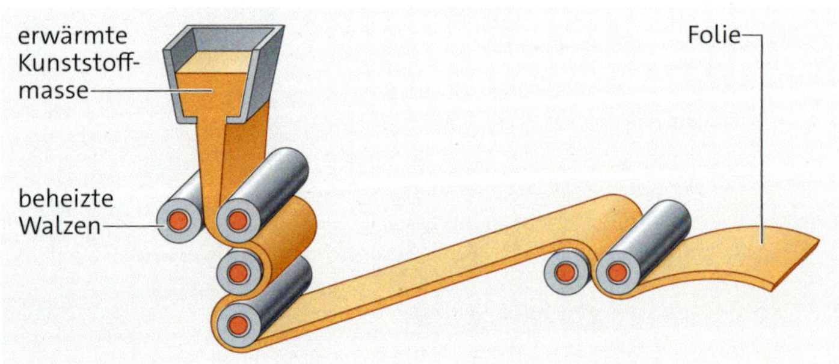


**02** Kalandrieren

Thermoplaste sind im erwärmten Zustand verformbar. Sie lassen sich mit unterschiedlichen mechanischen Verfahren in Form bringen.

**EXTRUDIEREN** Mithilfe eines **Extruders** (lat. *extrudere:* heraustreiben) wird das als Granulat oder Pulver vorliegende Polymer aufgeschmolzen. Dies geschieht unter erhöhtem Druck und erhöhter Temperatur mithilfe einer sich bewegenden Schneckenwelle, die die schmelzende Kunststoffmasse voranschiebt. An der Austrittsöffnung verlässt das verflüssigte Gemisch den Extruder und gelangt in das formgebende Werkzeug (↑ **01**).

Beim **Spritzgießen** wird die flüssige Kunststoffmasse in einen Hohlraum eines gekühlten Werkzeugs gespritzt, in dem sie schnell verdichtet und erkaltet. Beim Öffnen des Werkzeugs fallen die geformten Kunststoffteile heraus. Wird die geschmolzene Kunststoffmasse jedoch beim **Strangpressen** durch eine geformte Düse gedrückt, so wird ein Rohr bzw. ein Schlauch geformt.

Beim **Blasformen** wird die Kunststoffmasse zusammen mit Druckluft in die Blasform eingeblasen. So können Hohlkörper wie Flaschen oder Kanister hergestellt werden. Benutzt man beim Einfüllen eine offene ringförmige Düse, so werden Folien erzeugt. Bei diesem als **Folienblasen** bezeichneten Verfahren entsteht durch die einströmende Druckluft ein dünnwandiger Endlosschlauch.

Um große, hohle Kunststoffprodukte herzustellen, verwendet man das **Rotationsformverfahren**. Hierbei lagert sich die Kunststoffmasse beim Abkühlen an den Innenflächen der rotierenden Form ab.

Zur Herstellung von Kunststoffbechern kommt das **Tiefziehverfahren** zum Einsatz. Hierbei wird eine Polymerschicht durch Unterdruck in eine gekühlte Form gezogen, in der der Becher erstarrt. Anschließend wird er durch Erzeugen eines geringfügigen Überdrucks aus der Form geworfen.

Das **Kalandrieren** (franz. *calandre:* Wäschemangel) dient der Gewinnung dickerer Folien. Dabei wird das Polymergranulat im Spalt zwischen zwei sich gegeneinander drehenden, erwärmten Walzen kontinuierlich aufgeschmolzen (↑ **02**). Weitere Walzen sorgen für die zusätzliche Homogenisierung und Verstreckung der Folie.

**CHEMIEFASERN** Als Chemiefasern werden alle Fasern bezeichnet, die industriell hergestellt werden. Hierbei lassen sich die *Synthesefasern* von den *Fasern* von *abgewandelten Naturstoffen* unterscheiden. Gemeinsam ist allen Chemiefasern, dass sie aus unverzweigten Makromolekülen mit kristalliner Struktur aufgebaut sind. Den Zusammenhalt zwischen den Makromolekülen bewirken verschiedene zwischenmolekulare Wechselwirkungen (↑ **03, 04**).

Zu den **Synthesefasern** gehören u. a. *Polyester* wie Trevira, *Polyamide* wie Nylon und Perlon sowie *Polyacrylnitrile* wie Dralon und Elasthan. Zur Herstellung wird das Polymer in flüssige Form gebracht, indem es im **Schmelzspinnverfahren** aufgeschmolzen wird. Anschließend wird es durch Spinndüsen gepresst und kann als fester, praktisch endloser Faden abgezogen werden (↑ **04, 05**). Nach Abkühlung im Luftstrom erstarren die Fäden und werden nun beim sogenannten *Verstrecken* gestreckt, damit sich die noch verknäuelt vorliegenden Makromoleküle parallel anordnen. Dabei streckt sich die Faser auf das 100- bis 400-Fache. Durch Zerschneiden in kurze Fasern, Mischen mit anderen Fasern und anschließendes Verdrillen können bestimmte Eigenschaften verschiedener Kunststoffe kombiniert werden.
Synthesefasern besitzen charakteristische Eigenschaften: Sie sind pflegeleicht, sehr haltbar sowie beständig gegen Mikroorganismen und Insekten. Sie nehmen nur wenig Feuchtigkeit auf, wodurch sie schnell trocknen. Sie laden sich jedoch elektrostatisch auf, weshalb sie leicht verschmutzen.

**MIKROFASERN** Mithilfe spezieller Spinnverfahren können extrem dünne Fasern hergestellt werden, die 10-mal dünner als ein menschliches Haar sind und als **Mikrofasern** bezeichnet werden. Ein Gramm einer Mikrofaser entspricht ungefähr einer Länge von 10 km. Gewebe aus Mikrofasern sind extrem dicht, sodass Regentropfen wegen der Oberflächenspannung des Wassers nicht in das Gewebe eindringen können. Wasserdampf jedoch kann durch die Poren des Gewebes nach außen gelangen.

**VERARBEITUNG VON DUROMEREN** Duromere lassen sich thermisch nicht verformen. Deshalb müssen sie unmittelbar bei der Reaktion in die gewünschte Form gebracht werden. Anschließend lassen sie sich nur noch mechanisch bearbeiten, z. B. durch Sägen. Deshalb werden duromere Formteile häufig als unvernetzte Vorprodukte hergestellt. Nachdem weitere Farb- oder Füllstoffe zugesetzt wurden, wird das Gemisch in Form gebracht und reagiert durch Erwärmen oder Zusatz eines Katalysators zum duromeren Werkstück.

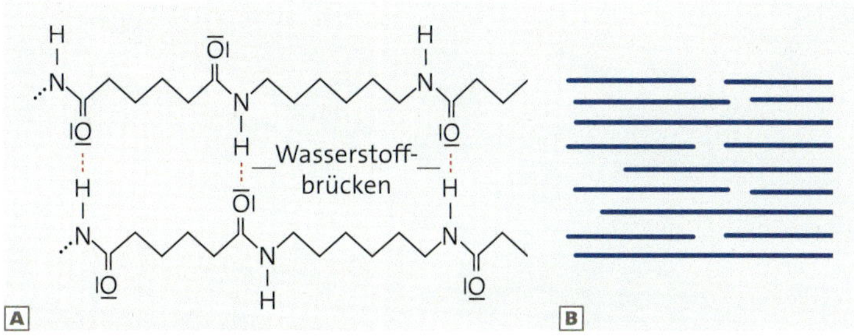


**03** **A** Anordnung der Makromoleküle in einer Nylonfaser, **B** Modell

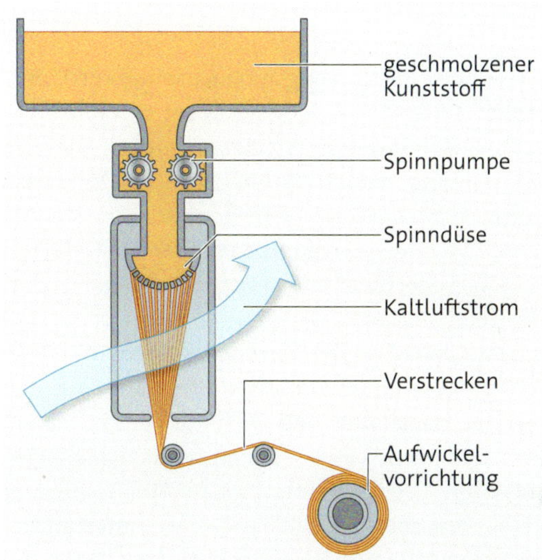


**04** Verfahren zum Schmelzspinnen von Polyamiden

**05** Schmelzspinndüse

**1 ›** Stellen Sie begründet dar, mit welchem Verfahren Sie einen Kanister herstellen würden.

**2 ›** Nennen Sie Anwendungsgebiete und Alltagsprodukte, in denen die Eigenschaften von Synthese- oder Mikrofasern zum Tragen kommen.

**3 ›** Synthesefasern werden bei ihrer Herstellung mit höherer Geschwindigkeit aufgewickelt, als sie die Spinndüse verlassen. Begründen Sie.

# 7.8 Kunststoffabfälle – ein Problem

**01 A** 500 Jahre dauert die natürliche Verrottung einer Plastiktüte.
**B** Upcycling – Treibhaus aus Plastikflaschen

**02** Codierung für den recycelbaren Kunststoff Polyethylenterephthalat (PET)

So vielfältig die Nutzungsmöglichkeiten von Kunststoffen sind, so schwierig gestaltet sich ihre sinnvolle Entsorgung oder Wiederverwertung. Allein in Deutschland werden jährlich ca. 500 000 Tonnen Kunststoff in die Umwelt freigesetzt. Dabei könnte diese Zahl durch werkstoffliches oder rohstoffliches Recycling oder durch energetische Verwertung deutlich gemindert werden (↑ **03**).
In Deutschland werden von den fast sechs Millionen Tonnen gesammelten Kunststoffabfällen aus den privaten Haushalten und der Industrie 99 % einem der nachfolgend beschriebenen Recyclingverfahren zugeführt. Dabei stammen 25 % der Abfälle aus dem Verpackungsbereich. Einen wichtigen Anteil an dieser hohen Verwertungsquote hat dabei das in den 1990er Jahren eingeführte Duale System („Der Grüne Punkt") zum Recycling von Verkaufsverpackungen. Ressourcenschonender ist die Wiederverwendung als gleich- oder höherwertige Gebrauchtwaren, das sogenannte **Upcycling**: Kleine Veränderungen bezüglich der Nutzungsweise oder der äußeren Form ermöglichen neue Funktionen, z. B. den Bau eines Treibhauses aus Plastikflaschen.

**DEPONIERUNG** Während in Deutschland nur noch weniger als 1 % der Kunststoffabfälle auf Deponien landet, liegt diese Zahl europaweit bei etwa 30 %. Weil sie gegenüber Sauerstoff, Licht, Wasser und Mikroorganismen nahezu beständig sind, verrotten die Kunststoffe dort nicht.

**WERKSTOFFLICHES RECYCLING** Unter dem Aspekt der Müllvermeidung handelt es sich beim werkstofflichen Recycling um die effizienteste Möglichkeit, Kunststoff wiederzuverwenden. Allerdings erfordert es einen weitgehend sortenreinen und sauberen Altkunststoff, wie er meist nur bei Industrieabfällen vorkommt. Zudem kommt es nur für thermoplastischen Kunststoff infrage. Folgende Schritte müssen vorgeschaltet werden (↑ **04**):
- sortenreines Sammeln, Zerkleinern, Waschen
- Abtrennen anhaftender Störstoffe wie Papier, Fremdkunststoffe oder Metalle

Trotzdem treten durch chemische und physikalische Einflüsse Veränderungen in den Polymermolekülen auf, z. B. die Spaltung der Makromoleküle, was zu einer Verschlechterung der Qualität des Kunststoffs führt. Man bezeichnet dies als **Downcycling**.

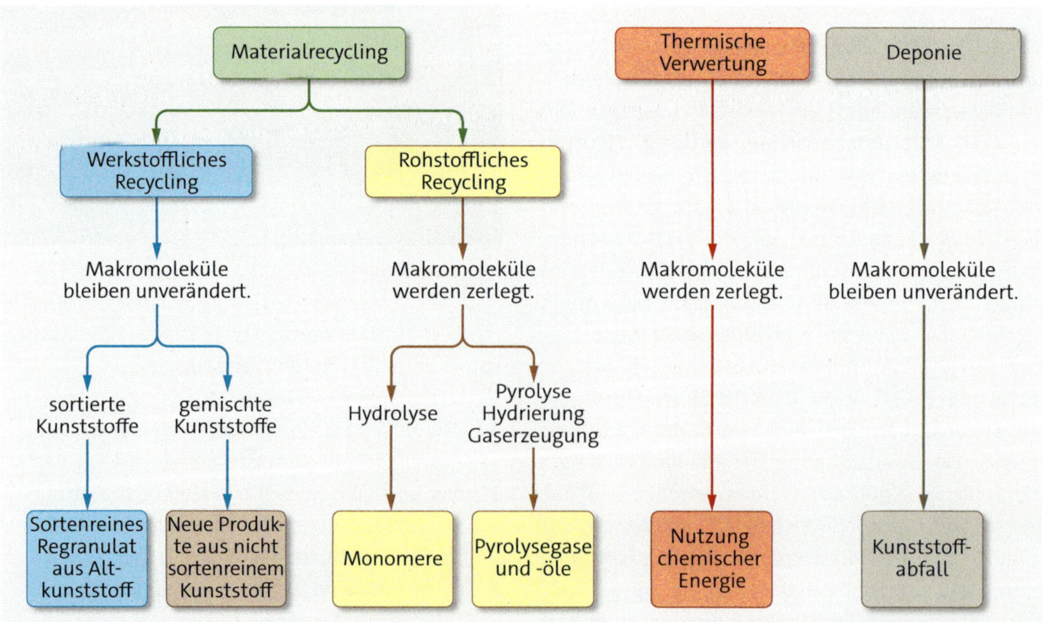


**03** Überblick über Verwertungsverfahren für Kunststoffabfälle

Durch wiederholtes Recycling können deshalb Kunststoffe innerhalb der Nutzungskaskade nur eingeschränkten Verwendungsmöglichkeiten zugeführt werden (↑ **05**).
Um aus gemischten Abfällen, besonders aus dem Hausmüll, sortenreine Granulate zu erhalten, sind viele Verfahrensschritte wie Trennen und Waschen nötig. Ohne Trennung können diese Altkunststoffe nur zu Formteilen minderer Qualität umgeschmolzen werden. In Deutschland wurden 2019 ca. 46 % der Kunststoffabfälle werkstofflich verarbeitet.

**ROHSTOFFLICHES RECYCLING** Auch das rohstoffliche Recycling von vermischten Kunststoffabfällen, die sich nicht werkstofflich trennen lassen, trägt zur Schonung natürlicher Ressourcen bei. Denn dadurch lassen sich die Monomere selbst zurückgewinnen oder aber niedermolekulare Kohlenwasserstoffe in Form von Ölen oder Gasen erzeugen. Diese können dann als Ausgangsstoffe für die Herstellung von Kunststoffen verwendet werden. Unter 1 % der Kunststoffabfälle in Deutschland werden so verarbeitet.
Zur Überführung der Polymere in ihre Ausgangsstoffe kommen verschiedene Verfahren zur Anwendung: Bei der **Pyrolyse** werden die Kunststoffe unter Sauerstoffabschluss auf etwa 700 °C erhitzt, wobei ihre Makromoleküle in kürzere Ketten zerbrechen. Als Produkte entstehen u. a. Alkane, Alkene und Aromaten.
Werden die Kunststoffe bei einer Temperatur von ca. 470 °C und unter hohem Druck (ca. 200 bar) mit einem Überschuss an Wasserstoff behandelt, kommt es ebenfalls zu einem Aufbrechen der langen Ketten. Als Reaktionsprodukte entstehen aber überwiegend Alkane. Das Verfahren wird als Hydrierung bezeichnet. Als **Solvolyse** wird die Kettenteilung der Makromoleküle mithilfe eines Lösungsmittels bezeichnet. Unter Verwendung von sauren Lösungen werden Polyester und Polyamide durch **Hydrolyse** in ihre ursprünglichen Monomere aufgespalten.

**THERMISCHE VERWERTUNG** Etwa 53 % der in Deutschland anfallenden Kunststoffabfälle werden in Müllverbrennungsanlagen verbrannt oder als Ersatzbrennstoff für fossile Brennstoffe genutzt. Die dabei frei werdende thermische Energie wird in Kraftwerken und Produktionsanlagen genutzt. Problematisch sind hierbei Polymere, die wie PVC keine reinen Kohlenwasserstoffe sind, da sich bei der Verbrennung Chlorwasserstoff (HCl) bildet und toxische Verbindungen wie Dioxine entstehen können. Daher müssen die Schadstoffemissionen der Anlagen kontrolliert und minimiert werden.

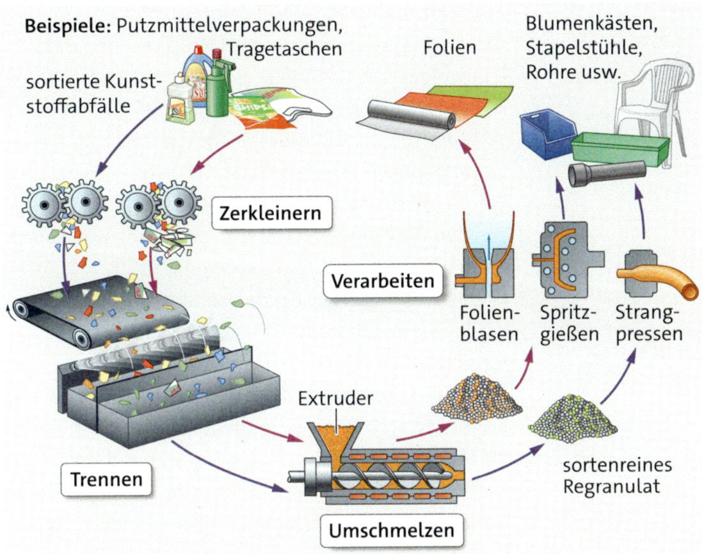


**04** Werkstoffliches Recycling (Schema)

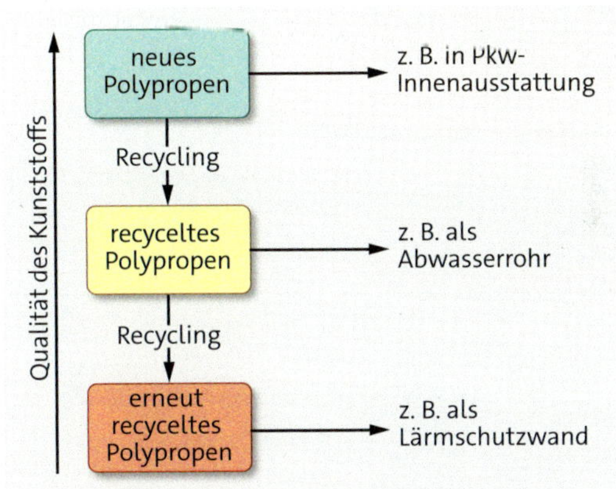


**05** Downcycling: Beispiel einer Nutzungskaskade

Betrachtet man Polymere auf Kohlenwasserstoffbasis wie PE oder PP, so entstehen bei der Verbrennung keine anderen Produkte als bei der Verbrennung des ursprünglichen Rohstoffs Erdöl. Unter energetischen Aspekten betrachtet bleibt der ursprüngliche Energiegehalt der eingesetzten Erdölportion vollumfänglich im Kunststoff enthalten. Solange Erdöl zur Energieerzeugung direkt verbrannt wird, ist es also durchaus sinnvoll, Kunststoffe nach dem Durchlaufen einer Nutzungskaskade (↑ **05**) anschließend thermisch zu verwerten.

**1 ›** Erstellen Sie jeweils ein Schema, das die verschiedenen Varianten des rohstofflichen Recyclings darstellt.

**2 ›** Begründen Sie, welches Recyclingverfahren für welche Kunststoffkategorie geeignet ist: Duromere, Elastomere, Thermoplaste.

# Biokunststoffe – biologisch abbaubare und biobasierte Kunststoffe

Jedes Recyclingverfahren erfolgt unter Energieaufwand und/oder birgt umweltgefährdende Risiken. Um beides zu minimieren und gleichzeitig unabhängig vom Rohstoff Erdöl zu werden, wird bereits seit Jahren an **Biokunststoffen** geforscht. Dieser Sammelbegriff umfasst Kunststoffe mit unterschiedlichen Merkmalen in Bezug auf:

- den Weg der Verwertung: biologisch abbaubare bzw. kompostierbare Kunststoffe
- die Rohstoffbasis bei der Herstellung: Ausgangsstoffe aus Biomasse statt aus Erdöl

Dabei gilt: Kunststoffe, deren Ausgangsstoffe aus Biomasse stammen, sind nicht automatisch biologisch abbaubar – und biologisch abbaubare Kunststoffe müssen nicht auf Biomasse basieren. Beide Konzepte existieren nebeneinander (↑ **01**).

| | | | |
|---|---|---|---|
| **Biologisch abbaubar, aus fossilen Rohstoffen** | | | |
| **Erdöl** | Polyester | Copolyester (PBAT)<br>Polycaprolacton (PCl) | |
| | Alkohole | Polyvinylalkohol (PVOH) | |
| **Biologisch abbaubar, aus nachwachsenden Rohstoffen** | | | |
| **zucker- und stärkereiche Pflanzen** | pflanzliche Polymere | thermoplastische Stärke (TPS)<br>modifizierte Cellulose | |
| | fermentative Polymere | Polylactide (PLA)<br>Polyhydroxyalkanoate (PHA) | |
| **Biologisch nicht abbaubar, aus nachwachsenden Rohstoffen** | | | |
| **zucker- und stärkereiche Pflanzen** | Ethanol | Ethen | Polyethen (PE) |
| | | Propen | Polypropen (PP) |
| | | Glykol<br>p-Xylol | Polyethylenterephthalat (PET) |

**01** Beispiele für Biokunststoffe im Überblick

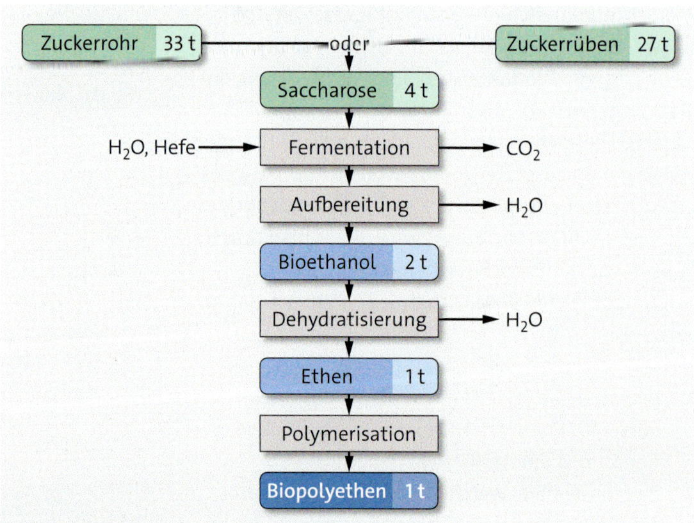


**02** Herstellung von Biopolyethen (Bio-PE)

**BIOLOGISCH ABBAUBARE KUNSTSTOFFE** Der Vorteil biologisch abbaubarer Kunststoffe besteht darin, dass sie in der Umwelt unter geeigneten Bedingungen im Vergleich zu konventionellem Kunststoff schneller zu Kohlenstoffdioxid und Wasser abgebaut werden. Zunächst erfolgt ein Zerfall in kleine Partikel, bei dem Mikroplastik in Böden und Gewässer eingetragen wird. Der vollständige Abbau dieser Partikel kann jedoch je nach Umweltbedingungen viel Zeit in Anspruch nehmen und wird oft nur in industriellen Kompostieranlagen erreicht, die eine konstant hohe Temperatur von 60 °C und eine Luftfeuchtigkeit von 80 % erreichen. Deshalb ist die Kompostierung solcher Kunststoffe über die Bioabfallsammlung ökologisch wenig sinnvoll. Sie stellt auch keine hochwertige Verwertung dar, weil die Stoffeigenschaften des Kunststoffs bei der Bioabfallverwertung nicht genutzt werden und das abgebaute Material keinen positiven Effekt auf den erzeugten Kompost hat.

**BIOBASIERTE KUNSTSTOFFE** Das Monomer Milchsäure (2-Hydroxypropansäure) kann durch Fermentation aus Maisstärke erzeugt werden. Durch anschließende Polykondensation und Polymerisation entsteht aus den Monomeren die **Polymilchsäure** (Polylactid, kurz: **PLA**), ein thermoplastischer Kunststoff (↑ Exp. 7.14). Verwendung findet PLA im medizinischen Bereich als Nahtmaterial zum Wundverschluss, aber auch als Verpackungsmaterial für Lebensmittel. Der Abbau des Polymers erfolgt über die hydrolytische Spaltung der Esterbindungen (↑ Exp. 7.15). Mikroorganismen zersetzen die Abbauprodukte weiter zu Kohlenstoffdioxid und Wasser. Dieser Biokunststoff vereint also beide Aspekte: Ausgangsstoffe aus Biomasse und biologische Abbaubarkeit.

Neben solchen schon seit einigen Jahren am Markt befindlichen Polymeren auf Stärke- oder Milchsäurebasis kommen auch biobasierte Polyolefine wie Polyethen (PE) auf Basis nachwachsender Rohstoffe hinzu. Dieses Bio-PE weist exakt die gleiche chemische Struktur auf wie das aus Erdöl hergestellte PE. In Brasilien werden derzeit Produktionsanlagen gebaut, die Bio-PE auf der Basis von aus Zuckerrohr gewonnenem Ethanol herstellen (↑ **02**).

**1** › **a** Vergleiche Sie Bio-PE und herkömmlich produziertes PE hinsichtlich des chemischen Aufbaus und der daraus ableitbaren Stoffeigenschaften.
**b** Bewerten Sie, welche dieser beiden Kunststoffarten zu einer stärkeren Schonung der Umwelt beiträgt. Recherchieren Sie dazu auch in weiteren Quellen.

# Praktikum

## P Kunststoffverwertung – Biokunststoffe

### EXP 7.13 Pyrolyse von Kunststoffabfällen

**Materialien** Reagenzglas, Reagenzglas mit Ansatz, Kolbenprober, Becherglas, Stativmaterial, 2 durchbohrte Stopfen, Brenner, Kunststoffabfälle (kein PVC!), Eiswasser, Kaliumpermanganatlösung (3, 5, 9)

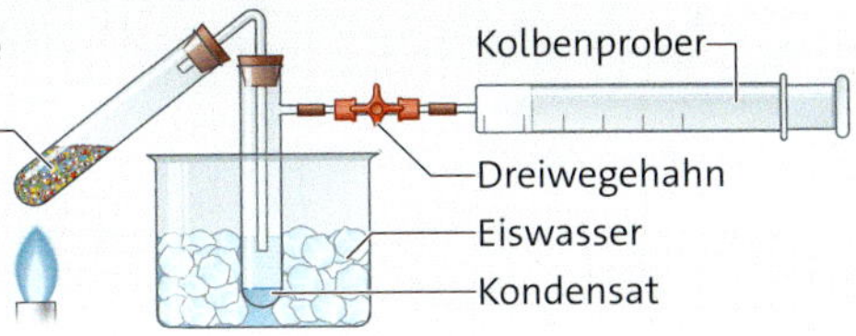


**Durchführung** Erhitzen Sie die unsortierten, zerkleinerten Kunststoffabfälle kräftig in einem schräg eingespannten Reagenzglas unter Luftabschluss. Fangen Sie die entweichenden Pyrolyseprodukte in einem Kolbenprober auf. Versetzen Sie die gasförmigen Produkte wie auch das Kondensat mit der Kaliumpermanganatlösung.
*Entsorgung:* Reagenzglas nach dem Abkühlen in den Hausmüll geben. Flüssigkeiten im Scheidetrichter trennen und in den Behälter für giftige anorganische Abfälle bzw. halogenfreie organische Abfälle geben.

**Auswertung**
1) Erklären Sie die Farbveränderung der Kaliumpermanganatlösung.
2) Erläutern Sie die Vorteile der Pyrolyse gegenüber der Verbrennung bzw. dem werkstofflichen Recycling von Kunststoffabfällen.

### EXP 7.14 Herstellung von Polymilchsäure

**Materialien** Reagenzglas, Reagenzglasklammer, Reagenzglasständer, Spatel, Aluschale eines Teelichts, Brenner, Pipette, Siedesteinchen, Gärröhrchen mit Aktivkohle oder Watte, Milchsäure (5), Zinn(II)-chlorid (5, 7)

**Durchführung** Geben Sie fingerbreit Milchsäure und einige Kristalle Zinn(II)-chlorid in ein Reagenzglas. Fügen Sie anschließend 3 bis 5 Siedesteinchen hinzu und setzen Sie das Gärröhrchen auf das Reagenzglas. Erhitzen Sie das Gemisch vorsichtig unter ständigem Schütteln in der rauschenden Brennerflamme, bis sich die Farbe der Lösung verändert. Füllen Sie dann den Inhalt des Reagenzglases in die Aluschale und stellen Sie diese zum Abkühlen in den Abzug.
*Entsorgung:* Kunststoffreste in den Hausmüll geben.

**Auswertung**
1) Zeichnen Sie einen Strukturformelausschnitt mit fünf Monomeren Milchsäure.
2) Welche Funktion des Zinn(II)-chlorids vermuten Sie?

### EXP 7.15 Hydrolyse von Polymilchsäure

**Materialien** Erlenmeyerkolben (100 ml), Magnetrührer, Magnetfisch, Schere, Kunststoffprobe aus Polymilchsäure, Universalindikator, Wasser, Natronlauge ($c$ = 0,01 mol · $l^{-1}$), Salzsäure ($c$ = 0,01 mol · $l^{-1}$)

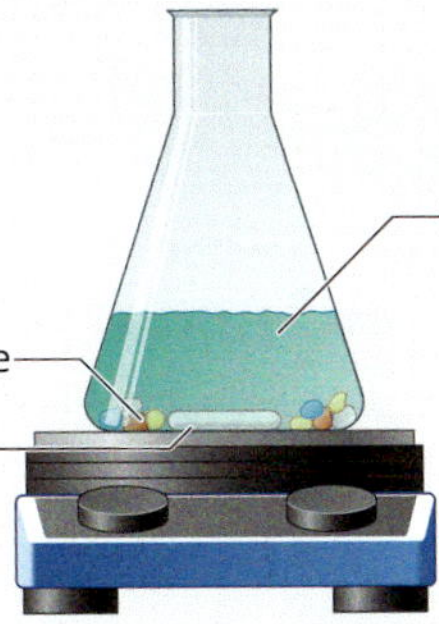


**Durchführung** Geben Sie in den Erlenmeyerkolben 50 ml Wasser und anschließend ca. 50 Tropfen Universalindikator dazu. Erhitzen Sie auf 100 °C. Sollte dabei ein von pH 7 in das saure Milieu abweichender pH-Wert festgestellt werden, erfolgt die Einstellung auf pH 7 durch die tropfenweise Zugabe von Natronlauge.
Zerkleinern Sie eine Kunststoffprobe von Polymilchsäure (z. B. Becher oder Plastiktüte) und geben Sie unter ständigem Rühren die Schnipsel in den Erlenmeyerkolben.
*Entsorgung:* Lösung mit Salzsäure neutralisieren und im Abwasser entsorgen. Kunststoffreste in den Hausmüll geben.

**Auswertung**
1) Entwickeln Sie eine Reaktionsgleichung für die Hydrolyse von Polymilchsäure.
2) Erklären Sie den Farbumschlag des Universalindikators.

### EXP 7.16 Folie aus Kartoffelstärke

**Materialien** Waage, Becherglas (250 ml), Messpipette, Uhrglas, Wasserbad (400 ml), Brenner, Dreifuß, Glasstab, Kunststofffolie, Kartoffelstärke, Glycerinlösung ($w$ = 50 %)

**Durchführung** Mischen Sie im Becherglas 20 ml Wasser mit 2 ml Glycerinlösung und geben Sie 2,5 g Stärke dazu. Bedecken Sie das Becherglas mit dem Uhrglas und kochen Sie es unter gelegentlichem Rühren ca. 15 min im Wasserbad. Anschließend gießen Sie das heiße Gel auf die Kunststofffolie und lassen es trocknen.
*Entsorgung:* Kunststoffreste in den Hausmüll geben.

**Auswertung**
1) Entwickeln Sie einen Strukturformelausschnitt mit fünf Molekülen β-D-Glucose.
2) Welche Funktion der Glycerinlösung vermuten Sie?

# 7.9 Spezialkunststoffe

**01** **A** Gerüst aus Bambus, **B** Bambusgewebe unter dem Mikroskop (Querschnitt), **C** Frontspoiler eines Rennwagens aus Faserverbundmaterial (schwarz: Carbonfasergewebe, glänzend: Kunststoffmatrix)

**VERBUNDWERKSTOFFE** Für die Optimierung mechanischer Eigenschaften von Polymeren als Konstruktionswerkstoffen hat man sich die Grundprinzipien von der Natur abgeschaut: Bei den in Asien zum Gerüstbau eingesetzten Bambusrohren sind lange Fasern aus Proteinen in Cellulose eingebettet. Dadurch kann Bambus als extrem stabiler und gleichzeitig sehr zugfester und elastischer Werkstoff für viele Anwendungen genutzt werden. Auch technisch hergestellte **Verbundwerkstoffe** stellen eine Verbindung aus einer füllenden Grundsubstanz, der Matrix, und dem Verstärkungsmaterial, häufig Fasern, dar. Als Matrix werden thermo- oder duromere Kunststoffe eingesetzt, während für das Verstärkungsmaterial Glas, Kohlenstoff („Carbon"), Keramik oder auch aromatische Polyamide, z. B. Aramidfasern, verwendet werden.

Je nach Form und Anordnung der verstärkenden Elemente unterscheidet man die folgenden Verbundwerkstoffe:

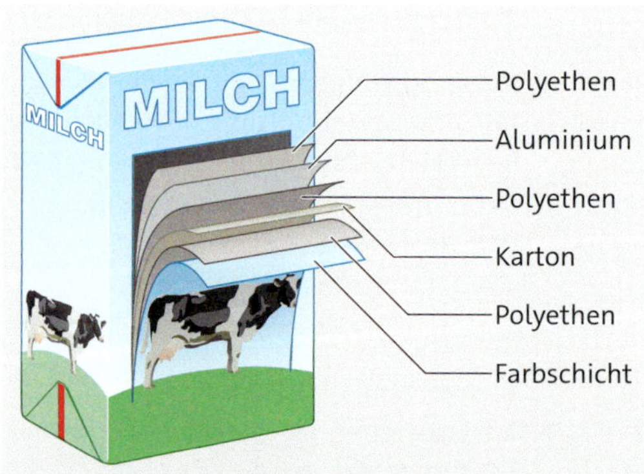


**02** Aufbau von Getränkeverpackungen aus Schichtverbundwerkstoffen

Sind die Verstärkungsmaterialien als Fasern, Fäden oder Drähte in die Matrix eingebettet, spricht man von **Faserverbundwerkstoffen**. Dabei hält die Matrix die Fasern in der gewünschten Form, während die Festigkeit weitgehend von der Faser abhängt. Die Fasern können sowohl parallel als auch verschränkt angeordnet sein, z. B. als Gewebe (↑ **01C**). Solche Faserverbundwerkstoffe sind im Vergleich zu Stahl wesentlich zugfester bei gleichzeitig sehr geringer Masse. Sie werden u. a. in der Luft- und Raumfahrttechnik, im Schiffbau und für Sportgeräte eingesetzt. Werden einzelne Partikel in eine Matrix eingebettet, um deren Eigenschaften zu verändern, spricht man von **Teilchenverbundwerkstoffen**. Beispielsweise führt die Zugabe von Kohlenstoffpartikeln (Ruß) zur Erhöhung der elektrischen Leitfähigkeit. Kombiniert man gezielt Ebenen mit unterschiedlichen Eigenschaften, entstehen **Schichtverbundwerkstoffe**, sogenannte Laminate. Sie werden in der Verpackungsindustrie verwendet.

**SUPERABSORBER** können ein Vielfaches ihrer Masse an Wasser aufnehmen und einlagern – und im Unterschied zu einem Schwamm, wird es auch auf Druck nicht wieder abgegeben. Solche **superabsorbierenden Polymere** (kurz: **Superabsorber, SAP**) werden beispielsweise in Babywindeln und in Verbandsmaterial eingesetzt.

Superabsorber bestehen aus schwach vernetzten, wasserunlöslichen Polymeren. Die Eigenschaft, Wasser binden zu können, lässt sich durch den chemischen Aufbau der Polymerketten erklären: Durch die große Anzahl an polaren Carboxy- und Carboxylatgruppen können diese mit vielen Wassermolekülen Wechselwirkungen ausbilden. Wären die Polymerketten unvernetzt, wäre der Kunststoff wasserlöslich.

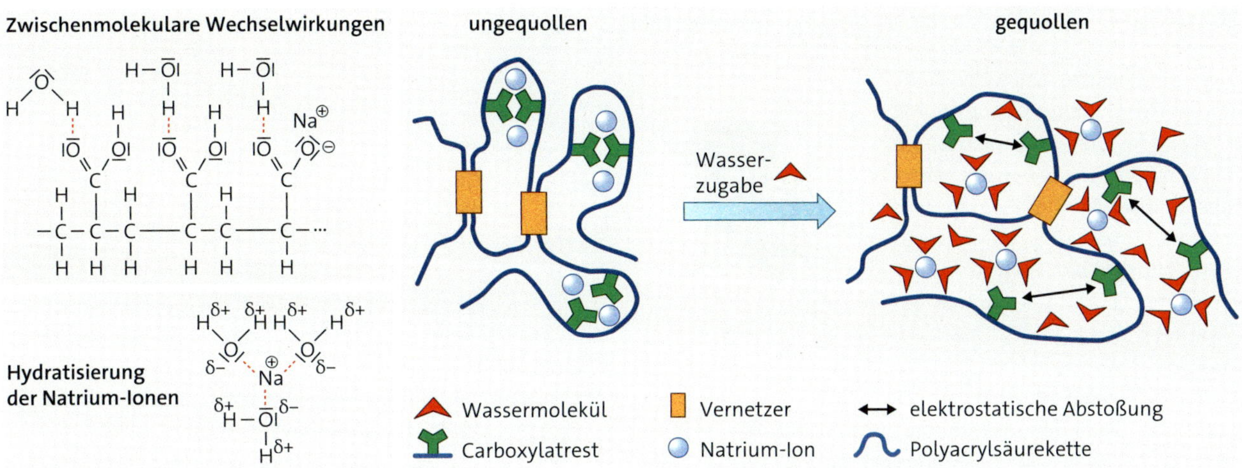


**03** Funktion von Superabsorbern in einer Babywindel: Wasser wird in das Polymernetzwerk aus Polyacrylsäure eingeschlossen.

Für die in Windeln enthaltenen Superabsorber wird ein wasserlösliches Copolymerisat aus Acrylsäure (Propensäure) und Natriumacrylat eingesetzt, die Polyacrylsäure. Erst durch den Einbau spezieller Vernetzermoleküle, die die Polymerketten chemisch verbinden, entsteht das weitmaschige Polymernetzwerk. Der dann theoretisch aus einem einzigen Riesenmakromolekül bestehende Kunststoff ist wasserunlöslich.
Diese spezielle Kombination ist für die superabsorbierenden Eigenschaften verantwortlich: Wasser kann in das Netzwerk eindiffundieren, dabei bilden die Wassermoleküle Wechselwirkungen zu den Polymerketten und den Natrium-Ionen der Acrylatgruppen aus. Auf diese Weise wird das Wasser „eingeschlossen".
Sobald die Natrium-Ionen von eingedrungenen Wassermolekülen hydratisiert werden, bleiben negativ geladenen Carboxylatgruppen an den Ketten zurück, die sich gegenseitig abstoßen. Das zuvor geknäulte Polymer wird gedehnt und der Stoff quillt. Allgemein bezeichnet man einen Verbund eines Polymernetzwerks mit Wassermolekülen als **Hydrogel**.

**MEMBRANSYSTEME** Besonders in der Bekleidungsindustrie werden für Jacken und Schuhe vielfach sogenannte atmungsaktive Klimamembranen eingesetzt, die auf die Innenseite von Textilgewebe aufgeklebt werden. Als Polymer wird dafür beispielsweise **Polytetrafluorethen** (Teflon, Kurzzeichen: PTFE) eingesetzt, dessen nur 0,02 mm dünne Folie so stark verstreckt wird, dass etwa eine Milliarde winzige Poren pro Quadratzentimeter in der Folie entstehen. Durch diese Poren kann Wasserdampf (Schweiß) diffundieren, die Wassertropfen des Regens werden jedoch nicht hindurchgelassen.

### P EXP 7.17 Untersuchung eines Superabsorbers

**Materialien** Messzylinder, 4 Bechergläser (250 ml), Spatellöffel, Superabsorberpolymer, Wasser, Kochsalz, Citronensäure (7), Natriumcarbonat (7)

**Durchführung** Geben Sie einen Spatellöffel Superabsorber in jedes der 4 Bechergläser. Anschließend fügen Sie in alle Bechergläser 100 ml Wasser hinzu. In das zweite Becherglas geben Sie einen halben Spatellöffel Kochsalz, in das dritte einen halben Spatellöffel Citronensäure und in das vierte Becherglas einen halben Spatellöffel Soda hinzu.
*Entsorgung:* Kunststoffreste in den Hausmüll geben.

**Auswertung** Notieren und deuten Sie Ihre Beobachtungen hinsichtlich der unterschiedlichen Wasseraufnahme des Superabsorbers in den vier Ansätzen. Gehen Sie auf das osmotische Verhältnis der verschiedenen Lösungen ein.

Allerdings entstehen bei der Herstellung und Verbrennung von Polytetrafluorethen umweltgefährdende Stoffe.
Ein anderes Membransystem setzt auf porenfrei produzierte Membranen aus **Polyetherester** – einem gesundheitlich unbedenklichen Kunststoff, der schadstoffarm produziert und ähnlich wie PET recycelt werden kann. In diesen nur 0,005 mm dicken Membranen ermöglichen die funktionellen Gruppen des Polymers den Austausch von Wasserdampf.

**1** Skizzieren Sie den Aufbau eines Faserverbundwerkstoffs mit parallel ausgerichteten bzw. gegeneinander verschränkt angeordneten Fasern. Erläutern Sie die besonderen Eigenschaften.

# Klausurtraining

## Material D Mit Polymeren gegen Fressfeinde

Der einheimische Laufkäfer *Abax ater* bekämpft seine Gegner durch Versprühen von Methacrylsäure (2-Methylpropensäure) aus einer Hinterleibsdrüse. Der Gegner wird dadurch binnen kürzester Zeit von einer Schicht aus Polymethacrylsäure überzogen und dadurch bewegungsunfähig.

Ähnlich aufgebaute Kunststoffe werden in der Medizintechnik eingesetzt. Sie finden als Material zur Herstellung von Kontaktlinsen Verwendung. Als Monomere für diese Kunststoffe dienen Ester, die durch exotherme Gleichgewichtsreaktionen von Methacrylsäure mit Methanol oder Ethan-1,2-diol entstehen und bei Raumtemperatur flüssig sind. In Abhängigkeit vom verwendeten Alkohol bilden sich bei der nachfolgenden Herstellung der polymeren Verbindungen zwei Kunststoffe mit unterschiedlichen Eigenschaften:
Der eine Kunststoff besitzt ausgeprägte hydrophile Eigenschaften und ist damit für weiche Kontaktlinsen bestens geeignet, während sich der andere für harte Kontaktlinsen verwenden lässt.

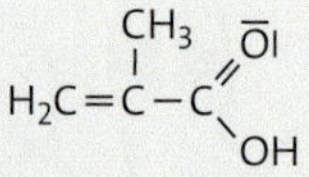


Methacrylsäure

### AUFGABEN ZU D

**1** **a** Stellen Sie den Reaktionsmechanismus für die Bildung von Polymethacrylsäure dar und geben Sie den Reaktionstyp an.
*Hinweis:* Bei dem entstehenden Polymer sind die Carboxylgruppen weiterhin vorhanden.
**b** Entwickeln Sie je eine Reaktionsgleichung (mit Strukturformeln) für die Bildung der beiden erwähnten Methacrylsäureester. Beachten Sie dabei, dass bei der Reaktion mit Ethan-1,2-diol nur eine Hydroxygruppe verestert wird.

**2** **a** Zeichnen Sie für die beiden Polymere, die zur Herstellung von Kontaktlinsen verwendet werden, je einen charakteristischen Strukturformelausschnitt.
**b** Beurteilen Sie, welcher dieser Kunststoffe zur Herstellung von weichen Kontaktlinsen geeignet ist.

## Material E Bakterien erzeugen ein Biopolymer

### E1 Eigenschaften des Biopolymers

Bakterien der Art *Alcaligenes eutrophus* produzieren aus 3-Hydroxybutansäure den makromolekularen Speicherstoff Poly-3-hydroxybutansäure (PHB), der sich in den Bakterien anreichert. In großen Bioreaktoren wird PHB säurekatalysiert gewonnen und zu einem biologisch abbaubaren Kunststoff weiterverarbeitet, der unter dem Handelsnamen *Biopol* vertrieben wird. Dieser Kunststoff kann in vielen Anwendungsbereichen das Polypropen (PP) ersetzen, da er ähnliche Eigenschaften besitzt, im Gegensatz zu Polypropen aber biologisch abbaubar ist. Als Problem erwies sich jedoch, dass biotechnologisch hergestelltes *Biopol* sehr teuer ist.
Die Zersetzungstemperatur liegt bei 180 °C und damit nur knapp oberhalb des Schmelzbereichs bei ca. 170 °C.

### E2 Nutzung als Speicherstoff

Viele Bakterien nutzen Poly-3-hydroxybutansäure als Speicherstoff. Mehrere Hundert bis mehrere Tausend 3-Hydroxybutansäuremonomere sind über ihre Hydroxy- und Carboxygruppen zu einem Polyestermolekül verknüpft. Aufgrund ihrer unpolaren hydrophoben Eigenschaften lagern sich diese Polymere in tröpfchenförmigen Zelleinschlüssen ein, die sich mit lipophilen Farbstoffen wie Sudanschwarz anfärben und damit sichtbar machen lassen.
Der intrazelluläre Abbau der Poly-3-hydroxybutansäure erfolgt über alkalische Hydrolyse zu 3-Hydroxybutansäure und anschließend weiteren Stoffwechselreaktionen.

### AUFGABEN ZU E

**1** **a** Formulieren Sie die Reaktionsgleichung für die Herstellung von Poly-3-hydroxybutansäure aus 3-Hydroxybutansäure und geben Sie den Reaktionstyp an.
**b** Ordnen Sie begründet PHB einer Kunststoffart zu.
**c** Begründen Sie, warum Poly-3-hydroxybutansäure in Bakterien durch Sudanschwarz sichtbar gemacht werden kann, jedoch die 3-Hydroxybutansäure sich nicht anfärben lässt.

**2** Erstellen Sie eine ausführliche Durchführungsbeschreibung für einen Schülerversuch zur alkalischen Hydrolyse von Poly-3-hydroxybutansäure. Berücksichtigen Sie dabei auch sicherheitsrelevante Aspekte.

**3** Stellen Sie Hypothesen auf, warum Poly-3-hydroxybutansäure im Gegensatz zu Polypropen biologisch abbaubar ist.

# Material F Biologisch abbaubare Kunststoffe

## F1 Dimerisierung von Milchsäure

Milchsäure hat eine besondere Eigenschaft: Sie bildet mit sich selbst Dimere. Sie werden als Dilactide bezeichnet. Dabei handelt es sich um *cyclische Ester*.

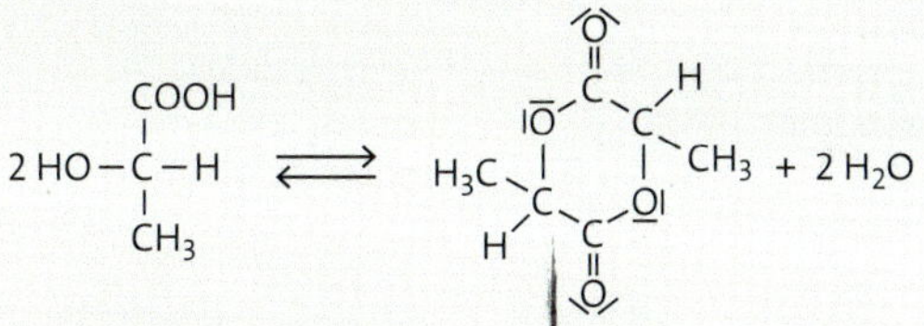

Milchsäure Dilactid

## F2 Polymerisierung zum Polylactid

Aus Milchsäure lässt sich der Kunststoff Polylactid (PLA, auch Polymilchsäure) herstellen. Polylactide können bis zu einer molaren Masse von 15 000 $g \cdot mol^{-1}$ durch Polykondensation direkt aus Milchsäure und bei Raumtemperatur erzeugt werden. Die Entsorgung der dazu verwendeten Lösungsmittel ist allerdings problematisch. Deshalb werden Polylactide bevorzugt durch die ionische Polymerisation von Dilactiden hergestellt. Bei etwa 180 °C und unter der Einwirkung von Zinn(II)-chlorid findet die Ringöffnung des Dilactids sowie die Polymerisation statt. So werden Kunststoffe mit sehr großen molaren Massen von über 20 000 $g \cdot mol^{-1}$ und hoher Festigkeit erzeugt.

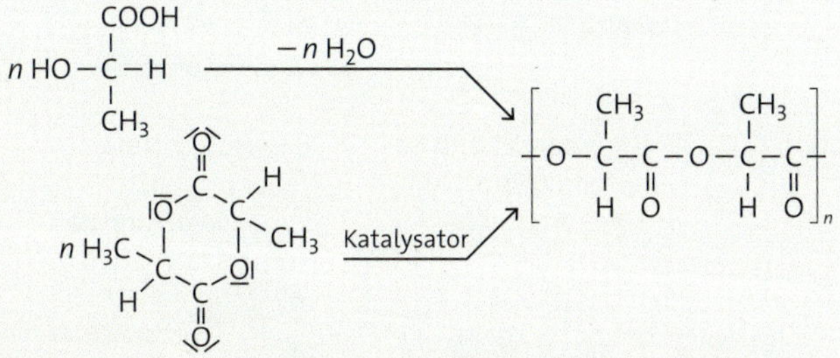


## F3 Biologischer Abbau

Über Biotonnen gesammelte Bioabfälle werden in industriellen Kompostieranlagen zu Kompost verarbeitet. Dieser Prozess dauert in der Regel rund vier Wochen. Aus Sicht der Betreiber stellen biologisch abbaubare Kunststoffe wie Polylactid ein großes Problem dar, weil sie zur Verunreinigung des Kompostprodukts führen.

| Temperatur in °C | 4 | 25 | 25 | 40 | 60 | 60 |
|---|---|---|---|---|---|---|
| Relative Luftfeuchte in % | 100 | 20 | 80 | 80 | 20 | 80 |
| Vollständiger Abbau in Monaten | 124 | 58 | 37 | 10 | 3 | 2 |

F3.1 Vollständiger Abbau von Polylactiden

## F4 Eigenschaften

Durch gezielte Copolymerisation von D- und L-Milchsäuremonomeren stellt man verschiedene Poly-L-lactide her, die sich in ihrem Kristallisationsgrad, ihren Schmelztemperaturen sowie ihrem Abbauverhalten unterscheiden. So ist beispielsweise das Poly-L-lactid teilkristallin, also aufgrund seiner kristallähnlichen Struktur relativ hart und spröde. Die Schmelztemperatur ist von der jeweiligen Kettenlänge der Makromoleküle abhängig und beträgt beispielsweise bei Poly-L-lactid 80 bis 190 °C. Aus diesem Biokunststoff werden diverse Verpackungen, aber auch Tüten für Bioabfälle hergestellt.

## F5 Copolymerisierung von Milchsäure und Glycolsäure

Der Biokunststoff Polylactid-co-Glycolid (PLGA) besteht aus den Monomeren Milchsäure und Glycolsäure und findet vor allem in der Medizintechnik Anwendung, beispielsweise als chirurgisches Nahtmaterial oder bei der Herstellung von sich auflösenden Arzneimitteldepots. Alle PLGA-Typen haben amorphe Strukturen und besitzen eine Schmelztemperatur von etwa 200 °C.

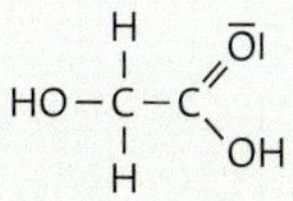

Glycolsäure

### AUFGABEN ZU F

1) Definieren Sie die Begriffe Duromer, Thermoplast und Elastomer und ordnen Sie Poly-L-lactid einer der drei Kunststoffarten begründet zu (↑ **F4**).
2) Stellen Sie Unterschiede und Gemeinsamkeiten der beiden Polylactidsynthesen (aus einzelnen Milchsäuremolekülen bzw. aus Dilactiden) tabellarisch gegenüber. Entwickeln Sie daraus Vor- und Nachteile der beiden Polylactidsynthesewege (↑ **F2**).
3) Beurteilen Sie aus den Daten zum Abbau von Polylactiden die Meinung der Betreiber von Kompostieranlagen. Ziehen Sie hieraus die Schlussfolgerung, wie die optimalen Prozessbedingungen in einer Kompostieranlage aussehen müssten (↑ **F3**).
4) In der Medizintechnik finden Polylactide als Copolymerisate mit Glycolsäure, die PLGA, vielfach Anwendung (↑ **F4**, **F5**).
   **a** Zeichnen Sie einen charakteristischen PLGA-Strukturformelausschnitt und nennen Sie unterschiedliche Eigenschaften von Poly-L-lactid und PLGA, die sich aufgrund der Strukturformel ableiten lassen.
   **b** Begründen Sie anhand der Eigenschaften von Poly-L-lactid und PLGA, für welche Anwendungen sie sich gut bzw. weniger gut eignen.

# Auf einen Blick

## Kunststoffe

Werkstoffe, die künstlich oder durch Abwandlung von Naturprodukten hergestellt werden. Sie bestehen aus einzelnen gleichartigen Grundbausteinen, den Monomeren. Durch chemische Verknüpfungen von sehr vielen Monomeren entstehen langkettige Makromoleküle, die Polymere.

**Einteilung der Kunststoffe nach ihrer Struktur und ihren Eigenschaften**

| Kunststoffart | Thermoplaste | Duromere | Elastomere |
|---|---|---|---|
| Struktur der Makromoleküle | lineare oder wenig verzweigte Makromoleküle 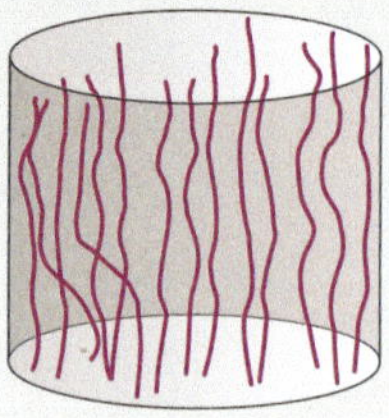 | engmaschig vernetzte Makromoleküle 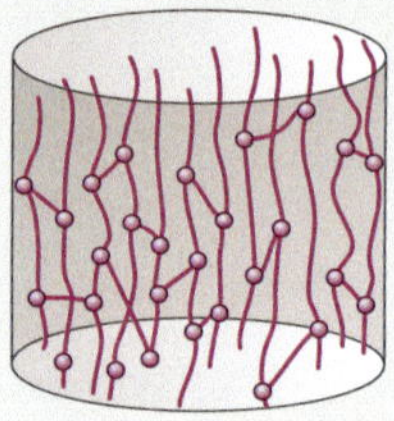 | weitmaschig vernetzte Makromoleküle 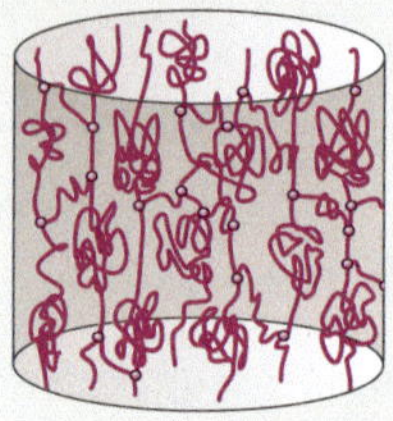 |
| Eigenschaften | erweichen beim Erwärmen, erwärmt plastisch formbar | zersetzen sich beim Erwärmen, mechanisch nicht formbar | nehmen nach Verformung die Ausgangsform ein |

**Einteilung der Polymere nach der Herstellungsart**

| Herstellungsart | Polymerisation | Polykondensation | Polyaddition |
|---|---|---|---|
| Reaktionstyp | Addition | Substitution | Addition |
| Strukturmerkmale in den Monomeren | C–C-Mehrfachbindungen | zwei oder mehr funktionelle Gruppen | Mehrfachbindungen und reaktionsfähige Wasserstoffatome |
| Produkt(e) | Polymerisat ohne Nebenprodukt, *Beispiel:* Polyethen | Polykondensat und Nebenprodukt (z. B. $H_2O$), *Beispiel:* Polyamid | Polyaddukt ohne Nebenprodukt, *Beispiel:* Polyurethan |

## Copolymere

Makromoleküle, die aus zwei oder mehreren verschiedenen Monomeren aufgebaut sind

statistisches Copolymer

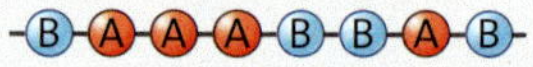


Blockcopolymer

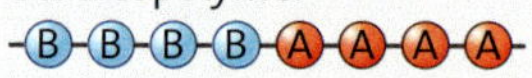


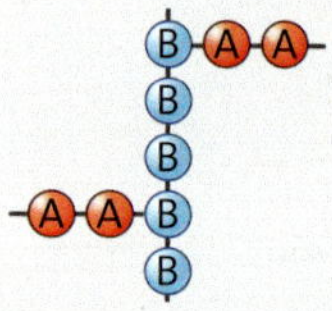


Pfropfcopolymer

## Verarbeitung von Kunststoffen

Thermoplaste werden durch Extrusion, Strangpressen, Spritzgießen, Folienblasen, Blasformen, Rotationsformen, Kalandrieren und Schmelzspinnen verarbeitet.
Duromere und Elastomere sind nicht wärmeverformbar und müssen in ihrer endgültigen Form synthetisiert werden.

## Verwertung von Kunststoffabfällen

**Werkstoffliche Verwertung:** Sortenreine Kunststoffabfälle werden zerkleinert und wieder aufgeschmolzen.
**Rohstoffliche Verwertung:** Aus gemischten Kunststoffabfällen werden die Monomere zurückgewonnen oder durch Pyrolyse und Hydrierung niedermolekulare Kohlenwasserstoffe in Form von Ölen oder Gasen erzeugt.
**Energetische Verwertung:** Gemischte Kunststoffabfälle werden zur Energieerzeugung verbrannt.

## Biokunststoffe

- biologisch abbaubare bzw. kompostierbare Kunststoffe
- Ausgangsstoffe aus Biomasse statt aus Erdöl

# Übungsaufgaben

**1)** *"Molecule of high relative molecular mass, the structure of which essentially comprises the multiple repetition of units derived, [...], from molecules of low relative molecular mass."* Geben Sie an, welcher Begriff hier definiert wird, und formulieren Sie eine sinngemäße deutsche Definition.

**2)** Erläutern Sie die unterschiedlichen Eigenschaften von Thermoplasten, Duromeren und Elastomeren anhand ihrer jeweiligen Struktur.

**3)** Versetzt man Styrol (Vinylbenzol) mit Dibenzoylperoxid, so bildet sich nach kurzer Zeit in einer exothermen Reaktion eine zähe Flüssigkeit, die allmählich zum Feststoff erstarrt.
**a** Formulieren Sie unter Verwendung von Strukturformeln die Reaktionsgleichung für diesen Vorgang und benennen Sie das Produkt.
**b** Beschreiben und erklären Sie das thermoplastische Verhalten des Produkts.
**c** Erläutern Sie die einzelnen Reaktionsschritte unter Verwendung von Reaktionsgleichungen. Verwenden Sie für das Startmolekül das Symbol R–R, für das Styrolmolekül das Symbol S und kennzeichnen Sie Radikale mit einem Punkt.

**4)** 4-Hydroxybenzoesäure ist zur Bildung von Makromolekülen geeignet, Benzoesäure (Phenylmethansäure) dagegen nicht.
**a** Stellen Sie die Strukturformeln der beiden Verbindungen auf.
**b** Geben Sie die Reaktionsgleichung für die Bildung eines Makromoleküls aus 4-Hydroxybenzoesäure an und nennen Sie die Reaktionsart. Begründen Sie, warum Benzoesäure als Ausgangsstoff nicht dafür geeignet ist.
**c** Stellen Sie eine Hypothese auf, wie sich der gebildete Kunststoff beim Erwärmen verhalten wird.

**5)** Um 1846 stellte BERZELIUS den ersten Polyester aus Weinsäure (2,3-Dihydroxybutandisäure) und Glycerin her.
**a** Erklären Sie an diesem Beispiel die Begriffe Monomer und Polymer.
**b** Begründen Sie mithilfe von Strukturformeln (Ausschnitt), dass die Bildung eines Polyesters ausschließlich aus Weinsäure ebenfalls möglich ist.
**c** Erläutern Sie, welcher Kunststoffklasse der von BERZELIUS erzeugte Polyester zuzuordnen ist.

**6)** Ein Laborant soll ein Polymer herstellen. Als Ausgangsstoffe stehen ihm 1,2-Diaminoethan $H_2N–CH_2–CH_2–NH_2$, Dimethylamin $H_3C–NH–CH_3$ und Diisocyanat $O=C=N–(CH_2)_4–N=C=O$ zur Verfügung. Geben Sie unter Auswahl geeigneter Ausgangsstoffe einen möglichen Reaktionsmechanismus an, der zur Bildung eines Polymers führt.

**7)** Beschreiben Sie die Herstellung einer Flasche aus PET und einer Salatschüssel aus HDPE.

**8)** Begründen Sie, dass für Ummantelungen elektrischer Kabel Thermoplaste nur bedingt geeignet sind. Schlagen Sie eine geeignete Kunststoffart vor.

**9)** EC-Karten aus PVC können recycelt werden. Skizzieren Sie ein Schema, das den Lebenszyklus von PVC inklusive der Möglichkeiten einer sinnvollen Verwertung darstellt.

**10)** Stellen Sie allgemein Möglichkeiten dar, bei Einsatz von nur zwei bestimmten Monomeren dennoch zu Polymeren mit unterschiedlichen „maßgeschneiderten" Eigenschaften zu kommen.

| **Mithilfe dieses Kapitels können Sie:** | Aufgabe | Hilfe finden Sie auf Seite |
|---|---|---|
| • den Aufbau von Polymeren aus Monomeren beschreiben | *1, 5a* | *209, 214–217, 222* |
| • Kunststoffe nach ihrer charakteristischen Struktur und den daraus resultierenden Eigenschaften in Thermoplaste, Duromere und Elastomere klassifizieren | *2, 4c, 5c* | *210-211* |
| • Kunststoffe aufgrund ihrer Synthese als Polykondensate, Polymerisate oder Polyaddukte zuordnen | *3, 4, 5, 6* | *214–215, 216–220* |
| • die Reaktionsschritte bei einer Polykondensation, radikalischen Polymerisation, Polyaddition erläutern | *3, 4, 5, 6* | *214, 216–217, 222–223* |
| • geeignete Kunststoffarten und Verarbeitungsverfahren für die Herstellung von Alltagsprodukten beschreiben | *7, 8, 10* | *215, 219, 222–223, 226–228, 230–231* |
| • aufgrund der Eigenschaften von Kunststoffen auf deren Einsatzmöglichkeiten schließen | *8* | *230–231, 236–237* |
| • Maßnahmen für eine adäquate Wiederverwertung von Kunststoffabfällen erläutern | *9* | *232–233* |

Der Rotaugenlaubfrosch fasziniert durch seine wunderbare Färbung, die erst sichtbar wird, wenn er sich bewegt. Durch seine roten Augen und seine tiefgrüne Haut, kombiniert mit den blau-violetten Flanken, ist er ein echter Blickfang. Farben wirken in unserer Umwelt als Signale und dienen der Orientierung. Auch wir nutzen Farben gezielt, indem wir Kleidung färben, uns schminken oder in der Werbung mit Farben Aufmerksamkeit erzeugen: Farben sind aus unserem Leben nicht wegzudenken.

**01** Rotaugenlaubfrosch
*Agalychnis callidryas*

# Farbstoffe 8

## Farbentstehung

### Licht und Farbe

- Einteilung der Farbmittel
- Sichtbares Licht
- Komplementärfarben
- Farbwahrnehmung
- Additive und subtraktive Farbmischung

### Molekülstruktur und Farbe

- Struktur von Farbstoffmolekülen
- Anregung von Elektronen
- Einfluss der Molekülstruktur auf die Farbigkeit
- Einfluss mesomerer Effekte auf die Farbigkeit

### Farbstoffgruppen

- Azofarbstoffe
- Triphenylmethanfarbstoffe
- Carbonylfarbstoffe

### Färbeverfahren

- Anforderungen an Textilfarbstoffe
- Faserarten
- Direktfärbung
- Entwicklungsfärbung
- Reaktivfärbung
- Dispersionsfärbung

# 8.1 Unsere Welt ist bunt

**01** Eine Welt voller Farben

**FARBEN AUS DER NATUR** Seit jeher faszinieren uns Farben und prägen unser Leben (↑ **01**). Der Wunsch, die Farbenpracht der Natur zu kopieren und für sich nutzbar zu machen, besteht daher seit Menschengedenken. Schon aus der Steinzeit sind farbige Höhlenmalereien bekannt. Hierfür wurden Farben anorganischen Ursprungs aus Mineralien wie Mennige, Zinnober und Malachit gewonnen.

Zum Färben von Textilien wurden seit dem Altertum organische Naturfarbstoffe verwendet, die man aus bestimmten Pflanzen und Tieren gewinnen und damit Farbtöne wie Gelb, Rot oder Braun erzielen konnte. Viele dieser natürlichen Farbstoffe können jedoch nur in kleinen Mengen gewonnen werden und sind daher bis heute besonders wertvoll.

So war der rote Farbstoff **Purpur** im antiken römischen Reich dem Kaiser und auch viele Jahrhunderte lang später Königen und Kardinälen vorbehalten (↑ **02**). Zur Herstellung eines Gramms reinen Purpurs waren ungefähr 10 000 Purpurschnecken erforderlich. Als der wachsende Bedarf der Menschen an farbiger Kleidung durch natürlich gewonnene Farbstoffe nicht mehr gedeckt werden konnte, begann die Suche nach künstlich herstellbaren Farbstoffen.

**SYNTHETISCHE FARBSTOFFE** Die ersten synthetischen Farbstoffe entdeckte man im 19. Jahrhundert. Zufällig stellte SIR WILLIAM HENRY PERKIN bei der Oxidation von Anilin den purpurvioletten Farbstoff **Mauvein** her (↑ **03**). Dieser war nicht nur aufgrund seiner brillanten Färbeeigenschaft und seiner einfachen Synthese im Labor bedeutsam. Wichtig war auch, dass sich der Ausgangsstoff, das Anilin, aus Steinkohlenteer gewinnen ließ, einem häufigen Abfallprodukt der Industrie zur damaligen Zeit.

Heute ist nahezu jeder Farbton herstellbar. Neben dem Färben von Textilien gibt es zahllose weitere Anwendungsmöglichkeiten, beispielsweise das Färben von Lebensmitteln, Druckerzeugnissen, Lederwaren oder Farblacken. Dafür werden weltweit über drei Millionen Tonnen Farbstoffe pro Jahr produziert.

**EINTEILUNG** Alle farbgebenden Stoffe bezeichnet man als **Farbmittel**. Sie werden in zwei Stoffklassen unterteilt:

**Farbstoffe** sind im Anwendungsmedium, also im verwendeten Lösungs- oder Bindemittel, löslich.

**Pigmente** sind Substanzen, die im Anwendungsmedium unlöslich sind.

**02** Natürlicher Farbstoff Purpur:
**A** Kardinalsgewand, **B** Purpurschnecke *Bolinus brandaris*

**03** Erster synthetisch erzeugter Farbstoff Mauvein:
**A** Kleid aus dem Jahr 1862, **B** Fläschchen von 1856

# 8.2 Licht und Farbe

**SPEKTRALFARBEN** Weißes Licht lässt sich mithilfe eines Prismas in ein Spektrum verschiedener Farben zerlegen. Jede Spektralfarbe wird durch einen Wellenlängenbereich charakterisiert. Für das menschliche Auge sichtbar ist nur ein kleiner Bereich des elektromagnetischen Spektrums: die Wellenlängen von etwa 400 nm (Violett) bis 780 nm (Rot, ↑ **04**).
Rotes Licht hat im Spektrum die größte Wellenlänge und violettes Licht die kleinste. Die unterschiedlichen Farben des Lichts besitzen unterschiedliche Wellenlängen und damit eine unterschiedliche Energie.
Der Physiker MAX PLANCK entdeckte den Zusammenhang zwischen Energie und Wellenlänge und erhielt 1918 dafür den Nobelpreis. PLANCK formulierte diesen Zusammenhang in folgender Gleichung:

$$\Delta E = E_2 - E_1 = h \cdot v = h \cdot \frac{c}{\lambda}$$

$\Delta E$: Energie der Strahlung
$v$: Frequenz der Strahlung
$h$: Planck'sches Wirkungsquantum
$c$: Lichtgeschwindigkeit
$\lambda$: Wellenlänge der Strahlung

Nach der Gleichung folgt: Je kleiner die Wellenlänge des Lichts ist, desto größer ist seine Energie.
Stoffe erscheinen farbig, wenn durch die Absorption von Licht einer bestimmten Wellenlänge Elektronen des Farbstoffmoleküls von einem Grundzustand $E_1$ auf einen angeregten Zustand $E_2$ mit höherer Energie gebracht werden. Die Differenz der Energiewerte des angeregten Zustands und des Grundzustands entspricht der Energie des absorbierten Lichts.

**FARBWAHRNEHMUNG** Je nach Wellenlänge des Lichts, das auf unser Auge fällt, empfinden wir unterschiedliche Farben. Die Rezeptoren in der Netzhaut des Auges registrieren den roten, grünen und blauen Anteil des Lichts. Im Gehirn wird aus diesen Informationen jede erdenkliche Farbwahrnehmung erzeugt. Fällt weißes Licht auf einen Farbstoff, werden Anteile davon absorbiert und andere nicht. Gelangt das nichtabsorbierte Licht auf die Netzhaut, so nehmen wir den Gegenstand als farbig wahr. Die wahrgenommene Farbe ist die **Komplementärfarbe** zum absorbierten Licht.
Ein weißer Gegenstand reflektiert demnach das Licht des gesamten sichtbaren Spektrums. Ein gelber absorbiert hingegen blaues Licht, wenn man ihn mit weißem Licht bestrahlt. Blau ist die Komplementärfarbe zu Gelb und umgekehrt (↑ **05**). Die nichtabsorbierten Farben des weißen Lichts ergeben bei der Wahrnehmung im Gehirn die Mischfarbe Gelb. Trifft Licht in Komplementärfarben gleichzeitig auf die Netzhaut im Auge, ergänzen sie sich immer zu Weiß.

**Die von einem Stoff absorbierte Spektralfarbe und die Mischfarbe des restlichen Spektrums sind komplementär zueinander.**

**1** Erläutern Sie den Zusammenhang zwischen Spektralfarbe und Komplementärfarbe.
**2** Beurteilen Sie die Aussage JOHANN W. VON GOETHES aus dem Jahr 1815, weißes Licht sei „rein". Es ließe sich nicht in andere Farben zerlegen und sei auch nicht aus anderen Farben zu erzeugen.

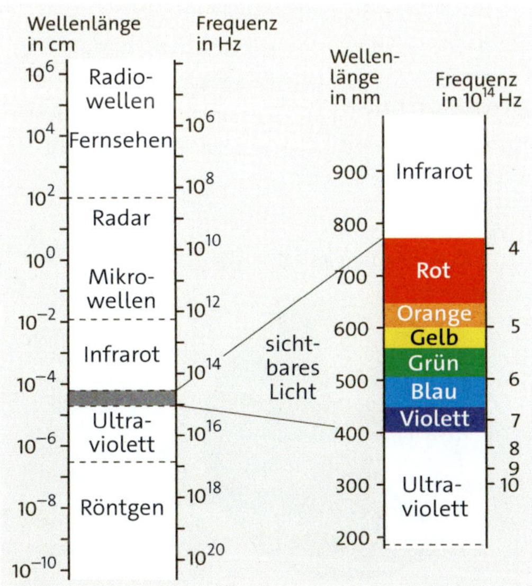


**04** Elektromagnetisches Spektrum

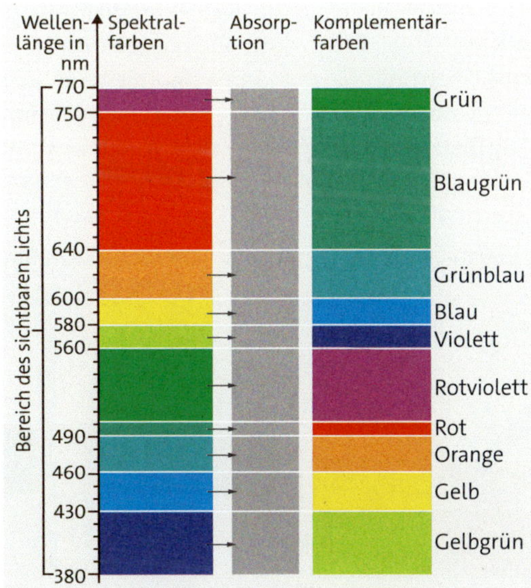


**05** Spektralfarben und ihre Komplementärfarben

# Additive und subtraktive Farbmischung

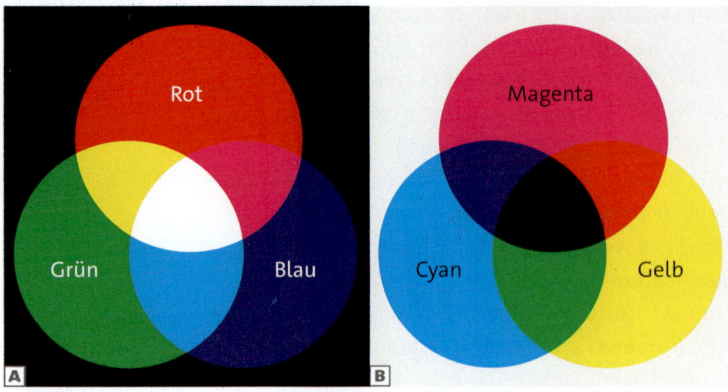


01 Prinzip der Farbmischung: **A** additive, **B** subtraktive Farbmischung

Alle Farbeindrücke, die über die Grundfarben hinausgehen, entstehen durch Farbmischung. Man unterscheidet additive und subtraktive Farbmischung.

**ADDITIVE FARBMISCHUNG** Bei der Vereinigung (Addition) von farbigem Licht entstehen unterschiedliche Mischfarben. Bild ↑ **01A** verdeutlicht diese **additive Farbmischung**. Bei der Überlagerung von rotem und grünem Licht ergibt sich die Mischfarbe Gelb. Aus Grün und Blau entsteht Cyan. Blau und Rot ergeben Magenta. Alle drei Grundfarben – Rot, Grün und Blau – ergeben zusammen Weiß. Weiterhin erkennt man, dass Weiß ebenfalls entsteht, wenn Licht zweier Komplementärfarben, wie Rot und Cyan oder Gelb und Blau, gemischt werden. Durch additive Farbmischung von **R**ot, **G**rün und **B**lau (**RGB**-Modell) entsteht auch das farbige Licht von Computerbildschirmen und Fernsehgeräten.

**SUBTRAKTIVE FARBMISCHUNG** Beim Malen mit Wasserfarben ergeben sich die Mischfarben auf andere Weise. Vermischt man blaue und gelbe Farbe, so erhält man Grün. Die gelbe Farbe absorbiert einen Teil des sichtbaren Lichts, die blaue Farbe einen anderen Teil. Das dann noch restliche Licht wird reflektiert und ergibt in der Wahrnehmung die Mischfarbe Grün.

Bei dieser **subtraktiven Farbmischung** werden Teile des sichtbaren Lichts aus dem Spektrum entfernt (subtrahiert). Bild ↑ **01B** verdeutlicht, dass im **CMY**-Modell ein Gemisch der Farben **C**yan (Cyanblau), **M**agenta (Magentarot) und **Y**ellow (Gelb) die Farbe Schwarz ergibt, da das gesamte sichtbare Licht absorbiert wird.

Die Farbigkeit eines Gegenstands beruht auf Lichtabsorption und Reflexion (↑ **02A**). Er erscheint beispielsweise in Orangerot, weil nach Absorption des blauen Lichts das reflektierte Restspektrum die vom Gegenstand nicht absorbierten Lichtanteile des weißen Lichts enthält. Durch Addition von rotem und gelbem Licht entsteht hier die Farbe Orangerot.

Das Prinzip der subtraktiven Farbmischung wird bei Farbfotos, Tintenstrahldruckern und Farblacken angewendet. Auch die Farbentstehung beim Durchgang von weißem Licht durch transparente Gegenstände wie Farbfiltern beruht darauf (↑ **02B**).

Während bei der additiven Farbmischung der Farbeindruck erst im Auge entsteht, wird die Mischfarbe bei der subtraktiven Farbmischung bereits in den betrachteten Materialien erzeugt.

**1 ›** Eine Lösung, die mit weißem Licht bestrahlt wird, absorbiert Licht der Wellenlängen zwischen 580 und 595 nm. Geben Sie die Farbe der Lösung an und begründen Sie.

**2 ›** Erläutern Sie, weshalb das Laub von Zitronenbäumen als Grün und die Zitronen selbst als Gelb wahrgenommen werden.

**3 ›** Für den Druck dieses Schulbuchs werden die Farben nach dem CMYK-Verfahren (**C**yan, Magenta, Yellow, Black) übereinandergedruckt.
**a** Erklären Sie diesen Sachverhalt.
**b** Entwickeln Sie eine Hypothese, warum die Druckfarbe Schwarz (Black) verwendet wird.

**4 ›** Vergleichen Sie additive und subtraktive Farbmischung und erläutern Sie jeweils die Entstehung der Mischfarben.

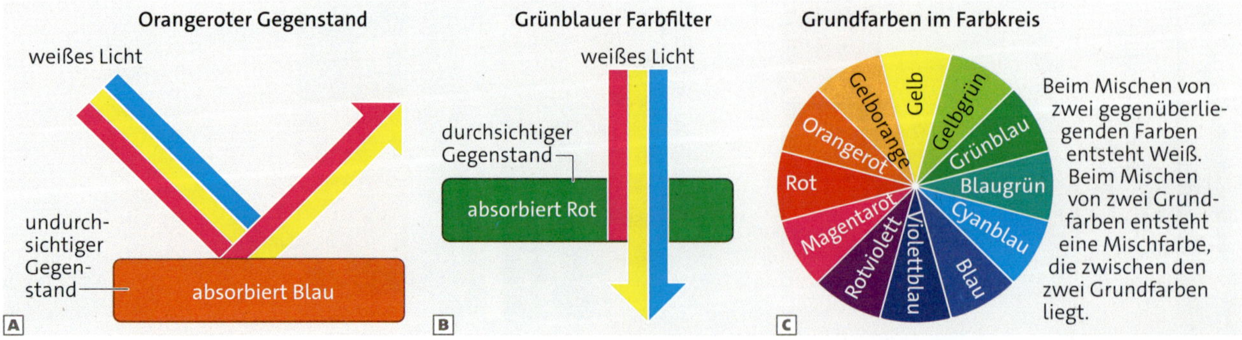


02 Lichtabsorption und Farbe: **A** farbiger Gegenstand, **B** Farbfilter, **C** Farbenkreis der additiven Farbmischung

## Lichtanregung

03 UV-Licht bringt Farben einer Minigolfanlage zum Leuchten.

**LEUCHTFARBEN** Gegenstände, die mit **Leuchtfarben** behandelt wurden, präsentieren sich dem Betrachter in einer intensiv leuchtenden Farbenvielfalt, wenn sie beispielsweise mit ultraviolettem Licht (UV-Licht) bestrahlt werden (↑ 03). Was macht diese Farben so besonders?
**Tagesleuchtfarben** sind fluoreszierende Farben, die bereits durch das Tageslicht zum Leuchten angeregt werden. Dabei wird der nichtsichtbare UV-Anteil des Tageslichts durch Leuchtpigmente in sichtbares Licht umgewandelt und so die „Lichtausbeute" erhöht. **Nachleuchtfarben** sind phosphoreszierende Farben. Sie speichern die Energie, die bei der Beleuchtung aufgenommen wurde, und geben sie zeitverzögert wieder ab. Leuchtfarben sind also dadurch gekennzeichnet, dass sie Licht verschiedener Wellenlänge nach Bestrahlung wieder emittieren (lat. *emittere:* aussenden).

**ABSORPTION UND EMISSION** Durch die Absorption der Energie des Lichts kann ein Elektron aus seinem **Grundzustand** in einen **angeregten Zustand** gehoben werden (↑ 04). Die Anregung ist bei Valenzelektronen, die an Bindungen beteiligt sind, oder freien Elektronenpaaren möglich. Für weiter innen im Atom liegende Elektronen ist die Anregungsenergie bis zum nächsten angeregten Zustand zu groß.
Die für die Anregung notwendige Energie entspricht der Energie des absorbierten Lichts. Je kleiner die Energiedifferenz zwischen Grundzustand und angeregtem Zustand ist, desto energieärmer und langwelliger ist das absorbierte Licht und umgekehrt.
Der angeregte Zustand bleibt nur für einen winzigen Augenblick bestehen. Bereits nach einer Picosekunde ($10^{-12}$ s) kehrt das Elektron in seinen Grundzustand zurück und gibt dabei die aufgenommene Energie wieder ab (↑ **04A**). Dies kann in Form von thermischer Energie (strahlungslose Desaktivierung, ↑ **04B**) oder in Form von Licht erfolgen (↑ **04C**, **D**).
Bei Tagesleuchtfarben hört die Lichtaussendung unmittelbar auf, wenn die anstrahlende Lichtquelle ausgeschaltet wird. Diese Form der Lichtaussendung bezeichnet man als **Fluoreszenz**. Hierbei gehen die Elektronen aus dem angeregten Zustand direkt wieder in den Grundzustand über, jedoch unter Beibehaltung des Elektronenspins. Allerdings wird die Energie nicht nur als Licht, sondern auch als Schwingungsenergie freigesetzt. Deshalb ist das emittierte Licht etwas energieärmer und damit langwelliger als das eingestrahlte Licht. Fluoreszenzfarbstoffe werden z. B. für Verkehrsschilder und Textmarker verwendet.
Leuchtet die Farbe nach dem Ausschalten der Lichtquelle wie bei Nachleuchtfarben weiter, handelt es sich um **Phosphoreszenz**. Hierbei fällt das Elektron über einen metastabilen Zustand in den Grundzustand zurück. Phosphoreszierende Farben werden beispielsweise in Zifferblättern von Uhren verwendet. Bei Fluoreszenz und Phosphoreszenz treten keine Stoffveränderungen auf.
Als **Chemilumineszenz** wird die Lichtemission bezeichnet, die während exotherm verlaufender chemischer Reaktionen auftritt. Die Elektronen in den Molekülen der Reaktionsprodukte befinden sich kurzzeitig noch auf einem angeregten energetischen Zustand und gehen unter Lichtemission in den Grundzustand über. Chemilumineszenz wird z. B. bei Knicklichtern eingesetzt.

**1** Geben Sie die in ↑ **04** dargestellten Vorgänge von Absorption und Emission in eigenen Worten wieder.
**2** Vergleichen Sie Fluoreszenz, Phosphoreszenz und Chemilumineszenz. Recherchieren Sie Anwendungsbeispiele für die drei Formen der Lichtemission.

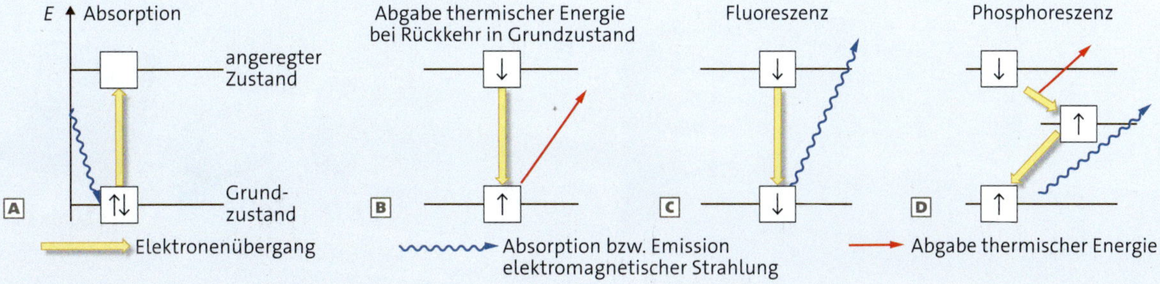


04 Energiestufenmodell bei Lichtabsorption und Lichtemission

# 8.3 Fotometrie

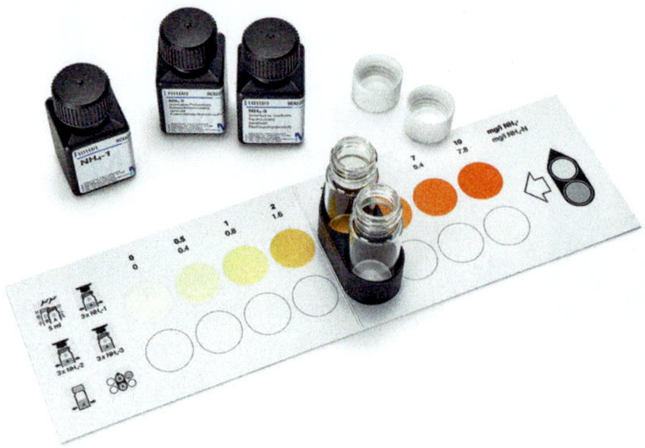

01 Ammoniumtestkit in der Wasseranalytik

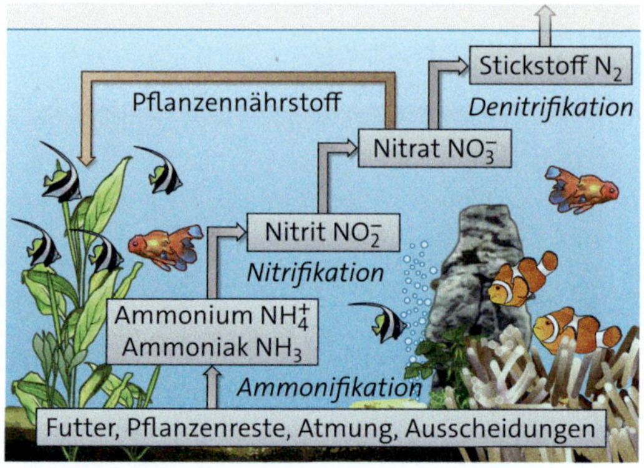


03 Ammoniumeintrag: Ein Zuviel schadet Fischen.

**VON DER KOLORIMETRIE ZUR FOTOMETRIE** In der Wasseranalytik werden oft Teststäbchen oder Testkits zur Beurteilung der Wasserqualität verwendet (↑ **01**). Gerade für Besitzer eines Aquariums ist die Kontrolle bestimmter Ionen wichtig, z. B. Ammonium-Ionen $NH_4^+$, die den Fischen schaden (↑ **03**). Beim Eintauchen des Teststäbchens in eine Wasserprobe läuft eine für den zu untersuchenden Stoff spezifische chemische Reaktion ab. Dabei bildet sich ein *farbiger Stoff*, dessen Intensität beurteilt wird. Dieses Verfahren heißt Farbmessung oder **Kolorimetrie** (lat. *color:* Farbe). Je konzentrierter der untersuchte Stoff in der Wasserprobe vorliegt, umso intensiver ist die Färbung. Durch Vergleich mit einer zugehörigen Farbskala lässt sich die Konzentration recht genau abschätzen. Die Qualität hängt jedoch auch vom subjektiven Farbempfinden des Anwenders ab, die Kolorimetrie ist also kein exakt quantitatives Verfahren.

Objektiv kann die Färbung einer Lösung mithilfe der *Fotometrie* ermittelt werden. Farbstoffe erscheinen für unser Auge farbig, da sie Licht aus dem Spektrum des sichtbaren Bereichs absorbieren. Beispielsweise nehmen wir eine Paprikafrucht als rot wahr, weil das darin enthaltene Carotin blaugrünes Licht absorbiert. Alle nicht absorbierten Anteile des sichtbaren Lichts werden reflektiert. So wird als Farbeindruck die *Komplementärfarbe* zu Blaugrün, nämlich Rot, sichtbar. Analog absorbiert ein gelber Farbstoff blaues Licht aus dem sichtbaren Spektrum, ein blaugrüner Farbstoff absorbiert vorwiegend rotes Licht. Die für uns sichtbare Farbe ist folglich immer die Mischfarbe aus den nicht absorbierten Spektralfarben. Um exakt zu ermitteln, welche Wellenlängen ein Farbstoff aus dem sichtbaren Spektrum absorbiert, wird die Spektralfotometrie eingesetzt.

**SPEKTRALFOTOMETRIE** In einem Spektralfotometer (↑ **02**) wird das Licht einer Strahlungsquelle (Lampe) mithilfe eines *Monochromators* in die Spektralfarben zerlegt. Dieser ist so einstellbar, dass nur *Licht einer bestimmten Wellenlänge* passieren kann. Je nach Fotometer können Wellenlängen zwischen 200 und 850 nm angewählt werden. Nach Durchgang des Lichts durch eine Probelösung, die in einer *Küvette* aus Quarzglas oder speziellen Kunststoffen in den Strahlengang gebracht wird, erfasst das Fotometer die durchgelassene Intensität ($I_{tr}$) des Lichts. Dies erfolgt beispielsweise mit einer Fotozelle. Das Signal wird an eine Anzeigeeinheit weitergeleitet.

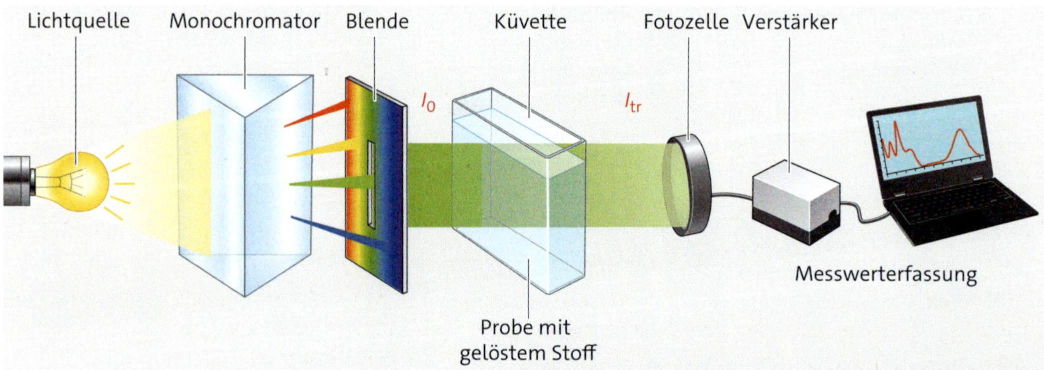


02 Aufbau eines Spektralfotometers (Schema)

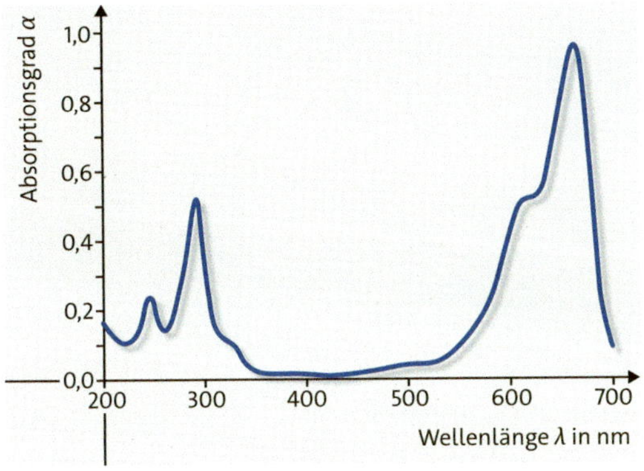


**04** Absorptionsspektrum von Methylenblau in Abhängigkeit vom Absorptionsgrad

| | |
|---|---|
| **Licht durchstrahlt eine Farbstofflösung** | 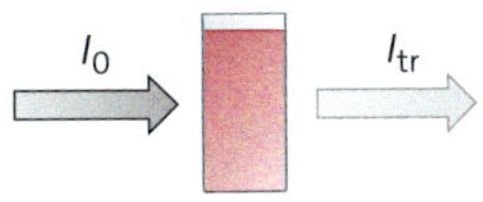 $I_0$: eingestrahlte Intensität; $I_{tr}$: geschwächte Intensität |
| **Messbare Größen** | $I_0$: Intensität des eingestrahlten Lichts<br>$I_{tr}$: Intensität des durchgelassenen Lichts<br>$I_{abs}$: Intensität des absorbierten Lichts |
| **Transmissionsgrad $\tau$** | $\tau = \frac{I_{tr}}{I_0}$ |
| **Transmission $T$** | $T = \tau \cdot 100$ |
| **Absorptionsgrad $\alpha$** | $\alpha = \frac{I_{abc}}{I_0}$ |
| **Zusammenhänge** | $I_0 = I_{abs} + I_{tr}$ ; $\tau + \alpha = 1$ |

**05** Übersicht zum Transmissions- und Absorptionsgrad

Dabei wird umso mehr Licht absorbiert, je mehr Farbstoffmoleküle in der Lösung vorliegen. Die Intensität des durchgelassenen Lichts hängt also von der Art des Farbstoffs, der Konzentration und der Schichtdicke der Küvette mit der Lösung ab. Um zu ermitteln, welcher Anteil des eingestrahlten Lichts von Molekülen in der farbigen Lösung absorbiert wird, benötigt man als Referenz einen *Blindwert*. Diesen erhält man, indem man zuerst eine Blindprobe (enthält nur das Lösungsmittel) misst und die Intensität $I_0$ des durchgelassenen Lichts speichert. Die Software des Geräts ermittelt dann jeweils die Differenz zu den Messwerten der untersuchten Probe. Wird die Probelösung mit Licht aus dem gesamten verfügbaren Wellenlängenbereich untersucht, erhält man ein **Absorptionsspektrum** (↑ **04**, **06**).

**TRANSMISIONS- UND ABSORPTIONSGRAD** Um das Ausmaß der Absorption zu erfassen, eignet sich der **Transmissionsgrad $\tau$**, der den Anteil des nicht absorbierten Lichts erfasst. Er ist der Quotient aus der Intensität $I_{tr}$ des von der Farbstoffprobe durchgelassenen Lichts und der Intensität $I_0$ des von der Blindprobe durchgelassenen Lichts und nimmt Werte zwischen 0 und 1 an. Oft gibt man auch die ***Transmission T*** an. Sie entspricht dem Transmissionsgrad in % und nimmt Werte zwischen 0 und 100 % an.

Alternativ kann man den Absorptionsgrad $\alpha$ messen (↑ **04**). Dies ist der Quotient aus der Intensität des absorbierten Lichts $I_{abs}$ und der des eingestrahlten Lichts $I_0$. Auch $\alpha$ nimmt Zahlenwerte zwischen 0 und 1 an.

Da durchgelassene und absorbierte Strahlung zusammen immer 100 % ergeben, ist die Summe aus Absorptionsgrad und Transmissionsgrad immer 1. Die Zusammenhänge werden in der tabellarischen Übersicht in ↑ **05** verdeutlicht.

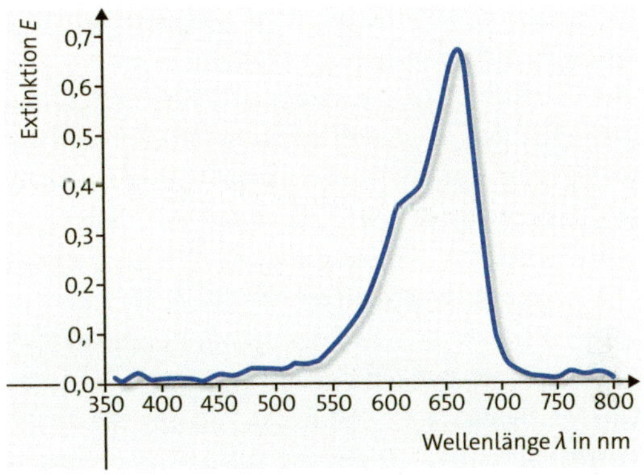


**06** Absorptionsspektrum von Methylenblau in Abhängigkeit von der Extinktion

Ergibt sich bei einer Messung ein Transmissionsgrad von $\tau = 0{,}3$ bzw. eine Transmission $T = 30\,\%$, bedeutet dies, dass 30 % des eingestrahlten Lichts durchgelassen wurden. Würde man in der gleichen Lösung den Absorptionsgrad $\alpha$ messen, erhielte man $\alpha = 0{,}7$, da 70 % des Lichts absorbiert wurden.

**EXTINKTION** Die meisten Spektralfotometer erfassen heute die **Extinktion**, um das Ausmaß der Lichtabsorption wiederzugeben (↑ **06**). Diese entspricht dem negativen Logarithmus der Transmission und ist dimensionslos. Es gilt:

$$E = -\lg \tau = -\lg \frac{I_{tr}}{I_0} = \lg \frac{I_0}{I_{tr}}$$

**1** › Erläutern Sie Vor- und Nachteile der Spektralfotometrie im Vergleich zur Kolorimetrie.

**2** › Erklären Sie den Unterschied zwischen Transmission und Absorption.

**3** › Geben Sie den Absorptionsgrad $\alpha$ an, wenn der Transmissionsgrad $\tau = 0{,}4$ beträgt. Erläutern Sie die Bedeutung der Werte.

# Lambert-Beer-Gesetz

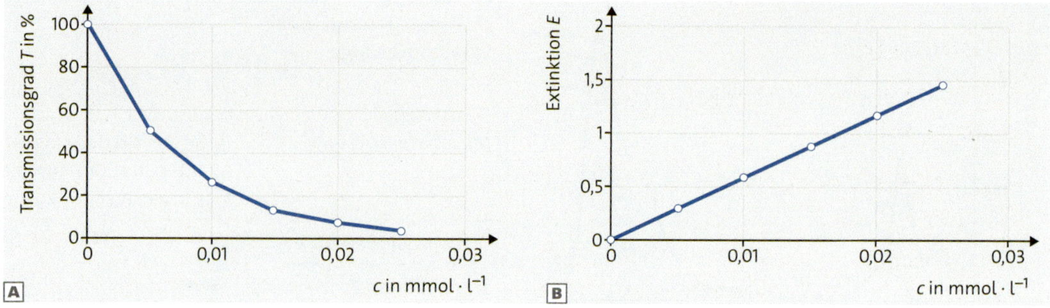


**01** **A** Transmission, **B** Extinktion von Methylenblau, Abhängigkeit von der Konzentration in mmol · $l^{-1}$; $\lambda$ = 660 nm, $d$ = 1 cm

***Extinktionskoeffizienten*** *werden mithilfe von Verdünnungsreihen bestimmt: Mehrere Lösungen des Stoffs werden in unterschiedlichen Konzentrationen angesetzt und die Extinktion bei einer definierten Wellenlänge bestimmt. Die Werte der Extinktion der verschiedenen Lösungen liegen auf einer Geraden, deren Steigung dem Produkt aus Extinktionskoeffizient und Schichtdicke entspricht.*

**VERGLEICH VON TRANSMISSION UND EXTINKTION** Strahlt man Licht aus dem Wellenlängenbereich des Absorptionsmaximums mithilfe eines *Fotometers* auf eine Probe mit dem gelösten Farbstoff, wird auch schon bei geringen Farbstoffkonzentrationen merklich viel Licht absorbiert. Verwendet man Wellenlängen, bei denen der Farbstoff kein oder nur wenig Licht absorbiert, ist dies nicht möglich. Dabei gilt, dass umso mehr Licht absorbiert wird, je konzentrierter die Farbstofflösung und je länger der Weg des Lichts durch die Probe ist. Der Weg durch die Probe entspricht der *Schichtdicke d* der verwendeten Küvette. Misst man im Bereich des Absorptionsmaximums von Methylenblau, d. h. bei $\lambda$ = 660 nm, die *Transmission* bei unterschiedlichen Konzentrationen und stellt die Messwerte grafisch dar, erhält man eine Kurve wie in ↑ **01A**, misst man dagegen die Extinktion, erhält man eine Gerade wie in ↑ **01B**. Daraus lässt sich erkennen, dass die Extinktion *proportional zur Konzentration* ist, während die Transmission eine *exponentielle Abhängigkeit* darstellt. Deshalb wird üblicherweise die Extinktion und nicht die Transmission als Messwert verwendet.

Der Physiker JOHANN HEINRICH LAMBERT und der Mathematiker AUGUST BEER wiesen nach, dass diese Gesetzmäßigkeit mit guter Genauigkeit in allen klaren, verdünnten Lösungen mit $c < 0{,}01$ mol · $l^{-1}$ gilt. Das daraus abgeleitete **Lambert-Beer-Gesetz** besagt, dass die Extinktion proportional zur Schichtdicke $d$ und der Konzentration $c$ des Farbstoffs ist:

$E \sim c \cdot d$ bzw. $E = \varepsilon \cdot c \cdot d$

**Bei konstanter Schichtdicke des Probengefäßes ist die Extinktion proportional zur Konzentration des Farbstoffs in einer Lösung.**

Der Proportionalitätsfaktor $\varepsilon$ wird als *molarer dekadischer Extinktionskoeffizient* bezeichnet. Er hängt von der Wellenlänge des verwendeten Lichts und der Art des Farbstoffs ab.

**VERFAHREN DER KONZENTRATIONSBESTIMMUNG** Aufgrund des Lambert-Beer-Gesetzes kann mithilfe eines Fotometers die Konzentration eines Farbstoffs in einer Lösung mit hoher Genauigkeit bestimmt werden. Aus der Extinktion kann unmittelbar die Konzentration berechnet werden, wenn man die Schichtdicke und den Extinktionskoeffizienten kennt. Alternativ kann man auch eine *Kalibriergerade* aufnehmen, indem man eine Verdünnungsreihe mit bekannten Konzentrationen herstellt, die Extinktionen misst und so eine Vergleichsgerade erhält. Sie ermöglicht, dass anhand der Extinktion einer Probe unmittelbar die Konzentration der Lösung abgelesen werden kann. Wenn die Farbstoffkonzentration in der zu untersuchenden Lösung zu groß ist, sodass das Lambert-Beer-Gesetz nicht mehr angewendet werden kann, lässt sich die Konzentration durch Verdünnen bestimmen. Eine Methylenblaulösung der Konzentration $c$ = 0,2 mmol · $l^{-1}$ würde z. B. praktisch 100 % des eingestrahlten Lichts absorbieren. Gleiches gilt für eine Lösung der Konzentration $c$ = 0,25 mmol · $l^{-1}$. Nach Verdünnen um den Faktor 10 kann dennoch mit der Vergleichskurve (↑ **01B**) die Konzentration ermittelt werden, da jetzt die gemessene Extinktion den Konzentrationen $c$ = 0,02 mmol · $l^{-1}$ bzw. $c$ = 0,025 mmol · $l^{-1}$ zugeordnet werden kann.
Anwendung findet die Fotometrie in der Analytik, vor allem in der Lebensmittel-, der Arzneistoff- und der Umweltanalytik.

**KONZENTRATIONSBERECHNUNG** Für die Berechnung der Konzentration aus der Extinktion $E$ kann aus der Steigung der Geraden (↑ **01B**) der Extinktionskoeffizient bestimmt werden, wobei die *Steigung der Geraden* $m = \varepsilon \cdot d$ beträgt. Der Extinktionskoeffizient $\varepsilon$ hat die Einheit l · (mol · cm)$^{-1}$, die Schichtdicke $d$ der Küvette wird in cm angegeben. Da in Diagramm ↑ **01B** die Konzentration $c$ in mmol · $l^{-1}$ angegeben ist, muss der Steigung hier die Einheit l · mmol$^{-1}$ zugeordnet werden. Sie beträgt unter den bei der Untersuchung vorliegenden Bedingungen $m$ = 58 l · mmol$^{-1}$.

## P Fotometrie

### EXP 8.01 Absorptionsspektrum von Methylenblau

**Materialien** Fotometer, Pipette, Küvette, Methylenblaulösung ($c = 0{,}01\ \text{mmol} \cdot \text{l}^{-1}$)

**Durchführung** Bestimmen Sie mit einem Fotometer den Transmissionsgrad $\alpha$ bzw. die Extinktion $E$ bei verschiedenen Wellenlängen. Gehen Sie in 10-nm-Schritten vor, falls das Gerät nicht automatisch das gesamte Spektrum durchfährt.

**Auswertung** Erstellen Sie mithilfe einer Tabellenkalkulationssoftware je eine Tabelle mit den Werten von $\lambda$ und $\tau$ sowie $\lambda$ und $E$ und stellen Sie die Abhängigkeit grafisch dar.

### EXP 8.02 Fotometrische Konzentrationsbestimmung

**Materialien** Fotometer, Messpipette, Küvette, 4 Reagenzgläser, Reagenzglasständer, Methylenblaulösung ($c = 0{,}01\ \text{mmol} \cdot \text{l}^{-1}$; Probe mit unbekannter Konzentration)

**Durchführung** Stellen Sie eine Verdünnungsreihe von Methylenblau mit $c = 0{,}05\ \text{mmol} \cdot \text{l}^{-1}$, $0{,}025\ \text{mmol} \cdot \text{l}^{-1}$, $0{,}01\ \text{mmol} \cdot \text{l}^{-1}$ und $0{,}005\ \text{mmol} \cdot \text{l}^{-1}$ her. Messen Sie die Extinktionen dieser Lösungen bei $\lambda = 660$ nm.

**Auswertung**

1 › Erstellen Sie die Kalibriergerade, indem Sie die Messwerte tabellieren und die Extinktion in Abhängigkeit von der Konzentration grafisch darstellen.

2 › Bestimmen Sie die Konzentration einer Probe Methylenblau mit unbekannter Konzentration.

### EXP 8.03 Absorptionsspektrum von Bromthymolblau in Abhängigkeit vom pH-Wert

**Materialien** Fotometer, 4 Küvetten, 3 Messpipetten, Bromthymolblaulösung (BTB, 100 mg in 100 ml 20%igem Ethanol), Pufferlösungen mit pH = 4, pH = 7 und pH = 10

**Durchführung** Füllen Sie Pufferlösung mit pH = 7 in eine Küvette. Sie stellt den Referenzwert dar (Blindprobe). Füllen Sie nun die übrigen Küvetten folgendermaßen:
A 3 ml Pufferlösung (pH = 4) + 1 Tropfen BTB-Lösung
B 3 ml Pufferlösung (pH = 7) + 1 Tropfen BTB-Lösung
C 3 ml Pufferlösung (pH = 4) + 1 Tropfen BTB-Lösung
Ermitteln Sie mit der Küvette, die nur die Pufferlösung mit pH = 7 enthält, die Basislinie mit dem Fotometer. Nehmen Sie dann nacheinander die Absorptionsspektren der anderen drei Küvetten auf.

**Auswertung**

1 › Bestimmen Sie für jede Probe das Absorptionsmaximum und das Absorptionsminimum.

2 › Erklären Sie, welche Farbbereiche jeweils absorbiert wurden und begründen Sie den Farbeindruck.

3 › Recherchieren Sie die Strukturformeln von Bromthymolblau in Abhängigkeit vom pH-Wert. Formulieren Sie eine Hypothese zum Zusammenhang zwischen Farbigkeit und Struktur.

Weist eine Probe der Methylenblaulösung beispielsweise eine Extinktion von $E = 0{,}8$ auf, so gilt:
$E \sim c$ und $E = m \cdot c$

Gegeben: $m = 58\ \text{l} \cdot \text{mmol}^{-1}$; $E = 0{,}8$
Gesucht: $c$ in $\text{mol} \cdot \text{l}^{-1}$

$$c = \frac{E}{m} = \frac{0{,}8}{58\ \text{l} \cdot \text{mmol}^{-1}}$$

$$= 0{,}014\ \text{mmol} \cdot \text{l}^{-1} \quad |:1000$$
$$= 0{,}000014\ \text{mol} \cdot \text{l}^{-1}$$

Die Konzentration der untersuchten Probe beträgt $c = 0{,}000014\ \text{mol} \cdot \text{l}^{-1}$.

1 › Entwickeln Sie eine experimentelle Vorgehensweise, um mithilfe eines kolorimetrischen Kits zur Nitratbestimmung eine fotometrische Bestimmung durchzuführen.

2 › Erläutern Sie die Vorteile der Verwendung der Messgröße Extinktion im Vergleich zum Transmissionsgrad.

3 › Erläutern Sie, warum es sinnvoll ist, zur Konzentrationsbestimmung eines Farbstoffs eine Wellenlänge nahe dem Absorptionsmaximum dieses Farbstoffs zu verwenden.

4 › Berechnen Sie die Konzentration einer Methylenblaulösung, wenn $E = 1$ und der Proportionalitätsfaktor $\varepsilon \cdot d = 58\ \text{l} \cdot \text{mmol}^{-1}$ ist.

5 › Für einen Farbstoff wurden in zwei unabhängigen Experimenten Absorptionsspektren aufgenommen. Dabei wurden im ersten Experiment die Extinktionen in Abhängigkeit von der Wellenlänge für eine Lösung der Konzentration $c = 0{,}01\ \text{mol} \cdot \text{l}^{-1}$ bestimmt. Im zweiten Experiment wurde eine Lösung der Konzentration $0{,}02\ \text{mol} \cdot \text{l}^{-1}$ verwendet. Erklären Sie, warum beide Absorptionsspektren den gleichen Verlauf zeigen.

# Praktikum

## P Farbstoffe

### EXP 8.04 Herstellung des Azofarbstoffs Orange II

**Materialien** Waage, Thermometer, Plastikschüssel, Becherglas (250 ml), 3 Bechergläser (100 ml), Messzylinder, Glasrührstab, Glastrichter, Filterpapier, Spatel, Sulfanilsäure (7), 2-Naphthol (7, 9), Natriumnitrit (3, 6, 9), Salzsäure ($w$ = 10 %; 5, 7), Natriumhydroxidlösung ($w$ = 10 %; 5), Kochsalz, Eiswürfel, Wasser, destilliertes Wasser

**Durchführung** Geben Sie Eiswürfel und etwas Wasser zur Herstellung eines Eisbads in die Plastikschüssel.

**Schritt 1 – Herstellung von 4 verschiedenen Lösungen:**
*Lösung 1:* Geben Sie in ein Becherglas (250 ml) 10 ml Salzsäure.
*Lösung 2:* Geben Sie in ein Becherglas (100 ml) 10 ml Natronlauge und lösen Sie darin 0,8 g 2-Naphthol.
*Lösung 3* zur Herstellung von Orange II: Geben Sie in ein Becherglas (100 ml) 5 ml Natronlauge und lösen Sie darin 1 g Sulfanilsäure.
*Lösung 4:* Geben Sie in ein Becherglas (100 ml) 5 ml destilliertes Wasser und lösen Sie darin 0,4 g Natriumnitrit.
Kühlen Sie die Lösungen in den 4 Bechergläsern im Eisbad auf unter 5 °C ab.

**Schritt 2 – Herstellung des Diazoniumsalzes:** Geben Sie Lösung 4 zu Lösung 3 und fügen Sie anschließend das Gemisch langsam unter Umrühren zu Lösung 1 hinzu. *Dabei darf die Temperatur nicht über 5 °C ansteigen!*

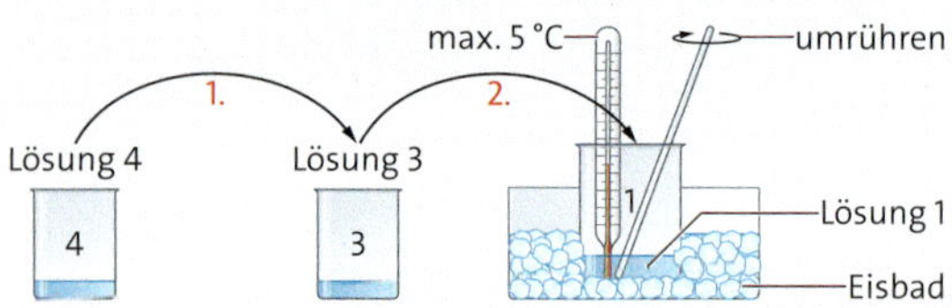


**Schritt 3 – Azokupplung:** Geben Sie zu der entstandenen Suspension des Diazoniumsalzes nun Lösung 2 hinzu. Während des Umrührens kristallisiert der Farbstoff aus.

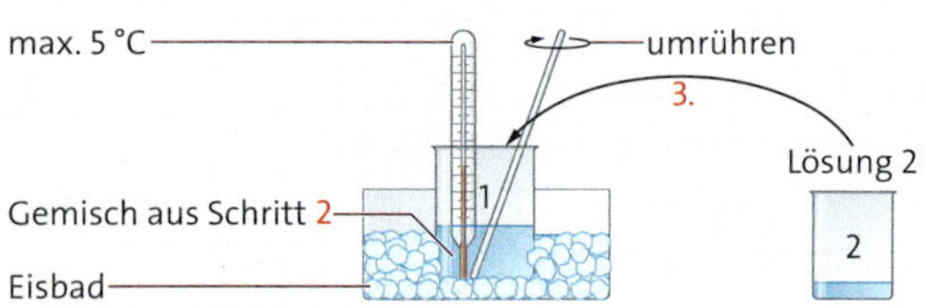


**Schritt 4 – Aussalzen des Farbstoffs:** Geben Sie unter Rühren 2 Spatel Kochsalz hinzu, damit der Farbstoff ausfällt.

**Schritt 5:** Filtrieren Sie den Farbstoff ab und geben Sie etwas Eiswasser auf den Farbstoff im Filter. Legen Sie anschließend das Filterpapier mit dem Farbstoff zum Trocknen aus.

*Entsorgung:* Farbstoff weiterverwenden. Lösungen ins Abwasser geben.

**Auswertung**

1) Notieren Sie Ihre Beobachtungen.
2) Der Farbstoff Orange II hat bei pH = 8 die Farbe Orange. Erläutern Sie, welche Farbveränderung Sie bei Orange II im stark alkalischen Bereich erwarten würden.

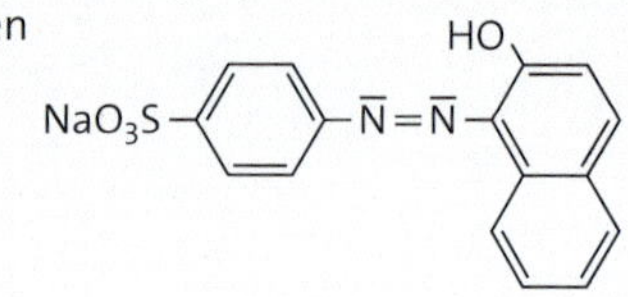


### EXP 8.05 Herstellung und Eigenschaften des Triphenylmethanfarbstoffs Fluorescein

**Materialien** Reagenzglas, Reagenzglasklammer, Brenner, Spatel, Tropfpipetten, Becherglas (400 ml), UV-Lampe ($\lambda$ = 366 nm), Resorcin (7, 8, 9), Phthalsäureanhydrid (5, 7, 8), Schwefelsäure ($w$ = 96 %; 5), Natronlauge ($c$ = 1 mol · $l^{-1}$; 5), Salzsäure, ($c$ = 1 mol · $l^{-1}$; 5), demineralisiertes Wasser

**Durchführung** Geben Sie je eine Spatelspitze Resorcin und Phthalsäureanhydrid in das Reagenzglas und fügen Sie einen Tropfen Schwefelsäure hinzu. Erhitzen Sie das Glas mehrfach kurz mit dem Brenner, bis sich eine zähe, schwarzrote Flüssigkeit bildet. Gießen Sie die schwarzrote Flüssigkeit in ein Becherglas mit 150 ml Wasser.
*Entsorgung:* Lösung neutralisieren und ins Abwasser geben.

**Auswertung** Bestrahlen Sie die Lösung im Becherglas im abgedunkelten Raum mit UV-Licht. Geben Sie dabei portionsweise mit einer Tropfpipette Natronlauge in die Lösung und beobachten Sie Farbveränderungen. Deuten Sie sie mithilfe geeigneter mesomerer Grenzstrukturen.

### EXP 8.06 Einfluss des pH-Werts auf die Farbigkeit

**Materialien** 5 Reagenzgläser, Reagenzglasständer, Stopfen, Pipette, Natronlauge ($w$ = 10 %; 7), verdünnte Salzsäure (7), Natriumhydroxid (5), Lösungen folgender Indikatorfarbstoffe: Methylorange (6), Orange II (7; aus Exp. 8.04), Paramethylrot, Phenolphthaleinlösung (2, 8, 7), Aurin (7)

**Durchführung** Geben Sie in jedes Reagenzglas 3 ml Salzsäure sowie einige Tropfen einer der Indikatorlösungen. Geben Sie in jedes Reagenzglas tropfenweise Natronlauge, bis eine Farbänderung eintritt. Geben Sie dann in jedes Reagenzglas etwas festes Natriumhydroxid. Verschließen Sie die Reagenzgläser mit Stopfen und schütteln Sie gut.
*Entsorgung:* Lösungen ins Abwasser geben.

**Auswertung**
Notieren Sie Ihre Beobachtungen. Deuten Sie die Farbwechsel mithilfe geeigneter mesomerer Grenzstrukturen.

# 8.4 Molekülstruktur und Farbigkeit

**EINFLUSS DER MOLEKÜLSTRUKTUR AUF DIE FARBIGKEIT** Die Absorption von Teilen des sichtbaren Lichts bewirkt die Farbigkeit von Stoffen. Ursache für die Lichtabsorption ist die Anregung von Elektronen in den Molekülen dieser Stoffe. Allerdings können nicht alle Elektronen eines Moleküls, sondern nur die π-Elektronen von Doppelbindungen und die Elektronen freier Elektronenpaare angeregt werden. Bereits im Ethenmolekül mit einer Doppelbindung können π-Elektronen angeregt werden. Die Anregungsenergie ist jedoch so hoch, dass die Absorption nur bei sehr kurzen Wellenlängen im UV-Bereich erfolgt. Ethen erscheint daher farblos.

Enthält ein Molekül weitere konjugierte Doppelbindungen, so wird die Anregungsenergie gesenkt (↑ **01**). In einem **System von konjugierten Doppelbindungen** wechseln sich Einfach- und Doppelbindungen im Molekül ab. Bei konjugierten Doppelbindungen liegt eine Delokalisation der π-Elektronen über einen großen Molekülbereich vor.

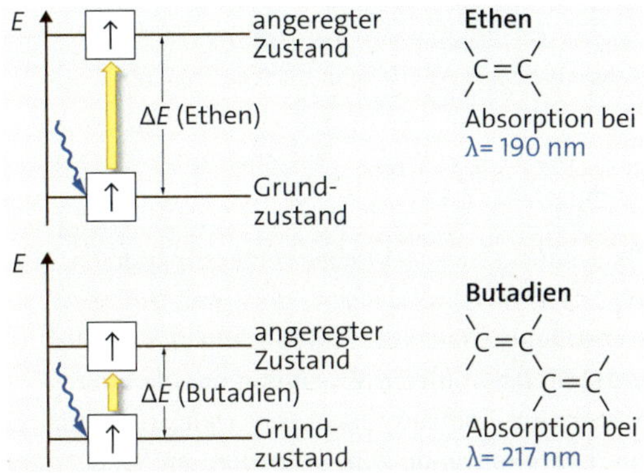


**01** Anregung von Elektronen bei Molekülen mit einer Doppelbindung und mit konjugierten Doppelbindungen

Die Delokalisation der π-Elektronen bewirkt, dass nur noch eine geringere Anregungsenergie benötigt wird, um die Elektronen auf ein höheres Energieniveau zu heben. So genügt bereits das energiearme sichtbare Licht, um beispielsweise das β-Carotin in Möhren farbig erscheinen zu lassen (↑ **02**).

*Delokalisiertes π-Elektronensystem und Mesomerie* *↑ S. 169*

Moleküle, die kein konjugiertes System von Doppelbindungen, sondern wie beim Ethenmolekül nur eine Doppelbindung oder voneinander isolierte Doppelbindungen aufweisen, erscheinen farblos, da die Energie zur Anregung der Elektronen sehr hoch ist. Dies kann nur durch energiereiches kurzwelliges Licht außerhalb des sichtbaren Bereichs bewirkt werden, beispielsweise durch UV-Licht.

Alle Farbstoffmoleküle besitzen ein farbgebendes System, das **Chromophor** (griech. Farbträger), das die Absorption von Licht ermöglicht. Im Chromophor sind leicht anregbare Elektronen vorhanden. Es besteht aus einem ausgedehnten System delokalisierter Elektronen, beispielsweise aus einem System von konjugierten Doppelbindungen.

Farbstoffe, deren Moleküle konjugierte π-Elektronensysteme besitzen, sind in der Natur weit verbreitet. Hierzu gehören z. B. die Carotinoide in bunt gefärbten Blättern, das β-Carotin in Möhren oder das Astaxanthin in Flamingofedern (↑ **02**). Viele dieser Farbstoffe haben als Lock-, Schreck- oder Tarnfarbe eine Bedeutung für Tiere oder sind an der Umwandlung von Lichtenergie in Pflanzen beteiligt.

**Das farbgebende Chromophor eines Farbstoffmoleküls besteht aus einem ausgedehnten System von konjugierten Doppelbindungen, das für die Absorption von Licht im sichtbaren Bereich verantwortlich ist.**

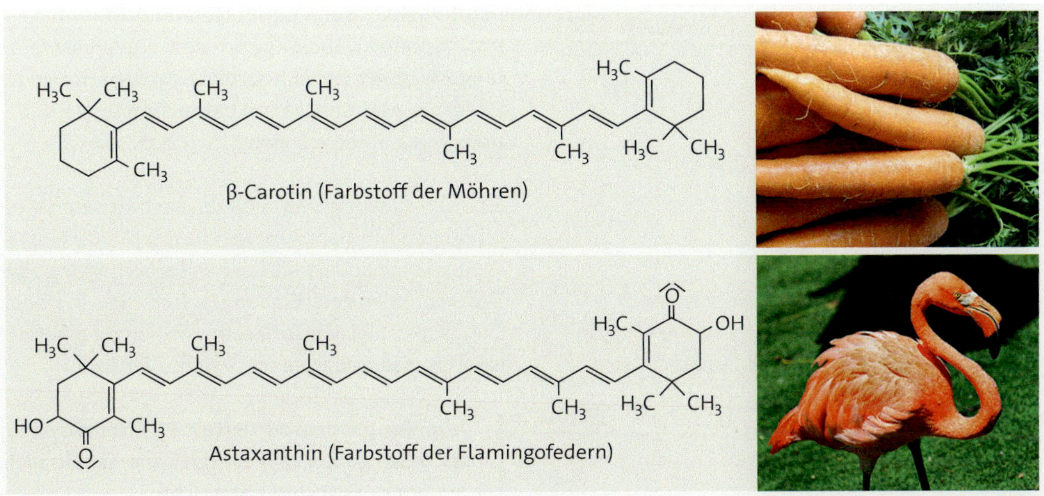


**02** Farbstoffe mit konjugierten π-Elektronensystemen in der Natur

# Polyene, Cyanine und der Einfluss auxochromer Gruppen

**FARBIGKEIT BEI POLYENEN** Polyene sind Kohlenwasserstoffe, deren Moleküle zwei oder mehr konjugierte Doppelbindungen enthalten. Polyene, deren Moleküle acht oder weniger Doppelbindungen aufweisen, erscheinen farblos. Erst bei Polyenmolekülen mit 9 oder mehr Doppelbindungen tritt Farbigkeit auf (↑ **01**).
Die Moleküle des β-Carotins beispielsweise enthalten eine Polyenstruktur mit 11 konjugierten Doppelbindungen. Fällt weißes Licht auf diese Struktur, so wird der blaue Anteil des Lichts absorbiert. Der übrige Anteil des weißen Lichts wird reflektiert. Die wahrgenommene Komplementärfarbe ist Orange.

Die Bindungslängen zwischen den Kohlenstoffatomen in Polyenmolekülen liegen wie beim Benzolmolekül zwischen den Bindungslängen typischer Einfachbindungen und Doppelbindungen (↑ **02**). Dies lässt sich durch das Auftreten mesomerer Grenzstrukturen bei Molekülen mit konjugierten Doppelbindungen erklären. Infolge der Mesomerie sind die π-Elektronen im Molekül delokalisiert (↑ **03**).

*Mesomerieregeln ↑ S. 169*

Durch die Mesomerie entstehen in Polyenmolekülen immer mesomere Grenzstrukturen, die durch eine Ladungstrennung gekennzeichnet sind. Das bedeutet, dass im eigentlich ungeladenen Molekül eine negative und eine positive Ladung auftreten. Diese Grenzstrukturen sind wegen der Ladungstrennung im Vergleich zu den ungeladenen Grenzstrukturen instabiler und haben nur einen geringen Anteil an der tatsächlichen Molekülstruktur, außerdem unterscheiden sie sich energetisch voneinander. Daher sind die π-Elektronen nicht vollkommen delokalisiert und nicht alle Bindungslängen gleich lang.

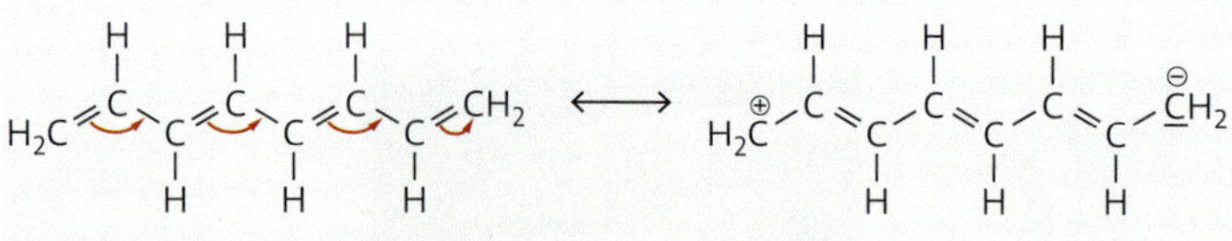

**03** Mesomere Grenzstrukturen bei Polyenen

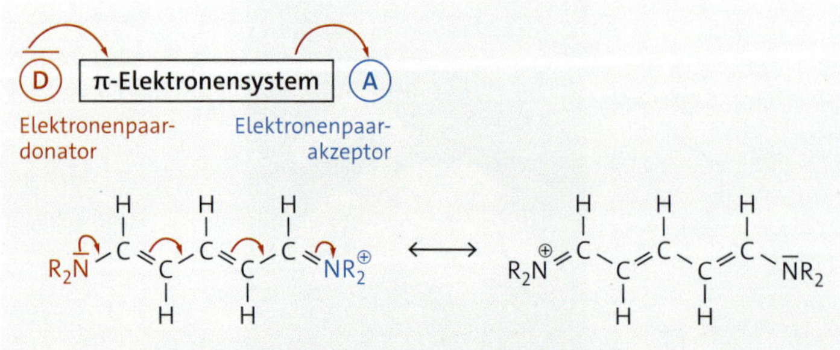


**04** Mesomere Grenzstrukturen und Erweiterung des Chromorphors bei Cyaninen

| Struktur der Polyene: $CH_3(-CH{=}CH)_n-CH_3$ | | |
|---|---|---|
| *n* | Wellenlänge des absorbierten Lichts in nm | Komplementärfarbe |
| 6 | 352 (UV) | (farblos) |
| 9 | 412 | Gelb |
| 11 | 452 | Orange |
| 19 | 530 | Purpur |

**01** Farbigkeit bei Polyenen

| Verbindung | Bindungslänge in nm |
|---|---|
| **Alkane/Alkene** | |
| C–C | 1,54 |
| C=C | 1,33 |
| **Polyene** | |
| C–C | 1,48 |
| C=C | 1,34 |
| **Cyanine** | |
| C–C | 1,38 |
| C=C | 1,36 |

**02** Bindungslängen zwischen Kohlenstoffatomen

Mit zunehmender Kettenlänge der Polyenmoleküle entsteht ein immer größer werdendes konjugiertes System aus delokalisierten Elektronen, sodass sich die Energieniveaus von Grundzustand und angeregtem Zustand stärker annähern. Es wird immer weniger Energie zur Anregung der delokalisierten Elektronen benötigt. Daher verschiebt sich das Absorptionsmaximum bei Polyenmolekülen mit zunehmender Kettenlänge in den energieärmeren längerwelligen Bereich. Es tritt ein farbvertiefender Effekt ein. Man spricht von **bathochromer Verschiebung** (griech. *bathos:* Tiefe).

Eine Verschiebung von längeren nach kürzeren Wellenlängen führt zur Absorption von Licht kleinerer Wellenlänge und damit zu einer Farberhöhung oder **hypsochromen Verschiebung** (griech. *hypsos:* Höhe). Dies ist beispielsweise bei einer Verkürzung des delokalisierten π-Elektronensystems der Fall.

**Je größer das delokalisierte π-Elektronensystem ist, desto größer und energieärmer ist die Wellenlänge des absorbierten Lichts.**

**Struktur der Cyanine:**
**$(CH_3)_2N(-CH{=}CH)_n-CH{=}N^+(CH_3)_2$**

| *n* | Wellenlänge des absorbierten Lichts in nm | Komplementärfarbe |
|---|---|---|
| 2 | 313 (UV) | (farblos) |
| 3 | 416 | Gelbgrün |
| 4 | 519 | Rot |
| 5 | 625 | Blaugrün |

**05** Farbigkeit bei Cyaninen

**EINFLUSS MESOMERER EFFEKTE AUF DIE FARBIGKEIT BEI CYANINEN** Anders als bei den Polyenen, die mindestens 9 Doppelbindungen benötigen, um farbig zu erscheinen, absorbieren bereits Cyanine mit nur drei Doppelbindungen im Molekül Licht im sichtbaren Bereich und erscheinen farbig (↑ **05**). Dies ist dadurch zu erklären, dass bei Cyaninmolekülen die chromophore Polyenstruktur *zusätzlich durch zwei funktionelle Gruppen* eingerahmt wird. Da das konjugierte π-Elektronensystem durch die beiden funktionellen Gruppen nach dem Donator-Akzeptor-Prinzip vergrößert wird, absorbieren Cyaninfarbstoffe schon mit kleineren π-Elektronensystemen ($n \geq 3$) Licht im sichtbaren Bereich.

Die Aminogruppe $-\overline{N}H_2$ bzw. $-\overline{N}(CH_3)_2$ besitzt ein freies Elektronenpaar am Stickstoffatom, das in das delokalisierte Elektronensystem miteinbezogen werden kann (↑ **04**). Diese funktionelle Gruppe wirkt elektronenliefernd und damit als Elektronendonator. Durch diesen *positiven mesomeren Effekt* (+M-Effekt) wird die Elektronendichte im konjugierten π-Elektronensystem erhöht. Allgemein werden Substituenten mit einem +M-Effekt, die als Elektronendonatoren wirken, **Auxochrome** genannt (↑ **06**). Die Ammoniumgruppe $=N^+(CH_3)_2$ trägt eine positive Ladung. Sie wirkt elektronenanziehend und damit als Elektronenakzeptor. Durch diesen *negativen mesomeren Effekt* (−M-Effekt) wird die Elektronendichte im konjugierten π-Elektronensystem erniedrigt. Substituenten mit einem −M-Effekt werden **Antiauxochrome** genannt (↑ **06**).

Beide Gruppen sind Bestandteil des Chromophors und vergrößern das π-Elektronensystem, wodurch die Energie zur Anregung von π-Elektronen gesenkt und Licht größerer Wellenlänge absorbiert wird. Es tritt eine *bathochrome Verschiebung* auf. Die Verschiebung ist umso stärker, je stärker der +M-Effekt und der −M-Effekt der beiden Substituenten ist.

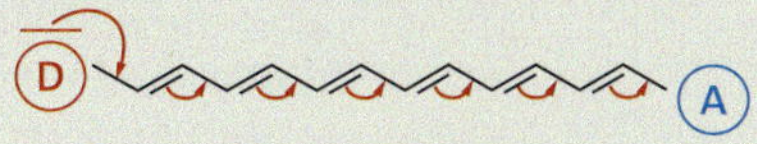


| Auxochrome Gruppe, +M-Effekt | | Antiauxochrome Gruppe, −M-Effekt | |
|---|---|---|---|
| Aminogruppe | 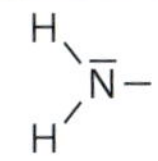 | Nitrogruppe | 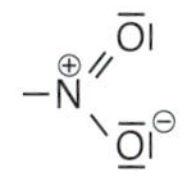 |
| tertiäre Aminogruppe | 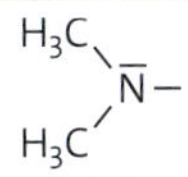 | Ammoniumgruppe | 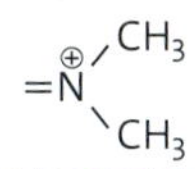 |
| Ethergruppe | 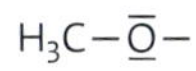 | Aldehydgruppe | 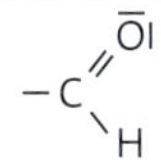 |
| Hydroxygruppe | 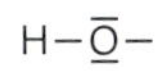 | Sulfonsäuregruppe | 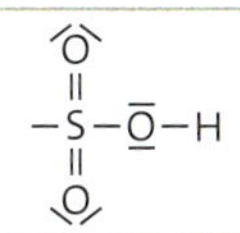 |

**06** Beispiele für bathochrome Gruppen

Die bathochromen Gruppen der Cyaninmoleküle verlängern nicht nur das mesomere System des Moleküls, sondern stabilisieren es zudem. Sie führen dazu, dass sich die Energien der mesomeren Grenzstrukturen gleichen, da gegenüber den Polyenen keine energetisch ungünstige Ladungstrennung auftritt, sondern die auftretende positive Ladung über das gesamte Molekül delokalisiert ist (↑ **04**). Die π-Elektronen sind daher stärker delokalisiert als bei den Polyenen und lassen sich leichter anregen.

> **Chromophore gleicher Kettenlänge absorbieren Licht einer umso größeren Wellenlänge, je stärker sich die Energien der mesomeren Grenzstrukturen gleichen.**

*Mesomere Effekte: +M-Effekte und −M-Effekte ↑ S. 192*

**1** β-Carotin reagiert bei Zugabe von Brom schrittweise in einer elektrophilen Addition, beginnend an den Ringstrukturen des Moleküls. Erklären Sie, welche Farbveränderung auftreten wird.

**2** Begründen Sie die unterschiedliche Farbigkeit der Stoffe in Bild ↑ **07**.

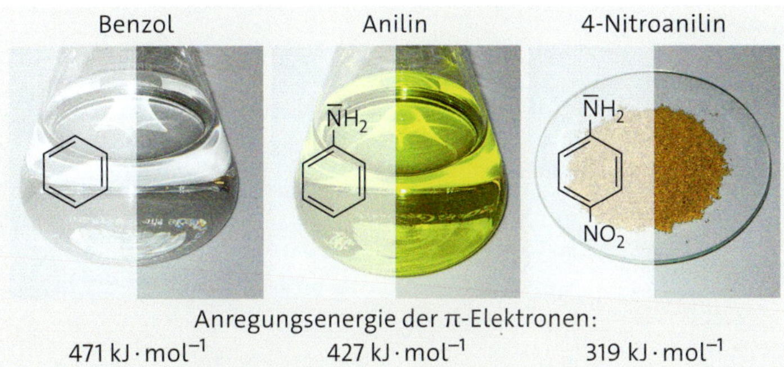


**07** Abschätzen der Farbtiefe

# 8.5 Azofarbstoffe

Farbstoffe werden nach bestimmten Strukturmerkmalen in Farbstoffgruppen unterteilt. Zu den wichtigsten Gruppen gehören *Azofarbstoffe, Triphenylmethanfarbstoffe* (↑ S. 258) und *Carbonylfarbstoffe* (↑ S. 261).

**01** Methylorange, ein Azofarbstoff

**AZOFARBSTOFFE** (franz. *azote:* Stickstoff) sind synthetisch hergestellte Farbstoffe (↑ Exp. 8.04, S. 252). Sie stellen mit über 2000 Verbindungen die größte Gruppe innerhalb der Farbstoffe dar. Ihre Vertreter sind lichtecht, farbstabil und haben kräftige Farben. Alle Azofarbstoffe weisen als Strukturelement in ihren Molekülen die Azogruppe R–N=N–R zwischen zwei aromatischen Resten auf. Die große Vielfalt der Azofarbstoffe ergibt sich dadurch, dass die beiden Benzolringe eine große Zahl an verschiedenen Substituenten tragen können, die das delokalisierte π-System erweitern und eine genaue Einstellung von Farbnuancen ermöglichen.

Durch die Technisierung der Textilindustrie in der Mitte des 19. Jahrhunderts stieg die Nachfrage nach synthetischen Farbstoffen enorm an. Ausgehend von dem aus Steinkohlenteer gewonnenen Anilin wurde 1861 der Farbstoff Anilingelb zum ersten Mal synthetisiert (↑ **02**).

*Elektrophile Zweitsubstitution am Aromaten ↑ S. 194 f.*

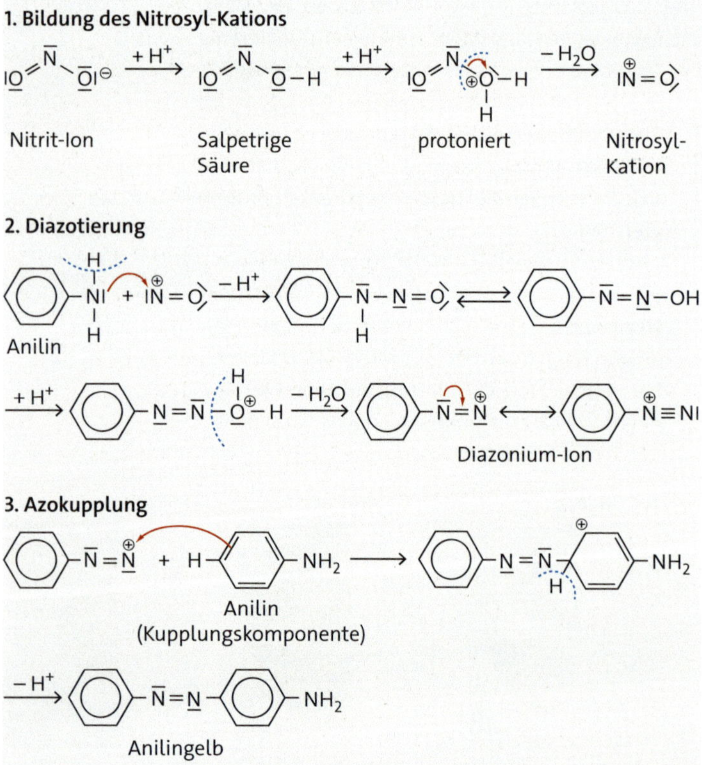


**02** Reaktionsmechanismus der Synthese eines Azofarbstoffs am Beispiel von Anilingelb

**HERSTELLUNG DER AZOFARBSTOFFE** Die Synthese der Azofarbstoffe erfolgt in drei Schritten: Bildung des Nitrosyl-Kations, Diazotierung und Azokupplung. Der Reaktionsmechanismus ist in Bild ↑ **02** am Beispiel der Bildung von Anilingelb dargestellt. Zunächst wird Natriumnitrit mit einer stark sauren Lösung versetzt. Es bildet sich protonierte Salpetrige Säure. Durch Abspaltung eines Wassermoleküls entsteht das **Nitrosyl-Kation $NO^+$**.

Bei der **Diazotierung** greift das Nitrosyl-Kation elektrophil am Stickstoffatom des Anilinmoleküls an. Nach anschließender Protonierung und Abspaltung eines Wassermoleküls wird das stark elektrophile **Diazonium-Ion** gebildet. Weil Diazonium-Ionen leicht zerfallen und dabei elementaren Stickstoff abgeben, muss die Diazotierung zur Vermeidung des Zerfalls bei niedrigen Temperaturen unterhalb von 5 °C durchgeführt werden.

Bei der **Azokupplung** reagiert das Diazonium-Ion in einer **elektrophilen Zweitsubstitution** mit einer Kupplungskomponente, die als Elektronendonator wirkt, z. B. Anilin $C_6H_5$–$NH_2$. Die **Kupplungskomponente** dirigiert den Zweitsubstituenten, das Diazonium-Ion, aus sterischen Gründen vorwiegend in para-Stellung. Die Vielfalt der Kupplungskomponenten (meist Aromaten mit elektronenliefernden Gruppen mit +M-Effekt wie –OH, –$NH_2$, –$NR_2$), die die Elektronendichte im Ring und damit die Reaktivität erhöhen, ermöglicht die Synthese einer großen Anzahl von Azofarbstoffen.

**EIGENSCHAFTEN UND VERWENDUNG** Es gibt eine Vielzahl von Azofarbstoffen mit unterschiedlichen Eigenschaften, die sich aus der Struktur ihrer Moleküle ableiten lassen. Die aromatischen Ringe der Azofarbstoffmoleküle sind unpolar. Daher sind viele Azofarbstoffe in unpolaren Lösungsmitteln gut löslich, jedoch in Wasser nur schlecht löslich. Weisen die Moleküle polare Gruppen an den aromatischen Ringen auf, so verbessert sich die Wasserlöslichkeit. Durch die Einführung solcher polarer Substituenten können Azofarbstoffe auf das gewünschte Lösungsmittel zugeschnitten werden. Wasserlösliche Azofarbstoffe dienen z. B. als Säure-Base-Indikatoren und Lebensmittelfarbstoffe, wasserunlösliche zum Anfärben von Schuhcremes oder Kerzenwachs.

**03** Mit dem Azofarbstoff Chinolingelb (E104) gefärbt

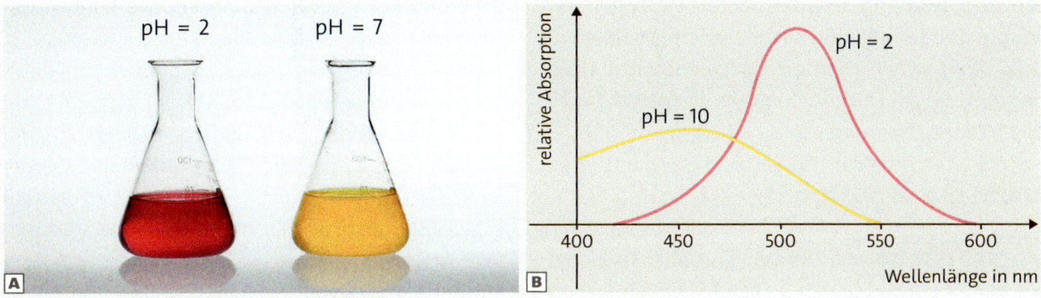


**04** Methylorange bei verschiedenen pH-Werten: **A** Farbe der Lösung, **B** Absorption

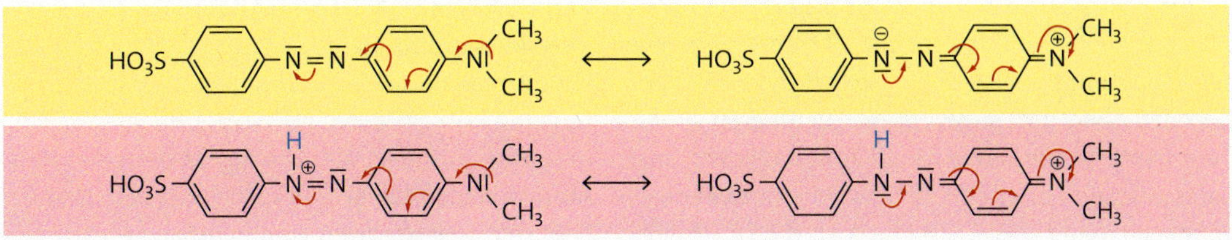

**05** Mesomere Grenzstrukturen von Methylorange in der deprotonierten Form (gelb) und in der protonierten Form (rot)

**AZOFARBSTOFFE ALS SÄURE-BASE-INDIKATOREN**

Einige Azofarbstoffe finden als Säure-Base-Indikator Verwendung. Dies ist dann möglich, wenn sich durch die Aufnahme oder die Abgabe von Protonen die Struktur des Farbstoffmoleküls so verändert, dass es Licht eines anderen Wellenlängenbereichs absorbiert. Der bekannteste Indikatorfarbstoff aus der Gruppe der Azofarbstoffe ist **Methylorange** (↑ **01**). Er ist bei pH-Werten größer als 4,4 gelborange, bei pH-Werten kleiner als 3,1 hingegen rot (↑ **04A**). Bei der protonierten Form, die eine rote Farbe zeigt, ist das Absorptionsmaximum in den längerwelligen Bereich verschoben (↑ **04B**). Die zur Anregung der Elektronen benötigte Energie ist gering. In der deprotonierten Form, die eine gelbe Farbe zeigt, liegt das Absorptionsmaximum im kürzerwelligen Bereich. Die zur Anregung der Elektronen benötigte Energie ist im Vergleich höher. Die Ursache hierfür liegt in den unterschiedlichen Energiegehalten der mesomeren Grenzstrukturen der protonierten und deprotonierten Form begründet, denn die Anzahl der Doppelbindungen ist bei beiden Grenzstrukturen gleich.
In der nichtprotonierten (gelben) Form tritt eine Grenzstruktur mit energetisch ungünstiger Ladungstrennung auf (↑ **05** oben). Da sie energiereicher ist, liegt das Absorptionsmaximum im kürzerwelligen Bereich. In der protonierten (roten) Form ist die positive Ladung delokalisiert, ohne dass bei den mesomeren Grenzstrukturen eine ungünstige Ladungstrennung auftritt (↑ **05** unten). Der Energiegehalt beider Grenzstrukturen ist daher gleich. Das Absorptionsmaximum liegt im längerwelligen Bereich.

Es gibt auch Azofarbstoffe, die einen Farbwechsel im alkalischen Bereich aufweisen. So ist **Resorcingelb** bei pH-Werten kleiner als 11 gelb, bei pH-Werten größer als 12,7 rot.

**Bei Säure-Base-Indikatoren ändert sich durch Abgabe oder Aufnahme von Protonen die Struktur ihres Moleküls, sodass es in einem anderen Wellenlängenbereich absorbiert. Ihre Farbe ist daher vom pH-Wert abhängig.**

**1 ›** Beschreiben Sie die Molekülstruktur eines Azofarbstoffs.

**2 ›** Erläutern Sie anhand von Strukturformeln, inwiefern die Azogruppe die Lichtabsorption durch das Molekül beeinflusst und somit für die Farbigkeit der Azofarbstoffe verantwortlich ist.

**3 ›** Entwickeln Sie den Reaktionsmechanismus für die Herstellung von Methylorange ausgehend von Sulfanilsäure und N,N-Dimethylanilin.

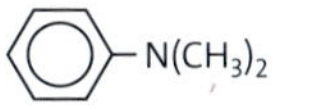

N,N-Dimethylanilin

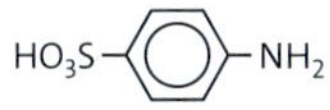

Sulfanilsäure

**4 ›** Entwickeln Sie die mesomeren Grenzstrukturen des Paramethylrotmoleküls in der protonierten Form (rot) und in der deprotonierten Form (gelb). Erläutern Sie den Farbumschlag.

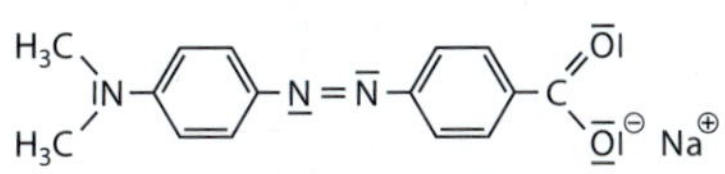

Paramethylrot bei pH > 3

# 8.6 Triphenylmethanfarbstoffe

01 Fluorescein dient als Leuchtfarbstoff.

Zur Gruppe der Triphenylmethanfarbstoffe gehören beispielsweise Indikatoren wie *Phenolphthalein* und *Thymolphthalein*, aber auch das lichtechte *Malachitgrün*, das zur Färbung von Textilien genutzt wird, und *Fluorescein*, das als Leuchtfarbstoff z. B. in Warnwesten oder für Hinweisschilder dient (↑ **01**, 03**A**; ↑ Exp. 8.05, S. 252).

**MOLEKÜLSTRUKTUR** Die Moleküle aller **Triphenylmethanfarbstoffe** leiten sich vom Triphenylmethan-Molekül ab. Sie bestehen aus einem C-Atom, an das drei (ggf. substituierte) Phenylringe binden (↑ **02A**). Ist das zentrale C-Atom $sp^3$-hybridisiert, so liegen nur drei kleine konjugierte π-Elektronensysteme der Phenylringe vor. Der Energieabstand zwischen Grundzustand und angeregtem Zustand ist groß. Die entsprechende Verbindung absorbiert kein sichtbares Licht und erscheint farblos. Eine notwendige Voraussetzung für die Farbigkeit ist die *$sp^2$-Hybridisierung des zentralen C-Atoms* wie beim Aurin-Molekül (↑ **02B**).

*Bildung von von $sp^2$-Hybrid-Orbitalen ↑ S. 146 f.*

Dadurch entsteht ein großes, zusammenhängendes π-Elektronensystem. In ihm ist der Energieabstand zwischen Grundzustand und angeregtem Zustand so klein, dass sichtbares Licht absorbiert werden kann und die Verbindung farbig erscheint. Durch verschiedene Substituenten in ortho- oder para-Position (z. B. Amino- oder Hydroxylgruppen) kann das delokalisierte π-Elektronensystem erweitert und die Farbigkeit variiert werden.

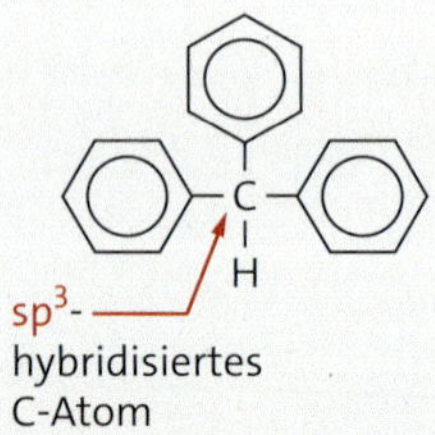


A Triphenylmethan, farblos

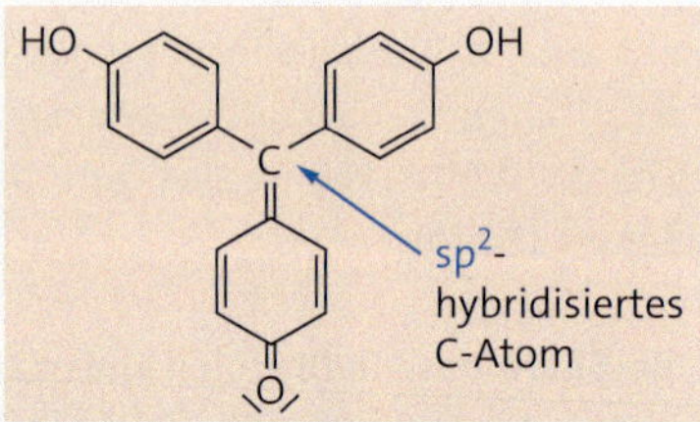


B Aurin, rotbraun

02 Struktur und Farbe: **A** Triphenylmethanmolekül, **B** Aurinmolekül

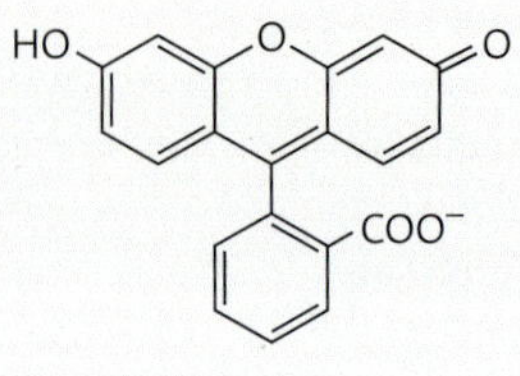


A Fluorescein

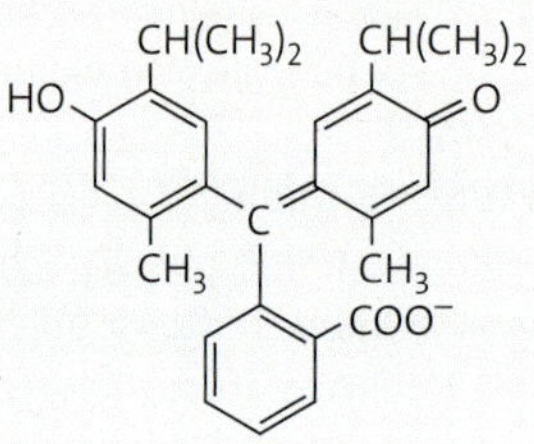


B Thymolphthalein

03 **A** Fluoresceinmolekül, **B** Thymolphthaleinmolekül

**TRIPHENYLMETHANFARBSTOFFE ALS INDIKATOREN** Phenolphthalein (↑ **04**) und Thymolphthalein (↑ **03B**) sind Beispiele für Triphenylmethanfarbstoffe, deren Farbigkeit vom pH-Wert abhängt (↑ S. 60 f.). In saurer und neutraler Lösung ist das zentrale C-Atom in seinen Molekülen $sp^3$-hybridisiert. Dadurch liegt kein ausgedehntes konjugiertes π-Elektronensystem vor und die Lösungen erscheinen farblos, weil die Moleküle nur UV-Strahlung, aber kein sichtbares Licht absorbieren (↑ **04** links).

Erhöht man bei Phenolphthalein den pH-Wert auf über 8, dann wird zunehmend eine der beiden Hydroxylgruppen deprotoniert. Dadurch öffnet sich der Lactonring und es entsteht ein über die drei Phenylringe und das zentrale C-Atom ausgedehntes konjugiertes π-Elektronensystem (↑ **04** Mitte).

Bei pH-Werten oberhalb von 12 ist die Konzentration der Hydroxid-Ionen so groß, dass ein $OH^-$-Ion an das zentrale Kohlenstoffatom bindet, wodurch dieses wieder $sp^3$-hybridisiert wird. Dadurch wird das konjugierte π-Elektronensystem unterbrochen und der Indikator erscheint wieder farblos (↑ **04** rechts).

**1** Geben Sie die mesomeren Grenzformeln des Phenolphthaleinmoleküls bei pH = 10 an.

**2** Im sehr stark sauren Bereich bei pH = 0 erscheint eine wässrige Phenolphthaleinlösung rotorange. Erläutern Sie diesen Sachverhalt.

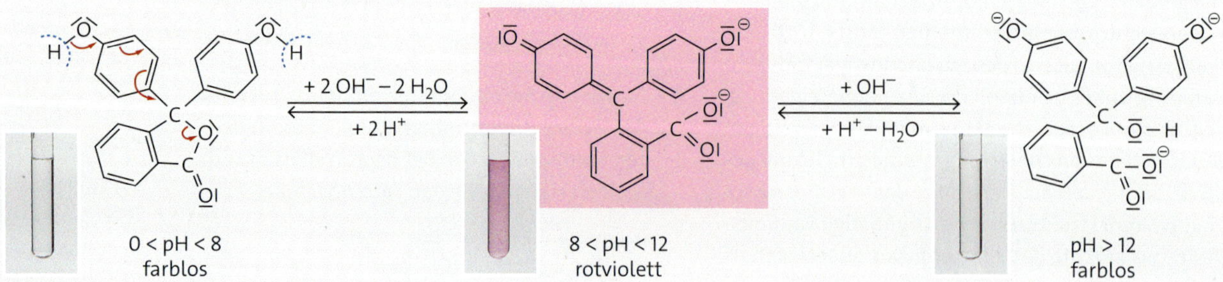


04 Strukturformeln des Phenolphthaleins bei verschiedenen pH-Werten

**MALACHITGRÜN – SYNTHESE** Malachitgrün ist ein Farbstoff, der z. B. Wolle tiefgrün färbt. Bekannt ist er auch durch das Einfärben von Osternestern. Der Farbstoff lässt sich durch *mehrfache elektrophile Substitution* herstellen. Als Ausgangsstoffe werden Benzaldehyd und N,N-Dimethylanilin verwendet (↑ **06**). Das Benzaldehydmolekül kann als elektrophiles Teilchen eine elektrophile Substitution eingehen. Das N,N-Dimethylanilinmolekül trägt die $N(CH_3)_2$-Gruppe, deren starker +M-Effekt ein elektrophiles Teilchen in ortho- und para-Stellung dirigiert, wobei die para-Stellung aus sterischen Gründen begünstigt ist. Die Reaktion findet im sauren Milieu statt, d. h. unter Beteiligung von $H^+$-Ionen. Bei der Rearomatisierung wird ein Wassermolekül abgespalten und es entsteht ein elektrophiles Teilchen, das in einer weiteren elektrophilen Substitution wiederum mit N,N-Dimethylanilin reagiert. Als Produkt bildet sich eine farblose Leukobase. Danach entsteht am zentralen C-Atom durch Oxidation eine Hydroxygruppe. Nach Zugabe von Säure wird unter Abspaltung von Wasser das Carbenium-Ion **Malachitgrün** gebildet.

**FARBIGKEIT DES MALACHITGRÜNS** Die grüne Farbe des Malachitgrüns ist eine Mischfarbe. Im Molekül existieren zwei absorbierende Systeme (↑ **05**). Das längere π-Elektronensystem ($\lambda_2 = 621$ nm) erstreckt sich von der in ↑ **05** links dargestellten Dimethylaminogruppe bis zur rechten, das kürzere π-Elektronensystem ($\lambda_1 = 425$ nm) bis zum unteren Phenylring. In saurer Lösung weist Malachitgrün eine gelbe Farbe auf. Die Dimethylaminogruppen werden dabei zu Dimethylammoniumgruppen protoniert. Diese weisen keinen +M-Effekt mehr auf. Die Folge ist eine Verkürzung des π-Elektronensystems, sodass nur noch das π-Elektronensystem mit dem Absorptionsmaximum bei $\lambda_1 = 425$ nm absorbiert.

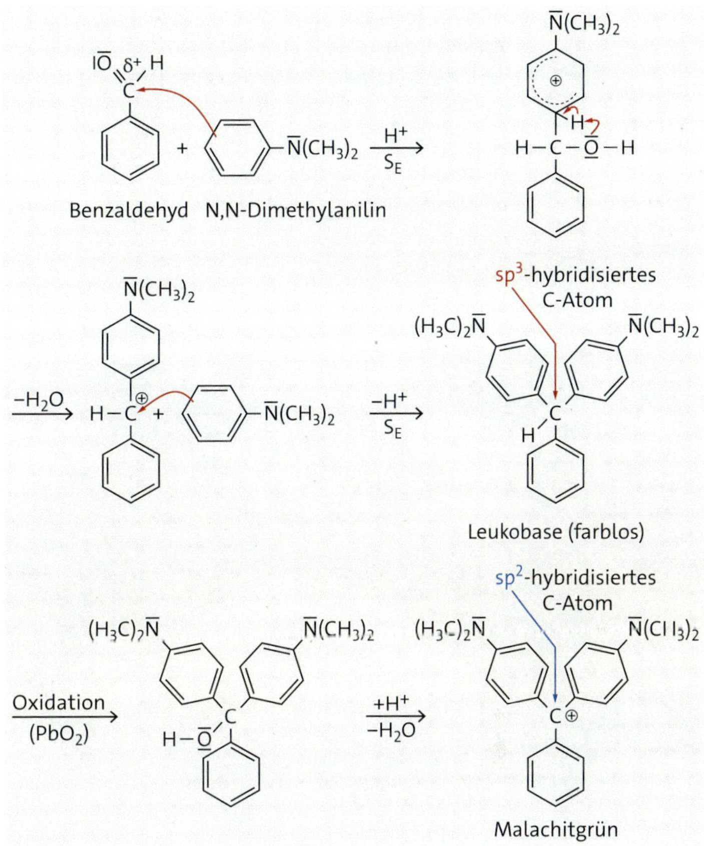


**06** Mechanismus zur Synthese von Malachitgrün

1) Beschreiben Sie die mesomeren Grenzstrukturen des Malachitgrüns.
2) Malachitgrün lässt sich auch durch dreifache Friedel-Crafts-Alkylierung aus Benzol, N,N-Dimethylanilin und Aluminiumchlorid als Katalysator synthetisieren. Entwickeln Sie den entsprechenden Reaktionsmechanismus.
3) Erläutern Sie die Farbigkeit des Malachitgrüns.

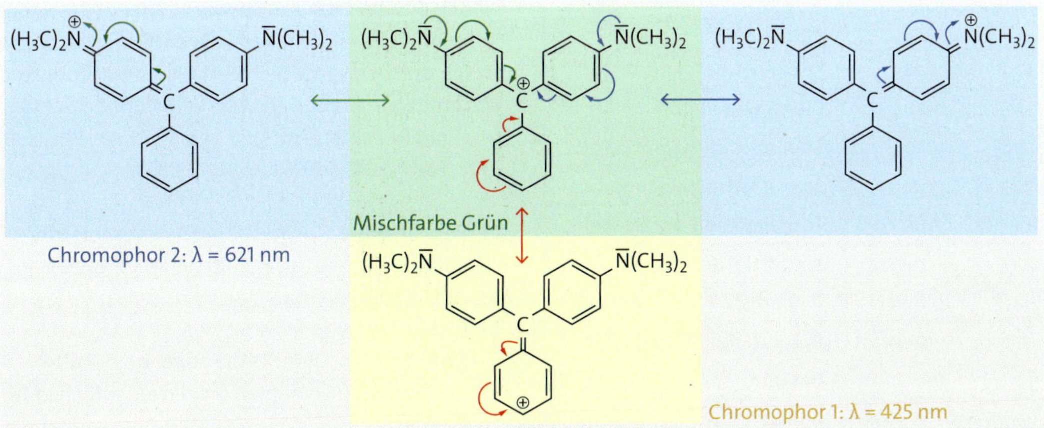


**05** Mesomere Grenzstrukturen und Farbigkeit des Malachitgrüns

# Lebensmittelfarbstoffe

Käse ist kräftig gelb, Himbeermarmelade knallrot und Bonbons sind oft in den verschiedensten Farben bunt gefärbt. Meist wird mit **Lebensmittelfarbstoffen** nachgeholfen, um dem Produkt ansprechend aussehende Farben zu verleihen (↑ **01**). Durch den Verarbeitungsprozess bekommen viele Lebensmittel blasse Farben, aber durch den Zusatz von Farbstoffen wird das Produkt ansehnlicher und dadurch verkaufswirksamer.

**01** Mit Lebensmittelfarbstoffen bunt gefärbte Süßigkeiten

| E-Nr. | Name | Farbe | Farbstoffklasse |
|---|---|---|---|
| 100 | Curcurmin | gelb | Polyenfarbstoff (n) |
| 101 | Ribovlavine | gelb | spezif. Naturfarbstoffe |
| 102 | Tartrazin | gelb | Azofarbstoff |
| 104 | Chinolingelb | gelb | Carbonylfarbstoff |
| 110 | Gelborange-S | orange | Azofarbstoff |
| 120 | Cochenille | rot | Carbonylfarbstoff (n) |
| 122 | Azorubin | rot | Azofarbstoff |
| 124 | Cochenillerot A | rot | Azofarbstoff |
| 127 | Erythrosin | rot | Carbonylfarbstoff |
| 129 | Allurarot AC | rot | Azofarbstoff |
| 131 | Patentblau V | blau | Triphenylmethanfarbstoff |
| 132 | Indigotin | blau | Carbonylfarbstoff |
| 133 | Brillantblau FCF | blau | Triphenylmethanfarbstoff |
| 140 | Chlorophylle | grün | spezif. Naturfarbstoffe |
| 142 | Brillantsäuregrün | grün | Triphenylmethanfarbstoff |
| 150 | Zuckercouleur | schwarz | spezif. Naturfarbstoff |
| 151 | Brillantschwarz | schwarz | Azofarbstoff |
| 160 | Carotine | orangerot | Polyenfarbstoffe (n) |
| 162 | Betenrot | rot | Betanin |

**02** Einige der als Lebensmittelzusatzstoffe gelisteten Lebensmittelfarbstoffe (n: natürlicher Farbstoff)

Mehr als 80 % der Lebensmittelfarbstoffe werden für die Färbung von Süßigkeiten, Nachspeisen oder Getränken verwendet. Dabei sind manche Farbstoffe in Lebensmitteln für die Gesundheit nicht unbedenklich. Bevor die Farbstoffe nach dem Lebensmittelgesetz zugelassen werden, müssen sie erst eine Unbedenklichkeitsprüfung durchlaufen. Jeder Farbstoff erhält danach eine **E-Nummer** in der Liste der *Lebensmittelzusatzstoffe*. Für Farbstoffe ist Bereich E 100 – E 199 vorgesehen.

Lebensmittelfarbstoffe lassen sich in **natürliche** und **synthetische** (künstliche) **Farbstoffe** unterteilen.

**NATÜRLICHE LEBENSMITTELFARBSTOFFE** Natürliche Farbstoffe werden aus Pflanzen oder Tieren gewonnen. Beispiele für natürliche Lebensmittelfarbstoffe sind beispielsweise Beerenfarbstoffe (Anthocyane), Betenfarbstoffe (Betanin) und Farbstoffe von Gewürzen wie Paprika, Safran und der Gelbwurzel (Curcumin). Synthetisch hergestellte Farbstoffe mit derselben chemischen Struktur wie natürlich vorkommende Farbstoffe, bezeichnet man als **naturidentische Farbstoffe**.

Stark färbende Pflanzen- und Fruchtextrakte wie Rote Bete (Betenrot), Spinatsaft (Chlorophylle) oder Holundersaft (Flavinoidfarbstoff) gelten nicht als Farbstoffe. Sie brauchen nicht mit einer E-Nummer als Lebensmittelzusatzstoff gekennzeichnet werden.

**SYNTHETISCHE LEBENSMITTELFARBSTOFFE** Synthetische Lebensmittelfarbstoffe sind künstlich hergestellte Farbstoffe. Zu ihnen gehören einige Azofarbstoffe, Triphenylmethanfarbstoffe und Carbonylfarbstoffe. Einige künstliche Lebensmittelfarbstoffe stehen im Verdacht, eine gesundheitsschädigende Wirkung zu besitzen. Sofern ein solcher Farbstoff in einem Lebensmittel enthalten ist, muss dieses auf der Verpackung mit dem gesonderten Warnhinweis *Kann Aktivität und Aufmerksamkeit bei Kindern beeinträchtigen* versehen werden, z. B. E 102, E 104, E 110, E 122, E 124 und E 129.

**1 ›** Recherchieren Sie mithilfe des Internets eine vollständige Liste der zugelassenen Lebensmittelzusatzstoffe.

**2 ›** Geben Sie für jede Farbe zwei Lebensmittelfarbstoffe und jeweils die zugehörige Farbstoffklasse an. Notieren Sie die entsprechende Formel.

# 8.8 Carbonylfarbstoffe

Carbonylfarbstoffe sind besonders lichtecht und bleichen daher unter Lichteinwirkung kaum aus. Allen Carbonylfarbstoffen gemeinsam ist das Vorhandensein von mindestens zwei Carbonylgruppen in ihrem Molekül, die durch ein konjugiertes π-Elektronensystem miteinander verbunden sind (↑ **01**, Purpurmolekül). Zu dieser Farbstoffgruppe zählen die Indigo- und Anthrachinonfarbstoffe.

**INDIGOFARBSTOFFE** sind eine Gruppe von Farbstoffen, die in ihrer Struktur dem Indigo ähneln. Der tiefblaue Farbstoff **Indigo** wird beispielsweise zur Färbung der *Bluejeans* verwendet. Dieser Naturfarbstoff wurde früher aus den Blättern der indischen Indigopflanze oder dem europäischen Färberwaid gewonnen, die die Vorstufen des Farbstoffs Indigo enthalten.
Indigobauern versetzten die Blätter der Pflanzen mit Urin und vergoren sie in großen Holzbottichen. Die gebildete gelbgrünliche Flüssigkeit wird **Küpe** genannt. Sie ist für die als **Küpenfärbung** (↑ S. 263) bezeichnete Färbetechnik namensgebend. Die zu färbenden Stoffe wurden in die Küpe eingetaucht und anschließend aufgehängt. An der Luft färben sich die Stoffe durch Oxidation blau (↑ **02**). Heute wird Indigo vorwiegend synthetisch hergestellt.
Indigo selbst ist nicht wasserlöslich. Daher ist eine direkte Färbung mit Indigo nicht möglich. Zunächst wird es in alkalischer Lösung reduziert und so in eine wasserlösliche, gelblich weiße Form gebracht, das **Leukoindigo** (griech. *leukos:* weiß) oder Indigoweiß. Als Reduktionsmittel wird z. B. Natriumdithionit $Na_2S_2O_4$ verwendet. Die zu färbenden Stoffe werden in das Leukoindigo eingetaucht. An der Luft erfolgt dann die Oxidation zum blauen Indigo (↑ **03**).
Indigo ist zwar lichtecht, aber nicht abriebfest. An stark beanspruchten Stellen wird der Farbstoff schneller abgerieben als an weniger beanspruchten. So erhalten Jeans ihr typisches Aussehen.
Chemisch eng verwandt mit dem Indigo ist Purpur (6,6-Dibromindigo). Dieser Farbstoff wird aus den im Mittelmeer lebenden Purpurschnecken gewonnen und ist bis heute einer der teuersten Farbstoffe.

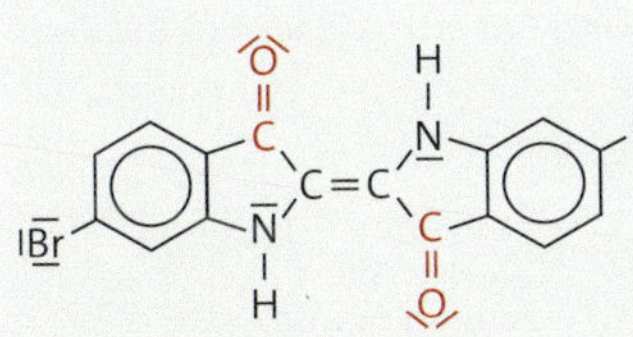


**01** Strukturformel von Purpur (Carbonylgruppen in Rot)

**02** **A** Herstellung von Indigo in der Küpe, **B** mit Indigo gefärbt

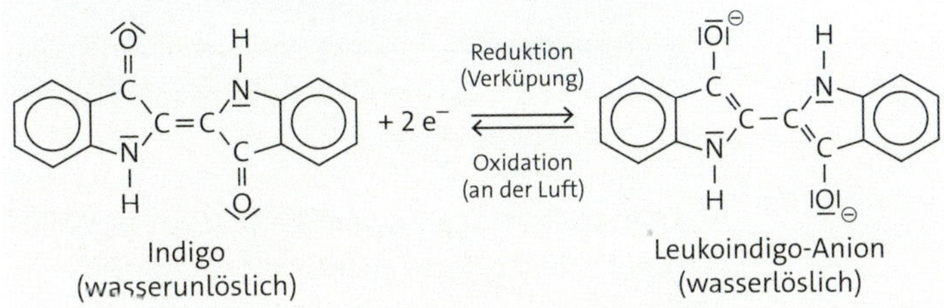


**03** Redoxsystem Indigo – Leukoindigo

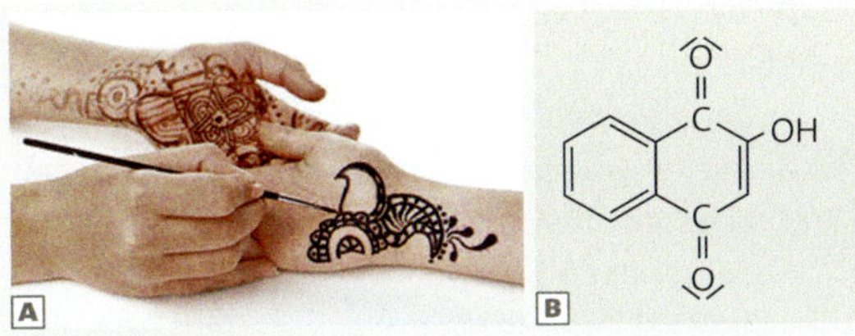


**04** **A** Mit Henna tätowierte Hände, **B** Strukturformel von Henna

**ANTHRACHINONFARBSTOFFE** sind ebenfalls Küpenfarbstoffe. Zu ihnen gehört der rote Naturfarbstoff **Alizarin** (Krapprot; ↑ Übersicht, S. 265). Früher wurde er aus den Wurzeln des Färberkrapps gewonnen. Durch die Entwicklung der technischen Synthese im Jahr 1869 wurde die Gewinnung von Alizarin aus der Krappwurzel bedeutungslos. Man verwendet das wasch- und lichtechte Alizarin vorwiegend zur Färbung von Baumwollstoffen.
Auch der orangebraune Naturfarbstoff **Henna**, der aus dem Hennastrauch gewonnen wird, gehört zu den Anthrachinonfarbstoffen. Henna wird zum Färben von Haaren oder für Tattoos verwendet (↑ **04**). Vor allem in Nordafrika vermischt man traditionell Henna mit Indigo, um eine schwarze Färbung zu erzielen.

**1**› Erläutern Sie den Farbwechsel zwischen Indigo und Leukoindigo.

**2**› Begründen Sie anhand von Oxidationszahlen, dass die Umwandlung zwischen Indigo und Leukoindigo eine Redoxreaktion ist.

# 8.9 Färbeverfahren

***Zu den Faserarten:***
*Struktur von Cellulose ↑ S. 294*

*Struktur von Proteinen ↑ S. 304 f.*

**01** Gefärbt und bedruckt

**ANFORDERUNGEN AN TEXTILFARBSTOFFE** Grundsätzlich können Textilien bedruckt oder gefärbt werden. Während beim **Bedrucken** die Farbe von einer Seite auf das Gewebe aufgetragen wird, soll die Farbe beim **Färben** mit dem Lösungsmittel in die Faser oder das Gewebe eindringen und so die Faser selbst einfärben.

Um beim Färben eine gleichmäßige Färbung der Fasern zu gewährleisten, muss der Farbstoff in dem Färbebad gut löslich sein, um gleichmäßig in die Faser eindringen zu können.

Bei der Textilfärbung kommt es vor allem darauf an, den Farbstoff so mit der Faser zu verbinden, dass er beim Waschen nicht wieder von der Faser abgelöst wird. Auch ist ein Farbabrieb meist nicht wünschenswert. Der Farbstoff sollte seine Farbe nicht verändern, wenn er längere Zeit der Luft oder der Lichteinstrahlung ausgesetzt ist. Und er sollte seine Farbe bei Kontakt mit sauren oder alkalischen Lösungen nicht verändern, damit durch die Waschlauge oder den pH-Wert des menschlichen Schweißes die Farbe nicht umschlägt.

**FASERARTEN** Nicht jeder Farbstoff ist für das Färben jeder beliebigen Faserart gleich gut geeignet. Um eine lang anhaltende Färbung zu erzielen, muss der Farbstoff durch starke Wechselwirkungen zwischen Faser- und Farbstoffmolekül verankert werden.

**Pflanzliche Fasern**, wie die aus *Cellulosefasern* bestehende Baumwolle, sind langkettige Polysaccharide. Ihre Moleküle tragen als funktionelle Gruppen ungeladene Hydroxygruppen. **Tierische Fasern** wie Wolle oder Seide bestehen dagegen aus *Proteinen*. Ihre Moleküle besitzen als funktionelle Gruppen geladene Amino- und Carboxygruppen. Mit sauren oder basischen Farbstoffen reagieren die Proteine unter Ausbildung einer salzartigen Verbindung, die Farbstoff und Faser fest miteinander verbindet. Pflanzliche Fasern müssen dagegen oft vorbehandelt werden, damit Farbstoff und Faser fest aneinanderhaften können. Daher gibt es mehrere Färbeverfahren, die auf ein optimales Zusammenspiel von Faser und Farbstoff abgestimmt sind.

**DIREKTFÄRBEN** Dieses Färbeverfahren nutzt wasserlösliche Farbstoffe, die ohne Vorbehandlung *direkt auf der Faser* haften. Beim **substantiven Direktfärben** von Baumwollfasern lagert sich der Farbstoff in die Hohlräume zwischen den Fasern ein. Das Farbstoffmolekül haftet nur durch Van-der-Waals-Kräfte oder Wasserstoffbrücken an den Molekülen der Faser (↑ **02**). Allerdings sind solche Färbungen oft nicht waschecht.

Beim **ionischen Direktfärben** von Wolle, Seide und synthetischen Fasern verwendet man Farbstoffmoleküle mit positiv geladenen Atomgruppen wie den Triphenylmethanfarbstoff *Methylviolett* oder Farbstoffmoleküle mit negativ geladenen Atomgruppen wie den Azofarbstoff *Methylorange*. Die Fixierung auf der Faser erfolgt durch ionische Wechselwirkungen. **Kationische Farbstoffe** enthalten Aminogruppen, die in saurer Lösung protoniert und daher positiv geladen sind. Sie eignen sich zur Färbung von Polyacrylnitrilfasern, die negativ geladene Atomgruppen besitzen. **Anionische Farbstoffe** enthalten Carboxy- oder Sulfonsäuregruppen. Durch Protolyse der Farbstoffmoleküle bilden sich negativ geladene Farbstoff-Anionen. Diese reagieren mit den protonierten Aminogruppen von Woll- und Polyamidfasern (↑ **03**).

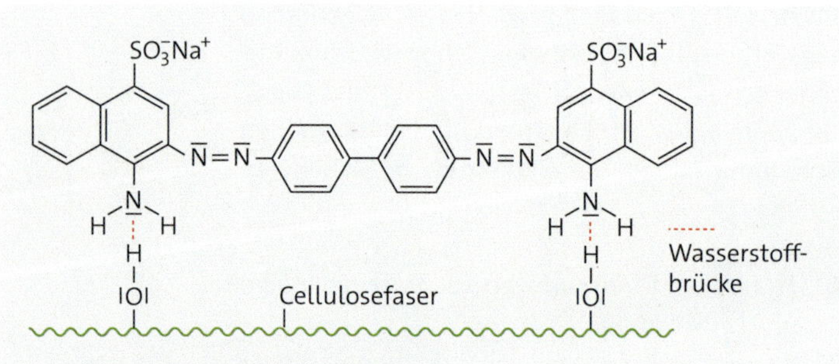


**02** Substantive Direktfärbung: Bindung eines Kongorotmoleküls an eine Cellulosefaser durch Wasserstoffbrücken

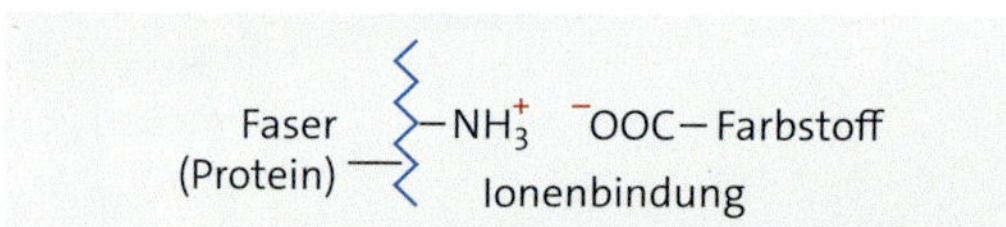


**03** Bindung eines anionischen Farbstoffs auf der Faser

**ENTWICKLUNGSFÄRBEN** Bei diesem Färbeverfahren werden die Farbstoffe durch eine chemische Reaktion erst auf der Faser gebildet. Bei Azofarbstoffen erfolgt die Färbung in zwei Stufen in der **Zweikomponentenfärbung**. Zuerst wird in einer alkalischen Lösung die farblose und wasserlösliche Kupplungskomponente hergestellt, mit der die Textilfasern getränkt werden. Danach gibt man den Stoff in eine Lösung des Diazoniumsalzes. Durch die Azokupplung bildet sich der wasserunlösliche Farbstoff direkt auf der Faser und haftet dort durch Adsorption.

Auch **Küpenfärben** gehört zum Entwicklungsfärben. Da viele Carbonylfarbstoffe nur schwer in Wasser löslich sind, kann beispielsweise Indigo (↑ S. 261) nicht direkt zum Färben von Baumwolle verwendet werden. Daher wird der Farbstoff mit einem Reduktionsmittel zunächst zur wasserlöslichen, farblosen Leukoform verküpt. Das Baumwollgewebe wird von der Küpe durchtränkt und die Leukoform zieht auf die Faser. Danach wird die Leukoform zum wasserunlöslichen blauen Farbstoff oxidiert. Die Waschechtheit ist wegen des wasserunlöslichen Farbstoffs höher als bei den Direktfarbstoffen. Trotzdem verblassen mit Indigo gefärbte Stoffe nach einiger Zeit, da der Farbstoff nur durch Van-der-Waals-Kräfte und Wasserstoffbrücken an der Faser haftet und sich durch mechanische Belastung oder Abrieb von ihr löst.

Zum Entwicklungsfärben gehört auch das **Beizenfärben**. Es ist nicht möglich, allein mit sauren oder basischen Farbstoffen eine waschechte Färbung auf Cellulosefasern wie Baumwolle oder Viskose zu erzielen. Ionen, die in Salzlösungen enthalten sind, können jedoch als Vermittler zwischen Farbstoff- und Fasermolekül fungieren. Zunächst wird die Faser mit einer Salzlösung, z. B. einer Kaliumaluminiumsulfatlösung (Alaunlösung), vorbehandelt (gebeizt). Nach dem Eintauchen der gebeizten Faser in das Farbbad bildet sich ein Farblack aus, bei dem die $Al^{3+}$-Ionen an das Fasermolekül binden und gleichzeitig eine Bindung mit den Farbstoffmolekülen eingehen. Auch Wolle und Seide lassen sich so färben.

**REAKTIVFÄRBEN** Durch Elektronenpaarbindungen lassen sich Farbstoffmoleküle noch fester auf der Faser verankern als durch zwischenmolekulare Wechselwirkungen. Reaktivfarbstoffe mit sogenannten Ankergruppen reagieren dabei in alkalischer Lösung mit den Hydroxygruppen der Cellulosemoleküle (↑ **04**) oder den Aminogruppen eines Proteinmoleküls. Reaktivfärbungen sind daher besonders waschecht.

**DISPERSIONSFÄRBEN** Dieses Verfahren wird nur bei synthetischen Fasern wie Polyester angewendet. Hierbei werden in Wasser schwerlösliche Farbstoffe wie Azo- oder Carbonylfarbstoffe eingesetzt. Die Farbstoffe werden sehr fein zermahlen und mit einem Dispergiermittel versetzt. So liegen sie im Farbbad als Dispersion in Wasser vor. Die Farbstoffmoleküle diffundieren aus dem Farbbad in die Faser, wo sie sich lösen und eine feste Verbindung mit der Faser eingehen. Synthetische Bekleidung kann so besonders licht- und waschecht gefärbt werden.

**Farbstoffmoleküle können durch zwischenmolekulare Wechselwirkungen, Ionenbindung oder Elektronenpaarbindung an den Molekülen der Faser verankert werden. Je fester die Verankerung auf der Faser erfolgt, desto waschechter ist die Färbung.**

1. Erläutern Sie, warum Baumwolle nicht mit ionischen Direktfarbstoffen gefärbt werden kann, Wolle dagegen schon.
2. Erklären Sie, warum es keinen universellen Farbstoff für die verschiedenen Fasertypen geben kann.
3. Begründen Sie die Abnahme der Waschechtheit in der Reihenfolge Reaktivfarbstoffe – Entwicklungsfarbstoffe – Direktfarbstoffe.
4. Das Indigomolekül kann an beiden Ringen durch je eine zusätzliche $SO_3H$-Gruppe substituiert (sulfoniert) werden. Erläutern Sie, warum Wolle nur mit sulfoniertem Indigo und nicht mit Indigo gefärbt werden kann.

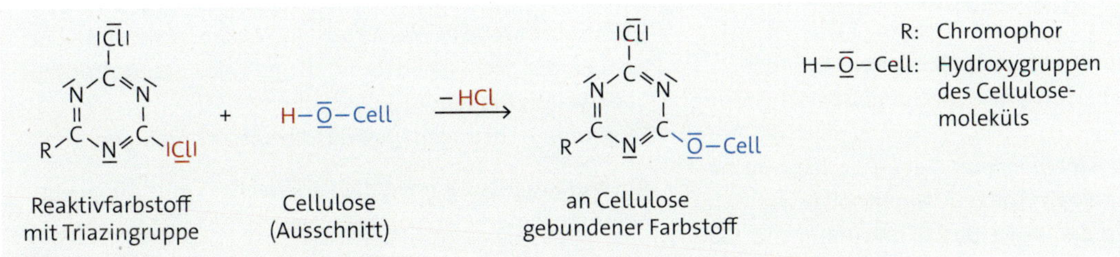


**04** Reaktivfärben: chemische Reaktion zwischen einem Reaktivfarbstoff und einem Cellulosemolekül

# Praktikum

## P Färbeverfahren

### EXP 8.07 Direktfärben mit Methylviolett

**Materialien** Waage, Thermometer, Becherglas (400 ml), Messzylinder, Glasrührstab, Brenner, Dreifuß mit Drahtnetz, ungefärbter (sauberer) Baumwollstoff, ungefärbter (sauberer) Wollstoff, Natriumchlorid, Methylviolettlösung (Gentianaviolett B, $w$ = 10 %; 8, 5, 7, 9)

**Durchführung** Füllen Sie in das Becherglas 100 ml Wasser und erwärmen Sie es auf 50 °C. Lösen Sie etwa 15 g Natriumchlorid im erwärmten Wasser. Geben Sie 5 ml der Methylviolettlösung in das Becherglas. Fügen Sie je ein Stück des Baumwollstoffs und des Wollstoffs dem Farbbad hinzu und färben Sie diese etwa 20 min bei der Siedetemperatur der Farbstofflösung. Wenden Sie dabei die beiden Stoffstücke mehrmals mit dem Glasrührstab.
Spülen Sie die Stoffstücke gründlich in Wasser aus und hängen Sie sie zum Trocknen auf.
*Entsorgung:* Lösungen in den Behälter für halogenfreie organische Abfälle geben.

**Auswertung** Methylviolett gehört zur Gruppe der kationischen Farbstoffe. Erläutern Sie das Färbeverfahren sowie die Haftung des Farbstoffs auf den Fasern.

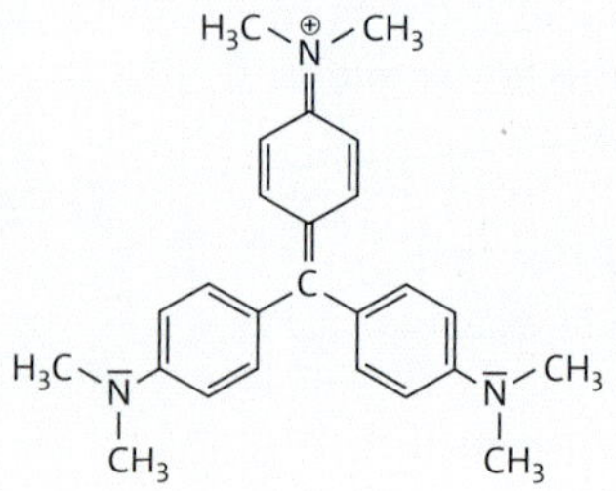


### EXP 8.08 Entwicklungsfärben mit β-Naphthol

**Materialien** Thermometer, Becherglas (100 ml), 2 Bechergläser (400 ml), Messzylinder, Glasrührstab, Plastikschüssel, ungefärbte, saubere Textilstücke aus Baumwolle, Wolle und Polyester, Eiswürfel, Wasser, destilliertes Wasser, Ethanol (2, 7), β-Naphthol (7, 9), Sulfanilsäure (7), Natriumnitrit (3, 6, 9), Salzsäure ($w$ = 10 %; 5, 7), Natronlauge ($w$ = 10 %, 5)

**Durchführung** Geben Sie Eiswürfel und etwas Wasser in die Plastikschüssel.
**Schritt 1 – Herstellung von 2 verschiedenen Lösungen:**
Beschriften Sie die beiden großen Bechergläser mit „Lösung A" bzw. „Lösung B".
*Lösung A (Kupplungskomponente):* Geben Sie in ein Becherglas (400 ml) eine Spatelspitze β-Naphthol sowie 10 ml Ethanol. Lösen Sie die Stoffe durch Umrühren mit dem Glasstab. Fügen Sie dann 40 ml destilliertes Wasser und 10 ml Natronlauge hinzu.
*Lösung B (Diazoniumsalzlösung):* Lösen Sie eine Spatelspitze Natriumnitrit in 20 ml destilliertem Wasser in einem kleinen Becherglas (100 ml).
Stellen Sie das große Becherglas (400 ml) in das Eisbad. Geben Sie in das Becherglas eine Spatelspitze Sulfanilsäure sowie 10 ml Natronlauge. Lösen Sie die Stoffe durch Umrühren mit dem Glasstab. Fügen Sie dann die Lösung aus destilliertem Wasser und Natriumnitrit hinzu. Kühlen Sie die Lösung B auf unter 5 °C ab. Geben Sie unter Beibehaltung dieser Temperatur 20 ml Salzsäure hinzu.
**Schritt 2 – Färben der Stoffproben:**
Geben Sie die Stoffproben nun gleichzeitig in das Becherglas mit der Lösung A und anschließend in das Becherglas mit der Lösung B. Spülen Sie die Stoffproben in Wasser aus und trocknen Sie sie an der Luft.
*Entsorgung:* Lösungen in den Behälter für halogenhaltige organische Abfälle geben.

**Auswertung** Erläutern Sie das Färbeverfahren sowie die Haftung des entstandenen Farbstoffs auf den Fasern.

### EXP 8.09 Küpenfärben mit Indigo

**Materialien** Waage, Thermometer, Reagenzglas, Becherglas (400 ml), Messzylinder, Glasrührstab, Heizplatte, ungefärbter (sauberer) Baumwollstoff, Wasser, Indigo oder Flavanthren, Natriumdithionit (2, 7), Natronlauge ($w$ = 12 %; 5), Ethanol (2, 7)

**Durchführung** Geben Sie in das Becherglas 250 ml Wasser und 20 ml Natronlauge. Erwärmen Sie diese Lösung auf der Heizplatte auf 70 °C.
Geben Sie in ein Reagenzglas 0,5 g Flavanthren oder Indigo und lösen Sie den Farbstoff in 5 ml Ethanol. Geben Sie die Lösung aus dem Reagenzglas in die erwärmte Lösung im Becherglas (Farbbad).
Fügen Sie dem Farbbad unter ständigem Rühren 3 g Natriumdithionit bei einer Temperatur von 60 bis 70 °C hinzu. Geben Sie die Stoffprobe in das Farbbad und erhitzen Sie es kurz bis zum Sieden. Färben Sie die Stoffprobe für 15 min und wenden Sie sie mehrmals mit dem Glasstab. Spülen Sie die Stoffprobe in Wasser aus und trocknen Sie sie an der Luft. Reiben Sie anschließend die getrocknete Stoffprobe über weißes Papier.
*Entsorgung:* Lösungen über das Abwasser entsorgen.

**Auswertung** Deuten Sie die Farbwechsel mithilfe geeigneter mesomerer Grenzstrukturen.

# Übersicht über die Färbeverfahren

| Färbeverfahren | Beispiel eines Farbstoffs | Bindungen zur Faser | Textilfaser |
|---|---|---|---|
| Substantives Direktfärben | 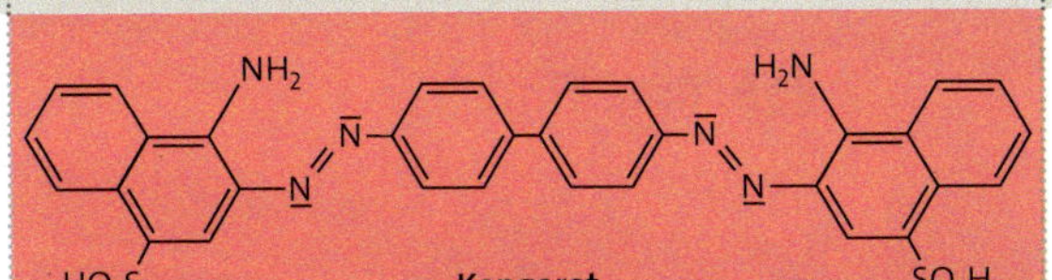 Kongorot | Zwischenmolekulare Wechselwirkungen zwischen Faser- und Farbstoffmolekül: Van-der-Waals-Kräfte, Dipol-Dipol-Kräfte, Wasserstoffbrücken | Baumwolle (Cellulose) mit unpolaren Hydroxygruppen –OH |
| Kationisches Direktfärben | 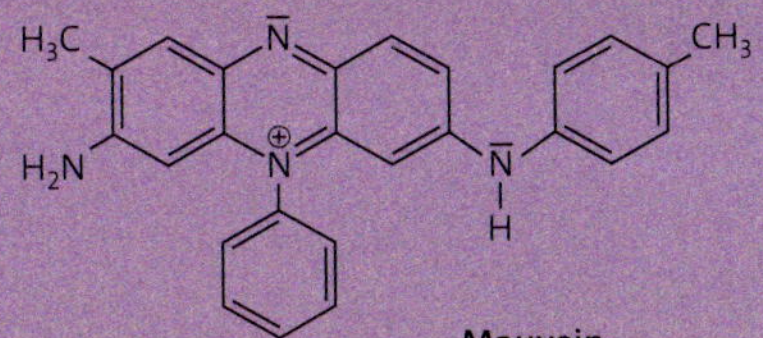 Mauvein | Ionenbindung zwischen den Anionen der Fasermoleküle und den durch Protonenaufnahme gebildeten Kationen des Farbstoffmoleküls (z. B. $-NH_3^+$) | Polyacrylfasern mit Sulfatgruppen $-SO_4^{2-}$; anionisch modifizierte Polyesterfasern mit deprotonierten Hydroxygruppen $-O^-$ |
| Anionisches Direktfärben | 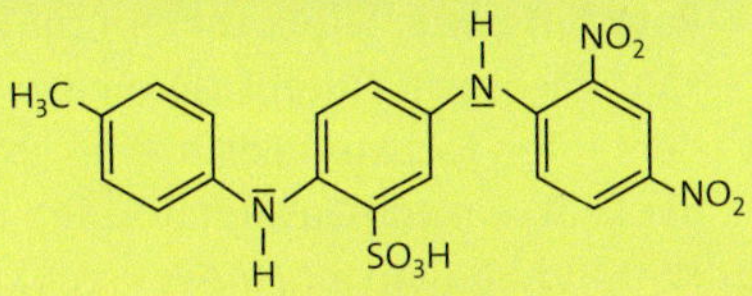 Amidogelb | Ionenbindung zwischen den Kationen der Fasermoleküle und den durch Protonenabgabe gebildeten Anionen des Farbstoffmoleküls (z. B. $-SO_3^-$) | Polyamide, Wolle und Seide mit freien Aminogruppen, die im sauren Milieu protoniert sind ($-NH_3^+$) |
| Entwicklungsfärben: Zweikomponentenfärben mit Azofarbstoffen | 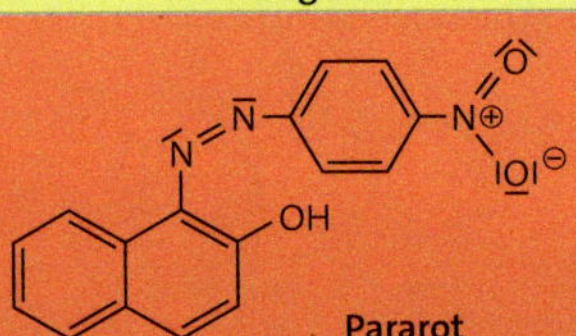 Pararot | Adsorption des wasserunlöslichen Farbstoffs auf der Faser; Farbstoff entsteht durch chemische Reaktion (Azokupplung) direkt auf der Faser | Baumwolle, Wolle, Seide |
| Entwicklungsfärben mit Küpenfarbstoffen (Küpenfärben) | 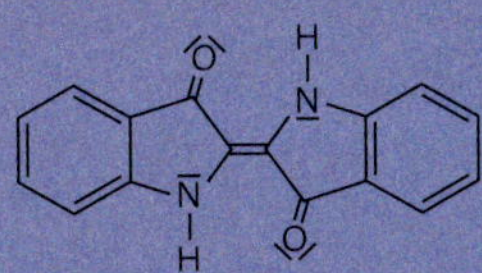 Indigo | Wasserlösliche Leukoform diffundiert in die Faserhohlräume. Dort erfolgt die Oxidation mit Luftsauerstoff zum wasserunlöslichen Farbstoff, der in den Hohlräumen eingeschlossen wird. | Baumwolle |
| Entwicklungsfärben mit Beizenfarbstoffen (Beizenfärben) | 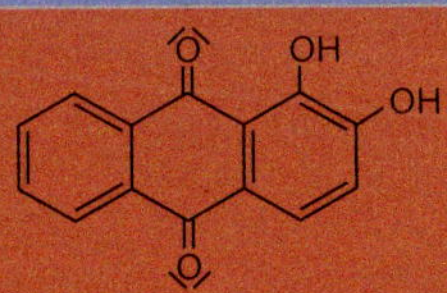 Alizarin | Ionen der Salzlösung gehen sowohl eine Bindung mit den Molekülen der Faser als auch mit denen des Farbstoffs ein. Dadurch bildet sich ein unlöslicher Farblack. | Wolle, Seide, Baumwolle |
| Reaktivfärben | 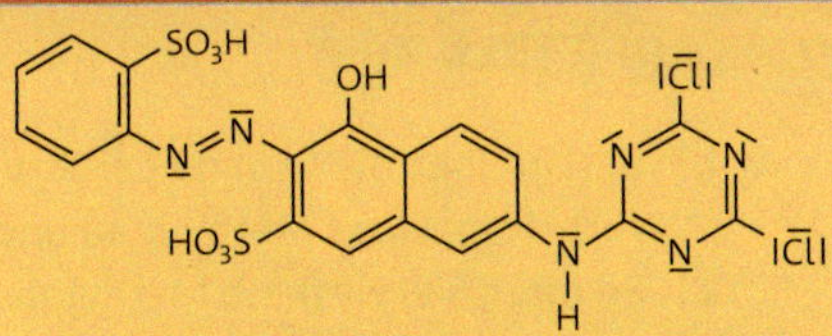 Procion-Brillantorange GS | Elektronenpaarbindung zwischen Ankergruppe des Farbstoffmoleküls und den funktionellen Gruppen der Moleküle der Faser | Baumwolle (Cellulose) mit unpolaren Hydroxygruppen –OH; Wolle, Seide, Polyamid mit freien Aminogruppen $-NH_2$ |
| Dispersionsfärben | 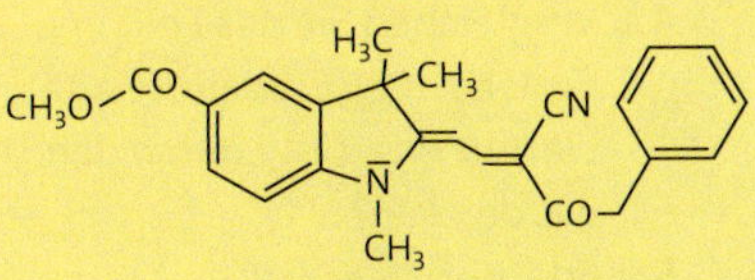 Brillantgelb | Dispergierte, wasserunlösliche Farbstoffmoleküle diffundieren aus dem Farbbad in die Faser hinein, wo sie sich lösen und eine feste Verbindung mit der Faser eingehen. | Polyacrylnitril, Polyester, Polyamid |

# Klausurtraining

## Material A Wie löscht ein Tintenkiller blaue Farbe?

### A1 Blaue Tinte und Tintenkiller

A1.1 Funktion eines Tintenkillers

Die meisten Schülerinnen und Schüler nutzen seit der Grundschule zum Schreiben blaue Tinte, die sich in den Patronen von Füllfederhaltern befindet. Blaue Tinte enthält meist den wasserlöslichen Farbstoff **Methylblau**. Um Fehler unauffällig zu kaschieren, wurde der Tintenkiller bereits zu Beginn des 20. Jahrhunderts entwickelt. Bis heute ist er häufig das Mittel der Wahl, wenn sich Schüler bei Schularbeiten verschrieben haben.

Wenn man einen Tintenkiller der Länge nach öffnet, erkennt man zwei durch eine Kunststoffhülse voneinander getrennte Filzstücke. Das farblose Filzstück enthält die Bleichlösung, das blaue Filzstück die tintenkillerresistente Tinte zum Korrekturschreiben. Als Bleichsubstanz wird beispielsweise Natriumsulfit $Na_2SO_3$ verwendet.

### A2 Reaktion von Methylblau mit Natriumsulfit

In wässriger Lösung bilden sich aus Natriumsulfit $Na_2SO_3$ Hydrogensulfit-Ionen $HSO_3^-$. Sie reagieren mit Methylblaumolekülen zu folgendem Produkt:

$$Na_2SO_3 + H_2O \longrightarrow 2\,Na^+ + HSO_3^- + OH^-$$

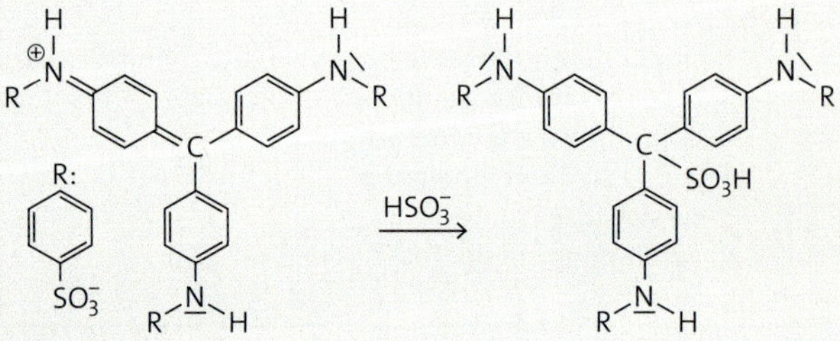


A2.1 Reaktion von Methylblau mit Hydrogensulfit-Ionen

### A3 Rote Tinte

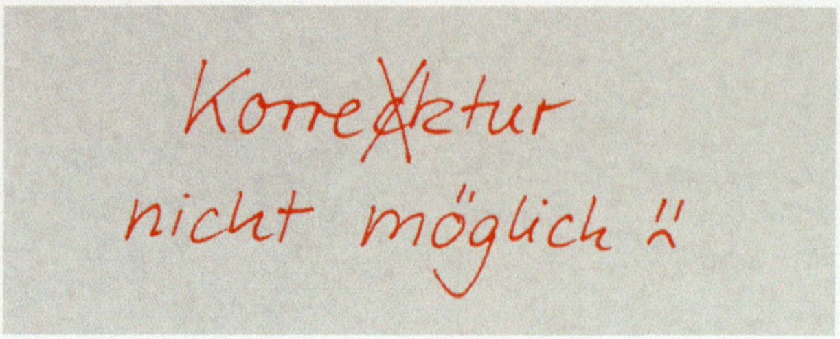


A3.1 Rote Tinte enthält den Farbstoff Eosin.

Rote Tinte, wie sie von Lehrern zur Korrektur verwendet wird, kann nicht von Tintenkillern gelöscht werden. Dies liegt an dem roten Farbstoff Eosin, den die rote Tinte enthält. Durch die Reaktion von Eosinmolekülen mit Hydrogensulfit-Ionen $HSO_3^-$ erhält man folgendes Produkt:

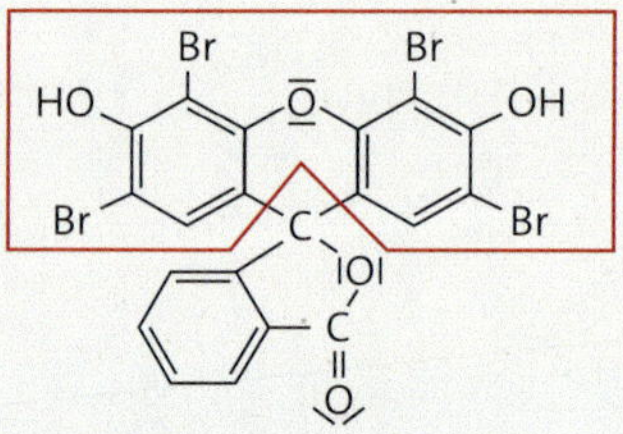


Chromophor des Eosins

A3.2 Struktur des Eosinmoleküls

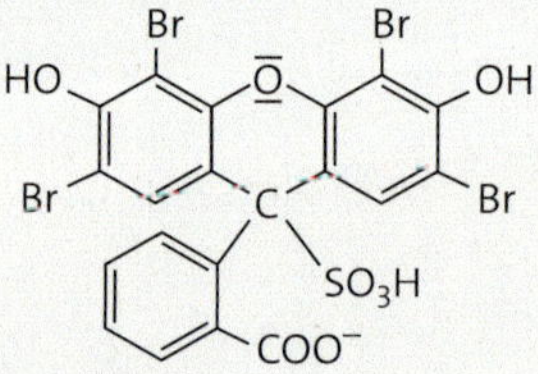


A3.3 Struktur des Eosinmoleküls nach Reaktion mit $HSO_3^-$

**AUFGABEN ZU A**

1) Beschreiben Sie anhand der Strukturformeln, zu welcher Farbstoffgruppe Methylblau und Eosin gehören.
2) Erklären Sie, weshalb Methylblau farbig erscheint.
3) Erläutern Sie die Entfärbung von Methylblau durch den Tintenkiller.
4) Vergleichen Sie das Eosinmolekül mit dem Methylblaumolekül. Begründen Sie anhand der Strukturformeln, warum rote Tinte durch den Tintenkiller nicht gelöscht werden kann.
5) Erläutern Sie, warum Methylblau auch zum Färben verwendet werden kann. Begründen Sie, welche Faser Sie mit diesem Farbstoff färben können und in welcher Weise die Haftung auf dieser Faser erfolgt.

## Material B Anthocyane – pflanzliche Farbstoffe

### B1 Anthocyane

Anthocyane sind eine Gruppe von wasserlöslichen Pflanzenfarbstoffen, die in fast allen Blüten und Früchten von Samenpflanzen vorkommen und ihnen eine intensive Färbung verleihen. Im Herbst verursachen diese Farbstoffe zusammen mit den chemisch verwandten Flavonen und Carotinoiden die leuchtenden Farben der Blätter.
Anthocyane absorbieren Licht im sichtbaren Bereich zwischen 450 und 650 nm. Der Wellenlängenbereich wird von der Molekülstruktur und vom pH-Wert der Umgebung beeinflusst. Sie erscheinen deshalb in unterschiedlichen Farben, vor allem in Rot, Violett oder Blau. Die einzelnen Farbstoffe können durch Kochen der Pflanzenteile in saurer Lösung gewonnen werden. Je nach verwendeter Pflanze wird Pelargonidin, Cyanidin und Delphinidin erhalten.

| Beispiele | | Formel |
|---|---|---|
| **Pelargonidin**, Absorptionsmaximum 506 nm | | |
|  |  | 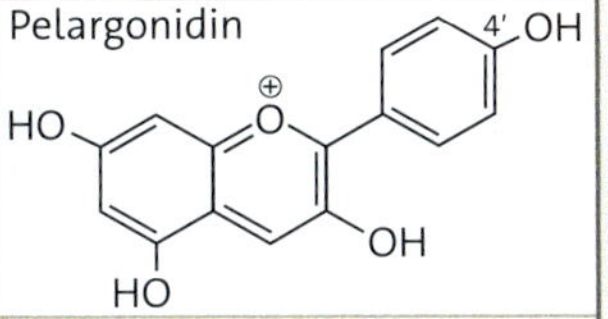  |
| **Cyanidin**, Absorptionsmaximum 525 nm | | |
|  |  | 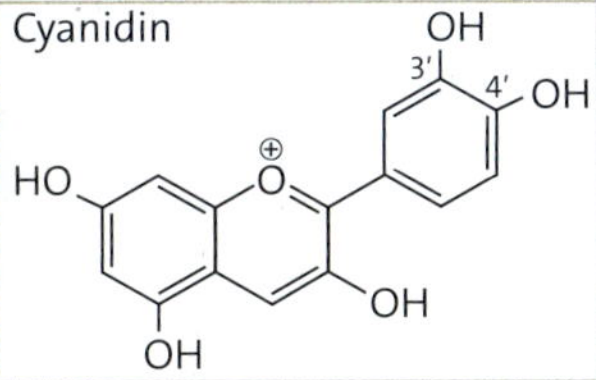  |
| **Delphinidin**, Absorptionsmaximum 540 nm | | |
|  |  | 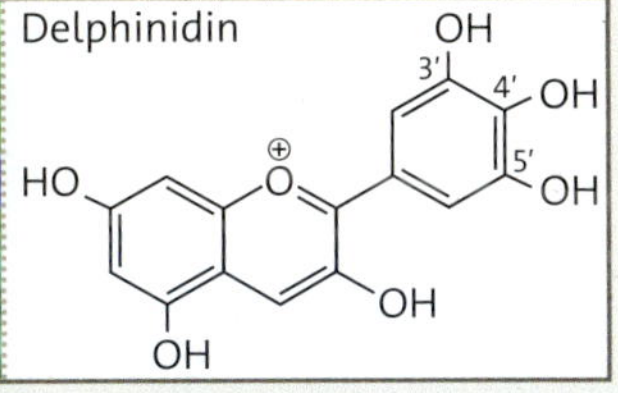  |

**B1.1** Farben und Formeln verschiedener Anthocyane

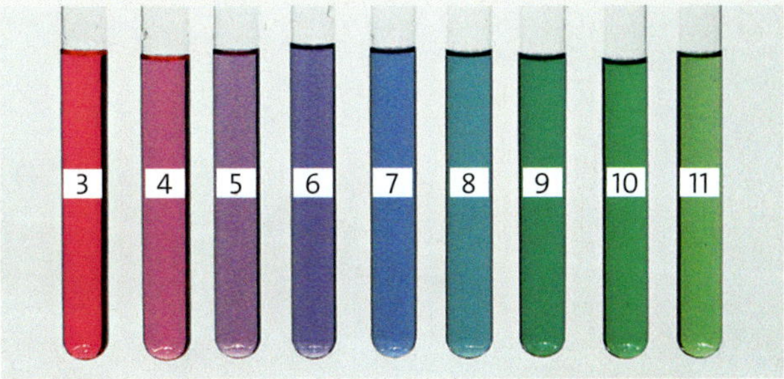


**B2.1** Rotkohlextrakt bei unterschiedlichen pH-Werten

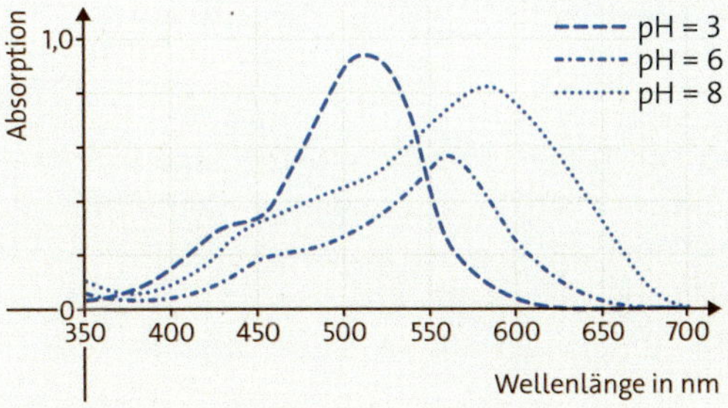


**B2.2** Absorptionsspektrum von Cyanidin

### B2 pH-Abhängigkeit von Cyanidin

Cyanidin ist auch Bestandteil des Extrakts von Rotkohlblättern, der im Chemieunterricht als „Rotkohlindikator" Verwendung findet. Die Struktur des Cyanidinmoleküls ändert sich je nach pH-Wert der Lösung. Cyanidin ist damit ein Säure-Base-Indikator, der zur Bestimmung des pH-Werts über nahezu die gesamte pH-Skala benutzt werden kann.

### B3 Färben mit Rotkohlextrakt

Zwei Stoffproben aus Baumwolle werden mit Rotkohlextrakt gefärbt. Eine Stoffprobe wird in ein Becherglas mit heißem Rotkohlextrakt gegeben. Die zweite Stoffprobe wird zuerst in ein Becherglas getaucht, in dem sich eine Lösung von Alaun (Kaliumaluminiumsulfat) befindet. Dann erst wird die vorbehandelte Stoffprobe in ein Becherglas mit heißem Rotkohlextrakt gegeben. Beide Proben werden gleich lang im Farbbad bewegt. Dann werden die Proben ausgewaschen und getrocknet.
*Beobachtungen:* Die Baumwolle wird in beiden Fällen rotviolett gefärbt. Die mit Alaun vorbehandelte Stoffprobe zeigt einen intensiveren Farbton, der nicht so leicht ausgewaschen wird.

#### AUFGABEN ZU B

1) Erklären Sie unter Bezug auf die jeweilige Molekülstruktur die Farbigkeit der drei Anthocyane in ↑ B1.1. Gehen Sie auch auf die Absorptions- und Komplementärfarben ein.
2) **a** Beschreiben Sie das Absorptionsspektrum in ↑ B2.2.
**b** Ermitteln Sie die pH-abhängigen Farben von Cyanidin.
**c** Erläutern Sie die Absorptionen bei den verschiedenen pH-Werten.
3) Erläutern Sie beide Färbeverfahren mit dem Rotkohlextrakt und die jeweiligen Beobachtungen.
4) Beurteilen Sie, ob ein Färbeverfahren mit dem aus Rotkohl gewonnenen Cyanidin sinnvoll und gesundheitlich unbedenklich ist.

# Klausurtraining

## Material C Azofarbstoffe zum Färben von Lebensmitteln

### C1 Informationen zu Azorubin und Gelborange-S

C1.1 **A** Lebensmittelfarbstoff Gelborange-S, **B** mit Azorubin gefärbtes Sportgetränk

Mithilfe des künstlichen Farbstoffs **Gelborange-S** (Sunset Yellow, E 110) färben Lebensmittelchemiker Nahrungsmittel gelborange. E 110 findet in vielen Nahrungsmitteln Verwendung, z. B. in Spirituosen, Joghurt, Kuchen oder Marmelade. Gelborange-S ist ein künstlicher säure- und lichtechter Lebensmittelfarbstoff.

**Azorubin** (E 122) ist ein roter Farbstoff, der zur Färbung von Lebensmitteln, aber auch in Kosmetika und Arzneimitteln eingesetzt wird. E 122 ist der kostengünstige künstliche Ersatzstoff für den natürlichen Farbstoff *Echtes Karmin* und wird daher auch als Karmesin bezeichnet. Er ist gegen Licht und Hitze beständig und wird u. a. in Getränken, Tütensuppen, Götterspeise oder Marzipan eingesetzt.

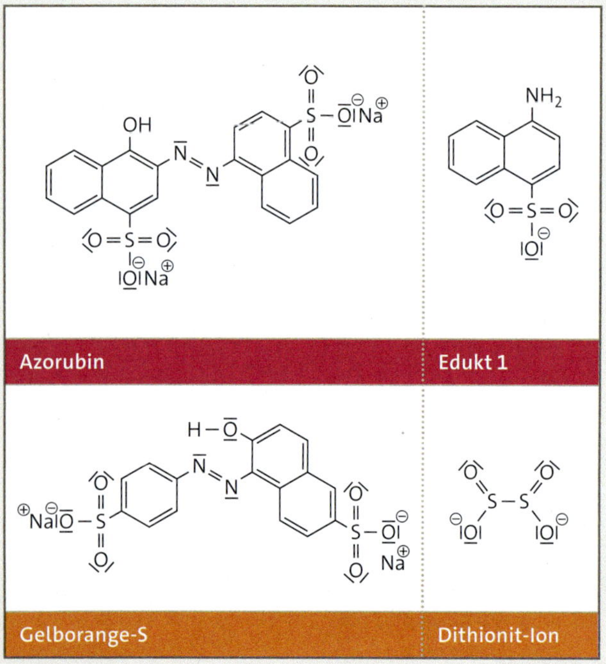


C1.2 Nützliche Strukturformeln für die Aufgabenbearbeitung

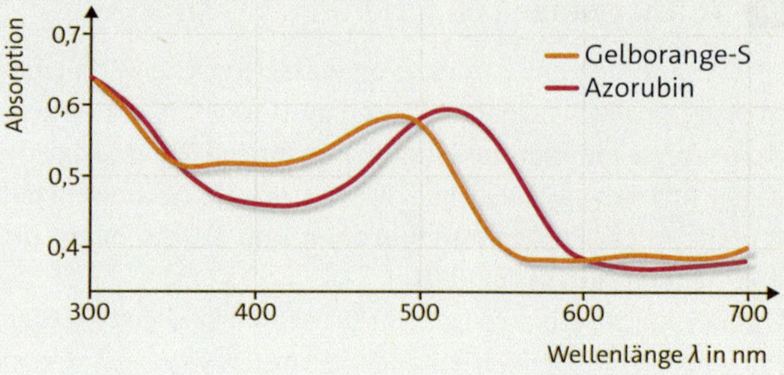


C1.3 Absorptionsspektren von Gelborange-S und Azorubin

### C2 Synthese von Azorubin

Ein Ausgangsstoff für die Synthese von Azorubin ist das 4-Aminonaphthalin-1-sulfonat-Ion (Edukt 1, ↑ C1.2). Dieses wird zunächst mit Natriumnitrit $NaNO_2(s)$ und Salzsäure $HCl(aq)$ versetzt. Dabei entsteht ein Diazonium-Ion. In einem zweiten Schritt lässt man das entstandene Diazonium-Ion mit einem Edukt 2 reagieren. Als Reaktionsprodukt erhält man den Farbstoff Azorubin.

### C3 Fleckentfernung nach „Unfall" mit Azorubin

Nach dem Sport hat Yannick beim Trinken eines mit Azorubin gefärbten Sportgetränks versehentlich einige Tropfen des Getränks auf sein weißes T-Shirt verschüttet. Seine Mutter behandelt den Fleck mit einem Oxi-Reiniger. Yannick recherchiert im Internet, dass Azorubin durch Dithionit-Ionen $S_2O_4^{2-}$ (↑ C1.2) in saurer Lösung entfärbt wird. Dabei entstehen durch Spaltung der Azogruppe das 4-Aminonaphthalin-1-sulfonat-Ion, ein weiteres Spaltprodukt sowie Sulfit-Ionen $SO_3^{2-}$.

#### AUFGABEN ZU C

1) Beschreiben Sie anhand ↑ C1.2, zu welchen Farbstoffklassen Azorubin und Gelborange-S gehören.
2) Begründen Sie anhand der Strukturformeln die gute Wasserlöslichkeit von Azorubin und Gelborange-S.
3) Geben Sie die Strukturformel des Edukts 2 an, aus dem Azorubin synthetisiert wird (↑ C2).
4) Entwickeln Sie den Reaktionsmechanismus zur Synthese von Azorubin unter Verwendung von Strukturformeln. Erläutern Sie dabei die Reaktionsschritte.
5) Erläutern Sie unter Bezug auf die jeweilige Molekülstruktur die unterschiedliche Farbigkeit der beiden Lebensmittelfarbstoffe. Gehen Sie dabei auch auf die Absorptionsspektren ein (↑ C1.3).
6) Erklären Sie, weshalb der Lebensmittelfarbstoff Azorubin das weiße Baumwoll-T-Shirt färben kann (↑ C3).
7) Belegen Sie, dass bei der Spaltung von Azorubin durch den Oxi-Reiniger eine Redoxreaktion stattfindet.

# Material D Tropäolinfarbstoffe als Färbemittel und pH-Indikatoren

## D1 Informationen zu Tropäolinfarbstoffen

**D1.1** Orange gefärbtes Seidengarn

Tropäolin ist die Trivialbezeichnung für einige Azofarbstoffe aus der Gruppe der Säurefarbstoffe, die als Indikatoren verwendet werden. Beispiele für Tropäolinfarbstoffe sind **Orange I** (Acid Orange 20) und **Orange II** (Acid Orange 7). Sie gelten als die ersten sauren Azofarbstoffe. Orange I wurde jedoch als Farbstoff wenig eingesetzt, da er bereits bei pH = 7,6 bis pH = 8,9 von Gelb nach Rosa umschlägt. Auch ist das Färben von Baumwolle mit Orange I nicht möglich.

Orange II wird als Farbstoff zum Färben von Wolle, Seide und Kosmetika verwendet. Dieser Farbstoff dient wie Methylorange als pH-Indikator, da er einen Farbumschlag von Orange nach Rot zeigt.

| | |
|---|---|
| **Orange I** | 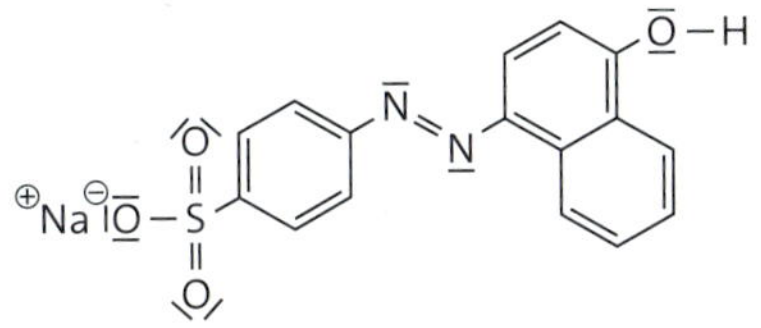 |
| **Orange II** | 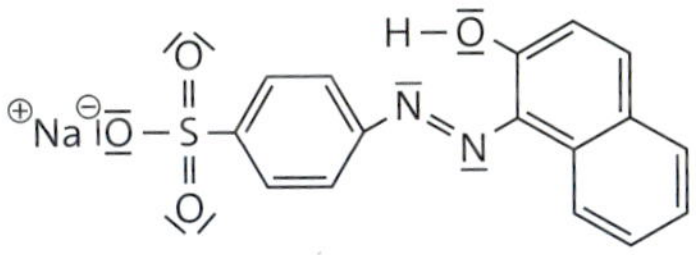 pH 7,4–8,6 |

**D1.2** Strukturformeln der Tropäolinfarbstoffe

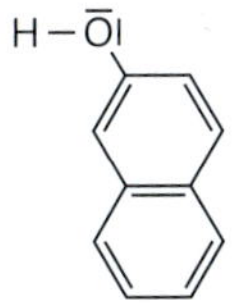

β-Naphthol

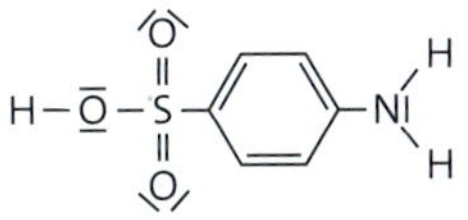

Sulfanilsäure

**D1.3** Edukte der Synthese von Orange II

## D2 Vorschrift zum Färben von Seide mit Orange II

*Schritt 1:* In ein Becherglas A gibt man 25 ml Wasser, eine Spatelspitze Natriumnitrit, eine Spatelspitze Sulfanilsäure und 10 ml verdünnte Natronlauge. Anschließend werden etwa 25 ml gekühlte Salzsäure hinzugefügt.
*Schritt 2:* In einem zweiten Becherglas B gibt man zu 50 ml Wasser 10 ml verdünnte Natronlauge und etwas β-Naphthol. Diese Lösung wird auf unter 5 °C gekühlt.
*Schritt 3:* Dann wird ein Stück Seide in das Becherglas B gegeben. Die mit der Lösung aus Becherglas B getränkte Seide wird in das Becherglas A überführt.
*Schritt 4:* Nach einigen Minuten wird die Seide unter fließendem Wasser gründlich ausgespült.
*Beobachtung:* Die Seide bleibt auch nach mehrmaligem gründlichem Waschen intensiv orange gefärbt.

## D3 Farbumschlag von Orange II

| **pH-Bereich** | 7,4–8,6 | 10,2–11,8 |
|---|---|---|
| **Farbe** | Bernstein → Orange | Orange → Rot |

### AUFGABEN ZU D

1) Vergleichen Sie die Strukturformeln von Orange I und Orange II (↑ D1.2).
2) Entwickeln Sie den Reaktionsmechanismus zur Synthese von Orange II (↑ D1.3).
3) Begründen Sie die hohe Waschechtheit, die durch die in ↑ D2 beschriebene Vorschrift zum Färben von Seide mit Orange II erreicht wird.
4) Neben dem unter ↑ D2 beschriebenen Färbeverfahren existiert alternativ ein einfacheres Verfahren: Zunächst wird die Lösung aus Becherglas B in Becherglas A gegeben. Dann wird zur Färbung das Seidengewebe in die Lösung eingetaucht. Beurteilen Sie dieses Verfahren im Hinblick auf die Waschechtheit der Färbung.
5) Erläutern Sie den Farbumschlag des Indikators von Orange II von Orange nach Rot (↑ D3) anhand von Reaktionsgleichungen zur Protonierung und Deprotonierung des Farbstoffs sowie geeigneter mesomerer Grenzstrukturen.
6) Erläutern Sie, warum Orange I trotz sehr ähnlicher Struktur bereits bei pH-Werten von 7,6 bis 8,9 von Gelb nach Rosa umschlägt.
7) Erklären Sie die Tatsache, dass Orange I infolge der para-Stellung seiner Hydroxygruppe im Gegensatz zu Orange II nicht als anionischer Farbstoff verwendet werden kann.
8) Entwickeln Sie eine begründete Vermutung, warum sich Orange I zum Färben von Kleidung nicht durchgesetzt hat.

# Auf einen Blick

**Farbigkeit von Stoffen**

Farbige Stoffe sind Verbindungen, die elektromagnetische Strahlung aus dem sichtbaren Bereich des Spektrums (380 bis 800 nm) absorbieren und daher dem menschlichen Auge farbig erscheinen. Wahrgenommen wird die Komplementärfarbe des absorbierten Lichts.

| Lichtabsorption | Lichtemission |
|---|---|
| durch Licht bedingte Anregung von Elektronen eines Moleküls von einem Grundzustand in einen angeregten Zustand | Rückkehr der Elektronen vom angeregten Zustand in den Grundzustand unter Abgabe von Licht |

**Chromophor**

farbgebendes, delokalisiertes, konjugiertes π-Elektronensystem, das die Lichtabsorption eines Moleküls ermöglicht

**Auxochrome Gruppen**

funktionelle Gruppen, die durch mesomere Wechselwirkungen mit dem Chromophor die Lichtabsorption eines Farbstoffmoleküls und damit die Farbigkeit eines Stoffs beeinflussen

**Farbeffekte**

**Bathochromie**, Farbvertiefung: Verschiebung der Lichtabsorption in den längerwelligen Bereich
**Hypsochromie**, Farberhöhung: Verschiebung der Lichtabsorption in den kürzerwelligen Bereich

**Modell eines Farbstoffmoleküls**

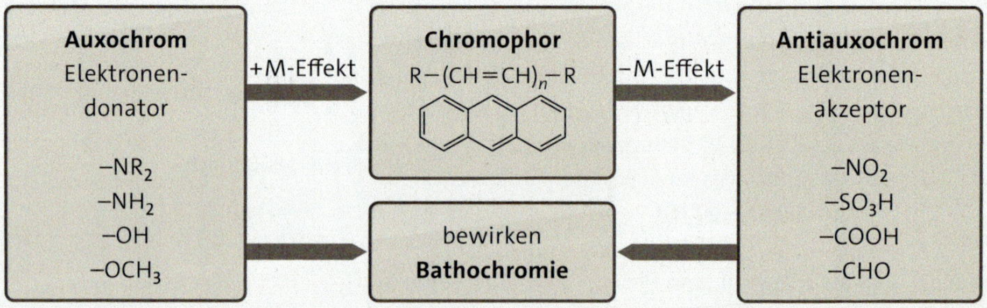


**Wichtige Farbstoffgruppen**

| Farbstoffgruppe | Strukturmerkmale/Beispiele | Verwendung |
|---|---|---|
| **Azofarbstoffe** | Methylorange, Kongorot 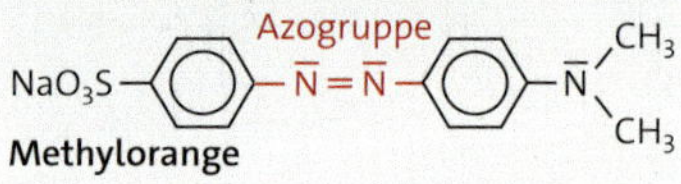  **Methylorange** | Färben von Textilien, Leder und Papierprodukten, als Lebensmittelfarbstoffe, als pH-Indikatoren |
| **Triphenylmethanfarbstoffe** | Phenolphthalein, Aurin, Methylviolett 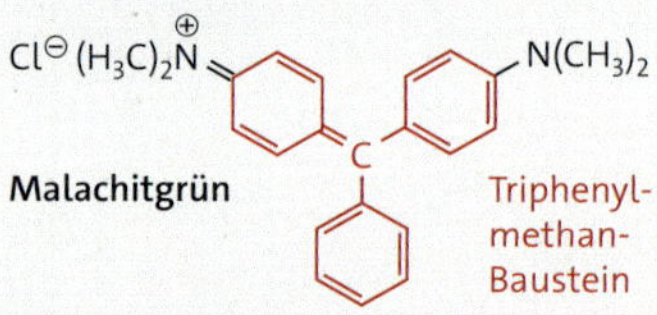  **Malachitgrün** | Färben von Textilien, als Tinten- oder Druckfarben, als pH-Indikatoren, für kosmetische Produkte |
| **Carbonylfarbstoffe:** <br>• Indigofarbstoffe <br>• Anthrachinonfarbstoffe | Henna, Indigo, Purpur 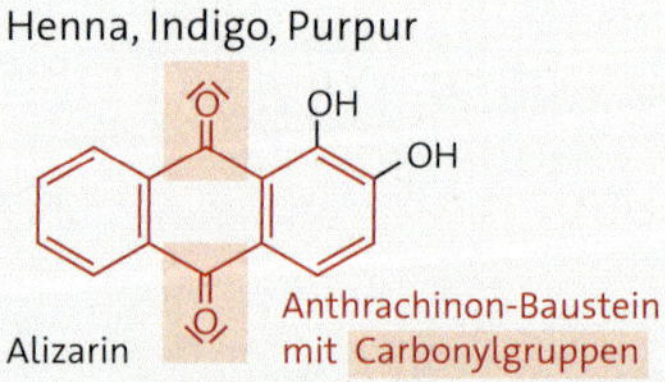  Alizarin | Färben von Textilien (Indigo, Purpur), in Haarfärbemitteln (Henna) |

**Färbeverfahren**

Bewirken die Verbindung des Farbstoffs mit der Faser. Die Färbeverfahren werden dabei auf ein optimales Zusammenspiel von Fasermolekül und Farbstoffmolekül abgestimmt: **Entwicklungsfärben** (Zweikomponentenfärben, Küpenfärben, Beizenfärben); substantives, anionisches oder kationisches **Direktfärben**; **Reaktivfärben**; **Dispersionsfärben.**

# Übungsaufgaben

**1 ›** Erläutern Sie die folgenden Fachbegriffe:
**a** Lichtabsorption und Lichtemission
**b** subtraktive und additive Farbmischung
**c** Fluoreszenz und Phosphoreszenz

**2 ›** Erläutern Sie unter Verwendung von Fachbegriffen den Zusammenhang zwischen Molekülstruktur und Farbigkeit am Beispiel des gelben Farbstoffs Buttergelb.

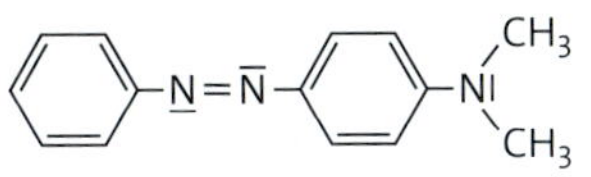


**3 ›** Nur eine der beiden Verbindungen mit folgenden Halbstrukturformeln erscheint farbig:
H–(CH=CH)$_4$–H (Verbindung 1)
($CH_3$–)$_2$N–(CH=CH)$_4$–CHO (Verbindung 2)
**a** Erläutern Sie die unterschiedliche Lichtabsorption der beiden Verbindungen anhand von mesomeren Grenzstrukturen.
**b** Begründen Sie anhand von geeigneten mesomeren Grenzstrukturen, wie sich der Austausch der Aldehydgruppe –CHO durch eine Nitrogruppe –$NO_2$ in der Verbindung 2 auf die Farbigkeit auswirken würde.

**4 ›** Wird ein Gegenstand, der im Tageslicht blau erscheint, nur mit dem gelben Licht einer Natriumdampflampe bestrahlt, so erscheint der Gegenstand schwarz. Erklären Sie diesen Sachverhalt.

**5 ›** **a** Erläutern Sie die folgenden Begriffe: Direktfarbstoff, Leukoform, Carbonylfarbstoff.
**b** Begründen Sie, dass Indigo eigentlich nicht zu den Farbstoffen gehört, und leiten Sie ab, warum zum Färben mit Indigo dessen Verküpung notwendig ist.

**6 ›** Um Resorcingelb herzustellen, wird eine alkalische Lösung aus Sulfanilsäure und Natriumnitrit auf unter 5 °C abgekühlt und dann mit Salzsäure gemischt. Zu dieser Lösung gibt man eine ebenfalls abgekühlte alkalische Lösung von Resorcin.

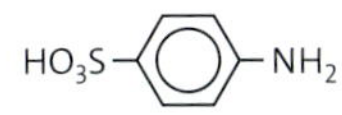

Sulfanilsäure

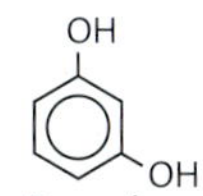

Resorcin

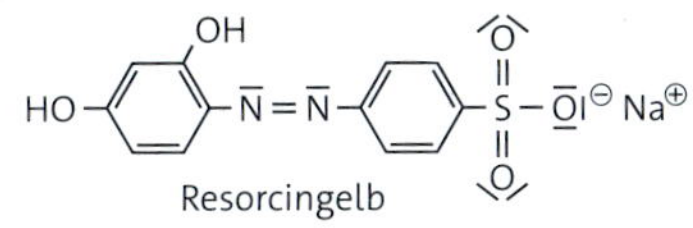

Resorcingelb

**a** Geben Sie an, zu welcher Farbstoffklasse Resorcingelb gehört, und begründen Sie Ihre Zuordnung.
**b** Entwickeln Sie den Reaktionsmechanismus der Synthese ausgehend von der Versuchsvorschrift.
**c** Nehmen Sie zu folgender Hypothese begründet Stellung: „Resorcingelb kann in einem ähnlichen Verfahren auch unter Verwendung von 4-Amino-1,3-dihydroxybenzol als Ausgangsstoff und Benzolsulfonsäure als Kupplungskomponente hergestellt werden."
**d** Begründen Sie, welche Faser sich mit Resorcingelb im Direktfärbeverfahren färben lässt. Beurteilen Sie die Waschechtheit des so gefärbten Textilstücks. Erläutern Sie, wie die Waschechtheit eines mit Resorcingelb zu färbenden Stoffs erhöht werden kann.
**e** Resorcingelb wird auch als Säure-Base-Indikator eingesetzt und weist bei pH < 11 eine gelbe und bei pH > 12,7 eine rote Färbung auf.
Erläutern Sie den Farbumschlag.

| **Mithilfe dieses Kapitels können Sie:** | Aufgabe | Hilfe finden Sie auf Seite |
|---|---|---|
| ▸ die Farbigkeit von Stoffen durch Lichtabsorption begründen | *1, 2, 3, 4* | *245–246* |
| ▸ den Zusammenhang zwischen Farbigkeit und Molekülstruktur mithilfe des Mesomeriemodells erläutern | *2, 3, 5, 6 e* | *253–255* |
| ▸ Absorptionsspektren von Farbstoffen auswerten und die Ergebnisse interpretieren | *3* | *248–250, 257* |
| ▸ die Farbigkeit innerhalb der wichtigsten synthetischen Farbstoffgruppen erläutern | *5, 6* | *256–259, 261* |
| ▸ die Synthese eines Azofarbstoffs beschreiben und die Azokupplung als elektrophile Zweitsubstitution erläutern | *6 a–c* | *256* |
| ▸ die Art der chemischen Bindung der Textilfarbstoffgruppen auf der Faser beschreiben und erklären | *5, 6 d* | *262–263, 265* |

Für alle Lebensvorgänge benötigt der menschliche Körper Energie und Baustoffe, die er mit Kohlenhydraten, Fetten und Proteinen aus der Nahrung aufnimmt. Kohlenhydrate wie Glucose und Saccharose sowie Fette sind die wichtigsten Energielieferanten. Für das Wachstum und die Bildung von Geweben sind Proteine von Bedeutung. Rund 20 000 Proteine übernehmen im Körper des Menschen die unterschiedlichsten Funktionen, z. B. beim Muskelaufbau oder bei der Regulation des Stoffwechsels.

# Naturstoffe 9

## Struktur und Eigenschaften

### Kohlenhydrate

- Spiegelbildisomerie
- Monosaccharide, z. B. Glucose und Fructose
- Glykosidische Bindung
- Disaccharide, z. B. Saccharose
- Polysaccharide, z. B. Stärke und Cellulose
- Kohlenhydrate als Energielieferanten
- Polysaccharide als Bau- und Speicherstoffe

### Proteine

- Aminosäuren als Bausteine der Proteine
- Peptidbindung
- Primär-, Sekundär-, Tertiär- und Quartärstruktur der Proteine
- Denaturierung und Renaturierung
- Proteine in der Küche
- Enzyme als Biokatalysatoren

### Fette

- Gesättigte und ungesättigte Fettsäuren
- Bildung und Spaltung von Fetten
- Bedeutung und Charakterisierung von Fetten
- Fette in Lebensmitteln

**01** Die Nahrung sollte die für den Körper notwendigen Nährstoffe in ausreichender Menge, im richtigen Verhältnis und in der richtigen Form enthalten. Die Anordnung der Lebensmittel in der Ernährungspyramide spiegelt die empfohlene Aufnahme der Nährstoffe bei der täglichen Ernährung wider.

# 9.1 Klassifizierung der Kohlenhydrate

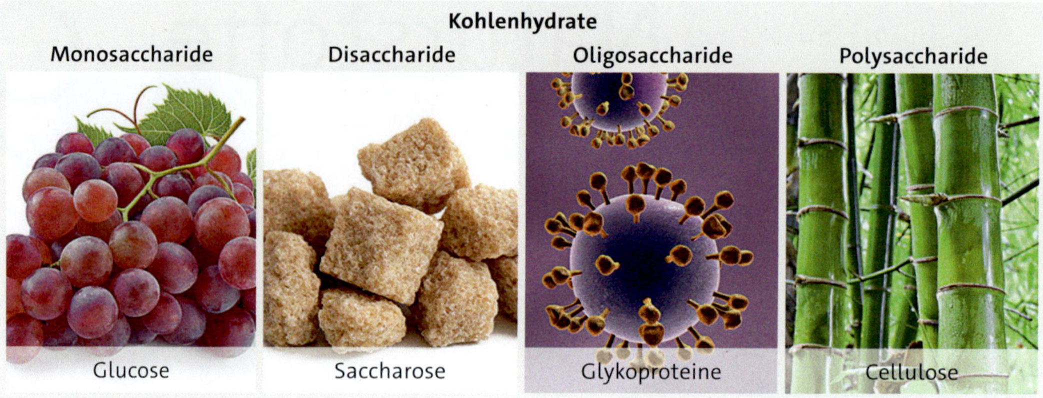


**01** Einteilung der Kohlenhydrate

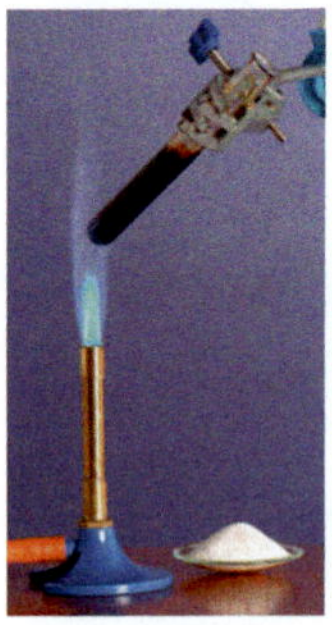

**02** Glucose wird durch Erhitzen in Kohlenstoff und Wasser zersetzt.

**ZUSAMMENSETZUNG DER KOHLENHYDRATE** Traubenzucker, *Glucose*, Haushaltszucker, *Saccharose*, und *Cellulose* sind **Kohlenhydrate** – eine große und weitverbreitete Gruppe von Naturstoffen, die ihren Namen der Zusammensetzung ihrer Moleküle verdanken: Sie enthalten neben Kohlenstoffatomen auch Wasserstoff- und Sauerstoffatome, meist im Verhältnis 2:1, sodass für viele Kohlenhydrate die **allgemeine Molekülformel $C_x(H_2O)_y$** lautet.
Zersetzt man Kohlenhydrate durch starkes Erhitzen, so entstehen elementarer Kohlenstoff und Wasser (↑ **02**). Darauf begründete sich historisch die Benennung als Kohlen**hydrate**, wobei chemisch gesehen die Verwendung der Endung -hydrat unzutreffend ist, da in ihnen keine Wassermoleküle gebunden sind.

**EINTEILUNG DER KOHLENHYDRATE** Zur Gruppe der Kohlenhydrate gehören sehr vielfältige Verbindungen, die anhand ihrer Struktur in verschiedene Gruppen eingeteilt werden (↑ **01**).
Die einfachsten Vertreter sind die **Monosaccharide** oder **Einfachzucker**, deren Moleküle aus einem Kohlenstoffgerüst mit drei bis sieben Kohlenstoffatomen bestehen. Ihre Moleküle enthalten alle eine **Carbonylgruppe** >C=O, die endständig oder am zweiten Kohlenstoffatom (C-2-Atom) liegen kann, sowie jeweils eine **Hydroxygruppe** –OH an jedem weiteren Kohlenstoffatom.

**Schon gewusst?** Inzwischen kennt man auch Kohlenhydrate, die nicht nach der allgemeinen Molekülformel $C_x(H_2O)_y$ aufgebaut sind, aber aufgrund ihrer chemischen Eigenschaften zu den Kohlenhydraten gehören. Das bekannteste Beispiel ist Desoxyribose $C_5H_{10}O_4$, die als Baustein in DNA-Molekülen vorkommt.

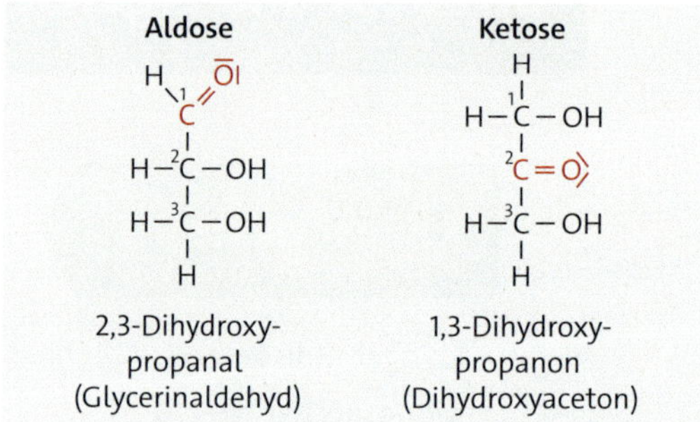


**03** Strukturformeln der beiden einfachsten Zucker

Am Beispiel der kleinstmöglichen Kohlenhydratmoleküle, 2,3-Dihydroxypropanal (Glycerinaldehyd) und 1,3-Dihydroxypropanon (Dihydroxyaceton), lassen sich diese Strukturmerkmale erkennen (↑ **03**). Weil ihre Moleküle *drei* Kohlenstoffatome aufweisen, zählt man sie zu den *Triosen*. Allgemein wird abhängig von der Anzahl der Kohlenstoffatome weiterhin zwischen Tetrosen (vier C-Atome), Pentosen (fünf C-Atome) und Hexosen (sechs C-Atome) usw. unterschieden.
Bei allen Monosacchariden handelt es sich um Polyalkoholderivate, bei denen eine der Hydroxygruppen zur *Aldehydgruppe* oder zur *Ketogruppe* oxidiert ist. Entsprechend zählt man sie zu den **Aldosen**, wenn ihre Moleküle außer den Hydroxygruppen eine Aldehydgruppe besitzen. Wenn dagegen eine Ketogruppe vorhanden ist, gehören sie zu den **Ketosen**.

Die Moleküle der Monosaccharide sind die Grundbausteine aller weiteren Kohlenhydrate. Sie lassen sich unter Wasserabspaltung (Kondensation) zu größeren Einheiten miteinander verknüpfen. Dabei bilden sich *Disaccharide* (Zweifachzucker, ↑ S. 286 f.), *Oligosaccharide* (Mehrfachzucker, ↑ S. 288) und *Polysaccharide* (Vielfachzucker, ↑ S. 292 ff.).

# Praktikum

## P Eigenschaften von Monosacchariden

### EXP 9.01 Optische Aktivität von Glucose

**Materialien** Polarimeter, Messzylinder (100 ml), Wasser, α-D-Glucosemonohydrat

**Durchführung** Messen Sie genau 90 ml Wasser im Messzylinder ein und lösen Sie darin genau 10 g α-D-Glucosemonohydrat. Geben Sie aus der so hergestellten Glucoselösung eine Probe in die Messzelle des Polarimeters und beginnen Sie mit der Messung des Drehwinkels. Innerhalb der ersten Stunde bestimmen Sie alle 5 min den Drehwinkel, nach mindestens 24 h den Endwert.
*Entsorgung:* Lösung ins Abwasser geben.

**Auswertung**

1) Erstellen Sie ein Diagramm aus den Messwerten.
2) Erklären Sie den Kurvenverlauf.

### EXP 9.02 Löslichkeit

**Materialien** 9 Reagenzgläser, Wasser, Heptan (2, 8, 7, 9), Ethanol (2, 7), Glucose, Fructose, Saccharose

**Durchführung** Füllen Sie von jedem Lösungsmittel 3 ml jeweils in 3 Reagenzgläser. Geben Sie jeweils 1 Spatelspitze von jedem Zucker zu einem der Lösungsmittel und schütteln Sie. Prüfen Sie, ob sich die drei Zucker lösen.
*Entsorgung:* Heptan in den Behälter für halogenfreie organische Abfälle, übrige Lösungen ins Abwasser geben.

**Auswertung** Erklären Sie Ihre Beobachtungen mithilfe der Struktur der jeweiligen Zucker- und Lösungsmittelmoleküle.

### EXP 9.03 Nachweis reduzierender Zucker

**Materialien** 4 Reagenzgläser, Reagenzglasständer, Becherglas (250 ml), Tropfpipette, Heizplatte, 10%ige Glucoselösung, 10%ige Fructoselösung, Fehling-Lösung I (5, 9), Fehling-Lösung II (5), Tollens-Reagenz (5, 7, 9)

**Durchführung I)** *Fehling-Probe:* Geben Sie je 2 ml Fehling-Lösung I und Fehling-Lösung II in ein Reagenzglas und schütteln Sie, bis eine tiefblaue Lösung entsteht. Fügen Sie einige Tropfen Glucoselösung hinzu und erwärmen Sie die Mischung im Wasserbad bei 80 °C. Wiederholen Sie den Versuch mit Fructoselösung.
**II)** *Tollens-Probe:* Geben Sie 2 ml frisch bereitetes Tollens-Reagenz in ein sauberes (neues) Reagenzglas. Fügen Sie einige Tropfen Glucoselösung hinzu und erwärmen Sie die Mischung im Wasserbad bei 80 °C. Wiederholen Sie den Versuch mit Fructoselösung.
*Entsorgung:* Fehling-Probe: Reste in giftige anorganische Abfälle, Tollens-Probe: in Behälter für Silberabfälle geben.

**Auswertung**

1) Deuten Sie Ihre Beobachtungen. Begründen Sie bei den positiv verlaufenden Reaktionen den vorliegenden Reaktionstyp.
2) Formulieren Sie eine verallgemeinernde Schlussfolgerung für die beiden Nachweise.

### EXP 9.04 Nachweis der Hydroxygruppen

**Materialien** 2 Bechergläser (150 ml), 2 Bechergläser (250 ml), Kristallisierschale, Reagenzglas, Heizplatte, Messpipette, Tropfpipette, Glasstab, Waage, Siedesteinchen, Glucose, Essigsäureanhydrid (2, 6, 5), konz. Schwefelsäure ($w$ = 96 %; 5), Eiswürfel

**Durchführung** *Im Abzug arbeiten! Schutzbrille! Handschuhe!*
Bereiten Sie in 2 Bechergläsern (150 ml) jeweils 100 ml eiskaltes Wasser vor und stellen Sie sie in die Kristallisierschale mit Eiswürfeln.
Geben Sie in das Reagenzglas 1 g Glucose und übergießen Sie sie mit 4 ml Essigsäureanhydrid. Fügen Sie 1 Tropfen Schwefelsäure und ein Siedesteinchen hinzu. Erhitzen Sie das Reaktionsgemisch 5 bis 10 min im siedenden Wasserbad. Gießen Sie danach das Reaktionsgemisch in 100 ml eisgekühltes Wasser. Rühren Sie mit einem Glasstab um, bis sich das Reaktionsprodukt auf dem Boden des Becherglases konzentriert hat.

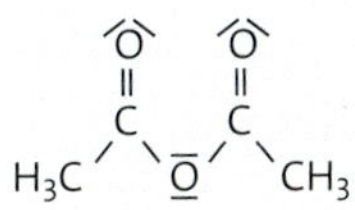
Essigsäureanhydrid

Gießen Sie das Wasser vorsichtig ab, sodass nur das Reaktionsprodukt im Becherglas zurückbleibt. Geben Sie zum Reinigen kaltes Wasser zum Reaktionsprodukt hinzu und dekantieren Sie es wieder ab. Wiederholen Sie diesen Vorgang noch einmal.
Prüfen Sie den Geruch des Reaktionsprodukts.
Fügen Sie einige Tropfen Schwefelsäure hinzu und machen Sie erneut eine Geruchsprobe.
*Entsorgung:* Lösungen in den Behälter für halogenfreie organische Abfälle geben.

**Auswertung**

1) Vergleichen Sie die Eigenschaften des Reaktionsprodukts mit denen der Glucose.
2) Erläutern Sie die Reaktion zwischen Glucose und Essigsäureanhydrid und stellen Sie die Strukturformel des Reaktionsprodukts auf.
3) Erläutern Sie, inwiefern diese Reaktion als Nachweis für Hydroxygruppen in den Glucosemolekülen geeignet ist.

# 9.2 Spiegelbildisomerie

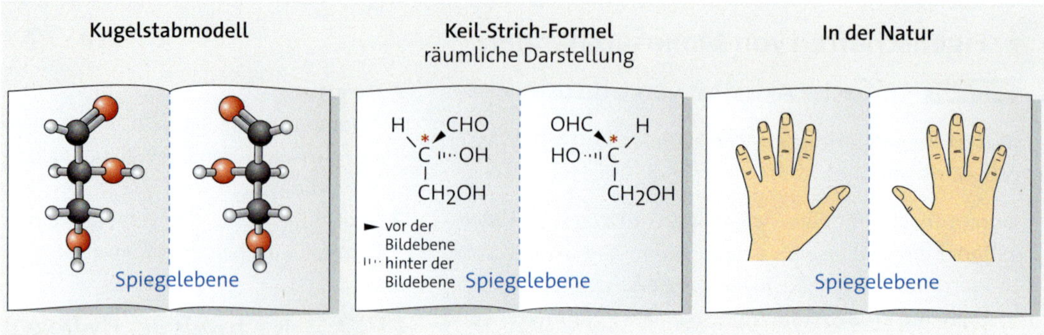


**01** Spiegelbildisomere des Glycerinaldehyds

Einige Körper sind auf den ersten Blick symmetrisch: So erzeugt eine Schnittebene, die durch den Mittelpunkt einer Kugel geht, zwei identische Hälften, die sich zur Deckung bringen lassen. Eine Hand beispielsweise besitzt jedoch keine solche Symmetrieebene. Dieses Phänomen der fehlenden Symmetrieebene tritt auch bei Molekülen auf.

**CHIRALITÄT UND SPIEGELBILDISOMERIE** An den Molekülen des einfachsten Zuckers Glycerinaldehyd lässt sich erkennen, dass zwei räumlich verschiedene Formen möglich sind, die sich wie **Bild** und **Spiegelbild** verhalten. Weil das Phänomen auch an unserer nicht deckungsgleichen rechten und linken Hand beobachtet werden kann, spricht man von **chiralen Molekülen** (griech. *cheir:* Hand). Sie werden als **Spiegelbildisomere** oder **Enantiomere** bezeichnet und können durch Drehen der Moleküle nicht zur Deckung gebracht werden.

*Auch von anderen Zuckern (z. B. ↑ S. 280) und von Aminosäuren existieren Spiegelbildisomere (↑ S. 300).*

*(+)- und (–)-Weinsäure sind optisch aktiv; die Vorzeichen geben an, in welche Richtung die Schwingungsebene von polarisiertem Licht gedreht wird, ↑ S. 278.*

> **Objekte, die mit ihrem Spiegelbild nicht zur Deckung gebracht werden können, sind chiral. Ein chirales Molekül und sein Spiegelbild heißen Spiegelbildisomere oder Enantiomere.**

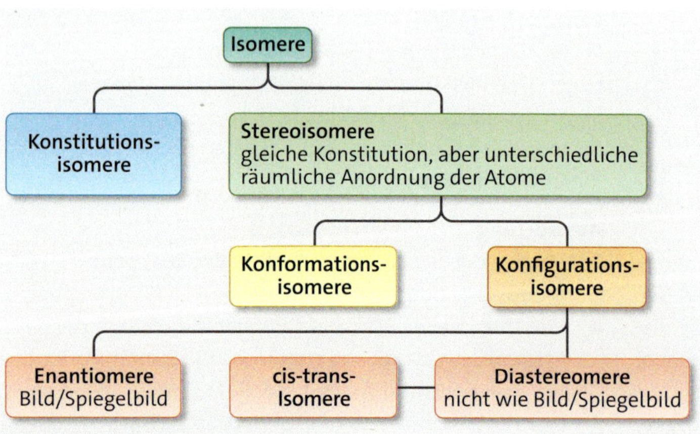


**02** Überblick über die Isomeriearten

Spiegelbildisomere treten dann auf, wenn ein Molekül mindestens ein Kohlenstoffatom enthält, das mit vier unterschiedlichen Substituenten verknüpft ist (↑ **01**). Das C-2-Atom des Glycerinaldehydmoleküls ist ein **asymmetrisch substituiertes** Kohlenstoffatom, das auch **Chiralitätszentrum** genannt und mit einem Stern C* gekennzeichnet wird. Dort ist eine CHO-Gruppe, eine OH-Gruppe, eine $CH_2OH$-Gruppe und ein H-Atom gebunden.

Mithilfe der **Fischer-Projektionsformel** wird die dreidimensionale Struktur der Spiegelbildisomere vereinfacht und auf die Papierebene übertragen (Methode ↑ S. 277). Spiegelbildisomere haben den gleichen Namen, werden jedoch durch die vorgesetzten Buchstaben D und L unterschieden. Ausschlaggebend beim Glycerinaldehydmolekül ist die Stellung der Hydroxygruppe am C-2-Atom. Steht sie auf der rechten Seite, wird sie als D-Glycerinaldehyd (lat. *dexter:* rechts) bezeichnet, steht sie links, als L-Glycerinaldehyd (lat. *levos:* links).

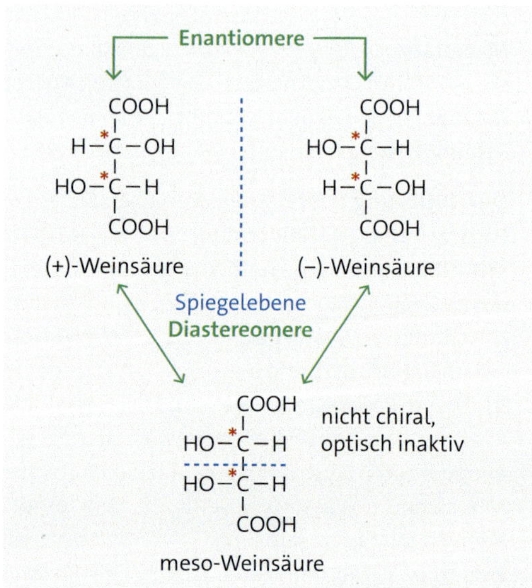


**03** Stereoisomere und Diastereomere

Die Moleküle solcher Verbindungen mit der gleichen Konstitution, aber unterschiedlicher räumlicher Anordnung der Atome sind *Stereoisomere*.

Enantiomere zeigen chemisch und physikalisch nahezu identische Eigenschaften, sie unterscheiden sich jedoch in ihrer *optischen Aktivität* (↑ S. 278).

**DIASTEREOMERE** Die Moleküle der Weinsäure haben zwei Chiralitätszentren (↑ **03**). Es existieren drei Stereoisomere. Je zwei Moleküle verhalten sich wie Bild- und Spiegelbild und sind daher Enantiomere. meso-Weinsäure besitzt eine Spiegelebene im Molekül. Stereoisomere, die nicht Bild und Spiegelbild sind, heißen **Diastereomere**. Sie unterscheiden sich in ihren chemisch-physikalischen Eigenschaften.

## M Aufstellen einer Fischer-Projektionsformel

AUFGABE Stellen Sie die Fischer-Projektionsformel des Glycerinaldehydmoleküls auf.

1. **Die Kohlenstoffkette mit dem asymmetrisch substituierten Kohlenstoffatom C* wird senkrecht angeordnet. Das Kohlenstoffatom mit der höchsten Oxidationszahl steht oben.**
   Die Aldehydruppe –CHO steht oben, die $CH_2OH$-Gruppe unten.

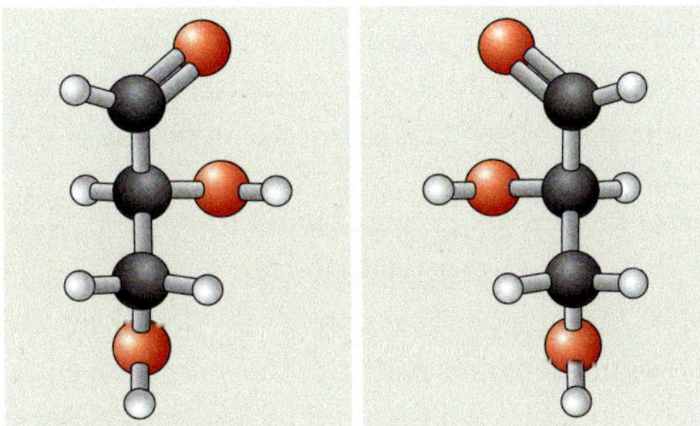

2. **Jedes asymmetrisch substituierte Kohlenstoffatom wird so betrachtet, dass die senkrechten C–C-Bindungen vom Betrachter weg weisen. Die waagerechten Substituenten zeigen auf den Betrachter.**
   Die CHO-Gruppe und $CH_2OH$-Gruppe weisen vom Betrachter weg. –H und –OH zeigen auf den Betrachter.

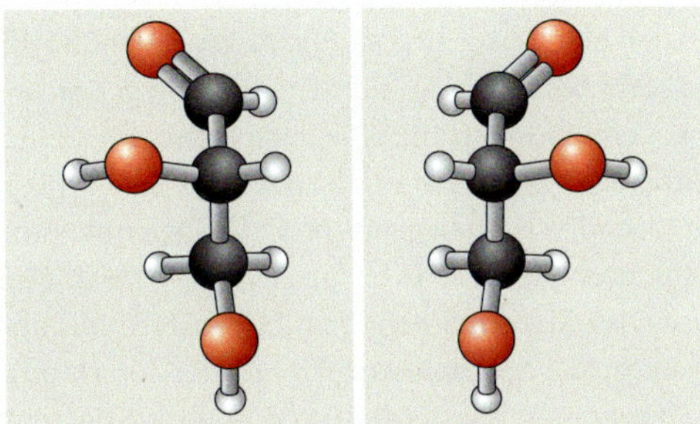

3. **Das so orientierte Molekül wird in die Papierebene projiziert.**
   Bindungen, die nach hinten weisen, werden als senkrechte Striche gezeichnet, die nach vorne weisen als waagerechte Striche.
   Befindet sich die OH-Gruppe des C* auf der rechten Seite der Kohlenstoffkette, liegt die D-Form der Verbindung vor. Steht sie links, handelt es sich um das L-Enantiomer.

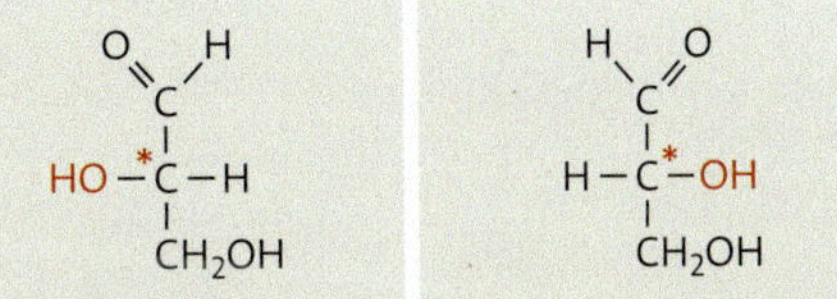

L-Glycerinaldehyd D-Glycerinaldehyd

4. **Hat ein Molekül mehr als ein asymmetrisches Kohlenstoffatom, so wird die D- bzw. L-Zuordnung anhand des asymmetrischen Kohlenstoffatoms getroffen, das am weitesten von der Aldehydgruppe entfernt ist.**
   Beim Glucosemolekül entscheidet die Stellung der OH-Gruppe am C-5-Atom über die Zuordnung zur L- oder D-Glucose.

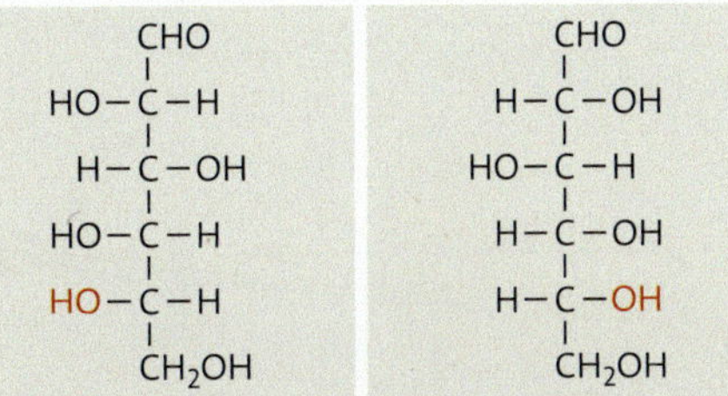

L-Glucose D-Glucose

# Optische Aktivität

**POLARISIERTES LICHT** Bei Licht einer Glühlampe oder Sonnenlicht schwingen die elektromagnetischen Wellen in allen Ebenen senkrecht zur Ausbreitungsrichtung des Lichts. Spezielle Polarisationsfilter lassen nur *eine* Schwingungsebene des Lichts durch. Die Lichtwellen des **linear polarisierten Lichts** breiten sich in der durch den Filter vorgegebenen Schwingungsebene aus. Alle anderen Schwingungsebenen werden nicht durchgelassen (↑ **01**).
Das menschliche Auge kann polarisiertes Licht von unpolarisiertem nicht unterscheiden. Deshalb wird ein zweiter Polarisationsfilter, der Analysator, in den Strahlengang gebracht. Bei gleicher Ausrichtung lassen beide Filter das Licht durch und das Blickfeld ist hell. Dreht man jedoch den Analysator um 90° zum Polarisationsfilter, so wird das Licht vollständig absorbiert und das Blickfeld erscheint dunkel (↑ **02**).

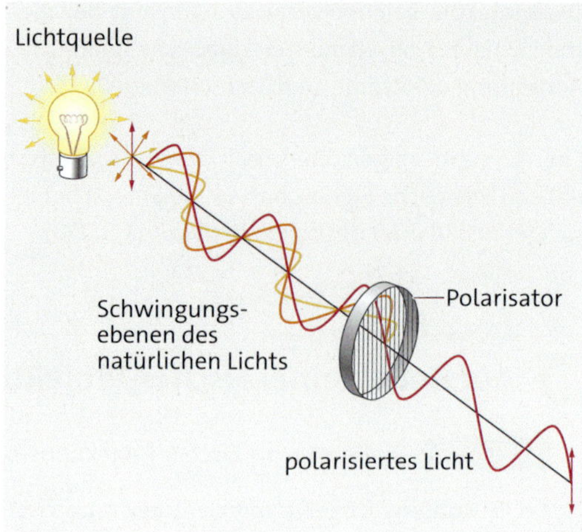


**01** Erzeugung von polarisiertem Licht einer Schwingungsebene

**OPTISCH AKTIVE STOFFE** Wird nun eine Verbindung aus chiralen Molekülen wie Glycerinaldehyd in den Strahlengang gebracht, so dreht sie die Schwingungsebene des Lichts: Sie ist **optisch aktiv**. Man erkennt dies am Polarimeter, indem das Blickfeld hinter dem Analysator heller wird. Nun dreht man den Analysator, bis das Blickfeld wieder dunkel wird, und bestimmt so den Drehwinkel $\alpha$ der Lösung. Verbindungen, die eine nach rechts weisende Drehrichtung besitzen, erhalten zur Kennzeichnung ein (+) vor den Namen gestellt, diejenigen mit einer Drehrichtung nach links erhalten ein (–), beispielsweise D(+)-Glycerinaldehyd und L(–)-Glycerinaldehyd. Zwischen der Drehrichtung und der Zuordnung der Enantiomere zur D- oder L-Konfiguration besteht kein Zusammenhang.

Der Drehwinkel $\alpha$ ist von der Massenkonzentration $\beta$ der Lösung, der Länge $l$ der Messzelle sowie der Wellenlänge des verwendeten Lichts abhängig.
Enantiomere drehen die Ebene des polarisierten Lichts um den gleichen Betrag in die entgegengesetzte Richtung. Deshalb zeigt ein 1:1-Gemisch zweier Enantiomere keinerlei optische Aktivität, da sich die Drehwinkel gegenseitig aufheben. Ein derartiges Isomerengemisch wird **Racemat** genannt.

**1 ›** Für D(+)-Glucose wird ein Drehwinkel von +52,7° und für D(–)-Fructose ein Drehwinkel von –92,4° gemessen. Erläutern Sie, ob es sich bei den Namen der Zucker und den Drehwinkeln um einen Widerspruch handelt.

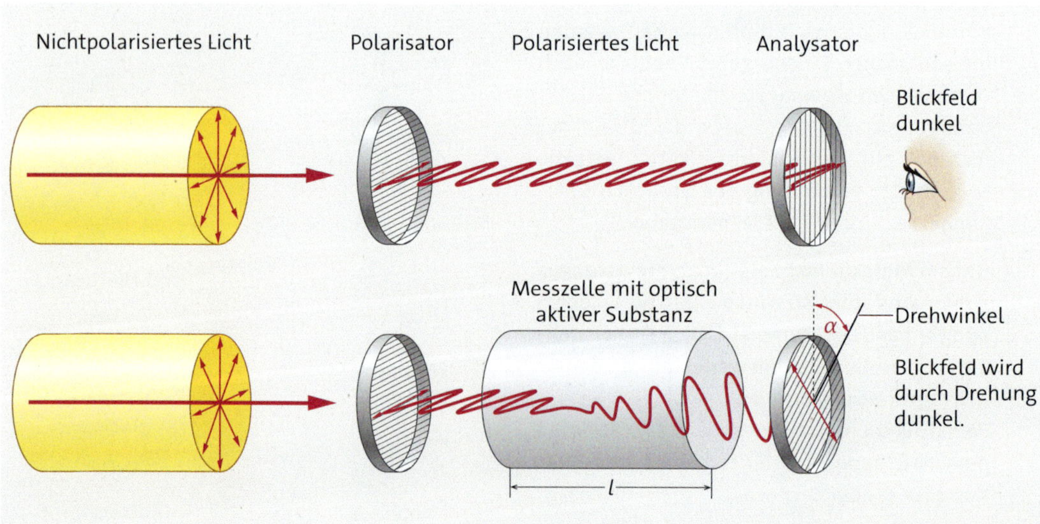


**02** Messung einer optisch aktiven Verbindung mit einem Polarimeter

## Gleich und doch verschieden – chirale Verbindungen in der Natur

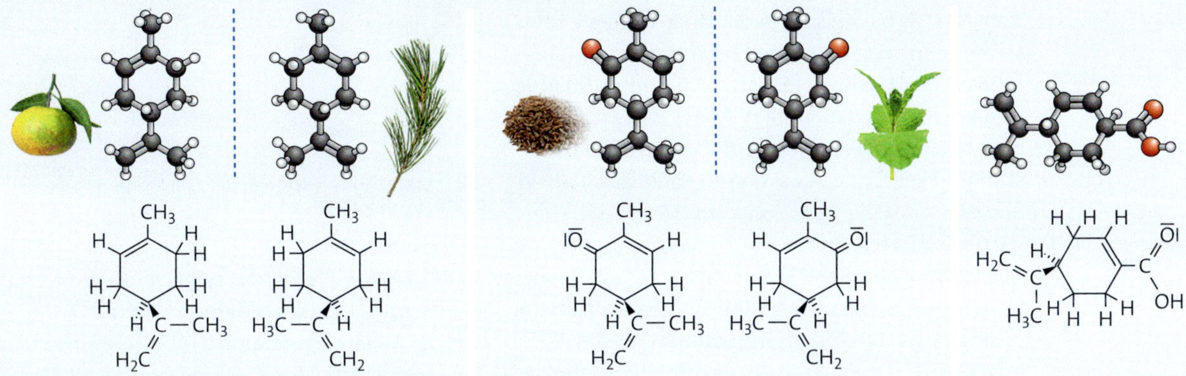

A (+)-Limonen (–)-Limonen  B (–)-Carvon (+)-Carvon  C (+)-Perillasäure

**01** **A** Limonen: Orangen- und Fichtennadelölgeruch, **B** Carvon: Kümmel- und Minzgeruch, **C** Struktur von D(+)-Perillasäure

**LIMONEN** Die Moleküle von D(+)- und L(–)-Limonen sind in jeder Hinsicht identisch – bis auf die Tatsache, dass sie nicht zur Deckung zu bringende Spiegelbilder zueinander haben. Trotzdem ist der Geruchsunterschied sehr deutlich: D(+)-Limonen riecht nach Orangen und L(–)-Limonen nach Fichtennadelöl bzw. Terpentin. Unser Körper ist in der Lage, diesen minimalen Strukturunterschied in bemerkenswerter Weise zu erkennen: Verantwortlich dafür sind die in der Nasenschleimhaut befindlichen chiralen Rezeptoren für chirale Duftmoleküle. Die unterschiedlichen Gerüche entstehen, weil sich Rezeptor und Duftmolekül nach dem Schlüssel-Schloss-Prinzip miteinander verbinden.
Beide Enantiomere findet man in der Natur: D(+)-Limonen ist als Hauptaromastoff in den Schalen von Zitrusfrüchten enthalten. Außerdem findet man es in Kümmel, Dill, Koriander und Rosmarin. L(–)-Limonen kommt in den ätherischen Ölen im Harz und Holz von Nadelbäumen vor.

Rund 90 % des ätherischen Öls aus Orangenschalen besteht aus D(+)-Limonen. Da viele Orangenschalen als Abfall bei der Saftproduktion anfallen, ist es als nachwachsender Rohstoff für die Industrie interessant. Aufgrund der großen produzierten Mengen wird es zur Herstellung von Reinigungsmitteln und als Lösungsmittel in Lacken genutzt, aber auch als preiswerter natürlicher Duftstoff in Kosmetika. Seine Verwendung ist trotz der natürlichen Herkunft problematisch, da es hautreizend und allergieauslösend wirkt und außerdem giftig für Wasserorganismen ist.

Interessant ist ein Oxidationsprodukt des D(+)-Limonens, die **D(+)-Perillasäure**. Sie kann mithilfe von Bakterien aus D(+)-Limonen gewonnen werden. Durch sie lassen sich gesundheitsgefährdende Konservierungsmittel beispielsweise in Kosmetikprodukten ersetzen.

**CARVON** Minze und Kümmel unterscheiden sich sehr deutlich in Geruch und Geschmack. Bei beiden ist Carvon dafür der bestimmende Bestandteil. Minze enthält L(–)-Carvon und Kümmel D(+)-Carvon.
Minzöl wird beispielsweise in Kaugummi und Zahnpasta eingesetzt. Kümmel gilt als eines der ältesten Gewürze und wird für deftige Speisen gebraucht, weil es deren Verdauung erleichtert.

**SPIEGELSYMMETRISCHE SYNTHESE** Chirale Verbindungen spielen für den Menschen nicht nur bei Duftstoffen eine entscheidende Rolle. Auch bei der Herstellung von Medikamenten kann das eine Enantiomer wirksam, das andere jedoch unwirksam oder sogar extrem schädlich sein. Im Jahr 2001 erhielten William S. Knowles, Ryoji Noyori und Barry Sharpless den Chemie-Nobelpreis für die „Molekulare spiegelsymmetrische Katalyse". Den drei Forschern gelang es, mithilfe von chiralen Katalysatoren chemische Reaktionen so zu steuern, dass als Ergebnis nur eine von zwei möglichen spiegelbildlichen Varianten des Produkts gebildet wird. Damit können beispielsweise die linksdrehende Aminosäure L(–)-Thyroxin als Schilddrüsenhormon, die rechtsdrehende Form D(+)-Thyroxin zur Senkung des Cholesterinspiegels selektiv synthetisiert werden.

**1 ›** Zeichnen Sie das Enantiomer von D(+)-Perillasäure.

**2 ›** Sowohl Kümmel als auch Minze enthalten Limonen, allerdings überdeckt das dominante Carvon dessen Geruch und Geschmack.
   **a** Vergleichen Sie die Molekülstruktur von Limonen mit der von Carvon.
   **b** Ordnen Sie Minze und Kümmel jeweils ein Enantiomer des Limonens zu. Begründen Sie Ihre Entscheidung.

# 9.3 Monosaccharide – Glucose

**VORKOMMEN UND BEDEUTUNG** Die zu den Monosacchariden gehörende **Glucose** (Traubenzucker) besitzt durch eine Vielzahl an physiologischen Funktionen große biologische Bedeutung: Ohne sie kann unser Gehirn nicht arbeiten, denn es nutzt fast ausschließlich Glucose als Energielieferanten. Im Blut gesunder Menschen beträgt ihr Massenanteil 0,08 bis 0,1 %. Bei der Zellatmung wird sie in einer mehrstufigen exothermen Reaktion zu Kohlenstoffdioxid und Wasser oxidiert und stellt auf diese Weise Energie für Stoffwechselprozesse zur Verfügung.
Auch in Pflanzen dient Glucose als Energielieferant. Sie ist darüber hinaus als Monosaccharidbaustein in den Polysacchariden Stärke und Cellulose gebunden und damit der am häufigsten vorkommende Zucker überhaupt.

**MOLEKÜLSTRUKTUR** Die Struktur des kettenförmigen Glucosemoleküls wurde von EMIL FISCHER aufgeklärt, der 1902 dafür den Nobelpreis für Chemie erhielt. Mit der Molekülformel $C_6H_{12}O_6$ gehört Glucose zu den Hexosen. Die Aldehydgruppe weist sie als Aldose aus. Vier der sechs Kohlenstoffatome im Glucosemolekül sind asymmetrisch substituierte C*-Atome.

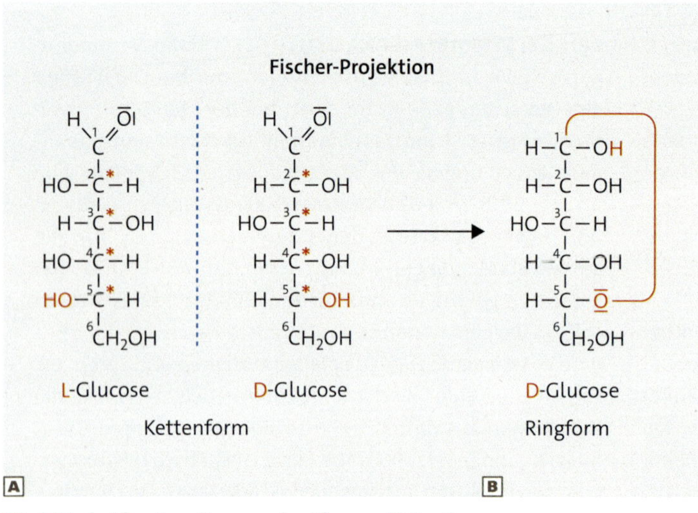


**01** **A** Die beiden Enantiomere der Glucose, **B** Ringform

**P** **EXP 9.05** **Struktur des Glucosemoleküls**

**Durchführung** Konstruieren Sie mithilfe des Molekülbaukastens die Kettenform und die Ringform eines Glucosemoleküls.

**Auswertung** Vergleichen Sie Ihre Molekülmodelle innerhalb des Kurses. Leiten Sie aus den Vergleichsergebnissen eine Schlussfolgerung ab.

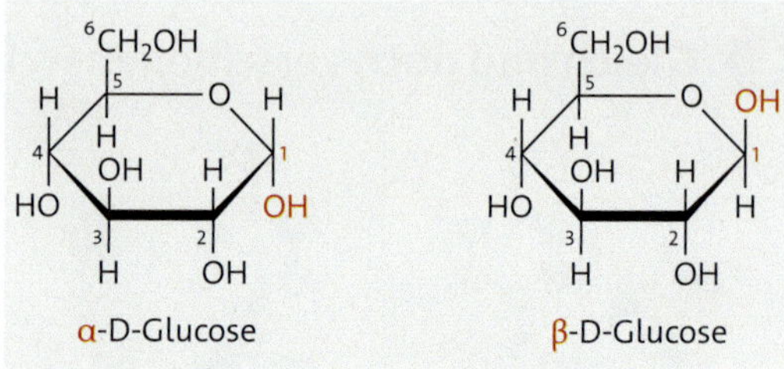


**02** Haworth-Projektionen der Stereoisomere des D-Glucosemoleküls (Pyranosestruktur)

In der Fischer-Projektion zeigt die Hydroxygruppe am fünften Kohlenstoffatom, dem am weitesten von der Aldehydgruppe entfernten asymmetrischen Kohlenstoffatom, nach rechts. Daraus ergibt sich der Name D-Glucose (↑ **01A**). In der Natur kommt ausschließlich die D-Glucose vor, die L-Glucose kann nur synthetisch hergestellt werden.
Weitere Strukturuntersuchungen zeigen, dass die Kettenform allein das Glucosemolekül nicht vollständig beschreibt: Weniger als 0,1 % der Glucosemoleküle liegen in wässrigen Lösungen in Kettenform vor. Dagegen überwiegen Glucosemoleküle in der **Ringform** (↑ **01B**). Sie bildet sich aus der Kettenform durch die intramolekulare Reaktion der Hydroxygruppe am C-5-Atom mit der Aldehydgruppe des C-1-Atoms der Kohlenstoffkette. Der zugrunde liegende Reaktionsmechanismus ist eine *nucleophile Addition*, bei der als Reaktionsprodukt ein **Halbacetal** entsteht (↑ **03**). Auf diese Weise wird ein Sechsring aus fünf Kohlenstoffatomen und einem Sauerstoffatom gebildet. Solche Sechsringzucker heißen **Pyranosen**.
Die Ringstruktur der Glucose wird häufig mithilfe der **Haworth-Projektion** dargestellt (↑ **02**). Atome und Atomgruppen, die in der Fischer-Projektion auf der rechten Seite stehen, zeigen in der Haworth-Projektion nach unten, die nach links weisen, nach oben.

**Glucose ist eine Aldose mit sechs Kohlenstoffatomen im Molekül. Glucosemoleküle liegen überwiegend in der Ringform als Halbacetal vor.**

**EIN NEUES CHIRALITÄTSZENTRUM** Das C-1-Atom der Aldehydgruppe des kettenförmigen Glucosemoleküls wird durch Ringbildung zu einem weiteren asymmetrisch substituierten Kohlenstoffatom. Es wird als **anomeres Kohlenstoffatom** bezeichnet (↑ **03**).
Die Hydroxygruppe am anomeren Kohlenstoffatom ist besonders reaktiv, sodass Glucosemoleküle dort mit weiteren Zuckermolekülen reagieren können.

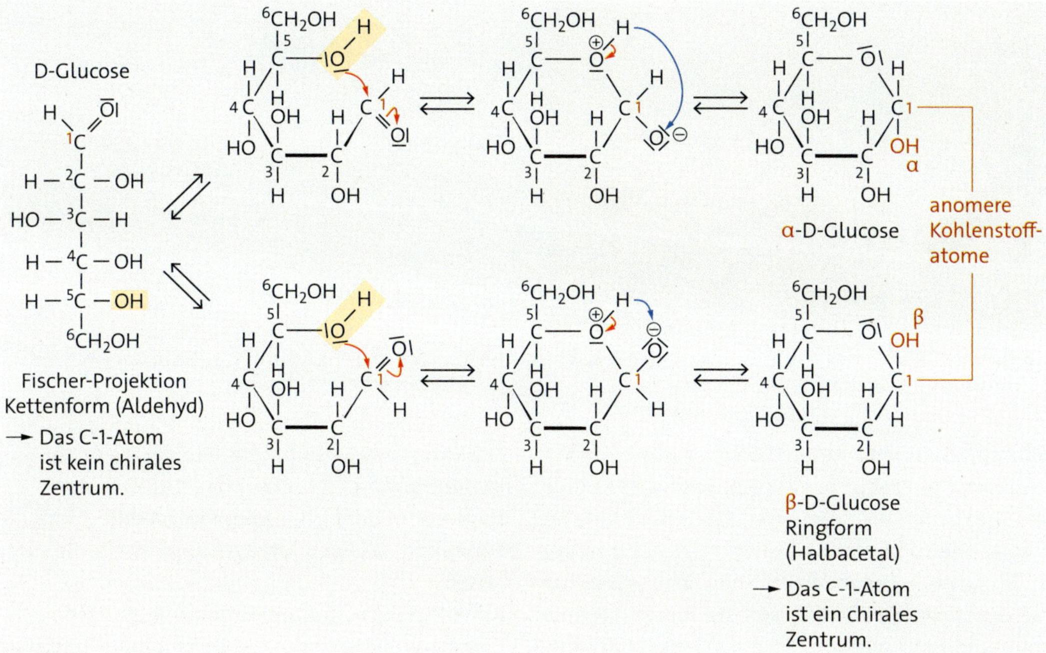


**03** Bildung der Ringform von α- und β-D-Glucose aus der Kettenform durch intramolekulare nucleophile Addition

Je nach räumlicher Anordnung der Hydroxygruppe am anomeren Kohlenstoffatom unterscheidet man zwei Diastereomere, die als **α-D-Glucose** und **β-D-Glucose** bezeichnet werden (↑ Exp. 9.01, S. 275). Man nennt diese Isomere auch Anomere. Sie zeigen unterschiedliche optische Aktivität.

**Zeigt die Hydroxygruppe am anomeren Kohlenstoffatom in der Haworth-Formel nach unten, so spricht man von α-Glucose, steht sie oben, so handelt es sich um β-Glucose.**

**MUTAROTATION** Eine wässrige Lösung von D-Glucose ist aufgrund der Chiralität der Moleküle optisch aktiv. Allerdings verändert sich mit der Zeit der Drehwinkel einer frisch bereiteten Glucoselösung kontinuierlich, bis sich ein konstanter Wert einstellt (↑ Exp. 9.01, S. 275). Diese zeitliche Veränderung des Drehwinkels heißt Mutarotation (lat. *mutare:* ändern).

Das Phänomen beruht darauf, dass sich in wässrigen Lösungen die α-D-Glucose über die Kettenform in die β-D-Glucose umwandelt. Im Verlauf der Isomerisierung bildet sich ein chemisches Gleichgewicht aus, in dem etwa 36 % α-D-Glucose und 64 % β-D-Glucose vorliegen. Der Anteil der Kettenform ist vernachlässigbar gering.
Neben den unterschiedlichen spezifischen Drehungen unterscheiden sich die Anomere auch in ihren Schmelztemperaturen.

**Frische Glucoselösung verändert ihren Drehwinkel, bis sich ein konstanter Wert einstellt. Dieser Effekt wird Mutarotation genannt. Er beruht auf dem chemischen Gleichgewicht zwischen α-D-Glucose und β-D-Glucose.**

**EIGENSCHAFTEN** Die chemischen Eigenschaften von Glucose werden durch die Hydroxygruppen und die Aldehydgruppe bestimmt:
Die vielen Hydroxygruppen im Molekül verursachen nicht nur den süßen Geschmack, sondern sorgen auch dafür, dass sich Glucose sehr gut in Wasser löst, was eine wichtige Voraussetzung für seine biologische Funktion ist.
Glucose wirkt reduzierend. Die Reaktion kann mit unterschiedlichen Oxidationsmitteln wie Fehling-Lösung und Tollens-Reagenz durchgeführt werden und ergibt einen positiven Nachweis, der jedoch nicht spezifisch für Glucose ist (↑ Exp. 9.03, S. 275).

**1 ›** Zeichnen Sie drei unterschiedliche Fischer-Projektionen für Kohlenhydratmoleküle mit vier Kohlenstoffatomen.

**2 ›** Zeichnen Sie die Fischer-Projektion der zur D-Glucose isomeren Ketose.

**3 ›** Erklären Sie, warum ein Gemisch aus D- und L-Glucose im Verhältnis 1:1 optisch inaktiv ist.

**4 ›** Erläutern Sie den Unterschied zwischen den Enantiomeren und Anomeren der Glucose.

# Fructose

**01** Der von den Bienen gesammelt Blütennektar wird in ihrem Honigmagen enzymatisch in Fructose und Glucose gespalten.

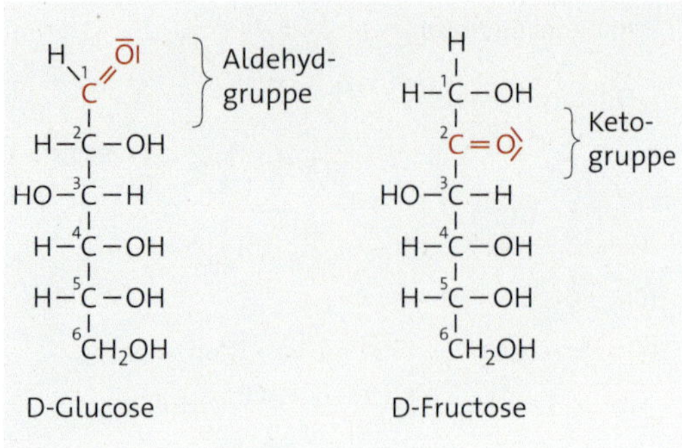


**03** Glucose und Fructose im Vergleich: Das Fructosemolekül besitzt eine Ketogruppe.

**VORKOMMEN UND BEDEUTUNG** Fructose (Fruchtzucker) kommt in fast allen Früchten sowie im Honig vor (↑ **01**). Im Haushaltszucker, Saccharose, und im Inulin, einem Polysaccharid, liegt sie als Zuckerbaustein chemisch gebunden vor. Von allen Zuckern hat sie die höchste Süßkraft, was sie für die Lebensmittelindustrie sehr bedeutsam macht (↑ S. 284).

**STRUKTUR** Fructose hat die Molekülformel $C_6H_{12}O_6$. Ihre Moleküle sind somit Konstitutionsisomere der Glucosemoleküle (↑ **03**). Als Hexosen haben sie eine Kohlenstoffkette mit sechs C-Atomen, weisen aber im Unterschied zu Glucosemolekülen am C-2-Atom eine Ketogruppe auf und gehören folglich zu den **Ketosen**.
Wie bei den D-Glucosemolekülen stehen auch bei den D-Fructosemolekülen Ketten- und Ringformen in wässrigen Lösungen im Gleichgewicht, wobei die Kettenform zu etwa 1 % in einer Fructoselösung vorliegt.

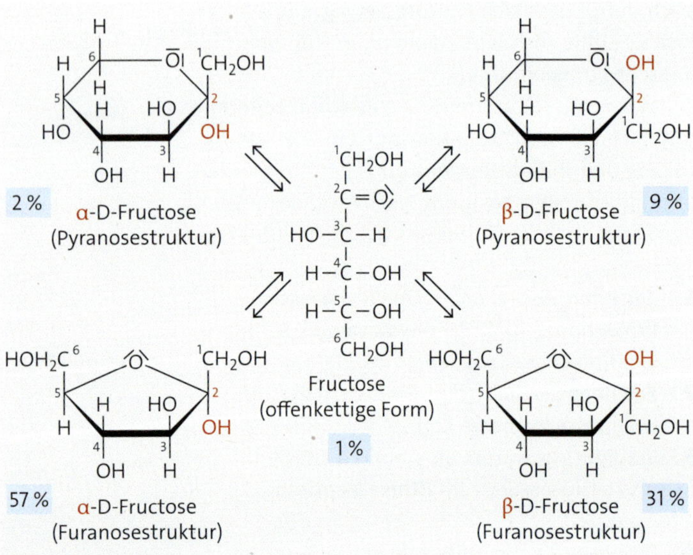


**02** Die fünf Formen der Fructose in wässriger Lösung

Die Ringbildung (Halbacetalbildung) kann über die Hydroxygruppe des C-5- oder des C-6-Atoms erfolgen. So bilden sich sowohl fünfgliedrige Ringe, die **Furanosen**, als auch sechsgliedrige Ringe, die **Pyranosen** (↑ **02**).
Am anomeren C-2-Atom kann die Stellung der OH-Gruppe variieren, wobei jeweils eine α- und eine β-Form bei der Furanose und der Pyranose gebildet werden. Alle vier Anomere liegen in unterschiedlichen Anteilen in einer Fructoselösung vor (↑ **02**).

**Fructosemoleküle kommen sowohl als Fünfring (Furanosestruktur) als auch als Sechsring (Pyranosestruktur) vor.**

**EIGENSCHAFTEN** Neben der D-Fructose existiert auch die spiegelbildliche L-Form. Beide Formen unterscheiden sich in ihrer optischen Aktivität: Die natürlich vorkommende D-Fructose dreht die Schwingungsebene des polarisierten Lichts nach links und die L-Fructose nach rechts.
Der Drehwinkel einer frisch zubereiteten Lösung aus D-Fructose ändert sich allmählich, bis sich das Gleichgewicht zwischen allen fünf Formen und damit ein konstanter Drehwinkel einstellt. Fructose zeigt also wie die Glucose das Phänomen der *Mutarotation* (↑ S. 281).

Fructose wirkt in alkalischer Lösung reduzierend, d. h., sie reagiert wie Glucose mit Fehling-Lösung (Reduktion der $Cu^{2+}$- zu $Cu^{+}$-Ionen im Kupfer(I)-oxid) und Tollens-Reagenz (Reduktion der $Ag^{+}$-Ionen zu Silberatomen). Das ist erstaunlich, da ihre Moleküle keine Aldehydgruppe, sondern eine Ketogruppe aufweisen. Zu erklären ist sowohl die Reaktivität der Glucose als auch der Fructose mit der Bildung einer neuen Struktur, der *Endiolform*. Der Mechanismus der Oxidation beider Zucker ist dabei noch nicht vollständig aufgeklärt (↑ Schon gewusst?).

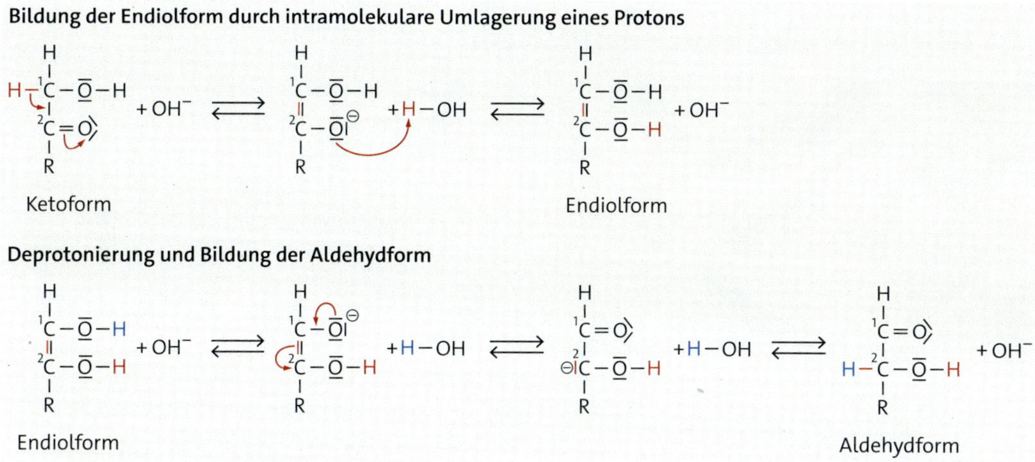


**04** Isomerisierung: Die Keto-Enol-Tautomerie

**KETO-ENOL-TAUTOMERIE** Das Fructosemolekül besitzt am C-1-Atom eine der Ketogruppe benachbarte, besonders reaktionsfähige Hydroxygruppe. Sie ermöglicht, dass über mehrere Reaktionsschritte die Ketogruppe am C-2-Atom verschwindet und eine Aldehydgruppe am C-1-Atom gebildet wird (↑ **04**). Dazu sind katalytisch wirkende $OH^-$-Ionen notwendig, die bewirken, dass am C-1-Atom ein Proton abgespalten und zwischen dem C-1- und dem C-2-Atom eine Doppelbindung gebildet wird. Das abgespaltene Proton kann nun an das Sauerstoffatom der Ketogruppe binden. Das bei dieser *intramolekularen Umlagerung* entstandene Zwischenprodukt ist ein **Endiol**; **En**- steht dabei für die Doppelbindung, -**diol** für die beiden Hydroxygruppen.

Die Endiolform ist nicht sehr stabil. Jeweils eine der Hydroxygruppen kann wieder deprotoniert und dadurch eine Carbonylgruppe zurückgebildet werden. Wird dabei das Proton der Hydroxygruppe am C-2-Atom abgespalten und an die Doppelbindung addiert, bildet sich wieder die Fructose zurück. Wird aber das Proton der Hydroxygruppe am C-1-Atom abgespalten, bildet sich die Aldehydgruppe am C-1-Atom und es entsteht ein Aldehyd – die Glucose. Durch diese **Isomerisierung** der Fructose wird Glucose gebildet (↑ Exp. 9.07, S. 284).

Da alle beteiligten Reaktionen Gleichgewichtsreaktionen sind, stellt sich mit der Zeit ein Gleichgewicht zwischen der Ketoform (Fructose) und der Aldehydform (Glucose) ein. Das Gleichgewicht zwischen der Aldehyd- und der Ketoform beruht auf der **Keto-Enol-Tautomerie**.

**In alkalischen Lösungen wird das Keton Fructose über eine Keto-Enol-Tautomerie in den Aldehyd Glucose umgewandelt.**

**Schon gewusst?** Warum reagiert bei der Fehling-Probe Fructose schneller als Glucose (↑ Exp. 9.03, S. 275)?
Man könnte meinen, dass die bei der Isomerisierung entstehende Glucose mit Fehling-Lösung reagiert. Tatsächlich kann man experimentell nachweisen, dass die reduzierende Wirkung des Glucosemoleküls nicht von der Aldehydgruppe ausgeht, sondern von der Endiolform, dem Zwischenprodukt der Keto-Enol-Tautomerie. Dabei wird am C-2-Atom die Hydroxygruppe oxidiert und es entsteht vermutlich D-Glucoson, das weiter oxidiert wird. Die experimentell feststellbare schnellere Umsetzung von Fructose mit Fehling-Lösung im Vergleich zu Glucose beruht vermutlich darauf, dass die für die Keto-Enol-Tautomerie notwendige Kettenform der Fructose um den Faktor 100 häufiger in Lösung vorkommt als die Kettenform der Glucose.

**1** Vergleichen Sie die Struktur von Fructose- und Glucosemolekülen.
**2** Erklären Sie die gute Löslichkeit von Fructose in Wasser.
**3** Erklären Sie auf Teilchenebene, warum sich der Drehwinkel einer frisch bereiteten Fructoselösung von −133,5° auf −92,4° ändert.
**4** Erklären Sie, warum die Ketose Fructose mit Fehling-Lösung positiv reagiert.
**5** Die Desoxyribose (Haworth-Projektion ↑ **05**) ist ein zentraler Bestandteil der DNA.
**a** Zeichnen Sie die Fischer-Projektion der D-Desoxyribose.
**b** Vergleichen Sie sie mit D-Fructose und diskutieren Sie Ihre Zuordnung zu den Zuckern.

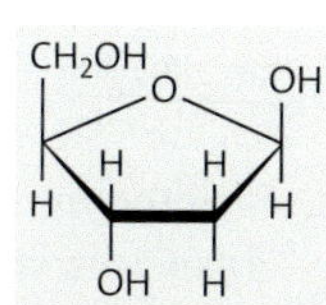


**05** D-Desoxyribose

## Fructose in der Lebensmittelindustrie – ein Problem?

**01** Fructose süßt Speiseeis und macht es besonders cremig.

Fructose macht Limonaden süß und das Speiseeis schön cremig. Wegen ihrer Eigenschaften ist sie bei der Herstellung von Lebensmitteln von großer Bedeutung. Sie

- hat eine mehr als doppelt so starke Süßkraft wie Haushaltszucker (Saccharose),
- löst sich sehr gut in Wasser,
- kristallisiert in Lebensmitteln nur wenig aus,
- verstärkt den Geschmack von Früchten und Schokolade,
- überdeckt den bitteren Nachgeschmack von Süßstoffen,
- setzt die Gefriertemperatur von Speiseeis herab.

Weltweit werden etwa zehn Millionen Tonnen Fructosesirup produziert, die hauptsächlich für die industrielle Herstellung von Lebensmitteln verwendet werden. Doch wo kommen diese großen Mengen Fructose her?
Die in Früchten und Honig natürlicherweise enthaltenen Mengen reichen dafür nicht aus. Erst die Entdeckung des Enzyms Glucose-Isomerase machte die industrielle Produktion von Fructose in großen Mengen möglich.

Das Enzym, das aus Bakterien isoliert werden kann, wandelt Glucose in Fructose um. Zunächst wird die in großen Mengen in der Stärke von Mais, Kartoffeln usw. gebundene Glucose gewonnen, die anschließend dann zu Fructose isomerisiert wird. Eine Limonade, die beispielsweise mit „Maissirup" gesüßt ist, enthält bei 100 g Maissirup pro Liter 90 g Fructose.
Lange genoss Fructose in der Lebensmittelindustrie einen guten Ruf und wurde vor allem Produkten für Diabetiker wie Gebäck, Konfitüre oder Schokolade zugesetzt. Anders als Glucose erhöht Fructose nämlich den Blutzuckerspiegel nicht unmittelbar, sondern wird direkt in der Leber abgebaut. Dort entstehen allerdings aus den Fructosemolekülen Vorstufen von Molekülen, die der Speicherung von Fett dienen und damit Übergewicht begünstigen. Außerdem wurde bei gesunden Versuchspersonen ermittelt, dass bei erhöhter Fructosezufuhr die Körperzellen weniger empfindlich auf das Hormon Insulin reagieren. Das bedeutet, dass die Zellen weniger Glucose aufnehmen, was wiederum zu einem Anstieg des Blutzuckerspiegels führt – eine Entwicklung, die langfristig eine Diabeteserkrankung überhaupt erst entstehen lässt. Deshalb wird von Ernährungswissenschaftlern empfohlen, auf Lebensmittel zu verzichten, die zugesetzte Fructose enthalten – jedoch nicht auf Obst, das vergleichsweise wenig Fructose enthält. Diabetiker müssen natürlich die in Früchten enthaltenen Zucker in ihrer Diät berücksichtigen.

**1** Diskutieren Sie die Verwendung von Fructose in der Lebensmittelindustrie aus der Sicht der Verbraucher.

## Fructose

8 5 7 9

### EXP 9.06 Unterscheidung von Fructose und Glucose

**Materialien** 2 Reagenzgläser, Becherglas, Wasserbad, Brenner, Stoppuhr; 10%ige Fructoselösung, 10%ige Glucoselösung, Resorcin (8, 7, 9), konz. Salzsäure ($w$ = 32 %; 5, 7)

**Durchführung** *Herstellen von Seliwanow-Reagenz für etwa 10 Ansätze:* Lösen Sie 0,2 g Resorcin in 40 ml konzentrierter Salzsäure. Geben Sie die Lösung vorsichtig in 80 ml Wasser. Füllen Sie jeweils 2 ml Fructose- und Glucoselösung in ein Reagenzglas. Versetzen Sie diese mit 5 ml Seliwanow-Reagenz. Erhitzen Sie die Lösungen in einem siedenden Wasserbad.
*Entsorgung:* Lösungen in den Behälter für halogenfreie organische Abfälle geben.

**Auswertung** Beschreiben und deuten Sie die Beobachtung.

### EXP 9.07 Isomerisierung

**Materialien** 2 Reagenzgläser, Tropfpipetten, Messpipette, Wasserbad, Brenner, Glucoseteststreifen, Indikatorpapier, Natronlauge ($c$ = 0,1 mol · $l^{-1}$; 7), Essigsäure ($c$ = 0,1 mol · $l^{-1}$), Fructose

**Durchführung** Lösen Sie 1 g Fructose in 10 ml Wasser. Prüfen Sie die Lösung mit einem Glucoseteststreifen. Fügen Sie nun 1 ml Natronlauge hinzu und erhitzen Sie die Flüssigkeit 5 min im siedenden Wasserbad. Lassen Sie das Reaktionsgemisch abkühlen und neutralisieren Sie dann durch Zugabe von Essigsäure in kleinen Portionen. Untersuchen Sie die neutralisierte Lösung mit einem Glucoseteststreifen.
*Entsorgung:* Lösungen ins Abwasser geben.

**Auswertung** Beschreiben und deuten Sie die Beobachtung.

# 9.4 Vielfalt der Monosaccharide

**HOMOLOGE REIHE DER D-ALDOSEN** Die Monosaccharide bilden ähnlich den Alkanen eine homologe Reihe. Die kleinste Aldose ist das Glycerinaldehyd. Durch den Einbau jeweils einer weiteren H–C–OH-Gruppe zwischen dem C-1- und dem C-2-Atom erfolgt die Verlängerung zu längerkettigen Aldosen. Da die neu eingeschobenen C-Atome asymmetrisch substituiert sind, gibt es für die Stellung der OH-Gruppen in der Fischer-Projektion jeweils zwei Möglichkeiten. Somit verdoppelt sich auf jeder Verlängerungsstufe die Anzahl der Diastereomere. Bei einer Kettenlänge von sechs Kohlenstoffatomen ergeben sich für die Reihe der D-Aldosen bereits acht mögliche Zucker (↑ **01**) – zusammen mit den L-Aldosen entsprechend 16 verschiedene Zucker.

**VORKOMMEN UND BEDEUTUNG** Nicht nur die bekannte D-Glucose, sondern viele weitere Zucker aus der Reihe der D-Aldosen kommen in der Natur verbreitet vor. *Beispiele (jeweils D-Form)*:

- Glycerinaldehyd ist ein Zwischenprodukt des Energiestoffwechsels bei Tieren und Menschen.
- Erythrose kommt ebenfalls beim Energiestoffwechsel vor und in einigen Synthesewegen von Bakterien, Pflanzen und Pilzen.
- Ribose ist ein Baustein der an der Proteinbiosynthese beteiligten Ribonucleinsäure (RNA) sowie des Energieträgers Adenosintriphosphat (ATP). Sie kommt damit bei allen Stoffwechselvorgängen und bei der Zellteilung vor.
- Arabinose ist Bestandteil von Kautschuksaft (Gummi), Harzen und Schleimen.
- Xylose findet man in Holz, Samen und Früchten chemisch gebunden. Aus ihr wird das Süßungsmittel Xylit hergestellt, das vom menschlichen Stoffwechsel nicht verwertet werden kann.
- Mannose kommt in gebundener Form in den Wurzeln von Korbblütlern wie Löwenzahn vor.
- Galactose ist neben der Glucose ein Zuckerbaustein im Milchzucker (Lactose). Sie ist auch in höheren Kohlenhydraten chemisch gebunden und kommt in der Schleimhaut vor.

**HOMOLOGE REIHE DER KETOSEN** Auch bei den Ketosen erhält man durch die Verlängerung der Kette weitere Zucker (↑ **01**). Die Kettenverlängerung erfolgt zwischen dem C-2- und dem C-3-Atom. Von Bedeutung ist die D-Ribulose als Zwischenprodukt des Calvinzyklus der Pflanzen. D-Sorbose kommt in Vogelbeeren der Eberesche vor und ist außerdem ein Zwischenprodukt bei der Vitamin-C-Synthese. Die D-Tagatose liegt in geringen Mengen in der Milch vor. Sie kann aus D-Galactose gewonnen werden.

*Die Zuordnung zur D- oder L-Reihe der Monosaccharide erfolgt immer aufgrund der Konfiguration des chiralen Kohlenstoffatoms, das am weitesten von der Aldehyd- oder Ketogruppe entfernt ist (↑ S. 277).*

**1** Zeichnen Sie die zur D-Mannose enantiomere Form der L-Mannose sowie die zur D-Galactose enantiomere Form der L-Galactose. Kennzeichnen Sie alle asymmetrischen Kohlenstoffatome C*.

**2** Vergleichen Sie D-Galactose und D-Tagatose. Erläutern Sie die Möglichkeit, D-Tagatose aus D-Galactose zu gewinnen.

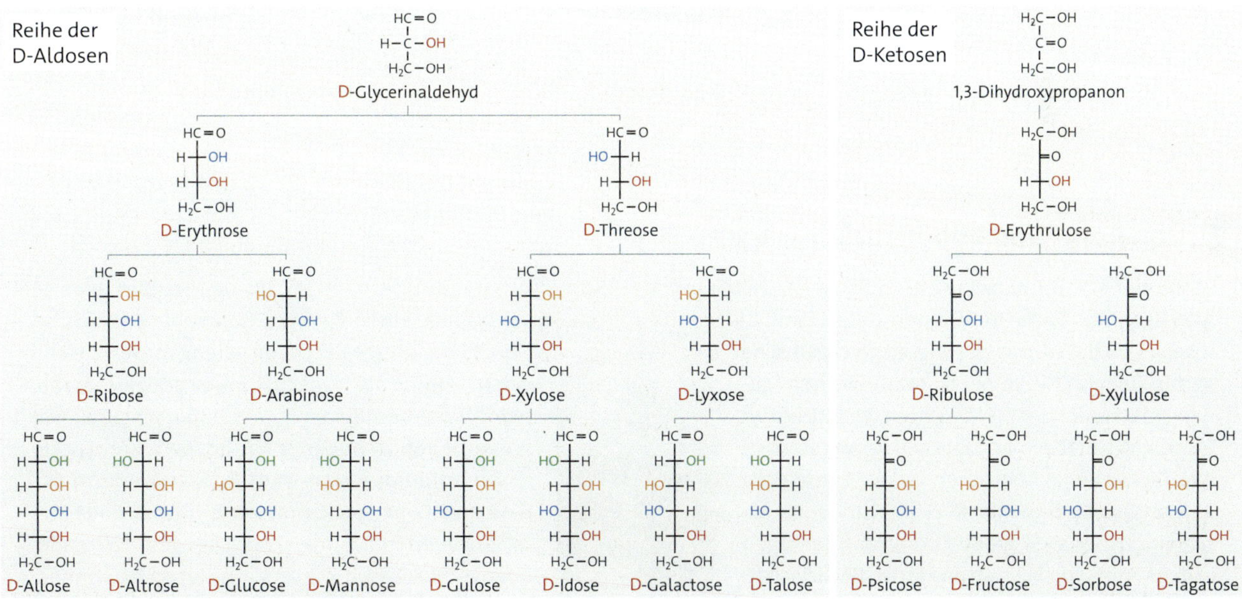


**01** Reihe der D-Aldosen und der D-Ketosen

# 9.5 Disaccharide

**01** Einige Pflanzen enthalten hohe Anteile an Saccharose.

**SACCHAROSE – ROHRZUCKER** Die in den grünen Pflanzenteilen bei der Fotosynthese erzeugte Glucose wird häufig umgewandelt, wobei als ein möglicher Speicherstoff die **Saccharose** entsteht. In bestimmten Pflanzen ist sie in hohen Anteilen enthalten und kann so für die Gewinnung unseres Haushaltszuckers genutzt werden (↑ **01**).

Saccharose wird durch die Reaktion von α-D-Glucose mit β-D-Fructose gebildet. Dabei wird Wasser in einer Kondensationsreaktion abgespalten (↑ **02**).

Saccharose gehört zu den **Disacchariden** (lat. *di:* zwei, *saccharum:* Zucker), den Zweifachzuckern.

Die Moleküle der Disaccharide bestehen aus zwei Monosaccharidbausteinen, die über ein Sauerstoffatom verbunden sind. Diese Bindung wird durch die Reaktion je einer OH-Gruppe der beiden Monosaccharidmoleküle gebildet.

Voraussetzung für diese Reaktion sind *besonders reaktionsfähige OH-Gruppen*. Im Fall des Glucosemoleküls ist dies die OH-Gruppe am C-1-Atom, beim Fructosemoleküls die OH-Gruppe am C-2-Atom. Diese OH-Gruppen sind jeweils durch die Ringbildung aus der Kettenform entstanden und werden **glykosidische OH-Gruppen** genannt. Entsprechend wird die aus ihnen entstandene Bindung als **glykosidische Bindung** bezeichnet.

Im Saccharosemolekül liegt eine *α-1,β-2-glykosidische Bindung* vor. Dies besagt, dass ein α-D-Glucosemolekül über sein C-1-Atom mit dem C-2-Atom des β-D-Fructosemoleküls verbunden ist.

Durch verdünnte saure Lösungen kann Saccharose hydrolytisch zu D-Glucose und D-Fructose im Verhältnis 1:1 gespalten werden (↑ Exp. 9.09, S. 289).

**Saccharose ist ein Disaccharid. Ihre Moleküle bestehen aus einem D-Glucosebaustein und einem D-Fructosebaustein, die α-1,β-2-glykosidisch verbunden sind.**

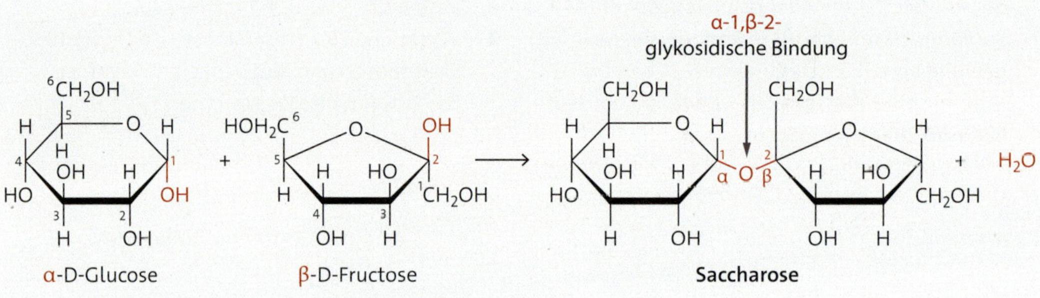


**02** Bildung von Saccharose aus α-D-Glucose und β-D-Fructose

## Von Rohr- und Rübenzucker

Schon um 600 n. Chr. gelang es in Persien, aus wässrigen Auszügen des Zuckerrohrs einen süßen Stoff, die Saccharose, zu isolieren. Sie war die erste organische Verbindung, die in reiner, kristalliner Form gewonnen wurde. Händler brachten den Zucker im frühen Mittelalter nach Europa. Er war so kostbar, dass er nur in Apotheken verkauft wurde. Im 16. Jahrhundert wurde Zucker allmählich erschwinglicher, weil große Zuckerrohrplantagen in der Karibik von Sklaven aus Afrika bewirtschaftet wurden. Er blieb aber ein Privileg für Wohlhabende.

Schließlich entdeckte man im 18. Jahrhundert eine in Europa wachsende zuckerhaltige Pflanze, die Zuckerrübe. Durch langjährige Züchtung gelang es, den Zuckergehalt von 1,6 auf zunächst 5 % zu steigern. Napoleons Kontinentalsperre von 1806 bis 1813 verhinderte den Handel mit karibischem Rohrzucker in Zentraleuropa, was zum Aufblühen der europäischen Rübenzuckerindustrie führte. Ende des 19. Jahrhunderts wurde sämtlicher des in Deutschland verbrauchten Zuckers aus Rüben gewonnen. Zucker wurde preiswert und für jedermann erschwinglich.

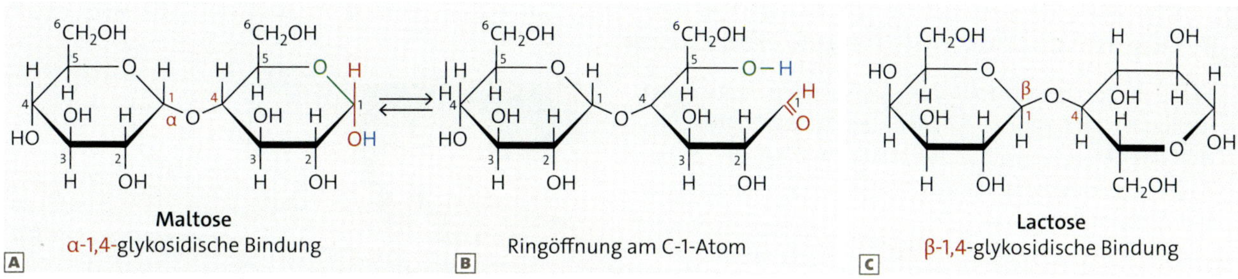


**03** **A** Maltose (Haworth-Projektion), **B** Ringöffnung des Maltosemoleküls, **C** Lactose (Haworth-Projektion)

**MALTOSE – MALZZUCKER** Bei der Hydrolyse von Maltose, dem Malzzucker, entsteht nur D-Glucose: Die Maltosemoleküle sind aus zwei α-D-Glucosebausteinen aufgebaut, die α-1,4-glykosidisch verbunden sind (↑ **03A**).

Maltose kommt als Hydrolyseprodukt von Stärke in Getreide vor und dient dort als Energielieferant der Pflanze. Für die Bierherstellung wird sie gezielt in keimender Gerste erzeugt und mithilfe von Hefen zu Ethanol vergoren.

**REDUZIERENDE WIRKUNG** Disaccharide wirken dann reduzierend, wenn durch Ringöffnung der cyclischen Struktur am reaktiven (anomeren) C-1-Atom eines der beiden Monosaccharidbausteine eine offenkettige Form entstehen kann.

Bei *Saccharose* verläuft die Fehling-Probe negativ, weil im Saccharosemolekül keine glykosidischen OH-Gruppen mehr vorhanden und die reaktiven C-Atome beider Monosaccharidbausteine glykosidisch gebunden sind. Somit ist eine Ringöffnung zur Kettenform unter diesen Bedingungen nicht möglich und Saccharose wirkt nicht reduzierend.

Beim *Maltosemolekül* ist jedoch das C-1-Atom des zweiten Glucosebausteins frei, sodass dort eine Ringöffnung erfolgen kann (↑ **03B**). Maltose wirkt deshalb reduzierend und die Fehling-Probe fällt positiv aus (↑ Exp. 9.08, S. 289).

**LACTOSE – MILCHZUCKER** Die Milch aller Säugetiere enthält Lactose als Zucker, Kuhmilch beispielsweise 4,8 %. Sie schmeckt deutlich weniger süß als Saccharose. Im Milchzucker ist β-D-Galactose mit D-Glucose β-1,4-glykosidisch verknüpft (↑ **03C**).

Während Babys durch das Enzym Lactase in der Lage sind, die Lactose zu spalten, fehlt bei etwa 15 % der Erwachsenen dieses Enzym. Sie leiden an einer Lactoseintoleranz mit Symptomen wie Bauchschmerzen und Durchfällen, weil die nicht abgebaute Lactose im Darm zu Milchsäure vergoren wird.

**Schon gewusst?** Monosaccharde sind Halbacetale, Disaccharide sind Acetale.
Die OH-Gruppe des Halbacetals A wird protoniert und als Wasser abgespalten. Das Sauerstoffatom einer OH-Gruppe des Monosaccharidmoleküls B greift nucleophil das nun positiv geladene Kohlenstoffatom des Halbacetals an. Es entsteht ein Disaccharid oder allgemein formuliert: ein Acetal.

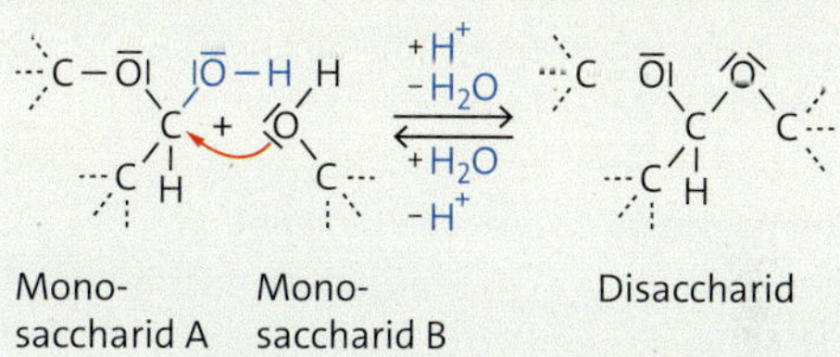


Solche Zuckeracetale werden allgemein als *Glykoside* bezeichnet. Daher rührt auch der Name der reaktiven OH-Gruppe am Halbacetal, der *glykosidischen OH-Gruppe*, sowie der Name der *glykosidischen Bindung*.

**1** Entwickeln Sie einen Versuchsansatz, der zeigt, dass Saccharose aus den Monosaccharidbausteinen D-Glucose und D-Fructose besteht.

**2** Ordnen Sie die Lactose begründet den nichtreduzierenden bzw. reduzierenden Zuckern zu.

**3** Zeichnen Sie die Haworth-Projektionsformeln der Monosaccharidbausteine der Lactose.

**4** Ein weiteres Disaccharid ist die Cellobiose. Sie besteht aus zwei β-D-Glucosebausteinen, die β-1,4-glykosidisch verknüpft sind.
**a** Zeichnen Sie die Haworth-Projektionsformel dieses Zuckers.
**b** Stellen Sie eine Hypothese auf, ob Cellobiose mit Fehling-Lösung nachgewiesen werden kann.
**c** Erklären Sie die Begriffe Halbacetal und Acetal am Cellobiosemolekül.

## Oligosaccharide – die besonderen Zucker

Wenn drei bis zehn Monosaccharidbausteine miteinander verbunden sind, dann nennt man diese Zucker **Oligosaccharide** oder Mehrfachzucker. Sie sind eine biochemisch bedeutende Stoffgruppe, die auch zunehmend für industrielle Produkte interessant wird.

**BEDEUTUNG IN DER BIOCHEMIE** Oligosaccharide sind häufig an Proteine und Lipide gebunden und kommen als **Glykoproteine** und **Glykolipide** in den Zellmembranen vor. Als individuelle Markierungen dienen sie dort der Zellerkennung oder bestimmen als **Blutgruppenantigene** die Blutgruppen nach dem AB0-System.
Eine weitere, erst 2012 erforschte biochemische Funktion der Oligosaccharide spielt schon am Beginn unseres Lebens eine wichtige Rolle. So enthält Muttermilch 5 bis 10 $g \cdot l^{-1}$ der sogenannten **humanen Muttermilch-Oligosaccharide (HMO)**. Sie dienen nicht der Ernährung, sondern der Abwehr von Krankheitserregern im Darm von Säuglingen, die mit Muttermilch gestillt werden. HMO weisen eine ähnliche Struktur auf, wie jene glykosidischen Rezeptoren, die sich an der Oberfläche der Darmepithelzellen befinden. Bei einer Infektion binden Krankheitserreger an diese Zellerkennungsstrukturen und dringen in die Zellen ein. Sind jedoch durch das Stillen im Darm HMO vorhanden, so binden die Krankheitserreger bevorzugt an sie und werden schließlich, ohne krank zu machen, mit den unverdaulichen Oligosacchariden wieder ausgeschieden. So kann heute erklärt werden, warum noch vor 100 Jahren gestillte Säuglinge eine siebenmal geringere Sterblichkeit aufwiesen als nicht gestillte.

**ANWENDUNG IN DER INDUSTRIE** Eine weitere Gruppe von Oligosacchariden sind **Cyclodextrine** – wasserlösliche Abbauprodukte der Stärke, die nicht in der Natur vorkommen. Ihre Moleküle bestehen aus α-1,4-glykosidisch verknüpften Glucosebausteinen. Nach ihrer Anzahl unterscheidet man unterschiedlich große Ringmoleküle: α-Cyclodextrin besitzt sechs, β-Cyclodextrin sieben und γ-Cyclodextrin acht Glucosebausteine. In den Cyclodextrinmolekülen sind die Glucosebausteine so angeordnet, dass sich eine hydrophile Außenseite und in ihrem Innern ein lipophiler Hohlraum ergibt, in dem weitere Moleküle eingelagert werden können. Diese besondere Struktur ermöglicht viele Anwendungen: In der Lebensmittelindustrie dienen sie als Emulgatoren oder Stabilisatoren für Geschmacksstoffe, in Luftauffrischern eliminieren sie unangenehme Gerüche, in der Pharmazeutik verbessern sie die Löslichkeit von Arzneistoffen.

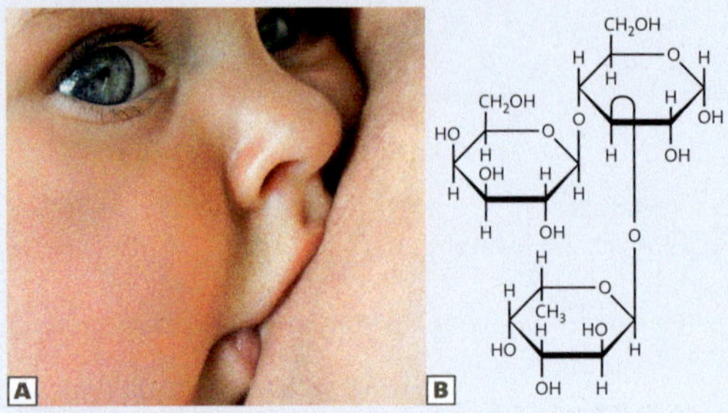

**01 A** Die in der Muttermilch enthaltenen Oligosaccharide schützen den Säugling vor Infektionen. **B** Strukturformel eines HMO-Moleküls aus drei Monosaccharidbausteinen

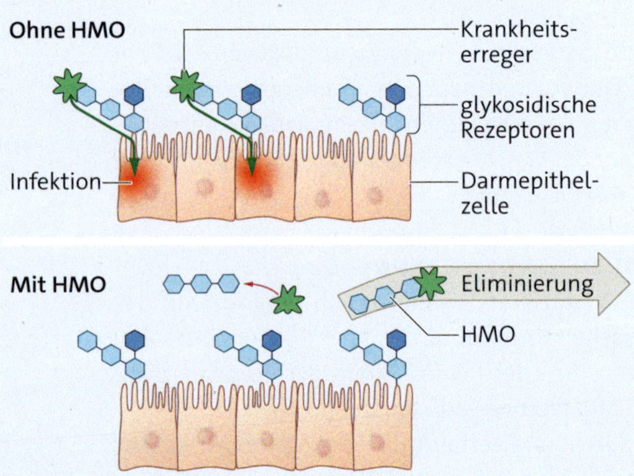


**02** Modell der Funktion von HMO zum Schutz vor Infektionen im Darm eines Säuglings

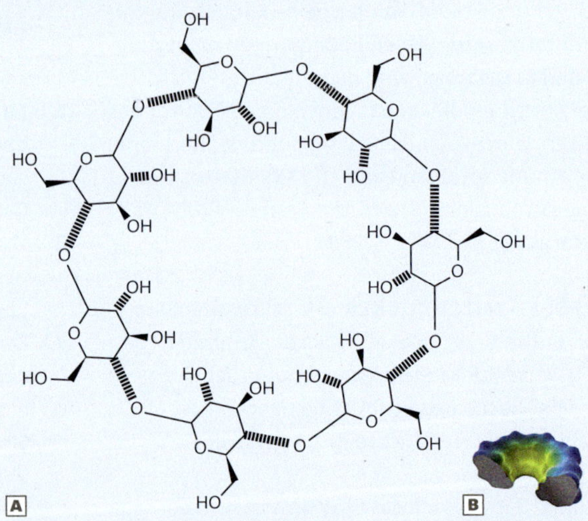

**03 A** Strukturformel eines Cyclodextrinmoleküls, **B** Raummodell

**1 ›** Beschreiben Sie die am Aufbau des 2'-Fucosyllactosemoleküls (↑ **01B**) beteiligten Monosaccharidbausteine und die glykosidischen Bindungen.

**2 ›** Erläutern Sie anhand der Struktur des Cyclodextrinmoleküls, warum diese Stoffgruppe als Emulgatoren, z. B. in veganer Margarine, eingesetzt werden kann.

# Praktikum

## P Eigenschaften von Disacchariden und Oligosacchariden

### EXP 9.08 Reduzierende Eigenschaften von Disacchariden

**Materialien** 3 Reagenzgläser, Reagenzglasständer, Wasserbad, Saccharose, Maltose, Lactose, Fehling-Lösung I (5, 9) und Fehling-Lösung II (5)

**Durchführung** Führen Sie mit Saccharose, Maltose und Lactose die Fehling-Probe durch (↑ Exp. 9.03, S. 275).
*Entsorgung:* Lösungen in den Behälter für giftige anorganische Abfälle geben.

**Auswertung**

1) Beschreiben Sie die Beobachtungen.
2) Erklären Sie das unterschiedliche Verhalten der Zucker.

### EXP 9.09 Hydrolyse von Saccharose

**Materialien** Reagenzglas, Reagenzglasständer, Gasbrenner, Wasserbad, Messpipette, Siedesteinchen, Wasser, Glucoseteststreifen, Seliwanow-Reagenz (↑ Exp. 9.06; 8, 5, 7, 9), Saccharose, Salzsäure ($c$ = 1 mol · l$^{-1}$; 7), Natronlauge ($c$ = 1 mol · l$^{-1}$; 5)

**Durchführung** 1. Geben Sie zu 5 ml einer 5%igen Saccharoselösung 1 ml Salzsäure. Fügen Sie ein Siedesteinchen hinzu und erhitzen Sie das Reaktionsgemisch 10 min in einem siedenden Wasserbad, dann abkühlen lassen.
2. Geben Sie 1 ml Natronlauge zum Reagenzglasinhalt.
3. Prüfen Sie die neutralisierte Lösung mit einem Glucoseteststreifen.
4. Untersuchen Sie anschließend die Lösung mit Seliwanow-Reagenz (↑ Exp. 9.06, S. 284).

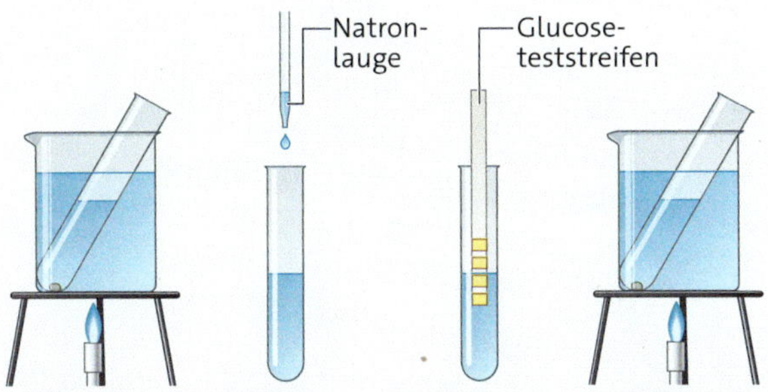


*Entsorgung:* Lösungen in den Behälter für saure und alkalische Abfälle, Teststreifen in den Hausmüll geben.

**Auswertung**

1) Beschreiben Sie Ihre Beobachtungen.
2) Erklären Sie das Versuchsergebnis.
3) Bewerten Sie die Nachweise der Reaktionsprodukte kritisch, führen Sie eventuell ein zusätzliches Experiment durch.

### EXP 9.10 Glucosenachweis in Cyclodextrin

**Materialien** Reagenzglas, Becherglas (50 ml), Wasserbad, Brenner, Waage, 2 Messpipetten, Siedesteinchen, Cyclodextrin, Glucoseteststreifen, Salzsäure ($c$ = 1 mol · l$^{-1}$; 7), Natronlauge ($c$ = 1 mol · l$^{-1}$; 5)

**Durchführung** Stellen Sie 4 ml einer 10%igen wässrigen Cyclodextrinlösung her. Prüfen Sie diese mit einem Glucoseteststreifen. Versetzen Sie jetzt 1 ml der Cyclodextrinlösung mit 1 ml Salzsäure und geben Sie ein Siedesteinchen hinzu. Erhitzen Sie das Gemisch für 10 min im siedenden Wasserbad. Neutralisieren Sie die Lösung nach dem Abkühlen mit 1 ml Natronlauge und prüfen Sie sie dann mit einem Glucoseteststreifen.
*Entsorgung:* Lösungen ins Abwasser geben.

**Auswertung**

1) Beschreiben Sie die Beobachtungen.
2) Erklären Sie das Versuchsergebnis.
3) Diskutieren Sie, ob die Nutzung der Fehling-Probe anstelle der Glucoseteststreifen sinnvoll wäre.

### EXP 9.11 Emulgatorwirkung von Cyclodextrin

**Materialien** 2 Reagenzgläser, Messzylinder, Tropfpipette, Wasser, Cyclodextrin, Speiseöl

**Durchführung** Geben Sie 3 ml einer 10%igen Cyclodextrinlösung (↑ Exp. 9.10) in ein Reagenzglas. In ein weiteres Reagenzglas füllen Sie 3 ml Wasser. Geben Sie in beide Reagenzgläser wenige Tropfen Speiseöl.
Schütteln Sie beide Reagenzgläser kräftig.
*Entsorgung:* Lösungen ins Abwasser geben.

**Auswertung** Beschreiben und deuten Sie das Ergebnis.

### EXP 9.12 Cyclodextrin im Lufterfrischungsspray

**Materialien** Becherglas (250 ml), 3 Reagenzgläser, Wasserbad, Brenner, 2 Messpipetten, Siedesteinchen, Lufterfrischungsspray, Glucoseteststreifen, Salzsäure ($c$ = 1 mol · l$^{-1}$; 7), Natronlauge ($c$ = 1 mol · l$^{-1}$; 5), Wasser, Speiseöl

**Durchführung** Erhitzen Sie 50 ml Raumerfrischungsspray mit einigen Siedesteinchen in einem Becherglas so lange, bis das Volumen auf die Hälfte reduziert ist.
Verfahren Sie mit der gewonnenen Lösung wie in ↑ Exp. 9.10 und Exp. 9.11 beschrieben.
*Entsorgung:* Lösungen ins Abwasser geben.

**Auswertung** Vergleichen Sie das Ergebnis mit den Beobachtungen aus den Experimenten ↑ 9.10 und 9.11.

# Klausurtraining

## Material A Glucose – ein Aldehyd?

Der Nachweis von Alkanalen (Aldehyden) gelingt mit *Schiffs Reagenz*: Bereits wenige Tropfen führen zu einer rosa bis violetten Färbung, wenn die Moleküle des untersuchten Stoffs Aldehydgruppen besitzen.
Doch ergibt auch der Test mit Glucose eine positive Reaktion?

**Versuchsansätze:**

I: Wasser + Schiffs Reagenz
II: Wasser + Schiffs Reagenz + Propanal
III: Wasser + Schiffs Reagenz + Glucose
IV: Wasser + Schiffs Reagenz + Glucose + verd. Natronlauge

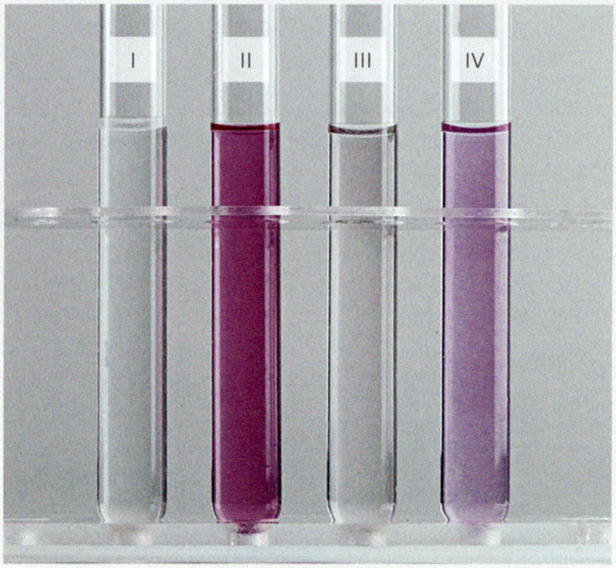


**A1.1** Versuchsergebnisse der Reaktion mit Schiffs Reagenz nach 1 min

### AUFGABEN ZU A

**1 ›** Nennen Sie die typischen Strukturmerkmale von Glucosemolekülen.

**2 ›** Beschreiben Sie die abgebildeten Versuchsergebnisse.

**3 ›** **a** Interpretieren Sie die Versuchsergebnisse.
**b** Erklären Sie das Versuchsergebnis von Ansatz IV mithilfe von chemischen Vorgängen.
**c** Bewerten Sie das Experiment hinsichtlich wissenschaftlicher Vollständigkeit.

## Material B Cyclodextrine

Vitamin A (Molekülformel: $C_{20}H_{30}O$) wird als Wirkstoff zur Hautpflege u. a. zur Reduzierung von Falten in Hautcremes eingesetzt. Eine Creme ist eine wässrige *Emulsion*, also ein fein verteiltes Gemisch zweier normalerweise nicht mischbarer Stoffe. Allerdings zerfällt Vitamin A unter Licht- und Lufteinwirkung rasch und wird damit unwirksam. Um dies zu verhindern, werden die Wirkstoffmoleküle durch Moleküle der Cyclodextrine geschützt. Diese gelten deshalb als die „kleinsten Kosmetikkoffer der Welt".

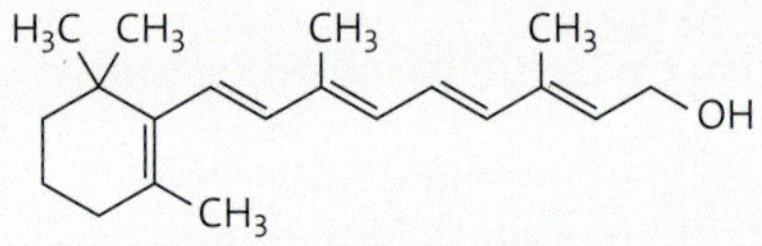


**B1.1** Strukturformel von Vitamin A

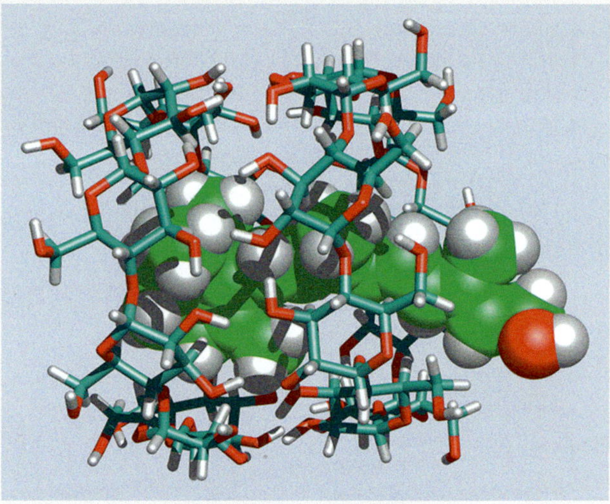

Modell A (grün: Kohlenstoffatom, rot: Sauerstoffatom, grau: Wasserstoffatom)

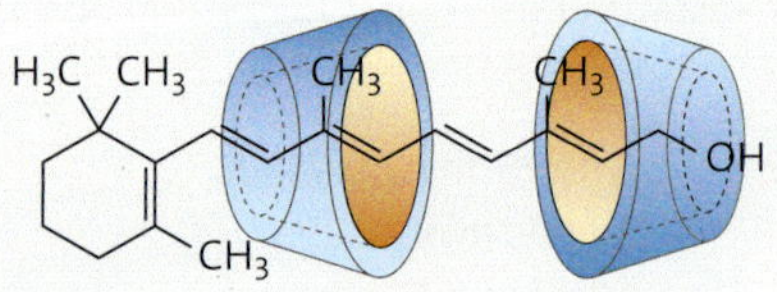


Modell B

**B1.2** Modelle zur Funktionsweise von Cyclodextrinen in Kosmetika am Beispiel des Wirkstoffs Vitamin A

### AUFGABEN ZU B

**1 ›** Beschreiben Sie die Struktur der Cyclodextrine (↑ S. 288, Bild **03**; ↑ **B1.2**).

**2 ›** Erläutern Sie anhand der Molekülstruktur das Lösungsverhalten von Vitamin A (↑ **B1.1**).

**3 ›** Erklären Sie am Beispiel des Wirkstoffs Vitamin A, worin die Funktion von Cyclodextrinen in Hautcremes besteht.

**4 ›** Beschreiben und bewerten Sie die beiden gezeigten Modelle (↑ **B1.2**).

## Material C Zwei Disaccharide im Vergleich

### C1 Maltose

„Hopfen und Malz – Gott erhalt's!" ist der Wahlspruch der Bierbrauer. Malz ist durch Wasser zum Quellen gebrachte Gerste. Bei Temperaturen zwischen 30 und 40 °C wird die in der Gerste enthaltene Stärke durch das Enzym Amylase in Maltose gespalten. Dieser Zucker wird dann von Hefen abgebaut und zu Alkohol vergoren.

### C2 Trehalose

Dieses Disaccharid wird im Dünndarm langsam zu Glucose abgebaut. Es sorgt für eine gleichmäßige Versorgung des Bluts mit Glucose. Deshalb eignet er sich als Zuckeraustauschstoff besonders in Sportgetränken. In der Natur findet man Trehalose in einigen Pflanzen und in der Lymphflüssigkeit von Insekten.

### C3 Experimentelle Untersuchung

Mit beiden Zuckern werden folgende Experimente durchgeführt:
I) 10%ige Lösungen von Maltose und Trehalose werden mit Glucoseteststreifen geprüft. *Ergebnis:*

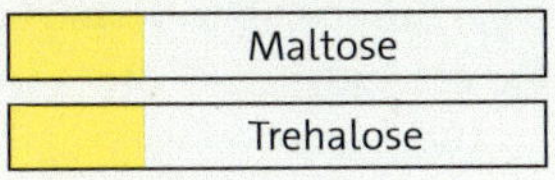


Farbvergleichsskala:

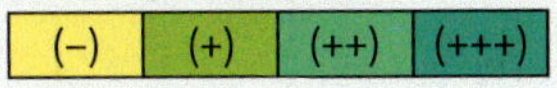


II) 10%ige Lösungen beider Zucker werden jeweils mit Fehling-Lösung versetzt und erhitzt. *Ergebnis:*

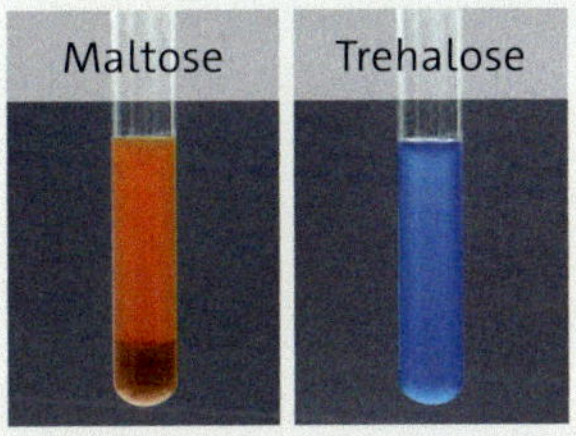


III) Die Lösungen beider Zucker werden mit Salzsäure versetzt und 10 min im Wasserbad erhitzt. Nach dem Abkühlen wird mit Natronlauge neutralisiert und erneut mit Glucoseteststreifen geprüft. *Ergebnis:*

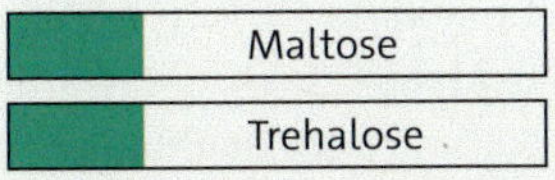


**AUFGABEN ZU C**

1) Stellen Sie die Haworth-Formel von Maltose auf und beschreiben Sie die glykosidische Bindung.
2) Beschreiben Sie die abgebildeten Versuchsergebnisse (↑ C3).
3) Erklären Sie das Versuchsergebnis mit Fehling-Lösung.
4) Leiten Sie aus den Versuchsergebnissen Merkmale der Molekülstruktur der Trehalose ab. Entwickeln Sie begründet eine mögliche Haworth-Formel der Trehalose.

## Material D Reifung von Äpfeln

### D1 Äpfel – ein gesunder Snack

„An apple a day keeps the doctor away", heißt es im englischen Volksmund. Äpfel bestehen zu 85 % aus Wasser und sind damit als Durstlöscher geeignet, wenn kein Getränk zur Hand ist. Der Gehalt an Kohlenhydraten im reifen Apfel wird hauptsächlich durch Fructose und Glucose bestimmt und liegt bei rund 11 g je 100 g Fruchtfleisch. Aus diesen Zuckern kann im Stoffwechsel rasch Energie gewonnen werden. Äpfel enthalten aber noch viele weitere Spurenelemente und Vitamine sowie die für den erfrischenden Geschmack verantwortlichen Säuren wie die Äpfelsäure.

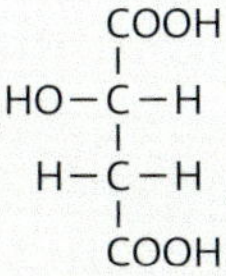


Äpfelsäure

### D2 Richtiges experimentelles Vorgehen?

Eine Schülergruppe möchte am Wettbewerb „Jugend forscht" teilnehmen und hat sich als Thema „Reifung von Äpfeln" ausgesucht. Ihre Fragestellung lautet: „Was verändert sich im Apfel während des Reifungsprozesses?" Sie führen mit einem im Juli gepflückten, unreifen und einem im gleichen Monat auf dem Wochenmarkt gekauften, reifen Apfel Experimente durch. Ihre Lehrerin soll nun beurteilen, ob sie sich mit diesem Beitrag beim Wettbewerb anmelden sollten.

A) Bestimmung des pH-Werts. *Ergebnis:*
Apfel unreif: pH = 3
Apfel reif: pH = 4

B) Bestimmung des Gehalts an Äpfelsäure. *Ergebnis:*
Apfel unreif: 100 mg/dl
Apfel reif: 50 mg/dl

C) Bestimmung der enthaltenen Zucker. *Ergebnis:*

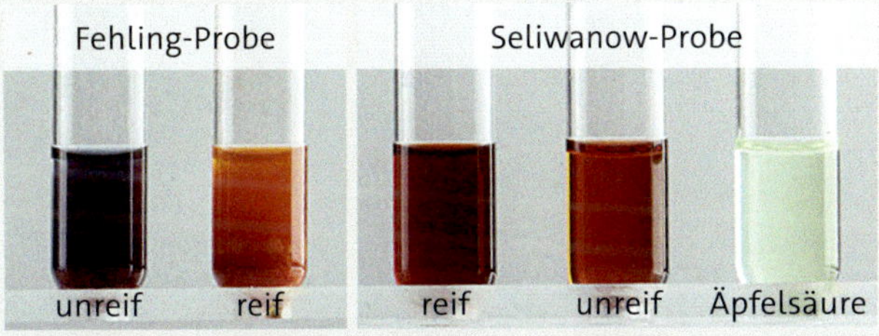


**AUFGABEN ZU D**

1) Zeichnen Sie die Haworth-Formeln für das Glucose- und das Fructosemolekül (Furanoseform).
2) Erläutern Sie, welche Stoffe mit den Versuchen A bis C untersucht werden sollen, und benennen Sie sie.
3) Werten Sie die Versuchsergebnisse aus.
4) Diskutieren Sie die experimentelle Vorgehensweise der Schülergruppe.

# 9.6 Polysaccharide als Speicherstoffe

**01** Einige Pflanzen enthalten hohe Anteile an Stärke.

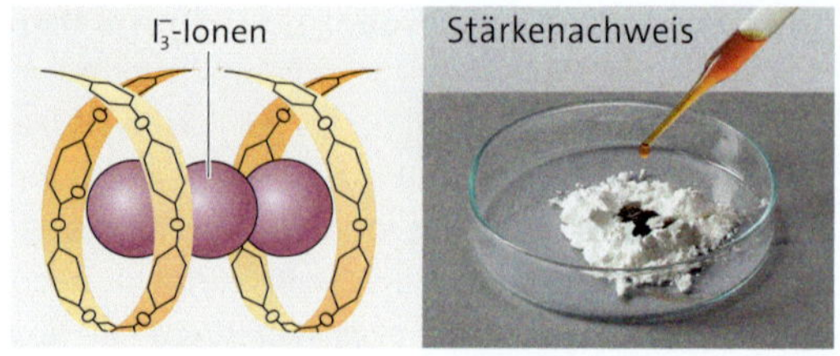


**03** Einlagerung von $I_3^-$-Ionen in Amylosemoleküle

*Weitere natürliche polymere Stoffe: ↑ Proteine, S. 304 f.*

*Synthetisch hergestellte polymere Stoffe: ↑ Kunststoffe, S. 208 ff.*

*Die sich wiederholenden Grundeinheiten der Polymere werden auch als Monomere (griech. monos: einzig) bezeichnet.*

**PFLANZLICHER SPEICHERSTOFF** Viele Pflanzen speichern großen Mengen an **Stärke**, beispielsweise in Getreidekörnern, Früchten und Knollen (↑ **01**). Dort dient sie als Speicherstoff für Glucose, die die Pflanzen für die Erhaltung des Energiestoffwechsels ständig zur Verfügung haben müssen.

**STÄRKE – EIN POLYMER** Kohlenhydrate wie Stärke, aber auch Glykogen und Cellulose zählen zu den **natürlichen polymeren Stoffen**. Kennzeichnend für diese Stoffe ist ihr Aufbau aus **Makromolekülen** oder **Polymeren** (griech. *poly:* viel, *meros:* Teil). Sie bestehen aus einer großen Anzahl von sich wiederholenden Grundeinheiten. Bei den Makromolekülen der Stärke sind es sehr viele D-Glucosebausteine, die miteinander verknüpft sind.

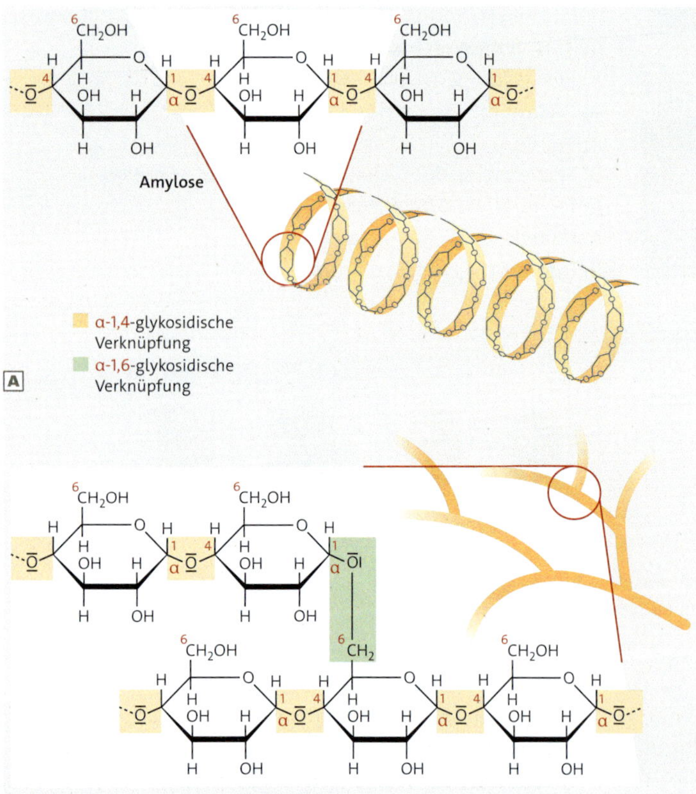


**02** Struktur (Ausschnitte) von: **A** Amylose, **B** Amylopektin

**STRUKTUR UND EIGENSCHAFTEN** Die natürlich vorkommende Stärke ist ein Gemisch aus den **Polysacchariden** *Amylose* (ca. 25 %) und *Amylopektin* (ca. 75 %). **Amylosemoleküle** bestehen aus unverzweigten Makromolekülen von 500 bis 1200 D-Glucosebausteinen, die α-1,4-glykosidisch verknüpft sind (↑ **02A**). Sie bilden eine Spirale, bei der auf jede Windung etwa sechs D-Glucosebausteine entfallen. Die Struktur wird durch Wasserstoffbrücken stabilisiert. In das Innere der Spirale können sich Triiodid-Ionen $I_3^-$ einlagern, die in *Lugol'scher Lösung* enthalten sind. Die Einlagerungsverbindung wird wegen ihrer typischen blauen Farbe als **Nachweis für Stärke** genutzt (↑ **03**). Amylose ist in heißem Wasser löslich und heißt deshalb auch *lösliche Stärke*.

**Amylopektinmoleküle** besitzen eine verzweigte Struktur. Die in der Kette gebundenen D-Glucosebausteine sind ebenfalls α-1,4-glykosidisch verknüpft. Im Abstand von etwa 25 Glucosebausteinen befindet sich zusätzlich eine Verzeigung. Verzweigungspunkt ist die Hydroxygruppe am C-6-Atom. Hier bildet sich eine α-1,6-glykosidische Bindung (↑ **02B**).

Amylopektinmoleküle sind sehr groß, sie bestehen aus bis zu 1 000 000 Glucosebausteinen. Bedingt durch die Größe seiner Moleküle ist Amylopektin nicht wasserlöslich. Es ist jedoch quellfähig und kann deshalb große Mengen Wasser binden. Mit Lugol'scher Lösung färbt es sich braunviolett.

**VERWENDUNG DER STÄRKE** Die aus Weizen, Roggen und Mais gewonnenen stärkereichen Mehle stellen ein wichtiges Grundnahrungsmittel zur Versorgung mit Kohlenhydraten in Brot, Backwaren und Nudeln dar. Außerdem wird die Quellfähigkeit der Stärke beim Kochen z. B. von Pudding und Soße genutzt. Amylopektin findet z. B. in der Industrie als Zusatzstoff bei der Papierherstellung Verwendung. Dadurch wird der Glanz des Papiers erhöht und Farben können besser aufgenommen werden.

**Stärke besteht aus Makromolekülen, in denen sehr viele Glucosebausteine verknüpft sind. Natürliche Stärke ist ein Gemisch aus Amylose und Amylopektin.**

**GLYKOGEN** Auch die Moleküle des Polysaccharids Glykogen bestehen wie bei der Stärke ausschließlich aus α-D-Glucosebausteinen. Sie sind jedoch stärker verzweigt als Amylopektinmoleküle: Alle acht bis zehn Glucosebausteine befindet sich eine Verzweigungsstelle (↑ **04**). Insgesamt können mehrere 100 000 Glucosebausteine enthalten sein.
Glykogen kommt in der Leber und in den Muskeln von Säugetieren vor. Dort dient es als schnell aktivierbarer Energiespeicher.

**INULIN** Der Name des Inulins leitet sich von dem Korbblütler *Inula helenium* (Echter Alant) ab. Es kommt als Speicherstoff in Korbblütengewächsen wie Löwenzahn, Schwarzwurzeln, Topinambur und Pastinaken vor. Industriell wird es aus der Zichorienwurzel (Wegwarte) gewonnen.
**Inulin** ist ein Gemisch aus Poylsacchariden, deren Makromoleküle aus bis zu 100 D-Fructosebausteinen bestehen, die β-1,2-glykosidisch verknüpft sind sowie einen endständigen D-Glucosebaustein besitzen (↑ **05**).
In der Lebensmittelindustrie wird es beispielsweise in fettarmen Joghurts eingesetzt, da es einen cremigen, sahnigen Geschmackseindruck vermittelt. Außerdem findet es Verwendung als Verdickungsmittel in Backwaren, Brotaufstrichen und Salatsoßen.
Inulin gelangt unverdaut in den Dickdarm und wird dort von speziellen Bakterien zersetzt.

**GALACTOMANNANE** Die Samen des indischen Guarstrauchs und des Johannisbrotbaums der Mittelmeerländer enthalten Polysaccharide, die aus D-Mannose- und D-Galactosebausteinen aufgebaut sind. **Galactomannane** besitzen ein Grundgerüst aus β-1,4-glykosidisch gebundenen D-Mannosebausteinen. In unregelmäßigen Abständen finden sich als Seitenketten einzelne D-Galactosebausteine, die α-1,6-glykosidisch an Mannosebausteine gebunden sind (↑ **06**).
Galactomannane gelten in der Lebensmittelindustrie als Alleskönner und sind als Zusatzstoff E 412 in Nahrungsmitteln zugelassen. In Suppen, Soßen, Konfitüren und Gelees bilden sie mit Wasser viskose Lösungen, was sie als Verdickungs- und Geliermittel sowie Füllstoff geeignet macht. Weitere Einsatzgebiete sind die Abwasseraufbereitung, bei der sie als Fällungsmittel dienen. Die Erdgasförderung aus Tonschiefer durch *Fracking* wird mit einer Sand-Galactomannan-Emulsion weniger umweltschädigend. Außerdem werden flüssige Sprengstoffe mithilfe Galactomannanlösungen hergestellt.

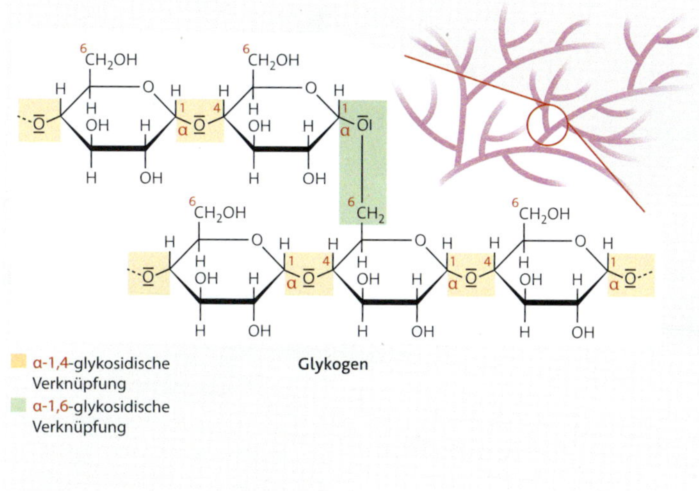


**04** Struktur von Glykogen (Ausschnitt)

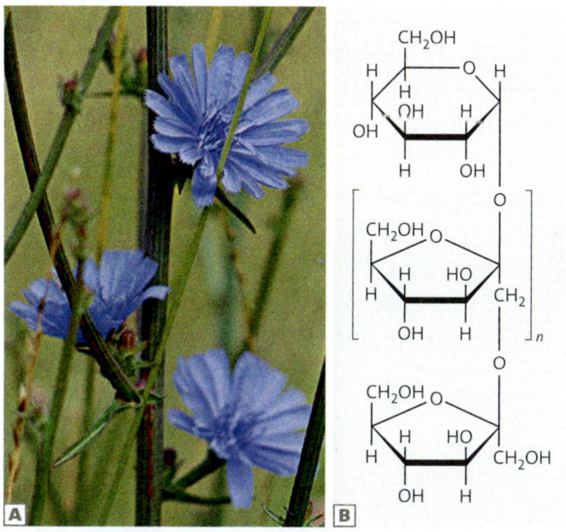

**05** **A** Zichorie, **B** Struktur von Inulin (Ausschnitt)

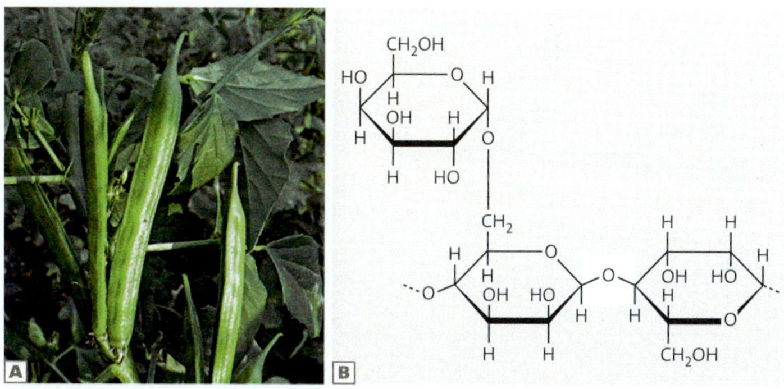

**06** **A** Guarbohnen, **B** Struktur von Galactomannan (Ausschnitt)

**1**〉 Erklären Sie die Quellfähigkeit der Stärke anhand ihrer molekularen Struktur.

**2**〉 Beim enzymatischen Stärkeabbau entstehen zunächst Disaccharide. Vergleichen Sie die Abbauprodukte der Amylose und des Amylopektins.

# 9.7 Polysaccharide als Baustoffe

**01** Die Samenhaare der Baumwolle bestehen aus Cellulose.

**CELLULOSE** Holz besteht etwa zur Hälfte aus dem Polysaccharid **Cellulose**, die damit die häufigste organische Verbindung auf der Erde ist. Aus nahezu reiner Cellulose bestehen Pflanzenfasern wie Baumwolle (↑ **01**), Hanf und Flachs.

Es wird geschätzt, dass Pflanzen weltweit jährlich etwa 10 000 Milliarden Tonnen ($10^{13}$ t) dieses Polysaccharids produzieren. Der in Form von Cellulose gebundene Kohlenstoff der Pflanzen entspricht damit etwa 50 % des in der gesamten Erdatmosphäre als Kohlenstoffdioxid vorliegenden Kohlenstoffs.

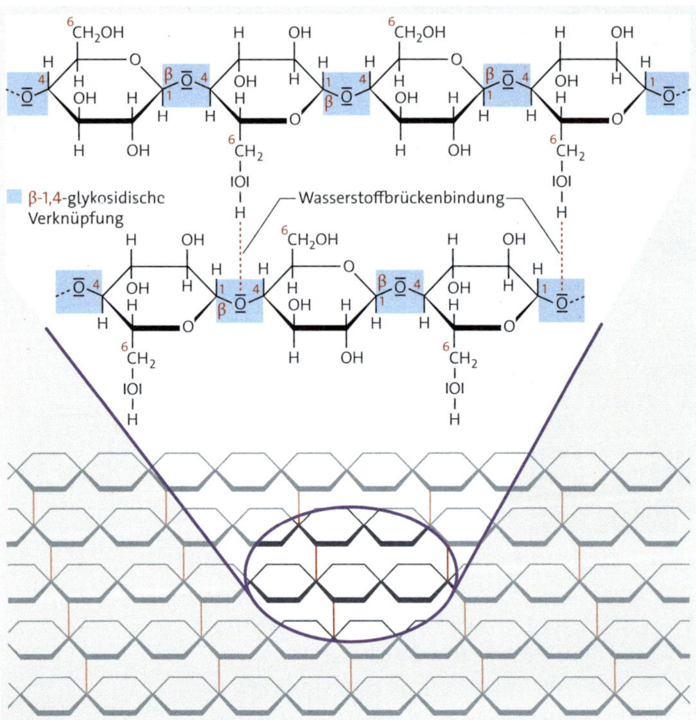


**02** Struktur von Cellulosemolekülen (Ausschnitt)

**STRUKTUR** Die linearen Makromoleküle der Cellulose bestehen aus 1000 bis 15 000 D-Glucosebausteinen, die β-1,4-glykosidisch verknüpft sind. Die einzelnen Makromoleküle lagern sich parallel zu Fasern aneinander, die durch Wasserstoffbrücken zusammengehalten werden. Mehrere dieser Fasern bilden Bündel, die netzartig miteinander verflochten sind. Dadurch entstehen sehr stabile, wasserunlösliche Strukturen.

In den Zellwänden von Pflanzen dient Cellulose als Gerüstsubstanz. Im Verbund mit Lignin, einem makromolekularen Naturstoff, bildet sich daraus Holz.

**VERWENDUNG** Cellulose ist ein wichtiger nachwachsender Rohstoff und wird in großen Mengen aus Holz gewonnen. Um das Lignin chemisch abzutrennen, wird das zerkleinerte Holz mit Natronlauge, Natriumsulfat und Natriumsulfid unter Druck gekocht. Das Lignin geht dabei in Lösung und die Cellulose kann abgetrennt werden. Sie dient in großem Umfang zur Papier- und Kartonageherstellung. Pflanzenfressern dient Cellulose aus Grünfutter als Nährstoff. Sie besitzen anders als wir Menschen Enzyme, die auch die ß-glykosidische Bindung spalten können.

**CELLULOSEESTER** Die Hydroxygruppen der Cellulosemoleküle ermöglichen die Reaktion zu Celluloseestern. So reagiert Cellulose mit Salpetersäure sowie mit Schwefelsäure als Katalysator zu dem Ester **Cellulosenitrat** (*Nitrocellulose*, auch als Schießbaumwolle bekannt). Daraus konnte 1869 der erste Kunststoff, das **Celluloid**, hergestellt werden. Celluloid ist schmelzbar und deshalb leicht formbar. Es diente früher u. a. zur Herstellung von Filmmaterial. Eine nachteilige Eigenschaft ist jedoch seine sehr leichte Entflammbarkeit, sodass heute andere Verwendungen, z. B. in der Pyrotechnik, üblich sind. Für Textilfasern werden Essigsäureester der Cellulose, die **Celluloseacetate** (Acetylcellulose), verwendet. Aus ihr werden Fasern für leichte, weiche und knitterarme Gewebe, aber auch Filmmaterial und Brillengestelle hergestellt.

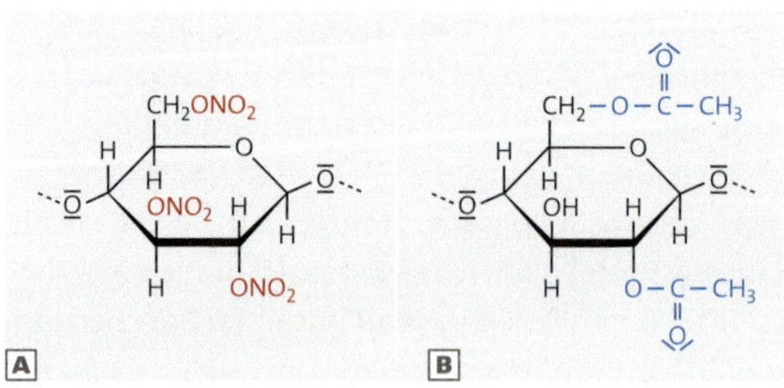


**03** Strukturformel von **A** Cellulosenitrat, **B** Celluloseacetat (Ausschnitt)

## Jeans aus Holz

Obwohl jährlich rund 30 Millionen Tonnen Baumwolle geerntet werden, lässt sich damit der Bedarf für die Herstellung von Kleidung mit Naturfasern noch nicht decken. Die Textilindustrie hat deshalb Verfahren zur Gewinnung von Cellulosefasern aus Holz entwickelt – auch, um sich von Baumwollimporten unabhängig zu machen.
Um spinnbare Fasern zu erhalten, muss die aus Holz gewonnene Cellulose gelöst werden. Dazu nutzte man schon seit den 1930er Jahren Natriumhydroxid (NaOH) und Kohlenstoffdisulfid ($CS_2$). Dadurch entsteht Cellulosexanthogenat, die **Viskose** (↑ S. 229). Allerdings fallen bei diesem Verfahren sehr giftige Abwässer an.
Durch Zufall entdeckte man ein ungiftiges, biologisch abbaubares Lösungsmittel für Cellulose, das N-Methylmorpholin-N-oxid (kurz: NMO). Damit kann die Cellulose direkt aus dem Holzbrei gelöst und zu Fasern versponnen werden, die die Bezeichnung **Lyocell** oder **Tencel** tragen. Allerdings ist NMO in der Herstellung viel teurer als Natriumhydroxid und Kohlenstoffdisulfid. Ein in den 1990er Jahren entwickeltes Verfahren nutzt das Lösungsmittel in einem geschlossenen Kreislaufsystem (↑ **04**). Der umweltschonende Prozess liefert feuchtigkeitsbeständige, hochwertige Fasern, die vielfältig einsetzbar sind.

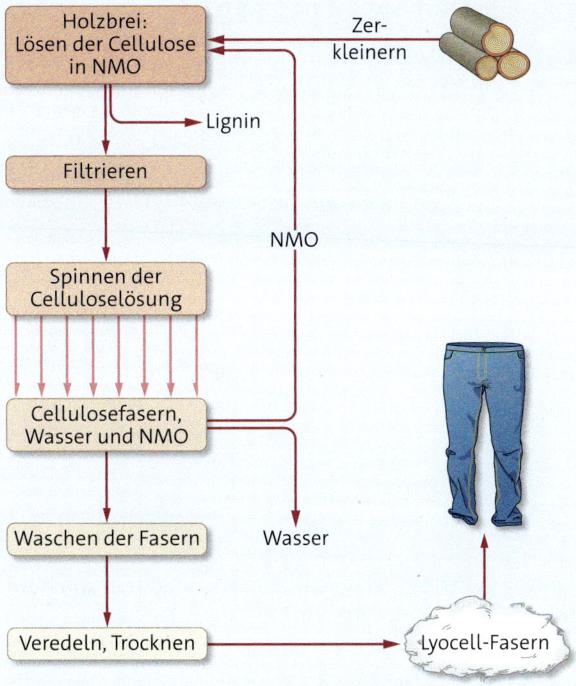


**04** Lyocellverfahren (Schema)

**CHITIN** Bei Krebsen und Insekten besteht das Außenskelett aus dem Polysaccharid **Chitin**. Davon entstehen in der Natur geschätzt 10 Millionen Tonnen pro Jahr – nach Cellulose der zweithäufigste organische Stoff auf der Erde. Industriell wird es aus Abfällen der Krabbenfischerei gewonnen und ist somit als nachwachsender Rohstoff interessant.
Bei den Chitinmolekülen ist die Hydroxygruppe am C-2-Atom des Zuckerbausteins durch eine Acetamidogruppe ersetzt (↑ **05**). Die Bindung der Monomere ist β-glykosidisch. Chitin ähnelt also in seiner Struktur der Cellulose.
Chitin ist ein farbloser Feststoff, der biologisch gut abbaubar ist. Im Gegensatz zu Cellulose ist es von Wasser nicht benetzbar und löst sich nicht in gängigen organischen Lösungsmitteln. Es kann für abbaubare Fasern für Wundverbände genutzt werden.

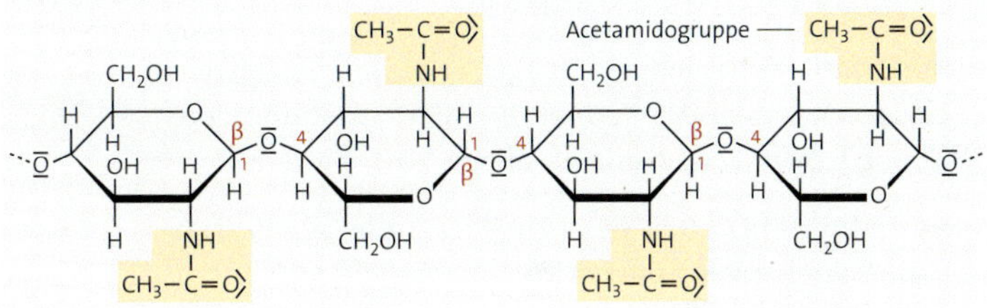


**05** Strukturformel von Chitin

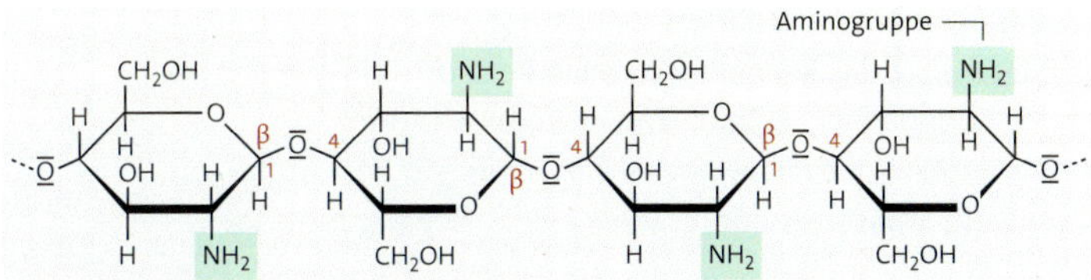


**06** Strukturformel von Chitosan

**CHITOSAN** Ein Großteil des produzierten Chitins wird durch alkalische Hydrolyse zu **Chitosan** weiterverarbeitet (↑ **06**). In verdünnter Essigsäure bildet es viskose Lösungen und kann zur Herstellung von biologisch abbaubaren Folien genutzt werden. Wegen seiner Fähigkeit, Schwermetall-Ionen zu binden, wird es bei der Abwasserreinigung eingesetzt.

1. Aus Cellulose kann Ethanol gewonnen werden. Nennen Sie die notwendigen Reaktionsschritte.
2. Cellulose quillt in Wasser auf, Nitro- und Acetatcellulose hingegen nicht. Erklären Sie diesen Sachverhalt.
3. Chitosan ist in sauren Lösungen löslich, in Laugen nicht. Erklären Sie diesen Sachverhalt.

# Praktikum

## Polysaccharide

### EXP 9.13 Stärke aus Kartoffeln

**Materialien** Küchenreibe, Schraubglas, Teesieb, Messer, Becherglas, Messzylinder, Wasser, große Kartoffel

**Durchführung** Schälen Sie die Kartoffel. Stellen Sie mithilfe der Küchenreibe einen möglichst feinen Kartoffelbrei her. Zu diesem geben Sie 100 ml Wasser. Füllen Sie das Gemisch in das Schraubglas und schütteln Sie es kräftig, damit sich möglichst viel Stärke aus den Zellen löst.

Danach geben Sie den Inhalt des Schraubglases durch ein Teesieb in ein Becherglas. Lassen Sie das Becherglas 5 min stehen. Die Stärke setzt sich am Boden ab. Dekantieren Sie das Wasser ab. Die Stärke kann für die folgenden Versuche genutzt werden.
*Entsorgung:* Reste in den Hausmüll geben.

### EXP 9.14 Nachweis von Stärke

**Materialien** Reagenzglas, Reagenzglasständer, 3 Bechergläser, Glasstab, Wasserbad, Brenner, Iod-Kaliumiodidlösung (Lugol'sche Lösung; 8), Stärke

**Durchführung** Geben Sie in ein Becherglas 50 ml Wasser und 1 Spatel Stärke. Erhitzen Sie das Gemisch im Wasserbad auf ca. 90 bis 100 °C und rühren Sie dabei um. Lassen Sie dann die Lösung abkühlen. Geben Sie 5 ml der abgekühlten Stärkelösung in ein Reagenzglas und versetzen Sie diese mit 1 Tropfen Iod-Kaliumiodidlösung.
Stellen Sie das Reagenzglas nach dem Umschütteln in ein Becherglas mit heißem Wasser. Beobachtung?
Stellen Sie das Reagenzglas danach in ein Becherglas mit kaltem Wasser. Wiederholen Sie den Vorgang mehrfach.

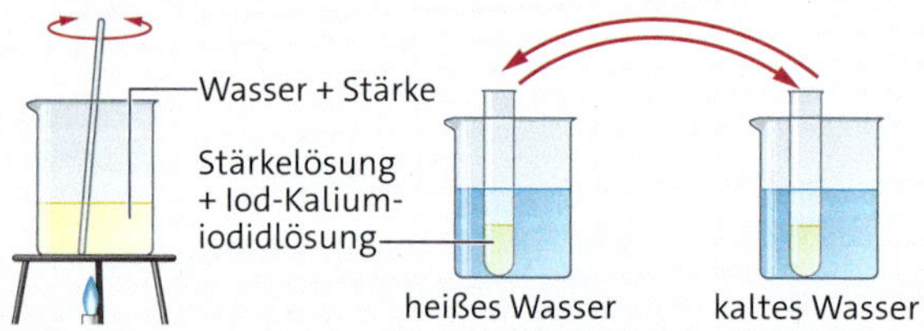


*Entsorgung:* Reste in den Hausmüll geben.

**Auswertung** Beschreiben und deuten Sie die Beobachtungen.

### EXP 9.15 Hydrolyse von Stärke

**Materialien** 5 Reagenzgläser, Becherglas (50 ml), Becherglas (250 ml), Tropfpipette, Glasstab, Brenner, Dreifuß, Keramiknetz, Stärke, konz. Salzsäure ($w$ = 32 %; 5, 7), Natriumhydrogencarbonat, Indikatorpapier, Glucoseteststreifen, Iod-Kaliumiodidlösung (Lugol'sche Lösung; 8)

**Durchführung** Geben Sie 1 Spatelspitze der Stärke aus ↑ Exp. 9.13 in einem Becherglas (50 ml) in etwa 10 ml Wasser. Erhitzen Sie das Gemisch, bis die Stärke gelöst ist. Füllen Sie die Lösung mit Wasser auf etwa 50 ml auf.
Verteilen Sie die Lösung gleichmäßig auf 5 Reagenzgläser und beschriften Sie sie mit den Zahlen I bis V. Geben Sie zu den Lösungen II bis V je 5 Tropfen Salzsäure und stellen Sie die Lösungen in ein siedendes Wasserbad.
Nehmen Sie ein Glas nach 2 min heraus, kühlen Sie es sofort mit kaltem Wasser und neutralisieren Sie mit Natriumhydrogencarbonat. Verfahren Sie mit den verbleibenden Gläsern im Abstand von 2 min ebenso. Prüfen Sie die neutralisierten Lösungen mit Glucoseteststreifen. Versetzen Sie alle Reagenzgläser mit Iod-Kaliumiodidlösung.
*Entsorgung:* Reste ins Abwasser geben.

**Auswertung**
1 › Beschreiben Sie Ihre Beobachtungen.
2 › Erklären Sie das Versuchsergebnis.
3 › Diskutieren Sie die Bedeutung von Ansatz I.

### EXP 9.16 Herstellung einer Folie aus Stärke

**Materialien** Becherglas (50 ml), Rundkolben, Kühler, Messzylinder, Heizpilz, Messpipetten, Spatel, Glasplatte, Stärke, Wasser, Glycerinlösung ($w$ = 50 %), verd. Salzsäure ($c$ = 0,1 mol · $l^{-1}$), konz. Natronlauge ($w$ = 4 %; 5)

**Durchführung** Geben Sie in ein Becherglas 4 g Stärke aus ↑ Exp. 9.13, 25 ml Wasser, 3 ml Salzsäure und 2 ml Glycerinlösung. Füllen Sie die Mischung in einen Rundkolben. Lassen Sie die Lösung 15 min unter Rückfluss sieden. Stoppen Sie dann die Reaktion durch Zugabe von 3 ml Natronlauge. Gießen Sie das Reaktionsprodukt noch warm gleichmäßig auf eine Glasplatte. Nach zwei Tagen Trocknungszeit kann man von der Glasplatte eine Folie abziehen.

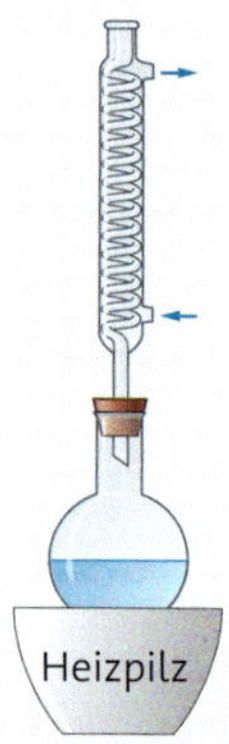


**Auswertung** Beschreiben und erklären Sie das Versuchsergebnis.

# Klausurtraining

## Material E Der schlampige Laborant

Ein Chemielaborant hat für eine Forschungsreihe die Aufgabe, jeweils 10 g unterschiedlicher Kohlenhydrate in Probenflaschen abzuwiegen. Er wiegt Glucose, Fructose, Maltose, Stärke, Cellulose und Saccharose ab und füllt sie in Flaschen, die er mit Nummern versieht.

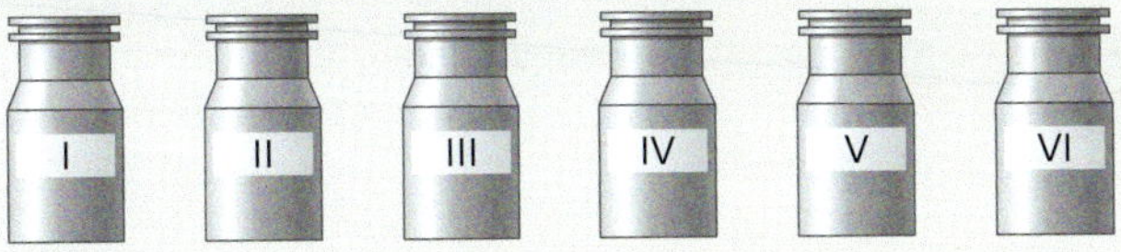


Als er seinem Chef stolz die Flaschen präsentiert, fragt dieser: „Welches Kohlenhydrat steht für welche Zahl?“ Beschämt muss der Laborant zugeben, dass er das nicht mehr weiß. Sein Chef verdonnert ihn erbost, den Inhalt der Flaschen experimentell zu bestimmen und ordentlich zu beschriften.
Der Laborant führt unterschiedliche Experimente mit den Kohlenhydraten durch. *Ergebnisse:*

| | I | II | III | IV | V | VI |
|---|---|---|---|---|---|---|
| Wasserlöslichkeit | – | + | + | – | + | + |
| Fehling-Probe | – | + | + | – | + | – |
| Seliwanow-Probe | – | + | – | – | – | + |
| Glucoseteststreifen | – | – | –* | – | + | – |
| Iod-Kaliumiodidlösung | – | – | – | + | – | – |

– keine Reaktion, + positive Reaktion; (* ggf. schwach positiv)
**E1.1** Nachweisreaktionen für Kohlenhydrate

Nach der Erstellung der Tabelle erzeugt er von den Stoffen I, III, IV und VI Lösungen, versetzt sie mit Salzsäure und erhitzt sie 10 min in einem Wasserbad. Alle Reaktionsprodukte zeigen eine deutliche Reaktion mit Glucoseteststreifen und ebenso einen positiven Nachweis mit Fehling-Lösung.

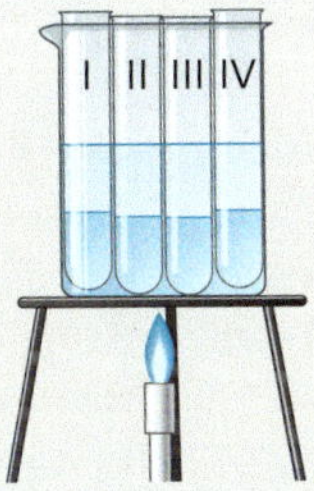


### AUFGABEN ZU E

1) Zeichnen Sie die Haworth-Formeln (ggf. Ausschnitte der Formeln) der sechs untersuchten Kohlenhydrate.
2) Erklären Sie die in der Tabelle durchgeführten Versuche (↑ **E1.1**).
3) Geben Sie die in den Flaschen I bis VI enthaltenen Kohlenhydrate an. Begründen Sie Ihre Entscheidung.
4) Erläutern Sie, welche Reaktion jeweils die Stoffe I, III, IV und VI mit Salzsäure eingegangen sind. Nehmen Sie Bezug zu den Versuchsergebnissen der Tabelle.

## Material F Die Panne mit dem Pudding

### F1 Puddingrezept

*Zutaten:* ½ Liter Milch, 40 g Zucker, 45 g Maisstärke, Vanille
*Zubereitung:* Maisstärke und Zucker miteinander vermischen und mit ca. 6 Esslöffeln von der Milch verrühren. Die übrige Milch mit Vanille zum Kochen bringen, von der Kochstelle nehmen, die angerührte Zucker-Stärke-Mischung hinzugeben und unter Rühren kurz aufkochen.

### F2 Notruf im Internetforum, Frage von Xanthippe

„Hilfe, Hilfe! Ich habe entsprechend der Anleitung auf der Tüte einen Pudding gekocht. Den lauwarmen Pudding habe ich dann aus dem Kochtopf gegessen. Weil es ein wenig viel war, habe ich den Rest eingepackt und mit zur Arbeit genommen. Dort habe ich ihn in den Kühlschrank gestellt.
Mittags wollte ich den Puddingrest essen. Aber er war total flüssig. Wie kann das sein? Normalerweise stellt man doch Speisen zum Festwerden in den Kühlschrank. Wie kann ein schön cremiger Pudding im Kühlschrank flüssig werden?“

### F3 Amylasekonzentration im Speichel

Das Diagramm zeigt die relative Amylasekonzentration im Speichel von sieben unterschiedlichen Probanden.

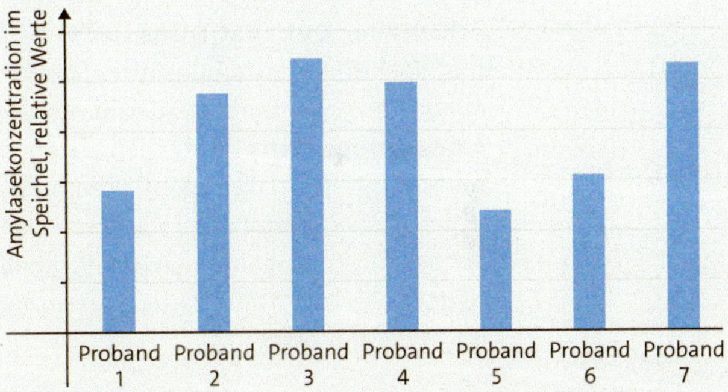


### AUFGABEN ZU F

1) Beschreiben Sie den Aufbau von Stärke und Saccharose.
2) Erläutern Sie, wie ein Pudding durch Kochen fest wird (↑ **F1**). Stellen Sie dazu eine Hypothese auf, welche chemischen Vorgänge beim Puddingkochen ablaufen.
3) Beschreiben Sie das Diagramm in ↑ **F3**. Erläutern Sie die Bedeutung von Amylase im Speichel.
4) Formulieren Sie eine Antwort für die im Internetforum gestellte Frage unter Einbeziehung der Materialien ↑ **F1** bis **F3**.

# 9.8 Struktur und Einteilung der Aminosäuren

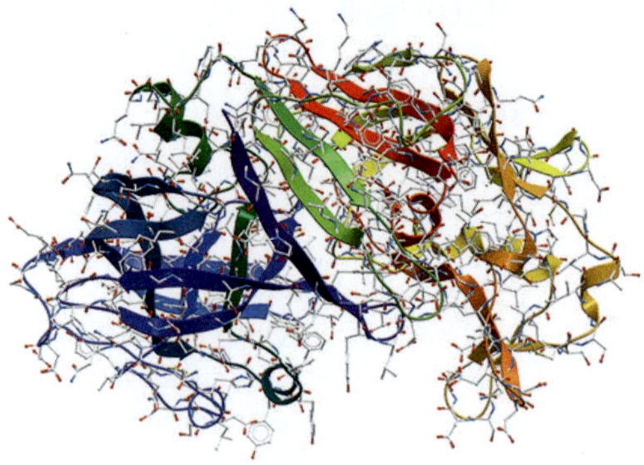

01 3-D-Modell des Proteins Pepsin – ein Enzym, das selbst Proteine zu spalten vermag

**BAUSTEINE DES LEBENS** Von allen in unserem Körper vorkommenden Stoffen stellen die *Proteine* (Eiweiße) den größten Anteil dar und sind an fast allen Lebensprozessen beteiligt. Sie transportieren Stoffe, katalysieren als Enzyme chemische Reaktionen, erkennen Botenstoffe und funktionieren selbst als Signalstoffe. Sie bauen Muskeln, Sehnen, Haare und Fingernägel auf und sind damit für unseren Körper strukturgebend.
Bausteine der aus Makromolekülen aufgebauten Proteine sind **Aminosäuren**. Dies lässt sich beispielsweise daran erkennen, dass bei der Verdauung von proteinhaltiger Nahrung oder durch Einwirken von Säurelösungen oder Enzymen Proteine hydrolytisch bis zu den Aminosäuren abgebaut werden.

**STRUKTUR DER AMINOSÄUREN** Aminosäuren sind substituierte Carbonsäuren, deren Moleküle mindestens eine **Carboxygruppe –COOH** und eine **Aminogruppe –$NH_2$** besitzen. Sie sind an ein zentrales Kohlenstoffatom gebunden, das außerdem immer ein Wasserstoffatom sowie einen unterschiedlich gestalteten **organischen Rest R**, die **Seitenkette**, trägt (↑ 02). Alle Aminosäuren unterscheiden sich nur in diesem Rest.

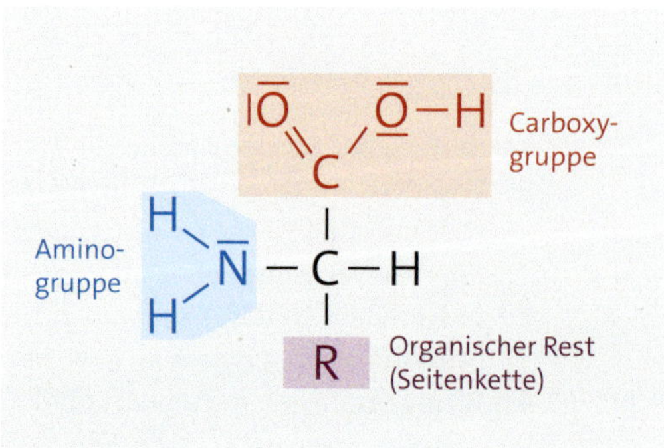


02 Allgemeiner Bau der proteinogenen Aminosäuren

Diese Struktur, bei der sich die COOH-Gruppe und die $NH_2$-Gruppe am gleichen Kohlenstoffatom, dem C-2-Atom oder auch α-Kohlenstoffatom, befinden, ist für alle biologisch bedeutsamen Aminosäuren gleich. Wegen dieser Bindungsverhältnisse nennt man sie deshalb auch **α-Aminosäuren** oder **2-Aminosäuren.**
Die einfachste Aminosäure ist **Glycin** (2-Aminoethansäure). Sie stellt unter den Aminosäuren einen Sonderfall dar, weil bei ihren Molekülen der Rest nur aus einem Wasserstoffatom besteht (↑ 03).

**PROTEINOGENE AMINOSÄUREN** Obwohl die beiden funktionellen Gruppen an verschiedenen Kohlenstoffatomen im Molekül gebunden sein könnten, sind in der Natur bisher nur α-Aminosäuren gefunden worden. Als **proteinogene** oder **biogene Aminosäuren** werden sie bezeichnet, wenn sie in Lebewesen als Bausteine der Proteine vorkommen. Derzeit sind 22 proteinogene Aminosäuren bekannt (↑ 03). Allerdings kommen zwei von ihnen, Selenocystein und Pyrrolysin, nur extrem selten vor. Die übrigen 20 Aminosäuren gehören zu den Standardaminosäuren, die im genetischen Code der Lebewesen häufig verschlüsselt sind. Sie werden mit Trivialnamen benannt, die auch von der IUPAC zugelassen sind. Die drei ersten Buchstaben verwendet man als Abkürzung, z. B. Gly für Glycin oder Ala für Alanin.
Acht proteinogene Aminosäuren sind für den Menschen **essenziell**, das bedeutet, dass sie vom Organismus nicht selbst hergestellt werden können. Sie müssen mit der Nahrung aufgenommen werden. Für Kinder und Schwangere sind mit Tyrosin und Cystein noch zwei weitere Aminosäuren essenziell.

**EINTEILUNG** Die unterschiedliche Struktur der Seitenketten beeinflusst maßgeblich die Eigenschaften der Aminosäuren. Deshalb werden sie in vier Gruppen eingeteilt (↑ 03):
**Neutrale Aminosäuren mit unpolarem Rest:** Die Seitenkette der Moleküle besteht nur aus Kohlenstoff- und Wasserstoffatomen, z. B. bei Alanin.
**Neutrale Aminosäuren mit polarem Rest:** Die Seitenkette der Moleküle enthält neben Kohlenstoff- und Wasserstoffatomen weitere Atome (S, N, O, Se), z. B. die polare Hydroxygruppe im Serin.
**Saure Aminosäuren:** Die Seitenkette der Moleküle enthält eine zusätzliche Carboxygruppe, z. B. bei Glutaminsäure. Dadurch reagiert ihre wässrige Lösung sauer.
**Basische Aminosäuren:** Die Seitenkette der Moleküle enthält eine zusätzliche Aminogruppe, z. B. bei Lysin. Dadurch reagiert die wässrige Lösung alkalisch.

**Die Moleküle der α-Aminosäuren weisen am C-2-Kohlenstoffatom eine Carboxygruppe und eine Aminogruppe auf und haben außerdem noch ein Wasserstoffatom und einen unterschiedlich gestalteten organischen Rest (Seitenkette) gebunden. Die Seitenkette bestimmt die Eigenschaften der Aminosäuren. Nur 22 proteinogene Aminosäuren bauen die Proteine aller Lebewesen auf.**

**1** Definieren Sie die Begriffe α-Aminosäuren, proteinogene, neutrale und essenzielle Aminosäuren.

**2** 2-Amino-1,4-butandisäure soll als essenzielle Aminosäure näher bestimmt werden.
**a** Zeichnen Sie die Strukturformel des Moleküls.
**b** Ermitteln Sie mithilfe von Bild ↑ **03** den Trivialnamen der Aminosäure.
**c** Begründen Sie Ihre Gruppenzuordnung.

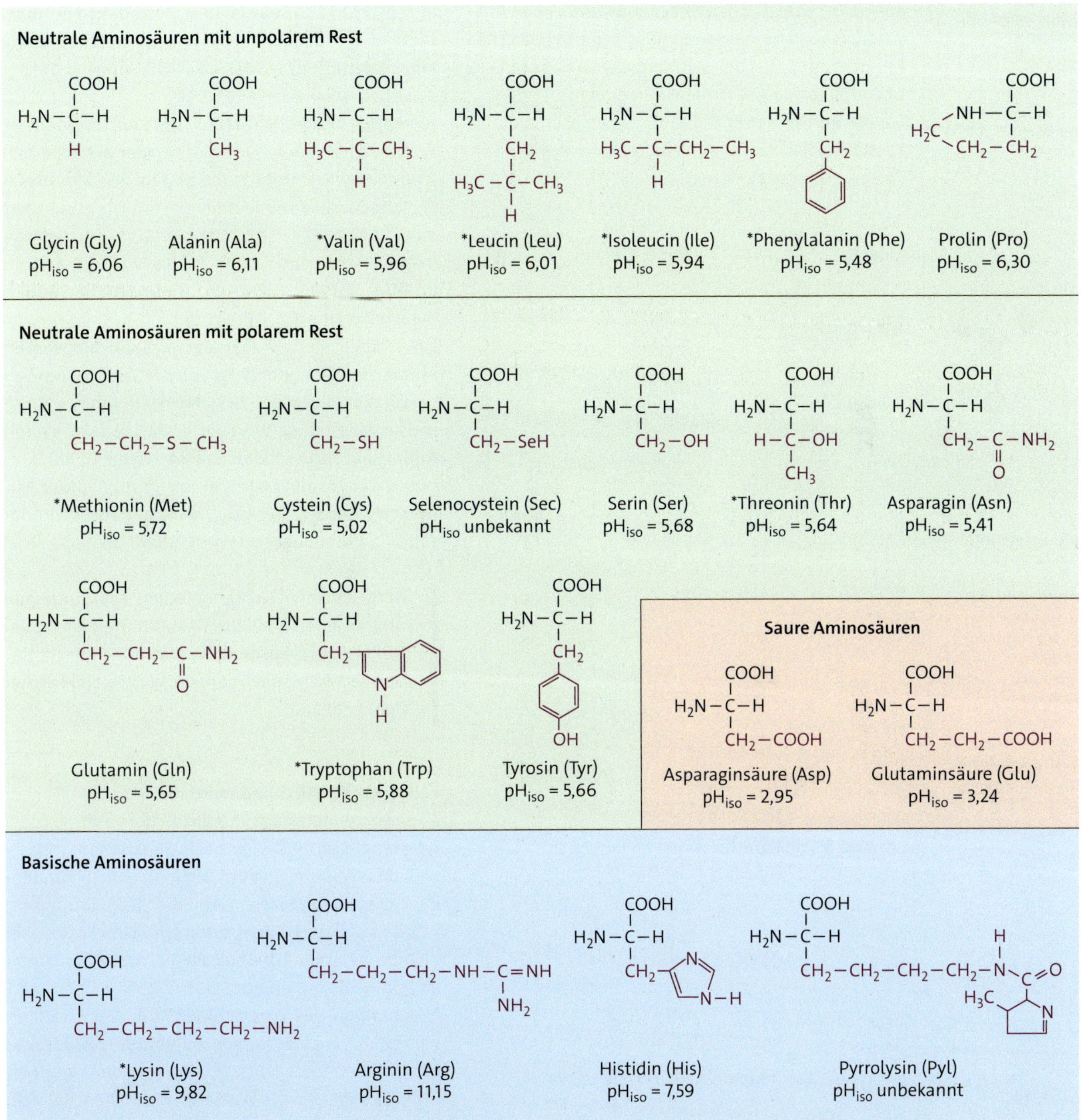


**03** Einteilung der 22 proteinogenen Aminosäuren. Unpolarer Rest: nur C- und H-Atome; polarer Rest: zusätzlich S-, O-, N- oder Se-Atome; in Violett: organischer Rest (Seitenkette); $pH_{iso}$ = isoelektrischer Punkt; * essenzielle Aminosäure

# 9.9 Eigenschaften der Aminosäuren

**SPIEGELBILDISOMERIE BEI AMINOSÄUREN** Die Moleküle der proteinogenen Aminosäuren haben am α-Kohlenstoffatom (mit Ausnahme von Glycin) ein asymmetrisches C*-Atom, weil es vier unterschiedliche Substituenten gebunden hat (↑ **02**, S. 298). Dadurch sind die Aminosäuren *chiral* und *optisch aktiv*. Es existieren also von allen Aminosäuren zwei unterschiedliche *Enantiomere*, die sich wie Bild und Spiegelbild verhalten. Wie bei den Kohlenhydraten werden die Aminosäuren meist in der *Fischer-Projektionsformel* dargestellt (↑ **01**). Ausschlaggebend für die Benennung ist die Stellung der Aminogruppe: Bei den L-Aminosäuren befindet sie sich links, bei den D-Aminosäuren rechts.

*Spiegelbildisomerie und Fischer-Projektionsformel bei Kohlenhydraten ↑ S. 276 f.*

Für die Proteinbiosynthese der Lebewesen werden ausschließlich die L-Aminosäuren zum Aufbau von Proteinen genutzt.

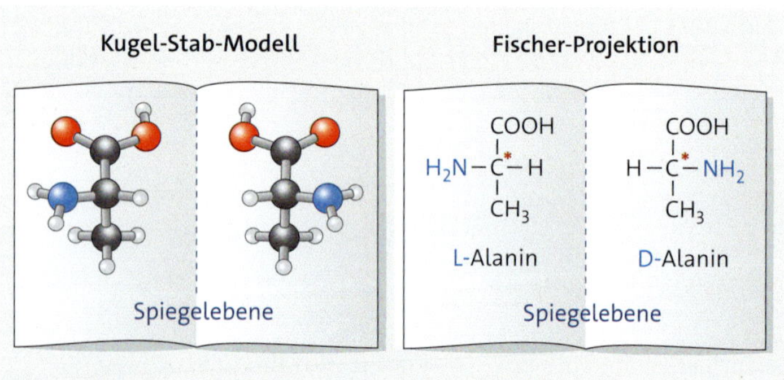


**01** Spiegelbildisomere des Alanins

*Säuren sind Protonendonatoren, Basen Protonenakzeptoren. Ampholyte können je nach Reaktionspartner sowohl als Protonendonatoren als auch als Protonenakzeptoren fungieren (↑ S. 27).*

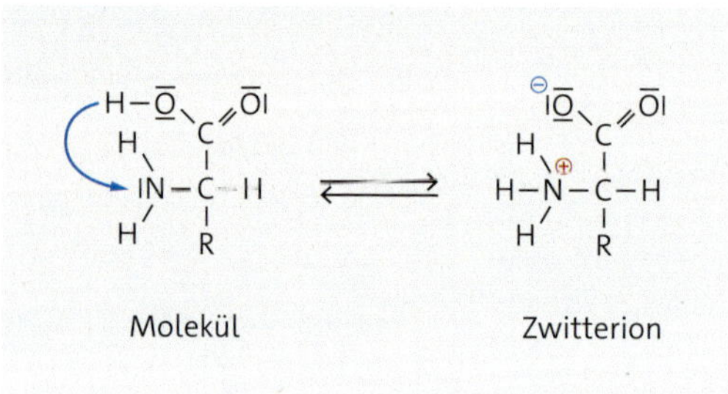


**02** Zwitterionische Struktur von Aminosäuren

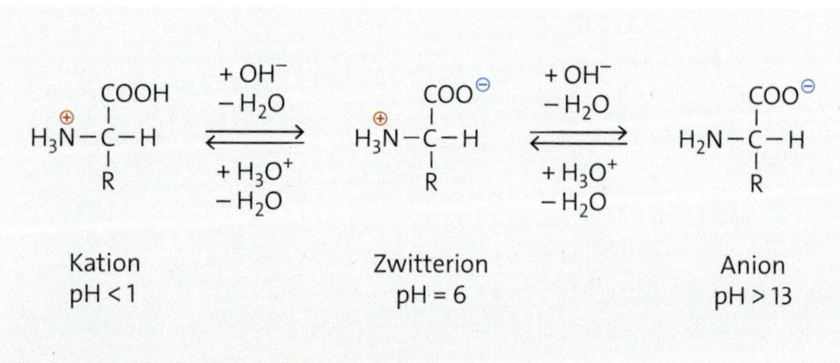


**03** Gleichgewichte der Aminosäuren in sauren und basischen Lösungen

**ZWITTERIONEN** Aminosäuren sind kristalline Verbindungen, die sich gut in Wasser lösen und elektrisch leitfähige Lösungen bilden. Sie haben relativ hohe Schmelz- oder Zersetzungstemperaturen (170 bis 300 °C). Die Ursache für diese den Salzen ähnlichen Eigenschaften liegt an der strukturellen Besonderheit der beiden funktionellen Gruppen der Aminosäuren: Innerhalb der Moleküle wirkt die Carboxygruppe als **Protonendonator** und damit als Säure. Die Aminogruppe fungiert als **Protonenakzeptor** und damit als Base. Es kommt zur **intramolekularen Protonenwanderung**, die zur Bildung eines **Zwitterions** $H_3N^+–CHR–COO^-$ führt (↑ **02**).

**ISOELEKTRISCHER PUNKT** Die Zwitterionen der Aminosäuren können als Säure oder als Base reagieren. In wässriger Lösung bilden sie Säure-Base-Gleichgewichte mit einem bestimmten pH-Wert aus (↑ Exp. 9.19, S. 302). Der pH-Wert, bei dem die höchste Konzentration an Zwitterionen einer Aminosäure vorliegt, wird als **isoelektrischer Punkt**, kurz: **IEP** oder **$pH_{iso}$**, bezeichnet.

Der isoelektrische Punkt ist für alle Aminosäuren unterschiedlich und hängt von der Struktur der Seitenketten ab (↑ **03**; S. 299). Neutrale Aminosäuren weisen einen $pH_{iso}$-Wert von etwa 6 auf. Bei sauren Aminosäuren liegt der isoelektrische Punkt aufgrund der zusätzlichen Carboxygruppe in der Seitenkette unter 5. Der $pH_{iso}$-Wert basischer Aminosäuren nimmt dagegen Werte über 7 an.

**Aufgrund ihrer zwitterionischen Struktur zeigen Aminosäuren ähnliche Eigenschaften wie Salze. Der pH-Wert, bei dem die maximale Konzentration an Zwitterionen vorliegt, wird isoelektrischer Punkt genannt.**

**PUFFERWIRKUNG** Die zwitterionische Struktur der Aminosäuremoleküle führt dazu, dass sie als *Ampholyte* reagieren und – je nach Reaktionspartner – sowohl als Säure als auch als Base wirken können: Bei Zugabe von Säuren nimmt die $COO^-$-Gruppe ein Proton auf und das Zwitterion wird zum Kation. Bei Zugabe von Laugen gibt die $NH_3^+$-Gruppe ein Proton ab und wird zum Anion (↑ **03**).

Mischungen der Zwitterionen mit den Kationen wirken als *Pufferlösungen* im sauren pH-Bereich. Mischungen der Zwitterionen mit den Anionen puffern dagegen pH-Werte im basischen Bereich. Am stärksten ist die Pufferwirkung, wenn die schwachen Säuren und Basen jeweils im Verhältnis 1:1 vorliegen.

Die Pufferwirkung lässt sich anhand der Titration einer angesäuerten Glycinlösung mit Natronlauge erkennen (↑ **04**). Zu Beginn der Titration liegen in der sauren Lösung vorwiegend Glycin-Kationen vor. Durch Zugabe der Natronlauge reagieren $OH^-$-Ionen mit den Glycin-Kationen und es werden Zwitterionen gebildet. Bei pH = 6,06 ist ihre Konzentration am höchsten. Bei weiterer Zugabe von $OH^-$-Ionen nimmt die Konzentration an Zwitterionen ab und es werden überwiegend Glycin-Anionen gebildet.

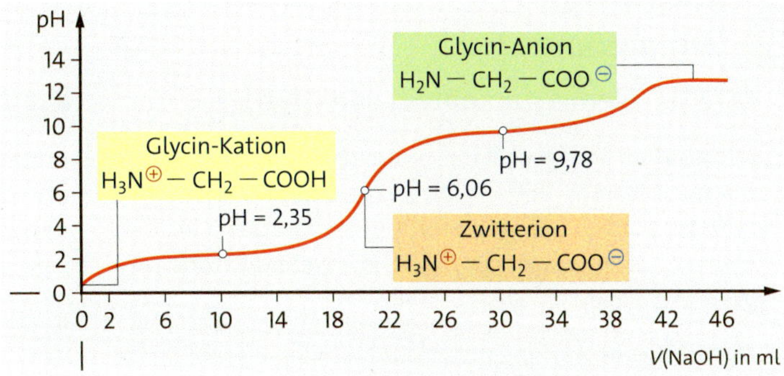

**04** Titration einer angesäuerten Glycinlösung mit Natronlauge

**ELEKTROPHORESE** Gemische von verschiedenen Aminosäuren und auch Proteinen lassen sich durch ein als **Elektophorese** bezeichnetes Verfahren auftrennen. Das Prinzip beruht darauf, dass Ionen in einem elektrischen Feld zur jeweils entgegengesetzt geladenen Elektrode mit unterschiedlicher Geschwindigkeit wandern. Die Geschwindigkeit der Ionenwanderung ist abhängig vom Betrag der Ladung und vom Radius der Ionen. Damit die getrennten Ionen später isoliert werden können, wird nicht in wässriger Lösung, sondern mit Papier oder einem Gel aus Polyacrylnitril als Trägermaterial gearbeitet. Durch das engmaschige, dreidimensionale Netzwerk des Trägermaterials und die Viskosität des Lösungsmittels wird die Wanderung der Ionen unterschiedlich stark beeinflusst.

Das Trägermaterial wird mit einer Pufferlösung getränkt, die auf einen konstanten pH-Wert eingestellt ist. Dann wird ein Gemisch aus verschiedenen Aminosäuren in die Mitte des Trägermaterials gegeben und Gleichspannung angelegt (↑ **05**). Die Auftrennung erfolgt aufgrund der unterschiedlichen $pH_{iso}$-Werte der Aminosäuren im Gemisch. An ihrem isoelektrischen Punkt liegen alle Aminosäuren fast vollständig als Zwitterionen vor. Diese wandern nicht im elektrischen Feld, da sie sowohl vom Plus- als auch vom Minuspol angezogen werden. Dies ist der Fall, wenn der $pH_{iso}$-Wert der Aminosäure dem pH-Wert der Pufferlösung entspricht. Aminosäuren, die einen niedrigeren $pH_{iso}$-Wert besitzen als der pH-Wert der Pufferlösung, bilden an ihren Seitenketten negativ geladene $COO^-$-Gruppen und wandern zum Pluspol. Aminosäuren mit höheren $pH_{iso}$-Werten bilden positiv geladene $NH_3^+$-Gruppen und wandern zum Minuspol. Schließlich werden die farblosen Aminosäuren mit *Ninhydrin* angefärbt.

**Die Elektrophoerese ist ein analytisches Verfahren, bei dem die unterschiedlichen Wanderungsgeschwindigkeiten und -richtungen von Ionen dazu genutzt werden, um beispielsweise Aminosäuregemische aufzutrennen.**

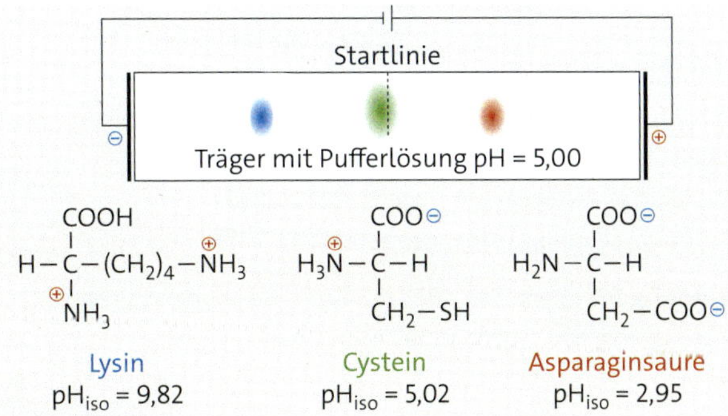

**05** Prinzip der Auftrennung von Aminosäuren durch Elektrophorese

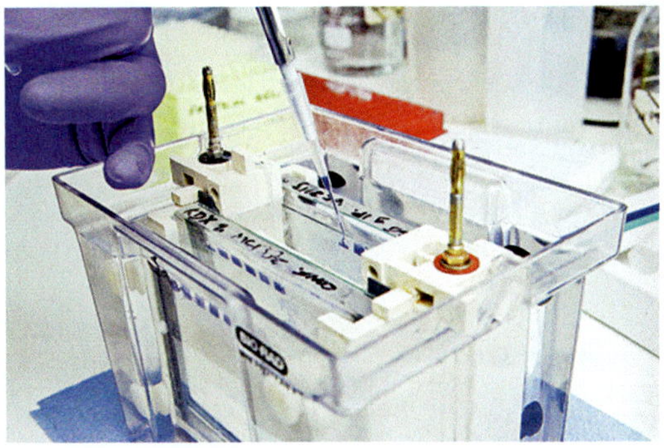
**06** Gelelektrophorese-Apparatur

**1**› Vergleichen Sie D- und L-Aminosäuren.
**2**› Erklären Sie die schlechte elektrische Leitfähigkeit einer wässrigen Alaninlösung bei pH = 6,0.
**3**› Begründen Sie, warum Aminosäuremoleküle als Ampholyte fungieren können.
**4**› Zeichnen Sie die Halbstrukturformeln von Lysin und Asparaginsäure jeweils bei pH = 1 und bei pH = 12.
**5**› Ein Gemisch aus Serin, Histidin und Asparaginsäure wird bei pH = 5,7 mittels Elektrophoresee getrennt. Skizzieren Sie, wohin die einzelnen Aminosäuren wandern. Begründen Sie, in welcher Form die Teilchen vorliegen.

# Praktikum

## P Aminosäuren

### EXP 9.17 Elementaranalyse von Glycin

**Materialien** 2 Reagenzgläser, passender durchbohrter Stopfen mit Glasrohr, Becherglas, Reagenzglashalter, Spatel, Brenner, Glycin, Kupfer(II)-oxid (7, 9), Kalkwasser (Calciumhydroxidlösung, $w = 10\,\%$; 5), Universalindikatorpapier, Watesmopapier

**Durchführung** *Abzug!* Erhitzen Sie eine kleine Spatelspitze Glycin in einem trockenen Reagenzglas über einer kleinen Flamme. Halten Sie ein angefeuchtetes Universalindikatorpapier an die Öffnung des Reagenzglases (6, 5, 9).
Geben Sie anschließend eine Spatelspitze Glycin mit Kuper(II)-oxid in das Reagenzglas, verschließen Sie es mit dem Stopfen mit Glasrohr und erhitzen Sie kräftig. Leiten Sie die entstehenden Gase auf Watesmopapier.
Leiten Sie anschließend die Gase in Kalkwasser.
*Entsorgung:* Reste in giftige anorganische Abfälle geben.

**Auswertung** Erklären Sie anhand Ihrer Beobachtungen, welche Elemente in Glycin gebunden sind.

### EXP 9.18 Löslichkeit von Glycin

**Materialien** 3 Reagenzgläser, Reagenzglasständer, Spatel, Glycin, Wasser, Ethanol (2, 7), Heptan (2, 8, 7, 9)

**Durchführung** Prüfen Sie die Löslichkeit von Glycin in Wasser, Ethanol und Heptan, indem Sie zu jeweils 1 ml der Lösungsmittel eine kleine Spatelspitze Glycin hinzufügen.
*Entsorgung:* Lösungen mit Heptan in den Behälter für halogenfreie organische Abfälle geben.

**Auswertung** Erklären Sie das Lösungsverhalten von Glycin anhand der Struktur der Aminosäure.

### EXP 9.19 pH-Werte von Aminosäurelösungen

**Materialien** 5 Reagenzgläser, Reagenzglasständer, Spatel, Alanin, Arginin (7), Asparaginsäure, Glycin, Lysin, Wasser, Universalindikatorlösung

**Durchführung** Lösen Sie je eine Spatelspitze der einzelnen Aminosäuren in jeweils 3 ml Wasser und versetzen Sie die Lösungen mit einigen Tropfen Universalindikator.
*Entsorgung:* Lösungen in den Behälter für saure und alkalische Abfälle geben.

**Auswertung**

1. Erstellen Sie eine tabellarische Übersicht für die Aminosäuren und die ermittelten pH-Werte.
2. Erläutern Sie die pH-Werte anhand der Struktur der Aminosäuren.

2 6 5 7

### EXP 9.20 Titration von Alanin

**Materialien** Becherglas (250 ml), Bürette, Stativmaterial, pH-Meter, Messpipette, Magnetrührer mit Rührstab, Alaninlösung ($c = 0{,}1\ \mathrm{mol \cdot l^{-1}}$), Natronlauge ($c = 0{,}1\ \mathrm{mol \cdot l^{-1}}$), Salzsäure ($c = 0{,}1\ \mathrm{mol \cdot l^{-1}}$)

**Durchführung** Geben Sie die Natronlauge in die Bürette. Versetzen Sie im Becherglas 10 ml der Alaninlösung mit Salzsäure, bis sich der pH-Wert 1,5 einstellt. Fügen Sie nun tropfenweise Natronlauge hinzu und notieren Sie bei Zugabe von jeweils 0,5 ml Natronlauge tabellarisch den pH-Wert.
*Entsorgung:* Reste in den Behälter für saure und alkalische Abfälle geben.

**Auswertung**

1. Zeichnen Sie die Titrationskurve.
2. Geben Sie an, welche Alaninteilchen an den spezifischen Titrationskurvenpunkten vorliegen.

### EXP 9.21 Dünnschichtchromatografie

**Materialien** 2 Bechergläser, Dünnschichtchromatografie-Fertigplatte mit Kieselgel 60 (DC-Platte, Plattengröße 5 cm × 5 cm), Tropfpipetten, Alanin, Valin, Leucin, Wasser, Butan-1-ol (2, 5, 7), Eisessig (2, 5), Ninhydrinlösung (2, 7)

**Durchführung** Mischen Sie Butan-1-ol, Eisessig und Wasser im Volumenverhältnis 4:1:1 und füllen Sie das Laufmittel etwa 1 cm hoch in ein Becherglas ein. Markieren Sie mit einem Bleistift die Startlinie auf der DC-Platte.
Lösen Sie etwa 5 mg Alanin, Valin und Leucin in jeweils 10 ml Wasser. Je 1 Tropfen der Lösungen wird mit Tropfpipetten auf die DC-Platte aufgetragen. Zusätzlich wird 1 Tropfen eines Gemischs aus jeweils 3 ml der wässrigen Lösungen von Alanin, Valin und Leucin auf die DC-Platte aufgebracht. Stellen Sie die Platte in das Becherglas und decken Sie es ab. Wenn das Laufmittel aufgestiegen ist, entnehmen Sie die Platte, markieren mit einem Bleistift das Ende der Laufmittelfront und besprühen sie unter dem *Abzug* mit Ninhydrinlösung. Trocknen Sie die DC-Platte mit dem Föhn und notieren Sie Ihre Beobachtungen.
*Entsorgung:* Organische Reste in den Behälter für halogenfreie organische Abfälle, andere Lösungen ins Abwasser geben.

**Auswertung**

1. Bestimmen Sie die Retentionswerte der einzelnen Aminosäuren. Wenden Sie dafür Ihre Kenntnisse aus der Gaschromatografie an.
2. Beschreiben Sie das Prinzip der Trennung mithilfe der Dünnschichtchromatografie.

# 9.10 Bildung von Peptiden

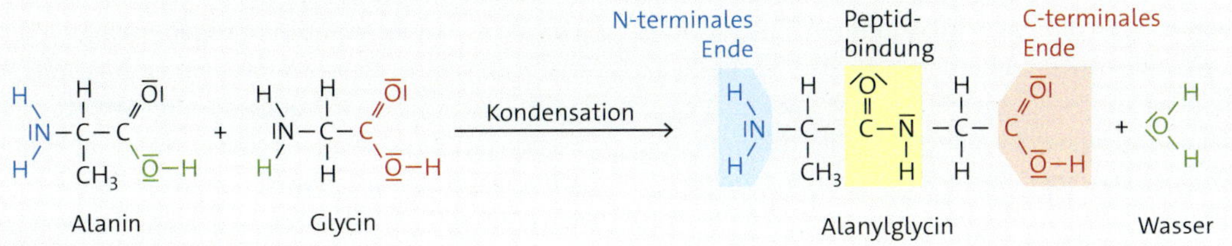


**01** Bildung und Benennung eines Dipeptids

**PEPTIDBINDUNG** Bei der Reaktion zweier Aminosäuremoleküle verbinden sich diese unter Abspaltung eines Wassermoleküls **(Kondensation)** zu einem **Dipeptid** (↑ **01**). Aus der Aminogruppe des einen Moleküls und der Carboxygruppe des anderen Moleküls bildet sich die **Peptidbindung –CO–NH–**, die das charakteristische Strukturmerkmal aller Peptide und Proteine ist.
Innerhalb des Peptidmoleküls unterscheidet man das N-terminale Ende, das C-terminale Ende und die Peptidbindung. Während Letztere sehr stabil ist, können die N- und C-terminalen Enden des Dipeptids mit anderen Aminosäuremolekülen zu langen Molekülketten, den **Polypeptiden**, weiterreagieren. Der *systematische Name* der Peptide beginnt mit der N-terminalen Aminosäure ergänzt um die Endung **-yl**. Darauf folgen analog alle weiteren Aminosäurebausteine. Die Aminosäure mit der C-terminalen Gruppe wird ans Ende des Peptidnamens gestellt.

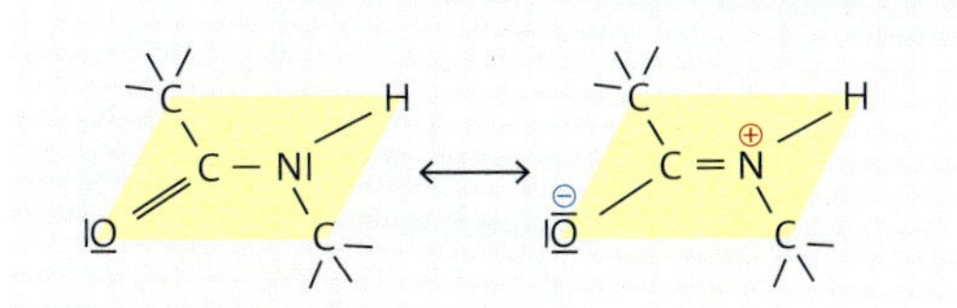

**02** Mesomeriestabilisierung der Peptidbindung

*Die Peptidbindung der Proteine ist identisch mit der Amidbindung der Polyamide, einer Kunststoffart (↑ S. 214).*

**P** **EXP 9.22** **Vielfalt der Peptide**

**Durchführung** Konstruieren Sie mithilfe des Molekülbaukastens ein Tripeptid aus den Aminosäuren Alanin, Glycin und Serin.

**Auswertung** Vergleichen Sie Ihre Molekülmodelle innerhalb des Kurses. Leiten Sie daraus eine Schlussfolgerung ab.

**STRUKTUR DER PEPTIDBINDUNG** Die Bindungslänge der C–N-Bindung innerhalb der Peptidbindung beträgt 132 pm und ist damit kleiner als die zwischen dem α-C-Atom und dem N-Atom mit 147 pm. Die geringere Länge der C–N-Bindung in der Peptidbindung im Vergleich zur normalen C–N-Bindung weist darauf hin, dass sie den Charakter einer Doppelbindung besitzt. Sauerstoff-, Wasserstoff- und Kohlenstoffatome sind eben angeordnet (↑ **02**). Die Elektronenverteilung in der Peptidbindung kann durch zwei *mesomere Grenzformeln* dargestellt werden, die den partiellen Doppelbindungscharakter zwischen dem Kohlenstoff- und dem Stickstoffatom zeigen. Dabei wird das Stickstoffatom zum Elektronendonator und das Sauerstoffatom zum Elektronenakzeptor. Diese Veränderung am Stickstoffatom ermöglicht die Ausbildung von Wasserstoffbrücken und trägt zur Strukturbildung der Proteine bei.

**VIELFALT DER PEPTIDE** Bei der Verknüpfung von bis zu 10 Aminosäuremolekülen entstehen **Oligopeptide**. Verbindungen aus 10 bis 100 Aminosäurebausteinen bezeichnet man als **Polypeptide**. Moleküle, in denen mehr als 100 Aminosäuren miteinander verknüpft sind, bilden **makromolekulare Proteine**.
Wenn ein Tripeptid aus zwei verschiedenen Aminosäuren gebildet wird, sind bereits $2^3 = 8$ Strukturen möglich, weil sich die C- und N-terminalen Enden der Moleküle unterscheiden. Ein Oligopeptid aus fünf Bausteinen der 22 proteinogenen Aminosäuren kann $22^5 = 5\,153\,632$ verschiedene Strukturen aufweisen. Die Vielfalt der Proteine mit mehr als 100 Bausteinen ist damit nahezu unerschöpflich.

**Peptide sind Verbindungen, die durch Kondensation von Aminosäuren entstehen. Die Moleküle enthalten mindestens eine Peptidbindung und jeweils eine terminale Amino- bzw. Carboxygruppe.**

**1** **a** Geben Sie die Aminosäurebausteine des Tetrapeptids Serylleucylglycylcystein an.
**b** Formulieren Sie seine Bildungsreaktion.

**2** Geben Sie alle Tripeptide an, die aus L-Alanin und L-Serin gebildet werden können.

# 9.11 Struktur von Proteinen

Proteine erfüllen vielfältige Funktionen in allen Lebewesen. Weil ihre Molekülstrukturen äußerst variabel sind, können sie ebenso biochemische Reaktionen steuern wie unserem Körper Stabilität geben. Man unterscheidet vier Molekülstrukturen: die *Primär-, Sekundär-, Tertiär- und Quartärstruktur*.

**PRIMÄRSTRUKTUR** Sie beschreibt die Art, Anzahl und Reihenfolge der L-Aminosäurebausteine in einem Proteinmolekül. Die Primärstruktur wird auch **Aminosäuresequenz** eines Proteins genannt.
Die Primärstruktur des Hormons Insulin zeigt, dass die beiden Polypeptidketten aus 17 verschiedenen L-Aminosäurebausteinen aufgebaut sind, die mit ihren Abkürzungen angegeben werden (↑ 01).

**SEKUNDÄRSTRUKTUR** Sie beschreibt räumlich begrenzte dreidimensionale Strukturabschnitte eines Proteinmoleküls, die durch Ausbildung von *Wasserstoffbrücken* zwischen nahe beieinanderliegenden Peptidbindungen entstehen.
Dabei unterscheidet man zwei Formen der Sekundärstruktur: die α-Helix- und die β-Faltblattstruktur. Die **α-Helixstruktur** entsteht, wenn sich eine Polypeptidkette schraubenförmig zu einer rechtsgängigen Spirale aufwickelt. Zwischen den Peptidbindungen jedes 3., 6., 9. usw. Aminosäurebausteins bilden sich regelmäßig wiederkehrende *intra*molekulare Wasserstoffbrücken, die die schraubenförmige Struktur stabilisieren (↑ 03). Die α-Helixstruktur kommt häufig in Polypeptiden mit großen Seitenketten vor. Proteine mit Helixstruktur sind beispielsweise am Aufbau von tierischen Haaren (Wolle) beteiligt.

Die **β-Faltblattstruktur** entsteht durch Faltung nebeneinanderliegender Polypeptidketten, die am α-Kohlenstoffatom abknicken und durch *inter*molekulare Wasserstoffbrücken zwischen den Atomen unterschiedlicher Peptidbindungen stabilisiert werden (↑ 02). Die Seitenketten der Aminosäurebausteine stehen abwechselnd oberhalb und unterhalb der Faltblattebene. Die Faltblattstruktur ist bei Polypeptiden mit kleinen Seitenketten begünstigt. Naturseide besteht beispielsweise aus Proteinen, deren Makromoleküle eine Faltblattstruktur haben.

**TERTIÄRSTRUKTUR** Die räumliche Struktur des gesamten Proteins wird erst durch verschiedene Wechselwirkungen zwischen den Seitenketten der Aminosäurebausteine vollständig beschrieben.

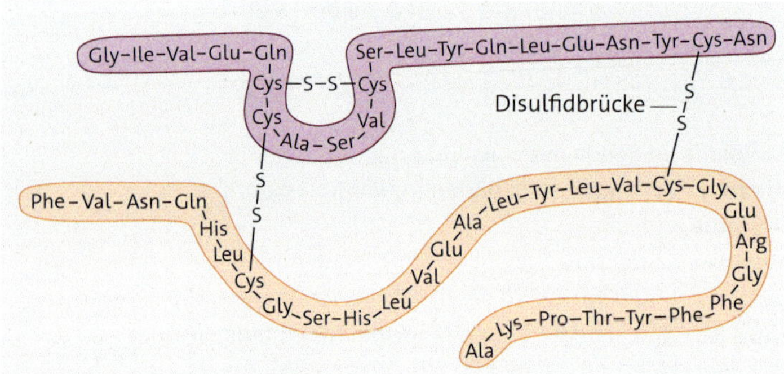


01 Primärstruktur des Insulins

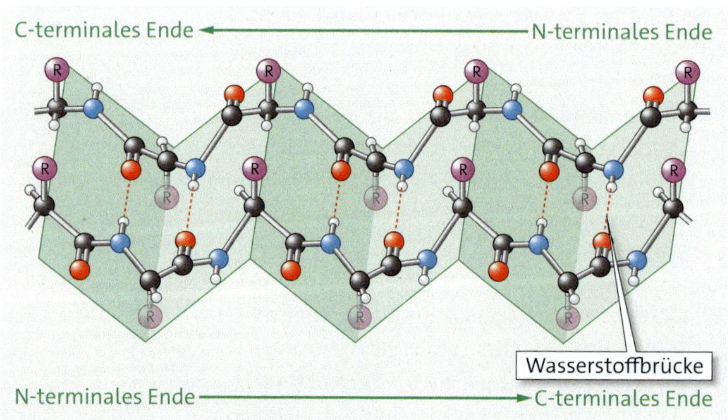


02 Sekundärstruktur: β-Faltblatt

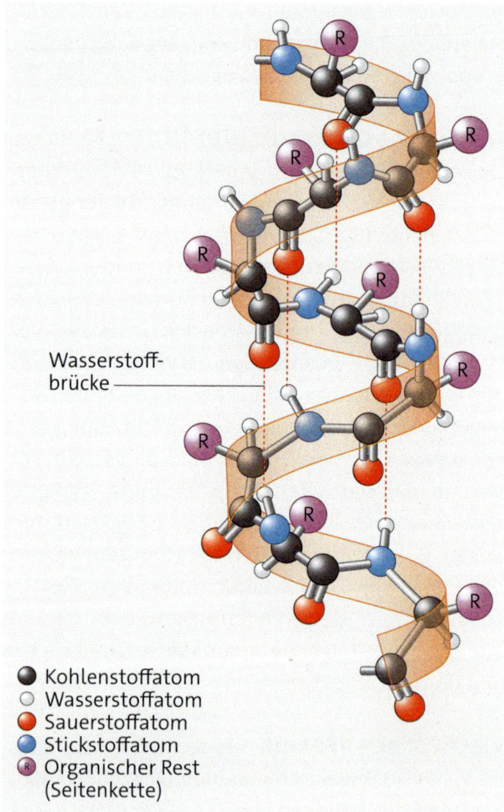


03 Sekundärstruktur: α-Helix

Dadurch kommt es zu einer weiteren Verformung des Makromoleküls. Folgende Arten der chemischen Bindung und zwischenmolekularen Wechselwirkungen treten auf (↑ **04**):

- **Disulfidbindung:** S–S-Elektronenpaarbindung, die sich durch Oxidation der SH-Gruppen zweier nahe beieinanderstehenden Cysteinreste bildet
- **Ionenbindungen** zwischen neagtiv geladenen Carboxylat- und positiv geladenen Ammoniumgruppen der Aminosäurebausteine
- **Wasserstoffbrücken** zwischen polaren Seitenketten und **Van-der-Waals-Kräfte** zwischen unpolaren Seitenketten der Aminosäurebausteine

**QUARTÄRSTRUKTUR** Viele Proteine bestehen nicht nur aus einer, sondern aus mehreren Polypeptidketten, die sich zu einer funktionellen Einheit mit komplexer Raumstruktur zusammenlagern können. Ein Beispiel dafür ist das Protein **Hämoglobin**, das aus vier Polypeptidketten aufgebaut ist (↑ **05**). Die einzelnen Polypeptidketten werden von den gleichen Bindungskräften zusammengehalten wie bei der Tertiärstruktur.

> **Die Primärstruktur beschreibt die Abfolge der Aminosäurebausteine. Ihre räumliche Anordnung als α-Helix oder β-Faltblatt wird Sekundärstruktur genannt. Der räumliche Bau eines Proteins wird durch die Tertiärstruktur beschrieben.**

**GLOBULÄRE UND FIBRILLÄRE PROTEINE** **Globuläre Proteine** haben kugelförmige Gestalt. Zu ihnen gehören Transportproteine wie das Hämoglobin, Enzyme und Hormone. Sie werden zu den *Funktionsproteinen* gezählt.
Längliche faserartige Proteinmoleküle werden **fibrilläre Proteine** genannt und dienen in Zellen und Geweben zur *Strukturbildung*. Zu ihnen gehören die Keratine der Haare und die Kollagene in der Haut und in den Knochen (↑ **06**). Sie besitzen durch zahlreiche Wasserstoffbrücken zwischen den benachbarten Polypeptidketten hohe Festigkeit. Im Bereich der Helixstrukturen sind sie dehnbar und elastisch. So besteht das Kollagenmolekül beispielsweise aus einer verdrillten Dreifachhelix, von denen wiederum mehrere in Kollagenfibrillen nebeneinander liegen und so deren enorme Zugfestigkeit bewirken.

**1 ›** Vergleichen Sie anhand von ↑ **06** die Primär- und die Quartärstruktur eines Proteins.

**2 ›** Beschreiben Sie die Ausbildung einer α-Helix- und einer β-Faltblattstruktur innerhalb eines Peptidmoleküls.

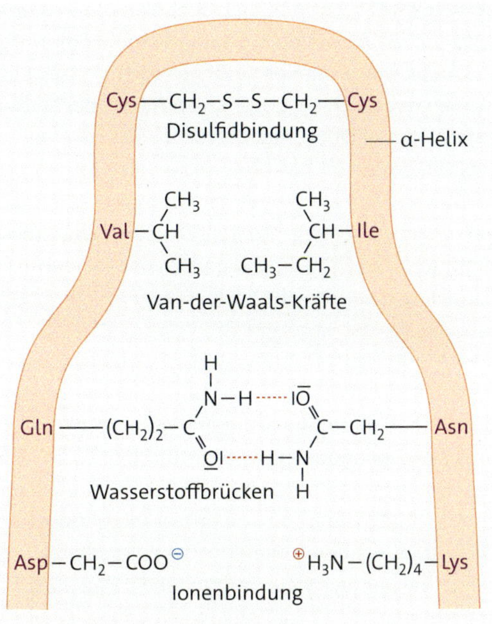


**04** Stabilisierung von Tertiärstrukturen

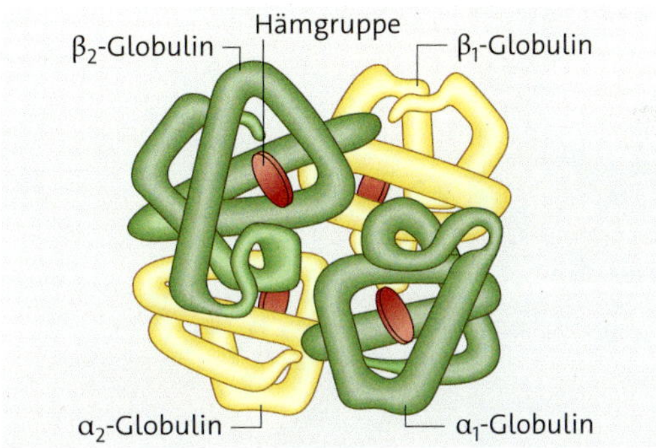


**05** Hämoglobin ist ein globuläres Protein.

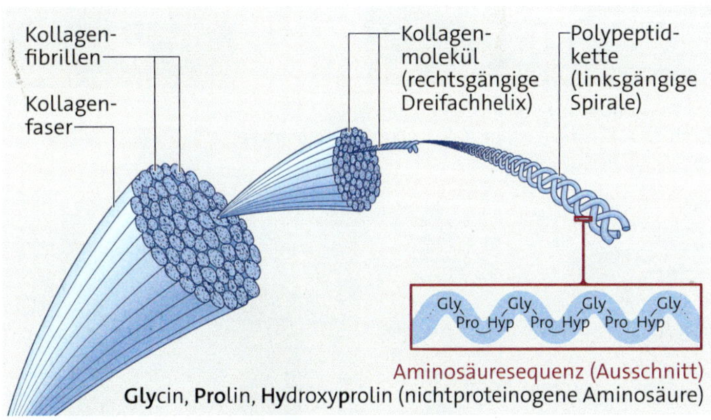


**06** Kollagen ist ein fibrilläres Protein.

**3 ›** Erläutern Sie die Art der Wechselwirkungen und chemischen Bindungen, die zur Ausbildung der Tertiärstruktur eines Proteins führen.

# 9.12 Eigenschaften von Proteinen

*Kolloidale Lösungen sind Stoffgemische, bei denen die gelösten Teilchen so groß sind, dass sie Lichtstrahlen brechen (Tyndall-Effekt).*

**LÖSLICHKEIT** Für die Eigenschaften der Proteine sind die vielen an den α-Kohlenstoffatomen des Polypeptidmoleküls vorhandenen Seitenketten ausschlaggebend. Der hydrophile Charakter der Seitenketten, die bei den globulären Proteinen nach außen weisen, bestimmt beispielsweise deren Löslichkeit in Wasser. Man unterscheidet **Globuline**, die in gesättigter Salzlösung ausflocken, von **Albuminen**, die unter diesen Bedingungen gelöst bleiben und *kolloidale Lösungen*, die **Sole,** bilden.

**DENATURIERUNG** Die biologische Funktion eines Proteins hängt maßgeblich von seiner räumlichen Struktur ab. Allerdings sind die Molekülstrukturen anfällig gegenüber Umwelteinflüssen. Sie werden durch Wärme, Säuren, Laugen und andere Chemikalien angegriffen und zerstört. Infolge dieses als **Denaturierung** bezeichneten Vorgangs verlieren Proteine ihre biologischen Funktionen (↑ Exp. 9.23).

**01** Denaturierung von Proteinen durch
**A** Erhitzen, **B** saure Lösung, **C** Salz, **D** Reduktionsmittel

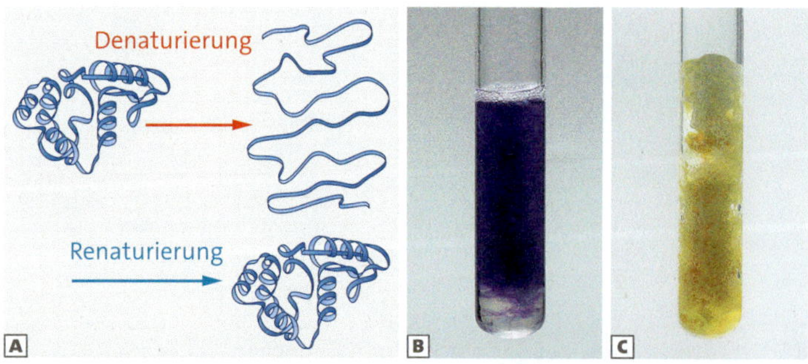


**02** **A** Modell zur De- und Renaturierung eines globulären Proteins,
**B** Biuretreaktion, **C** Xanthoproteinreaktion

Beim **Erwärmen** von Proteinen wie im Eiklar (↑ **01A**) werden Ionenbindungen und Wasserstoffbrücken gelöst sowie Van-der-Waals-Kräfte geschwächt. Sie bilden sich an anderen Stellen neu, wobei sich die Sekundär- und die Tertiärstruktur irreversibel verändern. Die Primärstruktur bleibt jedoch wie bei den anderen Denaturierungsvorgängen unverändert.

Gibt man zu Milch eine Säure, so werden die Milchproteine denaturiert, was man am Ausflocken erkennen kann (↑ **01B**). Durch Einwirkung von **Säuren** und **Laugen** verändern sich die Ladungsverhältnisse im Proteinmolekül. Infolgedessen werden Ionenbindungen zwischen Carboxylat- und Ammoniumgruppen und Wasserstoffbrücken zerstört. Durch Einwirkung von Säure können Proteine auch *hydrolytisch gespalten* werden, beispielsweise bei der Verdauung von Proteinen im Magen.

**Salze** entziehen Proteinen das Wasser, sie dehydratisieren. Die Lebensmittelindustrie nutzt diese Form der Denaturierung zur Konservierung, z. B. beim Pökeln von Schinken (↑ **01C**). Dadurch werden vor allem Wasserstoffbrücken aufgebrochen. In ähnlicher Weise denaturierend wirken Lösungsmittel wie **Ethanol**, das ebenfalls die Wasserstoffbrücken in den Proteinmolekülen beeinflusst.

**Schwermetall-Ionen** treten mit Schwefel- und Stickstoffatomen der Proteinmoleküle in Wechselwirkung. Es kommt zur Quervernetzung zwischen Proteinmolekülen. Darauf beruht die Giftigkeit von Blei- und Quecksilber-Ionen für den Organismus.

Auch starke **Reduktionsmittel** wie Schwefelwasserstoff $H_2S$ verändern die Struktur von Proteinen, indem sie mit den Disulfidbrücken reagieren und sie spalten. Der Prozess ist jedoch reversibel und kann durch geeignete Oxidationsmittel wieder umgekehrt werden. Diese Redoxreaktionen nutzen Friseure bei der Dauerwelle (↑ **01D**).

**RENATURIERUNG** Durch die Zerstörung der Sekundär- und Tertiärstruktur liegen die Proteine als gestreckte Polypeptidketten vor. In bestimmten Fällen kann die Denaturierung jedoch rückgängig gemacht werden (↑ **02A**). Dieser Vorgang heißt **Renaturierung**. Ein Beispiel aus dem Alltag ist das Aufschlagen von Eiklar, denn der entstandene Eischnee wird nach einiger Zeit wieder flüssig. Auch bei der Dauerwelle kann die Strukturveränderung durch ein Oxidationsmittel wieder rückgängig gemacht werden. Meist sind Denaturierungen jedoch irreversibel.

**NACHWEISREAKTIONEN** Nachweisreaktionen für Proteine verlaufen als Denaturierung. Bei der **Biuretreaktion** reagieren Proteine mit alkalischer Kupfer(II)-sulfatlösung (↑ Exp. 9.24). Durch die Wechselwirkung mit den Stickstoffatomen bildet sich ein violetter Kupferbiuretkomplex (↑ **02B**).
Bei der **Xanthoproteinreaktion** werden die Proteine mit konzentrierter Salpetersäure versetzt (↑ Exp. 9.25). Dabei flocken die Proteine aus und verfärben sich charakteristisch gelb, weil die Seitenketten mit aromatischen Resten nitriert werden (↑ **02C**).

**1 ›** Begründen Sie, warum längeres hohes Fieber für Säugetiere und Menschen lebensgefährlich sein kann.

**2 ›** Erläutern Sie die Funktionen der Magensäure bei der Verdauung von Eiweißen und bei der Abtötung von Krankheitskeimen.

**3 ›** Eine Föhnfrisur ist auf eine Hydratisierung der Haare zurückzuführen. Erklären Sie die Veränderung einer Föhnfrisur bei Regenwetter mithilfe Ihrer Kenntnisse über die Struktur von Proteinen.

## P Eigenschaften von Proteinen

### EXP 9.23 Denaturierung von Proteinen

**Materialien** 6 Bechergläser (100 ml), 1 Becherglas (500 ml), Glasstäbe, Kochplatte, 1 Eiklar, 300 ml 1 %ige Kochsalzlösung, Salzsäure ($c$ = 1 mol · l$^{-1}$; 5), Natronlauge ($c$ = 1 mol · l$^{-1}$; 5), Ethanol (2, 7), Ammoniumsulfat, Kupfer(II)-sulfat-5-Wasser (5, 7, 9)

**Durchführung** Vermischen Sie das Eiklar mit Kochsalzlösung und verteilen Sie das Gemisch auf die 6 Bechergläser. Das erste Becherglas wird auf der Heizplatte erwärmt. Zu den anderen Lösungen werden kleine Mengen an Salzsäure, Natronlauge, Ethanol, Ammoniumsulfat oder Kupfersulfat hinzugefügt.
*Entsorgung:* Reste in die Behälter für saure und alkalische Abfälle, halogenfreie organische Abfälle (Ethanol) bzw. giftige anorganische Abfälle (Kupfersulfat) geben.

**Auswertung**

**1 ›** Tragen Sie Ihre Beobachtungen in einer tabellarischen Übersicht zusammen und erklären Sie sie.

**2 ›** Diskutieren Sie, warum die Tertiärstruktur gegenüber Umwelteinflüssen besonders empfindlich ist.

### EXP 9.24 Biuretreaktion

**Materialien** 2 Reagenzgläser, Eiklarlösung, Kupfer(II)-sulfatlösung ($w$ = 5 %; 7), Natronlauge ($c$ = 1 mol · l$^{-1}$; 5)

**Durchführung** Füllen Sie 3 ml Eiklarlösung in ein Reagenzglas. Geben Sie einige Tropfen Natronlauge und danach einige Tropfen Kupfer(II)-sulfatlösung dazu.
*Entsorgung:* Lösung in den Behälter giftige anorganische Abfälle geben.

**Auswertung**

**1 ›** Erklären Sie Ihre Beobachtungen.

**2 ›** Informieren Sie sich über die Giftwirkung von Schwermetallverbindungen im menschlichen Organismus. Erarbeiten Sie dazu eine Präsentation.

### EXP 9.25 Xanthoproteinreaktion

**Materialien** Reagenzglas, Brenner, Eiklarlösung, konzentrierte Salpetersäure ($w$ = 50 %; 5)

**Durchführung** Füllen Sie die Eiklarlösung in das Reagenzglas und geben Sie 4–5 Tropfen Salpetersäure hinzu. Erwärmen Sie das Gemisch vorsichtig.
*Entsorgung:* Reste in die Behälter für saure und alkalische Abfälle geben.

**Auswertung**

**1 ›** Erklären Sie Ihre Beobachtungen.

**2 ›** Begründen Sie, warum beim Umgang mit Säuren und Laugen besondere Sicherheitsregeln einzuhalten sind.

### EXP 9.26 Hydrolyse eines Proteins

**Materialien** Reagenzglas, Becherglas (200 ml), kristallisiertes Albumin, Pankreatin (8, 7), Natriumdihydrogenphosphat, Natriumhydrogenphosphat-12-Wasser (5)

**Durchführung** Lösen Sie 1,4 g Natriumdihydrogenphosphat und 3,6 g Natriumhydrogenphosphat-12-Wasser in 100 ml Wasser. Fügen Sie unter Rühren 1 g Pankreatin dazu.
Geben Sie etwa 5 ml der Pufferlösung ins Reagenzglas und versetzen Sie sie mit einer Spatelspitze Albumin. Erwärmen Sie das Gemisch etwa 1 Stunde lang auf ca. 37 °C.
Entwickeln Sie ein Experiment, um das Hydrolysat dünnschichtchromatografisch aufzutrennen und drei Aminosäuren im Produktgemisch zu identifizieren (↑ Exp. 9.21, S. 302).
*Entsorgung:* Reste ins Abwasser geben.

**Auswertung**

**1 ›** Formulieren Sie eine Reaktionsgleichung für die Hydrolyse eines beliebigen Dipeptids.

**2 ›** Erläutern Sie die Funktion von Pankreatin und anderen Enzymen bei der Verdauung von Eiweißen.

**3 ›** Vergleichen Sie die Hydrolyse eines Peptids mit der Hydrolyse eines Esters.

# 9.13 Enzyme – spezialisierte Proteine

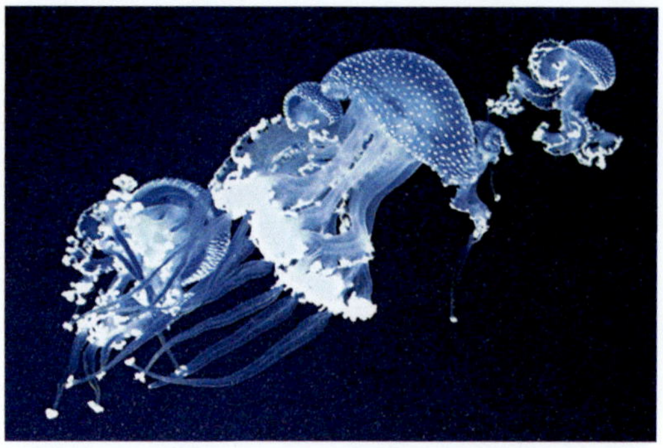

**01** Biolumineszenz durch das Enzym Luciferase

Damit die vielen Tausend chemischen Reaktionen des Stoffwechsels in den Zellen der Lebewesen ablaufen können, sind Proteine mit einer spezifischen Funktion, die **Enzyme**, erforderlich. Indem sie die Aktivierungsenergie absenken, können viele Reaktionen schon bei etwa 37 °C ablaufen. Sie bewirken außerdem eine Erhöhung der Reaktionsgeschwindigkeit und gehen als Reaktionsteilnehmer nach der Reaktion unverändert aus ihr hervor. Sie haben eine *katalytische Funktion* bei biochemischen Reaktionen und werden deshalb **Biokatalysatoren** genannt.

**BAU DER ENZYME** Enzyme sind globuläre Proteine, die gut in Wasser löslich sind. Ihre charakteristische Form wird durch die *Tertiärstruktur* festgelegt. Jedes Enzym besitzt dabei eine einzigartige taschenförmige Struktur, die das **aktive Zentrum** bildet (↑ 03). Daran können bestimmte geometrisch exakt passende Moleküle, die sogenannten **Substrate,** binden. Der Zusammenhalt von Enzym und Substrat im **Enzym-Substrat-Komplex** erfolgt durch *intermolekulare* Ionenbindungen oder zwischenmolekulare Kräfte wie Wasserstoffbrücken und Van-der-Waals-Kräfte. Bindet ein Substratmolekül an das aktive Zentrum des Enzyms, so wird aus einer Vielzahl möglicher Reaktionen, an dem das Substrat beteiligt sein kann, eine bestimmte chemische Reaktion beschleunigt – häufig um das $10^{14}$-Fache.

| Enzymart | Katalysierte Reaktion | Beispiel(e) |
|---|---|---|
| Oxido-reduktase | Redoxreaktion | Luciferase: Biolumineszenz durch Oxidation von Luciferin |
| Hydrolase | hydrolytische Spaltung von Peptidbindungen | Peptidase und Protease im Magen- und Dünndarmsaft: Proteinspaltung (Verdauung) |
| Isomerase | Umlagerung von isomeren Molekülen | Retinal-Isomerase: Rückbildung des Sehfarbstoffs nach Belichtung |

**02** Beispiele für Enzymarten und ihre katalysierten Reaktionen

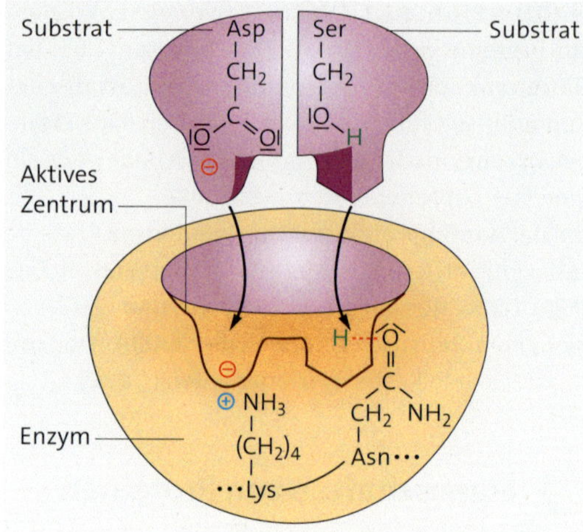


**03** Enzym-Substrat-Komplex

**EINTEILUNG UND NAMEN VON ENZYMEN** Nach der Art der katalysierten Reaktion werden die Enzyme in Gruppen eingeteilt (↑ 02). Ihr Name wird gebildet, indem die Endung **-ase** an die Reaktionsart oder den Namen des Substrats angehängt wird: Das Enzym Lipase spaltet beispielsweise Lipide (Fette). Einige Enzyme wie das im Magen vorkommende Pepsin tragen Trivialnamen.

**ABLAUF EINER ENZYMREAKTION** Ein besonderes Merkmal aller Enzymreaktionen ist die exakte räumliche Passform zwischen Enzym und Substrat, was als **Substratspezifität** bezeichnet wird.
Bereits 1894 formulierte EMIL FISCHER das **Schlüssel-Schloss-Prinzip**, bei dem das aktive Zentrum in Abwesenheit des Substrats bereits vorgeformt vorliegt (↑ 05). Heute weiß man, dass Enzyme sich dynamisch anpassen können: Das Substrat kann am aktiven Zentrum Konformationsänderungen bewirken, sodass es erst nach der Bindung des Substrats die komplementäre Form einnimmt. Dieses Modell wird **Induced-fit-Modell** genannt.

Jedes Enzym katalysiert aufgrund seines spezifisch geformten aktiven Zentrums nur eine bestimmte chemische Reaktion, was als **Wirkungsspezifität** bezeichnet wird. Dabei benötigt die durch Enzyme katalysierte Reaktion eine geringere Aktivierungsenergie (↑ 04) und verläuft mit einer höheren Reaktionsgeschwindigkeit als die unkatalysierte Reaktion. Vorübergehend entsteht ein Enzym-Substrat-Komplex, bei dem die Bindungen des Substratmoleküls gelockert werden. Schließlich zerfällt der Komplex in das Produkt und das Enzymmolekül, das wieder frei wird und für weitere Reaktionen zur Verfügung steht.

**BEEINFLUSSUNG DER ENZYMAKTIVITÄT** Die Funktion von Enzymen hängt entscheidend von der Temperatur und dem pH-Wert der Umgebung ab. Für beide Bedingungen existieren für jedes Enzym optimale Bereiche. Werden jedoch bestimmte Grenzwerte überschritten, so kann die Enzymfunktion ausbleiben oder die Enzyme irreversibel denaturieren, da ihre Tertiär- oder Quartärstruktur zerstört wird.

Im menschlichen Körper wirkende Enzyme benötigen meist Temperaturen zwischen 37 und 41 °C. Das pH-Optimum der Enzyme kann in völlig unterschiedlichen Bereichen liegen. So katalysiert **Amylase**, ein Stärke spaltendes Enzym im Speichel, im neutralen bis schwach sauren Bereich. **Pepsin**, eine Protein spaltende *Peptidase*, hat ihr pH-Optimum dagegen im stark sauren Bereich. Außerhalb des Magens ist sie inaktiv, sodass das Gewebe vor Selbstverdauung geschützt wird.

**HEMMUNG EINER ENZYMREAKTION** Stoffe, die eine Verringerung der Reaktionsgeschwindigkeit bewirken, werden **Inhibitoren** genannt. Sie setzen die Aktivität der Enzyme herab, indem sie das aktive Zentrum blockieren. Oft ist die Hemmung durch Inhibitoren reversibel wie bei der **kompetitiven Hemmung**. Dabei wird das aktive Zentrum durch den Inhibitor besetzt, dessen Struktur der des Substrats ähnelt, aber nicht umgesetzt werden kann. Substrat und Inhibitor konkurrieren um das aktive Zentrum. Diese Hemmung ist oft reversibel, da das aktive Zentrum wieder freigegeben werden kann.

Bei der **allosterischen Hemmung** wird der Inhibitor an beliebiger Stelle des Enzyms gebunden und verändert dessen räumliche Struktur, sodass das Substrat nicht mehr am aktiven Zentrum binden kann. Bei der irreversiblen Hemmung durch **Schwermetall-Ionen** kommt es wegen der Größe der Ionen und der Stärke der Ladung zu einer dauerhaften Bindung zwischen den Metall-Ionen und den negativ geladenen Carboxylatgruppen und damit zu einer Änderung der Tertiärstruktur.

**Enzyme sind Proteine, die unter physiologischen Bedingungen als Biokatalysatoren wirken. Als besonderes Strukturmerkmal besitzen sie ein aktives Zentrum, das die Substrate in Produkte umwandelt.**

**1** Stellen Sie eine begründete Hypothese auf, welche Stoffe als Enzymgift wirken könnten.

**2** Skizzieren Sie ein Modell zur kompetitiven und zur allosterischen Enzymhemmung.

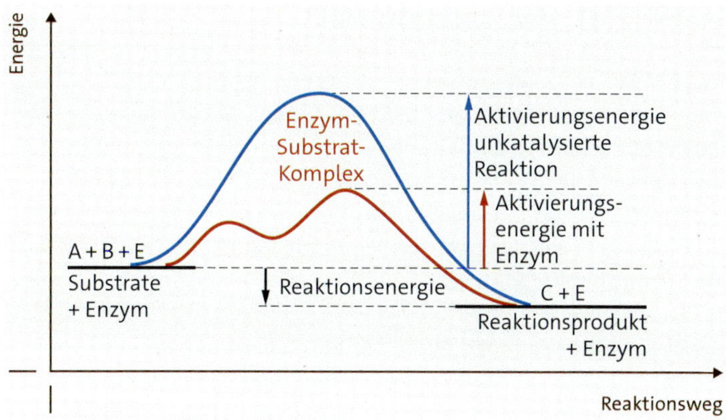


**04** Energiediagramm einer chemischen Reaktion mit und ohne Enzym

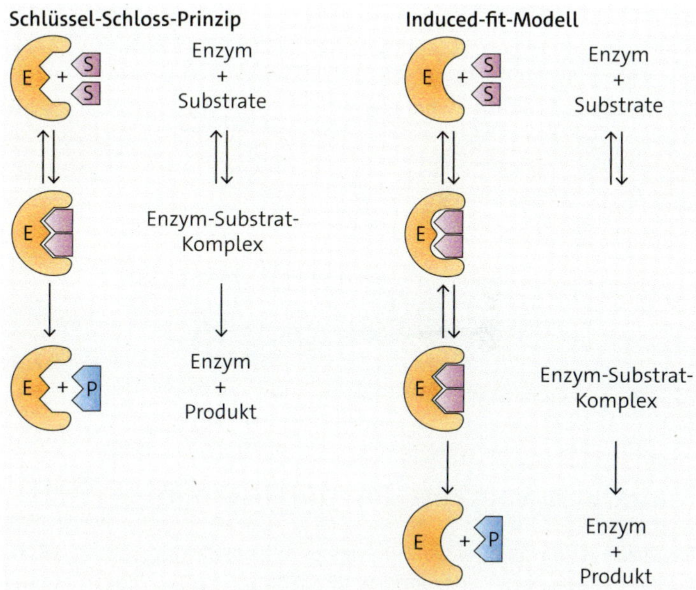


**05** Modellvorstellung zur Bildung des Enzym-Substrat-Komplexes

**P** **EXP 9.27** **Wirkung von Katalase**

**Materialien** 5 Reagenzgläser, Brenner, rohe geriebene Kartoffel, $H_2O_2$ ($w$ = 10 %; 3, 5), Kupfersulfatlösung ($w$ = 1 %), Wasser

**Durchführung** Vermengen Sie die geriebene Kartoffel mit etwas Wasser, geben Sie dies auf ein Tuch und pressen Sie den Saft aus. Die Hälfte des Safts wird bis zum Sieden erhitzt. Füllen Sie in 3 Reagenzgläser je 5 ml Wasserstoffperoxidlösung und geben Sie a) 1 ml Kartoffelpresssaft roh; b) 1 ml Kartoffelpresssaft erhitzt; c) 1 ml Kartoffelpresssaft roh plus 1 ml Kupfersulfatlösung dazu. Testen Sie alle 3 Ansätze mit der Glimmspanprobe auf Sauerstoff. *Entsorgung:* Rest von Reagenzglas c in den Behälter für giftige anorganische Abfälle, übrige Lösungen ins Abwasser geben.

**Auswertung** Beschreiben und deuten Sie Ihre Beobachtungen.

# Klausurtraining

## **Material G** Phenylketonurie

Einige Menschen leiden an der genetisch bedingten Krankheit *Phenylketonurie* (PKU). Ihnen fehlt ein für den Abbau der in vielen Lebensmitteln enthaltenen Aminosäure Phenylalanin das Enzym Phenyloxydase. Als Folge reichert sich die Aminosäure im Blut an und wird zu Stoffen abgebaut, die die Gehirnentwicklung beeinträchtigen. Daher müssen die Betroffenen Lebensmittel mit der Aufschrift „enthält eine Phenylalaninquelle" meiden.

Manchen Süßspeisen, Erfrischungsgetränken und Kaugummis wird der Zuckerersatzstoff Aspartam zugesetzt. Er schmeckt etwa 200-mal süßer als Saccharose, enthält aber viel weniger Energie, sodass er vor allem in kalorienreduzierten Lightprodukten enthalten ist.

Aspartam ist ein Dipeptid, das aus Asparaginsäure und Phenylalanin synthetisiert wird, wobei die C-terminale Aminosäure mit Methanol verestert ist (↑ G1.2). Beim Erhitzen ist es nicht stabil, sondern zerfällt hydrolytisch.

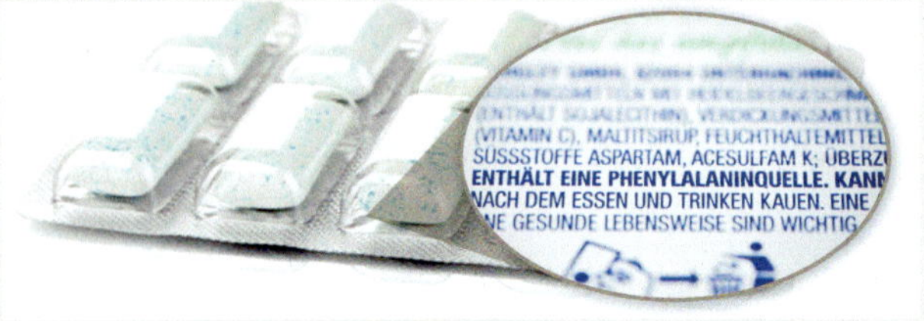


**G1.1** Kaugummi, mit Aspartam gesüßt

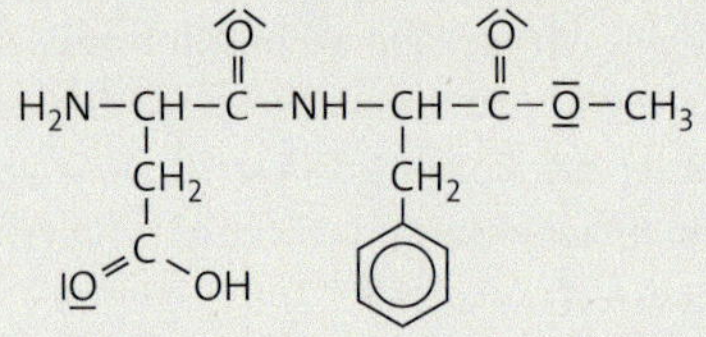

**G1.2** Aspartylphenylalaninmethylester (Aspartam)

### AUFGABEN ZU G

**1)** **a** Beschreiben Sie den Bau der proteinogenen Aminosäuren am Beispiel des Phenylalanins.
**b** Erläutern Sie die Einteilung der proteinogenen Aminosäuren anhand ihrer Struktur.
**c** Entwickeln Sie eine Reaktionsgleichung für die vollständige Hydrolyse von Aspartam, bei der drei verschiedene Reaktionsprodukte entstehen.
**d** Zeichnen Sie die Halbstrukturformeln aller Dipeptide, die aus einem Gemisch von Asparaginsäure und Phenylalanin entstehen können.

**2)** Bewerten Sie die Verwendung von Aspartam in Lebensmitteln als Verbraucher und aus medizinischer Sicht.

## **Material H** Vom Histidin zum Histamin

Histamin ist ein biogenes Amin, das durch Abspaltung von Kohlenstoffdioxid aus der Aminosäure Histidin entsteht. Dazu ist das Enzym Histidindecarboxylase notwendig. Histamin wirkt im Organismus als Botenstoff, der eine wichtige Rolle bei der Abwehr körperfremder Stoffe und bei Entzündungsreaktionen spielt, aber auch im Zentralnervensystem wirkt. Bei allergischen Reaktionen wird es aus Mastzellen freigesetzt. Daraufhin kommt es im umliegenden Gewebe sofort zur Erweiterung der Blutgefäße und zu Schwellungen durch Einlagerung von Flüssigkeit. Allergiker werden daher mit *Antihistaminika* behandelt, die die Wirkung des Botenstoffs hemmen.

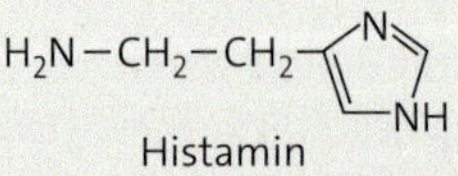

Histamin

**H1.1** Wespengift enthält Histamin.

Histamin ist auch im Gift der Wespen enthalten, das zusammen mit anderen Allergien auslösenden Proteinen nach einem Stich die schmerzhaften Quaddeln verursacht (↑ H1.1). Sie lassen sich u. a. mit diesen Methoden behandeln:

- Kühlen der betroffenen Stelle
- kurzzeitiges Erwärmen auf 45 bis 60 °C mittels eines thermoelektrischen Stichheilers („Insektenstift")
- Auftragen einer antiallergisch wirkenden Salbe

### AUFGABEN ZU H

**1)** **a** Zeichnen Sie die Halbstrukturformel des Zwitterions von Histidin.
**b** Begründen Sie, dass der $pH_{iso}$ von Histidin über 7,0 liegt.
**c** Erklären Sie den amphoteren Charakter von Histidin mithilfe des Donator-Akzeptor-Konzepts.
**d** Entwickeln Sie eine Reaktionsgleichung für die Umwandlung von Histidin zu Histamin.

**2)** Erläutern und bewerten Sie die Wirkmechanismen bei der Behandlung von Hautquaddeln durch Wespengift.

## Material I Proteine im Blut

Etwa vier bis sechs Liter Blut pulsieren durch den Körper eines erwachsenen Menschen. Es übernimmt u. a. die wichtige Aufgabe, den Stoffaustausch zwischen Umwelt und Zellen im Körper zu gewährleisten. Blut besteht zu 44 % aus zellulären Bestandteilen und zu 55 % aus Blutplasma. Die Funktionen des hauptsächlich aus Wasser und Proteinen bestehenden Blutplasmas sind Stofftransport, Immunabwehr, Blutgerinnung und Regulierung des pH-Werts.

Die Proteine im Blut lassen sich durch Elektrophorese in verschiedene Globuline und Albumin, das häufigste Plasmaprotein, auftrennen. Albumin besteht aus 585 Aminosäurebausteinen, von denen viele polare Seitenketten aufweisen. Zudem hat es 16 Histidinbausteine gebunden.

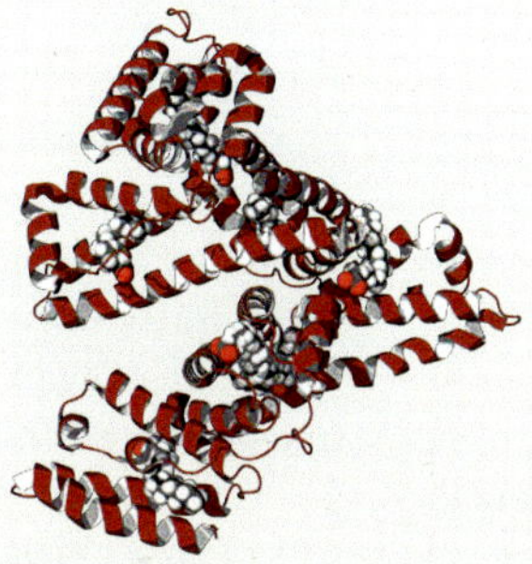
I1.1 Raummodell von Albumin

Indem Albumin in den Blutgefäßen Wasser an sich bindet, verhindert es dessen Austritt in die Zellzwischenräume und somit ins Gewebe.

### AUFGABEN ZU I

**1›** **a** Beschreiben Sie die Struktur des Albumins anhand von ↑ I1.1 und ordnen Sie es begründet einer Proteinart zu.
**b** Vergleichen Sie die Struktur von Albumin mit der eines selbst gewählten fibrillären Proteins. Leiten Sie daraus die unterschiedlichen Funktionen globulärer und fibrillärer Proteine ab.

**2›** **a** 1 g Albumin kann bis zu 18 ml Wasser binden. Erklären Sie diesen Sachverhalt.
**b** Stellen Sie eine Hypothese auf, wie ein Mangel an Albumin im Blutplasma zu Ödemen, Wasseransammlungen im Gewebe, führen kann.

**3›** Blut hat einen stabilen pH-Wert von etwa 7,4. Erläutern Sie anhand einer Skizze die auf den Histidinbausteinen beruhende Pufferwirkung von Albumin im Blut.

**4›** Erklären Sie das Prinzip der Elektrophorese exemplarisch anhand der Plasmaproteine des Bluts.

**5›** Kommt es bei einer Rasur zu einer Verletzung, so dienen Alaunstifte zum Stillen der Blutung. Sie enthalten Kaliumaluminiumalaun ($K_2Al_2(SO_4)_4$). Erläutern Sie, worauf die blustillende Wirkung beruht.

## Material J Friseure als Chemiker

Haare bestehen aus dem fibrillären Protein α-Keratin, dessen häufigster Aminosäurebaustein Cystein ist. In einem Ausschnitt des Keratinmoleküls kommen beispielsweise Aminosäurebausteine in der Reihenfolge –Ser–Cys–Leu– vor.

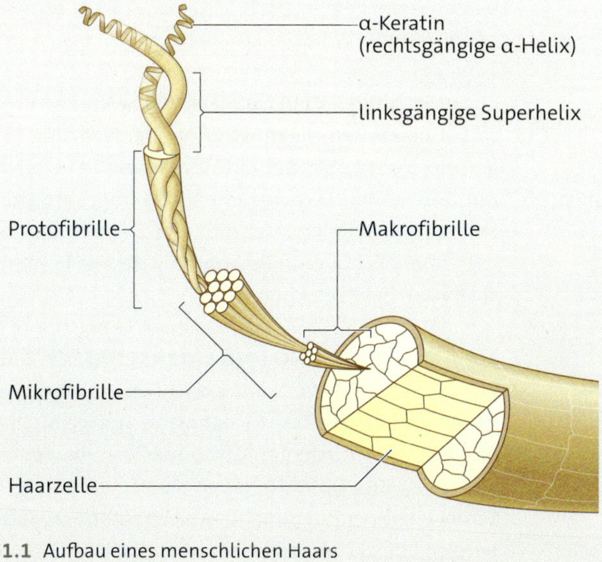

J1.1 Aufbau eines menschlichen Haars

Keratinmoleküle liegen als α-Helices vor, von denen mehrere durch Disulfidbrücken verbunden und zu einer Superhelix verdrillt sind. Sie ist Bestandteil einer Protofibrille. Elf Protofibrillen verbinden sich zu einer Mikrofibrille. Ein Bündel davon ergibt eine Makrofibrille, von denen sich wiederum mehrere in einer Zelle des Haars befinden. Bei einer Dauerwelle werden die Disulfidbrücken an den Cysteinbausteinen durch ein Reduktionsmittel, das Protonen $H^+$ liefert, zu *Thiolen* –SH geöffnet. Nach dem Formen des Haars wird durch das Oxidationsmittel Wasserstoffperoxid ($H_2O_2$) die neue Struktur fixiert. Sie bleibt bis zum Nachwachsen des Haars bestehen.

### AUFGABEN ZU J

**1›** Zeichnen Sie die Strukturformel für den angegebenen Ausschnitt des Keratinmoleküls. Benennen Sie die vorliegende Bindung.

**2›** Erläutern Sie am Beispiel des α-Keratins die Begriffe Primär-, Sekundär-,Tertiär- und Quartärstruktur.

**3›** Formulieren Sie am Beispiel zweier Cysteinbausteine des Keratinmoleküls die chemischen Reaktionen, die zur Formung des Haars führen. Zeigen Sie, dass es sich um eine Redoxreaktion handelt.

# 9.14 Struktur und Eigenschaften der Fette

**01** Die Milch, die das Walkalb bei seiner Mutter trinkt, enthält 50 % Fett.

*Fette* sind bei Raumtemperatur feste oder halbfeste Stoffe, ein Beispiel dafür ist Schweineschmalz. Liegen sie bei Raumtemperatur in flüssiger Form vor wie beispielsweise beim Olivenöl, so nennt man sie *fette Öle*.
Fette und fette Öle kommen sowohl bei Pflanzen wie auch bei Tieren vor. So ernähren beispielsweise Wale ihre Jungen mit einer extrem fettreichen Milch, die sie in kürzester Zeit an Größe und Gewicht zunehmen lässt. Unter der Haut besitzen sie eine dicke Fettschicht, die sie vor der Kälte der Ozeane schützt.

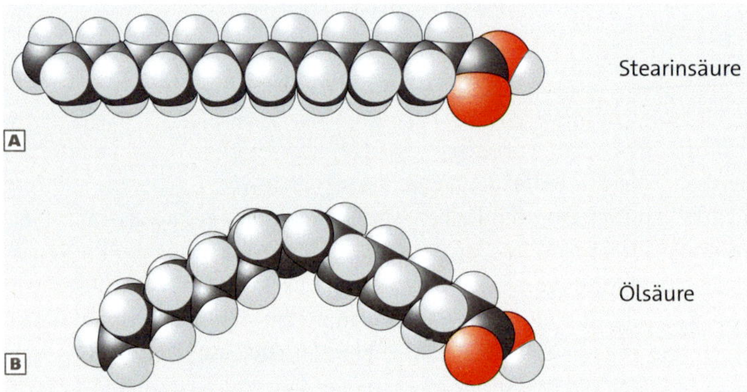


**02** Modell einer **A** gesättigten Fettsäure und **B** ungesättigten Fettsäure

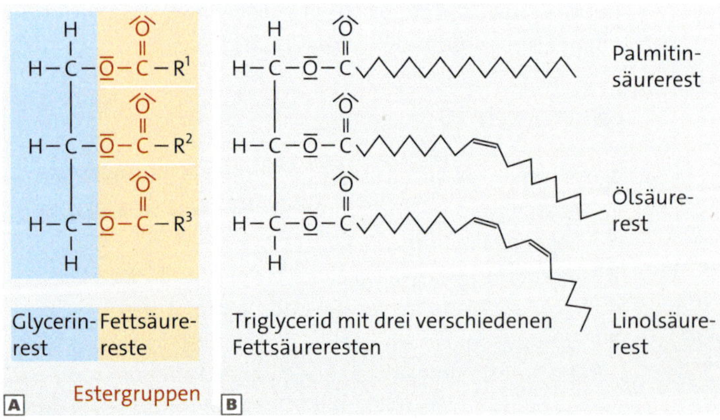


**03** **A** Allgemeiner Bau eines Fettmoleküls, **B** Beispiel eines Fettmoleküls

**STRUKTUR VON FETTEN** Fette sind **Ester des dreiwertigen Alkohols Glycerin** (Propan-1,2,3-triol) mit meist drei langkettigen Carbonsäuren, die als **Fettsäuren** bezeichnet werden (↑ **02**). Mit systematischem Namen heißen Fette auch **Triglyceride** oder **Triacylglycerine**. In Fettmolekülen können drei gleiche Fettsäuremoleküle, aber auch verschiedenartige Fettsäuremoleküle gebunden sein (↑ **03**).

**FETTSÄUREN** Die in den Fettmolekülen gebundenen Fettsäuremoleküle weisen Kettenlängen von 4 bis 24 Kohlenstoffatomen auf. Natürlich vorkommende Fettsäuren besitzen in der Regel eine gerade Anzahl an Kohlenstoffatomen. Ihre Moleküle weisen wie alle Carbonsäuren eine Carboxygruppe auf, bei der die Zählung der Kohlenstoffatome der Kette beginnt.
In der Natur kommen etwa 500 verschiedene Fettsäuren vor. Längerkettige Fettsäuren sind geschmack- und geruchlos, farblos und wasserunlöslich.

**GESÄTTIGTE UND UNGESÄTTIGTE FETTSÄUREN** Die Moleküle der **gesättigten Fettsäuren** besitzen in der Kohlenstoffkette nur Einfachbindungen (↑ **02A**), während die **ungesättigten Fettsäuremoleküle** mindestens eine Doppelbindung in der Kohlenstoffkette enthalten (↑ **02B**). Weisen Fettsäuren mehrere Doppelbindungen auf, spricht man von **mehrfach ungesättigten Fettsäuren** (↑ **04**).

Die Schmelztemperatur nimmt mit der Länge der Kohlenstoffkette zu, weil die zwischen den Molekülen wirkenden Van-der-Waals-Kräfte stärker werden. Ungesättigte Fettsäuren haben dagegen niedrigere Schmelztemperaturen als die gesättigten, weil zwischen den ungesättigten Fettsäuremolekülen wegen ihrer gewinkelten Struktur (↑ **02B**) schwächere Van-der-Waals-Kräfte herrschen.

Einige Fettsäuren kann der menschliche Körper nicht selbst herstellen, sie müssen mit der Nahrung zugeführt werden. Sie werden als **essenzielle Fettsäuren** bezeichnet. Dazu gehören alle ungesättigten Fettsäuren, die eine oder mehrere Doppelbindungen an einer höheren Position als dem 9. Kohlenstoffatom besitzen (↑ **04**).

**ZUSAMMENSETZUNG UND EIGENSCHAFTEN DER FETTE** Natürlich vorkommende Fette sind keine Reinstoffe, sondern fast ausnahmslos **Stoffgemische**, die aus verschiedenen Glycerinestern bestehen können (↑ **05**). Deshalb haben sie keine definierte Schmelztemperatur, sondern weisen einen **Schmelzbereich** auf, der für jedes Fett typisch ist.

| | Fettsäure (* essenziell) | Anzahl der C-Atome im Molekül | Skelettformel | Schmelztemperatur in °C |
|---|---|---|---|---|
| gesättigt | Laurinsäure | 12 |   | 44 |
| | Palmitinsäure | 16 |   | 62 |
| | Stearinsäure | 18 |   | 69 |
| ungesättigt | * Ölsäure | 18 |   | 16 |
| | * Linolsäure | 18 |   | −5 |
| | * Linolensäure | 18 |   | −11 |

**04** Ausgewählte Fettsäuren

Je höher der Gehalt an gebundenen kurzen oder ungesättigten Fettsäuren ist, desto niedriger liegt der Schmelzbereich. Dies liegt daran, dass sich die Schmelztemperaturen der Fette analog zu denen der Fettsäuren verhalten.
So können sich beispielsweise Fettmoleküle mit gewinkelten Fettsäureresten (↑ **02B**) nicht so dicht aneinanderlegen und es wirken geringere Van-der-Waals-Kräfte als bei Fetten mit geraden, gesättigten Fettsäureresten (↑ **02A**). Fette mit gesättigten Fettsäureresten sind deswegen bei Raumtemperatur fest und es erfordert thermische Energie, um die Anziehungskräfte zu überwinden und das Fett zum Schmelzen zu bringen (↑ **05**).
Fette und fette Öle sind geruch- und geschmacklos. Sie haben eine geringe Flüchtigkeit und bilden auf Papier einen charakteristischen Fettfleck (Fettfleckprobe). Dies unterscheidet sie von den ätherischen Ölen (Duft- und Aromastoffe in Pflanzen) und Mineralölen (Kohlenwasserstoffen). Es sind lipophile Stoffe, die sich wenig bis gar nicht in hydrophilen Lösungsmitteln wie Ethanol oder Wasser lösen. Sie lösen sich aber in lipophilen Lösungsmitteln wie Heptan und Aceton.

**Fette sind Ester des dreiwertigen Alkohols Glycerin mit meist verschiedenen gesättigten und ungesättigten Fettsäuren.**

**1 〉** Zeichnen Sie die Strukturformel eines Fetts, das zwei Laurinsäurereste und einen Ölsäurerest enthält (Fettsäurereste als Skelettformel).

| Fett oder fettes Öl: Im Fett gebundene Fettsäuren (* essenziell) | Anzahl C-Atome | Schweinefett | Butter | Olivenöl | Kokosfett | Leinöl | Sonnenblumenöl |
|---|---|---|---|---|---|---|---|
| Buttersäure, Capronsäure, Caprylsäure, Caprinsäure | 4, 6, 8, 10 | 0 % | 9 % | 0 % | 16 % | 0 % | 0 % |
| Laurinsäure | 12 | 0 % | 4 % | 0 % | 48 % | 0 % | 0 % |
| Myristinsäure | 14 | 2 % | 8 % | 1 % | 16 % | 0 % | 0 % |
| Palmitinsäure | 16 | 27 % | 22 % | 10 % | 9 % | 5 % | 8 % |
| Stearinsäure | 18 | 14 % | 10 % | 2 % | 3 % | 4 % | 8 % |
| * Ölsäure | 18 | 45 % | 37 % | 78 % | 6 % | 22 % | 27 % |
| * Linolsäure | 18 | 8 % | 10 % | 9 % | 2 % | 17 % | 57 % |
| * Linolensäure | 18 | 0 % | 0 % | 0 % | 0 % | 50 % | 0 % |
| **Schmelzbereich des Fetts** | | 36 bis 42 °C | 31 bis 36 °C | −3 bis 0 °C | 23 bis 28 °C | −20 bis −16 °C | −18 bis −11 °C |

**05** Zusammensetzung tierischer und pflanzlicher Fette

# 9.15 Bedeutung und Charakterisierung der Fette

**01** Das Fruchtfleisch der Avocado enthält 15 % Fett.

**FETTE SIND ENERGIESPEICHER** Fette sind neben Kohlenhydraten und Proteinen wichtige Energielieferanten für unseren Organismus. Dabei ist Fett der Nährstoff mit dem größten *Brennwert*: Fett enthält 37 $kJ \cdot g^{-1}$, Kohlenhydrate und Proteine dagegen nur 17 $kJ \cdot g^{-1}$. Bei gleicher Masse liefern Fette also doppelt so viel Energie wie die anderen Nährstoffe. Das macht sie nicht nur in der Ernährung, sondern auch als Speicherstoffe für Menschen und Tiere bedeutsam, da wir unsere Energiespeicher buchstäblich mit uns herumtragen.

***Brennwert***
*↑ Kap. 3, Energetik, S. 324 f.*

Pflanzen speichern Fette vor allem im Gewebe reifer Früchte (↑ **01**). Zur Gewinnung von Speiseölen kann es durch Auspressen oder nach Zerkleinerung durch Extraktion mit organischen Lösungsmitteln gewonnen werden. Die Pressrückstände nutzt man als energiereiches Viehfutter.

**KÄLTESCHUTZ BEI TIEREN** Tiere müssen bei jeder Witterung ihren Stoffwechsel aufrechterhalten. Dies ist nur unter Energieverbrauch möglich. Das in der Unterhaut eingelagerte Fett dient zur Wärmeisolation, da es selbst ein schlechter Wärmeleiter ist.

**KENNZAHLEN VON FETTEN** Tierische und pflanzliche Fette haben je nach Herkunft eine unterschiedliche Zusammensetzung. Zur Unterscheidung der zahlreichen Fette verwendet man verschiedene *Kennzahlen:*

Die **Säurezahl** gibt an, wie viel mg Kaliumhydroxid benötigt wird, um freie Fettsäuren in 1 g Fett zu neutralisieren. Sie nimmt zu, wenn sich lange gelagerte Fette zersetzen.

Die **Iodzahl** gibt die Masse von Iod in g an, die von 100 g eines Fetts addiert wird. Sie kennzeichnet also die Zahl der Doppelbindungen, die die im Fett gebundenen Fettsäurereste enthalten (↑ Exp. 9.29).

Die **Verseifungszahl** gibt an, wie viel mg Kaliumhydroxid benötigt wird, um 1 g Fett vollständig zu spalten (↑ Exp. 9.30). Dabei gilt: Je höher die Verseifungszahl ist, desto höher ist der Anteil kurzkettiger Fettsäuren. Die Bestimmung erfasst auch die freien Fettsäuren, die im Fett als Verunreinigung enthalten sind.

Beim Vorgang der *Verseifung* werden Fette durch alkalische Hydrolyse in ihre Bestandteile zerlegt. Dabei entstehen neben Glycerin die Alkalisalze der Fettsäuren, die Seifen.

Die Bedeutung der chemischen Kennzahlen ist mit der Entwicklung der Gaschromatografie zurückgegangen. Heute werden Fette mit Methanol zu Fettsäuremethylester umgesetzt und über Gaschromatografie quantitativ bestimmt.

**Die Iodzahl und die Verseifungszahl sind charakteristische Kennzahlen eines Fetts.**

**FETTE WERDEN RANZIG** Wenn Fette lange Zeit Licht, Luft und Feuchtigkeit ausgesetzt sind, dann altern sie. Man sagt, sie werden **ranzig.** Dabei kann es zu einer Spaltung der Ester in Glycerin und freie Fettsäuren kommen, indem die Bindung zwischen Glycerin und den Fettsäuren unter Anlagerung von Wasser gespalten wird (hydrolytische Spaltung).

Der Sauerstoff in der Luft greift dagegen die ungesättigten Fettsäuren in einer mehrstufigen Reaktion bevorzugt an ihren Doppelbindungen an. Dabei tritt eine stufenweise Oxidation des Fetts auf, in deren Folge es zur Verkürzung der Kohlenstoffketten der Fettsäurereste kommt. Die resultierenden kurzkettigen Fettsäurereste besitzen einen charakteristischen ranzigen Geruch, den man beispielsweise von Buttersäure kennt.

**1›** Zu einem Fett, das drei Linolsäurereste gebunden hat, wird Iod gegeben. Die braune Farbe des Iods verschwindet nach einer Weile. Formulieren Sie die zugehörige Reaktionsgleichung (Fettsäuren als Skelettformel schreiben).

**2›** Erläutern Sie den Zusammenhang zwischen der Verseifungszahl und der Kettenlänge der in den Fetten enthaltenen Fettsäuren.

**3›** Peter behauptet: „Alte Fette haben eine hohe Säurezahl." Nehmen Sie Stellung zu dieser Behauptung.

**4›** Experimentell lässt sich feststellen, dass Fette, die eine hohe Iodzahl besitzen, einen niedrigen Schmelzbereich aufweisen. Erklären Sie diesen Befund.

# Praktikum

## P Eigenschaften und Reaktionen von Fetten

2 8 5 7 9

### EXP 9.28 Löslichkeit von Fetten

**Materialien** 3 Reagenzgläser, Pipetten, Wasserbad, Speiseöl, Wasser, Heptan (2, 8, 7, 9), Ethanol (2, 7)

**Durchführung** In jedes Reagenzglas werden etwa 4 Tropfen Speiseöl und jeweils etwa 5 Tropfen von einem der oben genannten Lösungsmittel gegeben. Alle Proben werden kräftig geschüttelt. Erwärmen Sie anschließend alle 3 Reagenzgläser im Wasserbad.
*Entsorgung:* Lösungen mit Heptan und Ethanol in Behälter für halogenfreie organische Abfälle geben.

**Auswertung**
1 › Notieren Sie Ihre Beobachtungen.
2 › Stellen Sie eine Rangfolge der Eignung als Lösungsmittel für Fett auf. Begründen Sie die unterschiedlich gute Eignung.

### EXP 9.29 Bestimmung der Iodzahl

**Materialien** Waage, Spatel, Erlenmeyerkolben (100 ml), Wasserbad, Bürette, Stativmaterial, Magnetrührer mit Rührfisch, Iod (8, 7, 9), Propan-1-ol (2, 5, 7), Stärke, Natriumthiosulfatlösung ($c$ = 0,1 mol · $l^{-1}$), Speiseöl

**Durchführung** *Herstellung Iodlösung (für 8 Ansätze):* 8,5 g Iod werden in 50 ml Propan-1-ol im Wasserbad bei etwa 50 °C gelöst. Nach dem Erkalten wird mit Propan-1-ol auf 100 ml aufgefüllt.
*Herstellung Stärkelösung (für 8 Ansätze):* 0,5 g Stärke werden in 50 ml Wasser gelöst und aufgekocht. Die Lösung wird heiß filtriert.
Lösen Sie im Erlenmeyerkolben 150 mg Speiseöl (6–7 Tropfen) in 10 ml Propan-1-ol und erwärmen Sie die Lösung im Wasserbad bei 50 °C. Geben Sie nach dem Erkalten 10 ml der Iodlösung dazu und lassen Sie den Ansatz abgedeckt für 10 min stehen. Anschließend fügen Sie 20 ml Wasser hinzu und titrieren diese Lösung mit Thiosulfatlösung, bis eine blassgelbe Färbung erkennbar wird. Geben Sie dann 2 ml Stärkelösung in den Ansatz und titrieren Sie weiter, bis sich die Lösung wieder entfärbt (wenige Tropfen genügen).
*Blindprobe:* 10 ml Iodlösung werden mit 40 ml Wasser vermischt und mit Thiosulfatlösung bis zu einer blassgelben Färbung titriert. Nach Zugabe von 2 ml Stärkelösung wird bis zur Entfärbung weitertitriert.
*Entsorgung:* Lösungen ins Abwasser geben.

**Auswertung**
1 › Berechnen Sie die Iodzahl des titrierten Fetts.
2 › Erläutern Sie, wozu der Blindversuch dient.

*Auswertungshinweise:*

$$\text{Iodzahl} = \frac{[V(\text{Blind}) - V(\text{Probe})] \cdot 1{,}269}{m(\text{Fett})}$$

$V$(Blind): Verbrauch an Thiosulfatlösung beim Blindversuch in ml; $V$(Probe): Verbrauch an Thiosulfatlösung bei Titration der Probe in ml

### EXP 9.30 Bestimmung der Verseifungszahl

**Materialien** Heizplatte, Erlenmeyerkolben (100 ml), Ölbad (Kristallisierschale mit Speiseöl), Bürette, Stativmaterial, Kaliumhydroxid in Diethylenglycol ($c$ = 0,5 mol · $l^{-1}$), Speiseöl, Salzsäure ($c$ = 0,1 mol · $l^{-1}$), Thymolphthaleinlösung

**Durchführung** Geben Sie 0,5 g Speiseöl in 10 ml Kaliumhydroxidlösung und erhitzen Sie für 20 min bei 130 °C im Ölbad. Nach vollständiger Verseifung des Fetts verdünnen Sie die abgekühlte Lösung mit Wasser auf 30 ml. Geben Sie einige Tropfen Thymolphthaleinlösung als Indikator hinzu und titrieren Sie mit Salzsäure bis zur Entfärbung der Lösung.
*Blindprobe:* Geben Sie zu 10 ml Kaliumhydroxidlösung einige Tropfen Thymolphthaleinlösung als Indikator hinzu und titrieren Sie mit Salzsäure bis zur Entfärbung der Lösung.
*Entsorgung:* Lösungen in den Behälter für saure und alkalische Abfälle geben.

**Auswertung**
1 › Berechnen Sie die Verseifungszahl des titrierten Fetts.
2 › Erläutern Sie, wozu der Blindversuch dient.

*Auswertungshinweise:*

$$\text{Verseifungszahl} = \frac{[V(\text{Blind}) - V(\text{Probe})] \cdot 5600}{m(\text{Fett})}$$

$V$(Blind): Verbrauch an Salzsäure beim Blindversuch in ml
$V$(Probe): Verbrauch an Salzsäure bei Titration der Probe in ml

### EXP 9.31 Fetthärtung

**Materialien** Reagenzglas, Becherglas, Messpipette, Speiseöl, konz. Schwefelsäure ($w$ = 96 %; 5), Wasser, Zinkpulver (9)

**Durchführung** Geben Sie in ein Reagenzglas 0,5 ml Wasser und dazu langsam 1,5 ml Schwefelsäure. Überschichten Sie die warme Lösung mit 1,5 ml Speiseöl. Dann wird eine Spatelspitze Zinkpulver zugegeben. Kühlen Sie nach dem Ende der Gasentwicklung das Reagenzglas mit kaltem Wasser.
*Entsorgung:* Lösungen in den Behälter für saure und alkalische Abfälle geben.

**Auswertung** Notieren und deuten Sie Ihre Beobachtungen.

# 9.16 Fette in Lebensmitteln

**01** Für preiswerte Margarine stand man zu Beginn des 19. Jahrhunderts gerne an.

**MARGARINE** Anders als heute waren Butter und Schmalz im 19. Jahrhundert knapp und für einen Großteil der Bevölkerung unerschwinglich. Dem französischen Chemiker HIPPOLYTE MÈGE-MOURIÈS gelang es 1869, aus Milch, Wasser, Nierenfett und Lab ein Ersatzprodukt zu schaffen. Er nannte es wegen seines perlartigen Glanzes „margarine Mouriès" (angelehnt an griech. *margarites:* Perle), woraus der Name der **Margarine** entstand. Die Rezeptur der Margarine hat sich mittlerweile geändert: Sie wird heute ausschließlich aus pflanzlichen Fetten wie Raps-, Soja- oder Sonnenblumenöl hergestellt.

**FETTHÄRTUNG** Allerdings sind die für Margarine genutzten pflanzlichen Fette meist flüssig, sie müssen also vor der Verwendung verfestigt, d. h. fachsprachlich *gehärtet*, werden. Bei der **Fetthärtung** werden die Doppelbindungen in den Fettsäureresten der Fettmoleküle durch *Hydrierung* aufgespalten (↑ **02**). Hierzu wird ein Katalysator verwendet, z. B. Nickel. Aus flüssigen ungesättigten oder mehrfach ungesättigten Fetten bilden sich so feste gesättigte Fette. Neben der daraus resultierenden Schmelzbereichserhöhung wird auch eine bessere Lagerfähigkeit erreicht. Gehärtete Fette müssen auf der Zutatenliste angegeben werden. Seit einigen Jahren wird bei der Margarineproduktion auf die Fetthärtung verzichtet und stattdessen durch Rezeptänderung eine streichfähige Konsistenz erzielt.

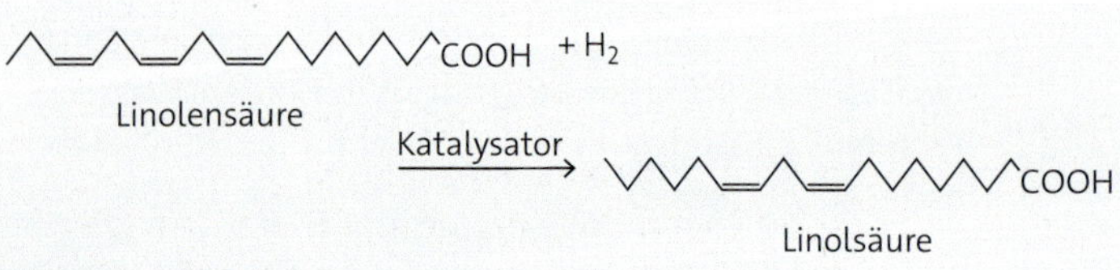


**02** Addition von Wasserstoff an eine Fettsäure (Prinzip der Fetthärtung)

**OMEGA-FETTSÄUREN** Ungesättigte Fettsäuren besitzen eine oder mehrere Doppelbindungen und sind als essenzielle Fettsäuren in der Ernährung besonders wertvoll. Im Körper werden sie zum Aufbau der Zellmembranen benötigt und sind zugleich Vorstufen einer Gruppe von Hormonen, den *Prostaglandinen*.
In der Lebensmittelchemie und in der Werbung werden sie meist als **Omega-Fettsäuren (ω-Fettsäuren)** bezeichnet, wobei die davorstehende Ziffer die Position der ersten von mehreren möglichen Doppelbindung beschreibt: Die Kohlenstoffkette wird beginnend mit dem zur Carboxygruppe am weitesten entfernten Kohlenstoffatom durchnummeriert. Bei einem Omega-3-Fettsäuremolekül befindet sich demnach die erste Doppelbindung zwischen dem dritten und vierten Kohlenstoffatom.

**Schon gewusst?** Margarine kann man auch selbst herstellen. Dieses Rezept kann zu Hause ausprobiert werden:
175 g Kokosfett im Wasserbad bei 45 °C schmelzen und mit 75 g Pflanzenöl mischen. Unter ständigem Rühren mit dem Handrührgerät lässt man das Gemisch abkühlen. Dann stellt man das Gefäß mit der *Fettphase* in eine Schüssel mit Eiswürfeln und gibt ein Eigelb hinzu. Anschließend werden die folgenden, vorher gut gekühlten Stoffe der *wässrigen Phase* in dünnem Strahl nacheinander und unter Rühren hinzugefügt: 45 g Eiswasser (mit 1 g Kochsalz) und 20 g Dickmilch.

Das Gemisch wird mit dem Handrührgerät im Eisbad bei mittlerer Geschwindigkeit so lange gerührt, bis die Masse fest wird.

**1** Recherchieren Sie Beispiele für Omega-3-, Omega-6- und Omega-9-Fettsäuren und geben Sie an, in welchen Lebensmitteln diese enthalten sind.

**2** Erläutern Sie auf Teilchenebene, worauf das Verfestigen eines gehärteten Fetts beruht.

**3** **a** Formulieren Sie unter Nutzung von Skelettformeln die Reaktionsgleichung für die vollständige Hydrierung eines Fetts, das einen Ölsäure- und zwei Linolsäurereste enthält.
**b** Benennen Sie die Fettsäurereste, die bei der Fetthärtung entstehen.

# Klausurtraining

## Material K Fett – Energie- oder Wasserspeicher?

Braunbären halten im Winter Winterruhe. Dazu fressen sie sich im Herbst ein dickes Fettpolster an. Bei einem durchschnittlichen Körpergewicht von 200 kg verliert ein Bär im Laufe des Winters etwa ein Drittel seines Körpergewichts. In der Winterruhe verringert er Kreislauf, Atmung und Herzschlag nur so weit, dass er jederzeit in der Lage ist, aufzuwachen und seine Höhle zu verteidigen.
Wie alle Lebewesen muss auch der Bär regelmäßig ausreichend Wasser zu sich nehmen. Während der Winterruhe trinkt er jedoch kein Wasser.
Einige Forscher sind der Ansicht, dass er den Wasserhaushalt ebenso wie seinen Energiehaushalt mithilfe seines Fettpolsters aufrechterhält: Bei der vollständigen Oxidation von Fett entsteht neben Kohlenstoffdioxid auch Wasser.
Für die folgende Aufgabe soll davon ausgegangen werden, dass das Speicherfett ein Triglycerid ist, also ein Ester aus Glycerin (1,2,3-Propantriol) und den drei Fettsäureresten von Octadec-9-ensäure (Ölsäure).

### AUFGABEN ZU K

**1 ›** Erläutern Sie, welche Vorteile das Fettgewebe für den Bären im Winter besitzt.
**2 ›** Geben Sie die Strukturformel, die Molekülformel und die molare Masse des Triglycerids an.
**3 ›** Stellen Sie die Reaktionsgleichung für die vollständige Oxidation des Fetts auf.
**4 ›** Berechnen Sie die Menge an Wasser, die bei der vollständigen Oxidation von 70 kg Triglycerid frei wird.
*Hinweis:* Falls Sie die molare Masse des Triglycerids nicht berechnen konnten, gilt der Näherungswert von $M = 900\ \text{g} \cdot \text{mol}^{-1}$.

## Material L Transfette in Nahrungsmitteln

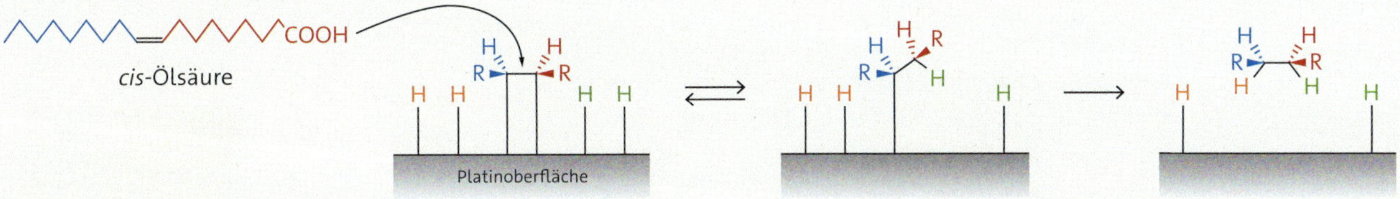


**L1.1** Modellvorstellung zur Hydrierung von Ölsäure am Katalysator

Als *Transfette* bezeichnet man Triglyceride mit gebundenen *trans*-Fettsäuren. Dies sind ungesättigte Fettsäuren, die an mindestens einer Doppelbindung eine *trans*-Stellung aufweisen. Die natürlich vorkommenden pflanzlichen Fettsäuren wie die Ölsäure besitzen dagegen an der Doppelbindung eine *cis*-Stellung.
Bei der Härtung von Fetten entstehen durch eine *Isomerisierung* aus *cis*-Fettsäuren *trans*-Fettsäuren, wenn die Hydrierung am Katalysator nicht erfolgreich war. Auch beim Erhitzen von Pflanzenölen mit hohem Anteil an ungesättigten Fettsäuren über 130 °C finden mit der Dauer der Erhitzung Isomerisierungen von *cis*- zu *trans*-Fettsäuren statt.
Transfette werden außerdem bestimmten Produkten wie Nuss-Nougat-Creme oder Margarine zugesetzt, weil sie für eine bessere Cremigkeit sorgen und das Fett länger haltbar machen. Man findet sie auch in frittierten Produkten wie Kartoffelchips und Pommes frites. Sie gelten als gesundheitsgefährdend, weil sie Arteriosklerose bis hin zum Herzinfarkt verursachen können.

### AUFGABEN ZU L

**1 ›** Erklären Sie am Beispiel der *cis*-Octadec-9-ensäure (Ölsäure) den Ablauf der Fetthärtung (↑ **L1.1**).
**2 › a** Definieren Sie den Begriff *cis-trans*-Isomerisierung am Beispiel der Ölsäure. Zeichnen Sie ein mögliches Produkt der Isomerisierung (Skelettformel).
**b** Zeigen Sie an diesem Beispiel, wie eine *trans*-Fettsäure entstehen kann (↑ **L1.1**).
**3 › a** Erläutern Sie, warum Transfette besonders häufig in frittierten Produkten vorkommen.
**b** Diskutieren Sie, ob man zum Braten und Frittieren nur ungehärtete Öle verwenden und sie nach einmaliger Nutzung entsorgen sollte.

# Auf einen Blick

| | |
|---|---|
| **Kohlenhydrate** | Gruppe von Naturstoffen mit der allgemeinen Summenformel $C_x(H_2O)_y$, die eine Aldehydgruppe (–CHO) oder eine Ketogruppe (–CO–) sowie mehrere Hydroxygruppen (–OH) im Molekül enthalten |
| **Monosaccharide** | Einfachzucker. Unterscheidung nach:<br>• der Art der funktionellen Gruppe: **Aldosen** (eine Aldehydgruppe im Molekül) und **Ketosen** (eine Ketogruppe im Molekül)<br>• der Länge der Kohlenstoffkette: **Triosen** (drei Kohlenstoffatome), **Tetrosen** (vier Kohlenstoffatome), **Pentosen** (fünf Kohlenstoffatome), **Hexosen** (sechs Kohlenstoffatome)<br>• der Stellung der Hydroxygruppe des am weitesten von der funktionellen Gruppe entfernten asymmetrischen Kohlenstoffatoms in der Fischer-Projektion: **D- und L-Zucker** |

| Hexosen | Fischer-Projektion | Haworth-Projektion | Eigenschaft |
|---|---|---|---|
| **Aldosen:**<br>eine Aldehydgruppe am C-1-Atom<br>*Beispiel:* D-Glucose | 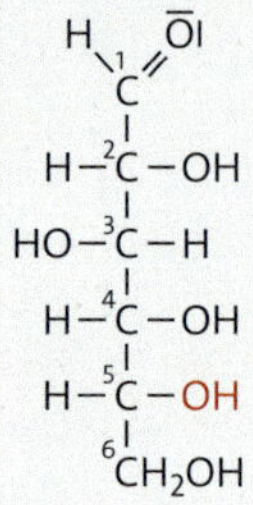<br>D-Glucose | 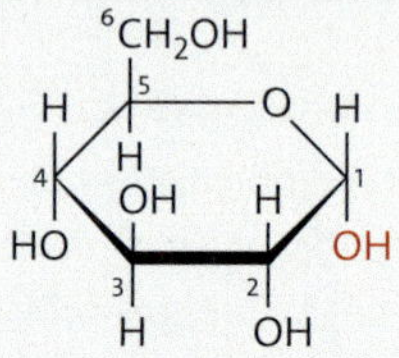<br>α-D-Glucose (Pyranose) | reduzierend wegen Keto-Enol-Tautomerie |
| **Ketosen:**<br>eine Ketogruppe am C-2-Atom<br>*Beispiel:* D-Fructose | 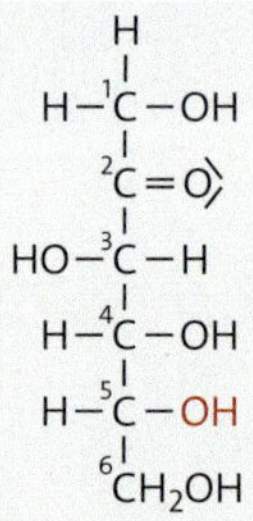<br>D-Fructose | 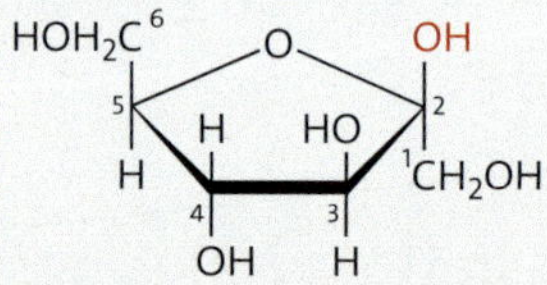<br>β-D-Fructose (Furanose) | reduzierend wegen Keto-Enol-Tautomerie |

| | |
|---|---|
| **Spiegelbildisomere (Enantiomere)** | Stereoisomere, die sich wie Bild und Spiegelbild verhalten<br>*Beispiel:* D-Glucose und L-Glucose sind Enantiomere.<br>Enantiomere sind chiral, sie zeigen optische Aktivität.<br>Notwendiges Kriterium für Chiralität: mindestens ein asymmetrisches Kohlenstoffatom im Molekül, das vier unterschiedliche Substituenten besitzt<br>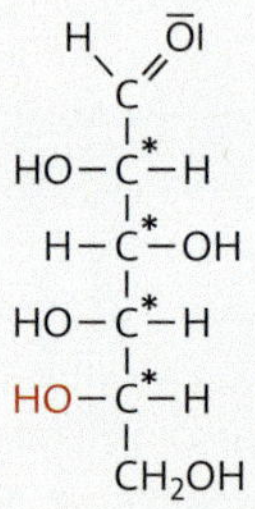<br>L-Glucose<br>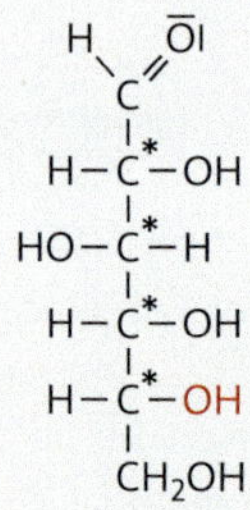<br>D-Glucose |
| **Anomere** | Durch die Ringbildung entsteht ein neues asymmetrisches (anomeres) Kohlenstoffatom, sodass sich zwei Stereoisomere (Anomere) bilden: **α- und β-Form.** |
| **Keto-Enol-Tautomerie** | Gleichgewichtsreaktion, bei der die Ketose Fructose durch katalytisch wirkende $OH^-$-Ionen in den Aldehyd Glucose umgewandelt wird. Dabei kommt es zur intramolekularen Umlagerung von Wasserstoffatomen.<br>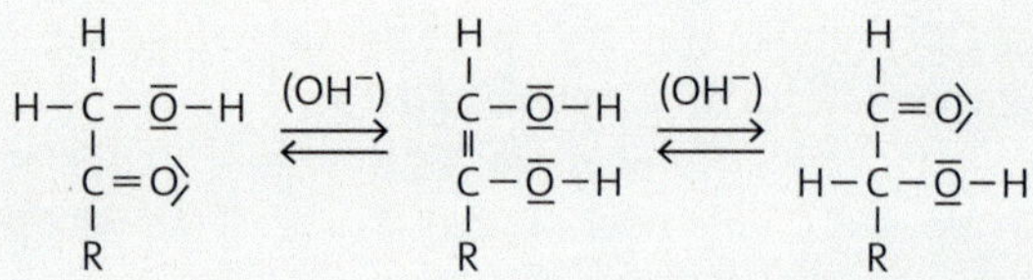<br>Ketoform   Endiolform   Aldehydform |

**Disaccharide**

Zweifachzucker, deren Moleküle aus zwei Monosaccharidbausteinen bestehen;
Bildung durch Kondensation von zwei Monosaccharidbausteinen unter Abspaltung eines Wassermoleküls

| Disaccharid | Monosaccharidbausteine | Glykosidische Bindung | Strukturformel | Eigenschaft |
|---|---|---|---|---|
| **Saccharose** | α-D-Glucose<br>β-D-Fructose | α-1,β-2 | 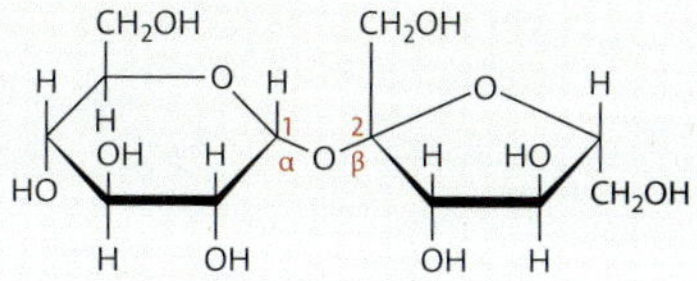 | nicht reduzierend |
| **Maltose** | α-D-Glucose<br>α-D-Glucose | α-1,4 | 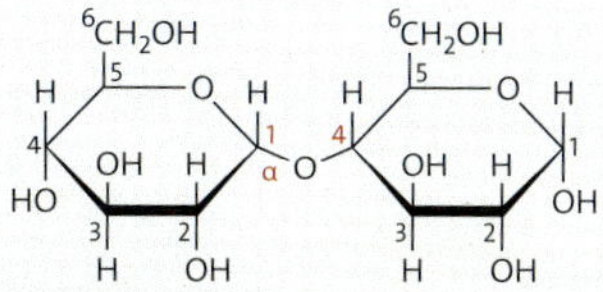 | reduzierend |

**Nachweise**

Reduzierende Zucker: **Fehling-Probe** und **Silberspiegelprobe** verlaufen positiv.
Spezifischer Nachweis für Glucose: Glucoseteststreifen
Spezifischer Nachweis für Fructose: Seliwanow-Probe

**Polysaccharide**

Vielfachzucker, deren Moleküle aus 10 bis zu 1 Million Monosaccharidbausteinen bestehen;
Bildung durch Kondensation von vielen Monosaccharidbausteinen unter Abspaltung von Wassermolekülen

**Stärke**
- Makromolekül aus α-D-Glucosebausteinen
- pflanzlicher Speicherstoff

**Amylose**
- unverzweigt, spiralförmig
- α-1,4-glykosidische Verknüpfung

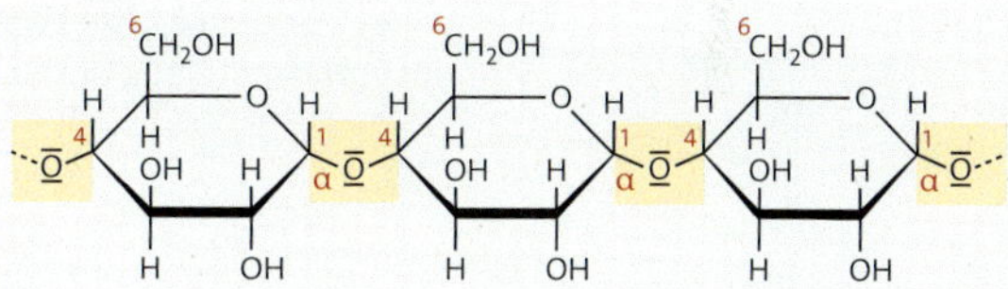

**Amylopektin**
- verzweigt
- α-1,4- und α-1,6-glykosidische Verknüpfung

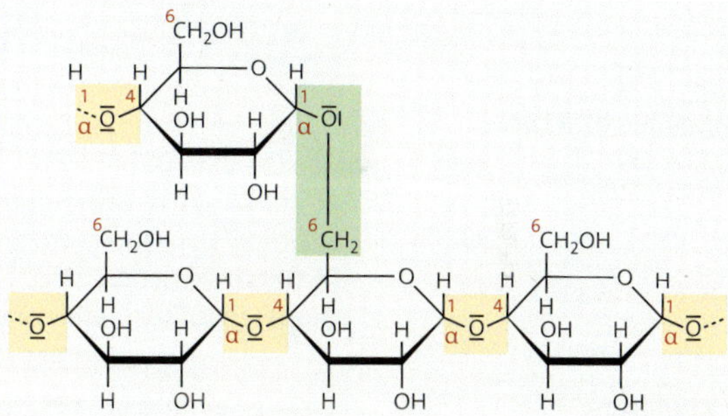

**Cellulose**
- Makromolekül aus β-D-Glucosebausteinen
- pflanzlicher Baustoff

- lineare Moleküle
- β-1,4-glykosidische Verknüpfung
- lagern sich zu größeren Verbänden zusammen, die durch Wasserstoffbrücken stabilisiert werden

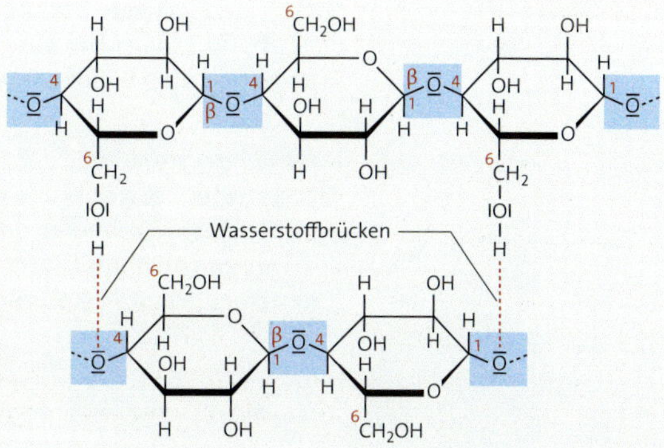

**α-Aminosäuren**

α-Aminosäuren enthalten in ihren Molekülen als funktionelle Gruppen eine Amino- und eine Carboxygruppe, die am C-2-Atom gebunden sind. Sie unterscheiden sich durch die verschieden gestaltete Seitenkette, die die Eigenschaften der Aminosäuren bestimmt.
α-Aminosäuremoleküle besitzen mit Ausnahme des Glycinmoleküls ein asymmetrisches C*-Atom und sind chiral.
Die Enantiomere (Spiegelbildisomere) werden D- und L-Aminosäuren genannt. In der Natur kommen ausschließlich die **L-Aminosäuren** vor.

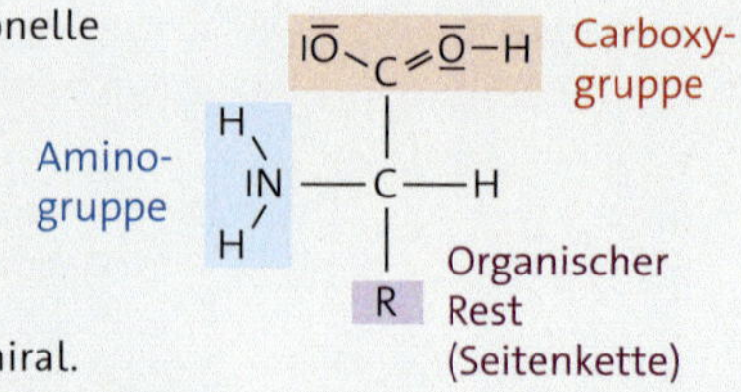


**Zwitterion**

Die Aminogruppe als Protonenakzeptor und die Carboxygruppe als Protonendonator führen in wässrigen Lösungen zur Bildung von Zwitterionen. Aminosäuren wirken deshalb als **Ampholyte**, die in wässrigen Lösungen pH-abhängige Gleichgewichtsreaktionen bilden:

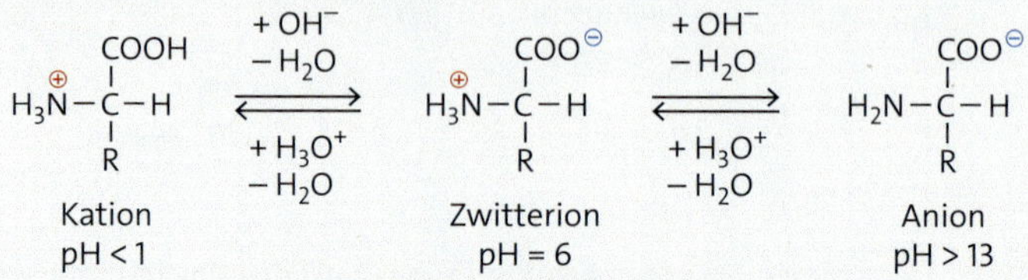


Aufgrund der polaren Struktur ihrer Moleküle zeigen Aminosäuren ähnliche Eigenschaften wie Salze, beispielsweise haben sie hohe Schmelztemperaturen.

**Isoelektrischer Punkt ($pH_{iso}$)**

pH-Wert, bei dem die maximale Konzentration an Zwitterionen vorliegt.
Der Isoelektrische Punkt ($pH_{iso}$) ist für jede Aminosäure charakteristisch.

**Peptidbindung**

Gemeinsames Strukturmerkmal von Peptid- und Proteinmolekülen, das durch die Verknüpfung von Aminosäurebausteinen entsteht:

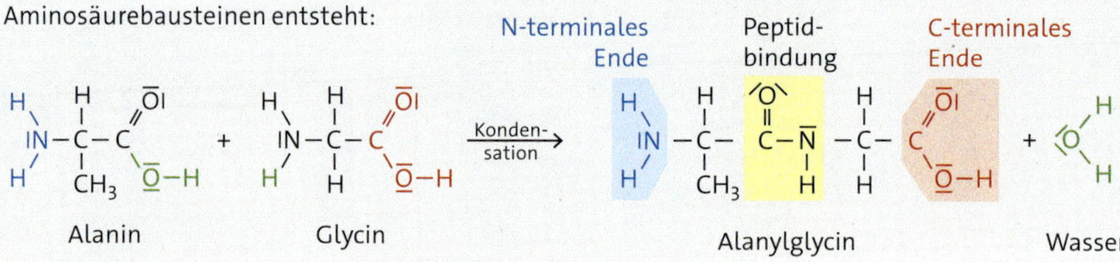


**Peptide und Proteine**

Vielfältige Stoffgruppe, deren Vertreter unterschiedlich viele Aminosäurebausteine gebunden haben. Die Eigenschaften werden durch die Struktur der Moleküle bestimmt:

- **Primärstruktur:** Reihenfolge der Aminosäurebausteine (Aminosäuresequenz)
- **Sekundärstruktur:** α-Helix- und β-Faltblattstruktur
- **Tertiärstruktur:** räumliche Struktur des gesamten Proteins bzw. Faltung der Sekundärstruktur
- **Quartärstruktur:** funktionelle Einheit eines Proteins aus mehreren Polypeptidketten

**Denaturierung**

Änderung der natürlichen Struktur eines Proteins durch das Einwirken von Säuren, Laugen und Schwermetallsalzen, wodurch die biologische Funktion der Proteine verloren geht. Der Vorgang der Denaturierung kann durch die Renaturierung teilweise wieder rückgängig gemacht werden, in anderen Fällen bleibt die Denaturierung jedoch irreversibel.

**Fette**

Natürliche Fette sind Gemische verschiedener Glycerinester, die sich in den gebundenen Fettsäuren unterscheiden. Sie werden durch Veresterung des dreiwertigen Alkohols Glycerin mit drei, häufig unterschiedlichen, Fettsäuren gebildet.

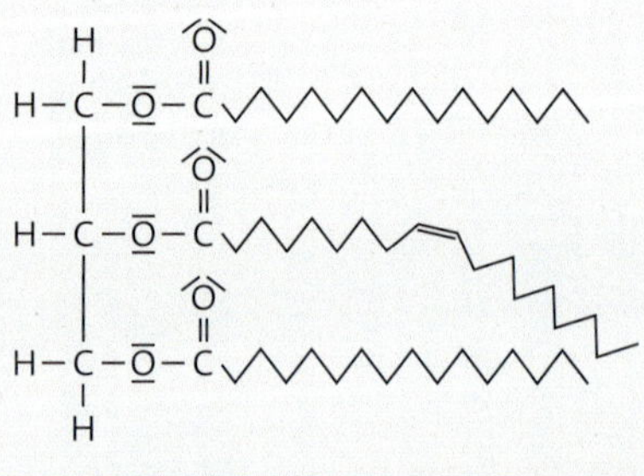

# Übungsaufgaben

**1)** Die Samen von *Psyllium*, einer Wegerichart, enthalten sehr viele Ballaststoffe und werden deshalb bei Verdauungsproblemen angewendet. Außerdem enthält die Pflanze ein Monosaccharid, die Rhamnose.

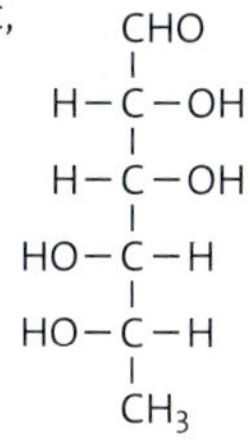

L-Rhamnose

**a** Vergleichen Sie die Struktur der Rhamnose mit der kettenförmigen Struktur von Glucose und Fructose.

**b** Zeichnen Sie die Haworth-Projektionsformel der ringfömigen L-Rhamnose.

**c** Begründen Sie die Zuordnung des Stoffs zu den Kohlenhydraten.

**2)** Die folgende Abbildung zeigt Modelle und Fischer-Projektionen verschiedener Kohlenhydrate:

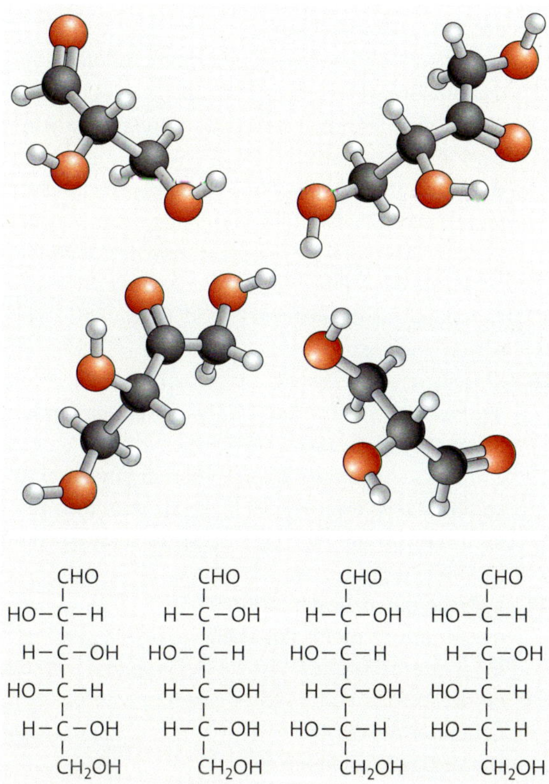

**a** Zeichnen Sie von den im Kugelstabmodell dargestellten Kohlenhydraten die Fischer-Projektionen und benennen Sie sie.

**b** Bestimmen Sie die Chiralitätszentren aller Moleküle.

**c** Ordnen Sie bei den gegebenen Fischer-Projektionen Enantiomere und Diastereomere einander zu.

**d** Erläutern Sie die Begriffe Enantiomer und Diastereomer.

**3)** Max behauptet: „α- und β-D-Glucose sind Enantiomere." Nehmen Sie zu dieser Aussage begründet Stellung. Finden Sie mindestens zwei Argumente, die Ihre Meinung stützen.

**4)** Reine Mannose wird in Wasser gelöst und mit Natronlauge versetzt. Nach einigen Minuten wird neutralisiert. In der Lösung lassen sich jetzt neben Mannose auch Glucose und Fructose nachweisen.

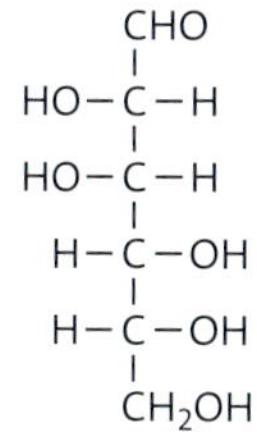

D-Mannose

**a** Vergleichen Sie die Molekülstruktur von D-Mannose mit der kettenförmigen Struktur von D-Glucose und D-Fructose.

**b** Zeichnen Sie eine Haworth-Projektion der ringförmigen Mannose (Pyranoseform).

**c** Erklären Sie das Versuchsergebnis ausführlich.

**5)** Oligofructose ist eine Kette aus drei bis sieben Fructosebausteinen in β-2,1-glykosidischer Verknüpfung.

**a** Zeichnen Sie die Strukturformel eines Oligofructosemoleküls aus drei β-D-Fructosebausteinen (Furanoseform).

**b** Kennzeichnen Sie die anomeren Kohlenstoffatome.

**c** Formulieren Sie eine Hypothese, ob die Fehling-Probe positiv verläuft.

**6)** Die folgende Tabelle enthält Angaben zu unterschiedlichen Disacchariden:

| Name | Monosaccharidbausteine | Verknüpfung |
|---|---|---|
| Gentiobiose | D-Glucose, D-Glucose | β-1,6 |
| Isomaltose | D-Glucose, D-Glucose | α-1,6 |
| Lactulose | D-Galactose, D-Fructose | β-1,4 |
| Sambubiose | D-Xylose, D-Glucose | β-1,2 |

**a** Erläutern Sie, was unter einer glykosidischen Bindung zu verstehen ist.

**b** Stellen Sie die in der Tabelle aufgeführten Disaccharide mit Haworth-Projektionen dar.

**c** Neben den Disacchariden Gentiobiose und Isomaltose besteht auch Maltose ausschließlich aus dem Monomer Glucose. Erklären Sie diese Vielfalt.

**7)** Chitin ist im Verbund mit Proteinen der Baustoff der Exoskelette von Insekten.

**a** Vergleichen Sie Chitin und Cellulose.

**b** Exoskelette der Insekten sind aus Chitin und nicht aus Cellulose. Erklären Sie, welcher Vorteil für Insekten daraus entsteht.

**8)** Natürliche Stärke besteht aus zwei Kohlenhydraten.

**a** Nennen Sie das Monosaccharid, das entsteht, wenn Stärke vollständig hydrolysiert wird.

**b** Vergleichen Sie Amylose und Amylopektin in Bezug auf ihre Struktur und ihre Eigenschaften.

**c** Beschreiben Sie, wie Stärke nachgewiesen werden kann.

**d** Die Makromoleküle beider Stärkearten besitzen an einem Ende freie glykosidische Gruppen. Trotzdem fällt die Fehling-Probe negativ aus. Erklären Sie diesen Sachverhalt.

**9 ›** Eine 10%ige α-D-Glucoselösung wird hergestellt. Der Drehwinkel der Lösung wird über einen Zeitraum von 1,5 Tagen gemessen. Das Ergebnis der Messung ist im Diagramm dargestellt:

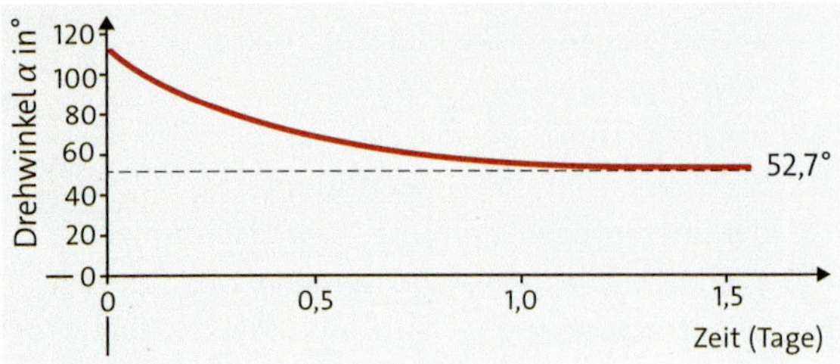


**a** Beschreiben Sie das Diagramm.

**b** Erklären Sie das Ergebnis der Messung.

**c** Der Drehwinkel von β-D-Glucoselösung beträgt +18,7°. Skizzieren Sie den Verlauf für die β-Glucoselösung über 1,5 Tage. Erklären Sie die Skizze.

**10 ›** Ein Labor soll ein Trisaccharid analysieren. Wird es nur kurze Zeit hydrolysiert, erhält man neben Fructose und Glucose zwei weitere Disaccharide. Eines der Disaccharide reagiert positiv mit Fehling-Lösung, das andere nicht. Nach längerer Zeit enthält das Reaktionsgemisch nur noch Glucose und Fructose im Verhältnis 2 : 1.

**a** Beschreiben Sie die Vorgänge, die bei der Hydrolyse der Trisaccharide stattfinden.

**b** Diskutieren Sie die Möglichkeiten für den Aufbau des Trisaccharids.

**d** Ordnen Sie die Disaccharide begründet den reduzierenden bzw. nichtreduzierenden Zuckern zu.

**11 ›** Rezept für sog. Kunsthonig: *200 ml Wasser, 40 ml Zitronensaft und 250 g Haushaltszucker bei ca. 80 °C so lange erhitzen, bis sich das Volumen ungefähr halbiert hat. Man erhält eine dickflüssige Creme.*

**a** Erläutern Sie die chemischen Vorgänge bei der Herstellung von Kunsthonig.

**b** Stellen Sie eine Hypothese zur chemischen Zusammensetzung des Kunsthonigs auf.

**c** Beschreiben Sie einen experimentellen Weg, um die Hypothese zu überprüfen.

**12 ›** **a** Begründen Sie die Tatsache, dass von fast allen proteinogenen Aminosäuren zwei Enantiomere möglich sind.

**b** Geben Sie an, welche Form in der Natur vorkommt.

**13 ›** Erklären Sie die hohen Schmelz- bzw. Zersetzungstemperaturen der Aminosäuren auf molekularer Ebene.

**14 ›** **a** Kennzeichnen Sie im Zwitterion des Valins die nach Brönsted sauer und basisch reagierenden Gruppen.

**b** Begründen Sie anhand der Strukturformeln der Aminosäuren deren Einteilung in neutrale, saure und basische Aminosäuren und nennen Sie je ein Beispiel.

**15 ›** **a** Stellen Sie die Reaktionsgleichung für die Umsetzung von Alanin mit Salzsäure auf.

**b** Alanin hat einen $pH_{iso}$ von 6,11. Geben Sie an, zu welcher Elektrode Alanin im elektrischen Feld bei pH = 3,5; pH = 6,11 und pH = 9 wandert.

**16 ›** Glutathion (γ-L-Glutamyl-L-cysteinylglycin) ist ein Tripeptid, das in fast allen Zellen vorkommt.

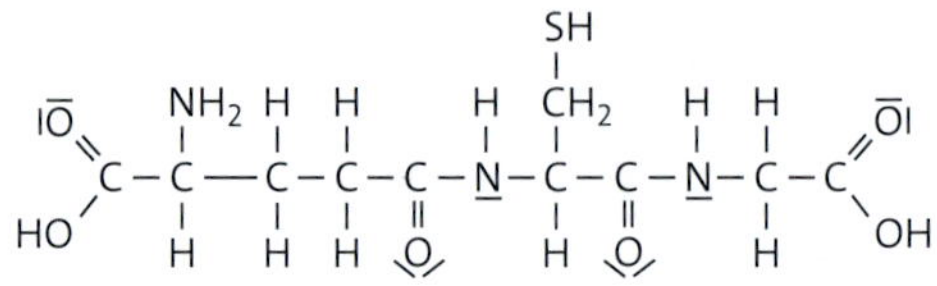

Glutathion

**a** Geben Sie die Aminosäurebausteine an, aus denen das Tripeptid aufgebaut ist.

**b** Stellen Sie die Reaktionsgleichung für die Bildung des Dipeptids Cysteinylglycin auf.

**c** Erläutern Sie, inwieweit Glutathion reguläre Peptidbindungen aufweist.

**d** Zwei Glutathionmoleküle können zu einem Peptidmolekül aus sechs Aminosäurebausteinen verbunden werden. Erläutern Sie mögliche Verknüpfungen und geben Sie die Aminosäuresequenz der Peptide an.

**17 ›** Definieren Sie die Begriffe Peptid, Oligopeptid, Polypeptid und Protein.

**18 ›** Klassifizieren Sie die vier möglichen Molekülstrukturen der Proteine anhand der jeweils wirkenden Bindungsarten. Stellen Sie dies übersichtlich in einer Tabelle dar.

**19 ›** Ordnen Sie schematisch die in den Organismen vorkommenden Proteine nach ihrer Struktur und den daraus resultierenden Eigenschaften und Funktionen. Nennen Sie jeweils zwei Beispiele.

**20 ›** **a** Beschreiben Sie den Aufbau und die Eigenschaften des Strukturproteins Kollagen.

**b** Erläutern Sie, durch welche Maßnahmen aus Kollagen ein wasserbindendes Protein erzeugt werden kann, und benennen Sie dieses.

**21 ›** Die Verdauung von Proteinen findet im Magen statt. Der Magensaft enthält u. a. Salzsäure und das Enzym Peptidase.

**a** Definieren Sie den Begriff Enzym.

**b** Erläutern Sie die Funktion der Salzsäure und des Enzyms im Magensaft.

**c** Erstellen Sie ein allgemeines Reaktionsschema für die Proteinverdauung.

**d** Stellen Sie eine Hypothese auf, ob Magensaft, der nur aus Salzsäure besteht, die Proteinverdauung ermöglichen würde.

**22 ›** Die Iodzahl gibt an, wie viel g Iod 100 g Fett addieren können. Für ein synthetisches Fett aus Glycerin und Ölsäure (9-Octadecensäure) mit $M = 885{,}41\ g \cdot mol^{-1}$ wurde die Iodzahl 70,3 experimentell ermittelt.

**a** Beurteilen Sie das Versuchsergebnis.
**b** Nennen und begründen Sie zwei zu erwartende Eigenschaften dieses Fetts, die auf die C=C-Doppelbindungen im Molekül zurückzuführen sind.

**23 ›** **a** Formulieren Sie die Reaktionsgleichung für die Hydrolyse eines Fettmoleküls mit Fettsäureresten aus Stearinsäure, Laurinsäure und Linolsäure.
**b** Erklären Sie die unterschiedliche Konsistenz von Schweineschmalz und Sonnenblumenöl.

| **Mithilfe dieses Kapitels können Sie:** | Aufgabe | Hilfe finden Sie auf Seite |
|---|---|---|
| • die Vertreter der Kohlenhydrate nach ihren spezifischen Strukturmerkmalen in Gruppen einteilen (Aldosen – Ketosen; Triosen ... Hexosen; Mono-, Di-, Oligo-, Polysaccharide) | *1, 3, 5, 6, 7, 8, 10* | *274, 285* |
| • die Molekülstruktur von Kohlenhydraten beschreiben für: | | |
| Monosaccharide | *1, 2, 3, 4* | *280–283* |
| Disaccharide, Oligosaccharide, Polysaccharide | *5, 6, 7, 8, 10* | *286–288, 292–295* |
| • Spiegelbildisomerie definieren; anhand von Strukturmerkmalen Moleküle als Enantiomere oder Diastereomere charakterisieren | *2, 3, 4* | *276–279* |
| • Fischer-Projektionsformeln und Haworth-Projektionen aufstellen | *1, 2, 4, 5, 6* | *276–277, 280–281* |
| • Stoffeigenschaften und Reaktionsverhalten der Kohlenhydrate mit dem Einfluss der jeweiligen funktionellen Gruppen sowie der zwischenmolekularen Wechselwirkungen erklären: | | |
| Mutarotation | *9* | *281* |
| Keto-Enol-Tautomerie | *4* | *283* |
| Löslichkeit | *7, 8* | *281–282, 292* |
| reduzierende Wirkung und Nachweisreaktionen | *5, 6, 10, 11* | *275, 281–284, 287, 289, 292, 296* |
| Kondensation und Hydrolyse | *10, 11* | *286–287* |
| • die Struktur von Aminosäuren unter Berücksichtigung von stereoisomeren Merkmalen beschreiben | *12* | *298–299* |
| • Stoffeigenschaften und Reaktionsverhalten der Aminosäuren anhand der spezifischen Strukturmerkmale erklären | *13, 14, 15* | *300–301* |
| • die Bildung von Peptiden und Proteinen als Kondensationsreaktion von Aminosäuren beschreiben | *16* | *303* |
| • die Struktur von Proteinen beschreiben und daraus Rückschlüsse auf ihre Eigenschaften und Funktionen in den Organismen ziehen | *17, 18, 19* | *304–307* |
| • Vorkommen und Bedeutung von Proteinen anhand von Beispielen belegen | *19, 20* | *304–308* |
| • die Funktion von Enzymen als hochspezialisierte Proteine erläutern | *21* | *308–309* |
| • die Struktur von Fetten beschreiben und daraus Rückschlüsse auf ihre Eigenschaften ziehen | *22, 23* | *312–313* |

Sportler sind auf die Zufuhr von Energie angewiesen – besonders während eines Wettkampfs benötigen sie viel Energie. Alle Menschen und Tiere nehmen Energie durch die Nahrung auf. Sie wird im Körper durch chemische Prozesse umgewandelt, z. B. in Bewegungsenergie der Muskeln oder in Wärme. Aus der energiereichen Nahrung entstehen dabei energieärmere Stoffe, die wieder an die Umwelt abgegeben werden. Die Energetik betrachtet den Energieumsatz bei solchen chemischen Prozessen.

# Chemische Energetik 10

## Energieumwandlungen bei chemischen Reaktionen

### Energie

- Innere Energie
- Energieerhaltung
- Energieumwandlung
- System und Umgebung
- Reaktionswärme und Kalorimetrie

### Enthalpien

- Reaktionsenthalpie
- Verbrennungsenthalpie, Brennwert und Heizwert
- Satz von Hess
- Standardbildungsenthalpie

### Freiwilligkeit chemischer Reaktionen

- Entropie
- Reaktionsentropie
- Freie Reaktionsenthalpie
- Gibbs-Helmholtz-Gleichung
- Abhängigkeit der freien Reaktionsenthalpie

**01** Sportler benötigen Energie – Sportler sind Energieumwandler.

# 10.1 Chemische Reaktionen und Energie

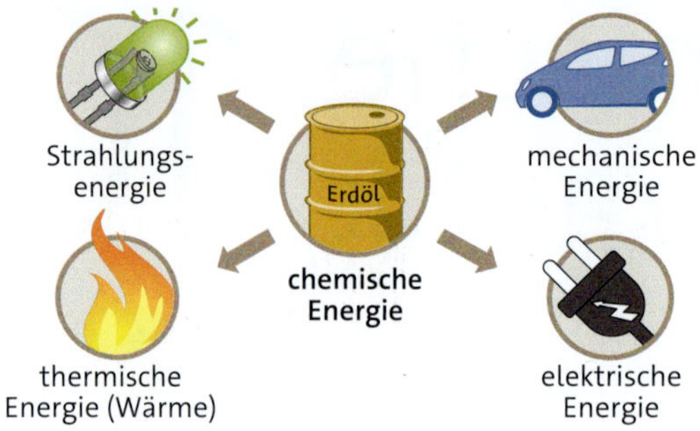


**01** Umwandlung von Energieformen

**ENERGIE UND ENERGIEUMWANDLUNGEN** Die Begriffe „Energie", „Arbeit" und „Brennwert" kennen wir aus dem Alltag. Sie spielen auch in der Chemie eine wichtige Rolle, weil bei chemischen Reaktionen neben Stoff- auch immer Energieumwandlungen auftreten. Ein Beispiel dafür ist die Umwandlung von chemischer Energie in thermische Energie bei der Verbrennung von Erdöl (↑ **01**). Die chemische Energetik betrachtet diese Energieumwandlungen bei chemischen Reaktionen qualitativ und quantitativ, wodurch sich der Verlauf einzelner Reaktionen und ganzer Stoffkreisläufe vorhersagen lässt.

**ENERGIEKETTE** Laufen mehrere Vorgänge hintereinander ab, bei denen Energieumwandlungen stattfinden, können diese zu einer **Energiekette** zusammengefasst werden (↑ **02**). Viele von ihnen nehmen ihren Ursprung in der Sonne. Dort entsteht nach der berühmten Formel $E = m \cdot c^2$ durch die Verschmelzung von Wasserstoff- zu Heliumkernen in jeder Sekunde die schier unvorstellbare Energie von 382 Trilliarden Kilojoule ($3{,}82 \cdot 10^{23}$ kJ).
Nur ein Bruchteil dieser Sonnenenergie erreicht jedoch die Erde. Grüne Pflanzen wandeln bei der Fotosynthese diese Energie in chemische Energie um. Dadurch werden Cellulose und andere energiereiche Kohlenhydrate aus Kohlenstoffdioxid und Wasser aufgebaut. Essen wir Obst, Gemüse oder Brot, nehmen wir diese Energie auf. Unser Körper wandelt die in der Nahrung gespeicherte Energie durch Stoffwechselprozesse um, z. B. in Bewegungsenergie in den Muskeln oder thermische Energie zur Aufrechterhaltung der Körpertemperatur. Dabei entstehen Stoffe mit geringerer chemischer Energie.
Auch eine durch elektrischen Strom betriebene Küchenmaschine bezieht ihre Energie letztendlich zum Großteil aus der Sonne. In Kraftwerken wird bei der Verbrennung von Kohle, Erdöl und Erdgas die darin gespeicherte chemische Energie am Ende der Energiekette in elektrische Energie umgewandelt. Ebenso wandeln regenerative Energiequellen (z. B. die Photovoltaik) Sonnenenergie in elektrische Energie um.

Die fossilen Energieträger sind in Jahrmillionen bei hohem Druck und hoher Temperatur aus abgestorbenen Pflanzen und Kleinstlebewesen entstanden. Die in ihnen enthaltenen energiereichen Verbindungen haben sich – genauso wie heute – erst mithilfe der Energie der Sonne gebildet.
Im Alltag ist es uns meist nicht bewusst: In fossilen Brennstoffen ist die Energie der Sonne gespeichert, die vor vielen Jahrmillionen die Erde erreichte.

**INNERE ENERGIE** Der Begriff **innere Energie** ***U*** (Einheit: J) bezeichnet die Summe aller in einer Stoffportion gespeicherten Energieformen. Sie setzt sich aus verschiedenen Energieformen zusammen, z. B. der Kernenergie, der chemischen Energie (Summe aller Bindungsenergien – Elektronenpaar-, Metall- und Ionenbindungen – sowie der zwischenmolekularen Wechselwirkungen) und der thermischen Energie (Bewegungsenergie der ungeordneten Bewegungen der Teilchen).

Die innere Energie ist eine extensive Größe, die von der Stoffmenge, also der Größe der Stoffportion, abhängt. Ihr absoluter Wert ist nicht bestimmbar. Messbar ist nur die Änderung der inneren Energie $\Delta U$ infolge einer chemischen Reaktion, bei der z. B. ein Teil der inneren Energie in andere Energieformen umgewandelt wird. Die innere Energie ist daher eine wichtige Größe für die chemische Energetik.

**Die innere Energie *U* eines Systems ergibt sich aus der Summe aller Energieformen des Systems.**

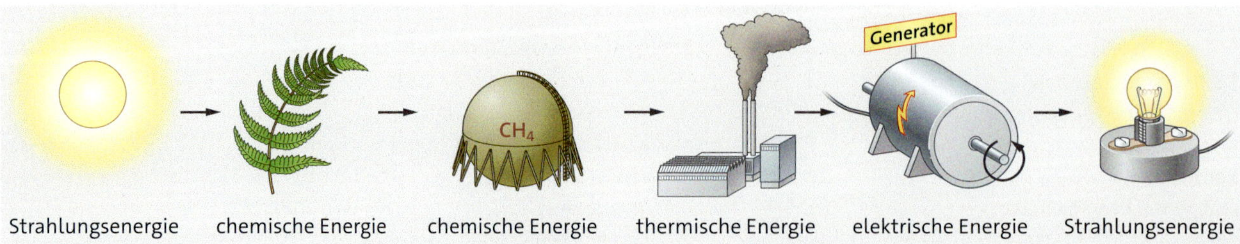


**02** Beispiel einer Energiekette: schrittweise Energieumwandlung

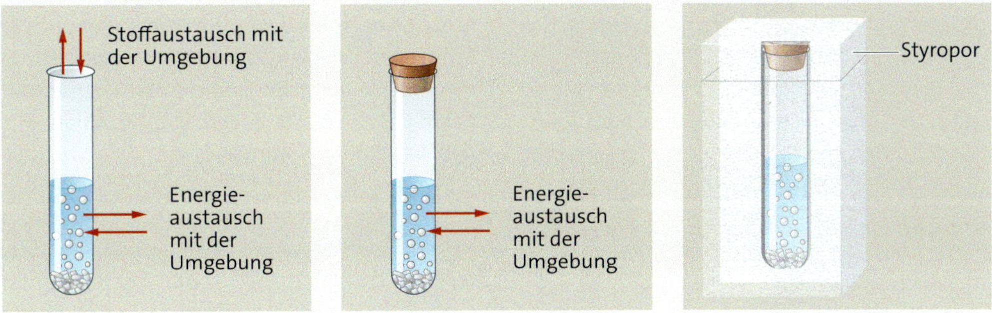


**03** Systeme unterscheidet man anhand ihrer Möglichkeit, Stoffe und Energie mit der Umgebung auszutauschen.

**SYSTEM UND UMGEBUNG** Für die Untersuchung von Energieumwandlungen ist es notwendig, zwischen System und Umgebung zu unterscheiden. Als System bezeichnet man einen klar begrenzten Bereich, dessen Energie- und Stoffbilanz betrachtet wird. Das System ist durch eine Systemgrenze von seiner Umgebung getrennt. In der Chemie ist die Systemgrenze häufig durch die Wand eines Reaktionsgefäßes definiert.

Je nachdem, ob Stoffe und/oder Energie über die Systemgrenze ausgetauscht werden können, unterscheidet man offene, geschlossene und isolierte Systeme (↑ **03**):

Bei **offenen Systemen**, wie einem unverschlossenen Reagenzglas, können Stoffe und Energie mit der Umgebung ausgetauscht werden.

Wird das Reagenzglas mit einem Stopfen verschlossen, kann das **geschlossene System** nur noch Energie, z. B. Wärme oder Licht, über die Systemgrenze mit der Umgebung austauschen.

Wenn das verschlossene Reagenzglas in wärmedämmendes Styropor verpackt wird, kann das **isolierte System** weder Stoffe noch Energie mit der Umgebung austauschen. Da in der Praxis kein System perfekt isoliert ist, erfolgt jedoch immer ein geringfügiger Austausch von Energie mit der Umgebung. Deshalb sind isolierte Systeme idealisierte Modelle für theoretische Betrachtungen.

Bei energetischen Betrachtungen ist es hilfreich, als System immer die an einer chemischen Reaktion beteiligten Stoffe zu definieren (Reaktionssystem). Die bei einer chemischen Reaktion umgewandelte Energie wird dann grundsätzlich vollständig mit der Umgebung ausgetauscht.

*Beispiel:* Die bei der Neutralisation einer sauren mit einer alkalischen Lösung entstehende Wärme wird vollständig auf das Wasser übertragen, dessen Temperaturerhöhung man messen kann.

**ENERGIEERHALTUNG** In den Medien und im Alltag wird häufig über den „Energieverbrauch elektrischer Geräte" oder die „Energieerzeugung in Kraftwerken" gesprochen. Diese Formulierungen sind nicht korrekt. Nach dem im 19. Jahrhundert formulierten **Energieerhaltungssatz** ist die Summe aller Energien in einem System und seiner Umgebung immer konstant. Energie kann nicht erschaffen oder verbraucht werden. Durch physikalische oder chemische Prozesse lässt sich Energie nur von einer Form in eine andere umwandeln (↑ **02**). Dieser Erfahrungssatz wird auch als **1. Hauptsatz der Thermodynamik** bezeichnet.

Die im Erdgas gespeicherte chemische Energie kann aber z. B. nicht vollständig in elektrische Energie umgewandelt werden. Ein Teil der bei der Verbrennung des Erdgases frei werdenden thermischen Energie kann bei diesem Prozess nicht umgewandelt werden und geht als Wärme verloren.

**Nach dem 1. Hauptsatz der Thermodynamik kann Energie weder erschaffen noch vernichtet werden. Ihre verschiedenen Formen lassen sich nur ineinander umwandeln.**

1) Bild ↑ **02** zeigt eine Energiekette. Geben Sie ein weiteres Beispiel einer Energiekette an und erläutern Sie die Energieumwandlungen.
2) Nennen Sie drei Beispiele von Systemgrenzen, die bei chemischen Systemen bzw. Reaktionen eine Rolle spielen.
3) In einem Reagenzglas soll Zink mit Salzsäure umgesetzt werden. Beschreiben Sie, wie die Reaktion in einem offenen, geschlossenen bzw. isolierten System geführt werden muss.
4) Geben Sie alle Energieformen und Energieumwandlungen an, die von Bedeutung sind, wenn ein Elektroauto durch Strom betrieben wird, der im Kohlekraftwerk gewonnen wird.

# 10.2 Reaktionswärme und Kalorimetrie

*Die Differenz einer Größe ergibt sich immer aus Endzustand minus Anfangszustand:*

$\Delta U = U_{Ende} - U_{Anfang}$

**ÄNDERUNG DER INNEREN ENERGIE** Bei einer chemischen Reaktion ändert sich durch Energieumwandlung die innere Energie des Reaktionssystems. Das System kann sowohl eine bestimmte Wärmemenge ($Q$) mit der Umgebung austauschen als auch Arbeit ($W$) verrichten. Die Differenz der inneren Energie $\Delta U$ des Systems ergibt sich damit wie folgt:

$$\Delta U = Q + W$$

**REAKTIONSWÄRME** Bei einer **exothermen Reaktion** wird im Laufe der Reaktion ein Teil der inneren Energie in thermische Energie umgewandelt und an die Umgebung als **Reaktionswärme *Q*** übertragen. Da die innere Energie nach der Reaktion geringer ist als vor der Reaktion, ist der Betrag von $Q$ mit einem negativen Vorzeichen versehen (↑ **02**).
Bei **endothermen Reaktionen** nimmt das System dagegen Energie aus der Umgebung auf. Die Reaktionswärme $Q$ nimmt bei endothermen Reaktionen positive Werte an, da die innere Energie des Systems nach der Reaktion größer ist als vor der Reaktion.

**ARBEIT** Bei chemischen Reaktionen wird mechanische Arbeit verrichtet, wenn Gase entstehen. Diese **Volumenarbeit *W*** wird messbar, wenn die gasförmigen Produkte der chemischen Reaktion in einem Kolbenprober aufgefangen werden. Der Stempel bewegt sich dann gegen den äußeren Druck der Umgebung heraus (↑ **01**). Die innere Energie des Systems nimmt durch die Freisetzung der Gase ab, da das System durch das Rausdrücken des Stempels Arbeit an der Umgebung verrichtet ($W < 0$; ↑ **02**).
Verringert sich dagegen das Gasvolumen bei einer Reaktion, so verrichtet die Umgebung durch das Reindrücken des Stempels Arbeit am System ($W > 0$).
Die Volumenarbeit ergibt sich aus dem Produkt der Volumenänderung $\Delta V$ bei konstantem Druck $p$ nach folgender Gleichung:

$$W = -p \cdot \Delta V$$

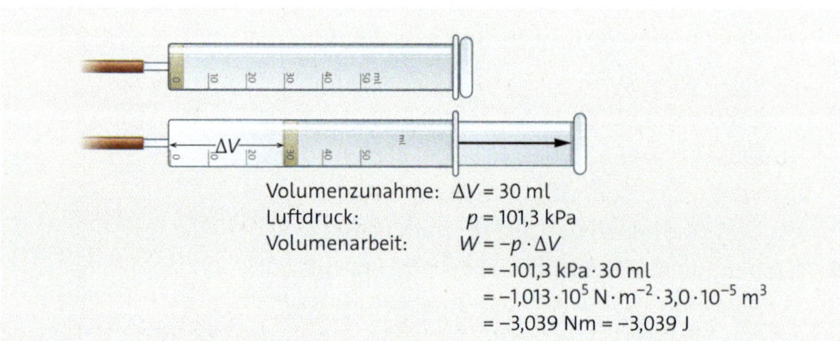


**01** Austausch von Volumenarbeit zwischen System und Umgebung

**REAKTIONSENTHALPIE** Die meisten chemischen Reaktionen laufen bei konstantem Druck ab, z. B. bei Schülerversuchen in offenen Reagenzgläsern. Unter diesen Bedingungen entspricht die Änderung der inneren Energie $\Delta U$ der Summe aus Reaktionswärme und verrichteter Volumenarbeit:

$$\Delta U = Q - p \cdot \Delta V$$

Für die meisten chemischen Reaktionen – selbst unter Beteiligung von Gasen – ist unter Normalbedingungen die verrichtete Volumenarbeit im Vergleich zur Reaktionswärme sehr gering. In der Chemie wird deshalb häufig nur die Reaktionswärme $Q$ betrachtet. Stellt man die obige Gleichung für die Änderung der inneren Energie nach $Q$ um, ergibt sich:

$$Q = \Delta U + p \cdot \Delta V$$

Der Ausdruck auf der rechten Seite des Gleichheitszeichens entspricht der **Reaktionsenthalpie $\Delta_r H$** (engl. *heat:* Wärme).

$$\Delta_r H = Q$$

$$\Delta_r H = \Delta U + p \cdot \Delta V$$

Die Reaktionsenthalpie $\Delta_r H$ kann experimentell bestimmt werden. Sie ist eine zentrale Größe für verschiedene quantitative energetische Betrachtungen. Bei Reaktionen, bei denen das Volumen konstant bleibt ($\Delta V = 0$), z. B. bei einer Reaktion ohne Beteiligung von Gasen, entspricht die Reaktionsenthalpie $\Delta_r H$ der Änderung der inneren Energie ($\Delta U$) des Reaktionssystems.

**Die Reaktionsenthalpie $\Delta_r H$ entspricht der Reaktionswärme *Q* einer chemischen Reaktion bei konstantem Druck.**

| Größe | Bedeutung für negative Werte (< 0) | Bedeutung für positive Werte (> 0) |
|---|---|---|
| $\Delta U$ | innere Energie des Systems sinkt | innere Energie des Systems steigt |
| $Q$, $\Delta_r H$ | exotherme Reaktion | endotherme Reaktion |
| $W$ | System verrichtet Arbeit | Arbeit wird am System verrichtet. |
| $\Delta V$ | Volumenabnahme | Volumenzunahme |
| $-p \cdot \Delta V$ | System verrichtet Volumenarbeit | Volumenarbeit wird am System verrichtet. |

**02** Vorzeichen physikalischer Größen bei chemischen Reaktionen

**BESTIMMUNG DER REAKTIONSWÄRME** Eisen und Schwefel reagieren in einer stark exothermen Reaktion zu Eisensulfid (↑ S. 333, Exp. 10.07). Um die dabei frei werdende Reaktionswärme $Q$ quantitativ zu bestimmen, lässt man die Reaktion in einem Kalorimeter (lat. *calor:* Wärme) ablaufen. Ein einfaches Kalorimeter besteht aus einem Gefäß, in dem eine bestimmte Menge Wasser enthalten ist, einem Thermometer zum Messen der Wassertemperatur und einem Rührwerk, mit dem das Wasser durchmischt werden kann (↑ **03**). Das Reagenzglas mit dem Eisen-Schwefel-Gemisch wird in das Wasser gehängt. Während der Reaktion wird die frei werdende Reaktionswärme $Q$ an das Wasser im Kalorimeter übertragen. Sie führt zu einem messbaren Temperaturanstieg. Ein Teil der Reaktionswärme führt aber auch zur Erwärmung des Kalorimetergefäßes. Es gilt:

$$Q = -(Q_W + Q_K)$$

$Q_W$ entspricht der Wärme, die vom Wasser aufgenommen wurde, $Q_K$ entspricht der Wärme, die vom Kalorimeter selbst aufgenommen wurde. Durch das negative Vorzeichen wird ausgedrückt, dass das Reaktionssystem Wärme abgibt, das gefüllte Kalorimeter hingegen diese Wärme aufnimmt.
Die gemessene Temperaturdifferenz $\Delta T$ ist proportional zur aufgenommenen Wärme:

$$Q \sim \Delta T$$

Der Proportionalitätsfaktor ist die **Wärmekapazität**. Für Wasser berechnet sie sich aus der Masse $m_W$ des Wassers im Kalorimeter und der spezifischen Wärmekapazität $c_W$ des Wassers. Sie beträgt $4{,}18\ J \cdot g^{-1} \cdot K^{-1}$.

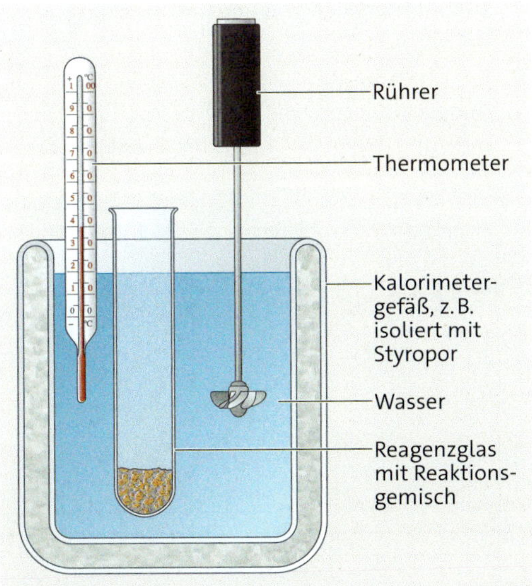


**03** Einfaches Kalorimeter

Das bedeutet: Um 1 g Wasser um 1 K (entspricht 1 °C) zu erwärmen, ist eine Energie von 4,18 J nötig. Die Wärmekapazität $C_K$ des Kalorimeters wird experimentell bestimmt (↑ S. 330, 332). Für die Reaktionswärme ergibt sich dann folgender Ausdruck:

$$Q = -(c_W \cdot m_W \cdot \Delta T + C_K \cdot \Delta T) = -(c_W \cdot m_W + C_K) \cdot \Delta T$$

**Mithilfe der Kalorimetrie kann die Reaktionswärme berechnet werden: $Q = -(c_W \cdot m_W + C_K) \cdot \Delta T$**

**1** Nennen Sie chemische Vorgänge aus dem Alltag, bei denen Volumenarbeit verrichtet wird.

**2** In einem Kalorimeter ($C_K = 83\ J \cdot K^{-1}$), das mit 200 g Wasser gefüllt ist, nimmt die Temperatur bei einer chemischen Reaktion um 5,2 K ab. Berechnen Sie die Reaktionswärme $Q$.

**3** In einem Kalorimeter ($C_K = 110\ J \cdot K^{-1}$) mit 1500 g Wasser werden 1,3 g Heizöl verbrannt. Die Temperaturzunahme beträgt 9,8 K.
**a** Berechnen Sie die Reaktionswärme.
**b** Berechnen Sie jeweils die Reaktionswärme für 1 g und für 100 g Heizöl.

| Größe | Bedeutung |
|---|---|
| $Q$ | zu bestimmende Reaktionswärme |
| $Q_W$ | Wärme, die auf das Wasser übertragen wird |
| $Q_K$ | Wärme, die auf das Kalorimeter übertragen wird |
| $m_W$ | Masse des Wassers im Kalorimeter |
| $c_W$ | spezifische Wärmekapazität des Wassers: $c_W = 4{,}18\ J \cdot g^{-1} \cdot K^{-1}$ |
| $C_K$ | experimentell ermittelte Wärmekapazität des Kalorimeters |
| $\Delta T$ | experimentell ermittelte Temperaturdifferenz: $\Delta T = T_{Ende} - T_{Anfang}$ |

**04** Physikalische Größen zur Bestimmung der Reaktionswärme

**Berechnen einer Reaktionswärme**

**Aufgabe:** Bei der Verbrennung von 1,5 g Marshmallows in einem Kalorimeter ($C_K = 85\ J \cdot K^{-1}$) mit der Wassermenge $m_W = 410$ g wurde eine Temperaturerhöhung von 11,9 K gemessen. Berechnen Sie die Reaktionswärme für die Verbrennung der 1,5 g Marshmallows.

**Gegeben:** $m(\text{Marshmallow}) = 1{,}5\ g$; $m_W = 410\ g$; $\Delta T = 11{,}9\ K$; $c_W = 4{,}18\ J \cdot g^{-1} \cdot K^{-1}$; $C_K = 85\ J \cdot K^{-1}$

**Gesucht:** $Q$

**Lösung:**
$$Q = -(c_W \cdot m_W + C_K) \cdot \Delta T$$
$$= -(4{,}18\ J \cdot g^{-1} \cdot K^{-1} \cdot 410\ g + 85\ J \cdot K^{-1}) \cdot 11{,}9\ K$$
$$= -21\,406\ J = -21{,}41\ kJ$$

**Antwort:** Bei der Verbrennung von 1,5 g Marshmallows wurde eine Reaktionswärme $Q = -21{,}41$ kJ freigesetzt.

# Bestimmung der Wärmekapazität eines Kalorimeters

*$T_1$ – Temperatur Wasserportion $m_1$*

*$T_2$ – Temperatur Wasserportion $m_2$*

*$T_m$ – Mischtemperatur beider Wasserportionen*

**MISCHUNGSTEMPERATUR VON WASSER** Eine einfache Möglichkeit, die Wärmekapazität $C_K$ eines Kalorimeters zu bestimmen, besteht darin, zwei unterschiedlich temperierte Wassermengen zu mischen. In einem Kalorimeter befindet sich eine Wasserportion mit $m_1 = 100$ g und $T_1 = 60$ °C. Gibt man zu dieser eine gleich große Wasserportion $m_2$ mit $T_2 = 20$ °C, würde man eine Mischtemperatur von $T_m = 40$ °C erwarten. Gemessen wird aber eine Temperatur, die etwas größer als 40 °C ist. Das liegt daran, dass beim Mischen nicht nur das heiße Wasser, sondern auch die Bauteile des Kalorimeters Wärme auf die kalte Wasserportion übertragen. Es gilt:

$$Q_{W2} = -(Q_{W1} + Q_K)$$

$Q_{W2}$ ist die vom kalten Wasser aufgenommene Wärme, $-(Q_{W1} + Q_K)$ ist die vom Wasser und Kalorimeter abgegebene Wärme. Durch Einsetzen der Temperaturdifferenzen und Wärmekapazitäten ergibt sich:

$$Q_{W2} = c_W \cdot m_2 \cdot (T_m - T_2)$$
$$-(Q_{W1} + Q_K) = -(c_W \cdot m_1 + C_K) \cdot (T_m - T_1)$$

*Für die Umstellung genutzt: $T_m - T_1 = -(T_1 - T_m)$*

Nach Äquivalenzumformung kann die Wärmekapazität $C_K$ des Kalorimeters berechnet werden:

$$C_K = \frac{c_W \cdot m_2 \cdot (T_m - T_2)}{T_1 - T_m} - c_W \cdot m_1$$

**TEMPERATURMESSUNG BEI DER KALORIMETRIE** Die Genauigkeit der Kalorimetrie ist abhängig von der exakten Bestimmung der Temperaturen vor und nach der Reaktion im Kalorimeter. Da auch das beste Kalorimeter kein isoliertes System darstellt, findet immer ein minimaler Wärmeaustausch mit der Umgebung statt, sodass die Temperatur nicht konstant gehalten werden kann. Zudem beeinflussen die Trägheit des Thermometers gegenüber Temperaturänderung und die Geschwindigkeit der stattfindenden Reaktion die Genauigkeit der Temperaturmessung.

Die Ermittlung der Temperaturdifferenz $\Delta T$ findet daher häufig grafisch statt (↑ **02**). Hierzu werden die Temperaturwerte eines ausreichend langen Zeitabschnitts vor der Reaktion (Vorperiode), während der Reaktion (Hauptperiode) und nach der Reaktion (Nachperiode) aufgetragen. Nun werden die hinreichend linear verlaufenden Abschnitte von Vor- und Nachperiode verlängert. Man zeichnet dann eine Senkrechte so in das Diagramm ein, dass die Flächen 1 und 2 den gleichen Flächeninhalt aufweisen. Die Schnittpunkte der Senkrechten mit den Geraden der Vor- und Nachperiode entsprechen der Anfangs- und Endtemperatur der Reaktion (↑ **02**). Aus den Werten wird dann $\Delta T$ nach folgender Formel berechnet:

$$\Delta T = T_2 - T_1$$

**SPEZIALKALORIMETER** Um die Reaktionswärme möglichst genau zu bestimmen, muss das Kalorimetergefäß nach außen isoliert werden, um einen Wärmeaustausch mit der Umgebung zu minimieren. Bei Verbrennungskalorimetern ist das nur bedingt möglich, insbesondere wenn bei der Reaktion Gase entstehen, die aus dem Kalorimetergefäß entweichen (↑ **01A**). In speziellen Bombenkalorimetern findet die Reaktion in einem geschlossenen Raum statt (↑ **01B**).

**1** Berechnen Sie die Wärmekapazität $C_K$ des Kalorimeters mit den Werten aus dem Text, wobei eine Mischungstemperatur $T_m = 41$ °C ermittelt wurde.

**2** Begründen Sie, warum die Kalorimetrie für sehr langsam verlaufende Reaktionen zur Bestimmung der Reaktionswärme ungeeignet ist.

**3** Erläutern Sie, dass die Glaswendel im Verbrennungskalorimeter die Genauigkeit für die Ermittlung der Reaktionswärme $Q$ verbessert.

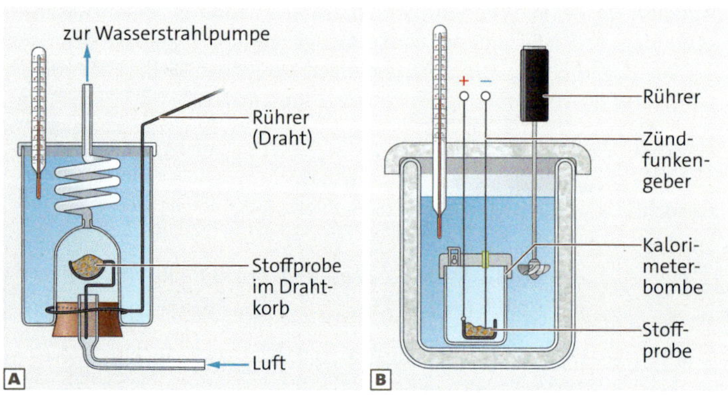


**01** **A** Verbrennungskalorimeter, **B** Bombenkalorimeter

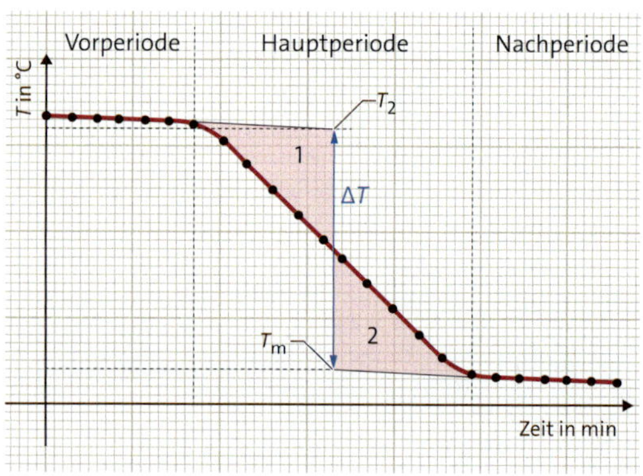


**02** Grafische Bestimmung der Temperaturdifferenz

## Energieumwandlungen beim Lösen von Salzen

01 Kühlen mit einer Kältesofortkompresse

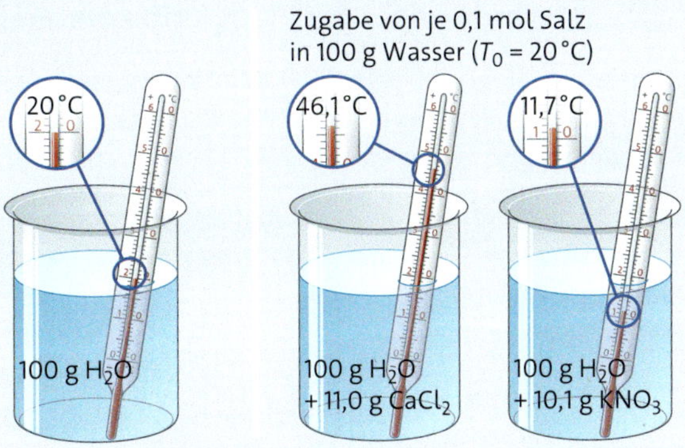


03 Temperaturänderung beim Lösen zweier Salze in Wasser

Zur schnellen Kühlung von Blessuren helfen sogenannte Kältesofortkompressen (↑ **01**). Sie bestehen aus einer Mischung aus Ammoniumnitrat und anderen Salzen und – in einem separaten Innenbeutel – Wasser. Wird der Innenbeutel durch Drücken zerstört, löst sich das Ammoniumnitrat im Wasser. Dabei kommt es zu einer Abkühlung der Lösung – die Kompresse wird kalt.

Auch beim Lösen anderer Salze in Wasser misst man je nach Art und Stoffmenge des gelösten Salzes unterschiedliche Temperaturänderungen (↑ **03**). Dabei bewirken einige Salze wie Calciumchlorid $CaCl_2$ auch eine deutliche Temperaturzunahme. Dies wird z. B. für selbsterwärmende Heißgetränke genutzt. Diese beim Lösevorgang messbare Wärme wird Lösungsenthalpie $\Delta_L H$ genannt. Sie entsteht aus dem Zusammenwirken verschiedener Teilchenvorgänge.

Im Ionengitter des Salzkristalls halten die Anionen und Kationen durch die starke Ionenbindung zusammen. Beim Lösen des Salzes lagern sich Wassermoleküle aufgrund starker Ion-Dipol-Wechselwirkung an die Ionen an und lösen diese aus dem Ionengitter. Beim Ablösen wird deshalb die Gitterenthalpie aufgewendet, da diese ursprünglich bei der Bildung des Ionengitters frei wurde. Dabei werden zuerst die Ionen an den Ecken und Kanten des Kristalls abgelöst und vollständig von Wassermolekülen umgeben. Sie werden hydratisiert. Bei der Ausbildung dieser Hydrathüllen wird die Hydratationsenthalpie frei. Beide Enthalpiegrößen sind für das Salz bzw. die Ionen spezifisch.

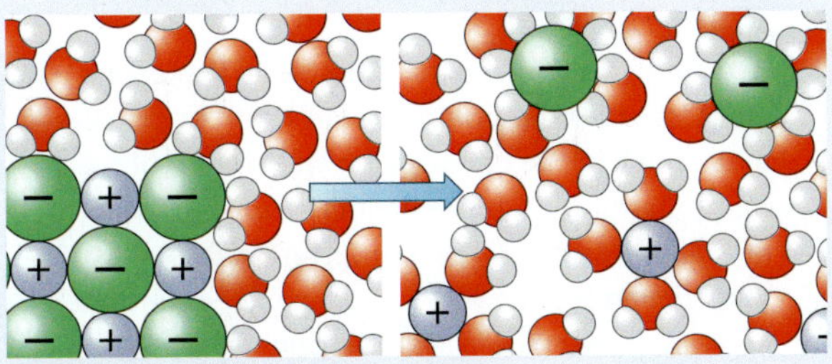


02 Lösevorgang im Teilchenmodell

Beim Lösen des Ammoniumnitrats in den Kältesofortkompressen ist der Betrag der Hydratationsenthalpie insgesamt kleiner als der der Gitterenthalpie. Beim Lösen wird Wärme aus der Umgebung aufgenommen, der Lösevorgang verläuft endotherm. Bei einer im Betrag größeren Hydratationsenthalpie verläuft der Löseprozess exotherm. Die Lösung erwärmt sich. Die Lösungsenthalpie kann aus der Differenz der Gitterenthalpie $\Delta_G H$ des Salzes und den Hydratationsenthalpien der beteiligten Ionen $\Delta_H H$ berechnet werden.

$$\Delta_L H_m = \Delta_H H_m - \Delta_G H_m$$

Für 1 mol Calciumchlorid ergibt sich:

$$\begin{aligned}\Delta_L H_m &= \Delta_H H_m(Ca^{2+}) + 2 \cdot \Delta_H H_m(Cl^-) - \Delta_G H_m(CaCl_2)\\ &= [-1580 + 2 \cdot (-380) - (-2231)]\ \text{kJ} \cdot \text{mol}^{-1}\\ &= -109\ \text{kJ} \cdot \text{mol}^{-1} < 0 \Rightarrow \text{Lösevorgang exotherm}\end{aligned}$$

| Ion | $\Delta_H H_m$ in $kJ \cdot mol^{-1}$ | Ion | $\Delta_H H_m$ in $kJ \cdot mol^{-1}$ | Ion | $\Delta_H H_m$ in $kJ \cdot mol^{-1}$ |
|---|---|---|---|---|---|
| $H_3O^+$ | –1085 | $OH^-$ | –365 | $Ca^{2+}$ | –1580 |
| $Li^+$ | –510 | $F^-$ | –510 | $NO_3^-$ | –256 |
| $Na^+$ | –400 | $Cl^-$ | –380 | $NH_4^+$ | –293 |

04 Molare Hydratationsenthalpie $\Delta_H H_m$ ausgewählter Ionen

| Salz | $\Delta_G H_m$ in $kJ \cdot mol^{-1}$ | Salz | $\Delta_G H_m$ in $kJ \cdot mol^{-1}$ |
|---|---|---|---|
| LiCl | –850 | $KNO_3$ | –616 |
| NaCl | –780 | NaBr | –734 |
| $CaCl_2$ | –2231 | $NH_4NO_3$ | –575 |

05 Molare Gitterenthalpie $\Delta_G H_m$ ausgewählter Salze

**1** Berechnen Sie die Lösungsenthalpie für 1 mol Ammoniumnitrat.

**2** Entwickeln Sie einen Behälter für ein selbsterhitzendes Getränk ($V$ = 330 ml). Messen Sie die maximale Temperatur, die Sie damit erreichen können. Vergleichen Sie Ihre Lösung mit den Behältern Ihrer Mitschüler.

# Praktikum

## P Reaktionsenthalpie und freiwillige Reaktionen

### EXP 10.01 Wärmekapazität eines Kalorimeters

**Materialien** 2 Joghurtbecher oder Kalorimetergefäß und Becherglas, digitales Thermometer, Waage, Stoppuhr, raumtemperiertes und heißes Wasser

**Durchführung** Befüllen Sie einen Joghurtbecher oder das Becherglas mit ca. 50 g raumtemperiertem Wasser. Die genaue Masse $m_1$ wird mithilfe einer Laborwaage ermittelt. Messen Sie die Temperatur $T_1$ des Wassers.
In den anderen Joghurtbecher oder das Kalorimetergefäß werden ca. 50 g heißes Wasser (maximal 60 °C) gefüllt. Die genaue Masse $m_2$ wird auch hier ausgewogen.
Messen Sie nun kontinuierlich alle 10 s die Temperatur des heißen Wassers. Geben Sie nach ca. 1 min das kalte Wasser hinzu. Nehmen Sie für weitere 3–4 min Temperaturwerte auf.
*Entsorgung:* Flüssigkeiten ins Abwasser geben.

**Auswertung**

1 › Erstellen Sie aus Ihren Messwerten ein Temperatur-Zeit-Diagramm auf Millimeterpapier.
2 › Bestimmen Sie aus dem Diagramm die Temperatur $T_2$ des heißen Wassers und die Mischtemperatur $T_m$. Nutzen Sie dafür die auf S. 330, Bild ↑ **02** vorgestellte grafische Auswertung.
3 › Berechnen Sie die Wärmekapazität des Kalorimeters ($C_K$) nach folgender Formel:

$$C_K = \frac{c_W \cdot m_2 \cdot (T_m - T_2)}{T_1 - T_m} - c_W \cdot m_1$$

### EXP 10.02 Neutralisationsenthalpie

**Materialien** 2 Joghurtbecher, digitales Thermometer, 2 Messzylinder (100 ml), Natronlauge ($c = 0{,}5\ \mathrm{mol \cdot l^{-1}}$; 5), Salzsäure ($c = 0{,}5\ \mathrm{mol \cdot l^{-1}}$; 5)

**Durchführung** Geben Sie jeweils genau 100 ml Kaliumhydroxidlösung und 100 ml Salzsäure in je einen Messzylinder. Bestimmen Sie jeweils die Temperatur.
Stellen Sie die beiden Joghurtbecher lose ineinander und gießen Sie beide Lösungen hinein. Bestimmen Sie erneut die Temperatur.
*Entsorgung:* Flüssigkeit ins Abwasser geben.

**Auswertung**

1 › Berechnen Sie die Reaktionswärme $Q$ und die molare Neutralisationsenthalpie. *Hinweis:* Wärmekapazität der Lösung entspricht $c_W = 4{,}18\ \mathrm{J \cdot g^{-1} \cdot K^{-1}}$; Dichte der Lösung ist $1\ \mathrm{g \cdot ml^{-1}}$.
2 › Diskutieren Sie mögliche Fehlerquellen.

### EXP 10.03 Eine stark endotherme Reaktion

**Materialien** Erlenmeyerkolben (50 mL), Thermometer, Bariumhydroxid (5, 7), Ammoniumnitrat (3, 7)

**Durchführung** Geben Sie, jeweils gut gemörsert, 4,5 g Bariumhydroxid und 1,5 g Ammoniumnitrat in den trockenen Erlenmeyerkolben. Vermischen Sie die Feststoffe durch Schütteln des Kolbens. Messen Sie die Temperatur des flüssig werdenden Gemischs.
*Entsorgung:* Feste Rückstände in den Behälter für giftige anorganische Abfälle geben.

**Auswertung**

1 › Beschreiben Sie die beobachtbaren Veränderungen unter Berücksichtigung des Begriffs Entropie.
2 › Erklären Sie den scheinbaren Widerspruch zum Entropiesatz über freiwillige Reaktionen.

### EXP 10.04 Lösungsenthalpie

**Materialien** Magnetrührer, Rührkern, 2 Joghurtbecher, Thermometer, Spatel, Messzylinder (100 ml), Ammoniumnitrat (3, 7), Wasser

**Durchführung** Stellen Sie die beiden Joghurtbecher lose ineinander. Geben Sie 25 g Wasser in den Becher und messen Sie für 1 min alle 10 s die Temperatur, bevor Sie unter Rühren 6 g Ammoniumnitrat darin lösen. Messen Sie während des Lösens fortlaufend die Temperatur des Wassers und auch noch etwa 1 min nach Erreichen des Temperaturminimums.

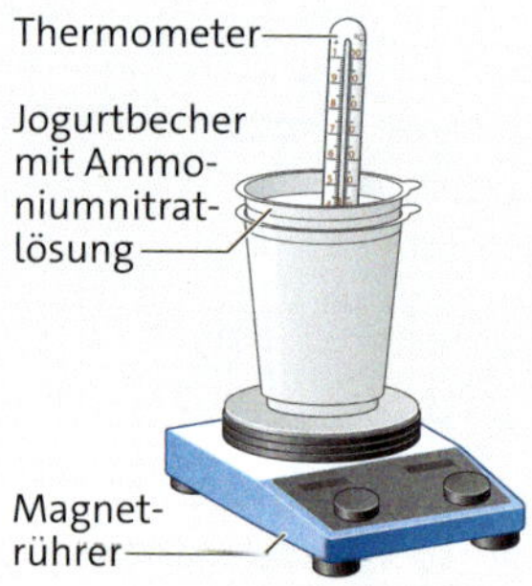


*Entsorgung:* Lösungen ins Abwasser geben.

**Auswertung**

1 › Ermitteln Sie aus Ihren Messwerten grafisch die Temperaturdifferenz. Berechnen Sie daraus die Reaktionswärme (↑ S. 330).
2 › Berechnen Sie anhand der Messwerte die Lösungsenthalpie für 1 mol Ammoniumnitrat.
3 › Berechnen Sie die Lösungsenthalpie für 1 mol Ammoniumnitrat aus den molaren Hydratationsenthalpien und der molaren Gitterenthalpie (↑ S. 331). Vergleichen Sie den Wert mit dem experimentellen Ergebnis und erklären Sie mögliche Unterschiede.

P

## EXP 10.05 Verbrennungswärme von Walnüssen

**Materialien** Stativmaterial, Waage, Thermometer, Messzylinder, Konservendose, Büroklammer, Knetmasse, ¼ Walnuss, Wasser, Glasstab

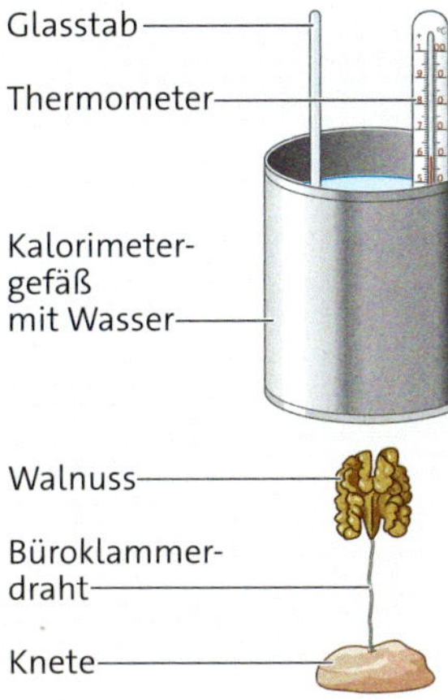


**Durchführung** Befüllen Sie das nach der Abbildung aufgebaute Kalorimeter mit 400 g Wasser und messen Sie die Wassertemperatur. Das zuvor ausgewogene Nussstück wird entzündet und die Wassertemperatur alle 10 s unter Rühren bis 1 min nach Erreichen des Maximalwerts gemessen.
*Entsorgung:* Reste in den Hausmüll geben.

**Auswertung**

**1〉** Ermitteln Sie grafisch die maximale Temperaturdifferenz (↑ S. 330). Berechnen Sie die Reaktionswärme.

**2〉** Vergleichen Sie Ihren berechneten Wert mit der Nährwerttabelle auf einer Packung Walnüsse. Diskutieren Sie die Unterschiede.

## EXP 10.06 Reaktionsenthalpie in wässriger Lösung

**Materialien** Magnetrührer, Rührkern, 2 Joghurtbecher, Thermometer, Spatel, Messzylinder, Zinkpulver (9), Kupfer(II)-sulfat-Pentahydrat (5, 7, 9), Wasser

**Durchführung** Stellen Sie die beiden Joghurtbecher lose ineinander. Unter Rühren werden 5,00 g Kupfer(II)-sulfat in 100 g Wasser gelöst und die Anfangstemperatur bestimmt. Geben Sie unter kontinuierlichem Rühren 3 g Zinkpulver hinzu. Die Temperatur wird alle 10 s bis 1 min nach Erreichen des Maximalwerts gemessen.
*Entsorgung:* Reste in den Behälter für giftige anorganische Abfälle geben.

**Auswertung**

Reaktionsgleichung: $Cu^{2+}(aq) + Zn(s) \longrightarrow Cu(s) + Zn^{2+}(aq)$

**1〉** Ermitteln Sie grafisch die maximale Temperaturdifferenz (↑ S. 330). Berechnen Sie die Reaktionswärme.

**2〉** Berechnen Sie die umgesetzte Stoffmenge an Kupfer(II)-Ionen. Ermitteln Sie die Reaktionsenthalpie für die oben angegebene Reaktion.

**3〉** Diskutieren Sie mögliche Fehlerquellen Ihrer Messung.

## EXP 10.07 Bildungsenthalpie von Eisen(II)-sulfid

**Materialien** Magnetrührer, Rührkern, 2 Joghurtbecher, Thermometer, schwerschmelzbares Reagenzglas, Messzylinder, Mörser mit Pistill, Stativmaterial, Spatel, Eisenpulver (2), Schwefelpulver (7), Wasser

**Durchführung** *Abzug! Achtung, Reagenzglas geht zu Bruch!* Zwei lose ineinandergestellte Joghurtbecher werden mit 300 g Wasser gefüllt. Geben Sie 3 g gemörsertes Schwefelpulver und 5 g Eisenpulver, homogen gemischt, in das Reagenzglas. Befestigen Sie dieses mit dem Stativmaterial etwa zur Hälfte frei im Wasser hängend. Bestimmen Sie die Ausgangstemperatur des Wassers. Entzünden Sie das Gemisch mit einem glühenden Metallstab und messen Sie alle 10 s die Wassertemperatur bis 1 min nach Erreichen des Maximalwerts.
*Entsorgung:* Feste Rückstände in den Behälter für giftige anorganische Abfälle, Flüssigkeiten ins Abwasser geben.

**Auswertung**

**1〉** **a** Entwickeln Sie die Reaktionsgleichung für die Bildung von Eisen(II)-sulfid.
**b** Ermitteln Sie aus den experimentellen Werten die Reaktionswärme.

**2〉** Berechnen Sie die Reaktionsenthalpie für 1 mol Eisen.

**3〉** Diskutieren Sie mögliche Fehlerquellen Ihrer Messung.

## EXP 10.08 Freiwillige endotherme Reaktion

**Materialien** Erlenmeyerkolben mit Ansatz, Thermometer mit durchbohrtem Stopfen, Kolbenprober, Wasser, Brausetablette

**Durchführung** Befüllen Sie den Erlenmeyerkolben so hoch mit Wasser, dass beim Verschließen das Thermometer in die Flüssigkeit taucht.
Verbinden Sie den Kolbenprober über den Ansatz. Geben Sie die Brausetablette in den Kolben und verschließen Sie ihn sofort mit dem durchbohrten Stopfen mit Thermometer. Messen Sie kontinuierlich die Temperatur und das Gasvolumen im Kolbenprober.
*Entsorgung:* Lösungen ins Abwasser geben.

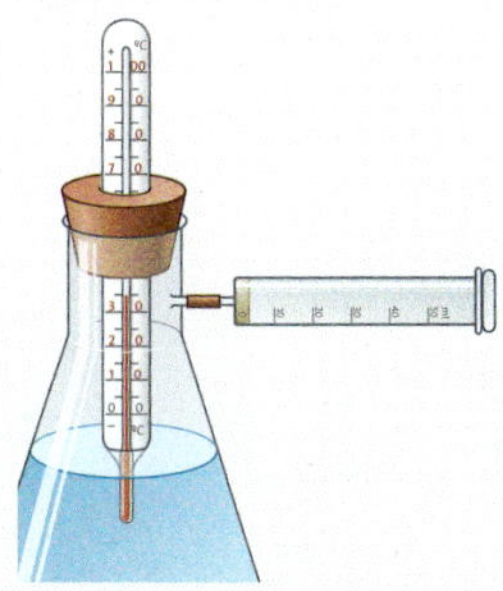

**Auswertung** Notieren Sie Ihre Beobachtungen. Diskutieren Sie den scheinbaren Widerspruch, der sich aus den Beobachtungen ergibt.

# 10.3 Reaktionsenthalpie

**REAKTIONSENTHALPIE** In einem Kalorimeter reagieren 0,25 mol Natrium mit Iod vollständig zu Natriumiodid. Dabei wird eine Reaktionswärme von $Q = -72$ kJ ermittelt. Läuft eine solche Reaktion unter konstantem Druck ab oder sind bei der Reaktion keine Gase beteiligt, entspricht die Reaktionswärme zugleich der Reaktionsenthalpie $\Delta_r H$ (↑ S. 328).

Da die Reaktionsenthalpie von der umgesetzten Stoffmenge abhängt, ist es zweckmäßig, die ermittelte Reaktionswärme auf diese Stoffmenge zu beziehen. Man erhält dann die Reaktionsenthalpie, die einem Umsatz von genau 1 mol Natrium entspricht:

$$\Delta_r H = \frac{Q}{n(\text{Na})} = \frac{-72\ \text{kJ}}{0{,}25\ \text{mol}} = -288\ \text{kJ} \cdot \text{mol}^{-1}$$

**FORMELUMSATZ UND REAKTIONSGLEICHUNG**
Für die Reaktion von Natrium mit Iod kann man folgende Reaktionsgleichung formulieren:

$$2\ \text{Na(s)} + \text{I}_2\text{(s)} \longrightarrow 2\ \text{NaI(s)}$$

**Berechnen einer Reaktionsenthalpie**

**Aufgabe:** Bei der Verbrennung von 100 ml Wasserstoff unter Standardbedingungen wird eine Reaktionswärme von −1,14 kJ gemessen.

Berechnen Sie die Reaktionsenthalpie für 1 mol Formelumsatz nach der Reaktionsgleichung:

$$2\ \text{H}_2\text{(g)} + \text{O}_2\text{(g)} \longrightarrow 2\ \text{H}_2\text{O(g)}$$

**Gegeben:** $V(\text{H}_2) = 100$ ml; $V_m = 24{,}4\ \text{l} \cdot \text{mol}^{-1}$; $Q = -1{,}14$ kJ
**Gesucht:** $\Delta_r H$ für 1 mol Formelumsatz

**Lösung:**
1. Berechnen der umgesetzten Stoffmenge:

$$n(\text{H}_2) = \frac{V(\text{H}_2)}{V_m} = \frac{0{,}1\ \text{l}}{24{,}4\ \text{l} \cdot \text{mol}^{-1}} = 0{,}004\ \text{mol}$$

2. Berechnen von $\Delta_r H$:

$$\frac{\Delta_r H}{2} = \frac{Q}{n(\text{H}_2)}$$

$$\Delta_r H = \frac{Q}{n(\text{H}_2)} \cdot 2 = \frac{-1{,}14\ \text{kJ}}{0{,}004\ \text{mol}} \cdot 2 = -570\ \text{kJ} \cdot \text{mol}^{-1}$$

$$2\ \text{H}_2\text{(g)} + \text{O}_2\text{(g)} \longrightarrow 2\ \text{H}_2\text{O(l)} \qquad \Delta_r H = -570\ \text{kJ} \cdot \text{mol}^{-1}$$

**Antwort:**
Für $2\ \text{H}_2\text{(g)} + \text{O}_2\text{(g)} \longrightarrow 2\ \text{H}_2\text{O(l)}$ beträgt die Reaktionsenthalpie $\Delta_r H =$ **−570 kJ** $\cdot\ \text{mol}^{-1}$.

Aus dieser Reaktionsgleichung geht hervor, dass pro Mol Formelumsatz 2 mol Natrium mit 1 mol Iod zu 2 mol Natriumiodid reagieren.
Um zu berechnen, wie groß die Reaktionsenthalpie pro Mol Formelumsatz ist, muss man den Koeffizienten für Natrium aus der Reaktionsgleichung berücksichtigen. Man erhält so die zur Reaktionsgleichung passende Reaktionsenthalpie.

$$\frac{\Delta_r H}{2} = \frac{Q}{n(\text{Na})}$$

$$\Delta_r H = \frac{Q}{n(\text{Na})} \cdot 2 = \frac{-72\ \text{kJ}}{0{,}25\ \text{mol}} \cdot 2 = -576\ \text{kJ} \cdot \text{mol}^{-1}$$

Will man die Reaktionsenthalpie auf den Umsatz von 1 mol Natrium beziehen, muss man alle Koeffizienten in der Reaktionsgleichung durch 2 teilen.

$$\text{Na(s)} + \tfrac{1}{2}\,\text{I}_2\text{(s)} \longrightarrow \text{NaI(s)} \qquad \Delta_r H = -288\ \text{kJ} \cdot \text{mol}^{-1}$$

Bei dieser Reaktionsgleichung gilt, dass pro mol Formelumsatz 1 mol Natrium reagieren. Die angegebene Reaktionsenthalpie bezieht sich jetzt auf die Umsetzung von 1 mol Natrium und entspricht deshalb der von uns zu Beginn berechneten Reaktionsenthalpie von $-288\ \text{kJ} \cdot \text{mol}^{-1}$ (Berechnung: ↑ Kasten links).

Die Reaktionsenthalpie einer chemischen Reaktion ist abhängig von der Temperatur und – vor allem für Reaktionen unter Beteiligung gasförmiger Stoffe – vom Druck. Zur besseren Vergleichbarkeit werden für **Standardbedingungen** ($T = 298$ K, $p = 101{,}3$ kPa) **Standardreaktionsenthalpien** $\boldsymbol{\Delta_r H^0}$ ermittelt und durch eine hochgestellte Null gekennzeichnet.

**VERBRENNUNGSENTHALPIE UND BRENNWERT**
Viele chemische Reaktionen dienen nur zur Bereitstellung von Energie oder Wärme, wie das Verbrennen von Kohle in einem Kraftwerk oder von Holz in einem Kamin, aber auch die vollständige Oxidation von Nährstoffen in Lebewesen. Die dabei freigesetzte Reaktionsenthalpie wird aufgrund dieser Bedeutung als **molare Verbrennungsenthalpie** $\boldsymbol{\Delta_c H_m}$ (engl. *combustion:* Verbrennung) bezeichnet. $\Delta_c H_m$ ist definiert als die Reaktionsenthalpie, bei der pro mol Formelumsatz 1 mol eines Ausgangsstoffs, z. B. Ethanol, vollständig verbrannt wird. Bei der Bestimmung der Reaktionswärme muss eventuell entstehendes Wasser definitionsgemäß im flüssigen Aggregatzustand vorliegen.

$$\text{C}_2\text{H}_5\text{OH(l)} + 3\ \text{O}_2\text{(g)} \longrightarrow 2\ \text{CO}_2\text{(g)} + 3\ \text{H}_2\text{O(l)} \qquad \Delta_c H_m = -1364\ \text{kJ} \cdot \text{mol}^{-1}$$

Bei Brennstoffen, aber auch bei Nährstoffen gibt man häufig statt der Verbrennungsenthalpie den **Brennwert** $\boldsymbol{H_s}$ an.

| Stoff und Formel | $\Delta_c H_m$ in $kJ \cdot mol^{-1}$ | $H_s$ in $kJ \cdot g^{-1}$ | $H_i$ in $kJ \cdot g^{-1}$ |
|---|---|---|---|
| Methan* $CH_4(g)$ | −891 | 36 | 33 |
| Hexan $C_6H_{14}(l)$ | −4158 | 48,3 | 44,8 |
| Ethanol $C_2H_5OH(l)$ | −1364 | 29,7 | 26,8 |
| Ethansäure $CH_3COOH(l)$ | −872 | 14,5 | 13,1 |
| Glucose $C_6H_{12}O_6(s)$ | −2820 | 15,7 | 14,2 |

**01** Molare Verbrennungsenthalpien $\Delta_c H_m$, Brennwerte $H_s$ und Heizwerte $H_i$ für verschiedene Stoffe (* $H_s/H_i$ für Methan in $kJ \cdot l^{-1}$)

Der Brennwert wird genauso ermittelt wie die Verbrennungsenthalpie, bezieht sich aber nicht auf 1 mol, sondern bei festen Stoffen auf eine bestimmte Masse und bei gasförmigen Stoffen auf ein bestimmtes Volumen. Bei der Angabe verzichtet man zudem auf das negative Vorzeichen (↑ **01**).

**HEIZWERT** Bei vielen technischen Prozessen zur Energiegewinnung ist es unrealistisch anzunehmen, dass Wasser als flüssiges Reaktionsprodukt entsteht. Verbrennt 1 mol Ethanol zu Kohlenstoffdioxid und gasförmigem Wasser, wird eine geringfügig niedrigere Reaktionsenthalpie $\Delta_r H$ frei.

$$C_2H_5OH(l) + 3\ O_2(g) \longrightarrow 2\ CO_2(g) + 3\ H_2O(g) \qquad \Delta_r H = -1232\ kJ \cdot mol^{-1}$$

Zum Verdampfen des Wassers ist Energie notwendig, die der Reaktionswärme bei der Verbrennung entnommen wird. Für Wasser beträgt die **molare Verdampfungsenthalpie** $\Delta_v H_m = 44\ kJ \cdot mol^{-1}$. Da bei der Reaktion 3 mol Wasser entstehen, ist die Reaktionsenthalpie $\Delta_r H$ um diesen Betrag von $132\ kJ \cdot mol^{-1}$ geringer als die molare Verbrennungsenthalpie $\Delta_c H_m$.
In der Technik entspricht diese Reaktionsenthalpie dem **Heizwert** $H_i$. Wie der Brennwert wird der Heizwert auf die Masse oder das Volumen eines Brennstoffs bezogen. Der Heizwert ist kleiner als der Brennwert (↑ **01**), wenn Wasser entsteht.

**Die Verbrennungsenthalpie einer definierten Menge eines Stoffs ist sein Brennwert. Entstehendes Wasser muss flüssig sein. Beim Heizwert muss entstehendes Wasser gasförmig sein.**

### Berechnen des Brennwerts und des Heizwerts für Benzol

**Aufgabe:** Berechnen Sie aus der molaren Verbrennungsenthalpie $\Delta_c H_m = -3268\ kJ \cdot mol^{-1}$ von Benzol ($C_6H_6$) den Brennwert $H_s$ und den Heizwert $H_i$.

**Gegeben:** $\Delta_c H_m(C_6H_6) = -3268\ kJ \cdot mol^{-1}$; $\Delta_v H_m(H_2O) = 44\ kJ \cdot mol^{-1}$; $M(C_6H_6) = 78\ g \cdot mol^{-1}$
**Gesucht:** $H_s$, $H_i$

**Lösung:**
1. Berechnen von $H_s$ aus $\Delta_c H_m(C_6H_6)$:

$$H_s = \frac{-\Delta_c H_m(C_6H_6)}{M(C_6H_6)} = \frac{3268\ kJ \cdot mol^{-1}}{78\ g \cdot mol^{-1}} = 41{,}9\ kJ \cdot g^{-1}$$

2. Berechnen von $H_i$:

$$C_6H_6(l) + \tfrac{15}{2}\ O_2(g) \longrightarrow 6\ CO_2(g) + 3\ H_2O(g)$$

Berechnung der Reaktionsenthalpie mit gasförmigem Wasser:

$$\Delta_r H(C_6H_6) = \Delta_c H_m(C_6H_6) + 3 \cdot \Delta_v H_m(H_2O) = -3268\ kJ \cdot mol^{-1} + 3 \cdot 44\ kJ \cdot mol^{-1} = -3136\ kJ \cdot mol^{-1}$$

$$H_i = \frac{-\Delta_r H(C_6H_6)}{M(C_6H_6)} = \frac{3136\ kJ \cdot mol^{-1}}{78\ g \cdot mol^{-1}} = 40{,}2\ kJ \cdot g^{-1}$$

**Antwort:** Für Benzol beträgt der Brennwert $H_s = 41{,}9\ kJ \cdot g^{-1}$ und der Heizwert $H_i = 40{,}2\ kJ \cdot g^{-1}$.

**1** In einem Kalorimeter ($C_K = 95{,}0\ J \cdot K^{-1}$) mit 500 g Wasser werden 1,1 g Aluminium vollständig zu $Al_2O_3$ oxidiert. Hierbei wurde ein Temperaturanstieg von 15,4 K gemessen.
**a** Berechnen Sie die Reaktionswärme.
**b** Berechnen Sie die Reaktionsenthalpie für die Umsetzung von 1 mol Aluminium.
**c** Geben Sie die Reaktionsenthalpie für einen Formelumsatz von 1 mol an.
$4\ Al(s) + 3\ O_2(g) \longrightarrow 2\ Al_2O_3(s)$
**d** Berechnen Sie die Reaktionswärme, die bei der Herstellung von 150 g Aluminiumoxid freigesetzt wird.

**2** Begründen Sie, warum sich die Verbrennungsenthalpien $\Delta_c H$ von flüssigem und gasförmigem Hexan bei sonst gleichen Reaktionsbedingungen voneinander unterscheiden.

**3** Bei der Verbrennung von 3 g Ethan, bei der u. a. flüssiges Wasser entsteht, wurde eine Reaktionswärme von 155,7 kJ gemessen. Berechnen Sie daraus die molare Verbrennungsenthalpie, den Brennwert sowie den Heizwert von Ethan.

**4** Berechnen Sie aus dem Brennwert $H_s = 22{,}7\ kJ \cdot g^{-1}$ die molare Verbrennungsenthalpie für flüssiges Methanol. Entwickeln Sie die dazu passende Reaktionsgleichung.

# 10.4 Satz von Hess

**BERECHNEN VON REAKTIONSENTHALPIEN** Die Reaktionsenthalpien vieler chemischer Reaktionen können kalorimetrisch nicht bestimmt werden: So ist es z. B. nicht möglich, die Reaktionsenthalpie $\Delta_r H$ von Graphit (reiner Kohlenstoff) zu Kohlenstoffmonooxid experimentell zu ermitteln, da dabei immer auch Kohlenstoffdioxid entsteht. Dagegen verbrennen sowohl Graphit als auch Kohlenstoffmonooxid bei ausreichender Sauerstoffzufuhr vollständig zu Kohlenstoffdioxid:

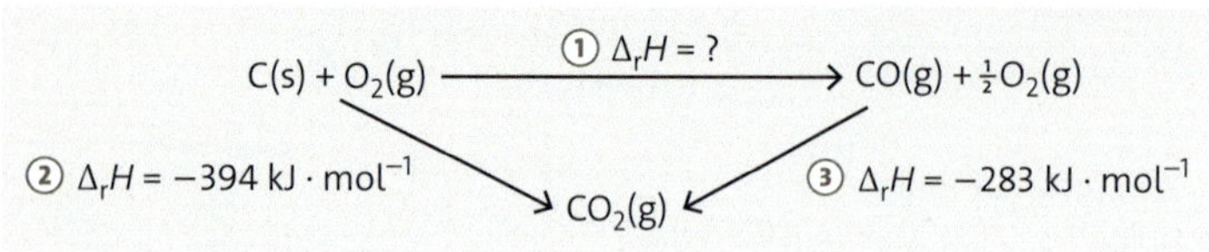


**01** Satz von Hess: Zerlegung einer Reaktion in Teilschritte

*Nach dem Energieerhaltungssatz bleibt die Energie eines isolierten Systems konstant (↑ S. 327).*

Die experimentell nicht zugängliche Reaktionsenthalpie ① lässt sich jedoch berechnen. Hierzu kann eine Reaktion hypothetisch in zwei (oder mehr) Teilschritte mit bekannter Reaktionsenthalpie zerlegt werden (↑ **01**). So entspricht die Reaktionsenthalpie der Reaktion ② der Summe der Reaktionsenthalpien der beiden Teilschritte ① und ③. Folglich kann die Reaktionsenthalpie für die Bildung von Kohlenstoffmonooxid ① aus der Differenz der beiden anderen Reaktionsenthalpien berechnet werden (↑ **01**).

$$\text{①}\ \Delta_r H = \text{②}\ \Delta_r H - \text{③}\ \Delta_r H$$
$$= -394\ \text{kJ} \cdot \text{mol}^{-1} - (-283\ \text{kJ} \cdot \text{mol}^{-1})$$
$$= -111\ \text{kJ} \cdot \text{mol}^{-1}$$

Grundlage dieser Berechnung ist ein von dem russischen Chemiker GERMAIN HENRI HESS formuliertes Gesetz, das auf dem **Energieerhaltungssatz** beruht. Der **Satz von Hess** besagt:

**Die Reaktionsenthalpie einer chemischen Reaktion ist unabhängig vom Reaktionsweg.**

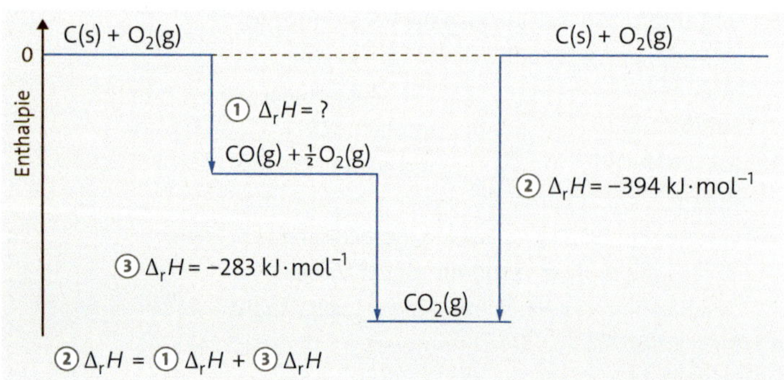


**02** Anwendung des Satzes von Hess auf die Reaktion von Kohlenstoff mit Sauerstoff

Die Reaktionsenthalpie wird ausschließlich vom Anfangszustand (Ausgangsstoffe) und Endzustand (Reaktionsprodukte) des Reaktionssystems bestimmt. Für eine Reaktion, die von den Ausgangsstoffen über zwei verschiedene Reaktionswege zu denselben Reaktionsprodukten führt, misst man die gleiche Reaktionsenthalpie.

**MOLARE STANDARDBILDUNGSENTHALPIE** Mit dem Satz von Hess lassen sich prinzipiell die Reaktionsenthalpien aller chemischen Reaktionen berechnen. Hierzu muss die Reaktion in bekannte, aber teilweise auch komplizierte Teilschritte zerlegt werden. Einfacher ist es, sich vorzustellen, dass die chemischen Verbindungen der Edukte in ihre Elemente zerlegt und aus diesen Elementen dann die Reaktionsprodukte gebildet werden (↑ **03**).
Dazu wurde die **molare Standardbildungsenthalpie $\Delta_f H^0_m$** (engl. *formation:* Bildung) eingeführt. Sie entspricht der Reaktionsenthalpie der Bildung von 1 mol einer reinen Verbindung aus ihren Elementen unter Standardbedingungen ($T$ = 298 K; $p$ = 1013 hPa).
Die Standardbildungsenthalpien aller Elemente in ihrem energetisch stabilsten Zustand wie $H_2$(g) oder Fe(s) wird per Definition auf null festgelegt. Damit stellen die Standardzustände der Elemente einen Bezugspunkt dar. Eine Verbindung mit negativer Bildungsenthalpie ist im Vergleich zu ihren Elementen energetisch stabiler ($\Delta_f H^0_m < 0$). Umgekehrt setzt eine Verbindung mit positiver Bildungsenthalpie beim Zerfall in ihre Elemente Energie frei ($\Delta_f H^0_m > 0$).

**Die molare Standardbildungsenthalpie $\Delta_f H^0_m$ entspricht der Reaktionsenthalpie der Bildung von 1 mol einer Verbindung aus den Elementen unter Standardbedingungen.**

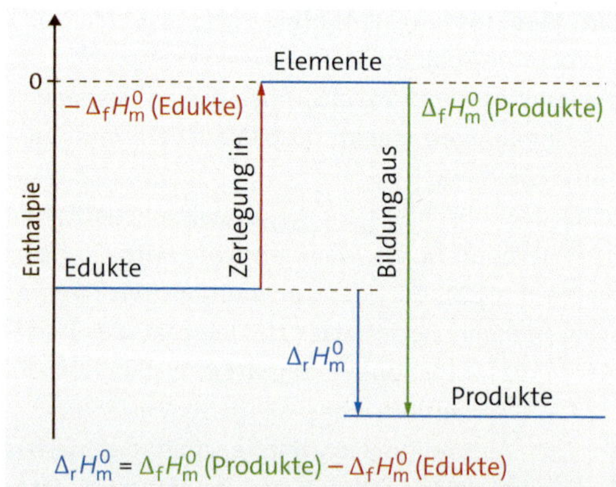


**03** Satz von Hess: Prinzipielle Bestimmung der Reaktionsenthalpie mithilfe von Bildungsenthalpien

**RECHNEN MIT DEM SATZ VON HESS** Die molaren Standardbildungsenthalpien sind nicht nur für Verbindungen, sondern auch für viele Ionen und andere Teilchen tabelliert (↑ **04**). Mit ihrer Hilfe kann die Standardreaktionsenthalpie beliebiger Reaktionen berechnet werden. Sie ergibt sich nach dem Satz von Hess aus der Summe der molaren Standardbildungsenthalpien aller Produkte abzüglich der Summe der molaren Standardbildungsenthalpien aller Edukte anhand einer konkreten Reaktionsgleichung. Dabei sind jeweils die Stöchiometriezahlen (ν) der einzelnen Produkte und Edukte zu berücksichtigen (↑ Kasten).

$\Delta_r H^0 = \Sigma\, \nu \cdot \Delta_f H^0_m(\text{Produkte}) - \Sigma\, \nu \cdot \Delta_f H^0_m(\text{Edukte})$

Beim Einsetzen der Werte ist darauf zu achten, mit welchem Vorzeichen und in welchem Zustand (s, l, g, aq) die molaren Standardbildungsenthalpien tabelliert sind.
Mithilfe der oben angeführten Gleichung lassen sich auch die Standardbildungsenthalpien einzelner Verbindungen aus einer experimentell ermittelten Standardreaktionsenthalpie berechnen (↑ Kasten).

**Standardreaktionsenthalpien und molare Standardbildungsenthalpien können mit dem Satz von Hess berechnet werden.**

**1** Die molare Standardverbrennungsenthalpie von Wasserstoff entspricht der molaren Standardbildungsenthalpie von flüssigem Wasser. Erläutern Sie diese Aussage auch mithilfe von Reaktionsgleichungen.

**2** Die molare Standardverbrennungsenthalpie von Hexan beträgt $-4158\ \text{kJ} \cdot \text{mol}^{-1}$. Berechnen Sie die molare Standardbildungsenthalpie von Hexan unter Zuhilfenahme von Tabelle ↑ **04**.

**3** Berechnen Sie unter Zuhilfenahme von Tabelle ↑ **04** die molare Standardverbrennungsenthalpie von flüssigem Ethanol.

**4** Für das Lösen von Natriumchlorid in Wasser kann folgende Reaktionsgleichung geschrieben werden:
$NaCl(s) \longrightarrow Na^+(aq) + Cl^-(aq)$
Berechnen Sie die Lösungsenthalpie für diesen Vorgang aus den Bildungsenthalpien (↑ **04**).

**5** Sagen Sie begründet voraus, wie sich die Standardreaktionsenthalpie einer chemischen Reaktion verhält, wenn sie unter Verwendung eines Katalysators durchgeführt wird.

**6** Bestimmen Sie die Bildungsenthalpie von Methan aus $\Delta_c H^0_m(CH_4) = -891\ \text{kJ} \cdot \text{mol}^{-1}$. Erstellen Sie ein passendes Energiediagramm (↑ **03**).

| Formel | $\Delta_f H^0_m$ in $\text{kJ} \cdot \text{mol}^{-1}$ | Formel | $\Delta_f H^0_m$ in $\text{kJ} \cdot \text{mol}^{-1}$ |
|---|---|---|---|
| C(Graphit, s) | 0 | NaCl(s) | −411 |
| C(Diamant, s) | 2 | $Na^+(aq)$ | −240 |
| $H_2O(l)$ | −286 | $Cl^-(aq)$ | −167 |
| $H_2O(g)$ | −242 | $Al_2O_3(s)$ | −1676 |
| $CO_2(g)$ | −394 | $C_2H_5OH(l)$ | −277 |
| CO(g) | −111 | $C_6H_{12}O_6(s)$ | −1274 |

**04** Ausgewählte molare Standardbildungsenthalpien $\Delta_f H^0_m$

**Berechnungen mit dem Satz von Hess**

**Aufgabe:** Berechnen Sie die molare Standardverbrennungsenthalpie von Glucose aus den tabellierten molaren Standardbildungsenthalpien.

**Lösung:**
1. Reaktionsgleichung:
$C_6H_{12}O_6(s) + 6\,O_2(g) \longrightarrow 6\,CO_2(g) + 6\,H_2O(l)$

2. Berechnen von $\Delta_c H^0_m$:
$\Delta_r H^0 = \Sigma\, \nu \cdot \Delta_f H^0_m(\text{Produkte}) - \Sigma\, \nu \cdot \Delta_f H^0_m(\text{Edukte})$

*Hinweis:* Die Standardbildungsenthalpien der Elemente sind per Definition null und müssen nicht berücksichtigt werden. Deshalb geht Sauerstoff nicht in die Berechnung ein.

$$\begin{aligned}\Delta_c H^0_m(C_6H_{12}O_6) &= 6 \cdot \Delta_f H^0_m(CO_2) + 6 \cdot \Delta_f H^0_m(H_2O) - \Delta_f H^0_m(C_6H_{12}O_6)\\ &= 6 \cdot (-394\ \text{kJ} \cdot \text{mol}^{-1}) + 6 \cdot (-286\ \text{kJ} \cdot \text{mol}^{-1})\\ &\quad - (-1274\ \text{kJ} \cdot \text{mol}^{-1})\\ &= -2806\ \text{kJ} \cdot \text{mol}^{-1}\end{aligned}$$

**Antwort:** Die molare Standardverbrennungsenthalpie von fester Glucose beträgt $-2806\ \text{kJ} \cdot \text{mol}^{-1}$.

**Aufgabe:** Für die Verbrennung von flüssigem Benzol wurde eine molare Verbrennungsenthalpie $\Delta_c H^0_m = -3268\ \text{kJ} \cdot \text{mol}^{-1}$ ermittelt. Berechnen Sie daraus die molare Standardbildungsenthalpie von Benzol.

**Lösung:**
1. Reaktionsgleichung:
$C_6H_6(l) + \frac{15}{2}\,O_2(g) \longrightarrow 6\,CO_2(g) + 3\,H_2O(l)$

2. Berechnen von $\Delta_f H^0_m(C_6H_6)$:
$$\begin{aligned}\Delta_r H^0 &= \Sigma\, \nu \cdot \Delta_f H^0_m(\text{Produkte}) - \Sigma\, \nu \cdot \Delta_f H^0_m(\text{Edukte})\\ \Delta_c H^0_m(C_6H_6) &= 6 \cdot \Delta_f H^0_m(CO_2) + 3 \cdot \Delta_f H^0_m(H_2O) - \Delta_f H^0_m(C_6H_6)\end{aligned}$$

$$\begin{aligned}\Delta_f H^0_m(C_6H_6) &= 6 \cdot \Delta_f H^0_m(CO_2) + 3 \cdot \Delta_f H^0_m(H_2O) - \Delta_c H_m(C_6H_6)\\ &= 6 \cdot (-394\ \text{kJ} \cdot \text{mol}^{-1}) + 3 \cdot (-286\ \text{kJ} \cdot \text{mol}^{-1})\\ &\quad - (-3268\ \text{kJ} \cdot \text{mol}^{-1})\\ &= 46\ \text{kJ} \cdot \text{mol}^{-1}\end{aligned}$$

**Antwort:** Die molare Standardbildungsenthalpie von flüssigem Benzol beträgt $46\ \text{kJ} \cdot \text{mol}^{-1}$.

# 10.5 Entropie

01 Einige Beispiele für freiwillig ablaufende Prozesse

**FREIWILLIG ABLAUFENDE PROZESSE** Alle Vorgänge um uns herum laufen freiwillig immer nur in eine Richtung ab: Lebewesen altern und werden nicht jünger, der Geruch von Parfüm verteilt sich gleichmäßig im ihm zur Verfügung stehenden Raum, mischbare Flüssigkeiten wie Ethanol und Wasser bilden homogene Lösungen, Streichhölzer brennen ab, Brausetabletten lösen sich in Wasser auf und heißer Kaffee kühlt mit der Zeit ab.

Die Umkehrung dieser Vorgänge kann hingegen nicht beobachtet werden: Abgekühlter Kaffee wird nicht von selbst wieder heiß. Aus Brause bilden sich die Brausetablette und das Wasser nicht wieder zurück. Ein abgebranntes Streichholz kann nicht wieder entzündet werden und auch die Ethanol-Wasser-Lösung entmischt sich nicht von selbst. Erst durch Energiezufuhr lassen sich einige dieser Prozesse umkehren – beispielsweise kann das Ethanol durch Destillation vom Wasser getrennt oder der Kaffee durch Erhitzen wieder heiß werden.

Die Richtung eines freiwillig ablaufenden Prozesses kann aber nicht dadurch vorhergesagt werden, ob dieser unter Energieabgabe an die Umgebung verläuft: Untersucht man das Auflösen der Brausetablette genauer, kann man eine Temperaturabnahme messen: Das Auflösen ist endotherm. Auch die freiwillig ablaufende Reaktion von Bariumhydroxid mit Ammoniumnitrat verläuft exotherm (↑ S. 332, Exp. 10.03).

**Nicht alle freiwillig ablaufenden Prozesse sind ausschließlich exotherm.**

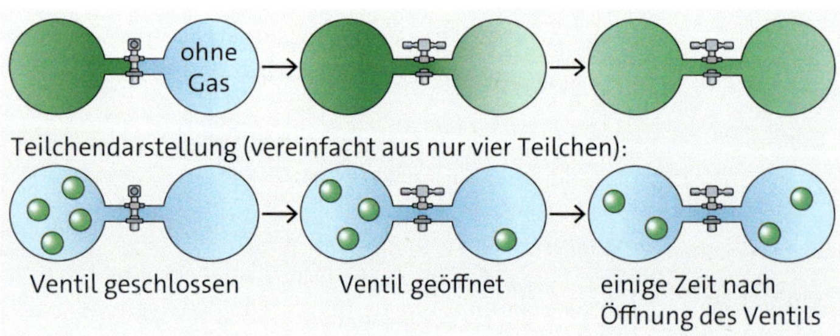


02 Gasausbreitung beim Öffnen des Ventils

**RICHTUNG FREIWILLIGER PROZESSE** In einem Modellversuch sind zwei gleich große Glaskugeln über ein Ventil miteinander verbunden. In der linken Kugel befindet sich ein Gas, während die rechte Kugel leer ist. Öffnet man das Ventil, verteilt sich das Gas durch die ungerichtete Eigenbewegung der Teilchen von selbst auf den zur Verfügung stehenden größeren Raum (↑ 02). Mit der Zeit hat sich das Gas auf beide Behälter gleich verteilt. Den umgekehrten Vorgang, dass sich das Gas wieder von selbst in einen Behälter begibt, kann man hingegen nicht beobachten.

Dies lässt sich verstehen, wenn man die Verteilung der Gasteilchen in den beiden Behältern betrachtet und vergleicht. Hierzu nimmt man vereinfachend an, dass sich das Gas nur aus vier Teilchen zusammensetzt. Prinzipiell kann man bei der Verteilung des Gases in den beiden Behältern verschiedene *Zustände* unterscheiden: So können alle vier Teilchen in einem einzigen Behälter sein, nur ein Teilchen in einem Behälter und die restlichen drei im anderen oder jeweils zwei Teilchen befinden sich in jedem Behälter. Für jeden Zustand gibt es jeweils eine unterschiedliche Anzahl an *Realisierungsmöglichkeiten*: Für die Verteilung von jeweils zwei Teilchen auf zwei Behälter gibt es sechs Möglichkeiten. Für den Zustand, bei dem sich alle Teilchen in einem Behälter befinden, gibt es hingegen nur eine Realisierungsmöglichkeit (↑ 03). Dabei gilt: Je mehr Realisierungsmöglichkeiten ein Zustand hat, desto wahrscheinlicher ist er. Im Beispiel ist die Verteilung des Gases über beide Behälter deshalb sechsmal wahrscheinlicher als der Ausgangszustand.

Reale Gasportionen bestehen aus sehr viel mehr Teilchen. Während deshalb die Anzahl der Realisierungsmöglichkeiten für die Gleichverteilung zunimmt, gibt es für den Zustand, bei dem sich alle Teilchen nur in einem Behälter befinden, immer nur eine Realisierungsmöglichkeit. Das Gas wird sich deshalb immer über den gesamten ihm zur Verfügung stehenden Raum verteilen.

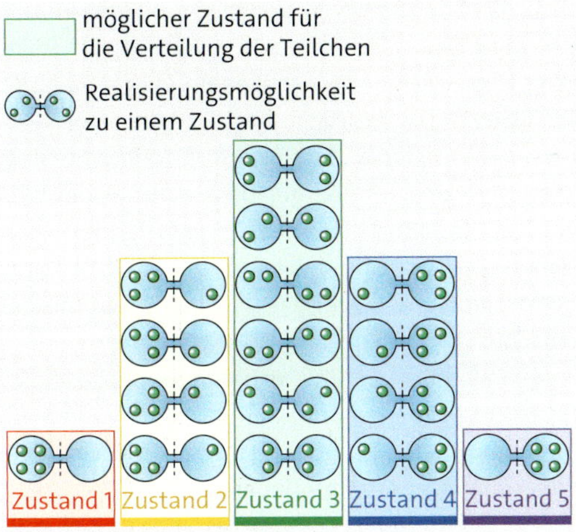


**03** Realisierungsmöglichkeiten und Zustände

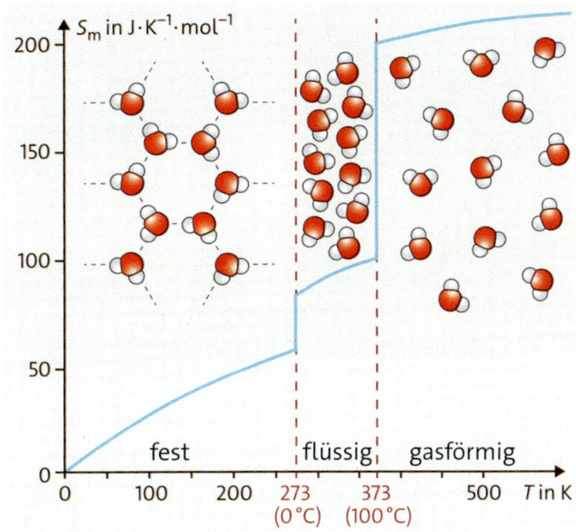


**04** Entropieverlauf beim Erhitzen von Wasser

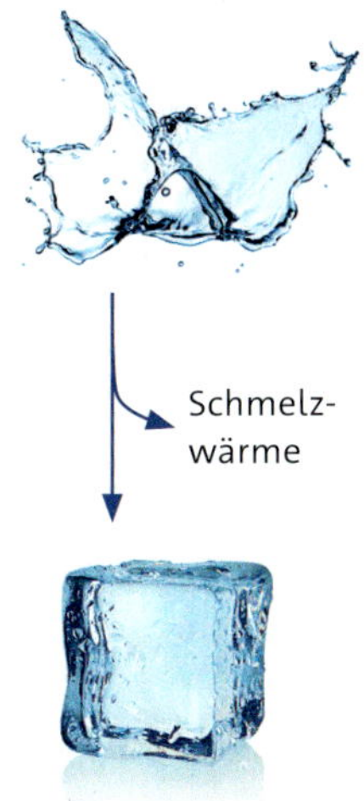


**05** Erstarren von Wasser

**ENTROPIE** Als Maß für die Anzahl der Realisierungsmöglichkeiten wurde die **Entropie *S*** (Einheit: $J \cdot K^{-1}$) eingeführt. Je größer dabei die Anzahl der Realisierungsmöglichkeiten, desto größer ist auch die Entropie für diesen Zustand. Freiwillige Vorgänge verlaufen daher immer in Richtung zunehmender Entropie ab.
Anschaulich kann man die Entropie als Maß für die Ordnung bzw. Unordnung interpretieren. Je größer die Entropie eines Zustands dabei ist, desto geringer ist seine Ordnung. In einem Eiswürfel z. B. sind die Wassermoleküle in einem Gitter fest angeordnet. Die Anzahl der Realisierungsmöglichkeiten ist gering, weshalb die Ordnung groß ist. Beim Schmelzen nimmt die Entropie zu, da die Wassermoleküle keine festen Plätze mehr haben und sich gegeneinander verschieben können. Die Anzahl der Realisierungsmöglichkeiten nimmt zu, weshalb die Ordnung im flüssigen Zustand geringer ist (↑ **04**).

**Die Entropie ist ein Maß für die Anzahl an Realisierungsmöglichkeiten für einen bestimmten Zustand. Anschaulich kann die Entropie als Maß für die Unordnung interpretiert werden.**

**ENTROPIE UND WÄRME** Nicht nur das Schmelzen von Eis ist ein freiwilliger Vorgang, auch das Erstarren des Wassers bei einer Temperatur unter 0 °C verläuft freiwillig, obwohl die Entropie der Wassermoleküle dabei abnimmt. Dieser scheinbare Widerspruch kann aufgelöst werden, wenn man die beim Erstarren von Wasser freigesetzte Schmelzwärme mit betrachtet. Sie entsteht durch die zunehmende Wechselwirkung zwischen den Wassermolekülen im Eis. Die Schmelzwärme wird auf die Umgebung übertragen und bewirkt dort eine Entropieerhöhung, weil sich die ungerichtete Bewegung der Teilchen erhöht – ihre Ordnung also abnimmt.

Warum kann sich dann ein Eiswürfel nicht auch bei einer Temperatur von 20 °C bilden? Das liegt daran, dass die von einer bestimmten Wärmemenge verursachte Entropieänderung umgekehrt proportional zur Temperatur ist: Je höher die Temperatur schon ist, desto stärker ist auch die Eigenbewegung der Teilchen. Eine zusätzliche Wärmemenge vergrößert diese Eigenbewegung nur noch ein wenig. Die Entropie nimmt weniger zu. Das ist wie bei einem Gespräch: In der Pause auf dem Schulhof ist ein Gespräch kaum bemerkbar. In der Unterrichtsstunde während einer Klausur hingegen würde es sofort auffallen.

$$\Delta S = \frac{Q}{T}$$

Für 1 mol Wasser beträgt die Schmelzwärme 6 kJ. Bei einer Umgebungstemperatur von –5 °C ist die daraus resultierende Entropieänderung 22,4 $J \cdot K^{-1}$, bei 20 °C nur 20,5 $J \cdot K^{-1}$. Sie ist dann nicht mehr groß genug, die Entropieabnahme bei der Eisbildung auszugleichen. Diese berechnet sich aus der Schmelztemperatur von Wasser und beträgt 22,0 $J \cdot K^{-1}$.

*Berechnung von ΔS für die Eisbildung bei 0 °C:*

$$\Delta S = \frac{Q}{T} = \frac{6000\,J}{273\,K} = 22{,}0\,J \cdot K^{-1}$$

**1** Erläutern Sie den Entropieverlauf beim Erhitzen von Wasser (↑ **04**).

**2** Die Verdampfungswärme von 1 mol Wasser beträgt 44 kJ.
**a** Berechnen Sie daraus die Entropieänderung bei der Siedetemperatur von Wasser.
**b** Erläutern Sie den großen Unterschied zur Entropieränderung beim Schmelzen.

# Reaktionsentropie

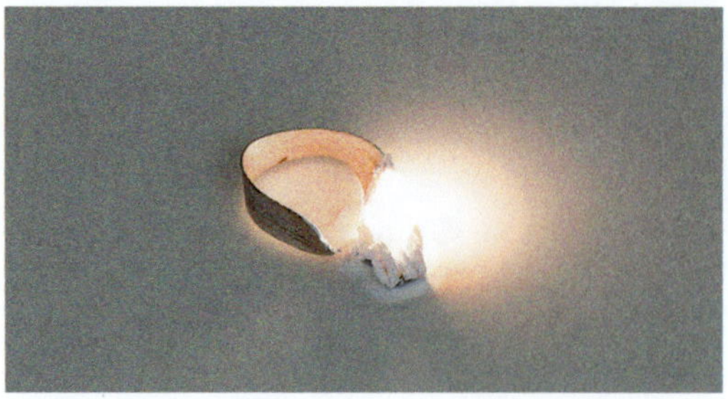

**01** Verbrennungen sind freiwillige Reaktionen.

**ENTROPIE UND CHEMISCHE REAKTION** Auch die Richtung chemischer Reaktionen kann mithilfe der Entropie erklärt werden, weil sich durch die Umgruppierung der Teilchen der Ordnungszustand des Systems verändert.

Um die Änderung der Entropie abzuschätzen, ist es sinnvoll, die Teilchenzahl vor und nach der Reaktion zu vergleichen. Zudem muss der Aggregatzustand der Stoffe berücksichtigt werden. Nimmt durch eine Reaktion die Teilchenzahl ab, steigt der Ordnungszustand des Systems. Auch bei der Bildung von Flüssigkeiten oder Feststoffen aus Gasen nimmt die Ordnung zu.

Betrachtet man z. B. die Verbrennung von Magnesium, so fällt auf, dass die Entropie des Systems in Bezug auf die Teilchenzahl abnimmt. Auch ist einer der Ausgangsstoffe gasförmig, während das Reaktionsprodukt fest ist.

$$2\,Mg(s) + O_2(g) \longrightarrow 2\,MgO(s)$$

Trotz dieser Entropieabnahme ist die Verbrennung von Magnesium eine freiwillig verlaufende Reaktion. Dieser scheinbare Widerspruch zur Aussage von BOLTZMANN, dass bei freiwillig ablaufenden Prozessen die Entropie stets zunimmt, kann aufgelöst werden, wenn der Energieaustausch mit der Umgebung berücksichtigt wird. Bei exothermen Reaktionen wird die Reaktionswärme auf die Umgebung übertragen und bewirkt dort eine Zunahme der Entropie.

Berechnet man die Entropieänderungen des Systems und der Umgebung, stellt man für alle freiwillig ablaufenden Prozesse fest, dass die Entropieänderung insgesamt größer als null ist.

$$\Delta S_{Gesamt} = \Delta S_{System} + \Delta S_{Umgebung} \Rightarrow \Delta S_{Gesamt} > 0$$

**Prozesse laufen stets in die Richtung freiwillig ab, in der die Gesamtentropie von System und seiner Umgebung zunimmt.**

**STANDARDENTROPIE VON STOFFEN** Im Gegensatz zur inneren Energie kann die Entropie von Stoffen bestimmt werden. Theoretisch hat jeder Stoff am absoluten Nullpunkt (0 K = −273,15 °C) eine Entropie von null (perfekte Ordnung). Es handelt sich aber um einen Idealzustand, der nicht erreicht werden kann. Bei Temperaturerhöhung bewegen sich die Teilchen schneller. Die Entropie des Systems wächst.

## Ein Bierfass, das sein Bier selbst kühlt

Von außen sieht es aus wie ein normales Bierfass. Betätigt man allerdings einen kleinen Hebel auf der Oberseite, wärmt sich das Fass stark auf. Gezapft wird aber kein heißes Bier, sondern mit 7 °C gut gekühltes! Wie bei einem Kühlschrank wird Wärme vom Innern des Fasses nach außen transportiert, aber es gibt weder einen Stromanschluss noch eine Batterie, um die notwendige Energie zum Erzwingen dieses Prozesses bereitzustellen. Der mit Bier gefüllte Innenraum ist von einer saugfähigen wasserhaltigen Schicht umgeben. Von dieser räumlich getrennt befindet sich eine evakuierte, stark wasserziehende Zeolithschicht.

Durch Betätigung des Hebels werden beide Schichten über ein Ventil miteinander verbunden. Der Zeolith nimmt in einer exothermen Reaktion Wasserdampf auf, sodass in der wasserhaltigen Schicht ein Unterdruck entsteht und flüssiges Wasser verdampft. Die hierfür notwendige Verdampfungswärme wird dem restlichen Wasser und dem Bier entzogen. Dadurch sinkt die Temperatur. Das Bier wird so gekühlt. Dieser Vorgang läuft freiwillig ab, obwohl durch die starke Abkühlung die Entropie des Biers abnimmt. Insgesamt nimmt wegen der Erwärmung der Zeolithschicht die „Gesamtentropie des Bierfasses" jedoch zu.

Das Fass kann sogar regeneriert werden, indem es so stark erhitzt wird, dass das Wasser vom Zeolith wieder in die wasserhaltige Schicht übergeht.

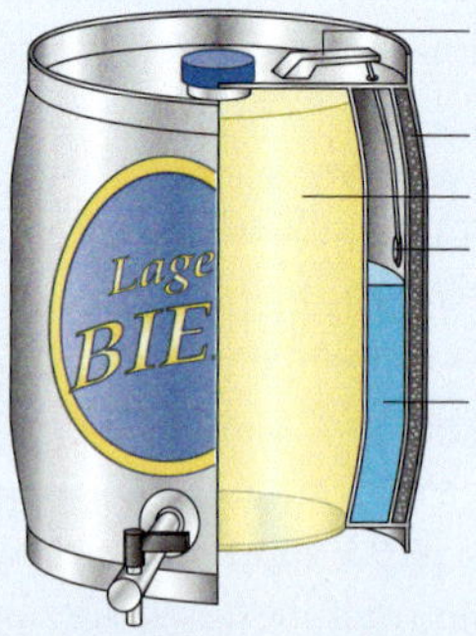


**02** Aufbau eines selbstkühlenden Bierfasses

Zur besseren Vergleichbarkeit wird die Entropie eines Stoffs pro mol bei Standardbedingungen als **molare Standardentropie $S_m^0$** (Einheit: $J \cdot K^{-1} \cdot mol^{-1}$) angegeben. Sie ist für eine Vielzahl von Stoffen tabelliert (↑ 03). Auch Elemente haben eine von null verschiedene Entropie.

**RECHNEN MIT DER ENTROPIE** Mithilfe der molaren Standardentropien der Edukte und Produkte kann die Entropieänderung der Reaktion aus deren Differenz berechnet werden. Sie wird **Standardreaktionsentropie $\Delta_r S^0$** genannt und bezieht sich wie die Reaktionsenthalpie auf einen bestimmten Stoffumsatz (Formelumsatz).

$$\Delta_r S^0 = \Sigma\, \nu \cdot S_m^0(\text{Produkte}) - \Sigma\, \nu \cdot S_m^0(\text{Edukte})$$

Die Entropieänderung der Umgebung berechnet sich aus der Reaktionswärme, die bei der gegebenen Temperatur auf die Umgebung übergeht.

$$\Delta S_{\text{Umgebung}} = \frac{Q}{T} = \frac{-\Delta_r H}{T}$$

Berechnet man für die Verbrennung von Magnesium die Reaktionsentropie $\Delta_r S^0$, erhält man wie erwartet einen negativen Wert, d. h., die Entropie nimmt ab.

$$2\,Mg(s) + O_2(g) \longrightarrow 2\,MgO(s)$$

$$\Delta_r S^0 = [2 \cdot 27 - (2 \cdot 33 + 205)]\,J \cdot K^{-1} \cdot mol^{-1}$$
$$= -217\,J \cdot K^{-1} \cdot mol^{-1}$$

Die Verbrennung von Magnesium ist aber eine stark exotherme Reaktion ($\Delta_r H = -1202\,kJ \cdot mol^{-1}$). Die entstehende Reaktionswärme verursacht (bei 298 K) eine Entropieänderung in der Umgebung.

$$\Delta S_{\text{Umgebung}} = \frac{1202\,kJ \cdot mol^{-1}}{298\,K} = 4034\,J \cdot K^{-1} \cdot mol^{-1}$$

Addiert man beide Werte, nimmt auch bei dieser Reaktion die Gesamtentropie zu.

$$\Delta S_{\text{Gesamt}} = -217\,J \cdot K^{-1} \cdot mol^{-1} + 4034\,J \cdot K^{-1} \cdot mol^{-1}$$
$$= 3817\,J \cdot K^{-1} \cdot mol^{-1} > 0$$

**1** Chemische Reaktionen verlaufen nur freiwillig, wenn die Entropie in einem isolierten System zunimmt. Trotzdem kann die Reaktionsentropie negativ sein. Erläutern Sie diesen scheinbaren Widerspruch.

**2** Berechnen Sie mithilfe der Werte in Tabelle ↑ 03 die Standardreaktionsentropie während der Verdunstung von 1 mol Wasser.

**3** Berechnen Sie die molare Standardreaktionsentropie der Verbrennung von 1 mol Cyclohexan.

| Formel | $S_m^0$ in $J \cdot K^{-1} \cdot mol^{-1}$ | Formel | $S_m^0$ in $J \cdot K^{-1} \cdot mol^{-1}$ |
|---|---|---|---|
| $MgO(s)$ | 27 | $H_2(g)$ | 131 |
| $Mg(s)$ | 33 | $H_2O(l)$ | 70 |
| $CO_2(g)$ | 214 | $H_2O(g)$ | 189 |
| $CO(g)$ | 198 | Cyclohexan(l) | 204 |
| $O_2(g)$ | 205 | Benzol(l) | 173 |

**03** Molare Standardentropien ausgewählter Stoffe

### Berechnungen mit der Entropie

**Aufgabe:** Berechnen Sie die Standardreaktionsentropie der Synthese von Wasser (flüssig) entsprechend der Reaktionsgleichung.

$$2\,H_2(g) + O_2(g) \longrightarrow 2\,H_2O(l)$$

**Gegeben:** $S_m^0(H_2) = 131\,J \cdot K^{-1} \cdot mol^{-1}$; $S_m^0(O_2) = 205\,J \cdot K^{-1} \cdot mol^{-1}$; $S_m^0(H_2O, l) = 70\,J \cdot K^{-1} \cdot mol^{-1}$

**Gesucht:** $\Delta_r S^0$

**Lösung:**

$$\Delta_r S^0 = 2 \cdot S_m^0(H_2O, l) - [2 \cdot S_m^0(H_2) + S_m^0(O_2)]$$
$$= 2 \cdot 70\,J \cdot K^{-1} \cdot mol^{-1} - [2 \cdot 131\,J \cdot K^{-1} \cdot mol^{-1} + 205\,J \cdot K^{-1} \cdot mol^{-1}]$$
$$= -327\,J \cdot K^{-1} \cdot mol^{-1}$$

**Antwort:** Die Standardreaktionsentropie der Synthese von Wasser entsprechend der angegebenen Reaktionsgleichung beträgt $\Delta_r S^0 = -327\,J \cdot K^{-1} \cdot mol^{-1}$.

**Aufgabe:** Begründen Sie mithilfe der Gesamtänderung der Entropie, ob die Bildung von Wasser aus den Elementen freiwillig verläuft.

$$2\,H_2(g) + O_2(g) \longrightarrow 2\,H_2O(l)$$

**Gegeben:** $\Delta_f H_m^0(H_2O, l) = -286\,kJ \cdot mol^{-1}$; $\Delta_r S_m^0 = -327\,J \cdot K^{-1} \cdot mol^{-1}$; $T = 298\,K$

**Gesucht:** $\Delta S_{\text{Gesamt}}$

**Lösung:**

1. Berechnen der Reaktionsenthalpie für Wasser:

$$\Delta_r H^0 = 2 \cdot \Delta_f H_m^0(H_2O, l)$$
$$= 2 \cdot (-286\,kJ \cdot mol^{-1}) = -572\,kJ \cdot mol^{-1}$$

2. Berechnen der Entropieänderung in der Umgebung:

$$\Delta S_{\text{Umgebung}} = \frac{Q}{T} = \frac{-\Delta_r H^0}{T}$$

$$\Delta S_{\text{Umgebung}} = \frac{572\,kJ \cdot mol^{-1}}{298\,K} = 1768 \cdot J \cdot K^{-1} \cdot mol^{-1}$$

3. Berechnen der Gesamtänderung der Entropie:

$$\Delta S_{\text{Gesamt}} = \Delta_r S^0 + \Delta S_{\text{Umgebung}}$$
$$= -327\,J \cdot K^{-1} \cdot mol^{-1} + 1768 \cdot J \cdot K^{-1} \cdot mol^{-1}$$
$$= 1441\,J \cdot K^{-1} \cdot mol^{-1} > 0$$

**Antwort:** Die Bildung von Wasser aus den Elementen verläuft freiwillig, da die Gesamtentropieänderung $\Delta S_{\text{Gesamt}} > 0$ ist.

# 10.6 Freiwilligkeit chemischer Reaktionen

**GIBBS-HELMHOLTZ-GLEICHUNG** Für die Freiwilligkeit eines Vorgangs muss die Entropie insgesamt zunehmen (↑ S. 340 f.).

$$\Delta S_{Gesamt} = \Delta S_{Umgebung} + \Delta S_{System} > 0$$

Für eine chemische Reaktion kann dies aus der Reaktionsenthalpie $\Delta_r H$ und der Reaktionsentropie $\Delta_r S$ bei gegebener Temperatur berechnet werden.

$$\Delta S_{Umgebung} + \Delta S_{System} = \frac{-\Delta_r H}{T} + \Delta_r S$$

*Umrechnung einer Celsius-Temperatur (x °C) in Kelvin (K): $T = (x + 273)$ K*

Multipliziert man den rechten Term mit $-T$, ergibt sich:

$$\Delta_r H = T \cdot \Delta_r S$$

**Berechnung mit der Gibbs-Helmholtz-Gleichung**

**Aufgabe:** Kalkstein ($CaCO_3$) reagiert erst bei hohen Temperaturen zu Branntkalk ($CaO$) und Kohlenstoffdioxid ($CO_2$).

Berechnen Sie mit der Gibbs-Helmholtz-Gleichung die freie Reaktionsenthalpie der Reaktion bei 25 °C.
Oberhalb welcher Temperatur verläuft die Reaktion freiwillig?

**Lösung:**
1. Reaktionsgleichung:
$CaCO_3(s) \longrightarrow CaO(s) + CO_2(g)$

2. Berechnen von $\Delta_r H^0$, $\Delta_r S^0$:

$$\begin{aligned}\Delta_r H^0 &= \Sigma\, \nu \cdot \Delta_f H^0_m(\text{Produkte}) - \Sigma\, \nu \cdot \Delta_f H^0_m(\text{Edukte})\\ &= \Delta_f H^0_m(CaO) + \Delta_f H^0_m(CO_2) - \Delta_f H^0_m(CaCO_3)\\ &= -635\ \text{kJ}\cdot\text{mol}^{-1} + (-394\ \text{kJ}\cdot\text{mol}^{-1}) - (-1207\ \text{kJ}\cdot\text{mol}^{-1})\\ &= 178\ \text{kJ}\cdot\text{mol}^{-1}\end{aligned}$$

$$\begin{aligned}\Delta_r S^0 &= \Sigma\, \nu \cdot S^0_m(\text{Produkte}) - \Sigma\, \nu \cdot S^0_m(\text{Edukte})\\ &= S^0_m(CaO) + S^0_m(CO_2) - S^0_m(CaCO_3)\\ &= 38\ \text{J}\cdot\text{K}^{-1}\cdot\text{mol}^{-1} + 214\ \text{J}\cdot\text{K}^{-1}\cdot\text{mol}^{-1} - 93\ \text{J}\cdot\text{K}^{-1}\cdot\text{mol}^{-1}\\ &= 159\ \text{J}\cdot\text{K}^{-1}\cdot\text{mol}^{-1} = 0{,}159\ \text{kJ}\cdot\text{K}^{-1}\cdot\text{mol}^{-1}\end{aligned}$$

3. Berechnen der freien Reaktionsenthalpie $\Delta_r G$:

$$\begin{aligned}\Delta_r G &= \Delta_r H^0 - T \cdot \Delta_r S^0\\ &= 178\ \text{kJ}\cdot\text{mol}^{-1} - (298\ \text{K} \cdot 0{,}159\ \text{kJ}\cdot\text{K}^{-1}\cdot\text{mol}^{-1})\\ &= 131\ \text{kJ}\cdot\text{mol}^{-1}\end{aligned}$$

4. Berechnen der Temperatur $T$:
Für eine freiwillige Reaktion muss $\Delta_r G_m$ kleiner null werden.
$0 > \Delta_r G$
$0 > \Delta_r H^0 - T \cdot \Delta_r S^0$

*Hinweis:*
Beim Auflösen nach $T$ dreht sich das Ungleichheitszeichen um, wenn $\Delta_r S^0$ negativ ist.

$$T > \frac{\Delta_r H^0_m}{\Delta_r S^0_m} = \frac{178\ \text{kJ}\cdot\text{mol}^{-1}}{0{,}159\ \text{kJ}\cdot\text{K}^{-1}\cdot\text{mol}^{-1}} = 1119\ \text{K} = 846\ °\text{C}$$

**Antwort:** Die freie Reaktionsenthalpie beträgt bei 25 °C 131 $\text{kJ}\cdot\text{mol}^{-1}$. Die Reaktion verläuft erst oberhalb einer Temperatur von 846 °C freiwillig.

Dieser Ausdruck wurden von JOSIAH W. GIBBS und HERMANN VON HELMHOLTZ zur **freien Reaktionsenthalpie $\Delta_r G$** (Einheit: $\text{kJ}\cdot\text{mol}^{-1}$) zusammengefasst und wird **Gibbs-Helmholtz-Gleichung** genannt:

$$\Delta_r G = \Delta_r H - T \cdot \Delta_r S$$

Mit dieser Gleichung kann die freie Reaktionsenthalpie für eine konkrete Reaktionsgleichung näherungsweise aus den Werten der Reaktionsenthalpie und -entropie ermittelt werden.
Hierzu werden $\Delta_r H$ und $\Delta_r S$ aus den tabellierten Werten ($\Delta_f H^0_m$, $S^0_m$) der beteiligten Stoffe errechnet (↑ Kasten links). Dabei vernachlässigt man die Abhängigkeit dieser Größen von Temperatur und Druck. Durch Einsetzen der Reaktionstemperatur ($T$ in K) ergibt sich dann ein Näherungswert für $\Delta_r G$.

Nach der Gibbs-Helmholtz-Gleichung läuft eine chemische Reaktion dann freiwillig ab, wenn die freie Reaktionsenthalpie einen negativen Wert annimmt ($\Delta_r G < 0$). Sie wird als **exergonische Reaktion** bezeichnet, eine unter den vorherrschenden Reaktionsbedingungen nicht freiwillig ablaufende Reaktion hingegen als **endergonische Reaktion** ($\Delta_r G > 0$). Sie muss von außen erzwungen werden, z. B. bei der Elektrolyse durch Zufuhr elektrischer Energie.

Da die freie Reaktionsenthalpie $\Delta_r G$ aber von der Temperatur abhängig ist, kann eine bei Raumtemperatur endergonische Reaktion unter Umständen durch Veränderung der Reaktionstemperatur freiwillig verlaufen. Ein Beispiel ist die unter Standardbedingungen endergonische Bildung von Branntkalk ($CaO$) aus Kalkstein ($CaCO_3$), die erst oberhalb von 1000 °C freiwillig verläuft. Mit der Gibbs-Helmholtz-Gleichung können solche Reaktionstemperaturen berechnet werden (↑ Kasten links).

Alternativ lässt sich für Standardbedingungen die **freie Standardreaktionsenthalpie $\Delta_r G^0$** aus tabellierten Werten für molare freie Standardbildungsenthalpien $\Delta_f G^0_m$ der Produkte und Edukte einer Reaktion berechnen:

$$\Delta_r G^0 = \Sigma\, \nu \cdot \Delta_f G^0_m(\text{Produkte}) - \Sigma\, \nu \cdot \Delta_f G^0_m(\text{Edukte})$$

**Die freie Reaktionsenthalpie $\Delta_r G$ ergibt sich nach der Gibbs-Helmholtz-Gleichung aus der Reaktionsenthalpie $\Delta_r H$ und der Reaktionsentropie $\Delta_r S$ bei einer bestimmten Temperatur. Eine Reaktion verläuft dann freiwillig (exergonisch), wenn die freie Reaktionsenthalpie negativ ist ($\Delta_r G < 0$).**

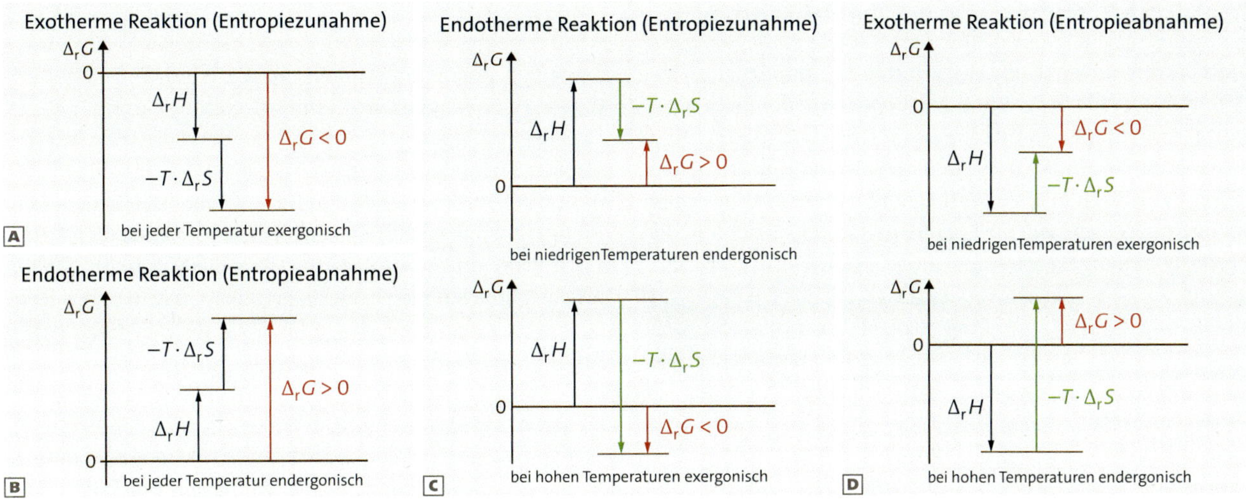


**01** Abhängigkeit der freien Reaktionsenthalpie von Reaktionsenthalpie, -entropie und -temperatur

**BEEINFLUSSUNG DER FREIEN REAKTIONSENTHALPIE** Ob eine chemische Reaktion exergonisch ($\Delta_r G < 0$) oder endergonisch ($\Delta_r G > 0$) verläuft, hängt von den Vorzeichen und Beträgen der Reaktionsenthalpie ($\Delta_r H$) und Reaktionsentropie ($\Delta_r S$) sowie der Reaktionstemperatur ($T$) ab. Nach der Gibbs-Helmholtz-Gleichung sind vier Fälle im Zusammenspiel zwischen $\Delta_r H$ und $T \cdot \Delta_r S$ zu unterscheiden (↑ **01A–D**):

**Fall A:** Eine Reaktion ist bei jeder betrachteten Temperatur exergonisch, wenn sie exotherm ($\Delta_r H < 0$) verläuft und dabei eine Zunahme der Reaktionsentropie ($\Delta_r S > 0$) stattfindet, z. B. die Reaktion von Natrium mit Wasser.

$$2\,Na(s) + 2\,H_2O(l) \longrightarrow 2\,NaOH(s) + H_2(g)$$
$$\Delta_r H^0 = -280\ kJ \cdot mol^{-1},\ \Delta_r S^0 = 17\ J \cdot K^{-1} \cdot mol^{-1}$$

**Fall B:** Umgekehrt ist jede Reaktion endergonisch, die endotherm ($\Delta_r H > 0$) und unter Abnahme der Reaktionsentropie ($\Delta_r S < 0$) verläuft. Daher werden Wasser und Kohlenstoffdioxid niemals freiwillig zu Traubenzucker und Sauerstoff reagieren; die Reaktion muss erzwungen werden.

$$6\,H_2O(l) + 6\,CO_2(g) \longrightarrow C_6H_{12}O_6(s) + 6\,O_2(g)$$
$$\Delta_r H^0 = 2806\ kJ \cdot mol^{-1},\ \Delta_r S^0 = -262\ J \cdot K^{-1} \cdot mol^{-1}$$

Bei den ersten beiden Fällen spielt die betrachtete Temperatur keine Rolle, da $\Delta_r H$ und $\Delta_r S$ aufgrund ihrer unterschiedlichen Vorzeichen $\Delta_r G$ in die gleiche Richtung beeinflussen. Interessanter sind die Fälle, bei denen die Auswirkungen gegensätzlich auf die freie Reaktionsenthalpie sind (bei gleichem Vorzeichen von $\Delta_r H$ und $\Delta_r S$). Hier entscheidet die Temperatur, ob eine Reaktion freiwillig ist.

**Fall C:** Eine endotherme Reaktion ($\Delta_r H > 0$) mit positiver Reaktionsentropie ($\Delta_r S > 0$) läuft nur dann freiwillig ab, wenn die Reaktionstemperatur ausreichend groß ist, sodass der Einfluss der Reaktionsentropie überwiegt ($|T \cdot \Delta_r S| > |\Delta_r H|$). Das lässt sich am Beispiel der Reaktion von Kohlenstoff mit Wasser zeigen.

$$C(s) + H_2O(g) \longrightarrow CO(g) + H_2(g)$$
$$\Delta_r H^0 = 131\ kJ \cdot mol^{-1},\ \Delta_r S^0 = 134\ J \cdot K^{-1} \cdot mol^{-1}$$

Bei Raumtemperatur ($T = 298\ K$) ist die Reaktion endergonisch:

$$|298\ K \cdot 134\ J \cdot K^{-1} \cdot mol^{-1}| = 39{,}9\ kJ \cdot mol^{-1} < 131\ kJ \cdot mol^{-1}$$

Erst ab einer Temperatur von ca. 1000 K reagieren die Stoffe freiwillig miteinander:

$$|1000\ K \cdot 134\ J \cdot K^{-1} \cdot mol^{-1}| = 134\ kJ \cdot mol^{-1} > 131\ kJ \cdot mol^{-1}$$

**Fall D:** Umgekehrt verläuft eine exotherme Reaktion ($\Delta_r H < 0$) mit negativer Reaktionsentropie ($\Delta_r S < 0$) freiwillig, wenn die Reaktionstemperatur niedrig genug ist, sodass der Einfluss der Reaktionsenthalpie überwiegt ($|\Delta_r H| > |T \cdot \Delta_r S|$). Die Hydrierung von Ethen zu Ethan verläuft nur unter 1100 K freiwillig.

$$C_2H_4(g) + H_2(g) \longrightarrow C_2H_6(g)$$
$$\Delta_r H^0 = -137\ kJ \cdot mol^{-1},\ \Delta_r S^0 = -120\ J \cdot K^{-1} \cdot mol^{-1}$$

**1 〉** Geben Sie an, unter welcher Voraussetzung eine exotherme Reaktion nicht mehr spontan ablaufen würde.

**2 〉** Berechnen Sie für die vier im Text dargestellten Reaktionen jeweils die freie Standardreaktionsenthalpie ($\Delta_r G^0$; $T = 298\ K$).

**3 〉** Berechnen Sie die freie Standardreaktionsenthalpie für die Verbrennung von 1 mol Butan (↑ Anhang, S. 368).

# Klausurtraining

## Material A Nährwerte von Lebensmitteln

Statt den Brennwert eines Lebensmittels kalorimetrisch zu bestimmen, werden in der Regel die Brennwerte der im Lebensmittel enthaltenen Nährstoffe unter Berücksichtigung ihrer Massenanteile addiert. Hierbei unterscheidet man zwischen dem physikalischen Brennwert $H_s$ und dem physiologischen Brennwert $H_{bio}$, der nur die Energiemenge berücksichtigt, die durch Zellatmung für den Körper nutzbar gemacht werden kann.

| Nährwertangaben | in 100 g | in 33,3 g | 33,3 g entsprechen ... Tagesbedarf |
|---|---|---|---|
| **Fette** | **29,5 g** | **9,9 g** | **14 %** |
| **Kohlenhydrate** | **58,5 g** | **19,5 g** | **8 %** |
| **davon Zucker** | **58,0 g** | **19,5 g** | **21 %** |
| **Ballaststoffe** | **1,9 g** | **0,6 g** | **–** |
| **Proteine** | **6,5 g** | **2,2 g** | **4 %** |
| **Salz** | **0,30 g** | **0,10 g** | **2 %** |

**A1.1** Nährwertangaben einer Vollmilchschokolade

| Nährstoff | $H_s$ in $kJ \cdot g^{-1}$ | $H_{bio}$ in $kJ \cdot g^{-1}$ |
|---|---|---|
| Proteine | 23 | 17 |
| Kohlenhydrate | 17 | 16 |
| Fette | 37 | 37 |
| Zucker | 16,8 | 16,8 |

**A1.2** Physikalische ($H_s$) und physiologische ($H_{bio}$) Brennwerte verschiedener Nährstoffe

Der Verein „foodwatch" fordert zusätzlich zu den Nährwertangaben eine Ampelkennzeichnung von Lebensmitteln. Durch die Farbgebung rot, gelb und grün für den Gehalt an Fett, Zucker und Salz sollen Verbraucher auf einen Blick erkennen können, ob der entsprechende Inhaltsstoff in hoher, mittlerer oder geringer Menge enthalten ist. Die Lebensmittelindustrie kritisiert dies und verweist darauf, dass die Nährwertangaben auf den Verpackungen in genügendem Maß Auskunft böten.

### AUFGABEN ZU A

**1)** In einem Kalorimeter ($C_K = 72{,}0\ J \cdot K^{-1}$) mit 1,3 kg Wasser ($c_W = 4{,}18\ J \cdot g^{-1} \cdot K^{-1}$) wurden 3,4 g Zartbitterschokolade vollständig verbrannt. Dabei wurde eine Temperaturdifferenz von 15,3 K gemessen.
**a** Berechnen Sie die Reaktionswärme der verbrannten Schokolade.
**b** Bestimmen Sie daraus den Brennwert $H_s$ einer Tafel Zartbitterschokolade (100 g).
**c** Bestimmen Sie mithilfe der Angaben (↑ **A1.1**, **A1.2**) den Brennwert $H_{bio}$ der Vollmilchschokolade (100 g).
**d** Vergleichen Sie die Werte. Diskutieren Sie mögliche Unterschiede und ihre Gründe.

**2)** Beurteilen Sie den Nutzen von Nährwerttabellen bzw. die alternative Verwendung einer Ampelkennzeichnung.

## Material B Süßstoff Aspartam

Im Handel sind von vielen Lebensmitteln kalorienarme Varianten als Lightprodukte erhältlich. Statt mit gewöhnlichem Haushaltszucker (Saccharose, $C_{12}H_{22}O_{11}$) sind sie häufig mit synthetischen Süßstoffen wie Aspartam ($C_{14}H_{18}N_2O_5$) gesüßt. Die gleiche Menge Aspartam schmeckt im Gegensatz zu Saccharose ungefähr 200-mal so süß. Mit $H_{bio} = 17\ kJ \cdot g^{-1}$ ist sein physiologischer Brennwert, der auf Zellatmung beruht, ähnlich groß wie sein physikalischer Brennwert $H_s$. Es ist aber kein Kohlenhydrat, sondern ein synthetisches Dipetid, das aus den Aminosäuren Asparaginsäure und Phenylalanin besteht. Viele Ernährungsexperten warnen dennoch vor dem übermäßigen Konsum von Lightprodukten, da sie nicht beim Abnehmen helfen, sondern in Verdacht stehen, aufgrund ihrer Süße ein Hungergefühl auszulösen, das sogar zu Übergewicht führen kann.

| Formel | $\Delta_f H_m^0$ in $kJ \cdot mol^{-1}$ | Formel | $\Delta_f H_m^0$ in $kJ \cdot mol^{-1}$ |
|---|---|---|---|
| $CO_2(g)$ | −394 | $H_2O(g)$ | −242 |
| $CO(g)$ | −111 | $H_2O(l)$ | −286 |

**B1.1** Molare Bildungsenthalpien einiger Verbindungen

### AUFGABEN ZU B

**1)** Berechnen Sie mithilfe des Satzes von Hess aus dem physiologischen Brennwert von Aspartam die molare Bildungsenthalpie (↑ **B1.1**). *Hinweis:* Es bildet sich u. a. Stickstoff ($N_2$) und es gilt die Annahme: $H_s = H_{bio}$.

**2)** 1,9 g Saccharose werden in einem Kalorimeter ($C_K = 73{,}0\ J \cdot K^{-1}$) mit einer Wasserfüllung von 650 g ($c_W = 4{,}18\ J \cdot g^{-1} \cdot K^{-1}$) vollständig verbrannt. Dabei steigt die Temperatur um 11,3 K.
**a** Entwickeln Sie die Reaktionsgleichung für die vollständige Verbrennung von Saccharose.
**b** Berechnen Sie den Brennwert und die molare Verbrennungsenthalpie von Saccharose.
**c** Bestimmen Sie mithilfe des Satzes von Hess die Bildungsenthalpie von Saccharose.

**3)** **a** Vergleichen Sie Saccharose und Aspartam hinsichtlich Brennwerten, molaren Verbrennungsenthalpien und molaren Bildungsenthalpien.
**b** Beurteilen Sie die Verwendung von Aspartam statt Saccharose in Lightprodukten.

## Material C Power-to-Gas-Technologie

Im Rahmen der Energiewende wird die Power-to-Gas-Technologie als Möglichkeit gesehen, langfristig einen Beitrag zur Unabhängigkeit von fossilen Brennstoffen zu leisten. Die Unabhängigkeit von solchen Brennstoffen ist sowohl wegen der Begrenztheit ihrer Ressourcen als auch wegen des Willens zur Verringerung des Kohlenstoffdioxidausstoßes notwendig.
Bei der Power-to-Gas-Technologie soll überschüssige elektrische Energie (engl. *power*) zur Elektrolyse von flüssigem Wasser genutzt werden, um Wasserstoff herzustellen. Aus dem so gewonnenen Wasserstoff soll wiederum Kohlenstoffdioxid zu Methangas (engl. *gas*) umgesetzt werden:

① $4\,H_2(g) + CO_2(g) \longrightarrow CH_4(g) + 2\,H_2O(g)$ $\quad \Delta_r H = -165\ \mathrm{kJ \cdot mol^{-1}}$

| Verbindung | $\Delta_f H_m^0$ in $\mathrm{kJ \cdot mol^{-1}}$ |
|---|---|
| $CH_4(g)$ | −75 |
| $CO_2(aq)$ | −413 |
| $CO_2(g)$ | −394 |

| Verbindung | $\Delta_f H_m^0$ in $\mathrm{kJ \cdot mol^{-1}}$ |
|---|---|
| $CO(g)$ | −111 |
| $H_2O(g)$ | −242 |
| $H_2O(l)$ | −286 |

**C1.1** Molare Standardbildungsenthalpien

Die Gesamtreaktion erfolgt in zwei aufeinanderfolgenden Schritten:

② $H_2(g) + CO_2(g) \longrightarrow CO(g) + H_2O(g)$ $\quad \Delta_r H = 41\ \mathrm{kJ \cdot mol^{-1}}$

③ $3\,H_2(g) + CO(g) \longrightarrow CH_4(g) + H_2O(g)$ $\quad \Delta_r H = ?$

### AUFGABEN ZU C

**1)** Formulieren Sie die Reaktionsgleichung für die Elektrolyse von Wasser. Erläutern Sie, warum sich aus der leicht zu bestimmenden Reaktionsenthalpie der Elektrolyse die Bildungsenthalpie von Wasser ermitteln lässt.

**2)** **a** Berechnen Sie die Reaktionsenthalpie der Reaktion ③ mithilfe der Angaben in Tabelle ↑ **C1.1**.
**b** Berechnen Sie die Reaktionsenthalpie der Reaktion ③ nur mithilfe der Reaktionen ① und ②.
**c** Vergleichen Sie die Ergebnisse aus den Aufgabenteilen **a** und **b** und erläutern Sie das Resultat.

**3)** Diskutieren Sie, welcher Herkunft die elektrische Energie zur Gewinnung von Wasserstoff sein könnte, damit durch die Power-to-Gas-Technologie der Kohlenstoffdioxidgehalt in der Atmosphäre verkleinert wird.

## Material D Freiwillig muss es sein

Die Kunststoffe Polyethen (PE), Polypropen (PP) und Polystryrol (PS) sind wichtige, im großtechnischen Maßstab hergestellte Produkte. Sie werden in großen Anlagen aus den jeweiligen Monomeren synthetisiert (↑ **D1.1**). Um die Monomere möglichst vollständig zu den Polymeren umzusetzen, muss u. a. die Temperatur der Anlage überwacht und geregelt werden.

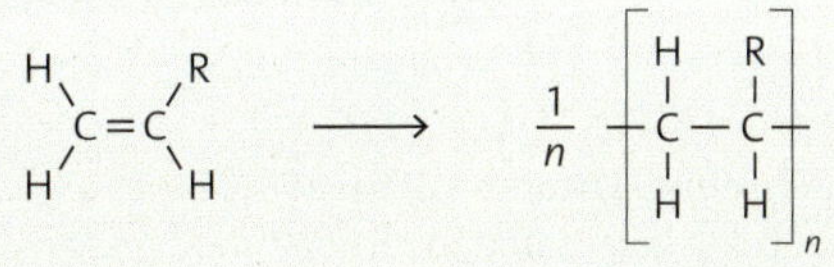

**D1.1** Allgemeine Reaktionsgleichung für die Synthese von Polymeren aus Monomeren: Ethen: R = H; Propen: R = $CH_3$; Styrol: R = $C_6H_5$

| | $\Delta_r H^0$ in $\mathrm{kJ \cdot mol^{-1}}$ | $\Delta_r S^0$ in $\mathrm{J \cdot mol^{-1} \cdot K^{-1}}$ | $\Delta_r G^0$ in $\mathrm{kJ \cdot mol^{-1}}$ |
|---|---|---|---|
| PE | | −143 | −49 |
| PP | −84 | | −50 |
| PS | −71 | −105 | |

**D1.2** Energetische Daten der Polymersynthese bezogen auf die Reaktionsgleichung ↑ **D1.1** für $T = 298\ \mathrm{K}$

### AUFGABEN ZU D

**1)** **a** Begründen Sie aus der Reaktionsgleichung ↑ **D1.1** das zu erwartende Vorzeichen für die Reaktionsentropie $\Delta_r S^0$ und vergleichen Sie Ihre Erwartung mit den gegebenen Werten ↑ **D1.2**.
**b** Erläutern Sie die Bedeutung des Vorzeichens der freien Standardbildungsenthalpien $\Delta_r G^0$ in Tabelle ↑ **D1.2** für die in ↑ **D1.1** dargestellten Reaktionen.
**c** Berechnen Sie die fehlenden Daten in ↑ **D1.2**.

**2)** **a** Begründen Sie, wie sich jeweils die freie Reaktionsenthalpie $\Delta_r G$ bei den drei Polymerisationen ändert, wenn die Temperatur steigt, und geben Sie an, welche Größe für diese Veränderung verantwortlich ist.
**b** Als Ceiling-Temperatur (engl. *ceiling:* Decke) wird in der Polymerchemie die Temperatur bezeichnet, bei der die freie Reaktionsenthalpie $\Delta_r G$ den Wert null erreicht. Berechnen Sie die Ceiling-Temperatur für die drei in ↑ **D1.2** gegebenen Polymere.
**c** Erläutern Sie die Bedeutung der Ceiling-Temperatur für die Herstellung der Polymere.
**d** Begründen Sie die Notwendigkeit einer Kühlung der Anlage zur Synthese der Polymere.

# Auf einen Blick

**System**

In der Chemie unterscheidet man zwischen offenen, geschlossenen und isolierten Systemen. Chemische Reaktionen finden häufig in offenen Systemen statt.

**Innere Energie**

Die innere Energie $U$ (Einheit: J) ist die Summe aller Energieformen eines Systems. Die Änderung der inneren Energie $\Delta U$ bei einer chemischen Reaktion entspricht der Summe aus ausgetauschter Wärme $Q$ und verrichteter Arbeit $W$. $\Delta U = Q + W$

**Volumenarbeit**

Chemische Reaktionen können bei Beteiligung von Gasen Volumenarbeit leisten. In offenen Systemen, d. h. bei konstantem Druck, berechnet sie sich aus der Volumenänderung $\Delta V$ des Reaktionssystems.

$$W = -p \cdot \Delta V$$

**Kalorimetrie**

Bestimmung der bei einer Reaktion ausgetauschten Wärme $Q$ durch Messung der Temperaturdifferenz

$$Q = -(c_W \cdot m_W + C_K) \cdot \Delta T$$

**Molare Lösungsenthalpie**

Die molare Lösungsenthalpie gibt den Energieumsatz eines Lösevorgangs pro mol gelöstem Stoff an. Sie entspricht der Differenz der molaren Hydratations- und Gitterenthalpie.

**Reaktionsenthalpie**

Die Reaktionsenthalpie $\Delta_r H$ (Einheit: J) entspricht der Reaktionswärme $Q$, die im Laufe einer chemischen Reaktion bei konstantem Druck mit der Umgebung ausgetauscht wird (offenes System).
Die molare Standardreaktionsenthalpie $\Delta_r H_m^0$ ist die Reaktionsenthalpie einer konkreten Reaktion, bei der ein Stoff unter Standardbedingungen (25 °C; 101,3 kPa) einen Stoffumsatz von $n = 1$ mol hat.

Einige Reaktionsenthalpien haben aufgrund ihrer Bedeutung eigene Namen und Zeichen.

| Name und Symbol | Beschreibung | Beispiel |
|---|---|---|
| molare Verbrennungsenthalpie $\Delta_c H_m$ | 1 mol eines Ausgangsstoffs wird im Sauerstoffüberschuss vollständig verbrannt. | $CH_4(g) + 2\,O_2(g) \longrightarrow CO_2(g) + 2\,H_2O(l)$<br>$\Delta_c H_m = -891\ kJ \cdot mol^{-1}$ |
| molare Standardbildungsenthalpie $\Delta_f H_m^0$ | 1 mol einer Verbindung wird unter Standardbedingungen aus den Elementen gebildet. | $H_2(g) + \frac{1}{2}\,O_2(g) \longrightarrow H_2O(l)$<br>$\Delta_f H_m^0 = -286\ kJ \cdot mol^{-1}$ |
| molare Verdampfungsenthalpie $\Delta_V H_m$ | 1 mol eines Stoffs wird verdampft. | $H_2O(l) \longrightarrow H_2O(g)$<br>$\Delta_V H_m = 44\ kJ \cdot mol^{-1}$ |

**Satz von Hess**

Die Reaktionsenthalpie einer chemischen Reaktion hängt nur von den Ausgangsstoffen (Anfangszustand) und den Reaktionsprodukten (Endzustand) ab. Sie ist unabhängig von möglichen Zwischenprodukten und dem Reaktionsweg.

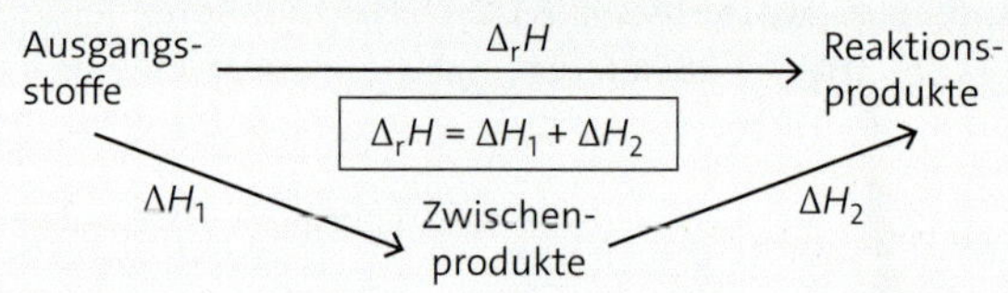


**Entropie**

Die Entropie $S$ (Einheit: $J \cdot K^{-1}$) ist das Maß für die Unordnung eines Systems. Bei freiwillig ablaufenden Prozessen nimmt die Entropie im System und seiner Umgebung insgesamt zu.
Aus den molaren Standardentropien lässt sich die molare Standardreaktionsentropie berechnen.
$\Delta_r S_m^0 = \Sigma\,\nu \cdot S_m^0(\text{Produkte}) - \Sigma\,\nu \cdot S_m^0(\text{Edukte})$

**Freie Reaktionsenthalpie**

Eine chemische Reaktion ist exergonisch, wenn ihre molare freie Reaktionsenthalpie $\Delta_r G_m$ (Einheit: J) negativ ist.

Mithilfe der Gibbs-Helmholtz-Gleichung kann die molare freie Reaktionsenthalpie $\Delta_r G_m$ aus der Reaktionsenthalpie $\Delta_r H_m$ und der Reaktionsentropie $\Delta_r S_m$ bei gegebener Temperatur $T$ berechnet werden.

$$\Delta_r G_m = \Delta_r H_m - T \cdot \Delta_r S_m$$

| Reaktion ist … | Bedingung |
|---|---|
| exergonisch ($\Delta_r G_m < 0$) | $\Delta_r H_m < 0$ und $\Delta_r S_m > 0$ |
| | $\Delta_r H_m < 0$ und $\Delta_r S_m < 0$ mit $\lvert\Delta_r H_m\rvert > \lvert T \cdot \Delta_r S_m\rvert$ |
| | $\Delta_r H_m > 0$ und $\Delta_r S_m > 0$ mit $\lvert\Delta_r H_m\rvert < \lvert T \cdot \Delta_r S_m\rvert$ |
| endergonisch ($\Delta_r G_m > 0$) | $\Delta_r H_m > 0$ und $\Delta_r S_m < 0$ |

# Übungsaufgaben

**1)** Alkalimetalle wie Natrium reagieren unter Wasserstoffbildung mit Wasser:
$2\,Na(s) + 2\,H_2O(l) \longrightarrow 2\,NaOH(aq) + H_2(g)$
In einem Kalorimeter mit Wasserfüllung ($m_W = 330$ g, $c_W = 4{,}18\ J \cdot g^{-1} \cdot K^{-1}$, $C_K = 84\ J \cdot K^{-1}$) wurden 2,3 g Natrium vollständig umgesetzt, wobei eine Temperaturdifferenz von 12,5 K gemessen wurde.
**a** Berechnen Sie die Reaktionswärme $Q$.
**b** Berechnen Sie die Reaktionsenthalpie $\Delta_r H$ für die Umsetzung von 1 mol Natrium.
**c** Ermitteln Sie für die angegebene Reaktionsgleichung mithilfe der Standardbildungsenthalpien die Reaktionsenthalpie und vergleichen Sie sie mit dem berechneten Wert aus Aufgabenteil **b**. Begründen Sie mögliche Unterschiede (↑ Anhang, S. 368).
**d** Berechnen Sie die Volumenarbeit dieser Reaktion unter Standardbedingungen ($V_m = 24{,}5\ l \cdot mol^{-1}$).

**2)** In einem Kalorimeter ($C_K = 60{,}8\ J \cdot K^{-1}$) mit einer Wasserfüllung von 240 g ($c_W = 4{,}18\ J \cdot g^{-1} \cdot K^{-1}$) wird 1 g Alanin ($C_3H_7O_2N$) vollständig zu $CO_2(g)$, $H_2O(g)$ und $N_2(g)$ verbrannt. Die Temperaturerhöhung beträgt 3,3 K.
**a** Zeichnen und beschriften Sie einen möglichen Versuchsaufbau.
**b** Berechnen Sie aus der Messung die Verbrennungsenthalpie für 1 mol Alanin ($\Delta_r H_m = 44\ kJ \cdot mol^{-1}$).
**c** Berechnen Sie Heizwert und Brennwert von Alanin.

**3)** Ethen kann mit gasförmigem Wasserstoff zu Ethan hydriert werden. Die Reaktionsenthalpie kann aus den Verbrennungsenthalpien von jeweils 1 mol Ethan, Ethen und Wasserstoff berechnet werden.
$\Delta_c H_m(C_2H_6) = -1557\ kJ \cdot mol^{-1}$
$\Delta_c H_m(C_2H_4) = -1409\ kJ \cdot mol^{-1}$
$\Delta_c H_m(H_2) = -286\ kJ \cdot mol^{-1}$
**a** Stellen Sie jeweils die Reaktionsgleichung der vier genannten Reaktionen auf.
**b** Berechnen Sie die unbekannte Reaktionsenthalpie mit dem Satz von Hess.

**4)** Kohlenstoffdioxid wird mit der Kalkwasserprobe nachgewiesen:
$CO_2(g) + Ca(OH)_2(aq) \longrightarrow CaCO_3(s) + H_2O(l)$
Berechnen Sie die Standardreaktionsenthalpie dieser Reaktion aus den Standardbildungsenthalpien (↑ Anhang, S. 368).

**5)** Auf einem Zinkblech in einer Kupfersulfatlösung ($CuSO_4(aq)$) bildet sich elementares Kupfer, wobei Zink-Ionen ($Zn^{2+}(aq)$) in Lösung gehen.
**a** Formulieren Sie die Reaktionsgleichung für die beschriebene Reaktion.
**b** Begründen Sie mithilfe der freien Reaktionsenthalpie, warum die Reaktion bei Standardbedingungen freiwillig verläuft (↑ Anhang, S. 368).

**6)** Elementares Natrium wird mit gasförmigem Chlor nach folgender Gleichung umgesetzt:
$2\,Na(s) + Cl_2(g) \longrightarrow 2\,NaCl(s)$
**a** Berechnen Sie die Standardreaktionsenthalpie und die Reaktionsentropie für 1 mol Formelumsatz mithilfe tabellierter Werte (↑ Anhang, S. 368).
**b** Ermitteln Sie, ob die Reaktion bei −30 °C exergonisch oder endergonisch verläuft.

**7)** Die Polymerisation von Ethen zu Polyethen ist exergonisch: $n\,C_2H_4(g) \longrightarrow -\!\!\!\left[C_2H_4\right]\!\!\!-_n(s)$
**a** Begründen Sie, ob die erwartete Reaktionsentropie positiv oder negativ ist.
**b** Begründen Sie mithilfe von Teilaufgabe **a**, ob es sich bei der Polymerisation von Ethen um eine exo- oder eine endotherme Reaktion handelt.

| **Mithilfe dieses Kapitels können Sie:** | Aufgabe | Hilfe finden Sie auf Seite |
|---|---|---|
| • die Reaktionsenthalpie einer Reaktion aus einer kalorimetrischen Messung berechnen | *1, 2* | *329* |
| • die Standardreaktionsenthalpien aus Standardbildungsenthalpien berechnen | *1, 4, 6* | *337* |
| • Brennwert und Heizwert definieren und berechnen | *2* | *334–335* |
| • den Satz von Hess definieren und anwenden | *3* | *336–337* |
| • die Änderung der Entropie bei einer Reaktion abschätzen und die Standardreaktionsentropien aus Standardentropien berechnen | *5, 6, 7* | *340–341* |
| • die Gibbs-Helmholtz-Gleichung nutzen, um die freie Reaktionsenthalpie einer Reaktion zu berechnen | *5, 6* | *342–343* |

# Lösungen der Übungsaufgaben

## Kapitel 2: Säure-Base-Reaktionen (↑ S. 66–67)

**1 ›** **a** $HCl + H_2O \longrightarrow H_3O^+ + Cl^-$
HCl: Säure, $H_2O$: Base
**b** Die Reaktion von HCl mit $H_2O$ erhöht die Konzentration der Oxonium-Ionen. Das System ist nicht mehr im Gleichgewicht, und die Neutralisationsreaktion läuft schneller ab als die Autoprotolyse, bis das Gleichgewicht wieder eingestellt ist, d. h.:
$c(H_3O^+) \cdot c(OH^-) = K_W$
Dadurch wird $c(OH^-)$ kleiner als $10^{-7}$ mol · l$^{-1}$.

$$c(OH^-) = \frac{K_W}{c(H_3O^+)} = \frac{10^{-14}\,\text{mol}^2 \cdot \text{l}^{-2}}{10^{-3}\,\text{mol} \cdot \text{l}^{-1}} = 10^{-11}\,\text{mol} \cdot \text{l}^{-1}$$

**c** Die Zahl der Oxonium-Ionen aus der Autoprotolyse ist genauso groß wie die Zahl der Hydroxid-Ionen, weil letztere in der sauren Lösung nur durch die Autoprotolyse entstehen, d. h.:
$c(H_3O^+, \text{Autoprot.}) = 10^{-11}$ mol · l$^{-1}$

**2 ›** **a** Der pH-Wert einer Lösung ist der negative Zehnerlogarithmus der Oxonium-Ionen-Konzentration der Lösung mit der Einheit mol · l$^{-1}$.
$pH = -\lg c(H_3O^+)$
**b** Gegebene Größen sind kursiv gesetzt:

| $c(H_3O^+)$ | $c(OH^-)$ | pH | pOH |
|---|---|---|---|
| $10^{-6}$ mol · l$^{-1}$ | $10^{-8}$ mol · l$^{-1}$ | 6 | *8* |
| $10^{-9}$ mol · l$^{-1}$ | *$10^{-5}$ mol · l$^{-1}$* | 9 | 5 |
| $5 \cdot 10^{-3}$ mol · l$^{-1}$ | $2 \cdot 10^{-12}$ mol · l$^{-1}$ | *2,3* | 11,7 |
| *$5 \cdot 10^{-9}$ mol · l$^{-1}$* | $2 \cdot 10^{-6}$ mol · l$^{-1}$ | 8,3 | 5,7 |

**3 ›** Für das Autoprotolyse-Gleichgewicht gilt: $2\,H_2O \rightleftarrows H_3O^+ + OH^-$.
Gleichgewichtskonstante: $K_C = c(H_3O^+) \cdot c(OH^-) / c(H_2O)^2$ bzw.
$K_C \cdot c(H_2O)^2 = c(H_3O^+) \cdot c(OH^-) = K_W$ (1)
$K_C$ ist bei gegebener Temperatur konstant. $K_W$ ist nur dann eine Konstante, wenn $c(H_2O)$ = konst. Dies gilt für Wasser auf jeden Fall und in guter Näherung auch für verdünnte Lösungen von HA. Wenn man aber immer mehr von einer Säure HA zu dieser Lösung gibt, dann nimmt die auf einen Liter bezogene Zahl der Wassermoleküle und damit auch $c(H_2O)$ ab. Weil $K_C$ eine Konstante ist, sinkt $K_W$ gemäß Gleichung (1), wenn $c(H_2O)$ abnimmt.

**4 ›** **a** $2\,NH_3 \rightleftarrows NH_4^+ + NH_2^-$
**b** Es gilt: $K_W(NH_3) = c(NH_4^+) \cdot c(NH_2^-)$
In Ammoniak ist $c(NH_4^+) = c(NH_2^-)$,
d. h., $c(NH_4^+) = \sqrt{K_W(NH_3)} = 10^{-16}$ mol · l$^{-1}$
⇨ $pH(NH_3) = -\lg c(NH_4^+) = 16$
**c** Bei −33 °C gilt:
sauer: $10^{-16}$ mol · l$^{-1}$ < $c(NH_4^+) > c(NH_2^-)$
neutral: $10^{-16}$ mol · l$^{-1}$ = $c(NH_4^+) = c(NH_2^-)$
alkalisch: $10^{-16}$ mol · l$^{-1}$ > $c(NH_4^+) < c(NH_2^-)$

**5 ›** Sechs Schlussfolgerungen sind möglich:
- $HA^*$ ist eine stärkere Säure als $HA^{**}$.
- $A^{-*}$ ist eine schwächere Base als $A^{-**}$.
- $pK_S(HA^*) < pK_S(HA^{**})$
- $pK_B(A^{-*}) > pK_B(A^{-**})$
- Bei gleicher Konzentration $c_0$ ist der pH-Wert einer Lösung von $HA^*$ kleiner als der einer Lösung von $HA^{**}$, falls es sich nicht bei beiden um sehr starke oder sehr schwache Säuren handelt.
- Für die Gleichgewichtsreaktion
  $HA^* + A^{-**} \rightleftarrows HA^{**} + A^{-*}$ ist
  $$K_C = \frac{K_S(HA^*)}{K_S(HA^{**})} > 1$$ ⇨ Das Gleichgewicht liegt rechts.

**6 ›** **a** Die Farbe des Indikators zeigt, dass die entstehende Lösung alkalisch reagiert, d. h., bei der Reaktion müssen Hydroxid-Ionen entstanden sein. Dies ist nur durch eine Reaktion der Säure $H_2O$ mit der Base $CH_3^-$ möglich: $CH_3^- + H_2O \longrightarrow OH^- + CH_4$
Daneben entsteht $CH_4$ (Methan), wodurch die Gasbildung erklärt wird.
**b** $\underset{\text{Base 1}}{CH_3^-} + \underset{\text{Säure2}}{H_2O} \longrightarrow \underset{\text{Base2}}{OH^-} + \underset{\text{Säure1}}{CH_4}$

**7 ›** **a** Der Schüler verwechselt korrespondierende Säure-Base-Paare und Ampholyte. Nur für korrespondierende Säure-Base-Paare ist die Summe aus $pK_S$ und $pK_B$ gleich 14 (bei 25 °C).
**b** $NaHCO_3$ bildet in wässriger Lösung $Na^+$- und $HCO_3^-$-Ionen. $Na^+$-Ionen protolysieren nicht, haben also keinen Einfluss auf den pH-Wert. Für den Ampholyt $HCO_3^-$ ist $pK_B$ = 7,48 und $pK_S$ = 10,40, d. h., die Basenstärke überwiegt die Säurestärke. Die Lösung reagiert somit alkalisch.

**8 ›** In der schwachen Essigsäure ist nur ein sehr geringer Teil der Essigsäuremoleküle in Oxonium- und Säurerest-Ionen protolysiert. Bei Zugabe von Natronlauge werden Oxonium-Ionen mit Hydroxid-Ionen zu Wasser neutralisiert. Die $Na^+$-Ionen bleiben in der Lösung und tragen zur Steigerung der Leitfähigkeit bei. Das Säuregleichgewicht bildet außerdem Oxonium- und Acetat-Ionen in dem Maß nach, sodass auch die Konzentration der Acetat-Ionen steigt, während sich die Konzentration der Oxonium-Ionen bis zum Äquivalenzpunkt nur geringfügig ändert.
Nach Erreichen des Äquivalenzpunkts hat nur noch die Zugabe der Natronlauge Einfluss auf die Leitfähigkeit, da die Säure vollständig umgesetzt wurde. Die Hydroxid-Ionen leiten besonders stark, da sie von einem benachbarten Wassermolekül ein Proton übernehmen können, das dann selbst zum Hydroxid-Ionen wird. Die Ladung wandert also gleichsam durch das Wasser. Die Leitfähigkeit steigt stark an.

**9 ›** **a** $pK_S(CH_3COOH) < pK_S(H_2CO_3)$. $CH_3COOH$ ist die stärkere Säure, Gleichgewicht liegt rechts.
**b** $pK_S(NH_4^+) > pK_S(H_3O^+)$. $H_3O^+$ ist die stärkere Säure, Gleichgewicht liegt links.
**c** $pK_S(NH_4^+) < pK_S(H_2O)$. $NH_4^+$ ist die stärkere Säure, Gleichgewicht liegt rechts.

**10 ›** **a** $pK_S(CH_3COOH) = 4{,}75$ ⇨ schwache Säure
$pH = \frac{1}{2}[pK_S - \lg c_0(HA)] = 2{,}53$
**b** $pK_B(NH_3) = 4{,}75$ ⇨ schwache Base
$pOH = \frac{1}{2}[pK_B - \lg c_0(B)] = 3{,}03$ ⇨ pH = 10,97
**c** $pK_B(Cl^-) = 21$ ⇨ sehr schwache Base ⇨ kein Einfluss auf pH
$pK_S(NH_4^+) = 9{,}25$ ⇨ schwache Säure
$pH = \frac{1}{2}[pK_S - \lg c_0(HA)] = 4{,}63$
**d** $pK_S(HNO_3) = -1{,}32$ ⇨ starke Säure
⇨ $K_S = 20{,}9$ und $K_S/c_0 \approx 100 > 10$
D. h., zur pH-Wert-Berechnung kann die Näherung für sehr starke Säure angewendet werden:
$pH = -\lg c_0(HNO_3) = 0{,}7$

**11 ›** **a** Eine Lösung mit pH = 9 ist alkalisch. Das steht im Widerspruch dazu, dass in der Salzsäure HCl gegenüber $H_2O$ als Säure reagiert und dabei $H_3O^+$-Ionen erzeugt werden. Der pH-Wert der Lösung muss kleiner als 7 sein.
**b** Er hat das Autoprotolyse-Gleichgewicht des Wassers nicht berücksichtigt. Die Konzentration der Oxonium-Ionen aus der Autoprotolyse des Wassers ist ca. 100-mal größer als die Konzentration der Oxonium-Ionen durch die Protolyse von HCl. Der pH-Wert der Lösung liegt in guter Näherung bei 7.

**12 ›** In „hartem" Wasser liegen gelöste $Ca^{2+}$- und $HCO_3^-$-Ionen vor. Calciumhydroxid bildet bei der Dissoziation in wässriger Lösung $Ca^{2+}$- und $OH^-$-Ionen.

**13 ›** **a** pH = 11 ⇨ pOH = 3 ⇨ $c(OH^-) = 10^{-3}$ mol · l$^{-1}$
pH = 3 ⇨ $c(H_3O^+) = 10^{-3}$ mol · l$^{-1}$
$OH^- + H_3O^+ \longrightarrow 2\,H_2O$
**b** Die Stoffmenge der Oxonium-Ionen in 1 l Salzsäure ist gleich der Stoffmenge der Hydroxid-Ionen in 1 l Natronlauge bzw. Ammoniaklösung.
Die Natronlauge wurde genau neutralisiert, der pH-Wert beträgt 7. In der Ammoniaklösung mit pH = 11 liegt zusätzlich folgendes Gleichgewicht vor: $NH_3 + H_2O \rightleftarrows OH^- + NH_4^+$
$c(NH_3)$ beträgt dabei ein Mehrfaches von $c(OH^-)$, weil $NH_3$ nur eine schwache Base ist:
$K_B(NH_3) = 10^{-pK_B} = 1{,}78 \cdot 10^{-5}$ mol · l$^{-1}$

$$K_B(NH_3) = \frac{c(OH^-) \cdot c(NH_4^+)}{c(NH_3)}$$ bzw.

$$c(NH_3) = \frac{c(OH^-) \cdot c(NH_4^+)}{K_B(NH_3)}$$

Unter der Annahme, dass $c(NH_4^+) = c(OH^-)$ ist, folgt:
$c(NH_3) = 0{,}056\ mol \cdot l^{-1}$
Werden alle Hydroxid-Ionen aus dem Gleichgewicht entfernt, so stellt es sich nach dem Prinzip von Le Chatelier neu ein, indem $NH_3$ mit $H_2O$ reagiert und wieder $OH^-$-Ionen erzeugt werden. Die Lösung bleibt auch nach Zugabe der Salzsäure alkalisch.

**14 ⟩ a** Der Essigsäure-Acetat-Puffer ($pK_S = 4{,}75$) ist geeignet, da der $pK_S$-Wert dicht an pH = 5,0 liegt:
$HA = CH_3COOH$ und $A^- = CH_3COO^-$

**b** $$pH = pK_S + \lg \frac{c(A^-)}{c(HA)}$$

$$pH - pK_S = 0{,}25 = \lg \frac{c(A^-)}{c(HA)}$$

$$10^{0{,}25} = \frac{c(A^-)}{c(HA)} \approx 1{,}78$$

**15 ⟩ a** $H_3O^+ + CH_3COO^- \longrightarrow CH_3COOH + H_2O$

**b** Die Pufferkapazität ist die Stoffmenge an Oxonium-Ionen, die den pH-Wert eines Puffers um eine Einheit senkt. Deshalb werden im Folgenden Stoffmengen betrachtet.
$n_0(HA) = c_0(HA) \cdot V(Puffer) = 0{,}25\ mol$
$n_0(A^-) = c_0(A^-) \cdot V(Puffer) = 0{,}25\ mol$
Wegen $n_0(HA) = n_0(A^-)$ gilt:

$$pH = pK_S + \lg \frac{n_0(A^-)}{n_0(HA)} = 4{,}75$$

Durch die Reaktion (↑ Teilaufgabe a) entstehen aus $x$ Acetat-Ionen mit $x$ Oxonium-Ionen $x$ Essigsäuremoleküle, d. h., es gilt:

$$pH = pK_S + \lg \frac{(n_0(A^-) - x)}{(n_0(HA) + x)} = 3{,}75$$

$$pH - pK_S = -1 = \lg \frac{(n_0(A^-) - x)}{(n_0(HA) + x)}$$

$$\Rightarrow 10^{-1} = 0{,}1 = \frac{(n_0(A^-) - x)}{(n_0(HA) + x)}$$

$$\Rightarrow x = n(H_3O^+) = \frac{(n_0(A^-) - 0{,}1 \cdot n_0(HA))}{1{,}1} \approx 0{,}205\ mol$$

Die Pufferkapazität beträgt 0,205 mol $H_3O^+$.

**c** $$pH = pK_S + \lg \frac{c(A^-)}{c(HA)} = 4{,}75$$

Zur Berechnung des pH-Wertes nach Zugabe der Salzsäure werden Stoffmengen betrachtet:
$n_0(HA) = c_0(HA) \cdot V(Puffer) = 0{,}25\ mol$
$n_0(A^-) = c_0(A^-) \cdot V(Puffer) = 0{,}25\ mol$
$n(H_3O^+) = c(H_3O^+) \cdot V(Salzsäure) = 0{,}1\ mol$
0,1 mol $H_3O^+$ reagieren mit 0,1 mol $CH_3COO^-$ zu 0,1 mol $CH_3COOH$.
$\Rightarrow n(HA) = n_0(HA) + 0{,}1\ mol = 0{,}35\ mol$
$\Rightarrow n(A^-) = n_0(A^-) - 0{,}1\ mol = 0{,}15\ mol$

$$pH = pK_S + \lg \frac{n(A^-)}{n(HA)} \approx 4{,}38$$

**d** Zur Berechnung des Volumens der Salzsäure werden Stoffmengen betrachtet:
$n_0(HA) = c_0(HA) \cdot V(Puffer) = 0{,}25\ mol$
$n_0(A^-) = c_0(A^-) \cdot V(Puffer) = 0{,}25\ mol$

$$V(Salzsäure) = \frac{n(H_3O^+)}{c(H_3O^+)} = \frac{x}{c(H_3O^+)}$$

Durch die Reaktion (↑ Teilaufgabe a) entstehen aus $x$ Acetat-Ionen mit $x$ Oxonium-Ionen $x$ Essigsäuremoleküle, d. h., es gilt:

$$pH = pK_S + \lg \frac{(n_0(A^-) - x)}{(n_0(HA) + x)}$$

$$pH - pK_S = -0{,}75 = \lg \frac{(n_0(A^-) - x)}{(n_0(HA) + x)}$$

$$\Rightarrow 10^{-0{,}75} \approx 0{,}178 = \frac{(n_0(A^-) - x)}{(n_0(HA) + x)}$$

$$\Rightarrow x = \frac{(n_0(A^-) - 0{,}178\ n_0(HA))}{1{,}178} \approx 0{,}174\ mol$$

$$V(Salzsäure) = \frac{x}{c(H_3O^+)} = 0{,}174\ l$$

**16 ⟩ a** $H_3PO_4 + OH^- \longrightarrow H_2O + H_2PO_4^-$
$H_2PO_4^- + OH^- \longrightarrow H_2O + HPO_4^{2-}$
$HPO_4^{2-} + OH^- \longrightarrow H_2O + PO_4^{3-}$

**b** Geg.: $V$(Natronlauge) = 0,01 l, $c(OH^-) = 0{,}1\ mol \cdot l^{-1}$, $M(H_3PO_4) = 100\ g \cdot mol^{-1}$; ges.: $n(H_3PO_4)$, $m$(Phosphorsäure)
Der Umschlagbereich von Phenolphthalein fällt in den pH-Sprung beim 2. Äquivalenzpunkt der Titrationskurve von Phosphorsäure, d. h., bis zu diesem Punkt sind die beiden ersten Reaktionen (↑ Teilaufgabe a) abgelaufen. Zusammengefasst:
$H_3PO_4 + 2\ OH^- \longrightarrow 2\ H_2O + HPO_4^{2-}$
D. h., $n(H_3PO_4) = \frac{1}{2} n(OH^-)$
$n(OH^-) = V(Natronlauge) \cdot c(OH^-) = 0{,}001\ mol$
$n(H_3PO_4) = 0{,}0005\ mol$
$m(Phosphorsäure) = n(H_3PO_4) \cdot M(H_3PO_4) = 0{,}1\ g$

**17 ⟩ a** Reaktionsgleichung: $NH_3 + H_3O^+ \longrightarrow H_2O + NH_4^+$
0 ml Salzsäure: Es liegt eine Ammoniaklösung vor, Berechnung des pH-Werts nach der Gleichung für schwache Basen:
1 ml, 5 ml, 9 ml Salzsäure: Es liegen Ammonium-Ammoniak-Puffer-Lösungen vor, Berechnung des pH-Werts mit der Puffergleichung.
10 ml: 1. Äquivalenzpunkt: Es liegt eine Lösung von Ammoniumchlorid vor, Berechnung des pH-Werts nach der Gleichung für schwache Säuren:
11 ml: Es liegt die Lösung einer sehr starken Säure ($H_3O^+$) vor.

| V in ml | $c(NH_3)$ in $mol \cdot l^{-1}$ | $c(NH_4^+)$ in $mol \cdot l^{-1}$ | pH |
|---|---|---|---|
| 0 | 0,1 | 0 | 11,12 |
| 1 | 0,09 | 0,01 | 10,21 |
| 5 | 0,05 | 0,05 | 9,25 |
| 9 | 0,01 | 0,09 | 8,29 |
| 10 | 0 | 0,1 | 5,13 |
| 11 | 0 | 0 | 2 |

**b**

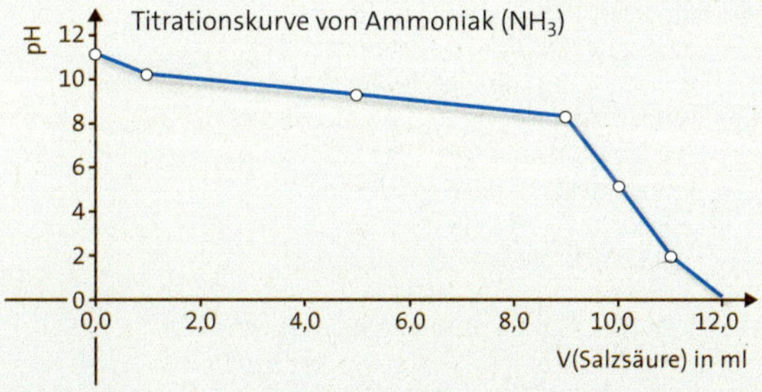


**c** Der pH-Sprung umfasst die Umschlagbereiche von Methylrot und Bromkresolgrün.

## Kapitel 3: Von Redoxreaktionen zu elektrochemischen Anwendungen (↑ S. 120–121)

**1)** **a**

Oxidation (von 2 Mg zu 2 MgO)

$2\,Mg$ (Red 2) + $CO_2$ (Ox 1) ⟶ $2\,MgO$ (Ox 2) + C (Red 1)

Reduktion (von $CO_2$ zu C)

**b** II –II IV–II ⟶ II IV–II
$MgO + CO_2 \longrightarrow MgCO_3$
Keine Redoxreaktion, da sich die Oxidationszahlen nicht ändern.

**2)** **a** I –I ⟶ 0 0
$2\,NaN_3 \longrightarrow 2\,Na + 3\,N_2$ ⇨ Redoxreaktion

0 V ⟶ I 0
$10\,Na + 2\,KNO_3 \longrightarrow K_2O + 5\,Na_2O + N_2$ ⇨ Redoxreaktion

I –II I –II IV–II ⟶ I IV–II I IV–II
$K_2O + Na_2O + 2\,SiO_2 \longrightarrow K_2SiO_3 + Na_2SiO_3$ ⇨ keine Redoxreaktion

**b** $3\,CH_4N_4O_2 + 2\,KClO_3 \longrightarrow 6\,N_2 + 6\,H_2O + 3\,CO_2 + 2\,KCl$

**c** Für Natriumazid:

$$V_1(N_2) = \frac{3 \cdot 24{,}5\,l \cdot mol^{-1}}{2 \cdot 65\,g \cdot mol^{-1}} \cdot 10\,g = 5{,}65\,l$$

$$m(Na) = \frac{2 \cdot 23\,g \cdot mol^{-1}}{2 \cdot 65\,g \cdot mol^{-1}} \cdot 10\,g = 3{,}54\,g$$

$$V_2(N_2) = \frac{1 \cdot 24{,}5\,l \cdot mol^{-1}}{10 \cdot 23\,g \cdot mol^{-1}} \cdot 3{,}54\,g = 0{,}38\,l$$

$V(N_2) = 5{,}65\,l + 0{,}38\,l = 6{,}03\,l$

Für Nitroguanidin:

$$V(Gas) = \frac{15 \cdot 24{,}5\,l \cdot mol^{-1}}{3 \cdot 104\,g \cdot mol^{-1}} \cdot 10\,g = 11{,}78\,l$$

Aus Nitroguanidin wird mehr als doppelt so viel Gas freigesetzt.

**3)** **a** Nur beteiligte Ionen berücksichtigt:
$5\,Fe^{2+} + MnO_4^- + 8\,H^+ \longrightarrow 5\,Fe^{3+} + Mn^{2+} + 4\,H_2O$

**b** $$c(FeSO_4) = \frac{5 \cdot c(KMnO_4) \cdot V(KMnO_4\text{-Lsg.})}{V(FeSO_4\text{-Lsg.})}$$

$$c(FeSO_4) = \frac{5 \cdot 0{,}01\,mol \cdot l^{-1} \cdot 8\,ml}{50\,ml} = 0{,}008\,mol \cdot l^{-1}$$

**4)** **a** $2\,NH_4NO_3 \longrightarrow 2\,N_2 + 4\,H_2O + O_2$
**b** Benzin reagiert in einer exothermen Reaktion mit dem gebildeten Sauerstoff.
$2\,C_8H_{18} + 25\,O_2 \longrightarrow 16\,CO_2 + 18\,H_2O$

**5)** **a** Weil Eisen sehr unedel ist, kommt es nicht elementar, sondern nur in Form von Verbindungen vor. Gold ist dagegen sehr edel und geht in der Regel keine Verbindungen ein.
**b** Eisensulfid oxidieren („rösten"):
$2\,FeS + 3\,O_2 \longrightarrow 2\,FeO + 2\,SO_2$
Oxide mit Kohlenstoff reduzieren:
$2\,FeO + C \longrightarrow 2\,Fe + CO_2$
$2\,Fe_2O_3 + 3\,C \longrightarrow 4\,Fe + 3\,CO_2$

**6)** **a** 0 I ⟶ II 0
$Zn + 2\,H_3O^+ \longrightarrow Zn^{2+} + 2\,H_2O + H_2$

0 I ⟶ II 0
$Fe + 2\,H_3O^+ \longrightarrow Fe^{2+} + 2\,H_2O + H_2$
Redoxreaktionen, da sich die Oxidationszahlen verändern.
**b** Oxonium-Ionen können gegenüber Atomen von unedlen Metallen wie Zink und Eisen als Oxidationsmittel wirken. Gegenüber edlen Metallen wie Kupfer allerdings nicht.

**7)** **a** Abgemessenes Volumen Probelösung vorlegen.
Bürette mit Kaliumpermanganatlösung (Maßlösung) auffüllen und ablesen.
Titrieren, bis keine Entfärbung mehr eintritt.
Endstand ablesen und Verbrauch ermitteln.

**b** Reduktion: $MnO_4^- + 8\,H^+ + 5\,e^- \longrightarrow Mn^{2+} + 4\,H_2O$ | · 2
Oxidation: $H_2O_2 \longrightarrow 2\,H^+ + O_2 + 2\,e^-$ | · 5

Redoxreaktion: $2\,MnO_4^- + 5\,H_2O_2 + 6\,H^+ \longrightarrow 2\,Mn^{2+} + 8\,H_2O + 5\,O_2$

**c** $n(H_2O_2) = \frac{5}{2} \cdot c(KMnO_4) \cdot V(KMnO_4)$
$= \frac{5}{2} \cdot 0{,}1\,mol \cdot l^{-1} \cdot 37{,}5\,ml = 9{,}375\,mmol$

$m(H_2O_2) = 9{,}375\,mmol \cdot 34\,g \cdot mol^{-1} = 318{,}75\,mg$

$$\beta(H_2O_2) = \frac{318{,}75\,mg}{200\,ml} = 1{,}59\,g \cdot l^{-1}$$

**8)** **a** I III –II IV –II
$Na_2S_2O_4$ $SO_2$
Die Oxidationszahl der Schwefelatome wird größer, sodass Natriumdithionit oxidiert wird. Es ist ein Reduktionsmittel.
**b** Als Reduktionsmittel sollte es z. B. mithilfe der Manganometrie quantitativ bestimmbar sein, da bei dieser Titration Permanganat-Ionen zu Mangan(II)-Ionen reduziert werden.

**9)** **a** In beiden Halbzellen bildet sich jeweils ein elektrochemisches Gleichgewicht aus, das von der Art der Elektroden abhängt.
$Cu \rightleftarrows Cu^{2+} + 2\,e^-$
$Ag \rightleftarrows Ag^+ + e^-$
Da $Cu^{2+}$-Ionen ein größeres Bestreben haben, in Lösung zu gehen, als $Ag^+$-Ionen, ist das Kupferblech im Vergleich zum Silberblech stärker negativ aufgeladen. Die beiden Halbzellen weisen verschiedene Potenziale auf. Der Unterschied führt zu einer messbaren Spannung von 0,4 V.

**b**

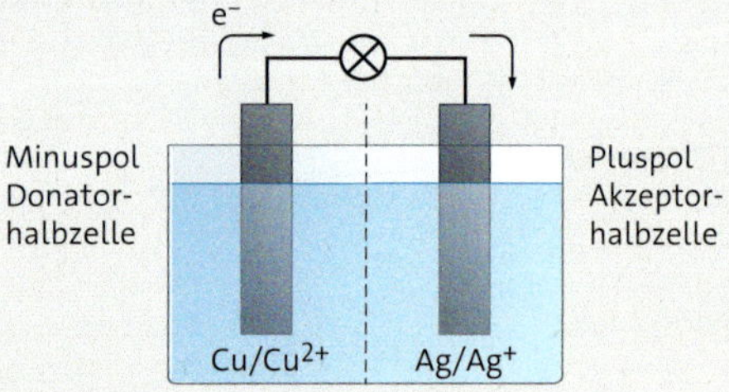


**c** Minuspol: $Cu(s) \longrightarrow Cu^{2+}(aq) + 2\,e^-$
Pluspol: $2\,Ag^+(aq) + 2\,e^- \longrightarrow 2\,Ag(s)$

**10)** **a** $$E(Cu/Cu^{2+}) = E^0(Cu/Cu^{2+}) + \frac{0{,}059\,V}{z} \cdot \lg c(Cu^{2+})$$
$$= 0{,}35\,V + \frac{0{,}059\,V}{2} \cdot \lg 0{,}2 = 0{,}329\,V$$

**b** $$E(Ag/Ag^+) = E^0(Ag/Ag^+) + \frac{0{,}059\,V}{z} \cdot \lg c(Ag^+)$$
$$= 0{,}80\,V + \frac{0{,}059\,V}{1} \cdot \lg 0{,}1 = 0{,}741\,V$$

**c** $$E(Ag/Ag^+) = E^0(Ag/Ag^+) + \frac{0{,}059\,V}{z} \cdot \lg c(Ag^+)$$
$$= 0{,}80\,V + \frac{0{,}059\,V}{1} \cdot \lg 0{,}01 = 0{,}682\,V$$

**11)** $E(Cu/Cu^{2+}) = E^0(Cu/Cu^{2+}) = 0{,}35\,V$
$$E(Zn/Zn^{2+}) = E^0(Zn/Zn^{2+}) + \frac{0{,}059\,V}{z} \cdot \lg c(Zn^{2+})$$
$$= -0{,}76\,V + \frac{0{,}059\,V}{2} \cdot \lg 0{,}1 = -0{,}79\,V$$
$U = E(\text{Akzeptorhalbzelle}) - E(\text{Donatorhalbzelle})$
$= 0{,}35\,V - (-0{,}79\,V) = 1{,}14\,V$

**12)** $$E(Cu/Cu^{2+}) = E^0(Cu/Cu^{2+}) + \frac{0{,}059\,V}{z} \cdot \lg c(Cu^{2+})$$
$$= 0{,}35\,V + \frac{0{,}059\,V}{2} \cdot \lg 0{,}2 = 0{,}329\,V$$
$U = E(\text{Akzeptorhalbzelle}) - E(\text{Akzeptorhalbzelle})$
$E(\text{Akzeptorhalbzelle}) = U + E(\text{Akzeptorhalbzelle})$
$= 0{,}35\,V + 0{,}329\,V = 0{,}679\,V$

$$E(Ag/Ag^{2+}) = E^0(Ag/Ag^{2+}) + \frac{0{,}059\ V}{z} \cdot \lg x$$
$$= 0{,}80\ V + \frac{0{,}059\ V}{1} \cdot \lg x = 0{,}679\ V$$
$$-0{,}121\ V = 0{,}059\ V \cdot \lg x$$
$$-\frac{0{,}121\ V}{0{,}059\ V} = -2{,}05 = \lg x$$
$$x = 10^{-2{,}05} = 8{,}91 \cdot 10^{-3}$$

Die Konzentration an Silber-Ionen beträgt $c(Ag^+) = 8{,}91 \cdot 10^{-3}\ mol \cdot l^{-1}$.

**13 ›** **a** Reduktionswirkung: Al > Fe > Cu > Au
Auf dem Al-Stab scheiden sich alle drei anderen Metalle ab. Es hat daher die größte Reduktionswirkung. Auf dem Fe-Stab scheiden sich nur Kupfer und Gold ab. Auf dem Cu-Stab scheidet sich nur Gold ab und auf dem Au-Stab scheidet sich kein anderes Metall ab. Es hat die geringste Reduktionswirkung.

**b**

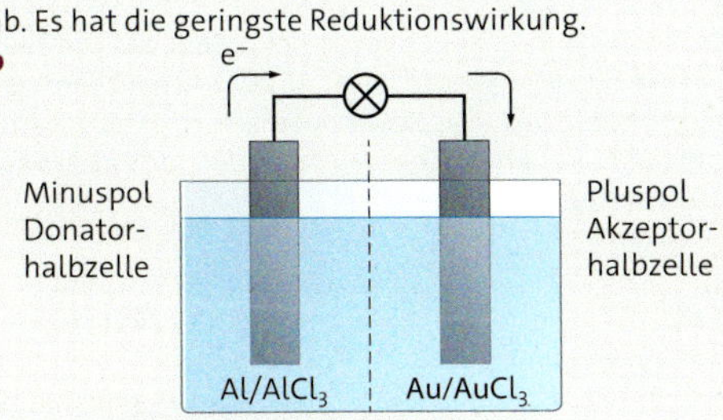


**c** $U = E(\text{Reduktion}) - E(\text{Oxidation})$
$= E^0(Au/Au^{3+}) - E^0(Al/Al^{3+}) = 1{,}50\ V - (-1{,}66\ V) = 3{,}16\ V$

**14 ›** **a** Teilweise offene Aufgabenstellung:
$U(Zn/Zn^{2+} // Ag^+/Ag) = 1{,}56\ V$
$U(Zn/Zn^{2+} // Pt^{2+}/Pt) = 1{,}96\ V$
$U(Zn/Zn^{2+} // Au^{3+}/Au) = 2{,}26\ V$
$U(Li/Li^+ // Ag^+/Ag) = 3{,}84\ V$

**b** Eine Batterie ist eine galvanische Zelle, die zur mobilen Stromerzeugung genutzt werden kann. Die beiden Halbzellen werden in einem Baukörper verbaut (oft Zylinder), der außen geschlossen ist, damit die Batterie in einem Verbraucher genutzt werden kann. Häufig werden nichtflüssige Elektrolyte verwendet. Bei Anschluss eines Verbrauchers laufen die freiwilligen galvanischen Reaktionen ab. Elektronen fließen von der Donator- zur Akzeptorhalbzelle. Chemische Energie wird in elektrische Energie umgewandelt. Beispiele: Zink-Kohle-Batterie; Alkali-Mangan-Batterie.

**15 ›** **a** Die Coincell ist eine galvanische Zelle aus einer Lithiumhalbzelle und einer $MnO_2/Mn^{3+}$-Halbzelle.
**Anode (Elektronendonator):**
$\overset{0}{Li} \longrightarrow \overset{I}{Li^+} + e^-$
**Kathode (Elektronenakzeptor):**
$\overset{IV}{MnO_2} + \overset{I}{Li^+} + e^- \longrightarrow \overset{I\ III}{LiMnO_2}$
**Zellreaktion:** $Li + MnO_2 \longrightarrow LiMnO_2$

**b** hohes Redoxpotenzial von Lithium, geringe Masse (hohe Energiedichte)

**c** Wasserfreier, trotzdem leitfähiger Elektrolyt, sehr dichte Bauform, da es sonst zur Reaktion von Lithium mit Wasser unter Wasserstoffentwicklung kommt.

**16 ›** **a** Bildung eines Lokalelements aus dem unedleren Aluminium und dem Eisen in der Stahlpfanne. Lasagne enthält durch die Tomatensauce $H^+$-Ionen.
$Al \longrightarrow Al^{3+} + 3\ e^-$ (Oxidation)
$2\ H^+ + 2\ e^- \longrightarrow H_2$ (Reduktion)
$2\ Al + 6\ H^+ \longrightarrow 2\ Al^{3+} + 3\ H_2$ (Redoxreaktion)

**b** Nein, da dann kein Lokalelement aus zwei Metallen entstehen kann.

**c** Aluminium als Verpackungsmaterial sollte unbedenklich sein, $Al^{3+}$-Ionen können z. B. durch Erhitzen nicht entfernt werden; saure Lebensmittel sollten nicht in Aluminium verpackt werden.

**17 ›** Synonyme untereinander sind:

| **Halbzelle** | **Anode (Ort der Oxidation)** | **Kathode (Ort der Reduktion)** | **Redoxpotenzial** |
|---|---|---|---|
| Elektrode | Elektronendonator | Elektronenakzeptor | Elektrodenpotenzial |
| Elektrochemische Zelle | Minuspol | Pluspol | |

Die Begriffe *Halbzelle* und *Elektrode* bezeichnen die Kombination aus Metall und Elektrolytlösung. *Elektrode* wird häufig auch nur für das Metall verwendet. Der Begriff Halbzelle weist darauf hin, dass eine zweite Halbzelle erforderlich ist, um eine galvanische Zelle zu erhalten, das leistet der Begriff *elektrochemische Zelle* nicht.
Die Begriffe *Anode/Kathode* für die Vorgänge der Oxidation/Reduktion sind ebenso eindeutig wie *Elektronendonator/-akzeptor*. Die Begriffe *Minuspol/Pluspol* sind problematisch, da die Ladung selbst nichts über die Art der Reaktion aussagt. Bei galvanischen Zellen erfolgt am Minuspol die Oxidation, bei Elektrolysen die Reduktion.
*Redoxpotenzial* zielt auf das Verhalten des Systems in einer Redoxreaktion ab, also auf die Fähigkeit, einen Partner zu oxidieren bzw. zu reduzieren. Das *Elektrodenpotenzial* ist physikalisch als elektrisches Potenzial zu verstehen.

**18 ›** **a**

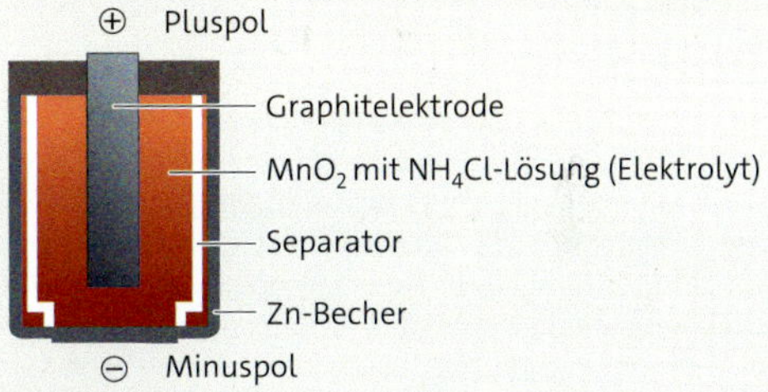


Anode (Minuspol): $Zn \longrightarrow Zn^{2+} + 2\ e^-$
Kathode (Pluspol): $MnO_2 + 2\ H_2O + 2\ e^- \longrightarrow 2\ MnOOH + 2\ OH^-$

**b** Nach Nernst sinkt mit steigender Konzentration der $Zn^{2+}$-Ionen das Potenzial der Halbzelle $Zn/Zn^{2+}$.

**c** Die Anode ist der Zinkbecher, der sich während der Benutzung der Batterie auflöst.

**d** Beide Batterien enthalten Zink und Mangandioxid, dürfen nicht im Hausmüll entsorgt werden. Alkaline halten doppelt so lange, sind auslaufsicher und ihre Spannung bleibt länger konstant.

**19 ›** **a** $U(Zn/Zn^{2+} // Ni^{2+}/Ni) = -0{,}23\ V - (-0{,}76\ V) = 0{,}53\ V$

**b** $U(Cu/Cu^{2+} // Ag^+/Ag) = 0{,}8\ V - 0{,}35\ V = 0{,}45\ V$

**c** Bei der geringeren Elektrolytkonzentration verlagert sich das elektrochemische Gleichgewicht an den Elektroden auf die Seite der Ionenbildung, das Potenzial wird also negativer.
Nach Nernst gilt im ersten Fall für beide Halbzellen:

$$E = E^0(Me/Me^{2+}) + \frac{0{,}059\ V}{2} \cdot \lg 0{,}1$$

Im Ergebnis ändert sich die Zellspannung der galvanischen Zelle nicht, da sich der Effekt gegenseitig aufhebt:

$$U = E^0(Ni/Ni^{2+}) + \frac{0{,}059\ V}{2} \cdot \lg 0{,}1 - \left(E^0(Zn/Zn^{2+}) + \frac{0{,}059\ V}{2} \cdot \lg 0{,}1\right)$$
$$= E^0(Ni/Ni^{2+}) - E^0(Zn/Zn^{2+}) = 0{,}53\ V$$

Im Fall **b** unterscheiden sich die beiden Halbzellen durch die Anzahl $z$ der ausgetauschten Elektronen.
Das Redoxpotenzial der Silberhalbzelle ändert sich um $0{,}059\ V \cdot \lg 0{,}1 = -0{,}059\ V$. Das Redoxpotenzial der Kupferhalbzelle um $\frac{1}{2} \cdot 0{,}059\ V \cdot \lg 0{,}1 = -0{,}0295\ V$.
Daher sinkt die Zellspannung um 0,0295 V auf 0,4205 V.

**20 ›** **a** $2\ H_2O(l) \rightleftarrows O_2(g) + 4\ H^+ + 4\ e^-$
Nernst-Gleichung:

$$E(Red/Ox) = E^0(Red/Ox) + \frac{0{,}059\ V}{z} \cdot \lg \frac{c(Ox)}{c(Red)}$$

$$E(H_2O/H^+) = E^0(H_2O/H^+) + \frac{0{,}059\ V}{4} \cdot \lg \frac{c^4(H^+) \cdot c(O_2)}{c^2(H_2O)}$$

Es gilt: $c(O_2) = 1\ mol \cdot l^{-1}$, $c(H_2O) = 1\ mol \cdot l^{-1}$

$$E(H_2O/H^+) = E^0(H_2O/H^+) + \frac{0{,}059\ V}{4} \cdot \lg c^4(H^+)$$

$$E(H_2O/H^+) = E^0(H_2O/H^+) - 0{,}059\ V \cdot pH$$

**b**

| pH-Wert | Halbzellenreaktion | Stoffmengenkonzentration $c(H^+)$ in $mol \cdot l^-$ | Redoxpotenzial in V |
|---|---|---|---|
| 0 | $2\ H_2O \rightleftarrows O_2 + 4\ H^+ + 4\ e^-$ | 1 | 1,23 |
| 7 | $4\ OH^- \rightleftarrows O_2 + 2\ H_2O + 4\ e^-$ | $10^{-7}$ | 0,82 |
| 14 | $4\ OH^- \rightleftarrows O_2 + 2\ H_2O + 4\ e^-$ | $10^{-14}$ | 0,41 |

In Abhängigkeit vom pH-Wert ist das Redoxpotenzial nach der Nernst-Gleichung für die Oxidationswirkung von Sauerstoffmolekülen in Lösung unterschiedlich.

**21 ›** **a** Chlor, Wasserstoff, Kalilauge (Kaliumhydroxidlösung)

**b** Pluspol (Anode):

$2\ Cl^- \longrightarrow Cl_2 + 2\ e^-$

Minuspol (Kathode):

$2\ H_2O + 2\ e^- \longrightarrow 2\ OH^- + H_2$

$2\ Cl^- + 2\ H_2O \longrightarrow Cl_2 + H_2 + 2\ OH^-$

Beim Membranverfahren sind die beiden Halbzellen durch eine spezielle Membran getrennt, die nur für die Kalium-Ionen durchlässig ist. An der Anode entstehen aus den Chlorid-Ionen einer Kaliumchloridlösung Chlor. An der Anode reagieren Wassermoleküle in einer Kalilauge zu Hydroxid-Ionen und Wasserstoffmolekülen. Zum Ladungsausgleich wandern Kalium-Ionen durch die Membran. Dadurch entsteht konzentrierte, hochreine Kalilauge.

**c** $m(KOH) = \frac{I \cdot t \cdot M(KOH)}{z \cdot F}$

$= \frac{2{,}5 \cdot 10^5\ A \cdot s \cdot 86\,400\ s \cdot 56\ g \cdot mol^{-1}}{1 \cdot 96\,485\ A \cdot s \cdot mol^{-1}}$

$= 1{,}25 \cdot 10^7\ g = 12{,}5\ t$

**22 ›** **a**

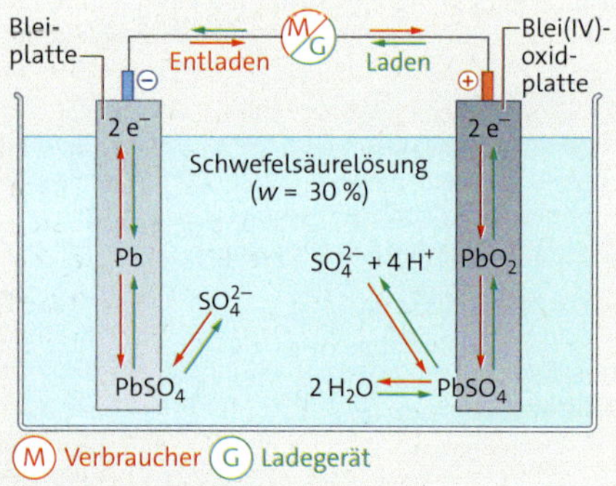


**b Entladen:**

Pluspol:

$PbO_2 + 4\ H^+ + SO_4^{2-} + 2\ e^- \longrightarrow PbSO_4 + 2\ H_2O$

Minuspol:

$Pb + SO_4^{2-} \longrightarrow PbSO_4 + 2\ e^-$

**Laden:**

Pluspol:

$PbSO_4 + 2\ H_2O \longrightarrow PbO_2 + 4\ H^+ + SO_4^{2-} + 2\ e^-$

Minuspol:

$PbSO_4 + 2\ e^- \longrightarrow Pb + SO_4^{2-}$

**c** $m(Pb) = \frac{I \cdot t \cdot M(Pb)}{z \cdot F}$

$= \frac{52\ A \cdot 3600\ s \cdot 207\ g \cdot mol^{-1}}{2 \cdot 96\,485\ A \cdot s \cdot mol^{-1}} = 200{,}8\ g$

Im Bleioxid ($PbO_2$) ist noch mal die gleiche Masse an Blei enthalten, sodass mindestens 401,6 g Blei benötigt werden.

$Pb + PbO_2 + 2\ H_2SO_4 \rightleftarrows 2\ PbSO_4 + 2\ H_2O$

$m(H_2SO_4) = \frac{n(H_2SO_4) \cdot M(H_2SO_4) \cdot m(Pb)}{n(Pb) \cdot M(Pb)}$

$= \frac{2 \cdot 98\ g \cdot mol^{-1} \cdot 200{,}8\ g}{1 \cdot 207\ g \cdot mol^{-1}} = 190{,}1\ g$

**23 ›** **a** $U_Z = E^0(2\ Br^-/Br_2) - E^0(Li/Li^+)$

$= 1{,}07\ V - (-3{,}04\ V) = 4{,}11\ V$

**b** Aufgrund des hohen negativen Redoxpotenzials von $Li/Li^+$ reagieren am Pluspol Wassermoleküle zu Hydroxid-Ionen und Wasserstoffmolekülen. Das Redoxpotenzial von $OH^-/H_2O$ ist größer (weniger negativ), sodass eine geringere Zersetzungsspannung resultiert.

**24 ›** **a**

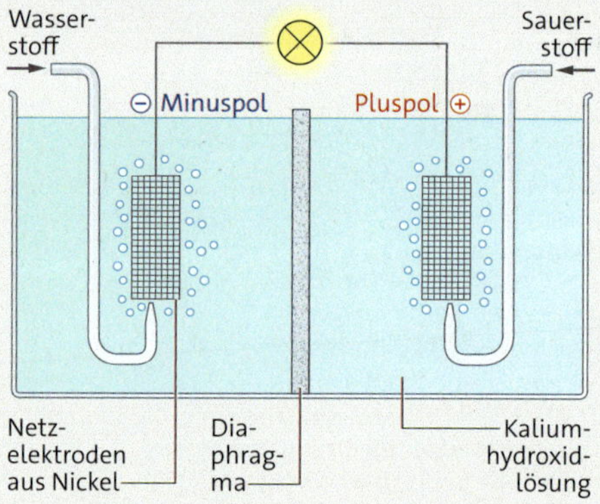


Pluspol (Anode):

$2\ H_2 + 4\ OH^- \longrightarrow 4\ H_2O + 4\ e^-$

$(2\ H_2 \longrightarrow 4\ H^+ + 4\ e^-)$

Minuspol (Kathode):

$O_2 + 2\ H_2O + 4\ e^- \longrightarrow 4\ OH^-$

$(O_2 + 4\ H^+ + 4\ e^- \longrightarrow 2\ H_2O)$

**b**

| | Brennstoffzelle | Alkaline |
|---|---|---|
| Pluspol | Platinelektrode von Wasserstoff umspült | Mangandioxidpaste |
| Minuspol | Platinelektrode von Sauerstoff umspült | Zinkgel |
| Elektrolyt | KOH-Lösung/PEM | KOH-Lösung |
| Zellspannung | 1,23 V | 1,5 V |
| Eigenschaften | kontinuierlicher Betrieb, Ausgangsstoffe müssen von außen zugeführt werden | nicht wiederaufladbar |

**c** Die Brennstoffzellentechnologie ermöglicht die Speicherung überschüssiger regenerativer Energie, indem diese zur Elektrolyse von Wasser verwendet wird. Die dabei gebildeten Reaktionsprodukte Wasserstoff und Sauerstoff können zur Energiegewinnung in der Brennstoffzelle eingesetzt werden.

**25 ›** **a** Magnesium ist ein unedleres Metall als das Eisen in der Stahlklinge. Es dient als Opferanode für die Stahlklinge.

**b** Elektronenabgabe/Oxidation:

$2\ Mg \longrightarrow 2\ Mg^{2+} + 4\ e^-$

Elektronenaufnahme/Reduktion:

$2\ H_2O + O_2 + 4\ e^- \longrightarrow 4\ OH^-$

Elektronenübergang/Redoxreaktion:

$2\ Mg + 2\ H_2O + O_2 \longrightarrow 2\ Mg(OH)_2$

**26 ›** **a** Kupfer ist durch Passivierung vor Korrosion geschützt.
**b** Es bildet sich ein Lokalelement, bei dem die verzinkte Regenrinne die Anode bildet, die sich langsam auflöst. Es reicht aus, wenn die Zinkschicht an einer Stelle beschädigt wurde, z. B. beim Festziehen der Kupferschraube.
Anode: $Fe \longrightarrow Fe^{2+} + 2\,e^-$
Kathode: $2\,H_2O + O_2 + 2\,e^- \longrightarrow 4\,OH^-$

## Kapitel 4: Chemische Bindungen, Wechselwirkungen und Atombau (↑ S. 149)

**1 ›** Fluorwasserstoff: ΔEN(HF) = 1,9 ⇨ lineares Molekül und starker Dipol
Stickstoff: $\Delta EN(N_2) = 0$ ⇨ lineares, unpolares Molekül aus zwei gleichen Bindungspartnern
Schwefelkohlenstoff: $\Delta EN(CS_2) = 0$ ⇨ lineares, unpolares Molekül
$\delta^+$ $\delta^-$
H–F̲I   IN≡NI   ⟨S=C=S⟩

**2 ›** Mithilfe von mesomeren Grenzformeln lassen sich Moleküle darstellen, die delokalisierte Elektronen besitzen und deren tatsächliche Elektronenverteilung nicht eindeutig beschrieben werden kann. Beispiel Nitrat-Ion: Es sind drei mesomere Grenzformeln möglich; die Valenzelektronen sind über das ganze Ion delokalisiert; die drei N–O-Bindungen sind gleichwertig.

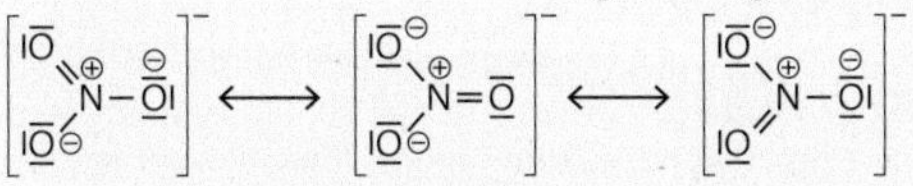

**3 ›** Beim Ammoniakmolekül $NH_3$ ist das zentrale Stickstoffatom über drei Elektronenpaarbindungen mit jeweils einem Wasserstoffatom verbunden. In einer der vier Ecken des Tetraeders befindet sich das freie Elektronenpaar des Stickstoffatoms; daraus resultiert ein gestauchter Tetraederwinkel von 107°. Beim Ammonium-Ion $NH_4^+$ sind alle vier Ecken des Tetraeders jeweils mit einem Wasserstoffatom besetzt (Tetraederwinkel 109,5°).

**4 ›** Silan ($SiH_4$): vier bindende Elektronenpaare am zentralen Siliciumatom ⇨ tetraedrische Raumstruktur
Phosphin ($PH_3$): drei bindende Elektronenpaare und ein freies Elektronenpaar am zentralen Phosphoratom ⇨ trigonal-pyramidale Raumstruktur
Blausäure (HCN): lineare Anordnung der H–C-Einfachbindung und der C–N-Dreifachbindung

**5 ›** Die negativ geladenen Elektronen würden in den positiv geladenen Kern stürzen. Bohr postulierte daher, dass sich Zentrifugalkraft und Anziehungskraft zwischen den ungleichnamigen Ladungen durch die Kreisbewegung gerade aufheben und dass die Umkreisung strahlungslos erfolgt.

**6 ›** **a** Energie-Prinzip nicht beachtet: $1s^2$
**b** Maximale Anzahl an Elektronen in den p-Orbitalen (*l* = 1) nicht beachtet: $1s^2\,2s^2\,2p^6\,3s^1$
**c** Energie-Prinzip nicht beachtet: $1s^2\,2s^2\,2p^1$
**d** Im Ne-Atom sind schon Orbitale mit *n* = 2 besetzt
[Ne] = $1s^2\,2s^2\,2p^6$, daher: [Ne] $3s^2\,3p^2$
**e** Energie-Prinzip nicht beachtet: [Ne] $3s^2\,3p^4$

**7 ›** **a**
Cl-Atom

| *n* | Schale | *l* | Unterniveau | Anzahl Elektronen | |
|---|---|---|---|---|---|
| 1 | K | 0 | s | 2 | 2 |
| 2 | L | 0 | s | 2 | 8 |
| | | 1 | p | 6 | |
| 3 | M | 0 | s | 2 | 7 |
| | | 1 | p | 5 | |
| | | 2 | d | 0 | |

Br-Atom

| *n* | Schale | *l* | Unterniveau | Anzahl Elektronen | |
|---|---|---|---|---|---|
| 1 | K | 0 | s | 2 | 2 |
| 2 | L | 0 | s | 2 | 8 |
| | | 1 | p | 6 | |
| 3 | M | 0 | s | 2 | 7 |
| | | 1 | p | 6 | |
| | | 2 | d | 10 | |
| 4 | N | 0 | s | 2 | 7 |
| | | 1 | p | 5 | |
| | | 2 | d | 0 | |
| | | 3 | f | 0 | |

**b**
Cl-Atom: [Ne] $3s^2 3p^5$; Br-Atom: [Ar] $4s^2 4p^5$

**8 ›** Elektronen sind weder Wellen noch Teilchen. Sie zeigen je nach experimenteller Anordnung Eigenschaften, die manchmal sinnvoller mit einer Teilchenvorstellung, manchmal sinnvoller mit einer Wellenvorstellung gedeutet werden können.

**9 ›** **a**

Grundzustand: [↑↓] 1s  [↑↓] 2s  [↑↓|↑|↑] 2p

$sp^3$-hybridisierter Zustand: [↑↓] 1s  [↑↓|↑↓|↑|↑] $2sp^3$

**b** Die beiden halbbesetzten $sp^3$-Hybridorbitale (+) überlappen mit den s-Orbitalen (+) von zwei H-Atomen unter Ausbildung von zwei σ-Bindungen.
**c** Die beiden vollbesetzten $sp^3$-Hybridorbitale sind als nichtbindende Elektronenpaare zu deuten. Sie drücken die beiden bindenden Elektronenpaare (O–H-Bindungen) zusammen, sodass sich der tatsächliche Bindungswinkel gegenüber dem idealen Tetraederwinkel verringert.

**10 ›** **a** Ein Stickstoffatom besitzt fünf Valenzelektronen auf der L-Schale. Im Grundzustand besetzen zwei Elektronen das 2s-Orbital und je ein Elektron eines der drei 2p-Orbitale.
Elektronenkonfiguration N: $1s^2\,2s^2\,2p^3$

Grundzustand: [↑↓] 1s  [↑↓] 2s  [↑|↑|↑] 2p

$sp^3$-hybridisierter Zustand: [↑↓] 1s  [↑↓|↑|↑|↑] $2sp^3$

Bei der Hybridisierung entstehen aus einem 2s- und drei 2p-Orbitalen vier $2sp^3$-Hybridorbitale, die in die Ecken eines Tetraeders gerichtet sind. Davon sind drei $2sp^3$-Hybridorbitale einfach besetzt. Sie überlappen mit je einem 1s-Orbital eines Wasserstoffatoms und bilden drei $2sp^3$-Molekülorbitale des Ammoniakmoleküls.
**b** Durch die Hybridisierung erstrecken sich drei $2sp^3$-Hybridorbitale in drei Tetraederecken, das andere zweifach besetzte $sp^3$-Hybridorbital weist in die Richtung der verbleibenden vierten Tetraederecke. Es enthält ein nicht an der Bindung beteiligtes Elektronenpaar, wodurch der Tetraeder verzerrt wird. Es entsteht ein Molekül mit pyramidalem Bau mit drei Wasserstoffatomen an drei Ecken und einem Stickstoffatom an der Spitze. Aufgrund der unterschiedlichen Elektronegativität von Stickstoff und Wasserstoff liegen drei polare Elektronenpaarbindungen vor. Die Wasserstoffatome sind partiell positiv geladen, das Stickstoffatom ist partiell negativ geladen. Der positive Ladungsschwerpunkt liegt in der Mitte des Dreiecks aus den drei Wasserstoffatomen, der negative Ladungsschwerpunkt an der Spitze des Tetraeders. Da die Partialladungen räumlich getrennt vorliegen, handelt es sich bei dem Molekül um einen Dipol.

**11 ›** **a** Das Pauli-Prinzip wurde nicht beachtet.

[↑↓|↑|↑]

**b** Sauerstoff O: $1s^2\,2s^2\,2p^4$

**12 ›** Ge-Atom: $4s^2 4p^2$
Sn-Atom: $5s^2 5p^2$
Pb-Atom: $6s^2 6p^2$
Ti-Atom: $3d^2 4s^2$
Zr-Atom: $4d^2 5s^2$
Hf: $5d^2 6s^2$

## Kapitel 5: Reaktionswege für organische Produkte (↑ S. 182–183)

**1 › a** Reaktionsmechanismus, der zu einem der drei isomeren Hauptprodukte (hier: 1-Brom-3-ethylpentan) führt:

Start durch Radikalbildung

$|\overline{Br}-\overline{Br}| \xrightarrow{Licht} |\overline{Br}\cdot + \cdot\overline{Br}|$

Kettenfortpflanzung

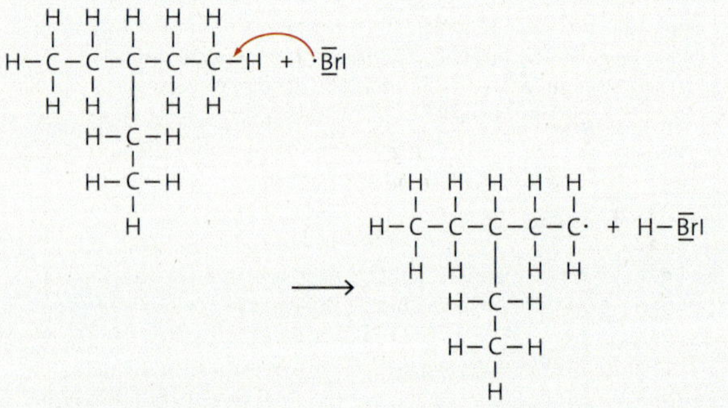

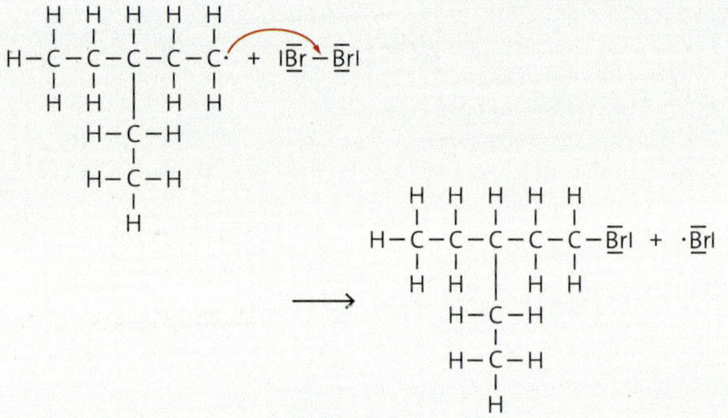

**b** 1-Brom-3-ethylpentan, 2-Brom-3-ethylpentan, 3-Brom-3-ethylpentan

**c** Das Wasser im angefeuchteten Indikatorpapier reagiert mit dem in der Reaktion entstandenen gasförmigen Bromwasserstoff:
$HBr(g) + H_2O(l) \longrightarrow H_3O^+(aq) + Br^-(aq)$
Die gebildeten Oxonium-Ionen führen zu einer Rotfärbung des Indikatorpapiers.

**2 ›** Die vier C–Cl-Bindungen im Tetrachlormethanmolekül ($CCl_4$) sind stark polar. Wegen der tetraedrischen Molekülgeometrie fallen die positiven und negativen Teilladungen zusammen, sodass $CCl_4$-Moleküle insgesamt unpolar sind; zwischen ihnen wirken als zwischenmolekulare Kräfte nur Van-der-Waals-Kräfte. Fette bestehen aus unpolaren Molekülen. Es gilt: „Gleiches löst sich in Gleichem" ⇨ gute Löslichkeit von Fett in Tetrachlormethan, aber keine Löslichkeit von Fett in Wasser (polare Moleküle). Zwischen den polaren Wassermolekülen wirken auch Wasserstoffbrücken, also stärkere zwischenmolekulare Kräfte, als zwischen den unpolaren Fettmolekülen. Die Moleküle dringen nicht in den Molekülverband der jeweils anderen Sorte ein, da zwischen jeweils gleichartigen Molekülen insgesamt stärkere Kräfte wirken als zwischen verschiedenen Molekülen.

**3 › a**

1. Schritt — Polarisierung — Heterolytische Spaltung

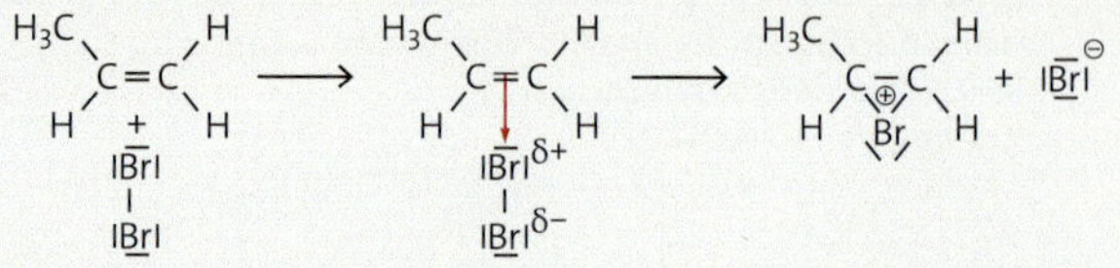

π-Komplex — σ-Komplex

zwei mögliche Strukturen:

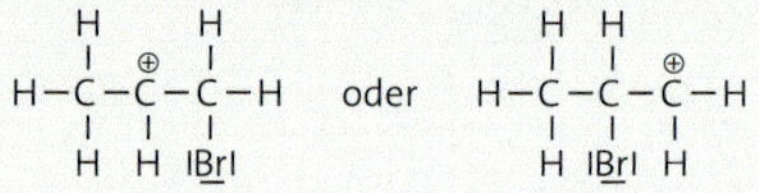

Struktur 1 — Struktur 2

2. Schritt: Rückseitenangriff des Bromid-Ions

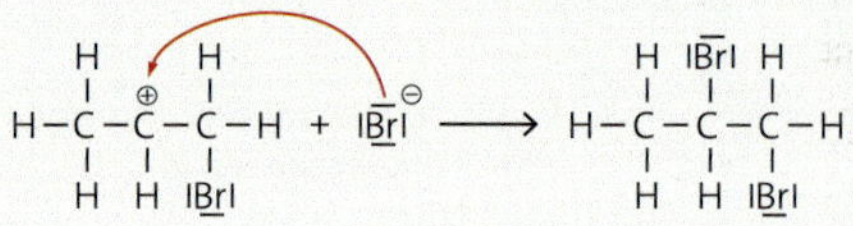

1,2-Dibrompropan

Struktur 1 ist stabiler als Struktur 2, da das sekundäre Carbenium-Ion durch +I-Effekte der Methylgruppen stabilisiert wird.

**b** Durch die Gegenwart von Lithiumchlorid sind Chlorid-Ionen im Reaktionsansatz vorhanden, die mit den Bromid-Ionen um die Addition an das sekundäre Bromonium-Ion (Struktur 1) konkurrieren. Nach Addition des Chlorid-Ions entsteht 1-Brom-2-chlorpropan. Würde das Chlorid-Ion an das primäre Bromonium-Ion (Struktur 2) addiert werden, würde formal auch 2-Brom-1-chlorpropan entstehen.

**4 › a** *Fraktionierte Destillation:* Zur Gewinnung von Stoffgemischen ähnlicher Siedetemperaturen.
*Cracken:* Zur Steuerung des Bedarfs an bestimmten, für die Wirtschaft wichtigen Fraktionen: Dabei werden die langkettigen Kohlenwasserstoffmoleküle in kurzkettige Moleküle gespalten.
*Reformieren:* Zur Verbesserung der Qualität des Benzins für moderne Hochleistungsmotoren. Beim Reformieren werden unverzweigte Kohlenwasserstoffmoleküle in verzweigte oder ringförmige Kohlenwasserstoffmoleküle umgewandelt.

**b** Das Rohöl wird aus den Lagertanks in einen Röhrenofen gepumpt und dort auf 350 bis 400 °C erhitzt. Die Rohöldämpfe gelangen in den ersten Destillationsturm mit Normaldruck. Dieser Turm ist durch Glockenböden stockwerkartig unterteilt, auf denen unterschiedliche Temperaturen herrschen. Auf dem untersten ist es am heißesten, auf dem obersten am kältesten. Die gasförmigen Stoffe steigen in dem Turm empor, kühlen sich ab und kondensieren etwas unterhalb ihrer Siedetemperatur auf den verschiedenen Böden des Turms wieder. Das Kondensat fließt durch den Überlauf in den darunterliegenden Boden zurück. Stoffe mit niedrigeren Siedetemperaturen verdampfen dann erneut. Dadurch wird ein optimaler Reinheitsgrad der Fraktion erreicht.
Da die Temperaturen von unten nach oben abnehmen, reichern sich niedrigsiedende Kohlenwasserstoffe oben an, ganz unten sammeln sich diejenigen mit den höchsten Siedetemperaturen. Die auf den verschiedenen Böden entstehenden Fraktionen werden dann von den jeweiligen Böden in Vorratsbehälter abgeleitet. Die Güte der Trennung hängt von der Anzahl an Glockenböden ab. Am Boden verbleibt schließlich der bei 400 °C unter Normaldruck nicht mehr verdampfbare Rückstand, der hauptsächlich aus langkettigen Kohlenwasserstoffmolekülen besteht. Bei weiterer Temperaturerhöhung unter Normaldruck würden sich diese Verbindungen thermisch zersetzen. Daher wird der Rückstand bei vermindertem Druck noch einmal destilliert, ohne dass die langkettigen Kohlenwasserstoffe zerfallen.

Vorgänge dem Glockenboden: Die heißen Rohöldämpfe steigen durch spezielle Durchlässe des Glockenbodens nach oben. Die Enden der sich darüber befindenden Überwurfglocke ragen in das sich auf dem Glockenboden angesammelte Kondensat hinein, sodass der Rohöldampf durch das Kondensat perlen muss. Der Dampf gibt dabei die weniger flüchtigen, hochsiedenden Verbindungen an die Flüssigkeit ab und nimmt aus ihr die leichter flüchtigen, niedrigsiedenden Stoffe mit. Ein Teil des Dampfs kondensiert dabei auf diesem Glockenboden. Die noch gasförmig gebliebenen Stoffe steigen in den nächsten Boden auf, wo sich der Vorgang wiederholt. Durch Rückflussröhren wird der Rohöldampf mehrfach destilliert, um die Zusammensetzung der einzelnen Fraktionen zu optimieren.

**c** Da Erdölfraktionen stets Stoffgemische sind, die mehrere Stoffe mit eng beieinanderliegenden Siedetemperaturen enthalten, weisen die einzelnen Fraktionen Siedetemperaturbereiche auf. Eine definierte Siedetemperatur könnte nur von den einzelnen Reinstoffen des Gemisches ermittelt werden. Bei den Erdölfraktionen steigen die Siedetemperaturen mit zunehmendem Anteil an langkettigen Kohlenwasserstoffmolekülen an. Ursache dafür sind die zunehmenden Van-der-Waals-Kräfte zwischen den Kohlenwasserstoffmolekülen.

Eine Fraktion entflammt, wenn die enthaltenen Kohlenwasserstoffe gasförmig in bestimmter Konzentration im Gemisch mit Sauerstoff vorliegen. Bei niedrigsiedenden Fraktionen, wie dem Leichtbenzin, ist dies bereits bei geringen Temperaturen von −55 bis −35 °C der Fall. Bei hochsiedenden Fraktionen wie dem Dieselöl, ist die Menge an Kohlenwasserstoffmolekülen, die bei Raumtemperatur in die Gasphase übergehen, zu gering. Der Flammtemperaturbereich wird daher erst bei Temperaturen von 55 bis 100 °C erreicht.

Viskosität bedeutet Zähflüssigkeit. Je zähflüssiger (viskoser) die Fraktion ist, desto größer ist der Anteil an langkettigen Kohlenwasserstoffmolekülen in der Fraktion. Die Viskosität lässt sich mithilfe der Van-der-Waals-Kräfte erklären: Je größer die Oberfläche der Kohlenwasserstoffmoleküle ist, desto stärkere Van-der-Waals-Kräfte wirken zwischen den Molekülen. Daher nimmt mit steigender Kettenlänge der Moleküle auch die Viskosität zu, die aufgrund der stärkeren Anziehungskräfte nicht mehr so leicht gegeneinander verschiebbar sind.

**5 ›** **a** Destillation unter Normaldruck:

| Fraktion | Siedebereich in °C | Verwendung |
|---|---|---|
| Gase | < 30 | Heizgase, Ausgangsstoffe für die chem. Industrie |
| Benzine | 30–180 | Vergasertreibstoff, Lösungsmittel |
| Petroleum | 180–250 | Kerosin (Düsentreibstoff) |
| Gasöl | 250–350 | Dieseltreibstoff, leichtes Heizöl |

Vakuumdestillation:

| Fraktion | Siedebereich in °C | Verwendung |
|---|---|---|
| Gasöl | 250–350 | Dieseltreibstoff, leichtes Heizöl |
| Leichtes Schweröl | > 350 | Heizöl |
| Mittelschweres Schweröl | > 400 | Motoröl |
| Schweres Schweröl | > 450 | Schmiermittel |
| Rückstand | > 500 | Asphalt, Teer |

**b** Die besonders nachgefragten niedrigsiedenden Benzin-, Petroleum- und Gasölfraktionen aus kurzkettigen Kohlenwasserstoffmolekülen sind nur in einem geringen Anteil im Erdöl vorhanden. Die wenig gebrauchten hochsiedenden Schweröle und Rückstände fallen dagegen in großen Mengen an. Durch das Cracken lassen sich diese Stoffe in die gewünschten kurzkettigen Kohlenwasserstoffe umwandeln, aus denen die niedrigsiedenden Fraktionen bestehen. Das durch die fraktionierte Destillation gewonnene Benzin weist eine zu niedrige Oktanzahl auf, um für moderne Motoren geeignet zu sein. Es enthält einen hohen Anteil an zündfreudigen unverzweigten Kohlenwasserstoffmolekülen wie im n-Heptan. Auch nach dem Cracken ist der Anteil verzweigter Kohlenwasserstoffe im Benzin meist noch zu niedrig. Die Oktanzahl für dieses Crackbenzin liegt zwischen 40 und 70 und muss für Ottokraftstoffe auf mindestens 91 erhöht werden. Hierfür wird das Benzin noch einem Reformingverfahren unterzogen. Beim Reformieren werden unverzweigte Kohlenwasserstoffmoleküle in verzweigte oder ringförmige Kohlenwasserstoffmoleküle umgewandelt. Je verzweigter dabei die Moleküle sind, desto höher ist die Klopffestigkeit des Benzins. Auf diese Weise wird durch das Reformieren die Oktanzahl des Benzins erhöht.

**c** Beim thermischen Cracken werden hochsiedende Kohlenwasserstoffgemische kurzzeitig unter hohem Druck erhitzt. Zwischen 400 und 800 °C geraten die langkettigen Moleküle in so starke Schwingungen, dass die Elektronenpaarbindungen zwischen den Kohlenstoffatomen aufbrechen und ein Gemisch kurzkettiger Moleküle entsteht. Beim thermischen Cracken werden nicht nur höher siedende Kohlenwasserstoffe in niedrigsiedende Alkane und Alkene umgewandelt. Es entstehen auch große Mengen an Koks.

Beim katalytischen Cracken gelingt das Cracken mit geringerem Energieaufwand mithilfe eines Katalysators bereits bei etwa 500 °C und bei geringerem Druck. Die Schweröldämpfe werden in einen Reaktor mit herumwirbelnden Katalysatorperlen eingeleitet. Der Katalysator überzieht sich dabei mit Ruß und muss in einem Regenerator durch Verbrennen des Rußes wieder gereinigt werden. Beim katalytischen Cracken erhält man einen hohen Anteil an kurzkettigen und verzweigten Kohlenwasserstoffen, die zu hochwertigem Benzin verarbeitet werden können.

**6 ›** **a** $S_N1$-Reaktion:

$C_6H_{13}–I + OH^- \longrightarrow C_6H_{13}–OH + I^-$

Reaktionsprodukt: 2-Methylpentan-2-ol, (Natriumiodid)

**b**

**1. Schritt (geschwindigkeitsbestimmend)**

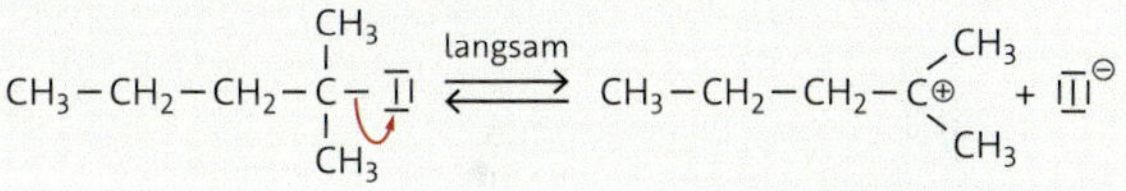


2-Iod-2-methylpentan    Carbenium-Ion

**2. Schritt**

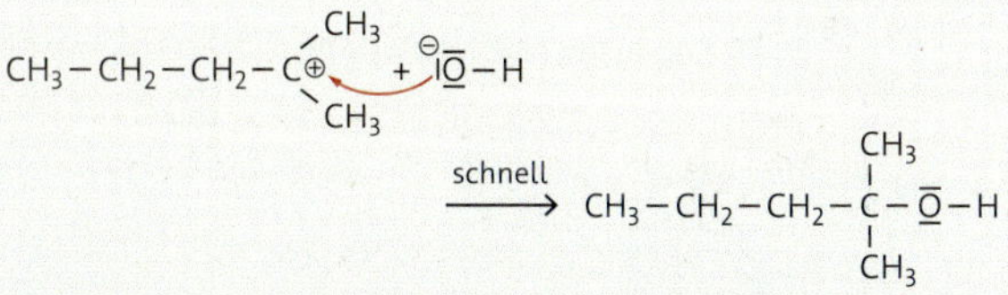


2-Methylpentan-2-ol

**c**

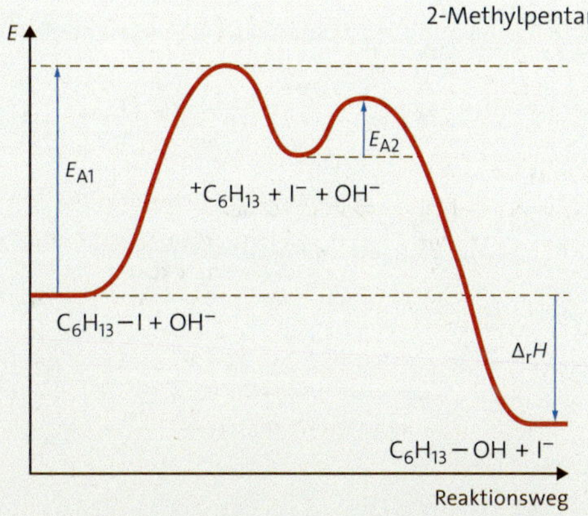

**7)** Bei primären Halogenalkanen ist der nucleophile Angriff erleichtert, weil keine sterische Hinderung durch die Alkylgruppen vorliegt. Sie reagieren bevorzugt nach dem $S_N2$-Mechanismus.

**8)** Reaktionsmechanismus für die Addition von Propan-1-ol an Ethanal (nucleophile Addition):

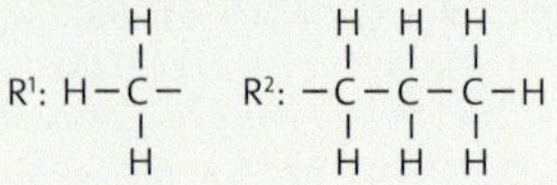

**Nucleophiler Angriff**

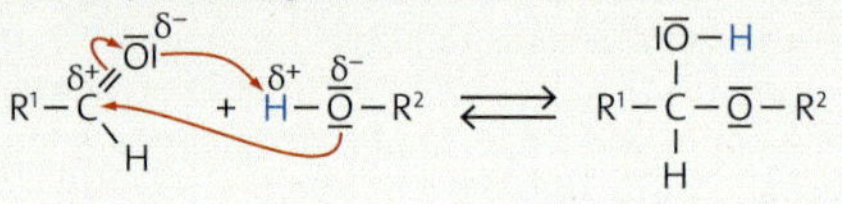


**Protonierung** **Nucleophiler Angriff**

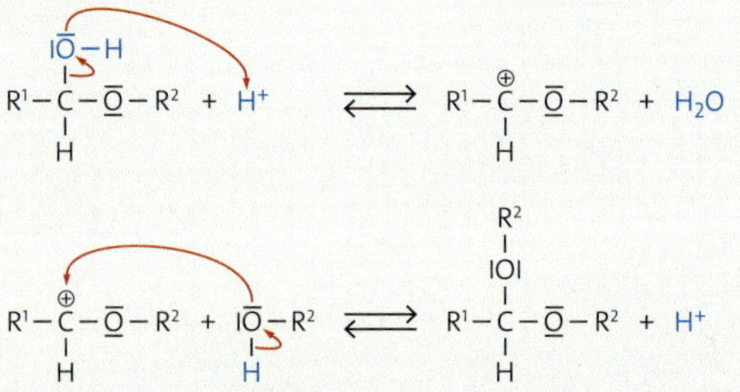


*Hinweis:* Das Produkt des ersten nucleophilen Angriffs ist ein Halbacetal, das Produkt des zweiten nucleophilen Angriffs ist ein Acetal.

**9)** **a** Butansäuremethylester (Methylbutanoat)

**b** Säurekatalysierte Esterbildung:

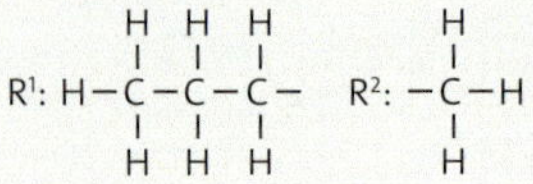

**Protonierung der Carboxygruppe**

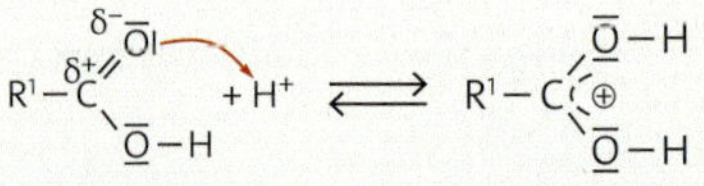


**Nucleophiler Angriff des Alkoholmoleküls**

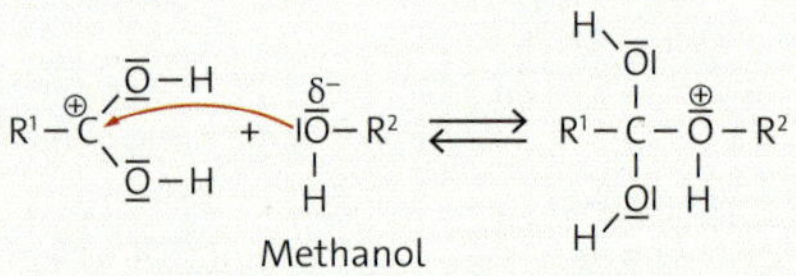


**Protonenwanderung und Abspaltung eines Wassermoleküls**

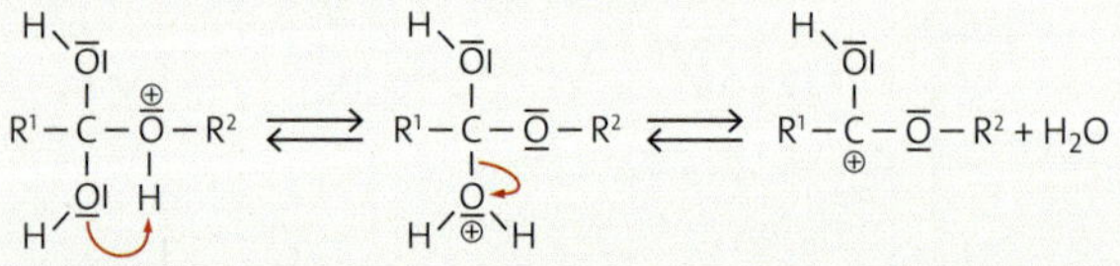

**Deprotonierung: Rückgewinnung des Katalysators**

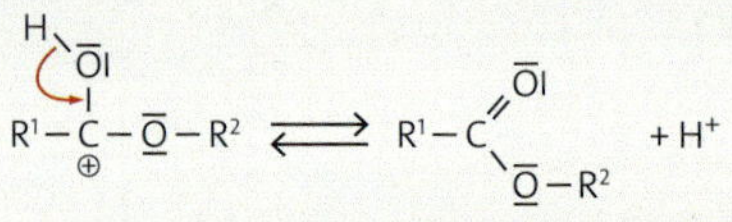


**c** Alkalische Hydrolyse (Verseifung):

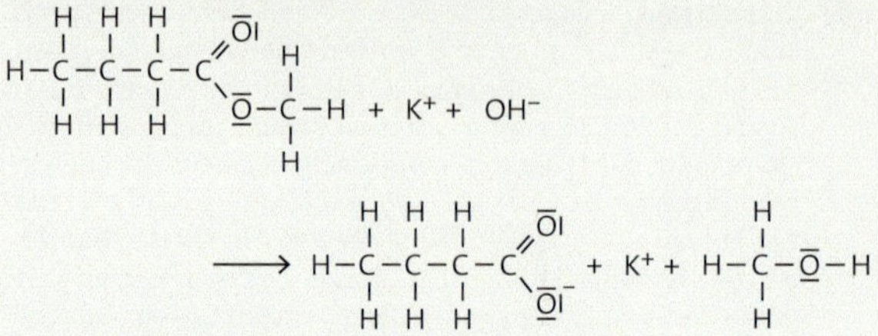

**10)** **a** Ethansäureethylester: Ethansäure, Ethanol
Propansäureethylester: Propansäure, Ethanol
Ethansäurepropylester: Ethansäure, Propan-1-ol
Methansäurehexylester: Methansäure, Hexan-1-ol
In allen Fällen wird Schwefelsäure als Katalysator eingesetzt.

**b** Namen nach IUPAC:
Ethansäureethylester: Ethylethanoat
Propansäureethylester: Ethylpropanoat
Ethansäurepropylester: Propylethanoat
Methansäurehexylester: Hexylmethanoat

**11)** Beim Chlorethen ist gegenüber dem Ethenmolekül ein Wasserstoffatom durch ein Chloratom ersetzt. Aufgrund der höheren Elektronegativität des Chloratoms übt dieses einen –I-Effekt aus, was dazu führt, dass die Elektronendichte am benachbarten Kohlenstoffatom und damit an der C=C-Doppelbindung erniedrigt wird. Ein elektrophiler Angriff an die Doppelbindung ist demnach erschwert, weshalb die Addition von Brom an Chlorethen langsamer verläuft als die an Ethen. Je mehr Wasserstoffatome durch Chloratome ersetzt werden, desto geringer ist die Elektronendichte an der C=C-Doppelbindung und desto langsamer verläuft die Addition von Brom.

**12)**

$$CH_2{=}CH_2 + H_2O \xrightarrow{(H^+)} CH_3-CH_2-OH$$

Ethen Ethanol

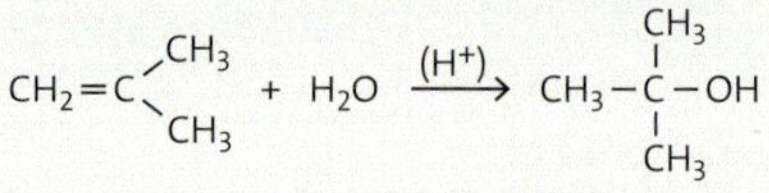

2-Methylpropen 2-Methylpropan-2-ol (tert-Butanol)

**13)** Die elektrophile Addition lässt sich in zwei Teilschritte gliedern: die Bildung des positiv elektrisch geladenen Carbenium-Ions und die Entstehung des Endprodukts durch einen nucleophilen Angriff am Carbenium-Ion. Im Bromwasser konkurrieren die entstandenen Bromid-Ionen und die mengenmäßig überwiegenden Wassermoleküle als nucleophile Teilchen miteinander, sodass durch Bindung eines Wassermoleküls über eines der freien Elektronenpaare am Sauerstoffatom und nachfolgender Abspaltung eines Protons vorwiegend 2-Bromethanol anstelle von 1,2-Dibromethan entsteht. Würde man z. B. durch Zugabe eines Salzes die Bromid-Ionen-Konzentration erhöhen, so würde man die Bildung von 1,2-Dibromethan begünstigen.

**14)** $CH_3{-}CH_2{-}CH_2Br + K^+ + OH^- \rightleftarrows CH_3{-}CH_2{-}CH_2Br + K^+ + Br^-$
Diese Reaktion läuft bevorzugt nach dem $S_N2$-Mechanismus ab, da die Abgangsgruppe (–Br) an ein primäres Kohlenstoffatom gebunden ist. Dadurch kann die Abspaltung dieser Abgangsgruppe und der Angriff des Nucleophils ($OH^-$) gleichzeitig erfolgen.

**15 ⟩ a**

| Reaktion | Reaktionstyp |
|---|---|
| R1 | (Thermisches) Cracken |
| R2 | Elektrophile Addition von Chlor |
| R3 | Eliminierung von Chlorwasserstoff |
| R4 | Elektrophile Addition von Wasser |
| R5 | Eliminierung von Wasser (Dehydratisierung) |
| R6 | Elektrophile Addition von Bromwasserstoff |
| R7 | Eliminierung von Bromwasserstoff |

**b** Im Folgenden werden nur die wesentlichen Schritte der Mechanismen angegeben.

R3 (Eliminierung von Chlorwasserstoff):

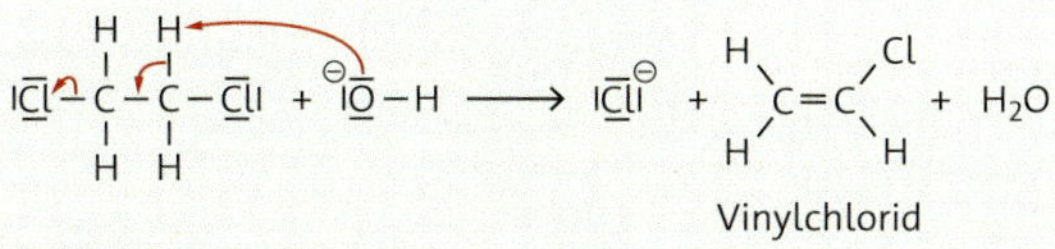


R4 (Elektrophile Addition von Wasser):

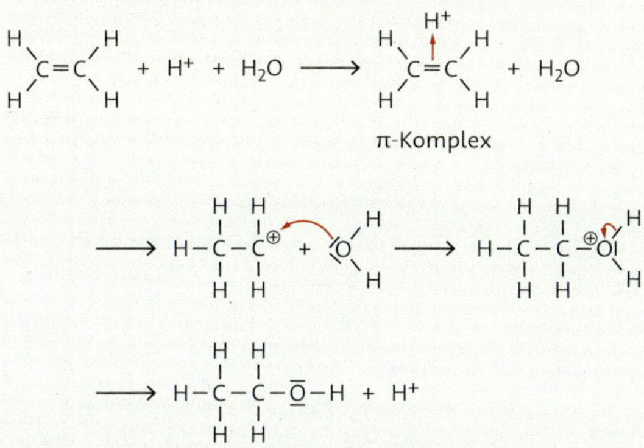


R6 (Elektrophile Addition von Bromwasserstoff):

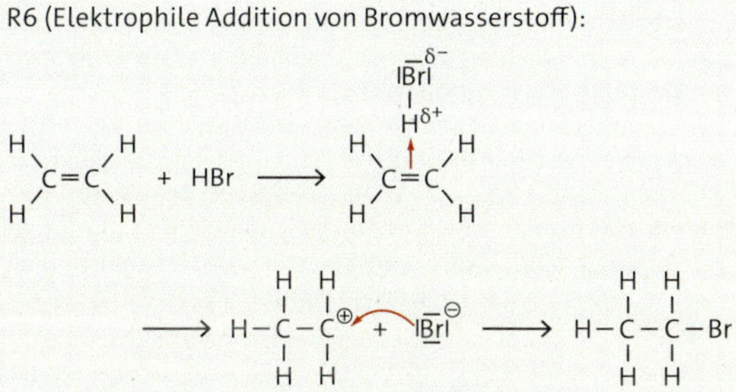

R7 (Eliminierung von Bromwasserstoff):

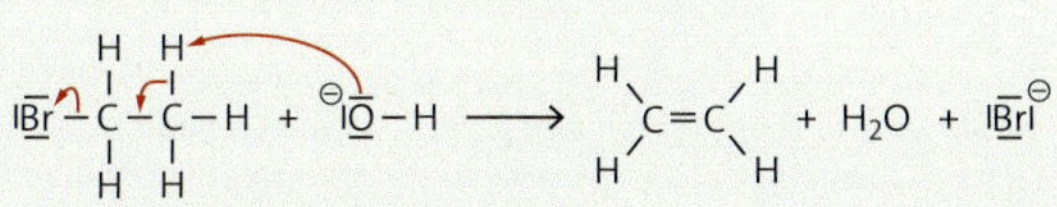

**c** Die Addition von Wasser an Propen gelingt nur bei Anwesenheit einer Säure, die die für den ersten Schritt notwendigen Protonen liefert. Das Proton lagert sich dabei am wasserstoffreicheren Ende der Doppelbindung an, da das sekundäre Carbenium-Ion stabiler als das primäre ist (Regel von Markownikow). Dies liegt an dem +I-Effekt der jeweils benachbarten Methylgruppen. Daher entsteht bevorzugt 2-Propanol.

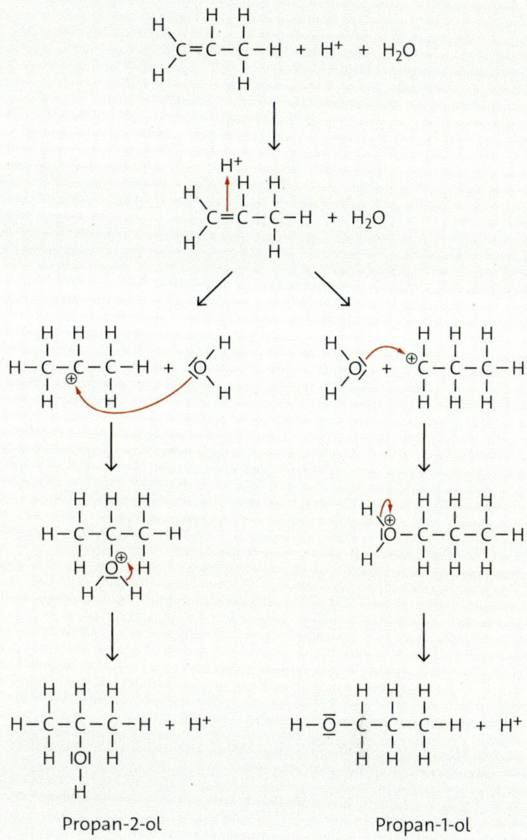


**16 ⟩ a**

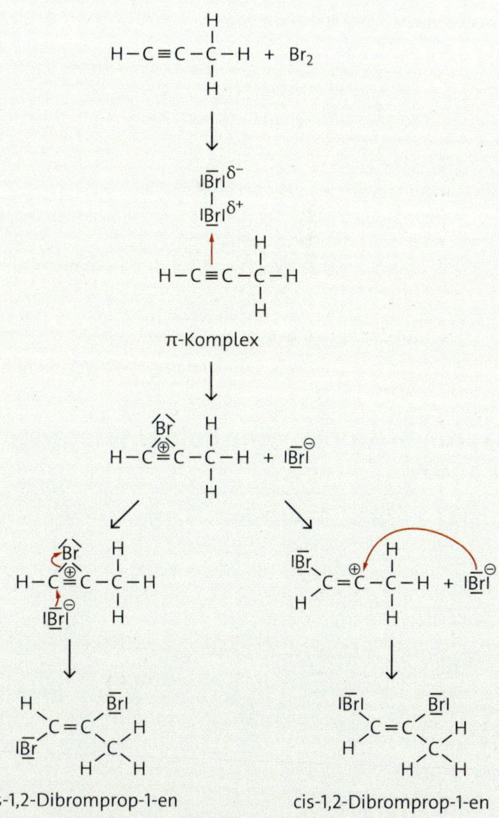

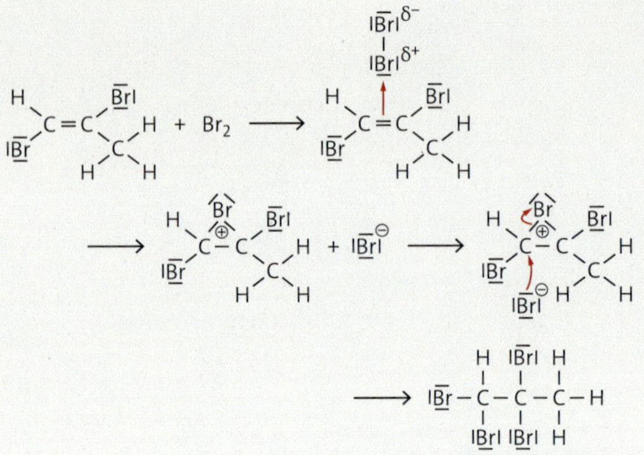

1,1,2,2-Tetrabrompropan

Ebenso wie bei der elektrophilen Addition von Brom an Alkene bildet sich auch an der Dreifachbindung von Alkinen wie dem Propin ein π-Komplex aus. Dabei wird das elektrophile Bromid-Ion an das wasserstoffreichere Kohlenstoffatom addiert, da so das energetisch günstigere sekundäre Carbenium-Ion entsteht. Nach Addition des Bromid-Ions entstehen cis-1,2-Dibromprop-1-en und trans-1,2-Dibromprop-1-en, wobei letzteres aus sterischen Gründen energetisch begünstigt ist und mengenmäßig überwiegt. Es liegt cis-trans-Isomerie vor, da die freie Drehbarkeit um die C=C-Bindungsachse nicht gegeben ist. Durch Addition eines zweiten Brommoleküls entsteht 1,1,2,2-Tetrabrompropan. Hier lassen sich verschiedene Konformationsisomere formulieren, die durch Drehung um die Einfachbindungen ineinander umwandelbar sind.

**b** Das Bromchloridmolekül ist ein polares Molekül. Aufgrund der höheren Elektronegativität des Chloratoms liegt die positive Partialladung beim Bromatom. Bei der heterolytischen Spaltung nach Annäherung an die Dreifachbindung wird das positiv geladene Brom-Ion zuerst am wasserstoffreicheren Ende des But-1-inmoleküls gebunden, da das sekundäre Carbenium-Ion stabiler ist. Das negativ geladene Chlorid-Ion lagert sich dann an das zweite Kohlenstoffatom an, sodass vorwiegend 1-Brom-2-chlorbut-1-en entsteht. Aus sterischen Gründen bildet sich hauptsächlich das energetisch günstigere trans-Isomer: trans-1-Brom-2-chlorbut-1-en.

**17 ⟩** Prinzipiell wären bei dieser Reaktion drei verschiedene Isomere als Reaktionsprodukt der Reaktion von 3-Ethylpentan mit Brom in einer radikalischen Substitution möglich: 1-Brom-3-ethylpentan, 2-Brom-3-ethylpentan und 3-Brom-3-ethylpentan.
Dass 3-Brom-3-ethylpentan mengenmäßig überwiegt liegt daran, dass das tertiäre Alkylradikal durch den +I-Effekt der drei Ethylgruppen im Vergleich zum primären oder sekundären Alkylradikal besser stabilisiert und daher energetisch begünstigt ist.

## Kapitel 6: Aromatische Kohlenwasserstoffe (↑ S. 205)

**1 ⟩** Benzen, der systematische Name nach IUPAC-Nomenklatur, weist auf die im Molekül enthaltenen Doppelbindungen hin. Die Endung -ol des Namens Benzol bezeichnet im Allgemeinen Moleküle, die mindestens eine Hydroxygruppe (OH-Gruppe) besitzen. Der Name Benzol ist deshalb verwirrend, jedoch aus historischen Gründen im Deutschen weiterhin gebräuchlich.

**2 ⟩** Das Toluolmolekül (Methylbenzolmolekül) besitzt die gleiche Grundstruktur wie das Benzolmolekül: Es weist drei delokalisierte Doppelbindungen und sechs $sp^2$-hybridisierte Kohlenstoffatome im Ring auf, die den aromatischen Charakter bestimmen.

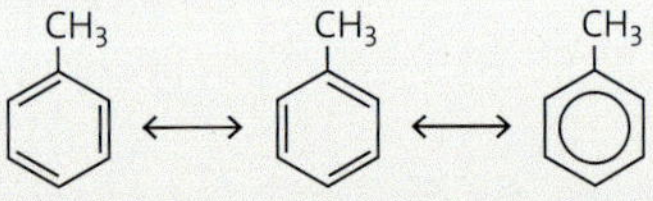

**3 ⟩** Elektrophile Substitution ($S_E$):

**1. Schritt: Elektrophiler Angriff und heterolytische Spaltung**

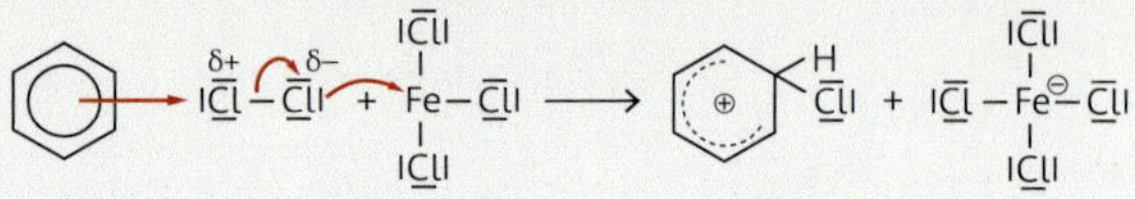

π-Komplex   Katalysator   σ-Komplex

**2. Schritt: Deprotonierung und Rearomatisierung**

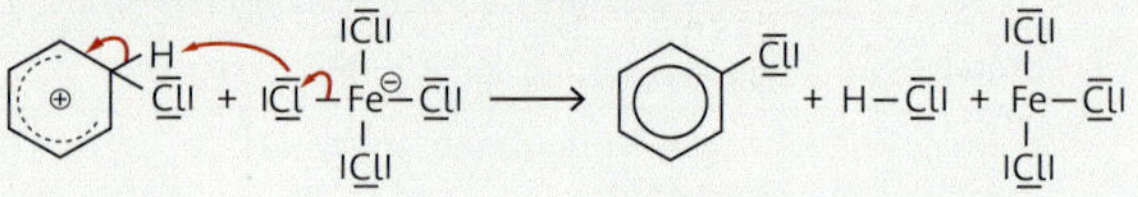

σ-Komplex   Chlorbenzol   Katalysator

**4 ⟩**

| | Elektrophile Substitution der Aromaten | Elektrophile Addition der Alkene |
|---|---|---|
| Edukte | • Benzol $C_6H_6$<br>• Halogen, z. B. Brom $Br_2$ | • Alken, z. B. Ethen $C_2H_4$<br>• Halogen, z. B. Brom $Br_2$ |
| Produkte | • Brombenzol<br>• Bromwasserstoff HBr | • 1,2-Dibromethan |
| Reaktionsbedingungen | Katalysator erforderlich, z. B. Eisenbromid $FeBr_3$ | Keine besonderen Bedingungen |
| Art des angreifenden Teilchens | Kation | Polarisiertes Brommolekül |

**5 ⟩** Aufgrund des +M-Effekts der OH-Gruppe ist die Elektronendichte im Ring des Phenolmoleküls erhöht. Die Bildung des π-Komplexes wird daher erleicht (elektrophiler Angriff). Zudem tritt eine stabilisierende Wirkung auf den σ-Komplex ein, sodass die ortho- und die para-Stellung bevorzugt gebildet werden.

**6 ⟩** Der +M-Effekt der $NH_2$-Gruppe im Anilinmolekül hat eine stabilisierende Wirkung auf den σ-Komplex, daher werden die ortho- und die para-Stellung bevorzugt gebildet. Daraus folgt, dass elektrophile Substitutionen an Position 2 und 4 des Benzolrings bevorzugt erfolgen (Position 6 entspricht Position 2).

**7 ⟩** **a** Mesomeriestabilisierung: Ursache für die saure Reaktion des Phenolmoleküls ist die Wechselwirkung der Hydroxygruppe mit dem π-Elektronensystem des aromatischen Rings. Dadurch wird die Bindung in der Hydroxygruppe stärker polarisiert und das Proton kann leichter abgegeben werden.

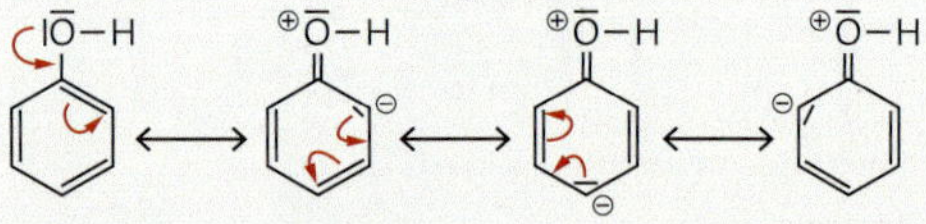

Eine weitere Ursache für die saure Reaktion liegt in der Stabilität des Phenolat-Ions, denn die negative Ladung ist nicht ausschließlich am Sauerstoffatom lokalisiert, sondern über den gesamten aromatischen Ring verteilt.

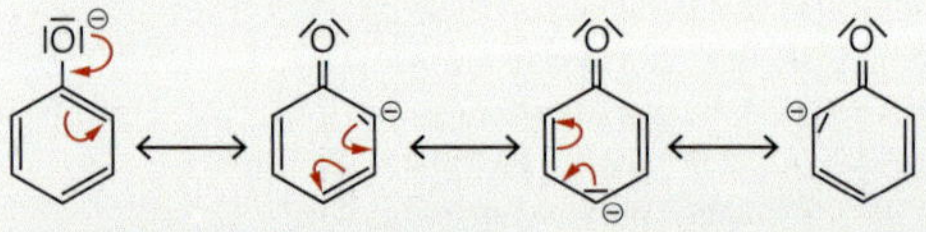

**b** 4-Nitrophenol ist acider als Phenol, weil die $NO_2$-Gruppe einen elektronenziehenden −M-Effekt besitzt, da die Polarisierung der OH-Gruppe erhöht und die Abspaltung des Protons damit erleichtert ist. 4-Methylphenol ist weniger acide als Phenol, da die $CH_3$-Gruppe dagegen einen elektronenschiebenden +I-Effekt aufweist.

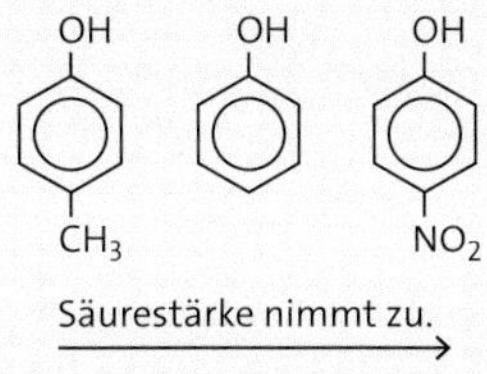


**8 ›** In Gegenwart von Säuren wird die Aminogruppe ($NH_2$-Gruppe) protoniert. Es entsteht $C_6H_5$–$NH_3^+$. Diesem Molekül-Ion fehlt an der Aminogruppe ein freies Elektronenpaar, das zur Mesomeriestabilisierung miteinbezogen werden könnte. Daher reagiert Anilin in saurer Lösung nur schlecht.

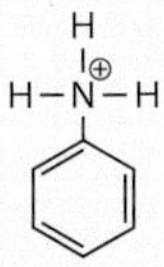

**9 ›** Mesomere Grenzformeln des Anilinmoleküls:

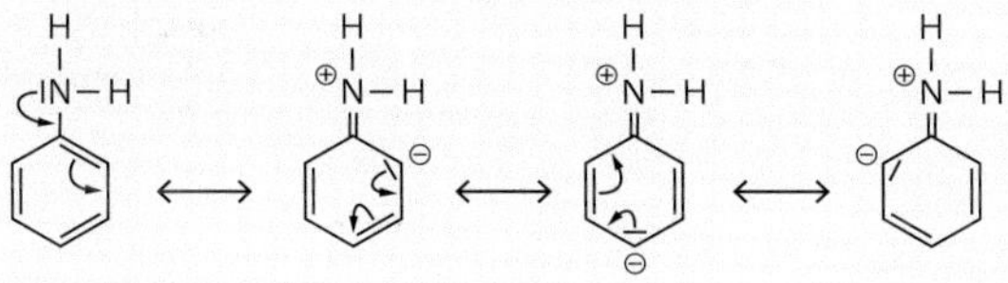

Mesomere Grenzformeln des Anilinmoleküls nach der Protonierung:

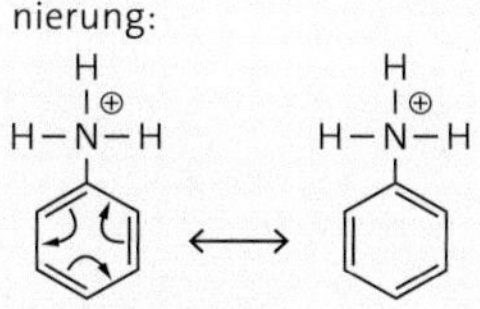

Vergleich der mesomeren Grenzformeln des Anilin- und des Phenolmoleküls:
Phenol reagiert als (schwache) Säure, weil es aufgrund der Mesomeriestabilisierung an Wassermoleküle ein Proton abgeben kann. Anilin reagiert als (schwache) Base, da es ähnlich den Ammoniakmolekülen ein Proton von Wassermolekülen aufnehmen kann. Allerdings steht durch die Delokalisierung das freie Elektronenpaar an der Aminogruppe für eine Protonierung nur eingeschränkt zur Verfügung. Deshalb ist Anilin im Vergleich zu Ammoniak eine relativ schwache Base.

**10 › a** Reaktionsprodukte werden entsprechend den Reaktionsbedingungen gebildet:
Entsprechend der KKK-Regel (Katalysator, niedrige Temperaturen, am „Kern") entstehen ortho- und para-Bromtoluol sowie Bromwasserstoff.
Entsprechend der SSS-Regel (hohe Temperatur, Einfluss von Licht, an der Seitenkette) werden Benzylbromid sowie Bromwasserstoff gebildet.

**b ortho:**

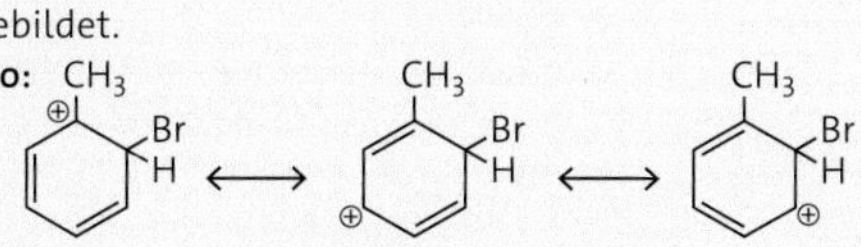

**para:**

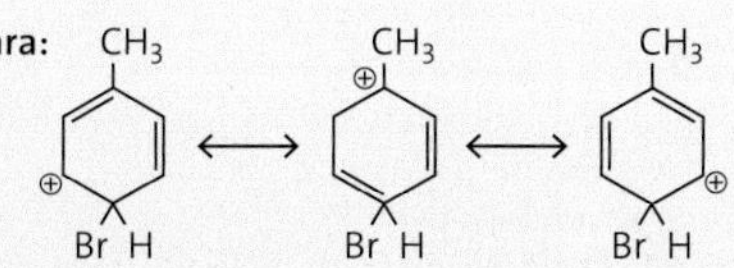

**meta:**

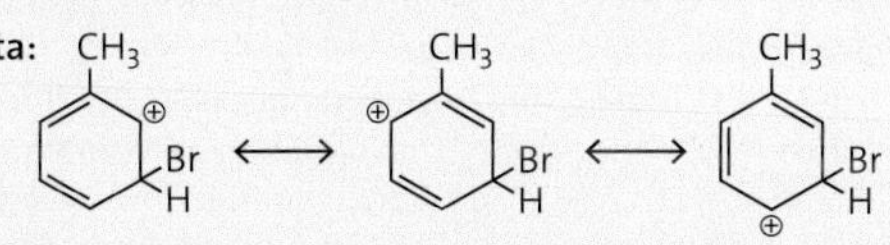

**c** Die $CH_3$-Gruppe ist ein aktivierender Substituent mit +I-Effekt und dirigiert den Zweitsubstituenten in ortho- und para-Stellung. Bei einer Substitution in meta-Stellung gibt es keine Grenzstruktur, an der die positive Ladung am C-Atom mit der Methylgruppe auftritt. Der σ-Komplex ist daher weniger stabil.

**11 › a** 1,2-Dihydroxybenzol (bzw. 1,2-Dihydroxybenzen)
1,3-Dihydroxybenzol (bzw. 1,3-Dihydroxybenzen)
1,4-Dihydroxybenzol (bzw. 1,4-Dihydroxybenzen)

**b**

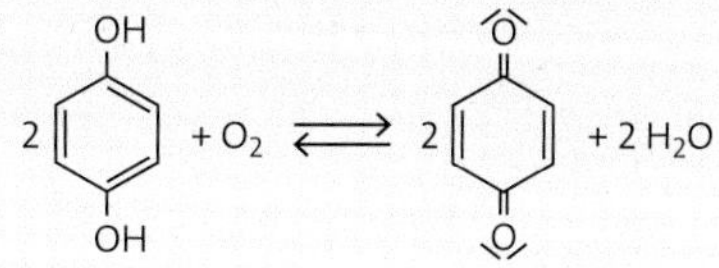

Merkmale der Chinone: Oxidationsprodukte von verschiedenen Phenolen; Derivate des Benzols, bei denen unter Aufhebung der Aromatizität des Rings an zwei Kohlenstoffatomen die Wasserstoffatome durch Sauerstoffatome ersetzt wurden; Oxidationsmittel

**c** Im Resorcinmolekül sind die OH-Gruppen in meta-Stellung gebunden. Bei einer Oxidation lassen sich die verbleibenden Doppelbindungen nicht mehr im Ring verteilen, ohne die $sp^2$-Hybridisierung der Kohlenstoffatome aufzuheben.

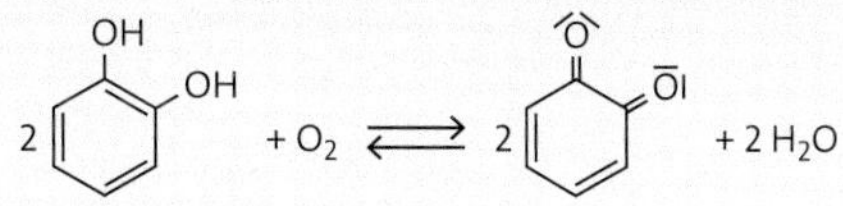

Brenzcatechin

## Kapitel 7: Kunststoffe (↑ S. 241)

**1 ›** Es wird der Begriff Makromolekül definiert (originale Definition der IUPAC).
Sinngemäße Übersetzung: Ein Makromolekül ist ein Molekül großer molarer Masse. Es besitzt eine Struktur, die sich grundsätzlich aus einer vielfachen Wiederholung von Monomeren mit geringer molarer Masse ableiten lässt.

**2 ›** *Thermoplaste:* je nach Herstellungsart weiche oder feste Kunststoffe, die beim Erwärmen schmelzen und dabei verformbar werden. Makromoleküle linear, ggf. wenig verzweigt, aber nicht vernetzt. Zwischen den Molekülen wirken Van-der-Waals-Kräfte, Dipol-Dipol-Kräfte oder Wasserstoffbrücken, die beim Erwärmen überwunden werden. Dadurch können die Makromoleküle aneinander vorbeigleiten.
*Duromere:* harte, feste Kunststoffe, die sich beim Erwärmen zersetzen. Makromoleküle sind engmaschig vernetzt. Bei geringer Erwärmung fangen die Makromoleküle zu schwingen an, unter Beibehaltung der netzartigen Struktur. Bei höheren Temperaturen brechen die Elektronenpaarbindungen auf und das Polymer zerfällt in kleinere Moleküle. Deshalb kommt es beim Erwärmen von Duromeren nicht zum Schmelzen, sondern zur Zersetzung.
*Elastomere:* elastische Kunststoffe. Weitmaschig vernetzte Makromoleküle, die dafür sorgen, dass sich bei mechanischem Zug das Elastomer vorübergehend ausdehnen kann.

**3 › a** Es handelt sich um eine radikalische Polymerisation, bei der Polystyrol entsteht.

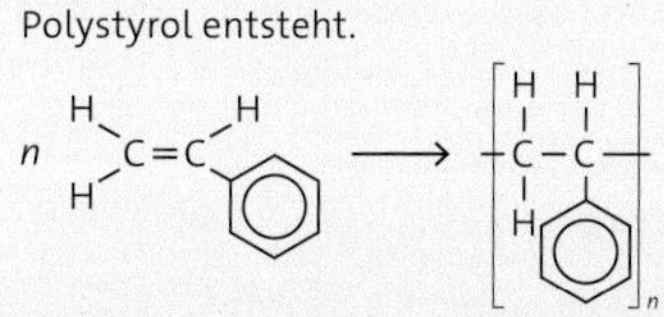

**b** Beim Erwärmen wird Polystyrol (PS) zunächst weich und schmilzt zu einer zähflüssigen Masse. Es besitzt keine Schmelztemperatur, sondern einen Schmelztemperaturbereich. Da es sich bei Polystyrolmolekülen um sehr große Moleküle handelt, wirken zwischen ihnen ziemlich starke Van-der-Waals-Kräfte.

Bei Raumtemperatur ist PS deshalb ein Feststoff. Die Anzahl der Monomere, die sich zum Polymer verbinden, schwankt innerhalb weiter Grenzen. Daher verhält sich PS nicht wie ein Reinstoff, sondern wie ein Gemisch aus vielen Stoffen mit nahe beieinanderliegenden Schmelztemperaturen.

**c** Aus Dibenzoylperoxid entstehen durch Licht oder Wärme Radikale, die in einem ersten Schritt mit einem Styrolmolekül reagieren, wobei ein neues Radikal entsteht. Dieses wird mit einem weiteren Styrolmolekül umgesetzt usw. Ein Abbruch der Kette erfolgt beispielsweise, wenn zwei Radikale miteinander reagieren (Rekombination).

Startreaktion: R–R $\longrightarrow$ 2 R•
Kettenwachstum: R• + S $\longrightarrow$ R–S•
R–S• + S $\longrightarrow$ R–S–S• usw.
Abbruchreaktion: R–S• + R–S–S• $\longrightarrow$ R–S–S–S–R

**4)** **a**

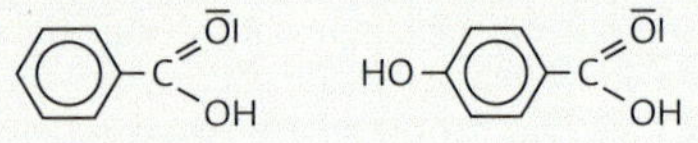

Benzoesäure 4-Hydroxybenzoesäure

**b** Polykondensation.

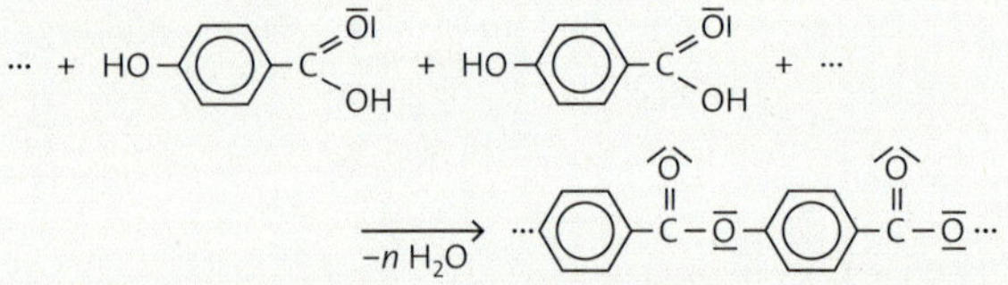

Bei der Polykondensation werden Monomere mit mindestens zwei funktionellen Gruppen zu Makromolekülen verknüpft. Dies trifft auf 4-Hydroxybenzoesäure mit einer COOH-Gruppe und einer OH-Gruppe zu – im Unterschied zu Benzoesäure mit nur einer COOH-Gruppe.

**c** Das Polykondensat ist ein lineares Makromolekül, wie es für Thermoplaste typisch ist. Es sollte also beim Erwärmen schmelzen und verformbar sein.

**5)** **a** Monomer: kleinste Baueinheit der Polymere. Hier: zwei Monomere – Glycerinmolekül und Weinsäuremolekül
Polymer: Makromolekül aus vielen chemisch miteinander verbundenen Monomeren, wobei sich die Eigenschaften des Polymers bei Hinzufügen oder Wegnehmen einzelner Monomere nicht ändern. Hier: Polyester

**b** Voraussetzung für die Bildung eines Polyesters (Polykondensation) ist das Vorliegen mehrerer funktioneller Gruppen in den Molekülen des Ausgangsstoffs.

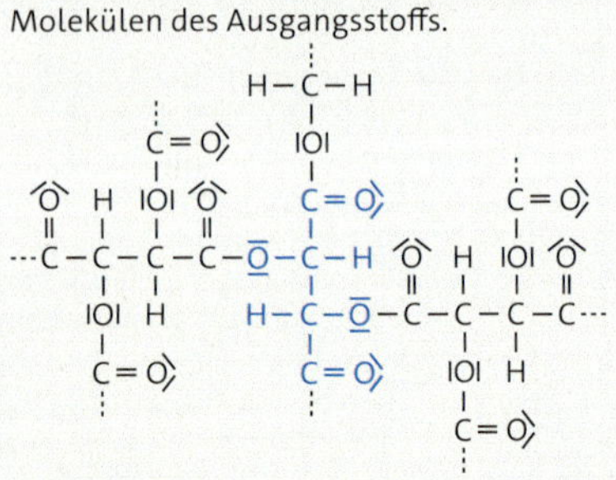

**c** Der gebildete Polyester ist ein Duroplast, weil die Monomere jeweils mehr als zwei funktionelle Gruppen enthalten (drei im Glycerinmolekül und vier im Weinsäuremolekül), wodurch ein stark vernetztes Makromolekül erzeugt wird.

**6)** Nur mit den Ausgangsstoffen 1,2-Diaminoethan und Diisocyanat ist eine Polyaddition zu Polyharnstoff möglich. Dimethylamin fehlt die für die Polyaddition notwendige zweite funktionelle Gruppe.

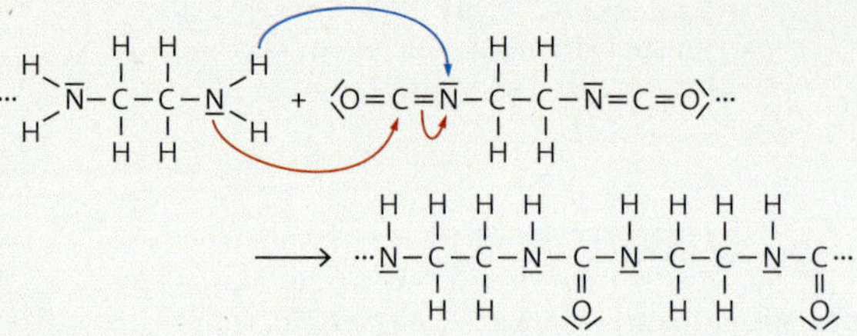

**7)** Eine Schüssel aus HDPE, einem thermoplastischen Kunststoff, kann durch Spritzgießen hergestellt werden. Das Granulat wird in einem Extruder mit beweglicher Schnecke gefördert, durch Erwärmen plastisch gemacht und dann durch Vorwärtsbewegen der Schnecke in die gekühlte Form gespritzt. Später öffnet sich die Form und die fertige Schüssel fällt heraus. Flaschen aus PET, einem thermoplastischen Kunststoff, können durch Hohlkörperblasen hergestellt werden. Dabei drückt ein Extruder einen plastischen Schlauch in ein zweiteiliges Hohlwerkzeug mit der gewünschten Form. Durch Schließen des Werkzeugs wird der Schlauch luftdicht abgequetscht und durch Einblasen von Luft an die Wände der Form gedrückt. Nach kurzer Abkühlung wird die Form geöffnet und der Hohlkörper ausgeworfen.

**8)** Bei der Leitung von elektrischem Strom entsteht im metallischen Leiter Wärme. Die Kunststoffummantelung darf aus Sicherheitsgründen nicht schmelzen, deshalb sollte sie aus einem duromeren Kunststoff hergestellt werden.

**9)** Mehrere Lösungen sind möglich, z. B.:

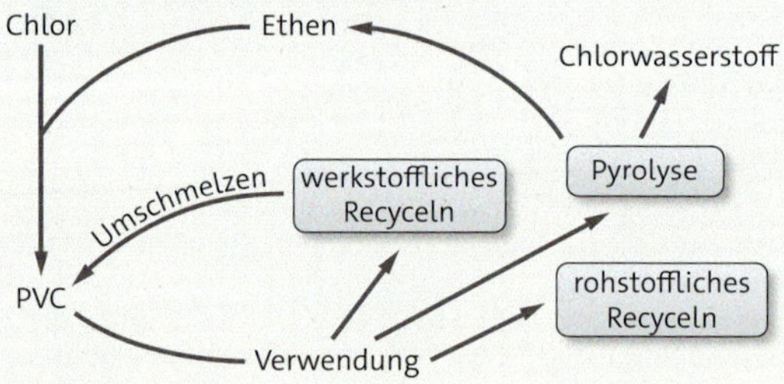


**10)** Durch statistische, alternierende Block- oder Pfropf-Copolymere können verschiedene Kunststoffe mit völlig unterschiedlichen Eigenschaften gebildet werden, obwohl die gleichen Monomere verwendet werden.

## Kapitel 8: Farbstoffe (↑ S. 271)

**1)** **a** *Lichtabsorption:* Wird ein farbiger Gegenstand mit Licht bestrahlt, so werden bestimmte Wellenlängen aus dem Spektrum aufgenommen (Lichtabsorption). Dadurch werden Elektronen der Farbstoffmoleküle auf ein höheres Energieniveau gehoben. Die für die Anregung notwendige Energie entspricht der Energie der absorbierten Wellenlänge. Die wahrgenommene Farbe ist das Resultat der Mischung der nicht vom Stoff absorbierten Anteile des weißen Lichts. *Lichtemission:* Abstrahlung elektromagnetischer Wellen im sichtbaren Spektrum unter Rückkehr von Elektronen aus einem angeregten Zustand in den Grundzustand. Die Anregungsenergie wird in Form von Licht emittiert. Die wahrgenommene Farbe ist das Resultat des Aussendens von Licht in den Wellenlängen des sichtbaren Spektrums.

**b** *Subtraktive Farbmischung:* Teile des sichtbaren Lichts werden vom Gegenstand absorbiert. In das Auge gelangt nur der reflektierte Anteil. Die Mischfarbe wird somit bereits im betrachteten Gegenstand erzeugt. Grundfarben: Cyan, Magenta und Gelb. Werden diese drei Farben in gleicher Intensität und zu gleichen Anteilen miteinander gemischt, wird kein Licht mehr reflektiert und der Farbeindruck ist schwarz. *Additive Farbmischung:* Mischung von farbigem Licht. Der Farbeindruck entsteht erst auf der Netzhaut es Auges. Grundfarben: Rot, Grün und Blau. Durch Mischen des Lichts entstehen hellere Farbtöne. Mischt man alle drei Farben in gleicher Intensität und zu gleichen Anteilen, so ergänzen sie sich zu Weiß.

**c** *Fluoreszenz:* Emission von Licht beim Elektronenübergang aus dem angeregten Zustand in den Grundzustand unter Beibehaltung des Elektronenspins. Energie wird nicht nur als sichtbares Licht, sondern auch als Schwingungsenergie freigesetzt. Deshalb ist das emittierte Licht etwas energieärmer und damit langwelliger als das eingestrahlte Licht. Man sieht das Leuchten nur, solange der Gegenstand mit energiereichem Licht bestrahlt wird.
*Phosphoreszenz:* Emission von Licht auch nach dem Ausschalten der Lichtquelle. Das Elektron fällt unter Umkehrung des Elektronenspins über einen metastabilen Zustand in den Grundzustand zurück. Bei beiden Formen der Lichtemission besitzt das ausgestrahlte Licht größere Wellenlängen als das absorbierte Licht.

**2 ›** Buttergelb ist ein Azofarbstoff, der im sichtbaren Spektrum (blauviolettes Licht) absorbiert. Der Farbstoff erscheint in der Komplementärfarbe Gelb. Das Chromophor besteht aus den delokalisierten π-Elektronen der Benzolringe und den Stickstoffatomen der Azogruppe R–N=N–R, die die Ringe miteinander verbindet. Die tert-Aminogruppe $-N(CH_3)_2$ des Buttergelbmoleküls ist eine auxochrome Gruppe; das freie Elektronenpaar am Stickstoffatom wird in das delokalisierte Elektronensystem miteinbezogen (Elektronendonator). Sie erzeugt einen +M-Effekt, der die Elektronendichte im konjugierten π-Elektronensystem erhöht. Die Delokalisation der π-Elektronen bewirkt, dass eine geringe Anregungsenergie benötigt wird, um die Elektronen auf ein höheres Energieniveau zu heben. Beim Buttergelb genügt bereits das energiearme sichtbare Licht, um den Farbstoff gelb erscheinen zu lassen.

**3 ›** **a**

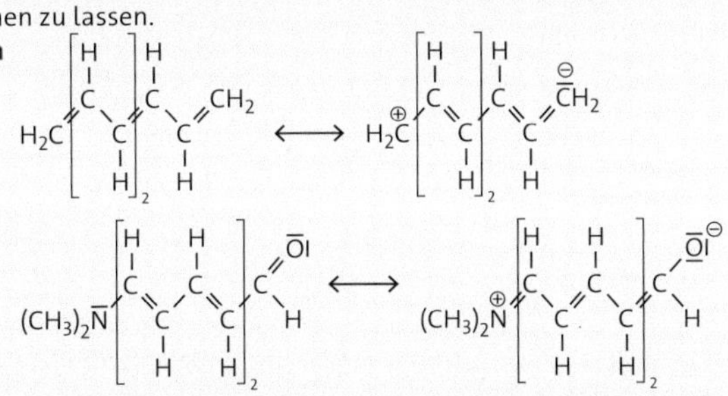

In beiden Verbindungen besitzen die Moleküle vier konjugierte Doppelbindungen. Die mesomeren Grenzstrukturen von *Verbindung 1*, das Polyen $H-(CH=CH)_4-H$, zeigen, dass eine ungünstige Ladungstrennung an den Kohlenstoffatomen auftritt. Die Anregungsenergie ist dabei so hoch, dass die Absorption nur bei sehr kurzen Wellenlängen im UV-Bereich erfolgt. Verbindung 1 ist daher farblos. [Erst Polyenmoleküle mit 9 oder mehr konjugierten Doppelbindungen erscheinen farbig.]
Das Molekül von *Verbindung 2* $(CH_3-)_2N-(CH=CH)_4-CHO$ besitzt zusätzlich zum gleichen π-Elektronensystem wie Verbindung 1 noch eine Aldehyd-Gruppe und eine tert-Aminogruppe. Die Aldehydgruppe ist eine antiauxochrome Gruppe mit einem –M-Effekt (Elektronenakzeptor). Die tert-Aminogruppe ist eine auxochrome Gruppe mit einem +M-Effekt (Elektronendonator). Beide Gruppen sind Bestandteil des Chromophors von Molekül 2 und vergrößern das π-Elektronensystem gegenüber der Verbindung 1, sodass die Energie zur Anregung von π-Elektronen gesenkt und Licht größerer Wellenlänge absorbiert wird. Es tritt eine bathochrome Verschiebung auf.

**b**

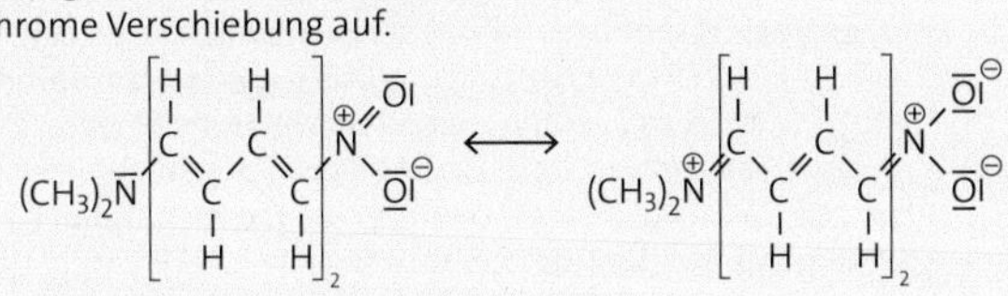

Die mesomeren Grenzstrukturen von $(CH_3-)_2N-(CH=CH)_4-NO_2$ zeigen, dass an der Nitrogruppe mehrere Formaladungen autreten, die energetisch sehr ungünstig und unwahrscheinlich sind. Im Vergleich zum Ausgangsmolekül $(CH_3-)_2N-(CH=CH)_4-CHO$ kommt es deshalb bei $(CH_3-)_2N-(CH=CH)_4-NO_2$ durch den Austausch der antiauxochromen Gruppe zu einer hypsochromen Verschiebung (Farberhöhung).

**4 ›** Ein im Tageslicht blau erscheinender Gegenstand hat sein Absorptionsmaximum im gelben Bereich des sichtbaren Lichts. In das Auge gelangt nur noch ein Teilspektrum des weißen Lichts. Die Komplementärfarbe zum absorbierten gelben Licht ist die Farbe, die vom Auge wahrgenommen wird, also Blau. Das gelbe Licht der Natriumdampflampe wird vom Gegenstand vollständig absorbiert. Es kann daher kein Licht einer anderen Wellenlänge reflektiert werden: Der Gegenstand erscheint schwarz.

**5 ›** **a** *Direktfarbstoff:* wasserlöslicher Farbstoff, der beim Färben direkt aus der Färbeflotte auf die Faser zieht.
Substantive Farbstoffmoleküle lagern sich in die Hohlräume zwischen den Fasern und werden dort durch Van-der-Waals-Kräfte, Dipol-Dipol-Kräfte oder Wasserstoffbrücken gebunden. Kationische Farbstoffmoleküle enthalten Aminogruppen, die in saurer Lösung protoniert und daher positiv geladen sind; eignen sich zur Färbung von Polyacrylnitrilfasern, die negativ geladene Atomgruppen besitzen. Anionische Farbstoffmoleküle enthalten Carboxy- oder Sulfonsäuregruppen. Durch Protolyse der Farbstoffmoleküle bilden sich negativ geladene Farbstoff-Anionen, die mit den protonierten Aminogruppen von Woll- und Polyamidfasern reagieren.
*Leukoform:* reduzierte Form eines Farbstoffs, die nicht farbig ist, weil das konjugierte π-Elektronensystem unterbrochen ist.
*Carbonylfarbstoff:* Farbstoffgruppe mit mindestens zwei Carbonylgruppen in ihren Molekülen, die durch ein konjugiertes π-Elektronensystem miteinander verbunden sind. Carbonylfarbstoffe sind besonders lichtecht und bleichen unter Lichteinwirkung kaum aus. *Beispiele:* Indigo- und Anthrachinonfarbstoffe

**b** Indigo ist nicht wasserlöslich, eine direkte Färbung daher nicht möglich. Indigo gehört genau genommen zu den Pigmenten und nicht zu den Farbstoffen. Zum Färben wird Indigo durch Verküpung in alkalischer Lösung reduziert und in eine wasserlösliche, gelblichweiße Form, das Leukoindigo, gebracht. Dieses kann auf die zu färbenden Stoffe aufziehen. Durch den Sauerstoff der Luft erfolgt die Oxidation zum blauen Indigo.

**6 ›** **a** Resorcingelb ist ein Azofarbstoff. Die Moleküle enthalten die Azogruppe R–N=N–R zwischen zwei aromatischen Resten. Ein aromatischer Rest besteht aus einem Benzolring mit zwei Hydroxygruppen in ortho- bzw. para-Stellung zur Azogruppe, ein weiterer aus einem Benzolring mit einer deprotonierten Sulfonsäuregruppe (Sulfonatgruppe) in para-Stellung zur Azogruppe.

**b** Reaktionsmechanismus (elektrophile Substitution) der Azokupplung ↑ **01**, siehe Seite 362.

**c** Die Verwendung der genannten Verbindungen führt formal zum gleichen Reaktionsprodukt. Allerdings erschweren die im 4-Amino-1,3-dihydroxybenzolmolekül vorhandenen Hydroxygruppen wegen des +M-Effekts die Verwendung als Azokomponente. Die Sulfonsäuregruppe mit ihrem –M-Effekt behindert die Verwendung von Benzolsulfonsäure als Kupplungskomponente.

**d** Pflanzliche Fasern wie Baumwolle bestehen aus Cellulose, langkettigen Polysacchariden. Cellulosemoleküle besitzen als funktionelle Gruppen eine Vielzahl an ungeladenen Hydroxygruppen. Beim *substantiven Direktfärben* von Baumwolle mit Resorcingelb lagert sich der Farbstoff in die Hohlräume zwischen den Fasern ein. Das Farbstoffmolekül haftet nur durch Van-der-Waals-Kräfte oder Wasserstoffbrücken an den Molekülen der Cellulose. Daher ist diese Färbung nicht waschecht.
Tierische Fasern wie Wolle bestehen aus Proteinen. Ihre Moleküle besitzen als funktionelle Gruppen geladene Amino- und Carboxygruppen. Mit sauren oder basischen Farbstoffen reagieren die Proteine unter Ausbildung einer salzartigen Verbindung, die Farb-

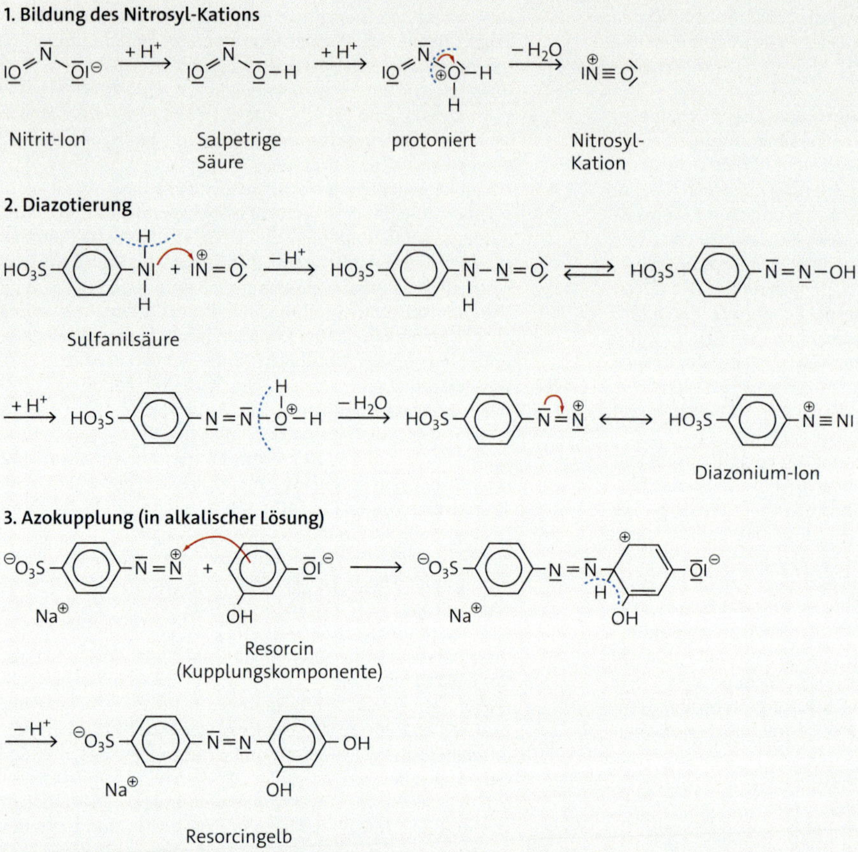


**01** Reaktionsmechanismus einer Azokupplung zu Aufgabe **6b**, S. 361

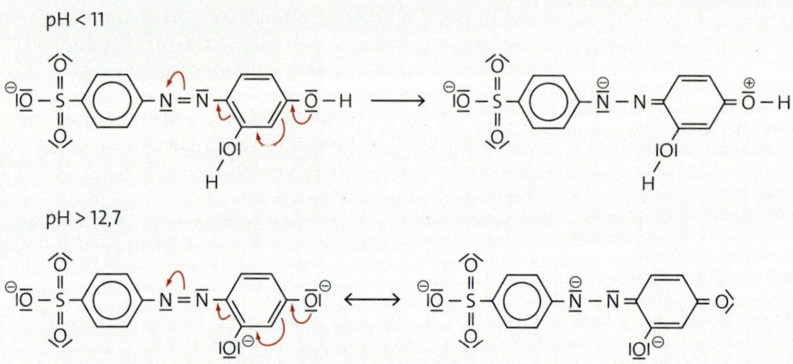


**02** Mesomere Grenzstrukturen zu Aufgabe **6e**

stoff und Faser fest miteinander verbindet. Resorcingelb enthält eine Sulfonsäuregruppe. Durch Protolyse der Farbstoffmoleküle bilden sich negativ geladene Farbstoff-Anionen. Diese können mit den protonierten Aminogruppen der Proteinmoleküle (und auch Polyamidmolekülen) in einer *anionischen Direktfärbung* reagieren.
*Erhöhung der Waschechtheit:* Die Waschechtheit eines Farbstoffs hängt davon ab, wie fest der Farbstoff auf der Faser haftet. Sie kann durch Entwicklungsfärbung erhöht werden. Dabei wird Resorcingelb durch eine chemische Reaktion erst auf der Faser gebildet (Zweikomponentenfärbung): Zuerst wird in einer alkalischen Lösung die farblose und wasserlösliche Kupplungskomponente Resorcin hergestellt, mit der die Textilfasern getränkt werden. Danach gibt man die Textilfasern in eine Lösung des Diazoniumsalzes, das ausgehend von Sulfanilsäure durch Reaktion mit dem Nitrosyl-Kation gebildet wird. Durch Azokupplung bildet sich der wasserunlösliche Farbstoff Resorcingelb direkt auf der Faser und haftet dort durch Adsorption. Dadurch wird die Waschechtheit deutlich erhöht.

**6⟩** **e** Mesomere Grenzstrukturen ↑ **02**, siehe oben. Im protonierten Zustand liegt eine energetisch ungünstige Ladungstrennung vor. Im deprotonierten Zustand findet lediglich eine Verschiebung der negativen Ladung statt, was energetisch günstiger ist. Bei einem pH-Wert von 11 bis 12,7 erfolgt die Deprotonierung der Hydroxygruppen. Dies hat eine stärkere Delokalisierung des π-Elektronensystems durch Änderung der auxochromen Gruppe (stärkerer Donatoreffekt) zur Folge, da bei den mesomeren

Grenzstrukturen keine Ladungstrennung mehr erfolgt. Die negative Ladung kann bei der mesomeren Grenzstruktur zur Azogruppe hin verschoben werden. Dies ermöglicht die Absorption im längerwelligen Bereich.
Bei einem pH-Wert größer als 12,7 wird blaugrünes Licht absorbiert. Dies ist Licht einer größeren Wellenlänge mit geringerer Energie als das absorbierte Licht bei pH < 11 (blaues Licht). Das Restlicht erzeugt eine Mischfarbe, die Komplementärfarbe. Diese ist bei pH > 12,7 die Farbe Rot, bei pH < 11 die Farbe Gelb.

## Kapitel 9: Naturstoffe (↑ S. 322–323)

**1)** **a** Rhamnose-, Glucose- und Fructosemolekül: je sechs C-Atome ⇨ Hexosen. Glucose- und Rhamnosemolekül: Aldehydgruppe am C-1-Atom ⇨ Aldosen; Fructosemolekül: Ketogruppe am C-2-Atom ⇨ Ketose. Rhamnosemolekül: die Hydroxygruppe am C-6-Atom ist durch ein H-Atom ersetzt ⇨ Desoxyzucker mit der Molekülformel $C_6H_{12}O_5$ (im Vergleich zur Molekülformel von Glucose und Fructose: $C_6H_{12}O_6$)

**b**

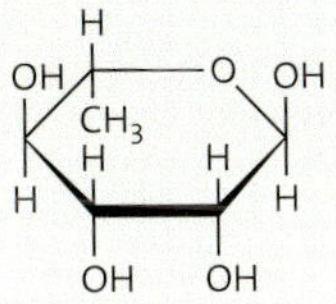

**c** Der Grundaufbau der Moleküle der Monosaccharide (Einfachzucker) besteht aus einem Kohlenstoffgerüst mit drei bis sieben Kohlenstoffatomen. Alle Moleküle enthalten eine Carbonylgruppe –CO–, die entweder mit dem C-1- oder dem C-2-Atom verknüpft ist, sowie jeweils eine Hydroxygruppe –OH an jedem weiteren Kohlenstoffatom. Aufgrund der fehlenden OH-Gruppe am C-6-Atom weicht das Rhamnosemolekül von dieser Grundstruktur ab. Da es aber am C-1-Atom eine Aldehydgruppe aufweist und darüber hinaus am C-2- bis C-5-Atom jeweils eine Hydroxygruppe trägt, wird Rhamnose zu den Zuckern, genauer den um ein Sauerstoffatom geminderten Zuckern, den Desoxyzuckern, gezählt.

**2)** **a** und **b**

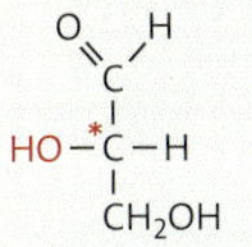

L-Glycerinaldehyd

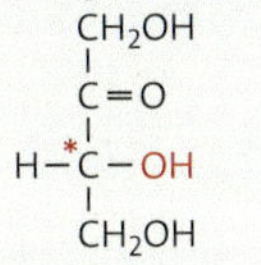

D-Erythrulose

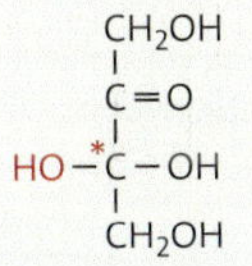

L-Erythrulose

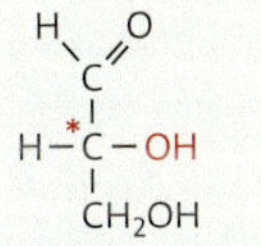

D-Glycerinaldehyd

**c** Namen der in der Aufgabe abgebildeten Fischer-Projektionsformeln:
D-Idose (links), D-Glucose (2. v. links), L-Idose (2. v. rechts), L-Glucose (rechts).
D-Idose, D-Glucose und L-Glucose sind Diastereomere. D-Idose und L-Idose sowie D-Glucose und L-Glucose sind Enantiomere.
**d** Moleküle, die sich wie Bild und Spiegelbild verhalten, sind *Enantiomere* (Spiegelbildisomere). Sie lassen sich durch Drehen der Moleküle nicht zur Deckung bringen.
Von Molekülen mit mehreren Chiralitätszentren gibt es auch Stereoisomere, die nicht wie Bild- und Spiegelbild sind und als *Diastereomere* bezeichnet werden. Beispiel: D-Glucose und L-Glucose sind zueinander Enantiomere. Zur Aldohexose D-Glucose gibt es 15 weitere Diastereomere, ebenso zur L-Glucose usw. ⇨ Alle 16 Aldohexosen sind zueinander Diastereomere.

**3)** Durch den Ringschluss des kettenförmigen Glucosemoleküls wird das C-1-Atom der Aldehydgruppe zu einem weiteren asymmetrisch substituierten Kohlenstoffatom. Dadurch sind zwei Isomere möglich, die *Anomere* α-D-Glucose und β-D-Glucose. Es sind keine spiegelbildlichen Enantiomere, wie es D-Glucose oder L-Glucose sind, sondern *Diastereomere*.
α-D-Glucose und β-D-Glucose unterscheiden sich in ihren physikalischen und chemischen Eigenschaften, z. B. zeigen die beiden Anomere unterschiedliche Schmelztemperaturen. Ihre Lösungen unterscheiden sich in ihrem Drehwinkel, während D- und L-Glucose sich nur im Vorzeichen des Drehwinkels unterscheiden und gleiche Schmelztemperaturen besitzen. α-D-Glucose reagiert zu Stärke, während β-D-Glucose Cellulose bildet.

**4)** **a** D-Mannose ist ein Diastereomer zu D-Glucose, das sich nur in der Stellung der OH-Gruppe am C-2-Atom unterscheidet. D-Mannose ist eine Aldohexose, D-Fructose ist dagegen eine Ketohexose. Die einzigen Übereinstimmungen zwischen den beiden Molekülen sind die Stellungen der OH-Gruppen am C-3-, C-4-, C-5-Atom.

**b**

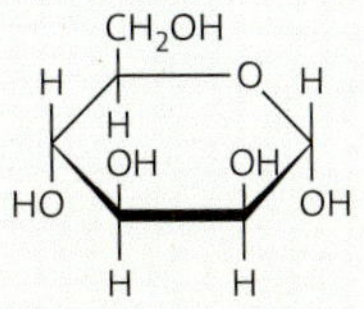

α-D-Mannose

**c** Es hat eine Keto-Enol-Tautomerie stattgefunden. Durch die Natronlauge sind katalytisch wirkende OH-Ionen in der Lösung vorhanden, die bewirken, dass am C-1-Atom des Mannosemoleküls ein Proton abgespalten und zwischen dem C-1- und C-2-Atom eine Doppelbindung gebildet wird. Das abgespaltene Proton kann nun an das Sauerstoffatom der Ketogruppe binden. Das bei dieser intramolekularen Umlagerung entstandene Zwischenprodukt ist ein Endiol.
Die Endiolform ist nicht sehr stabil. Jeweils eine der Hydroxygruppen kann wieder deprotoniert und dadurch eine Carbonylgruppe zurückgebildet werden. Wird dabei das Proton der Hydroxygruppe am C-2-Atom abgespalten und an die Doppelbindung addiert, bildet sich die Fructose. Wird aber das Proton der Hydroxygruppe am C-1-Atom abgespalten, bildet sich die Aldehydgruppe am C-1-Atom und es entsteht durch Isomerisierung ein Aldehyd – entweder die Glucose oder die Mannose, da am C-2-Atom die Hydroxygruppe auch in umgekehrter Konfiguration entstehen kann. Da alle beteiligten Reaktionen Gleichgewichtsreaktionen sind, stellt sich mit der Zeit ein Gleichgewicht zwischen Mannose, Fructose und Glucose ein.

**5)** **a** und **b**

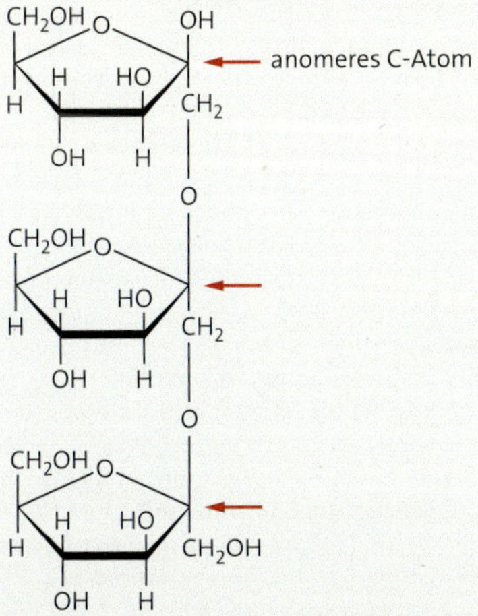


**c** Die anomeren Kohlenstoffatome des Oligofructosemoleküls sind an der glykosidischen Bindung beteiligt (Acetal). Die Fehling-Probe wird negativ ausfallen.

**6)** **a** Als glykosidische Bindung bezeichnet man die chemische Bindung zwischen dem anomeren C-Atom eines Monosaccharidbausteins mit einem C-Atom eines zweiten Monosaccharidbausteins. Sie entsteht aus den jeweiligen glykosidischen OH-Gruppen der beiden Monosaccharidbausteine. Im Gentiobiosemolekül liegt z. B. eine β-1,6-glykosidische Bindung vor. Dies besagt, dass ein β-D-Glucosemolekül über sein C-1-Atom mit dem C-6-Atom des β-D-Glucosemoleküls verbunden ist.

**b**

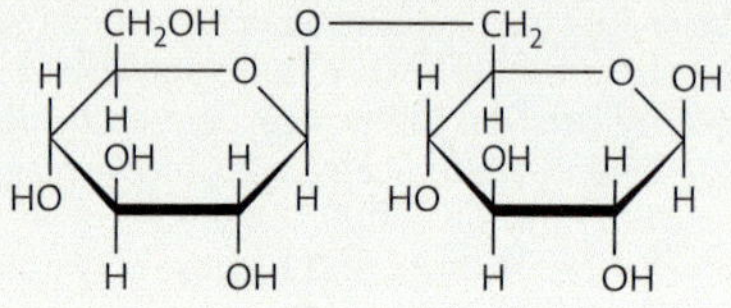

Gentiobiose (β-1,6)

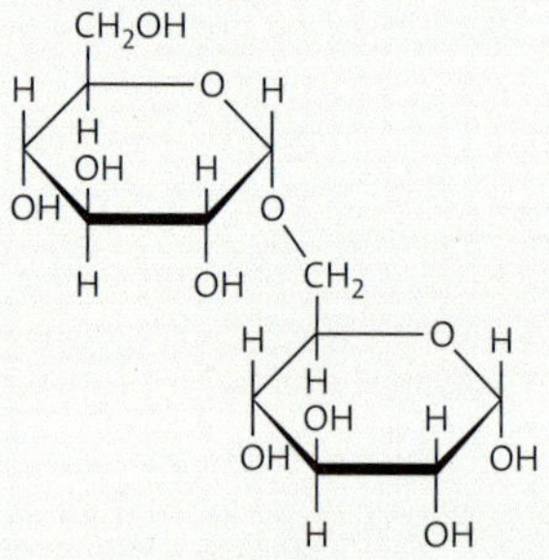

Isomaltose (α-1,6)

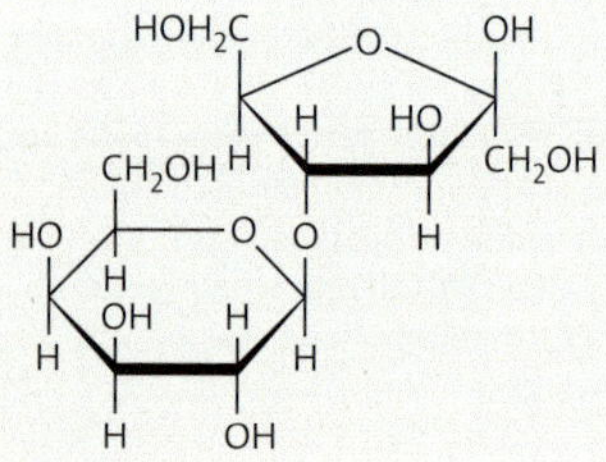

Lactulose (β-1,4)

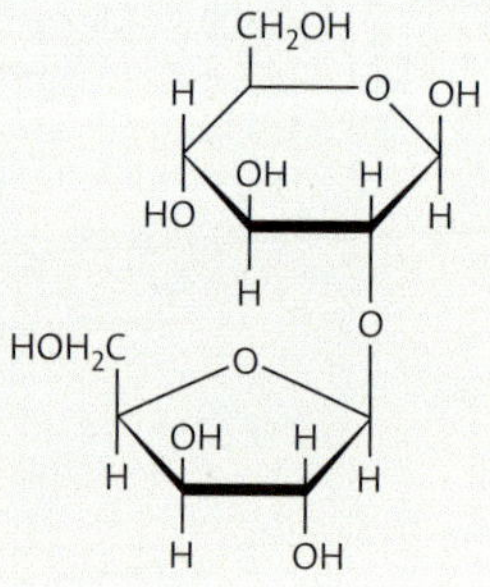

Sambubiose (β-1,2)

**c** Bei der Verknüpfung von zwei D-Glucosebausteinen ergeben sich viele Verknüpfungsmöglichkeiten, da D-Glucose in zwei anomeren Formen, α- und β-D-Glucose, existiert. Die anomeren C-Atome können außerdem mit unterschiedlichen OH-Gruppen des zweiten Glucosebausteins reagieren. Damit ergeben sich allein für die Verknüpfung von zwei Glucosebausteinen drei nicht reduzierende und 8 reduzierende Disaccharide.

**7)** **a** In beiden Molekülen liegt zwischen den Monosaccharidbausteinen eine β-1,4-glykosidische Verknüpfung vor. Beide bilden gerade Molekülketten. Die Monosaccharidbausteine im Chitinmolekül weisen am C-2-Atom eine Acetamidogruppe auf, die sich in dieser Hinsicht von der β-Glucose unterscheidet. Die Bindung der Monomere ist wie bei der Cellulose β-glykosidisch. Chitin ist also ähnlich aufgebaut wie Cellulose und kann als Derivat der Cellulose aufgefasst werden.

**b** Cellulosemoleküle verfügen über viele freie OH-Gruppen. Dadurch können sich Wassermoleküle zwischen die Celluloseketten einlagern. Cellulose kann eine beträchtliche Menge Wasser aufnehmen. Im Chitinmolekül ist das Wasserbindungsvermögen stark eingeschränkt, da die Acetamidogruppe ($NHCOCH_3$-Gruppe) hydrophob ist. Wäre das Exoskelett aus Cellulose, würden Insekten bei Kontakt mit Wasser aufquellen.

**8)** **a** α-D-Glucose

**b** Natürlich vorkommende Stärke besteht aus einem Gemisch aus Amylose (ca. 25 %) und Amylopektin (ca. 75 %).

Amylosemoleküle: unverzweigte Makromoleküle von 500 bis 1200 D-Glucosebausteinen, die α-1,4-glykosidisch verknüpft sind. Amylose ist in heißem Wasser löslich (lösliche Stärke).

Amylopektinmoleküle: verzweigte Makromoleküle aus bis zu 1 000 000 Glucosebausteinen, die α-1,4-glykosidisch verknüpft sind und zusätzlich im Abstand von etwa 25 Glucosebausteinen eine Verzweigung in α-1,6-glykosidische Bindung aufweisen. Bedingt durch die Größe seiner Moleküle ist Amylopektin nicht wasserlöslich. Es ist jedoch quellfähig und kann deshalb große Mengen Wasser binden.

**c** Versetzt man natürlich vorkommende Stärke mit Lugol'scher Lösung (Iod-Kaliumiodidlösung), so erkennt man eine dunkelblaue Färbung. Dieser Stärkenachweis beruht auf einer Einlagerungsverbindung der Amylose mit Triiodid-Ionen, die in Lugol'scher Lösung enthalten sind. Die Amylosemoleküle bilden eine Spirale, in deren Inneres sich Triiodid-Ionen ($I_3^-$) einlagern und so die blaue Färbung verursachen.

**d** Amylosemoleküle bestehen aus vielen Hundert Glucosebausteinen und Amylopektin aus bis zu einer Million Glucosebausteinen, die über die glykosidischen Gruppen verknüpft sind. Diese sind durch die Bindung blockiert und können nicht reduzierend wirken. Jedes Molekül hat an seinem Ende aber eine freie glykosidische Gruppe, die reduzierend wirken kann. Im Verhältnis zu den riesigen Stärkemolekülen kommen sie jedoch in zu geringer Anzahl vor, um eine positive Fehling-Probe zu ermöglichen.

**9)** **a** Der Drehwinkel der 10%igen α-D-Glucoselösung sinkt stetig innerhalb von anderthalb Tagen von einem Ausgangswert mit etwa 110° auf einen Wert von 52,7°. Ist der Drehwinkel von 52,7° erreicht, ändert er sich nicht mehr.

**b** In wässrigen Lösungen wird die α-D-Glucose über die Kettenform in die β-D-Glucose umgewandelt. Im Verlauf dieser Isomerisierung bildet sich ein chemisches Gleichgewicht aus. Bei einem Drehwinkel von 52,7° ist der Gleichgewichtszustand erreicht.

**c** Das Gleichgewicht stellt sich von der anderen Seite her ein, nämlich von der β-D-Glucose (rote Kurve).

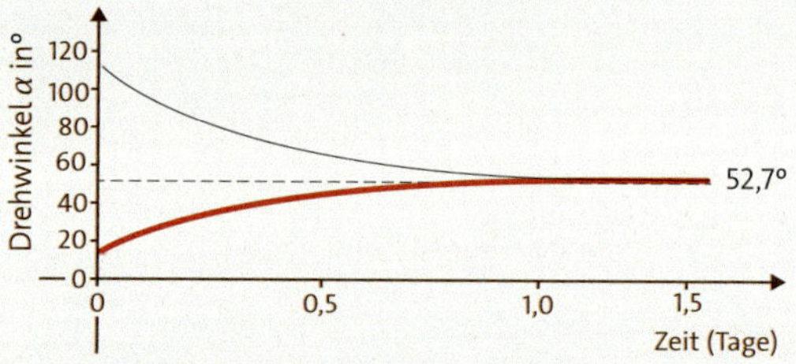


**10)** **a** Durch verdünnte Säuren kann ein Trisaccharid hydrolytisch an glykosidischen Bindungen gespalten werden. Bei kurzem Einwirken der Säure wird nur eine glykosidische Bindung gespalten und als Reaktionsprodukt wird ein Disaccharid und ein Monosaccharid erhalten. Bei längerem Einwirken der Säure werden beide glykosidischen Bindungen des Trisaccharidmoleküls gespalten und als Reaktionsprodukte werden drei Monosaccharide gebildet.

**b** Reihenfolge der Monosaccharidbausteine im untersuchten Trisaccharid:
Möglichkeit I: Glucose-Fructose-Glucose
Möglichkeit II: Glucose-Glucose-Fructose

**c** In der Beschreibung des Versuchs wird ausgeführt, dass eines der Disaccharide eine positive Fehling-Probe ergibt, das andere jedoch nicht. Beim untersuchten Trisaccharid muss es sich um Möglichkeit II handeln, da hier sowohl Maltose (zwei Glucosebausteine) als auch Saccharose (ein Glucose- und ein Fructosebaustein) als Disaccharide entstehen können. Beim Maltosemolekül ist das C-1-Atom des zweiten Glucosebausteins frei, sodass dort eine Ringöffnung erfolgen kann. Maltose wirkt deshalb reduzierend und die Fehling-Probe fällt positiv aus. Beim Saccharosemolekül liegen keine freien glykosidische Gruppen vor und auch die reaktiven C-Atome beider Monosaccharidbausteine sind glykosidisch gebunden. Die Fehling-Probe verläuft daher negativ.

**11)** **a** Durch die im Zitronensaft katalytisch wirkenden Säuren kann die Saccharose hydrolytisch gespalten werden.
$C_{12}H_{22}O_{11} + H_2O \longrightarrow 2\,C_6H_{12}O_6$
**b** Es entstehen Glucose und Fructose. Invertzucker ist ein Gemisch aus Glucose und Fructose im Verhältnis 1:1.
**c** Glucose ist mit den Glucoseteststäbchen nachweisbar. Die Reaktion kann durch Messung des Drehwinkels verfolgt werden.

**12)** **a** Die Moleküle der proteinogenen Aminosäuren haben am α-Kohlenstoffatom (mit Ausnahme von Glycin) ein asymmetrisches C*-Atom, an dem vier unterschiedliche Substituenten gebunden sind. Dadurch sind Aminosäuren chiral und es existieren von diesen Aminosäuren zwei unterschiedliche Enantiomere, die sich wie Bild und Spiegelbild verhalten: D- und L-Aminosäuren.
**b** Für die Proteinbiosynthese der Lebewesen werden ausschließlich die L-Aminosäuren zum Aufbau von Proteinen genutzt.

**13)** Aufgrund ihrer zwitterionischen Struktur zeigen Aminosäuren ähnliche Eigenschaften wie Salze: Zwischen den Aminosäuremolekülen bestehen Ionenbindungen, die durch die positive Ladung der Ammoniumgruppen und die negative Ladung der Carboxylatgruppen bei der Zwitter-Ionenform resultieren. Dadurch kristallisieren die Aminosäuren im festen Zustand im Ionengitter. Zum Aufbrechen der Ionengitter ist eine große Energiezufuhr notwendig, um die Aminosäuren in den flüssigen Aggregatzustand zu überführen.

**14)** **a** Die negativ geladene Carboxylatgruppe des Zwitter-Ions von Valin reagiert als Protonenakzeptor und somit basisch. Die Ammoniumgruppe fungiert als Protonendonator und reagiert somit sauer.
**b** Saure Aminosäuren enthalten in den Seitenketten ihrer Moleküle eine zusätzliche Carboxygruppe, basische hingegen eine weitere Aminogruppe. Neutrale Aminosäuren besitzen Seitenketten mit unpolaren Kohlenwasserstoffresten (ausschließlich C- und H-Atome gebunden) oder polaren Kohlenwasserstoffresten (zusätzlich O-, S-, N- oder Se-Atome.)
Beispiele neutrale Aminosäuren: Serin, Prolin etc.
Saure Aminosäuren: Asparaginsäure, Glutaminsäure
Beispiele basische Aminosäuren: Lysin, Arginin etc.

**15)** **a** $H_2N{-}CH({-}CH_3){-}COO^- + H_3O^+ + Cl^-$
$\longrightarrow H_3N^+{-}CH({-}CH_3){-}COOH + H_2O + Cl^-$
**b** pH = 3,5: zur Kathode; pH = 6,11: keine Wanderung;
pH = 9: zur Anode

**16)** **a** Ein Molekül Glutathion besteht aus den Aminosäurebausteinen Glutaminsäure, Cystein und Glycin.
**b** Kondensation:
$H_2N{-}CH({-}CH_2{-}SH){-}COOH + H_2N{-}CH_2{-}COOH$
$\longrightarrow H_2N{-}CH({-}CH_2{-}SH){-}CO{-}NH{-}CH_2{-}COOH + H_2O$
**c** Die Peptidbindung zwischen dem Cystein- und Glycinbaustein erfolgt über die Carboxygruppe am α-C-Atom von Cystein. Dies ist der Normalfall. Die Peptidbindung zwischen dem Glutaminsäure- und Cysteinbaustein weicht davon ab, denn hier erfolgt die Bindung zwischen der zusätzlichen Carboxygruppe in der Seitenkette der Glutaminsäure (Hinweis: γ-Carboxygruppe). Bei Gluthathion handelt es sich um kein reguläres Peptid, da es eine irreguläre Peptidbindung aufweist.
**d** Aufgrund der zwei freien Carboxygruppen am Glutaminsäurerest gibt es zwei Möglichkeiten, ein Peptid aus sechs Aminosäurebausteinen zu bilden:
Glu-Cys-Gly-Glu-Cys-Gly und
Glu-Cys-Glu-Glu-Cys-Gly

**17)** Peptid: Verbindung aus mindestens zwei Aminosäuren; bis 10 Aminosäurebausteinen spricht man von Oligopeptiden.
Polypeptid: Verbindung aus 10 bis 100 Aminosäurebausteinen.
Proteine sind makromolekulare Stoffe, deren Molekül aus mehr als 100 Aminosäurebausteinen bestehen.

**18)**

| Struktur | Wirkende Bindung |
|---|---|
| Primärstruktur | Peptidbindung zwischen der Amino- und der Carboxygruppe der Aminosäuren |
| Sekundärstruktur | Wasserstoffbrücken zwischen CO- und NH-Gruppen verschiedener Peptidgruppen:<br>• intramolekular ⇨ α-Helix<br>• intermolekular ⇨ β-Faltblatt |
| Tertiärstruktur | Wechselwirkungen zwischen den Resten der Aminosäuren durch:<br>Elektronenpaarbindungen<br>Ionenbindungen<br>Wasserstoffbrücken<br>Van-der-Waals-Kräfte |
| Quartärstruktur | wie Tertiärstruktur |

**19)**

**Proteine**

**Globuläre Proteine**
- kugelförmige Makromoleküle
- wasserlöslich
- Funktionsproteine: Transport, Steuerung, Abwehr: Peptidhormone, Enzyme
- Beispiele: Hämoglobin, Katalase, Albumin

**Fibrilläre Proteine**
- faserartige, längliche Makromoleküle
- nicht wasserlöslich
- Strukturproteine: Muskel-, Horn-, Gewebeaufbau
- Beispiele: Kollagen, Keratin, Spidroin, Naturseide

**20)** **a** Kollagen ist ein fibrilläres Strukturprotein, das aus einer verdrillten Dreifachhelix besteht. Die Polypeptidketten sind über Wasserstoffbrücken stabilisiert. Mehrere dieser Kollagenfibrillen liegen nebeneinander und bilden die Kollagenfaser. Kollagen besitzt aufgrund dieser Struktur eine große Zugfestigkeit und ist nicht wasserlöslich.
**b** Wird Kollagen zusammen mit Wasser erhitzt, so lösen sich die nur durch Wasserstoffbrücken stabilisierten Polypeptidketten der Dreifachhelix partiell auf und entspiralisieren sich. Dabei entsteht eine zufällige Knäuelstruktur. Dieses (denaturierte) Protein wird als Gelatine bezeichnet. Zwischen den polaren Seitenketten der Polypeptidmoleküle und den Wassermolekülen können sich Wasserstoffbrücken bilden. Es kommt zur Bildung eines Hydrogels, einer gelierten Lösung. Durch Erwärmen auf etwa 50 °C wird Gelatine wasserlöslich.

**21)** **a** Enzyme sind Proteine, die unter physiologischen Bedingungen als Biokatalysatoren wirken. Sie ermöglichen spezifische chemische Reaktionen (Wirkungsspezifität).
**b** Funktion der Salzsäure: Denaturierung der Proteine in der Nahrung, dabei werden die Ionenbindungen zwischen den Carboxylat- und Ammoniumgruppen zerstört; außerdem hydrolytische Spaltung der Proteine.
Funktion des Enzyms Peptidase: Hydrolytische Spaltung der Proteine
**c** Hydrolyse:
$Protein{-}NH{-}CO{-}CH({-}R){-}NH_2 + H_2O$
$\xrightarrow{Enzym} Protein{-}NH_2 + COOH{-}CH({-}R){-}NH_2$
**d** Die Hydrolyse ist eine exotherme Reaktion und läuft vermutlich bereits unter Einwirkung der Salzsäure auch ohne Peptidase ab. Möglicherweise besitzt die Reaktion aber eine hohe Aktivierungsenergie und die Reaktionsgeschwindigkeit ist gering. Durch die Beteiligung der Peptidase, einem Biokatalysator, wird die Reaktionsgeschwindigkeit erhöht, sodass die Hydrolyse mit für den Stoffwechsel geeigneter Geschwindigkeit und bei Körpertemperatur ablaufen kann.

**22 ›** **a** An jeder im Fettmolekül vorliegenden C=C-Doppelbindung kann ein $I_2$-Molekül addiert werden. 100 g des synthetischen Fetts entsprechen:

$$n(I_2) = \frac{m}{M} = \frac{100\,g}{885{,}41\,g \cdot mol^{-1}} = 0{,}113\,mol$$

Da jedes Fettmolekül drei Ölsäurereste gebunden hat, erfordert die vollständige Umsetzung mit Iod die dreifache Stoffmenge an Iod.

⇨ $n(I_2) = 0{,}339\,mol$

⇨ $m(I_2) = n(I_2) \cdot M(I_2)$

$= 0{,}339\,mol \cdot 235{,}8\,g \cdot mol^{-1}$

$= 79{,}94\,g$

Das heißt, theoretisch hätte die Iodzahl 79,94 betragen müssen. Mögliche Gründe für die experimentell ermittelte geringere Iodzahl (70,3):

- Die Reaktion mit Iod ist nicht vollständig abgelaufen.
- Bei der Ermittlung der umgesetzten Stoffmenge an Iod kam es zu einem Fehler.
- Das Fett war kein Reinstoff, d. h., nicht alle Hydroxygruppen des Glycerins wurden bei der Synthese mit Ölsäure verestert.

**b** Vermutlich ist das vorliegende Fett bei Raumtemperatur flüssig, da die im Fett gebundene ungesättigte Fettsäure Ölsäure aufgrund der enthaltenen Doppelbindung eine gewinkelte Struktur besitzt. Zwischen solchen langkettigen, gewinkelten Fettsäureresten wirken schwächere Van-der-Waals-Kräfte im Vergleich zu gesättigten, gestreckten Fettsäureresten. Dies führt zu einer geringeren Schmelztemperatur als bei Fetten mit gesättigten Fettsäureresten.

Durch Hydrierung lässt sich das Fett härten, da die in den Fettmolekülen enthaltenen Doppelbindungen zu gesättigten Einfachbindungen werden. Die Schmelztemperatur steigt.

**23 ›** **a** Reaktionsgleichung ↑ **01**, unten auf dieser Seite

**b** Es gilt: Je höher der Gehalt an gebundenen ungesättigten Fettsäuren in einem Fett ist, desto niedriger liegt sein Schmelzbereich, weil sich Fettmoleküle mit gewinkelten Fettsäureresten nicht dicht aneinanderlegen können und geringere Van-der-Waals-Kräfte als bei Fettmolekülen mit geraden, gesättigten Fettsäureresten wirken. Fette mit gesättigten Fettsäureresten sind deswegen bei Raumtemperatur fest und es erfordert thermische Energie, um die Anziehungskräfte zu überwinden und das Fett zum Schmelzen zu bringen.

Schweineschmalz besteht zu 45 % aus einfach ungesättigten Fettsäuren, zu 8 % aus mehrfach ungesättigten Fettsäuren und zu 43 % aus gesättigten Fettsäuren. Zwischen den Molekülen des Schweinschmalzes wirken relativ starke Van-der-Waals-Kräfte: Das Fett ist bei Raumtemperatur fest (streichfähig).

Sonnenblumenöl dagegen besteht zu 57 % aus mehrfach ungesättigten Fettsäuren, zu 27 % aus einfach ungesättigten Fettsäuren und nur zu 16 % aus gesättigten Fettsäuren. Zwischen den Molekülen des Sonnenblumenöls wirken daher nur schwächere Van-der-Waals-Kräfte: Das Fett ist bei Raumtemperatur flüssig.

## Kapitel 10: Energetik (↑ S. 347)

**1 ›** **a** $Q = -(m_W \cdot c_W \cdot C_K) \cdot \Delta T$

$= (330\,g \cdot 4{,}18\,J \cdot g^{-1} \cdot K^{-1} + 84\,J \cdot K^{-1}) \cdot 12{,}5\,K$

$= 18\,293\,J \approx 18{,}3\,kJ$

**b** $n(Na) = \frac{m(Na)}{M(Na)} = \frac{2{,}3\,g}{23\,g \cdot mol^{-1}} = 0{,}1\,mol$

$\Delta_r H = \frac{Q}{n(Na)} = \frac{18{,}3\,kJ}{0{,}1\,mol} = 183\,kJ \cdot mol^{-1}$

**c** $2\,Na(s) + 2\,H_2O(l) \longrightarrow 2\,NaOH(aq) + H_2(g)$

$\Delta_r H^0 = 2 \cdot \Delta_f H_m{}^0(Na^+, aq) + 2 \cdot \Delta_r H_m{}^0(OH^-, aq) - 2 \cdot \Delta_r H_m{}^0(H_2O, l)$

$= [2 \cdot (-240) + 2 \cdot (-230) - 2 \cdot (-286)]\,kJ \cdot mol^{-1}$

$= 368\,kJ \cdot mol^{-1}$

Bei der zugrunde liegenden Reaktionsgleichung für einen Formelumsatz von 1 mol werden 2 mol Natrium umgesetzt. Der ermittelte Wert für die Reaktionsenthalpie ist daher etwa doppelt so groß wie der aus der Reaktionswärme $Q$ berechnete. Die kleinen Abweichungen ergeben sich aus möglichen Ungenauigkeiten der Messung von $\Delta T$.

**d** Aus 0,1 mol Natrium entstehen 0,05 mol gasförmiger Wasserstoff. Das sind 1,225 l.

$W = -p \cdot \Delta V = -101\,300\,N \cdot m^{-2} \cdot (0{,}001\,225\,m^3 - 0\,m^3)$

$\approx 124{,}1\,N \cdot m^2 = 0{,}124\,kJ$

**2 ›** **a**

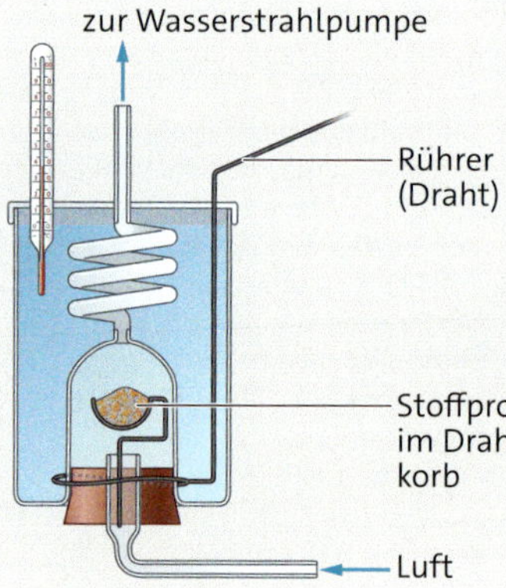


**b** $C_3H_7O_2N(s) + \frac{15}{4}\,O_2(g) \longrightarrow 3\,CO_2(g) + \frac{7}{2}\,H_2O(g) + \frac{1}{2}\,N_2(g)$

$Q = -(m_W \cdot c_W + C_K) \cdot \Delta T$

$= -(240\,g \cdot 4{,}18\,J \cdot g^{-1} \cdot K^{-1} + 60{,}8\,J \cdot K^{-1}) \cdot 3{,}5\,K$

$= -3511{,}2\,J$

Reaktionsenthalpie für 1 mol

$\Delta_r H = \frac{Q}{n} = Q \cdot \frac{M(C_3H_7O_2N)}{m(C_3H_7O_2N)}$

$= -3511{,}2\,J \cdot \frac{89\,g \cdot mol^{-1}}{1\,g}$

$= -312{,}5\,kJ \cdot mol^{-1}$

Molare Verbrennungsenthalpie

$\Delta_c H_m = \Delta_r H - 3{,}5 \cdot \Delta_v H_m$

$= -312{,}5\,kJ \cdot mol^{-1} - 3{,}5 \cdot 44\,kJ \cdot mol^{-1}$

$= -466{,}5\,kJ \cdot mol^{-1}$

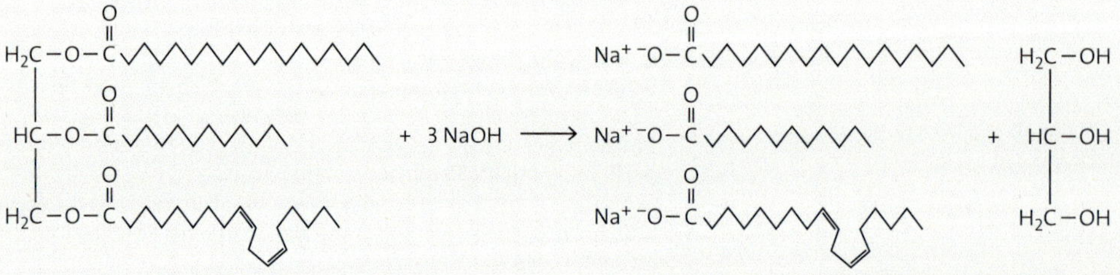

**01** Hydrolyse eines Fetts (zu Aufgabe **23a**)

**c** Heizwert $H_i$:

$$H_i = \frac{-Q}{m} = \frac{3511{,}2\,J}{1\,g} = 3511{,}2\,J \cdot g^{-1} = 3{,}51\,kJ \cdot g^{-1}$$

Brennwert $H_s$:

$$H_s = \frac{-\Delta_c H_m}{M} = \frac{466{,}5\,kJ \cdot mol^{-1}}{89\,g \cdot mol^{-1}} = 5{,}2\,kJ \cdot g^{-1}$$

**3›** **a** $C_2H_4(g) + H_2(g) \longrightarrow C_2H_6(g)$
$C_2H_6(g) + \frac{7}{2}\,O_2(g) \longrightarrow 2\,CO_2(g) + 3\,H_2O(l)$
$C_2H_4(g) + 3\,O_2(g) \longrightarrow 2\,CO_2(g) + 2\,H_2O(l)$
$H_2(g) + \frac{1}{2}\,O_2(g) \longrightarrow H_2O(l)$
**b**

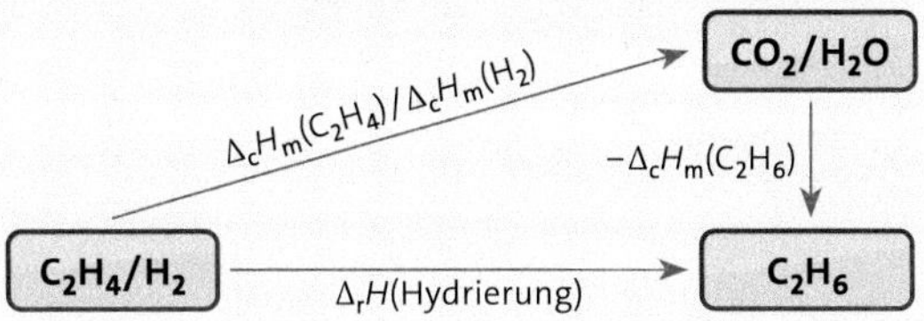


$\Delta_r H(\text{Hydrierung}) = \Delta_c H_m(C_2H_4) + \Delta_c H_m(H_2) - \Delta_c H_m(C_2H_6)$
$= -1409\,kJ \cdot mol^{-1} + (-286\,kJ \cdot mol^{-1}) - (-1557\,kJ \cdot mol^{-1})$
$= -138\,kJ \cdot mol^{-1}$

**4›** $\Delta_r H^0 = \Delta_f H_m{}^0(CaCO_3, s) + \Delta_f H_m{}^0(H_2O, l)$
$- [\Delta_f H_m{}^0(CO_2, g) + \Delta_f H_m{}^0(Ca^{2+}, aq) - 2 \cdot \Delta_r H_m{}^0(OH^-, aq)]$
$= \{-1207 + (-286) - [(-394) + (-553) + 2 \cdot (-230)]\}\,kJ \cdot mol^{-1}$
$= -86\,kJ \cdot mol^{-1}$

**5›** **a** $Zn(s) + Cu^{2+}(aq) \longrightarrow Zn^{2+}(aq) + Cu(s)$
*Hinweis:* Die Sulfat-Ionen nehmen an der Reaktion nicht teil. Sie brauchen daher in der Reaktionsgleichung nicht berücksichtigt zu werden.
**b** $\Delta_r G^0 = \Delta_f G_m{}^0(Zn^{2+}, aq) + \Delta_f G_m{}^0(Cu, s) -$
$[\Delta_f G_m{}^0(Cu^{2+}, aq) + \Delta_f G_m{}^0(Zn, s)]$
$= [-147 + 0) - (66 + 0)]\,kJ \cdot mol^{-1}$
$= -213\,kJ \cdot mol^{-1} < 0$ ⇨ exergonisch

**6›** **a** $\Delta_r H = 2 \cdot \Delta_f H_m{}^0(NaCl) = -822\,kJ \cdot mol^{-1}$
$\Delta_r S = 2 \cdot S_m{}^0(NaCl) - 2 \cdot S_m{}^0(Na) - S_m{}^0(Cl_2)$
$= 2 \cdot 72\,J \cdot K^{-1} \cdot mol^{-1} - 2 \cdot 51\,J \cdot K^{-1} \cdot mol^{-1} - 223\,J \cdot K^{-1} \cdot mol^{-1}$
$= -181\,J \cdot K^{-1} \cdot mol^{-1}$
**b** $\Delta_r G = \Delta_r H - T \cdot \Delta_r S$
$= -822\,kJ \cdot mol^{-1} - 243\,K \cdot (-0{,}181\,kJ \cdot K^{-1} \cdot mol^{-1})$
$\approx -778\,kJ \cdot mol^{-1} < 0$ ⇨ exergonisch

**7›** **a** Die Reaktionsentropie sollte negativ sein ($\Delta_r S < 0$), da im Laufe der Reaktion die Anzahl der Moleküle geringer wird. Zudem ist das Reaktionsprodukt fest, während das Edukt gasförmig ist.
**b** Es gilt: $\Delta_r G < 0$, da die Reaktion exergonisch ist. Mit der Gibbs-Helmholtz-Gleichung folgt daraus, dass die Reaktion in jedem Fall exotherm verlaufen muss ($\Delta_r H < 0$). $\Delta_r G = \Delta_r H - T \cdot \Delta_r S$, da der Term $-T \cdot \Delta_r S$ wegen der negativen Reaktionsentropie einen positiven Wert hat.

# Wichtige Größen und Daten in der Chemie

**Größen in der Chemie**

| Größe | Formelzeichen | Einheit |
|---|---|---|
| Masse | $m$ | kg, g |
| Volumen | $V$ | $m^3$, ℓ |
| Stoffmenge | $n$ | mol |
| molare Masse | $M$ | g/mol |
| molares Volumen | $V_m$ | ℓ/mol |
| Teilchenanzahl | $N$ | 1 |
| Dichte | $\varrho$ | $g/cm^3$, g/ℓ |
| Massenanteil | $w$ | 1, % |
| Massenkonzentration | $\beta$ | g/ℓ |
| Stoffmengen-konzentration | $c$ | mol/ℓ |
| Temperatur | $T, \vartheta$ | K, °C |

**Vorsätze von Einheiten (Auswahl)**

| Vorsatz | Kurz-zeichen | Faktor, mit dem die Einheit multipliziert wird | |
|---|---|---|---|
| Giga | G | 1 000 000 000 | $(10^9)$ |
| Mega | M | 1 000 000 | $(10^6)$ |
| Kilo | k | 1 000 | $(10^3)$ |
| Dezi | d | 0,1 | $(10^{-1})$ |
| Zenti | c | 0,01 | $(10^{-2})$ |
| Milli | m | 0,001 | $(10^{-3})$ |
| Mikro | µ | 0,000 001 | $(10^{-6})$ |
| Nano | n | 0,000 000 001 | $(10^{-9})$ |

**Größengleichungen in der Chemie**

| | |
|---|---|
| Dichte | $\varrho = \frac{m}{V}$<br>$\varrho = \frac{M}{V_m}$ |
| molare Masse | $M = \frac{m}{n}$ |
| molares Volumen | $V_m = \frac{V}{n}$ |
| Massenanteil | $w(\text{Stoff}) = \frac{m(\text{Stoff})}{m(\text{Stoffgemisch})}$ |
| Volumenanteil | $\varphi(\text{Stoff}) = \frac{V(\text{Stoff})}{V(\text{Stoffgemisch})}$ |
| Massenkonzentration | $\beta(\text{Stoff}) = \frac{m(\text{Stoff})}{V(\text{Stoffgemisch})}$ |
| Stoffmengenkonzentration | $c(\text{Stoff}) = \frac{n(\text{Stoff})}{V(\text{Stoffgemisch})}$ |

**Konstanten in der Chemie**

| | |
|---|---|
| Normdruck $p_n$ | $p_n$ = 1013 hPa |
| Normtemperatur $T_n$ | $T_n$ = 273,15 K |
| Molares Volumen eines idealen Gases im Normzustand $V_{m,n}$ | $V_{m,n}$ = 22,4 ℓ/mol |
| Avogadro-Konstante $N_A$ | $N_A = 6{,}0221367 \cdot 10^{23}\ mol^{-1}$ |

**Thermodynamische Daten ausgewählter Stoffe**

| Formel | $M$ in $g \cdot mol^{-1}$ | $\Delta_f H_m{}^0$ in $kJ \cdot mol^{-1}$ | $S_m{}^0$ in $J \cdot K^{-1} \cdot mol^{-1}$ | $\Delta_f G_m{}^0$ in $kJ \cdot mol^{-1}$ | Formel | $M$ in $g \cdot mol^{-1}$ | $\Delta_f H_m{}^0$ in $kJ \cdot mol^{-1}$ | $S_m{}^0$ in $J \cdot K^{-1} \cdot mol^{-1}$ | $\Delta_f G_m{}^0$ in $kJ \cdot mol^{-1}$ |
|---|---|---|---|---|---|---|---|---|---|
| $H_2O(l)$ | 18 | −286 | 70 | −237 | $Cl_2(g)$ | 71 | 0 | 223 | 0 |
| $H_2O(g)$ | 18 | −244 | 189 | −229 | Ethanal(l) | 44 | −192 | 160 | −128 |
| $CO_2(g)$ | 44 | −394 | 214 | −394 | Ethansäure(l) | 60 | −486 | 160 | −389 |
| NaCl(s) | 58,5 | −411 | 72 | −384 | $Ag^+(aq)$ | 108 | 106 | 73 | 77 |
| $CaCl_2(s)$ | 111 | −796 | 105 | −748 | $Na^+(aq)$ | 23 | −240 | 59 | −262 |
| $C_4H_{10}(g)$ | 58 | −126 | 310 | −17 | $Ca^{2+}(aq)$ | 40 | −543 | −53 | −554 |
| Na(s) | 23 | 0 | 51 | 0 | $Cl^-(aq)$ | 35,5 | −167 | 56 | −131 |
| Ag(s) | 108 | 0 | 43 | 0 | $OH^-(aq)$ | 17 | −230 | −11 | −157 |
| $NH_3(g)$ | 17 | −46 | 193 | −16 | $NH_4^+(aq)$ | 18 | −132 | 113 | −79 |

**Elektrodenpotenziale $E^0$ verschiedener Verbindungen in wässriger Lösung bei Standardbedingungen ($p$ = 1,013 bar, $T$ = 25 °C)**

| Donator | | Akzeptor + $z$ e$^-$ | Standardpotenzial $E^0$ in V |
|---|---|---|---|
| Li | ⇌ | $Li^+ + e^-$ | –3,04 |
| K | ⇌ | $K^+ + e^-$ | –2,94 |
| Sr | ⇌ | $Sr^{2+} + 2\,e^-$ | –2,90 |
| Ca | ⇌ | $Ca^{2+} + 2\,e^-$ | –2,87 |
| Na | ⇌ | $Na^+ + e^-$ | –2,71 |
| Mg | ⇌ | $Mg^{2+} + 2\,e^-$ | –2,36 |
| Al | ⇌ | $Al^{3+} + 3\,e^-$ | –1,68 |
| Mn | ⇌ | $Mn^{2+} + 2\,e^-$ | –1,18 |
| $H_2 + 2\,OH^-$ | ⇌ | $2\,H_2O + 2\,e^-$ | –0,81 |
| Zn | ⇌ | $Zn^{2+} + 2\,e^-$ | –0,76 |
| Cr | ⇌ | $Cr^{3+} + 3\,e^-$ | –0,74 |
| $S^{2-}$ | ⇌ | $S(s) + 2\,e^-$ | –0,45 |
| Fe | ⇌ | $Fe^{2+} + 2\,e^-$ | –0,44 |
| $H_2 + 2\,OH^-$ | ⇌ | $2\,H_2O + 2\,e^-$ | –0,41 (bei pH = 7) |
| $Pb + SO_4^{2-}$ | ⇌ | $PbSO_4(s) + 2\,e^-$ | –0,36 |
| Co | ⇌ | $Co^{2+} + 2\,e^-$ | –0,28 |
| Ni | ⇌ | $Ni^{2+} + 2\,e^-$ | –0,24 |
| Pb | ⇌ | $Pb^{2+} + 2\,e^-$ | –0,13 |
| Fe | ⇌ | $Fe^{3+} + 3\,e^-$ | –0,04 |
| $H_2$ | ⇌ | $2\,H^+ + 2\,e^-$ | 0,00 |
| Cu | ⇌ | $Cu^{2+} + 2\,e^-$ | 0,34 |
| $4\,OH^-$ | ⇌ | $O_2 + 2\,H_2O + 4\,e^-$ | 0,40 |
| $2\,I^-$ | ⇌ | $I_2 + 2\,e^-$ | 0,54 |
| $H_2O_2$ | ⇌ | $O_2 + 2\,H^+ + 2\,e^-$ | 0,68 |
| Ag | ⇌ | $Ag^+ + e^-$ | 0,80 |
| $4\,OH^-$ | ⇌ | $O_2 + 2\,H_2O + 4\,e^-$ | 0,82 (bei pH = 7) |
| $2\,Br^-$ | ⇌ | $Br_2 + 2\,e^-$ | 1,10 |
| Pt | ⇌ | $Pt^{2+} + 2\,e^-$ | 1,18 |
| $2\,H_2O$ | ⇌ | $O_2 + 4\,H^+ + 4\,e^-$ | 1,23 |
| $2\,Cl^-$ | ⇌ | $Cl_2 + 2\,e^-$ | 1,36 |
| Au | ⇌ | $Au^{3+} + 3\,e^-$ | 1,50 |
| Au | ⇌ | $Au^+ + e^-$ | 1,69 |
| $PbSO_4(s) + 2\,H_2O$ | ⇌ | $PbO_2(s) + SO_4^{2-} + 4\,H^+ + 4\,e^-$ | 1,69 |
| $2\,H_2O$ | ⇌ | $H_2O_2 + 2\,H^+ + 2\,e^-$ | 1,76 |
| $2\,F^-$ | ⇌ | $F_2 + 2\,e^-$ | 2,89 |

zunehmende reduzierende Wirkung (↑)

zunehmende oxidierte Wirkung (↓)

# Einstufung von Gefahrstoffen nach dem GHS-System

Seit 2009 erfolgt die Einstufung von Chemikalien nach dem GHS (*Globally Harmonised System of Classification and Labelling of Chemicals*). Dabei werden Gefahrstoffe mit international einheitlichen Gefahrenpiktogrammen, Gefahrenhinweisen (H-Sätze) und Sicherheitshinweisen (P-Sätze) versehen. Die Übergangsfristen für die bisherigen Verordnungen sind seit dem 1. Juni 2017 ausgelaufen.

| Gefahrenpiktogramm und Piktogramm-code | | Mit dem Gefahrenpiktogramm gekennzeichnete Stoffe und Gemische | Signal-wort | Zugehörige Gefahrenhinweise (H-Sätze) |
|---|---|---|---|---|
|  | GHS01 | explosive und sehr gefährliche selbstzersetzliche Stoffe und Gemische sowie sehr gefährliche organische Peroxide | Gefahr | H200, H201, H202, H203, H240, H241 (mit GHS02) |
| | | | Achtung | H204 |
|  | GHS02 | entzündbare, selbsterhitzungsfähige und gefährliche selbstzersetzliche Stoffe und Gemische, pyrophore Stoffe sowie Stoffe und Gemische, die bei Berührung mit Wasser entzündbare Gase entwickeln | Gefahr | H220, H222, H229, H224, H225, H228 (Kat. 1), H250, H251, H260, H261 (Kat. 2) |
| | | | Achtung | H221, H223, H229, H226, H228 (Kat. 2), H252, H261 (Kat. 3) |
|  | GHS02 | selbstzersetzliche Stoffe und Gemische sowie gefährliche organische Peroxide | Gefahr oder Achtung | H242 |
|  | GHS03 | Stoffe und Gemische mit oxidierender Wirkung | Gefahr | H270, H271, H272 (Kat. 2) |
| | | | Achtung | H272 (Kat. 3) |
|  | GHS04 | Gase unter Druck | Achtung | H280, H281 |
|  | GHS05 | Stoffe und Gemische, die korrosiv auf Metalle wirken | Achtung | H290 |
|  | GHS05 | Stoffe und Gemische, die schwere Verätzungen der Haut und/oder schwere Augenschäden verursachen | Gefahr | H314, H318 |
|  | GHS07 | Stoffe und Gemische, die Haut- und/oder schwere Augenreizungen verursachen können | Achtung | H315, H319 |
|  | GHS06 | lebensgefährliche und giftige Stoffe und Gemische | Gefahr | H300, H310, H330, H301, H311, H331 |
|  | GHS07 | gesundheitsschädliche Stoffe und Gemische | Achtung | H302, H312, H332 |
|  | GHS08 | Stoffe und Gemische, die bei Verschlucken und Eindringen in die Atemwege tödlich sein können und/oder eine Gefahr für die Gesundheit darstellen. Diese Stoffe und Gemische schädigen bestimmte Organe und/oder können Krebs erzeugen, die Fruchtbarkeit beeinträchtigen, das Kind im Mutterleib schädigen und/oder genetische Defekte und/oder beim Einatmen Allergien, asthmaartige Symptome oder Atembeschwerden verursachen. | Gefahr | H304, H334, H340, H350, H350i, H360, H360F, H360D, H360FD, H370, H372 |
| | | | Achtung | H341, H351, H361, H361f, H361d, H361fd, H371, H373 |
|  | GHS07 | Stoffe oder Gemische, die allergische Hautreaktionen, Reizungen der Atemwege und/oder Schläfrigkeit und Benommenheit verursachen können | Achtung | H317, H335, H336 |
|  | GHS09 | Stoffe und Gemische, die sehr giftig oder giftig für Wasserorganismen sind | Achtung | H400, H410, H411 (kein Signalwort) |

* Die in den Experimenten verwendeten Gase stehen meist nicht unter Druck, daher wird dort in der Regel auf diese Kennzeichnung verzichtet. In der Gefahrstoffliste sind alle Gase auch mit GHS04 gekennzeichnet.

# Gefahrenhinweise (H-Sätze)

## Gefahrenhinweise für physikalische Gefahren

- H200 Instabil, explosiv.
- H201 Explosiv, Gefahr der Massenexplosion.
- H202 Explosiv; große Gefahr durch Splitter, Spreng- und Wurfstücke.
- H203 Explosiv; Gefahr durch Feuer, Luftdruck oder Splitter, Spreng- und Wurfstücke.
- H204 Gefahr durch Feuer oder Splitter, Spreng- und Wurfstücke.
- H205 Gefahr der Massenexplosion bei Feuer.
- H220 Extrem entzündbares Gas.
- H221 Entzündbares Gas.
- H222 Extrem entzündbares Aerosol.
- H223 Entzündbares Aerosol.
- H224 Flüssigkeit und Dampf extrem entzündbar.
- H225 Flüssigkeit und Dampf leicht entzündbar.
- H226 Flüssigkeit und Dampf entzündbar.
- H228 Entzündbarer Feststoff.
- H229 Behälter steht unter Druck: kann bei Erwärmung bersten.
- H230 Kann auch in Abwesenheit von Luft explosionsartig reagieren.
- H231 Kann auch in Abwesenheit von Luft bei erhöhtem Druck und/oder erhöhter Temperatur explosionsartig reagieren.
- H240 Erwärmung kann Explosion verursachen.
- H241 Erwärmung kann Brand oder Explosion verursachen.
- H242 Erwärmung kann Brand verursachen.
- H250 Entzündet sich in Berührung mit Luft von selbst.
- H251 Selbsterhitzungsfähig; kann in Brand geraten.
- H252 In großen Mengen selbsterhitzungsfähig; kann in Brand geraten.
- H260 In Berührung mit Wasser entstehen entzündbare Gase, die sich spontan entzünden können.
- H261 In Berührung mit Wasser entstehen entzündbare Gase.
- H270 Kann Brand verursachen oder verstärken; Oxidationsmittel.
- H271 Kann Brand oder Explosion verursachen; starkes Oxidationsmittel.
- H272 Kann Brand verstärken; Oxidationsmittel.
- H280 Enthält Gas unter Druck; kann bei Erwärmung explodieren.
- H281 Enthält tiefkaltes Gas; kann Kälteverbrennungen oder -verletzungen verursachen.
- H290 Kann gegenüber Metallen korrosiv sein.

## Gefahrenhinweise für Gesundheitsgefahren

- H300 Lebensgefahr bei Verschlucken.
- H301 Giftig bei Verschlucken.
- H302 Gesundheitsschädlich bei Verschlucken.
- H304 Kann bei Verschlucken und Eindringen in die Atemwege tödlich sein.
- H310 Lebensgefahr bei Hautkontakt.
- H311 Giftig bei Hautkontakt.
- H312 Gesundheitsschädlich bei Hautkontakt.
- H314 Verursacht schwere Verätzungen der Haut und schwere Augenschäden.
- H315 Verursacht Hautreizungen.
- H317 Kann allergische Hautreaktionen verursachen.
- H318 Verursacht schwere Augenschäden.
- H319 Verursacht schwere Augenreizung.
- H330 Lebensgefahr bei Einatmen.
- H331 Giftig bei Einatmen.
- H332 Gesundheitsschädlich bei Einatmen.
- H334 Kann bei Einatmen Allergie, asthmaartige Symptome oder Atembeschwerden verursachen.
- H335 Kann die Atemwege reizen.
- H336 Kann Schläfrigkeit und Benommenheit verursachen.
- H340 Kann genetische Defekte verursachen <*Expositionsweg angeben, sofern schlüssig belegt ist, dass diese Gefahr bei keinem anderen Expositionsweg besteht*>.
- H341 Kann vermutlich genetische Defekte verursachen <*Expositionsweg angeben, sofern schlüssig belegt ist, dass diese Gefahr bei keinem anderen Expositionsweg besteht*>.
- H350 Kann Krebs erzeugen <*Expositionsweg angeben, sofern schlüssig belegt ist, dass diese Gefahr bei keinem anderen Expositionsweg besteht*>.
- H350i Kann beim Einatmen Krebs erzeugen.
- H351 Kann vermutlich Krebs erzeugen <*Expositionsweg angeben, sofern schlüssig belegt ist, dass diese Gefahr bei keinem anderen Expositionsweg besteht*>.
- H360 Kann die Fruchtbarkeit beeinträchtigen oder das Kind im Mutterleib schädigen <*konkrete Wirkung angeben, sofern bekannt*> <*Expositionsweg angeben, sofern schlüssig belegt ist, dass die Gefahr bei keinem anderen Expositionsweg besteht*>.
- H360F Kann die Fruchtbarkeit beeinträchtigen.
- H360D Kann das Kind im Mutterleib schädigen.
- H360FD Kann die Fruchtbarkeit beeinträchtigen. Kann das Kind im Mutterleib schädigen.
- H360Fd Kann die Fruchtbarkeit beeinträchtigen. Kann vermutlich das Kind im Mutterleib schädigen.
- H360Df Kann das Kind im Mutterleib schädigen. Kann vermutlich die Fruchtbarkeit beeinträchtigen.
- H361 Kann vermutlich die Fruchtbarkeit beeinträchtigen oder das Kind im Mutterleib schädigen <*konkrete Wirkung angeben, sofern bekannt*> <*Expositionsweg angeben, sofern schlüssig belegt ist, dass die Gefahr bei keinem anderen Expositionsweg besteht*>.
- H361f Kann vermutlich die Fruchtbarkeit beeinträchtigen.
- H361d Kann vermutlich das Kind im Mutterleib schädigen.
- H361fd Kann vermutlich die Fruchtbarkeit beeinträchtigen. Kann vermutlich das Kind im Mutterleib schädigen.
- H362 Kann Säuglinge über die Muttermilch schädigen.
- H370 Schädigt die Organe <*oder alle betroffenen Organe nennen, sofern bekannt*> <*Expositionsweg angeben, sofern schlüssig belegt ist, dass diese Gefahr bei keinem anderen Expositionsweg besteht*>.
- H371 Kann die Organe schädigen <*oder alle betroffenen Organe nennen, sofern bekannt*> <*Expositionsweg angeben, sofern schlüssig belegt ist, dass diese Gefahr bei keinem anderen Expositionsweg besteht*>.
- H372 Schädigt die Organe <*alle betroffenen Organe nennen*> *bei längerer oder wiederholter Exposition* <*Expositionsweg angeben, wenn schlüssig belegt ist, dass diese Gefahr bei keinem anderen Expositionsweg besteht*>.
- H373 Kann die Organe schädigen <*alle betroffenen Organe nennen, sofern bekannt*> *bei längerer oder wiederholter Exposition* <*Expositionsweg angeben, wenn schlüssig belegt ist, dass diese Gefahr bei keinem anderen Expositionsweg besteht*>.

## Gefahrenhinweise für Umweltgefahren

- H400 Sehr giftig für Wasserorganismen.
- H410 Sehr giftig für Wasserorganismen, mit langfristiger Wirkung.
- H411 Giftig für Wasserorganismen, mit langfristiger Wirkung.
- H412 Schädlich für Wasserorganismen, mit langfristiger Wirkung.
- H413 Kann für Wasserorganismen schädlich sein, mit langfristiger Wirkung.
- H420 Schädigt die öffentliche Gesundheit und die Umwelt durch Ozonabbau in der äußeren Atmosphäre.

# Ergänzende Gefahrenmerkmale

## Physikalische Eigenschaften

- EUH001 In trockenem Zustand explosionsgefährlich.
- EUH014 Reagiert heftig mit Wasser.
- EUH018 Kann bei Verwendung explosionsfähige/entzündbare Dampf/Luft-Gemische bilden.
- EUH019 Kann explosionsfähige Peroxide bilden.
- EUH044 Explosionsgefahr bei Erhitzen unter Einschluss.

## Gesundheitsgefährliche Eigenschaften

- EUH029 Entwickelt bei Berührung mit Wasser giftige Gase.
- EUH031 Entwickelt bei Berührung mit Säure giftige Gase.
- EUH032 Entwickelt bei Berührung mit Säure sehr giftige Gase.
- EUH066 Wiederholter Kontakt kann zu spröder oder rissiger Haut führen.
- EUH070 Giftig bei Berührung mit den Augen.
- EUH071 Wirkt ätzend auf die Atemwege.

## Ergänzende Kennzeichnungselemente/Informationen über bestimmte Stoffe und Gemische

- **EUH201** Enthält Blei. Nicht für den Anstrich von Gegenständen verwenden, die von Kindern gekaut oder gelutscht werden könnten.
- **EUH201A** Achtung! Enthält Blei.
- **EUH202** Cyanacrylat. Gefahr. Klebt innerhalb von Sekunden Haut und Augenlider zusammen. Darf nicht in die Hände von Kindern gelangen.
- **EUH203** Enthält Chrom (VI). Kann allergische Reaktionen hervorrufen.
- **EUH204** Enthält Isocyanate. Kann allergische Reaktionen hervorrufen.
- **EUH205** Enthält epoxidhaltige Verbindungen. Kann allergische Reaktionen hervorrufen.
- **EUH206** Achtung! Nicht zusammen mit anderen Produkten verwenden, da gefährliche Gase (Chlor) freigesetzt werden können.
- **EUH207** Achtung! Enthält Cadmium. Bei der Verwendung entstehen gefährliche Dämpfe. Hinweise des Herstellers beachten. Sicherheitsanweisungen einhalten.
- **EUH208** Enthält <*Name des sensibilisierenden Stoffes*>. Kann allergische Reaktionen hervorrufen.
- **EUH209** Kann bei Verwendung leicht entzündbar werden.
- **EUH209A** Kann bei Verwendung entzündbar werden.
- **EUH210** Sicherheitsdatenblatt auf Anfrage erhältlich.
- **EUH401** Zur Vermeidung von Risiken für Mensch und Umwelt die Gebrauchsanleitung einhalten.

## Sicherheitshinweise (P-Sätze)

### Sicherheitshinweise – Allgemeines

- **P101** Ist ärztlicher Rat erforderlich, Verpackung oder Kennzeichnungsetikett bereithalten.
- **P102** Darf nicht in die Hände von Kindern gelangen.
- **P103** Vor Gebrauch Kennzeichnungsetikett lesen.

### Sicherheitshinweise – Prävention

- **P201** Vor Gebrauch besondere Anweisungen einholen.
- **P202** Vor Gebrauch alle Sicherheitshinweise lesen und verstehen.
- **P210** Von Hitze/Funken/offener Flamme/heißen Oberflächen fernhalten. Nicht rauchen.
- **P211** Nicht gegen offene Flamme oder andere Zündquelle sprühen.
- **P220** Von Kleidung/.../brennbaren Materialien fernhalten/entfernt aufbewahren.
- **P221** Mischen mit brennbaren Stoffen/... unbedingt verhindern.
- **P222** Kontakt mit Luft nicht zulassen.
- **P223** Kontakt mit Wasser wegen heftiger Reaktion und möglichem Aufflammen unbedingt verhindern.
- **P230** Feucht halten mit ...
- **P231** Unter inertem Gas handhaben.
- **P232** Vor Feuchtigkeit schützen.
- **P233** Behälter dicht verschlossen halten.
- **P234** Nur im Originalbehälter aufbewahren.
- **P235** Kühl halten.
- **P240** Behälter und zu befüllende Anlage erden.
- **P241** Explosionsgeschützte elektrische Betriebsmittel/Lüftungsanlagen/Beleuchtung/... verwenden.
- **P242** Nur funkenfreies Werkzeug verwenden.
- **P243** Maßnahmen gegen elektrostatische Aufladungen treffen.
- **P244** Druckminderer frei von Fett und Öl halten.
- **P250** Nicht schleifen/stoßen/.../reiben.
- **P251** Behälter steht unter Druck: Nicht durchstechen oder verbrennen, auch nicht nach der Verwendung.
- **P260** Staub/Rauch/Gas/Nebel/Dampf/Aerosol nicht einatmen.
- **P261** Einatmen von Staub/Rauch/Gas/Nebel/Dampf/Aerosol vermeiden.
- **P262** Nicht in die Augen, auf die Haut oder auf die Kleidung gelangen lassen.
- **P263** Kontakt während der Schwangerschaft und der Stillzeit vermeiden.
- **P264** Nach Gebrauch ... gründlich waschen.
- **P270** Bei Gebrauch nicht essen, trinken oder rauchen.
- **P271** Nur im Freien oder in gut belüfteten Räumen verwenden.
- **P272** Kontaminierte Arbeitskleidung nicht außerhalb des Arbeitsplatzes tragen.
- **P273** Freisetzung in die Umwelt vermeiden.
- **P280** Schutzhandschuhe/Schutzkleidung/Augenschutz/Gesichtsschutz tragen.
- **P282** Schutzhandschuhe/Gesichtsschild/Augenschutz mit Kälteisolierung tragen.
- **P283** Schwer entflammbare/flammhemmende Kleidung tragen.
- **P284** Atemschutz tragen.
- **P231 + P232** Unter inertem Gas handhaben. Vor Feuchtigkeit schützen.
- **P235 + P410** Kühl halten. Vor Sonnenbestrahlung schützen.

### Sicherheitshinweise – Reaktion

- **P301** BEI VERSCHLUCKEN:
- **P302** BEI BERÜHRUNG MIT DER HAUT:
- **P303** BEI BERÜHRUNG MIT DER HAUT (oder dem Haar):
- **P304** BEI EINATMEN:
- **P305** BEI KONTAKT MIT DEN AUGEN:
- **P306** BEI KONTAMINIERTER KLEIDUNG:
- **P308** BEI Exposition oder falls betroffen:
- **P310** Sofort GIFTINFORMATIONSZENTRUM oder Arzt anrufen.
- **P311** GIFTINFORMATIONSZENTRUM oder Arzt anrufen.
- **P312** Bei Unwohlsein GIFTINFORMATIONSZENTRUM oder Arzt anrufen.
- **P313** Ärztlichen Rat einholen/ärztliche Hilfe hinzuziehen.
- **P314** Bei Unwohlsein ärztlichen Rat einholen/ärztliche Hilfe hinzuziehen.
- **P315** Sofort ärztlichen Rat einholen/ärztliche Hilfe hinzuziehen.
- **P320** Besondere Behandlung dringend erforderlich (siehe ... auf diesem Kennzeichnungsetikett).
- **P321** Besondere Behandlung (siehe ... auf diesem Kennzeichnungsetikett).
- **P330** Mund ausspülen.
- **P331** KEIN Erbrechen herbeiführen.
- **P332** Bei Hautreizung:
- **P333** Bei Hautreizung oder -ausschlag:
- **P334** In kaltes Wasser tauchen/nassen Verband anlegen.
- **P335** Lose Partikel von der Haut abbürsten.
- **P336** Vereiste Bereiche mit lauwarmem Wasser auftauen. Betroffenen Bereich nicht reiben.
- **P337** Bei anhaltender Augenreizung:
- **P338** Eventuell Vorhandene Kontaktlinsen nach Möglichkeit entfernen. Weiter ausspülen.
- **P340** Die betroffene Person an die frische Luft bringen und in einer Position ruhig stellen, die das Atmen erleichtert.
- **P342** Bei Symptomen der Atemwege:
- **P351** Einige Minuten lang behutsam mit Wasser ausspülen.
- **P352** Mit viel Wasser und Seife waschen.
- **P353** Haut mit Wasser abwaschen/duschen.
- **P360** Kontaminierte Kleidung und Haut sofort mit viel Wasser abwaschen und danach Kleidung ausziehen.
- **P361** Alle kontaminierten Kleidungsstücke sofort ausziehen.
- **P362** Kontaminierte Kleidung ausziehen und vor erneutem Tragen waschen.
- **P363** Kontaminierte Kleidung vor erneutem Tragen waschen.
- **P364** Und vor erneutem Tragen waschen.
- **P370** Bei Brand:
- **P371** Bei Großbrand und großen Mengen:
- **P372** Explosionsgefahr bei Brand.
- **P373** KEINE Brandbekämpfung, wenn das Feuer explosive Stoffe/Gemische/Erzeugnisse erreicht.
- **P374** Brandbekämpfung mit üblichen Vorsichtsmaßnahmen aus angemessener Entfernung.
- **P375** Wegen Explosionsgefahr Brand aus der Entfernung bekämpfen.
- **P376** Undichtigkeit beseitigen, wenn gefahrlos möglich.
- **P377** Brand von ausströmendem Gas: Nicht löschen, bis Undichtigkeit gefahrlos beseitigt werden kann.
- **P378** ... zum Löschen verwenden.
- **P380** Umgebung räumen.
- **P381** Alle Zündquellen entfernen, wenn gefahrlos möglich.
- **P390** Verschüttete Mengen aufnehmen, um Materialschäden zu vermeiden.
- **P391** Verschüttete Mengen aufnehmen.
- **P301 + P310** BEI VERSCHLUCKEN: Sofort GIFTINFORMATIONSZENTRUM oder Arzt anrufen.
- **P301 + P312** BEI VERSCHLUCKEN: Bei Unwohlsein GIFTINFORMATIONSZENTRUM oder Arzt anrufen.
- **P301 + P330 + P331** BEI VERSCHLUCKEN: Mund ausspülen. KEIN Erbrechen herbeiführen.
- **P302 + P334** BEI KONTAKT MIT DER HAUT: In kaltes Wasser tauchen/nassen Verband anlegen.
- **P302 + P352** BEI KONTAKT MIT DER HAUT: Mit viel Wasser und Seife waschen.
- **P303 + P361 + P353** BEI KONTAKT MIT DER HAUT (oder dem Haar): Alle kontaminierten Kleidungsstücke sofort ausziehen. Haut mit Wasser abwaschen/duschen.

**P304 + P340** BEI EINATMEN: An die frische Luft bringen und in einer Position ruhig stellen, die das Atmen erleichtert.
**P305 + P351 + P338** BEI KONTAKT MIT DEN AUGEN: Einige Minuten lang behutsam mit Wasser spülen. Vorhandene Kontaktlinsen nach Möglichkeit entfernen. Weiter spülen.
**P306 + P360** BEI KONTAKT MIT DER KLEIDUNG: Kontaminierte Kleidung und Haut sofort mit viel Wasser abwaschen und danach Kleidung ausziehen.
**P308 + P311** Bei Exposition oder falls betroffen: GIFTINFORMATIONSZENTRUM, Arzt oder ... anrufen.
**P308 + P313** BEI Exposition oder falls betroffen: Ärztlichen Rat einholen/ärztliche Hilfe hinzuziehen.
**P332 + P313** Bei Hautreizung: Ärztlichen Rat einholen/ärztliche Hilfe hinzuziehen.
**P333 + P313** Bei Hautreizung oder -ausschlag: Ärztlichen Rat einholen/ärztliche Hilfe hinzuziehen.
**P335 + P334** Lose Partikel von der Haut abbürsten. In kaltes Wasser tauchen/nassen Verband anlegen.
**P337 + P313** Bei anhaltender Augenreizung: Ärztlichen Rat einholen/ärztliche Hilfe hinzuziehen.
**P342 + P311** Bei Symptomen der Atemwege: GIFTINFORMATIONSZENTRUM oder Arzt anrufen.
**P361 + P364** Alle kontaminierten Kleidungsstücke sofort ausziehen und vor erneutem Tragen waschen.
**P362 + P364** Kontaminierte Kleidung ausziehen und vor erneutem Tragen waschen.
**P370 + P376** Bei Brand: Undichtigkeit beseitigen, wenn gefahrlos möglich.
**P370 + P378** Bei Brand: ... zum Löschen verwenden.
**P370 + P380** Bei Brand: Umgebung räumen.
**P370 + P380 + P375** Bei Brand: Umgebung räumen. Wegen Explosionsgefahr Brand aus der Entfernung bekämpfen.
**P371 + P380 + P375** Bei Großbrand und großen Mengen: Umgebung räumen. Wegen Explosionsgefahr Brand aus der Entfernung bekämpfen.

### Sicherheitshinweise – Aufbewahrung

**P401** ... aufbewahren.
**P402** An einem trockenen Ort aufbewahren.
**P403** An einem gut belüfteten Ort aufbewahren.
**P404** In einem geschlossenen Behälter aufbewahren.
**P405** Unter Verschluss aufbewahren.
**P406** In korrosionsbeständigem/... Behälter mit korrosionsbeständiger Auskleidung aufbewahren.
**P407** Luftspalt zwischen Stapeln/Paletten lassen.
**P410** Vor Sonnenbestrahlung schützen.
**P411** Bei Temperaturen von nicht mehr als ... °C aufbewahren.
**P412** Nicht Temperaturen von mehr als 50 °C aussetzen.
**P413** Schüttgut in Mengen von mehr als ... kg bei Temperaturen von nicht mehr als ... °C aufbewahren.
**P420** Von anderen Materialien entfernt aufbewahren.
**P422** Inhalt in/unter ... aufbewahren.
**P402 + P404** In einem geschlossenen Behälter an einem trockenen Ort aufbewahren.
**P403 + P233** Behälter dicht verschlossen an einem gut belüfteten Ort aufbewahren.
**P403 + P235** Kühl an einem gut belüfteten Ort aufbewahren.
**P410 + P403** Vor Sonnenbestrahlung geschützt an einem gut belüfteten Ort aufbewahren.
**P410 + P412** Vor Sonnenbestrahlung schützen und nicht Temperaturen von mehr als 50 °C aussetzen.
**P411 + P235** Kühl und bei Temperaturen von nicht mehr als ... °C aufbewahren.

### Sicherheitshinweise – Entsorgung

**P501** Inhalt/Behälter ... zuführen.

## Entsorgungsratschläge (E-Sätze)

**E1** Verdünnen, in den Ausguss geben (WGK 0 bzw. 1)
**E2** Neutralisieren, in den Ausguss geben
**E3** In den Hausmüll geben, gegebenenfalls im Polyethylenbeutel (Stäube)
**E4** Als Sulfid fällen
**E5** Mit Calcium-Ionen fällen, dann E 1 oder E 3
**E6** Nicht in den Hausmüll geben
**E7** Im Abzug entsorgen
**E8** Der Sondermüllbeseitigung zuführen (Adresse zu erfragen bei der Kreis- oder Stadtverwaltung), Abfallschlüssel beachten
**E9** Unter größter Vorsicht in kleinsten Portionen reagieren lassen (z. B. offen im Freien verbrennen)
**E10** In gekennzeichneten Behältern sammeln:
1. „Organische Abfälle – halogenhaltig“
2. „Organische Abfälle – halogenfrei“, dann E 8

**E11** Als Hydroxid fällen (pH = 8), den Niederschlag zu E 8
**E12** Nicht in die Kanalisation gelangen lassen
**E13** Aus der Lösung mit unedlem Metall (z. B. Eisen) als Metall abscheiden (E 14, E 3)
**E14** Recycling-geeignet (Redestillation oder einem Recyclingunternehmen zuführen)
**E15** Mit Wasser **vorsichtig** umsetzen, frei werdende Gase absorbieren oder ins Freie ableiten
**E16** Entsprechend den speziellen Ratschlägen für die Beseitigungsgruppen beseitigen

## Entsorgung von Chemikalienabfällen

Nach dem Experimentieren werden die Reste in die dafür vorgesehenen Sammelbehälter gegeben:

| nicht gefährliche und wasserlösliche Chemikalien | nicht gefährliche und feste Chemikalien | Säuren und Laugen | giftige anorganische Chemikalien | halogenfreie organische Chemikalien | halogenhaltige organische Chemikalien |
|---|---|---|---|---|---|
| z. B. Natriumchlorid, Natriumcarbonat, Wasserstoffperoxidlösung | z. B. Eisen, Indikatorpapier | z. B. Salzsäure, Natronlauge | z. B. Kupfersulfat | z. B. Petroleumbenzin, Methanol | z. B. Trichlormethan |

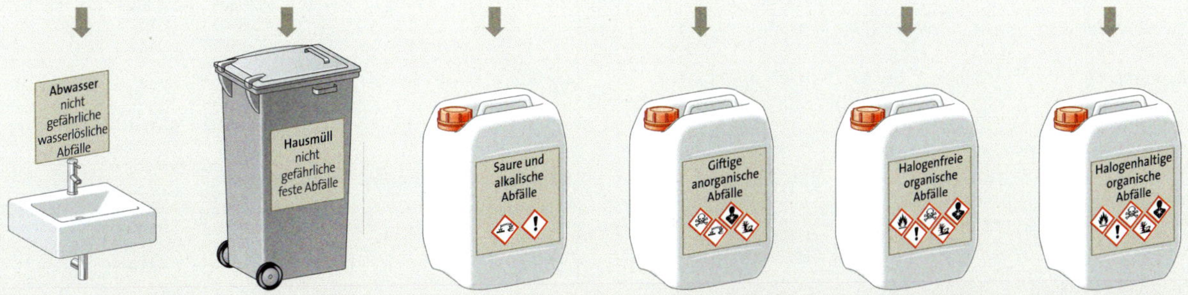


Die weitere Behandlung und Entsorgung bzw. Übergabe der Abfälle zur Sondermüllentsorgung erfolgt durch die Lehrkraft.

# Liste der Gefahrstoffe nach der GHS-Verordnung

| Gefahrstoff | Signalwort | Piktogrammcode | H-Sätze und EUH-Sätze | E-Sätze |
|---|---|---|---|---|
| **A** | | | | |
| Aceton (Propanon) | Gefahr | GHS02<br>GHS07 | H225<br>H319<br>H336<br>EUH066 | 1-10-14 |
| Acetaldehyd s. Ethanal | | | | |
| Acetylsalicylsäure | Achtung | GHS07 | H302<br>H315<br>H319<br>H335 | 10-12 |
| Aluminium, Pulver (stabilisiert) | Gefahr | GHS02 | H261<br>H228 | 6-9 |
| Aluminiumchlorid, wasserfrei | Gefahr | GHS05 | H314 | 2 |
| Aluminiumchloridlösung<br>5 % ≤ *w* < 10 % | Achtung | GHS07 | H315<br>H319 | 2 |
| Ameisensäure (Methansäure)<br>*w* ≥ 85 % | Gefahr | GHS02<br>GHS06<br>GHS05 | H314<br>H226<br>H302<br>H331<br>EUH071 | 1-10 |
| 25 % ≤ *w* < 85 % | Gefahr | GHS06<br>GHS05 | H314<br>H226<br>H302<br>H331<br>EUH071 | 1-10 |
| 2 % ≤ *w* < 25 % | Achtung | GHS07 | H315<br>H319 | 1-10 |
| Ammoniak, wasserfrei | Gefahr | GHS04<br>GHS06<br>GHS05<br>GHS09 | H221<br>H280<br>H331<br>H314<br>H400<br>EUH071 | 2-7 |
| Ammoniaklösung<br>*w* ≥ 30 % | Gefahr | GHS05<br>GHS07<br>GHS09 | H314<br>H290<br>H335<br>H400 | 2 |
| 10 % ≤ *w* < 30 % | Gefahr | GHS05<br>GHS07<br>GHS09 | H314<br>H335<br>H400 | 2 |
| 5 % ≤ *w* < 10 % | Gefahr | GHS05<br>GHS07 | H314<br>H335 | 2 |
| Ammoniumcarbonat | Achtung | GHS07 | H302 | 2 |
| Ammoniumchlorid | Achtung | GHS07 | H302<br>H319 | 2 |
| Ammoniumthiocyanat | Achtung | GHS05<br>GHS07 | H302<br>+ H312<br>+ H332<br>H412<br>H318<br>EUH032 | 2 |
| **B** | | | | |
| Bariumchlorid | Gefahr | GHS06 | H301<br>H332 | 1-3 |
| Bariumchloridlösung<br>10 % ≤ *w* < 18 % | Achtung | GHS07 | H302 | 1 |
| Bariumhydroxid | Gefahr | GHS05<br>GHS07 | H302<br>H314<br>H318 | 1-3 |
| Bariumhydroxid-8-Wasser | Gefahr | GHS05<br>GHS07 | H302<br>H314<br>H318 | 1-3 |
| Benzoesäure | Gefahr | GHS05<br>GHS08 | H315<br>H318<br>H372 | 10-12 |
| Brennspiritus (Ethanol) | Gefahr | GHS02<br>GHS07 | H225<br>H319 | 1-10 |
| Brenzcatechin (1,2-Dihydroxybenzol) | Gefahr | GHS06<br>GHS08<br>GHS05 | H301<br>+ H311<br>+ H332<br>H315<br>H317<br>H318<br>H341 | 10-12 |
| Brom | Gefahr | GHS06<br>GHS05<br>GHS09 | H330<br>H314<br>H400 | 16 |
| Bromwasser<br>*w* = 3 % | Gefahr | GHS05<br>GHS07 | H332<br>H314 | 16 |
| n-Butan | Gefahr | GHS02<br>GHS04 | H220<br>H280 | 2 |
| Butandisäure (Bernsteinsäure) | Gefahr | GHS05 | H318 | 10-12 |
| Butan-1-ol | Gefahr | GHS02<br>GHS05<br>GHS07 | H226<br>H302<br>H335<br>H315<br>H318<br>H336 | 10 |
| tert-Butanol (2-Methylpropan-2-ol) | Gefahr | GHS02<br>GHS07 | H225<br>H332<br>H319<br>H335 | 10-12 |
| Butansäure (Buttersäure) | Gefahr | GHS05<br>GHS07 | H314<br>H302 | 10 |
| **C** | | | | |
| Calciumcarbid | Gefahr | GHS02<br>GHS05<br>GHS07 | H260<br>H315<br>H318<br>H335 | 15-16 |
| Calciumchlorid | Achtung | GHS07 | H319 | 1 |
| Calciumchlorid-6-Wasser | Achtung | GHS07 | H319 | 1 |
| Capronsäure s. Hexansäure | | | | |
| Chlor | Gefahr | GHS06<br>GHS03<br>GHS04<br>GHS09 | H270<br>H280<br>H330<br>H315<br>H319<br>H335<br>H400<br>EUH071 | 16 |
| Chlorwasserstoff | Gefahr | GHS04<br>GHS06<br>GHS05 | H331<br>H314<br>H280<br>EUH071 | 2 |
| Citronensäure | Achtung | GHS07 | H319 | 1-10 |
| Cyclohexan | Gefahr | GHS02<br>GHS08<br>GHS07<br>GHS09 | H225<br>H304<br>H315<br>H336<br>H410 | 10-12 |
| Cyclohexen | Gefahr | GHS02<br>GHS08<br>GHS07<br>GHS09 | H225<br>H304<br>H302<br>H411 | 10-12 |
| **D** | | | | |
| n-Decan | Gefahr | GHS02<br>GHS08 | H226<br>H304<br>EUH066 | 10-12 |
| Decansäuredichlorid s. Sebacinsäuredichlorid | | | | |
| Dibenzoylperoxid | Gefahr | GHS01<br>GHS02<br>GHS07<br>GHS09 | H241<br>H319<br>H317<br>H410 | 10-12 |
| Dichlormethan s. Methylenchlorid | | | | |

| Gefahrstoff | Signalwort | Piktogrammcode | H-Sätze und EUH-Sätze | E-Sätze |
|---|---|---|---|---|
| Diethylether (Ether) | Gefahr | GHS02<br>GHS07 | H224<br>H302<br>H336<br>EUH019<br>EUH066 | 9-10-12 |
| 1,2-Dihydroxyolbenzol s. Brenzcatechin | | | | |
| 1,3-Dihydroxyolbenzol s. Resorcin | | | | |
| 1,4-Dihydroxyolbenzol s. Hydrochinon | | | | |
| N,N-Dimethylanilin | Gefahr | GHS06<br>GHS08<br>GHS09 | H351<br>H331<br>H311<br>H301<br>H411 | 10-12 |
| Dimethylglyoximlösung, gesättigt in Ethanol | Gefahr | GHS02<br>GHS07 | H225<br>H319 | 1-10 |
| Distickstofftetraoxid | Gefahr | GHS04<br>GHS03<br>GHS06<br>GHS05 | H280<br>H270<br>H330<br>H314<br>EUH071 | 7 |
| **E** | | | | |
| Eisen(III)-chlorid | Gefahr | GHS05<br>GHS07 | H302<br>H315<br>H318<br>H290 | 2 |
| Eisen(III)-nitrat-9-Wasser | Achtung | GHS03<br>GHS07 | H272<br>H315<br>H319 | 2 |
| Essigessenz | Achtung | GHS05 | H319<br>H315 | 2-10 |
| Essigsäure (Ethansäure)<br>$w \geq 90\,\%$ | Gefahr | GHS02<br>GHS05 | H226<br>H290<br>H314 | 2-10 |
| $w \geq 60\,\%$ | Gefahr | GHS05 | H314<br>H318 | 2-10 |
| $10\,\% \leq w < 60\,\%$ | Achtung | GHS07 | H319<br>H315 | 2-10 |
| Essigsäureanhydrid | Gefahr | GHS02<br>GHS06<br>GHS05 | H226<br>H302<br>H331<br>H314<br>H335 | 2-10 |
| Essigsäureethylester (Ethylacetat) | Gefahr | GHS02<br>GHS07 | H225<br>H319<br>H336<br>EUH066 | 10-12 |
| Ethan | Gefahr | GHS02<br>GHS04 | H220<br>H280 | 7 |
| Ethanal (Acetaldehyd) | Gefahr | GHS02<br>GHS08<br>GHS07 | H224<br>H351<br>H319<br>H335 | 9-10-12-16 |
| Ethanallösung (Acetaldehydlösung)<br>$w = 1\,\%$ | Gefahr | GHS02<br>GHS08 | H224<br>H351 | 9-10-12-16 |
| Ethanol (Brennspiritus) | Gefahr | GHS02<br>GHS07 | H225<br>H319 | 1-10 |
| Ethan-1,2-diol s. Glykol | | | | |
| Ethen (Ethylen) | Gefahr | GHS02<br>GHS04<br>GHS07 | H220<br>H280<br>H336 | 7 |
| Ethin (Acetylen) | Gefahr | GHS02<br>GHS04 | H220<br>H230<br>H280 | 7 |
| **F** | | | | |
| Fehling-Lösung I | Gefahr | GHS05<br>GHS09 | H318<br>H410 | 2 |
| Fehling-Lösung II | Gefahr | GHS05 | H290<br>H314 | 2 |
| **G** | | | | |
| Glykol (Ethan-1,2-diol) | Achtung | GHS07<br>GHS08 | H302<br>H373 | 10-12 |
| **H** | | | | |
| n-Heptan | Gefahr | GHS02<br>GHS08<br>GHS07<br>GHS09 | H225<br>H304<br>H315<br>H336<br>H410 | 10-12 |
| n-Hexan | Gefahr | GHS02<br>GHS08<br>GHS07<br>GHS09 | H225<br>H361f<br>H304<br>H373<br>H315<br>H336<br>H411 | 10-12 |
| Hexan-1,6-diamin | Gefahr | GHS05<br>GHS07 | H312<br>H302<br>H335<br>H314 | 10-12 |
| Hexan-1-ol | Achtung | GHS02<br>GHS07 | H226<br>H302<br>+ H312<br>H319 | 1-10 |
| Hexansäure (Capronsäure) | Gefahr | GHS06<br>GHS05 | H302<br>H311<br>H314 | 2-10 |
| Hex-1-en | Gefahr | GHS02<br>GHS08 | H225<br>H304<br>EUH066 | 10-12 |
| Hydrochinon (1,4-Dihydroxybenzol) | Gefahr | GHS08<br>GHS05<br>GHS07<br>GHS09 | H351<br>H341<br>H302<br>H318<br>H317<br>H400 | 10-12 |
| **I** | | | | |
| Iod | Achtung | GHS08<br>GHS07<br>GHS09 | H312<br>+ H332<br>+ H315<br>H319<br>H335<br>H372<br>H400 | 1-16 |
| 2-Iodbutan (sek-Butyliodid) | Gefahr | GHS02 | H225 | 10-12 |
| **K** | | | | |
| Kaliumcyanat | Achtung | GHS07 | H302<br>H319 | 1 |
| Kaliumhydrogensulfat | Gefahr | GHS05<br>GHS07 | H314<br>H335 | 2 |
| Kaliumhydroxid (Ätzkali) | Gefahr | GHS05<br>GHS07 | H290<br>H302<br>H314 | 2 |
| Kaliumhydroxidlösung (Kalilauge)<br>$w \geq 47\,\%$ | Gefahr | GHS05<br>GHS07 | H290<br>H302<br>H314 | 2 |
| $0{,}5\,\% \leq w < 47\,\%$ | Gefahr | GHS05 | H290<br>H314 | 2 |
| Kaliumnitrat | Gefahr | GHS03 | H272 | 1 |
| Kaliumpermanganat | Gefahr | GHS03<br>GHS05<br>GHS07<br>GHS09 | H272<br>H302<br>H314<br>H410 | 1-6 |

| Gefahrstoff | Signalwort | Piktogrammcode | H-Sätze und EUH-Sätze | E-Sätze |
|---|---|---|---|---|
| Kohlenstoffdisulfid | Gefahr | GHS02<br>GHS08<br>GHS07 | H225<br>H302<br>H315<br>H319<br>H361<br>H372<br>H412 | 9-10-12 |
| Kupfer(II)-oxid | Achtung | GHS07<br>GHS09 | H302<br>H410 | 8-16 |
| Kupfer(II)-sulfat, wasserfrei | Gefahr | GHS07<br>GHS05<br>GHS09 | H302<br>H315<br>H318<br>H410 | 11 |
| Kupfer(II)-sulfat-5-Wasser | Achtung | GHS07<br>GHS05<br>GHS09 | H302<br>H315<br>H318<br>H410 | 11 |
| **L** | | | | |
| Lithiumchlorid | Achtung | GHS07 | H302<br>H319<br>H315 | 1 |
| **M** | | | | |
| Magnesium, Späne | Gefahr | GHS02 | H228<br>H251<br>H261 | 3 |
| Mangan(IV)-oxid (Braunstein) | Gefahr | GHS08<br>GHS07 | H302<br>+ H332<br>H373 | 3 |
| Methan | Gefahr | GHS02<br>GHS04 | H220<br>H280 | 7 |
| Methanol | Gefahr | GHS02<br>GHS06<br>GHS08 | H225<br>H331<br>H311<br>H301<br>H370 | 1-10 |
| Methansäure s. Ameisensäure | | | | |
| Methansäuremethylester (Methylformiat) | Gefahr | GHS02<br>GHS07 | H224<br>H302<br>+ H332<br>H319<br>H335 | 10-12 |
| Methylenchlorid (Dichlormethan) | Achtung | GHS08 | H351 | 10-12 |
| Methylmethacrylat (Methacrylsäuremethylester) | Gefahr | GHS02<br>GHS07 | H225<br>H335<br>H315<br>H317 | 10-12 |
| Milchsäure (2-Hydroxypropansäure) | Gefahr | GHS05 | H318<br>H315 | 10-12 |
| **N** | | | | |
| Naphthalin | Gefahr | GHS02<br>GHS08<br>GHS07<br>GHS09 | H228<br>H351<br>H302<br>H410 | 10-12 |
| 2-Naphthol (2-Hydroxynaphthalin) | Achtung | GHS07<br>GHS09 | H332<br>H302<br>H400 | 10-12 |
| Natrium | Gefahr | GHS02<br>GHS05 | H260<br>H314<br>EUH014 | 6-12-16 |
| Natriumcarbonat | Achtung | GHS07 | H319 | 1 |
| Natriumcarbonat-10-Wasser | Achtung | GHS07 | H319 | 1 |
| Natriumdithionit | Gefahr | GHS02<br>GHS07 | H251<br>H302<br>EUH031 | 1 |

| Gefahrstoff | Signalwort | Piktogrammcode | H-Sätze und EUH-Sätze | E-Sätze |
|---|---|---|---|---|
| Natriumfluorid | Gefahr | GHS06 | H301<br>H319<br>H315<br>EUH032 | 5 |
| Natriumhydroxid (Ätznatron) | Gefahr | GHS05 | H290<br>H314 | 2 |
| Natriumhydroxidlösung (Natronlauge) $w \geq 2\,\%$ | Gefahr | GHS05 | H290<br>H314 | 2 |
| Natriumnitrat | Achtung | GHS03<br>GHS07 | H271<br>H319 | 1 |
| Natriumnitrit | Gefahr | GHS03<br>GHS06<br>GHS09 | H272<br>H301<br>H400 | 1-16 |
| Nicotin | Gefahr | GHS06<br>GHS09 | H301<br>H310<br>H315<br>H400<br>H411 | 10-16 |
| Ninhydrin | Achtung | GHS07 | H302<br>H315<br>H319<br>H335 | 10-12 |
| Ninhydrin-Sprühlösung (ethanolisch) $w \geq 25\,\%$ | Gefahr | GHS02 | H325 | 1-10 |
| Nonan-1-ol | Achtung | GHS07 | H319 | 3 |
| **O** | | | | |
| n-Octan | Gefahr | GHS02<br>GHS08<br>GHS07<br>GHS09 | H225<br>H304<br>H315<br>H336<br>H410 | 10-12 |
| Oxalsäure | Achtung | GHS05<br>GHS07 | H302<br>H312<br>H318 | 5 |
| **P** | | | | |
| n-Pentan | Gefahr | GHS02<br>GHS08<br>GHS07<br>GHS09 | H225<br>H304<br>H336<br>H411<br>EUH066 | 10-12 |
| Pentan-1-ol | Achtung | GHS02<br>GHS07 | H226<br>H315<br>H319<br>H332<br>H335 | 10-14 |
| Pentansäure (Valeriansäure) | Gefahr | GHS05 | H314<br>H412 | 2-10 |
| Perchlorsäure $w \geq 0{,}7\,\%$ | Gefahr | GHS03<br>GHS08<br>GHS05<br>GHS07 | H271<br>H290<br>H302<br>H314<br>H373 | 2 |
| Petroleumbenzin, Siedebereich 60 °C bis 80 °C | Gefahr | GHS02<br>GHS08<br>GHS07<br>GHS09 | H225<br>H304<br>H315<br>H336<br>H411 | 10-12 |
| Phenol (Hydroxybenzol) | Gefahr | GHS06<br>GHS08<br>GHS05 | H301<br>+ H311<br>+ H331<br>H314<br>H341<br>H373<br>H411 | 10-12 |
| Phenollösung $1\,\% \leq w < 3\,\%$ | Achtung | GHS07 | H319<br>H315 | 10-12 |

| Gefahrstoff | Signal-wort | Pikto-gramm-code | H-Sätze und EUH-Sätze | E-Sätze |
|---|---|---|---|---|
| Phenolphthaleinlösung (ethanolisch, $w$ = 1 %) | Gefahr | GHS02<br>GHS08<br>GHS07 | H225<br>H319<br>H341<br>H350 | 1-10 |
| Phthalsäureanhydrid | Gefahr | GHS08<br>GHS05<br>GHS07 | H302<br>H335<br>H315<br>H318<br>H334<br>H317 | 10 |
| Propan | Gefahr | GHS02<br>GHS04 | H220<br>H280 | 7 |
| Propanal | Gefahr | GHS02<br>GHS05<br>GHS07 | H225<br>H302<br>+ H332<br>H315<br>H318<br>H335 | 9-10-12-16 |
| Propan-1-ol | Gefahr | GHS02<br>GHS05<br>GHS07 | H225<br>H318<br>H336 | 10 |
| Propan-2-ol | Gefahr | GHS02<br>GHS07 | H225<br>H319<br>H336 | 10 |
| Propanon s. Aceton | | | | |
| **R** | | | | |
| Resorcin (1,3-Dihydroxybenzol) | Gefahr | GHS08<br>GHS07<br>GHS09 | H302<br>H315<br>H319<br>H317<br>H370<br>H410 | 10 |
| **S** | | | | |
| Salpetersäure $w \geq 65$ % | Gefahr | GHS03<br>GHS05 | H272<br>H290<br>H314<br>EUH071 | 2 |
| 3,5 % $\leq w <$ 65 % | Gefahr | GHS05 | H314<br>H290 | 2 |
| Salzsäure $w \geq 10$ % | Gefahr | GHS05<br>GHS07 | H314<br>H335<br>H290 | 2 |
| 5 % $\leq w <$ 10 % | Achtung | GHS05 | H290<br>H314 | 2 |
| Schwefel | Achtung | GHS07 | H315 | 3 |
| Schwefeldioxid | Gefahr | GHS04<br>GHS06<br>GHS05 | H331<br>H314<br>H280<br>EUH071 | 7 |
| Schwefelsäure $w \geq 5$ % | Gefahr | GHS05 | H290<br>H314 | 2 |
| Schwefelwasserstoff | Gefahr | GHS02<br>GHS04<br>GHS06<br>GHS09 | H220<br>H280<br>H330<br>H335<br>H400 | 2-7 |
| Sebacinsäuredichlorid (Decansäuredichlorid) | Gefahr | GHS05<br>GHS07 | H302<br>H314<br>H335 | 10-12 |
| Silbernitrat | Gefahr | GHS03<br>GHS05<br>GHS09 | H272<br>H290<br>H314<br>H410 | 12-13-14 |
| Silbernitratlösung $w$ = 1 % | Achtung | GHS07 | H319<br>H315<br>H412 | 12-13-14 |
| Silbernitratlösung, ammoniakalisch | Achtung | GHS05<br>GHS07<br>GHS09 | H314<br>H400<br>H335 | 2 |

| Gefahrstoff | Signal-wort | Pikto-gramm-code | H-Sätze und EUH-Sätze | E-Sätze |
|---|---|---|---|---|
| Stickstoffdioxid | Gefahr | GHS04<br>GHS03<br>GHS06<br>GHS05 | H280<br>H270<br>H330<br>H314<br>EUH071 | 7 |
| Stickstoffmonooxid | Gefahr | GHS04<br>GHS03<br>GHS06<br>GHS05 | H280<br>H270<br>H314<br>H330<br>EUH071 | 7 |
| Strontiumchlorid-6-Wasser | Gefahr | GHS05<br>GHS07 | H315<br>H318<br>H335 | 1-3 |
| Styrol | Gefahr | GHS02<br>GHS08<br>GHS07 | H226<br>H332<br>H315<br>H319<br>H361d<br>H372 | 10-12 |
| Sulfanilsäure | Achtung | GHS07 | H319<br>H315<br>H317 | 10-16 |
| **T** | | | | |
| Toluol | Gefahr | GHS02<br>GHS08<br>GHS07 | H225<br>H361d<br>H304<br>H373<br>H315<br>H336 | 10-12 |
| 1,1,1-Trichlor-2-methyl-2-propanol | Achtung | GHS07 | H302 | 10 |
| **V** | | | | |
| Valeriansäure s. Pentansäure | | | | |
| **W** | | | | |
| Wasserstoff | Gefahr | GHS02<br>GHS04 | H220<br>H280 | 7 |
| Wasserstoffperoxidlösung $w \geq 30$ % | Gefahr | GHS03<br>GHS05<br>GHS07 | H272<br>H302<br>H318<br>H412 | 1 |
| 10 % $\leq w <$ 30 % | Gefahr | GHS03<br>GHS05 | H272<br>H318 | 1 |
| 5 % $\leq w <$ 10 % | Achtung | GHS07 | H319 | 1 |
| Weinsäure | Gefahr | GHS05 | H318 | 2-10 |
| **X** | | | | |
| Xylol (Dimethylbenzol; o-, m-, p-) | Gefahr | GHS02<br>GHS08<br>GHS07 | H226<br>H303<br>H319<br>H312<br>H332<br>H335<br>H373<br>H315 | 10-12 |
| **Z** | | | | |
| Zink, Pulver, Staub (stabilisiert) | Achtung | GHS09 | H410 | 3 |
| Zink, Pulver, Staub (pyrophor) | Gefahr | GHS02<br>GHS09 | H260<br>H250<br>H410 | 3 |
| Zinkchlorid | Gefahr | GHS05<br>GHS07<br>GHS09 | H302<br>H314<br>H410 | 1-11 |
| Zinkchloridlösung 5 % $\leq w <$ 10 % | Achtung | GHS07 | H315<br>H319 | 1-11 |
| Zinkoxid | Achtung | GHS09 | H410 | 3 |
| Zinn(II)-chlorid | Gefahr | GHS05<br>GHS07 | H302<br>H314<br>H317 | 1-11 |

**Allgemeiner Hinweis zu den in diesem Lehrwerk abgebildeten Personen: Soweit in diesem Lehrwerk Personen fotografisch abgebildet sind und ihnen von der Redaktion fiktive Namen, Berufe, Dialoge und Ähnliches zugeordnet oder diese Personen in bestimmte Kontexte gesetzt werden, dienen diese Zuordnungen und Darstellungen ausschließlich der Veranschaulichung und dem besseren Verständnis des Inhalts.**

# Bild- und Textquellennachweis

**Grafik und Illustration:**

**Cornelsen/Atelier G, Marina Goldberg:** GHS-Symbole

**Cornelsen/Hannes von Goessel:** S.10, 11, 19/Ethan, 19/Cyclohexan, 19/Halbstrukturformel, 19/Kalottenmodell, 19/Keil-Strich-Formel (r.), 20/o.l., 20/m.r., 21/m.r., 21/u.r, 27/3-4, 30/2, 32, 33/4, 34/3, 35, 39/3, 43/4, 46/B1.1, 50, 51/4, 51/5, 54/2, 55, 56/1, 57, 58/1, 59, 60/1, 61/4–6, 63, 64, 65, 70/2–3, 71/m.l., 72/2, 73/6 l., 73/4 l., 73/o.l., 77/m.l., 79, 81/C1.1, 81/C1.3, 99, 108/3C, 110, 111, 113/3, 116, 126, 136/2+3, 137, 139, 140, 141, 142/3, 144, 145, 146/3, 147/5, 148/m.r., 148/m.l., 157/3+5, 162, 164, 165, 166, 167, 168, 169, 170, 172, 173, 174/1+2, 175, 176/2 (l.), 177, 178/B2.1, 179/C1.1+C2, 180, 181, 182, 198, 201/4, 203, 208/1 (u.l.), 209/m.r., 212, 214/1, 216, 217, 218, 219/5 o.l., 219/4, 219/5 o.r., 220, 222/1, 224/B1.1, 225/C1.1, 227/3+4, 228/3, 229/2, 231/3, 237/3, 238/o.r., 239, 240/o.r., 248/2+3, 249, 250, 257/u.r., 259, 268, 269, 274/3, 275, 276/1+3, 277, 279/1 280, 281, 282/2+3, 283/4+5, 285, 286/2, 287, 288/1B+3A, 290/B1.2 (u.), 290/B1.1, 291/C3 (o.) 291/C3 (u.), 291/D1 (u.), 292/2, 292/3 (L.), 293/4+5B+6B, 294/2+3, 295/5+6, 301/4, 308/3, 309, 312/2+3, 313, 316/2, 317/L1.1, 318, 319, 320/Fette, 321, 322, 327/3, 331/2+3, 338/2, 339/3, 349, 350, 351, 353/o.l., 353/m.l., 354, 355, 356, 357, 358, 359, 360, 361, 362, 363, 364, 366/1

**Cornelsen/Birgit Janisch:** S. 19/Keil-Strich-Formel (l.), 73/1–3+5 l., 73/2d (r.), 73/1c (r.), 73/2b (r.), 73/1d (r.), 101/H1.1, 135/4, 136/1,

**Cornelsen/Tom Menzel, bearbeitet durch Oxana Rödel/Absatz-DTP-Service:** S. 134/1

**Cornelsen/Tom Menzel:** S. 14, 15/u.r., 16/o.r., m.l, m.r., 17/u.r., 17/m.r., 18/m.r., 19/Skelettformel, 28/m.l. , 29/m.r., 30/1, 31, 33/3, 34/1, 42, 48, 53, 76/m.r., 83, 84, 86/u.r. 87, 88, 89/m.r., 90, 91/m.l., 92, 93, 94/2+3, 95/4, 96/1, 97, 98/2+3, 102/u.l., 103/2+3, 104, 105, 106, 107, 108, 109/5, 112/2, 113/3, 114, 115/L1.1, 117, 118, 122, 131/3, 132/4, 133/6, 134/2, 138, 142/Pfeile, 143/Pfeile, 146/1, 148/o.m., 148/o. l., 149, 152, 153/3, 154, 156, 157/4, 158.1, 159, 174/3, 188, 190/3, 199, 221, 222/2, 226/1, 228/1B, 229/1, 230/2, 231/3+4, 232/3, 233/5, 234, 235, 236/2, 240/u.r., 245, 246, 247/4, 252, 253/1, 257/4B, 267/B2.2, 276/2, 278, 288/2, 289, 295/4, 296, 297/u.l., 297/o.l., 297/u.r., 304/2+3, 305/6, 306/2A, 311/J1.1, 326/2, 328, 329, 330, 332, 333/o.l., 333/u.r., 352, 353/Pfeile, 366/m.r., 373,

**Cornelsen/Tom Menzel, bearbeitet durch Hannes von Goessel:** S. 146/2, S.147/4+6, 201, 210/01, 211, 230/1, 233/4, 240/o.l., 240/o.m.

**Cornelsen/Oxana Rödel, Absatz DTP-Service:** S. 14/m.r., 15/u.l, .16/Lewis-Formeln., 17/o.r., 19/u.l., 20/o.r, 20/u.r., 21/l., 21/o.r., 71/4, 74/u.l., 112/2, 113/5, 125/4+5, 126/1+2, 127/3+ u.l., 128, 129/1 l., 130/1, 131/3, 132/2+3, 133/m.l, 133/5, 143/4, 147/Lewis-Formel, 148/o.r, 158/2, 160/1, 161/3, 163/3+4, 166/4, 171/5–7, 186/2, 187, 188/1, 189/u.l., 189/3+4, 190/m.l., 190/02, 191, 192/u.l., 192/o.r., 192/u.r., 193, 194/1+2, 195/4+5, 196/Formeln, 197/Formeln, 199/o.r., 202, 204, 205, 214/2+3, 215/5+6, 216/2+3, 223/4+5, 225/C2.1, 252/o.r., 253/2 o.l.+u.l., 254/3, 255/6, 256/2, 257/5, 257/2.v.u.r., 258/2-4, 261/5+7+8B, 262/2+3, 263/4, 264/m.l., 265/Farbstoffe, 266/A2.1+A3.2+A3.3, 267/B1.1 (Formeln), 270, 271, 298/u.l., 299, 300, 301/5, 303, 304/1, 305/4+5, 310/Formeln, 320, 336, 339/4, 343, 345, 346, 353/m.r, 353/u.r.

**Cornelsen/Dr. Claudia Seidel:** S. 266/A3.1

**Cornelsen/Detlef Seidensticker:** S. 17/o.r., 56/u.r., 326/1, 340/2,

**Cornelsen, Sofarobotnik GbR, Stefan Knab:** Brillen-Symbol

**Michael Hüter:** S. 196/3 u.l.+u.r.

**Wacker Chemie AG:** S. 288/3B, 290/B1.2 (o.)

**Fotos:**

**Cover + S. 3:** mauritius images/Science Source/Charles D. Winters

S. 18/u.l./Cornelsen/Inhouse, 24//stock.adobe.com/neirfy, 26/2/Cornelsen/Volker Döring, 26/1/mauritius images/Kim Taylor/nature picture library, 27/5/Cornelsen/Volker Minkus, 36/stock.adobe.com/istetiana, 39/4 (r.)/Shutterstock.com/airaeunice, 39/4 (l.)/Shutterstock.com/Ion Mes, 40/Shutterstock.com/josefkubes, 43/3/stock.adobe.com/rusteax, 44/1A/Shutterstock.com/Konstantin Novikov, 44/1B/Shutterstock.com/Ethan Daniels, 45/stock.adobe.com/checker, 46/A1.1/stock.adobe.com/gertrudda, 51/3/Shutterstock.com/royaltystockphoto.com, 54/1/mauritius images/Phil Boorman/Cultura, 60/3/Cornelsen/Steffen Wilhelm, 62/F1.1/stock.adobe.com/Angela Shirinov, 62/E1.1/stock.adobe.com/Kadmy, 68//Shutterstock.com/Tom Wang, 69/stock.adobe.com/sarawuth, 70/1A/Cornelsen/Volker Döring, 70/1B/Shutterstock.com/Kapuska, 72/1/Shutterstock.com/Kletr, 74/1/stock.adobe.com/Sandy1983, 78/stock.adobe.com/sinhyu, 80/Shutterstock.com/draganica, 81/C1.2/ClipDealer GmbH/Bastian Kienitz, 81/D1.1/Imago Stock & People GmbH/blickwinkel, 82/2/Cornelsen/Volker Minkus, 82/1/Cornelsen/Volker Döring, 94/1/dpa Picture-Alliance/Tobias Hase, 95/4/Shutterstock/Standard Studio, 98/1/Imago Stock & People GmbH/photothek, 100/F1.1/Shutterstock.com/Karynav, 100/G1.1/Shutterstock.com/Chaikom, 100/F1.2/Shutterstock.com/Karynav, 101/h1.2/Shutterstock.com/PhotoMediaGroup, 102/1/stock.adobe.com/spuno, 108/3A/Thomas Seilnacht, 108/3B/Thomas Seilnacht, 108/2/ddp images/G Fischer, 108/1/Shutterstock.com/Croutchou, 111/1/Cornelsen/Volker Minkus, 111/3/stock.adobe.com/Weina Li, 112/1/Didier Maillac/REA/laif, 113/4/Shutterstock.com/3523studio, 115/K1.1/mauritius images/alamy/Zoonar, 124/1 (Diamant)/Thomas Seilnacht, 124/1 (Amethyst)/stock.adobe.com/pit24, 124/1 (Natriumchlorid, Quarz)/Shutterstock.com/MarcelClemens, 129/1 u.r./Shutterstock.com/Love Silhouette, 129/1 o.r./stock.adobe.com/Erwin Wodicka, 129/1 m.r./Clip Dealer GmbH/Andrea Soziaghi, 131/4/Cornelsen/Volker Döring, 132/1/Cornelsen/Volker Döring, 135/5A/Shutterstock.com/Francesca Pianzola, 135/5B/stock.adobe.com/AlGol, 150//sciencephotolibrary/Science Photo Library \\ Andrew Lambert Photography/Andrew Lambert Photography, 153/4E/Shutterstock.com/Azhal Abdul Nasil, 153/4A/Shutterstock.com/losmandarinas, 153/4D/Shutterstock.com/Peyker, 153/4C/Shutterstock.

com/Lakeview Images, 153/4B/Shutterstock.com/losmandarinas, 163/o.r./Courtesy BIRA-IASB/Christophe Lerot, 172/1/stock.adobe.com/Vidady, 176/2 (r.)/Shutterstock.com/Anton Starikov, 176/Folsäure/Shutterstock.com/GraphMaster, 176/ß-Alanin/stock.adobe.com/Eugeniusz Dudziński, 176/Coffein/Shutterstock.com/Danijela Maksimovic, 176/Cyanpropensäureethylester/Shutterstock.com/Alexandr Makarov, 176/Valproinsäure/Shutterstock.com/xpixel, 178/o.l./stock.adobe.com/kosmos111, 179/o.l. /stock.adobe.com/OlegDoroshin, 184//Shutterstock.com/Valentyn Volkov, 186/1 (o.l.)/stock.adobe.com/Antonioguillem, 186/u.l./Cornelsen/Volker Döring, 186/1 (u.l.)/stock.adobe.com/Petair, 186/1 (u.r.)/stock.adobe.com/doris_bredow, 186/1 (o.r.)/stock.adobe.com/nikesidoroff, 189/Pferd/Shutterstock.com/Marry Kolesnik, 189/Maultier/stock.adobe.com/FreeReinDesigns, 189/Esel/stock.adobe.com/megastocker, 190/1/Cornelsen/Volker Minkus, 192/1/Bayer AG, 196/1/Bayer AG, 197/5A/Steffen Wilhelm, 200/1/Bridgeman Images/Granger, 202/o.l./Shutterstock.com/Nik Merkulov, 203/o.l./stock.adobe.com/ChaoticDesignStudio, 206//Shutterstock.com/Chones, 207//stock.adobe.com/euthymia, 208/1 u.r./stock.adobe.com/jollier_, 208/2 l. /stock.adobe.com/chatchawan, 208/1 m./Shutterstock.com/Standard Studio, 208/1 o.r./stock.adobe.com/grafikplusfoto, 208/3/stock.adobe.com/zaharov43, 208/1 o.l./stock.adobe.com/Birgit Reitz-Hofmann, 208/2 r./stock.adobe.com/charupha, 208/1 u.l./Shutterstock.com/Reel2Reel, 209/4/stock.adobe.com/www.mihajlovicsasa.com/sasamihajlovic, 209/5/stock.adobe.com/Xuejun li, 209/6/interfoto e.k./Sammlung Dieter Meinhardt, 214/4/stock.adobe.com/Taweesak Thiprod, 215/o.r./stock.adobe.com/Evgeniy Vorobiev, 215/6/Shutterstock.com/Irina Silayeva, 215/m.r. /Shutterstock.com/Scanrail1, 217/5/stock.adobe.com/francesca, 219/5 u.l./Shutterstock.com/Standard Studio, 219/5 m.l./Shutterstock.com/daizuoxin, 219/5 m.r./stock.adobe.com/amirul syaidi, 219/5 u.r./Shutterstock.com/Standard Studio, 220/EC-Karten/Shutterstock.com/Solomin Andrey, 220/Joghurtbecher/Shutterstock.com/Zelenskaya, 220/Kabelummantelung/Shutterstock.com/sydeen, 220/Fahrradhelm/stock.adobe.com/tukda, 220/Styropor/Shutterstock.com/xpixel, 220/Schuh/Shutterstock.com/Engin Sezer, 220/Kuchenform/stock.adobe.com/PhotoSG, 220/Möbelrolle/stock.adobe.com/amnach, 220/Brille/Shutterstock.com/Ronnachai Palas, 220/Handtücher/stock.adobe.com/aerostato, 220/DVD-Hülle/stock.adobe.com/amnachphoto, 222/3 r./Shutterstock.com/Arkadi Bulva, 222/3 l./stock.adobe.com/Smileus, 223/6/Shutterstock.com/Zoltan Major, 224/B1.2/Cornelsen/Sven Wilhelm, Berlin, 224/A2/Shutterstock.com/JDiPierro, 225/o.l./Shutterstock.com/johnfoto18, 226/2A/stock.adobe.com/karepa, 226/2C/Q-Brick Service, Creazzo, Italy, 226/2B/Shutterstock.com/Devenorr, 228/1A/Shutterstock.com/Olga Sapegina, 229/o.r./Shutterstock.com/Kaya, 231/5/Deutsche Institute für Textil- und Faserforschung Denkendorf, 232/1B/Shutterstock.com/Visharo, 232/2/Shutterstock.com/Standard Studio, 232/1A/Shutterstock.com/Rich Carey, 236/1C/stock.adobe.com/prakasitlalao, 236/1A/stock.adobe.com/djama, 236/1B/stock.adobe.com/Gerhard, 238/o.l./Shutterstock.com/Preeda Soyraya, 242//stock.adobe.com/Aleksey Stemmer, 244/1 o.r./stock.adobe.com/Christian Müller, 244/1 u.r./stock.adobe.com/karandaev, 244/3A/interfoto e.k./Science & Society, 244/3B/interfoto e.k./Science & Society, 244/1 o.l./stock.adobe.com/Gunnar Assmy, 244/2B/stock.adobe.com/TTLmedia, 244/2A/mauritius images/alamy stock photo/Gari Wyn Williams, 244/1 u.l./stock.adobe.com/Fiedels, 247/3/ddp images/dapd, 248/1/Merck KGaA, 253/2 u.r./stock.adobe.com/galina savina, 253/2 o.r./T. Neubacher-Riens, 255/7 (Benzol)/T. Neubacher-Riens, 255/7 (4-Nitroanilin)/T. Neubacher-Riens, 255/7 (Anilin)/Cornelsen/Neubacher-Riens, Th., Berlin, 256/3/Shutterstock.com/urfin, 256/1/Cornelsen/Volker Döring, 257/4A/Cornelsen/Volker Döring, 258/1/stock.adobe.com/pit24, 260/Shutterstock.com/Olesya Baron, 261/8A/stock.adobe.com/Africa Studio, 261/6B/stock.adobe.com/BillionPhotos.com, 261/6A/stock.adobe.com/Paijit, 262/1/stock.adobe.com/margostock, 266/A1.1/Cornelsen/Steffen Wilhelm, Berlin, 267/B1.1 (o.r.)/stock.adobe.com/DmyTo, 267/B1.1 (m.l.)/stock.adobe.com/Mushy, 267/B1.1 (o.l.)/stock.adobe.com/Pixelmixel, 267/B1.1 (m.r.)/Shutterstock.com/Andreas Zerndl, 267/B1.1 (u.r.)/stock.adobe.com/Phoenixpix, 267/B1.1 (u.l.)/stock.adobe.com/Birgitt.Bautze, 267/B2.1/Thomas Seilnacht, 268/C1.1 (B)/Shutterstock.com/Mariyana M, 268/C1.1 (A)/stock.adobe.com/srady, 269/D1.1/Shutterstock.com/Flavia Cochet, 272/Shutterstock.com/ESB Professional, 274/1 (Glykoproteine)/Shutterstock.com/Kateryna Kon, 274/2/Science Photo Library/MARTYN F. CHILLMAID, 274/1 (Glucose)/stock.adobe.com/Tim UR, 274/1 (Cellulose)/stock.adobe.com/enjoynz, 274/1 (Saccharose)/stock.adobe.com/emuck, 279/1B (r.)/stock.adobe.com/Tamara Kulikova, 279/1A (l.)/stock.adobe.com/Andrey Khritin, 279/1A (r.)/Shutterstock.com/Lukas Gojda, 279/1B (l.)/stock.adobe.com/romantsubin, 282/1 (l.)/Shutterstock.com/kojihirano, 282/1 (r.)/stock.adobe.com/abet, 284/1/stock.adobe.com/mizina, 286/1 (r.)/stock.adobe.com/bdshaheen, 286/1 (m.)/stock.adobe.com/ra3rn, 286/1 (l.)/stock.adobe.com/ณัฐวุฒิ เงินลันเทียะ:, 286/u.m. /ddp images, 288/1A/stock.adobe.com/Cherry-Merry, 290/A1.1/Cornelsen/ Volker Minkus, 291/D2 (l.)/Cornelsen/ Volker Minkus, 291/C3 (m.)/Cornelsen/Volker Döring, 291/C3 (m.)/Cornelsen/Volker Döring, 291/D1 (o.)/stock.adobe.com/alexlukin, 291/D2 (r.)/Cornelsen/ Volker Minkus minkusimages.de, 292/1 (m.)/Shutterstock.com/Volosina, 292/1 (r.)/Shutterstock.com/raksina, 292/3 (r.)/Cornelsen/Boris Mahler, 292/1 (l.)/Shutterstock.com/onair, 293/5A/stock.adobe.com/Jeanette Dietl, 293/6A/Shutterstock.com/yogesh_more, 294/1/stock.adobe.com/mates, 297/o.r./Shutterstock.com/jultud, 298/1/Shutterstock.com/Leonid Andronov, 301/6/Science Photo Library/GUSTOIMAGES, 306/1C/stock.adobe.com/kunertus, 306/1A/stock.adobe.com/ponlayut, 306/1B/Cornelsen/Sven Wilhelm, Berlin, 306/12B/Cornelsen/Volker Döring, 306/1D/Shutterstock.com/schankz, 306/2C/Cornelsen/Volker Döring, 308/1/stock.adobe.com/Yozhik, 310/H1.1/stock.adobe.com/kozorog, 310/G1.1/stock.adobe.com/Africa Studio, 310/G1.1 (r.)/Cornelsen/Stephan Röhl, 311/I1.1/stock.adobe.com/petarg, 312/1/Shutterstock.com/Christopher Meder, 314//stock.adobe.com/nata_vkusidey, 316/1/bpk/Kunstbibliothek, SMB, Photothek Willy Römer/John Graudenz, 316/u.r./Shutterstock.com/Heike Rau, 317/o.l./Shutterstock.com/Onyx9, 324//stock.adobe.com/Stefan Schurr, 331/1/mauritius images/Science Photo Library, 338/1 (3.v.l.)/Cornelsen/Volker Minkus; minkusimages.de, 338/1 (1.v.l.)/Shutterstock.com/Steve Heap, 338/1 (4.v.l.)/Shutterstock.com/Africa Studio, 338/1 (2.v.l.)/Shutterstock.com/Egoreichenkov Evgenii, 339/5/Shutterstock.com/givaga, 339/5/Shutterstock.com/Mariyana M, 340/1/stock.adobe.com/usk75

**Textquelle:**

**S. 200:** Theophrastus Paracelsus. Das Buch Paragranum. Septem Defensiones, 1538

# Register

# Periodensystem der Elemente

Metall (blau)
Halbmetall (grün)
Nichtmetall (gelb)

schwarz = Feststoff
weiß = Flüssigkeit
rot = Gas
hellblau = künstliches Element
* = radioaktives Element
1 = Gruppennummerierung IUPAC (1989): Gruppennummern 1 bis 18

| Periode | 1[1] I. Hauptgruppe | 2 II. Hauptgruppe | 3 III. Nebengruppe | 4 IV. Nebengruppe | 5 V. Nebengruppe | 6 VI. Nebengruppe | 7 VII. Nebengruppe | 8 VIII. Nebengruppe | 9 VIII. Nebengruppe |
|---|---|---|---|---|---|---|---|---|---|
| 1 | 1 1,008<br>2,1 H<br>Wasserstoff<br>$1s^1$ | | | | | | | | |
| 2 | 3 6,94<br>1,0 Li<br>Lithium<br>[He]$2s^1$ | 4 9,01<br>1,5 Be<br>Beryllium<br>[He]$2s^2$ | | | | | | | |
| 3 | 11 22,99<br>0,9 Na<br>Natrium<br>[Ne]$3s^1$ | 12 24,31<br>1,2 Mg<br>Magnesium<br>[Ne]$3s^2$ | | | | | | | |
| 4 | 19 39,10<br>0,8 K<br>Kalium<br>[Ar]$4s^1$ | 20 40,08<br>1,0 Ca<br>Calcium<br>[Ar]$4s^2$ | 21 44,96<br>1,3 Sc<br>Scandium<br>[Ar]$3d^14s^2$ | 22 47,88<br>1,5 Ti<br>Titan<br>[Ar]$3d^24s^2$ | 23 50,94<br>1,6 V<br>Vanadium<br>[Ar]$3d^34s^2$ | 24 51,996<br>1,6 Cr<br>Chrom<br>[Ar]$3d^54s^1$ | 25 54,94<br>1,5 Mn<br>Mangan<br>[Ar]$3d^54s^2$ | 26 55,85<br>1,8 Fe<br>Eisen<br>[Ar]$3d^64s^2$ | 27 58,93<br>1,8 Co<br>Cobalt<br>[Ar]$3d^74s^2$ |
| 5 | 37 85,47<br>0,8 Rb<br>Rubidium<br>[Kr]$5s^1$ | 38 87,62<br>1,0 Sr<br>Strontium<br>[Kr]$5s^2$ | 39 88,91<br>1,3 Y<br>Yttrium<br>[Kr]$4d^15s^2$ | 40 91,22<br>1,6 Zr<br>Zirconium<br>[Kr]$4d^25s^2$ | 41 92,91<br>1,6 Nb<br>Niob<br>[Kr]$4d^45s^1$ | 42 95,94<br>1,8 Mo<br>Molybdän<br>[Kr]$4d^55s^1$ | 43 [98]<br>1,9 Tc*<br>Technetium<br>[Kr]$4d^65s^1$ | 44 101,07<br>2,2 Ru<br>Ruthenium<br>[Kr]$4d^75s^1$ | 45 102,91<br>2,2 Rh<br>Rhodium<br>[Kr]$4d^85s^1$ |
| 6 | 55 132,91<br>0,7 Cs<br>Caesium<br>[Xe]$6s^1$ | 56 137,33<br>0,9 Ba<br>Barium<br>[Xe]$6s^2$ | 57 138,91<br>1,1 La<br>Lanthan ●<br>[Xe]$5d^16s^2$ | 72 178,49<br>1,3 Hf<br>Hafnium<br>[Xe]$4f^{14}5d^26s^2$ | 73 180,95<br>1,5 Ta<br>Tantal<br>[Xe]$4f^{14}5d^36s^2$ | 74 183,84<br>1,7 W<br>Wolfram<br>[Xe]$4f^{14}5d^46s^2$ | 75 186,21<br>1,9 Re<br>Rhenium<br>[Xe]$4f^{14}5d^56s^2$ | 76 190,23<br>2,2 Os<br>Osmium<br>[Xe]$4f^{14}5d^66s^2$ | 77 192,22<br>2,2 Ir<br>Iridium<br>[Xe]$4f^{14}5d^76s^2$ |
| 7 | 87 [223]<br>0,7 Fr*<br>Francium<br>[Rn]$7s^1$ | 88 226,03<br>0,9 Ra*<br>Radium<br>[Rn]$7s^2$ | 89 227,03<br>1,1 Ac*<br>Actinium ●●<br>[Rn]$6d^17s^2$ | 104 [261]<br>Rf*<br>Rutherfordium<br>[Rn]$5f^{14}6d^27s^2$ | 105 [262]<br>Db*<br>Dubnium<br>[Rn]$5f^{14}6d^37s^2$ | 106 [266]<br>Sg*<br>Seaborgium<br>[Rn]$5f^{14}6d^47s^2$ | 107 [264]<br>Bh*<br>Bohrium<br>[Rn]$5f^{14}6d^57s^2$ | 108 [267]<br>Hs*<br>Hassium<br>[Rn]$5f^{14}6d^67s^2$ | 109 [268]<br>Mt*<br>Meitnerium<br>[Rn]$5f^{14}6d^77s^2$ |

| | |
|---|---|
| Ordnungszahl | 7 |
| Atommasse in u | 14,007 |
| Elektronegativitätswert | 3,0 |
| Symbol | N |
| Name | Stickstoff |
| Elektronenkonfiguration | [He]$2s^22p^3$ |

Die Atommassen in eckigen Klammern beziehen sich auf das längstlebige gegenwärtig bekannte Isotop des betreffenden Elements.

## ● Elemente der Lanthanreihe (Lanthanoide)

| | | | | |
|---|---|---|---|---|
| 58 140,12<br>1,1 Ce<br>Cer<br>[Xe]$4f^26s^2$ | 59 140,91<br>1,1 Pr<br>Praseodym<br>[Xe]$4f^36s^2$ | 60 144,24<br>1,2 Nd<br>Neodym<br>[Xe]$4f^46s^2$ | 61 [145]<br>1,2 Pm*<br>Promethium<br>[Xe]$4f^56s^2$ | 62 150,36<br>1,2 Sm<br>Samarium<br>[Xe]$4f^66s^2$ |

## ●● Elemente der Actiniumreihe (Actinoide)

| | | | | |
|---|---|---|---|---|
| 90 232,04<br>1,3 Th*<br>Thorium<br>[Rn]$6d^27s^2$ | 91 231,04<br>1,5 Pa*<br>Protactinium<br>[Rn]$5f^26d^17s^2$ | 92 238,03<br>1,7 U*<br>Uran<br>[Rn]$5f^36d^17s^2$ | 93 [237]<br>1,2 Np*<br>Neptunium<br>[Rn]$5f^46d^17s^2$ | 94 [244]<br>1,3 Pu*<br>Plutonium<br>[Rn]$5f^67s^2$ |